Auf einen Blick

1	**Das System der Tiere**	1
2	**Fortpflanzung**	2
3	**Entwicklung**	3
4	**Gewebe und ihre Funktionen**	4
5	**Funktionelle Struktur von Nerven- und Sinneszellen**	5
6	**Nervensysteme: Entwicklung, Organisation, Subsysteme**	6
7	**Höhere Verarbeitungsprozesse**	7
8	**Verhalten**	8
9	**Parasiten**	9
10	**Ernährung und Verdauung**	10
11	**Blut und Kreislaufsysteme**	11
12	**Atmung und Temperaturregulation**	12
13	**Immunologie**	13
14	**Wasserhaushalt, Ionen- und Osmoregulation, etc.**	14
15	**Hormone und endokrine Systeme**	15
16	**Anhang**	16

Taschenlehrbuch Biologie

Zoologie

Herausgegeben von
Katharina Munk

Unter Mitarbeit von

Hartmut Böhm,
Jutta Heidelbach,
Christian Hölscher,
Reinhard Kaune,
Rebecca Klug,
Dagmar Krüger,
Thomas Kurth,
Matthias Munk,
Gunvor Pohl-Apel,
Kristine Raether-Buscham,
Rüdiger Sorg,
Ursula Sorg,
Rainer Willmann,
Klaus W. Wolf

781 Abbildungen
29 Tabellen

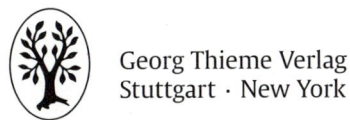

Georg Thieme Verlag
Stuttgart · New York

Bibliografische Information
Der Deutschen Nationalbibliothek
Die Deutsche Nationalbibliothek verzeichnet diese Publikation in der Deutschen Nationalbibliographie; detaillierte bibliographische Daten sind im Internet über http://dnb.d-nb.de abrufbar

Ihre Meinung ist uns wichtig! Bitte schreiben Sie uns unter

www.thieme.de/service/feedback.html

Geschützte Warennamen (Warenzeichen) werden **nicht** besonders kenntlich gemacht. Aus dem Fehlen eines solchen Hinweises kann also nicht geschlossen werden, dass es sich um einen freien Warennamen handele. Das Werk, einschließlich aller seiner Teile, ist urheberrechtlich geschützt. Jede Verwertung außerhalb der engen Grenzen des Urheberrechtsgesetzes ist ohne Zustimmung des Verlages unzulässig und strafbar. Das gilt insbesondere für Vervielfältigungen, Übersetzungen, Mikroverfilmungen und die Einspeicherung und Verarbeitung in elektronischen Systemen.

© 2011 Georg Thieme Verlag KG
Rüdigerstraße 14, D-70469 Stuttgart
Unsere Homepage: http://www.thieme.de

Printed in Germany

Umschlaggestaltung: Thieme Verlagsgruppe

Titelfoto: Wolfgang Pastler, Bremen

Zeichnungen: Bernd Baumgart, Göttingen (Kap. 1),
Henny Bernstädt-Neubert, Berlin;
Christiane und Dr. Michael von Solodkoff, Neckargemünd

Satz: Hagedorn Kommunikation GmbH, Viernheim
Gesetzt auf 3B2

Druck: Offizin Andersen Nexö Leipzig GmbH, Zwenkau

ISBN 978-3-13-144841-5   2 3 4 5 6

Vorwort

Für die Studierenden wird es immer schwieriger bei dem wachsenden Informationsangebot und der Flut an täglich neu hinzukommenden Forschungsergebnissen im Rahmen des kurzen **Bachelor-Studiums der Biologie**, ein Verständnis für biologische Zusammenhänge und Prinzipien zu entwickeln. Die verschiedenen biologischen Fachbücher als Reihe herauszubringen, bietet die Möglichkeit, die **Zusammenhänge zwischen den Fachgebieten** herauszuarbeiten. Vier Bände enthalten das relevante Grundwissen der **Zoologie**, **Botanik**, **Mikrobiologie** und **Genetik**. Um die Gemeinsamkeiten der Organismen herauszustellen und gleichzeitig die Überschneidungen zwischen den Bänden möglichst gering zu halten, haben wir diesen „klassischen" Fächern zwei übergreifende Bände zur Seite gestellt: Den Band **Biochemie/Zellbiologie**, der sich mit der Zelle als der kleinsten Lebenseinheit beschäftigt, und der Band **Evolution/Ökologie**, der sich mit Interaktionen befasst, die über den einzelnen Organismus hinausgehen und ganze Lebensgemeinschaften und Ökosysteme betreffen.

Die meisten der an der Buchreihe beteiligten **über 40 Autoren** sind in Lehre und Forschung **erfahrene Dozenten** ihrer Fachgebiete. Ihre Erfahrungen mit den seit einigen Jahren laufenden Bachelor-Studiengängen haben sie in diese Taschenbücher eingebracht, die Stofffülle auf ein überschaubares Basiswissen reduziert und durch eine fächerübergreifende, vergleichende Darstellung und viele Verweise Querverbindungen zwischen den einzelnen biologischen Disziplinen hergestellt. So vermitteln die Bände einen zusammenhängenden Überblick über die Basisinhalte der Biologie.

Dieser Band zur **Zoologie** vermittelt Ihnen, ausgehend von einem modernen phylogenetischen System, umfassende Kenntnisse unter anderem zur Endokrinologie, Physiologie und Verhaltensbiologie. Für einen modernen Biologen ist das Wissen um die organismische Vielfalt ebenso wichtig wie eine klare Vorstellung von molekularen Vorgängen sowie von einzelnen Organen bzw. organübergreifenden Systemen wie dem Hormon- oder Nervensystem. Die integrierte Darstellung in einem Band erleichtert das Verständnis der Zusammenhänge und vermittelt ein umfassendes Bild der Zoologie. Dem wachsenden Interesse an der Entwicklungsbiologie, Immunologie und Neurobiologie wird besonders entsprochen.

Die **Ursprünge** dieser Taschenlehrbuch-Reihe zur Biologie gehen auf eine Initiative des Gustav Fischer Verlages im Sommer 1997 zurück. An dieser Stelle möchte ich ganz besonders Herrn Dr. Arne Schäffler danken, der damals das Zustandekommen der Reihe ermöglichte und mit seinen vielen wertvollen Ratschlägen ihren Werdegang begleitet hat. Ermutigt durch den Erfolg der ersten Auflage, die 2000 und 2001 unter dem Namen *Grundstudium Biologie* im Spektrum-Verlag erschien, und die starke positive Resonanz von Studenten und Dozenten, haben wir eine neue Auflage in Angriff genommen, die mittlerweile durch zahlreiche neue Autoren unterstützt wird.

Mein besonderer **Dank** gilt dem Georg Thieme Verlag für die neue Herausgabe der Reihe in ihrer jetzigen Taschenbuchform und der großzügigen farbigen Gestaltung. Frau Marianne Mauch als verantwortliche Programmplanerin danke ich für ihre Begeisterung für das Projekt, die effiziente Hilfe und ihre wertvolle Unterstützung bei der Weiterführung des Konzepts. Die Zusammenarbeit macht mir sehr viel Spaß. Frau Elsbeth Elwing hat mit ihrer fröhlichen Ruhe stets alle noch so aussichtslosen Terminprobleme bei der Herstellung gelöst. Auch allen anderen Mitarbeitern des Verlages, die mit ihrer Arbeit zum Gelingen der Bände beigetragen haben, sei gedankt. Besonders auch Herrn Michael Zepf, der alle meine technischen Anfragen immer rasch und zuverlässig beantwortet hat und Herrn Willi Kuhn für die Sachverzeichnis-Bearbeitung.

Besonders bedanke ich mich bei Frau Christiane von Solodkoff sowie bei Frau Henny Bernstädt-Neubert für die sehr persönliche Zusammenarbeit und die kreative und professionelle Umsetzung – zeitweilig im Dauereinsatz – der teilweise chaotischen Vorlagen in die nun hier vorliegenden, hervorragend gelungenen Abbildungen. Besonders nennen möchte ich auch Herrn Bernd Baumgart, der in Zusammenarbeit mit Herrn Rainer Willmann selbst die komplexesten Organismen didaktisch wertvoll und sehr ansprechend illustriert hat.

Sophia Willmann (Göttingen), Peter Ax (Göttingen), Frank Wieland (Göttingen), Julia Goldberg (Göttingen), Kevin Gribbins, (Springfield, Ohio, USA), Jürgen Berger (Tübingen), Sabine Basche (Dresden), Kathleen Wenzel (Dresden), Hans-Henning Epperlein (Dresden), Dunja Knapp (Dresden), Armelle Rancillac (Paris), Bruno Cauli (Paris), Elvira Fischer (Tübingen), Andreas Bartels (Tübingen), Rolf Entzeroth (Dresden) und Susanne Weiche (Dresden) danke ich ganz herzlich für die zur Verfügung gestellten Originalabbildungen. Mit der Durchsicht einzelner Kapitel und ihren Ratschlägen haben Gert Tröster (Göttingen, Kap. 1), Thomas Hörnschemeyer (Göttingen, Kap. 1), Klaus H. Hoffmann (Bayreuth, Kap. 15), Simon Musall (Tübingen, Kap. 5 und 6) und Sabine Ullmann (Tübingen, Kap. 8) einen wichtigen Beitrag geliefert.

Für die geniale Unterstützung im Hintergrund danke ich meiner Mutter und meiner Tochter sowie meinen beiden Söhnen für die kompetente und permanente Computerbetreuung ohne jegliche Pannen und Abstürze.

Das hier vorliegende Werk ist eine Gemeinschaftsleistung aller an der Buchreihe beteiligten Autoren. Mit großem Einsatz haben sie nicht nur die eigenen Kapitel geschrieben, die anderen Kapitel korrigiert, sondern auch mit vielen konstruktiven Anregungen zu den Inhalten der anderen Bände fachübergreifende Zusammenhänge hergestellt. Wir hoffen, dass dadurch ein Gesamtwerk entstanden ist, dessen Lektüre Ihnen nicht nur gute Voraussetzungen für das Bestehen Ihrer Prüfungen vermittelt, sondern auch Ihre Begeisterung für das Fach Biologie weckt.

Wir wünschen Ihnen viel Erfolg in Ihrem Studium!

Dr. Katharina Munk
E-Mail: MunkReihe@web.de
September 2010

Wie bei einem Werk dieses Umfanges zu erwarten, ist auch diese Taschenlehrbuch-Reihe nicht frei von Fehlern. Wir sind daher dankbar für Hinweise. Anregungen und Verbesserungsvorschläge können Sie uns jederzeit mailen. Korrekturen werden wir für Sie im Internet unter www.thieme.de/go/taschenlehrbuch-biologie zusammenfassen und aktualisieren.

So arbeiten Sie effektiv mit der Taschenlehrbuch-Reihe zur Biologie
Die Bücher bieten Ihnen vielfältige didaktische Hilfen, sowohl für die Phase, in der Sie die Grundlagen erarbeiten, als auch für die schnelle und effiziente Stoffwiederholung kurz vor Ihren Prüfungen.

> **Einführende Abschnitte** zu Beginn jedes Unterkapitels geben Ihnen einen **ersten Überblick** über das Kommende und nehmen die wichtigsten Schlüsselbegriffe vorweg. Hier erhalten Sie den „Rahmen", in den Sie den folgenden Inhalt einordnen können.

Um Ihnen trotz der Stofffülle alle relevanten Inhalte im handlichen Taschenbuch-Format bieten zu können, sind die **Texte** möglichst **kurz gefasst**, aber dennoch **verständlich formuliert**. Insbesondere die **übersichtliche Gliederung** und die **blauen** und **fetten Hervorhebungen** erlauben Ihnen eine gute Orientierung über die Themen des Absatzes und einen raschen Zugriff auf gesuchte Informationen.

Kleingedruckte Abschnitte mit zusätzlichen Details, Beispielen oder weiterführenden Informationen ermöglichen Ihnen einen „Blick über den Tellerrand".

Zahlreiche hervorragende **Abbildungen** unterstützen Sie dabei, sich komplexe Sachverhalte zu erschließen. Die ausgefeilten **grafischen Darstellungen** folgen einem festgelegten Farbkonzept, ergänzt werden sie durch zahlreiche **mikroskopische** oder **elektronenmikroskopische Aufnahmen**.

> In grün markierten Abschnitten finden Sie Informationen über **Anwendungsmöglichkeiten**, die sich aus den beschriebenen biologischen Prinzipien ergeben. ◀

> Orange gekennzeichnete Abschnitte erläutern konkrete **Methoden**, die Sie entweder in Ihrer experimentellen Arbeit selbst beherrschen müssen oder die für Anwendungen z. B. in großtechnischem Maßstab von Bedeutung sind. ◀

> In den gelb unterlegten **Repetitorien** am Ende der Abschnitte werden die wichtigsten neuen Begriffe nochmal aufgegriffen und kurz definiert. Sie können Ihnen zum einen beim Erarbeiten des Stoffes zur Rekapitulation des Kapitelinhalts dienen. Zum anderen erfüllen sie die Funktion eines **Glossars**, da die Definitionen anhand der farbigen Seitenzahl im Sachverzeichnis leicht nachgeschlagen werden können.

Das **Zusatzangebot im Internet**: www.thieme.de/go/taschenlehrbuch-biologie:

Anhand der **Prüfungsfragen** mit ausführlichen Antworten können Sie ihr Wissen selbst überprüfen.

Die Zahl der Internet-Seiten, die sich mit biologischen Themen befasst, ist groß und steigt stetig. Aus dem unübersichtlichen Angebot haben wir für Sie neben einer Auswahl der wichtigsten **weiterführenden Literatur** einige **Internet-Adressen** zusammengestellt, die Ihnen ein nützlicher Einstieg für weiterführende Recherchen sein können.

Außerdem werden wir für Sie auf dieser Seite die uns bekannten **Korrekturen** zusammenfassen und aktualisieren.

Anschriften

PD Dr. Hartmut Böhm
Lindenallee 10
50968 Köln

Dr. Jutta Heidelbach
Lindenallee 10
50968 Köln

Dr. Christian Hölscher
44 Carthall Road
Coleraine
BT513LP
United Kingdom

PD Dr. Reinhard Kaune
Untere Wimme 6
31863 Coppenbrügge

Rebecca Klug
Institut für Zoologie und Anthropologie
Abteilung Morphologie und Systematik
Berliner Straße 28
37073 Göttingen

Dagmar Krüger
Technische Universität München
Lehrstuhl für Humanbiologie
Liesel-Beckmann-Straße 4
85350 Freising-Weihenstephan

Dr. Thomas Kurth
Technische Universität Dresden
Center for Regenerative Therapies
Dresden, CRTD
Cluster of Excellence
Tatzberg 47/49
01307 Dresden

Dr. Katharina Munk
Untere Beltz 12
65510 Idstein

PD Dr. Matthias Munk
Abteilung Physiologie kognitiver
Prozesse
Max-Planck-Institut für Biologische
Kybernetik
Spemannstraße 38
72076 Tübingen

Dr. Gunvor Pohl-Apel
Kirschbaumweg 21
60489 Frankfurt

Kristine Raether-Buscham
Großer Garten 23
21335 Lüneburg

PD Dr. Rüdiger Sorg
Institute for Transplantation Diagnostic
and Cell Therapeutics
Moorenstraße 5
40225 Düsseldorf

Ursula Sorg
Himmelgeister Str. 366
40225 Düsseldorf

Prof. Dr. Rainer Willmann
Institut für Zoologie und Anthropologie
und Zoologisches Museum
der Universität
Berliner Straße 28
37073 Göttingen

Dr. Klaus W. Wolf
The University of the West Indies
(Mona Campus)
Electron Microscopy Unit
Kingston 7
Jamaica, West Indies

Inhaltsverzeichnis

1 Das System der Tiere 1
Phylogenese und System 1
Das System der Organismen 5
Holozoa 7
Choanoflagellata (Kragengeißeltierchen, Kragengeißler) 7
Animalia (= Metazoa, Tiere) 8
1.1 Porifera (Schwämme) 13
1.1.1 Calcarea (Kalkschwämme) 17
1.1.2 Demospongiae 17
1.1.3 Hexactinellida (Glasschwämme) 17
1.2 Epitheliozoa 18
1.2.1 Placozoa 18
1.2.2 Eumetazoa 19
1.3 Cnidaria (Nesseltiere) 20
1.3.1 Tesserazoa 24
1.3.2 Anthozoa 25
1.4 Acrosomata 27
1.4.1 Ctenophora (Kamm- und Rippenquallen) 28
1.4.2 Mesozoa 30
1.5 Bilateria 31
1.5.1 Acoelomorpha + *Xenoturbella* 32
1.5.2 Eubilateria (Höhere Bilateria) 33
1.6 Gastroneuralia 34
1.6.1 Cycloneuralia (Schlauchwürmer) 35
1.7 Spiralia 39
1.7.1 Cycliophora 39
1.7.2 Gnathifera 39
1.7.3 Plathelminthes (Plattwürmer) 42
1.8 Euspiralia 47
1.8.1 Nemertinea (Schnurwürmer) 47
1.9 Trochozoa 47
1.9.1 Lacunifera 49
1.10 Mollusca (Weichtiere) 49
1.10.1 Aplacophora (Wurmmollusken) 52
1.10.2 Testaria 54
1.10.3 Conchifera 56
1.11 Ganglioneura 57
1.11.1 Ancyropoda 58
1.11.2 Rhacopoda 62

1.12	**Pulvinifera**	70
1.12.1	Sipuncula (Sternwürmer)	70
1.13	**Articulata (Gliedertiere)**	71
1.13.1	Echiurida (Igelwürmer)	75
1.14	**Annelida (Ringelwürmer)**	76
1.14.1	Polychaeta (Borstenwürmer, Vielborster)	77
1.14.2	Clitellata	79
1.15	**Arthropoda (Gliederfüßler)**	79
1.15.1	Onychophora (Stummelfüßer)	82
1.15.2	Tardigrada + Pentastomida + Euarthropoda	85
1.16	**Euarthropoda**	90
1.17	**Arachnata**	92
1.17.1	†Trilobita und †Olenellida	93
1.17.2	Chelicerata	94
1.18	**Arachnida**	103
1.18.1	Scorpionida (Skorpione)	104
1.18.2	Lipoctena	105
1.19	**Mandibulata**	118
1.20	**Crustacea (Krebse)**	120
1.20.1	Cephalocarida + Entomostraca	122
1.20.2	Entomostraca	124
1.20.3	Maxillopoda	125
1.20.4	Remipedia + Malacostraca	128
1.20.5	Malacostraca („höhere Krebse")	128
1.21	**Tracheata**	131
1.21.1	Chilopoda (Hundertfüßer)	133
1.21.2	Labiata	133
1.22	**Insecta (Hexapoda)**	138
1.22.1	Ellipura	143
1.22.2	Euentomata	144
1.22.3	Ectognatha	145
1.22.4	Dicondylia	145
1.22.5	Pterygota (Geflügelte Insekten)	146
1.22.6	Metapterygota	148
1.22.7	Neoptera	149
1.22.8	Polyneoptera	150
1.22.9	Pliconeoptera	151
1.22.10	Dictyoptera	152
1.22.11	Orthopterida	154
1.22.12	Eumetabola	155
1.22.13	Paraneoptera	156
1.22.14	Acercaria	156
1.22.15	Micracercaria	156

1.22.16	Psocodea	157
1.22.17	Hemiptera	158
1.22.18	Holometabola	161
1.23	**Radialia**	172
1.23.1	Phoronidea (Hufeisenwürmer)	175
1.23.2	Bryozoa (Moostierchen)	175
1.23.3	Brachiopoda + Deuterostomia	176
1.23.4	Brachiopoda (Armfüßer)	176
1.23.5	Chaetognatha (Pfeilwürmer)	177
1.24	**Deuterostomia (Neumünder)**	178
1.24.1	Ambulacraria	179
1.25	**Echinodermata (Stachelhäuter)**	179
1.25.1	Eleutherozoa	182
1.25.2	Echinozoa	185
1.26	**Übrige Deuterostomia: Pterobranchia + Enteropneusta + Chordata**	186
1.26.1	Pterobranchia (Flügelkiemer)	187
1.26.2	Enteropneusta (Eichelwürmer)	188
1.27	**Chordata (Chordatiere)**	189
1.27.1	Tunicata (Manteltiere)	191
1.28	**Notochordata**	194
1.28.1	Acrania (Schädellose, Lanzettfischchen)	194
1.29	**Craniota (Wirbeltiere, Schädeltiere)**	197
1.30	**Myopterygii**	200
1.30.1	Myxinoidea (Schleimfische)	203
1.30.2	Petromyzontida (Neunaugen)	203
1.31	**Gnathostomata**	204
1.31.1	Chondrichthyes (Knorpelfische)	206
1.31.2	Teleostomi	208
1.32	**Osteognathostomata (Knochentiere)**	208
1.32.1	Actinopterygii (Strahlenflosser)	209
1.33	**Sarcopterygii (Fleischflosser)**	212
1.33.1	Actinistia (Quastenflosser)	213
1.34	**Choanata**	214
1.34.1	Dipnoi (Lungenfische)	214
1.35	**Die Tetrapoda und ihre Stammgruppenvertreter**	216
1.35.1	*Osteolepis* + *Eusthenopteron* + Tetrapodomorpha	216
1.35.2	*Eusthenopteron* + Tetrapodomorpha	216
1.35.3	Tetrapodomorpha	217
1.35.4	Holotetrapoda	217
1.35.5	Eotetrapoda	218

1.36	**Tetrapoda (Landwirbeltiere, Vierfüßer)**	218
1.37	**Amphibia (Lurche)**	223
1.37.1	Batrachia	224
1.37.2	Gymniophiona (Blindwühlen)	225
1.38	**Amniota**	226
1.39	**Sauropsida**	227
1.39.1	Ichthyosauria (Fischsaurier)	228
1.39.2	Chelonia (Schildkröten)	229
1.39.3	Diapsida	229
1.39.4	Archosauriformes	231
1.39.5	Dinosauria	233
1.39.6	Saurischia	233
1.39.7	Theropoda	234
1.39.8	Tetanurae	234
1.39.9	Maniraptora	235
1.39.10	Avialae	235
1.40	**Aves (Vögel)**	237
1.40.1	Palaeognathae	241
1.40.2	Neognathae	242
1.41	**Synapsida**	244
1.42	**Mammalia (Säugetiere)**	256
1.42.1	Monotremata (Kloakentiere)	256
1.43	**Theria**	257
1.43.1	Marsupialia (Beuteltiere, Beutelsäuger)	258
1.43.2	Placentalia (Plazentatiere)	259
1.43.3	Edentata	260
1.43.4	Epitheria (alle übrigen Placentalia)	261
1.43.5	Glires	261
1.43.6	Archonta	262
1.43.7	Scandentia + Primates	262
1.43.8	Volitantia	264
1.43.9	Tubulidentata (Röhrenzähner)	265
1.43.10	Ungulata (Huftiere)	265
1.43.11	Cetartiodactyla	265
1.43.12	Pantomesaxonia	267
1.43.13	Paenungulata	270
1.43.14	Carnivora (Raubtiere)	271

2 Fortpflanzung ... 273
- 2.1 **Die asexuelle Fortpflanzung und ihre Bewertung** ... 273
- 2.2 **Sexuelle Fortpflanzung** ... 276
- 2.2.1 Goniale Teilung und Meiose ... 279
- 2.2.2 Oogenese ... 281
- 2.2.3 Spermatogenese ... 285
- 2.2.4 Befruchtung ... 292

3 Entwicklung ... 298
- 3.1 **Entwicklungsabschnitte** ... 298
- 3.1.1 Furchung ... 298
- 3.1.2 Gastrulation und Bildung der Keimblätter ... 303
- 3.1.3 Organogenese ... 309
- 3.1.4 Larvalentwicklung und Metamorphose ... 315
- 3.1.5 Regeneration ... 318
- 3.1.6 Altern und Tod ... 322
- 3.2 **Die Steuerung von Entwicklungsprozessen** ... 326
- 3.2.1 Modellorganismen ... 327
- 3.2.2 Determination und Differenzierung ... 329
- 3.2.3 Cytoplasmatische Determinanten und embryonale Induktion ... 331
- 3.2.4 Musterbildung bei *Drosophila* ... 340
- 3.2.5 Musterbildung bei Extremitäten ... 346
- 3.3 **Evolution von Entwicklungsprozessen: Evo Devo** ... 350
- 3.3.1 Achsendetermination bei Fliege und Frosch ... 352
- 3.3.2 Extremitätenentwicklung ... 354
- 3.3.3 Die Evolution der Neuralleiste ... 358

4 Gewebe und ihre Funktionen ... 359
- 4.1 **Epithelgewebe** ... 359
- 4.1.1 Oberflächenepithelien ... 362
- 4.1.2 Drüsenepithelien ... 370
- 4.2 **Binde- und Stützgewebe** ... 372
- 4.2.1 Bindegewebe ... 372
- 4.2.2 Stützgewebe ... 376
- 4.3 **Muskelgewebe** ... 388
- 4.3.1 Skelettmuskulatur ... 388
- 4.3.2 Herzmuskulatur ... 394
- 4.3.3 Glatte Muskulatur ... 395

4.4	**Nervengewebe**	399
4.4.1	Nervenzellen	399
4.4.2	Gliazellen	403
4.4.3	Hirnhäute und Liquorräume	406

5 Funktionelle Struktur von Nerven- und Sinneszellen .. 410

5.1	**Informationsverarbeitung**	410
5.2	**Signalverarbeitung in Nervenzellen**	413
5.3	**Spezielle neuronale Membranphysiologie**	417
5.3.1	Ionenkanäle	417
5.3.2	Ruhepotential	419
5.3.3	Unterschwellige Membranpotentiale	420
5.3.4	Aktionspotentiale	422
5.3.5	Synaptische Potentiale	431
5.3.6	Dendritische Potentiale	434
5.3.7	Elektronische Ersatzschaltungen zwecks Modellierung	439
5.4	**Signalübertragung zwischen Zellen: Synapsen und Modulatoren**	441
5.4.1	Transmitter und Neuromodulatoren	443
5.4.2	Vorgänge an der Präsynapse	445
5.4.3	Vorgänge an der Postsynapse	447
5.4.4	Rückgewinnung und Wiederbefüllung der Vesikel	450
5.5	**Neuronale Plastizität – Rolle von Synapsen und Dendriten**	452
5.5.1	Klassische Konzepte	452
5.5.2	Moderne Konzepte	458
5.6	**Komplexe Signalintegration in Dendriten**	461
5.7	**Dynamik in Zellverbänden**	466
5.7.1	Zelluläre Mechanismen zentraler Mustergeneratoren	467
5.7.2	Modulation neuronaler Schaltkreise	468
5.7.3	Graue Substanz: der kanonische Mikroschaltkreis	468
5.7.4	Zelluläre Mechanismen neuronaler Synchronisation	470
5.8	**Sinnesrezeptoren: Prinzipien der Energieumwandlung**	471
5.9	**Effektoren: Muskel- und Drüsenzellen**	474
5.10	**Neurovaskuläre Kopplung**	479
5.10.1	Kopplung mit synaptischer Aktivität und Aktionspotentialen	481
5.10.2	Räumliche und zeitliche Modulation der NVK	483

6 Nervensysteme: Entwicklung, Organisationsebenen und Subsysteme ... 485

- 6.1 **Funktionelle Anatomie in der Phylogenese** ... 485
- 6.1.1 Vom Nervennetz zum Gehirn ... 485
- 6.1.2 Das Gehirn der Wirbeltiere ... 487
- 6.2 **Neurogenese** ... 495
- 6.2.1 Migration und Organogenese am Beispiel der corticalen Platte ... 496
- 6.2.2 Mechanismen der axonalen Verbindungsbildung ... 497
- 6.2.3 Synaptogenese ... 498
- 6.2.4 Neurotrophine ... 499
- 6.3 **Regeneration und Reinnervation** ... 500
- 6.4 **Sinnesorgane und -systeme** ... 502
- 6.4.1 Somatosensorisches System ... 502
- 6.4.2 Mechanische Sinne ... 504
- 6.4.3 Temperatur- und Infrarotsinn ... 508
- 6.4.4 Schmerz (Nozizeptoren, Verarbeitung, Pharmakologie) ... 509
- 6.4.5 Elektrischer und magnetischer Sinn ... 512
- 6.4.6 Vestibuläres System ... 514
- 6.4.7 Auditorisches System ... 515
- 6.4.8 Chemischer Sinn ... 522
- 6.4.9 Visuelles System ... 526
- 6.5 **Motorisches System** ... 538
- 6.5.1 Innervation, motorische Einheit und Kraftentwicklung ... 538
- 6.5.2 Reflexe und spinale Motorik ... 540
- 6.5.3 Koordination: Hirnstamm, Cortex, Basalganglien und Kleinhirn ... 543
- 6.6 **Vegetatives System** ... 548

7 Höhere Verarbeitungsprozesse ... 551

- 7.1 **Corticale Areale** ... 551
- 7.1.1 Primäre Areale des Cortex ... 553
- 7.1.2 Plastizität im Cortex ... 557
- 7.1.3 Sekundäre Cortexareale ... 558
- 7.1.4 Multimodale Cortexareale ... 560
- 7.1.5 Präfrontaler Cortex ... 562
- 7.1.6 Hemisphären-Spezialisierung und Lateralisierung ... 563
- 7.2 **Funktionelle Systeme** ... 567
- 7.2.1 Neurobiologische Grundlage der Gefühle: Das limbische System ... 567
- 7.2.2 Lernsysteme ... 569

7.2.3	Schlaf	573
7.3	**Generelle Prinzipien der Informationsverarbeitung**	**576**
7.3.1	Probleme mit linearer Informationsverarbeitung	576
7.3.2	Die Antwort: Parallele Informationsverarbeitung und neuronale Netzwerke	579
7.3.3	Bottom-up- und Top-down-Dynamik	582

8 Verhalten ... 585

8.1	**Wichtige Strömungen in der Verhaltensbiologie**	**585**
8.2	**Grundbegriffe der klassischen Ethologie**	**587**
8.2.1	Erbkoordinationen	587
8.2.2	Angeborener Auslösemechanismus	588
8.2.3	Motivation	589
8.3	**Verhaltensphysiologie**	**591**
8.3.1	Motorische Programme	592
8.3.2	Neuronale Filter	593
8.3.3	Endogene Rhythmik	595
8.3.4	Orientierung	599
8.3.5	Kommunikation	601
8.4	**Verhaltensontogenie**	**603**
8.4.1	Angeborenes Verhalten	604
8.4.2	Lernen	605
8.4.3	Klassische und operante Konditionierung	607
8.5	**Verhaltensökologie (Soziobiologie)**	**613**
8.5.1	Evolutionsbiologische Grundlagen des Verhaltens	613
8.5.2	Nutzen-Kosten-Analyse	614
8.5.3	Fortpflanzungsverhalten	616
8.5.4	Sozialverhalten	618
8.5.5	Verhaltensanpassungen des Menschen	622

9 Parasiten ... 626

9.1	**Der Parasitismus als Lebensform**	**626**
9.1.1	Was ist Parasitismus?	626
9.1.2	Anpassungen an die parasitische Lebensweise	630
9.1.3	Abwehr des Wirtes gegen den Parasit	633
9.1.4	Abwehr des Parasiten gegen die Immunantwort des Wirtes	633
9.2	**Lebenszyklen von tierischen Parasiten**	**636**
9.3	**Parasiten des Menschen sowie seiner Nutztiere und -pflanzen**	**643**
9.3.1	Parasiten des Menschen und seiner Nutztiere	643
9.3.2	Pflanzenparasiten	649

10 Ernährung und Verdauung 652
10.1 Nährstoffe 652
10.2 Verschiedene Formen des Nahrungserwerbs 657
10.2.1 Absorbierer 657
10.2.2 Strudler und Filtrierer 658
10.2.3 Säftesauger 660
10.2.4 Substratfresser 661
10.2.5 Schlinger und Zerkleinerer 661
10.2.6 Symbiose 667
10.3 Verdauungssysteme im Tierreich 669
10.4 Verdauung und Resorption bei Wirbeltieren 678
10.4.1 Die chemische Basis der Verdauung 679
10.4.2 Verdauung und Resorption am Beispiel des Menschen 679

11 Blut und Kreislaufsysteme 699
11.1 Aufgaben und Bestandteile von Blut und Hämolymphe . . 699
11.1.1 Entwicklung und Aufgaben der Blutzellen bei Wirbellosen . . 700
11.1.2 Entwicklung und Aufgaben der Blutzellen bei Wirbeltieren . 701
11.1.3 Die Erythrocytenmembran 706
11.1.4 Blutgerinnung und Fibrinolyse beim Menschen 709
11.2 Kreislaufsysteme 714
11.2.1 Gefäße 714
11.2.2 Kreislaufsysteme 716
11.2.3 Blutkreislaufsystem der Wirbeltiere 721
11.2.4 Der Bau des Säugerherzens 727
11.2.5 Die Aktivität des Herzens 728
11.2.6 Die Erregung der Herzmuskelzellen 729
11.2.7 Periphere Kreislaufregulation 733

12 Atmung und Temperaturregulation 738
12.1 Atmung 738
12.1.1 Sauerstoff und Kohlendioxid in Körperflüssigkeiten 739
12.1.2 Hautatmung 745
12.1.3 Luftatmung 746
12.1.4 Kiemen- oder Wasseratmung 752
12.1.5 Regulation der Atmung 757
12.1.6 Der Einfluss des Säure-Basen-Haushaltes auf
die Atmungsfunktion 760

12.2	**Energieumwandlungen und Temperaturregulation**	763
12.2.1	Energieumsatz	764
12.2.2	Die Regulation der Körpertemperatur	768
12.2.3	Akklimatisation an extreme Wärme oder Kälte	775
12.2.4	Winterschlaf/Winterruhe, Sommerschlaf und Torpor	777
12.2.5	Die Haut	778

13 Immunologie … 780

13.1 Fremd und Selbst: Strategien zur Erkennung von Pathogenen … 780
13.2 Die nicht-adaptive Immunantwort … 782
13.2.1 Phagocytose und Pattern-Recognition-Rezeptoren … 784
13.2.2 Das Komplementsystem … 789
13.2.3 Die frühe induzierte Immunantwort und der Entzündungsprozess … 792
13.3 Die adaptive Immunantwort … 795
13.3.1 Rezeptoren der adaptiven Immunantwort … 796
13.3.2 Die HLA-Klasse I-Peptidpräsentation … 800
13.3.3 Die HLA-Klasse II-Peptidpräsentation … 802
13.3.4 Das HLA-System … 802
13.3.5 Vielfalt der Immunglobuline und T-Zell-Rezeptoren … 805
13.3.6 Lymphopoiese und Selektion der B- und T-Zellen … 812
13.3.7 Die klonale Selektion – Grundprinzip der Entwicklung adaptiver Immunität … 818
13.3.8 Immunglobulin-vermittelte Effektormechanismen – die humorale Immunität … 821
13.3.9 Die cytotoxische Effektorantwort … 822
13.3.10 Natürliche Killerzellen … 823
13.3.11 Initiation der B-Zell-Antwort … 825
13.3.12 Initiation der cytotoxischen und T-Helfer-Zell-Antwort … 827
13.3.13 Dendritische Zellen … 830

14 Wasserhaushalt, Ionen- und Osmoregulation, Stickstoffausscheidung … 832

14.1 Wasser- und Elektrolythaushalt … 832
14.2 Der Einfluss des Lebensraumes auf die Osmoregulation … 835
14.2.1 Marine Tiere … 835
14.2.2 Limnische Tiere … 841
14.2.3 Terrestrische Tiere … 842
14.3 Exkretion stickstoffreicher Abfallprodukte … 844

	14.4	**Organe der Ionen- und Osmoregulation und der Exkretion** 851
	14.4.1	Exkretions- und osmoregulatorische Organe der wirbellosen Tiere 852
	14.4.2	Osmoregulation der Vertebraten 859

15 Hormone und endokrine Systeme 874

15.1	**Die Rolle der Hormone und ihre Klassifikation** 874
15.2	**Regulation der Hormonkonzentration** 879
15.3	**Molekulare Wirkungsmechanismen** 882
15.3.1	Membranständige Rezeptoren 883
15.3.2	Hormonwirkung über intrazelluläre Rezeptoren 887
15.4	**Hormonsysteme bei Wirbeltieren** 889
15.4.1	Übergeordnetes Drüsensystem 890
15.4.2	Untergeordnete Drüsen 893
15.5	**Hormonsysteme bei wirbellosen Tieren** 907
15.6	**Pheromone** 917

16 Anhang 922

Sachverzeichnis 925

1 Das System der Tiere

Rainer Willmann

Phylogenese und System

Die **Stammesgeschichte** oder **Phylogenese** – die fortwährende Aufspaltung von evolutiven Einheiten in **Tochtertaxa** – führt zu natürlich bedingten Verwandtschaftsbeziehungen. Der organismischen Vielfalt ist also ein naturgegebenes System unterlegt. Dem stammesgeschichtlichen Aufspaltungsprozess entsprechend besteht es aus Paaren von Taxa, sogenannten Schwestergruppen oder Adelphotaxa. Ein Schwestergruppenpaar bildet eine monophyletische Gruppe (**Monophylum**). Eine jede monophyletische Gruppe bildet mit ihrer Schwestergruppe auf der nächst höheren Hierarchie-Stufe wiederum ein Monophylum.

Monophyla sind die eine Form stammesgeschichtlicher Einheiten. Eine solche Einheit kann aber auch aus nur einer einzelnen Art oder gar einer Unterart (Subspezies) bestehen. Im Falle einer Artengruppe umfasst ein Monophylum eine Stammart und alle ihre Nachkommen.

Selbstverständlich gibt es nur ein einziges der Vielfalt des Lebens unterliegendes phylogenetisches System, denn die Stammesgeschichte ist nur ein Mal und in ganz bestimmter Weise abgelaufen. Weil sich dieses System nur aus Indizien erschließen lässt, nämlich aus Eigenschaften, die wir als **Synapomorphien** (gemeinsame abgeleitete Merkmale), **Autapomorphien** (neu entstandene Merkmale eines einzelnen Taxons) oder **Symplesiomorphien** (gemeinsame ursprüngliche Merkmale) interpretieren, bestehen verschiedene Annahmen über die verwandtschaftlichen Beziehungen. Die dadurch bedingte Vorläufigkeit vieler Ergebnisse ist jedem Systematiker bewusst und fordert zu weiterer Forschung heraus.

Die Verwandtschafts- oder Schwestergruppenbeziehungen zu erschließen, ist Ziel der Phylogenetischen Systematik (*Ökologie, Evolution*). Methodische Grundlage ist der Vergleich **homologer Eigenschaften** eines Organismus beziehungsweise einer Art mit denen anderer Organismen. Aufschluss über die **Verwandtschaftsbeziehungen** geben nur die Synapomorphien (gemeinsame abgeleitete Merkmale). Autapomorphien, die abgeleiteten Eigenschaften eines einzigen Taxons, belegen die Monophylie einer Gruppe, verraten aber naturgemäß nichts über ihre verwandtschaftliche Stellung.

Die **Milchdrüsen der Säugetiere** belegen die Monophylie der Gruppe Mammalia, geben aber nicht Aufschluss darüber, mit welcher anderen Gruppe die Säugetiere am nächsten verwandt sind.

Symplesiomorphien, mehreren Gruppen gemeinsame ursprüngliche Strukturen, können die Ähnlichkeit verschiedener Organismen bestimmen und dann engste Verwandtschaft vortäuschen:

Viele charakteristische Eigenschaften primär aquatischer kiefertragender Wirbeltiere beispielsweise (paarige Brust- und Bauchflossen, Schwanzflosse, Schädelstrukturen) könnten zu der Annahme verleiten, dass sie eine monophyletische Gruppe bilden, d. h., dass sie in ihrer Gesamtheit sämtliche Nachkommen einer Stammart umfassen (Fische unter Ausnahme der Neunaugen und Schleimfische). Tatsächlich aber sind die Dipnoi (Lungenfische) die nächsten Verwandten der Landwirbeltiere (Tetrapoda) und die Actinistia (Quastenflosser) die nächsten Verwandten der Dipnoi + Tetrapoda, wie jeweils synapomorphe Übereinstimmungen zeigen. Die „Fische" umfassen also nicht eine Stammart und alle ihre Nachkommen, nämlich *nicht* die Landwirbeltiere. Damit sind sie keine monophyletische, sondern eine paraphyletische Gruppe, wie sie in der Biosystematik nicht zulässig ist: Die Ähnlichkeiten unter den „Fischen" beruhen auf Symplesiomorphien.

Im Folgenden liegt das Gewicht daher auf den Synapomorphien mehrerer Taxa oder aber auf jenen Autapomorphien, die für die jeweilige Gruppe besonders charakteristisch sind.

Zeitliche Folgen von Populationen bilden eine Evolutionslinie. Zwischen Evolutionslinien besteht **genetische Isolation**, sobald in ihnen das Niveau von **Arten** erreicht ist. Denn Arten im Sinne natürlicher Einheiten sind reproduktiv (genetisch) voneinander isolierte Einheiten. Zwischen Gruppen von Arten ist folglich erst recht kein Genaustausch möglich. Damit besteht keine Möglichkeit der Fusion von Evolutionslinien mehr, und aus diesem Grund zeigen Verwandtschaftsdiagramme von Arten oder Artengruppen Verzweigungsmuster (und keine zusammenlaufenden Evolutionslinien).

Allerdings können bei intensiven Formen der Symbiose verschiedene Entwicklungslinien zu neuen Einheiten verschmelzen; Beispiele sind die per Endosymbiose entstandenen Eukaryota mit ihren **Mitochondrien**, die **Plastiden** der Pflanzen und Glaucophyta oder die **Flechten** als Verschmelzungsprodukt von Pilzen und Grünalgen oder Cyanobakterien.

D. h., die Verwandtschaftsbeziehungen zwischen Arten oder Artengruppen sind unumkehrbar. Die Entschlüsselung des Phylogenetischen Systems der Organismen ist eine der großen Herausforderungen der modernen Biowissenschaften, in der morphologisch-anatomische, biogeographische, paläontologische und molekularsystematische Arbeitsrichtungen einander ergänzen. Theoretisch dokumentieren **Fossilien** die Stammesgeschichte getreulich, doch für ein eindeutiges Bild ist die Dokumentation noch nicht ausreichend.

Das niedergeschriebene phylogenetische System, wie wir es in den Büchern finden, soll die während der Entstehung der organismischen Vielfalt historisch gewachsenen Verwandtschaftsbeziehungen widerspiegeln. Eine solche Darstellung ist immer eine **Hypothese**, denn die Ermittlung der Verwandtschaftsbeziehungen erfolgt in vieler Hinsicht über Interpretationen: eine Interpretation von morphologischen Strukturen und ihrer Aussagefähigkeit, von Verhaltensmerkmalen oder von Molekülsequenzen. Mit dem Versuch der Abbildung des Resultats der Phylogenese wird folglich die **momentane Kenntnis** von der Stammesgeschichte dargelegt. Diese vorsichtigen Formulierungen sollen nicht dazu verleiten, das Erreichte gering zu achten; im Gegenteil: Viele Ergebnisse sind als unumstößlich einzuschätzen. Aber für viele Taxa ist noch nicht einmal die Monophylie gesichert.

Die Kenntnis des Phylogenetischen Systems ist die Voraussetzung für die Klärung vieler biogeographischer und allgemein evolutionsbiologischer Fragestellungen. Dem von **Th. Dobzhansky** 1973 geprägten Satz „Nothing in biology makes sense except in the light of evolution" wurde denn auch später die Aussage „Nothing in evolution makes sense except in the light of phylogeny" zur Seite gestellt.

In großer Zahl werden aufgrund der Analysen von **Molekularsequenzen** phylogenetische Ergebnisse publiziert. Einerseits machen sie deutlich, wie hoch der Bedarf an sorgsamen morphologischen Untersuchungen ist, denn vielfach boten sie ganz neue Einblicke in die möglichen stammesgeschichtlichen Zusammenhänge. Bei Stabschrecken wurde deutlich, dass die bisher kaum bezweifelte Annahme der Monophylie einer Gruppe flügelloser Formen falsch ist – ihre charakteristische Erscheinungsform auf Neukaledonien, Lord Howe Island und Neuguinea – alle im australischen Raum – beruhte auf Konvergenz. Andererseits aber ist die Vorläufigkeit vieler molekularsystematischer Studien offensichtlich. So sollen nach einigen Veröffentlichungen die Rippenquallen die Schwestergruppe der Kalkschwämme sein. Die Rippenquallen haben aber eine Fülle komplexer Strukturen mit den Nesseltieren (Cnidaria) und vielleicht sogar mit den Bilateria gemeinsam. Es ist gewiss, dass das Ergebnis die Verwandtschaftsbeziehungen nicht widerspiegeln kann. Vergleichbare Resultate gibt es in großer Zahl: So ergaben 18S-Analysen, dass drei Taxa von Felsenspringern sehr wohl miteinander nächstverwandt sind, ein drittes aber die Schwestergruppe der Fransenflügler sein soll, oder dass die Diplauren die nächsten Verwandten von Remipedia seien (*Speleonectes*). Das ist im 28S-Baum nicht besser, wenn darin beispielsweise *Balanus* (Seepocke) als nächster Verwandter von *Pauropus* (einem „Tausendfüßler") erscheint. Dies miteinander und mit morphologischen Daten zu verrechnen sollte – so die Autoren – einen akzeptablen Stammbaum ergeben, doch zwei offensichtliche Fehler miteinander zu verrechnen, macht biologisch keinen Sinn, denn hier geht es um die Ermittlung des naturvorgegebenen Systems. Und so ist es kein Wunder, dass mit diesem letzteren Schritt wiederum inakzeptable Ergebnisse herauskamen: So sollen die ursprünglichsten Arthropoden, die Stummelfüßer, zusammen mit *Derocheilocaris* (Krebsen) die Schwestergruppe von Felsenspringern (Insecta) sein.

Die **Darstellung** des Systems beginnt für jede monophyletische Gruppe mit einem der jeweils zwei basalen Taxa. Auf diese Weise erschließt sich schrittweise die gesamte Hierarchie des Systems der Organismen (Abb. 1.1).

In der Biologie ist grundsätzlich zu beachten, dass zwischen **natürlichen Gruppen** bzw. **Taxa** (Taxa als Produkte der Natur) und Taxa im Sinne von **menschlichen Konstrukten** zu unterscheiden ist. Letztere sind Zusammenstellungen von Arten, die zusammengenommen keinen natürlichen (monophyletischen) Einheiten entsprechen. Sie waren, so lange man sich der Struktur des phylogenetischen Systems nicht vollends im Klaren war, durchaus legitim, haben nunmehr aber nur noch historische Bedeutung. So bezeichnen viele alte Begriffe wie „Protozoa" (Urtierchen) oder „Pisces" (Fische) keine monophyletischen Taxa, sie (und die jeweiligen Begriffsinhalte) sind überholt. Auch die Einteilung in „Tiere" einschließlich einzelliger „Tiere" und „Pflanzen" (in vergleichbarer Fassung) spiegelt nicht systematische Beziehungen wider. Hingegen geht man davon aus, dass alle Eukarya ein monophyle-

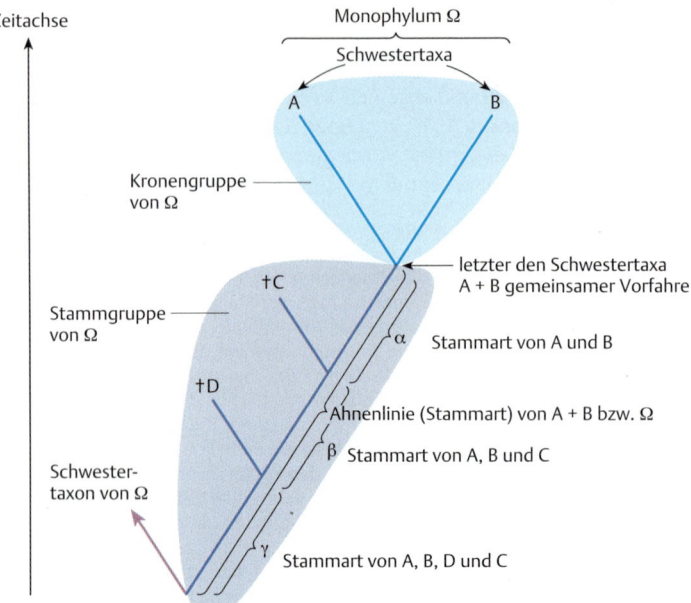

Abb. 1.1 Struktur und Terminologie phylogenetischer Beziehungen. Die rezenten Taxa A und B (und ihre Stammart α) bilden eine monophyletische Gruppe Ω. Da die fossilen Formen C und D mit Ω näher verwandt sind als mit jeder anderen Organismengruppe, gehören auch sie zum Taxon Ω. Oft wird dann unterschieden zwischen der Stammgruppe (auch, etwas irreführend, Stammlinie) und der Kronengruppe. Die Stammgruppe umfasst die auf der Ahnenlinie einer Kronengruppe liegenden Stammformen und die von dieser Linie ausgehenden terminalen Taxa (hier C und D und die auf der gesamten Ahnenlinie von A+B liegenden Formen), die Kronengruppe umfasst alle auf die letzte Stammform von A+B zurückgehenden Taxa. Kronen- und Stammgruppe zusammen bilden das Gesamt-Monophylum (Pan-Monophylum) Ω (A+B und die Gesamtheit aller Taxa, die mit A und B näher verwandt sind als mit einem anderen rezenten Taxon).

Bezieht sich der Name eines Taxons nur auf die Kronengruppe und nicht auch auf die Stammgruppenvertreter, dann kann durch das Präfix „Pan-" das Gesamttaxon benannt werden. Beispiel: Der Name Mandibulata gilt herkömmlicher Weise nur für die Kronengruppe, aber mit der Bezeichnung Panmandibulata kann man Kronengruppe und Stammgruppe unter einem Namen vereinen.

Als der letzte gemeinsame Vorfahre eines Schwestergruppenpaares gilt in der Regel vereinfachend dessen Stammart (hier: α für A+B), genau genommen aber ist dies die jüngste Population der Stammart. Mit der letzten Stammform eines Taxons ist dessen Grundmuster (= Grundplan) verwirklicht.

tisches Taxon sind, ebenso die vielzelligen Tiere (= Animalia oder Metazoa). Ferner sind beispielsweise die Vögel als Schwestergruppe der Krokodile (wenn man nur die rezenten Gruppen berücksichtigt) ein relativ untergeordnetes monophyletisches Taxon der (wiederum monophyletischen) Sauropsida. Zugleich ist auf die klassischen linnaeischen Kategorien wie „Stamm", „Klasse", „Ordnung" etc. zu verzichten, denn es macht beispielsweise keinen Sinn, die Vögel als „Klasse", als die sie oft geführt wurden, den (als deren Schwestergruppe phylogenetisch gleich„wertigen") Krokodilen als einer „Ordnung" (diesen Rang erkannte man ihnen zu) gegenüberzustellen.

Auch bei Arten ist zwischen naturvorgegebenen Spezies und Spezies im Sinne menschlicher Konstrukte zu unterscheiden. Die in der Natur existierenden Arten sind das Objekt unserer Untersuchungen. Sie haben als natürliche Einheiten eine Geschichte mit Anfang (Speziation mit ihrer Entstehung durch Auflösung ihrer Stammart in Tochterarten) und Ende (die eigene Auflösung in Tochterarten oder aber Aussterben). Ihnen wird in der Zoologie und Botanik mit dem **Biospezies-Konzept** Rechnung getragen (Arten = reproduktiv bzw. genetisch isolierte Einheiten). Für viele Organismengruppen gibt es allerdings die Evolutionsstufe „Biospezies" nicht, dann haben andere Konzepte zu gelten. Konstrukte sind Arten dann, wenn in der Praxis Gruppen von Individuen als Art bezeichnet werden, die nicht ausschließlich aus Individuen einer natürlichen Art zusammengestellt sind, oder wenn man Spezieskonzepte vertritt, die die natürliche Gliederung in real-objektive Arten nicht widerspiegeln.

> **Adelphotaxon:** Schwestergruppe. Zwei Adelphotaxa bilden eine monophyletische Gruppe und sind selbst Monophyla.
> **Kronengruppe:** Die alle rezenten Vertreter eines Taxons umfassende Einheit eines Monophylums als Gesamtheit (einschließlich der in diese Einheit gehörenden erloschenen Formen). Nicht zur Kronengruppe gehören somit alle Stammgruppenvertreter eines Monophylums.
> **Stammform:** Meist = Stammart. Jene Form, auf die die Vertreter eines Monophylums (und nur diese) zurückgehen.
> **Grundplan:** = Grundmuster. Die Organisation der Stammform eines (monophyletischen) Taxons, fast immer nur in Form einer Hypothese rekonstruierbar.

Das System der Organismen

Die **Monophylie** aller heute existierenden Organismen steht außer Frage. Darauf weist besonders eindrucksvoll die übereinstimmende **Codierung der Erbinformation** hin. In allen Organismenzellen finden sich **Ribosomen**, wobei es sich bei den Archaea und Bacteria um 70S-Ribosomen handelt, bei den Eukarya um 80S-Ribosomen im Cytoplasma und um 70S-Ribosomen in den Mitochondrien und Chloroplasten (S = Svedberg-Einheit; Koeffizient zur Bestimmung der Molmasse). Darüber hinaus ist die **Cytoplasmamembran** bei allen Organismen **mehrschichtig** (Plasmalemma).

Die basalen Aufspaltungen unter den Lebewesen führten zur Entstehung von drei umfangreichen Taxa, den Archaea, Bacteria und Eukarya oder Eukaryota.

Für die ursprünglichen, überwiegend einzelligen Eukaryota haben morphologische Analysen bei weitem nicht ausgereicht, um die Fülle an phylogenetischen Verzweigungen zu erschließen. Molekularsystematische Untersuchungen haben dann zu weit reichenden und von den klassischen Vorstellungen stark abweichenden Einblicken geführt. Bestätigt hat sich die Monophylie der vielzelligen Tiere (Animalia, auch: Metazoa), und es hat sich gezeigt, dass sie mit einer Teilgruppe der früheren Gruppierung „Flagellata" (Flagellaten, Geißeltierchen), nämlich den Choanoflagellaten, sowie einer Reihe wenig bekannter Einzeller nächstverwandt sind (zusammen: Holozoa). Die Holozoa bilden auf der nächsthöheren Hierarchie-Stufe mit den Eumycota (Echte Pilze) das Taxon Opisthokonta (Abb. 1.**2**).

Die verwandtschaftlichen Beziehungen unter den einzelligen Eukarya und ihr Bau sind in 📖 *Ökologie, Evolution* dargestellt.

Zwecks Übersichtlichkeit werden im Folgenden Synapomorphien, also jene abgeleiteten Merkmale, die für die nächste Verwandtschaft zweier Taxa sprechen, und auffällige Autapomorphien einzelner Taxa meist in straffer Form aufgelistet. Wenn Autapomorphien angegeben werden, ist zu beachten, dass es sich dabei um sogenannte abgeleitete Grundplan- oder Grundmustermerkmale handelt, d. h. um Eigenschaften des letzten Vorfahren der Teilgruppen des jeweiligen Taxons. Innerhalb dieses Taxons können diese Merkmale in abgewandelter Form realisiert sein. Beispiel: die primär fünffingrige Tetrapodenextremität (Autapomorphie der Tetrapoda) findet sich bei verschiedenen Teiltaxa der Tetrapoda in veränderter Form (einzehig bei den Pferden, mit nur vier Zehen in der Vorderextremität der Amphibien, völlig reduziert bei den meisten Schlangen usw.).

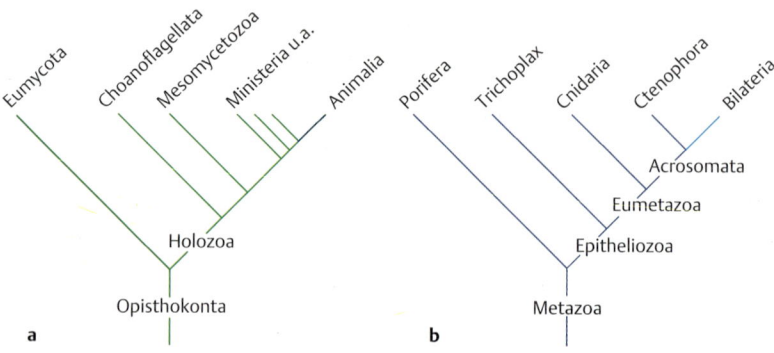

Abb. 1.**2** **Die basalen phylogenetischen Verzweigungen: a** der Opisthokonta, **b** der Tiere (Animalia oder Metazoa).

Holozoa (= Choanoflagellata + Metazoa)

Autapomorphien: Die Geißel ist umstanden von einem Kranz von Mikrovilli (gr. mikros: klein; lat. villi: Zotten; lichtmikroskopisch erkennbare Cytoplasma-Fortsätze) mit zwischen den Mikrovilli liegendem Mucopolysaccharidfilm („Kragen") (**Kragengeißelzellen, Choanocyten**). Bei den Metazoa kommen Choanocyten als epithelial angeordnete Zellen vor, und zwar bei Schwämmen, Cnidaria (Anthozoa) und Echinodermata; im Gegensatz zu den Choanoflagellata und den Choanocyten der Schwämme sind bei ihnen die **Mikrovilli** aber **nicht retraktil**, weswegen die Homologie dieser Zellen oft angezweifelt wird.

Nur bei den Choanoflagellata und Metazoa wurde bisher eine **Rezeptor-Tyrosin-Kinase** (RTK) nachgewiesen (MBR TK 1), ein sehr konservatives Protein vermutlich mit der Fähigkeit, Signale zu empfangen und von Zelle zu Zelle zu leiten.

Wie Abb. 1.2 zeigt, nimmt man für eine Reihe von Taxa an, dass sie den Animalia näher stehen als die Choanoflagellata.

Choanoflagellata (Kragengeißeltierchen, Kragengeißler)

Ca. 150 Arten. Die Choanoflagellata (= Choanoflagellida) leben aquatisch teils auf Untergrund festgewachsen, teils als flottierende koloniale flache oder kugelige Verbände. Sie erzeugen mit ihrem einzigen Flagellum einen Wasserstrom, der Nahrungspartikel an einen Kranz aus 15–20 retraktilen Mikrovilli (lat. Collare: Kragen) strudelt. (Auf eine vollkommen reduzierte zweite Geißel weist ein zusätzlicher Basalkörper, **Kinetosom**, hin). Die Nahrungspartikel werden außen am Mikrovilli-Kranz nach unten befördert und an der Kragenbasis phagocytiert. Die Mikrovilli enthalten Actinfilamente. Manche Arten bilden ein Gehäuse (**Lorica**). Bisweilen besteht es aus miteinander verflochtenen Siliciumstäbchen (Costae). Der Innenraum von Kolonien kann schleimig oder gelatinig gefüllt sein und amöboide Zellen enthalten.

Die Fortpflanzung erfolgt, soweit bekannt, ungeschlechtlich durch **Zellteilung**. Begeißelte Zellen können sich (wie bei den Animalia) offenbar nicht teilen.

Verwandtschaftsbeziehungen. Es sind keine Synapomorphien der Choanoflagellata mit anderen einzelligen Organismen bekannt. Andererseits zeigen die Choanocyten der Schwämme fast denselben Bau wie die Choanoflagellata, darunter fehlende echte Flagellenwurzeln, und der basale Fuß der Cilien ist mit Gruppen radialer Mikrotubuli assoziiert. Daraus leiteten manche Autoren ab, dass die Choanoflagellata einzellige Schwämme sein könnten. Bemerkenswerterweise besteht bei einigen Arten beider Taxa die Fähigkeit, Kieselsäure zu metabolisieren und osmotisch eingedrungenes Wasser durch kontraktile Vakuolen zu entfernen. Außerdem erinnern Kolonien mit amöboiden Zellen an Teile eines Schwammkörpers.

Beispiele: *Codosiga utriculus*, an Wasserpflanzen. *Prorospongia haeckeli*, bildet ausgehend von einer sessilen Zelle Kolonien aus bis zu 60 Zellen, von denen die inneren keine Kragengeißelzellen sind. Wie der Name dieses Taxons besagt, sah man in ihm einen morphologischen Vorläufer der Schwämme. *Salpingoeca amphoroideum*, ca. 0,015 mm groß, mit Gehäuse (Abb. 1.3).

Abb. 1.3 **Choanoflagellata.** *Salpingoeca amphoroideum.* (Nach Willmann, 2004.)

Animalia (= Metazoa, Tiere)

Die Tiere sind aus vielen und differenzierten Zellen (Eucyten) bestehende Organismen, die sich dabei grundsätzlich durch zwei Zelltypen – die **Geschlechtszellen** und die Soma- oder **Körperzellen** – auszeichnen. Mit über **1,5 Millionen beschriebenen Arten** umfassen sie mehr als drei Mal so viele Arten wie die Pflanzen, und diese Arten sind in höchstem Maße unterschiedlich. Primär frei beweglich, haben sich mehrfach festsitzend lebende (sessile) Formen entwickelt (nur bei aquatischen Taxa). Während sich die Schwämme durch ein einzigartiges Filtriersystem aus in einen Zentralraum führenden Kanäle auszeichnen, und während bei ihnen die Verdauung intrazellulär erfolgt, haben alle anderen Tiere primär eine extrazelluläre Verdauung, die außer bei den Placozoa in einem im Körper liegenden permanenten Hohlraum, dem Darm, erfolgt. Damit verbunden ist ein prinzipiell **mehrlagiger Körperbau**: Die Darmwand ist das Entoderm, die äußere Zelllage das Ektoderm. Bei den bilateralsymmetrischen Tieren, den Bilateria, schiebt sich in die (primäre) Leibeshöhle zwischen Ekto- und Entoderm ein drittes Keimblatt, das Mesoderm. Aus diesen Lagen gehen alle Gewebe hervor – phylogenetisch gesehen oft sehr spät: So ist anzunehmen, dass es im Grundmuster der Bilateria noch kein Blutgefäßsystem gab; dieses wurde konvergent bei den Nemertini, Mollusken, Gliedertieren und den Radialia evolviert (wobei im Einzelnen der genaue Zeitpunkt der Entstehung eines Blutgefäßsystemes durchaus nicht gesichert ist, so bei den Radialia). Hohlräume im Mesoderm werden als Coelomräume oder sekundäre Leibeshöhle bezeichnet.

Die Unterschiedlichkeit der Tiere lässt sich auch gut an der Differenzierung der **Nervensysteme** vor Augen führen. Haben die Schwämme und Placozoa noch kein Nervensystem, so findet sich bei den Cnidaria und Ctenophora ein diffuses Nervennetz. Die Bilateria haben Nervenstränge. Die Hauptnervenstränge können dorsal (z. B. bei den Wirbeltieren) oder ventrolateral (das heißt, bauchseits und hier seitlich) oder ventral wie bei den Gliedertieren liegen. Aus einer kaum als Gehirn ansprechbaren Konzentration von Neuronen im Grundmuster der Bilateria ist es im Vorderkörper wiederholt zur Bildung eines umfangreichen Nervenzentrums gekommen (so bei den Cephalopoden, Insekten, Wirbeltieren oder den höheren Chelicerateren), was mit hohen Sinnesleistungen bis hin zur Entwicklung eines Bewusstseins gekoppelt ist. Die Differenzierungen des Nervensystems einschließlich der Evolution hoch leistungsfähiger **Sinnesorgane**, die Bildung einer differenzierten **Muskulatur** (aus dem Mesoderm), die Entstehung **stützender Strukturen** (Mesogloea, Exo- oder Endoskelette) oder von Strukturen zur Verbesserung der Schwebfähigkeit in den Medien Luft und Wasser haben eine Vielfalt von Fortbewegungsweisen ermöglicht (Wühlen, Bohren, Schwimmen, Fliegen, Laufen und davon abgeleitete Bewegungsformen). Fast immer übernehmen bestimmte Strukturen mehrere Funktionen. Ein wichtiges Evolutionsprinzip ist denn auch der **Funktionswechsel**. Damit wird ausgedrückt, dass eine einer bestimmten Funktion dienende Struktur primär eine andere Aufgabe hatte. So trugen die Extremitäten der Euarthropoden Kiemenäste, und bei den Skorpionen sind von den hinteren Opisthosoma-Extremitäten nur noch Respirationsstrukturen erhalten geblieben. Die Flossen der Pinguine werden in der Regel als Flügel bezeichnet, obwohl Pinguine nicht mehr flugfähig sind.

Die oft hohen Anforderungen an den Stoffwechsel sind es, die zur Evolution der für viele Tiere charakteristischen **Blutkreislauf- und Exkretionssysteme** geführt haben. Die **Fortpflanzung** erfolgt geschlechtlich (sexuell) oder ungeschlechtlich (asexuell); beide Formen können einander in einem Generationswechsel (Metagenese) ablösen.

Bedingt durch den **Landgang** mehrerer Taxa (z. B. Teilgruppen der Gastropoden, die Arachniden, Tracheata, Tetrapoda, einige Crustacea, manche Nematoidea und Plathelminthes) ist es wegen der enormen Vielfalt terrestrischer Biotope zu einer vergleichsweise hohen Zahl landlebender Tierarten gekommen. Zahlreiche auf das Filtrieren fixierte Tiergruppen wie die Schwämme, Muscheln, Brachiopoden, Bryozoen oder Tunicaten, aber auch die Echinodermata, haben nie das aquatische Milieu verlassen. Gleichwohl haben Teilgruppen primär filtrierende Taxa – dazu gehören die Radialia oder als eine ihrer Teilgruppen die Chordaten – dank tiefgreifender Reorganisationen den Lebensraum Wasser verlassen können.

Die Anzahl der **fossilen Tierarten** ist enorm. Bei aller beeindruckenden Vielfalt der heutigen Organismen sollte nicht vergessen werden, dass sie nur die Vertreter eines kurzen Zeitabschnittes sind; allein den vielleicht 5 oder 10 Millionen tatsächlich existierenden Insektenarten (beschrieben sind knapp über 1 Million) müssen nach Berechnungen rund 1 Milliarde fossiler Spezies gegenüberstehen – von denen freilich nur wenige wissenschaftlich erfasst und auch nur wenige fossil erhalten sind. Und während es rezent nur 320 Brachiopoden-Arten gibt, handelt es sich bei den Armfüßern um eine der in der Vergangenheit formenreichsten marinen Tiergruppen überhaupt. Abgesehen davon, sind einst vielfältige Taxa wie die Trilobiten (über 10 000 Arten) heute erloschen.

Apomorphien:
- **Vielzelligkeit**. Aus mehreren Zellen wird ein Körper aufgebaut, in dem die Zellen miteinander in Verbindung stehen. (Ein Mensch besteht z. B. aus 1 Million Milliarde Zellen, 1 000 000 000 000 000, 10^{14}.)
- Die Zellen sind **differenziert**: Es ist grundsätzlich zwischen den Geschlechtszellen (**Gameten**) und den Körperzellen (somatische Zellen, **Somazellen**) zu unterscheiden. Möglicherweise ist die monociliäre Zelle (mit nur einem Cilium) die ursprüngliche Form der Somazellen der Animalia. Somazellen gleicher Herkunft bilden Gewebe (Verbände gleichartiger Zellen).
- Die Körperzellen sind diploid, die Geschlechtszellen (Gameten) haploid.
- Die Geschlechtszellen entstehen im Zuge einer **Oogenese** (weibliche Gameten) bzw. **Spermiogenese** (männliche Gameten).
- Im Verlauf der Oogenese kommt es zur Bildung von einer befruchtungsfähigen **Eizelle** und **drei** winzigen **Polkörperchen** (statt von vier Eizellen).
- Das Spermium (männlicher Gamet) ist kleiner als das Ei, sehr beweglich und auf die DNA-Übertragung spezialisiert. Es besteht aus Kopf mit akrosomalen Vesikeln und Kern, Mittelstück mit Centriolen und vier Mitochondrien sowie dem Schwanz mit Axialkomplex und Endstück. Der Schwanz weist ein **9 × 2+2-Muster** der Tubuli auf, d. h., zwei zentrale Mikrotubuli werden von neun Paaren äußerer Mikrotubuli umgeben.
- Bei Annäherung an die Eizelle öffnet sich die **Akrosomvakuole** und entlässt lytische Enzyme zum Durchdringen der Eihüllen (S. 294).
- **Omnipotente Zellen**.
- **Adhärenzzonen**. Entgegen älteren Annahmen sind Adhärenzzonen (Adherens Junctions) dem Grundmuster der Metazoa zuzuschreiben (und nicht erst dem der Epitheliozoa), da sie auch bei Poriferen-Larven vorkommen. Bei den adulten Schwämmen sind sie nicht ausgebildet. Damit sind auch Epithelien dem Grundmuster der Animalia zuzuschreiben (Epithelien = Zellschichten mit Haftverbindungen).
- Die **extrazelluläre Matrix**.
- Besitz von **Kollagen**.
- **Furchung**.

Das Cilium wird im ursprünglichen Fall (und meist) von Mikrovilli umstanden. Deren Zahl ist bei den Porifera recht hoch (30–40), bei den Eumetazoa ist die Anzahl vermindert (8 bei Gnathostomulida). Neben dem Basalkörper (**Kinetosom**) liegt ein akzessorisches **Centriol**. Am Vorderrand des Basalkörpers ist die Cilienwurzel, eine quergestreifte Struktur, befestigt. Sie besteht oft aus zwei Teilen, zum einen einem horizontal unter der Zellmembran verlaufenden, zum anderen aus einem, der tief in die Zelle hineinreicht. (Möglicherweise reichte dieser Abschnitt ursprünglich bis zum Zellkern). Zwischen Zellkern und Cilienwurzel liegt der Golgi-Apparat. Am Basalkörper inseriert ferner der „basal foot", und zwar an der Seite, die in Richtung des Cilienschlages weist.

Von diesem **Feinbau der Somazelle** gibt es zahlreiche Abweichungen. Cilienwurzel und akzessorisches Centriol können fehlen, bei den Larven der Demospongiae und Hexactinellida fehlen spezielle Kränze von Mikrovilli um die Cilien. Bei den Schwämmen liegt das akzessorische Centriol im Vergleich zu den Epitheliozoa (= *Trichoplax* + Eumetazoa) um 90° gedreht (oder es fehlt).

Bei den Animalia gibt es selten biciliäre Zellen, häufig hingegen multiciliäre. Die Porifera haben mit seltenen Ausnahmen multiciliärer larvaler Zellen monociliäre Zellen.

Ontogenetisch gehen die vielen Zellen der Tiere auf das Verschmelzungsprodukt von Ei- und Samenzelle, eine **Zygote**, zurück. Die Zygote muss sich also in der Entwicklung zu einem multizellulären Organismus in viele Zellen aufteilen, die miteinander im Zusammenhang bleiben. Die ersten Teilungen werden als **Furchung** bezeichnet (S. 299). Die Furchung besteht in rasch aufeinanderfolgenden mitotischen Zellteilungen, bei denen kleinere Furchungszellen (**Blastomere**) entstehen. Da schon die ursprünglichsten Metazoa zweilagig gebaut sind (das Ektoderm bildet die Außenwand, das Entoderm eine innere Wand um den zunächst als einfache Einstülpung entwickelten Darm), schließen sich der Furchung weitere charakteristische Vorgänge an.

Dies sei am Beispiel des Schwammes *Sycon* gezeigt: Nach mehrfacher Furchung entsteht ein vielzelliger Keim, der aufgrund von Sekretion von Flüssigkeit nach innen hohl ist, die **Blastula** (Blasenkeim). (Bei *Sycon* ist die Blastula nicht rundlich, sondern abgeplattet.) Anschließend entwickelt ein Teil der Zellen Geißeln, die in den Hohlraum der Blastula, das Blastocoel hineinragen. (Dann erfolgt eine Umstülpung – **Exkurvation** –, in deren Verlauf die Geißelpole der Zellen nach außen gebracht werden. Das Ergebnis ist wieder ein Hohlkeim, die **Amphiblastula**. Ihr Epithel ist zum großen Teil bewimpert. Die Amphiblastula verlässt als Schwimmlarve den mütterlichen Körper.) Danach wird das Geißelepithel eingestülpt (**Invagination**). Die Einstülpung vertieft sich zum sogenannten Urdarm (**Archenteron**), die Invaginationsstelle wird als Urmund (Blastoporus) bezeichnet. Die nun außen liegende Zellschicht ist das **Ektoderm** – es umhüllt den Embryo –, die innen liegende das **Entoderm**. Ekto- und Entoderm bezeichnet man als **Keimblätter** (1. und 2. Keimblatt), der Vorgang dieser Differenzierung führt zum Becherkeim (**Gastrula**) und heißt Gastrulation (gr. gaster: Magen). Der Raum zwischen Entoderm und Ektoderm ist die primäre Leibeshöhle.

Ein solches Stadium hat **Haeckel** nicht nur für die Ontogenese, sondern auch für die frühe Evolution der Tiere angenommen und als evolutive Phase **Gastraea** genannt. Eine Gastraea sei die Ahnform aller Metazoa gewesen. Dieser Hypothese steht die **Planula-Theorie** von Lankaster (1873) gegenüber, wonach eine solide Blastula entstanden sei und keine Gastrulation erfolgt war (ein Gastralraum und eine Körperöffnung würden erst später gebildet). Die **Placula-Hypothese** von Bütschli (1884) wiederum, angeregt durch die Entdeckung von *Trichoplax adhaerens* (Placozoa), geht von einem zweischichtigen, abgeflachten Organismus ohne inneren Hohlraum aus. Durch Hochwölbung vom Untergrund würde zunächst eine „temporäre Gastrula" entstehen, die nur vorübergehend eine Verdauung leistete (Abb. 1.**6**).

Abb. 1.**4 Die Verwandtschaftsbeziehungen unter den Tieren.** Ergänzungen und alternative Hypothesen im Text sowie in den Kladogrammen zu verschiedenen Teilgruppen. Als weitere Ergänzung bietet sich das ausführlich kommentierte Poster „Der Stammbaum des Lebens" an, das im Verlag planet poster editions erschienen ist.

Es gibt eine Anzahl von **Furchungstypen**, die zu einem unterschiedlichen Muster in der Größe und Anordnung der Blastomeren führen. Der primäre Furchungstyp der Metazoa ist offenbar die **totale adäquale Furchung**. Sie findet sich bei geringem Dottergehalt und zerlegt die Zygote vollständig (und nicht nur einen Teil der Zygote). Dabei sind alle Blastomere annähernd gleich groß. Zugleich war dies eine **Radiärfurchung**, d. h. die Blastomeren sind radiärsymmetrisch um eine zentrale Polaritätsachse angeordnet.

Vielzelligkeit ist nicht nur für die Tiere charakteristisch, sondern mehrfach und auf sehr unterschiedlichem Wege **konvergent** evolviert worden, darunter auch bei Blaubakterien (Blau„algen"), den Schleimpilzen (*Mikrobiologie*), Pilzen und Pflanzen. Je nach Auffassung über die phylogenetische Stellung der Choanoflagellaten ist auch bei diesen von der Entwicklung von Vielzelligkeit auszugehen – oder aber nicht: Sie könnten nämlich nach manchen Autoren stark vereinfachte Schwämme sein. Dann wären die Choanoflagellaten eine Teilgruppe der Animalia, und ihre kolonialen Vertreter wären nicht unabhängig von den Tieren vielzellig geworden. Ein Einzeller besitzt alle für das Leben notwendige Eigenschaften, und daher kann er auch alle für das Leben notwendigen Funktionen erfüllen. Da sich Vielzeller aus Einzellern entwickelt haben, nimmt man an, dass die Zellkolonie eine Übergangsform zwischen diesen beiden ist. Vielzeller zeichnen sich durch Zellen mit unterschiedlichen Aufgaben aus, d. h., es gibt eine spezielle **Differenzierung**.

Vielzelligkeit evolvierte auf zwei ganz verschiedene Weisen. Aufeinander folgende Teilungen unter Beibehalt des Kontaktes unter den Tochterzellen führte zu Kolonien und deren Vergrößerung (**Vergrößerung durch Wachstum**). Der andere Weg zur Vielzelligkeit erfolgt durch **Aggregation**. Dabei wandern Zellen einer Art zusammen und bilden eine Einheit (zum Beispiel Schleimpilze. Bei ihnen erkennen sich die einzeln lebenden Zellen über Membranrezeptoren).

Die Bildung von Zellkolonien kommt sowohl bei prokaryotischen als auch bei eukaryotischen Organismen vor. Unter den Eukaryota gibt es diese Art des Zellverbands nachweislich nur bei den Pflanzen sowie bei den Pilzen.

Die beiden Teiltaxa der Animalia sind die Porifera und die Epitheliozoa (Abb. **1.4**).

1.1 Porifera (Schwämme)

= Spongia, Parazoa

> Festsitzende Filtrierer mit einem zentralen Hohlraum (nur das Larvenstadium ist beweglich). Noch ohne Organe und als Adulti ohne Symmetrie. Zwischen dem ektodermalen Pinacoderm außen und dem entodermalen Choanoderm (als dem wesentlichen Bestandteil des Kanalsystems aus Choanocyten) liegt als Zwischenschicht das Mesohyl, das die Hauptmasse des Schwammkörpers stellt. Die Schwämme zeichnen sich durch eine Vielzahl von Zellformen aus, die sich bei anderen Tiergruppen nicht finden. Durch Sklerocyten wird aus Kiesel- oder Kalk-

nadeln ein Stützskelett aufgebaut (bei den Hornschwämmen reduziert). Die Gameten entstehen meist aus totipotenten Zellen, den Archaeocyten. Im Meer- und Süßwasser. Wahrscheinlich die Schwestergruppe aller übrigen Tiere.

Ca. 8000 Arten. Die meisten Schwämme leben marin, einige im Süßwasser, sehr wenige streng genommen auch terrestrisch, nämlich in Kleinstgewässern wie Phytothelmen (Gewässern auf und in Pflanzen). Der Bau der erwachsenen Individuen ist auf das Herbeistrudeln und Filtrieren von nahrungsführendem Wasser zugeschnitten. Wegen ihrer großen Filtrierleistungen bilden Schwämme wichtige Elemente in marinen Ökosystemen. Der Körper der Adulti ist zur Zelldissoziation und -reaggregation fähig; die Schwämme weisen damit noch Spuren einer kolonialen Lebensweise auf.

Schwämme sind adult strauch- oder krustenförmig oder bilden relativ kompakte, manchmal kugelige Körper. Sie sind auf Substrat festgewachsen; die Festheftung (der Gastrula) erfolgt mit dem **Blastoporus** (Urmund). Die Körperwand ist von Poren durchsetzt, durch die Wasser in einen zentralen Raum (**Gastralraum** oder **Spongocoel**) strömt, von wo aus es den Körper durch das Osculum (Ausströmöffnung) verlässt. Der Wasserstrom wird von den Geißeln von **Kragengeißelzellen** (**Choanocyten**) erzeugt (S. 7). Im einfachsten Fall ist der Körper schlauchförmig, und die Poren führen direkt in den Gastralraum (Abb. 1.5, **Ascon-Typ**; nur von zwei Kalkschwämmen – *Leucosolenia* und *Clathrina* – bekannt). Haeckel (1866) hatte diesen Bautyp als für die Porifera ursprünglich angesehen, tatsächlich ist er sekundär vereinfacht und somit in seiner Einfachheit abgeleitet. Beim **Sycon-Typ** als stärker differenzierter Bauform führen die Poren nicht direkt in den Zentralraum, sondern in von ihm ausgehende Ausbuchtungen, auf die die Choanocyten beschränkt sind (Geißelkammern). Auch der Sycon-Typ kommt nur bei wenigen Kalk-

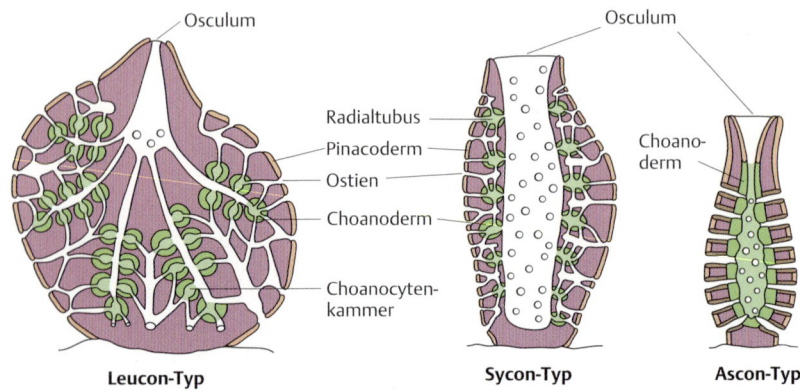

Abb. 1.5 **Porifera, Bautypen, Querschnitte.** Leucon-, Sycon- und Ascon-Typ.

schwämmen vor (z. B. *Sycon raphanus*). Bei den meisten Schwämmen münden die Geißelkammern nicht direkt, sondern über Kanäle in den Gastralraum (**Leucon-Typ**). Dieser Bau gehört zum Grundplan der Porifera. – Von völlig anderer Organisation ist der larvale Körper.

Der Körper wird durch **Nadeln** (**Spicula**, **Skleren** oder **Sklerite**) aus anorganischem Material, **Kieselsäure** (SiO_2) und **Kalciumkarbonat** (Kalk, Kalzit, $CaCO_3$), gestützt. Kiesel- und Kalknadeln sind einander nicht homolog: Kalkspicula werden extrazellulär, Kieselnadeln intrazellulär gebildet. Die Form der Nadeln hat zu einer Fülle von Bezeichnungen angeregt, zumal die Nadeln für die Systematik genutzt werden. Bisweilen werden kalkige Basalskelette gebildet, die aus radiär angeordneten nadelförmigen Kristallen zusammengesetzt sind. Basalskelette bestehen aus mehreren Lagen von Kammern und sind mehrfach konvergent entstanden (Demospongiae, Calcarea). Bei den Hornschwämmen sind die Skelettnadeln durch Proteine (**Spongin**) verknüpft, oder sie fehlen ganz. Bei Schwämmen ohne rigides Skelett können endosymbiontische Bakterien die strukturelle Festigkeit erhöhen.

Zellformen. Die **Choanocyten** kleiden das Innenepithel (Choanoderm) aus. Sie erzeugen mit ihrem einzigen Flagellum, die seitlich zum Teil Fahnen tragen, gerichtete Wasserströme. Die **Archaeocyten** sind den Amoebocyten (s. u.) ähnlich und totipotent (lat. totum: alles; potentia: Fähigkeit, Vermögen): Aus ihnen können alle anderen Zelltypen hervorgehen. Wanderzellen (**Amoebocyten**) bewegen sich im Körper umher und sind phagocytotisch tätig. Die plattenförmigen und kontraktilen **Pinacocyten** (Deckzellen) bilden die Außenlage (Pinacoderm, nicht bei Hexactinellida). Das Pinacoderm wird wie das Choanoderm von einigen Autoren nicht als Epithel aufgefasst. Pinacocyten bauen auch die inneren Kanalwandungen auf. Auf der Körperaußenseite liegen bei Kalkschwämmen, jungen Süßwasserschwämmen und einigen Demospongiae ferner besondere Porenzellen (**Porocyten**), die die Wassereinstromöffnungen bilden. Skelettbildungszellen (**Sklerocyten**; gr. skleros: trocken, hart; **Spongocyten**) sezernieren die Skelettnadeln bzw. Spongin (ein faseriges Kollagen), die in ihrer Gesamtheit den Körper stützen und gegen Tierfraß schützen. **Collencyten** sind mobil und dienen insbesondere der Kollagensekretion. Kollagen wird aber auch von **Lophocyten** (zuständig für dicke Fibrillen), Spongocyten (Mikrofibrillen), Baso- und Exopinacocyten gebildet. Weitere Zellen („**Myocyten**") unterstützen Kontraktionen des Körpers, wobei aber nur Kontraktionsgeschwindigkeiten von 1 mm pro Minute erreicht werden. In ihnen erfolgt sowohl die Reizaufnahme, die Erregungsleitung als auch die Reaktion („neuromuskuläre Zellen"). **Trophocyten** (gr. trophé: Ernährung) bilden Lipidgranula.

Zwischen **Choanoderm** und **Pinacoderm** liegt eine gelatinöse Zwischenschicht, das Dermallager, „Parenchym" oder **Mesohyl** (fälschlich: Mesenchym. Mesenchym = embryonales (!) nicht ausdifferenziertes tierisches Gewebe, entstammt meist dem Mesoderm). In das Mesohyl hinein sezernieren die Skelettbildungszellen die Skelettnadeln.

Die adulten Schwämme haben weder Nerven-, Sinnes- noch echte Muskelzellen.

Die **Verdauung** erfolgt nicht in den Hohlräumen des Kanalsystems, sondern intrazellulär: Die Choanocyten nehmen mittels ihrer Geißelbewegungen und des „Kragens" Nahrungspartikel auf (Endocytose, S. 657). Auch Archaeocyten, Amoebocyten und Pinacocyten können Nahrungsteilchen aufnehmen. – Das Kanalsystem ist dem Verdauungstrakt der übrigen Metazoa nicht als homolog anzusehen.

Fortpflanzung. Die Gameten entstehen aus Archaeocyten, aber auch aus Amoebocyten und Choanocyten. Die sich entwickelnden Gameten liegen einzeln oder zu mehreren im Mesohyl; Gonaden fehlen. Entweder sowohl die Eizellen als auch die Spermien oder nur die Spermien werden ins freie Wasser abgegeben. Im letzteren Fall erfolgt die Befruchtung im Schwammkörper. Die sexuelle Fortpflanzung führt zunächst zu einer planktischen Larve, die sich durch Cilien fortbewegt. Außerdem erfolgt bei allen Schwämmen eine Vermehrung durch Knospung.

Larve. Der larvale Körper ist von völlig anderer Organisation als der Adultus. Die **Parenchymula-Larve**, 0,3–0,7 mm lang, ist solide und frei beweglich (kriechend oder frei schwimmend). Die Larven der Calcarea und einiger Demospongiae bleiben hohl (Coeloblastula oder Amphiblastula).

Während der Larvalentwicklung von *Sycon* entwickelt sich durch eine Umstülpung der Blastula aus der Coeloblastula eine Amphiblastula: Anfänglich tragen die Zellen ihre Cilien nach innen, dann werden sie durch eine Inversion nach außen gebracht – eine unter den Tieren einmalige Entwicklung. Da während der Entwicklung der Parenchymula kein Urdarm (und auch kein Blastoporus) auftritt, gibt es im Gegensatz zu den Eumetazoa kein Entoderm.

Autapomorphien:
- **Zweiphasischer Lebenszyklus** mit planktischer Larve (wahrscheinlich vom Coeloblastula-Typ) und sessilem Adultus.
- **Choanocyten** mit einem Kragen aus zahlreichen, vom Basalkörper ausgehenden Mikrovilli. In der Mitte dieses Kreises aus Mikrovilli befindet sich ein Flagellum, von dessen proximalem Bereich zwei ca. 1 µm breite Fahnen abstehen.
- Besitz von organischen (meistens kollagenen) **Stützskeletten** (Spicula gehören möglicherweise nicht zum Grundmuster der Schwämme. Die kieseligen Skleren der Hexactinellidae und der Demospongiae werden syncytial bzw. intrazellulär gebildet, die Kalzitskleren der Calcarea extrazellulär).
- **Geißelkammern**.
- **Archaeocyten** (omnipotente Zellen vom Poriferen-Typ).

Die Monophylie der Schwämme wurde aber angezweifelt. Danach bilden die Calcarea einerseits und die Hexactinellida + Demospongiae andererseits Monophyla, von denen letztere die Schwestergruppe der Calcarea + übrigen Metazoa bilden sollen. Eine der Konsequenzen für evolutive Überlegungen: Das Kanalsystem wäre demnach keine Autapomorphie der Schwämme.

1.1 Porifera (Schwämme)

1.1.1 Calcarea (Kalkschwämme)

Ca. 500 Arten. Spicula aus Kalzit, werden von mehreren Skleroblasten extrazellulär gebildet. Larve hohl (Coeloblastula und Amphiblastula), entwickelt sich im Muttertier.
Beispiele: *Sycon, Leucosolenia*.

1.1.2 Demospongiae

Ca. 7000 Arten. Skelette aus intrazellulär gebildeten ein- oder vierachsigen Kieselnadeln. Außerdem mit Spongin. Manche Formen bilden ein basales Kalkskelett. Im Grundplan der Demospongiae sind die Choanocyten in Kammern konzentriert, die in die Wand eingelassen sind (Rhagon-Typ). Larven meist vom Parenchymula-Typ, seltener kommt eine Coeloblastula oder Amphiblastula vor.
Beispiele: Hornschwämme, z. B. *Spongia officinalis*, Badeschwamm.
Der Bohrschwamm *Cliona* bohrt sich in kalkiges Substrat, z. B. Molluskenschalen, ein. Im Süßwasser lebt *Spongilla*. Die Spongillidae (*Spongilla lacustris, Eunapius fragilis* und *Ephydatia muelleri*) haben mehrere **Larvenformen**, die von derselben Mutterkolonie erzeugt werden. Sie wurden nach ihrem Bau und ihrem Verhalten – vereinfachend – in vier Klassen unterteilt: LF 1 schwimmt langsam und siedelt sich nahe dem Elterntier an. Die Larvenformen 2–4 unterscheiden sich von LF 1 durch flagellate Kammern und eine größere Variabilität der Zellen. LF 1 ist rundlich, LF 2 rundlich bis leicht oval, LF 3 ist oval und hat mehr flagellate Kammern als LF 2. LF 4 ist oval und weist fast alle Zellformen auf, die sich im Mesohyl des adulten Schwammes finden: Collencyten, Skleroblasten, Pinacocyten, nucleolare und nichtnucleolare Amoebocyten. LF 4 schwimmt schnell, hat eine vergleichsweise lange freie Lebensphase von bis zu drei Tagen und kann damit weiter verbreitet werden als LF 1. Die verschiedenen Larvenformen führen zu einer verminderten innerartlichen Konkurrenz, z. B. um Siedlungsraum.

1.1.3 Hexactinellida (Glasschwämme)

= Symplasma

Ca. 400 Arten. Skelett aus dreiachsigen und sechsstrahligen Kieselnadeln; diese werden intrazellulär gebildet. Larven solide (Parenchymula-Larve). Marin. **Syncytiale Weichkörperorganisation**. D. h., diskrete Zellen sind kaum zu erkennen, der ganze Schwamm erscheint als riesige **multinucleate Zelle**. Damit hängt möglicherweise die Fähigkeit zu einer relativ raschen Reizleitung durch den ganzen Körper zusammen, denn nach einer entsprechenden Anregung kann die Flagellentätigkeit der Choanocyten in wenigen Sekunden ganz gestoppt werden.
Beispiel: *Euplectella* (Gießkannenschwamm).
Über die **Verwandtschaftsbeziehungen** der Demospongiae, Hexactinellida und Calcarea bestehen unterschiedliche Auffassungen: Nach der **Pinacophora-Hypothese** sind die Demospongiae und Calcarea miteinander nächstverwandt, nach der **Cellularia-** oder **Silicispongiae-Hypothese** die Demospongiae und die Hexactinellida.
Archaeocyatha: Fossil sind nur die bis 10 cm hohen Basalskelette aus $CaCO_3$ überliefert (gelegentlich darin gefundene tetraxone und monoxone Spicula könnten von anderen Schwämmen stammen). Wichtige **Riffbildner**. Skelett meist becherförmig, doppelwandig. Zwischen der Innen- und Außenwand im „Intervallum" mit Trennwänden. Die Zuordnung

der Archaeocyathiden zu den Schwämmen beruht auf der Porenanordnung, auf ihrem Knospungsmodus und ihrer Immunreaktion gegenüber anderen inkrustierenden Tieren. Kambrium, weltweit verbreitet. Monophylie nicht sicher.

> **Ascon-Typ:** Einfache Organisationsform der Schwämme (mit nur einer Geißelkammer).
> **Leucon-Typ:** Nach *Leuconia*. Komplexe Organisationsform der Schwämme mit kugeligen Geißelkammern.
> **Sycon-Typ:** Organisationsform des Körpers einiger weniger Schwämme; die Kragengeißelkammern bilden Ausbuchtungen des zentralen Hohlraumes.
> **Choanoderm:** Epithelartige innere Gewebsschicht der Schwämme.
> **Pinacoderm:** Epithelartige bzw. als Epithel anzusprechende äußere Gewebsschicht bei Schwämmen.
> **Mesohyl:** Zwischen dem Pinacoderm und dem Choanoderm befindliche Lage mit Einzelzellen und den (extrazellulären) Produkten dieser Zellen, darunter den Elementen des Stützskelettes.
> **adult, Adultus:** Erwachsen, (geschlechtsreifes) Erwachsenenstadium.

1.2 Epitheliozoa

= Placozoa + Cnidaria + Ctenophora + Bilateria; = Placozoa + Eumetazoa; = Metazoa ohne Porifera

Apomorphien:
- Die Epitheliozoa haben Drüsenzellen, die Enzyme zur Verdauung produzieren.
- Die **Verdauung** erfolgt **extrazellulär** in einem besonderen Hohlraum.

Der Name „Epitheliozoa" ist unglücklich. Er wurde aufgrund der Auffassung eingeführt, die Schwämme hätten keine Epithelien (S. 10).

1.2.1 Placozoa

Wahrscheinlich Dutzende von Arten, formal beschrieben *Trichoplax adhaerens*. Marin, in warmen Regionen. Bis 2 mm groß; flach, mit Dorsal- und Ventralepithel und dazwischen einem dem Mesenchym ähnlichen Gewebe aus Faserzellen. Die Tiere kriechen mittels Cilien oder durch Formveränderung auf Substrat. Unter Aufwölbung des Körpers können sie eine temporäre Verdauungskammer bilden; die Verdauung erfolgt in dem durch Hochwölbung entstehenden unterseitigen Hohlraum (Abb. 1.**6**).

Die Placozoa haben nur **vier Formen von Körperzellen**: Das Epithel der Oberseite ist dünn und besteht aus abgeflachten, **monociliären Zellen**. In der Zwischenschicht befinden sich **Faserzellen**, sie können gestreckt und kontrahiert werden. Die Mitochondrien der Faserzellen sind in einem nahe dem Nucleus liegenden Komplex vereinigt. Die Faserzellen sind zur Phagocytose befähigt, die **Epithelzellen** nicht. Das Epithel der Unterseite besteht aus schmalen, monociliären Zellen. Zwi-

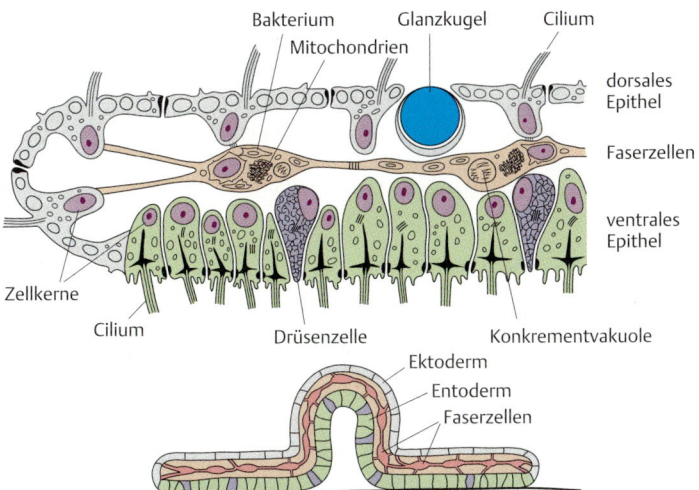

Abb. 1.6 *Trichoplax adhaerens*. Die lichtbrechenden Glanzkugeln im dorsalen Epithel dürften lipidhaltige Reste degenerierter Faserzellen der mittleren Lage sein. Die kontraktilen Faserzellen übernehmen vermutlich die Funktionen von Muskel-, Nerven- und Verdauungszellen zugleich. Sie enthalten Actinfibrillen und Mikrotubuli, endosymbiontische Bakterien, haben synaptoide Kontakte und sind zur Phagocytose in der Lage. Unten: Aufgewölbtes Tier, das eine temporäre Verdauungskammer bildet. (Nach Grell und Benwitz, 1971, in Westheide, Rieger, 2007.)

schen ihnen liegen vereinzelt unbegeißelte **Drüsenzellen**. Das untere Epithel dient der Ernährung; die Verdauungsenzyme entstammen vermutlich den Drüsenzellen.

Die **Fortpflanzung** erfolgt je nach Umweltbedingungen sexuell oder asexuell auf zwei Wegen: zum einen durch **Zweiteilung**, zum anderen durch die Bildung kugeliger, hohler **Schwärmer**. Zur sexuellen Fortpflanzung werden unbegeißelte „Spermien" und Eier gebildet. Die Eier entstammen ventralen Epithelzellen, die in der Zwischenschicht heranwachsen.

Die phylogenetische Stellung ist umstritten. Vielleicht sind die Placozoa die Schwestergruppe aller übrigen Tiere, denn bei ihnen tritt kein Kollagen auf. Allerdings könnte das Fehlen von Kollagen bei den Placozoa eine sekundäre Erscheinung sein.

1.2.2 Eumetazoa

= Histozoa; = Cnidaria + Ctenophora + Bilateria; = Metazoa ohne Porifera und Placozoa

Autapomorphien:
– **Nervenzellen** (Neuronen). Die Nervenzellen treten zu einem Nervennetz zusammen.

- **Sinneszellen**: Zellen, die mittels besonderer Rezeptorstrukturen von außen kommende Reize in nervöse Erregung umwandeln und diese auf nervöse Leitungselemente übertragen.
- Kontraktile Zellen („Muskelzellen") in Form von **Epithelmuskelzellen** (Myoepithelzellen). Dabei handelt es sich um Zellen des Epithels, die an ihrer Basis myofibrillenhaltige Fortsätze, d. h. kontraktile Strukturen, haben.
- Einen im Grundmuster **sackförmigen Darm**.

1.3 Cnidaria (Nesseltiere)

= Tesserazoa + Anthozoa

> Ausschließlich im Wasser lebende diploblastische Formen, d. h. nur aus den zwei Keimblättern Ekto- und Entoderm bestehend, dazwischen mit der gallertigen Mesogloea als Stützschicht. Darmsystem mit nur einer (Mund-After-)Öffnung, die von Tentakeln umstanden ist. Auf den Tentakeln mit Nesselzellen. Das Nervensystem ist ein Nervennetz. Die Körperbewegungen werden von Epithelmuskelzellen generiert. Die Hydrozoa, Cubozoa, Scyphozoa zeichnen sich durch einen Generationswechsel aus und daher durch die geschlechtlich oder per Knospung entstandenen Polypen und die ungeschlechtlich entstandenen Medusen, welche als Geschlechtstiere Gameten erzeugen. Die Anthozoa haben keine Medusengeneration; die Gameten werden von den Polypen erzeugt. Bei den Medusen kommen Sinnesorgane vor.

Ca. 9000 Arten. Die Cnidaria sind radiärsymmetrische aquatische Organismen mit **Epidermis** (Ektoderm) und **Gastrodermis** (Entoderm), die durch eine gallertartige (primär zellfreie) Stützschicht (**Mesogloea**) voneinander getrennt sind. Die Körperwand ist also **dreischichtig** (Abb. 1.7). Sie umgibt einen zentralen Hohlraum (**Gastrovaskularraum**, Coelenteron, Gastrocoel), der mit einer Öffnung, die Mund und After zugleich ist, nach außen mündet. Die Mund-After-Öffnung wird von Fangarmen (Tentakeln) umstanden. Im Gastrovaskularraum erfolgt **extrazellulär** die **Verdauung** (in ihn hinein sezernieren Drüsenzellen Verdauungsenzyme). Zugleich verteilt er die Nährstoffe und Abbauprodukte (S. 672). Der Gastrovaskularraum der Polypen ist bei den Hydrozoen nicht unterteilt, bei den Scyphozoa durch 4 bzw. bei den Anthozoa durch 6, 8 oder bis zu 100 Septen untergliedert. Die Mesogloea der Hydrozoen- und Scyphozoenpolypen ist lediglich eine dünne Stützlamelle. – Für die Polypen der Teiltaxa der Cnidaria sind auch die eleganteren Bezeichnungen Hydro-, Scypho- und Cubopolypen gebräuchlich.

Die Muskulatur ist meist Bestandteil des Epithels (**Epithelmuskelzellen**). Reine Muskelzellen mit glatten Fasern, denen ein epithelialer Teil fehlt (**Myocyten**), bilden die Muskulatur der Körperwand der Scyphopolypen und zumindest z. T. der Cubopolypen.

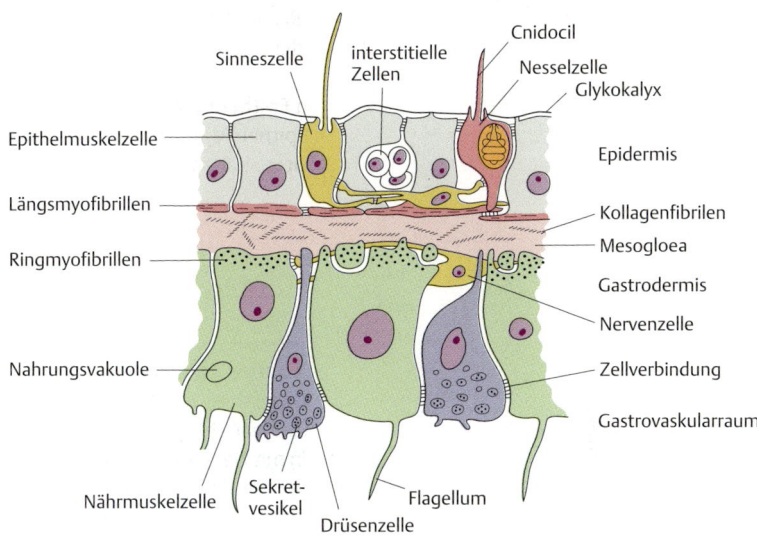

Abb. 1.7 **Aufbau der dreischichtigen Körperwand von *Hydra* (Hydrozoa).** Bei den Anthozoa und Cubozoa kann die Mesogloea aus dem Ektoderm eingewanderte Zellen enthalten. (Nach Schäfer, in Westheide, Rieger, 2007.)

Das Nervensystem besteht aus **Nervenzellen**, die zu epithelialen Nervennetzen zusammentreten, sowie aus Sinneszellen. Als **Sinneszellen** kommen bei Polypen Mechano-, Foto- und Chemorezeptoren vor, bei Medusen können sie **Augen**, **Statocysten** oder (bei den Rhopaliophora, S. 25) **Rhopalien** bilden. Der Zusammenschluss bestimmter Zelltypen führt zu Ansätzen von Geweben.

Von einer eigenen Wand abgegrenzte Geschlechtsorgane fehlen: Die im Epithel (Ekto- oder Entoderm) gebildeten **Geschlechtszellen** häufen sich, manchmal nach amöboidem Wandern, an bestimmten Stellen an.

Ihren Namen verdanken die Cnidaria einer einzigartigen Zellform, den **Nesselzellen** (**Cnido-** oder **Nematocyten**, Abb. 1.8), die entweder einzeln oder in Verbänden (Nesselbatterien) im Epithel liegen.

Diese Zellen enthalten **Nesselkapseln** (Cniden; Derivate des Golgi-Apparates), eine der komplexesten Formen von Organellen überhaupt. Die Nesselkapseln liegen nahe der äußeren Oberfläche der Nesselzellen und erreichen einen Durchmesser zwischen 0,003 und 0,1 mm. Sie haben eine doppelte Wandung. Die Nesselkapseln enthalten einen **Tubulus**, einen fadenähnlichen, vom Pol aus eingestülpten Schlauch (eine Fortsetzung der inneren Kapselwand), der bei Berührung ausgeschleudert wird, aber mit der Kapsel in Verbindung bleibt. Insgesamt wurden rund 60 Typen von Nesselkapseln unterschieden, die sich **zwei Grundtypen** zuordnen lassen: den **Nematocysten** (Nesselkapsel im engeren Sinn, bei allen Cnidaria,

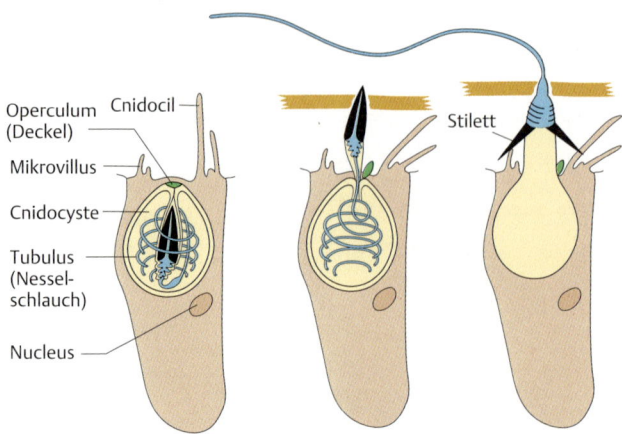

Abb. 1.8 **Nesselzelle (Cnidocyte) mit sich entladender Nesselkapsel (Cnidocyste) nach Berührung des Cnidocils durch ein Fremdobjekt.** Dargestellt sind das Durchschlagen der Cuticula eines anderen Organismus, das Aufklappen des Stilettapparates und das Eindringen des Tubulus durch die frisch geschlagene Öffnung. (Nach Holstein, 1981, in Westheide, Rieger, 2007.)

mit einem langen Faden) und den **Spirocysten** (Klebkapseln, nur Hexacorallia, mit einem Hauptfaden und in dessen Inneren mit einem seitlichen Quellfaden). Der Quellfaden befindet sich nach der Entladung außen am Hauptfaden und umläuft diesen spiralig. Distal löst sich der Quellfaden in einem Schleimnetz auf, worauf die Haftfunktion zurückzuführen ist. In den Nematocysten ist der Schlauch so aufgewunden, dass er sich bei der Entladung unter Drehung streckt und so in die Beute einbohrt. Die Entladungszeit beträgt 3–6 Millisekunden. Die Dornen, die auf unterschiedlicher Höhe stehen, dienen zunächst als Bohrzähne, dann spreizen sie sich ab und verankern so den Faden im Gewebe. Ein und dasselbe Individuum kann mehrere Formen von Nesselzellen aufweisen, der gesamte Satz an Nesselzellen wird als **Cnidom** bezeichnet.

Bei den Anthozoa sind die Nesselzellen mit einem Cilium (noch mit Basalkörper) versehen, bei den Hydrozoa, Scyphozoa und Cubozoa hingegen mit einem Cnidocil, einem zu einer starren, borstenförmigen Struktur abgewandelten Cilium, das von einem Saum von Mikrovilli umstanden ist und dem der Basalkörper fehlt. Nach Reizung des Cnidocils wird der Tubulus in einem Umstülpungsprozess ausgeschleudert. Anschließend stirbt die Nesselzelle ab. Bisweilen ist der Tubulus als giftsezernierender Nesselschlauch entwickelt. Andere Formen von Cniden enthalten keine toxischen Stoffe.

Früher wurden (nach Untersuchungen an den **Nesselkapseln** bei *Hydra*) mehrere **Funktionstypen** unterschieden. Als Penetranten bezeichnet man jene Kapseln, die mit einem Stilettapparat aus drei Dornen ein Durchschlagen der Körperwand eines anderen Tieres bewirken. Dabei tritt der Faden in das Opfer ein, und aus seiner distalen Öffnung tritt giftiger Kapselinhalt aus. Die Gifte wirken in erster Linie auf das Nervensystem und verursachen Lähmungen. Volventen (Wickelkapseln) können mit ihrem Schlauch beispielsweise Borsten von Beutetieren umwickeln. Glutinanten sind Haft- oder Klebkapseln. Diese beiden Typen weisen keine Gifte auf.

Fortpflanzung. Bei den Hydrozoen, Cubozoen und Scyphozoen kommt es im Gegensatz zu den Anthozoa zu einem Generationswechsel (**Metagenese**) mit zwei Generationsformen: Dem meist sessilen, schlauchförmigen Polypen und der freischwimmenden Meduse (Abb. **1.9**, Abb. **1.10**).

Die **Polypen** entstehen durch Knospung aus bereits bestehenden Polypen oder über eine Larve, die allseits bewimperte **Planula-Larve**. Die Planula ist meist oval-birnenförmig und geht aus der Blastula hervor (2-schichtig). Bei manchen Arten hat sie einen aboralen Wimpernschopf. Die tentakeltragende **Actinula-Larve** entsteht aus einem befruchteten Ei. Die Larve setzt sich fest und wächst zum Polyp aus, der mit der der Mundöffnung gegenüberliegenden (aboralen) Seite, der Basalplatte (animaler Pol), festsitzt. An der Oralseite (vegetativer Pol) befinden sich in der Regel mehrere Tentakel.

Die **Medusen** entstehen auf ungeschlechtlichem Wege – entweder durch Querteilung des Polypen und Lösung des abgeschnürten Teiles vom restlichen Polypenkörper (**Strobilation**), durch **Knospung** (Hydrozoa) oder durch **Metamorphose** des ganzen Polypen (Cubozoa). Die Meduse ist die Geschlechtsgeneration der Hydrozoa und Scyphozoa und entwickelt „**Gonaden**" (Ovarien und Hoden), die die Geschlechtszellen nach außen abgeben.

Die Medusen sind schirm- oder glockenförmig. Die konvexe Schirmoberseite wird als **Exumbrella** bezeichnet. Die konkave Unterseite (**Subumbrella**) entspricht dem Mundfeld der Polypen. Sie wird durch eine kontraktile Ektodermfalte, dem **Velum**, umgeben. Der Rand des Schirms trägt Tentakel. Mit der Genese der Medusen ist also eine Achsenumkehr verbunden.

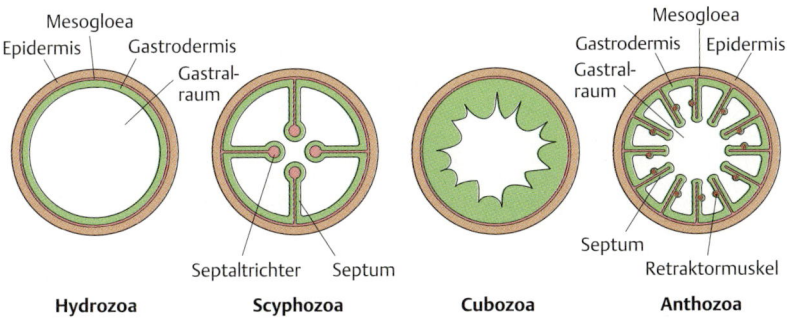

Abb. 1.9 **Querschnitte von Polypen der vier Hauptgruppen.**

Der Gastralraum der Medusen ist wegen der stark entwickelten Mesogloea sehr eingeengt. Er bildet eine zentrale Magenhöhle und, von ihr ausgehend, ein System aus einem Ringkanal und mehreren Radiärkanälen (**Gastrovaskularsystem**). Nach außen öffnet sich der Gastralraum über einen Magenstiel (Manubrium).

Die Medusen haben in Anpassung an die freischwimmende Lebensweise mit Sinnesorganen die einzigen **echten Organe** unter den Cnidaria. Sie bestehen aus Anhäufungen von Sinneszellen und bilden Lichtsinnesorgane (**Ocellen**) und **Schweresinnesorgane**.

Autapomorphien der Cnidaria:
- Nesselzellen,
- vielleicht die tetraradiale Symmetrie,
- die Planula-Larve.

1.3.1 Tesserazoa

= Hydrozoa + Rhopaliophora

Autapomorphien:
- Starres Cnidocil.
- Medusen. Allerdings könnte die Meduse schon in den Grundplan der Cnidaria gehören und bei den Anthozoa verlorengegangen sein.

1.3.1.1 Hydrozoa
= Hydroida + Trachylida + Siphonophora

Ca. 2700 Arten. Bei den Hydrozoa ist der Gastralraum nicht durch Septen unterteilt (Abb. **1.9**). Polypen („Hydropolypen") meist klein und koloniebildend, Meduse mit Statocysten als Sinnesorgane (Gleichgewichtsorgane).

Der Entwicklungszyklus ist sehr unterschiedlich. Viele bilden eine frei schwimmende Meduse, bei anderen ist das Medusenstadium unterschiedlich weit zurückgebildet; bisweilen fehlt das Polypenstadium.

Bei den **Hydroida** (ca. 2300 Arten) sind die Polypen meist stockbildend, d. h. die Tochterpolypen bleiben mit dem Mutterpolypen in Verbindung, sodass Stöcke aus manchmal Tausenden von Einzelpolypen (Zooiden) entstehen.
Beispiele: *Hydra* (Süßwasserpolyp). *H. viridissima* (wegen Einlagerung symbiontischer Algen grün), *H. vulgaris*. Ohne Meduse (Medusengeneration unterdrückt). Fortpflanzung durch Knospung des Oopolypen. In Extremsituationen bilden sie männliche und weibliche Geschlechtszellen.

Hydractinia echinata, marin, findet sich oft auf Schneckengehäusen. Kolonien polymorph, mit Fresspolypen (Gastrozooiden), Geschlechtspolypen (Gonozooiden) und anderen. Spiralzooide (= Dactylozooide) sind Wehrpolypen, die nur entwickelt werden, wenn das Gehäuse von einem Einsiedlerkrebs bewohnt wird.

Bei den **Trachylida** fehlt die Polypengeneration. Nach der Befruchtung und der Larvenentwicklung entsteht aus der Planula ein Actinula-ähnliches Stadium, das zu einer Meduse heranreift (z. B. *Aglaura*, wenige Millimeter groß).

Siphonophora. Ohne Medusengeneration. *Physalia physalis* (Portugiesische Galeere), mit stark ausgeprägtem Polypenpolymorphismus. Wird durch eine gasgefüllte Blase an der Oberfläche gehalten. Die Blase trägt einen segelartigen Fortsatz, der der windabhängigen Fortbewegung dient. Gründungspolyp riesig (bis 30 cm lang), liegt waagerecht im Wasser. Auf der Unterseite mit weiteren „Personen". Fangfäden bis 50 m lang, mit sehr giftigen Nesselzellen. Gefangene Beute wird durch Kontraktion der Fangfäden zum Mund der sogenannten Nährpolypen gebracht.

Ob die Hydrozoa die Schwestergruppe aller übrigen Cnidaria oder mit den Cubozoa + Scyphozoa nächstverwandt sind (mögliche Synapomorphien der drei Taxa: Nesselzellen mit modifiziertem Flagellum, Cnidocil; Podocyten; lineare mt DNA), ist umstritten.

1.3.1.2 Rhopaliophora

= Scyphozoa + Cubozoa

Autapomorphie: Medusen mit Schweresinnesorganen (Rhopalien, Sing. Rhopalium).

Scyphozoa. Ca. 200 Arten. Gastralraum durch Septen in vier Gastraltaschen untergliedert (Abb. **1.9**). Medusen meist groß (Abb. **1.10**).
Beispiele: *Aurelia aurita* (Ohrenqualle), *Chrysaora* (Kompassqualle).

Cubozoa (Würfelquallen). Schirm annähernd würfelförmig, eine oder mehrere Tentakel an jeder Ecke. In Vertiefungen der Exumbrella liegen 4 Randsinnesorgane mit Becheraugen oder komplizierten Linsenaugen. Getrenntgeschlechtlich. Medusen meist unter 4 cm groß; die Polypen ähneln denen der Hydrozoa. Nach der Befruchtung durch die von den Medusen produzierten Gameten setzt sich die Planula-Larve fest und wird zum Polyp, die Polypen pflanzen sich ungeschlechtlich durch Knospung fort. Adulte Polypen wandeln sich in ihrer Gesamtheit zu einer Meduse um.
Beispiel: *Chironex fleckeri*, Seewespe. Extrem starkes Nesselgift; gehört zu den gefährlichsten Meerestieren, Indopazifik.

1.3.2 Anthozoa

= Hexacorallia + Octocorallia

Ca. 6000 Arten. Marin. Ohne Medusengeneration (es ist strittig, ob die Meduse primär oder sekundär fehlt). Die Gameten werden somit vom Polypen gebildet. Meist stockbildend, d. h. die Polypen bilden durch Knospung neue Polypen, die mit dem Mutterpolypen in Verbindung bleiben. Gastralraum durch mehr als vier Septen unterteilt (bis zu 100, Abb. **1.9**).

Verwandtschaftsbeziehungen. Wenn die Anthozoa die Schwestergruppe der Scyphozoa sind, fehlt den Anthozoa die Medusengeneration sekundär.

1.3.2.1 Hexacorallia

Actinarida (Seeanemonen).
Beispiel: *Actinia equina*.

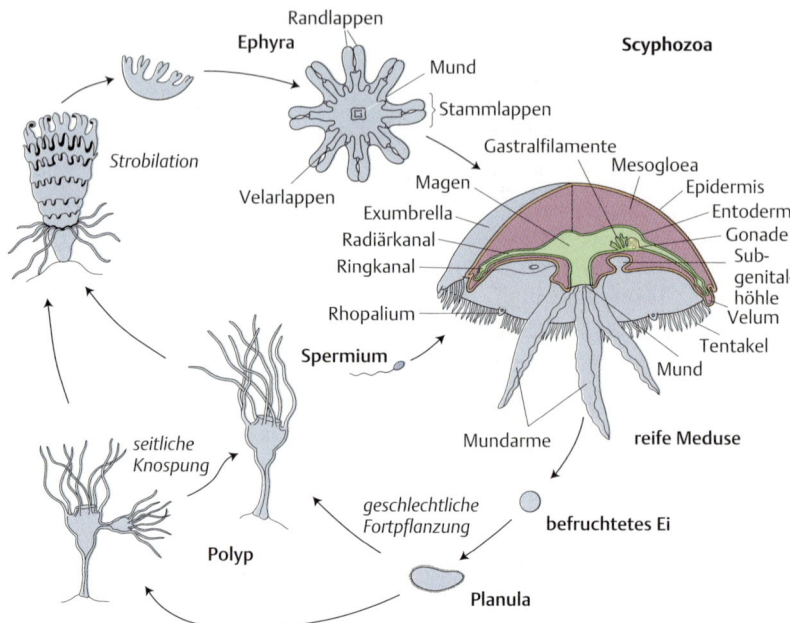

Abb. 1.10 **Metagenetischer Lebenszyklus der Ohrenqualle** *Aurelia aurita* (**Scyphozoa**). Die Spermien werden ins freie Wasser abgegeben, die Oocyten können im Gastrovaskularsystem befruchtet werden. Die befruchteten Eier entwickeln sich in Taschen der Mundarme oder in den Gonaden (rechts). Die freie Larvalphase (allseits bewimperte Planula-Larve) dauert mehrere Tage, die Larve setzt sich dann fest und metamorphosiert zum Polypen. Die Polypen vermehren sich asexuell durch laterale Knospung. Die terminale Abschnürung (Strobilation) führt zur Bildung von Medusen, der Geschlechtsgeneration, und mit der Bildung von Gameten beginnt der Zyklus von neuem. (Nach Bayer und Owre, 1968, in Westheide, Rieger, 2007, und Kükenthal, 2009.)

Madreporarida, **Scleractinia** (Steinkorallen). Die Hauptmasse der **Korallenriffe** besteht aus ihren kalkigen Außenskeletten (Cuticularskeletten): Vom Ektoderm wird nach außen ein Skelett gebildet, das als Sockel die Weichteile der Polypenkolonie stützt; die Weichkörper liegen als Schicht auf dem Sockel.
Beispiele: *Lophelia*, bildet Riffe am Schelfrand Nord- und Westeuropas. Tropische Riffkorallen leben meist mit lichtabhängigen einzelligen Algen (Zooxanthellen) in Symbiose und kommen daher meist in flacheren Gewässern vor. *Acropora*, *Porites*.

1.3.2.2 Octocorallia (Octokorallen)

Stets koloniebildend. Die einzelnen Polypen haben 8 Septen und Gastraltaschen und 8 Tentakel. Meist getrenntgeschlechtlich.

Hornkorallen.
Beispiel: *Corallium rubrum*, Edelkoralle.

Seefedern (Pennatularia). Fortpflanzung: Der Stamm der Kolonie geht aus dem Gründungsprimärpolypen hervor, der aus der Planula entstanden ist.

Bezüglich der **verwandtschaftlichen Stellung** der Cnidaria bzw. Ctenophora gibt es zwei Annahmen: Engste Verwandtschaft zwischen den Cnidaria und Ctenophora oder ein Schwestergruppenverhältnis zwischen den Bilateria und Ctenophora (Einzelheiten s. u., Alternative zur Acrosomata-Hypothese).

Riff: Erhebung unter dem Wasserspiegel, Untiefe. Felsriffe werden nicht von Organismen produziert, aus biogenem Gestein bestehen die Korallen-, Muschel-, Bryozoen-, Schwamm- sowie die kambrischen Archaeocyathidenriffe und andere. Heute herrschen Korallenriffe vor.
Kolonie (Tierkolonie): Vergesellschaftung von artgleichen Individuen der Animalia. Diese können miteinander körperlich verbunden sein (Stockbildung; Cnidaria, Bryozoen, Tunicaten u. a.) oder auch nicht (Kolonien von Vögeln, Säugetieren wie Robben oder Fledermäusen; unter den Insekten z. B. Ameisen, Termiten, Bienen; aber auch von Crustaceen, Anneliden, Crinoiden usw.).
Stock (Tierstock): Gemeinschaft aus genetisch übereinstimmenden Individuen, die bei Leistung unterschiedlicher Aufgaben unterschiedlich strukturiert sein können. Tierstöcke entstehen durch Knospung, ohne dass sich die Tochterindividuen voneinander trennen. Stockbildende Tiere sind insbesondere Poriferen, Hydrozoen und Anthozoen, Bryozoen, Kamptozoen und Tunicaten.

1.4 Acrosomata

= Ctenophora + Bilateria

Apomorphien:
- Im Spermium werden die akrosomalen Vesikel durch ein einheitliches **Akrosom** ersetzt. Unter ihm ist jetzt ein Perforatorium angelegt (subakrosomale Substanz). – Allerdings haben auch einige Porifera und z. B. auch die Staatsqualle *Muggiaea kochi* ein Akrosom.
- Die Bilateria und Ctenophora haben ein Muskelgewebe, d. h. einen eigenen Gewebetyp aus **Myocyten**, genauer: Sie haben glatte Fasermuskelzellen. Die Myocyten liegen bei den Ctenophora zum Teil in der Mesogloea. Damit kann man bereits hier von den ersten Stadien einer Mesodermbildung sprechen (das Mesoderm ist primär das muskulaturbildende Keimblatt). Epithelmuskelzellen sind oft weiterhin vorhanden, fehlen aber den Ctenophora.

Auch bei einigen Cnidaria gibt es in der Mesogloea Muskelzellen, z. B. bei den Medusen der Scyphozoa und Cubozoa.

Alternativhypothese: Coelenterata (Cnidaria + Ctenophora): Wegen zahlreicher Übereinstimmungen galt lange die Auffassung, dass die Cnidaria und Ctenophora miteinander nächst verwandt sind. Dafür sprechen die Ähnlichkeit der Medusen mit einer mächtigen Mesogloea (verdickte extrazelluläre Matrix), einem Gastrovaskularsystem mit radiären Kanälen, einem oralen Nervenring und Gonaden im Gastralraum, wobei die Gameten durch die Mund-After-Öffnung abgegeben werden, die Tentakel und die ausgeprägte Tetramerie (Vierstrahligkeit). Außerdem gibt es mit *Hydroctena salenskii* eine Art, die teils an Rippenquallen erinnert, teils an Cnidaria. Besonders auffällig sind die Übereinstimmungen bei der Furchung, die im Grundmuster der Cnidaria sowie bei den Ctenophora unilateral verläuft. Das bedeutet, dass zunächst die Einschnürung der Zygote bzw. der Blastomeren an einer Seite der Zellen beginnt, sodass die sich teilenden Zellen vorübergehend herzförmig aussehen. Bei beiden Taxa determiniert die Region der beginnenden ersten Furchungsteilung die Stelle des späteren Urmundes (= Mund-After-Öffnung). Die Polarität weicht übereinstimmend von der der anderen Metazoa ab, denn die Gastrulation erfolgt am animalen Pol, nicht wie sonst am vegetativen (S. 303). (Der animale Pol ist durch die Lage der Polkörperchen definiert.) Weder die Schwämme noch die Bilateria weisen eine einseitige Einschnürung auf.

1.4.1 Ctenophora (Kamm- und Rippenquallen)

Ca. 100 Arten. Ausschließlich Meeresbewohner, ursprünglich pelagisch. Körper primär oval, am unteren Pol mit dem Mund, am oberen (apikalen oder aboralen) mit einem Schweresinnesorgan (Statocyste). Das **Gastrovaskularsystem** ist als kompliziertes Kanalsystem entwickelt. Es hat außer einem kleinen apikal liegenden Analporus eine Öffnung am oralen Pol, die als After und Mund dient.

Zwischen Ektoderm und Entoderm liegt eine mächtig entwickelte **Mesogloea**. Sie hat eingelagert einzellige Muskelfibrillen. Die ausschließlich glatte Muskulatur ist ektodermaler Herkunft und besteht aus **Myocyten** (echten Muskelzellen, nicht Epithelmuskelzellen). Die meisten Muskelzellen sind quer oder schräg zur Körperlängsachse orientiert und verspannen das Gastrovaskularsystem mit dem epidermisnahen Bereich. Aufgrund dessen kann das Gastrovaskularsystem als **hydrostatisches Skelett** dienen.

Das Ektoderm weist acht meridionale Reihen aus fusionierten Cilien auf, die der Fortbewegung dienen („Rippen", Abb. 1.11). Zwischen zwei solcher Rippen stehen einander zwei ektodermale **Tentakel** (ohne entodermalen Anteil) gegenüber, die auf ihren zahlreichen Nebenfäden (**Tentillen**) spezielle Klebzellen (Colloblasten) tragen können (Ausnahme s. u.). (Nach embryologischen Untersuchungen haben auch die Vorfahren der tentakellosen Beroida Tentakel gehabt.)

Die **Colloblasten** sind nicht den Nesselzellen der Cnidaria homolog. Sie sezernieren ein ungiftiges Sekret, das in oberflächennahen Sekret„körnchen" (Granula) seines distalen, erweiterten Teiles (Köpfchen) gespeichert wird. Der basale Teil eines Colloblasten besteht aus einer gestreckten Ankerfibrille, die in der Mesogloea der Tentille verankert ist, und einem um die Ankerfibrille gewundenen Spiralfaden. Versucht ein verklebtes Beutetier zu entkommen, reißt das Köpfchen aus dem Zellverband heraus, Ankerfaden und Spiralfaden werden gestreckt. Bei Ermüden des Opfers wird der Spiralfaden wieder zusammengezogen.

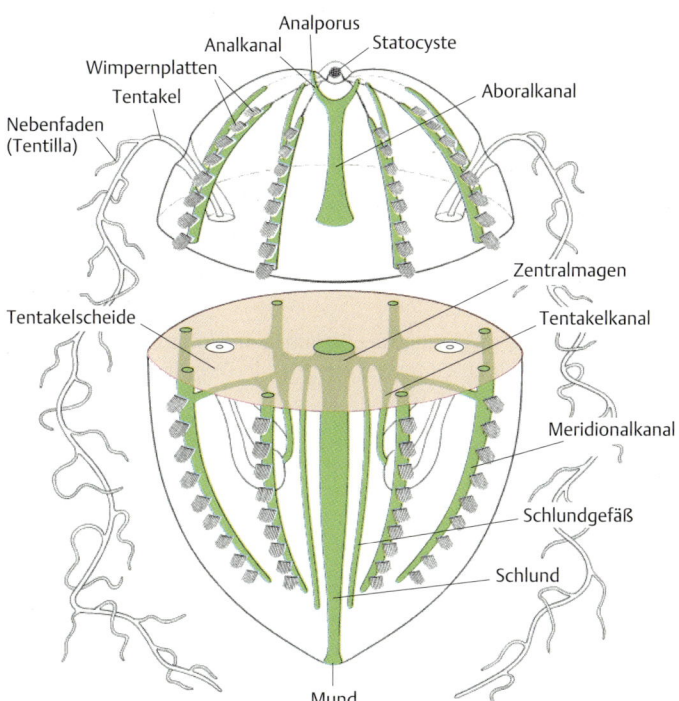

Abb. 1.**11** **Ctenophora.** *Pleurobrachia pileus*, quer geschnitten. Der Bewegungsapparat besteht aus acht meridionalen Reihen von Wimpernplatten, in denen viele Cilien kammartig miteinander verkittet sind. Jeweils zwei Wimpernreihen enden in der Statocyste als Wimpernbüschel. Auf diesen lagert federnd ein Statolith. Er liegt unter einer durchsichtigen Kuppel aus Cilien, die durch Glykoproteine miteinander verklebt sind. Der Analporus könnte eine Synapomorphie mit den Bilateria sein. (Nach Bayer und Owre, 1968, in Westheide, Rieger, 2007, und Kükenthal, 2009.)

Sinneswahrnehmung: Federnd auf vier Cirren liegt am aboralen Pol ein Konkrementkörper, der **Statolith**. Er dient der Wahrnehmung der Schwerkraft. Auf der Körperoberfläche verteilt liegen **Chemo-** und **Temperaturrezeptoren**.

Das **Nervensystem** besteht aus einem **diffusen basiepithelialen**, d. h. zwischen Epithel und Basalmembran gelegenem **Netz** mit Konzentrationen unter den Reihen von Wimpernplättchen; ein Geflecht von Nervenzellen ist auch in der Mesogloea vorhanden. Die Ctenophora sind meist Zwitter. Die Ovarien und Hoden liegen im Darm, die Gameten werden meist durch den Mund-After ausgeleitet.

Die Furchung ist **total inäqual**, d. h. wegen des hohen Dottergehalts am vegetativen Pol sind die Blastomeren viel größer als am animalen Pol (Makromeren versus Mikromeren).

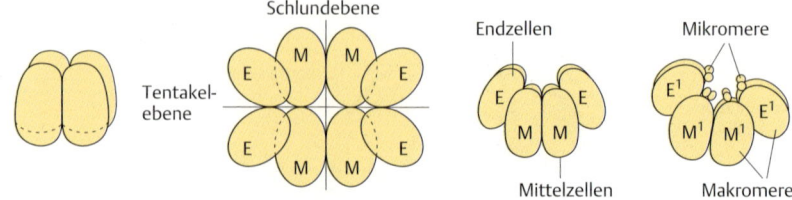

Abb. 1.12 **Die disymmetrische Furchung, unter den Tieren einmalig, führt zum 8-Zellen-Stadium, in dem bereits Tentakel- und Schlundebene festliegen.**

Im Stadium 8 ist eine Bilateralsymmetrie erkennbar, und zwar insofern ein Sonderfall, als nämlich diese Symmetrie für zwei Ebenen gilt (Disymmetrie; **disymmetrische Furchung**, Abb. 1.12). Ohne Larve.

Autapomorphien:
- 8 Reihen Cilienplatten („Rippen")
- Apikalorgan
- Tentakel und Tentakeltaschen
- Colloblasten

Beispiele: *Pleurobrachia pileus* (Seestachelbeere), *Cestus* (Venusgürtel, Abb. 1.13), *Ctenoplana* (auf Substrat kriechend). Die Beroida haben keine Tentakel. Die Tentakel von *Haeckelia rubra* (Mittelmeer, Nordpazifik) haben keine Tentillen und keine Colloblasten. Diese Art ernährt sich von Hydromedusen und baut deren Cniden in ihre Tentakel ein (Kleptocniden).

1.4.2 Mesozoa

Ca. 100 Arten. Es handelt sich um einfach gebaute (sicher sekundär stark vereinfachte), wenigzellige und bis zu 2 mm lange wurmförmige Tiere mit einschichtiger Epidermis und Basallamina (basaler extrazellulärer Matrix). Sie leben als Parasiten in marinen Wirbellosen. Die Nahrung wird in Form gelöster organischer Substanz

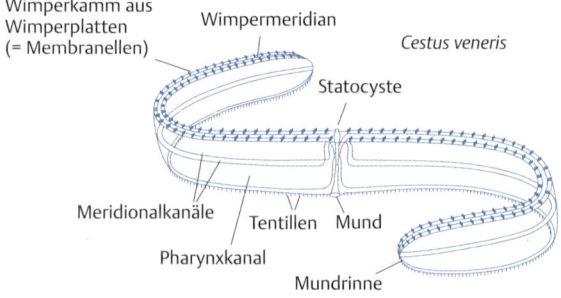

Abb. 1.13 *Cestus veneris*, **Venusgürtel.** Der „Mund" nimmt die gesamte Länge des extrem gestreckten Tieres ein. (Nach Tardent, 2005.)

über die Epidermis aufgenommen. Echte Organe sind nicht ausgebildet. Ihre verwandtschaftliche Stellung ist unklar. Möglicherweise sind die Mesozoa keine monophyletische Gruppe. Zwei **Teilgruppen**: Orthonectida, Dicyemida.

> **Mesogloea:** Gallertige Lage zwischen Ekto- und Entoderm (Cnidaria, Ctenophora).

1.5 Bilateria

= Acoelomorpha + *Xenoturbella* + Radialia + Gastroneuralia

> Während die (vermutlich) ursprünglichsten Bilateria noch keine Protonephridien aufweisen, haben die in dieser Hinsicht stärker abgeleiteten Eubilateria mit diesen Strukturen in der primären Leibeshöhle beginnende Exkretionsorgane. Alle Bilateria weisen mit dem Mesoderm ein 3. Keimblatt auf. In ihrem Grundmuster war offenbar noch kein Kreislaufsystem entwickelt, vielleicht auch noch keine Afteröffnung. Die namengebende Symmetrie, die dem Körper seine aus zwei spiegelbildlichen Hälften bestehende Organisation verleiht, wurde wiederholt abgewandelt, so bei den Echinodermen (fünfstrahlig-symmetrisch) oder zahlreichen Taxa der Muscheln, Ammonoidea und Brachiopoden.

Die Bilateria bestehen aus zwei Teiltaxa, nämlich 1. den Eubilateria, die die Radialia und die Cycloneuralia + Spiralia umfassen, sowie 2. als in vieler Hinsicht ursprünglichstem Zweig die Acoelomorpha + *Xenoturbella* (Abb. **1.14**).

Apomorphien: Der Körper ist im Grundmuster bilateralsymmetrisch, d. h. er besteht aus zwei spiegelbildlichen Hälften. Diese Symmetrie steht offenbar mit der Ausdifferenzierung des Hox-Gen-Clusters in Zusammenhang, einer Gruppe morphogenetisch wirkender Gene, die entlang der Körperachse exprimiert werden (? weitere Apomorphie der Bilateria). Diese Symmetrie ist bei den Echinodermata sekundär in eine Radialsymmetrie umgewandelt.

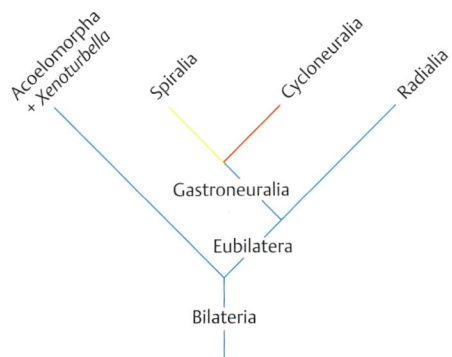

Abb. 1.14 **Die basalen phylogenetischen Beziehungen innerhalb der Bilateria.**

Das Vorderende im Grundmuster der Bilateria weist möglicherweise eine **Mundöffnung** auf. Da die Gnathostomulida und Plathelminthes wie die Cnidaria und Ctenophora keinen After haben, gehen manche Autoren davon aus, dass ein After im Grundplan der Bilateria noch nicht entwickelt war.

Zusätzlich zu Ektoderm und Entoderm verfügen die Bilateria über ein **Mesoderm** oder **3. Keimblatt**. Das Mesoderm schiebt sich unter Verdrängung von Raum der primären Leibeshöhle zwischen die beiden primären Keimblätter. Es geht entweder durch fortgesetzte Zellteilung aus einer eng umgrenzten Region des hinteren Blastoporus-Randes, aber nicht aus nur zwei Urmesodermzellen, hervor (teloblastisches Mesoderm), oder es faltet sich in Form blasenähnlicher Zellverbände vom Urdarm ab (Enterocoelie, S. 313). (Das Mesoderm ist der Mesogloea der Cnidaria und Ctenophora nicht homolog. In der Mesogloea befindliche Zellen entstammen dem Ektoderm.)

Unter der Epidermis liegt als mesodermale Bildung ein **Hautmuskelschlauch** aus Ringmuskeln (außen) und Längsmuskeln (darunter).

Ein **Blutgefäß-** bzw. **Zirkulationssystem** fehlt im Grundplan der Bilateria. Es ist mehrfach entstanden – so bei den Nemertini, Mollusken und Articulata sowie innerhalb der Radialia.

Seit langem besteht die Frage, ob die Bilateria ursprünglich segmentiert gewesen sein könnten. Da aber alle basalen Taxa der Bilateria nicht segmentiert sind, müsste die Segmentierung mehrfach verloren gegangen sein, und damit wird eine primäre Segmentierung der Bilateria aufgrund des Sparsamkeitsprinzips unwahrscheinlich. Vielmehr – und das ergibt sich aus der wahrscheinlich basalen Position der Acoelomorpha – wird die Urform der Bilateria ein sehr kleiner, unsegmentierter und kriechender Organismus ohne Exkretionsorgane gewesen sein.

1.5.1 Acoelomorpha + *Xenoturbella*

Synapomorphie: Charakteristische Cilienwurzeln.

Ursprünglich sind die Acoelomorpha und *Xenoturbella* darin, dass ihnen ein **Protonephridialsystem fehlt**. Diese Eigenschaft wurde, solange man die Acoelomorpha als Plathelminthes ansah, als eine Autapomorphie der Acoelomorpha angesehen.

Die Acoelomorpha (ca. 130 Gattungen) bestehen aus zwei Adelphotaxa – den Nemertodermatida und den Acoela. *Nemertoderma* (Nemertodermatida) hat ein Verdauungssystem mit einschichtigem Darmepithel aus Verdauungszellen und fermentproduzierenden Drüsenzellen. *Paratomella* (Acoela) hat ein zweischichtiges Darmgewebe aus zentralen und peripheren Zellen. Die Drüsenzellen sind reduziert (Abb. **1.15**).

Xenoturbella (eine Art, *X. bocki*) lebt marin und bewegt sich langsam gleitend durch Bewegung ihrer Cilien fort, Länge wenige Zentimeter (Abb. **1.16**). Zur Aufnahme von Nahrung wird die einfache Mundöffnung geöffnet und die cilienlose Gastrodermis vorgestreckt.

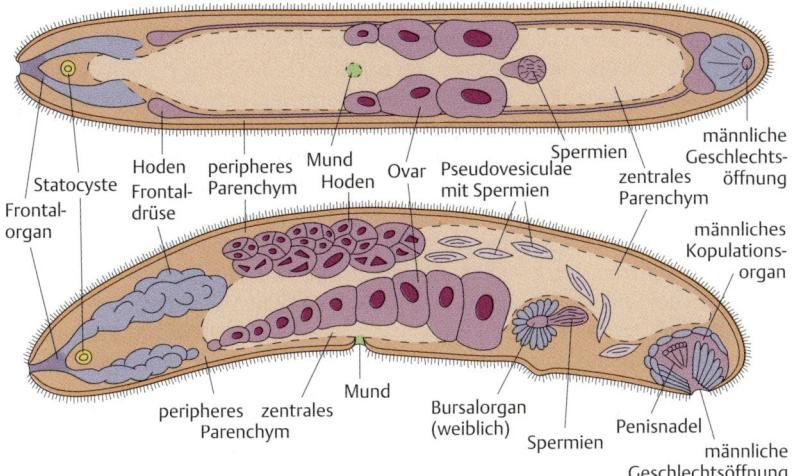

Abb. 1.**15 Acoelomorpha, Acoela.** *Paedomecynostomum bruneum*, Anatomie ventral und Körperbau nach Sagittalschnitten. (Nach Dörjes, 1968.)

Abb. 1.**16** *Xenoturbella bocki*, **Habitus.**
Ungefähr in der Mitte die quer verlaufende Ringfurche.

1.5.2 Eubilateria (Höhere Bilateria)

= Nephrozoa; Gastroneuralia + Radialia

Im Gegensatz zum Grundmuster der Bilateria mit Protonephridien (Name Nephrozoa) und Genitalorganen. Vermutlich mit Marksträngen als wesentlichen Elementen des Nervensystems und vielleicht auch einer gewissen Konzentration (Cerebralganglion) im Vorderkörper. Zu beachten ist bei dieser Angabe aber, dass die basalen Äste der Radialia keine Markstränge mit einer vorderen gehirnähnlichen Ballung aufweisen.

Apomorphien:
- Die höheren Bilateria verfügen über **echte Organe** (Genitalorgane).
- Die Exkretionsorgane zur Dränage der primären Leibeshöhle sind im Grundplan der Bilateria paarige **Protonephridien** ektodermaler Herkunft (S. 313, S. 852). Es handelt sich um Kanäle, die von drei monociliären Zellen gebildet und umschlossen werden. Sie beginnen mit einer Terminalzelle (Cyrtocyte = **Reusengeißelzelle**). In ihr befinden sich ein Cilium und acht lange Mikrovilli („Wimperflamme"). Die Cilien sind normale Cilien mit Mikrotubuli, die in einer **9+2-Anordnung** stehen. Das Schlagen der Cilien bewirkt einen nach außen gerichteten Flüssigkeitsstrom. Der entstehende Unterdruck führt zum Abziehen von Flüssigkeit aus der Leibeshöhle und zu ihrer Filtration an einem Reusenapparat der Terminalzelle. Der so entstehende Primärharn wird gegebenenfalls im anschließenden Kanal (Tubulus) weiter modifiziert. Dieser wird von der Kanalzelle (2. Zelle) gebildet. Die dritte Zelle (Nephroporus-Zelle) liegt in der Epidermis.
- Große Teile des Nervensystems entsprechen noch **Nervennetzen**, es kommen aber bei den Eubilateria Nervenstränge (**Markstränge**) hinzu. Diese sind auf ihrer ganzen Länge mit Nervenzellkörpern besetzt, d. h. es existieren keine Ganglien.
- Im Kopfbereich besteht eine Konzentration von Neuronen (**Gehirnbildung**). Von hier aus ziehen die Markstränge links und rechts der Körpermittellinie nach hinten.

1.6 Gastroneuralia
= Cycloneuralia + Spiralia

> Die Gastroneuralia sind die Schwestergruppe der Radialia, bezüglich ihrer Artenzahl bei weitem umfangreicher als diese, denn zu ihnen gehören mit den Mollusken, Arthropoden und den Nematoden (Artenzahl nicht annähernd bekannt) drei der „Großtaxa" unter den Tieren. Radialia mit einem ausgeprägten Zentralnervensystem haben dieses dorsal des Darmes, die Gastroneuralia im Wesentlichen ventral (Name).

Apomorphien:
- Mehrere **Längsnervenstränge**. Davon verläuft ein Paar Hauptnervenstränge ventrolateral. In der Schwestergruppe, den Radialia, gibt es im Grundplan möglicherweise einen Nervenplexus und damit keine Längsnervenstränge – es sei denn, die neuronale Organisation bei den basalen Radialia beruht auf Reduktion, gekoppelt mit ihrer primär sessilen Lebensweise.
- Es findet sich ein vorderes dorsales **Cerebralganglion** mit innerem Neuropil und äußeren, gleichmäßig verteilten Perikaryen.

Zur Ecdysozoa-Hypothese (Ecdysozoa = Cycloneuralia zum Teil + Arthropoda) siehe die Kommentare unter Articulata.

1.6.1 Cycloneuralia (Schlauchwürmer)

= Nemathelminthes; = Aschelminthes part. bzw. Nemathelminthes im engeren Sinne; = Gastrotricha + Introverta

Autapomorphien:
- Zweigeschichtete Cuticula mit **Epicuticula** und **Basalschicht**.
- Die **Mundöffnung** liegt am äußersten Vorderende.
- Ein muskulärer zylindrischer **Saugpharynx**.

Alle Cycloneuralia haben einen After (eventuell eine weitere Autapomorphie des Taxons). Der namengebende Cerebralring gehört erst ins Grundmuster der Introverta.

1.6.1.1 Gastrotricha (Bauchhaarlinge)

Ca. 400 Arten, vorwiegend marin, seltener im Süßwasser. Höchstens 1,5 mm lang. Kriechen mittels eines ventralen Wimperstreifens. Gehirn mit kräftiger dorsaler und sehr feiner ventraler Kommissur (Abb. 1.**17a**).

1.6.1.2 Introverta

= Scalidophora + Nematoidea

Apomorphien:
- Vorderende als einstülpbare Struktur entwickelt (**Introvert**).
- Die Introverta haben in der Endocuticula ihrer dreischichtigen Cuticula **Chitin**. (Es sei wegen der lange strittigen Stellung der Priapulida besonders erwähnt, dass dies auch für diese Gruppe gilt.)
- Lokomotorische Cilien fehlen.
- Die **Cuticula** wird mehrfach **gehäutet**.
- Ein circumpharyngealer Cerebralring (**Schlundring**; Name! Cycloneuralia) mit zentralem Neuropil und gleichmäßig verteilten Perikaryen (plesiomorphe Ausprägung: s. Gastrotricha).

Scalidophora
= Priapulida + Kinorhyncha + Loricifera

Vorderende einstülpbar und mit Stacheln (Scaliden) versehen.

Priapulida (Priapswürmer). Ca. 20 Arten, bis 20 cm lang. Wurmförmig, im Meeresboden. Die meiobenthischen Arten ernähren sich von kleinen Partikeln, die makrobenthischen sind räuberisch. Larven mit Stachelreihen.
Beispiel: *Priapulus*, betäubt seine Beute durch ausgestoßenes Verdauungssekret.

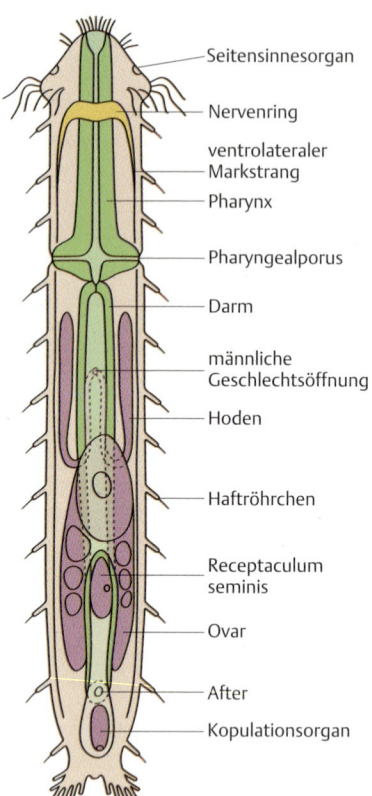

Abb. 1.**17a Cycloneuralia.** Gastrotricha, Schema der Organisation von dorsal. (Nach Lorentzen, in Westheide, Rieger, 2007.)

Kinorhyncha (= Echinodera, Hakenrüssler). Ca. 150 Arten, bis 1 mm lang. Marin, in schlammigem oder sandigem Sediment, wo sie sich von Diatomeen und Detritus ernähren. Der Körper weist eine Gliederung in Mundkegel (Introvert), Hals und Rumpf auf. Der Rumpf besteht aus 11 Zoniten mit paarigen dorsoventralen Muskeln (Abb. 1.**17b**).
Beispiele: *Echinoderes, Kinorhynchus.*

Loricifera. Ca. 100 Arten. Erst 1983 beschrieben. Im Meeresboden. Um die röhrenförmige Mundöffnung liegt ein Kranz spezialisierter Rezeptoren („Clavoscaliden"). Der auf ihn folgende einstülpbare Introvert trägt weitere Stachelkränze (Abb. 1.**18**). Der Körper ist von einer chitinigen Cuticula (Lorica) aus sechs bis 30 längsorientierten Platten umhüllt. Die Cuticula wird während des Wachstums wiederholt gehäutet.

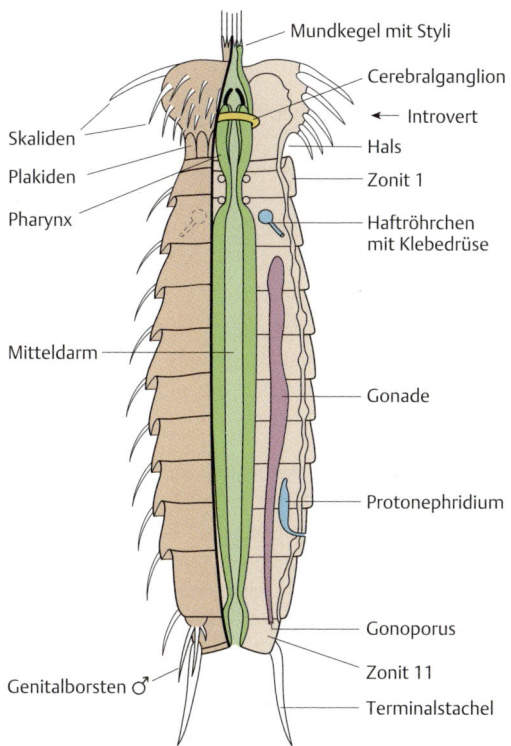

Abb. 1.**17b** **Cycloneuralia.** Kinorhyncha, Organisationsschema von dorsal, nur rechtsseits geöffnet.

Abb. 1.**18** **Loricifera.** *Piciloricus enigmaticus*. (Nach Willmann, 2004.)

Nematoidea
= Nematomorpha + Nematoda

Autapomorphien:
- Eine ventrale und eine dorsale Epidermisleiste und je ein Nervenstrang.
- In beiden Geschlechtern mit einer **Kloake**.
- Fehlen der Ringmuskulatur.
- Fehlen der Protonephridien.
- Besitz von **Spicula** bei den Männchen. Dabei handelt es sich um in besonderen Taschen liegende Ankerorgane, die für eine feste Verbindung der Sexualpartner sorgen.

Nematomorpha (Gordiacea, Saitenwürmer). 350 Arten. Extrem dünn. Die Larven parasitieren in Arthropoden, die Adulti leben frei im Wasser. Bis 1 m lang. Im Gegensatz zu den Nematoda ohne Kopulationsorgane (ohne Spicula).
Beispiel: *Gordius aquaticus*, bis 50 cm lang.

Nematoda (Fadenwürmer). Ca. 20 000 beschriebene Arten, wahrscheinlich aber gibt es um 100 000, wenn nicht mehrere Millionen Arten. Die Fadenwürmer leben frei in aquatischen Lebensräumen, im Boden oder als Parasiten (S. 647). Meist haben sie faden- bis spindelförmige Gestalt. Sie zeichnen sich durch eine schon embryonal festgelegte Zahl von Zellen aus (Zellkonstanz). Cuticula dick, wird gehäutet. Manche Arten, z. B. *Wuchereria bancrofti* (Blutfadenwurm), können bei Befall des Menschen durch Lymphstauung Elephantiasis hervorrufen.

Beispiele: *Placentonema gigantissima*, Parasit in der Plazenta des Pottwals, bis 8 m lang. *Ascaris lumbricoides* (Spulwurm, bis 40 cm lang). *Trichinella spiralis* (Trichine, 2–4 mm lang). Die viviparen Weibchen erzeugen im Darm von Ratten, Schweinen, Menschen und anderen

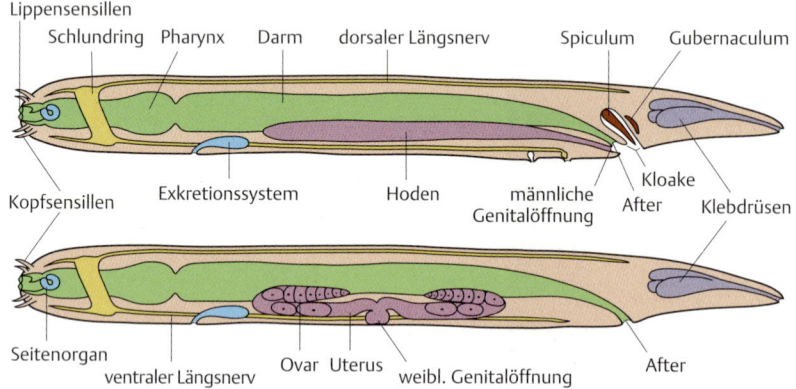

Abb. 1.**19 Cycloneuralia.** Nematoida, Nematoda. Bauschema seitlich, oben Männchen, unten Weibchen. Die Weibchen haben keine Kloake. (Nach Storch, Welsch, 2005.)

Abb. 1.20 *Ascaris (Parascaris) equorum.*
(Foto von Rainer Willmann.)

Säugetieren bis über 1000 Junge, die zu verschiedenen Organen und in die Muskulatur wandern. Als Muskeltrichinen können sie mehrere Jahrzehnte in Kalkkapseln überdauern. Werden diese gefressen, erfolgt die Infektion. *Enterobius* (= *Oxyuris*) *vermicularis* (Madenwurm). Bis 12 mm, im Enddarm, oft Massenbefall.

> **Introvert:** Vorderer Körperteil von Nemathelminthes, der aus- und eingestülpt werden kann. Trägt vorn die Mundöffnung.
> **Kloake:** Gemeinsamer Ausgang von Darm und Fortpflanzungsorganen.

1.7 Spiralia

> Äußerst artenreiche Organismengruppe mit entsprechend verschieden organisierten Taxa: Zu den Spiralia gehören die Plathelminthes, Cycliophora, Micrognathozoa, Gnathostomulida, Rotifera, Acanthocephala, *Seison*, Nemertini, Kamptozoa, Mollusca, Sipunculida und Articulata (zusammen weitaus mehr als 1 Million Arten). Primärer Furchungsmodus ist die (namengebende) Spiralfurchung.

Die Spiralia zeichnen sich durch einen komplizierten Furchungsmodus aus, die **Spiralfurchung**. Sie geht auf die Radiärfurchung zurück. Sie ist innerhalb der Tiere nach der verbreitetesten Ansicht nur einmal entstanden. (Eventuell ist aber die Spiralfurchung der Plathelminthes der der Trochozoa nicht homolog.) Eine gut nachvollziehbare Spiralfurchung blieb bei den Nemertinea, Mollusca, Annelida und manchen Plathelminthes erhalten, bei anderen Taxa wurde sie abgewandelt.

1.7.1 Cycliophora

Bisher nur wenige Arten bekannt. Beispiel: *Symbion pandora*, ca. 0,4 mm lang, mit einem komplizierten Lebenszyklus, der ein sessiles Fressstadium enthält. Vermehrung sexuell und asexuell. Auf marinen Krebsen.

1.7.2 Gnathifera

= Micrognathozoa + Syndermata + Gnathostomulida

Apomorphie: Besonderer Kieferapparat

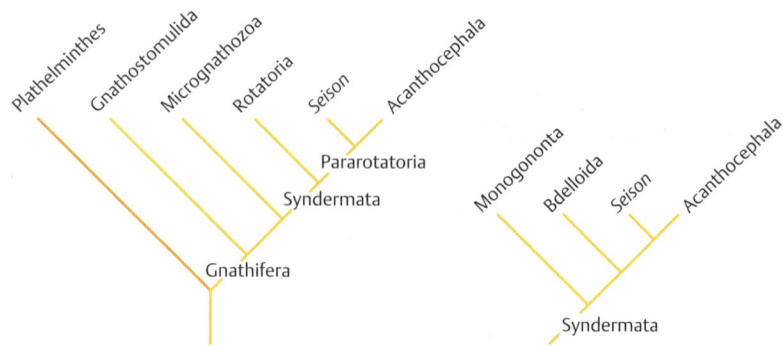

Abb. 1.21 Alternative Hypothesen zu den basalen phylogenetischen Verzweigungen unter den Plathelminthes und Gnathifera. Die Darstellung rechts zeigt die Rotatoria als nicht monophyletische Gruppierung. – Möglicherweise gehören auch die Cycliophora in den Verwandtschaftskreis dieser Formen.

1.7.2.1 Micrognathozoa

Bisher nur eine Art bekannt (*Limnognathia maerski*, bis 0,15 mm lang, Abb. 1.**22a**), auf Moosen in Süßgewässern von Grönland.

1.7.2.2 Syndermata
= Acanthocephala + *Seison* + Rotifera

Autapomorphien:
– Eine dorsal ausmündende **Kloake** (in der mutmaßlichen Schwestergruppe – den Gnathostomulida – ist keine Kloake vorhanden).
– Die **Epidermis** besteht aus einem einheitlichen **Syncytium** (in der Schwestergruppe, den Gnathostomulida, ist sie zellulär). (Ein Syncytium entsteht durch Verschmelzen einkerniger Zellen zu einem vielkernigen „Plasmakörper".)

Rotatoria (Rädertierchen)
= Rotifera; = Eurotatoria

Ca. 1500 Arten. Überwiegend im Süßwasser, seltener im Meer. Meist freilebend, manchmal sessil oder kolonial, seltener als Parasiten in Bryophyten. Bis 0,5 mm lang, am Vorderende mit Wimperapparat (Abb. 1.**22b**). Sie haben einen mahlendkauenden Pharynx (Mastax). Zwei **Subtaxa**: Monogononta und Bdelloida (= Bdelloidea). Bei den Bdelloidea gibt es keine Männchen (parthenogenetische Fortpflanzung, S. 275).

Pararotatoria (= **Acanthocephala** + *Seison*): Mehrere morphologische Strukturen und 18S-rDNA-Analysen sprechen dafür, dass die Acanthocephala die Schwestergruppe von *Seison* sind.

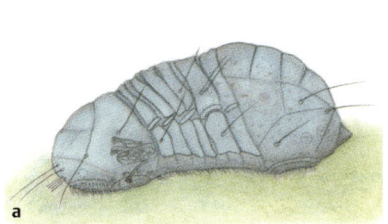
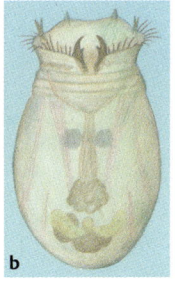

Abb. 1.22 **Gnathifera. a** Micrognathozoa. *Limnognathia maerski*. **b** Rotatoria. *Asplanchna brightwelli*. (Nach Willmann, 2004.)

Acanthocephala (Kratzer)

Ca. 1000 Arten. Wurmförmig, ohne Verdauungstrakt. Vorderende mit hakentragendem, vorstülpbarem Rüssel (Proboscis). Darmparasiten von Wirbeltieren; Zwischenwirte (Insecta, „Myriapoda", Crustacea) nehmen die Eier auf, die vom Endwirt zu Tausenden abgegeben werden. Die Infektion der Endwirte erfolgt, wenn diese Zwischenwirte fressen (S. 632).

Seison

2 Arten: *Seison nebaliae* und *S. annulatus*. Marin, an Krebsen. Nicht schwimmfähig; bewegt sich unter Festheftung ähnlich wie eine Spannerraupe. Gonaden paarig. Die Fortpflanzung erfolgt bisexuell.

Möglicherweise lebte der gemeinsame Vorfahre von *Seison* und den Acanthocephala auf marinen Mandibulata (so noch *Seison*); von hier aus drangen Stammformen der Acanthocephala in die Körperhöhle ein. Die Stammart der Archiacanthocephala parasitierte dann als Zwischenwirt einen Vorfahren der Tracheata und nahm dann – mit dem tracheaten Wirt – terrestrische Lebensweise an.

1.7.2.3 Gnathostomulida (Kiefermündchen)

Ca. 80 Arten. Allenfalls wenige Millimeter lange, wurmförmig gestreckte Organismen mit kreisförmigem Körperquerschnitt, großenteils im Sandlückensystem lebend. Erst 1956 beschrieben. Darm ohne Analöffnung. Die Exkretion erfolgt über Protonephridien. Ohne weibliche Geschlechtsöffnung: Die befruchteten Eier werden unter Ruptur der Körperhaut ausgepresst. Die Tiere sind Zwitter (Abb. 1.**23**).

Im Bau des Ektoderms sind die Gnathostomulida ursprünglich: Jede Epidermiszelle hat nur ein einziges Cilium mit einem akzessorischen Centriol neben dem Basalkörper.

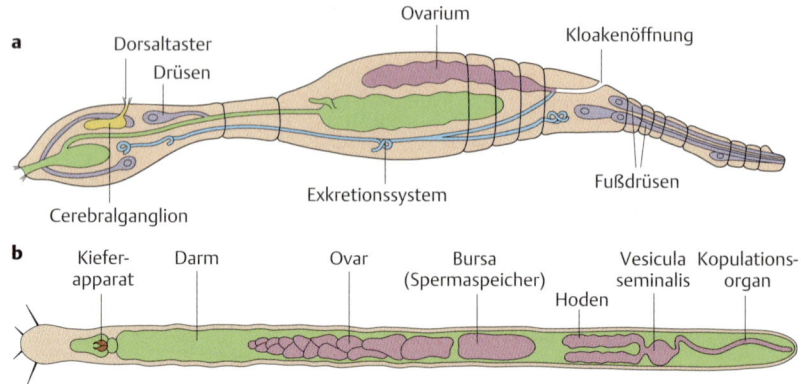

Abb. 1.23 **Schema der Organisation. a** *Seison*, lateral. (Nach Hennig, 1980.) **b** Gnathostomulida. *Gnathostomaria lutheri*, dorsal. (Nur in einer Teilgruppe der Gnathostomulida kommen eine Bursa und ein Kopulationsorgan vor.) (Nach Ax, 1995.)

Beispiel: *Gnathostomula paradoxa*, Nord- und Ostsee.
Als **alternative Vorstellung** zu den Gnathifera wird vielfach die **Plathelminthomorpha-Hypothese** vertreten (Plathelminthomorpha = Gnathostomulida + Plathelminthes). Dafür könnte sprechen, dass die Plathelminthomorpha Zwitter sind, dass eine innere Verschmelzung der Ei- und Samenzellen nach direkter Spermaübertragung erfolgt und dass die Spermien modifiziert sind: Sie sind fadenförmig und haben keinen ausgeprägten Akrosom-Komplex.

Eine vom Mund separate Afteröffnung fehlt sowohl den Gnathostomulida als auch den Plathelminthes. Möglicherweise ist das primär der Fall, was bedeuten würde, dass ein Einwegdarm mit After innerhalb der Bilateria mehrfach konvergent entwickelt wurde.

Proboscis: Rüssel. Der Begriff wird im Zusammenhang sehr verschiedener Tiergruppen benutzt (z. B. Pantopoda/Chelicerata, Proboscidea [Rüsseltiere] unter den Mammalia).

1.7.3 Plathelminthes (Plattwürmer)

Primär im Querschnitt kreisförmig, meist aber abgeplattet. Ohne Blutgefäßsystem. Viele Arten leben als Ekto- oder Endoparasiten und zeichnen sich durch Saugnäpfe aus. Bei den als Darmparasiten lebenden Bandwürmern erfolgt die Nahrungsaufnahme über die Körperoberfläche; ein Gastrovaskularsystem fehlt den Parasiten.

Ca. 25 000 Arten. Länge 1 mm bis 25 m (Fischbandwurm). Die meisten Tiere leben frei (in aquatischem Milieu, im Boden), viele Arten sind Parasiten. Körperform gestreckt, mit deutlichem vorderen Körperpol, oft dorsoventral abgeplattet. Primär aber ist der Körperquerschnitt kreisförmig (Abb. 1.**24**).

Die Epidermis ist nur primär ektodermal; später werden die Ektodermzellen durch mesodermale Zellen ergänzt; diese wandern aus dem Parenchym (s. u.) ein. Die Körperoberfläche wird primär von Flimmerepithel gebildet (Epithelzellen mit Cilien; **multiciliäre Epithelzellen**). Die Cilien dienen der Fortbewegung.

Zwischen Epidermis und dem entodermalen Verdauungsepithel liegt die primäre Leibeshöhle, die aber fast ganz durch den Darm verdrängt oder mit dem mesodermalen **Parenchym** erfüllt ist (fälschlich auch: Mesenchym). Als Parenchym bezeichnet man differenzierte multifunktionelle Gewebe meist bindegewebigen Charakters, die die Körperhöhle ausfüllen (bei höheren Tieren Gewebe kompakter Organe wie Niere, Leber, Milz, S. 372). Es ist bei den Plathelminthes sehr umfangreich und stellt eine lockere Anordnung von Zellen dar, die zwischen sich als Reste der primären Leibeshöhle ein interzelluläres Spaltensystem (**Schizocoel**) freilassen.

Die Zellvermehrung in der Epidermis und allen anderen Geweben erfolgt durch undifferenzierte sogenannte **Stammzellen** (Neoblasten). Sie liegen fast immer im Parenchym und wandern in die Epidermis ein. Unter der Epidermis liegen Ring-, Längs- und Diagonalmuskeln; Dorsoventralmuskeln durchziehen das Parenchym. Es wirkt mit seiner Turgeszenz als hydrostatisches Skelett antagonistisch zum Mus-

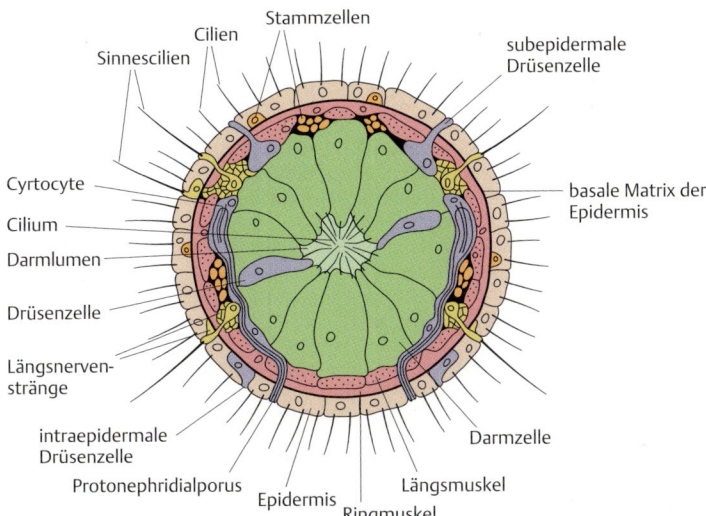

Abb. 1.**24 Plathelminthes.** Rekonstruktion der Organisation des Grundplanvertreters, Querschnitt. (Nach Ehlers, 1995.)

kelsystem. In einem solchen **Hydroskelett** arbeitet ein **Hautmuskelschlauch** gegen eine (nicht komprimierbare, aber formveränderliche) Flüssigkeitsfüllung.

Verdauung, Respiration und Kreislauffunktion werden gemeinsam vom **Gastrovaskularsystem** übernommen (S. 672). Es mündet über einen Pharynx (Schlund) mit einer gemeinsamen Mund-After-Öffnung nach außen, d. h., ein Blutgefäßsystem zur Nährstoffverteilung fehlt. Die Osmoregulation bzw. Exkretion wird von **Protonephridien** übernommen (S. 852). Metanephridien fehlen.

Es sind 3–6 Paar Markstränge vorhanden; hinzu kommen der netzförmige Anteil des **Nervensystems** und das **Gehirn**.

Da die Verschmelzung der Gameten im Körperinneren erfolgt, haben die Plathelminthes **Kopulationsorgane**. Wechselseitige Begattung ist häufig (Hermaphroditen, S. 277). Auch asexuelle Vermehrung durch Querteilung oder (bei einigen Cestoden) Knospung kommt vor.

Die freilebenden Plattwürmer gehören mehreren basalen Zweigen der Plathelminthes an (Abb. **1.25**).

Teiltaxa der Plathelminthes:
Catenulida. Wenige Millimeter groß. Überwiegend im Süßwasser, einige Arten marin. Beispiele: *Catenula*, *Stenostomum*.
Macrostomida. Millimetergroß; *Microstomum* und *Macrostomum* sind weltweit in aquatischen Lebensräumen verbreitet (Abb. **1.26**).
Polycladida. Dorsoventral abgeplattete, fast durchweg marin und benthisch lebende Taxa. Beispiel: *Stylochoplana*, bis 1,2 cm groß, in der Nord- und Ostsee.
Seriata: Tricladida. Zu den Tricladida gehören unter anderen die Süßwasserplanarien *Planaria torva* (ca. 1,3 cm lang) und *Dugesia gonocephala* sowie terrestrisch lebende Formen wie *Geoplana*.
Neodermata (= Trematoda + Cercomeromorpha): Die Trematoda und Cercomeromorpha haben als Parasiten eine syncytiale Körperbedeckung ohne Cilien.
a. Trematoda (Saugwürmer)
Autapomorphien: Parasiten; mit zwei Saugnäpfen. Der vordere umgibt den Mund, der hintere ist als Bauchnapf in seiner Position variabel. Primärer Wirt ist ein Mollusk.
Beispiele: Großer Leberegel, *Fasciola hepatica*, häufig bei Rindern, selten auch Parasit des Menschen (S. 639). Kleiner Leberegel (*Dicrocoelium dendriticum*, Abb. **1.27**, S. 639). Pärchenegel (*Schistosoma mansoni*), Erreger der Darm-Bilharziose. Zwittrigkeit aufgegeben. Bis 1 cm lang. Ernährt sich von Blut. Die Weibchen sind länger als die Männchen, die Männchen sind etwas größer als die Weibchen und tragen diese in einer Bauchtasche (S. 631). Neben *S. mansoni* gibt es weitere *Schistosoma*-Arten, in tropischen Regionen.
b. Cercomeromorpha (Monogenea + Cestoda): Larven mit sichelförmigen Haken am Hinterende (Kaudalhäkchen).
b.1. Monogenea: Ektoparasiten der Haut und der Kiemen, vereinzelt Endoparasiten in der Harnblase oder Speiseröhre. Vorn weisen sie einen oder mehrere Saugnäpfe (Prohaptoren) auf, hinten einen größereen (Opisthaptor). Ein Generationswechsel findet nicht statt (Name! Monogenea).
Beispiele: *Dactylogyrus vastator* und *Gyrodactylus elegans*, in der Karpfenzucht als Parasiten gefürchtet.
b.2. Cestoda (Bandwürmer): Parasiten von Wirbeltieren.
Autapomorphien:
– Larven und Adulti ohne Darm. Die Nahrungsaufnahme flüssiger Substanzen aus dem Wirt erfolgt über die Neodermis.

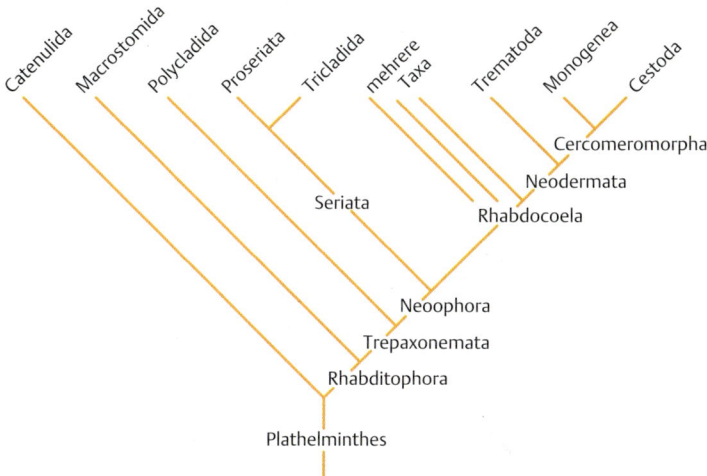

Abb. 1.25 **Die phylogenetischen Beziehungen innerhalb der Plathelminthes.**

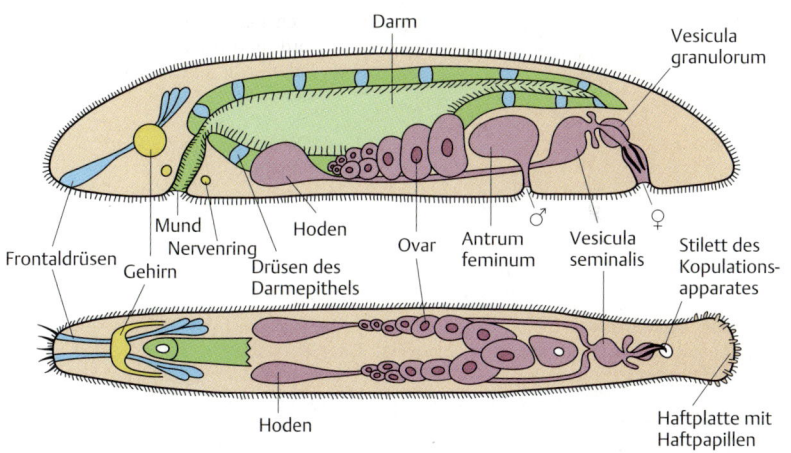

Abb. 1.26 **Macrostomida.** *Macrostomum*, lateral (oben) und dorsal. (Nach Ax, 1995.)

Mit Saugnäpfen und bei vielen Arten auch mit einem Hakenkranz am Vorderende (**Scolex**). Saugnäpfe und Scolex dienen der Verankerung an der Darmwand ihrer Wirte (S. 631). Die Wachstumszone hinter dem Scolex bildet ständig ein Band hintereinanderliegender zwittriger Fortpflanzungsorgane, die sich abgliedern (**Proglottidien**). Das erlaubt auch allein lebenden Bandwürmern die geschlechtliche Fortpflanzung.

1 Das System der Tiere

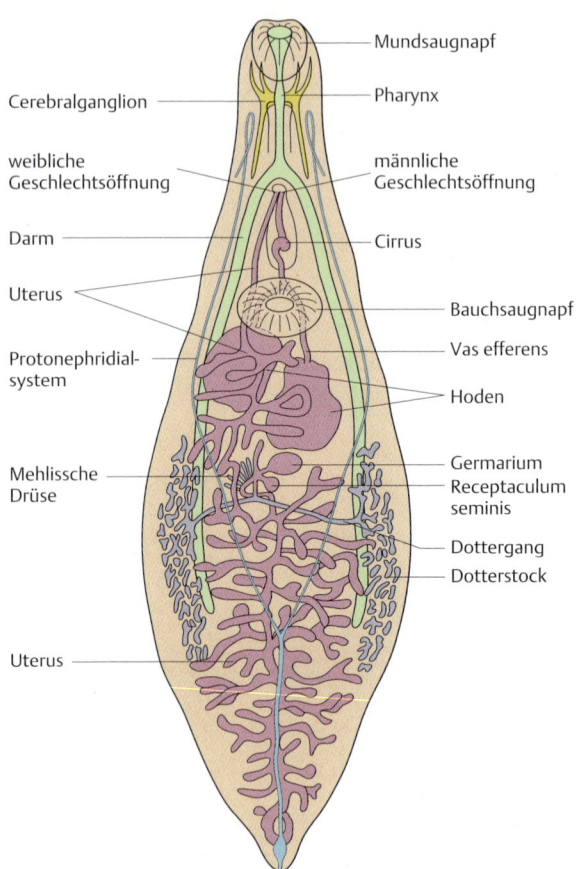

Abb. 1.27 Neodermata. *Dicrocoelium dendriticum*. Der in Wirklichkeit stark gewundene Uterus erscheint nur darstellungsbedingt verzweigt. Das Germarium liefert die Eizellen, die den Uterus füllen, der Dotterstock (Vitellarium) liefert Dotterzellen, von denen jeder Eizelle mehrere beigegeben werden. Nach der Befruchtung erfolgt die Bildung der Eischalen, an deren Bildung die Dotterzellen und die Mehlische Drüse beteiligt sind. (Ventralansicht, nach Kükenthal, 2009.)

Beispiele: *Taeniarhynchus saginatus* (Rinderbandwurm), ohne Hakenkranz, bis 10 m lang. *Taenia solium* (Schweinebandwurm), bis 8 m, meist aber unter 3 m. Die Larven beider Arten werden als Finnen bezeichnet. *Diphyllobothrium latum* (Fischbandwurm), bis 25 m Länge, beim Menschen im Dünndarm.

> **Hydroskelett:** Die Gesamtheit der nicht durch Mineralisation, sondern durch Flüssigkeitsdruck verfestigten Elemente des Körpers mit der Funktion eines Skelettes.

1.8 Euspiralia

= Nemertinea + Trochozoa

Apomorphien:
- Gliazellen (Konvergenz zu vielen[?] Radialia). Gliazellen bilden ein Stütz- und Isolationsgewebe im Nervensystem (Glia, Gliagewebe); sie behalten im Gegensatz zu Nervenzellen die Fähigkeit zur Zellteilung.
- After (Konvergenz zu den Radialia).

Die Euspiralia bilden die Schwestergruppe der Plathelminthomorpha + Micrognathozoa + Syndermata bzw. nach anderer Auffassung der Plathelminthes + Gnathifera.

1.8.1 Nemertinea (Schnurwürmer)

= Nemertini

Ca. 900 Arten. Länge wenige Millimeter bis 30 m. Die meisten Nemertini leben im Meer, nur wenige limnisch oder terrestrisch. Sie ernähren sich von Anneliden, Weichtieren und Fischen, im Süßwasser meist von Plattwürmern und Nematoden. Die Nahrung wird mit einem einzigartig gebauten Rüssel (Proboscis) erbeutet, der aus Epithel und Muskulatur besteht und dorsal des Darmes in einer Rüsselscheide (Rhynchocoel) liegt. Der Rüssel wird aus der Scheide geschleudert, wenn sich die Muskulatur der Rüsselscheide kontrahiert und dadurch die darin liegende Flüssigkeit unter Druck gerät. Ihr **geschlossenes Blutgefäßsystem**, homolog den Coelomräumen anderer Taxa, gilt als eine weitere **Autapomorphie**.

Haut **bewimpert**. Als **Sinnesorgane** finden sich Pigmentbecherocellen, Statocysten (nur bei dem in marinen Sanden lebenden *Ototyphlonemertes*) und Sinnesgruben.

Die meisten Arten sind **getrenntgeschlechtlich**. In vielen Fällen findet eine direkte Entwicklung statt, bei den Heteronemertini hingegen wird eine sehr einfach gebaute Larve, die **Pilidium-Larve** ausgebildet. Sie ähnelt in vieler Hinsicht der Trochophora-Larve der Trochozoa (s. u.).

Beispiele: *Malacobdella*, als Kommensale in Muscheln. *Lineus longissimus*, bis 30 m lang.

1.9 Trochozoa

= Kamptozoa + Mollusca + Sipunculida + Articulata

Die primär ausgebildete planktonische Trochophora-Larve ist nur bei den Kamptozoa, Mollusca und Annelida erhalten geblieben, wenn auch vielfach in abgewandelter Form, so dass man zur stärkeren Differenzierung andere Bezeichnungen eingeführt hat (z. B. Veliger-Larve). Bei den meisten Arten aber ist sie entweder ganz unterdrückt (z. B. wenn terrestrisch wie die Tracheata und Arachnida;

das gilt aber auch für die Landschnecken) oder (so bei primär aquatischen Arthropoden) so stark abgewandelt, dass größere Ähnlichkeit mit einer Trochophora-Larve nicht mehr besteht. Bei den Kopffüßern schlüpfen aus dem Ei weit entwickelte Jungtiere.

Als einzige **Apomorphie** gilt die **Trochophora-Larve** (Abb. 1.28): Dabei handelt es sich um eine planktonische Larve mit praeoralem Wimpernband (Prototroch), Ocellen (Lichtsinnesorganen aus wenigen Zellen) sowie einem Scheitelorgan (Wimpernschopf).

Der Name **Trochophora** wurde von B. Hatschek (1878) für die aus der Spiralquartett-4d-Furchung hervorgegangene Larve der Anneliden eingeführt. Körper kugelig. Der vordere Körper wird als Episphäre bezeichnet, es folgt ein vor dem Mund liegender (der präorale) Wimpernkranz (Prototroch) und dahinter die Hyposphäre. Hinter der Mundöffnung liegt ein zweites Wimpernband, der Metatroch. Proto- und Metatroch werden aus multiciliären Zellen gebildet. Die Cilien im Proto- und Metatroch sammeln Nahrungspartikel, die (auch durch weitere bewimperte Zellen zwischen den Wimpernbändern) zur Mundöffnung geleitet werden. Am Mundrand beginnt ein weiteres (ventrales) Wimpernband, das sich bis zur Analöffnung erstreckt (Neurotroch). Am Vorder- und Hinterende befindet sich je ein Wimpernschopf. Der vordere steht auf einer Scheitelplatte, das als Sinnesorgan fungiert. Der hintere ist der Telotroch. – Unter der Epidermis mit einem Nervennetz und unter dem Prototroch mit einem Nervenfaserring. Der Darm läuft durch. Als Exkretionsorgane dienen Protonephridien. Die primäre Leibeshöhle zwischen Körperdecke und Darm ist flüssigkeitsgefüllt und von Parenchymsträngen durchzogen. Die Trochophora-Larve hat im Grundmuster der Trochozoa paarige Ocelli ektodermaler Herkunft.

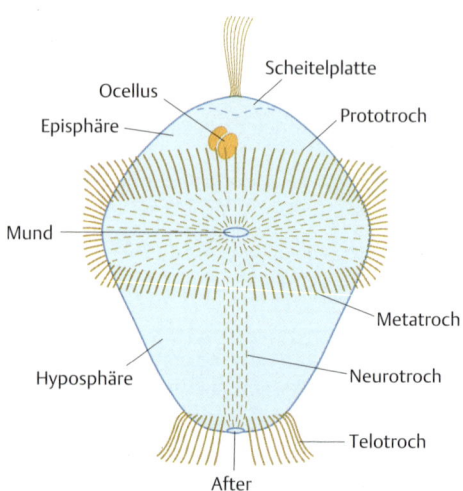

Abb. 1.28 **Trochophora-Larve, Schema der Organisation.**

Wahrscheinlich fehlte ein Blutgefäß- bzw. Zirkulationssystem im Grundplan der Bilateria und noch im Grundmuster der Trochozoa. Sollte ein (offenes) Gefäßsystem schon bei den gemeinsamen Vorfahren der Mollusken und Articulata vorhanden gewesen sein, muss es, wenn die Kamptozoa die Schwestergruppe der Mollusken sind, bei ihnen wieder verlorengegangen sein, ebenso bei den Sipunculida als der wahrscheinlichen Schwestergruppe der Articulata.

1.9.1 Lacunifera

= Kamptozoa + Mollusca

Möglicherweise bilden die Kamptozoa und Mollusca ein Monophylum. Dafür könnten als mögliche **Synapomorphien** sprechen:
– Die Bewimperung mit **Cilien** gibt es nur auf der **Ventralseite** statt wie ursprünglich auf dem ganzen Körper.
– Die bewimperte Ventralfläche bildet eine **Kriechsohle** (im Grundplan der Kamptozoa noch bei der Trochophora-Larve, bei der die Hyposphäre einen bewimperten Kriechfuß bildet).
– In der grundsätzlich kompakten und acoelomaten, mit Mesenchymzellen erfüllten Leibeshöhle findet sich ein besonderes **Lakunensystem** für den Transport von Hämolymphe, das durch extrazelluläre Matrix begrenzt ist (Name! Lacunifera).

1.9.1.1 Kamptozoa (Kelchtiere)

= Entoprocta

Ca. 250 Arten. Die wenige Millimeter großen Kamptozoen leben teils solitär, großenteils aber in Kolonien im Meer. Vereinzelt kommen auch Süßwasserbewohner vor. Als **Autapomorphien** gelten:
– Ihre **Sessilität**.
– Die mit der sessilen Lebensweise verbundene Gliederung in „Kelch" (**Calyx**), der die inneren Organe enthält, und dorsalen **Stiel**, mit dem die Tiere festgeheftet sind.
– Ein Kranz von **Tentakeln** zur Filtration von Nahrung aus dem Wasser.

Oft wird angenommen, dass die Kamptozoa mit den Bryozoa nahe verwandt sind. Bei Letzteren aber liegt der After außerhalb des Tentakelkranzes.

1.10 Mollusca (Weichtiere)

Aufgrund ihrer oft anmutigen kalkigen Gehäuse (beliebte Sammlerobjekte; früher: Conchylien) eine der populärsten Tiergruppen. Primär allerdings nach der verbreitetsten Phylogenie-Hypothese ohne Schale (noch bei den Aplacophora). Die Schale besteht wenn vorhanden aus drei Schichten, von denen die äußere aus

Conchiolin, einem Eiweiß, besteht. Die Schale wird vom Mantel gebildet, der den dorsalen Bereich des Körpers abdeckt. Oft ist das Gehäuse reduziert: unter den Gastropoda bei den landlebenden Nacktschnecken und den marinen Nudibranchia, bei den Oktopoden unter den Kopffüßern, u. a. Bei den Muscheln ist die Schale zweiklappig und lässt sich durch Muskeln verschließen. Der Körper selbst ist frei von skelettalen Elementen (Name Weichtiere). Bei den meisten Vertretern liegt der Großteil der inneren Organe in einer dorsalen Erweiterung, dem Eingeweidesack.

Mund mit einem Raspelorgan (Radula), das bei den Muscheln reduziert ist. Die Fortbewegung erfolgt im ursprünglichen Fall kriechend durch den (dann abgeplatteten) Fuß. Allerdings kommen festsitzende Formen vor (z. B. Austern), bei denen der Fuß zurückgebildet ist, grabende, bei denen der Fuß dem Verankern oder zum Einwühlen in Sediment dient (Muscheln, Grabfüßer), oder schwimmende (Kopffüßer), bei denen der Fuß zu Armen sowie einem Trichter, der Schwimmen nach dem Rückstoßprinzip ermöglicht, umgewandelt ist. Im Laufe der Evolution kam es im Nervensystem von relativ einfachen Marksträngen ausgehend zu einer ausgeprägten Ganglienbildung bis hin zu einem ausgeprägten Gehirn (Cephalopoden). Viele Taxa zeichnen sich durch hoch entwickelte Augen aus. Die einzigen Kopffüßer mit einer noch außen liegenden Schale (Nautilida) haben Lochkameraaugen. Bei allen übrigen heutigen Cephalopoden ist die Schale in das Körperinnere versenkt (und hier oft reduziert). Die Kopffüßer mit innerer Schale haben äußerst leistungsfähige Linsenaugen (im Gegensatz zu den Linsenaugen der Schädeltiere ektodermaler Herkunft, bei den Craniota sind sie in den wesentlichen Teilen neuroektodermalen Ursprungs).

Primär haben die Mollusken ein Paar kammförmige Kiemen. Bei den Nautilida sind zwei Paar vorhanden, bei der Mehrzahl der Muscheln sind sie stark verändert (siehe dazu die entsprechende Abbildung), bei den Landlungenschnecken sind sie reduziert (die Respiration erfolgt über reich mit Blutgefäßen versehenes Epithel eines Teiles der Mantelhöhle), bei den Käferschnecken und Neopilinida ist ihre Anzahl erhöht. Das Blutgefäßsystem ist primär (und fast immer) offen. Das Herz liegt in einem Herzbeutel (Perikard; Coelomraum). Hier beginnen auch die Exkretionsorgane. – Fossil seit dem Unterkambrium nachgewiesen. Geologisch als Gesteinsbildner bedeutsam (und mit den mesozoischen Rudisten, sessilen Muscheln, auch Riffe bildend). Die erloschenen Ammonoidea stellen wichtige Leitfossilien.

Ca. 130 000 Arten, in fast allen Lebensräumen. **Apomorphien:**
- **Radula**,
- die **Polarität** zwischen ventralem Fuß und dem dorsalen Mantel,
- der **Mantel** mit **Cuticula** und kalkigen Elementen,
- das kleine dorsal liegende Coelom, das als **Gonoperikard** ausgebildet ist,
- das **tetraneure Nervensystem**,
- die exkretorisch tätigen **Rhogocyten**.

Der Körper besteht meist aus **drei Hauptteilen**: Hinter dem Kopf ist der Körper in einen ventralen **Fuß** (primär ein Kriechorgan mit einer bewimperten Kriechsohle) und bei den schalentragenden Taxa einen dorsalen **Eingeweidesack** (Visceral- oder Pallialkomplex) gegliedert. Der Eingeweidesack wird vom **Mantel** (Pallium), der dorsalen Epidermis, überzogen.

Zwischen Eingeweidesack und Fuß verläuft unter einer Falte des Mantels die **Mantelrinne**, in die hinten der Darm, ferner Nieren und Gonaden einmünden. In der Mantelrinne liegen ferner die **Kiemen**, im Grundplan wahrscheinlich ein Paar Kammkiemen (Ctenidien, S. 756), wie sie noch bei manchen Aplacophora, Gastropoda, Bivalvia und Cephalopoda erhalten geblieben sind.

Der Mantel ist primär die dorsale Epidermis samt Cuticula mit organischen Verbindungen, Kalkspicula und mehrzelligen Papillen. Ursprünglich bildet der Mantel keine Schale.

Der Eingeweidesack enthält Herz, Gonaden, Darm und die in den mittleren Darmabschnitt mündende Mitteldarmdrüse (Hepatopankreas), die Produktionsort von Enzymen ist und Nahrung resorbiert.

Im Vorderdarm, hinter der Mundöffnung, liegt die **Radula** (Raspel- oder Reibzunge) mit dem Radula-Träger (Odontophor). Die Radula ist eine mit Zähnchen bestandene Platte, die dem Abraspeln von Nahrung dient.

Das **Blutgefäßsystem** ist primär offen (Ausnahme: Cephalopoda). Von den Kiemen kommend führen Venen das mit Sauerstoff angereicherte Blut über die Herzvorhöfe (Atria, Sg. Atrium) dem Herzen (der Herzkammer: Ventrikel) zu. Vom Herzen aus wird es über kurze Arterienstämme in die Körperhöhle gepumpt. Dabei handelt es sich um die primäre Leibeshöhle.

Das **Herz** liegt im sogenannten Perikard (Herzbeutel), dessen angeschlossene Bereiche die Gonaden enthalten (Genitalhöhle) und den Beginn der Exkretionsorgane. Perikard und Genitalhöhle sind mesodermalen Ursprungs und somit coelomaler Natur.

Die **Exkretionsorgane** sind zwei Metanephridien (= Nephridien, S. 855) in Form von bewimperten Gängen, die vom Perikard zur Mantelhöhle verlaufen (Perikardiodukte). Coelomlose Larven der Mollusken haben noch keine Metanephridien, sondern Protonephridien.

Das **Nervensystem** besteht aus einem Cerebralganglion und eventuell mehreren weiteren kleineren Ganglien, die auf den Hauptlängssträngen liegen.

Die **Furchung** der meisten Mollusken verläuft über eine Spiral-Quartett-4d-Furchung mit „Molluskenkreuz", d. h. einer vorübergehenden radialen Anordnung einiger Mikromeren. Die Larve ist ursprünglich eine Trochophora-Larve, die im Fall der Bildung von Schalen-Anlagen und Erweiterung des Wimperbereiches als **Veliger** bezeichnet wird.

Ursprüngliche Segmentierung der Mollusken? Die Annahme, die Mollusken seien ursprünglich möglicherweise segmentiert gewesen, scheint auf die ursprüngliche Fehldeutung der Serialität bestimmter Strukturen bei *Neopilina* zurückzugehen. Tatsächlich liegt hier aber weder eine Segmentierung vor noch eine Korrelation der verschiedenen seriellen

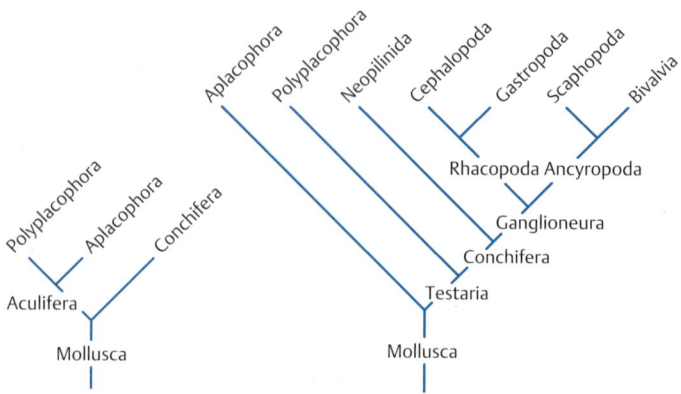

Abb. 1.29 **Verwandtschaftsbeziehungen innerhalb der Mollusca mit einer Alternativhypothese zu den basalen Verzweigungen.**

Organe, und zwar der Dorsoventralmuskeln, der Exkretionsorgane, der Kiemen und des Nervensystems. Dies wird gestützt durch die Ergebnisse entwicklungsbiologischer Untersuchungen an Polyplacophoren: Bei *Mopalia* werden die Dorsoventralmuskeln erst nach der Metamorphose synchron durch Konzentration diffus angelegter Myofibrillen gebildet. Und während der Entwicklung des pedalen Nervensystems bei *Mopalia* erfolgt eine Differenzierung von hinten nach vorn, was sich weder mit der synchronen Entstehung der Schalenplatten in Einklang bringen lässt noch mit der Annahme einer Anneliden-ähnlichen Segmentierung.

Abgesehen von der oben wiedergegebenen **Annahme**, die Mollusca seien die nächsten Verwandten der Kamptozoa, werden als **Schwestergruppe** der Mollusca auch die Articulata, Annelida oder Sipuncula ins Gespräch gebracht. Zahlreiche molekular-phylogenetische Untersuchungen haben trotz der grundsätzlich bestens gesicherten Annahme der Monophylie der Mollusken zum Ergebnis gehabt, einzelne Molluskentaxa hätten nähere Beziehungen zu Polychaeta, Clitellata, Echiura, Brachiopoda, Phoronida, Kamptozoa, Gastrotricha oder Gnathostomulida. Dies unterstreicht die Vorsicht, mit der manchen molekularsystematischen Aussagen noch zu begegnen ist.

Die ältesten Mollusken (Helcionellida) stammen aus dem späten Vendium. Aus dem unteren Kambrium sind auch Bivalvia, Cephalopoda und Gastropoda bekannt.

1.10.1 Aplacophora (Wurmmollusken)

Marine, teils epibenthisch lebende, teils grabende wurmförmige Mollusken (Abb. 1.30). **Abgeleitete Merkmale:**
- Körper langgestreckt. Vielleicht ist die Wurmform aber konvergent entstanden: Bei den Solenogastres resultiert sie aus einer Verschmälerung des Körpers, bei den Caudofoveata war eine ventral gerichtete Einrollung um die Längsachse des Körpers erfolgt.

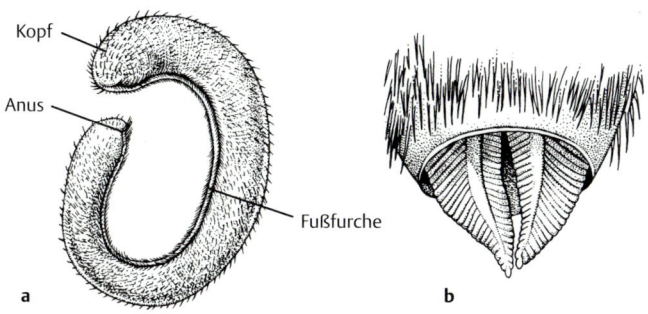

Abb. 1.**30 Mollusca, Aplacophora. a** Solenogastres: *Proneomenia*, Habitus. **b** Caudofoveata: *Chaetoderma*, Hinterende mit den Ctenidien. (Aus Marshall und Williams, 1972.)

– Kriechsohle weitgehend reduziert (Konvergenz?) Bei den Caudofoveata verblieb in Anpassung an die grabende Lebensweise ein schildförmiger Rest, bei den Solenogastres eine ventrale Furche.

Im Vergleich zu den Testaria sind die Aplacophora ursprünglich darin, dass die Cuticula nur mit Kalkspicula ausgestattet ist.

Caudofoveata (= Chaetodermomorpha). Schildfüßer. Ca. 60 Arten. Marin, im Boden. 3 mm–14 cm lang. Sie liegen mit dem Kopf nach unten im Sediment, aus dem sie mit ihrer Radula die Nahrung gewinnen. Die beiden Kiemen ragen ins freie Wasser. Als Rest des Fußes findet sich ein Schild hinter dem Mund.

Solenogastres (= Neomeniomorpha). Furchenfüßer. Ca. 180 Arten. Kiemen reduziert. Bis 30 cm lang, marin. Mit einer ventralen Fußfurche. Kriechen auf ihrem Schleim mittels ihrer Bewimperung auf dem Substrat oder graben im Sediment; viele Arten leben epizoisch auf Cnidariern.

Verwandtschaftsbeziehungen: Sowohl die für die Annahme der Monophylie der Aplacophora als auch deren Schwestergruppenbeziehung zu den übrigen Mollusken herangezogenen Merkmale sind nicht überzeugend. So gibt es als Alternative die „Aculifera"-Hypothese (Aculifera = Aplacophora + Polyplacophora, Abb. 1.**29**). Nach ihr werden cuticuläre Stacheln, Schuppen oder Platten, ein subterminal liegender After und die suprarektale Kommissur als Synapomorphien der Aplacophora und Polyplacophora gedeutet. Nach einer noch spezielleren Annahme stammen die Aplacophora von polyplacophoren-ähnlichen Vorfahren ab. Danach beruht das Fehlen der Schalenplatten der Aplacophora auf Reduktion.

Die Aplacophora ist paraphyletische Gruppe. Unter der Annahme, dass die Caudofoveata das Adelphotaxon der übrigen Mollusca seien (Caudofoveata + [Solenogastres + Testaria]), kämen als Synapomorphien der Solenogastres und Testaria das Vorhandensein einer Fußdrüse und eines präoralen Mantelhöhlenabschnittes in Frage. Die Solenogastres und Testaria werden dann zusammengenommen als Adenopoda bezeichnet.

Sollten die Solenogastres die Schwestergruppe der Caudofoveata + Testaria sein (Caudofoveata + Testaria = Hepatogastralia), wären als mögliche Synapomorphien die Radula-Membran sowie eine Aorta und vielleicht sogar die Ctenidien, die den Solenogastres fehlen, in Erwägung zu ziehen, ferner die funktionelle Differenzierung des Mitteldarmes: Er besteht aus Magen, Mitteldarmdrüse und Intestinum.

> **Radula:** Raspelorgan im Vorderdarm der Mollusken, fehlt den Bivalvia sekundär.
> **Rhogocyten:** Einzeln auftretende (d. h. keine Epithelien bildende) Zellen bei Mollusken, in mancher Hinsicht (Spaltenapparat) den Cyrtocyten und Podocyten ähnlich. Synonyme: Leydigs Zelle, Blasenzelle, Porenzelle.
> **Gehäuse:** Im engeren Sinne = Außenskelett (also z. B. von der Epidermis gebildete Hartteile, aber auch nicht vom Körper erzeugte Hüllen wie die Köcher von Trichopteren-Larven). Gehäuse bezeichnet die Funktionseinheit, Schale hingegen die Substanz des Gehäuses.
> **Schloss:** Region zweiklappiger Gehäuse, die die Drehung der Gehäuseklappen um nur eine Achse ermöglichen und zugleich Verwindungen verhindern, oft mit Schlosszähnen und –gruben in der Gegenklappe. Beispiele: Ostracoden, Brachiopoden, Bivalvia.
> **Sipho:** Röhrenartiges Organ, z. B. vom Körper der Nautilida durch die Gehäusekammern ziehender Strang, Atemwasserrohr mancher Gastropoden, verlängerte Ein- und Ausstromöffnungen bei Bivalvia.
> **Hypostracum:** Innere Schicht der Schale, wird vom Mantel ausgeschieden (= Perlmutterschicht).
> **Periostracum:** Organische Außenschicht der Schale.

1.10.2 Testaria

= Eumollusca; = Polyplacophora + Conchifera

Die folgenden Mollusken haben im Grundmuster ein **Exoskelett**, d. h. eine vom Mantel abgeschiedene Schale, die in der Regel als kennzeichnende evolutive Neuerung angesehen wird. Sie dürfte ursprünglich wie noch bei den Polyplacophora mehrteilig – vielleicht sogar wie bei den Polyplacophora 8teilig – gewesen sein. Die Schale besteht aus **drei Schichten**:

- dem **Periostracum** außen, gebildet aus organischer Substanz (Conchiolin, einem Protein),
- in der Mitte der Prismenschicht (**Ostracum**, bei den Polyplacophora Tegmentum) aus Kalkprismen
- und dem **Hypostracum** (bei den Conchifera als Perlmuttschicht ausgebildet), bestehend aus Kalkplättchen.

Als **weitere Autapomorphien** der Testaria kommen hinzu:
- Der Besitz von 1 Paar lateral gelegenen **Nieren**. Es handelt sich um Differenzierungen der Perikardiodukte.
- Strukturen des **Verdauungstraktes**, z. B. paarige Ösophagus- und Mitteldarmdrüsen.

1.10.2.1 Polyplacophora (Käferschnecken)
= Placophora, Loricata

Ca. 900 Arten. Am Kopf Tentakeln mit Riechorganen. Ohne Augen. Die Schale besteht aus acht hintereinanderliegenden Platten, die gelenkig miteinander verbunden sind. Die Platten bestehen aus mehreren verkalkten Schichten. Die Gelenkung erfolgt über Apophysen an den Platten 2–8 („Articulamentum"). Von den Schalenplatten aus ziehen je zwei Muskelpaare in den Fuß.

Autapomorphien:
– **Radula** groß, bis 1/3 der Körperlänge erreichend.
– In der mittleren Schicht der Schale, dem Tegmentum, finden sich **Aestheten**, das sind Zellstränge als Bestandteile von **Sinnesorganen** (Ausläufer des Mantelepithels). Die Aestheten sind unterschiedlich differenziert, manche bilden komplizierte Lichtsinnesorgane (Schalenaugen mit Linse und Retina):
– Die Zahl der Kiemenpaare ist erhöht (realisiert sind **6–88 Paar Kiemen**).
– Die Kalkspicula sind auf die Randbezirke des Mantels, das **Perinotum**, beschränkt.

Ursprüngliche Strukturen, die die Käferschnecken mit den Aplacophora gemeinsam haben, sind von Cuticula und Kalkkörpern bedeckte Mantelbereiche und die basale Organisation des Cilienapparates.

Die Käferschnecken leben überwiegend in flachen Meeresteilen auf Hartböden, tagsüber ruhend (Abb. 1.31). Vereinzelt bis in 4400 m Tiefe.

Beispiele: *Chiton*, *Lepidochiton*. Ältester Vertreter ist *Mattheva* aus dem oberen Kambrium.

Abb. 1.**31** **Polyplacophora.** *Acanthopleura brevispinosa*, **a** dorsal, **b** von ventral. Oben erkennt man den Kopfbereich mit der Mundöffnung, darunter die Kriechsohle des Fußes. Der Körper wird von der Mantelfalte umlaufen, in der die Kiemen liegen. (Fotos von Sophia Willmann.)

1.10.3 Conchifera

Neopilinida + Ganglioneura

Apomorphien:
- Mit einer einheitlichen **Schale**, die wie bei den Polyplacophora aus drei Schichten (Periostracum, Ostracum, Hypostracum) besteht, wobei das Hypostracum jedoch als Perlmuttschicht ausgebildet ist. Bei vielen Formen (Muscheln, *Berthelinea* unter den Gastropoda) ist die Schale sekundär zweiteilig, vielen anderen (Nacktschnecken, Octopoden) fehlt die Schale sekundär oder sie ist stark reduziert.
- **Verlust der Kalkspicula.** Sie wurden im Zusammenhang mit der Entwicklung des den ganzen Körper bedeckenden Gehäuses überflüssig.
- **Statocysten.**
- Mundhöhle mit einem unpaaren **Kiefer.**
- Magen mit enzymhaltigem **Kristallstiel.** Die Enzyme werden durch Abrieb freigesetzt.
- Die dorsalen seitlichen Nervenstränge (**Pleuroviszeralstränge**) haben eine **Subrectalkommissur.**
- Die ursprünglich 16 Paar **Dorsoventralmuskeln** (Fußretraktoren, vgl. die Polyplacophora) wurden durch Verschmelzung von je zwei Paaren auf **8 Paar** vermindert.

1.10.3.1 Neopilinida

= Tryblidia (früher zusammen mit fossilen Formen als „Monoplacophora" bezeichnet)

Ca. 20 Arten. Tiefseebewohner. Die erste rezente Art wurde erst 1952 entdeckt und 1957 beschrieben (*Neopilina galatheae*).

Autapomorphien: Mit 3–6 Paar **Fiederkiemen**, die einseitig gekämmt (monopectinat) sind.

Als weitere Apomorphien gelten das Vorkommen mehrerer Paare von Nieren und Gonaden sowie von zwei Paar Herzvorhöfen. Dies impliziert, dass die **Vermehrung** dieser **Organe** sekundär erfolgt und nicht von einem frühen Vorfahren übernommen worden ist.

Tab. 1.1 Organanzahl bei Vertretern der Neopilinida.

	Anzahl der Paare Nephroporen	Kiemen	Gonoducte
Vema ewingi	7	6	3
Neopilina galatheae	6	5	2
Micropilina arntzi	3	3	1

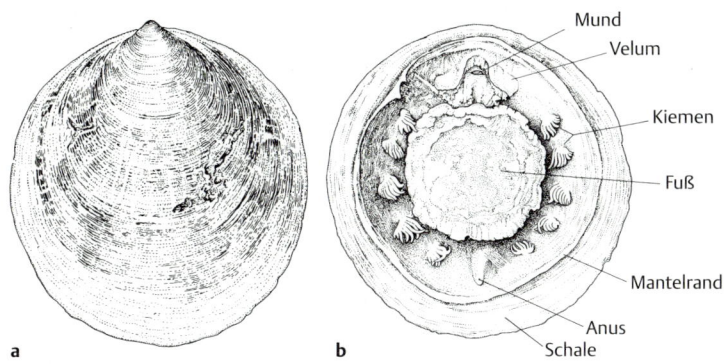

Abb. 1.**32** **Neopilinida,** *Neopilina galatheae,* **a** dorsal und **b** ventral. (Nach Lemche und Wingstrand, 1957.)

Im Vergleich mit den Ganglioneura plesiomorphe Eigenschaften der Neopilinida sind die stereoglossate Radula, die 8 Paar Dorsoventralmuskeln und die circumpedale (den Fuß umlaufende) Mantelhöhle.
Beispiele: *Neopilina* (*Abb. 1.*32), *Vema* u. a.

1.11 Ganglioneura

= Ancyropoda + Rhacopoda

Die Ganglioneura enthalten mit den Kahnfüßern und Muscheln (zusammen Ancyropoda) sowie den Kopffüßern und Schnecken (zusammen Rhacopoda) den bei weitem größten Anteil der Molluskenarten.

Apomorphien:
- Nervensystem zusätzlich zum Cerebralganglion mit deutlichen Ganglien (**"ganglioneurales" Nervensystem**):
- Eventuell **Pedalganglien** für die Fußmuskulatur. Der Markstrangcharakter bei vielen basalen Gastropoden-Linien weist aber auf eine mehrfach konvergente Konzentration der Neuronen zu Ganglien an vergleichbaren Stellen hin.
- **Pleuralganglien** für die Innervierung des Mantelrandes
- Eventuell existierte schon im Grundplan der Ganglioneura ein **Visceralganglion** für den Eingeweidesack. Aber der Markstrangcharakter der Visceralkonnektive vieler protobrancher Muscheln weist auf mehrfach konvergent erfolgte Bildung der Visceralganglien hin.
- Gegenüber den acht Paar **Fußretraktoren** bei den Neopilinida (und vermutlich im Grundplan der Conchifera) ist nur noch **ein Paar** verblieben.
- Die Einrollmuskeln sind reduziert.

Die **Verwandtschaftsbeziehungen** innerhalb der Ganglioneura werden kontrovers diskutiert. Zu den im Folgenden angenommenen Gruppen Ancyropoda (= Diasoma; Scaphopoda + Bivalvia) und Rhacopoda (Cephalopoda + Gastropoda) gibt es begründete Alternativvorstellungen:

Scaphopoda + (Gastropoda + Cephalopoda): Als mögliche Synapomorphien gelten die Streckung entlang der dorsoventralen Körperachse, die Anzahl der dorsoventralen Muskelpaare auf 2 verringert und die Vereinfachung des Kristallstielmagens.

Scaphopoda + Cephalopoda: Als mögliche Stammgruppenvertreter der Cephalopoden und Scaphopoden gelten manchen Autoren die hochschaligen Helcionelloidea (unteres – mittleres Kambrium, z. B. *Helcionella, Latouchella*). Sie sind wie auch *Plectronoceras* endogastrisch (nach hinten) eingerollt. Die Cephalopoda seien von frühen *Helcionella*-ähnlichen Vertretern abzuleiten, während jüngere Helcionelloidea am vermutlich hinteren Gehäuserand einen Schlitz haben, der auf eine erweiterte Mantelhöhle und eine endobenthonische Lebensweise hinweisen könnte. Er ist bei *Yochelsoniella* zu einer schnorchelähnlichen Öffnung hinter dem Apex geschlossen. Aus diesen Formen sei die Gehäusestruktur der Scaphopoden zwanglos ableitbar.

Beide Hypothesen erforderten die Deutung der abgeleiteten Übereinstimmungen der Scaphopoden mit denen der Muscheln als Konvergenzen.

1.11.1 Ancyropoda

= Diasoma, Loboconcha; = Scaphopoda (Grabfüßer) + Bivalvia (Muscheln)

- Der Fuß ist nicht mehr als Kriechfuß entwickelt, sondern dient der Verankerung im Boden (**Grabfuß**).
- **Mantel** aufgrund einer ventrolateralen Ausdehnung **zweilappig**, entsprechend ist die **Schale zweiteilig**. In der Ontogenese bildet der Mantel seitliche Falten oder Duplikaturen, die nach ventral vorwachsen und schließlich den gesamten Körper umfassen. Bei den Bivalvia bleiben die Mantelränder frei, bei den Scaphopoden verwachsen sie entlang der Mittellinie.
- Nervensystem mit echten **Pedalganglien** (bei Scaphopoden und unter den Muscheln bei protobranchen Arten).

Als Stammgruppenvertreter gelten die paläozoischen „Rostroconchia".

1.11.1.1 Scaphopoda (Grabfüßer, Kahnfüßer)

Ca. 600 Arten. **Autapomorphien:**

- Die **Schalen** verwachsen seitlich zu einer vorn und hinten offenen **Röhre**, da der Mantel im Verlauf der frühen Ontogenese ventral zusammenwächst.
- Kopf neben dem Mund mit Fangfäden (**Captacula**). An ihrem Ende wird die Beute (z. B. Foraminiferen) durch Sekrete zweier **Drüsen** festgeklebt und dann zur Mundöffnung gezogen.
- Die Mundöffnung liegt am Ende eines **Rüssels**.
- **Radula** groß.
- **Reduktion der Kiemen**; der Sauerstoff wird über das Mantelepithel aufgenommen.

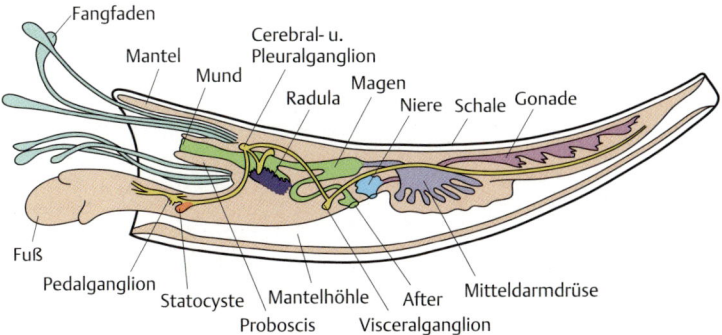

Abb. 1.**33 Scaphopoda.** Anatomie sagittal.

Die Tiere leben vom Flachwasserbereich bis in mehr als 7000 m Tiefe im Meeresboden eingegraben und können den Fuß und die Fangfäden nach vorn aus der Röhre vorstrecken (Abb. 1.**33**).
Beispiel: *Dentalium.*

1.11.1.2 Bivalvia (Muscheln)
= Lamellibranchia

Etwa 20 000 rezente Arten. **Autapomorphien:**
- Körper seitlich abgeflacht und ähnlich wie bei den ontogenetisch jungen Scaphopoda mit **rechter** und **linker Gehäuseklappe**, die im Gegensatz zu diesen aber bis auf das vom Periostracum gebildete Ligament voneinander **getrennt** sind.
- Die Gehäuseklappen sind durch ein elastisches Schlossband (**Ligament**, Fortsetzung und Verdickung des Periostracum) dorsal miteinander verbunden. Das Ligament dient, wenn es beim Verschließen der Gehäuseklappen unter Spannung gesetzt wurde, dem (passiven) Öffnen des Gehäuses.
- Zwischen den Schalenklappen dient primär je ein vorderer und ein hinterer **Adduktor-Muskel** dem Schließen des Gehäuses.
- Dorsalbereich der Schalen mit einem **Schloss** aus Zähnen und Zahngruben, die eine sichere Führung der Gehäuseklappen gegeneinander bewirken.
- Radula und Kiefer sind reduziert. Die Reduktion von Kiefer und Radula hängt mit der Ernährung von kleinen Partikeln zusammen.

Bei den sehr ursprünglichen Nuculacea wird der Großteil der Nahrung durch Anhänge der Mundlappen dem Munde zugeführt, die zur Nahrungsaufnahme aus dem Gehäuse vorgestreckt werden können. Die großen Kiemen der übrigen Muscheln erzeugen einen Wasserstrom, aus dem sie die Nahrungspartikel herausfiltern; diese werden dann den Mundlappen zugeführt (Abb. 1.**34**).

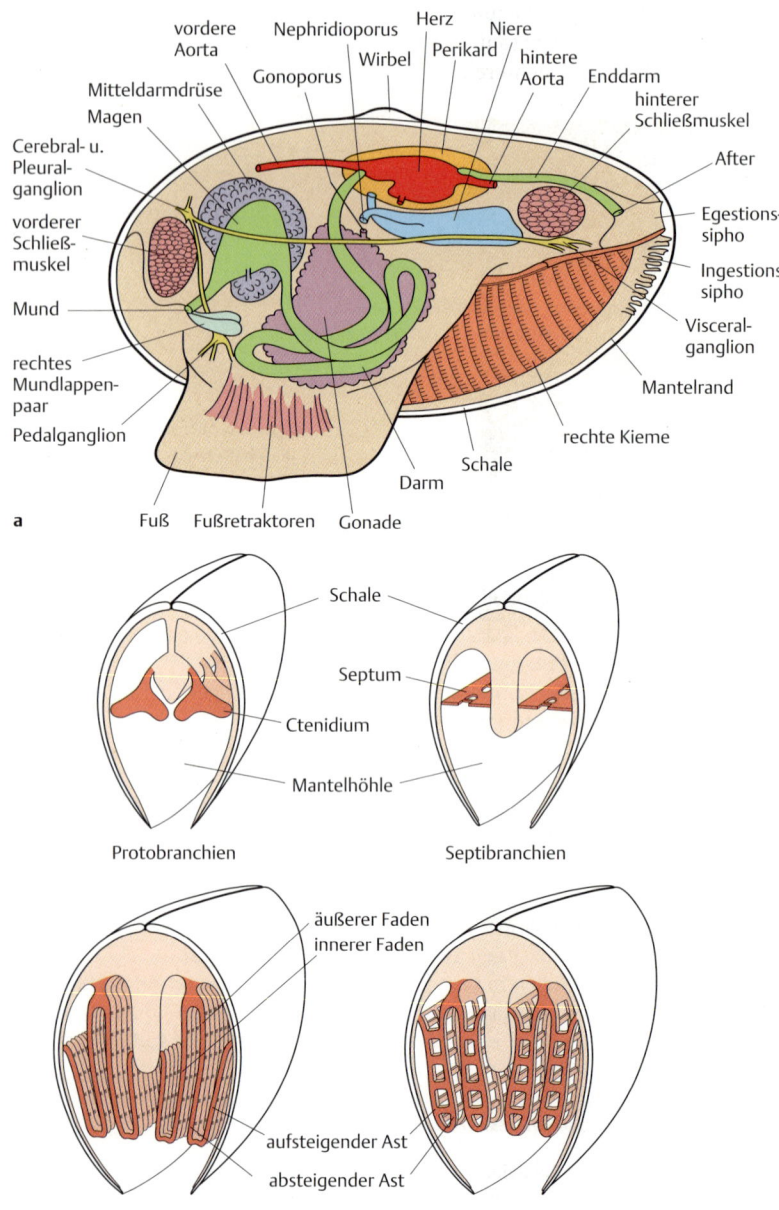

Abb. 1.**34** **Bivalvia. a** Anatomie in Anlehnung an *Anodonta*. **b** Kiemenformen.

Die **Verwandtschaftsbeziehungen** innerhalb der Bivalvia sind noch weitgehend unklar. Vor allem unter Bezug auf den Kiemenbau und die Ausbildung des Schlosses wird eine Gliederung in mehrere **Teiltaxa** vorgenommen (Abb. 1.35).

Abb. 1.**35** **Verschiedene Bivalvia. a** *Nucula nucleus* (Große Nussmuschel), **b** *Chlamys varia* (Bunte Kammmuschel), **c** *Mytilus edulis* (Miesmuschel), **d–e** *Pinna muricata* (Steckmuschel, **d** in Lebendstellung), **f** *Pholas dactylus* (Große Bohrmuschel, in ihrem Gang in Kalkstein), **g** *Mya arenaria* (Sandklaffmuschel), **h** *Cerastoderma edule* (Essbare Herzmuschel). (Fotos d: von R. Willmann, e: Sophia Willmann, alle übrigen aus Willmann, 1989.)

Bei den **Palaeotaxodonta** besteht das Schloss aus einer Reihe einfacher Zähne und Zahngruben. Kiemen im Vergleich zu denen der Polysyringia (s. u.) ursprünglich: mit zwei Reihen kurzer Blättchen, die nur der Atmung, nicht der Ernährung dienen (Protobranchien, Abb. 1.**34b**).
Beispiel: *Nucula* (Nussmuschel).

Palaeobranchia (= Cryptodonta). Die Kiemen sind doppelt blättrig-gefiedert, sie dienen auch der Ernährung. Schloss zahnlos.

Polysyringia (= Mesobranchia + Metabranchia). Die Kiemen filtern Nahrungsteilchen aus dem Wasser.

Mesobranchia (= Filibranchia, Pteriomorpha). Die Kiemen bestehen aus zwei Reihen langer Fäden, die miteinander durch Wimpern verbunden (nicht verwachsen) sind. Ohne Siphonen.
Beispiele: *Arca* (Archenmuschel), *Ostrea edulis* (Europäische Auster), *Pecten* (Kammmuschel), *Mytilus edulis* (Miesmuschel, Abb. 1.**35c**).

Metabranchia (= Eulamellibranchia). Die Kiemenfäden sind durch längs verlaufende Gewebebrücken miteinander verbunden, wodurch die äußeren (aufsteigenden) Schenkel der Kiemenfäden zusammen eine äußere Lamelle bilden, die inneren (absteigenden) Schenkel eine innere Lamelle („Blattkiemen", Eulamellibranchien). Außerdem bestehen zwischen den Lamellen Querbrücken (Abb. 1.**34b**).
Beispiele: *Arctica islandica* (Islandmuschel); *Venus* (Venusmuschel); *Cerastoderma edule* (Essbare Herzmuschel, Abb. 1.**35h**); *Macoma balthica* (Baltische Tellmuschel); *Ensis ensis* (Scheidenmuschel); *Mya arenaria* (Sandklaffmuschel); *Teredo navalis* (Pfahlwurm).

1.11.2 Rhacopoda

= Visceroconcha; Cephalopoda (Kopffüßer) + Gastropoda (Schnecken)
(= Cyrtosoma sensu stricto. Ursprünglich wurden zu den Cyrtosoma auch die Neopilinida gerechnet.)

Möglicherweise stimmen die Kopffüßer und Schnecken **synapomorph** in folgenden Gemeinsamkeiten überein:
– Streckung des Körpers in der dorsoventralen Achse des Körpers unter starker Abgliederung des Eingeweidesackes vom Fuß.
– Augen am Kopf, cerebral innerviert.
– Kopfanhänge. Die Kopfanhänge sind bei den Cephalopoden als Fangarme ausgeprägt, bei den Schnecken als Epipodialtaster. Ob aber die Epipodialtaster den Armen der Cephalopoda homolog sind, ist insofern fraglich, als Erstere von den Pedalganglien, die Cephalopoden-Arme, obwohl ontogenetisch Derivate des Fußes, aber von den Cerebralganglien aus innerviert werden.
– Die Beschränkung der Mantelrinne auf das Körperende.
– Besitz eines freien, vorstreckbaren Kopfes unter Beschränkung des Mantels mit der Schale auf die Umhüllung des Eingeweidesackes.

1.11.2.1 Gastropoda („Bauchfüßer"; Schnecken)

Ca. 70 000 Arten. **Autapomorphien:**
- Kopf mit Fühlern, deutlich vom Rumpf abgesetzt.
- Gehäuse in einer **Spirale** gewunden.
- Eingeweidesack um 180° gedreht (**Torsion**). Damit ist es zu einer Überkreuzung der Pleuroviszeralstränge des Nervensystems gekommen (Chiastoneurie = **Streptoneurie**), und die ursprünglich hinten liegende Mantelhöhle ist nach vorn (über den Kopf) gedreht.
- Die rechte Gonade wurde völlig reduziert.
- **Operculum** (Deckel); wird mit dem sich zurückziehenden Tier in die Mündung des Gehäuses zum Schutz des kontrahierten Weichkörpers gezogen.

Die Gastropoda (Abb. 1.**36**, Abb. 1.**37**) bestehen aus zwei sehr ungleich großen **Teilgruppen**: den Docoglossa mit nur wenigen Arten und den über 50 000 Spezies umfassenden Flexoglossata. Traditionelle Taxa wie „Prosobranchia", „Archaeogastropoda", „Diotocardia", „Mesogastropoda" und viele andere sind keine Monophyla.

Docoglossa

Die Docoglossa haben eine mehrreihig-starre (**docoglosse**) Radula. Gehäuse napfförmig.
Beispiele: *Patella*, *Helcion*.

Mehrere Evolutionslinien und die Flexoglossata bilden die Schwestergruppe der Docoglossa.

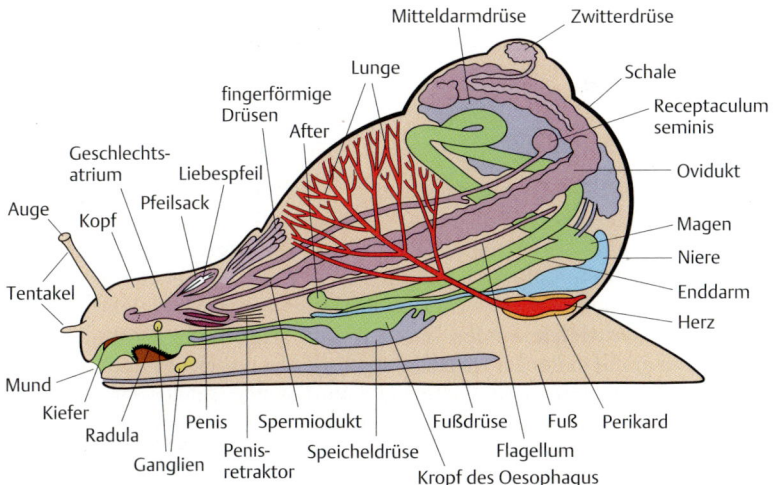

Abb. 1.**36 Gastropoda.** Organisation einer Lungenschnecke (*Helix*). (Nach Storch, Welsch, 2005.)

Flexoglossata
= Cocculiniformia + Helicoida

Die Flexoglossata zeichnen sich durch eine **flexoglossate** (primär rhipidoglossate) Radula aus, bei der in jeder Querreihe eine kräftige Mittelplatte jederseits von bis zu 10 Zwischenplatten und zahlreichen Seitenzähnen gesäumt wird.

Cocculiniformia. Ein basaler Zweig der Flexoglossata mit einer bemerkenswerten Radiation hinsichtlich des Nahrungsgewinns. Innerhalb der Cocculiniformia wurde bei einer Teilgruppe die rechte Niere reduziert.

Helicoida (= Neritimorpha + Euhelicoidea): Die **Neritimorpha** tragen Linsenaugen und sind sowohl im Meer als auch im Süßwasser und an Land verbreitet (**Beispiel:** *Theodoxus*, Flussnixenschnecke). Innerhalb der **Euhelicoidea** bilden die nur marin vorkommenden **Vetigastropoda** ein Monophylum mit ca. 4000 Arten. Sie haben auf den Ctenidien Sinnesorgane (,Bursikel'). Zu den Vetigastropoda gehören **beispielsweise** *Haliotis* (Meerohr), *Pleurotomaria* und *Trochus* (Kreiselschnecke).

Die Schwestergruppe der Vetigastropoda sind die **Pectinibranchia**, bei denen die Kiemen monopectinat (einseitig gekämmt) sind. Fast alle zu ihnen gehörenden Taxa gehören den Taenioglossa an, die eine **taenioglosse** Radula (,Bandzunge': in jeder Querreihe stehen beiderseits der Mittelplatte eine Zwischenplatte und 2–5 Seitenzähne) aufweisen und die rechte Niere verloren haben (Konvergenz zu einigen Cocculiniformia). Besonders artenreich sind unter ihnen die Caenogastropoda.

Caenogastropoda. Operculum meist hornig. **Beispiele:** *Littorina littorea* (Uferschnecke); *Cypraea* (zahlreiche Arten, Porzellanschnecken); *Natica* (Nabelschnecke); *Turritella* (Turmschnecke); *Conus* (sehr viele Arten, Kegelschnecken); *Murex brandaris* (Brandhorn); *Trophonopsis*; *Buccinum undatum* (Wellhornschnecke, Abb. 1.**37**).

Deren Schwestergruppe bilden die Campanilimorpha + Heterobranchia.

Campanilimorpha. Beispiel: *Campanile.*

Heterobranchia. Das Ctenidium ist verlorengegangen. Zu den basalen Zweigen gehören die Rissoelloidea mit *Hydrobia* (Wattschnecke). Eine umfangreiche monophyletische Gruppe der Heterobranchia sind die **Euthyneura**, die sich durch zwei zusätzliche (sogenannte Parietal-)Ganglien auszeichnen. Die namengebende **Euthyneurie** (Aufhebung der Überkreuzung der Hauptnervenstränge) dürfte hingegen mehrfach entwickelt worden sein. Zu ihnen gehören die **Opisthobranchia** (Hinterkiemer), mit hinter das Herz zurückverlagerter, wahrscheinlich sekundärer Kieme; **Beispiele:** *Acteon*, **Nudibranchia** (Nacktkiemer; Adulti ohne Gehäuse, oft äußerst farbenprächtig) und die Pulmonata. Bei den **Pulmonata** (Lungenschnecken) mit ca. 40 000 Arten ist die Wand der Mantelhöhle stark mit Blut-

1.11 Ganglioneura

Abb. 1.**37 Gastropoda. a** Docoglossa: *Patella* (Napfschnecke). **b–f** Caenogastropoda: **b** Turritellidae, *Turritella communis* (Gemeine Turmschnecke). **c** Littorinidae, *Littorina undulata* (Strandschnecke), kriechend. **d** Cypraeoidea, *Trivia europaea* (Gerippte Kaurischnecke). **e** *Buccinum undatum* (Wellhornschnecke). **f** Heterobranchia, Rissoelloidea: *Hydrobia ulvae* (Wattschnecke). **g** Pulmonata, *Helix pomatia* (Weinbergschnecke). **h** Pulmonata: *Ancylus fluviatilis* (Flussmützenschnecke). (Fotos von Rainer Willmann, c: Sophia Willmann.)

gefäßen versorgt und dient als Atmungsorgan; die Kieme ist zurückgebildet. **Beispiele:** *Planorbarius corneus* (Große Posthornschnecke, im Süßwasser); *Lymnaea stagnalis* (Spitze Schlammschnecke), *Ancylus fluviatilis* (Flussmützenschnecke); *Helix pomatia* (Weinbergschnecke, Abb. 1.**37**); *Cepaea hortensis* (Hain-Schnirkelschnecke). Bei den Nacktlungenschnecken ist das Gehäuse reduziert (z. B. *Limax maximus*, Großer Schnegel; *Arion ater*, Große Wegschnecke).

1.11.2.2 Cephalopoda (Kopffüßer)

Ca. 900 rezente Arten, über 20 000 fossile. Die Cephalopoda sind carnivor und ernähren sich meist von Fischen, Krebsen, Muscheln u. ä. Der Kopf ist wohlentwickelt, der Fuß stark umgewandelt: Er bildet:
- mit seinem frontalen Teil die Fangarme (Tentakel), die um den Mund stehen („**Kopffüße**"). Sie werden vom Pedalganglion innerviert.
- mit seinem caudalen Abschnitt den **Trichter**, der im ursprünglichen Fall aus zwei Lappen besteht (Nautilida), bei den übrigen Cephalopoden ein geschlossenes Rohr bildet, das unter dem Kopf aus der Mantelhöhle führt. Kontrahiert sich der Mantel, wird das Wasser aus der Mantelhöhle durch den Trichter ausgestoßen (Schwimmen durch Rückstoß). Der Trichter ist beweglich und bestimmt die Schwimmrichtung.

Das ursprünglich kegelförmige **Gehäuse** ist primär gekammert und äußerlich gelegen. Es dient als Schwimmorgan: Zwischen Körper und Gehäuseinnenwand wurde Gas ausgeschieden, das dem Tier einen Auftrieb verlieh. Die sukzessive Bildung von inneren Querwänden (**Septen**) hinter dem Körper bedeutete die Bildung mehrerer aufeinanderfolgender **Kammern** in dem mit zunehmendem Alter wachsenden Gehäuse. Die Kammern stehen mit dem Körper durch einen Gewebestrang (**Sipho**) in Verbindung. Diese Situation besteht noch bei den rezenten Nautilida. Bei den Nautilida und den in der Kreidezeit erloschenen Ammonida entstand aber im Gegensatz zu den ältesten Formen unabhängig voneinander ein aufgerolltes Gehäuse, bei *Spirula* ist das Gehäuse nach innen verlagert und spiralig gewunden. Bei allen heutigen Cephalopoden außer den Nautilida ist es nach innen verlagert oder reduziert.

Das Nervensystem ist hochentwickelt: Während bei *Nautilus* die Nervenzentren des Kopfes noch in Form von Marksträngen angeordnet sind, sind bei den Coleoidea die wichtigsten Ganglien zu einem **Gehirn** verschmolzen, das in mehrere **Loben** unterteilt ist (optische Loben für die Augen, pedaler Bereich für die Arme, in denen jeder Saugnapf ein eigenes Ganglion hat, Stellarganglion für die Mantelmuskulatur).

Das **Blutgefäßsystem** ist im Gegensatz zu dem der anderen Mollusken geschlossen.

Den ursprünglichsten Augentyp der Cephalopoden findet man bei den Nautilida, ein linsenfreies **Grubenauge**, das bis auf ein kleines Loch verschlossen ist. Es handelt sich um ein Lochkameraauge, das auf der hinteren Fläche der Augenblase, der

Retina (Netzhaut) ein Bild entwerfen kann. Bei den Dibranchiata ist der Bau des Auges weiter fortgeschritten: Hier lässt sich in der Ontogenese der Aufbau eines Linsenauges verfolgen. Da hier in Umwandlung der Augengrube eine geschlossene Blase gebildet wird, spricht man von **Blasenaugen**. Die Augen mancher Cephalopoden sind sehr groß; in Pottwalmägen hat man Augen von fast 40 cm Durchmesser gefunden – die größten Sehorgane überhaupt.

Gonaden stets unpaar. Die Spiralfurchung wurde durch eine **discoidale Furchung** ersetzt (S. 301).

Tetrabranchiata
= Nautilida

Mit vier Kiemen, zwei Paar Herzvorhöfen und zwei Paar Nieren (alles **Autapomorphien**). Mit zahlreichen Tentakeln. Nur die Nautiliden haben unter den Cephalopoden noch ein Gehäuse mit Perlmuttschicht. Die Nautiliden gehören zu den berühmtesten **lebenden Fossilien**.

Gehäuse aller rezenten Arten nach vorn spiralig gewunden, durch Septen in Kammern unterteilt. Die Septen und Kammern werden vom **Sipho** durchzogen, der als poröse Röhre vom Hinterende des Eingeweidesackes ausgeht (Abb. 1.**38**). Die dicke Siphovene transportiert Hämolymphe und andere Flüssigkeit zum und aus dem Rumpf. Über den Sipho kann so Flüssigkeit aus den Kammern abgesaugt werden, andererseits Gas abgegeben werden. Auf diese Weise wirkt das Gehäuse als hydrostatisches Organ. Die Kammern enthalten nur so viel Gas, dass Nautiliden eine neutrale Schwebfähigkeit haben; das Auf- und Abtauchen erfolgt über die Aktivität des Trichters.

Um die Mundöffnung stehen 82–90 **Tentakel**, die aus je einem dünnen Cirrus bestehen sowie einer Scheide, in die sie zurückgezogen werden können. Die Tentakel tragen Haftpolster, die eine klebrige Substanz zum **Beutefang** abscheiden. Die Scheiden der vier oberen Tentakel sind stark verbreitert und bilden eine Kopfkappe, die als Verschluss der Gehäusemündung dient. Einige ventrale Tentakel der Männchen sind zu **Begattungsorganen** umgestaltet. Der Trichter besteht aus zwei Lappen, die ein nach vorn sich verengendes Rohr bilden.

Fortpflanzung: Die Spermien werden vom Männchen mithilfe von vier differenzierten und miteinander fusionierten ventralen Tentakeln, dem **Spadix**, durch einfache fadenähnliche Spermatophoren übertragen. Die Weibchen speichern das Sperma in einer Tasche unter dem Mund. Die Eier werden am Boden an festes Substrat geklebt. Die gesamte Embryonalentwicklung dauert etwa ein Jahr.

Beispiele: *Nautilus, Allonautilus* (Perl- oder Schiffsboote) mit insgesamt 6 Arten im Indopazifik (Abb. 1.**38a**). An den Abhängen von Riffen in tieferem Wasser (300–400 m Tiefe), von wo aus sie bei Dunkelheit zur Nahrungsaufnahme in geringere Tiefen aufsteigen.

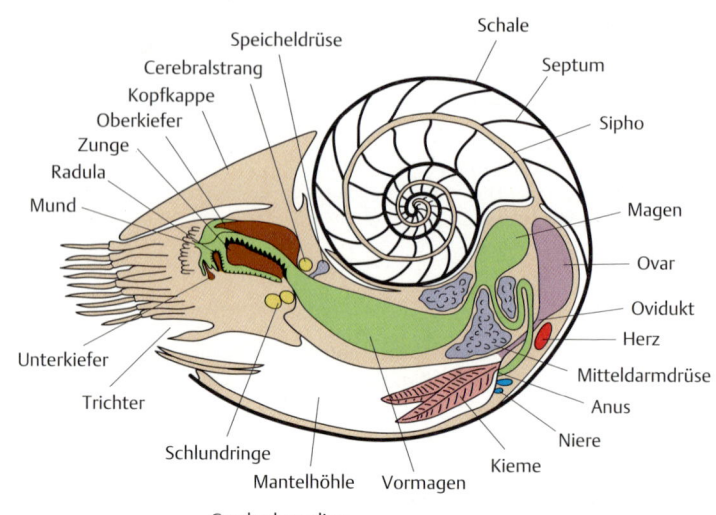
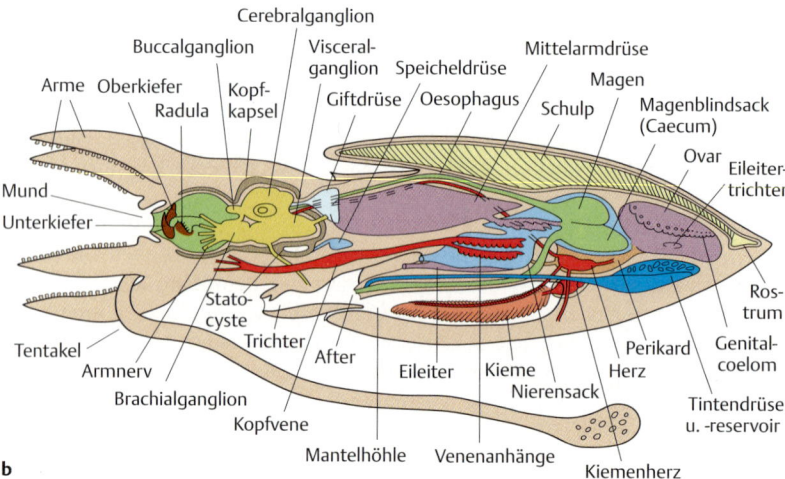

Abb. 1.38 **Cephalopoda, Bau. a** *Nautilus*, der einzige rezente Vertreter mit einem äußeren Gehäuse, das zahlreiche durch Septen voneinander getrennte Kammern aufweist, die von einem Sipho durchzogen werden. Ursprüngliche Nautilida hatten ein gerade gestrecktes Gehäuse. (Nach Ward und Greenwald, 1980, in Westheide, Rieger, 2007.) **b** *Sepia officinalis* (Sepie). Das Gehäuse ist nach innen verlagert (Schulp), die Arme sind mit Saugnäpfen ausgestattet, und die Tiere verfügen über eine Tintendrüse (nach Storch, Welsch, 2005).

Dibranchiata
= Coleoida; = Angusteradulata

(Ammonoidea + Belemnoidea + Decabrachia + Octopodiformes)
Autapomorphien: Radula in jeder Reihe mit nur noch 7 Zähnen und zwei Marginalplatten. Mit Tintenbeutel, der sich mit einem Gang in den Enddarm entleert (Tinte: Sepia). Linsenaugen (evtl. später evolviert).

a. Die **Ammonoidea** (Devon-Kreide) haben eine enorme Formenfülle hervorgebracht. Die Entstehung spiralig gewundener Formen aus ursprünglich gerade gestreckten ließ sich hervorragend in devonischen Schichten verfolgen.

b. Belemnoidea + Decabrachia + Octopodiformes
Apomorphien: Das Gehäuse ist im Grundmuster dieser drei Gruppen ins Innere der Körper-Vorderseite verlagert, indem es von einer Duplikatur des Mantels überwachsen wurde. Zahl der Arme auf 10 vermindert.

b.1. Die **Belemnoidea** (Belemniten) hatten ein kräftiges Rostrum am Schalenende. Noch ohne Saugnäpfe, an den Armen nur mit Fanghäkchen. In der Kreide ausgestorben.

b.2. Decabrachia + Octopodiformes: Die Decabrachia und Octopodiformes umfassen die rezenten Vertreter der Dibranchiata. **Apomorphien:**
– Arme mit Saugnäpfen.
– Ein Paar Arme wird zu den Hectocotyli zwecks Übertragung der Spermatophoren.
– Trichter röhrenförmig (evtl. schon früher evolviert).
– Epidermis mit Chromatophoren (evtl. schon bei den Belemnoidea). Der Farbwechsel wird durch den Zug von Muskelfibrillen erzeugt, die radiär an einem pigmenthaltigen Sacculus ansetzen und dadurch das Pigment ausbreiten; Farbwechsel erfolgen innerhalb von Sekundenbruchteilen.

Decabrachia (= Decapodiformes). Noch mit zehn Fangarmen. **Apomorphien:** Das 4. Armpaar ist zu Beutefangorganen stark verlängert. Saugnäpfe gestielt und beweglich, mit gezähneltem Hornring.
Beispiele:
Spirulida (Posthörnchen) mit *Spirula*. *Spirula* schwimmt fast immer mit dem Kopf nach unten. Gehäuse zur Bauchseite hin (endogastrisch) eingerollt.
Sepiida (Sepien), *Sepia*, Sepie. Mit einer zum Schulp veränderten Schale als hydrostatischem Organ (Abb. 1.**38b**). Das in den nur 0,7 mm engen Kammern befindliche Gas besteht zu 97 % aus Stickstoff. Der dem Leibesinneren zugewandte Teil einer jeden Kammer ist flüssigkeitsgefüllt. Durch die Flüssigkeit kann das Gas komprimiert werden; die Gasmenge ist unabhängig von der Tauchtiefe gleich.
Teuthida (Kalmare). Schale bis auf eine hornige Lamelle (Gladius) reduziert.
Beispiele: *Loligo vulgaris*, Gemeiner Kalmar, bis etwa 50 cm lang, Mittelmeer, Ostatlantik, bisweilen in der Nordsee. *Architeuthis* (Riesenkalmar, bis 22 m lang: Totfund an der Küste Neufundlands).

Octopodiformes. Apomorphien: Verminderung der Anzahl der Arme auf 8. Zwischen den Armen mit einer Haut (Velum, Velarhaut). Vom Gehäuse sind allenfalls hornige Streben verblieben.
Beispiele: *Octopus vulgaris*, Gemeiner Krake, mit extrem reduzierter Schale; *Argonauta*, Papierboot, mit zarter, nur von den Weibchen und durch ein Armpaar gebildetem sekundärem Gehäuse (dient in erster Linie als Brutbehälter). Männchen sehr klein. *Vampyroteuthis infernalis*, Tiefsee. Körper bis 13 cm lang. Tintenbeutel sekundär fehlend. Flossen klein.

1.12 Pulvinifera

= Sipuncula + Articulata

Mutmaßliche Schwestergruppe der Lacunifera (S. 49)
Apomorphien:
- Cuticula mit einem mehrlagigen Gitter aus **Kollagenfasern**.
- Das Coelom bildet ein hydrostatisches Organ (zusammen mit der Cuticula als Hydroskelett fungierend). Primär ist das Coelom nicht gegliedert.

1.12.1 Sipuncula (Sternwürmer)

= Sipunculida

Ca. 200 Arten. Marin. Wurmförmige Bodenbewohner mit einem schlanken zurückziehbaren Vorderabschnitt (**Introvert**) und dem Rumpf. Um den Mund stehen bewimperte Tentakel. Neben dem umfangreichen Rumpfcoelom existiert meistens ein Tentakelcoelom. Das Rumpfcoelom ist nicht untergliedert (Plesiomorphie im Vergleich zu den Articulata). Der weitaus größte Anteil der in der Coelomflüssigkeit enthaltenen Zellen sind **Erythrocyten**. Ein eigentliches Blutgefäßsystem fehlt (weitere Plesiomorphie im Vergleich zu den Articulata). Der Darm verläuft verdrillt in Form einer Haarnadelschleife und endet dorsal mit dem After in der Nähe des Mundes. Vorn im Coelom meist mit 1 Paar Metanephridien.
Beispiel: *Sipunculus nudus* (Abb. 1.**39**).

Abb. 1.**39** *Sipunculus nudus*. (Foto von Peter Ax.)

1.13 Articulata (Gliedertiere)

In mehrere, primär mit Ausnahme des vorderen und hinteren Teiles annähernd gleichförmige Körperabschnitte (Segmente oder Metamere) gegliederte Tiere. Diese Gliederung ist grundsätzlich von der Gliederung des Coeloms (der sekundären Leibeshöhle) bestimmt, doch sind auch die Muskulatur und das Nervensystem segmental strukturiert. Der Körper beginnt im Grundmuster mit dem Prostomium (Akron, vor dem Mund gelegen) und endet mit dem Pygidium (Telson, mit der Afteröffnung). Die dazwischen liegenden (Rumpf-)Segmente weisen ursprünglich je 1 Paar Gonaden und 1 Paar Metanephridien auf. Das ursprünglich geschlossene Blutgefäßsystem besteht aus einem dorsalen Längsgefäß (Dorsalherz), seitlichen Ringgefäßen und ventralen Längsgefäßen. Bei den Arthropoden ist es offen, da die ventralen und lateralen Gefäße reduziert sind.

Das (im Grundplan in Strickleitergestalt ausgebildete) Nervensystem hat primär nur ein im Prostomium gelegenes Gehirn (Archicerebrum). Durch Verschmelzung einer unterschiedlichen Anzahl vorderer Segmente mit dem Prostomium erfolgt sowohl bei den Anneliden als auch den Gliederfüßern eine Kopfbildung (Cephalisation), was zu zwei bemerkenswerten Entwicklungen führte: Zum einen zu einem Komplexgehirn (Syncerebrum), zum anderen zur Differenzierung der vorderen Extremitäten zu sensorischen Organen und Mundwerkzeugen.

Der Hautmuskelschlauch wird außen abgedeckt von der Körperdecke (Integument). Diese besteht aus der Epidermis und der von ihr gebildeten Cuticula (bei den Anneliden aus Proteinen und Polysacchariden bestehend, bei den Gliederfüßern aus Chitin).

Zu den Articulata gehören die weitaus meisten Organismenarten überhaupt. Molekularen Sequenzanalysen zu Folge sind die Articulata kein Monophylum.

Grundmuster: Der primär gestreckte Körper der Articulata ist in Segmente (**Metamere**) gegliedert, die einander weitgehend gleichen (**homonome Segmentierung**). In den Segmenten wiederholen sich Abschnitte des Coeloms sowie Exkretionsorgane, Teile des Nervensystems, der Muskulatur und des Blutgefäßsystems. Äußerlich erscheinen die Segmentgrenzen wegen hier liegender Ringfurchen oft als Querfurchung.

Die Coelomabschnitte entsprechen primär der äußeren Gliederung, dabei liegen in jedem Segment allerdings ein linker und ein rechter Coelomsack. Die Wandungen der Coelomsäcke – das Coelothel – treffen sich ober- und unterhalb des Darms in je einer Scheidewand, den beiden **Mesenterien**. Der Darm wirkt also wie an einem dorsalen und einem ventralen Mesenterium aufgehängt. An den Segmentgrenzen berühren sich die aufeinander folgenden Coelomsäckchen in den **Dissepimenten**. Diese Strukturierung wird bei den Arthropoden während der Embryogenese aufgegeben. Der erste Körperabschnitt (Prostomium) und der letzte (Pygidium) enthalten bei allen Articulata keine Coelomsäcke.

Jenes Coelomblatt, das den Körperseiten anliegt, bildet die **Muskulatur** des **Hautmuskelschlauchs**, das sich dem Darm anschmiegende Blatt bildet die Darmmuskulatur.

Das ektodermale Epithel, die Ringmuskulatur zur Verengung des Körpers (und zugleich zum Strecken durch Ausweichen der Coelomflüssigkeit in der Längsrichtung der Coelomsäcke) sowie die Längsmuskeln (zur Kontraktion des Körpers in seiner Längsachse) bilden zusammen einen Hautmuskelschlauch (Coelom als hydrostatisches Skelett oder **Hydroskelett**).

Zwischen den beiden Schichten des Mesenteriums bleiben als Reste der primären Leibeshöhle längsverlaufende Hohlräume; sie werden zum dorsalen und ventralen Blutgefäß. Die Wandungen der Blutgefäße werden also vom Coelothel gebildet.

Das **Blutgefäßsystem** besteht aus dem ventralen Blutgefäß, in dem das Blut von vorn nach hinten fließt, dem dorsalen Blutgefäß, in dem das Blut von hinten nach vorn fließt und aus seitlichen Ringgefäßen, die dorsales und ventrales Blutgefäß verbinden. In ihnen strömt das Blut von ventral nach dorsal. Das Blutgefäßsystem ist **primär geschlossen**. Abschnitte des Dorsalgefäßes und der Ringgefäße („**Lateralherzen**") sind kontraktil und arbeiten als Herz (Dorsalgefäß = „**langes Dorsalherz**"). Es ist als Argument gegen die Ecdysozoa-Hypothese (S. 73, Ecdysozoa im wesentlichen = Arthropoda + Nemathelminthes ohne die Rotatoria) hervorzuheben, dass die Nemathelminthes keinerlei Kreislaufsystem haben.

Das **Nervensystem** beginnt über dem Schlund mit einem im Prostomium liegenden Oberschlundganglion (**Gehirn**). Der vordere Teil des Gehirns hat **Pilzkörper** (S. 596). Vom Gehirn aus ziehen links und rechts des Schlundes je ein Schlundkonnektiv auf die Ventralseite. Hier enthält im weiteren Verlauf der beiden Stränge jedes Segment ein Paar Ganglien. Die Ganglien ein und desselben Segments sind quer durch Kommissuren (Nervenfaserstränge, die den Körper queren) verbunden, die hintereinander liegenden Ganglien werden durch die Konnektive (Längsstränge) verbunden. Die Bauchganglienkette hat damit primär das Aussehen einer Strickleiter („**Strickleiternervensystem**"). Bei den Arthropoden ist es in vielfältiger Weise und unabhängig voneinander zu Konzentrationen der Ganglien in eng umgrenzten Körperabschnitten gekommen.

Als **Exkretionsorgane** waren primär möglicherweise lediglich **Protonephridien** vorhanden, und erst innerhalb der Annelida und ein weiteres Mal bei den Arthropoden wurden **Metanephridien** entwickelt. Die Geschlechtsorgane sind im Grundmuster der Articulata in jedem Segment paarige Haufen von Keimzellen in der Coelomwand. Die Gameten reifen in den Coelomsäcken; die reifen Gameten fallen in das Coelom und werden über die Kanäle der Exkretionsorgane nach außen geleitet.

Mit Ausnahme der vorderen, bei den Annelida (meist 3–6) sich gleichzeitig bildenden „Larvalsegmenten" (Deutometameren) erfolgt das Wachstum in einer Sprossungszone vor dem Pygidium, in der sukzessive neue Segmente (die Tritometameren) gebildet werden. (Ähnliches gibt es bei Nemathelminthes nicht.)

Die Expression von Entwicklungsgenen während der frühen Segmentierung und Neurogenese stimmt bei Annelida und Arthropoda überein, fehlt aber den Nemathelminthes, und *engrailed* wird bei Ersteren sowohl im Mesoderm als auch im Ektoderm exprimiert.

Verwandtschaftsbeziehungen: Für die Annahme der **Articulaten-Monophylie** sprechen:
- Ein dorsales kontraktiles Blutgefäß.
- Vorhandensein eines Oberschlundganglions mit Pilzkörpern. – Aber ob die Pilzkörper im Gehirn der Arthropoden auch für den Grundplan der Anneliden angenommen werden können, ist unklar. Zwar sind sie bei *Nereis vexillon* und anderen vorhanden, aber Teilstrukturen finden sich z. B. auch bei Plathelminthen.
- Anordnung der Längsmuskulatur und die zahlreichen Übereinstimmungen in der Segmentierung:
  • Äußere Segmentgrenze (Annulus).
  • Pro Segment ein Paar Coelomräume mit Metanephridien und Gonaden.
  • Weitgehend übereinstimmend arrangiertes Nervensystem.
  • Segmentale Muskulatur.
  • Übereinstimmende Expression des Gens *engrailed* an den Segment-Hintergrenzen.
  • Entstehung der Segmente im hinteren Körperabschnitt vor dem Pygidium.

Die Elemente eines Segmentes sind durchaus als unabhängig voneinander zu betrachten, was sich aus der Möglichkeit ergibt, dass einzelne Strukturen fehlen können. Andererseits gibt es eine „Segmentierung" (eine Gliederung in sogenannte Zonite) bei Kinorhynchen; sie betrifft das Nervensystem, die Muskulatur und die Epidermis (Konvergenz).

Allerdings wurde die Annahme der Monophylie der Arthropoda bisher von keiner Gensequenz-Analyse gestützt.

Der Annahme der Monophylie der Articulata (= Annelida + Arthropoda) steht die **Ecdysozoa-Hypothese** (**Cycloneuralia + Arthropoda**) gegenüber:

Ecdysozoa (= Nematoda + Nematomorpha + Kinorhyncha + Priapulida + Loricifera + Arthropoda) (ohne: Annelida, Rotatoria, Mollusca, Plathelminthes etc.!)

Die Ecdysozoa wurden zunächst aufgrund von 18S rDNA-Daten als monophyletische Gruppe postuliert, die die Arthropoda und Cycloneuralia enthalten sollten. Mögliche **Autapomorphien** der Ecdysozoa:
- Periodische Häutung der Cuticula (Ecdysis; Arthropoda, Nematoda) (Name! Ecdysozoa). Wirklich gut bekannt ist der Häutungsprozess nur von wenigen Arthropoden und unter den Cycloneuralia nur von Nematoden. Danach verfügen beide Taxa über ähnliche molekulare Häutungsmechanismen – so ist bei beiden das Hormon 20-Hydroxyecdyson von zentraler Bedeutung (S. 913). Allerdings könnte eine Ecdysteroid-gesteuerte Häutung konvergent entstanden sein, denn diese gibt es auch bei dem Egel *Hirudo medicinalis* (Apomorphie innerhalb der Annelida).

- Der spezielle Bau der Cuticula. Eine 3-lagige Cuticula mit einer vielschichtigen **Epicuticula** und einer chitinigen **Endocuticula** ist für die Ecdysozoa einzigartig. Dabei handelt es sich um eine Abfolge aus einer trilaminaten Epicuticula außen, einer homogenen Exocuticula aus Proteinen sowie einer **α-Chitin** enthaltenden, feinfaserigen Endocuticula innen. Aber es gibt Ausnahmen: Die Kinorhyncha haben außer der Epicuticula nur eine homogene chitinhaltige Lage (homolog der Exocuticula der anderen Cycloneuralia?), und der Pentastomide *Raillietiella* hat **β-Chitin**. Zum anderen kann Chitin auf bestimmte Körperregionen (Nematoden: Cuticula des Pharynx) oder Entwicklungsstadien (Cuticula der Larven bei Nematomorphen) beschränkt sein. Außerdem ist Chitin auch bei zahlreichen anderen Metazoen sowie bei Pilzen vorkommend, sodass man leicht von Konvergenz oder einem alten Eukaryotenerbe ausgehen kann. Die Wahrscheinlichkeit, dass es sich beim Chitin in der Cuticula der Nematoda, Arthropoda und anderer „Ecdysozoa" um eine Synapomorphie handelt, ist also gering.
- Der Verlust von lokomotorischen Cilien. Aber dies ergibt sich leicht, wenn die Epidermis von einer kräftigen extrazellulären Schicht bedeckt oder neu strukturiert wird; dies könnte also leicht konvergent auftreten. Sie findet sich bei zahlreichen Taxa (bei adulten parasitischen Plathelminthes, dorsal bei Mollusken, bei Sipunculida, Echiurida, Annelida, dem Großteil der Oberfläche von Kamptozoen etc.).
- Serielle Nervenganglien. Aber ventrale segmentale paarige Ganglien gibt es nur bei Anneliden und Arthropoden. Die Ganglien von Kinorhyncha sind nicht paarig, und die Nematoda und Acanthocephala haben solche Ganglien nicht.
- Direkte innere Verschmelzung der Gameten: Für diese (sehr unspezifische) Übereinstimmung gibt es keinen Hinweis auf Homologie. Innere Befruchtung ist mehrfach konvergent entstanden.
- Die Cuticula der Cycloneuralia und Arthropoda erstreckt sich über die gesamte Körperoberfläche. Das aber kommt auch bei den Anneliden vor.

Die **phylogenetische Stellung der Gastrotricha**: Vertreter der Ecdysozoa-Hypothese müssen die Annahme fallen lassen, die Gastrotricha seien Cycloneuralia, da die Gastrotricha noch ventrale Cilien und ein unvollständiges Exoskelett haben und weil sie sich nicht häuten. Ihre Cuticula mit trilaminater Epicuticula und proteinöser Exocuticula, ihre terminale Mundöffnung und ihr muskulöser Saugpharynx mit dreikantigem Lumen lassen es zwar möglich erscheinen, dass sie die Schwestergruppe der Ecdysozoa sind, aber molekulare Analysen stützen diese Annahme nicht.

Fazit: Der Ecdysozoa-Hypothese und den vermeintlichen Autapomorphien dieses Taxons stehen die möglichen Synapomorphien der Annelida und Arthropoda (zusammen: Articulata) gegenüber. Bisher ist keine eindeutige Entscheidung zugunsten einer der beiden Annahmen möglich. Entweder es ist eine erhebliche Übereinstimmung auf molekularer Ebene (bei den Ecdysozoa) oder eine starke Übereinstimmung in morphologischen Strukturen bei den Articulata konvergent entstanden.

Lophotrochozoa (Plathelminthes + Mollusca + Rotifera + Brachiopoda + Annelida; nach anderen Autoren Annelida + Echiurida + Mollusca + Sipunculida + Nemertinea + Kamptozoa [und vielleicht auch die Bryozoa, Brachiopoda und Phoronida einschließend]). Diese Taxa bilden nach molekularen Untersuchungen wahrscheinlich ein Monophylum, die Lophotrochozoa (= Trochozoa s. l., = Lophozoa).

1.13.1 Echiurida (Igelwürmer)

Ca. 150 Arten; marin. Im Grundmuster mit einem langen, muskulösen Prostomium, in dessen ventraler Wimpernrinne die Nahrung dem Munde zugeführt wird. Ventrales Bauchmark wie bei den Articulata in der Anlage paarig, später fusionieren die beiden Längsstränge. Außerdem gibt es bei *Urechis* einen unpaaren medianen Nerv. Das Prostomium entsteht wie bei den Annelida aus der Episphäre der Trochophora. Blutgefäßsystem geschlossen. Fast identisch mit den Anneliden verläuft ihre Spiralfurchung.

Ursprünglicher als die Anneliden könnten die Echiurida in ihrem einheitlichen Coelom (ohne Anzeichen einer Segmentierung) und primär ein oder zwei Paar Metanephridien vorn im Rumpf sein.

Verwandtschaftliche Position ungeklärt. Vielleicht sind sie ein Teiltaxon der Polychaeta/Annelida, da sie wie diese Borsten aus β-Chitin gleicher Entstehung und Ultrastruktur aufweisen. Das aber würde die sekundäre Ametamerie (fehlende Segmentierung) der Echiurida bedeuten. Tatsächlich wurden in späten Larvenstadien und adulten Männchen von *Bonellia viridis* Hinweise auf ein metameres Nervensystem nachgewiesen. Somit fehlt die Metamerie offenbar tatsächlich sekundär.
Beispiele: *Echiurus echiurus*, in Weichböden; *Bonellia viridis*, in Felsspalten (Abb. 1.**40**).

a b

Abb. 1.**40 Echiurida. a** *Echiurus echiurus*. **b** *Bonellia viridis*, Weibchen, mit sehr langem gegabeltem Kopflappen. (Fotos von Peter Ax.)

1.14 Annelida (Ringelwürmer)

= „Polychaeta" + Clitellata

> Meist weitgehend homonom segmentierte, stark gestreckte Tiere, vielfach pro Metamer mit kurzen seitlichen oder ventrolateralen Anhängen (Parapodien). Viele Arten leben sedentär. Die Clitellata stellen mit den Wenigborstern (Oligochaeta, dazu die Regenwürmer) eine Vielzahl terrestrischer Spezies. Die mit Saugnäpfen ausgestatteten Egel (Hirudinea) sind eine ursprünglich im Süßwasser lebende Gruppe von Ektoparasiten.

Ca. 18 000 Arten. Die Annelida entsprechen in vielen Merkmalen, die ihren Bau bestimmen, dem Grundplan der Articulata (Abb. 1.**41**). Eine Zusammenstellung ihrer **Autapomorphien** ist nicht einfach, denn manche nur für die Polychaeten charakteristischen Eigenschaften könnten schon im Grundmuster der Anneliden verwirklicht gewesen, dann aber bei den Clitellata wieder verloren gegangen sein. Dies gilt zum Beispiel für die Parapodien und die Nuchalorgane. So verbleibt als sichere Autapomorphie der Anneliden das Vorhandensein besonderer Borsten (**Kapillarborsten aus β-Chitin**) sowie die Tatsache, dass solche Borsten pro Segment in zwei dorsolateralen und zwei ventrolateralen Gruppen auftreten. Sie dienen der Verankerung der Tiere am bzw. auf dem Substrat.

Bei der geschlechtlichen **Fortpflanzung** (es kommt auch ungeschlechtliche Fortpflanzung vor) werden die Gameten primär in das freie Wasser abgegeben (Befruchtung ebendort; so bei den meisten Polychaeten). Mehrfach unabhängig wurde

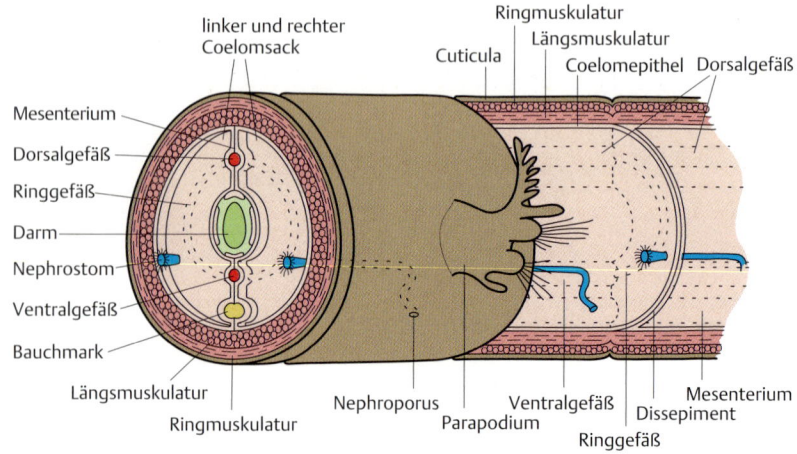

Abb. 1.**41** Articulata, Organisation der Segmente eines Anneliden (**Polychaeta**). (Nach Westheide, Rieger, 2007.)

allerdings eine direkte Spermaübertragung entwickelt. Im ursprünglichen Fall entwickelt sich über eine Spiralfurchung eine **Trochophora-Larve**. Diese differenziert sich dann wie folgt: Das Prostomium entsteht aus dem frontalen Abschnitt der Trochophora-Larve. Ursprünglich liegt im Prostomium das Oberschlundganglion. Das Peristomium (Buccalregion) entsteht aus jenem Bereich der Larve, der Prototroch und Mund umfasst; er umschließt die Mundöffnung und weist seitliche Anhänge (Peristomial- oder Tentakelcirren) auf. Sie können sekundär fehlen (z. B. sämtliche Clitellata). Nachfolgende Segmente können mit dem Peristomium verschmelzen (**Cephalisation**, Kopfbildung; der so entstandene Abschnitt wird dann ebenfalls als Peristomium bezeichnet). Das Pygidium geht aus dem caudalen Teil der Larve hervor, der Hyposphäre.

Die ursprüngliche weitgehende Gleichförmigkeit der Segmente (**Homonomie**) kann außer durch die erwähnte Kopfbildung auch in anderer Weise aufgegeben und durch eine **Heteronomie** (verschiedene Differenzierungen von Segmenten) ersetzt werden: Durch die Bildung des Clitellums bei den Clitellata, durch tentakeltragende Segmente bei sessilen Arten oder eine unterschiedliche Verteilung und Differenzierung der Parapodien (s. u.). Beim Palolowurm (*Eunice viridis*, Pazifik) und anderen wird zur Fortpflanzungszeit vom vorderen Körperabschnitt der hintere abgelöst, welcher mit seinen Parapodien zum Laichen an die Meeresoberfläche rudert.

Die Epidermis enthält zahlreiche **Drüsen** (Schleimbildung; Sekrete zum Röhrenbau u. a.). Außen weist sie eine elastische Cuticula auf; Häutung tritt nur vereinzelt in abgeleiteten Taxa auf (z. B. Hirudinea).

Die Borsten sind segmental angeordnet und stehen in tiefen Taschen der Epidermis (Borstenfollikel); durch basal ansitzende Muskeln können sie bewegt werden. Das primär als **Strickleiternervensystem** ausgebildete Nervensystem umfasst 1. paarige Oberschlundganglien (Gehirn), 2. Schlundkonnektive, 3. zwei ventrale Nervenstränge mit segmentalen Kommissuren und Ganglien und 4. meist drei bis vier Seitennervenpaare, die in jedem Segment zur Körperperipherie ziehen. Ein **stomatogastrisches System** versorgt den Darmkanal.

Auf dem Prostomium, seltener auf den Segmenten bzw. dem Pygidium kommen Augen vor, und zwar in Form winziger zweizelliger **Ocelli** bis hin zu komplexen **Linsenaugen** mit Tausenden von Sinnes- und Stützzellen. Am Hinterrand des Prostomiums gibt es bei Polychaeten paarige, bewimperte Strukturen mit Chemorezeptoren, die **Nuchalorgane**.

Viele Anneliden haben statt Protonephridien **Metanephridien**.

1.14.1 Polychaeta (Borstenwürmer, Vielborster)

Bei den Polychaeten ist der Vorderdarm mit zwei cuticularen (nicht chitinigen) Kiefern ausgestattet. Viele Polychaeten haben Parapodien, seitliche Fortsätze aus einem dorsalen und einem ventralen Lappen (Notopodium dorsal und Neuropodium ventral). Die Parapodien tragen Borsten und dienen als Extremitäten der Fortbewegung (auch dem Schwimmen). Sie können Kiemen tragen.

Abb. 1.**42** **Polychaeta. a** *Nereis diversicolor* (See-Ringelwurm). (Foto von Rainer Willmann). **b** *Nereis virens*, Kopf. **c** *Aphrodita* (Seemaus). **d** *Lanice conchilega*. (b–d Fotos von Peter Ax.)

Die Polychaeten sind meist getrenntgeschlechtlich; Zwittrigkeit ist in mindestens 18 Teiltaxa unabhängig entstanden. Ursprünglich erfolgte wohl eine Differenzierung von Geschlechtszellen in fast allen Metameren. Innerhalb der Polychaeten traten dann aber verschiedene Differenzierungen bis hin zu sackförmigen Hoden und Ovarien auf. Meist werden die Gameten in das freie Wasser abgegeben; vereinzelt erfolgt eine direkte Spermaübertragung durch Kopulationsorgane. Ungeschlechtliche Fortpflanzung ist häufig.

Die meisten Arten sind frei bewegliche Meeresbewohner. Manche Polychaeten aber leben sedentär (festsitzend) und in Röhren, die bisweilen aus Sand und Schleim gebaut werden. Die Serpuliden sondern Kalk aus besonderen Drüsen aus. **Beispiele:** Watt- oder Pierwurm (*Arenicola marina*, bis 40 cm Länge); *Spirorbis* bildet kleine, gewundene Kalkröhren; *Aphrodita* (Seemaus, Abb. 1.**42**), *Eunice* (Palolowurm), *Nereis diversicolor* (See-Ringelwurm), *Sabellaria* (Sandröhrenwurm, mit Tentakeln).

Zu den Polychaeten gehören auch die **Pogonophoren** (Bartwürmer, systematische Stellung lange unklar, 150 Arten). Bis in über 10 000 m Tiefe. Äußerlich in vier Abschnitte unterteilt, von denen der hintere segmentiert ist. Der Körper steckt in einer Röhre aus β-Chitin und sklerotisierten Proteinen; lediglich die Tentakel (entspringen dem Prostomium) ragen heraus. Die Tentakeloberfläche dient der Resorption; Mund und Darm fehlen. **Beispiel:** *Riftia pachyptila*, bis 1,5 m lang bei 4 cm Durchmesser.

Eine Teilgruppe der Polychaeten sind ferner die **Myzostomida** (140 Arten, Kommensalen oder Parasiten auf Echinodermen). Den Ergebnissen molekularer Untersuchungen, nach denen die Myzostomida in die nahe Verwandtschaft der Plathelminthes oder zu den Cycliophora-Syndermata gehören sollen, ist wohl mit großer Skepsis zu begegnen.

Die Polychaeta könnten **paraphyletisch** sein. Nach manchen Autoren aber sind die Nuchalorgane eine Autapomorphie der Polychaeta (fehlen bei den Clitellata, aber auch den Echiura).

Parapodien: Borstenbesetzte Extremität eines jeden Segmentes vieler Annelida, nach mancher Autoren Ansicht den Extremitäten der Arthropoden homolog. Bei zweiästigen Parapodien heißt der dorsale Teil Notopodium, der ventrale Neuropodium.

1.14.2 Clitellata

= Oligochaeta + Hirudinea

Ca. 8000 Arten. **Gehirn** weit hinter das Prostomium verlagert. Eine primäre Larve fehlt. Nie mit Parapodien.

Die Clitellata sind Hermaphroditen (Zwitter); ihre Geschlechtsorgane (meist zwei Paar Hoden und ein Paar Ovarien) sind auf maximal vier Segmente beschränkt. Bei der wechselseitigen Begattung wird das Sperma der Partner in den **Receptacula seminis**, kugeligen Einstülpungen des Hautmuskelschlauches, aufgenommen. Mehrere Körpersegmente bilden das **Clitellum** (deutsch: „Packsattel"), in dem Schleimdrüsen gehäuft auftreten. Der Schleim verbindet die Geschlechtspartner und bildet einen Kokon für die Eier und Nährlösung für die sich im Kokon entwickelnden Jungtiere.

Als Lichtsinnesorgane kommen z. B. beim Regenwurm einfache **Photorezeptor-Zellen** vor, die neben dem Zellkern eine durchscheinende Linse enthalten, die von Sehfarbstoff umgeben ist. Mit diesen Zellen ist lediglich ein Helligkeitssehen möglich. Beim Blutegel finden sich **Pigmentbecheraugen**.

Hirudinea (Egel). Mit Saugnäpfen. Borsten fehlen. Die Coelomgliederung wird außer bei den Branchiobdellida während der Embryonalentwicklung weitgehend reduziert. Primär Ektoparasiten im Süßwasser, mit wenigen Arten im Meer, in den Tropen auch an Land.
Beispiele: *Hirudo medicinalis* (Medizinischer Blutegel), *Branchiobdella* (an Süßwasserkrebsen; ohne Prostomium und Chaetae).

Oligochaeta (Wenigborster, wohl kein Monophylum). Größtenteils terrestrisch, seltener limnisch. Die Ausleitung der Gameten erfolgt über spezialisierte Metanephridien.
Beispiele: *Lumbricus terrestris* (Regenwurm), *Tubifex*, im Schlamm von Gewässern.

1.15 Arthropoda (Gliederfüßler)

Während die Anneliden in vieler Hinsicht Eigenschaften des Grundmustervertreters der Articulata bewahrt haben, sind die Gliederfüßler in vieler Hinsicht grundlegend abgewandelt (weitgehende Verschmelzung der primären und sekundären Leibeshöhle zum Mixocoel und entsprechend einheitlicher Körperflüssigkeit, der Hämolymphe; offenes Kreislaufsystem; segmentale Laufextremitäten; Chitincuticula, die eine periodische Häutung erfordert; Komplexgehirn; Fehlen der Trochophora-Larve).

Aus der ursprünglich einästigen Laufextremität, wie sie bei den Onychophora, Tardigrada und Linguatulida erhalten blieb, hat sich bei den Euarthropoden eine zweiästige (birame) Extremität entwickelt, die bei vielen Taxa zumindest in bestimmten Körperabschnitten sekundär wieder uniram geworden ist (Beispiele:

Tracheata: Mandibeln und Rumpfextremitäten, Arachnida). Die Differenzierung von Extremitäten hat zur Ausbildung von Mundwerkzeugen einerseits (Crustacea, Cheliceren und Pedipalpen der Chelicerata, Mandibeln und Maxillen bei den Tracheata) und zur Entstehung von Kopulations- und Eiablagestrukturen andererseits geführt. Manchmal werden beide Funktionen auf einer Extremität vereinigt (Spermaspeicher auf den Pedipalpen der Araneae). Weitere Sonderbildungen sind die abdominalen Vesiculae der Symphylen und Insekten. Häufig sind die Extremitäten in manchen Körperabschnitten oder völlig – so bei den Larven der Fliegen und Flöhe – verloren gegangen.

Die Bildung eines Komplexgehirns kann bei manchen Gruppen durch Anschluss nachfolgender Ganglien zur Entstehung sehr großer Ganglienmassen erweitert werden (zum Beispiel bei den Arachnida, hier in sehr unterschiedlichem Maße). Die höheren Arthropoden (Euarthropoden) zeichnen sich durch Komplexaugen aus, die einerseits höchst leistungsfähig sein können (so bei den Libellen), andererseits aber wiederholt reduziert wurden (Beispiele: Proturen, Dipluren und die Weibchen der Strepsipteren unter den Insekten, die Larven zahlreicher holometaboler Insektenarten, die Palpigradi unter den Chelicerata, adulte Cirripedia unter den Krebsen; bei den Flöhen ist nur ein einfaches einlinsiges Auge erhalten geblieben).

Bei den Spinnen (mit Hilfe selbst gesponnener Fäden) und den Insekten (aktiv durch Flügel, passiv durch Schwebestrukturen bei Larven) ist es zur Entwicklung der Flugfähigkeit gekommen. Im Luftplankton finden sich allerdings auch zahlreiche grundsätzlich nicht als flugfähig geltende kleine Arthropoden wie Collembolen oder Milben. Viele Arten lassen sich durch fliegende Formen durch die Luft tragen (Pseudoskorpione, Milben; Phoresie) oder leben an fliegenden Wirbeltieren. Nicht zu unterschätzen ist der Ferntransport von Eiern aquatischer Arthropoden zum Beispiel durch Wasser aufsuchende Vögel.

Ca. 1 300 000 beschriebene Arten, davon etwa 1 Million Insekten (Abb. 1.**43**). **Autapomorphien:**
- Die Körperdecke wird aus einer **Cuticula** gebildet, die wesentlich aus **α-Chitin** (außerdem aus Proteinen) besteht. Chitin ist ein stickstoffhaltiges lineares Polysaccharid. Bei Anneliden kommt überwiegend β-Chitin vor, allerdings nicht als Bestandteil der Cuticula, sondern als Baumaterial der Borsten. α-Chitin findet sich bei den Anneliden bei Serpuliden.
- Als relativ starre Bildung muss die Cuticula im Verlauf des Wachstums in periodischen **Häutungen** erneuert werden. Dazu wird die innere Schicht der Cuticula, die Endocuticula, aufgelöst, sodass sich die starre Exocuticula vom Körper löst. Die abgeworfene Exocuticula wird als **Exuvie** bezeichnet. – Die Cuticula wird vom Ektoderm (von der Epidermis) abgeschieden.
- Die Entwicklung einer festen Cuticula erlaubte eine starke Reduktion der Coelomabschnitte und damit die Reduktion des hydrostatischen Skelettes, denn nun übernahm sie als Exoskelett die Konstanthaltung der Körperform.

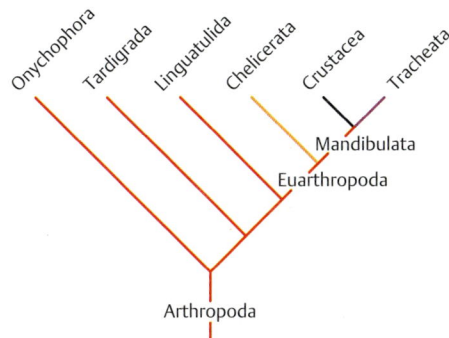

Abb. 1.**43 Die basalen Verzweigungen innerhalb der Arthropoda.**

- Die Coelomabschnitte werden aufgelöst, da die **Dissepimente** (Coelomepithel zwischen den Coelomräumen aufeinanderfolgender Segmente) reduziert werden. Damit verbunden ist der Besitz eines **Mixocoels** oder Haemocoels, einem aus der primären und sekundären Leibeshöhle bestehenden gemeinschaftlichen Raum. Das Haemocoel enthält Hämolymphe, d. h. die Trennung von Blut und Leibeshöhlenflüssigkeit (in Coelomräumen) ist aufgehoben. Das hängt mit der Reduktion jener Coelomwandungen zusammen, die Blutgefäße bildeten. Als Coelomreste verbleiben Endsäckchen der Nephridien (Sacculi) und die Gonaden.
- Bedingt durch die Auflösung der Coelomräume ist das **Blutgefäßsystem offen**. Es besteht nur noch aus wenigen Elementen des im Grundmuster der Articulata geschlossenen Kreislaufsystems.
- Das Herz (dorsales Blutgefäß) weist segmentale **Ostien** auf.
- Die Leibeshöhle ist durch ein Septum oder Diaphragma – das **Perikardialseptum** – horizontal gegliedert. Es trennt die Region um das Herz von der übrigen Leibeshöhle. Dadurch entstehen ein **Perikardialsinus** dorsal und ein Perivisceralsinus unten (lat. sinus: Bucht). Der Perikardialsinus steht durch zahlreiche Öffnungen mit dem Perivisceralsinus in Verbindung. Das Septum kann durch Muskelkontraktion abgeflacht werden. Dadurch gelangt Hämolymphe in den Perikardialsinus und von dort durch die Klappenventile der Ostien ins Herz. Durch Kontraktion der herzeigenen Ringmuskulatur wird die Hämolymphe nachfolgend über Gefäße in den Perivisceralsinus getrieben.
- Segmentübergreifende paarige **Geschlechtsorgane** mit Öffnung(en, z. T. wohl sekundär paarig, nämlich bei den Crustacea und Chelicerata) in nur einem Segment nicht weit vor der Analöffnung im hinteren Körperabschnitt. Bei den Anneliden gab es – wohl ursprünglich – je ein Paar Segmentalorgane.
- Der Exkretion dienen (**Meta-**)**Nephridien** mit kleinen Exkretionsräumen, sogenannte **Sacculi** mit Podocyten (Füßchenzellen). D. h., die Arthropoden haben mit den Sacculi stark reduzierte Coelomsäcke, in die der Wimpertrichter mündet. Diese Nephridien befinden sich im Grundplan der Arthropoden in fast allen Seg-

menten; bei den Euarthropoden sind sie nur noch in wenigen Segmenten erhalten geblieben.
- Es existiert ein **Komplexgehirn** aus mehreren Ganglien: Vorn dem des Akron (bei Anneliden Prostomium genannt) und den Bauchganglien der folgenden – wahrscheinlich drei – Segmente (**Archi-**, **Proso-**, **Deuto-** und **Tritocerebrum**). Das Gehirn besteht aus mehreren **Assoziationskörpern**, die bei Anneliden primär noch nicht vorhanden sind: Zentralkörper, Protocerebralbrücke, Sehmassen und Antennalglomeruli. Damit wäre eine erste Phase der Kopfbildung (**Cephalisation**) eingeleitet.
- Einästige (unirame) Extremitäten (ohne Anhänge). Primär handelt es sich um **Lobopodien** (relativ kurze Ausstülpungen der Rumpfsegmente) mit vom Rumpf aus in sie hineinziehenden Muskeln. Eine eigentliche Gliederung wiesen sie nicht auf. Ihre Stabilität wurde durch eingepresste Hämolymphe hervorgerufen (wie bei den Oncopodien der Onychophora; sogenannte Turgor-Extremitäten).
- Verlust der Spiralfurchung, stattdessen mit **superfizieller Furchung**.
- Die **Trochophora-Larve fehlt**. (Larvenformen primär aquatischer Arthropoden, die als Weiterbildung der Trochophora angesehen werden können, unterscheiden sich von dieser zumindest dadurch, dass sie keine Protonephridien haben und dass sie Extremitäten aufweisen.)

1.15.1 Onychophora (Stummelfüßer)

160 Arten, bis 15 cm lang. Die primär marinen Stummelfüßer leben heute terrestrisch an dunklen und feuchten Stellen tropischer Regionen und ernähren sich räuberisch. Körper langgestreckt. Die Segmentierung in 13 bis 43 voneinander kaum verschiedene Metamere ist wegen einer Querringelung der Cuticula äußerlich kaum erkennbar und nur aus der Zahl der Extremitätenpaare zu erschließen. Der Körper ist dorsal hoch gewölbt und ventral abgeplattet.

Der Kopf ist kaum vom Rumpf abgesetzt. In ihm sind Akron (Prostomium, ohne Extremitäten) und zwei oder drei Segmente verschmolzen. Das erste Segment trägt als Extremitäten ein Paar ungegliederter **Antennen** (beim Embryo noch postoral angelegt). Im zweiten Segment folgen im Mundbereich jederseits ein **Kiefer** als Umwandlungen des 2. Extremitätenpaares. Die Kiefer sind nach hinten gerichtet und werden von vorn nach hinten bewegt – anders als die quer zur Körperlängsachse arbeitenden Mandibeln der Euarthropoda. Die Mundöffnung liegt ventral.

Das dritte Segment trägt ein Paar **Oralpapillen**, Derivate des 3. Extremitätenpaares. Auf ihnen münden Schleimdrüsen ektodermaler Herkunft, die ein Wehr- bzw. zum Nahrungsfang eingesetztes Sekret bilden, das an der Luft sofort zu Fangfäden erstarrt. Sie sind den Cruraldrüsen (s. u.) homolog, können mehr als Körperlänge erreichen und sind reich verzweigt.

An der Basis der Antennen liegen als Organe des Prostomium jederseits ein **Blasenauge** (Abb. 1.**44**).

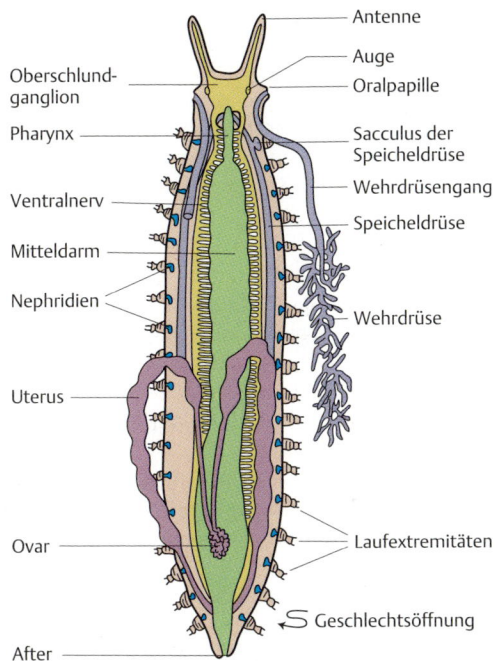

Abb. 1.44 **Onychophora**, *Macroperipatus*, dorsal aufpräpariert. Linke Wehrdrüse nicht dargestellt, linker Uterus und rechte Wehrdrüse aus der Körperhöhle herausgelegt. (Nach Snodgrass, 1938.)

Die **Laufextremitäten** sind relativ kurz und geringelt, nicht aber gegliedert. Sie bestehen aus zwei Abschnitten – dem Basalteil und dem Fuß. Der Fuß endet mit einem Paar Krallen. An der Unterseite der Beine findet sich bei den Männchen oft noch eine drüsige Einstülpung des Ektoderms, die Cruraldrüse (Funktion unbekannt).

Das **Nervensystem** besteht aus dem ziemlich großen Oberschlundganglion und einem paarigen ventralen Nervenstrang. Die Längsstränge sind zwar in den Segmenten leicht angeschwollen, eine strenge Gliederung in Ganglien und Konnektive aber besteht nicht. In jedem Segment sind die beiden Längsstränge durch rund 10 dünne Kommissuren miteinander verbunden.

Die segmental angeordneten Ausscheidungsorgane (**Nephridien**) münden ventral an der Basis einer jeden Extremität aus. Der Trichter entspringt einem coelomatischen Sacculus, dessen Wand aus Podocyten aufgebaut ist. Nephridien fehlen im Antennen- und im Kiefersegment, ferner in jenem Segment, in dem die Gonaden ausmünden. – Die Nephridien des Oralpapillensegmentes sind zu paarigen **Speicheldrüsen**, im letzten Segment der Männchen zu **Analdrüsen** umgewandelt. Der After liegt ventral am Körperende, davor findet sich die unpaare Geschlechtsöffnung.

Die **Gonaden** sind einheitliche, paarige Schläuche in der hinteren Körperhälfte. Die Onychophoren sind getrenntgeschlechtlich. Die meisten Arten sind **lebendgebärend**. Bei diesen Arten dient der hintere Abschnitt des Eileiters als Uterus. Bei *Peripatopsis capensis* erfolgt die Spermaübertragung, indem das Männchen dem Weibchen an beliebiger Stelle Spermatophoren (Spermienpakete) anheftet. Dort wird die Haut aufgelöst, die Spermatozoen dringen in den Körper ein, durchwandern die Leibeshöhle, um die Ovarien zu erreichen; dort findet die Fusion der Gameten statt. Bei anderen Arten wird die Spermatophore in die weibliche Genitalhöhle gebracht.

Die Organe werden über sehr feine **Tracheen** (Luftröhren) direkt mit Sauerstoff versorgt. Die Tracheen sind konvergent zu denen der Tracheata entstanden. Bei den Onychophoren gehen die Tracheen in einer Anzahl bis 75 pro Segment von den Körperringen aus.

Das **Blutkreislaufsystem** besteht im Wesentlichen aus dem Herz (dorsales Blutgefäß) sowie antennalen Gefäßen; Arterien und Venen fehlen. Das Herz ist pro Segment mit einem Paar Spaltöffnungen (Ostien) ausgestattet.

Die Epidermis ist von einer Cuticula überzogen, die im Vergleich zu anderen Arthropoden dünn (1–2 µm) und weich ist. Auf Hautpapillen liegen zahlreiche **Mechanorezeptoren** (Gruppen von Sinneszellen, die mit einer Endborste in Verbindung stehen).

Unter der Epidermis liegt eine bis 30 µm dicke Basalschicht aus Kollagenfibrillen, die über Verästelungen eng mit der Ringmuskelschicht verbunden ist. Die **Muskulatur** ist wie bei den Anneliden **glatt** (Ausnahme: Kiefermuskulatur). Die Muskulatur ist nicht – wie primär bei den Anneliden – segmental gegliedert. Sie besteht aus einer Ringmuskelschicht (außen) sowie Diagonal- und Längsmuskulatur.

Die **Furchung** der oviparen und ovoviviparen Arten ist superfiziell; bei kleinen Eiern ist die Furchung total und fast äqual.

Autapomorphien der Onychophora (**Auswahl**)
- Äußere Segmentgrenzen durch Ringelung verwischt.
- Umbildung der Krallen des 2. Extremitätenpaares zu Kiefern.
- Bewegungsrichtung der Kiefer annähernd parallel zur Körperlängsachse.
- Umwandlung der 3. Extremität zu Oralpapillen.
- Die Nephridien des Oralpapillensegmentes sind zu Speicheldrüsen umgewandelt.
- Oralpapillen mit einer Schleim- bzw. Wehrdrüse.
- Tracheen; große Anzahl von Tracheen-Öffnungen.
- Nervenstränge nicht mit deutlichen Ganglien, Nervenzellen über die ganze Länge verteilt.
- Pro Segment mit ca. 10 Kommissuren.

Die **Peripatidae** (Beispiel: *Peripatus*) kommen im nördlichen Südamerika, in Mittelamerika inkl. der Karibik, Zentralafrika und Südostasien vor, die Peripatopsidae (Beispiel: *Peripatopsis*, Abb. 1.**45**) im südlichen Südamerika, in Südafrika, Australien, Neuseeland und Neuguinea. Die Verbreitungsgebiete der beiden Taxa über-

Abb. 1.**45 Onychophora.** *Peripatopsis moseleyi.* (Foto von Peter Ax.)

schneiden sich nicht; in Südostasien werden sie durch die Wallace'sche Linie getrennt.

Eine Reihe mariner **kambrischer Organismen** hatte enge Beziehungen zu den Onychophora: *Xenusion auerswaldae* hatte vorn einen rüsselähnlichen Fortsatz. Auf der Dorsalseite trug *Xenusion* zwei Reihen von Höckern, auf denen je ein stachelartiger Fortsatz stand, pro Segment ein Paar. Die Extremitäten trugen nach hinten gerichtete Stacheln. Im Unterschied zu *Xenusion* ist bei *Aysheaia* aus dem kambrischen Burgess-Schiefer der „Rüssel" recht kurz, und das erste Extremitätenpaar zeigt Anzeichen einer Spezialisation. *Hallucigenia sparsa* aus dem mittleren Kambrium (Burgess-Schiefer) hatte sehr lange dorsale Stacheln.

1.15.2 Tardigrada + Pentastomida + Euarthropoda

Die phylogenetische Stellung der Tardigrada ist umstritten. Zusätzlich zu den (nachweisbaren) Synapomorphien mit den Arthropoda (chitinhaltige, durch Häutung ersetzte Cuticula, Fehlen jeglicher epithelialer Bewimperung, Besitz eines Mixocoels; wegen Reduktionen ist über das Blutkreislaufsystem und andere Strukturen keine Aussage möglich) stimmen die Tardigrada mit den Euarthropoden möglicherweise **synapomorph** überein in
- gegliederten Extremitäten mit interner Muskulatur,
- einem Nervensystem mit Proto-, Deuto- und Tritocerebrum, wobei das Tritocerebrum ein Beinpaar (bei den Tardigrada die Stilettmuskeln) innerviert,
- einer Saugpumpe im Pharynx (vorhanden bei Tardigrada, Pentastomida und den Euarthropoda),
- dem Vorhandensein quergestreifter Muskulatur,
- dorsalen und ventralen exoskelettalen Platten (?).

1.15.2.1 Tardigrada (Bärtierchen)

Ca. 600 Arten. Die Tardigrada leben in fast allen wenigstens zeitweise feuchten Regionen – in der Tiefsee ebenso wie in Süßwasserseen, heißen Quellen und kleinsten temporären Gewässern und in allen Klimazonen. Die in periodisch austrocknenden Gewässern lebenden Formen können in selbstgebildeten Tönnchen extremste Bedingungen überleben. Das Tönnchen wird gebildet, indem die Tiere ihren Körper kontrahieren, Kopfende und Extremitäten einziehen und den Wassergehalt stark reduzieren. Sie ernähren sich von Bakterien oder Teilchen verschiedener Organis-

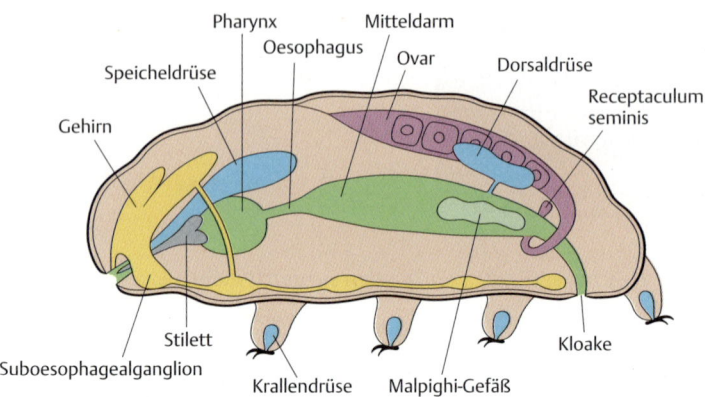

Abb. 1.**46 Tardigrada.** Organisationsschema eines Eutardigraden. (Nach Hennig, 1980.)

men. Einige Arten leben parasitisch an anderen Wirbellosen. Die meisten Arten sind unter 1 mm lang (Abb. 1.**46**).

Der Körper ist ventral abgeflacht und von einer aus **bis zu acht Schichten** aufgebauten chitinhaltigen **Cuticula** bedeckt. Am Kopf liegt ein Paar **Augen** aus je einer Pigmentbecherzelle, 1–2 Zellen mit einem Cilium und einer Zelle mit Mikrovilli. Der kreisförmige **Mund** liegt terminal oder leicht nach ventral gerichtet. In die Mundröhre mündet jederseits eine große Drüse und ein von dieser Drüse gebildetes kalkhaltiges **Stilett**. Die Stilette sind wahrscheinlich Derivate eines vorderen Extremitätenpaares und möglicherweise den Krallen der Beine homolog. Sie dienen dem Anstechen der Nahrung. Die Mundöffnung ist oft von Cirren und Lamellen umstanden.

Die hinteren vier Rumpfsegmente tragen je ein Paar kurzer **Laufbeine**. Die Beine haben ein proximales Glied („Coxa") und ein distales („Femur"). Der distale Beinabschnitt kann in den proximalen eingezogen werden (Ausnahme: Eutardigrada). Das distale Glied trägt eine Gruppe cuticularer Klauen oder im wohl abgeleiteten Fall Haftplättchen.

Die **Muskulatur** bildet keinen einheitlichen Hautmuskelschlauch, sondern besteht aus einzelnen Muskeln, die oft aus wenigen großen Zellen bestehen, welche metamer angeordnet sind. Eine Ringmuskulatur fehlt: Antagonist für das System aus Längs- und zu den Beinen gehörenden Diagonalmuskeln ist der Körperbinnendruck.

Die Tardigrada sind getrenntgeschlechtlich. Die **Gonaden** – Ovarien oder Hoden – sind unpaare dorsale Säcke. Die Befruchtung erfolgt fast immer im Ovarium, seltener nach Ablage der Eier. Parthenogenese ist verbreitet.

Das **Nervensystem** besteht aus dem Oberschlundganglion und einer strickleiterförmigen Ganglienkette mit fünf Paaren in der Körpermittellinie verschmolzener

Ganglien (Unterschlundganglion [Suboesophagealganglion] und vier Paar Beinganglien).
Nephridien, ein Blutgefäßsystem und Atmungsorgane fehlen.

Autapomorphien der Tardigrada (**Auswahl**)
- Die komplexe mehrschichtige Cuticula.
- Ein vom Protocerebrum jederseits nach unten zum 1. Beinganglion ziehender Nervenstrang.
- Nephridien fehlen. Als Ersatz sind bei den Meso- und Eutardigrada eine dorsale und zwei laterale Drüsen vorhanden, die in den Darm münden und der Osmoregulation und der Exkretion dienen („Malpighi-Gefäße").
- Ein Blutkreislaufsystem fehlt.
- Atmungsorgane fehlen – dass es sich dabei um eine Autapomorphie handelt, gilt freilich unter der Voraussetzung, dass die Stammform der Arthropoda Respirationsorgane besaß und nicht nur durch die Haut atmete.
- Fusion der Ventralganglien in der Körpermitte.
- Die Mesodermbildung: Die Coelomsäcke entstehen aus Urdarm-Divertikeln. Dabei handelt es sich um eine innerhalb der Spiralia ganz ungewöhnliche Form der Coelombildung (Enterocoelie, S. 313).

Aus dem Oberkambrium von Sibirien kennt man wahrscheinliche Stammgruppenvertreter der Tardigrada mit nur 3 Paar Extremitäten. Da alle rezenten Tardigraden 4 Extremitätenpaare aufweisen, wird angenommen, dass hier die **anamerische** Larvalentwicklung des Grundplans der Articulata noch vorhanden war (d. h. der Schlupf aus dem Ei erfolgte bei noch unvollständiger Segmentzahl) (bei den rezenten Tardigrada: **epimorphe** Entwicklung, das heißt, Entwicklung im Ei bis zur vollen Segmentzahl).

Die Tardigrada umfassen drei größere Monophyla. Die **Arthrotardigrada** sind mit einer Ausnahme marin. Relativ ursprünglich: Noch ohne Kloake (d. h. die Gonade mündet nicht in den Darm) und ohne Malpighi-Gefäße. Der Endabschnitt der Beine ist in die Basalabschnitte einziehbar. Die **Echiniscoidea** haben leicht reduzierte Kopfanhänge: Der Mediancirrus fehlt, die übrigen Kopfanhänge sind kurz. Der distale Beinabschnitt ist nur teilweise in den Basalteil einziehbar. Noch ohne Kloake und Malpighi-Gefäße. Eine dritte monophyletische Gruppe bildet ein Taxon aus den Eutardigrada + Mesotardigrada. Dessen Vertreter zeichnen sich durch Malpighische Gefäße aus (wohl Anpassungen an das terrestrische Leben). Von den **Mesotardigrada** ist nur eine Art bekannt (*Thermozodium esakii* aus einer warmen Quelle in Japan). Die **Eutardigrada** sind vorwiegend Bewohner des Süßwassers und von Landpflanzen-Polstern. Mit Kloake. Ohne cirrusartige Kopfanhänge. Endabschnitte der Extremitäten im Gegensatz zu den Mesotardigrada nicht einziehbar.

Verwandtschaftsbeziehungen. Bisweilen wurde eine enge Beziehung mit den Nemathelminthes (Aschelminthes) angenommen, wobei ähnliche Strukturen im Vorderdarm (Stilette, Schlundkopf, Munddrüsen – wahrscheinlich Autapomorphien der Tardigrada) oder die submikroskopische Struktur der Cuticula mancher Heterotardigrada eine Rolle spielten. Hier dürfte Konvergenz vorliegen. Mögliche Synapomorphien mit den Euarthropoda wurden auf S. 85 aufgelistet.

1.15.2.2 Linguatulida + Euarthropoda

Pentastomida (Zungenwürmer)
= Linguatulida

Ca. 110 Arten, Länge bis 16 cm. Die rezenten Pentastomida sind **Endoparasiten** in den Atemwegen von Amnioten (als Zwischenwirte können alle Wirbeltiergruppen genutzt werden). Die Entwicklung ist in der Regel durch einen Wirtswechsel gekennzeichnet. Endwirte sind vor allem Sauropsida (darunter selten Vögel) und Säugetiere, bei denen sie in den Nasengängen oder Stirnhöhlen von Caniden, Feliden und Hyänen vorkommen. Beim Menschen wurden bisher nur selten erwachsene Exemplare von *Linguatula* (Nasenwurm) gefunden, recht häufig aber Larven verschiedener Arten – diese aber in Leber, Darmwand, Gehirn u. a. Primär handelt es sich um freilebende marine Organismen (Funde aus dem Kambrium).

Der Vorderkörper beginnt mit Akron (Prostomium) und mindestens vier Segmenten, deren Extremitäten, die **Kopfbeine**, von vorn nach hinten in Apical- und Frontalpapillen und zwei Paar hakenbewehrten Extremitäten zur Befestigung des Tieres in den Atemhöhlen des Wirtes und zur Fortbewegung bestehen. (Ein 5. Metamer wird embryonal durch ein Paar undifferenzierte Mesoderm-[Coelom-]Anlagen angedeutet.) Der folgende Körperabschnitt, der Rumpf, besteht aus drei Segmenten und bis über 200 Rumpfringen, die man früher in aller Regel als Segmente interpretierte. Bei ihnen handelt es sich um **Pseudometamere**, die durch Verlängerung und Untergliederung des hintersten Segmentes entstehen.

Die Kopfbeine erheben sich auf Anschwellungen des Körpers (Sockeln). Die kambrischen **Larven** zeigen eine klare Gliederung der Kopfbeine in drei Abschnitte (**Podomere**), von denen der distale spitz endet ("Finger") (diese Gliederung besteht auch bei den rezenten Larven). Das ganze Bein kann in seinen Sockel zurückgezogen werden.

Der **Mund** liegt ventral, bei den paläozoischen Stammgruppenvertretern auch fast frontal. Der Vorderdarm besteht aus Mundhöhle, einem als Saugpumpe ausgebildeten **Pharynx** und **Oesophagus**. Der After liegt am Körperende.

Augen fehlen. Als **Sinnesorgane** finden sich Chemo- und Mechanorezeptoren in Form von Apikal- und Frontalpapillen.

Die Epidermis scheidet eine mehrschichtige chitinhaltige Cuticula aus, sie enthält nicht α-, sondern **β-Chitin**. Der **Hautmuskelschlauch** besteht aus dünnen äußeren Ring- und stärkeren Längsmuskelzügen. Außerdem existiert pro Körperring ein vorderes und ein hinteres Paar von Dorsoventralmuskeln.

Atemorgane fehlen. Die Pentastomida leben in sauerstoffreichem Milieu (Atemorgane ihrer Wirte), und dort reicht die **Diffusion** über die dünne Cuticula für die **Sauerstoffversorgung** aus.

Die Leibeshöhlenflüssigkeit wird durch peristaltische Körperbewegungen in Umlauf gebracht; ein Herz und ein Kreislaufsystem fehlen. Auch Nephridien fehlen, und das Nervensystem ist stark reduziert.

Die **Gonaden** entstehen durch Vereinigung mehrerer segmentaler Coelomräume. Die ektodermalen Gonoducte münden ursprünglich ventral an der Grenze zwischen dem 2. und 3. Rumpfsegment (= 7.–8. Metamer) aus. Das ist die ursprüngliche Position am Körperende (der folgende Abschnitt mit den Rumpfringen ist nur scheinbar segmentiert). Die Pentastomida sind getrenntgeschlechtlich. Die Begattung erfolgt in den Körperhöhlen des Endwirtes, wozu die Weibchen von den agileren Männchen aktiv aufgesucht werden.

Die Eier gelangen durch den Nasenschleim z. B. auf Pflanzen und werden von dort durch Herbivoren aufgenommen (**Zwischenwirt**). Die Primärlarven schlüpfen mit vier Kopf- und drei Rumpfsegmenten. Am Vorderende bilden sie einen Bohrapparat aus drei Chitinstacheln aus, mit dem sie in die Darmwand des Zwischenwirtes eindringen. Von dort gelangen sie in alle Körperteile und werden mit ihrem Zwischenwirt als Beute vom **Endwirt** aufgenommen.

Stammgruppenvertreter der Pentastomida kennt man durch Funde paläozoischer Larven. Sie könnten in Körperhöhlungen mariner Wirte gelebt haben (z. B. Kiemen etc.).

Die Vertreter der Kronengruppe der Pentastomida zeigen keine Andeutung von Rumpfextremitäten mehr. Ferner ist das 1. und 2. Rumpfsegment verkürzt, was bei den paläozoischen Formen noch nicht der Fall war.

Teiltaxa: Bei den **Cephalobaenida** befinden sich die Klammerhaken auf ungegliederten kurzen Extremitäten, bei den **Porocephalida** inserieren sie direkt am Kopf und sind in Hauttaschen (Hakengruben) einklappbar.
Beispiel: *Linguatula serrata* (Nasenwurm), wohl ursprünglich an Wolf und Fuchs, jetzt bei Hunden; in Europa selten geworden.

Verwandtschaftsbeziehungen. Als Taxon, zu dem die Pentastomida gehören könnten bzw. mit dem sie nahe verwandt sein dürften, wurden die Annelida, Onychophora, Tardigrada und praktisch alle größeren Gruppen der Euarthropoda genannt. Darin, dass die Pentastomida mit der endgültigen Segmentzahl schlüpfen (zwei beintragende Kopfsegmente und drei Rumpfsegmente) unterscheiden sie sich aber grundsätzlich von den Euarthropoda, deren Larven primär als „Kopfkeimlarve" schlüpfen. Auch hinsichtlich der frontoventralen Lage der Mundöffnung könnten die Pentastomida ursprünglich sein.

Die Spermien stimmen in speziellen Merkmalen mit denen der Branchiura (Crustacea) überein. Daher wurden die Pentastomida wiederholt als stark abgeleitete Krebse aufgefasst. Die genannte Übereinstimmung in den Spermien muss auf Konvergenz beruhen.

Cuticula: Exoskelettale Bildung zahlreicher Tiere, z. B. der Hydrozoa (Periderm) und der Articulata, oft als feste Hülle (Integument) aus Chitin und Proteinen (Arthropoda: α-Chitin, bei den Anneliden-Borsten, den Röhren der Pogonophoren und der Cuticula der Linguatulida das strukturell abweichende β-Chitin). Die Cuticula der Tunicata besteht aus Cellulose.

Femur: Oberschenkelbein (Tetrapoda), eines der mittleren Beinglieder der Arthropoden.
Mandibel, Mandibula: „Kiefer" von Arthropoden, das erste Paar von Mundwerkzeugen. Unterkiefer der Wirbeltiere.
Maxillen: Das auf die Mandibel folgende Paar Mundwerkzeuge sowie das sich an diese 1. Maxille anschließende nächste (2. Maxille). Bei den Insekten werden die 2. Maxillen, da miteinander verwachsen, als Labium bezeichnet.

1.16 Euarthropoda
= Arachnata [bzw. Chelicerata] + Mandibulata

Die Euarthropoden gelten meist als die eigentlichen Gliederfüßer, und bisweilen wird der Name Arthropoda auch für die Euarthropoden allein benutzt. Im Gegensatz zu den Stummelfüßern, Bärtierchen und Zungenwürmern zeichnen sie sich durch gegliederte Extremitäten (Arthropodien) aus. Ihre Struktur wurde erst durch die Entwicklung einer starren Chitincuticula möglich, die auch die Extremitäten äußerlich stützt. Zu weiteren auffälligen Eigenschaften gehören die Komplexaugen. Euarthropoden muss es bereits im Präkambrium mit zahlreichen Arten gegeben haben, denn im unteren und mittleren Kambrium finden sich neben einer Vielzahl von Stammgruppenvertretern der Euarthropoden auch mehrere ihrer noch heute existierenden Teilgruppen wie die Limulida und Crustacea.

Gegenüber den Onychophora, Tardigrada und Pentastomida zeichnen sich die Euarthropoden durch folgende **abgeleitete Merkmale** aus:
– Die Chitincuticula ist zu einem Exoskelett aus festen Platten (**Skleriten**) verstärkt.
– Im Lauf der Evolution der Euarthropoden wurden bis zu 4 Teilplatten pro Segment gebildet: Dorsal das **Tergit**, ventral das **Sternit** und jederseits ein **Pleurit**. Sie dienen als Schutz, stützendes (Exo-)Skelett und als Ansatzfläche für Muskeln.
– Gegliederte Extremitäten (**Arthropodien**). Die Einzelglieder sind durch Gelenke miteinander verbunden und lassen sich durch interne Muskeln gegeneinander bewegen.

Zur **Entstehung des Arthropodiums** gibt es zwei Theorien:
1. Es entstand aus Parapodien (siehe die Annelida) und ihrer Verlagerung nach ventral. Notopodium (dorsal) und Neuropodium (ventral) sollen dem Außen- und Innenast einer biramen Arthropoden-Extremität entsprechen. Dieser Theorie steht unter anderem entgegen, dass die Onychophora, die ihnen verwandten marinen Formen aus dem frühen Paläozoikum, die Tardigrada und Pentastomida als ursprünglichste Arthropoden unirame (einästige) Extremitäten haben.

2. Die ursprüngliche Arthropoden-Extremität ist als unirames Lobopodium unabhängig von Parapodien entstanden. Bei den Onychophoren ist es als Oncopodium nur wenig verändert. Erst die Euarthropoda hatten im Grundplan eine birame (zweiästige) Extremität mit Außen- und Innenast (Endo- [= Telo-] und Exopodit).

Die birame Arthropodenextremität findet sich unter anderen bei den im Kambrium erloschenen Marellomorpha, den Trilobita, bei Crustaceen, den Xiphosura (hintere Opisthosoma-Extremitäten) und den Mundwerkzeugen der Tacheata, wobei sie ihrer Funktion entsprechend oft stark vom Grundmuster abweichen. Primär trug das Endglied des Telopoditen, der Dactylus, Krallen, der Exopodit war einseitig gefiedert und war das **primäre Respirationsorgan**.

Die postoralen Extremitäten dürften sowohl im Dienst der Fortbewegung als auch im Dienst der **Nahrungsaufnahme** gestanden haben: Die Nahrung wurde von den Telopoditen in Richtung Körpermitte in die **ventrale Nahrungsrinne** (gelegen zwischen den Basalgliedern der Beine und der Sternalregion des Körpers) gebracht und darin nach vorn zur Mundöffnung transportiert, wie man es zum Beispiel für Trilobiten annimmt.

– Der Kopf als Verschmelzungsprodukt des **Akron** und wahrscheinlich fünf Segmenten. Die Kopfbildung wird als **Cephalisation** bezeichnet.

Äußerlich folgen im Grundplan der Euarthropoda auf das Akron fünf Segmente, markiert durch je ein Extremitätenpaar: 1. Labralsegment (mit dem Prosocephalon als dem dazu gehörenden Gehirnabschnitt). Die Extremitätennatur des Labrum, das als unpaarer Anhang vor der Mundöffnung liegt, gilt als wahrscheinlich (s. u.). 2. Antennensegment (Deutocephalon). 3.–5. Drei Segmente („Postantennalsegmente") mit nur wenig umgewandelten Extremitäten.

Die heutigen Arthropoden haben allerdings hinter den Antennen mindestens vier Kopfsegmente. Da aber sowohl die Trilobita nur drei postantennale Segmente haben, desgleichen *Agnostus* und verschiedene kambrische Stammgruppenvertreter der Crustacea sowie *Burgessia* („Pseudonotostraca") steht fest, dass die Erhöhung der Kopfsegmentzahl auf vier oder mehr in verschiedenen Entwicklungslinien (Chelicerata, Mandibulata) konvergent erfolgt sein muss.

Mit der Fusion von Segmenten zu einem Kopf ging eine Umwandlung der vorderen Extremitäten einher.

Bei den ursprünglichsten Malacostraca, den Leptostraca (Schwestergruppe der Eumalacostraca) ist auch im Adultus eine birame Antenne vorhanden. Das ist offenbar eine Sonderbildung, die in der Stammlinie der Malacostraca aufgetreten war und sich nur bei den Leptostraca im Adultus erhalten hat. Bei den Eumalacostraca kann diese Ausbildung larval rekapituliert werden.

– Das **Labrum**, eine unpaare Falte direkt vor der Mundöffnung. Ursprünglich war das Labrum wohl paarig (umgewandeltes Extremitätenpaar des 1. Segmentes). Vielleicht wurde es in dieser Gestalt als eine Sperre angelegt, weil dadurch der in der ventralen Nahrungsrinne von hinten nach vorn geführte Nahrungsstrom nicht über die Mundöffnung hinweg dem Tier wieder entschwinden kann.

- **Antennen** als sensorische Organe. Bei ihnen handelt es sich um gliederreiche, lange einästige Anhänge in praeoraler Lage (2. Segment).
- Paarige **Komplexaugen**. Sie gehören wie alle Arthropoden-Augen dem Akron an.
- Vier Medianaugen (Einzelaugen, **Ocelli**) zwischen den Komplexaugen. Ihre Anzahl wird innerhalb der Euarthropoda mehrfach konvergent reduziert.
- Reduktion der Anzahl der **Nephridien** auf maximal vier (noch bei Limulida).
- **Verlust der Cilien** in den Nephridien (noch bei den Onychophora vorhanden; die Tardigrada und Pentastomida haben keinerlei Nephridien).

> **Sklerit:** a. Bedingt elastisches, plattenartiges Element der Cuticula. Einzelne Sklerite sind durch Membranen, d. h. weniger stark verhärtete (sklerotisierte) Cuticulabereiche miteinander verbunden. b. Skelettelement der Porifera (= Skleren, „Nadeln").
> **Sternit:** Bauchplatte eines Körpersegmentes.
> **Pleurit:** Seitenplatte eines Körpersegmentes; Pleura = Seitenbereich.
> **Tergit:** Rückenplatte eines Körpersegmentes.
> **Coxa:** Grundglied der Beine der Euarthropoden.
> **Exopodit:** Außenast biramer Arthropoden-Extremitäten.

1.17 Arachnata

= Trilobita + Chelicerata; = Chelicerata inklusive ihrer Stammgruppe

Synapomorphien:
- Eine den Kopf umlaufende **Duplikatur** (Umschlag der Cuticula) wurde erweitert. Dadurch erfuhr der gesamte Kopf eine Verbreiterung. In Weiterführung dieses Geschehens wurde auch der vordere Rumpfabschnitt verbreitert.
- Große halbmondförmige **Komplexaugen**.
- **Wangenstacheln** (seitlich am Hinterrand des Kopfschildes gelegen).
- Die frühen **Larvenstadien** sind durch **drei Stachelpaare** charakterisiert: Procranidial-, Wangen- und Metagenalstacheln (Olenellida, in dieser Hinsicht ursprüngliche Trilobita). Die Procranidialstacheln werden während der frühen Larvalentwicklung reduziert. Die Wangenstacheln wachsen zu den definitiven Wangenstacheln des Adultus heran, und die Metagenalstacheln als das auffälligste Stachelpaar der Junglarven werden offenbar ebenfalls schon bald aufgegeben.
- **Trilobation.** Der Körper ist in zwei seitliche (Pleural-) Teile (Pleuren) und einen mittleren Axialsektor (Rhachis, Spindel) gegliedert (Pleural- und Axial„lappen", besonders bei Trilobiten ausgeprägt).

1.17.1 †Trilobita und †Olenellida

Die trilobitenähnlichen Tiere bestehen aus zwei Teilgruppen: Den vergleichsweise ursprünglichen **Olenellida** (vielleicht eine paraphyletische Gruppe) und den **Trilobiten** im engeren Sinne. Als **Synapomorphien** der Olenellida und übrigen Trilobita gelten:

- Ein **Pygidium**, d. h. eine hintere, dorsoventral abgeflachte Platte, die aus mehr als einem Segment besteht. Allerdings scheint das Pygidium keineswegs immer aus mehr als einem Segment zu bestehen, bei *Olenellus, Wanneria, Nevadia* und *Elliptocephala* besteht es nur aus einem, was bisweilen als Apomorphie dieser Taxa angesehen wird.
- Die Augen haben eine **Cornea**, deren Oberfläche aus prismatischen Calcitlinsen besteht; das optische System nutzt die Orientierung dieser Linsen mit der c-Achse senkrecht zur Oberfläche.
- Eine **Cuticula** aus **Calciumcarbonat**, die aus einer inneren faserigen und meist dünnen äußeren prismatischen Schicht besteht.
- Möglicherweise ist das **bestachelte Hypostom** der Larven eine weitere Synapomorphie der Olenellida und Eutrilobita, doch ist nur wenig über die Larven anderer ursprünglicher Arachnata (z. B. der Eurypterida) bekannt.

†Olenellida: **Autapomorphien** der Olenellida sind nicht bekannt. Häutungsnaht des Kopfes protopar, d. h. sie ist nicht wie im Grundplan der Trilobita nach dorsal verlagert, sondern liegt am Kopfrand.
Beispiele: *Olenellus, Paedeumias* (Kambrium, Abb. 1.**47a**).

†Trilobita (Dreilapper): **Autapomorphie:** Dorsal über den Kopf ziehende Häutungsnähte (Gesichtsnähte, Fazialsuturen). Die Olenellida haben keine dorsalen Häutungsnähte.

Die Trilobiten waren die erste Gruppe von Arthropoden, die in wirklich hohem Artenreichtum weltweit **faunenbestimmend** wurden. Sie lebten ausschließlich im Meer. Namengebend ist die auffällige Gliederung des Körpers in drei längsverlaufende „Lobi" (Trilobation, s. o.). Die Extremitäten waren mit Ausnahme der einästigen Antennen biram und annähernd homonom. Die meisten Trilobiten blieben unter 20 cm lang, in Ausnahmefällen erreichten sie aber auch mehr als 70 cm Länge (Abb. 1.**47**).

Vorkommen: Unt. Kambrium bis mittleres Perm.
Beispiele: *Balcoracania* (Kambrium, mit schmal auslaufendem Rumpf, Emuellida), *Paradoxides* (Kambrium, Abb. 1.**47b**), *Deiphon* (Silur, Pleurostergite schmal, Glabella aufgebläht, Abb. 1.**47c**), *Asaphus* (ohne Wangenstacheln, Ordovizium), *Phacops* (Silur-Devon, Wangenecken gerundet, weit verbreitet).

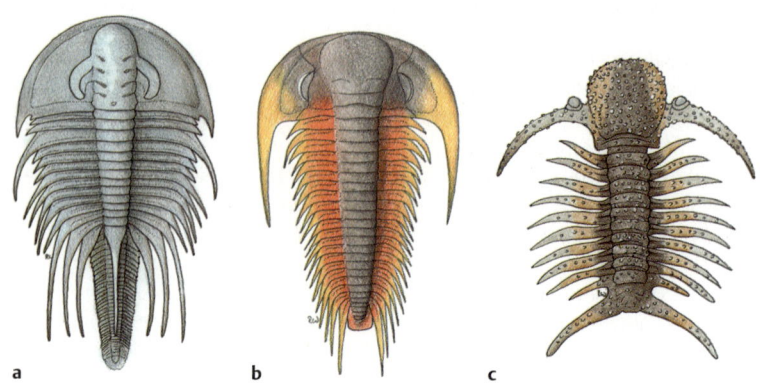

Abb. 1.**47 Trilobita. a** Olenellida: *Paedeumias robsonensis*, Kambrium. **b–c** Eutrilobita, **b** *Paradoxides paradoxissimus*, Kambrium, **c** *Deiphon forbesi*, Silur.

1.17.2 Chelicerata

Die Chelicerata werden bisweilen als „Spinnentiere im weitesten Sinne" bezeichnet, doch diese Erläuterung ist irreführend, weil lediglich die Vertreter der Araneae (Webspinnen) in der Lage sind, Spinnseide zu produzieren. Charakteristisch für das Taxon sind vielmehr die Scheren (Cheliceren). Bei diesen handelt es sich entweder um das erste Extremitätenpaar überhaupt oder aber, falls ein ursprünglich vor ihnen gelegenes Extremitätenpaar (die Antennen anderer Euarthropoden) verloren gegangen ist, um das zweite.

Die Cheliceraten zeichnen sich ferner durch eine für sie allein charakteristische Körpergliederung in Prosoma vorn und Hinterleib (Opisthosoma) aus. – Das auf die Cheliceren folgende Extremitätenpaar ist in vielen Fällen ebenfalls zu Greifwerkzeugen evolviert, die, oft mächtiger als die Cheliceren, oft als Pedipalpen bezeichnet werden.

Primär aquatisch sind nur die Pantopoda (Asselspinnen) und die Limulida (Schwertschwänze). Alle übrigen heutigen Cheliceraten sind terrestrisch, doch gibt es zahlreiche sekundär im Wasser lebende Taxa.

Autapomorphien:
– Der Körper ist in das **Prosoma** vorn und das **Opisthosoma** hinten unterteilt. Über die Zahl der im Prosoma verschmolzenen Segmente besteht Unklarheit: Entweder, das Prosoma besteht aus Akron (Prostomium), Labralsegment, Antennalsegment (extremitätenlos) sowie sechs extremitätentragenden Segmenten. Damit hat das Prosoma drei Rumpfsegmente mehr als der Kopf im Grundmuster der Euarthropoda (in ihm fanden sich **drei postantennale Segmente**). Oder aber die Cheliceren entsprechen den Antennen anderer Arthropoden –

dann umfasst das Prosoma Akron, Labralsegment, Antennal- (= Cheliceren)segment sowie fünf weitere Segmente mit Extremitäten.
- Das Opisthosoma ist der entsprechend verkürzte Rumpf. Er ist in dieser Begrenzung weder dem Thorax noch dem Abdomen anderer Arthropoden homolog. Das Opisthosoma bestand ursprünglich offenbar aus 12 Segmenten (bei den Limulida: †Chasmataspidina 12 Segmente + Telson, bei den Limulina 10 Segmente + Telson, bei den Eurypterida und Skorpionen 12 Segmente + Telson).
- Ein **Telson** (Schwanzstachel). Es ist der hinterste Abschnitt am Opisthosoma, ist aber kein echtes Segment. Es ist erhalten geblieben zum Beispiel bei den Xiphosura, den Eurypterida und Skorpionen.
- Das Prosoma ist dorsal von einem Schild (**Peltidium**, Rückenschild) bedeckt.
- Das erste Paar Extremitäten ist umgewandelt zu **Cheliceren**. Sie bestehen im Grundplan der Chelicerata aus drei Gliedern, dem Grundglied und den beiden Endgliedern, welche eine Schere (Chela) bilden. Sie dient dem Ergreifen von Nahrung und wurde möglicherweise mit dem Übergang zu einer räuberischen Lebensweise evolviert. Die Cheliceren werden embryonal postoral angelegt und später fast immer vor den Mund verlagert.
Untersuchungen von Hox-Gen-Expressionsmustern an Arachnida und *Limulus* haben ergeben, dass das Chelicerensegment dem Segment der 1. Antennen (= Extremitäten des deutocerebralen Segments) der Mandibulata entspricht. Es galt vormals als sicher, dass die Antennen spurlos verschwunden sind und die Cheliceren das nachfolgende Extremitätenpaar waren, die aufgrund der genannten Reduktion in die vorderste Position gelangt waren.
- Die folgenden fünf Gliedmaßenpaare des Prosoma sind im Grundplan der Chelicerata als gleichartige Fortbewegungsorgane entwickelt (ursprüngliches Merkmal).
- Die Geschlechtsöffnungen sind auf das 2. Opisthosoma-Segment verlagert (bei den Pantopoda auf die Extremitäten verlagert).
- Das Extremitätenpaar des 1. Opisthosoma-Segmentes wurde funktionell dem Prosoma zugeschlagen und bildet im Grundplan der Chelicerata die hintere Begrenzung des Mundvorraumes (Chilaria der Xiphosura und Metastoma bzw. Metasternum anderer Cheliceraten, wahrscheinlich in ihrer besonderen Ausprägung einander nicht homolog).
- Die Extremitäten des 2. Opisthosoma-Segmentes dienen nicht der Fortbewegung, sondern fungieren als Genitalopercula.
- Die Extremitäten der folgenden Segmente bilden im Grundplan plattenartige Strukturen, die die Atmung unterstützen (bisweilen unterstützen sie bei ursprünglichen Formen das Schwimmen). (Die Genitalopercula weisen keine Kiemen auf.) Die Atemorgane, also ein Teil der Opisthosoma-Extremitäten, sind im Grundplan der Chelicerata Kiemenbeine (Buchkiemen, noch bei den Limulida). Die Kiemenblätter sitzen an verbreiterten Exopoditen. Der Telopodit ist zu einem kleinen Anhang reduziert. (Im 2. Opisthosoma-Segment, dem Genitalsegment, bildet er Gonopoden.)

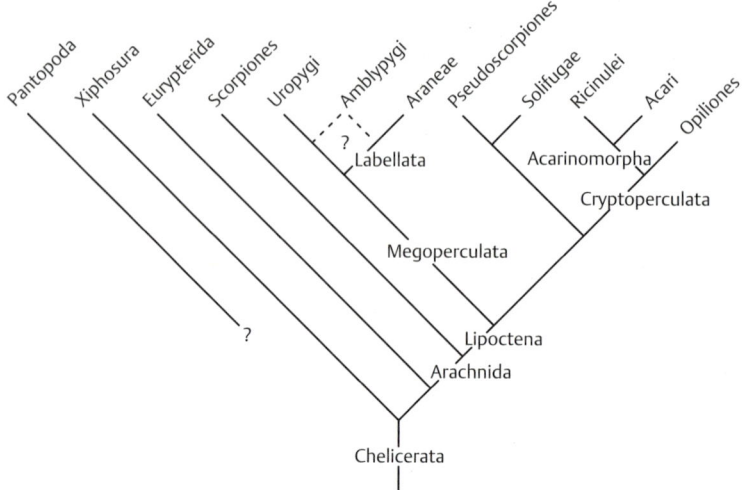

Abb. 1.48 **Die phylogenetischen Beziehungen innerhalb der Chelicerata.**

Bei den in dieser Hinsicht ursprünglichsten rezenten Chelicerata, den Limulina, sind nur noch 6 (mit Chilaria 7) Paar Opisthosoma-Extremitäten verblieben. Bei den Pantopoda fehlen die Extremitäten im Opisthosoma völlig, wie *Palaeoisopus* aus dem Devon belegt (Autapomorphie).

- Die ersten Bauchganglien sind zu einem Suboesophagealganglion verschmolzen: Bei den in dieser Hinsicht wohl ursprünglichsten Formen, den Pantopoda, folgen dem Unterschlundganglion, das nur aus den Ganglien der Palpen und Ovigera (Segmente 3 und 4) besteht, 4 bis 5 Ganglienpaare für die Laufbeine (in entsprechender Zahl).

Im Gegensatz zu den Mandibulata enthalten die Ommatidien der Komplexaugen keinen Kristallkegel. Die Nephridien sind zu Coxaldrüsen umgebildet, die auf das Prosoma beschränkt sind. Im Grundplan der Chelicerata dürften vier Paar Coxaldrüsen vorhanden gewesen sein. Im ursprünglichsten Fall – bei den Limulina – ist ein Paar verblieben, das zwischen dem 5. und 6. Beinpaar ausmündet. Am Bau sind die Sacculi von vier Segmenten (des 2.–5.) beteiligt.

Im Telopodit existierte im Grundplan der Chelicerata (Abb. 1.48) offenbar ein bei den Mandibulata nicht vorhandenes Glied, die Patella.

1.17.2.1 Pantopoda (Asselspinnen)
= Pycnogonida

Etwa 1000 Arten. Die Pantopoda leben in Meeren und brackischen Gewässern von der Küstenregion bis in über 7000 m Tiefe. Sie ernähren sich von anderen Tieren, vorwiegend Cnidaria, an denen sie mit ihrem Rüssel saugen. Sie zeichnen sich durch eine starke Verlängerung der Laufbeine und Verschmälerung des Rumpfes aus (Name!). Ihre Körpergröße liegt zwischen 1 mm und 10 cm, die Spannweite der Extremitäten erreicht über 70 cm. Ihre Bewegungen sind sehr langsam.

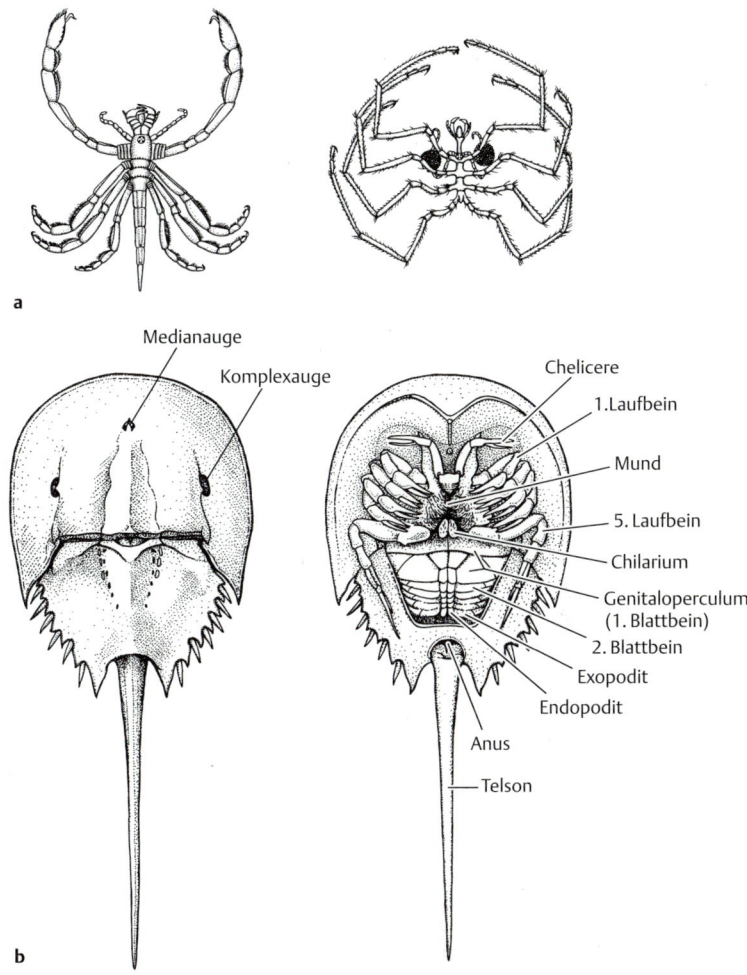

Abb. 1.**49 Chelicerata. a** Pantopoda, *Palaeoisopus problematicus*, Devon (links, noch mit langem Opisthosoma), *Nymphon rubrum*. (Nach Sharov, 1966, aus Marshall und Williams, 1972.) **b** Limulida. *Limulus polyphemus,* dorsal und ventral. (Nach Snodgrass, 1952, und Präparaten im Zoologischen Museum Göttingen.)

Dem vorderen Körperabschnitt fehlt ein einheitlicher Rückenschild (Abb. 1.**49a**). Der ungegliederte Kopfbereich (Cephalosoma) umfasst vier Segmente mit Extremitäten (Cheliceren, Pedipalpen, Ovigera, ein Laufbeinpaar).

Vorn findet sich ein manchmal sehr langer Rüssel (**Proboscis**) mit komplexer innerer Muskulatur. Am Ende des Rüssels liegt die Mundöffnung. Hinter dem Cephalosoma folgen am gegliederten Rumpfabschnitt drei (selten vier oder fünf) weitere Laufbeinpaare. Cephalosoma und Rumpf werden bisweilen zusammenfassend als Prosoma bezeichnet.

Die Facettenaugen sind reduziert. Verblieben sind die **vier Medianaugen** des Euarthropoden-Grundmusters.

Die **Cheliceren** (auch: Cheliforen) bestehen aus drei Gliedern (Grundglied + Schere), selten aus vier (zwei Grundglieder + Schere). Den Cheliceren folgen in Abweichung von den übrigen Cheliceraten mit den Pedipalpen und **Ovigera** (Singular: Oviger, Brutbein) zwei Paar besonders differenzierter Extremitäten. Die Palpen sind klein und tasterartig; ihre Gliedzahl kann auf bis zu 10 erhöht und mitunter nochmals auf 20 verdoppelt (*Nymphonella tapetis*) sein. Das darauf folgende Brutbeinpaar dient bei den die Brutpflege betreibenden Männchen als Eierträger. Den Weibchen vieler Arten fehlen die Ovigera, manchen Arten die Cheliceren oder die Pedipalpen oder beide, bei *Pycnogonum* fehlen alle drei vorderen Extremitätenpaare.

Hinter den Ovigera folgen meist vier Paar Laufbeine, doch kann die Zahl auf sechs Paar erhöht sein. Sie bestehen meistens aus 9 Podomeren.

Der Rumpf bildet kaum mehr als eine schmale Verbindung zwischen den Extremitäten. Wesentliche Teile des Mitteldarmes und der Gonaden und anderer Organe finden sich in den proximalen Teilen der Laufbeine. Der Endabschnitt des Opisthosoma ist bei den rezenten Arten zu einem kleinen unsegmentierten Anhang reduziert, bei dem devonischen *Palaeoisopus* jedoch noch relativ lang und segmentiert.

Die Exkretionsorgane (Coxaldrüsen) sind reduziert, es fehlen Respirationsorgane. Die Geschlechtsöffnungen sind sekundäre Geschlechtsöffnungen und liegen ventral am zweiten Glied (Trochanter 1) aller oder einiger Laufbeine.

Beispiele: *Nymphon*, *Pycnogonum*, beide mit vier Laufbeinpaaren (Abb. 1.**50**).

Phylogenetische Stellung. Die Zugehörigkeit der Pantopoda zu den Chelicerata wird u. a. durch die Cheliceren belegt. Allerdings ist auch eine Schwestergruppen-

Abb. 1.**50** **Pantopoda.** *Pycnogonum*. (Foto von Peter Ax.)

beziehung zu allen übrigen Euarthropoden ernsthaft zu erwägen, denn Cheliceren-ähnliche Extremitäten können leicht konvergent entstehen, in der Körpergliederung kann man kaum Prosoma und Opisthosoma in der für die Cheliceraten charakteristischen Begrenzung erkennen, und die nach vorn gerichtete Mundöffnung am Rüsselende erinnert an kambrische Onychophoren-ähnliche Organismen.

> **Prosoma:** Vorderer Körperabschnitt der Cheliceraten, umfasst den ursprünglichen Euarthropoden-Kopf sowie die vorderen Segmente des nachfolgenden Rumpfes.
> **Opisthosoma:** Hinterer Körperabschnitt der Cheliceraten.
> **Palpen:** Taster. Äußerer Anhang von Mundwerkzeugen bei Arthropoden (Exopodite), stärker spezifizierend als Mandibular-, Maxillar- und Labialpalpus bezeichnet. Außerdem in feststehenden zusammengesetzten Begriffen benutzt (z. B. Pedipalpus/Chelicerata).
> **Pedipalpen:** Die zu Greifextremitäten umgewandelten vorderen Laufbeine von Cheliceraten (z. B. Skorpionen und Pseudoskorpionen); folgen auf die Cheliceren. Oft wird das den Pedipalpen homologe Laufbeinpaar als Pedipalpen bezeichnet, auch wenn es keine Scheren trägt.

1.17.2.2 Euchelicerata
= Limulida + Metastomata; = Chelicerata unter Ausnahme der Pantopoda

Während die Monophylie der Chelicerata einschließlich der Pantopoda in Frage gestellt werden kann, gelten die Euchelicerata als ein sehr gut begründbares Taxon.

Autapomorphien:
– Es sind nur noch 2 Medianaugen vorhanden.
– Die Geschlechtsöffnungen sind auf das 2. Opisthosomalsegment verlagert (falls nicht die Situation bei den Pantopoda auf diese Ausprägung zurückgeht und die Genitalöffnung somit schon im Grundplan aller Chelicerata im 2. Opisthosomalsegment lag).
– Die Bauchganglien bis einschließlich derer des 1. Opisthosoma-Segmentes (= Segment 8) sind zu einem Suboesophagealganglion verschmolzen.
– Die Prosoma-Extremitäten umstehen die Mundöffnung.

Limulida (Schwertschwänze)
= Xiphosura

Rezent 4 Arten, fossil über 200 bekannt. Die rezenten Xiphosuren gehören zu den klassischen „lebenden Fossilien". Sie haben ein großes hufeisenförmiges Prosoma, bestehend aus Akron, dem zu postulierenden Labralsegment und 6 Segmenten mit Extremitäten, sowie das Opisthosoma. Das Opisthosoma umfasst 10 Segmente, von denen das 1. dem Prosoma eng angeschlossen ist. Bei diesem handelt es sich um das Praegenitalsegment; dessen Extremitäten sind die Chilaria (Abb. 1.**49b**).

Es ist leicht, für die rezenten Formen Synapomorphien festzustellen, doch bei älteren Formen fehlen diese Merkmale zum Teil. Solche **Autapomorphien** sind:

- Zwischen Vorder- und Hinterkörper befindet sich eine tiefe Gelenkfurche. Das Gelenk entspricht aber nicht dem bei anderen Chelicerata, da dem **Prosoma** der Xiphosuren auch das 1. und Teile des 2. Opisthosomalsegmentes angegliedert sind. Hier besteht also im Grunde genommen die Tendenz zu einer **Cephalisation**, die über die sechs extremitätentragenden Segmente des Prosomas hinausgreift. So sind auch die Ganglien des 1. und 2. Opisthosoma-Segmentes in das Prosoma verschoben.
- Scheren an den ersten fünf auf die Cheliceren folgenden Extremitäten. Solche Scheren waren z. B. bei *Weinbergina* (Devon) noch nicht vorhanden.
- Fusion der Segmente des Opisthosoma (Mesosoma). Bei älteren Vertretern (Weinberginacea, Belinuracea z. B.) waren die Segmente des Opisthosoma noch frei voneinander.
- Fehlen von Kiemen am Genitalsegment.
- Ein drei Segmente (+ Telson, Schwanzstachel) umfassendes Metasoma ohne Extremitäten.

Extremitäten: Die Cheliceren sind 3-gliedrig und klein, sie liegen vor dem Mund. Die Basen der folgenden Laufbeine stehen fast radial um den weit hinten liegenden Mundschlitz. Das letzte (5.) Laufbein trägt an der Basis (Coxa) einen abgeflachten Anhang, das **Flabellum**, das als Rest des Exopoditen interpretiert wird (Funktion nicht genau bekannt, es wird zum Reinigen der Kiemen benutzt; möglicherweise handelt es sich außerdem um einen Chemorezeptor). Dieses Beinpaar dient dem Abstoßen des Körpers und zur Beseitigung von Schlamm während des Grabens.

Das **1. Extremitätenpaar** des **Opisthosomas** bildet die **Chilaria**. Sie erinnern in der Struktur an die Coxen der Prosoma-Extremitäten und begrenzen die Mundöffnung nach hinten. (Bei der devonischen *Weinbergina* war dieses 6. auf die Cheliceren folgende Extremitätenpaar ein Paar Laufbeine unter dem Prosoma. Dies ist ein Hinweis darauf, dass die Chilaria in ihrer besonderen Gestalt nicht dem Metastoma der Metastomata homolog sind.)

Das **2.** opisthosomale **Extremitätenpaar** ist das **Operculum** (Genitaloperculum, Operculum genitale), eine großflächige membranöse Struktur. Es besteht aus den median miteinander verschmolzenen Extremitäten und trägt auf seiner Unterseite hinten die Genitalöffnung. Das Operculum ist das erste Blattbein. Es weist keine Kiemen auf.

Das **3.–7. Extremitätenpaar** des Opisthosoma sind blattähnliche, mit Kiemenblättern versehene und z. T. in der Mitte häutig miteinander verbundene **Kiemenbeine**. Ihr medianer gegliederter Fortsatz wird mit dem Telopoditen der ursprünglichen Arthropoden-Extremität homologisiert, der blattähnliche Seitenteil als Exopodit gedeutet. In den Kiemenblättern fließt Hämolymphe. Die Kiemen dienen bei kleinen Individuen auch als Paddel während des Schwimmens mit der Unterseite nach oben.

Die drei folgenden Opisthosoma-Segmente bilden das Metasoma und tragen keine Extremitäten. Meso- und Metasoma der Xiphosura sind aufgrund ihrer anderen Begrenzung nicht dem Meso- und Metasoma anderer Chelicerata homolog.

Im Vergleich zu den übrigen Chelicerata sind die Xiphosuren unter anderem darin ursprünglich, als noch paarige Facettenaugen vorhanden sind (allerdings auch noch bei den Eurypterida), dass die Pleurotergite gut entwickelt sind, dass die Coxen der auf die Cheliceren folgenden Extremitäten Endite aufweisen, die dem Zerkleinern von Nahrung dienen (Kauladen), dass die Extremitäten der ersten sieben Opisthosomalsegmente noch frei sind und dass die Genitalöffnung paarig ist, sowie darin, dass der Mund weit hinten liegt, sodass der Vorderdarm U-förmig gebogen ist.

Die Larve hat außer den Prosoma-Extremitäten, dem **Chilarium** und dem Genitaloperculum nur ein Paar Blattbeine. Ihr Schwanzstachel ist nur als kurze Knospe angedeutet.

Beispiele: In Südost-Asien *Carcinoscorpius rotundicauda* und *Tachypleus* (2 Arten, darunter *T. gigas*, Molukkenkrebs). *Limulus polyphemus,* bis 75 cm lang, Ostküste Nordamerikas, wurde wiederholt in die Nordsee verschleppt.

> **Cheliceren:** Das vordere, mit einer Schere (Chela) versehene Extremitätenpaar der Chelicerata.
> **Telopodit (= Endopodit):** Innerer Ast biramer Laufbeine, der Laufbeinast.
> **Oviger:** Extremitätenpaar von Pantopoden, das dem Tragen der Eier dient.
> **Operculum:** Deckel. Bei Gastropoden als horniges oder kalkiges Element zum Verschluss des Gehäusemundung, bei Cheliceraten Abdeckung der Genitalöffnung (Genitaloperculum), Kiemendeckel ursprünglicher Craniota u. a.
> **Chilaria:** Kleine paarige Platten, hervorgegangen aus den Extremitäten des 1. Opisthosoma-Segmentes. Homolog dem Metastoma.

Metastomata
= Cryptopneustida; = Eurypterida + Arachnida

Als **Monophylum** sind die Metastomata vor allem durch ein großes unpaares Metastoma (= Metasternum der Skorpione) ausgewiesen. Dabei handelt es sich um eine große Platte, die den Mund hinten und unten begrenzt. Sie ist aus den median verwachsenen Extremitäten des ersten Opisthosoma-Segmentes hervorgegangen.

- Das Opisthosoma (12 Segmente und Telson) ist im Grundmuster klar in ein breites Mesosoma aus 7 Segmenten und dahinter dem Metasoma (5 Segmente) unterteilt (+ Telson) (erhalten geblieben bei den Skorpionen und den fossilen Eurypterida).
- Es sind hinter dem Metastoma nur noch fünf Paar Opisthosoma-Extremitäten vorhanden (statt bei den Xiphosurida 6). Dabei handelt es sich zum einen um das Genitaloperculum (ursprünglich – bei den Eurypterida – wohl noch mit Atemorganen, s. dort. Die rezenten Xiphosuren haben am Operculum allerdings keine Kiemen), zum anderen um vier zu Platten umgewandelte Paare, die Respirationsorgane von ventral abdecken (bei den Skorpionen vier Paar Buch- oder Fächerlungen). Die Opisthosoma-Segmente 7–12 (= letztes Segment des Mesosoma bis letztes Metasoma-Segment) sind extremitätenlos und tragen

„Sternite". Diese „Sternite" enthalten zu großen Teilen Anteile der einstigen Extremitäten der entsprechenden Segmente.
– Die Pleurotergite sind reduziert.

Bei den Metastomata braucht die Beute nicht mehr überkrochen zu werden. Das ermöglicht eine effizientere räuberische Lebensweise.

†Eurypterida (Seeskorpione): Ca. 60 Gattungen. Unter den Eurypterida finden sich mit über 2 m Länge die größten Arthropoden überhaupt. Die ältesten Formen lebten offenbar im Meer, während später auch brackische und limnische Lebensräume besiedelt wurden. Einige Eurypterida konnten vorübergehend wahrscheinlich auch auf dem Lande leben.

Der Körper ist langgestreckt. Das Prosoma ist nur mäßig groß. Wie im Grundplan der Chelicerata gehören zu ihm die Cheliceren und fünf Paar Laufbeine (Abb. 1.**51**). Ursprünglich glich das zweite Extremitätenpaar (Pedipalpen) weitgehend den darauf folgenden Laufbeinen.

Das Opisthosoma (12 Segmente und Telson) besteht aus dem breiten Mesosoma (vorn) mit 7 und dem schlankeren Metasoma mit 5 Segmenten. Die vorderen 5 Opisthosomalsegmente hinter dem Metastoma tragen plattenförmige Extremitäten mit den Kiemen (im Gegensatz zu den Xiphosura sind wahrscheinlich auch am Genitalsegment Atemorgane vorhanden gewesen). Die plattenförmigen Extremitäten bedecken eine relativ große Kiemenhöhle von ventral. Das Genitaloperculum und manchmal auch die folgende Extremität trugen lange Telopodite (Gonopoden).

Ursprünglich sind die Eurypterida im Vergleich zu den Arachnida im Vorhandensein von Komplexaugen. Vorkommen: Unteres Ordovizium – Perm.

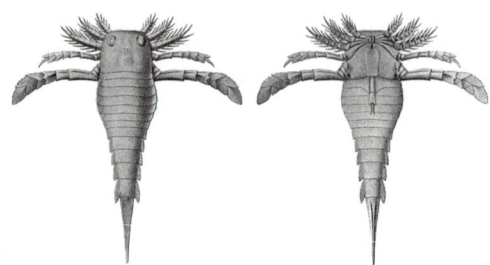

Abb. 1.**51** **Eurypterida.** *Dolichopterus macrochirus*
(nach Clarke und Ruedemann, 1912 aus Gerhardt, 1932.)

1.18 Arachnida

= Scorpionida + Lipoctena

Mindestens 93 000 beschriebene Arten. Die Arachnida umfassen die landbewohnenden sowie die sekundär aquatischen Chelicerata. Dass sie eine geschlossene Abstammungsgemeinschaft bilden, lässt sich durch eine Vielzahl **apomorpher Merkmale** belegen:
- Die Komplexaugen sind jederseits zu maximal **fünf Einzelaugen**, den Seitenaugen, aufgelöst. Diese Zahl blieb bei den Scorpiones und Uropygi erhalten. Seitenaugen sind Linsenaugen, die aus jeweils mehreren Ommatidien hervorgingen.
- Das zweite Extremitätenpaar wird zu den scherentragenden Pedipalpen (vielfach wieder abgewandelt: Araneae, Palpigradi, Solifugae, viele Opiliones).
- Die hinteren Opisthosoma-Extremitäten, die Kiemenblätter, sind in das Körperinnere verlagert, wo sie als „Fächer"- oder „Buchlungen" der Atmung dienen. (Bei den Webspinnen (Araneae) gehen jedoch aus den Embryonalanlagen des 4. und 5. Extremitätenpaares die Spinnwarzen hervor.)
- **Spaltsinnesorgane**. Dabei handelt es sich um Mechanorezeptoren, die durch Eigenbewegungen des Tieres oder durch die Umwelt verursachte Spannungen der Cuticula registrieren, indem sie Verscherungen im Exoskelett wahrnehmen. Ein Spaltsinnesorgan ist ein 8–200 µm langer Spalt in der Cuticula, rund 1–2 µm breit und von einem Wulst umgeben. Verengungen werden von Sinneszellen wahrgenommen.
- **Trichobothrien** (Becherhaare). Das sind lange, sehr leicht bewegliche Borsten, die in einer tiefen Einsenkung der Cuticula, dem Bothridium, in einer kreisförmigen Gelenkmembran eingelenkt sind und schwache Luftbewegungen registrieren. Sie werden z. B. beim Beutefang und der innerartlichen Kommunikation eingesetzt („Ferntastsinnesorgane"). Meist finden sie sich auf den Endgliedern der Taster und Laufbeine.
- Der Mund ist nach vorn verlagert. Im Zusammenhang damit erfolgte eine Anhebung (Elevation) des Gehirns über das Unterschlundganglion.
- Es kann keine feste Nahrung mehr aufgenommen werden. Die **Verdauung** erfolgt **extraintestinal** (außerhalb des Darmes); zum Auffangen der verflüssigten Nahrung werden durch die Endite der Coxen Mundvorräume ausgebildet.
- **Malpighi-Gefäße**. Im Gegensatz zu denen der Insekten sind sie entodermal entstanden.
- Die Coxaldrüsen (ehem. Nephridien), im Grundplan der Cheliceraten in 4 Paaren vorhanden, sind nur noch in 2 Paaren erhalten. Sie münden an der Hinterseite der Coxen des 1. und 3. Laufbeines aus. – Ihre Funktion ist die Regulierung des Wasser- und Ionenhaushaltes.
- Die Genitalöffnung ist unpaar.
- Die Spermien werden in **Spermatophoren** übertragen.

1.18.1 Scorpionida (Skorpione)

= Scorpiones

Ca. 1500 beschriebene Arten. Die bevorzugt in trockenen Gebieten warmer Regionen lebenden Skorpione gehören zu den bekanntesten Vertretern der Archnida. Ihre Nahrung besteht insbesondere aus Insekten, Tausendfüßern und Spinnen, die mit den als mächtige Greifwerkzeuge entwickelten Pedipalpen festgehalten und durch Stich gelähmt werden. Vor der Mundöffnung liegt ein Mundvorraum, der seitlich von den Coxen der Pedipalpen und unten von den Coxen der ersten beiden Laufbeinpaare begrenzt wird. Der Vorderdarm bildet eine Saugpumpe. Der Enddarm mündet ventral in der Gelenkhaut vor dem Giftstachel aus. Der Exkretion dienen neben zwei Paar Malpighi-Gefäßen die Coxaldrüsen.

Autapomorphien der Skorpione:
- Auf der Ventralseite scheinen die Skorpione ein **Segment** mehr als alle anderen Chelicerata aufzuweisen, nämlich **13** (+ Schwanzstachel). Offenbar ist das zweite Opisthosoma-Segment ventral geteilt worden, und zwar samt Extremitäten, Ganglien und Blutgefäßen (Abb. 1.**52**).
- Im Zuge der Segment-Teilung wurden als einzigartige Anhänge die Kämme (**Pectines**) gebildet. Sie dienen als Mechanorezeptoren der Prüfung des Untergrundes und dem Ertasten der Spermatophoren.
- Die Skorpione haben ein zu einem **Giftstachel** verändertes, basal aufgeblähtes Telson mit entsprechender Giftdrüse. Die Giftdrüse ist paarig.

Die Genitalopercula sind nur klein, sie sind paarig und haben keine Atemstrukturen mehr.

Die „Sternite" des 3.–6. Opisthosoma-Segmentes sind breite Bauchplatten, die überwiegend Anteile der ursprünglichen Extremitäten enthalten. An diesen vier Segmenten kommen Fächerlungen (Buchlungen) vor, äußerlich an den schlitz- bis kreisförmigen Stigmen kenntlich. Buchlungen finden sich damit an mehr Segmenten als bei den anderen Arachnida. Die Cuticula der letzten fünf Opisthosoma-Segmente bildet je einen Ring. Das Herz hat sieben Ostienpaare.

Die Spermaübertragung erfolgt mittels kompliziert gebauter **Spermatophoren**. Das Männchen führt das Weibchen über die Spermatophore, die das Weibchen mit den Pectines ertastet. Dieses senkt sich dann auf die Spermatophore, die sich dabei öffnet; dann nimmt das Weibchen das Sperma auf. Zur Welt kommen sogenannte Larven, die auf den Rücken der Mutter kriechen.

Beispiele:
Euscorpius, mehrere Arten vorwiegend in Südeuropa, Stich harmlos.
Buthus, B. occitanus in Südfrankreich, auf der Iberischen Halbinsel, in Nordafrika, auf Zypern.
Mesobuthus, 2 Arten auch in Südosteuropa (z. B. *M. gibbosus*, Abb. 1.**53b**).
Tityus serratus, bis 8 cm lang, in Brasilien gefürchtet wegen der bisweilen raschen tödlichen Wirkung des Stiches.
Brontoscorpio anglicus, Silur/Devon, mit bis 90 cm Länge der größte Vertreter der Skorpione.

1.18.2 Lipoctena
= Epectinata; Uropygi + Palpigradi + Amblypygi + Araneae + Holotracheata

Die **abgeleiteten Merkmale** der Lipoctena haben dazu geführt, dass sich der Habitus der Tiere auffällig veränderte:
– Der Hinterleib ist verkürzt.
– Das 1. Beinpaar ist verlängert und dient als Taster (so bei den Palpigradi, Uropygi, Amblypygi).
– Die Zahl der Atemöffnungen ist vermindert: Bei den fossilen Anthracomartida (Stethostomata, Karbon-Perm) finden sich noch drei Paar, ansonsten nur noch zwei Paar (an den Opisthosoma-Segmenten II [mit dem Genitaloperculum] und III).
– Reduktion der Seitenaugen. Zwar sind bei den Uropygi noch wie im Grundplan der Arachnida fünf Paar vorhanden, doch zwei davon sind außerordentlich klein.
– Lyraförmige Organe (Gruppen von Spaltsinnesorganen; als Autapomorphie der Lipoctena nicht ganz gesichert).
– Die Spermatiden – die haploiden Vorstufen der Spermien während der Spermiogenese – sind eingerollt.

1.18.2.1 Palpigradi
= Microthelyphonida

Ca. 80 Arten. Die Körpergröße dieser wohl weltweit verbreiteten, aber nur selten gefundenen Arachnida liegt zwischen nur 0,6 und 2,8 mm.

Mögliche Autapomorphien:
– Das **Peltidium** ist – wohl sekundär – **dreigeteilt**, was sich gut als Anpassung an das Lückensystem des Bodens deuten lässt, denn damit ist eine erhöhte Beweglichkeit des Vorderteiles verbunden. Vielleicht aber ist diese Eigenschaft eine Synapomorphie mit den Schizomida/Uropygi (s. u.).
– Fehlen von Augen. (Eventuell Synapomorphie mit den Schizomida, s. u.).
– Die Pedipalpen sind beinähnlich und werden zum Laufen benutzt. (Eventuell Synapomorphie mit den Schizomida, s. u.).

Das 1. Beinpaar ist verlängert (die Tarsi haben sieben Glieder). Darin ähneln die Palpigradi den Uropygi und Amblypygi (Abb. 1.**53a**).

Mit 11 Opisthosoma-Segmenten haben die Palpigradi eines weniger als im Grundplan der Arachnida, als die Uropygi und als Labellata. Wie die Geißelskorpione (Uropygi) haben die Palpigradi eine lange Schwanzgeißel, vor der ventral am Ende des Metasomas der After liegt.

Beispiel: *Eukoenenia mirabilis* Grassi, bis 2 mm lang, in Süditalien und Nordafrika.

Verwandtschaftsverhältnisse. Es besteht keine Frage, dass wesentliche Übereinstimmungen mit den Uropygi auf Homologie beruhen, darunter
– die Gliederung des Opisthosomas in Mesosoma und ein nur drei kleine Segmente umfassendes Metasoma. Das Mesosoma ist bei den Uropygi und Palpigradi somit anders begrenzt als bei den Skorpionen und Eurypterida.

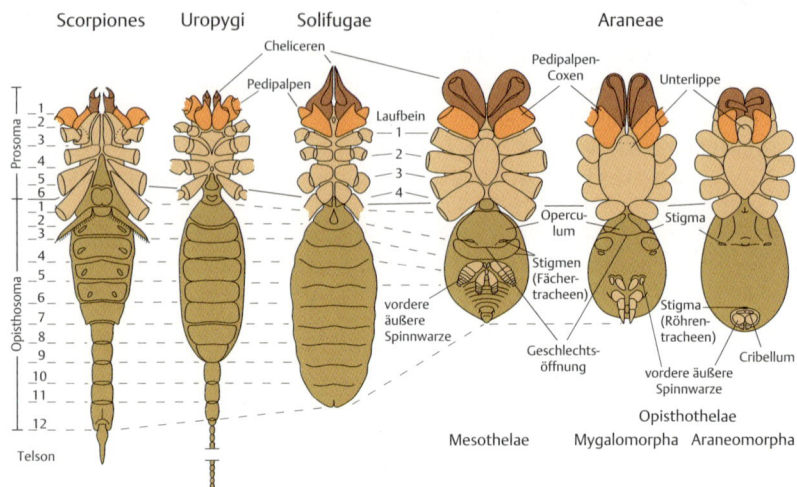

Abb. 1.**52 Chelicerata.** Körpergliederung verschiedener Arachnida im Vergleich.

- das Flagellum hinter der Analöffnung (dem Telson homolog).
- vielleicht die Verlängerung des 1. Laufbeinpaares und ihre Funktion als Tastorgane.

Die Palpigradi als Schwestergruppe der Schizomida. Wie bei den Schizomida (S. 107) sind die Pedipalpen (wohl sekundär) Laufextremitäten, wie diese sind die Palpigradi augenlos und wie bei diesen ist das Peltidium (wohl sekundär) unterteilt. Diese Eigenschaften lassen sich gut als Synapomorphien der Palpigradi und der zu den Uropygi gehörenden Schizomida deuten. Aber im Gegensatz zu den Uropygi und Amblypygi ist bei den Palpigradi der unbewegliche Scherenfinger der Chelicere nicht reduziert. Das ist der Grund, warum man die Palpigradi als ursprünglicher als all diese ansieht. Wenn aber diese angebliche Reduktion tatsächlich auf einer sekundären Verlängerung des unbeweglichen Chelicerenfingers beruht, ließen sich die Palpigradi wohl begründet als Schwestergruppe der Schizomida ansehen.

1.18.2.2 Megoperculata

= Arachnomorpha, Arachnidea; = Uropygi + Labellata [Labellata: Amblypygi + Araneae]; (Abb. 1.**54a**)

Apomorphien:
- Der unbewegliche Scherenfinger (der Finger des vorletzten Gliedes) der Cheliceren ist reduziert. Das Endglied ist als spitze Klaue ausgebildet und kann direkt gegen das Grundglied geschlagen werden („Klauen-Cheliceren").
- Die Spermatozoen haben ein 9+3-Muster in der Anordnung der Mikrotubuli im Flagellum, nicht das ursprüngliche 9+2-Muster.

- Die Eier werden durch Sekrete abdominaler Drüsen geschützt: Schleim bzw. bei den Araneae Seide. Ob die entsprechenden Drüsen einander homolog sind, ist allerdings unklar.

Aber auch die Annahme eines Schwestergruppenverhältnisses zwischen den Uropygi und Amblypygi lässt sich begründen (Abb. **1.54a**). Dafür sprechen beispielsweise
- die als Tastorgan entwickelten und verlängerten 1. Laufbeine.
- das nicht bewegliche Gelenk zwischen Patella und Tibia.

Das würde bedeuten, dass die abgeleiteten Übereinstimmungen zwischen den Amblypygi und Araneae auf Symplesiomorphie oder Konvergenz beruhen.

Uropygi (Geißelskorpione)

Ca. 300 Arten. Die Uropygi kommen vor allem in tropischen und subtropischen Regionen und hier in feuchteren Gebieten vor.

Apomorphien:
- Die Uropygi haben einen eigenartigen Mundvorraum. Sein Dach wird vom Labrum gebildet, der Boden durch eine napfartige Vertiefung der miteinander verschmolzenen Coxen der Pedipalpen.
- Das 1. Laufbeinpaar ist zu einem Tastorgan verlängert. Zum Laufen stehen daher nur drei Beinpaare zur Verfügung; möglicherweise eine Synapomorphie mit den Amblypygi. Außerdem findet sich dieser Merkmalskomplex – 1. Laufbeinpaar funktional als Tastorgan, Vermehrung der Beinglieder, sieben Tarsalglieder – auch bei den Palpigradi.
- Das Opisthosoma hat paarige Anal- oder Wehrdrüsen, die neben der Analöffnung ausmünden. Das Sekret (Säuren) kann bis 80 cm weit versprüht werden.
- Dem Opisthosoma schließt sich eine gegliederte Geißel an (Name) (auch bei den Palpigradi).

Die Cheliceren sind zweigliedrig. Die Pedipalpen sind wie bei den Skorpionen sehr lang. Das Opisthosoma besteht aus 12 Segmenten, von denen das 1. stark verkürzt ist (Abb. **1.52**). Die drei letzten Opisthosoma-Segmente bilden kleine geschlossene Ringe (Metasoma).

Die Fortpflanzung erfolgt über Spermatophoren, die vom Männchen auf dem Boden abgesetzt und mit den Pedipalpen in die Genitalöffnung des Weibchens eingeführt werden.

Thelyphonida (Geißelskorpione im engeren Sinne, Riesengeißelskorpione). Peltidium nicht unterteilt.
Beispiele: *Thelyphonus* (Südasien), *Mastigoproctus* (südliches Nordamerika bis Brasilien), *Typopeltis* (Japan, China) (Abb. **1.53c**)

Schizomida (= Schizopeltidia, Zwerggeißelskorpione). Flagellum der Männchen in besonderer Weise modifiziert. Zwergformen mit wahrscheinlich sekundär unterteiltem Prosoma: Das Prosoma ist von einem Pro-, Meso- und Metapeltidium

Abb. 1.**53 Chelicerata, Arachnida. a** Palpigradi: *Eukoenenia mirabilis* (aus Kästner, 1932); **b** Scorpiones. *Mesobuthus gibbosus* (Foto von Rainer Willmann); **c** Uropygi (Foto von Frank Wieland); **d** Amblypygi, *Phrynichus*. (Aus Moritz, 1999.)

bedeckt; das Meso- und oft das Metapeltidium ist in eine linke und rechte Platte unterteilt). Die Pedipalpen sind laufbeinähnlich entwickelt. Die Tiere sind augenlos. – Zur möglichen engsten Verwandtschaft der Zwerggeißelskorpione mit den Palpigradi s. o.

Labellata
= Amblypygi + Araneae

Autapomorphien:
– Das 1. Opisthosomalsegment ist stark verschmälert, so dass ein Hinterleibsstiel (**Petiolus**) entsteht.
– Die Unterteilung des Opisthosomas in Meso- und Metasoma und Schwanz ist aufgegeben: Die Endsegmente sind mit dem Mesosoma zu einem ovalen Hinterleib verschmolzen.

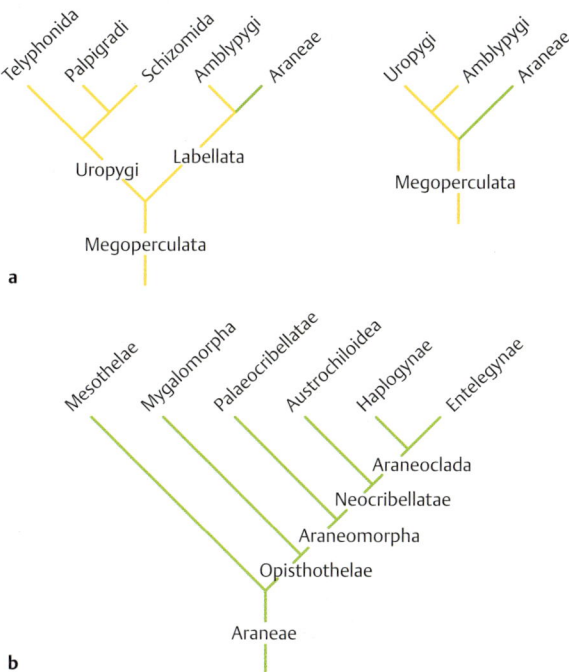

Abb. 1.54 **Megoperculata. a** Zwei Annahmen zu den Verwandtschaftsbeziehungen innerhalb der Megoperculata. **b** Die Verwandtschaftsbeziehungen innerhalb der Webspinnen (Araneae).

- Alle 12 Neuromeren des Opisthosomas sind in das Prosoma verlagert und gehören hier dem Suboesophagealganglion an.

Eine alternative Hypothese der **Verwandtschaftsbeziehungen**, nach der die Amblypygi mit den Uropygi ein Schwestergruppenpaar bilden, wurde bereits erörtert (Abb. 1.**54a**). Nach dieser Annahme existiert folglich das Taxon Labellata nicht.

Amblypygi (Geißelspinnen)

Ca. 100 Arten, Körperlänge bis ca. 4,5 cm, Spannweite der Tastbeine bis 60 cm. Bewohner von Regionen hoher Luftfeuchtigkeit, vorwiegend in den Tropen. Die Tiere sind extrem flach gebaut, wobei das Prosoma meist breiter als lang ist. Die großen Pedipalpen arbeiten als Schere oder bilden einen Fangkorb.

Autapomorphien:
- Die Pedipalpen tragen innen zahlreiche große und lange Dornen.
- Das 1. Laufbeinpaar ist zu extrem verlängerten Fühlern mit einer erhöhten Zahl von Gliedern geworden (z. B. kommen bei *Trichodamon* bis zu 36 Tibia- und 77 Tarsalglieder vor).

Das **Opisthosoma** besteht aus **12 Segmenten**. Als Atmungsorgane dienen zwei Paar **Buchlungen**, deren Stigmen am Hinterende des 2. und 3. Opisthosomasegmentes liegen.

Giftdrüsen haben die Geißelspinnen nicht. Die Samenübertragung erfolgt mittels abgesetzter **Spermatophoren**. Die wenigen Eier werden wie bei den Thelyphonida auf der Unterseite des Opisthosoma in einem Sekretbeutel herumgetragen.

Beispiel: *Acanthophrynus coronatus*, größte Geißelspinne; Körper bis 4,5 cm lang, Spannweite der Tastbeine bis 60 cm.

Araneae (Webspinnen)
= Mesothelae + Opisthothelae

Mit etwa 35 000 beschriebenen Arten nach den Milben die größte Teilgruppe der Chelicerata (Abb. 1.**54b**, Abb. 1.**55**). **Autapomorphien:**
- Die Cheliceren haben **Giftdrüsen**.
- Die Kopulationsorgane liegen an den Pedipalpen: Das Sperma wird am Ende der Pedipalpen im **Bulbus** gespeichert. Da der Bulbus keine innere Verbindung mit den Hoden hat, werden vor der Kopulation Spermatropfen auf einen Netzfaden abgegeben und von hier schnell in den Bulbus aufgenommen. Vom Bulbus aus wird das Sperma direkt in das Weibchen übertragen.
  Der (im ursprünglichen Fall annähernd birnenförmige) **Bulbus** ist als Ausstülpung der Wand des Palpentarsus (Cymbium) zu interpretieren. Im Inneren des Bulbus verläuft der spiralige Samenschlauch (**Spermophor**), der eine dünne Spitze (**Embolus**, Stylus) aufweist. Bei den entelegynen Spinnen (s. u.) kann der Bulbus wegen abwechselnd sklerotisierter und häutiger Bereiche in seiner Wandung hochkompliziert werden. Die Spermaübertragung durch Spermatophoren ist aufgegeben.
- Auf dem 4. und 5. Opisthosomalsternit liegen je vier (zwei Paar) **Spinnwarzen**. Sie gehen aus den embryonalen Extremitätenanlagen der entsprechenden Segmente hervor. Die ursprüngliche Zahl von insgesamt acht funktionsfähigen Spinnwarzen findet sich aber nur bei juvenilen Mesothelae. Die entsprechenden **Spinndrüsen** münden an der Spitze eines feinen, hohlen Haares aus, der Spinnspule (= Spinndüse). Diese stehen auf den hoch beweglichen Spinnwarzen. Im ursprünglichen Fall sind die Spinnwarzen sehr lang.

Die **Pedipalpen** sind **6gliedrig** (die Laufbeine 7gliedrig), da ihnen der Metatarsus fehlt.

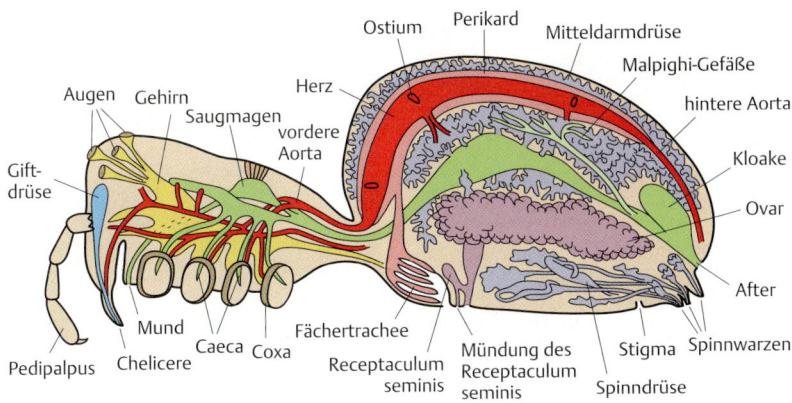

Abb. 1.**55 Chelicerata**, Arachnida: Araneae, Anatomie in Anlehnung an *Araneus*. (Nach Storch, Welsch, 2005.)

Atmungsorgane sind primär die **Fächertracheen** (S. 750, Buchlungen), die am Hinterrand des 2. und 3. Opisthosoma-Segmentes ausmünden. Bei den Neocribellata (Haplogynae und Entelegynae) wird das hintere Paar, vereinzelt auch das vordere, durch Röhrentracheen ersetzt.

Mesothelae

Die Mesothelae sind insofern ursprünglicher als ihre Schwestergruppe, die Opisthothelae, als bei ihnen äußerlich noch die Gliederung des Opisthosomas anhand der Tergite in 12 Segmente erkennbar ist und die Spinnwarzen (auf dem 4. und 5. Opisthosoma-Segment) direkt hinter dem 3. Sternit in der Bauchmitte liegen. Bei den Opisthothelae sind die Spinnwarzen an das Hinterleibsende verschoben.
Beispiele: *Liphistius*, Tropen Südostasiens, *Heptathela*, Ostasien.

Opisthothelae (= Mygalomorpha + Araneomorpha)

Im **Opisthosoma** sind die **Segmentgrenzen** infolge der Auflösung der Tergite **verschwunden**. Die **Spinnwarzen** (Anhänge der Opisthosoma-Segmente 4 und 5) sind an das Hinterleibsende dicht vor die Afteröffnung **verlagert**. Dies beruht auf einer Streckung des 3., seltener des 4. Sternites des Opisthosomas, wobei gleichzeitig die Sternite 7–2 zurückgebildet werden. **Herz** im Grundmuster mit **vier Paar Ostien** (erhalten geblieben bei den Vogelspinnen).

Mygalomorpha (= Orthognatha, Vogelspinnen):
Ca. 2200 Arten. Die vorderen Spinnwarzen fehlen (vordere mittlere Spinnwarzen) bzw. sind reduziert (vordere seitliche Spinnwarzen).
Beispiele: *Atypus affinis*, Mittel- und Südeuropa. *Theraphosa*, Vogelspinne.

Abb. 1.**56** **Chelicerata, Arachnida. a** Araneae, Mygalomorpha: *Brachypelma smithi* (Vogelspinne) (Foto von Julia Goldberg/Frank Wieland), **b** Araneae, Araneomorpha: *Argiope bruennichi* (Wespenspinne), **c** Araneae, Araneomorpha: *Araneus diadematus* (Kreuzspinne) (Fotos b, c von R. Willmann.)

Araneomorpha (= Cribellata):

Ca. 32 000 Arten. **Herz** im Grundmuster mit nur noch **3 Paar Ostien** (Zahl z. T. noch weiter vermindert). Plesiomorphe Ausprägung: Die Mesothelae haben noch 5, die Mygalomorpha maximal 4 Paar Ostien.

Die mittleren Spinnwarzen des 4. Opisthosoma-Segmentes (nun am Hinterleibsende liegend) verschmelzen miteinander zum **Cribellum**. Dabei handelt es sich um eine (bisweilen median geteilte) Platte mit tausenden feiner Spinnspulen, den Tubuli textorii, die die feine Cribellumwolle (Fadenstärke ca. 0,00001–0,00002 mm) produzieren. Diese Wolle wird mit dem **Calamistrum**, einem Borstenkamm an den Metatarsen des 4. Beinpaares, auf den Hauptfaden aufgetragen. Sie dient als Gewirr von „Fußangeln" dem Fang von Insekten.

Die Araneomorpha umfassen zwei Teilgruppen, zum einen die **Palaeocribellatae** (Hypochilidae), die sich noch durch orthognathe Cheliceren auszeichnen (9 Arten), zum anderen die **Neocribellatae** (= Labidognatha). Bei den Neocribellata ist es zur Labidognathie gekommen: Die einst senkrechte Insertionsfläche der Cheliceren beim orthognathen Typ ist in die Waagerechte gekippt. Damit stehen die Cheliceren-Grundglieder nicht mehr waagerecht, sondern weisen senkrecht nach unten. Gleichzeitig werden die Grundglieder um 90° so gedreht, dass die Zangen zur Mittellinie hin weisen und damit gegeneinander arbeiten (Abb. 1.**57**).

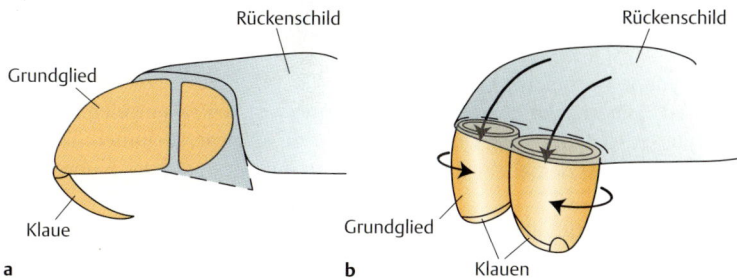

Abb. 1.57 **Chelicerenformen der Araneae. a** Orthognather Bau (linke Chelicere nicht gezeichnet), **b** labidognather Bau. Vom Prosoma ist nur der Vorderabschnitt des Rückenschildes dargestellt, Pedipalpen und Laufbeine sind weggelassen. Die Pfeile in b zeigen die Richtungen an, in denen die Chelicerenbasen mit der Insertionsfläche am Rückenschild nach vorn-unten gekippt wurden und in denen die Grundglieder der Chelicheren gedreht wurden, so dass die primär (bei orthognathem Bau) parallel zur Körperachse operierenden Klauen zur Körpermittelachse hin eingeschlagen werden können.

Innerhalb der Neocribellatae stehen die Austrochiloidea den Araneoclada als Adelphotaxon gegenüber.
 Araneoclada (= Haplogynae + Entelegynae): Die hinteren Fächerlungen sind zu **Röhrentracheen** umgewandelt.
 Haplogynae: **Beispiel:** *Pholcus* (Zitterspinne)
 Entelegynae: Weibchen mit paarigen Befruchtungsgängen, die auf einer sklerotisierten Platte, der **Epigyne**, ausmünden. **Beispiele:** *Araneus diadematus* (Kreuzspinne, Abb. 1.**56**), Thomisidae (Krabbenspinnen), *Argyroneta aquatica* (Wasserspinne), Lycosidae (Wolfsspinnen), Salticidae (Springspinnen).

1.18.2.3 Holotracheata
= Haplocnemata + Acarinomorpha + Opiliones

Möglicherweise bilden die Pseudoscorpiones, Solifugae, Ricinulei, Acari und Opiliones ein **Monophylum** (Holotracheata). Dafür könnten sprechen:
– der Besitz von Röhrentracheen. Röhrentracheen entstehen durch Auswachsen von Muskel-Apodemen – eingestülpten Muskelansatzstellen – in das Körperinnere hinein.
– die Reduktion der Schwanzgeißel. Dies wäre eine Apomorphie natürlich nur dann, wenn eine Schwanzgeißel in das Grundmuster der Lipoctena (s. o.) gehörte und nicht eine Synapomorphie der Uropygi (einschließlich der Palpigradi) und Amblypygi (und eventuell der Araneae) ist.

Haplocnemata
= Pseudoscorpiones + Solifugae

Mögliche Synapomorphien:
- Cheliceren 2gliedrig; der bewegliche Scherenfinger ist ventral eingelenkt. – Plesiomorphe Ausprägung (z. B. Uropygi, Amblypygi, Araneae, Ricinulei): Der bewegliche Finger ist dorsal eingelenkt, wird also mit der Spitze nach unten bewegt.
- Opisthosoma im Grundplan mit 11 Segmenten.

Pseudoscorpiones (= Chelonethi, Pseudoskorpione)

Ca. 2400 Arten, bis 12 mm lang. **Autapomorphien:**
- Im Grundplan mit nur zwei Seitenaugenpaaren (bei vielen Arten ist die Anzahl weiter vermindert).
- Cheliceren im beweglichen Finger mit einer Spinndrüse.
- Pedipalpen mit Giftdrüse.

Die Pseudoscorpione ernähren sich von kleinen Arthropoden. Die Cheliceren sind 2gliedrig und sind waagerecht nach vorn gerichtet. Die primär 7gliedrigen Laufbeine enden mit zwei Krallen und einem unpaaren Haftlappen (Arolium); bei vielen Formen kommt es infolge von Fusionen zu einer Verminderung auf 6 oder 5 Podomere. Das Opisthosoma sitzt mit seiner ganzen Breite dem Prosoma an.

Die Atmungsorgane bestehen aus zwei Paar Röhrentracheen (Büscheltracheen), deren Stigmen ventral an den Hinterrändern des 3. und 4. Opisthosoma-Segmentes liegen.

Als Exkretionsorgane finden sich im Prosoma Nephrocyten und ein Paar Coxaldrüsen. Malpighi-Gefäße fehlen. Die Fortpflanzung erfolgt über abgesetzte Spermatophoren.

Solifugae (Walzenspinnen)

1100 Arten, zwischen 8 mm und 7 cm lang (Abb. 1.**58**). Walzenspinnen leben vor allem in offenen Buschlandschaften, Wüsten- und Steppengebieten der Tropen und Subtropen. Im südlichen Europa kommen 6 Arten vor. Viele Arten sind während der Dämmerung und nachts aktiv; in aller Regel graben sie Gänge und Schlupfwinkel in den Boden. Ihre Nahrung besteht in erster Linie aus anderen Arthropoden, aber auch kleineren Wirbeltieren, die jagend erbeutet werden. Da die Solifugae über keine Giftdrüsen verfügen, sind sie für den Menschen ungefährlich, allerdings können sie mit ihren starken Cheliceren Wunden reißen.

Autapomorphien:
- Die Cheliceren sind stark vergrößert.
- Die Pedipalpen sind beinförmig. Ihr Endglied aber trägt keine Krallen, sondern eine ausstülpbare Haftblase.
- Das erste Laufbein ist vergleichsweise dünn und recht kurz. Die eigentlichen Lokomotionsorgane sind die letzten drei Beinpaare.

- Die Mundöffnung liegt unter den Cheliceren am Ende eines waagerechten Vorsprunges, des Rostrums.
- Tergit und Sternit des 1. Opisthosoma-Segmentes sind zu einem weichhäutigen Stiel umgewandelt.

Als Atmungsorgane sind ausschließlich reich verzweigte Tracheen vorhanden.

Das Blutkreislaufsystem ist weitgehend reduziert – es besteht nur aus dem Herzen, das acht Ostienpaare aufweist, aber keine Seitenarterien.

Beispiele: *Gluvia* auf der Iberischen Halbinsel, *Galeodes graecus* auf dem Balkan.

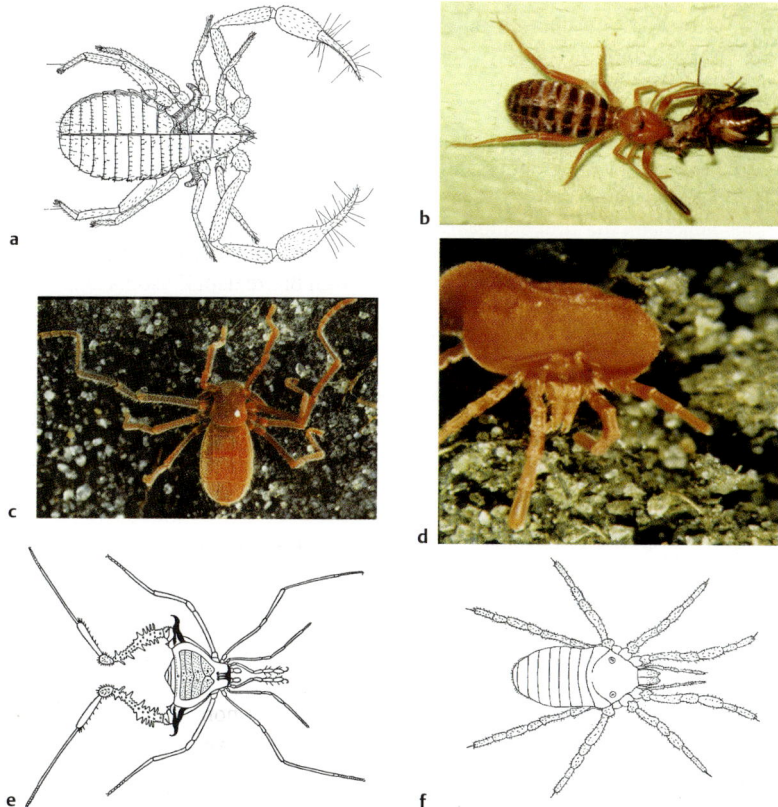

Abb. **1.58 Chelicerata, Arachnida. a** Pseudoscorpiones: *Chelifer cancroides* (aus Beier 1932); **b** Solifugae: *Gluvia dorsalis* (Foto von Frank Wieland); **c** Ricinulei: *Cryptocellus pelaezi* (aus Moritz, 1999) oder *Cryptocellus foedus* (aus Kästner, 1932); **d** Acari: *Trombidium holosericum* (Samtmilbe) (Foto von Rainer Willmann.) **e** Opiliones: *Gonyleptes janthinus;* **f** *Purcellia illustrans* (aus Savory, 1964).

1.18.2.4 Cryptoperculata
= Acarinomorpha + Opiliones

Acarinomorpha (= Ricinulei + Acari)

Als mögliche Synapomorphie gilt die Anzahl der Beinpaare (nur 3) des 1. freilebenden Jugendstadiums („Larve").

Ricinulei (Kapuzenspinnen)

Etwa 50 Arten, bis 9 mm lang (Abb. 1.**58**). Die Kapuzenspinnen leben in tropischen Regionen in der Laubstreu räuberisch von kleinen Arthropoden. Ihr Exoskelett ist stark sklerotisiert. **Autapomorphien:**
- Der Name bezieht sich auf die „Kapuze", den **Cucullus**, eine bewegliche Platte am Vorderrand des Prosomas.
- Beim Männchen bilden der Metatarsus und die zwei folgenden Tarsalglieder des 3. Laufbeines einen komplizierten sekundären Kopulationsapparat.

Die Cheliceren – oft unter dem Cucullus verborgen – und die Pedipalpen sind klein. Das 2. Beinpaar ist verlängert und dient als Tastorgan und dem Beutefang. Die Ricinulei laufen auf nur drei Beinpaaren.

Beispiele: *Ricinoides* in Westafrika, *Cryptocellus* in Südamerika und Westafrika, *Pseudocellus* in Mittelamerika.

Acari (Milben)

Ca. 50 000 beschriebene Arten, Größe weniger als 0,1 mm bis (vollgesogen) etwa 3 cm (Abb. 1.**58**). Milben kommen praktisch in allen terrestrischen Lebensräumen vor, und im Gegensatz zu den anderen Arachnida (durchweg Räuber) leben viele Milben als Pflanzen- oder Detritusfresser oder als Parasiten, manche ernähren sich von Bakterien (Schleimmilben) und viele Arten sind Wasserbewohner. Dementsprechend sind sie äußerst vielgestaltig, und sie zeichnen sich durch eine Vielzahl von **Autapomorphien** aus:
- Die Coxen der Pedipalpen sind miteinander, mit einem sternalen Anteil und einer dorsalen Duplikatur des Vorderrandes des Prosomas – dem sog. Tectum – verwachsen und bilden mit den davor liegenden Abschnitten (unter anderen den Pedipalpen und Cheliceren) einen eigenen Körperabschnitt (Tagma), das Gnathosoma. Der Rest des Körpers wird als Idiosoma bezeichnet. Praktisch das gesamte Gnathosoma wird vom Mundvorraum eingenommen. Eine deutliche Gliederung in Pro- und Opisthosoma findet sich nur bei wenigen ursprünglichen Vertretern.
- Spermien ohne Flagellum.

Die **Cheliceren** sind 2- oder 3gliedrig, bei vielen Arten bilden sie Stechorgane. Die Pedipalpen sind außer bei einigen Raubmilben kleiner als die Laufbeine. Das Opisthosoma sitzt dem Prosoma breit an. Bei parasitisch in engen Räumen lebenden Milben sind die **Beine** verkürzt. Die Weibchen mancher Arten (einige Podapolipodidae) haben nur noch das 1. Beinpaar und bilden nur noch einen von Embryonen gefüllten Sack. Das **Nervensystem** ist im Prosoma konzentriert.

Die Hämolymphe wird durch die Körperbewegung in den Organlücken bewegt; die Holothyrida, Ixodida und viele Gamasida haben allerdings ein **Herz** mit zwei oder einem Paar Ostien. Die Stigmen der Röhrentracheen liegen an verschiedenen Stellen des Körpers, nur selten ventral im Opisthosoma. Viele kleine Milben versorgen sich nur durch Hautatmung mit Sauerstoff.

Die Spermaübertragung erfolgt teils durch gestielte Spermatophoren, teils direkt mit Hilfe eines Penis, teils mit Hilfe eines Gonopoden. Bei den Gamasida wird die Chelicere benutzt.

Parasitiformes: Ixodidae (Zecken). *Ixodes ricinus* (Holzbock), Überträger der Hirnhautentzündung (Frühsommermeningitis, FSME) und Borreliose.
Acariformes (= Actinotrichida): Hinter dem 2. Laufbeinpaar wird der Rumpf durch eine dorsale (bisweilen auch ventral angelegte) Furche (sejugale Furche oder sejugale Naht) in ein vorderes Proterosoma und ein hinteres Hysterosoma geteilt. Die Extremitäten des Hysterosoma sind deutlich verkürzt. Die Coxen sind unbeweglich mit der Körperwand verschmolzen.

Das hohe Alter der Acariformes wird durch Oribatiden aus dem unteren Ordovizium von Öland belegt. Mehrere Funde auch aus dem Devon (Schottland, Gilboa/Nordamerika).

Beispiele: *Trombidium holosericeum* (Samtmilbe). *Dermatophagoides pteronyssinus*. Bis 0,35 mm lang. Häufigste Hausmilbe, ernährt sich u. a. von menschlichen Hautschuppen; Verursacher der Hausstauballergien. *Sarcoptes scabiei* (Krätzmilbe), bis 0,5 mm lang. Gräbt sich senkrecht durch das Stratum corneum der Haut und frisst die darunterliegenden Epidermiszellen. Die Tunnel werden bis 5 cm lang, füllen sich mit Kot und sind dann als dunkle Linien auch von außen sichtbar. Die Infektion löst einen unerträglichen Juckreiz aus.

Oribatidae (Moosmilben), möglicherweise paraphyletisch. Viele Arten sind wichtige Humusbildner, sie treten bisweilen mit über 100 000 Individuen/m^2 auf.

Opiliones (Weberknechte, Kanker)

Ca. 5000 Arten. **Autapomorphien:**
- Die reifen Spermien haben kein Flagellum.
- Samenübertragung durch einen Penis.
- Die Eiablage erfolgt mittels eines Ovipositors.

Das Prosoma und Opisthosoma sind in voller Breite miteinander verwachsen. Das Opisthosoma ist äußerlich deutlich segmentiert und weist ursprünglich zehn Segmente auf. Die Cheliceren sind dreigliedrig und mäßig lang. Das darauffolgende Extremitätenpaar trägt im Gegensatz zu den Pedipalpen der Skorpione und Pseudoskorpione keine Schere. Von Milben abgesehen sind Opiliones die einzigen Cheliceraten, die pflanzliche Nahrung aufnehmen; die Regel sind andere Arthropoden, Schnecken und andere kleinere Tiere.

Der Atmung dienen zwei Paar Röhrentracheen, deren zwei Stigmen am 2. Opisthosomalsegment liegen.

Außer den langbeinigen Weberknechten umfassen die Opiliones auch morphologisch davon stark abweichende Formen wie die kurzbeinigen Trogulidae und die

nur ca. 2 mm großen, milbenähnlichen Sironidae. Die verwandtschaftliche Stellung der Opiliones wird sehr unterschiedlich eingeschätzt. Entgegen den Darstellungen in Abb. 1.**48** gelten sie nach manchen Auffassungen als die Schwestergruppe zu einem als Novogenuata bezeichneten Taxon, welche die Skorpione, Pseudoskorpione und Solifugae umfassen (Novogenuata + Opiliones = Dromopoda).
Beispiele: *Ischryopsalis* (Schneckenkanker. Nahrung: Schnecken), *Phalangium opilio* (Weberknecht, Schneider).

> **Cribellum:** Bei Webspinnen durch Verschmelzen der vorderen mittleren Spinnwarzen entstandene Platte der Cribellata.

1.19 Mandibulata

= Crustacea + Myriapoda [oder statt Myriapoda: Chilopoda und Progoneata] + Insecta; = Crustacea + Tracheata

Im Grundplan der Euarthropoden (s. o.) waren wahrscheinlich drei Postantennalsegmente in den Kopf integriert. Lange hat man angenommen, dass bei den Mandibulata dem Kopf schon im Grundplan ein Segment mehr angeschmolzen war, dass er also hinter den Antennen vier Segmente enthält (oder insgesamt sechs extremitätentragende Segmente: Labral-, Antennalsegment und vier beintragende Segmente). Da aber noch Stammgruppenvertreter der Krebse nur drei Postantennalsegmente haben (d. h. insgesamt fünf extremitätentragende Kopfsegmente), können weder die Krebse noch ihre mutmaßliche Schwestergruppe, die Tracheata, primär ein Kopftagma mit vier extremitätentragenden Postantennalsegmenten gehabt haben.

Von den Postantennalsegmenten ist bei den Tracheata das erste reduziert worden; bei den Crustacea trägt dieses die Antennen II. Die drei darauffolgenden Segmente tragen Mundwerkzeuge – die Mandibeln, Maxillen I und Maxillen II. In den Mundwerkzeugen kann man aber allenfalls zum Teil Synapomorphien der Crustacea und Tracheata sehen, wie im Folgenden näher erläutert wird:

Das Grundglied der **Mandibel** ist bei der kambrischen †*Rehbachiella* (Branchiopoda) die Coxa (= Proximalendit), erst dann folgt die Basis mit Endo- und Exopodit. Die Mandibel ist zumindest in den zahlreichen frühen Larvenstadien biram. Ähnlich ist die Situation bei den Cephalocarida. Folglich war die Mandibel primär biram. Bei den höheren Branchiopoda und den Cephalocarida wurde sie uniram, weil der Palpus (= Basipodit und die zwei Rami) reduziert wurde, der birame larvale Palpus der Eumalacostraca wurde durch einen großen uniramen Palpus ersetzt. Ein Palpus fehlt auch den Remipedia. Bei den Maxillopoda wurden Basipodit und Rami beibehalten.

Bei den Tracheata hingegen ist die Mandibel zwar primär vielleicht noch gegliedert, aber im Bau möglicherweise von der der Crustacea grundverschieden: Eine Coxa im Sinne eines Proximalenditen ist nicht nachgewiesen. Wenn bei den Crustacea das letztlich verbleibende Glied der Mandibel die Coxa ist, ist dieser Teil dem der Tracheata möglicherweise nicht homolog. Ein Exopodit ist an den Mandibeln der Tracheata ebenfalls nicht nachgewiesen (lediglich die Expression des Gens *distalless* bei Diplopoden weist noch auf einen einstigen Palpus hin). Da bei den Crustacea der Palpus noch im Grundplan vorhanden war, müssen deren Mandibeln konvergent zu dem der Tracheata uniram geworden sein. Damit ist ungewiss, ob die namengebende Mandibel überhaupt eine Synapomorphie der Mandibulata ist.

Maxillae I: Bei den Malacostraca ist die Maxille I noch beinähnlich gebaut: Damit war auch sie im Grundplan der Mandibulata noch kein funktionelles Mundwerkzeug (d. h. eine Maxille im eigentlichen Sinne).

Die **Maxillen II** waren im Grundplan der Krebse ganz offenbar noch keine eigentlichen Mundwerkzeuge. Diese so bezeichneten Strukturen sind einander bei den Crustacea und Tracheata somit als Maxillen nicht homolog. Der Rumpfbeincharakter der Maxillen II ist unter den Krebsen bekannt von den Cephalocarida, †*Bredocaris*, †*Rehbachiella*, der ersten Larvalphase von Thecostracen; Andeutungen an diesen Zustand zeigen manche Euanostraca.

Die Annahme eines Schwestergruppenverhältnisses Crustacea – Tracheata würde implizieren, dass dann konvergent auch bei den Tracheata die Maxillen II (bzw. das entsprechende Segment) dem Kopf angegliedert wurde.

Als mögliche **Autapomorphie** der Mandibulata verbleibt damit nur ein Merkmal:
– Die Facettenaugen haben in ihren Ommatidien zusätzlich zur cuticulären Linse (Cornea) einen Kristallkegel als weiteren Lichtsammelapparat. Er wird ursprünglich von vier Zellen (Semperzellen) in deren Cytoplasma abgeschieden (Crustacea, Insecta, Chilopoda: Scutigeromorpha). Plesiomorphe Ausprägung (bei den Xiphosura verwirklicht): Ein Kristallkegel fehlt.

Alternative Annahmen zur Mandibulata-Hypothese:

Die Paradoxopoda-Hypothese. Mehrere molekularsystematische Analysen ergaben, dass es sich bei den Mandibulata nicht um ein Monophylum handelt. Wiederholt wurde eine Schwestergruppenbeziehung zwischen den Chelicerata und den (nach diesen Untersuchungen monophyletischen) Myriapoda favorisiert (zusammen: Paradoxopoda), ferner ein Taxon, das aus den Crustacea und Insecta besteht. (Aus einigen neueren Arbeiten hingegen ging wieder die Monophylie der Mandibulata hervor.)

Die Tetraconata-Hypothese (= Crustacea und Insecta). Molekularsystematische Untersuchungen haben wiederholt die Annahme unterstützt, dass die Krebse und Insekten ein Monophylum bilden, wobei sich die Crustacea mehrfach als paraphyletisch herauskristallisierten. (Der Name Tetraconata bezieht sich auf die Vierteiligkeit der Kristallkegel der Ommatidien, die sich allerdings auch bei Chilopoden findet.) Dass die Insekten eine Teilgruppe der Krebse seien, wurde aufgrund morphologischer Merkmale schon kurz nach 1900 angenommen.

Tagma: Körperabschnitt aus einander weitgehend ähnlichen Segmenten.

1.20 Crustacea (Krebse)

> Die Krebse (gemeint ist die Kronengruppe) zeichnen sich im Grundmuster durch eine Nauplius-Larve aus (bei vielen Taxa abgewandelt oder reduziert). Die meisten Arten leben aquatisch; zahlreiche Isopoden und Decapoden aber an Land. Die Ernährungsweisen sind sehr unterschiedlich: Neben Räubern gibt es Filtrierer und an Land sich von pflanzlichen Stoffen ernährende Formen, darunter Zersetzer der Laubstreu.

Ca. 42 000 rezente Arten, Größe bis 3 m (Spannweite der Beine von *Macrocheira kaempferi*, Japanische Seespinne). Die Krebse haben nahezu alle Lebensräume erobert: Sie kommen von der Tiefsee bis in Gewässer der Hochgebirge vor, leben an der Gezeitenzone zeitweise außerhalb des Wassers oder sind an das Wasser als Aufenthaltsort überhaupt nicht mehr gebunden, sondern leben an Land. Krebse, die sich besonders stark an das Landleben angepasst haben und Tracheen entwickelt haben, sind die Landasseln. Neben Krebsen mit räuberischer Lebensweise gibt es Arten, die parasitisch leben, oder solche, die als geschlechtsreife Tiere sessil sind (z. B. Seepocken).

Gegenüber den Tracheata haben die Crustacea einige ursprüngliche Eigenschaften beibehalten. Dazu gehören der Spaltbein- (= Spaltfuß-)charakter der Extremitäten, der Bau des Nervensystems, der bei einigen Vertretern (Branchiopoda) fast noch als Strickleiternervensystem erhalten ist, die Kopfgliederung in Akron, Labralsegment, 1. Antennensegment und drei postantennale extremitätentragende Segmente (Segment der Antennen II, Mandibularsegment, Maxillen-I-Segment) und der oft vorhandene Mandibulartaster (im Gegensatz zu den Tracheata also teilweise noch mit Endo- und Exopodit. (Der für viele Krebse so charakteristische Carapax, eine Vorwachsung der Kopfcuticula, die den Körper weitgehend einhüllt, wurde erst bei abgeleiteten Taxa entwickelt.)

Für die Körperabschnitte Kopf, Thorax und Abdomen (in ihrem jeweiligen Umfang nicht homolog den entsprechend bezeichneten Abschnitten der Insekten) sind zum Teil besondere Begriffe im Gebrauch (s. Malacostraca). Die Anzahl der Segmente liegt zwischen sechs (Cladocera, bei ihnen ist die Rumpfgliederung weitgehend reduziert) und über 60. Der Körper, der bei ursprünglichen Formen einen paarigen Anhang, die Furca, aufweist, endet mit dem aftertragenden **Telson**.

Es besteht die Möglichkeit, dass die Krebse nicht die Schwestergruppe der Tracheata sind, sondern dass es sich bei letzteren um eine Teilgruppe der Krebse handelt.

Die Crustacea einschließlich ihrer Stammgruppenvertreter (die **Pan-Crustacea**) zeichnen sich durch folgende **Autapomorphien** aus:
– Die 1. Antenne (Antennula) dient der Fortbewegung und der Nahrungsaufnahme. D. h., sie ist nicht sensorisch und vielgliedrig wie bei den Trilobita und Tracheata. Sie dürfte aus nur 10–15 Gliedern (Antennomeren) bestanden haben.

- Die Postantennalextremitäten haben an ihrer Basis einen Proximalenditen. Der Proximalendit ist ein zur Körpermitte hin gerichteter basaler Fortsatz. (Er wird bei den Eumalacostraca zur Coxa der Maxillen und der auf sie folgenden Extremitäten.)
- Das erste Larvenstadium hat außer dem Labrum vier Extremitätenpaare: Die 1. Antenne und drei Paar birame Extremitäten. Die 1. Antenne dient der Fortbewegung. Diese Larve wird als Kopflarve bezeichnet, denn sie entspricht mit dieser Segmentzahl dem Kopf der Adulti. Diese Larve trat bei den kambrischen Stammgruppenvertretern auf. Bei phylogenetisch späteren Formen wurde sie weiter verkürzt und damit zur **Nauplius-Larve**.

Von den Krebsen kennt man eine Reihe vermutlicher **Stammgruppenvertreter**, für die folgende Verwandtschaftsbeziehungen ermittelt wurden: *Henningsmoenocaris* + *Oelandocaris* (oberes Kambrium von Schweden) sind möglicherweise die Schwestergruppe aller übrigen Crustacea. Unter diesen könnten die Cambropachycopidae aus dem oberen Kambrium die Schwestergruppe des Restes (*Martinssonia*, die kambrischen Phosphatocopina und die Kronengruppe der Crustacea) sein. Die Cambropachycopidae hatten nur ein einziges großes, ganz vorn liegendes Komplexauge.

Martinssonia + die Phosphatocopina + die Kronengruppe der Crustacea zeichnen sich im Grundmuster insofern durch ein abgeleitetes Merkmal aus, als die ursprünglich vier Paar Kopfextremitäten (außer dem Labrum Antenne I, Antenne II, Mandibel, Maxille I) durch ein weiteres ergänzt wurden.

Apomorphien der Kronengruppe der Crustacea:
- **Nauplius-Larve** (Abb. 1.**60**). Während die Larve des Grundplanvertreters der Pan-Crustacea in ihrem Umfang dem Grundplan der Euarthropoda entsprach (Antenne I sowie drei Paar postantennaler Extremitäten; „Kopflarve"; s. o.), ist die weiter verkürzte Nauplius-Larve nur noch eine „Teilkopflarve". Die Nauplius-Larve ist also eine extrem oligomere (d. h.: wenige Segmente umfassende) Larvenform mit den Antennen I, Antennen II und den Mandibeln (zusammen: naupliarer Apparat) sowie einem großen Labrum. Das Hinterende der Larve liefert im Verlauf der Ontogenese in einer präanalen Sprossungszone weitere Segmente. Mit der Anlage weiterer Segmente entsteht aus dem Nauplius der Metanauplius mit weiteren Extremitätenanlagen.
- Larve im Grundplan mit „**Nauplius-Auge**" aus vier Medianaugen.
- Beschränkung der segmentalen Exkretionsorgane auf zwei Paar (Antennal- und Maxillarnephridien).
- Labrum wenig sklerotisiert, mit hinten liegenden Drüsenöffnungen.
- Konisches Telson, flankiert von den Ästen einer **Furca**.

Die Kronengruppe der Crustacea dürfte im Grundplan 14 Thoracomere (mit Extremitäten), ein extremitätenloses Abdominalsegment und ein Telson mit Furca-Ästen gehabt haben. (Der Unterschied zwischen Thorax- und Abdominalsegmenten besteht per definitionem im Vorhandensein beziehungsweise Fehlen von Extremitäten.)

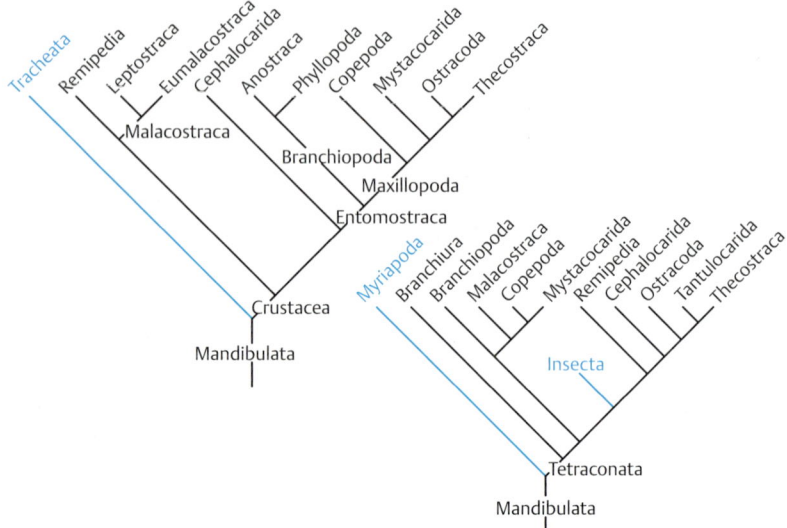

Abb. 1.59 **Die hier favorisierte Annahme der phylogenetischen Beziehungen innerhalb der Krebse.** Daneben: Das Ergebnis einer molekularsystematischen Untersuchung: Nach dieser sind die Crustacea kein Monophylum, denn die Insekten erscheinen als das Schwestertaxon eines Teiles der Krebse (zusammen: Tetraconata). Die Schwestergruppe der Tetraconata sind die als monophyletisch erscheinenden Myriapoda.

Zur **Phylogenie der Crustacea** und damit ihrem System gibt es eine Anzahl einander widersprechender Annahmen (Abb. 1.59). Möglicherweise bestehen die Krebse aus den beiden großen Teilgruppen Cephalocarida + Entomostraca einerseits und Remipedia + Malacostraca andererseits. Dieser Vorstellung wird nachstehend gefolgt. Nach einer anderen Auffassung hingegen bilden die Cephalocarida, Branchiopoda und Malacostraca ein Monophylum (Thoracopoda), für das Epipodite charakteristisch sind. Nach einigen Sequenzanalysen sind die Insekten mit einer Teilgruppe der (dann paraphyletischen) „Crustacea" nächstverwandt (s. o.).

1.20.1 Cephalocarida + Entomostraca

Mögliche Synapomorphien:
- Abdomen aus mindestens vier (per definitionem extremitätenlosen) Segmenten.
- Die Maxillen I haben basal einen „Kormus" (bestehend aus Coxa + Basipodit) mit vier Enditen (Proximalendit + 3 Endite am Basipodit).

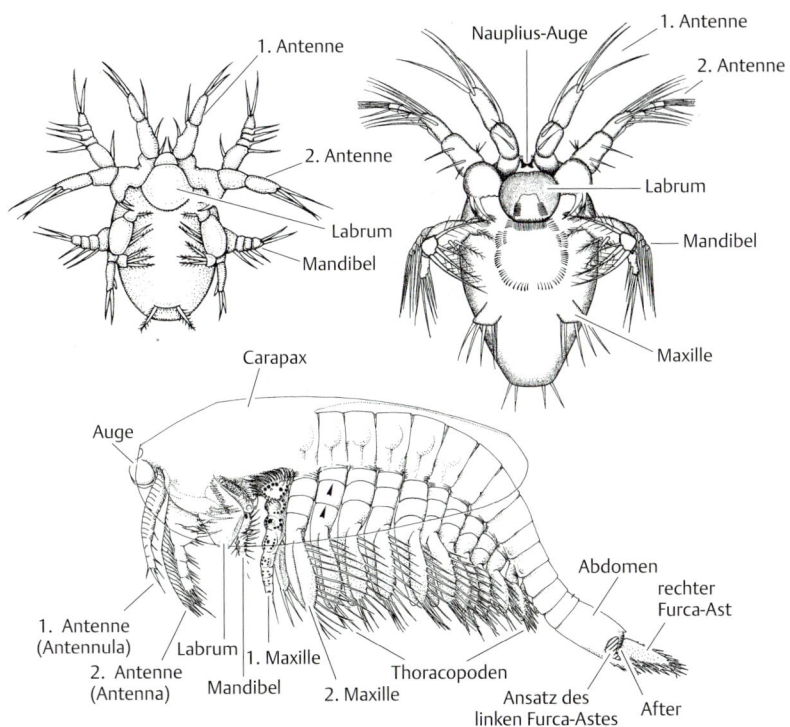

Abb. 1.**60 Crustacea.** Oben: Nauplius-Larve (von *Cyclops* sp.), rechts Metanauplius (von *Cyclops strenuus*). (Aus Marshall und Williams, 1972, und Wesenberg-Lund, 1939.) Unten: *Rehbachiella* aus dem Kambrium als Beispiel für den Bau eines ursprünglichen Krebses (dargestellt ist das 13. postnaupliare Stadium). (Aus Walossek, 1993.)

1.20.1.1 Cephalocarida

Etwa 10 Arten, bis 4 mm lang. Erst 1954 entdeckt. Der Kopf ist kurz (vier postantennale Segmente), der Rumpf besteht aus Thorax (mit neun Extremitätenpaaren, z. T. reduziert bei manchen Arten), Abdomen (mit zehn Segmenten) sowie dem Telson. Augen fehlen. Die 2. Maxillen sind wie Rumpfbeine entwickelt. Die Larve lebt benthonisch und ist nicht schwimmfähig (kein Nauplius-Stadium vorhanden).
Beispiel: *Hutchinsoniella macracantha*, atlantische Ostküsten (Abb. 1.**61a**).

1.20.2 Entomostraca

= Branchiopoda + Maxillopoda

Apomorphie: Der larvale Kopfschild der Entomostraca hat ein „Nackenorgan" von osmoregulatorischer Funktion.

Bisweilen werden als Entomostraca die Cephalocarida, Branchiopoda und Maxillopoda zusammengefasst. Der Name Entomostraca hat sich ursprünglich aber nicht auch auf die erst später entdeckten Cephalocarida bezogen.

1.20.2.1 Branchiopoda

= Anostraca + Phyllopoda

Die Branchiopoda sind bis auf einige sekundär marin lebende Cladocera Süßwasserbewohner. Sie haben einen komplizierten Filterapparat, im Thorax mit einer sternalen Nahrungsrinne. Die Monophylie der Branchiopoda wurde sowohl durch morphologische als auch molekulare Untersuchungen belegt. *Rehbachiella kinnekullensis*, Kambrium, gilt als das Adelphotaxon der Kronengruppe der Branchiopoda (Abb. 1.**60**).

Anostraca (Kiemenfüße)

Fast 200 Arten, bis 10 cm lang. Die 1. Antenne ist klein, die 2. bildet bei den Männchen große hakenförmige Klammerorgane zur Unterstützung der Kopula. Die Maxillen II sind stark reduziert.
Beispiele: *Artemia salina* (Salzkrebschen), *Chirocephalus grubei* (Kiemenfuß).

Phyllopoda (Blattfußkrebse; = Notostraca + Diplostraca)

Die Phyllopoda zeichnen sich durch Blattbeine aus, d. h. durch Beine von flächiger Struktur und mit flächigen Anhängen. Die Komplexaugen liegen an der Mittellinie des Körpers in einer Augenkammer.

Notostraca (Rückenschaler). 11 Arten. Bis über 40 Rumpfsegmente und bis zu 71 Rumpfextremitäten (da eine mehrfache ventrale Unterteilung der Segmente vorkommt).
Beispiel: *Triops cancriformis* (Kiefenfuß, Abb. 1.**61c**, gilt als lebendes Fossil).

Diplostraca (Doppelschaler; = Onychura). Carapax zweiklappig, umschließt den ganzen Körper.
Beispiele: Conchostraca (z. B. *Limnadia lenticularis*), Cladoceromorpha (= *Cyclestheria* + Cladocera). Cladocera (Wasserflöhe, mit dünnem Carapax. Komplexaugen miteinander verschmolzen. Beispiel: *Daphnia pulex*, Abb. 1.**61d**).

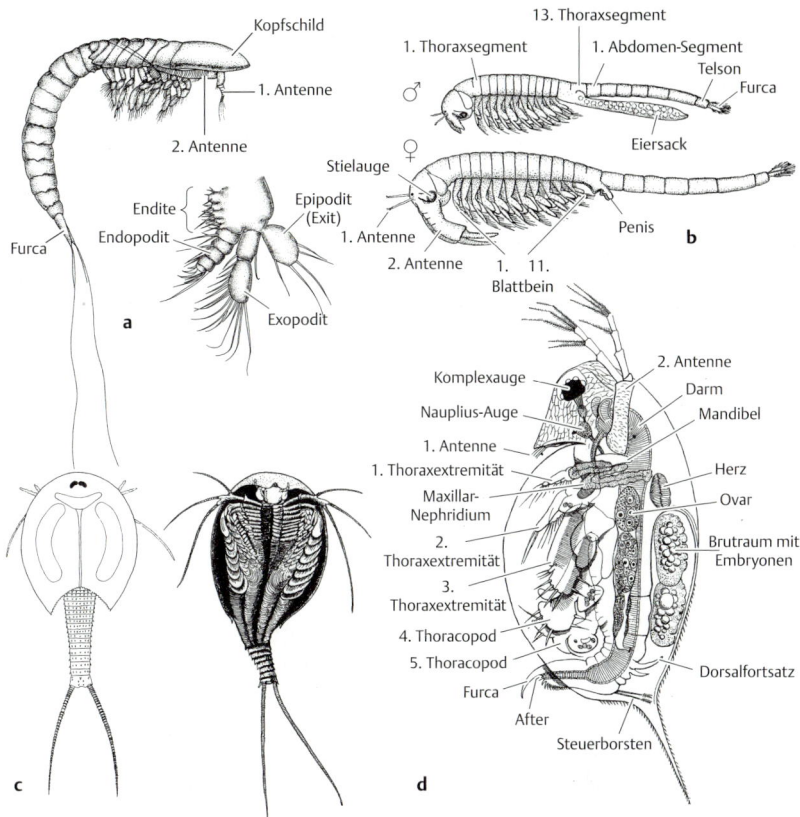

Abb. 1.**61 Crustacea. a** Cephalocarida: *Hutchinsoniella macracantha* (lateral) und das 1. Rumpfbein von *Lightiella*. (Aus Brusca und Brusca, 1990.) b–d Entomostraca: **b** *Branchinecta paludosa* (Anostraca). (Nach Wesenberg-Lund, 1939.) **c** *Triops longicaudatus* (dorsal) und *T. cancriformis* (ventral) (Phyllopoda: Notostraca) (nach Pennack, 1978, und Vollmer, 1952) **d** *Daphnia pulex* (Phyllopoda: Diplostraca). (Nach Hertwig, 1912.)

1.20.3 Maxillopoda

= Copepoda + Branchiura + Mystacocarida + Ostracoda + Thecostraca

Die Maxillopoda haben 11 Rumpfsegmente (sieben Thoracomeren mit Beinen und vier beinlose Abdominalsegmente). Der Rumpfbeinapparat ist zum Schwimmen modifiziert (plesiomorpher Zustand: Suspensionsfresser-Apparat).

Die Monophylie der Maxillopoda gilt als nicht sicher. Damit ist auch offen, ob die Maxillopoda tatsächlich als die Schwestergruppe der Branchiopoda gelten können.

1.20.3.1 Copepoda (Ruderfußkrebse)

Über 10 000 Arten, frei lebende Arten bis 3 cm, parasitische bis 7 cm lang. Die Copepoda sind Kleinkrebse ohne Komplexaugen und ohne Carapax. Sie sind frei lebend oder parasitisch in allen Gewässerformen. Die Metanauplien entwickeln sich zu Copepoditstadien, die den Adulti schon sehr ähnlich sind.
Beispiel: *Cyclops* (Hüpferling, Abb. **1.62a**).

1.20.3.2 Branchiura (Fischläuse)

130 Arten, bis über 2 cm lang. Marine und limnische temporäre Ektoparasiten vorwiegend an Actinopterygiern. Zahlreiche **Autapomorphien:** Der Thorax hat vier Paar Schwimmbeine, das Abdomen bildet einen zweilappigen terminalen Anhang, die Maxillen I sind als Saugnapf entwickelt, und der Kopf und die Thoraxsegmente I-II sind stark schildartig verbreitert, um nur einige zu nennen.
Beispiel: *Argulus foliaceus* (Karpfenlaus, Abb. **1.62b**).

1.20.3.3 Mystacocarida

10 beschriebene Arten, Länge bis 1 mm. Marine Küstenbewohner, erst 1943 in feuchtem Sand entdeckt.
Beispiel: *Derocheilocaris remanei*, Ostatlantik, Mittelmeer (Abb. **1.62c**).

1.20.3.4 Ostracoda (Muschelkrebse)

Rezent über 5000 Arten, über 30 000 fossile, bis über 2 cm lang. Der Körper ist völlig vom verkalkten Carapax umhüllt. Die 2. oder die 1. und 2. Antennen dienen als Schwimmruder, der Rumpf ist verkürzt und hat maximal zwei Paar Extremitäten. Der Carapax hat transversale Schließmuskeln.
Beispiel: *Cypridina*, räuberisch. *Candona*, in limnischen Gewässern.

1.20.3.5 Thecostraca
= Ascothoracida + Cirripedia + Facetotecta

Ascothoracida + Cirripedia

Synapomorphien: Die 1. Antenne bildet ein Anheftungsorgan, die 2. Antenne ist reduziert. Der Carapax ist zumindest bei den Larven zweiklappig. Im Vorderkopf mit Zementdrüsen.

Abb. **1.62 Crustacea, Entomostraca: Maxillopoda. a** Copepoda: *Cyclops coronatus* (aus Hertwig, 1912); **b** Branchiura: *Argulus laticauda* (aus Schram, 1986); **c** Mystacocarida: *Derocheilocaris remanei* (aus Delamare Deboutteville, 1954); **d** Ostracoda: *Candona suburbana* (aus Howe, Kesling und Scott, 1961); **e** Cirripedia (Thoracica): *Lepas*, Organisationsschema (aus Ax, 1999); **f** Cirripedia (Rhizocephala) und Malacostraca (Decapoda): *Sacculina carcini* als Parasit der Krabbe *Carcinus maenas* (aus Brusca und Brusca, 1990).

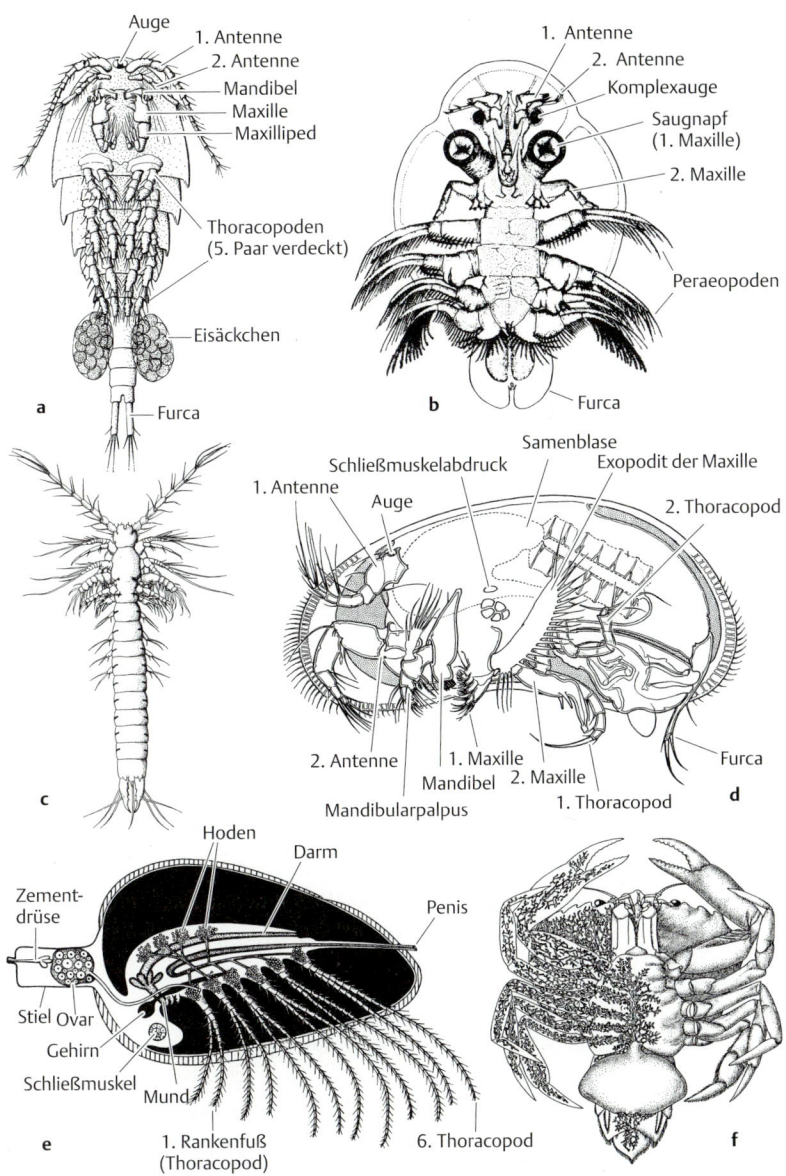

Ascothoracida

Ca. 70 Arten. Die kleinwüchsigen Ascothoracida haben einen zweiklappigen Carapax ohne Kalkplatten. Der Thorax weist sechs Paar Schwimmbeine auf, Abdomen aus vier Segmenten. Telson mit großen Furcaästen. Der Nauplius hat keine Augen. Die Tiere leben parasitisch in oder an Korallen und Echinodermen. **Beispiel:** *Ascothorax*.

Cirripedia (Rankenfüßer)
= Thoracica + Rhizocephala

Der Carapax ist nur noch bei den Larven (Cypris-Larve) zweiklappig, später sackförmig („Mantel") und trägt Kalkplatten. Die Cypris-Larve heftet sich mit der Antennula fest (Haftorgan), die Adulten leben dann festsitzend. Der Thorax umfasst sechs Paar Beine, die bei der Larve als Schwimmbeine, bei den Adulti als vielgliedrige rhythmisch schlagende Filterextremitäten („Cirren") entwickelt sind (Rankenfüße).

Teiltaxa:
Thoracica (ca. 1000 Arten) mit den Lepadomorpha (der Vorderkopf bildet einen Stiel; **Beispiel:** *Lepas anatifera*, Entenmuschel, Abb. 1.**62e**) und den ungestielten Balanomorpha (Seepocken, ganzer Körper von mehreren Kalkplatten umhüllt, zum Beispiel *Balanus balanoides*).
Rhizocephala (Wurzelkrebse, ca. 250 Arten). Morphologisch nur als Larve als Cirripedia (und damit als Krebse) erkennbar. Parasiten. **Beispiel:** *Sacculina carcini*, unter anderen in der Strandkrabbe *Carcinus maenas* (Abb. 1.**62f**).

1.20.4 Remipedia + Malacostraca

Apomorphie: Die 1. Antenne ist biram (sie entwickelt sich ontogenetisch aus einer uniramen Antenne).

1.20.4.1 Remipedia

Ca. 20 Arten, bis 5 cm lang. Langgestreckte Bewohner mariner Höhlenbiotope mit fast homonom segmentiertem Rumpf. Sie sind erst seit den 80er Jahren des 20. Jahrhunderts bekannt.
Beispiel: *Speleonectes* (Abb. 1.**63a**).

1.20.5 Malacostraca („höhere Krebse")
= Leptostraca + Eumalacostraca

Der Thorax ist in **Peraeon** (vorn, fälschlich: Pereion) und **Pleon** (hinten) gegliedert. Diese Unterteilung erfolgt aufgrund der verschieden gebauten Beine: die Peraeopoden sind birame Stabbeine, die Pleopoden zweiästige Schwimmbeine. Zu diesem Taxon gehören etwa 60 Prozent aller Crustacea.

1.20.5.1 Leptostraca (= Phyllocarida)

13 Arten, Länge bis 4 cm. Marin. Peraeon mit Filterapparat und Blattbeinen. Die vorderen vier Pleopoden-Paare dienen dem Schwimmen. Der Carapax ist zweiklappig.
Beispiel: *Nebalia bipes.*

1.20.5.2 Eumalacostraca

Apomorphien:
- 2. Antenne mit schuppenförmigem Exopodit.
- 6. und 7. Pleonsegment (= 6. Pleonsegment + Abdomen) sind miteinander verschmolzen.
- Die Extremitäten des 6. Pleonsegmentes sind nach hinten gerichtet und bilden die Uropoden, welche mit dem Telson einen Schwanzfächer bilden.
- Telson ohne Furca-Äste.
- Der Proximalendit wird an den Maxillen und den folgenden Extremitäten zur Coxa und damit zu einem eigenen Beinglied.

In dieses Taxon gehören unter anderen die **Stomatopoda** (Fangschreckenkrebse, 350 Arten, mit Fangbeinen, z. B. *Squilla mantis*, Abb. 1.**64a**); die **Euphausiacea** (Leuchtkrebse, ca. 90 Arten, *Euphausia* und *Meganyctiphanes*, Arten des Krill, Abb. 1.**63b**); die **Asseln** (Isopoda, ca. 12 000 Arten, ohne Carapax; 1. Thoracomer mit Kopf fusioniert. Primär aquatisch. Terrestrische Formen, so *Porcellio scaber*, Kellerassel, mit Trachealorganen oder Lungen an bzw. in den Exopoditen der Pleopoden); die **Amphipoda** (Flohkrebse, ca. 6000 Arten, z. B. *Rivulogammarus pulex* (Bachflohkrebs), *Gammarus*, Abb. 1.**63c**) und die **Decapoda**.

Decapoda

Etwa 10 000 Arten, bis 60 cm Körperlänge. **Apomorphien:**
- Carapax seitlich bis zu den Coxen heruntergezogen.
- Atemkammer, in die die Kiemen hineinragen (zwischen Köperwand und den Seitenwänden des Carapax).
- Kopf und Thorax zu einem starren Cephalothorax fusioniert, mit den Thoracomeren ist der Carapax dorsal verwachsen.
- Die Thoracopoden 1–3 sind Maxillipeden, die Thoracopoden 4–8 (fünf Paar) sind Laufbeine (daher der Name Decapoda). Das erste Laufbein ist oft eine Schere.

Beispiele: *Crangon crangon* (Nordsee-Garnele), *Palinurus* (Languste), *Homarus gammarus* (Hummer), *Astacus astacus* (Europäischer Flusskrebs, Abb. 1.**63d**), *Eupagurus bernhardus* (Einsiedlerkrebs). Bei den Brachyura (Kurzschwanzkrebse, z. B. *Cancer pagurus*, Taschenkrebs; *Carcinus maenas*, Strandkrabbe) ist das Pleon untergeschlagen und passt hier in eine Vertiefung der thorakalen Unterseite.

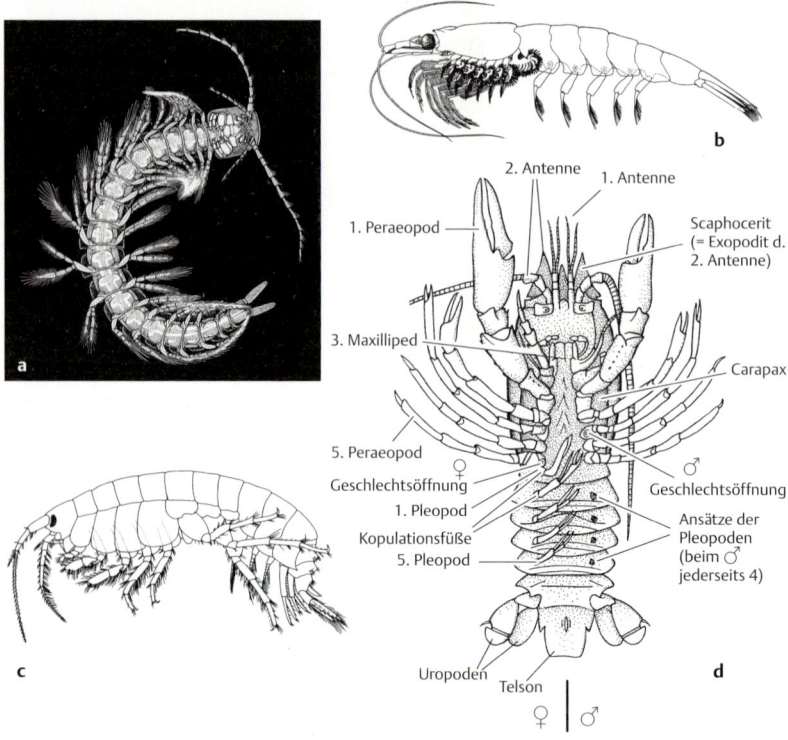

Abb. 1.**63 Crustacea. a** Remipedia: *Speleonectes ondinae*, ventral (aus Schram, 1986). b–d Malacostraca: **b** *Meganyctiphanes norvegica* (Euphausiacea) (aus Hessler, 1969); **c** *Gammarus locusta* (Amphipoda) (aus Sars, 1895), **d** *Astacus astacus* (Decapoda) (nach Hennig, 1986).

Carapax: Rückenschild bei Krebsen, mehrfach konvergent entstanden; Dorsalteil des Schildkrötenpanzers.
Antennula: = 1. Antenne der Malacostraca (Crustacea).
Furca: Schwanzgabel bei Krebsen, Sprunggabel der Collembolen.
Maxillipeden, Sg. Maxillipes: Kieferfüße; zusätzlich zu den Maxillen zu Mundwerkzeugen umgewandelte vordere Rumpfextremitäten.
Peraeon: Vorderer Rumpfabschnitt der Krebse mit Schreitbeinen (= „Thorax").
Peraeopoden: Extremitäten des Peraeon (Crustacea).
Pleon: Mittlerer Rumpfabschnitt der Malacostraca (hinter dem Peraeon, vor dem Abdomen), primär gekennzeichnet durch Schwimmbeine.
Pleopoden: Extremitäten des Pleon (Crustacea).

Abb. 1.**64 Eumalacostraca. a** Stomatopoda, *Squilla mantis* (Foto von Peter Ax); **b** *Oniscus asellus* (Mauerassel) (Foto von Rainer Willmann).

1.21 Tracheata

= Antennata; = Atelocerata; = Chilopoda + Progoneata + Insecta

> Bereits die ältesten derzeit bekannten Tracheata sind Festlandsbewohner gewesen. Heute im Wasser lebende Vertreter dieser Gruppe haben den aquatischen Lebensraum sekundär erobert. Wesentliche Apomorphien gegenüber dem Grundplan der Mandibulata betreffen daher die Umbildung der für das Leben im Wasser erforderlichen Strukturen wie Schwimmorgane und Einrichtungen zur Regulierung des Wasserhaushaltes, der Exkretion und der Atmung.
>
> Die Annahme, die Tracheata seien monophyletisch, ist die bisher am besten untermauerte Hypothese. Alle bisher bekannten Tracheata sind oder waren Landbewohner, von eindeutig sekundär aquatischen Formen abgesehen. Daher dürfte auch die unmittelbare Stammart der Tracheaten eine terrestrische Lebensweise geführt haben.

Wesentliche Unterschiede zwischen den Tracheata und dem Grundplanvertreter der Mandibulata stehen als Tracheaten-**Apomorphien** mit dem Übergang zum Landleben und damit verbundenen Anpassungen in Zusammenhang:

– Das **Segment des 1. postantennalen Extremitätenpaares**, das Interkalarsegment, homolog dem der 2. Antennen der Krebse („prämandibulares Extremitätenpaar"), wird nur noch embryonal angelegt. Seine Extremitäten fehlen. Vielleicht wurde damit ein überflüssig gewordenes Schwimmorgan beim Übergang zum Landleben reduziert. Auch das Ganglienpaar des prämandibularen Segmentes, das Tritocerebrum, wird noch angelegt. Damit umfasst der Kopf primär hinter dem Segment der Antennen vier weitere extremitätentragende Segmente, also ein Segment mehr als im Grundplan der Crustacea: Ein nur embryonal angelegtes sowie drei weitere: das der Mandibeln, der Maxillen I und das der Maxillen II (Grundmuster der Crustacea: Antennen plus drei postantennale Segmente).

- Die **Tracheen** als die namengebenden Respirationsorgane. Dabei handelt es sich um im Grundplan segmental angelegte, sich von der Körperwand aus ins Innere erstreckende verzweigte Röhrensysteme, die über segmentale Stigmen (Eingangsöffnungen) mit der Außenwelt in Verbindung stehen. Wahrscheinlich gehörte ein Tracheensystem mit jederseits einem Stigma an den Rumpfsegmenten zum Grundplan der Tracheata.

   Die Annahme der Homologie der Tracheen der „Myriapoda" und Insekten wird einerseits verteidigt, während andere Autoren unter Hinweis auf strukturelle Unterschiede eher Konvergenz annehmen. Man darf aber bei den Unterschieden nicht vergessen, dass in den einzelnen Gruppen über 300 Mio. Jahre Evolution verstrichen sind.

- In Konvergenz zur Kronengruppe der Krebse wird ein 6. Segment dem Kopf völlig angeschmolzen (Maxillen-II-Segment; davor liegen das Labral-, 1. Antennen-, [2. Antennen-], Mandibel- und Mx-I-Segment). (Sollten die Tracheata eine Teilgruppe der Krebse sein, wäre dies allerdings eine Synapomorphie mit Crustaceen). Damit wird die Nahrungsbearbeitung verbessert.
- Die Mandibeln bestehen aus nur einem Glied, das dem basalen Glied einer ehemals mehrgliedrigen Extremität entspricht. Der mandibulare Palpus ging verloren. (Falls die Tracheata eine Teilgruppe der Krebse sind, handelt es sich um eine Synapomorphie mit Crustaceen.)
- Die Laufbeine sind einästig (uniram), denn der Exopodit ist (evtl. bis auf den Coxalstylus bei Symphylen und Archaeognathen) reduziert. Erhalten blieb der Endopodit (Telopodit).
- Malpighi-Gefäße als neu erworbene Exkretionsorgane: Sie münden als schlauchartige Darmanhänge in den Enddarm. Im Gegensatz zu den Malpighi-Gefäßen der Arachnida sind sie wahrscheinlich ektodermaler Herkunft.

Weitere abgeleitete Eigenschaften: Vordere Tentorialarme. Entwicklung besonderer Chemo- bzw. Hygrorezeptoren am Kopf (Tömösvarysche Organe, Postantennalorgane; sie finden sich bei Chilopoden, Diplopoden, Symphylen, Collembolen und Pauropoden). Besitz von Prätarsal-Klauen. Es fehlen Levatormuskeln für den Prätarsus: Es verblieb nur ein Muskel, der sog. Klauen-Retraktor. Nur die Tracheata sind Zwischenwirte der Acanthocephala (Endwirt sind Wirbeltiere).

Schwierig ist die Einschätzung der Situation bei den **Mundwerkzeugen**, denn sie können als Extremitäten mit dieser Funktion konvergent zu den Mundwerkzeugen der Crustacea entstanden sein. Auf jeden Fall waren im Grundplan der Tracheata vorhanden:

- **1 Paar Mandibeln**. Den Mandibeln fehlt ein Palpus (Apomorphie). Die Mandibeln der Diplopoda sind zwei- bis dreigliedrig. Möglicherweise handelt es sich um eine sekundäre Unterteilung. Manche Autoren sind demgegenüber der Auffassung, dass gegliederte Mandibeln noch im Grundplan der Progoneata + Insecta vorhanden waren („Telognathie") und dann bei den Insekten und den zu den Progoneata gehörenden Pauropoda unabhängig voneinander eingliedrig geworden sind.
- **Zwei Paar Maxillen** (Maxillae I und Maxillae II). Die Maxillen, am Nahrungstransport beteiligt, haben im Grundmuster der Tracheata mehrgliedrige Exopoditen (Taster, Palpus maxillaris und Palpus labialis der Insekten). Beide Maxillen haben zwei Kauladen: Galea und Lacinia (an der Mx II der Insekten als Glossa und Paraglossa bezeichnet).

Die Mandibeln und Maxillen umstehen den Mundvorraum (Präoralraum). Vorn wird der Mundvorraum durch das Labrum (Oberlippe; Clypeolabrum bei Fusion mit dem Clypeus) abgeschlossen. Hinter dem Mund ragt als zungenförmiger unpaarer Anhang der **Hypopharynx** in den Präoralraum. Auch er dient dem Nahrungstransport.

1.21.1 Chilopoda (Hundertfüßer)

= Opisthogoneata; = Notostigmophora + Pleurostigmophora

Ca. 4000 Arten, Länge bis 25 cm. **Apomorphien:** Die erste Rumpfextremität bildet hakenförmige „Kieferfüße" (Maxillipeden), auf denen eine Giftdrüse mündet.

Die Chilopoden haben 15 bis 191 Segmente mit Laufbeinen (Abb. **1.65**). Die Maxillen II sind keine Mundwerkzeuge im engeren Sinn, sondern es existiert ein beinähnlicher Telopodit. Die Geschlechtsöffnungen liegen im Gegensatz zu den Progoneata hinten im Rumpf.

Notostigmophora (= Scutigeromorpha): Tracheenöffnungen auf der Dorsalseite der Tiere.
Beispiel: *Scutigera coleoptrata* (Spinnenassel, Mittelmeerraum, Abb. **1.66**).
Pleurostigmophora: Beispiele: *Lithobius* (Steinläufer, Abb. **1.65a**), *Scolopendra* (Riesenläufer), *Necrophloeophagus flavus* (Erdläufer, häufig).

1.21.2 Labiata

= Progoneata + Insecta

Für ein Schwestergruppenverhältnis zwischen den Progoneata und Insecta sprechen folgende mögliche **Synapomorphien:**
- **Superlinguae** (paarige Fortsätze des Hypopharynx).
- Ein embryonales primäres **Dorsalorgan**. Dabei handelt es sich um Zellen im Nackenbereich, die lange, fädige Fortsätze aufweisen. Diese Fäden umgeben den Embryo und bilden eine Embryonalhülle.

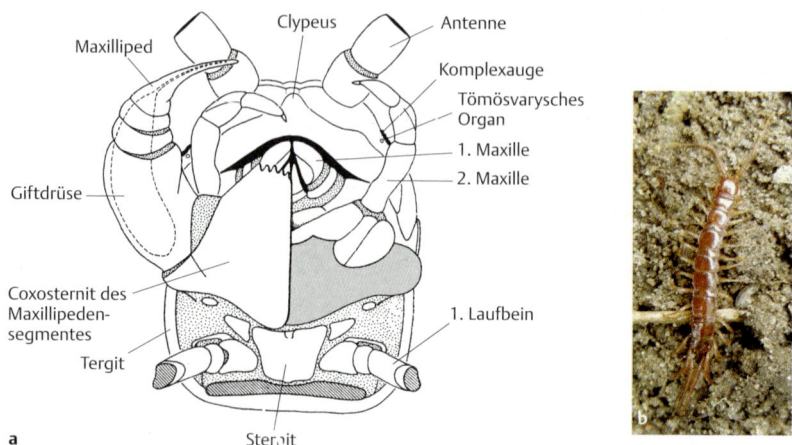

Abb. 1.**65 Chilopoda, Pleurostigmophora. a** *Lithobius*. Kopf und Maxillipedensegment ventral. Linker Maxilliped und Endabschnitte des 1. Beinpaares abgetrennt. (Aus Hennig, 1986.) **b** *Lithobius* sp. (Foto von Rainer Willmann.)

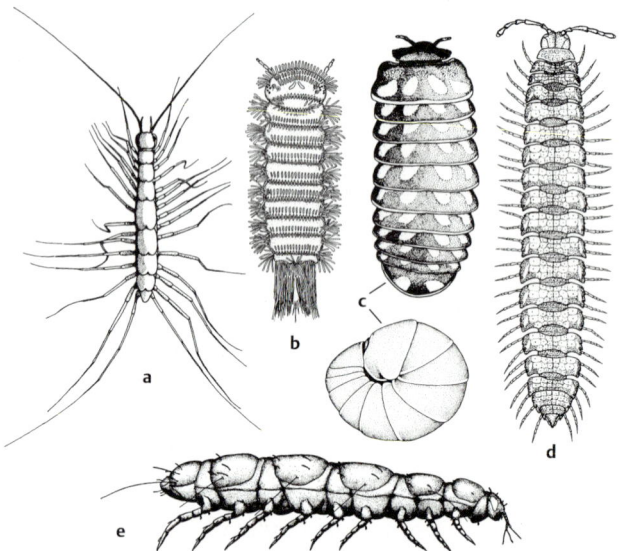

Abb. 1.**66 Chilopoda (a) und Progoneata (b–e). a** *Scutigera coleoptrata* (aus Lewis, 1981); **b** Diplopoda: *Polyxenus lagurus* (aus Verhoeff, 1932); **c** Diplopoda: *Glomeris marginata*, dorsal und seitlich in eingerolltem Zustand (aus Blower, 1985); **d** Diplopoda: *Polydesmus angustus* (aus Eisenbeis und Wichard, 1985); **e** Pauropoda: *Pauropus silvaticus* (aus Tiegs, 1947).

- Die Progoneata und Insekten haben als Fusionsprodukt der II. Maxillen ein **Labium**.
- Die **Vesiculae** (Coxalbläschen).
- **Styli**. Aber vielleicht gehören die Styli schon zum Grundplan der Tracheata und wurden bei den Chilopoda reduziert. Denn wenn die Styli den Exopoditen anderer Arthropoden (Trilobita, Chelicerata, Crustacea) homolog sind, war zumindest ein Außenast an jedem Bein vorhanden. – Da Styli unter den Progoneata nur bei den Symphyla vorkommen, müssen sie bei den Dignatha, der zweiten Teilgruppe der Progoneata, sekundär fehlen.
- Die Progoneata und die Insekten durchlaufen ursprünglich eine **totale Furchung**, d. h., die Zygote teilt sich nicht nur superficiell wie bei den meisten Insekten, sondern vollständig.

1.21.2.1 Progoneata
= Dignatha + Symphyla

Für die Progoneata **Autapomorphien** zu finden, ist nicht ganz einfach. Denn zu ihnen gehören die Symphyla und Pauropoda, bei denen viele Organe weitgehend reduziert wurden. Apomorphe Übereinstimmungen könnten sein:
- Die namengebende Lage der Geschlechtsöffnungen auf den vorderen Rumpfsegmenten: Bei den Symphyla liegen sie als unpaarer Porus zwischen dem 3. und 4. Beinsegment, bei den Dignatha im 2. (als paarige Öffnungen an der Basis der zweiten Rumpfbeine).
- Reduktion der Palpen der 1. Maxillen.
- Das Fehlen von Kauladen und Palpen an den 2. Maxillen.
- Verlust der Medianaugen.
- Trichobothrien mit einem basalen Bulbus.

Symphyla (Zwergfüßer)

Ca. 120 Arten, bis 8 mm lang. Farblose Bodenbewohner, die sich von weichem Pflanzenmaterial ernähren (Abb. **1.67**).

Autapomorphien: Komplexaugen fehlen (Konvergenz zu den Pauropoda). Die Geschlechtsöffnung – sie ist unpaar – liegt zwischen dem 3. und 4. Beinpaar. Stigmen fehlen auf den Rumpfsegmenten; nur unter den Antennen ist je ein „Kopfstigma" vorhanden. Die Tergite sind in ihrer Anzahl (bis 24) gegenüber der der Laufbeinpaare (12) bzw. der Anzahl der Segmente (14) erhöht.

Dignatha
= Pauropoda + Diplopoda

Die Bezeichnung „Dignatha" weist auf ein abgeleitetes Merkmal der Diplopoda und Pauropoda hin: Sie haben scheinbar nur zwei Paar Mundwerkzeuge: die Mandibeln und 1. Maxillen. Die 2. Maxillen sind stark verändert (sie bilden möglicherweise die

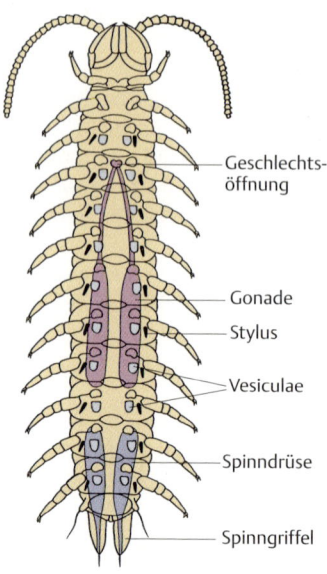

Abb. 1.**67 Symphyla.** *Scolopendrella*, ventral. (Nach Imms, 1936.)

medianen Teile des Gnathochilarium) oder fehlen und sind dann nicht einmal mehr während der Ontogenese nachweisbar.

Weitere **Apomorphien** der Dignatha:
- Bau und Entwicklung der 1. Maxillen. Die Knospen dieser Extremitäten legen sich seitlich an einen sich vorwölbenden Teil des Sternums, die Intermaxillarplatte, und bilden mit ihr das sog. „Gnathochilarium". Die Intermaxillarplatte bildet dabei einen hinteren Abschluss des Mundvorraumes.
- Position der Geschlechtsöffnungen auf der Ventralseite des 2. Rumpfsegmentes. Bei den Männchen bilden sie ursprünglich paarige Penes nahe der Basis der Extremitäten („Genitalporen" an den Basen des 2. Laufbeinpaares).
- Lage der Stigmen neben den Extremitätenbasen.
- Die ersten Juvenilstadien haben drei Laufbeinpaare.

Pauropoda (Wenigfüßer). Länge bis 1,5 mm. Bei den Pauropoden sind im Zusammenhang mit der beträchtlichen Reduktion ihrer Körpergröße Tracheensystem, Zirkulationsorgane und Augen reduziert worden (Abb. 1.**66e**).
Beispiel: *Pauropus huxleyi*.

Diplopoda (Doppelfüßer). Ca. 8100 Arten, bis zu 30 cm lang (Abb. 1.**68**). Bei den Diplopoda befindet sich an den ersten vier Rumpfsegmenten je ein Extremitätenpaar, während die folgenden je zwei Paar Beine und auch zwei Paar Stigmen tragen (Diplosomite, Doppelsegmente). Als zweite Autapomorphie dieser Gruppe lassen

Abb. 1.68 **Diplopoda.** Julidae. (Foto von Rainer Willmann.)

sich die flagellenlosen Spermatozoen angeben. Antenne kurz und mit vier großen apikalen Kegeln. Bei den **Pselaphognatha** (Pinselfüßer, ca. 90 Arten, bis 4 mm lang) werden zur Befruchtung Spermatropfen auf Spinnfäden abgesetzt. **Beispiel:** *Polyxenus*, maximal 4 mm lang. Bei den **Chilognatha** (ca. 8000 Arten) erfolgt eine Kopulation.

Beispiele: *Sphaeropaeus hercules* (Riesenkugler, bis 6 cm groß, im Malaiischen Archipel). Männchen erzeugt wie andere Sphaerotheriidae mit dem Telopodit und dem Rand der Tergite vogelrufähnliche Laute. *Glomeris* (Saftkugler), kann sich zu einer Kugel einrollen. Körper breit und relativ kurz. *Julus* (Vielfuß, Abb. 1.**68**).

Alternative Hypothesen zur phylogenetischen Stellung der Chilopoda und Progoneata:
a. Die **Myriapoda-Hypothese** (Myriapoda = Chilopoda + Progoneata). **Mögliche Synapomorphien** der Chilopoda und Progoneata:
   – Das (zumindest postembryonale) Fehlen von Medianaugen.
   – Fehlen eines Perforatoriums im Akrosom der Spermien.
   – Kaulade der Mandibel beweglich.
   – Kammförmige Lamellen auf den Kauladen der Mandibeln.

   Diese Annahme beinhaltet, dass die Myriapoda als Gesamtheit die Schwestergruppe der Insekten, aber auch eines anderen Taxons der Euarthropoden sein können.
b. **Ventrovesiculata** (= Symphyla + Insecta; = Progoneata als nicht-monophyletische Gruppierung): Mehrere Autoren erwogen trotz der Progoneatie der Symphyla, dass diese die nächsten Verwandten der Insekten sein könnten. Die Opisthogoneatie der Insekten könnte eine sekundäre Merkmalsausprägung sein. Mögliche **Synapomorphien** der Symphyla und Insecta:
   – Fusion der 2. Maxillen zum Labium.
   – Ausbildung von Glossa und Paraglossa am Labium.
   – Styli am Ventrum des Rumpfes der Symphyla (neben den Extremitätenbasen) bzw. an den Abdominalsterniten der Insekten. Wenn die Styli der Symphyla denen der Insekten homolog sind, kann es sich bei Letzteren nicht um Reste der Telopodite handeln, denn die Symphyla haben neben den Styli die Telopodite noch als voll entwickelte Laufextremitäten. – Die „Styli" an den Coxen der 2. und 3. Thoraxextremität der Archaeognatha sind den Styli am Abdomen nicht seriell homolog.
   – Eversible Vesiculae („Coxalbläschen") in ventraler Lage, median der Styli.
   – Verlust eines Beingliedes. Das Bein der Pauropoda, Symphyla und Insecta besteht aus nur 6 Gliedern (Tarsus ungeachtet der Anzahl seiner Abschnitte als ein Podomer gezählt).

> **Styli:** Abdominale Anhänge von Tracheaten, Anhänge der Thoraxextremitäten der Archaeognathen (wahrscheinlich nicht den Abdominalstyli homolog).

1.22 Insecta (Hexapoda)

Die Insekten sind primär flügellose und primär terrestrische Arthropoden und bilden wahrscheinlich mit den Myriapoden oder, falls diese kein Monophylum sind, einer Teilgruppe der „Myriapoda" das Taxon Tracheata.

Die primär flügellosen Insekten sind keine monophyletische Einheit: Zu diesen gehören die Collembolen, Proturen (zusammen Ellipura), die Dipluren (wahrscheinlich die Schwestergruppe aller folgenden Taxa, den Ectognatha), ferner die Archaeognatha und Zygentoma. Die Pterygota hingegen, die geflügelten Insekten, sind sehr wohl eine monophyletische Gruppe, ausgewiesen in erster Linie durch ihren Flugapparat. Zu ihnen gehören als basale Zweige zunächst die Ephemeroptera und die Odonata. Alle übrigen Pterygota werden zusammenfassend als Neoptera bezeichnet, denn sie zeichnen sich durch einen vermutlich abgeleiteten Modus der Flügel-Ruhehaltung (flach über dem Abdomen) aus. Zu ihnen gehören die Plecoptera, Xenonomia (Grylloblattodea und Mantophasmatodea), die Dictyoptera (Mantodea und Blattodea, letztere einschließlich der Termiten), Phasmatodea, Embioptera, Saltatoria (das sind die Ensifera und Caelifera), Dermaptera, Zoraptera, Acercaria (Acercaria = Psocodea [Psocoptera und Phthiraptera], Thysanoptera und Hemiptera, diese mit den Coleorrhyncha, Heteroptera, Auchenorrhyncha und Sternorrhyncha) und die Holometabola. Die Holometabola umfassen die Strepsiptera, Coleoptera, Neuropteroidea (letztere mit den Raphidiodea, Megaloptera und Planipennia), die Hymenoptera, Amphiesmenoptera (Trichoptera und Lepidoptera), Mecoptera, Siphonaptera und Diptera. (Die aus dieser Auflistung ableitbaren stammesgeschichtlichen Beziehungen sind allerdings in vielen Punkten der Diskussion unterworfen.)

In vielen Teiltaxa der Pterygota ist es zu einer Reduktion der Flügel bis hin zu einem völligen Verlust gekommen, aber auch zu einem neuerlichen Erwerb wahrscheinlich durch Reaktivierung von über lange Zeit inaktiv gebliebenen Genkomplexen. Die ursprüngliche indirekte Spermaübertragung wurde bei den Ephemeroptera und Neoptera durch eine Kopulation über Genitalstrukturen ersetzt; bei den Odonata wird das Sperma über einen sekundären Geschlechtsapparat der Männchen in die Geschlechtsöffnung der Weibchen übertragen. Im Grundmuster der Euentomata (in der vorangegangenen Auflistung der Taxa die Archaeognatha und alle folgenden Gruppen) erfolgte die Eiablage über einen aus Anhängen des 8. und 9. Abdominalsegmentes gebildeten Ovipositor (bei vielen Formen reduziert).

Ca. 1 000 000 Arten beschrieben, geschätzte tatsächliche Zahl 5–15 Millionen. Wahrscheinlich haben bisher insgesamt über eine Milliarde Insektenarten gelebt.

Der Körper der Insekten ist in Kopf (Caput aus 6 Segmenten), Brustabschnitt (Thorax aus Pro-, Meso- und Metathorax) und Hinterleib (Abdomen, primär 12 Seg-

mente inkl. „Telson") gegliedert. Primär sind die Insekten flügellos. Als **Apomorphien** können lediglich gelten In 1 :
- Thorax aus drei Segmenten (bzw. Gliederung des Rumpfes in Thorax aus den drei vorderen Rumpfsegmenten sowie Abdomen).
- Abdomen mit 11 Segmenten und dem den After tragenden Telson.
- Beine aus 6 Podomeren (Coxa, Trochanter, Femur, Tibia, Tarsus, Prätarsus). Diese Eigenschaft kann als Autapomorphie der Insekten nur dann angesehen werden, wenn die Myriapoda ein Monophylum sind, denn auch die Pauropoda und Symphyla haben 6 Beinglieder. Sind die „Myriapoda" hingegen paraphyletisch und die Insekten die Schwestergruppe der Progoneata, kann die auf 6 reduzierte Anzahl der Podomere eine Synapomorphie der Progoneata und Insecta sein.

Kopf. Der Kopf des Grundplanvertreters der Insekten trug **Gliederantennen**, d. h. jedes Glied war gegenüber dem nächsten durch eine eigene Muskulatur beweglich. Zwischen den lateralen **Komplexaugen** lagen drei Paar **Ocelli** (wie noch bei Collembolen). Als weitere Sinnesorgane – wohl Chemorezeptoren im weiteren Sinne, wahrscheinlich Feuchtigkeitsrezeptoren – fanden sich ein Paar **Tömösvarysche Organe** (unter den Insecta nur noch bei den Protura und Collembola). Im Kopfinneren liegt als Endoskelett das Tentorium, ein cuticulares Skelettsystem, das der Versteifung und als Muskelansatz dient.

Mundwerkzeuge. Die drei Paar Mundwerkzeuge – hinter dem Labrum Mandibel, Maxille I und Maxille II (linke und rechte Maxille II = Labium) – waren im Grundplan nach ventral gerichtet (orthognath). Die **Mandibeln** hatten – wie auch die 1. Maxillen und das Labium – nur ein Gelenk, das hintere (monocondyle Mandibel). Im Gegensatz zu den Mandibeln lassen die Maxillen noch den ursprünglichen Bau einer zweiästigen (biramen) Extremität mit Endo-(Telo-) und Exopodit erkennen. Die **1. Maxille** ist basal in Cardo und Stipes untergliedert; diese beiden Elemente sind durch ein Gelenk verbunden. Die Endite (Laden) der 1. Maxille bilden als Anhänge des Stipes Galea und Lacinia. Der Telopodit ist der mehrgliedrige Maxillarpalpus (Tastsinnesorgan).

Die **Maxillen II** bilden ähnlich wie bei den Symphyla das Labium. Der Basalteil besteht aus Post- und Praementum; die Endite bilden Paraglossa und Glossa. Im Grundplan waren Glossa und Paraglossa ähnlich wie bei den Symphyla und Archaeognatha offenbar nur kleine Loben am Vorderrand der Maxillen II. Der Telopodit ist wie bei den 1. Maxillen ein Tastsinnesorgan (Labialpalpus).

Vor dem Labium liegt hinter dem Mund median der als Zunge (Lingua) arbeitende **Hypopharynx**.

Die drei **Thoraxsegmente** sind ursprünglich mit je einem Paar Laufbeinen ausgestattet (bei manchen Insekten sind alle oder einige Thoraxextremitäten stark umgewandelt oder reduziert). Die Zahl der Beinglieder (Podomere) beträgt primär 6. Dabei handelt es sich um Coxa (Hüfte), Trochanter (Schenkelring), Femur (Schenkel), Tibia (Schiene), Tarsus (Fuß) und Prätarsus (Krallenglied).

Das **Abdomen** bestand im Grundplan aus 12 Segmenten (12. Segment bei Adulti erhalten nur bei den Proturen, = „Telson"). Abdominale Laufextremitäten fehlen. Allerdings muss es auf mehreren Abdominalsegmenten mindestens dreigliedrige Rudimente von Telopoditen gegeben haben, wie reduzierte Extremitäten an den Genitalsegmenten vieler Taxa oder die Furca der Collembola belegen.

Andererseits können Rudimente der abdominalen Extremitäten bei den Insekten auf dem 1.–9. Segment auftreten (außerdem könnten die Cerci Extremitäten sein, s. u.). Diese Rudimente bestehen aus einem plattenähnlichen Grundglied und dem Stylus (Endopodit). Styli sind daher zusätzlich zu den Telopodit-Resten für den Grundplan der Insekten anzunehmen.

Vesiculae (= **Coxalbläschen**, eversible Bläschen). Die Coxalbläschen, beim Grundplanvertreter der Insekten wahrscheinlich auf den Segmenten 1–7 vorhanden (wie noch bei den Archaeognatha), dienen der Absorption von Wasser von feuchten Oberflächen.

Das Abdomen vieler ursprünglicher Ectognatha und der Diplura trägt am 11. Segment ein Paar **Cerci**. Entweder diese Anhänge waren beim Grundplanvertreter der Insekten vorhanden und wurden bei den Ellipura reduziert, oder Cerci gehören erst zum Grundplan der Diplura + Ectognatha.

Die **Spermaübertragung** wird wie bei den Collembola, Diplura und ursprünglichen Ectognatha durch Spermatophoren erfolgt sein, die auf dem Substrat abgesetzt und vom Weibchen aufgenommen wurden. Es gab also beim Grundplanvertreter der Insekten keine Verschmelzung von Ei- und Samenzelle im Körperinneren und damit keine Kopulation.

Exkretionsorgane. Ursprünglich waren zwei **Malpighi-Gefäße** vorhanden. Die Chilopoden und Symphyla haben nur ein Paar Malpighi-Gefäße.

Tracheen. Im Grundplan der Insekten kann eine Ausstattung mit Stigmen vom Prothorax bis zum 8. Abdominalsegment bestanden haben. Die Tracheen der verschiedenen Segmente standen untereinander nicht in Verbindung, d. h., sie hatten keine Anastomosen.

Die verwandtschaftliche Stellung der Insekten. Unklar ist, ob die Tracheata eine Teilgruppe der Krebse sind oder deren Schwestergruppe (Abb. 1.**69**). (Ungewiss ist allerdings auch, ob die Tracheata ein Monophylum sind, s. o. Im Folgenden wird von der Monophylie der Tracheata ausgegangen.) Aber nur eine Eigenschaft kann mit einiger Gewissheit als Autapomorphie der Krebse gelten: das Nauplius-Auge. Da aber terrestrischen Arthropoda ein der Nauplius-Larve entsprechendes Larvenstadium fehlt, kommt diesem Merkmal letztlich keine Bedeutung zu. Die Annahme der Monophylie der Krebse ist also nicht gut begründet.

Beim Grundplanvertreter der Mandibulata waren im Kopf fünf Segmente vollkommen verschmolzen (Labral-, Antennalsegment und drei Segmente mit Extremitäten). Alle rezenten Crustacea und Tracheata haben jedoch sechs Kopfsegmente (Labral-, Antennal- und vier weitere Segmente; 2. Antennensegment bei den Tracheata reduziert). Wenn die Tracheata und Krebse Schwestergruppen sind, muss diese Vermehrung konvergent nach der Aufspaltung in die Tracheata einerseits und in die Crustacea andererseits erfolgt sein. Wenn aber die Tracheata eine Teilgruppe der Krebse sind, könnten diese und manche anderen Übereinstimmungen nicht Konvergenzen, sondern Synapomorphien der Krebse (oder einer ihrer Gruppen) und der Tracheata sein.

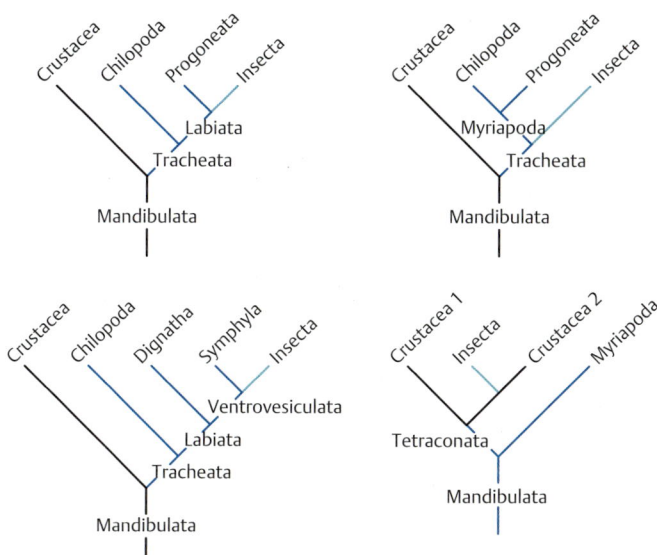

Abb. 1.69 **Verschiedene Hypothesen zur phylogenetischen Position der Insekten.**

Es wird auch diskutiert, dass die Insekten allein eine Teilgruppe der Crustacea sein könnten. Als mögliche synapomorphe Übereinstimmungen der Insekten und Krebse, die bei den Myriapoden (die dann ein Monophylum wären) aber fehlen, gelten unter anderem Ähnlichkeiten zwischen den Malacostraca und Insecta im Gehirn; Neurogenese durch Neuroblasten (also durch Stammzellen im Ektoderm, die durch wiederholte inäquale Teilungen einen Strang zukünftiger Nervenzellen abgeben) und eine fast identische Feinstruktur der Ommatidien.

Als **Schwestergruppe der Insekten** kommen innerhalb der Tracheata die Myriapoda (= Chilopoda + Progoneata), die Progoneata (= Dignatha + Symphyla) oder die Symphyla in Betracht. Die erste dieser Annahmen beinhaltet die Hypothese der Monophylie der Myriapoda. Eventuell gibt es im Bau der Spermien Hinweise auf eine Monophylie der Myriapoda. Aber manche der Argumente für ihre Monophylie halten einer ernsthaften Kritik nicht stand: Die auffällige Homonomie des Rumpfes beispielsweise ist ein symplesiomorphes Merkmal.

Wenn die Myriapoda kein Monophylum sind, kommen als Schwestergruppe der Insekten innerhalb der Tracheata nur die Progoneata oder die Symphyla in Frage (Details s. o.).

Die Verwandtschaftsbeziehungen innerhalb der Insekten (Abb. 1.**70**). Die grundlegende systematische Gliederung der Insekten, so die bis vor kurzem herrschende Ansicht, besteht in der Aufteilung in die **Entognatha** (Collembola, Protura und Diplura) einerseits und die **Ectognatha** (alle übrigen Gruppen) andererseits.

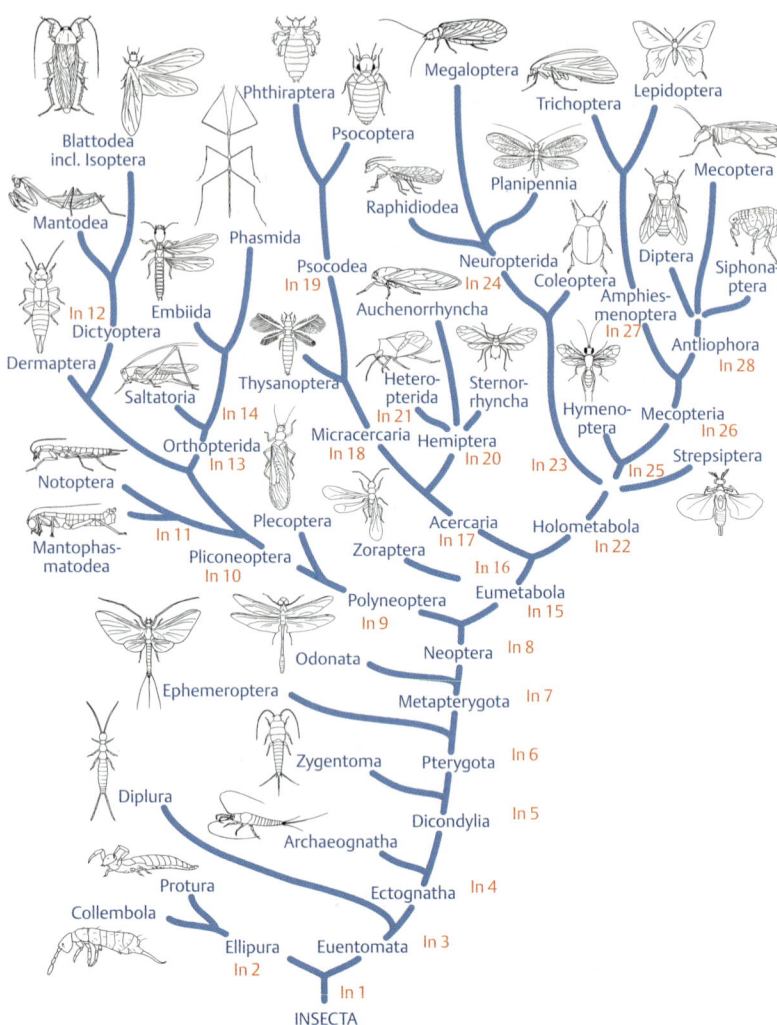

Abb. 1.**70** **Stammbaum der Insekten.** Die Nummern In1 bis In 28 beziehen sich auf die entsprechend nummerierten Apomorphiekomplexe im Text.

Der Name „Entognatha" bezieht sich auf ein abgeleitetes Merkmal, die **Entognathie**: Die Mundteile sind von einer seitlichen Falte der Kopfkapsel umwachsen, so dass die Mandibeln und die Maxillen in einer Kiefertasche verborgen liegen. Wahrscheinlich aber ist die Entognathie zweimal entstanden: einmal bei den Ellipura

(Collembola + Protura), zum anderen bei den Diplura. Damit entfällt das wesentliche Argument für das Taxon „Entognatha". Unter Bezugnahme auf andere Übereinstimmungen gehen viele Autoren daher von einer basalen Gliederung der Insekten in die **Ellipura** einerseits und alle übrigen Insekten, die **Euentomata** oder Cercophora andererseits aus.

1.22.1 Ellipura

= Protura + Collembola

Autapomorphien In 2:
- Anders als bei den Diplura sind die Cranialfalten weit nach postero-median ausgedehnt, so dass sie sich fast oder tatsächlich hinten in der Kopfmitte treffen.
- Die Ellipura weisen eine „linea ventralis" auf, eine mediane Längsfurche im Labialbereich des Kopfes.
- Mandibeln und Maxillae liegen in separaten paarigen Taschen (zum Vergleich die Situation bei den Diplura: Sie liegen in einer gemeinsamen Kiefertasche, Autapomorphie der Diplura).
- Im Abdomen fehlen Tracheen-Öffnungen.
- Styliforme Strukturen fehlen mit Ausnahme des Genitalsegmentes der Protura.

Collembola (Springschwänze). 6500 Arten, Länge bis 10 mm. Collembolen kommen in allen Klimazonen vor, im Lückensystem des Bodens, unter Rinde, in Moos, in Höhlen, an Ufern und auf der Oberfläche ruhiger Gewässer. Die Zahl der Abdominalsegmente ist auf sechs reduziert (Abb. **1.71**). Am ersten Abdominalsegment entstand durch Verschmelzung der Vesiculae ein Ventraltubus, der als Wasseraufnahme- und Osmoregulationsorgan dient. Am dritten Segment wird das Retinaculum ausgebildet, das mit seinen zwei gezähnten Fortsätzen in Ruhe die Furca festhält, ein gegabeltes Sprungorgan. Die Furca liegt am vierten Segment und kann

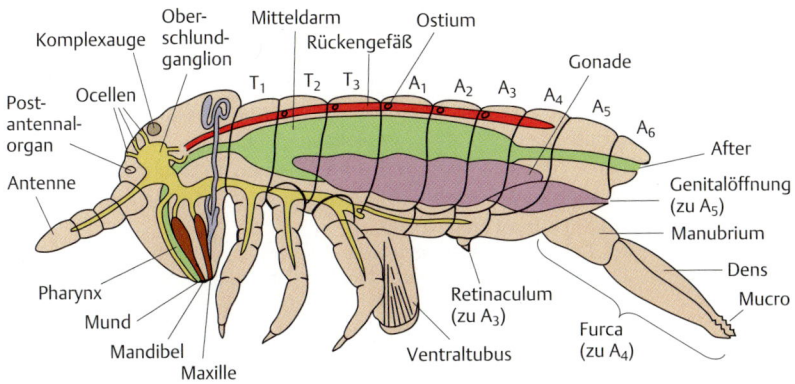

Abb. **1.71 Collembola**, Organisationsschema. (Nach Weber, 1954.)

nach vorn unter den Körper geklappt werden. Durch Zurückschnellen kann sie die Tiere bis zu 25 cm weit davonschleudern (Name Springschwänze).
Beispiele: Schwarzer Wasserspringer (*Podura aquatica*), Gartenspringschwanz (*Bourletiella hortensis*).

Protura (Beintastler). 680 Arten, 0,5–2,5 mm lang. Die Protura sind kleine farblose Tierchen ohne Antennen und Augen. Sie leben unter Moos, im Boden und unter Rinde und ernähren sich von Pilzhyphen. Erst im ausgewachsenen Zustand erreichen sie durch Bildung von drei Segmenten vor dem Telson die vollständige Abdomensegmentzahl (Anamorphose). Am 1. bis 3. Abdominalsegment tragen sie rudimentäre Gliedmaßen mit ausstülpbaren Bläschen (den Coxalbläschen wahrscheinlich homolog). Das erste Beinpaar ist stark verlängert und dient als Tastorgan. Auf Grund der Verkleinerung des Kopfes (Mikrocephalie) ist das Gehirn teilweise in den Thorax verlagert.
Beispiele: *Eosentemon transitorium, Acerentomon.*

1.22.2 Euentomata

= Cercophora; = Diplura + Ectognatha

Apomorphien In 3 :
- Fehlen der Tömösvaryschen Organe.
- Filamentöse Cerci (bei den Japygidae [Diplura] und zahlreichen Teilgruppen der Pterygota abgewandelt).
- Epimorphose. Bei den Diplura und Ectognatha sind schon im ersten Stadium sämtliche Abdominalsegmente vorhanden. Die Anamerie der Protura mit der Vervollständigung der abdominalen Segmentzahl erst nach dem Schlüpfen aus dem Ei ist nach verbreiteter Auffassung ursprünglich.
- Abgewandelter Häutungsmodus. Plesiomorphe Ausprägung (bei den Collembola und Protura erhalten geblieben): Die Häutung erfolgt durch einen Querspalt am Hinterrand des Kopfes.

1.22.2.1 Diplura (Doppelschwänze)

Ca. 800 Arten, meist unter 12 mm, vereinzelt fast 6 cm lang. Mit einer speziellen Form von Entognathie. Die Ocelli und Komplexaugen fehlen.

Die Diplura leben an dunklen Orten, z. B. unter Steinen, in Hohlräumen des Bodens oder in Höhlen. Die Ocelli und Komplexaugen fehlen. Die Mundwerkzeuge sind kauend und in die Kapsel eingezogen.
Beispiele: Häufigstes Taxon bei uns ist *Campodea* (Allesfresser) mit fadenförmigen Cerci. *Japyx* und Verwandte sind Räuber, bei ihnen bilden die Cerci eingliedrige Zangen.

1.22.3 Ectognatha

Über 960 000 Arten. Bei den Ectognatha sind die Mundwerkzeuge primär nicht von Vorwachsungen des Kopfes weitgehend eingeschlossen. **Evolutive Neuerungen** In 4 :
- Die Antennen haben ein Flagellum, d. h. einen distalen Abschnitt ohne interne Muskulatur (Geißelantenne). Muskeln finden sich nur im Scapus, also dem 1. Glied.
- Im 2. Antennalsegment, dem Pedicellus, ist das Johnstonsche Organ vorhanden. Mit ihm können Vibrationen und andere Bewegungen der Geißel relativ zum Pedicellus wahrgenommen werden.
- Die Tarsen sind gegliedert.
- Durch Anhänge der Abdominalsegmente 8 und 9 wird bei den Weibchen ein Ovipositor gebildet.
- Die Ectognatha haben einen dritten gegliederten Schwanzfaden (Paracercus, Terminalfilum, erhalten geblieben nur bei ursprünglichen Taxa).

1.22.3.1 Archaeognatha (Felsenspringer)

450 Arten, bis 2,3 cm lang. Die Komplexaugen sind einander in der Kopfmitte stark genähert. Die Mandibeln haben zur Kopfkapsel nur ein Gelenk (monocondyle Mandibel). Die Coxen zeichnen sich durch griffelförmige Anhänge aus (Coxalstyli). Die Tiere können Sprünge ausführen, indem sie das Abdomen gegen den Untergrund schnellen.
Beispiele (europäische Taxa): *Machilis, Dilta* (Abb. 1.**72a**), *Petrobius*.

1.22.4 Dicondylia

= Zygentoma + Pterygota

Die Monophylie der Zygentoma + Pterygota wird vor allem durch folgende **Eigenschaften** In 5 belegt:
- Ein zweites, vorderes Mandibelgelenk. Noch bei den Archaeognatha war nur eine hintere Gelenkung vorhanden. Das zusätzliche Gelenk ermöglicht ein Abspreizen der Mandibel und einen kräftigeren Zangenbiss; die Mandibel ist mit zwei Gelenken auf diesen Bewegungsmodus festgelegt. Dies kann als ein besonders wichtiger Schritt in der Evolution der Insekten angesehen werden.
- Ein vollständig entwickeltes Gonangulum, ein besonderes Sklerit an der Basis des Ovipositors. Das Gonangulum dient als Gelenkstück, so dass die beiden Gonapophysenpaare gegeneinander bewegt werden können. Bei den Archaeognatha ist dieses Sklerit sehr klein.
- Die Tracheen der einzelnen Abdominalsegmente sind nicht mehr voneinander isoliert, sondern durch segmentale Kommissuren und intersegmentale Konnektive miteinander vernüpft (anastomosiertes Tracheensystem).

Abb. 1.72 **Insecta. a** Archaeognatha: *Dilta* sp., **b** Zygentoma: *Lepisma saccharina* (Zuckergast). (Fotos von R. Willmann).

1.22.4.1 Zygentoma (Silberfischchen)

425 Arten, bis 2,6 cm lang. Der Körper ist flach und meistens dicht beschuppt. Die Komplexaugen sind nach hinten verlagert und in Ommatidien aufgelöst oder ganz reduziert.

Beispiele: Ein in Mitteleuropa weit verbreiteter Kulturfolger ist *Lepisma saccharina*, der Zuckergast (Abb. **1.72b**, weltweit verschleppt). *Thermobia domestica* (Ofenfischchen). Nahe Verwandte des sehr ursprünglichen kalifornischen *Tricholepidion gertschi* sind seit langem aus dem Baltischen Bernstein bekannt.

1.22.5 Pterygota (Geflügelte Insekten)

Ca. 960 000 Arten. Die Pterygota sind primär insbesondere durch ihre vier Flügel und assoziierte abgeleitete Strukturen gekennzeichnet. Zahlreiche Taxa sind sekundär flügellos In 6.

Die Flügel sind flächige Chitinausstülpungen am 2. und 3. Thoraxsegment (Abb. 1.73). Als Duplikatur der Körperwand werden sie aus einer dorsalen und einer ventralen cuticularen Lamelle aufgebaut, die sich im Verlauf der Ontogenese bald aneinanderlegen. Die Versorgung der Flügel mit Tracheen geht wie bei den Paranota der Archaeognatha und Zygentoma von einem Ast der Beintrachee aus. Die Flügel sind mit dem Körper über einen membranösen basalen Bereich verbunden, der eine Anzahl kleiner Gelenksklerite (Pteralia) enthält.

Nach der derzeit verbreitetsten Ansicht sind die Flügel durch allmähliche Vergrößerung aus Paranota (= Pleurotergiten) hervorgegangen. Diese „Paranotal-Theorie" besagt, dass die Flügel zunächst dem Gleiten dienen konnten. Später erhielten sie eine Flexionslinie, womit ihre Beweglichkeit und in Folge dessen durch entsprechende Muskulatur ein aktives Fliegen möglich wurde. Da aber die Flügel und auch das Gleit- oder Flugvermögen nicht plötzlich entstanden sein können, muss es Vorstadien mit einer völlig anderen Funktion gegeben haben. Als ursprüngliche Funktion ist Thermoregulation denkbar. – Wiederholt sind eines oder beide Flügelpaare wieder reduziert worden. D. h., dass zu den Pterygota auch zahlreiche sekundär flügellose Taxa gehören, darunter die Flöhe und Tierläuse, die Arbeiterinnen der Ameisen, die Weibchen der Strepsiptera und die nicht selbst sich reproduzierenden Kasten der Termiten.

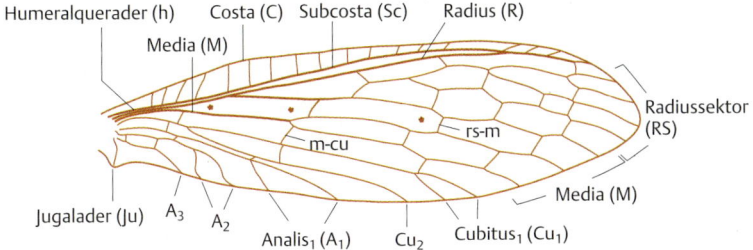

Abb. 1.**73 Pterygota.** Flügelbau (*Archichauliodes diversus*, Megaloptera). rs-m, Querader zwischen Radius und Media; m-cu, Querader zwischen Media und Cubitus. (Nach Willmann, 2003.)

Weitere **Apomorphien**:
- Die in die Antennen ziehenden Blutgefäße haben Ampullen, die durch Muskeln rhythmisch kontrahiert werden können („Antennenherzen").
- Völliger Verschluss der Amnionhöhle, in der der Keim während der Embryonalentwicklung ruht.

Ältestes pterygotes Insekt ist *Delitzschala bitterfeldensis* aus dem Unterkarbon von Deutschland (über 320 Mio. Jahre alt).

Die basalen Verzweigungen der Pterygota. Unter den Pterygota werden vielfach zwei Hauptgruppen unterschieden – die Palaeoptera (Eintagsfliegen und Libellen) und die Neoptera (alle übrigen primär geflügelten Taxa). Wahrscheinlich aber stehen die Eintagsfliegen in einem Schwestergruppenverhältnis zu den übrigen Pterygota, den Metapterygota. Die Metapterygota umfassen somit die Libellen und die Neoptera (s. u.). Nach einer dritten Hypothese sind die Libellen die Schwestergruppe der Eintagsfliegen + Neoptera. Dafür könnten Übereinstimmungen in den männlichen Genitalien und die Spermaübertragung vom männlichen in den weiblichen Genitaltrakt im Zuge einer Kopulation sprechen.

1.22.5.1 Ephemeroptera (Eintagsfliegen)

2500 Arten. Die Larven leben im Süßwasser meist an oder unter Steinen oder im Schlamm vergraben. Sie ernähren sich von organischem Detritus. Die Atmung erfolgt über Tracheenkiemen, die als seitliche Blättchen an den Abdominalsegmenten inserieren. Die adulten Tiere mancher Arten leben nur wenige Stunden und können keine Nahrung aufnehmen (die Mundwerkzeuge sind stark reduziert). Ihre einzige Aufgabe ist die Fortpflanzung. Zwischen das Larvenstadium und den Adultus ist eine besondere Phase, das Subimaginalstadium, eingeschaltet. Die Subimago ist ähnlich wie die Imago geflügelt und flugfähig, aber bis auf Ausnahmen nicht zur

Fortpflanzung in der Lage. Die Ephemeroptera können wie die Libellen (s. u.) ihre Flügel nicht nach hinten waagerecht über das Abdomen drehen.
Beispiele: Die größte europäische Art ist die Theißblüte (*Palingenia longicauda*), die heute in Mitteleuropa fast ausgestorben ist. *Ephemera danica* (Abb. 1.**74**).

1.22.6 Metapterygota

= Odonata + Neoptera

Apomorphien In 7 :
- Die vordere Mandibelgelenkung hat wenig Bewegungsfreiheit, denn die Odonata und Neoptera haben ein vorderes Mandibelgelenk aus einem Condylus, das im Gegensatz zu dem der Zygentoma und Ephemeroptera aus einem cranialen kugeligen Condylus und einer entsprechenden Gelenkpfanne am Mandibelrand besteht. Die Zygentoma und Ephemeroptera haben eine Mandibel, die strukturell intermediär zwischen der der Archaeognatha und der „orthopteroiden" Mandibel liegt.
- Verlust mehrerer Mandibelmuskeln.
- Unterdrückung der Imaginalhäutung: Das Subimago-Stadium, bei den Ephemeroptera noch vorhanden, ging verloren.

1.22.6.1 Odonata (Libellen)

5600 Arten. Als Larven leben die Odonata räuberisch auf dem Grund von Gewässern, ganz vereinzelt auch halb terrestrisch oder terrestrisch. Die Beute wird mit der „Fangmaske", dem in besonderer Weise differenzierten Labium, ergriffen. Die Adulti – mit ihren stets vier Flügeln meist exzellente Flieger – ernähren sich von Kleininsekten, die sie im Flug fangen. Dazu werden die stark bedornten Beine zu einem Fangkorb aufgestellt. Die Komplexaugen sind mit bis zu 28 000 Ommatidien äußerst leistungsfähig. Die Kopulation unterscheidet sich grundsätzlich von der der Eintagsfliegen und Neoptera. Die Libellen bilden ein „**Paarungsrad**". Das hängt damit zusammen, dass die Männchen das Sperma zunächst unter Krümmung des Abdomens nach vorn aus ihrer Geschlechtsöffnung am 9. Abdominalsternum in ein Reservoir einspeisen, das als sekundärer Geschlechtsapparat von den Sterniten des 2. und 3. Abdominalsegmentes gebildet wird. Während der Kopulation hält das Männchen mit seinen Cerci das Weibchen hinter dessen Kopf fest. Das Weibchen muss nun seinerseits das Abdomen nach vorn krümmen, um das Sperma aus dem sekundären Geschlechtsapparat in die eigene Geschlechtsöffnung aufzunehmen, die nahe dem Abdomenende hinter dem 8. Sternum liegt.

Zygoptera (Kleinlibellen, Abb. 1.**74b**).
Beispiele: *Calopteryx* (Prachtlibelle), *Sympecma fusca*, Winterlibelle, *Lestes sponsa* und *Chalcolestes* (Binsenjungfern), *Coenagrion* (Schlankjungfer).

Abb. 1.74 **Insecta. a** Ephemeroptera: *Ephemera danica*, **b** Odonata, Zygoptera: *Pyrrhosoma nymphula*, **c** Odonata, Anisoptera: *Aeschna cyanea*, **d** Plecoptera: *Chloroperla*. (Fotos von Rainer Willmann)

Anisoptera (Großlibellen, Abb. 1.**74c**).
Beispiele: *Sympetrum* (Heidelibelle), *Leucorrhinia* (Moorjungfer), *Anax imperator* (Königslibelle), *Libellula depressa* (Plattbauchlibelle). Fossile Stammgruppenvertreter der Odonata (*Meganeura*, Karbon) mit bis zu 60 cm Flügelspannweite.

† Palaeodictyopterida. Die Palaeodictyopterida sind wahrscheinlich die nächsten Verwandten der Neoptera. Die Mundwerkzeuge sind bei vielen Arten zu einem Rüssel aus je einem Paar relativ kräftiger Mandibular- und Maxillarstilette und einem 5. Stilett, das möglicherweise vom Hypopharynx gebildet wurde, verlängert. Möglicherweise nicht monophyletisch. Vorkommen: Karbon-Perm.

1.22.7 Neoptera

Die Flügel der Neoptera können flach nach hinten über das Abdomen zurückgelegt werden. Ermöglicht wird dies durch ein drehbares Flügelgelenksklerit, das 3. Axillare, an dem ein Muskel ansetzt. Bei dessen Kontraktion wird das Axillare 3 gedreht, der Flügel gefaltet und in die Ruhelage zurückgeführt In 8 .

1.22.8 Polyneoptera

= Paurometabola; = Plecoptera + Pliconeoptera

Die Plecoptera, Grylloblattodea, Mantophasmatodea, Dictyoptera, Saltatoria, Dermaptera, Embioptera und Phasmatodea bilden möglicherweise ein Monophylum, meist gut kenntlich an der besonderen Struktur des Analfächers im Hinterflügel (Abb. 1.75) In 9 : Die zahlreichen Analadern sind distal kaum verzweigt; die erste Analis ist einfach. A_1 verläuft dem ebenfalls einfachen CuP fast parallel. A_1 und CuP bilden eine markante Zäsur zwischen dem vorderen Flügelsektor und dem Geäder des Analfächers. Mehrere Zweige von A_2 entspringen einem gemeinsamen Stamm. All dies ist bei manchen Taxa sekundär stark verändert.

1.22.8.1 Plecoptera (Steinfliegen)

2200 Arten. Die Steinfliegen sind wenig gewandte Flieger und meist unauffällig gefärbt. Die Larven leben in Gewässern am Grund oder unter Steinen und atmen teils durch die Haut, teils durch schlauchförmige Tracheenkiemen. In Neuseeland und Südamerika auch einzelne Arten (Gripopterygidae) mit terrestrischen Larven. Die Imagines haben einen lang gestreckten, dorsoventral etwas abgeplatteten Körper. Die Antennen sind lang-borstenförmig. Die meisten Arten tragen lange gegliederte Cerci.

Beispiele: Zu den größten Steinfliegen Europas gehören *Dinocras cephalotes* und *Perla*; sehr artenreich ist *Nemoura* mit *N. cinerea* als der häufigsten mitteleuropäischen Art. *Chloroperla* (Abb. 1.**74d**), grün gefärbt.

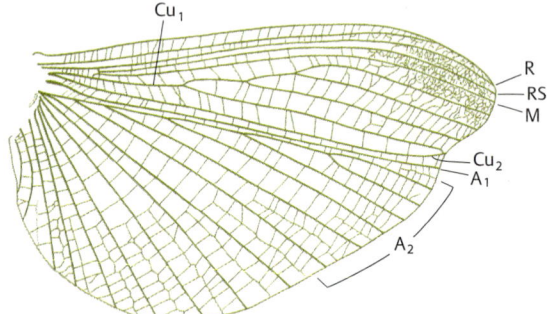

Abb. 1.**75 Polyneoptera:** *Sphodromantis lineola* (Mantodea), Hinterflügel. Er zeigt im parallelen Verlauf des hinteren Cubitus (Cu2) und der ersten Analader (A1) sowie der Art der Verzweigung von A2 charakteristische Apomorphien der Polyneoptera. (Nach Willmann, 2003.)

1.22.9 Pliconeoptera

= Notoptera + Mantophasmatodea + Dictyoptera + Dermaptera + Saltatoria + Phasmatodea + Embioptera

In 10 Die Männchen der Pliconeoptera haben relativ kleine Gonostyli, die ihre Muskulatur verloren haben (theoretisch könnte dies schon in der Stammlinie der Plecoptera + Pliconeoptera erfolgt sein, denn die Plecopteren weisen keine Gonostyli mehr auf). Die Styli dienen nicht der Umklammerung des weiblichen Abdomens während der Kopula, wie dies primär bei den Ephemeroptera und Holometabola der Fall ist.

1.22.9.1 Xenonomia
= Notoptera + Mantophasmatodea

Notoptera (= Grylloblattodea, Grillenschaben) **In 11**. Knapp 30 Arten. Länge bis 3,4 cm. Sekundär flügellos. Mit zahlreichen ursprünglichen Merkmalen (freies Legerohr, Cerci aus 8–9 Gliedern, Mundwerkzeuge kauend, Tarsen fünfgliedrig).
Beispiele: *Grylloblatta*, mit 13 Arten in den alpinen Regionen Nordamerikas. *Grylloblattina* (1 Art), *Galloisiana* (12 Arten), beide in Ostasien.

Mantophasmatodea (Raubschrecken). 10 Arten. Flügellos, erst im Jahre 2002 beschrieben. Cerci eingliedrig. Weibchen mit kurzem Ovipositor. Rezent nur aus Afrika bekannt, fossil auch aus dem Baltischen Bernstein. Ernähren sich von anderen Arthropoden.
Beispiel: *Mantophasma*.

1.22.9.2 Dermaptera (Ohrwürmer)

2000 Arten, meist unter 2 cm lang (Maximallänge 8,5 cm). Kopf prognath, Vorderflügel stark verkürzt, äußerst derb („Tegmina"). Die Hinterflügel, soweit vorhanden, werden unter die Vorderflügel gefaltet. Die Cerci sind zu einer Zange umgebildet.

Die Dermaptera sind meist nachtaktive Bodenbewohner, die pflanzliche und tierische Reste fressen.
Beispiele: Der kleinste europäische Ohrwurm ist *Labia minor* (Kleiner Ohrwurm, guter Flieger), der größte *Labidura riparia* (Sandohrwurm), der an sandigen Küsten und Ufern vorkommt. Am häufigsten ist *Forficula auricularia* (Gemeiner Ohrwurm, Abb. 1.**76a**).

Möglicherweise sind die Dermaptera die nächsten Verwandten der Dictyoptera.

Abb. 1.**76** **Insecta. a** Dermaptera: *Forficula auricularia*; **b** Blattodea: *Celatoblatta* sp.; **c** Mantodea; **d** Embioptera: *Monotylota ramburi*, Jungtier (Fotos a, d von Rainer Willmann, b, c von Frank Wieland).

1.22.10 Dictyoptera

= Blattopteroidea, Isopteria oder Blattarida; = Mantodea + Blattodea

In 12

– Der Querbalken des Tentoriums im Kopf wird von den Schlundkonnektiven durchzogen.
– Im Vorderflügel ist die Clavalfurche mit dem darin verlaufenden CuP bogenförmig gekrümmt; die Analader ist verkürzt.
– Die Weibchen zeichnen sich durch eine Vaginaltasche (Bursa) aus. Sie wird ventral vom Sternit 7 verschlossen; ihr Dach besteht aus dem reduzierten 8. und 9. Abdominalsternit.
– Die Eier werden in einer Eikapsel (Oothek) vereinigt abgelegt. (Die Einzelablage bei den meisten Termiten ist sekundär).

1.22.10.1 Mantodea (Gottesanbeterinnen)

2300 Arten. Die Mantodea sind räuberische Insekten. Der Prothorax ist gestreckt. Die Vorderbeine sind zu Fangbeinen umgewandelt (Nahrung: andere Arthropoden, aber sogar kleine Wirbeltiere) (Abb. 1.**76c**).

Die meisten Arten leben in den Tropen, 18 Arten kommen in Zentral- und Südeuropa vor. Am bekanntesten ist in Europa die Gottesanbeterin *Mantis religiosa*.

1.22.10.2 Blattodea
= Isoptera + Blattaria

Apomorphien:
- Verlust des Frontalocellus (= Medianocellus). Die Mantodea haben noch alle drei Ocelli.
- Aufgrund der Struktur von R und RS scheint ein vor dem Hauptast liegendes Feld von Seitenästen durchzogen zu werden (der hintere, zusammengesetzte Ast von RS ist besonders kräftig).
- Der Ovipositor ist so weit verkürzt, dass er noch im Vestibulum endet (Mantodea: er überragt das Vestibulum).

Blattaria (= Blattariae, Blattodea, Schaben, Abb. 1.**76b**). 4000 Arten. Die Blattodea sind ausgesprochene Lauftiere. Sie haben einen abgeplatteten Körper, die Fühler sind lang. Der Kopf steht hypognath und wird von dem breiten Halsschild (Pronotum) fast völlig bedeckt. Die Mundwerkzeuge zeigen kaum Spezialisierungen. Vorderflügel (Tegmina) derb, Hinterflügel zarthäutig und mit großem Analfeld. Schaben ernähren sich von allen nur denkbaren organischen Substanzen. Die meisten Arten sind nachtaktiv. Einige Arten sind als Kulturfolger weltweit verbreitet. Die Blattaria sind wahrscheinlich paraphyletisch (s. Isoptera).
Beispiele: Eine relativ häufige einheimische Art ist *Ectobius sylvestris* (Waldschabe). *Blatta orientalis* (Küchenschabe) ist aus Afrika oder Asien eingeschleppt. *Periplaneta americana* (Amerikanische Schabe) ist selten in Häusern zu finden, sie liebt die Feuchtigkeit.

Isoptera (Termiten): 3000 Arten, Körperlänge alter Königinnen bis 14 cm. Die Isoptera sind wahrscheinlich eine Teilgruppe der Schaben. Nächster Verwandter dürfte die Schabe *Cryptocercus* sein. Als Synapomorphien zwischen *Cryptocercus* und den Termiten gelten unter anderem Übereinstimmungen im Proventriculus und die im Darm lebenden Flagellaten. Die Termiten bilden komplexe soziale Gemeinschaften mit verschiedenen Kasten. Die fortpflanzungsfähigen Tiere (Königin, König) haben annähernd gleichgestaltete Flügel (Isoptera = Gleichflügler). Neuter sind die larval gebliebenen Kasten (Kasten unter Ausnahme der Geschlechtstiere): Neuter mit besonders großen Kiefern dienen der Verteidigung (Soldaten). Sie sind wie die Arbeiter flügellos. Die Kasten können je nach Art aus männlichen und weiblichen Individuen bestehen oder auch nur aus einem Geschlecht, und jede Kaste kann mit verschiedenen Morphen auftreten. Pseudergaten können sich im Zuge ihrer Häutungen in Soldaten, Ersatzgeschlechtstiere oder Nymphen verwandeln oder wieder zu Pseudergaten. Die Bevölkerung in einem Termitenstaat kann mehrere Millionen Individuen betragen. Die Bauten mancher Arten erreichen 6 m Höhe. Fast alle Arten nutzen Holz als Nahrung, einige sind Humusfresser.
Beispiele: Zwei Arten in Südeuropa auf Holz: *Kalotermes flavicollis* und *Reticulitermes lucifugus* (Gelbfußtermite). Die ursprünglichste rezente Art ist die australische *Mastotermes darwiniensis*.

1.22.11 Orthopterida

= Orthopteria; = Orthopteroidea; = Grylliformida; = Phasmatodea + Saltatoria + Embiida

In 13

– Cercus auf 2 Glieder verkürzt (Phasmatodea: weiter vermindert auf 1 Glied).
– Vorderflügel mit einem ausgeprägten Präcostalfeld (bei der Kronengruppe der Phasmatodea reduziert).

1.22.11.1 Embiida (Tarsenspinner, Embien)
= Embioptera

800 Arten, bis 2,5 cm lang. Die Embioptera sind nach Ansicht vieler Autoren die nächsten Verwandten der Phasmida. Kopf prognath. Das erste Tarsalglied der Vorderextremitäten ist stark verdickt und enthält Spinnsaftdrüsen, mit deren Hilfe sie Wohntunnel aus Seidengespinst bauen. Die Männchen sind häufig noch geflügelt, die Weibchen sind stets flügellos. Embien leben in Kolonien; sie ernähren sich von toten Blättern und anderen Pflanzenstoffen aus der näheren Umgebung ihrer Wohngespinste. Die meisten Arten leben in tropischen Regionen; in Europa kommen nur wenige Arten im Süden vor, darunter *Monotylota ramburi* und *Embia amadorae* (Iberische Halbinsel) (Abb. 1.**76d**).

1.22.11.2 Phasmatodea (Stabschrecken)
= Phasmida

3000 Arten, bis über 35 cm lang (Abb. 1.**78a,b**). Die Phasmatodea sind teils sehr schlank (Stabheuschrecken), teils sind sie Formen mit erweitertem Abdomen wie das Wandelnde Blatt (*Phyllium bioculatum*). Sie kommen überwiegend in den Tropen und Subtropen vor und ernähren sich ausschließlich von Pflanzen. Viele Teiltaxa sind flügellos (in einem oder beiden Geschlechtern), und wie es scheint, sind wiederholt Flügel und das Flugvermögen nach einem Flügelverlust re-evolviert worden. Die Vermehrung erfolgt häufig parthenogenetisch. In Europa sind die Stabheuschrecken mit sechs Arten vertreten, die alle flügellos sind (z. B. *Leptynia hispanica*).

Vielfach gelten die Phasmatodea allein als Schwestergruppe der Saltatoria. Vielleicht aber bilden die Embioptera die nächsten Verwandten der Phasmida (Eukinolabia-Hypothese). **Mögliche Synapomorphien** In 14 : Operculum der Eier, strukturelle Übereinstimmungen im Prothorax.

1.22.11.3 Saltatoria (Springschrecken)
= Orthoptera s. str.; = Ensifera + Caelifera

20 000 Arten, bis 20 cm lang. Die Propleuren werden von Seitenlappen des Pronotums bedeckt, wobei das Pronotum ein sattelähnliches Aussehen gewinnt. Die Vor-

derflügel (Tegmina) sind schmal, teilweise aber verkürzt oder ganz reduziert. Die Männchen der meisten Arten stridulieren, indem sie Körperteile gegeneinander reiben.

Namengebend für die Saltatoria ist deren **Sprungfähigkeit**: Die Femora der Hinterbeine sind verdickt, in ihnen befindet sich der Sprungmuskel (Extensor der Tibia). Die Tarsen weisen höchstens vier Glieder auf. Die Spermaübertragung erfolgt fast immer durch Spermatophoren (Samenbehälter), die vom Männchen aus Sekret der sogenannten Anhangsdrüsen gebildet und auf das Genitale des Weibchens übertragen werden.

Caelifera (= Locustoidea, Kurzfühlerschrecken, Feldheuschrecken). Antennen kurz. Die Caelifera sind meist tagaktive, reine Pflanzenfresser. Die Männchen der meisten Arten stridulieren, indem sie die Hinterbeine gegen die Vorderflügel reiben (Ausbildung einer Leiste mit Zähnchen; femoro-tegminale Stridulation). Die Gehörorgane liegen an der Basis des Abdomens.
Beispiele: Rotflügelige Ödlandschrecke (*Oedipoda germanica*), Wanderheuschrecken (z. B. *Locusta migratoria* und *Schistocerca gregaria*, Schwärme aus bis zu 2 Milliarden Individuen).

Ensifera (Langfühlerschrecken, Laubheuschrecken). Die Ensifera haben (abgesehen von manchen grabenden Arten) lange dünne Fühler. Die meisten Arten stridulieren durch Gegeneinanderreiben der Vorderflügel (tegmino-tegminale Stridulation, S. 596). Sie tragen an den Vorderbeinen Gehörorgane.
Beispiele: *Tettigonia viridissima* (Großes Grünes Heupferd, Abb. 1.**78c**), *Decticus verrucivorus* (Warzenbeißer). Die Grillen haben meist je zwei Gehörorgane (innen und außen) auf der Vordertibia (z. B. *Acheta domestica*, Heimchen und *Gryllus campestris*, Feldgrille). *Gryllotalpa* (Maulwurfsgrille) hat als Grabschaufeln entwickelte Vorderextremitäten.

1.22.12 Eumetabola

= Phalloneoptera; = Paraneoptera [Zoraptera + Acercaria] + Holometabola bzw. Acercaria + Holometabola

Möglicherweise bilden die Holometabola und Paraneoptera (bzw. die Holometabola und Acercaria) ein Monophylum. Mögliche **synapomorphe** Übereinstimmungen In 15 :
- Verringerung der Zahl der Malpighi-Gefäße.
- Neue Ausprägung der männlichen Genitalien, die sich von Phallus-Loben des 10. Abdominalsegments herleiten sollen.
- Polytrophe Ovariolen. Polytrophe Ovariolen, d. h. Ovariolen, bei denen jede Eizelle mit einer proximal angelagerten Gruppe von Nährzellen ausgestattet ist, finden sich bei den Psocodea, Hemiptera und Holometabola. Vielleicht wurde die ursprüngliche panoistische Ovariole (mit hintereinanderliegenden Eizellen, die nicht mit Nährzellen vergesellschaftet sind) in der Stammgruppe der Phalloneoptera in polytrophe Ovariolen umgewandelt und bei den Thysanopteren und einigen Holometabola sekundär wieder angelegt (sowie den Zoraptera, falls diese zu den Phalloneoptera gehören). Alternative: Konvergente Entstehung po-

lytropher Ovariolen bei den Psocodea, Hemiptera und Holometabola. Nach Untersuchungen der Ovariolen der Thysanopteren entstanden ihre panoistischen Ovariolen tatsächlich durch Merkmalsumkehr.
- Endosternie im Pterothorax (thorakale sternale Invagination). Weite Sterna innerhalb der Gruppe wären dann sekundär.

1.22.13 Paraneoptera

= Parametabola; = Hemipteroidea; = Zoraptera + Acercaria

Vielleicht sind die Zoraptera die Schwestergruppe der Acercaria. **Mögliche Synapomorphien** In 16 der beiden Gruppen:
- Wenige (sechs oder weniger) Malpighi-Gefäße.
- Eine stark konzentrierte Bauchganglienkette aus zwei (Zoraptera) bzw. nur einem Ganglienknoten im Abdomen.
- Die in den Flügeln durch die Gabel von CuA gebildete „Areola postica".

1.22.13.1 Zoraptera (Bodenläuse)

30 Arten, bis 3 mm lang. Die Zoraptera umfassen nur *Zorotypus* mit wenigen Arten, die in kleinen Kolonien in tropischen Regionen leben.

Neben geflügelten Arten, z. B. *Z. brasiliensis*, gibt es auch flügellose. Die systematische Stellung der Zoraptera ist ungeklärt.

1.22.14 Acercaria

113 800 Arten. Die Acercaria gelten allgemein als Monophylum. Abgeleitete **Grundmustermerkmale** In 17 :
- Vergrößerung des Postclypeus und seiner Cibarium-Dilatoren.
- Cibarium-Pumpe (im vor dem Hypopharynx liegenden Mundvorraumteil. Details s. Autapomorphien der Psocodea.)
- In den Maxillen ist die Lacinia vom Stipes abgekoppelt und zu einer schmalen Stange verlängert, die vor- und rückziehbar ist.
- Die Malpighi-Gefäße sind auf 4 (oder weniger) vermindert.
- Statt einer Bauchganglienkette findet sich eine einzige abdominale Ganglion-Masse.
- Die Cerci sind vollständig reduziert.

1.22.15 Micracercaria In 18

= Psocodea + Thysanoptera

Die Thysanoptera stimmen mit den Psocodea unter anderem in der Konfiguration des großen dorsalen Muskels der Cibarium-Pumpe mit einer medianen Sehne überein, und wie die zu den Psocodea gehörenden Tierläuse (Phthiraptera) haben Thysanoptera Spermien mit zwei Flagellen. Es gilt manchen Autoren als unwahrscheinlich, dass die Hemiptera auf Vorfahren mit biflagellaten Spermien zurückgehen, da sie zwei Mitochondrien im Axonema haben. Mit diesen Eigenschaften ließe sich folglich die Annahme des Schwestergruppenverhältnisses Micracercaria-Hemiptera begründen. (Biflagellarität kommt aber als individuelle Variante zumindest bei Hemiptera-Spermien [*Pyrrhocoris apteris*] vor).

1.22.15.1 Thysanoptera (Fransenflügler, Blasenfüßler, Thripse)

5350 Arten, meist 2–5 mm, selten bis 14 mm lang. Flügel schmal, tragen einen Saum aus feinen Fransen. Die Mundwerkzeuge sind asymmetrisch (rechte Mandibel reduziert). Als „Gewitterfliegen" schwärmen die Fransenflügler an schwülen Tagen in großer Anzahl. Manche Arten können an Kulturpflanzen beträchtlichen Schaden anrichten (*Limothrips cerealium* an Getreide, *Kakothrips pisivorus* an jungen Erbsenschoten).

Häufig werden die Thysanoptera und Hemiptera als **Condylognatha** (= **Hemiptera**) zusammengefasst. Bei ihnen sind nicht nur die Laciniae der Maxillen wie im Grundplan der Acercaria zu stechenden Mundwerkzeugen umgewandelt, sondern auch die – nun sekundär monocondyl gewordenen – Mandibeln bilden Stechborsten. Die Deutung dieser Übereinstimmung als Synapomorphie ist aber problematisch, da die Mundwerkzeuge im Einzelnen in Struktur und Funktion recht verschieden sind. Es gibt zwar noch weitere abgeleitete Übereinstimmungen, aber es gibt einen gewichtigen Grund gegen die Annahme der Monophylie der Condylognatha: In ihrem Grundplan muss noch ein aus allen Hauptstämmen bestehendes Flügelgeäder existiert haben (s. z. B. Zikaden). Im Grundplan der Psocodea (bzw. Psocoptera) und der Thysanoptera war dies aber nicht der Fall; diese Taxa stimmen in charakteristischen Geäderreduktionen abgeleitet überein, was die Micracercaria-Hypothese stützt.

1.22.16 Psocodea

= Psocoptera + Phthiraptera

9000 Arten. **Apomorphien** In 19:
- Eine Einfaltung der Cuticula an der Basis der Geißelglieder. Dabei handelt es sich um eine Abreißvorrichtung, die es dem Tier erlaubt, unter Verlust eines Teiles der Antenne Feinden zu entkommen, die es an den Antennen ergriffen haben.
- Der Cardo an der Maxille fehlt.
- Ein Aufnahmesystem für Wasserdampf. Es besteht aus Hypopharynx-Skleriten, die durch einen Gang mit dem Cibarium-Sklerit verbunden sind. Wasserdampf kondensiert auf den Skleriten des Hypopharynx und wird durch die Cibarium-Pumpe durch den Gang gepumpt. Diese Pumpe besteht aus dem tassenförmigen Sklerit des Cibarium (d. h. des vor dem Hypopharynx liegenden Mundvorraumteiles) und einem Fortsatz des Epipharynx. Eine Cibarium-Pumpe ähnlicher Struktur findet sich auch bei den Thysanoptera.
- Der Ovipositor ist reduziert.

1.22.16.1 Psocoptera (Staubläuse, Bücherläuse, Rindenläuse u. a.)
= Copeognatha; = Corrodentia

4000 Arten. Die Psocoptera haben eine Reihe von charakteristischen Flügelmerkmalen: Die Media des Vorderflügels ist dreiästig; Cu und MP sind an der Basis fusioniert.

Die häufigste Bücherlaus, die auch in Insektensammlungen beträchtlichen Schaden anrichten kann, ist *Liposcelis terricollis* (= decolor; flügellos). *Trogium pulsatorium* (Totenuhr). *Psyllipsocus ramburi*, parthenogenetisch, mit Flügelpolymorphismus.

1.22.16.2 Phthiraptera (Tierläuse, Haarlinge, Federlinge)

5000 Arten. Flügellose Ektoparasiten von Vögeln und Säugetieren. Kopf und Körper sind abgeplattet. Die Klauen sind recht groß und dienen dem Festklammern an Haaren und Federschäften. Kopf prognath, Antennen kurz; die Mundwerkzeuge sind stark reduziert. Mandibeln beißend oder (bei den Anoplura, den Läusen) stechend-saugend. Die meisten Arten sind an einen bestimmten Wirt gebunden, viele Arten leben auf ihren Wirten in spezifischen Körperbereichen. Die Läuse ernähren sich von Haut und Federn oder saugen Blut.

Beispiele: *Columbicola claviformis* vor allem auf Tauben. *Damalinia bovis* bevorzugt auf Rindern. Bei Kindern ist die Kopflaus, eine Form der Menschenlaus (*Pediculus humanus*), eine immer wiederkehrende Plage. *Phthirus pubis* (Schamlaus).

1.22.17 Hemiptera
= Rhynchota; = Heteropterida + Auchenorrhyncha + Sternorrhyncha (Schnabelkerfe)

99 500 Arten [In 20]. Die Mundteile bilden einen langen Stechrüssel. In ihm bilden die Mandibeln und Maxillen ähnlich wie bei den Thysanoptera Stechborsten, doch ist bei den Hemiptera ein echter Stechrüssel entwickelt. Mandibeln und Maxillen sind basal tief in den Kopf versenkt. Die eng aneinanderliegenden und miteinander verfalzten Lacinien der ersten Maxillen bilden ein Doppelrohr – eines für die Nahrung, eines für den Speichel. Das Labium (2. Maxillen) bildet ein Führungsorgan („Labialrüssel") für die Stechborsten; es umgreift rinnenartig die Stechborsten von hinten. Maxillar- und Labialpalpen fehlen.

Hinzu kommen einige abgeleitete Flügelmerkmale: Der einästige Radiussektor und der Clavus des Vorderflügels. Das Analfeld wird durch den CuP als „Clavus" scharf vom übrigen Flügelfeld abgegrenzt.

Die phylogenetischen Beziehungen zwischen den Heteropterida, Auchenorrhyncha und Sternorrhyncha sind ungeklärt.

1.22.17.1 Heteropterida
= Coleorrhyncha + Heteroptera

Im Vorderflügel sind die beiden Analadern distal zu einer Y-förmigen Ader verschmolzen, und der gemeinsame Endabschnitt läuft über die Clavusfurche (= Anal-

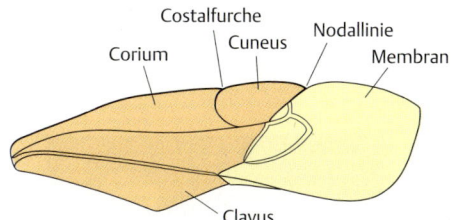

Abb. 1.77 Heteroptera. Vorderflügel einer Blindwanze (Miridae), zeigt die Gliederung in das basale stark sklerotisierte Corium und, von diesem durch die Nodallinie getrennt, die dünnhäutige distale Membran („Hemielytre"). Bei vielen Wanzen, so auch den Miridae, ist der distale vordere Teil des Coriums, der Cuneus, durch eine Incisur (Costalfurche) abgesetzt. Das Analfeld ist als beweglicher Clavus vom Corium abgegrenzt. (Nach Weber, 1930.)

furche des Grundplanes der Neoptera) in das Remigium und verschmilzt hier mit CuA_2. Der Vorderflügel liegt dem Körper flach an In 21 .

Coleorrhyncha. Reliktgruppe mit bisher 25 beschriebenen Arten. Nur auf der Südhemisphäre (Feuerland, Neuseeland, Tasmanien). Auffällig ist die weitlumige Aderung der Vorderflügel. Die Hinterflügel sind außer bei der größten Art aus Feuerland, *Peloridium hammoniorum,* reduziert.

Heteroptera (**Wanzen**, Abb. 1.**78e, f**). 40 500 Arten. Vorderflügel, falls vorhanden, in zwei Abschnitte geteilt (Abb. 1.**77**): einen vorderen bzw. basalen derben und einen hinteren bzw. distalen häutigen („Hemielytren"). Die Flügel liegen in der Ruhe flach auf dem Abdomen. Bei Störungen sondern einige Arten Sekrete mit üblem Geruch aus Duftdrüsen ab, die bei den Imagines im Metathorax ausmünden.

Zu den Wanzen gehören Pflanzensaft- und Blutsauger (z. B. *Cimex lectularius*, Bettwanze) und räuberische Arten wie *Reduvius personatus* (Große Raubwanze). Neben terrestrischen Arten (Boden- und Baumwanzen, z. B. *Pyrrhocoris apterus*, Feuerwanze) gibt es auch Wasserbewohner, die z. T. ein langes Atemrohr entwickelt haben (z. B. *Nepa cinerea*, Wasserskorpion). Größte Art ist die bis 11 cm lange aquatische *Belostoma grande* (in tropischen Regionen). In Europa häufig sind die carnivoren Wasserläufer (*Gerris lacustris*).

1.22.17.2 Auchenorrhyncha (Zikaden)

42 550 Arten. Fühler kurz und mit einer Endborste versehen, die Tarsen sind dreigliedrig. Die Flügel liegen in der Ruhe dachförmig über dem Körper. Bei den Singzikaden (Cicadoidea) erzeugen die Männchen mithilfe von Trommelorganen an den Seiten des 1. Abdominalsegmentes schrille Töne. Bei anderen Zikaden erzeugen auch die Weibchen Gesänge. Die Gehörorgane liegen ventral der Trommelorgane. Die Zikaden leben auf und von Pflanzen, deren Gefäße – seltener Zellen – sie zur Nahrungsgewinnung anstechen.

Beispiele: Die größte europäische Art ist *Tibicin plebejus*. *Cercopis vulnerata* (Blutzikade, Abb. 1.**78g**), Buckelzikaden (mit verlängertem Halsschild), *Fulgora europaea* (Europäischer Laternenträger, Kopf konisch ausgezogen). Die Jassidomorpha, zu der die Wiesen-Schaumzikade (*Philaenus spumarius*) gehört, können springen.

Abb. 1.**78 Insecta. a** Phasmatodea: *Sungaya inexpectata*; **b** Phasmatodea: *Phyllium celebicum*; **c** Saltatoria: *Tettigonia viridissima*; **d** Psocoptera: *Trogium*; **e** Heteroptera: *Palomena viridissima*, **f** Heteroptera: *Graphosoma italicum*; **g** Auchenorryncha: *Cercopis vulnerata* (Fotos a, b von Rebecca Klug, alle übrigen: Rainer Willmann).

1.22.17.3 Sternorrhyncha (Pflanzenläuse)
= Psyllomorpha + Aphidomorpha

17 000 Arten. Die Fühler sind lang und fadenförmig, die Tarsen ein- oder zweigliedrig. Die Basis des Stechrüssels ist nach hinten, zwischen die Vorderhüften verlagert („Sternorrhynchie"). Die Flügel liegen in der Ruhe dachförmig über dem Körper. Das Flügelgeäder ist vereinfacht: Die Basalabschnitte von R, M und Cu sind zu einem einheitlichen Stamm verschmolzen.

Psyllomorpha (= Psylliformes; Aleyrodina + Psyllina). Die Tiere sind mittels eines Sprungmuskels in den Hintercoxen zum Springen befähigt.

Psyllina (Blattflöhe, bis 4 mm lang). Die Nymphen einiger Arten verursachen Gallenbildung und das Einrollen der befallenen Blätter. **Beispiel:** *Psyllopsis fraxini*, an Eschen.
Aleyrodina (Mottenläuse). Mit Wachsplatten auf den Abdominalsegmenten. **Beispiel:** *Trialeurodes vaporariorum* (Weiße Fliege, häufig in Gewächshäusern).

Aphidomorpha (= Aphidiformes; Blattläuse [Aphidina] + Schildläuse [Coccina]). Ca. 12 500 Arten. In den Flügeln sind die Stämme von Sc, R, M und Cu so weit miteinander verschmolzen, dass deren Gabeläste nur noch wie einzelne Zinken einer Harke aus dem Radius zu entspringen scheinen. Bei den Weibchen ist der Ovipositor reduziert (die Eier werden durch einen querliegenden Schlitz abgelegt).

Bei den **Blattläusen** gibt es meist geflügelte und ungeflügelte Morphen und einen Generationswechsel. **Beispiele:** *Viteus vitifolii* (Reblaus), *Phyllaphis fagi* (Wollige Buchenlaus, mit weißer Wachsbedeckung).
 Die **Schildläuse** zeigen einen auffälligen Sexualdimorphismus (ungeflügelte Weibchen, Männchen meist mit Vorderflügeln und zu kleinen Haken umgewandelten Hinterflügeln).

1.22.18 Holometabola
= Endopterygota; = Scarabaeiformes

Ca. 800 000 Arten. Rund 85 % der rezenten Insektenarten gehören zu den Holometabola. Dieser Artenreichtum beruht im wesentlichen auf dem Erfolg einiger stärker abgeleiteter Gruppen – nämlich dem der Käfer, der Dipteren, der apokriten Hymenoptera und der „höheren" Lepidoptera.

 Charakteristisch ist die **holometabole ontogenetische Entwicklung** mit vier Stadien („vollkommene Verwandlung") In 22 : **Ei, Larve, Puppe** und **Imago**. Die **Larve** ist ein mehrphasiges Entwicklungsstadium, dem im Gegensatz zu den Jugendstadien der nicht-holometabolen Insekten äußere Flügelanlagen und Genitalanhänge fehlen (Abb. 1.**79**): Die Flügelanlagen entwickeln sich zunächst unter der larvalen Cuticula und werden erst bei der Verpuppung ausgestülpt (**Endopterygotie**). Auch die externen Genitalstrukturen treten erst mit der Häutung der Larve zur Puppe äußerlich in Erscheinung. Anstelle von Komplexaugen haben die Larven wenige isoliert voneinander stehende modifizierte Ommatidien, die **Stemmata**. Sie werden während der Metamorphose abgebaut und durch die Komplexaugen ersetzt. Die larvenspezifischen Eigenschaften ermöglichen den Larven eine andere Lebensführung als den Imagines und mindern so die innerartliche Konkurrenz. Während des **Puppenstadiums** erfolgt durch Histolyse der Abbau larvaler Organe und die Anlage imaginaler Eigenschaften. Die Puppe (Abb. 1.**79b**) nimmt ursprünglich keine Nahrung auf und ist primär kaum beweglich.

Innerhalb der Holometabola liegt die erste Dichotomie wahrscheinlich zwischen den Fächerflüglern (Strepsiptera) und allen übrigen Taxa oder aber den Coleoptera + Neuropteroidea + Strepsiptera auf der einen und den Hymenopteroidea + Mecopteroidea auf der anderen Seite. Es gibt aber seit jeher alternative Überlegungen, zum Beispiel, dass die Hymenoptera die Schwestergruppe aller übrigen Holometabola seien.

1.22.18.1 Strepsiptera (Fächerflügler)

600 Arten, Länge bis 7,5 mm. Die stets ungeflügelten und meist augenlosen Weibchen leben frei oder bleiben bei der überwiegenden Zahl der Arten zeitlebens als Parasiten in anderen Insekten. Dort entwickeln sich auch die Larven. Die Männchen leben frei. Deren Komplexaugen sind groß, die Vorderflügel zu kurzen Fortsätzen („Pseudohalteren") umgewandelt, die eine ähnliche Funktion wie die Halteren der Dipteren haben, die Hinterflügel großflächig. Die Imagines nehmen keine Nahrung auf. Zur Begattung per Einstich (eine Geschlechtsöffnung fehlt den Weibchen) strecken die Weibchen einen kleinen Teil ihres Körpers aus dem Wirt heraus.

Oft wurden die Strepsiptera als die nächsten Verwandten der Käfer, bisweilen sogar als Teilgruppe der Käfer angesehen, da die Anzahl der Ocelli bei beiden Taxa auf zwei vermindert ist. Die Vorderflügel der Strepsipteren sind zu Pseudohalteren umgewandelt, in denen bisweilen den Käfer-Elytren ähnliche Strukturen gesehen wurden. Die Flugmuskulatur im Mesothorax ist vermindert; die Hinterflügel sind die eigentlichen Flugorgane; dementsprechend ist der Metathorax vergrößert. Das Geäder des Hinterflügels ist vereinfacht.

1.22.18.2 Neuropteriformia

= Coleoptera + Neuropterida

Mögliche Synapomorphien In 23 :
- Bei den Planipennia, Coleoptera (jeweils nicht alle Gruppen) und Raphidiodea findet sich ein Ductus receptaculi, durch den die Weibchen das Sperma aufnehmen, und ein ableitender Ductus seminalis. Da es in der Morphogenese dieser Strukturen große Übereinstimmungen bei den Coleoptera und Raphidiodea gibt, dürfte dies auf Synapomorphie beruhen. Bei den Megaloptera, einigen Coleoptera und Planipennia ging der Ductus seminalis wahrscheinlich wieder verloren.
- Veränderungen am Axillare I und II im Flügelgelenk.
- Weitgehende Reduktion der Cerci der Männchen.

Abb. 1.**79 Insecta, Holometabola. a** Larve (Raupe von *Sphinx ligustri*, Lepidoptera, Ligusterschwärmer); **b** Puppe von *Dytiscus marginalis* (Coleoptera, Gelbrandkäfer). (Fotos von Rainer Willmann.)

- Veränderungen an den weiblichen Genitalien. Darunter ist eine Reduktion und Fusion der 1. Valvulae zu nennen, der Verlust der 2. Valvulae als eigenständiger Bildungen, der Verlust der Cerci und eine Fusion des Gonangulum mit dem Tergum 9.
- Prothorax der Larven (zumindest dorsal) verlängert; er ist im Grundplan sowohl der Coleoptera als auch der Neuropterida dorsal länger als Meso- oder Metathorax.

Neuropteria
= Neuropteroidea; = Neuropterida; = Rhaphidiodea + Megaloptera + Planipennia (Netzflügler)

8000 Arten. Zahlreiche **Eigenschaften** sprechen für die **Monophylie** dieser Gruppe In 24 , darunter:
- Ein mit Sensillen besetztes Feld im dorsolateralen Bereich von Abdominalsegment 10. Möglicherweise handelt es sich dabei um Reste der Cerci.
- Verlust von Tergit 11 (eventuell mit Tergit 10 fusioniert).
- Die Weibchen haben ein Ersatzlegerohr, die Muskulatur des Gonoporus wurde zur Muskulatur des Ersatzlegerohres.

Raphidiodea (= Raphidioptera, Kamelhalsfliegen). 210 Arten. Die Raphidiodea sind heute auf die Nordhemisphäre beschränkt, fossil sind sie aber auch in Südamerika nachgewiesen. Ihr deutscher Name bezieht sich auf ihren langen „Hals" (Pronotum). Die Puppe ist kurz vor der Häutung zur Imago sehr beweglich.
Beispiele: *Raphidia* (Abb. 1.**80a**), auch in Europa, *Inocellia*, ohne Ocelli.

Megaloptera (Schlammfliegen). 270 Arten. Kopf prognath. Larven aquatisch, mit seitlichen abdominalen Tracheenkiemen.
Beispiele: *Sialis* (Abb. 1.**80b**), 6 Arten in Europa. *Acanthocorydalus kolbei* mit seinen extrem verlängerten Mandibeln erreicht eine Flügelspannweite von 16 cm.

Abb. 1.**80 Insecta. a** Neuroptera, Raphidiodea: *Raphidia (Phaeostigma) notata*; **b** Neuroptera, Megaloptera: *Sialis fuliginosa*; **c** Neuroptera, Planipennia: *Osmylus fulvicephalus*. (Fotos von Rainer Willmann.)

Planipennia (= Neuroptera, Netzflügler im engeren Sinne, Abb. 1.**80c**). 7000 Arten. Die Planipennia sind oft gekennzeichnet durch ihre mit vielen Queradern versehenen Flügel.

Zu ihnen zählen **z. B.** die Myrmeleontidae (Ameisenjungfern), die schnell fliegenden Ascalaphidae (Schmetterlingshafte), die Chrysopidae (Florfliegen, Goldaugen) und die Mantispidae (Fanghafte). Unter den Ameisenjungfern ist in Europa *Myrmeleon formicarius* nicht selten. Ihre Larve (Ameisenlöwe) baut Trichter im Sand, an dessen Grund er auf Beute, häufig Ameisen, lauert. Die Florfliegen sind in Europa unter anderen durch *Chrysopa* und *Chrysoperla* vertreten. Die Fanghafte (z. B. *Mantispa styriaca*) ähneln in ihren Raubbeinen den Gottesanbeterinnen.

Coleoptera (Käfer)

360 000 Arten. Die Coleoptera bilden das artenreichste jener Insektentaxa, die man in vielen Büchern im Range einer „Ordnung" findet (Abb. 1.**81**). Allein in Europa kommen etwa 20 000 Arten vor. Zu ihnen gehören auch die massivsten Insekten, z. B. der Goliathkäfer (100 g). Eine charakteristische **Autapomorphie** sind ihre zu derben Deckflügeln, Elytren, umgewandelten Vorderflügel. Die häutigen Hinterflügel sind in Ruhe unter den Deckflügeln verborgen. Die kauenden Mundwerkzeuge sind zur Aufnahme sehr unterschiedlicher Nahrungsstoffe befähigt, von Nektar über Blätter bis zu festen Pflanzenteilen; viele Arten leben räuberisch. Im Wasser lebende Käfer können einen Luftvorrat mitnehmen oder sogar einen Luftfilm aus-

Abb. 1.**81 Insecta. a** Coleoptera, Carabidae: *Carabus coriaceus* (Lederlaufkäfer); **b** Coleoptera, Chrysomelidae: *Cassida viridis*, **c** Coleoptera, Silphidae: *Silpha* sp. (Aaskäfer); **d** Coleoptera, Coccinellidae: *Coccinella septempunctata* (Siebenpunkt); **e** Coleoptera, Curculionidae: *Apion miniatum*; **f** Coleoptera, Cerambycidae: *Aromia moschata* (Moschusbock). (Fotos von Rainer Willmann.)

bilden, der sie vollkommen unabhängig von der Außenluft macht (Plastron-Atmung, S. 752).

Teiltaxa: Bei den **Archostemata** sind die Elytren vergleichsweise gering sklerotisiert, der Körper ist mit Schuppen bedeckt. Sie gelten als die in vieler Hinsicht ursprünglichsten Käfer (Beispiel: *Micromalthus*). Von den kleinwüchsigen aquatischen **Myxophaga** sind nur rund 100 Arten bekannt. Zu den primär räuberischen **Adephaga** gehören unter anderem die Laufkäfer (Carabidae), Cicindelidae (Sandlaufkäfer, z. B. *Cicindela*) und Dytiscidae, z. B. *Dytiscus marginalis* (Gelbrand). Bei den Larven der **Polyphaga** sind Tibia und Tarsus zu einem Tibiotarsus verschmolzen. **Beispiele:** Scarabaeoidea mit *Lucanus cervus* (Hirschkäfer), *Melolontha melolontha* (Maikäfer), *Cetonia aurata* (Rosenkäfer), Staphylinidae (Kurzflügler: Elytren verkürzt), Elateridae (Schnellkäfer), Lampyridae (Leuchtkäfer, zum Beispiel *Lampyris noctiluca*, das Glühwürmchen), Coccinellidae (Marienkäfer, *Coccinella*, *Adalia* und Verwandte), Cerambycidae (Bockkäfer, z. B. *Agapanthia villosoviridescens*), Curculionidae (Rüsselkäfer).

1.22.18.3 Mecopteriformia

= Hymenoptera + Mecopteria

Wahrscheinlich bilden die Hymenopteren die Schwestergruppe der Mecopteria. Mögliche **Synapomorphien** der beiden Taxa sind folgende Merkmale [In 25]:
- Der präorale Boden der Saugpumpe im Vorderdarm ist vollkommen sklerotisiert (plesiomorpher Zustand: Mittelteil des Präoralhöhlenbodens membranös).
- Die Larven sind **eruciform** (raupenähnlich mit hypognathem Kopf) und polypod. Hier allerdings bestehen Vorbehalte (eventuell Konvergenz).
- Die Produktion von **Seide** für den Puppenkokon erfolgt durch die larvalen **Labialdrüsen**. (Einen seidenen Puppenkokon bauen zwar auch die Neuropterida, doch geschieht das bei ihnen mittels eines Sekrets der Malpighi-Gefäße.)

Hymenoptera (Hautflügler)

140 000 Arten (Abb. **1.83**). Meistens mit zwei Paar häutigen Flügeln, die durch eine Hakenreihe an der Vorderkante der meist wesentlich kleineren Hinterflügel miteinander verbunden sind. Die Mundwerkzeuge sind im ursprünglichen Fall beißend („orthopteroid"). Bei den Apocrita (s. u.) bildet das Mundfeld einen vorstreckbaren Komplex, der wegen der flächigen Galeae und den verschmolzenen und behaarten Glossae zum Aufnehmen von Flüssigkeiten dienen kann. Primär ist das Abdomen in seiner ganzen Breite mit dem Thorax verbunden, wobei das erste Abdominalsegment fest mit dem Metathorax verschmolzen ist und kein Sternum mehr aufweist.

Teiltaxa: Zu den **Tenthredinoidea** gehören beispielsweise *Tenthredo* und *Rhogogaster* als verbreitete Blattwespen. Die **Unicalcarida** umfassen die Siricidae (z. B. *Urocerus gigas*, Große Holzwespe), Cephidae (Halmwespen) und die Apocrita. Das Monophylum **Apocrita** ist durch die „Wespentaille" charakterisiert, eine Einschnürung zwischen dem 1. und 2. Abdominalsegment. Zu den Apocrita zählen z. B. die Gallwespen (Cynipidae), die Schlupfwespen (Ichneumonidae, weltweit über 100 000 Arten), die Ameisen (Formicidae, z. B. *Formica rufa*, Rote Waldameise, *Lasius niger*, Schwarze Wegameise), die Grabwespen (Sphecidae, z. B. *Philanthus triangulum*, Bienenwolf), die sozialen Faltenwespen (Vespidae, z. B. *Vespa crabro* Hornisse, oder *Vespula vulgaris*) und die Bienen (Apoidea, z. B. *Apis mellifera*, Honigbiene, und *Bombus terrestris*, Erdhummel). Die verbreitete Staatenbildung ist mehrmals konvergent entstanden.

Mecopteria

= Mecopteroidea; = Mecopterida; = Panorpida ; = Amphiesmenoptera + Antliophora

Apomorphien [In 26]:
- Im Hinterflügel ist A_1 nahe der Basis partiell mit CuP fusioniert.
- Verlust des orthopteroiden Ovipositors der Weibchen.

Amphiesmenoptera (= Trichoptera + Lepidoptera)

Die Trichopteren und Lepidopteren (Köcherfliegen und Schmetterlinge) zeichnen sich durch eine Fülle **synapomorpher** Übereinstimmungen aus [In 27] und bilden

zusammen eines der am besten nachzuweisenden Monophyla der Insekten. Beispiele:
- Die Flügel sind dicht behaart (bei den Schmetterlingen zur Beschuppung weiterentwickelt, konvergent auch bei manchen Köcherfliegen).
- Im Vorderflügel mündet A_2 nicht in den Flügelrand, sondern in A_1, und A_3 mündet in A_2. Dadurch entsteht im Analfeld eine charakteristische Schlinge (Abb. 1.**82**).
- Wegen einer Verlagerung des letzten Astes der Media scheint CuA (= Cu_1) zweiästig zu sein.
- Die Weibchen sind heterogamisch (d. h. nicht die Männchen besitzen ein unpaares X-Chromosom, sondern die Weibchen, und die Männchen haben ein Paar X-Chromosomen, 📖 *Genetik*). Weibliche Heterogamie ist innerhalb der Insekten ansonsten nur von einigen Dipteren bekannt.

Die Larven der letzten Stammform der Amphiesmenoptera waren wie die in den basalen Zweigen der Mecoptera, Siphonaptera und Diptera wahrscheinlich Bodenbewohner.

Trichoptera (Köcherfliegen, Abb. 1.**83**d). 10 500 Arten. Die Mandibeln der Imagines sind weitgehend reduziert, das Labium ist zum „Haustellum" umgewandelt, mit dem pflanzliche Flüssigkeit aufgenommen wird. Die Larven der Trichoptera sind fast immer aquatisch, sie haben beißende Mundwerkzeuge. Einige bauen sich aus Steinchen oder Pflanzenteilen, die sie mit Spinnseide verkitten, einen Köcher, in dem sie sich schließlich auch verpuppen. Andere Larven leben frei im Wasser oder bauen sich Gespinstnetze, die Larven einiger weniger Arten leben terrestrisch. **Beispiele:** *Limnephilus, Phryganea*.

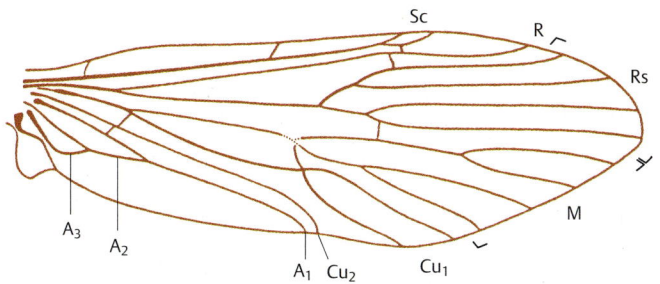

Abb. 1.**82 Trichoptera,** Vorderflügel von *Rhyacophila torrentium*, zeigt die für die Amphiesmenoptera charakteristische Schlingenbildung der Analadern.

Abb. 1.**83 Insecta. a** Hymenoptera, Tenthredinidae; **b** Hymenoptera, Siricidae: *Urocerus gigas*; **c** Hymenoptera, Vespidae: *Vespa crabro* (Hornisse); **d** Trichoptera: *Hydropsyche angustipennis*. (Fotos von Rainer Willmann.)

Lepidoptera (Schmetterlinge, Abb. 1.84a–c). Über 150 000 Arten, in Europa ca. 5000. Flügel beschuppt. Auf der unterschiedlichen Pigmentierung und Struktur der Schuppen beruht die Färbung und Musterung. Die größten europäischen Arten erreichen eine Spannweite von 15 cm, tropische bis zu 30 cm. Die Galeae der Maxillen sind meist als Saugrüssel ausgebildet, mit dem Nektar oder andere Flüssigkeiten aufgesogen werden. Nur bei ursprünglichen Taxa wie *Micropterix* (Micropterigidae) sind noch funktionsfähige beißende Mandibeln für den Pollen- und Sporenverzehr vorhanden.

Beispiele in Europa vorkommender Arten: *Parnassius apollo* (Apollo), *Papilio machaon* (Schwalbenschwanz*)*, *Aporia crategi* (Baumweißling), *Anthocharis cardamines* (Aurorafalter), *Gonepteryx rhamni* (Zitronenfalter), *Inachis io* (Tagpfauenauge), *Pieris brassicae* (Kohlweißling), *Acherontia atropos* (Totenkopf), *Macroglossum stellatarum* (Taubenschwänzchen), *Catocala fraxini* (Blaues Ordensband), *Tineola bisselliella* (Kleidermotte).

Antliophora (Samenpumpenträger; = Mecoptera + Siphonaptera + Diptera) In 28

- Die Labialpalpen bestehen nur noch aus zwei Palpomeren (das distale Glied ist bei den Flöhen sekundär unterteilt).
- Eventuell eine schlanke imaginale Mandibel mit zurückgebildeter vorderer Gelenkung mit der Kopfkapsel (wie bei den Mecopteren und Dipteren; die Siphonaptera besitzen keine Mandibeln mehr).

Abb. 1.**84** Insecta. **a** Lepidoptera: *Zygaena filipendulae*; **b** Lepidoptera: *Polyommatus icarus*, **c** Lepidoptera: *Iphiclides podalirius*; **d** Diptera: *Tipula maxima*; **e** Diptera: *Gasterophilus intestinalis* (Magendasselfliege); **f** Diptera: Syrphidae: *Helophilus pendulus* (Gemeine Sonnenschwebfliege). (Fotos von R. Willmann.)

– Verlust bestimmter Muskeln des larvalen Labrums und des Hypopharynx der Larven.
– Die Beine der Larven sind weitgehend reduziert.

Die stammesgeschichtlichen Beziehungen innerhalb der Antliophora sind nicht geklärt. Die Siphonaptera können die nächsten Verwandten der Diptera oder aber die Schwestergruppe der Mecoptera oder der Diptera + Mecoptera sein, und vielleicht sind die Mecoptera nicht monophyletisch.

Diptera (Zweiflügler, Fliegen im weiten Sinne, Abb. 1.**84d, e, f**). 134 000 Arten. Die Hinterflügel sind zu Halteren (Schwingkölbchen) umgewandelt. Diese sind keine Flugorgane, sondern dienen der Stabilisierung während des Fluges. Nur wenige Arten sind flügellos (z. B. Nycteribiidae, Fledermausfliegen, *Chionea*/Limoniidae, Schneefliege). Die stechend-saugenden oder leckend-saugenden Mundwerkzeuge können sehr unterschiedlich ausgebildet sein, bei manchen Taxa (z. B. *Gasterophilus*, Magendasselfliege) sind sie stark reduziert. In der Regel ernähren sich die Dipteren von Flüssigkeiten, vor allem Nektar und als Ektoparasiten von Blut.
Beispiele: Tipulidae (Schnaken), Chironomidae (Zuckmücken), Culicidae (Stechmücken, z. B. *Culex* und *Aedes*, die Malariamücke), Tabanidae (Bremsen), Asilidae (Raubfliegen), Syrphidae (Schwebfliegen; aufgrund ihrer Färbung teilweise leicht mit Bienen und Wespen zu verwechseln), Trypetidae (Fruchtfliegen), Taufliegen (Drosophilidae; mit dem bekannten „Labortier" *Drosophila melanogaster*), Calliphoridae (Schmeißfliegen) und Muscidae („echte Fliegen", darunter die Stubenfliege *Musca domestica*, Abb. 1.**85**).

Mecoptera (Schnabelfliegen, Abb. 1.**86a, b**). 600 Arten. Die meisten Mecoptera sind durch ihren nach unten ausgezogenen Kopf charakterisiert. Bei den Männchen ist das Genitale am Hinterleibsende charakteristisch erweitert.

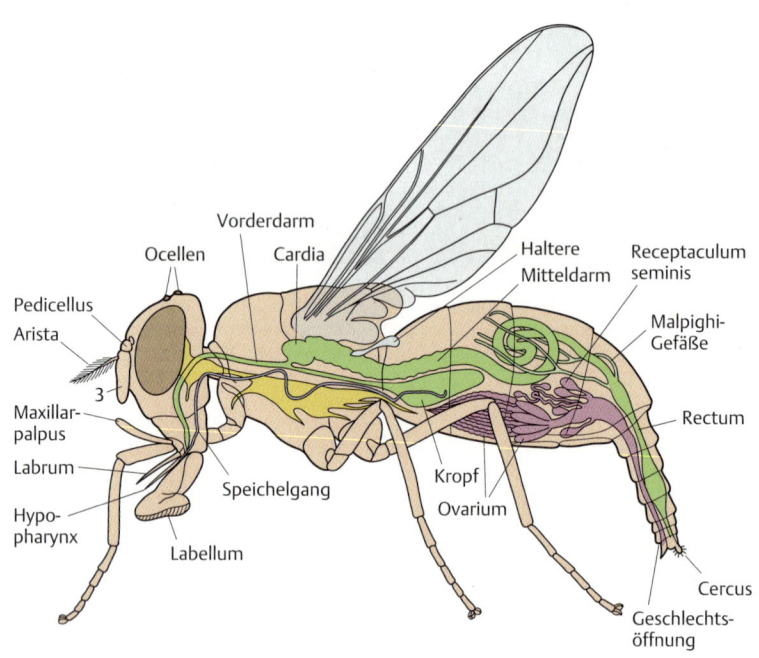

Abb. 1.**85** **Pterygota,** *Musca domestica* (**Stubenfliege**), **Bau.** (Nach Weber, 1954.)

Abb. 1.**86 Insecta. a** Mecoptera: *Bittacus hageni*; **b** Mecoptera: *Panorpa germanica;* **c** Siphonaptera: *Ctenocephalides felis* (Katzenfloh). (Fotos von Rainer Willmann.)

In Europa kommen die Boreidae (*Boreus*, Winterhaft, zur kalten Jahreszeit in Moospolstern), Bittacidae (*Bittacus*, Mückenhaft, räuberisch, mit Fangklauen) und Panorpidae (z. B. *Panorpa*, Skorpionsfliegen) vor.

Siphonaptera (Flöhe). 2200 Arten. Sekundär flügellos, Körper seitlich abgeplattet. Die Mundwerkzeuge sind stechend. Alle Arten leben als Parasiten an Säugetieren und Vögeln.

Beispiele: In Europa selten geworden ist der Menschenfloh (*Pulex irritans*). Der Rattenfloh (*Xenopsylla cheopis*) ist ein wichtiger Überträger der Pest. Zu den häufigsten Arten gehören *Ctenocephalides canis* und *C. felis* (Hunde- und Katzenfloh, Abb. 1.**86c**).

Abdomen: Bei Insekten der auf den Thorax folgende Rumpfabschnitt, bei den Imagines ohne Laufbeine. Bei Crustaceen der extremitätenfreie Körperabschnitt vor dem Telson. Bisweilen wird der Begriff auch für den Hinterleib anderer Arthropoden benutzt, doch entsprechen die Abdomina verschiedener Arthropoden-Gruppen einander in ihrer Begrenzung nicht. Bei Wirbeltieren der ventrale Bereich des hinteren Rumpfes.
Cerci (Sg. Cercus): Paarige terminale Abdominalanhänge bei Euarthropoden, bei Insekten am 11. Abdominalsegment. Die als Cerci bezeichneten Strukturen verschiedener Euarthropoden-Taxa (Trilobita, Symphyla, Insecta) sind einander wohl nicht homolog.

Halteren: Zu Schwingkölbchen umgewandelte Hinterflügel der Dipteren (echte H.), die umgewandelten Vorderflügel der Strepsiptera (Pseudohalteren).
Pro-, Meso-, Metathorax: Das vordere, mittlere und hintere Thoraxsegment der Insekten. Prothorax stets flügellos.
Elytra, Elytre: Stark verfestigter und als Abdeckung dienender Vorderflügel der Käfer und Dermaptera.
Gonoporus: Öffnung des Genitaltraktes

1.23 Radialia

= Phoronida + Brachiopoda + Bryozoa + Echinodermata + Pterobranchia + Enteropneusta + Chordata

Wegen der sessilen Lebensweise in den basalen Taxa der Radialia (Phoronida, Bryozoa, Brachiopoda) und anderen Gruppen ist davon auszugehen, dass die Radialia primär festsitzende Strudler waren. Vielleicht ist im Zusammenhang damit das Nervensystem der basalen Taxa sehr einfach organisiert: Das der Phoronida bildet weitgehend ein diffuses Netz, und die Bryozoa und Brachiopoda weisen nur gering entwickelte Ganglien auf. Alternativ könnte man annehmen, dass die Struktur ihrer Nervensysteme die für die Radialia ursprüngliche ist und Markstränge als Autapomorphie der Gastroneuralia gedeutet werden müssen.

Innerhalb der Deuterostomia ist es bei den Echinodermata und dann wieder bei den Chordata zur Bildung eines mesodermalen, wesentlich aus kalkigen Einlagerungen bestehenden Stützskelettes gekommen. Der für die Strudler charakteristische Tentakelkranz wurde mehrmals reduziert, so bei den Stachelhäutern und den Chordaten. Bei Letzteren bildete dies eine der Voraussetzungen dafür, dass eine von einem bestimmten Standort unabhängige Lebensweise evolviert wurde. Diese wiederum war eine der Voraussetzungen für den Landgang der Vierfüßer unter den Wirbeltieren.

Die Radialia sind die Schwestergruppe der Gastroneuralia. Sie sind ursprünglich zunächst darin, dass sie im Grundplan die **Radiärfurchung** beibehalten haben.
Abgeleitete Merkmale:
- Die Radialia waren im Grundplan möglicherweise **sessil** (festsitzend) (plesiomorpher Zustand: freie Lebensweise der ursprünglichen Bilateria).
- **Körper** und **Coelom** sind in mehrere Abschnitte **gegliedert**. Das Coelom faltet sich primär in Form von zwei Paar Hohlräumen vom Urdarmdach ab. (Bei den Phoronida, Bryozoa und Brachiopoda besteht zu keinem Zeitpunkt der Ontogenese eine Trimerie – eine Unterteilung in drei Abschnitte –, wie sie lange Zeit postuliert wurde.) Das Coelom wird als Konvergenz zum Coelom der Euspiralia betrachtet. Sein Entstehungsmodus wird als Enterocoelie bezeichnet. (Enterocoelie ist aber bei Bryozoen nicht nachgewiesen.)

- Am Mesosoma finden sich **Tentakel**; innerhalb der Tentakelregion liegt der Mund. Sie dienen dem Nahrungserwerb und der Respiration. Die Tentakel werden von Divertikeln des Mesocoels durchzogen.
- Der **Darm** ist U-förmig **gebogen**.
- Möglicherweise gehört ein **geschlossenes Blutgefäßsystem** zum Grundplan der Radialia. Es fehlt sekundär den Bryozoen und Echinodermata, bei den Tunicata ist es sekundär offen.
- **Metanephridien**. Die **Protonephridien** sind auf das **Larvenstadium** beschränkt.

Zu den **Verwandtschaftsbeziehungen** der Phoronida, Brachiopoda und Bryozoa, und damit der basalen Zweige der Radialia gibt es eine ganze Reihe einander teilweise widersprechender Annahmen (Abb. 1.**87**):

1. Tentaculata-Hypothese. Früher wurden die Phoronida, Brachiopoda und Bryozoa als Tentaculata zusammengefasst. Die namengebenden bewimperten Tentakel stehen auf einem Lophophor (Tentakelträger) beiderseits einer bewimperten Rinne. Mit den Tentakeln wird Nahrung durch die Bewegung der Wimpern herangeführt. Das Lophophoralorgan ist als Synapomorphie der drei Taxa interpretierbar, wenn man es als Anhang des Mesosoma definiert, der den Mund umfasst, nicht aber den Anus.
2. Nach manchen Autoren sind die Phoronidea die Schwestergruppe der übrigen Radialia.
3. Phoronozoa-Hypothese (Phoronozoa = Phoronida + Brachiopoda). Nach molekularsystematischen Untersuchungen sind die Phoronida und Brachiopoda miteinander nächstverwandt.
4. Ectoprocta + Entoprocta als Monophylum innerhalb der Gastroneuralia: Vertreten wird auch ein Schwestergruppenverhältnis der Ectoprocta (= Bryozoa) und Entoprocta (= Kamptozoa). Die Phoronida und Brachiopoda seien Deuterostomia, die Bryozoa hingegen Protostomia (= Gastroneuralia). Wesentlicher Unterschied zwischen den Deuterostomia und Protostomia lägen in den Filtersystemen.
5. Lophotrochozoa-Hypothese. Aufgrund molekularer Daten wird oft angenommen, dass die Phoronida, Brachiopoda und Bryozoa als Monophylum (Tentaculata) mit den Trochozoa nächstverwandt sind oder sogar zu diesen gehören (Tentaculata + Trochozoa = Lophotrochozoa). Es bestehen Übereinstimmungen in der Anordnung von Ho(moeobo)x-Genen und im Vorhandensein bestimmter Hox-Gene bei Polychaeten und Brachiopoden, die nur bei den Lophotrochozoa vorkommen.

Fazit: Ob die Tentaculata eine Teilgruppe der Protostomia bzw. der Lophophorata sind – dafür sprechen vorwiegend die molekularen Hinweise – oder zu den Radialia gehören, wofür die Morphologie spricht, ist noch unklar. Ein grundsätzliches Problem stellt allerdings die in vieler Hinsicht ungenügende Datenlage für die Bryozoa dar.

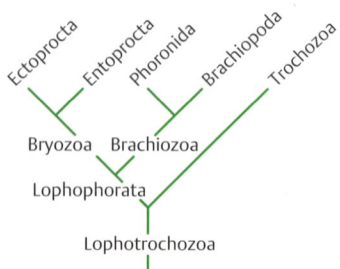

Abb. 1.87 Verwandtschaftsbeziehungen der Bryozoa, Phoronida und Brachiopoda nach der Lophotrochozoa-Hypothese.

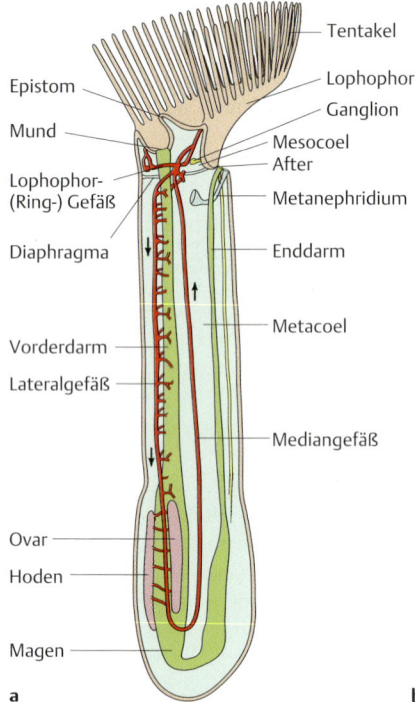

Abb. 1.88 **Phoronida**. a Organisationsschema. b *Phoronopsis*. (Foto von Peter Ax.)

1.23.1 Phoronidea (Hufeisenwürmer)

= Phoronida

Wurmförmig, festsitzend, von einer cuticularen chitinhaltigen Röhre umhüllt. Marin. Die Tiere sind solitäre Strudler. Das Blutkreislaufsystem ist geschlossen (Abb. 1.**88**). Rumpf mit Metanephridien. Die Larve wird „Actinotrocha" genannt. Von den Phoronida, Bryozoa und Brachiopoda haben nur die Larven der Phoronida Protonephridien (1 Paar). Diese werden später durch Resorption des terminalen Abschnittes und Fusion des persistierenden ausleitenden Kanals mit dem Coelom zu Metanephridien.

Beispiel: *Phoronis.*

Bryozoa + Brachiopoda + Deuterostomia: Mögliche Apomorphie: Der hintere Teil des Körpers bildet einen (metasomalen) Stiel zur Festheftung des Organismus am Substrat.

1.23.2 Bryozoa (Moostierchen)

= Ectoprocta

Etwa 4500 rezente Arten, fast 20 000 fossile. Die Moostierchen leben überwiegend im Meer, mit den Phylactolaemata auch im Süßwasser. Sie sind kleinwüchsig, stockbildend, und haben primär eine Chitin-Cuticula. Die Form der Kolonie ist artspezifisch, die Kolonien sind meist mit dem Substrat verwachsen. Exkretionsorgane, Blutgefäßsystem und Herz fehlen (offenbar zurückgebildet). Der Vorderkörper samt Tentakel ist in den hinteren Körperteil rückziehbar (Abb. 1.**89**). Tentakel im Gegensatz zu denen der Phoronida und Brachiopoda mit multiciliären Epidermiszellen.

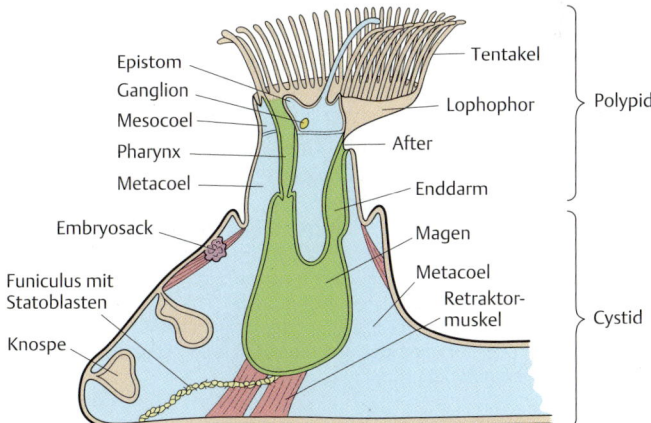

Abb. 1.**89 Bryozoa, Phylactolaemata.** Der Vorderkörper kann in den von einem festen Gehäuse umgebenen hinteren Körperabschnitt zurückgezogen werden. (Nach Hennig, 1980.)

In einer Kolonie können die einzelnen Individuen (Zooide) sehr unterschiedlich sein (**Polymorphismus**): Neben den normalen **Autozooiden** gibt es spezialisierte Zooide ohne Tentakel und oft auch ohne Darm, die der Reinigung der Kolonie dienen und dann vogelkopfähnliche **Avicularien** aufweisen; **Gonozooide**, in denen sich die befruchteten Eier entwickeln (die meisten Arten sind lebendgebärend) oder **Kenozooide**, die die Verankerung bewirken.

Ein **Epistom** (Oberlippe) haben nur die Phylactolaemata, das bei *Fredericella sultana* epithelial ausgekleidet ist und somit einen Coelomraum enthält. Dieser steht sowohl mit dem Tentakel- als auch dem Rumpfcoelom des Tieres in Verbindung, so dass faktisch nur ein Coelomraum besteht.

Die **Vermehrung** erfolgt geschlechtlich und asexuell durch Knospung. Die Larve setzt sich mit der Ventralseite fest. Sie zeichnet sich durch einen vor dem Mund liegenden Komplex von Drüsen- und Sinneszellen aus, ferner durch einen Wimperring und eine Scheitelplatte.

1.23.3 Brachiopoda + Deuterostomia

Möglicherweise sind die Brachiopoden die Schwestergruppe der Deuterostomia.

Als mögliche **Synapomorphie** gilt die **Enterocoelie**. Sie ist nur bei den Brachiopoda und Deuterostomia sicher nachgewiesen.

1.23.4 Brachiopoda (Armfüßer)

Über 30 000 fossile Arten, ca. 320 rezente. Marin. Mit einer dorsalen und ventralen Gehäuseklappe (bei den äußerlich ähnlichen Muscheln liegen die Gehäuseklappen links und rechts des Körpers); Schale primär mit Chitin. Am Hinterende des Körpers mit einem Stiel, mit dem sich die Tiere an Substrat festheften (Abb. 1.**90**). Bei den in dieser Hinsicht abgeleiteten Formen wird der Lophophor mit seinen Tentakeln durch ein kalkiges „Armgerüst" gestützt, das von der Dorsalklappe gebildet wird. Epistom ohne Coelom. Blutkreislaufsystem mit Herz; geschlossen. Die Metanephridien ähneln denen der Phoronida. Im Gegensatz zu den Phoronida haben die lecithotrophen Brachiopoden-Larven aber keine Protonephridien, sondern nur ein Paar Kanäle ektodermaler Herkunft, die später Kontakt mit dem Coelom gewinnen, welches den Trichter der Metanephridien bildet.

Beispiele: *Lingula unguis*. Gehäuseklappen nicht über ein Schloss miteinander verbunden. Ohne Armgerüst. In weichem Substrat; der lange Stiel dient auch zum Graben. †*Terebratula* (Tertiär), mit Armgerüst, das eine Schleife bildet. *Terebratulina septentrionalis*, nördlicher Atlantik. †*Spirifer* (Karbon), berippt, mit spiraligem Armgerüst.

Phylogenetische Stellung: Die Borsten der Brachiopoden, wahrscheinlich eine Autapomorphie, könnten im Fall der Zugehörigkeit der Brachiopoda zu den Lophotrochozoa für nächste Verwandtschaft mit den Annelida sprechen.

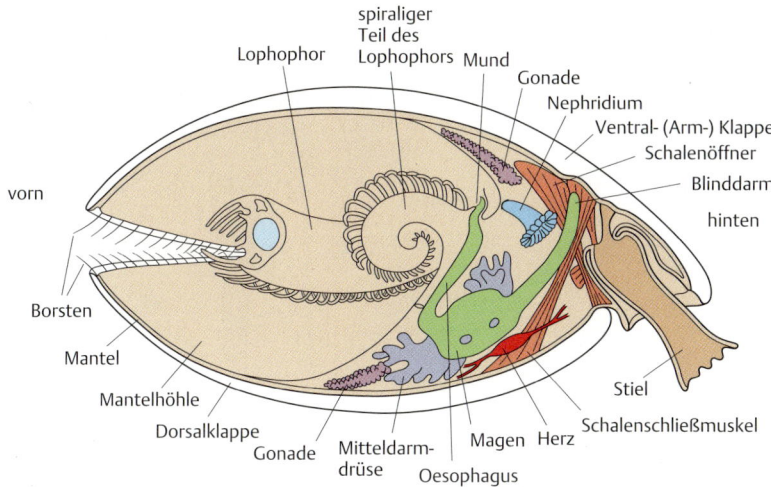

Abb. 1.**90 Brachiopoda, Articulata.** Bau am Beispiel von *Terebratulina*. Physiologisch orientiert (Dorsalklappe unten). (Nach Williams, Rowell, 1965.)

1.23.5 Chaetognatha (Pfeilwürmer)

Ca. 150 Arten, bis 10 cm lang. Marin; räuberisch. Am Kopf mit chitinigen Greifhaken („Kiefer"), die an der Basis von einer Hautfalte, der Kopfkappe, umgeben sind (Abb. **1.91**). Zwitter. Die Pfeilwürmer treten in den Ozeanen oft in gewaltigen Mengen auf.

Phylogenetische Stellung unklar. Viele Autoren halten die Chaetognatha für Deuterostomia (vgl. Abb. **1.4** mit zwei Alternativhypothesen zu ihrer verwandtschaftlichen Position). Aber einige angebliche Deuterostomen-Merkmale beruhen offenbar auf Fehlinterpretationen. Dazu gehört das trimere Coelom, denn dessen formale Dreigliederung durch die Septen gilt als Konvergenz zur Coelomgliederung der Deuterostomia. Außerdem haben die Chaetognatha manchen Autoren zu Folge keine Radiärfurchung. Der terminale Mund und andere Eigenschaften sowie die Ergebnisse molekularsystematischer Untersuchungen könnten auf eine enge Beziehung zu den Cycloneuralia hinweisen. Nach einer wenig populären Meinung sind die Chaetognatha innerhalb der Deuterostomia die Schwestergruppe der Vertebrata (zusammen: Bioculata). Das Fehlen eines dorsalen Nervenstranges wäre nach dieser Deutung eine sekundäre Erscheinung.
Beispiele: *Spadella*, *Sagitta*.

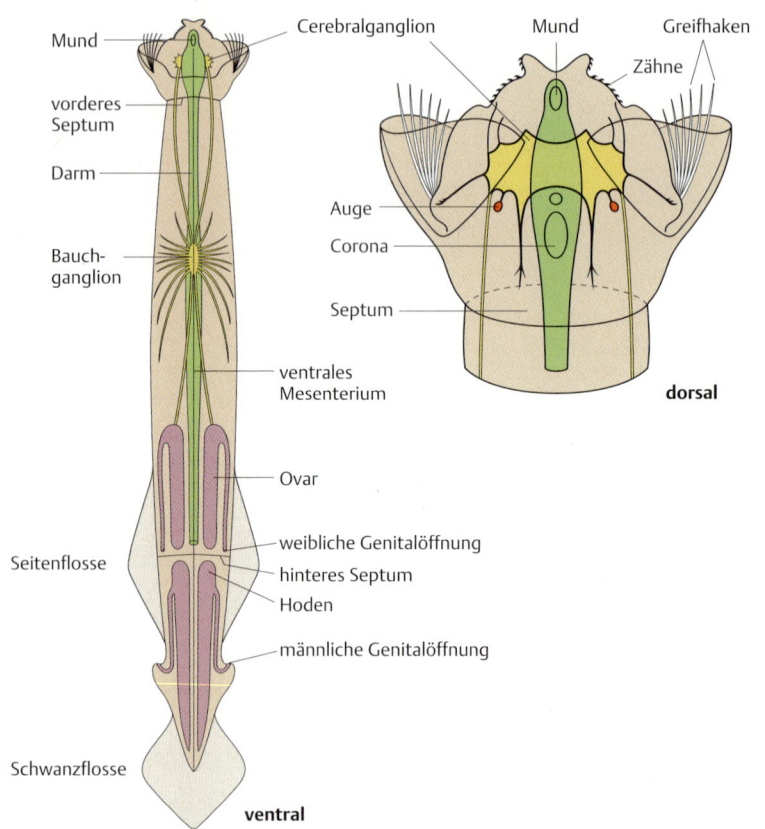

Abb. 1.**91** **Chaetognatha.** *Spadella*, Organisationsschema. (Nach Hennig, 1980.)

1.24 Deuterostomia (Neumünder)

= Echinodermata + Branchiotremata [= Hemichordata] + Chordata

Apomorphien:
- der Urmund (**Blastoporus**) wird zum **After**, die endgültige Mundöffnung wird neu angelegt (bei den übrigen Gruppen liefert der Blastoporus den definitiven Mund). Die Mundöffnung entsteht in der Regel dort, wo der wachsende Urdarm die Körperwand erreicht, d. h., im vorderen Bereich des Embryos. (Bei den Chordaten ist die Deuterostomie in der Regel stark abgewandelt.)
- Das **Nervensystem** liegt **dorsal**. Bei den übrigen Bilateria liegt das Zentralnervensystem ventral.

- Im vorderen Bereich des Darmes ist mindestens **1 Paar Kiemenspalten** vorhanden. Sie sollen eventuell bei fossilen Echinodermata vorhanden sein und den rezenten wieder fehlen. (Ansonsten wäre diese Eigenschaft eine Autapomorphie der Deuterostomia exclusive der Echinodermata.)

Aufgrund molekularsystematischer Analysen kam die Annahme auf, dass *Xenoturbella*, in vieler Hinsicht den Acoelomorpha ähnlich, die Schwestergruppe der Deuterostomia (bzw. der basale „Seitenzweig" der Deuterostomia) sei. Ob unter dieser Annahme *Xenoturbella* primär relativ einfach gebaut oder sekundär vereinfacht ist (sie erinnert in gewisser Weise an manche Hemichordaten-Larven), ist strittig.

1.24.1 Ambulacraria

= Echinodermata + Hemichordata

Mögliche **Apomorphien**:
- Coelom in drei Abschnitte (Pro-, Meso- und Metacoel; dazu die entsprechenden Körperabschnitte Proto-, Meso- und Metasoma) gegliedert (**Trimerie**). (Entgegen früheren Annahmen sind die Bryozoa, Phoronida und Brachiopoda nicht trimer.)
- Als Exkretionssystem dient ein sogenanntes **Axialorgan** im Protosoma. Es besteht im Wesentlichen aus Podocyten.

Alternative Hypothesen zur phylogenetischen Stellung der **Hemichordata** siehe im Anschluss an die Darstellung der Echinodermata.

1.25 Echinodermata (Stachelhäuter)

Bei den Echinodermata ist die ursprüngliche bilaterale Symmetrie durch eine fünfstrahlige Symmetrie (Pentamerie) ersetzt. Lediglich die Larven sind anfänglich noch zweiseitig-symmetrisch. Mit den Seelilien, der Schwestergruppe aller übrigen Echinodermen, existiert noch heute ein Taxon primär sessiler Formen. Die übrigen Echinodermata, das sind die Seesterne (Asteroidea), Schlangensterne (Ophiuroidea), Seeigel (Echinoidea) und Seegurken (Holothuroidea) sind frei lebend. Kennzeichnend sind unter anderem ein mesodermales Kalzit-Skelett aus zahlreichen Einzelelementen und ein mit dem umgebenden Wasser in Verbindung stehendes Ambulakralgefäßsystem, das aus dem larvalen linken Mesocoel entsteht. Skelett, Ambulakralgefäßsystem und das Nervensystem sind ebenso wie die Anordnung der Gonaden der fünfstrahligen Symmetrie unterworfen. Ohne Blutgefäßsystem. Das Ambulakralgefäßsystem dient auch der Respiration, wozu auch Kiemenanhänge vorhanden sein können. Stachelhäuter kommen nur in marinen Lebensräumen vor.

Ca. 6000 Arten (Abb. 1.92). Eine der in vielen Strukturen besonders ungewöhnlichen Organismengruppen. Rein marin. Fossil schon aus dem Präkambrium bekannt (*Arkarua*, Vendium von Australien). Es gibt mehrere schon im Paläozoikum erloschene artenreiche Taxa, die im Folgenden aber nicht behandelt werden.

Apomorphien:
- Die ursprünglich **bilateralsymmetrischen Dipleurula-Larven** wandeln sich in fünfstrahlige **radiärsymmetrische Adulti** um (**Pentamerie**, pentaradiale Symmetrie). Die neue Symmetrieform hat zur Unterscheidung einer oralen und aboralen Seite (Mundseite, Seite mit der Afteröffnung) geführt. Dieser Symmetrie entsprechend besteht das Nervensystem aus fünf radiären Hauptnervensträngen, die um den Mund zu einem Nervenring zusammentreten. Ein „Gehirn" fehlt.
- Das Coelom hat seine Funktion als Hydroskelett aufgegeben. Stattdessen findet sich unter dem Ektoderm ein **Kalkskelett** (**Stereom**), das aus einzelnen Elementen zusammengesetzt ist (Abb. 1.93). Das Skelett wird durch miteinander verschmolzene mesodermale Zellen gebildet (mesodermales Endoskelett, Syncytien). Es besteht aus einem axialen Anteil, das vom linken Mesocoel gebildet wird und in dem die Kalkplatten radiär angeordnet sind, und einem extraaxialen Anteil, der aus dem Metacoel entsteht und insbesondere das Skelett des aboralen Poles stellt (Axial- und Extraaxialskelett). Die namengebenden Stacheln inserieren – oft mit Gelenken – auf den Skelettplatten und sind (außer bei Abnutzung) ebenfalls von Epidermis überzogen.

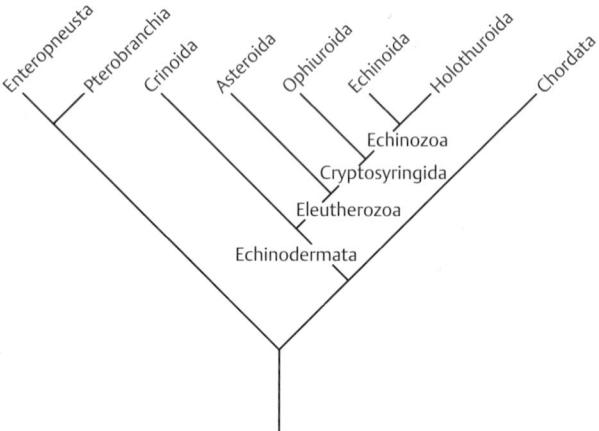

Abb. 1.92 Verwandtschaftsbeziehungen innerhalb der Echinodermata mit den den Stachelhäutern nächstverwandten Taxa. Weitere Annahmen zu den Schwestergruppenverhältnissen zwischen den Echinodermata, Pterobranchia und Enteropneusta sind im Text diskutiert.

- Eine tief greifende Veränderung der Coelomräume (Abb. 1.94). Das **rechte Mesocoel** und das **rechte Axocoel** (= rechtes Protocoel) werden frühembryonal zurückgebildet. Das larvale **linke Mesocoel** entwickelt sich im Laufe der Ontogenese zu einem flüssigkeitsgefüllten Kanalsystem, dem Ambulakralsystem (Abb. 1.94) oder **Hydrocoel** („Wassergefäßsystem"). Den Vorderdarm umläuft ein Ringgefäß, von dem fünf Radiärkanäle ausgehen. Diesen entspringen zahlreiche Seitenäste, an denen Kanäle für die Füßchen ansitzen. Diese Füßchenkanäle tragen kontraktile Ampullen, die in schwellbare Schläuche eintreten – die Ambulakralfüßchen. Sie lassen sich durch Flüssigkeitsdruck vorstrecken. Die Flüssigkeit entspricht weitgehend der des umgebenden Meerwassers. Vom Ringkanal geht der oft durch Kalkeinlagerungen verhärtete Steinkanal aus, dieser ist außer bei den Crinoidea durch die Siebplatte (Madreporenplatte) verschlossen, durch die das Hydrocoel mit der Außenwelt in Verbindung steht. Das **linke Protocoel** (= linke Axocoel) bildet einen den Steinkanal entlanglaufenden Axialkanal (= Axialsinus) und die Wimperkanäle der Madreporenplatte. Das **Metacoel** (**Somatocoel**) bildet u. a. einen aboralen Ringkanal, der in fünf Aussackungen die Gonaden enthält, sowie unter dem Hydrocoel-Ringkanal ein orales Radiärkanalsystem.
- Exkretionsorgane in Form von Nephridien fehlen.
- Ein Blutgefäßsystem fehlt. Die **Hämolymphe**, die aus Blut und Lymphe bestehende Leibeshöhlenflüssigkeit, bewegt sich in endothellosen Organlücken (Lakunen).

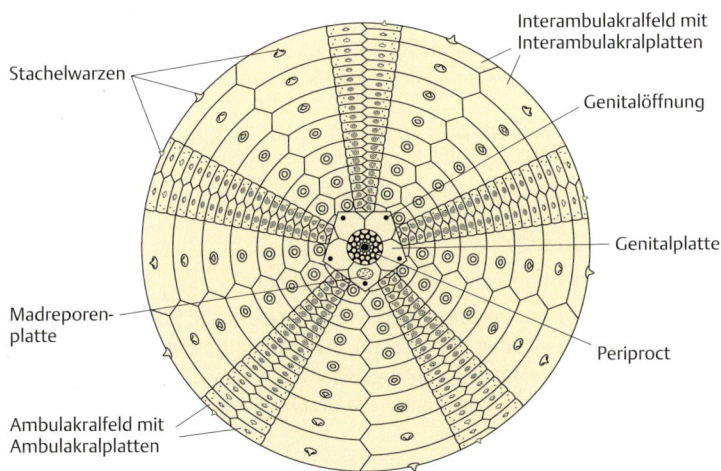

Abb. 1.**93 Echinodermata.** Unterscheidung der Ambulakral- und Interambulakralfelder (= Radien bzw. Interradien) am Beispiel eines regulären Seeigels; Blick auf die Aboral-(Ober-)seite.

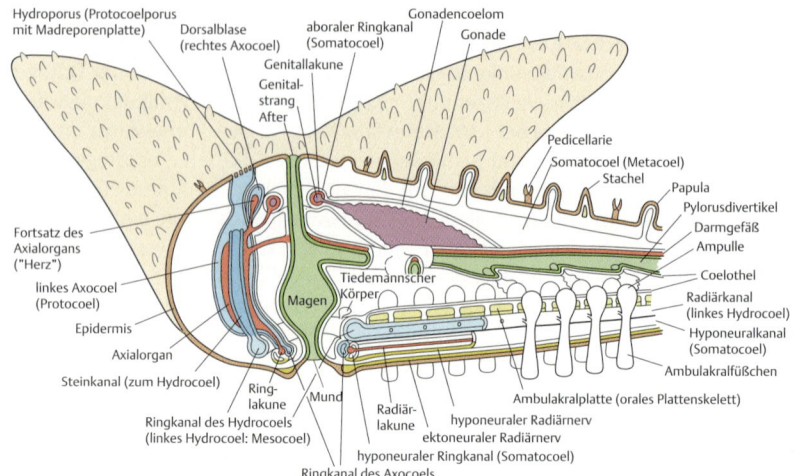

Abb. 1.94 **Echinodermata, Asteroidea.** (In teilweiser Anlehnung an Siewing, 1985.)

1.25.0.1 Crinoidea (Seelilien, Haarsterne)

Etwa 650 rezente Arten, 6000 fossile. Gestielt und festsitzend oder sekundär frei beweglich. Über dem Stiel liegt der Kelch mit fünf verzweigten Armen; zwischen ihnen liegt das Mundfeld. Darm gewunden, mündet wieder auf der Oralseite aus. Ohne Madreporenplatte. Die Ambulakralfüßchen haben keine Saugscheibe. Bei allen diesen Eigenschaften handelt es sich gegenüber den Eleutherozoa um Plesiomorphien.

Beispiele: *Metacrinus*, *Antedon*. †*Encrinus liliiformis*, häufig im Muschelkalk (Trias). Von *Seirocrinus* wurden im Unterjura Süddeutschlands Exemplare mit rund 18 m langem Stiel gefunden.

1.25.1 Eleutherozoa

= Asteroidea + Ophiuroidea + Echinoidea + Holothuroidea

Bei den Eleutherozoa – allen folgenden Echinodermata – liegen Mund und After an entgegengesetzten Körperpolen (Abb. 1.95); die Mundöffnung ist primär dem Boden zugewandt (bei den Holothurien abgewandelt). Eine weitere auffällige Apomorphie ist die kalkige Madreporenplatte, die den Hydroporus abdeckt. Die Eleutherozoa leben frei beweglich.

Verwandtschaftsbeziehungen: Entweder die Ophiuroidea sind die Schwestergruppe eines **Asterozoa** genannten Taxons (Asterozoa = Asteroidea + Echinoidea), oder die Asteroidea sind die Schwestergruppe eines Taxons namens **Cryptosyringida** (Cryptosyringida = Ophiuroidea + Echinoidea + Holothuroidea).

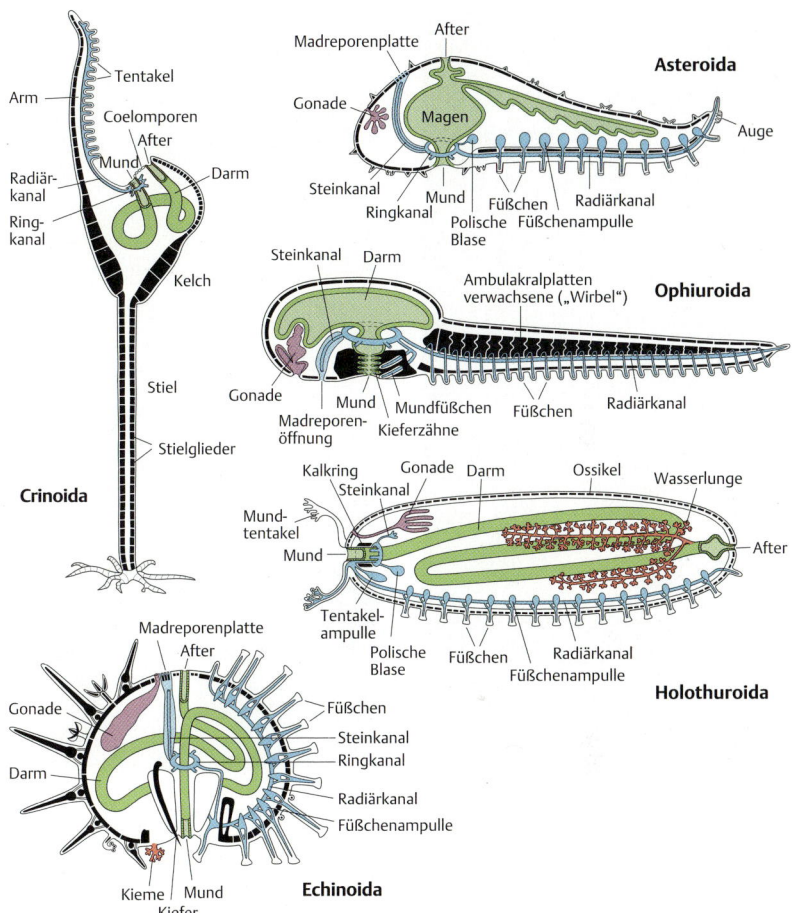

Abb. 1.**95 Echinodermata**. Übersicht des Baues der fünf hauptsächlichen Teilgruppen. (Nach Hennig, 1980, und Goldschmid in Westheide, Rieger, 2007.)

Asteroidea (Seesterne). 1500 Arten. Mit fünf, vereinzelt bis 50 vom zentralen Rumpfbereich ausgehenden Armen, an deren Enden kleine Augen liegen (Abb. 1.**96**). Die Ambulakralfüßchen sind mit einer Saugscheibe ausgestattet; durch Verkürzung der Ambulakralfüßchen kann der Körper vorwärts gezogen werden. Die (planktonische) Larve der Asteroidea wird als Bipinnaria bezeichnet.
Beispiele: *Solaster*, mit über 10 Armen. Zu den Asteroidea gehört auch die zeitweilig als eigenes hochrangiges Taxon („Concentricycloidea") geführte *Xyloplax* (Tiefseebewohner ohne Darm, 1986 entdeckt).

Abb. 1.96 **Echinodermata. a** Crinoidea: *Antedon mediterranea*. (Zoologisches Museum Göttingen.) **b** Asteroidea: *Linckia multiflora*. **c** *Asterias rubens*. (Foto von R. Willmann.) **d** Ophiuroidea: *Ophiocoma scolopendrina*. **e** Holothuroidea: *Holothuria atra*. (Fotos b, d, e von Sophia Willmann.)

Ophiuroidea (Schlangensterne). Etwa 2000 Arten. Arme deutlich vom Rumpf ("Zentralscheibe") abgesetzt. Ambulakralfüßchen ohne Saugnäpfe, dienen nicht der Fortbewegung, sondern nur zum Tasten. Ohne After. Larve mit acht Armen (Echinopluteus-Larve), planktotroph.
Beispiele: *Ophiura ophiura* und *Ophiothrix fragilis*, beide im Mittelmeergebiet und Atlantik; *Gorgonocephalus caputmedusae* (Gorgonenhaupt), nördlicher Atlantik. Arme bis 70 cm lang.

1.25.2 Echinozoa

= Echinoidea + Holothuroidea

Apomorphien:
- Kieferapparat aus einem axialen Kalkskelett (bei den rezenten Holothuroidea reduziert).
- Füßchen mit Saugscheiben.
- Axialskelett auf die Oralseite ausgedehnt, Extraaxialskelett bis auf ein Feld um den After reduziert.

Echinoidea (Seeigel). 1000 Arten. Körper primär annähernd rundlich, oft stark abgeflacht.
Mit auffälligen mesodermalen Skelettstacheln (Abb. 1.**97**).
Beispiele: *Echinus esculentus* (Essbarer Seeigel), *Paracentrotus lividus* (häufig im Mittelmeer), *Psammechinus miliaris* (3,5 cm, grünlich, häufig im Nordseeraum), *Clypeaster reticulatus* (Sanddollar, flach, in tropischen Gewässern).

Holothuroidea (Seewalzen, Seegurken). 1200 Arten, Länge bis 2,1 m. Körper meist walzenförmig. Die Seegurken liegen überwiegend mit drei Füßchenreihen dem Untergrund auf; einige Arten leben pelagisch. Das ursprünglich apikale Afterfeld ist auf das Körperende beschränkt. Damit ist eine sekundäre bilaterale Symmetrie angedeutet.

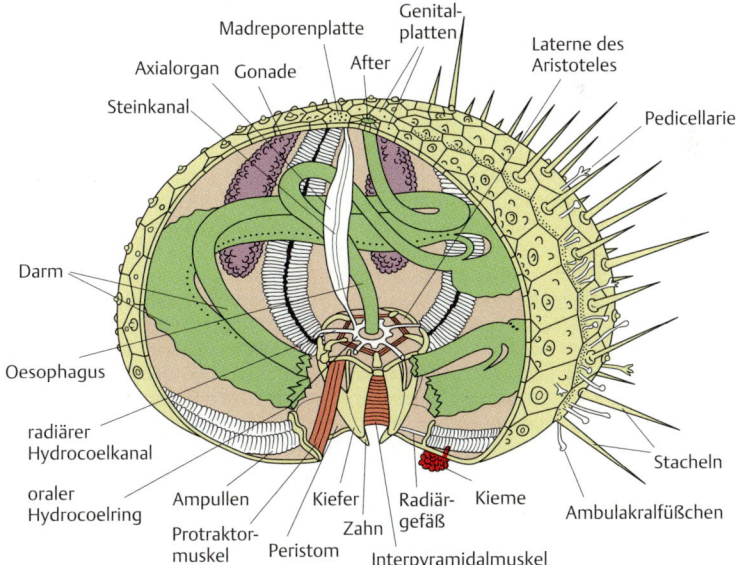

Abb. 1.**97 Echinoidea.** Organisation eines regulären Seeigels. (Nach Stroch, Welsch, 2005, ergänzt nach Präparaten im Zoologischen Museum Göttingen.)

Skelett weitgehend reduziert. Die Fortbewegung erfolgt außer durch Ambulakralfüßchen durch peristaltische Bewegungen des Hautmuskelschlauchs, der aus Längs- und Ringmuskeln besteht. In den Darm mündende sogenannte Cuviersche Schläuche werden bei Gefahr durch den After ausgestoßen; sie enthalten Gift- oder Klebstoffe. Die Larve (Auricularia-Larve) ist eine geringfügig veränderte Dipleurula.
Beispiele: *Holothuria, Cucumaria.*

> **Proto-, Meso-, Metacoel:** Vorderer, mittlerer, hinterer Teil des Coeloms.

1.26 Übrige Deuterostomia: Pterobranchia + Enteropneusta + Chordata

Im **Grundplan**
- mit einem nach vorn gerichteten Blindsack des Vorderdarms, der hinter dem Mund beginnt und in das Prosoma zieht (**Stomochord**). Die Zellen enthalten meistens große Vakuolen, was dem Organ eine gewisse Stabilität verleiht; es dient u. a. als Stützorgan. Ihm ist möglicherweise die Chorda dorsalis der Chordata homolog. Die Chorda ist ein Widerlager für die Rumpfmuskulatur. Die Homologie der beiden Strukturen aber wird bezweifelt: Bei *Rhabdopleura* (Pterobranchia) besteht das Stomochord aus monociliären Zellen ohne Vakuolen, die ein einschichtiges Epithel bilden. Es könnte ein Drüsenorgan sein. Außerdem wird das in Zellen der Chorda dorsalis spezifisch aktive Gen „*Brachyury*" im Stomochord nicht exprimiert.
- Vorläufer eines **Kiemendarms** (ursprünglich einfach ein Darm mit Kiemenspalten).

Der Name „Kiemen" führt in die Irre, denn ursprünglich dienten die Kiemenspalten der Ausleitung des weiter vorn mit der Nahrung aufgenommenen überschüssigen Wassers, nicht der Respiration. Ursprünglich waren sehr wenige Kiemenspalten vorhanden. Zwischen dem Kiemendarm der Hemichordaten und dem der Chordaten gibt es funktionelle Unterschiede. Bei den Hemichordaten werden die Nahrungspartikel schon außerhalb des Kiemendarms mit Schleim umgeben und dann durch **Choanocyten** durch die Kiemenspalten in den Darm gesaugt. Bei den ursprünglichen Chordaten (Tunicata und Acrania) werden die Nahrungspartikel durch den Mund aufgenommen und im Kiemendarm abgefangen und mit Schleim umhüllt. Dazu wird ein **Schleimfilm vom Endostyl** am Boden des Kiemendarmes produziert. Das kontinuierlich gefilterte Wasser strömt in den Peribranchialraum und verlässt diesen durch die Egestions- bzw. Atrialöffnung. Bei den Hemichordata fehlt ein Endostyl (s. u.), aber sie haben bereits **Jod bindende Zellen**.

- Ein **Neuralrohr**. Es entsteht über den Vorgang der Neurulation. Da bei den Pterobranchia kein Neuralrohr gebildet wird, halten manche Autoren diese Struktur für eine Apomorphie der Chordata (siehe aber Enteropneusta).

1.26.1 Pterobranchia (Flügelkiemer)

Ca. 20 Arten. Marin. Wie die Tentaculata mit Armen (Tentakel) zum Filtrieren, die mit Wimpern besetzt sind. Die Tiere leben benthisch in Kolonien in Röhren; die Einzelindividuen (Einzelzooide, maximale Größe 1 mm) sind innerhalb der Röhren frei beweglich: Sie können darin auf und ab kriechen. Manche Formen haben nur ein Paar Arme (*Rhabdopleura*), andere fünf bis neun Paar (*Cephalodiscus*). Mit höchstens einem Paar „Kiemen"-Spalten. Die Respiration erfolgt über die Haut und die Tentakel (Abb. 1.**98**).

Das Nervensystem liegt basiepithelial in der Epidermis und weist Verdichtungen (**Ganglien**) auf.

Das dorsale Zentralnervensystem wird als „**Kragenmark**" bzw. Dorsalganglion bezeichnet. (Das Fehlen von möglichen Vorstufen einer Neuralrohrbildung bei den Pterobranchia ist nicht notwendigerweise eine Plesiomorphie, sondern könnte eine Rückbildungserscheinung sein.)

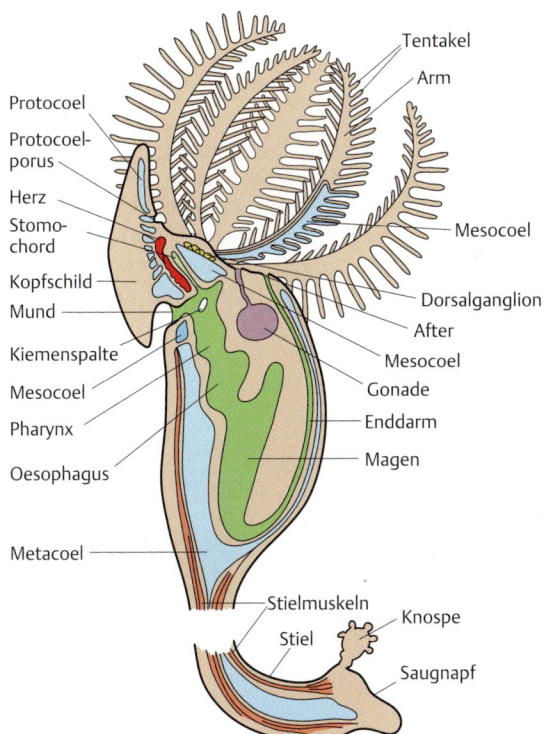

Abb. 1.**98 Pterobranchia.** Anatomie am Beispiel von *Cephalodiscus*. (Nach Storch, Welsch, 2005, und Westheide, Rieger, 2007.)

Größere Blutgefäße finden sich in Form eines Dorsal- und Ventralgefäßes.

Die Fortpflanzung erfolgt über Knospung oder geschlechtlich unter Einschaltung eines Schwimmlarvenstadiums.

Beispiele: *Rhabdopleura* (ohne Kiemenspalten), *Cephalodiscus* (mit einem Paar Kiemenspalten); ferner die äußerst artenreichen fossilen Graptolithen (wichtige Leitfossilien für das frühe Paläozoikum).

Über die **Verwandtschaftsbeziehungen** zwischen den Pterobranchia, Enteropneusta und Chordata gibt es mehrere Vorstellungen:

Hypothese a: **Hemichordata** (= Pterobranchia + Enteropneusta). Autapomorphie: Stomochord. (Dies gilt unter der Voraussetzung, dass das Stomochord nicht homolog der Chorda dorsalis ist; s.o.: „übrige Deuterostomia"). Das Stomochord, ein Stützelement für das Perikard, besteht aus Vakuolen und einer äußeren extrazellulären Scheide aus verfestigten Zellen. Auch molekulare Analysen haben die Annahme der Monophylie der Hemichordata bestätigt.

Hypothese b: **Eupharyngotremata** (= Enteropneusta + Chordata). Autapomorphien: Ein dorsal liegendes Nervensystem, das also nicht schon im Grundplan der Deuterostomia (S. 186), sondern erst in der Stammlinie der Eupharyngotremata auftrat. Kiemendarm mit zahlreichen Kiemenspalten; der Kiemendarm dient auch der Respiration. Verlust der Tentakel. Nach einigen Autoren gehören auch die Chaetognatha (Pfeilwürmer) zu den Eupharyngotremata.

1.26.2 Enteropneusta (Eichelwürmer)

Ca. 75 Arten. Marin, wurmförmig. Fast alle Arten leben als Filtrierer in selbstgegrabenen Gängen. Mit drei deutlichen Körperabschnitten (Eichel, kurzer Kragen, Rumpf), die dem Pro(to)-, Meso- und Metasoma entsprechen (Abb. 1.**99**). Die Proboscis (Rüssel, Eichel) unterstützt als Schwellkörper das Graben im Sediment; in ihn ragt das Stomochord. Ein ventraler Stiel bei juvenilen Tieren könnte auf eine ursprünglich sessile Lebensweise der Pterobranchia + Enteropneusta + Chordata hinweisen.

Die Cilien der Epidermis von Kragen und Geißel erzeugen einen Wasserstrom in Richtung Mund. Die Nahrungspartikel werden in Sekreten eingeschlossen.

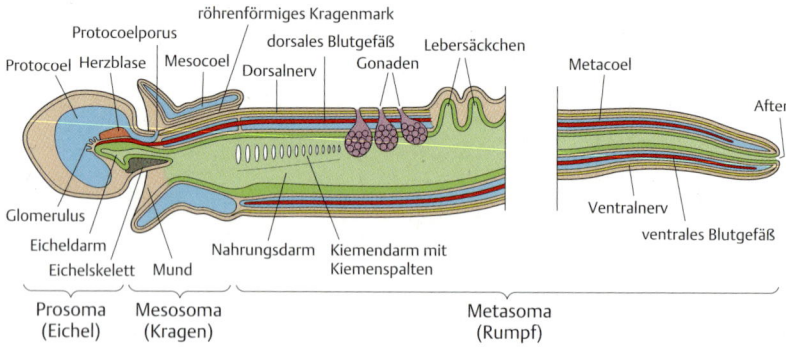

Abb. 1.**99** **Enteropneusta.** Schema der Organisation von *Balanoglossus*. (Nach Hennig, 1983.)

Im dorsalen Teil des Darmes finden sich bis zu **100 Paar** von **Kiemenspalten** (ihre Zahl erhöht sich im Verlaufe des Wachstums). Der Wasserstrom, der mit der Nahrungsbeschaffung durch die Kiemenspalten strömt, dient auch der Respiration. Der After liegt nahe dem Körperende.

Das Nervensystem ist wie bei den Echinodermen ein **basiepithelialer Nervenplexus**. Die Enteropneusta haben ein dorsales Zentralnervensystem, das als Längsnervenstrang im Bereich der Kragenregion unter der Epidermis liegt („Kragenmark"). Blutgefäßsystem mit **Dorsalgefäß**, in dem das Blut nach vorn strömt, und einem **Ventralgefäß** mit entgegengesetzter Fließrichtung.

Die sogenannte **Tornaria-Larve** ähnelt weitgehend der Dipleurula-Larve der Echinodermata.
Beispiele: *Saccoglossus, Balanoglossus*.

> **Stomochord:** Vom Darm dorsal abgegliederter Abschnitt, eventuell der Chorda dorsalis homolog.

1.27 Chordata (Chordatiere)

= Tunicata + Acrania + Vertebrata; nach manchen Autoren gehören auch die Chaetognatha zu den Chordaten

> Die bekanntesten Chordatiere sind die Schädel- oder Wirbeltiere (Craniota, Vertebrata), doch gehören zu ihnen auch die Manteltiere und die Lanzettfischchen. Die namengebende Chorda dorsalis (bei den Manteltieren bei sessil lebenden Stadien bzw. Arten nicht erhalten) durchzieht als elastischer Stab den Körper, hält diesen in der Länge konstant und wirkt als Stütze der Schwanz- und Rumpfmuskulatur. Bei den Wirbeltieren ist die Chorda nur noch in Resten verblieben. Primär Filtrierer. Der dem Filtrieren und der Atmung dienende Kiemendarm ist auch bei den Hemichordata (und zwar bei den Enteropneusta, den Eichelwürmern) angelegt, ebenso das dorsal gelegene Zentralnervensystem. Die Schwestergruppe der Chordaten sind entweder die Ambulacraria (=Hemichordata + Echinodermata) oder nach anderen Annahmen die Hemichordata oder aber die Enteropneusta allein.

Die folgenden Eigenschaften sind **Autapomorphien** dann, wenn die Chaetognatha nicht zu den Chordata gehören (Abb. 1.**100**):
– Namengebend ist die **Chorda dorsalis** (= Notochord), die wahrscheinlich dem Stomochord der Pterobranchia und Enteropneusta homolog ist: Sie gliedert sich in der frühen Ontogenese auch vom Dach des Darmes ab (entodermaler Ursprung) und liegt dann über dem Darm. Es handelt sich um einen elastischen Stab aus Blasenzellen oder anderen Geweben. Die Chorda dorsalis erstreckt sich über fast die gesamte Körperlänge und hält als Endoskelett den Organismus in der Länge konstant. Sie erlaubt aber schlängelnde Bewegungen und dient als

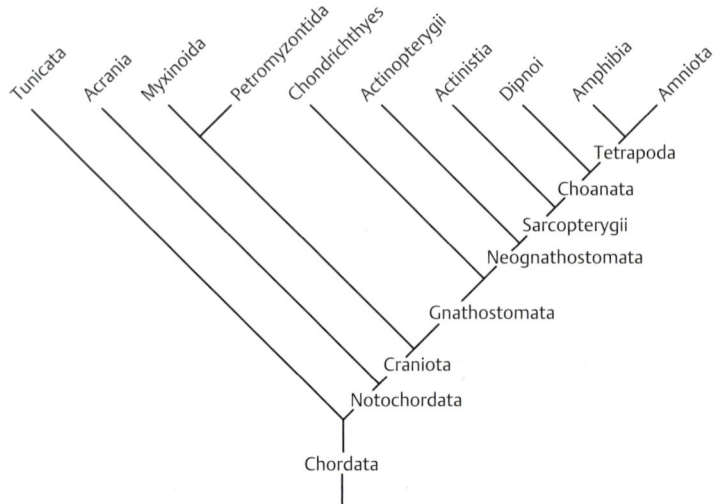

Abb. 1.100 **Die basalen phylogenetischen Verzweigungen der Chordata und die entsprechenden Taxa.**

Stütze der antagonistisch wirkenden rechten und linken Muskelsegmente. Bei diesen handelt es sich um die Längsmuskulatur; Ringmuskeln sind entbehrlich. (Bei den Wirbeltieren wird die Chorda während der Ontogenese bis auf Reste in den Bandscheiben von der Wirbelsäule verdrängt.)
- Um den Kiemendarm herum hat sich aus seitlichen Verwachsungen (Metapleuralfalten) ein **Peribranchialraum** gebildet. Er ist ektodermaler Herkunft und dient offenbar dem Schutz der Kiemenspalten (fehlt bei den Craniota).
- Über den Peribranchialraum werden Wasser, Exkrete und Geschlechtsprodukte nach außen geleitet (Egestionsöffnung bzw. Peribranchialporus).
- Im Kiemendarm liegt ventral ein Drüsenbereich (**Hypobranchialrinne**; Endostyl der Tunicata), der bei den Wirbeltieren zur Schilddrüse wird. Das Endostyl vermag Jod zu binden und darüber hinaus iodierte Hormone zu sezernieren.
- Das **Coelom** ist **metamer gegliedert**; diese Gliederung prägt sich auf die **Muskulatur** als mesodermale Bildung durch. – Nach anderer Auffassung aber ist unter den heutigen Chordata keine Coelommetamerie erkennbar, und die Myomerie der Muskulatur und die Branchiomerie (Abfolge der Kiemenbögen) habe damit nichts zu tun.
- Ventral liegendes **Herz**. Es treibt das Blut ventral nach vorn, durch Dorsalgefäße strömt es nach hinten.
- Ein **Ruderschwanz** mit der Befähigung zu seitlichen Bewegungen und entsprechender Schwanzmuskulatur bei den Larven („postanaler Schwanz").

- Die **Fortbewegung** der Larven durch Wimpern wurde im Zusammenhang mit dem Erwerb eines Ruderschwanzes aufgegeben.

Vielleicht waren die Chordata auch als Adulti wie die Enteropneusta ursprünglich frei schwimmend und hatten einen länglichen Körper. Das würde bedeuten, dass die Manteltiere (Tunicata, s. u.) sekundär eine sessile Lebensweise aufgenommen haben. Nach einer anderen Annahme aber geht man beim Adultus der Chordaten von einer ursprünglich sessilen Lebensweise aus. Die freie Lebensweise wurde durch Abbau der sessilen Endstadien erworben.

1.27.1 Tunicata (Manteltiere)

= Urochordata; = Ascidiacea + Thaliacea inkl. der Appendicularia

Sehr unterschiedliche, teils frei schwimmende, meist aber festsitzende marine Organismen. Der Name „Tunicata" rührt von der Epidermis der Tiere her, die einen **Cuticularmantel** aus einer celluloseähnlichen Substanz (**Tunicin**) abscheidet. Nahrungsreiches Wasser wird durch den Mund (Ingestionsöffnung) eingestrudelt, die Nahrung wird im **Kiemendarm** herausgefiltert. Der Kiemendarm hat mehrere hundert cilienbesetzte Kiemenbögen, bei Salpen bisweilen nur mit einer, bei Appendicularia mit zwei Öffnungen im Kiemendarm. Während das Wasser über den **Peribranchialraum** durch die Ausstromöffnung (Egestionsöffnung) wieder ausströmt, durchwandert die Nahrung den Darm, der mit dem After ebenfalls im Peribranchialraum ausmündet. Die Nahrung wird in einem durch das Endostyl gebildeten Schleimfilm eingeschlossen. Auch die Gonaden münden (über die Gonodukte) im Peribranchialraum.

Das **Blutgefäßsystem** ist **offen** (vom Coelom ist nur das Perikard, die Herzbeutelhöhle, verblieben). Mit ventral gelegenem Herz, das seine Schlagrichtung periodisch umkehrt. Ohne Nephridien; die **Exkretion** erfolgt über die **Darmoberfläche** oder über Speicherzellen. – Die adulten Ascidien haben als Rest des Neuralrohres nur **ein einziges Ganglion**.

Viele Arten sind **Zwitter**. Oft kommt ungeschlechtliche Fortpflanzung (**Knospung**) vor; dies führt zu Kolonienbildung. Kolonien können mehrere Meter lang werden. Bisweilen erfolgt ein Wechsel von sexueller und asexueller Fortpflanzung.

Die **Larven** leben frei und weisen einen dorsalen und einen ventralen Flossensaum an einem beweglichen Schwanz auf, in dem sich zwei Streifen von Längsmuskeln befinden. Sie haben noch eine **Chorda** (und die nur im Schwanz) und ein **Neuralrohr**.

Eine **Chorda** bei **adulten Tunicata** findet sich nur bei den freischwimmenden **Appendicularia**. Die Appendicularia sind offenbar als geschlechtsreif gewordene Larven ehemals festsitzender Tunicata zu verstehen (**Neotenie** oder **Pädogenese**).

1.27.1.1 Ascidiacea (Seescheiden)

Wahrscheinlich kein Monophylum. Ca. 2000 Arten. Einzeltiere 1 mm bis 30 cm lang. Die Adulten leben festsitzend (einzeln oder in Kolonien, Abb. 1.**101**). Larval-

1

Ingestionsöffnung
Mundtentakel
peripharyngeales Wimpernband
Endostyl
Peribranchial-raum
Tunica
Epidermis
Ovar
Hoden
Perikard
Herz
Ovidukt
Vas deferens
Blutgefäß
Magen
Haftzotte
Neuraldrüse
Gehirn
Epibranchial-rinne
Kiemendarm (Pharynx)
Egestions-öffnung
Kloake
After
männlich weibliche Geschlechts-öffnung
Oesophagus
Enddarm
a
Statocyste
Neuralrohr
Chorda
Flossensaum
Ocellus
Egestions-öffnung
Cerebralbläschen
Flimmergrube
Kiemendarm
Anlage der Ingestions-öffnung
Epicard
Herz
Perikard
Tunica
Endostyl
Haftpapillen
Enddarm
Cerebral-ganglion
Chorda-Reste
Herz
Ingestionsöffnung
Gehirnganglion
Kiemendarm
Egestionsöffnung
Endostyl
Dorsalnerv
Tunica
Enddarm
Epicard
Herz
Chorda-Reste
b

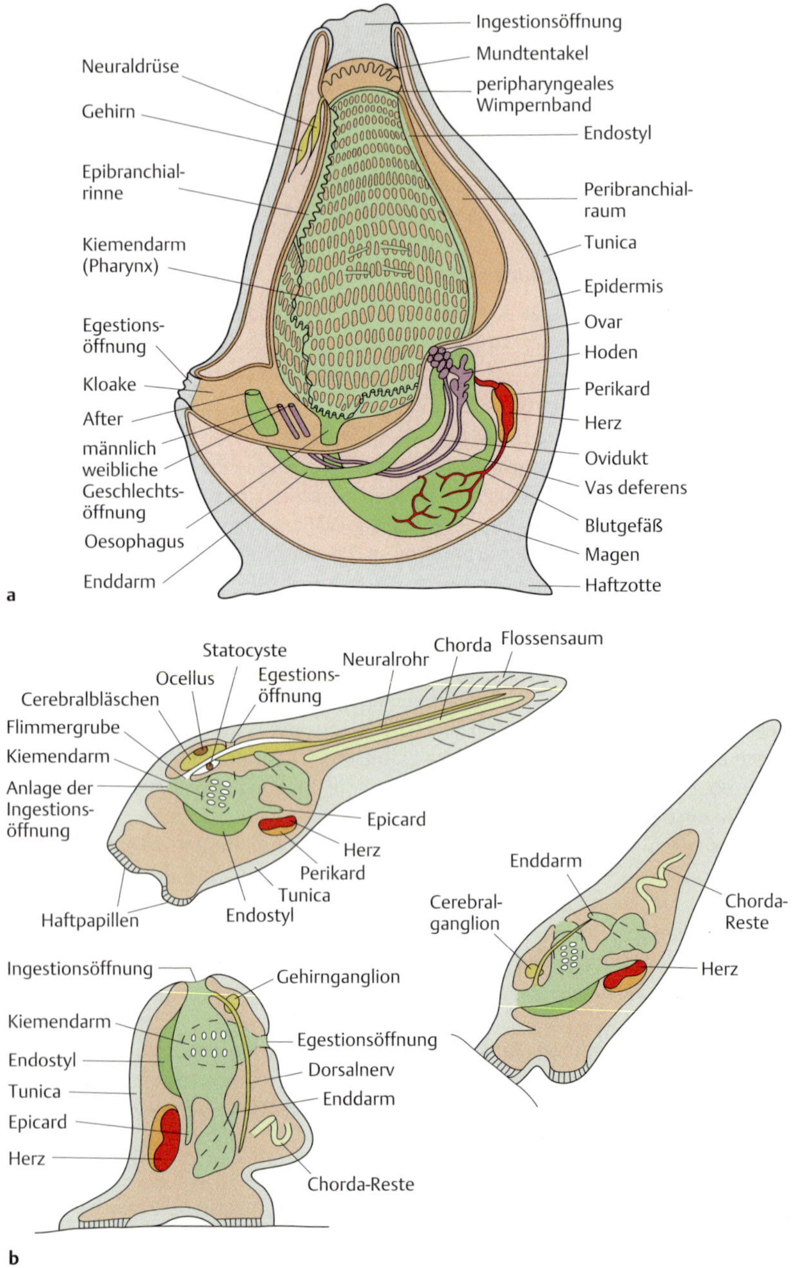

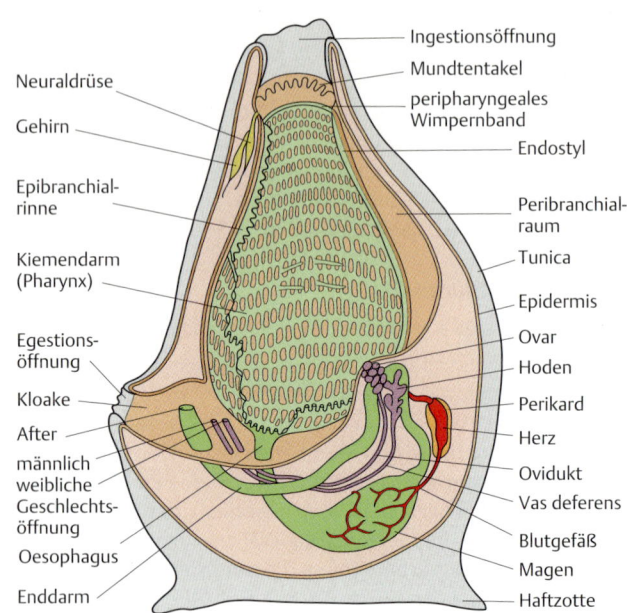

◂ Abb. 1.**101 Tunicata, Manteltiere. a** Organisation der Ascidiacea (Seescheiden) im Adultzustand. **b** Ascidiacea, *Clavelina*. Umwandlung der Larve (mit Chorda dorsalis) unter Verlust des Schwanzes in ein junges sessiles Individuum mit spärlichen Chorda-Resten. (Nach Seeliger, 1908.)

stadium sehr kurz (einige Stunden); die Larven nehmen keine Nahrung auf (die Mundöffnung ist von Mantelsubstanz bedeckt). Die Larven setzen sich mit dem Ventrum des Vorderkörpers auf dem Substrat fest (Abb. 1.**101b**). Danach werden Mund und After nach dorsal verlagert, das larval vorhandene Auge wird zurückgebildet. Die nur drei bis vier Paar Kiemenspalten der Larven gehen mit dem Übergang zum Adultus in ein komplexes System aus zahlreichen kleinen Kiemenöffnungen über. Da die Larven der Ascidien den adulten Appendicularia weitgehend gleichen, nimmt man an, dass letztere über eine vorgezogene Geschlechtsreife entstanden sind.
Beispiele: *Ciona* (solitär), *Botryllus* (kolonial), *Clavelina*.

1.27.1.2 Thaliacea
= Pyrosomida + Doliolida + Appendicularia + Salpida (Salpen)

Tönnchenförmig, freischwimmend. Wahrscheinlich aus kolonialen Tunicata hervorgegangen. Ein- und Ausstromöffnung liegen an entgegengesetzten Körperpolen.
Beispiele: *Pyrosoma* (Feuerwalze, kolonial; Pyrosomida).
Doliolum (bis 2 mm lang, weltweit verbreitet; Doliolida [= Cyclomyaria]).
Salpa, *Thalia* (Salpida [= Desmomyaria; Salpen im engeren Sinne]). Freischwimmend. Im Gehirn mit einem Auge. Ohne freischwimmendes Larvenstadium.

Appendicularia (= Copelata, Larvacea, Geschwänzte Manteltiere). Ca. 70 Arten. Bis 8 cm lang, freischwimmend. Der zeitlebens vorhandene Ruderschwanz ist deutlich vom Rumpf abgesetzt, nach ventral gerichtet und wird von der Chorda dorsalis durchzogen. Nur mit 1 Paar Kiemenspalten. **Autapomorphien:**
– Der larvale Ruderschwanz bleibt zeitlebens erhalten.
– Der Peribranchialraum wird nicht ausgebildet.
– Jederseits nur eine Kiemenspalte.
Beispiel: *Oikopleura*.

Phylogenetische Stellung der Tunicata. Nach der **Olfactores-Hypothese** sind die Tunicata und nicht die Acrania die nächsten Verwandten der Craniota. Dafür könnten als mögliche Synapomorphien der Tunicata und Craniota der Bau der Chorda, Neuromasten-Sinneszellen (bei Wirbeltieren z. B. im Seitenlinienorgan), der Verlust von Myoepithelien und anderes sprechen. Das würde bedeuten, dass die im Folgenden als mögliche Synapomorphien der Acrania und Craniota (= Autapomorphien der Notochordata) angeführten Merkmale auf Konvergenz beruhen oder relativ zu den Tunicata Plesiomorphien sind.

> **Myomer:** Segmentaler Abschnitt der Rumpfmuskulatur.
> **Chorda dorsalis (=Notochord):** Elastisches, prinzipiell stützendes, aus stabförmig hintereinander liegenden Zellen bestehendes Organ der Chordatiere, dorsal des Darmes angelegt. Je nach spezieller Funktion bei den einzelnen Taxa sehr unterschiedlich; möglicherweise dem Stomochord homolog. Entwickelt sich ontogenetisch aus dem Urdarmdach.

1.28 Notochordata

= Acrania + Craniota

„Höhere Chordata" (Lanzettfischchen und Schädeltiere)

Autapomorphien:
- Die adulten Tiere leben **nicht** mehr **sessil**. Die Ursache liegt im Fortfall der Lebensweise und Eigenschaften der sessilen Endstadien, wie sie noch bei den meisten Tunicata, den Pterobranchia etc. ausgebildet werden. Zugleich werden Merkmale, die bei den Vorfahren als larvale Strukturen vorhanden waren, beibehalten.
- Der **Darm** der Adulti ist **geradegestreckt**. Die Streckung muss konvergent zu der Streckung bei den Enteropneusta aufgetreten sein.
- **Polymerie** (Gliederung in viele Segmente). Sie zeigt sich insbesondere in der Anordnung der Muskulatur und ist vor allem durch eine Unterteilung des ursprünglich ungegliederten Metasomas entstanden. (Ob auch Derivate des Meso- oder Prosoma enthalten sind, ist unbekannt.)
- Segmental angeordnete **paarige Spinalnerven**: Jedem Muskelsegment entsprechen jederseits zwei Nervenäste auf jeder Körperseite, und zwar ein dorsaler und ein ventraler Ast.
- Gegenüber den Tunicata haben die Notochordata ein weiter entwickeltes Zirkulationssystem mit einem **Truncus arteriosus** (ein kontraktiler Abschnitt vor dem Sinus venosus, wahrscheinlich Vorstufe des Herzens) sowie **Kiemengefäßen**, die vom Truncus arteriosus ausgehend in die Kiemenbögen laufen.
- Vom Darm geht ein Blindsack mit sekretorischen Zellen aus („**Mitteldarmdrüse**"). Er entspricht möglicherweise der Leber und der Bauchspeicheldrüse der Craniota.
- Vorn ist das Neuralrohr zu einem einfachen **Cerebralbläschen** erweitert (Homologie mit dem Gehirn nicht erwiesen).

1.28.1 Acrania (Schädellose, Lanzettfischchen)

= Cephalochordata

Ca. 25 Arten. In vieler Hinsicht besteht große Ähnlichkeit zwischen den Acrania und den höheren Chordaten: Der Darm erstreckt sich entlang der Körperlängsachse, beginnt am Vorderkörper und endet hinten und ventral mit dem After. Über dem

Darm liegt die lang gestreckte Chorda dorsalis, darüber das Neuralrohr. Vor dem eigentlichen Mund liegt ein Mundvorraum (Mundhöhle), darüber das Cerebralbläschen (Abb. **1.102**).

Im Gegensatz zu den Craniota fehlen unter anderem noch komplex gebaute Augen, eine Schädelkapsel, Knochen- und Knorpelgewebe, und eine mehrschichtige Epidermis (es findet sich ein einschichtiges Epithel).

Autapomorphien:
- Der Kiemendarm weist eine **erhöhte Anzahl von Kiemenspalten** auf (bis über 80 Paare). Dies könnte als Autapomorphie als fraglich angesehen werden (s. Enteropneusta, Tunicata), doch ist bemerkenswert, dass bei *Branchiostoma* nach der Entstehung der ersten 7–9 Kiemenspalten eine Pause in der Entwicklung eintritt.
- Der Mundvorraum wird von **Mundcirren** („Tentakeln") umstanden, die das Eindringen größerer Fremdpartikel in den Darm verhindern, einen Wasserstrom in den Vorderdarm hinein erzeugen und den Fang von Nahrungspartikeln unterstützen.

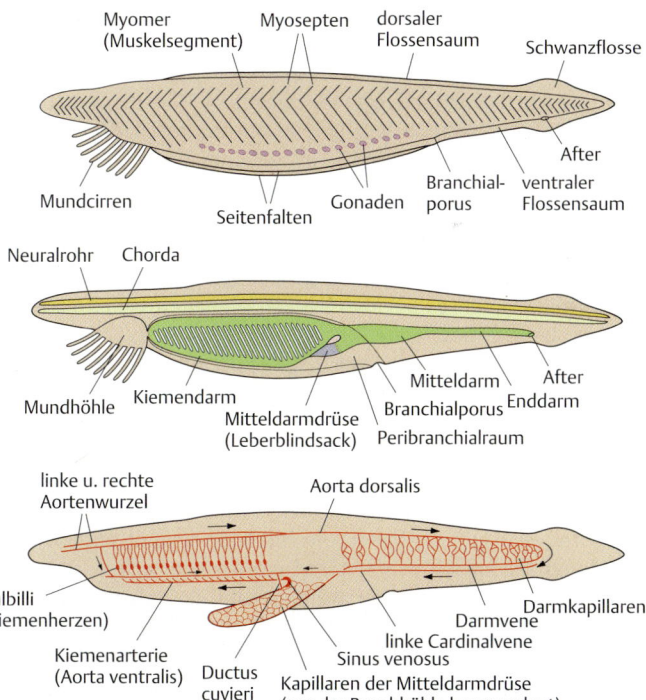

Abb. 1.**102 Acrania,** *Branchiostoma,* **Lanzettfischchen.** Bau unter Berücksichtigung jeweils unterschiedlicher Organsysteme.

- Eventuell die Bulbilli (**Kiemenherzen**, kontraktile Abschnitte in den Kiemengefäßen).
- Entlang des Rückenmarks finden sich ca. 1500 **Pigmentbecherocellen**. Sie bestehen jeweils aus nur einer Pigmentbecherzelle und einer primären Sinneszelle mit Mikrovillisaum in inverser Lage.

An der den ganzen Körper durchziehenden **Chorda** inserieren ca. 60 Muskelsegmente (Myomere), die durch Bindegewebssepten (Myosepten) voneinander getrennt sind. Die Segmente der beiden Körperseiten sind geringfügig gegeneinander versetzt. Dementsprechend gehen die Spinalnerven alternierend vom Neuralrohr ab. Wie bei den Craniota mit **geschlossenem Blutgefäßsystem**. Das Blut ist farblos.

Komplex gebaute Augen sowie Schweresinnesorgane gibt es nicht; nur **Pigmentbecherocellen** im Neuralrohr sind vorhanden, s. o. Als weitere Sinneszellen sind **epidermale** cilientragende **Rezeptoren** über den ganzen Körper verteilt.

Die Lanzettfischchen leben als hemisessile **Strudler** in sandigem Meeresboden mit der Mundöffnung nach oben. Die Myosepten ermöglichen den Tieren Schwimmen in Schlängelbewegungen sowie Graben im Sediment. Ventral weisen sie paarige Längsfalten (Metapleuralfalten) auf, die hinten in eine unpaare Schwanzflosse übergehen. Der Wasserstrom, aus dem kleinste Partikel als Nahrung herausgefiltert werden, wird durch Cilien (Wimpern) im Kiemendarm erzeugt. Zunächst gelangen Wasser und Nahrung durch den Mund in den Kiemendarm. Über die dorsal im Kiemendarm gelegene **Epibranchialrinne** gelangt die Nahrung in den Mitteldarm. Das Wasser hingegen wird durch die Kiemenspalten des Kiemendarmes, über den **Peribranchialraum** und schließlich durch die Atrialöffnung (**Atrioporus**) nach außen geleitet.

Mit **skelettgestütztem Kiemenkorb**: In den Kiemenbögen befinden sich Skelettstäbe aus Mucopolysacchariden mit Kollagenauflagen; auch die epithelialen Gewebsstränge, die die Kiemenspalten überbrücken, enthalten Skelettmaterial.

Die **Exkretion** erfolgt über besondere Zellen des Coelothels des Subchordalcoeloms (Reusengeißelzellen: **Cyrtopodocyten**), die dorsal im Kiemendarm liegen (früher als Protonephridien gedeutet). Die Exkretionsorgane münden im Peribranchialraum aus.

Die Acrania sind getrenntgeschlechtlich. Die **Gonaden** liegen segmental angeordnet an der Außenwand des Peribranchialraumes; die Gameten gelangen durch Platzen der Wände über den Gonaden in den Peribranchialraum und werden durch den Atrioporus nach außen geleitet. Die Furchung beginnt mit einer typischen **Radiärfurchung**. Die frei schwimmenden **Larven** gehen nach ca. 40 Stunden bei ca. 2 mm Länge zum Bodenleben über, werden dann aber erneut pelagisch.

Beispiele: *Branchiostoma* (früher: *Amphioxus*. Lanzettfischchen, Abb. 1.**102**). Bis 6 cm lang, in europäischen Küstenregionen. *Asymmetron*, Geschlechtsorgane nur auf der rechten Körperseite, Südaustralien.

Fossile Formen: *Pikaia gracilens*, unteres Kambrium von Kanada (Burgess-Schiefer). *Cathaymyrus diadexus*, unteres Kambrium (Chengijang-Fauna) von China.

Die Bioculata-Hypothese (**Bioculata** = **Chaetognatha** + **Craniota**). Die auf den ersten Blick attraktive Annahme, die Chaetognatha (Beschreibung s. o.) seien die Schwestergruppe der Vertebrata, wurde kaum jemals ernsthaft verfolgt. Als mögliche Synapomorphien der Chaetognatha und Vertebrata wurden genannt (a) ein dorsales Cerebralganglion im Mesosoma der Adulti, homolog dem Gehirn der Vertebrata; (b) ein Augenpaar am (mesosomalen) Kopf. Die Augen sind vom inversen Typ und bestehen aus fünf Pigmentbecherocelli; (c) vielagiges Epithel in der Kopf- und Halsregion und (d) der Verlust des Larvenstadiums. Die Ähnlichkeiten sind aber durchweg oberflächlich.

1.29 Craniota (Wirbeltiere, Schädeltiere)
= Vertebrata, Craniata

Die Wirbeltiere zeichnen sich gegenüber ihrer Schwestergruppe, den Acrania (Lanzettfischchen), durch eine große Zahl abgeleiteter Eigenschaften aus. Über die diese Lücke füllenden Stammgruppenvertreter der Craniota sind wir nur durch wenige einigermaßen merkmalsreich erhaltene Fossilien unterrichtet. Zu den wesentlichen evolutiven Neuerungen gehören ein 5teiliges Gehirn in einer Schädelkapsel, ein Paar Augen, eine aus mehreren Schichten bestehende Körperdecke, knöcherne Hautstrukturen (Dermalskelett), ein knöchernes Binnenskelett, paarige Flossen, ein aus drei Abschnitten bestehendes Herz, Blut mit Hämoglobin als Respirationspigment, der Verbleib von jederseits nur noch 9 Kiemenbögen, das Seitenlinienorgan, Nieren und lediglich ein Paar Gonaden. Der Anlage einiger dieser Strukturen folgend ist der Körper in Kopf, Rumpf (zwischen 1. Wirbel und After) und Schwanz gegliedert. Ober- und Unterkiefer wurden erst bei den Gnathostomata (Kiefermünder) evolviert. Die Chorda dorsalis wird weitgehend von der Wirbelsäule verdrängt. Ursprünglich mit äußerer Besamung. Bei allen Tetrapoden und manchen Strahlenflossern wird das Sperma durch eine Kopulation in die weibliche Geschlechtsöffnung, bei manchen Maulbrütern auch in die Mundöffnung, übertragen (Verschmelzung der Gameten im Körperinneren). Die Extremitäten können bei einzelnen Teiltaxa in unterschiedlichem Maße reduziert sein (Schleimfische?, Neunaugen, Blindwühlen, Schleichen, Schlangen, S. 354, Hinterbeine der Wale und Seekühe, Flügel der Kiwis u. v. a.).

Die Stammart der Craniota hatte eine grundsätzlich gestreckte, „fischähnliche" Gestalt, aber gegenüber den Lanzettfischchen sind eine Reihe von **evolutiven Neuerungen** zu verzeichnen:
- Es sind **9 Paar Kiemenbögen** verblieben.
- Bildung eines **Kopfes**.
- Ein **echtes Gehirn**. Das Gehirn ist in fünf Abschnitte gegliedert (von vorn nach hinten): **Vorderhirn** (Großhirn, Telencephalon), **Zwischenhirn** (Diencephalon), **Mittelhirn** (Mesencephalon), **Hinterhirn** (Metencephalon) und **Nachhirn** (Myelencephalon). Der ventrale Teil von Mesencephalon, Metencephalon und Myelencephalon ist der Hirnstamm (Tegmentum).

Alle **Gehirnnerven** außer dem Riech- (I. Hirnnerv: Nervus olfactorius) und Sehnerv (II. Hirnnerv: N. opticus), welche vom Vorder- und Zwischenhirn ausgehen, entspringen dem Hirnstamm. Dazu gehören auch die Branchialnerven (im Folgenden die Nrn. V, VII, IX, X/XI), die im Grundplan der Craniota den Kiemenspalten zugeordnet sind. Es handelt sich um:

- III.:   Nervus oculomotorius;
- IV.:   N. trochlearis;
- V.:   N. trigeminus (ursprünglich dem Kieferbogen angehörend) (Kopf);
- VI.:   N. abducens (Augenmuskeln);
- VII.: N. fascialis (dem Hyoidbogen angehörig) (Gesichtsmuskeln);
- VIII.: N. stato-acusticus (Innenohr);
- IX.:   N. glossopharyngeus (ursprünglichlich zum 1. Branchialbogen gehörend) (Mundschleimhaut) und
- X.:   N. vagus (ursprünglich den nachfolgenden Branchialbögen zugeordnet). Der XI. Hirnnerv (N. accessorius) ist ursprünglich ein Ast des Nervus vagus und wird erst bei den Amniota selbständig. Der XII. Hirnnerv (N. hypoglossus), der die Zungenmuskeln versorgt, ist erst bei den Amniota zu einem Hirnnerv geworden.

– Die Körperdecke (**Integument**), bei den Tunicata und Acrania noch als einschichtiges Epithel ausgebildet, besteht bei den Craniota aus mehreren Schichten: 1. Der Haut (**Cutis**) aus ektodermaler Epidermis (außen, Oberhaut; histologisch = Epithel) und darunter dem mesodermalen **Corium** (= Dermis, Lederhaut; histologisch Bindegewebe) sowie 2. der Unterhaut (**Subcutis**, ebenfalls mesodermal).

– Ein knöchernes **Dermalskelett**. Nachdem man lange angenommen hatte, dass die Craniota im Grundplan wie die rezenten Schleimfische und Neunaugen außer der elastischen Haut keine Körperbedeckung getragen hatten, wurde man mit Entdeckung fossiler kieferloser Vertebrata mit Dermalskelett zu der Auffassung geführt, dass eine solche Struktur zum Grundplan der Craniota gehört. Es ging demzufolge bei den Myxinida und Petromyzontida wieder verloren.

– Die knöchernen Gebilde der Haut (**Schuppen**, **Deckknochen**) liegen im **mesodermalen Corium** der Cutis. (Die Verhornung bei Tetrapoden hingegen ist eine Eigenschaft der oberen Epidermis-Schichten; dazu zählen die Bildung von Nägeln und Hufen, Hörnern und Schnabelscheiden.)

– Das Gehirn liegt in einer Kapsel, dem **Schädel**. Primär besteht er nur aus einem dorsalen Teil, dem **Neurocranium** (Hirnschädel), das wichtige Sinnesorgane wie die Augen schützt. Erst bei den Gnathostomata kommt ein sogenanntes **Splanchno-** oder **Viscerocranium** (Kieferschädel) als ventraler Teil hinzu, bestehend aus den Elementen von Ober- und Unterkiefer. (Das ursprüngliche Neuro- und Viscerocranium bilden das **Endocranium**, das „chondral" entsteht, d. h. in knorpeligem Gewebe).

– Ein **Binnenskelett**. Entgegen früheren Annahmen, denen zufolge das Binnenskelett beim Grundplanvertreter der Craniota knorpelig gewesen sei, wird nun überwiegend **Knochen** und nicht Knorpel als die älteste Skelettsubstanz der Craniota angesehen. Das knorpelige Binnenskelett der Myxinoida, Petromyzontida und Chondrichthyes ist demnach nichts Ursprüngliches. Die ältesten Stammgruppenvertreter der Wirbeltiere (*Haikouichthys*, *Myllokunmingia*) hatten allerdings wohl nur knorpelige Endoskelett-Elemente. Somit kann die Evolution mit einem Knorpelskelett begonnen haben, und einer anschließenden Verknöcherung vielleicht noch vor Existenz der Stammart der Kronengruppe der Craniota folgte eine De-Mineralisation bei den Chondrichthyes. Ob die Inger und Neunaugen primär ein Knorpelskelett aufweisen, ist danach nicht klar. Dass bei den rezenten Wirbeltieren in der Ontogenese zuerst Knorpel auftritt, wird als Anpassung an das rasche Wachstum bei geringer mechanischer Beanspruchung des embryonalen Skelettes angesehen. In der Knochensubstanz finden sich Kollagenfasern (interzellulär) und als Mineral überwiegend Calciumphosphat.

- Es sind paarige, skelettgestützte **Flossen** vorhanden. (Den Petromyzontida und möglicherweise auch den Myxinoida fehlen sie sekundär; s. u.).
- Paarige seitliche **Augen**. – Die Netzhaut (**Retina**) entsteht aus dem Gehirn (Diencephalon: Zwischenhirn), die **Linse** – eventuell erst bei den Myopterygii entstanden – aus einer Einfaltung des Epidermis. Die Netzhaut ist also aus dem Neuroektoderm hervorgegangen (bei den Cephalopoden hingegen aus dem Hautektoderm). Zu jedem Auge gehört ein aus sechs Einzelmuskeln bestehender Muskelapparat.
- Erste Anlage einer **Zunge** (im Grundplan der Craniota eine einfache Verdickung des Mundhöhlenbodens ohne eigene Muskulatur).
- Das **Seitenlinienorgan**.
- Aus versenkten Neuromasten des Seitenlinienorgans gingen wichtige Elemente eines statoakustischen Organs (**Labyrinth** mit seinen Sinneszellen) hervor. Das Labyrinth dient der Wahrnehmung von Drehungen des Kopfes und von Beschleunigungen.
- Das **Herz**. Bei den Lanzettfischchen zieht ventral unter dem Kiemendarm ein Hauptblutgefäß (Aorta ventralis) entlang, beginnend mit dem Sinus venosus, einem kontraktilen Abschnitt. Vor dem Sinus venosus entsteht das muskulöse Herz. **Ursprünglich** besteht es aus drei Abschnitten (von hinten nach vorn): **Atrium** (Vorkammer), **Ventrikel** (Herzkammer, Hauptkammer) und **Conus arteriosus**. Ursprünglich lagen diese Abschnitte sicher hintereinander (noch bei der [Ammocoetes-] Larve von *Petromyzon*). Schon zum Grundplan der adulten Craniota aber gehört eine **Krümmung des Herzens**, durch die das Atrium **dorsal des Ventrikels** zu liegen kam, zwischen Sinus venosus und Atrium sowie Atrium und Ventrikel mit je zwei Klappen. (Innerhalb der Osteognathostomata [= Actinopterygii + Actinistia + Dipnoi + Tetrapoda] werden die ursprünglich vier Herzabschnitte vermindert. Sukzessive wird die Abgrenzung des Sinus venosus zum Atrium verwischt (der Sinus wird in die Vorhof- oder Atriumwand eingebaut) und der Conus wird in den Ventrikel eingebaut. Es verbleiben nur noch **Atrium** [Vorhof] und **Ventrikel** [Herzkammer]).
- Statt der bewimperten Kiemenspalten finden sich **echte Kiemen** als Respirationsorgane, die das Wasser mittels eines muskulösen Pumpensystems in den Körper transportieren.

- Blut mit **Hämoglobin**, das an rote **Blutzellen** (**Erythrocyten**) gebunden ist. Plesiomorpher Zustand: Blut ohne echte Respirationspigmente.
- **Schilddrüse** (Thyreoidea) als Weiterentwicklung des Endostyls; ein Schleimfilm (s. o., Chordata und Tunicata) wird nicht mehr erzeugt.
- **Pankreas** (Bauchspeicheldrüse).
- **Leber** als ein komplexes entodermales Organ (eine einfachere, mit der Leber homologisierte „Mitteldarmdrüse" haben schon die Acrania, s. o.). Offenbar erfolgte eine Differenzierung der ursprünglich einheitlichen Darmdrüse in Bauchspeicheldrüse und Leber.
- **Nieren** als zusammengesetzte Organe des Mesoderm. Zum Grundplan der Craniota gehören ein Paar Nieren mit je einem eigenen Ausführgang.
- Statt mehrerer segmentaler paariger Gonaden nur noch mit einem Paar **Geschlechtsorgane**.
- Die (paarig angelegte) **Neuralleiste** und die an sie gebundene Entstehung von Geweben und Organen. Sie entsteht auf der Dorsalseite des Embryos jederseits des Neuralrohres aus zwei Streifen ektodermaler Zellen und wandert dann tiefer in den Körper hinein. Sie ist unter anderem an der Entstehung des Gesichtsschädels, des Kiemenapparates, des Hautskeletts, von Sinnesorganen und Teilen des Nervensystems beteiligt. Eine Vorstufe der Neuralleiste findet sich bei den Tunicata in Form von Zellen, die aus dem Neuralrohr in die Körperwand verlagert werden, wo sie zu Pigmentzellen werden.

Stammgruppenvertreter der Craniota:

Conodontophorida (Kambrium-Trias). Langgestreckte Tiere mit einem Apparat aus Zahnplatten (Conodonten), die aus Calciumphosphat bestehen. Mit großen paarigen Augen. Die Zahnelemente haben als Leitfossilien eine große Bedeutung.

Haikouella lanceolata (unteres Kambrium von China). Mundregion ähnlich der der Petromyzontida. Mit durch Muskeln arbeitendem Kiemenapparat, aber noch ohne Schädel.

Haikouichthys ercaicunensis, unteres Kambrium von China. Mit nach oben gerichteten paarigen Augen. Notochord wahrscheinlich mit voneinander getrennten Wirbeln (Arcualia) assoziiert. Mit hoher dorsaler Flosse, die in die Schwanzflosse übergeht, und ventralem Flossensaum.

> **Cranium:** Kopfskelett der Craniota.

1.30 Myopterygii

= Petromyzontida + Gnathostomata;
bzw. **Cyclostomata** (= Myxinoidea + Petromyzontida)

Ob die Myxinoidea und Petromyzontida zusammen eine natürliche Gruppe bilden („Cyclostomata", Rundmäuler) oder ob die Petromyzontida mit den Gnathostomata in einem Schwestergruppenverhältnis stehen, ist eine viel diskutierte Frage zur frühen Stammesgeschichte der Wirbeltiere. An diesem Beispiel sei die grundsätzliche Schwierigkeit der Interpretation von Übereinstimmungen genauer vor Augen geführt, indem zu den einzelnen Merkmalskomplexen, die man als Synapomorphien der Myxinoidea und Petromyzontida ansehen kann, Kommentare geliefert werden.

Als Argumente für die **Monophylie der Cyclostomata** werden folgende Übereinstimmungen als mögliche Synapomorphien der Myxinoidea und Petromyzontida angeführt:
- Aalähnlich gestreckte Körperform. Das aber kann auf Konvergenz beruhen.
- Reduktion des Dermalskelettes mit dem Ergebnis eines nackten Körpers. Auch hier ist die Konvergenzwahrscheinlichkeit nicht gering, oder die Myxinoidea haben primär kein Dermalskelett.
- Nur eine naso-hypophyseale Öffnung. Diese Eigenschaft kann aber bezüglich der Lesrichtung (apomorph oder plesiomorph) nicht überprüft werden, da weder die Acrania noch die Tunicata eine naso-hypophyseale Öffnung haben.
- Zungenapparat mit Längsleisten von Zähnen für die Aufnahme von Nahrungsbrocken; die Zähne sind hornig. Aber allgemein könnte der Zungenapparat der Myxinoidea und der der Petromyzontida auf einen Bau zurückgehen, der dem der Myxinoidea ähnelt, aber für alle Craniota ursprünglich ist. Dieser erlaubte eine Hinaus- und Herein-Bewegung der Unterlippe durch Protraktoren und Retraktoren, die die knorpeligen Platten bewegten. Dies war die einfachst mögliche Bewegung zur Nahrungsaufnahme bei ursprünglichen Craniota.
Die hornigen Zähne können ebenfalls von hornigen Elementen im Mund des Grundplanvertreters der Craniota herkommen. Die spezielle Ähnlichkeit bei den Myxinoidea und Petromyzontida dürfte auf Konvergenz beruhen.
- Die Kiemen liegen in kleinen Kiemenbeuteln, die nach außen und mit dem Pharynx durch kleine Dukte, den externen bzw. internen Kiemengang, kommunizieren. Sie weisen entodermale Kiemen auf. Aber die Homologieverhältnisse zum Kiemenapparat der Acrania sind unklar.
- Fehlen paariger Flossen. Diese Eigenschaft ist schwer zu beurteilen. Bei den Petromyzontida fehlen paarige Flossen wohl sekundär, wie man wegen ihres Besitzes bei den Anaspida oder Osteostraci annimmt, denn diese fossilen Taxa gelten als die nächsten Verwandten der Neunaugen. Bei den Myxinoidea ist das anders. Da aber paarige Flossen bei den Tunicata und Acrania fehlen, werden sie auch im Grundmuster der Craniota nicht vorhanden gewesen sein und könnten bei den Myxinoidea primär fehlen.
- Die Gonaden sind unpaar, gehen aber ontogenetisch aus einer paarigen Anlage hervor. Sowohl bei den Acrania als auch den Gnathostomata wird der paarige Zustand beibehalten. Hier ist also eine Erklärung der Übereinstimmung bei den Myxinoidea und Petromyzontida als Konvergenz durchaus problematisch.
- Die männlichen Gameten werden in das allgemeine Coelom entlassen; von hier treten sie durch Genitalporen in der Kloaken-Region aus. Sie passieren niemals das Exkretionssystem. Bei den Gnathostomata passieren sie hingegen im Grund-

muster die Vasa efferentia und dann das Exkretionssystem. Da aber larvale Petromyzontida Wolffsche Gänge aufweisen (durch die aber nie das Sperma wandert), ist es denkbar, dass diese Larven-Verhältnisse für die Gnathostomata ursprünglich sind.

Bisweilen wird ein Saugmund als weitere Autapomorphie der Cyclostomata angegeben, doch ist ein echter Saugmund nur bei den Petromyzontida vorhanden. Nach molekularsystematischen Untersuchungen ist es wahrscheinlich, dass die Cyclostomata monophyletisch sind.

Für die **Monophylie** der Petromyzontida + Gnathostomata (**Myopterygii-Hypothese**) sprechen folgende Merkmale:
– Gehirnkapsel mit größeren knorpeligen Wandungen.
– Ein photosensorisches Pinealorgan.
– Wirbelsäule mit Arcualia (Wirbelbögen), die bei den Petromyzontida wie bei den Gnathostomata als knorpelige Spangen den Spinalnerv flankieren und offenbar den Basidorsalia (Neuralbögen) und Interdorsalia der Gnathostomata homolog sind.
– Radialmuskeln in den Flossen.
– Weiterentwickeltes sensorisches Seitenliniensystem (mit echten Neuromasten).
– Darm spiralig bzw. mit einer Spiralfalte.
– Der Adultus hat keinen persistierenden Pronephros.
– Fehlen eines akzessorischen Herzens. Die Myxinoidea haben akzessorische venöse Herzen zur Unterstützung der Blutzirkulation: Ein cephales Herz (Kardi-

Abb. 1.**103 Petromyzontida und ursprüngliche Actinopterygii. a** *Petromyzon marinus*, **b** *Acipenser sturio*, **c** *Lepisosteus osseus*, **d** *Amia calva*. (Zeichnungsgrundlage zu a und b Ladiges und Vogt, 1965, zu c Grassé, 1958, zu d Jarvik, 1980.)

nalherz) im Kopf, ein zweites über dem Hauptherz und ein Caudalherz im Schwanz. Dies gilt als Grundplanmerkmal der Craniota.
- Die Hyperosmoregulation.
- Eigenschaften des Insulin.
- Die nervöse Regulation des Herzen.
- Die Aminosäure-Zusammensetzung des Kollagen.
- Das Peptid-Muster und die Aminosäure-Zusammensetzung des Hämoglobin (fetales Hämoglobin).
- Die Struktur und Funktion der Bauchspeicheldrüse.
- Echte Lymphocyten.
- Atrium und Ventrikel des Herzen liegen einander sehr nahe.
- Die extrinsische Augenmuskulatur. Anmerkung: Das Fehlen dieser Muskulatur bei den Myxinoidea kann aber auf Reduktion beruhen, zumal große Augen auch bei den Conodonten vorkamen.
- Eventuell eine Linse im Auge.

1.30.1 Myxinoidea (Schleimfische)

60 Arten, Länge bis über 1 m. Marin, in Bodennähe. Noch ohne die Umwandlung des ersten Kiemenbogens in Ober- und Unterkiefer. Mit zahlreichen Mundtentakeln. Die Tiere können große Mengen Schleim produzieren. Augen nur gering entwickelt, doch der fossile Schleimfisch *Myxinikela* (oberes Karbon von Illinois) hatte größere Augen als die rezenten Formen. Das Fehlen einer Linse bei den Myxinoidea kann aber durchaus ursprünglich sein.
Beispiel: *Myxine glutinosa* (Inger), im Nordatlantik.

1.30.2 Petromyzontida (Neunaugen)

40 Arten, Länge bis 1 m. Wie die Schleimfische noch ohne Ober- und Unterkiefer (vgl. Gnathostomata). Der Mund ist als Haftorgan entwickelt. Im Meer und im Süßwasser. Der deutsche Name Neunaugen rührt von der unpaaren Nasengrube, dem Augenpaar und den jederseits sieben Kiemenöffnungen her. Die Larve (Ammocoetes-Larve) lebt als Strudler im Sand. Während ihrer Metamorphose wandelt sich das Endostyl des Kiemendarmes zur Schilddrüse um, und die zunächst unter der Haut liegenden Blasenaugen werden zu normalen Wirbeltieraugen.

Es gibt keine alten Relikte von Cyclostomen im Süßwasser. Alle Süßwasserformen scheinen in relativ junger Zeit aus dem Meer eingewandert zu sein.
Beispiele: *Petromyzon marinus* (Abb. 1.103**a**), Meerneunauge; *Lampetra planeri*, Bachneunauge.

1.31 Gnathostomata

= Chondrichthyes + Osteognathostomata

Kiefermünder (sämtliche Wirbeltiere mit Ausnahme der Myxinoida und Petromyzontida).

> Zusätzlich zum Neurocranium (dem Gehirnschädel) haben die Gnathostomata ein so genanntes Viscerocranium (Kieferschädel), das den Vorderdarm umgibt. Es besteht jederseits aus dem Ober- und Unterkiefer (Elemente des 1. Kiemenbogens; Mandibularbogen) sowie aus dem 2. Kiemenbogen (Hyoidbogen), der u. a. der Aufhängung der Kiefer am Neurocranium dient. Die auf sie folgenden Kiemenbögen weisen primär (und wie im Grundmuster der Craniota) Kiemen auf.

Zu den Gnathostomata gehören außer den Knorpelfischen und den Osteognathostomata auch die †Placodermi. Man unterscheidet daher zwischen den Placodermi (vielleicht kein Monophylum) und den Eugnathostomata. Die folgenden abgeleiteten Eigenschaften beziehen sich auf die **Eugnathostomata**.

Apomorphien:
- Ober- und Unterkiefer, entstanden aus den Elementen des 1. Kiemenbogens. Sie bilden zusammen mit den Elementen des 2. Kiemenbogens das Viscerocranium (Abb. 1.**104**): Der 1. Kiemenbogen bildet den Mandibularbogen aus Palatoquadratum (Oberkiefer) und Mandibulare (Unterkiefer). Der 2. Kiemenbogen wird zum Hyoidbogen, er besteht aus dem Hyomandibulare und dem Hyoid. Kiemenbögen sind die zwischen den Kiemenspalten stehenden, durch Knorpel oder knöcherne Elemente gestützten Teile (Branchialbögen im engen Sinn). Wahrscheinlich handelt es sich um den 3. und 4. Kiemenbogen; ein erster und zweiter der kieferlosen Wirbeltiere scheinen verlorengegangen zu sein. Im Folgenden wird von nun an der vorderste verbliebene als der 1. Kiemenbogen gezählt.

Der dorsale Teil des 1. Kiemenbogens wird zum **Palatoquadratum**; der ventrale zum **Mandibulare**. Zwischen beiden liegt das **primäre Kiefergelenk**. Zusammen mit den entsprechenden Teilen der anderen Körperseite bilden diese Teile den **Mandibularbogen**; sie berühren sich vorn dorsal bzw. ventral der Mundöffnung. Der Mandibularbogen stützt also den Mundraum. – Bei den Tetrapoden sind vom Mandibularbogen nur noch Reste verblieben: Vom (dorsalen) Palatoquadratum nur der hintere, gelenkbildende Teil (das **Quadratum**), vom Mandibulare der hintere Bereich, das **Articulare**.

Dem Mandibularbogen folgt der **Hyoidbogen** (Zungenbeinbogen) aus dem **Hyomandibulare** (dorsal) und dem **Hyoid** (ventral). Das Hyomandibulare dient der Aufhängung des Kieferapparates am Neurocranium. Zwischen Mandibularbogen und Hyoidbogen bleibt als Rest der dortigen Kiemenspalte eine Öffnung, das **Spiraculum** (Spritzloch). – Bei den Tetrapoda wird es zum Mittelohr und zur **Eustachischen Röhre**.

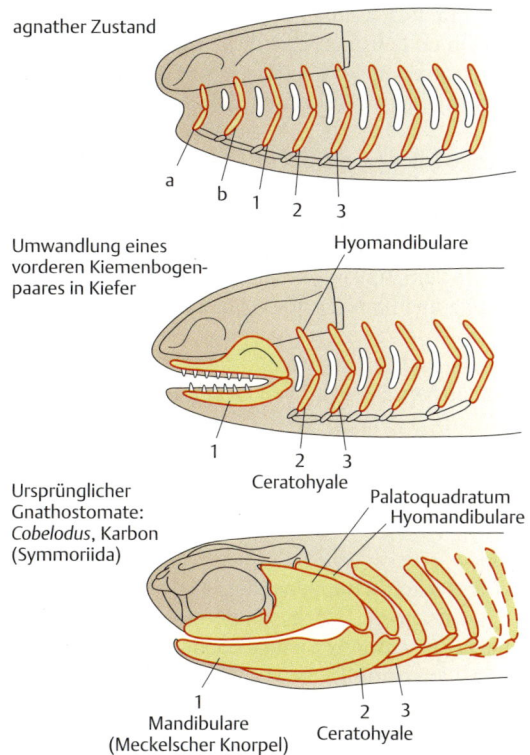

Abb. 1.**104 Entstehung des Kieferapparates (Viscerocraniums).** Für den agnathen Zustand werden zwei Kiemenbögen vor den später verbleibenden angenommen (a, b), die vollkommen reduziert werden. Der dann folgende Kiemenbogen (1) wird zu Ober- und Unterkiefer (= Palatoquadratum und Mandibulare, dazwischen: primäres Kiefergelenk), der nächste (2) zu Hyomandibulare und Ceratohyale. Dies sind der anatomisch erste und zweite Kiemenbogen der Gnathostomata, die den Kieferapparat bilden. Ihm folgen primär fünf weitere Kiemenbögen mit zwischen ihnen liegenden Kiemenöffnungen. (Nach Romer, 1966, Starck, 1979, sowie Carroll, 1993.)

Die **folgenden Kiemenbögen** (das sind der 3. bis 9.) tragen **primär Kiemen** (5–7 Kiemenbögen bei Knorpelfischen, 4 bei Knochenfischen, 3 bei Amphibienlarven). Sie werden ontogenetisch noch bei allen Tetrapoden rekapituliert.
- **Schuppen** und Zähne. Die **Zähne** sind offenbar den Plakoidschuppen der Chondrichthyes homolog, die Plakoidschuppen wiederum den zahnartigen Oberflächenstrukturen der Elemente des Dermalskeletts der Craniota. Das Dermalskelett, wie es zum Grundplan der Gnathostomata gehört, bestand aus Schuppen. Möglicherweise waren diese Schuppen insofern Weiterentwicklungen der

Schuppen des Grundplans der Craniota, als über der lamellösen und der spongiösen Knochenschicht (Isopedin und Cosmin) eine dicke Lage schmelzartigen Ganoins sowie zahnartige Strukturen auf der Oberfläche der Ganoinschicht gebildet wurden. (Die Cosmoidschuppe müsste dann aus dieser Ganoidschuppe hervorgegangen sein.)
- Gradueller Zahnwechsel. Heute ist dies eine auffällige Eigenschaft der Knorpelfische, doch trat dies auch bei den erloschenen Acanthodii und basalen Osteognathostomata auf. Es kann sich somit nicht um eine Autapomorphie der Chondrichthyes handeln, sondern ist eine der Apomorphien der Gnathostomata.
- Kollagen Typ II als Matrixprotein zum Aufbau von Knorpel. Das Knorpelgewebe der Myxinoidea, Petromyzontida und Branchiostoma (Acrania) (sowie z. B. von Cephalopoden) ist Kollagen-frei.

Die Aufspaltung in die Knorpelfische und die Osteognathostomata muss spätestens im unteren Silur erfolgt sein, da aus dem Obersilur von beiden Taxa Vertreter bekannt sind.

1.31.1 Chondrichthyes (Knorpelfische)

= Elasmobranchii + Holocephali

Ca. 850 Arten. **Autapomorphien:**
- Das Dermalskelett ist bis auf die **Plakoidschuppen** reduziert worden. Diese Plakoidschuppen entsprechen wahrscheinlich den zahnförmigen Oberflächenstrukturen der Ganoidschuppen, die ansonsten weitgehend aufgelöst wurden.
- Das **Endoskelett** ist **knorpelig**, die ursprüngliche Verknöcherung ist durch Reduktion des Knochengewebes aufgegeben (die Verkalkung bei vielen Chondrichthyes hat mit echtem Knochen nichts zu tun).
- Das **Neurocranium** (Chondrocranium) ist dorsal sehr **weitgehend geschlossen**. Plesiomorpher Zustand: Das Neurocranium ist trogförmig, also dorsal offen.
- Bildung von Wirbelkörpern. Zum Grundplan der Gnathostomata und vielleicht der Craniota gehören isolierte Stützelemente (Arcualia) im Bereich der Chorda (perichordale Stützelemente). Die Chondrichthyes hingegen haben **geschlossene Wirbelkörper**. Sie werden in anderer Weise gebildet als bei den Osteognathostomata.
- Der Kopf ist in ein **Rostrum** verlängert; der Mund kommt damit (als Querspalte) auf die Ventralseite zu liegen. Bei den fossilen Chlamydoselachidae ist das Rostrum offenbar wieder verlorengegangen.
- Innere Befruchtung (plesiomorpher Zustand: äußere Befruchtung der Eier wie im Grundplan der Osteognathostomata).
- Die Männchen haben besondere **Begattungsorgane** (Pterygopodien, Gonopodien, Mixopterygien), die aus Stacheln der Bauchflossen gebildet wurden bzw. aus dem basalen Knorpel der Bauchflossen. Diese schwellbaren Innenteile der Bauchflossen können zur Spermaübertragung in die Genitalöffnung der Weibchen eingeführt werden.

- Die Jungtiere haben **äußere Kiemen** in Form fadenähnlicher, gefäßführender Büschel entlang des Rumpfes. (Ähnliche Strukturen bei einigen Teleostei sind offenbar Konvergenzen.)

Das Dermalskelett aus mesodermalen Plakoidschuppen spricht dafür, dass die Knorpelfische von Vorfahren mit einem Haut- bzw. Deckknochenpanzer abstammen. Die Basis der Plakoidschuppen wird nämlich aus Knochen gebildet, und sie tragen eine Krone aus mesodermal gebildetem Vitrodentin. Sie und die Zähne dürften Derivate von Hautknochen sein. Die Plakoidschuppen und die Zähne der Chondrichthyes weisen keinen Schmelz auf.

Möglicherweise wurden die Deckknochen reduziert sowie andere knöcherne Elemente nur noch knorpelig angelegt, um das Körpergewicht im Wasser zu reduzieren.

Die Schwimmblase (bzw. Lunge) fehlt den Chondrichthyes noch. Die Brustflossen stehen horizontal vom Körper ab. Manche Arten sind lebendgebärend.

1.31.1.1 Elasmobranchii (Plattenkiemer, Haie und Rochen)

Ca. 820 Arten (Abb. 1.**105**). Die Rochen (Batoidei) sind sicher ein Monophylum, die Haie („Selachii") nach Auffassung der meisten jetzigen Autoren eine paraphyletische Gruppierung.

„**Selachii**". **Beispiele:** *Carcharodon carcharias* (Weißer Hai, bis über 6 m lang), *Scyliorhinus* (Katzenhai), *Squalus* (Dornhai), *Rhincodon typus* (Walhai, bis 12 m lang, Planktonfiltrierer), *Cetorhinus maximus* (Riesenhai, Planktonfiltrierer, bis 10 m).

Batoidei (Rajiformes). Körper abgeflacht, Kiemenspalten ventral. Marin. **Beispiele:** *Manta*; *Torpedo* (Zitterrochen).

Abb. 1.**105** **Chondrichtyhes. a** Leoparden- oder Zebrahai (*Stegostoma fasciatum*) **b** Gefleckter Adlerrochen (*Aetobatus narinari*). (Fotos von Sophia Willmann.)

1.31.1.2 Holocephali (Chimären, Seekatzen)

30 Arten, bis 1,5 m lang. Zahlreiche **Autapomorphien:** Holostylie (Palatoquadratum untrennbar mit dem Neurocranium verschmolzen); Fehlen des Spritzloches; Reduktion der Kiemenspalten auf vier; Kiemendeckel über den Kiemenspalten (im Gegensatz zum Kiemendeckel der Osteognathostomata ohne Deckknochen) (Konvergenz); Zähne zum Teil als Kauplatten entwickelt; Dermalskelett völlig reduziert u. a. Schwanz lang und schlank. Die Chimären ernähren sich von benthischen Tieren.
Beispiel: *Chimaera* (Seedrache).

Rostrum: Bezeichnung für einen meist vorn am Kopf liegenden Fortsatz, z. B. Knorpelfortsatz bei Chondrichthyes, verlängerter Kopfteil bei Insekten, Fortsatz am Cephalothorax von Krebsen, aber auch hinten liegende Kalzitbildung bei den Belemnoidea und Sepioidea.

1.31.2 Teleostomi

= †Acanthodii + Actinopterygii + Sarcopterygii

Die fossilen **Acanthodii** sind die Schwestergruppe der Osteognathostomata (zusammen: Teleostomi). Einige der bei den Neo- bzw. Osteognathostomata aufgeführten Apomorphien existierten bereits bei der Stammform der Acanthodii + Osteognathostomata, so ein endständiges Maul und Otolithen.

1.32 Osteognathostomata (Knochentiere)

= Neognathostomata; Actinopterygii + Sarcopterygii; = Osteichthyes s. l., d. h. inklusive der Tetrapoda

Apomorphien:
- Existenz eines Dermalschädels, der die ganze Kopfregion umhüllt.
- Vorhandensein eines „Opercularapparates", in dem der Kiemendeckel aus Hautknochen (dem Operculum, dem Suboperculare und mehreren Gularia [Kehlplatten]) besteht. Er geht vom Hyoidbogen aus.
- Der Schultergürtel steht mit dem dermalen Kopfskelett in Verbindung.
- Flossen mit knöchernen Flossenstrahlen (Lepidotrichia), die von Schuppen abgeleitet sind: Schuppen der rechten und linken Seite der Flosse vereinigen sich zu einer Röhre.
- Anlage eines Darmblindsackes, dem **Schwimmblasen-Lungen-Organ**. Es dient im Grundplan der Osteognathostomata offenbar als Auftriebsorgan, bei den Dipnoi und Tetrapoda wird sie zur Lunge. – Die bisweilen geäußerte Annahme, die Schwimmblase sei auf eine primär als Lunge dienende Aussackung des Darmes zurückzuführen, lässt sich nur schwer substanziieren und wird aus der Verbreitung einer Lunge unter basalen Repräsentanten der Osteognathostomata abge-

leitet: Bei den Cladistia (Polypteriformes/Actinopterygii) entspringt der Darmblindsack aus der Ventralseite des Darmes als paarige glattwandige Lungen. Bei den Actinopteri hingegen, der Schwestergruppe der Cladistia, findet sich die Lunge/Schwimmblase dorsal des Darmes und hat vorwiegend hydrostatische Funktion. Bei *Latimeria* (Actinistia/Sarcopterygii) bildet sie – sofern Homologie zur Schwimmblase besteht – eine unpaare Aussackung des Darmes, die mit Fett gefüllt ist. Bei den Dipnoi sind die Lungen als ventrale Schlundausstülpungen primär paarig und beiderseits des Vorderdarmes gelegen (bei *Neoceratodus* unpaar und dorsal des Darmes gelegen). Bei den Tetrapoda sind die paarigen Lungen mit dem Darm über eine Trachea (Luftröhre) verbunden.
- Das Binnenskelett ist stark verknöchert. Während der Ontogenese wird das zunächst knorpelige Skelett weitgehend durch Knochen ersetzt (**Ersatzknochen**). Bei der Verknöcherung des Binnenskelettes generell handelt es sich um eine ursprüngliche Eigenschaft, die schon im Grundmuster der Vertebrata verwirklicht war. Als Apomorphie der Osteognathostomata gilt **endochondraler** Knochen (verknöchert *im* embryonalen Knorpelelement). **Perichondraler** Knochen (verknöchert *um das* embryonale Knorpelelement *herum*) tritt auch bei den Chondrichthyes auf, ebenso **dermaler Knochen** (ohne und mit Knochenzellen). Mit dem Binnenskelett treten Knochenplatten des Dermalskeletts in Verbindung.

†*Psarolepis* (oberes Silur – unteres Devon) gilt als Adelphotaxon der übrigen Osteognathostomata. *Psarolepis* hat mit ihnen als Synapomorphien gemeinsam: Praemaxillare, Maxillare, Zähne auf den Kieferrandknochen (Praemaxillare, Maxillare und Dentale), Interclavicula, endochondralen Knochen und andere Merkmale.

1.32.1 Actinopterygii (Strahlenflosser)

= Cladistia + Actinopteri

Ca. 29 000 Arten, in fast allen marinen und limnischen Lebensräumen (Abb. 1.**106**).
Autapomorphien:
- Nur eine Rückenflosse (plesiomorpher Zustand: zwei Rückenflossen). Noch beim unterdevonischen Stammgruppenvertreter der Actinopterygii, *Dialipina salgueiroensis* waren zwei Rückenflossen vorhanden. (Manche Actinopterygii haben allerdings noch eine nie durch ein spezielles Skelett gestützte Fettflosse.)
- Vorhandensein einer eigenen Urogenitalöffnung: Die Exkretions- und Geschlechtsöffnung münden unabhängig vom Darm nach außen (plesiomorpher Zustand: Vorkommen einer Kloake, Abb. 1.**107**).

Das schrittweise Auftreten der Apomorphien der Actinopterygii – genauer: der Kronengruppe der Actinopterygii – lässt sich mithilfe mehrerer Stammgruppenvertreter gut nachvollziehen.

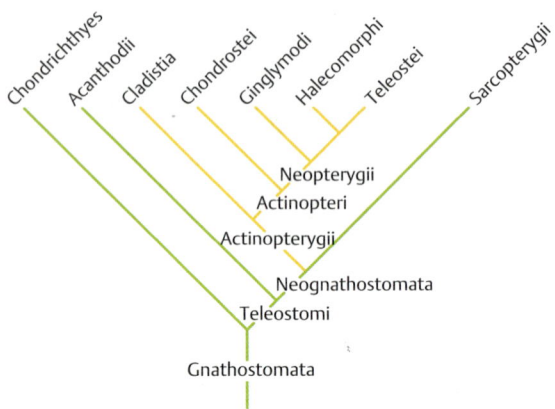

Abb. 1.**106** **Die Verwandtschaftsbeziehungen innerhalb der Gnathostomata und insbesondere der Actinopterygii.**

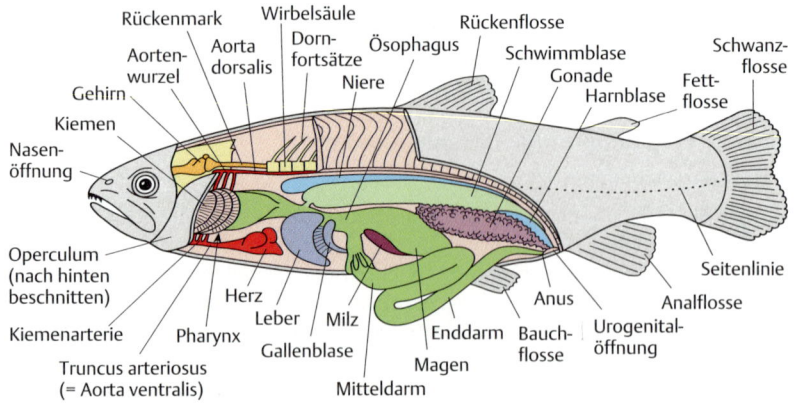

Abb. 1.**107** **Gnathostomata, Actinopterygii.** Bau am Beispiel der Forelle.

Abb. 1.**108** **Neopterygi. a** *Esox lucius*, **b** *Cyprinus carpio*, **c** *Salmo salar*, **d** *Silurus glanis*, **e** *Perca fluviatilis*, **f** *Euthynnus alleteratus*, **g** *Gasterosteus aculeatus*, **h** *Anguilla anguilla*. (Zeichnungsgrundlage zu b und f: Mickoleit, 2004, zu allen übrigen: Ladiges und Vogt, 1965.)

1.32.1.1 Cladistia

= Polypteriformes

11 Arten. Rückenflossen in zahlreiche Flösselchen zergliedert.
Beispiele: *Polypterus bichir*, *Erpetoichthys* (Polypterini, Flösselhechte, in Afrika)

1.32.1.2 Actinopteri

Teiltaxa (Abb. 1.**106**):
 a. **Chondrostei** (Knorpelganoide, Störe): *Acipenser sturio* (Stör).
 b. **Neopterygii:**
  Ginglymodi (Kaimane): *Lepisosteus osseus* (Knochenhecht, in Nord- und Mittelamerika)
  Amiiformes (Kahlhechte): *Amia calva* (in Nordamerika; einzige rezente Art), †*Cyclurus kehreri* (häufig im Eozän von Messel bei Darmstadt)

Teleostei (moderne Knochenfische, Knochenfische im engeren Sinne, mit Cycloidschuppen [inklusive der Ctenoidschuppen] als Autapomorphie): Clupeomorpha: *Clupea harengus* (Hering), Esocidae: *Esox lucius* (Hecht); Cyprinidae (Karpfenartige): *Cyprinus carpio* (Karpfen), *Carassius carassius* (Karausche); Salmonidae: *Salmo salar* (Lachs); Siluridae: *Silurus glanis* (Wels, bis 5 m lang); Gadidae: *Gadus* (Dorsch); Percidae: *Perca fluviatilis* (Flussbarsch); Scombridae (Makrelenartige): *Thunnus thynnus* (Thunfisch); Pleuronectiformes (Plattfische): *Solea vulgaris* (Seezunge), *Pleuronectes platessa* (Scholle); Syngnathidae: *Hippocampus* (Seepferdchen); Gasterosteidae: *Gasterosteus aculeatus* (Dreistachliger Stichling); Anguillidae: *Anguilla anguilla* (Aal); Molidae: *Mola mola* (Mondfisch).

Die basalen Verwandtschaftsbeziehungen innerhalb der Actinopteri sind nicht geklärt: Entweder *Amia calva* (bzw. mit ihren fossilen nächsten Verwandten: die Halecomorphi) oder *Lepisosteus* oder die Halecomorphi + Lepisostei sind die Schwestergruppe der Teleostei.

1.33 Sarcopterygii (Fleischflosser)

= Actinistia + Choanata

Vorbemerkung: Manche der folgenden Taxonnamen bezeichneten in älteren Publikationen paraphyletische Gruppierungen, wurden später aber – wie auch hier – für Monophyla benutzt, was zu Verwirrung führen kann. So umfassten die Sarcopterygii ursprünglich nur die Rhipidistia, Actinistia (= Coelacanthiformes) und Dipnoi – eine paraphyletische Gruppierung.

Apomorphien:

– Spritzloch geschlossen.
– Zwischen den Nasalia und der Nasenöffnung mit zwei oder mehr Knochen (den Tectalia).
– Das Squamosum und das Praeoperculum bilden zwei separate Knochen.
– Am Oberrand der Orbita mit Supraorbitalia.
– Im Grundmuster mit fleischigen Loben an den Brust- und Bauchflossen.
– Flossen mit nur einem proximalen Element sowie einer daran anschließenden Achse, an die sich die Radialia seitlich anlegen. Seitlich auf die Radialia legen sich die Basen der dermalen Flossenstrahlen.

Seit dem Obersilur (vor ca. 415 Mio. Jahren) fossil nachgewiesen. Von den aquatischen Vertretern der Sarcopterygii haben nur einige Arten der Dipnoi und Actinistia überlebt (Abb. 1.**109**, Abb. 1.**110**).

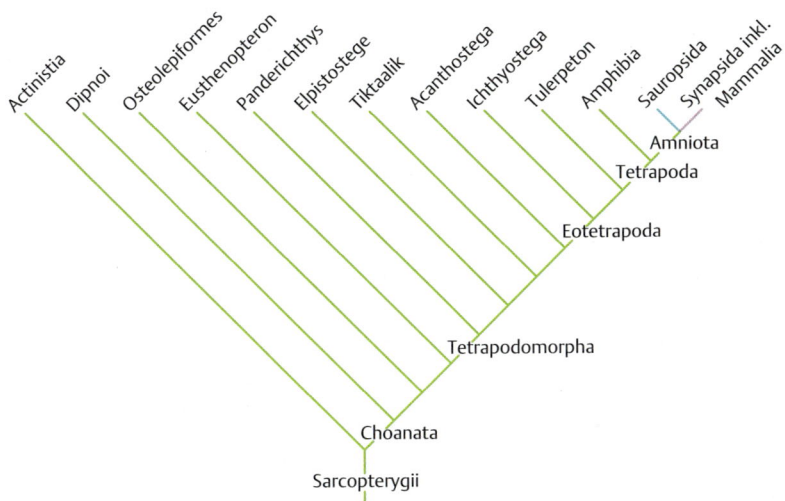

Abb. 1.109 **Kladogramm der basalen Sarcopterygii mit phylogenetisch bedeutsamen devonischen Stammgruppenvertretern der Tetrapoda.**

1.33.1 Actinistia (Quastenflosser)

Autapomorphien:
- Das Neurocranium ist in einen Vorder- und einen Hinterschädel mit dazwischenliegendem intracranialem Gelenk geteilt. Im Schädeldach liegt das Gelenk zwischen den Parietalia und Postparietalia.
- Das Maxillare fehlt, im Oberkiefer ist nur das Praemaxillare vorhanden.
- Der Unterkiefer artikuliert mit zwei Gelenken im Oberkiefer: Das doppelköpfige Quadratum greift in eine Doppelgrube des Articulare; dahinter gelenkt das Symplecticum mit einem Fortsatz des Articulare.

Die Eier werden ohne Begattungsorgan im Körper der Weibchen befruchtet. Gereifte Eier erreichen einen Durchmesser von 9 cm. Im Eileiter ernähren sich die Jungen von ihrem Dotter. Ovovivipar.

Nur eine rezente Art mit zwei Subspezies: *Latimeria chalumnae* (Abb. 1.110). Marin, vor der afrikanischen Ostküste und in Südostasien. Bis 1,9 m lang. Räuberisch. *Latimeria* wurde kurz vor Weihnachten 1938 entdeckt. Eines der berühmtesten „lebenden Fossilien".

1.34 Choanata

= Dipnoi + Tetrapoda

Apomorphien:
- Lymphgefäßsystem. Die Dipnoi besitzen im Gegensatz zu den Actinopterygii und Actinistia kein sekundäres Blutgefäßsystem, sondern wie die Tetrapoda ein über den ganzen Körper verbreitetes Lymphgefäßsystem einschließlich echter Lymphpumpen. Das sekundäre Gefäßsystem ist völlig verschwunden, doch ist das Lymphgefäßsystem möglicherweise aus diesem hervorgegangen.

Die (namengebenden) **Choanen** – in den Rachen mündende Öffnungen der Nase – der Dipnoi sind denen der Tetrapoda möglicherweise nicht homolog. Manche Autoren benutzen daher den Namen Choanata für die Tetrapoda und eine Reihe ihrer Stammgruppenvertreter (unter Ausnahme der Porolepiformes), d. h. die Choanata schließen danach die Dipnoi nicht ein.

In der Stammlinie der Osteognathostomata wurde ein Blindsack des Vorderdarmes evolviert, der zwischen Darm und Wirbelsäule liegt – die Schwimmblase (s. o.). Gasgefüllt ermöglicht sie ein Schweben im Wasser (hydrostatisches Organ). Dieser Schwimmblase ist die **Lunge** der Choanata homolog. Über eine unpaare Röhre (Trachea) steht sie noch immer mit dem Vorderdarm in Verbindung.

Die Lungensäcke sind zunächst (wie die Schwimmblase) glattwandig. Bei ursprünglichen Amniota erfolgt eine einfache Septenbildung (Vergrößerung der Oberfläche und damit Optimierung des Gasaustausches, konvergent auch bei manchen Amphibien).

1.34.1 Dipnoi (Lungenfische)

6 rezente Arten, ca. 40 fossile. Die heutigen Lungenfische sind ausgesprochene Flachwasser- und Bodenfische.

Autapomorphien (nur der rezenten Formen):
- Nasenöffnungen ventral gelegen.
- Das Schädeldach wird von wenigen großen Deckknochen gebildet. Die Homologie der Schädelknochen mit denen anderer Wirbeltiere ist nicht eindeutig geklärt.
- Es fehlen das Dentale, das Praemaxillare und Maxillare. Das Dentale wird aber noch ontogenetisch angelegt.
- Die Zähne sind als Kauplatten entwickelt.
- Der Körper ist von Cycloidschuppen bedeckt.
- Die beiden Rückenflossen, die Schwanz- und die Analflosse bilden einen einheitlichen Flossensaum. Ursprüngliche Dipnoi besaßen noch zwei Rückenflossen, eine Afterflosse und eine heterozerke Schwanzflosse. Im Oberdevon lebten Arten mit verlängerten Rückenflossen; ab Karbon existierte bei allen Arten ein Flossensaum.

Neben der Kiemenatmung sind die Dipnoi zur Lungenatmung befähigt.

Lungenfische produzieren über 5000 Eier pro Nest (Durchmesser maximal 7 mm). Sie werden von einer Gelatinehülle umgeben. *Protopterus* und *Lepidosiren paradoxa* bauen horizontale Gänge, in denen die Eier abgelegt werden; *Neoceratodes forsteri* klebt sie an Wasserpflanzen. – Eine der ursprünglichsten Formen ist *Dipnorhynchus sussmilchi* aus dem Devon.

Die **Monopneuma** (= Neoceratodontidae) zeichnen sich durch nur eine Lunge aus. Flossen breit, Schuppen groß. Nur *Neoceratodus forsteri* (Abb. 1.**110b**) in Nordost-Australien, bis 1,8 m, in Einzelfällen über 2 m lang. In austrocknenden Tümpeln geht er zur Luftatmung über. Auch die frühesten Jugendstadien haben – im Gegensatz zu den Dipneuma – keine äußeren Kiemen.

Die **Dipneuma** (= Lepidosirenidae) haben zwei Lungen. Körper aalförmig gestreckt. Die Tiere bewegen sich stark schlängelnd. Brust- und Bauchflossen fadenförmig; mit ihnen tasten die Tiere ständig den Boden ab. Die ersten Jugendstadien haben äußere Kiemen, die mit dem Wachstum nicht schritthalten und daher als Atmungsorgane der Adulti kaum noch von Bedeutung sind; bisweilen schwinden die Kiemen restlos. Taxa: *Protopterus* (Abb. 1.**110c**). Vier Arten in Afrika. Fünf Kiemenbögen. Die afrikanischen Lungenfische können in den Boden eindringen und sich dort zur Überdauerung von Trockenzeiten mit einer

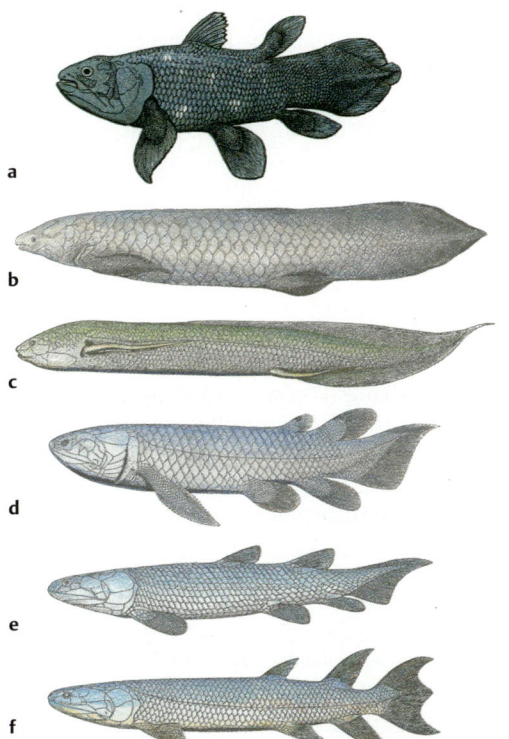

Abb. 1.**110 *Latimeria*, Dipnoi (b, c) und Stammgruppenvertreter der Tetrapoda. a Actinistia.** *Latimeria chalumnae* (nach Janvier, 1998); **b** *Neoceratodus forsteri*; **c** *Protopterus annectens*; **d** *Holoptychius* (Porolepiformes, Devon), **e** *Osteolepis*, Devon, **f** *Eusthenopteron foordi*, Devon. (Nach Jarvik, 1980)

fest werdenden Hülle (Kokon) umgeben. *Lepidosiren paradoxa*. Im tropischen Südamerika. Vier Kiemenbögen; 1. Kiemenspalte geschlossen. Dringt bei Trockenperioden ebenfalls in den Boden ein, bildet aber keinen Kokon.

†Porolepiformes: Stammgruppenvertreter der Dipnoi?
Gedrungene, stumpfschnäuzige Arten mit heterozerker Schwanzflosse, weit hinten liegenden Rückenflossen und zumindest bei ursprünglichen Arten dicken Cosmoidschuppen. Brustflossen ähnlich denen der Dipnoi. Wahrscheinlich gehören die Porolepiformes in die Stammgruppe der Dipnoi. Nach anderer Ansicht sind sie frühe Stammgruppenvertreter der Tetrapoda. **Beispiel:** *Holoptychius* (Abb. **1.110d**). Vorkommen: Devon.

1.35 Die Tetrapoda und ihre Stammgruppenvertreter

= Rhizodontida + Osteolepididae + Eusthenopteridae + Tetrapodomorpha;
= Choanata im Sinne einiger Autoren

Apomorphien:
– Innere Nasenöffnung (Choane) kombiniert mit einer einzigen äußeren Nasenöffnung.
– Für die Tetrapoden charakteristische („tetrapodomorphe") Extremität mit Kugelgelenk am 1. Glied (zum Schulter- bzw. Beckengürtel) und Aufspaltung des 2. Gliedes in zwei gleich große Knochen. Plesiomorphe Ausprägung: fischartige Extremität, bei der der Gelenkkopf vom Schulter- bzw. Beckengürtel gebildet wird.

Wahrscheinlich sind die Rhizodontida (Devon-Karbon) das Adelphotaxon der noch folgenden Sarcopterygii.

1.35.1 *Osteolepis* + *Eusthenopteron* + Tetrapodomorpha

– Innenskelett der 2. Dorsalflosse aus einer Basalplatte und 3 Radien.
– Rhachitome Wirbel.

1.35.1.1 *Osteolepis*

Körper spindelförmig (Abb. **1.110e**). Die paarigen Flossen sind uniseriale Archipterygien. Flossenbasen bemuskelt und beschuppt. Schwanzflosse heterozerk. Mit rhombischen, dicken Cosmoidschuppen.

1.35.2 *Eusthenopteron* + Tetrapodomorpha

– Verlust von Cosmin.
– Rippen gut verknöchert.

1.35.2.1 *Eusthenopteron*

Körper spindelförmig, Kopf leicht abgeflacht (Abb. **1.110f**). Die paarigen Flossen sind uniseriale Archipterygien. Flossenbasen bemuskelt und beschuppt. Schwanzflosse trilobat. Vorkommen: Oberes Devon von Nordamerika.

1.35.3 Tetrapodomorpha (= *Panderichthys*, *Elpistostege*, *Tiktaalik* + Holotetrapoda)

Im Grundplan waren die Tetrapodomorpha offenbar stark abgeflacht und Bewohner seichter Gewässer.

Apomorphien:
- Paarige Frontalia.
- Orbitae nach dorsal verlagert.
- Verlust von Rücken- und Afterflosse.

Panderichthys rhombolepis lebte im jüngeren Devon von Lettland. *Elpistostege* aus dem frühen Oberdevon von Kanada ist möglicherweise das Adelphotaxon von *Tiktaalik*, vielleicht auch die Schwestergruppe von *Tiktaalik* + Holotetrapoda. *Tiktaalik roseae* (Oberdevon von Ellesmere Island) steht den Tetrapoden vor allem im Atmungs- und Nahrungsaufnahmeapparat näher als *Panderichthys*. Schädellänge ca. 15 cm. Wie bei *Panderichthys* und *Elpistostege* bildet das Postfrontale einen Überaugenwulst. Rippen mit plattenartigen Flanschen entlang dem Hinterrand. Der Rücken ist mit einander überlappenden Schuppen ähnlich denen von *Panderichthys* bedeckt. Bauchflossen relativ klein.

Gegenüber *Panderichthys* ist *Tiktaalik* in folgender Hinsicht stärker abgeleitet:
- Verlust des Operculare und des Subopercular.
- Verlust der Serie extrascapularer Knochen. Damit ist die knöcherne Verbindung zwischen Schädel und Schultergürtel eliminiert.
- Schnauze länger als das postorbitale Schädeldach (Abb. **1.112**).

1.35.4 Holotetrapoda (*Acanthostega* + Eotetrapoda)

Apomorphien:
- Extremitäten gewinkelt (im Ellenbogen- bzw. Kniegelenk), in Stylo-, Zeugo- und Autopodium gegliedert.
- Mit – im Grundplan eventuell 8–Zehenstrahlen.
- In der Temporalregion des Dermalschädels mit einem tiefen Einschnitt (Ohrschlitz). Er ist dem Spicularschlitz von *Eusthenopteron* homolog und könnte auch bei *Acanthostega* und *Ichthyostega* ein Spiraculum enthalten haben. Der Stapes (von *Acanthostega* bekannt) erstreckte sich vom ovalen Fenster posterolaterad zur Wangenregion und nicht wie in der Stammgruppe der Amphibien zum Ohrschlitz.

Acanthostega. Oberdevon von Grönland. Mit 8 Finger- und Zehenstrahlen.

Tulerpeton, oberstes Devon von Russland (Alter ca. 360 Mio. Jahre). In mancher Hinsicht evtl. ursprünglicher als *Ichthyostega*, aber mit 6 Finger- und Zehenstrahlen. Phylogenetische Position daher unklar (s. u.).

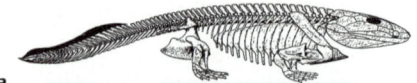

Abb. 1.111 *Ichthyostega*, Devon. **a** Skelett (aus Jarvik, 1980), **b** Rekonstruktion. (Aus Willmann, 2004.)

1.35.5 Eotetrapoda

= *Ichthyostega* und andere + Tetrapoda

Apomorphien:
- Wirbel mit Prae- und Postzygapophysen.
- Beckengürtel über einen Sakralwirbel mit dem Achsenskelett verbunden.

Ichthyostega. Oberstes Devon von Grönland. Mit 7 Finger- und Zehenstrahlen (Abb. 1.111).

Bei den verbleibenden Eotetrapoda (*Hynerpeton, Tulerpeton, Crassigyrinus* und den Tetrapoda) fehlt das Praeoperculum. Bei *Tulerpeton, Crassigyrinus* und den Tetrapoda sind die Phalangen auf 6 oder weniger reduziert, wobei aber unsicher ist, ob *Tulerpeton* systematisch hierher gehört (s. o.).

1.36 Tetrapoda (Landwirbeltiere, Vierfüßer)

= Amphibia + Amniota

In Zusammenhang mit dem Übergang zum **Leben auf dem Lande** sind bei den Tetrapoda gegenüber ihrer rezenten Schwestergruppe, den Dipnoi, zahlreiche Veränderungen aufgetreten, die eine grundlegende Umgestaltung in fast jeder Hinsicht bedeuteten. Dazu gehören die reine Lungenatmung der Adulti, der damit einhergehende Verlust der Kiemen und Kiemenspalten der ausgewachsenen Individuen und eine Vielzahl direkt oder indirekt damit in Verbindung stehender Veränderungen. Viele dieser Eigenschaften sind sukzessive in der Stammlinie der Tetrapoda aufgetreten, beispielsweise die Frontalia (schon bei *Elpistostege*), die echten Choanen, das Kugelgelenk des Oberarms, die Gliederung in Humerus, Radius und Ulna und die Interclavicula, rhachitome Wirbel (schon bei den Osteolepiformes), das Fehlen von Dorsal- und Analflosse (schon bei *Elpistostege*), die Betonung einer Halsregion (größere Beweglichkeit des Kopfes) und andere (Einzelheiten s. o.). Der Beckengürtel ist mit der Wirbelsäule verbunden.

1.36 Tetrapoda

> Unter den rezenten Tetrapoda lassen sich drei artenreiche Monophyla unterscheiden: die Amphibien, die Sauropsida (die weitaus artenreichste Gruppe; zu ihnen gehören auch die Vögel) und als deren Schwestergruppe die Mammalia (einschließlich ihrer erloschenenen Stammgruppenvertreter als Synapsida bezeichnet). Unter allen drei Taxa kommen ovipare und vivipare Arten vor. Die Vögel und die Säugetiere sind unabhängig voneinander endotherm geworden. Die Tetrapoda umfassen zahlreiche sekundär aquatische Arten.

Die Fossilfunde unmittelbarer Verwandter der Tetrapoda auf Grönland, im nördlichen Osteuropa und in Kanada aus dem späten Givet und frühen Frasnium sprechen dafür, dass die Tetrapoda in Euramerika entstanden sind, offenbar in küstennahen flachen Gewässern. Wegen der zunächst ungeschützten Haut und des Extremitätenbaues ist anzunehmen, dass die frühen Tetrapoden das Wasser kaum verließen; vielmehr handelte es sich um aquatische Räuber.

Einige der **Autapomorphien** der Tetrapoda im Einzelnen:
- Das Mosaik kleiner Knochenplatten in der Schnauzenregion wird durch große paarige Nasalia ersetzt.
- Die Schnauzenregion wird verlängert.
- Vom Mandibularbogen sind nur noch Reste verblieben: Vom (dorsalen) Palatoquadratum nur der hintere, gelenkbildende Teil (das Quadratum), vom Mandibulare der hintere Bereich, das Articulare.

Vorn wird der Kieferbereich durch andere Teile verstärkt: Im **Oberkiefer** (1.) durch das **Praemaxillare**, (2.) durch das **Maxillare** und (3.) durch das **Quadratomaxillare**, im **Unterkiefer** (1.) durch das **Dentale** und (2.) durch das **Angulare**. All dies (1.–3. bzw. 1.–2.) sind Teile des **Dermatocraniums**, d. h. von Elementen eines **Deckknochenpanzers**, der subepidermal angelegt ist und in den mesodermalen Anteilen der Cutis, nämlich dem Corium, gebildet wird. Das ursprüngliche Neuro- und Viscerocranium hingegen bilden das **Endocranium**, das „**chondral**" entsteht, d. h. in knorpeligem Gewebe. Zusammen mit den Stützelementen der Kiemenbögen (Visceralskelett) bildet es das Binnenskelett.

- Bei den Tetrapoda werden die Kiemenspalten beim Übergang zum Landleben geschlossen – bis auf die Spalte zwischen dem 1. Kiemenbogen (nun zum Palatoquadratum und zum Mandibulare geworden) und dem 2. (Hyomandibulare und Hyoid), dem Spritzloch. Es wird zum Gangsystem des Mittelohrs. Das Hyomandibulare wird zu einem Gehörknochen, der Columella (= Stapes der Säugetiere). Das Hyoid ist bei den Tetrapoden ein dünner Knorpel oder Knochen in der Zunge, der als Muskelansatz dient.
- Jederseits gibt es nur eine äußere Nasenöffnung.
- **Choanen**. Dabei handelt es sich um Verbindungsgänge zwischen Nasen- und Mundhöhle, die Atemluft leiten. Im Grundplan liegt die Choanenöffnung zwischen Praemaxillare, Maxillare, Palatinum und Vomer. Die hintere äußere Ausströmöffnung ist verloren gegangen, die vordere bleibt bestehen. (Bei den Dip-

noi sind die vorderen und hinteren Nasenöffnungen in den Gaumen verschoben, doch auf andere Weise [Konvergenz].)
- Möglicherweise gehört auch die Bildung von **Augenlidern** (entstanden als Hautduplikaturen) zu den Autapomorphien der Tetrapoda. Die Augenlider ermöglichen die ständige Feuchthaltung der Augenoberfläche, die bei den aquatischen Gnathostomata ja nicht erforderlich war.
- Durch Verlängerung des unpaaren Verbindungsganges zwischen Lungensäcken und Vorderdarm ist die **Trachea** (Luftröhre) entstanden. Sie erfuhr an ihrem Anfang eine Erweiterung, die als Larynx bezeichnet wird. Eine weitere Autapomorphie in diesem Zusammenhang ist die Ausbildung eines **Laryngo-Trachealskelettes:** Die Trachea ist durch knorpelige Ringe verstärkt; diese wie auch das Skelett des Kehlkopfes (Larynx) gelten als Derivate der hinteren Kiemenbögen.
- Die **Zunge** als fleischige Struktur auf dem Hyoidskelett.
- Die Wangenregion des Dermalschädels besteht aus sieben Elementen (Abb. 1.112): Lacrimale, Postorbitale, Jugale, Maxillare, Squamosum (fehlt im Grundplan der Actinopterygii), Praeoperculare und einem großen Quadratojugale (im Grundplan der Actinopterygii klein).
- Der **Schädel** ist **autostyl:** Der primäre Oberkiefer ist ohne Vermittlung des Hyoidbogens mit dem Neurocranium fest verbunden. Die (ursprünglich gelenkigen) Verbindungen liegen dort, wo schon bei älteren Gnathostomata Fortsätze des Palatoquadratums an die Hirnkapsel herantreten.
- Das Hyomandibulare (= Epihyale), das seine Funktion als Suspensorium des Mandibularbogens aufgegeben hat, wird als schallleitendes Element zum **Stapes** (= Columella, Plectrum) und stellt als solches die Verbindung zwischen Ohrkapsel und Trommelfell her. Das Trommelfell ist möglicherweise aus Gewebe des Kiemendeckels hervorgegangen, mit dem das Hyomandibulare schon bei ursprünglicheren Gnathostomata durch den Processus opercularis verbunden war. Das Hyomandibulare wird in die nun luftgefüllte Paukenhöhle eingeschlossen. Aber es gibt eine Alternativhypothese: Nach ihr war das Hyomandibulare noch im Grundplan der Tetrapoda Suspensorium des Palatoquadratums und diente noch nicht im Zusammenhang mit dem Trommelfell als Luftschallleiter (Stapes). Vielmehr hatte der Grundplanvertreter der Tetrapoda danach weder Trommelfell noch einen solchen Stapes. Dieser habe sich erst in den Stammlinien der Amphibia, Sauropsida und Mammalia konvergent aus dem Hyomandibulare entwickelt.
- Zwischen Tabulare und Squamosum ist ein Ohrschlitz (Ohrbucht) ausgebildet, es war aber, wie soeben gesagt, bei frühen Tetrapoden möglicherweise noch ohne Trommelfell.
- Verlust des Opercularapparates, womit der Verlust des Suboculare und der Reihe schmaler Gularia (= Branchiostegalia) einhergeht, die den unteren Bereich des Kiemendeckels stützen. Ein Praeoperculum ist bei *Ichthyostega* noch vorhanden.
- Die **Kiemenspalten sind verschlossen**, Kiemen fehlen den Adulti.

- Der Schultergürtel ist vom Schädel gelöst: Die Knochen des ektodermalen Schultergürtels über dem Supracleithrum fehlen. Damit und mit der Reduktion des Opercularapparates wird die **Bildung eines Halses** eingeleitet.
- Die Verbindung zwischen Schädel und Wirbelsäule wird durch einen unpaaren Gelenkhöcker gebildet, der ventral vom Foramen magnum liegt (Hinterhauptsgelenkhöcker, Condylus occipitalis). An seinem Aufbau sind das Basioccipitale und die beiden Exoccipitalia beteiligt.
- Vomer, Palatinum und Ectopterygoid mit großen Fangzähnen, die gewechselt werden (nicht mehr bei rezenten Taxa: nur in den Stammgruppen der Tetrapoda, Amphibia und Amniota).
- Rippen verstärkt, bilden einen **Brustkasten**.
- Die Rippen sind doppelt mit den Wirbeln verbunden. Noch bei den Dipnoi stehen die Rippen mit einem einfachen Ende, dem Capitulum, mit den Wirbeln in Verbindung. Bei den Tetrapoda wurde zusätzlich ein **oberer Rippenfortsatz** gebildet, das Tuberculum, das mit dem Neuralbogen in Kontakt tritt.
- Die Struktur der Wirbelkörper. Die Wirbel bestehen aus Neuralbogen, Intercentra und Pleurocentra (rhachitome Wirbelkörper). Die Pleurocentren, ursprünglich dorsal paarig angelegt, bilden den **zylindrischen Wirbelkörper**. Die Intercentra sind ventral miteinander verschmolzen und umgeben als Halbring die Chorda. Das Intercentrum, das bei den Stammgruppenvertretern der Tetrapoda unterschiedlich stark ausgebildet war, wurde bei Amphibien und Amnioten unabhängig reduziert. Die rezenten Tetrapoda haben einen einheitlichen Wirbelkörper.
- Wirbel mit Prae- und Postzygapophysen zur Stabilisierung der Wirbelsäule.
- **Sternum** (Brustbein). Im Grundplan der Tetrapoda handelt es sich um eine einfache Knorpelplatte.
- Der **Beckengürtel** wird über zwei sog. Sakralrippen mit der Wirbelsäule verbunden.
- Der Beckengürtel wird weit nach dorsal ausgedehnt. Der dorsale Bereich hat eine eigene Verknöcherung, das Ilium.
- Aus den Brust- und Bauchflossen sind **Laufextremitäten** entstanden (das Ichthyopterygium wurde zum Cheiropterygium). Dabei wurden u. a. die Flossenstrahlen reduziert, die metapterygiale Achse wurde verlängert und verstärkt (aus ihr sind Humerus bzw. Femur und Ulna bzw. Fibula und einige andere Carpalia hervorgegangen). Zugleich wurde die Stellung der Extremitäten verändert: Humerus und Femur (Stylopodium) sind quer zur Körperachse orientiert, Unterarm und Oberschenkel (Zeugopodium) dazu im rechten Winkel nach unten gerichtet und Hand und Fuß (Autopodium) wiederum dazu rechtwinklig gestellt. Das erlaubte eine nur unvollkommene Art der Fortbewegung. Damit verbunden war die Entstehung von Gelenken (Ellenbogen- und Kniegelenk) zwischen Stylo- und Zeugopodium. Das Autopodium wird nicht aus den distalen Elementen der ursprünglich vorhandenen Flossen (den Radialia) gebildet, sondern von neu evolvierten postaxialen Strahlen. Die Anzahl der Finger und Zehen variierte in

der Stammgruppe der Tetrapoda noch (*Acanthostega*: 8, *Ichthyostega*: 7, *Tulerpeton*: 6), bevor sie auf 5 festgelegt wurde.
- Verlust der Flossensäume (noch nicht bei *Ichthyostega*).
- Weitgehender Verlust der Knochenschuppen. Aber: Knöcherne Schuppen wie bei den Blindwühlen finden sich auch bei fossilen Tetrapoden und z. B. auch bei den Elpistostegalia und könnten damit im Grundplan der Tetrapoden durchaus vorhanden gewesen sein.

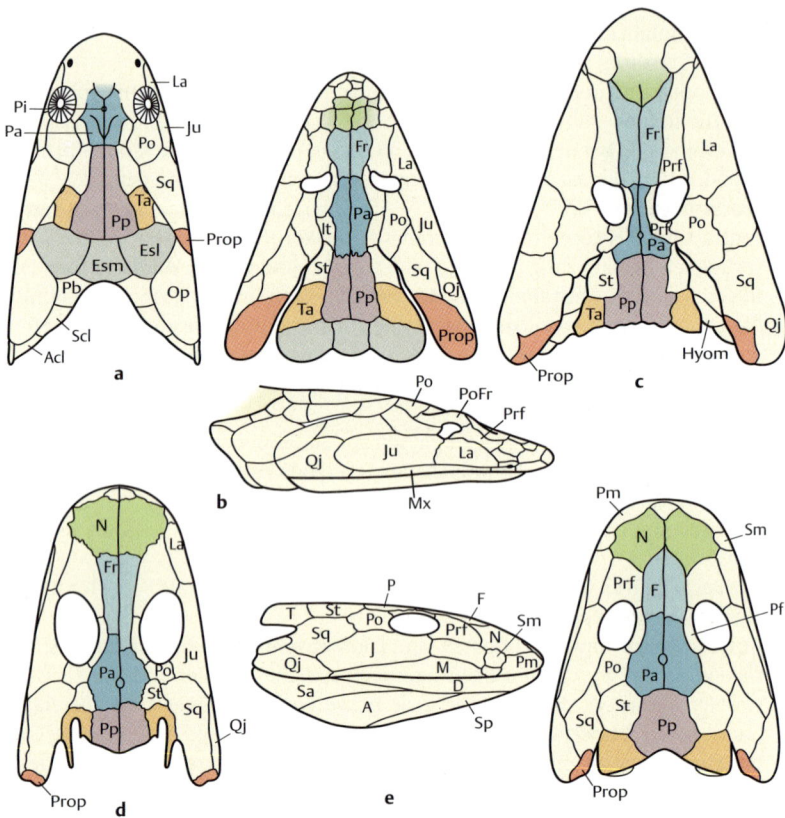

Abb. 1.**112 Devonische Stammgruppenvertreter der Tetrapoda.** Schädel von dorsal bzw. lateral, um wesentliche Veränderungen im Bau zu verdeutlichen. **a** *Osteolepis macrolepidotus*, **b** *Panderichthys rhombolepis*, **c** *Tiktaalik*, **d** *Acanthostega gunnari*, **e** *Ichthyostega* sp. Acl Anocleithrum, Esl laterale Extrascapularia, Esm medianes Extrascapulare, Fr Frontale, La Lacrimale, It Intertemporale, Ju Jugale, N Nasale, Op Operculare, Po Postorbitale, Pfr Postfrontale, Prf Praefrontale, Qj Quadratojugale, Pa Parietale, Pi Pinealforamen, Pp Postparietale, Prop Praeoperculare, Pt Pterygoid, Scl Supracleithrum, Sq Squamosum, St Supratemporale.

– Bei den adulten Tetrapoden bildet der 3. Arterienbogen (Carotisbogen) zusammen mit der paarigen vorderen dorsalen Aorta die Kopfarterie. Aus dem 4. Arterienbogen entstanden die Aortenbögen. Der 6. Arterienbogen wird zu den Lungenarterien.

> **Cleithrum:** Ein primär sehr großer Deckknochen des oberen Teiles des Schultergürtels, wird bei den Tetrapoden nach und nach reduziert.
> **Fibula:** Der laterale der beiden Unterschenkelknochen.
> **Metatarsus:** a. Tetrapoda: Mittelfuß. Mittelfußknochen = Metatarsalia. b. Insecta: Tarsus des 3. Beinpaares (Beinpaar des Metathorax).
> **Metacarpus:** Mittelhand. Mittelhandknochen = Metacarpalia.
> **Phalangen:** Die Knochen der Finger- und Zehenglieder.
> **Foramen:** Öffnung.
> **Condylus:** Gelenkhöcker.

1.37 Amphibia (Lurche)

= Gymnophiona + Urodela + Anura

> Die Amphibien („die an Land und im Wasser Lebenden") zeichnen sich durch eine sehr dünne, stark durchblutete und drüsenreiche Haut aus, die für die Respiration von großer Bedeutung ist. Zugleich verlieren und gewinnen sie über die Haut den Hauptanteil ihres Wassers. Schuppen kommen nur bei den Blindwühlen vor.

Herz mit zwei Vorhöfen, die Herzkammer ist noch nicht geteilt. Lungen- und Körperkreislauf sind nur zum Teil voneinander getrennt. Der Schädel ist sehr flach, und zahlreiche seiner Knochen fehlen. Bei den Blindwühlen sind die Extremitäten reduziert. Die Vertreter der beiden übrigen Teilgruppen, der Schwanzlurche und der Froschlurche, haben an jeder Vorderextremität nur vier Finger. Die Larven weisen äußere Kiemen auf und sind meist phytophag, die Adulti ernähren sich räuberisch. Die aquatischen Formen bzw. Stadien haben Seitenlinienorgane. Ca. 6200 Arten.

Taxonomische Anmerkung: Für die rezenten Vertreter dieses Taxons wird vielfach der Name **Lissamphibia** benutzt. Die Bezeichnung „Amphibia" bezieht sich dann auf die Lissamphibia und ihre erloschenen Stammgruppenvertreter.

Autapomorphien:
– Zähne mit Pedicellus (pedicellat), zwischen Krone und Basalteil mit einer Schwächezone aus nicht verkalktem Dentin.
– Paarige Hinterhauptshöcker.
– Im Schädel gingen verloren das Postparietale, Tabulare, Supratemporale und Basioccipitale.
– Reduktion des 5. Fingers der Vorderextremität: Alle rezenten Amphibien haben nicht mehr als vier Finger (Abb. 1.**131b**).

- Reduktion der Rippen bis auf kurze Stümpfe.
- Kleinhirn rudimentär.
- Haut mit großen alveolären Schleim- und Körnerdrüsen (Giftdrüsen).

Die Amphibien kommen nur in limnischen und terrestrischen Lebensräumen vor. Ursprünglich zeichnen sie sich durch eine äußere Befruchtung aus, und ursprünglich hatten sie eine aquatische, kiemenatmende Larve. Manche abgeleitete Formen hingegen legen Eier, aus denen voll umgewandelte Jungtiere schlüpfen. Die Larven sowie die Adulti der rein aquatischen Arten haben gut ausgebildete Seitenlinienorgane.

1.37.1 Batrachia

= Urodela + Anura

Autapomorphie: Haut ohne Knochenschuppen. Mögliche plesiomorphe Ausprägung: Die Knochenschuppen, wie sie die Gymnophiona aufweisen.

1.37.1.1 Urodela (Schwanzlurche)

= Caudata

Ca. 510 Arten. Die Wangenregion ist weitgehend aufgelöst: Zwischen Maxillare und Squamosum klafft im Schädelskelett eine Lücke. Der Körper der Adulti ist lang gestreckt und weist einen langen Schwanz auf.

Beispiele: *Andrias japonicus* (Riesensalamander, bis 1,5 m, in Ostasien), *Siren lacertina* (Großer Armmolch, bis 90 cm lang, aalförmig. Ohne Hinterbeine, zeitlebens mit äußeren Kiemen), *Proteus anguinus* (Grottenolm. In Höhlengewässern Südeuropas), *Ambystoma mexicanum* (Axolotl. Die Fortpflanzung erfolgt als kiementragende Form [neotene Dauerlarven]. Mittelamerika).

Salamandridae: *Salamandra salamandra* (Feuersalamander), *S. atra* (Alpensalamander, vivipar), *Triturus* (Molche).

1.37.1.2 Anura (Froschlurche)

Ca. 5400 Arten. **Autapomorphien:**
- Verlust mehrerer Knochen im Kopf, darunter des Lacrimale, Praefrontale, Postfrontale und im Unterkiefer u. a. des Articulare.
- **Unterkieferzähne** komplett **reduziert**.
- Radius und Ulna sowie Tibia und Fibula sind zu je einem Knochen (im Hinterbein: **Os cruris**) verschmolzen. Das Tibiale und das Fibulare sind verlängert, daher besteht ein zusätzlicher Beinabschnitt.
- Das Ilium ist stark nach vorn ausgezogen.
- Wirbelsäule vor dem Sakrum verkürzt.
- Schwanz bei den Adulten reduziert; seine Wirbel verschmelzen beim Übergang von Larven- zum Adultstadium zu einem Knochenstab (**Urostyl**).

Die Larven sind als **Kaulquappen** bekannt.

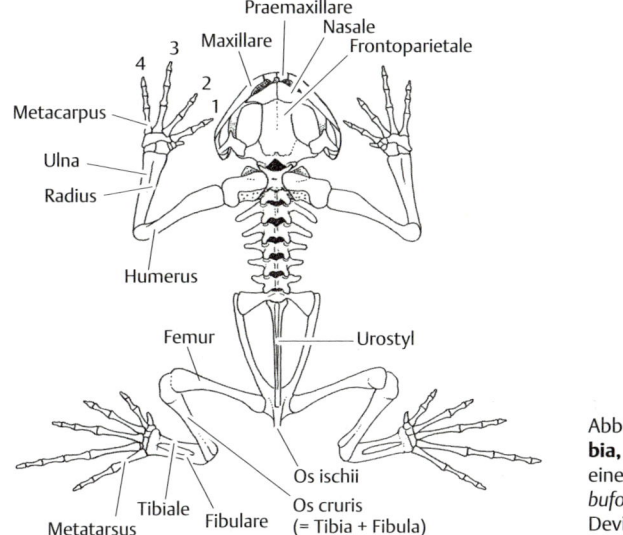

Abb. 1.**113 Amphibia, Anura.** Skelett einer Erdkröte (*Bufo bufo*). (Aus Grassé und Devillers, 1965.)

Beispiele: *Ascaphus truei* (Nordwesten der USA). Mit zahlreichen ursprünglichen Merkmalen, z. B. neun präsakralen Wirbeln und einem rudimentären Schwanzmuskel. *Leiopelma* (3 Arten, Neuseeland), ähnlich *Ascaphus*. *Rana* (Wasserfrosch), *Hyla arborea* (Laubfrosch), *Pipa* (Wabenkröte), *Bombina* (Unke), *Bufo bufo* (Erdkröte, Abb. 1.**113**), *Xenopus* (Krallenfrosch).

Stammgruppenvertreter der Anura. Der fossile *Triadobatrachus* (Trias von Madagaskar) hatte noch 14 präsakrale Wirbel, *Vieraella herbsti* (Jura Südamerikas) 10.

1.37.2 Gymniophiona (Blindwühlen)

= Apoda

Etwa 170 Arten, Länge bis 1,5 m. **Autapomorphien:**
- **Schädel** durch starke Verknöcherung und Verschmelzungen einzelner Knochen **verfestigt**.
- **Augen** stark **zurückgebildet**.
- Kopf zwischen Auge und Nase jederseits mit einem **Tentakel**, der in eine Schädelgrube zurückgezogen werden kann und als **Chemosensor** dient.
- **Rumpfwirbel** stark vermehrt (auf **95–285**).
- Extremitäten reduziert, Körper daher **schlangenähnlich**.

Räuberisch. In tropischen Regionen, im Boden. Haut mit Knochenschuppen, die, falls es sich um Reste eines einstigen Exoskelettes handelt, als ursprüngliches Merkmal der Amphibia gelten müssten. Bei den Batrachia wären sie nach dieser Deutung verloren gegangen. Im ursprünglichen Fall mit einer aquatischen Larve (mit drei Außenkiemen). Die Entwicklung der meisten Arten erfolgt vorwiegend innerhalb der Eihäute; einige Arten sind vivipar.

Beispiele: *Ichthyophis*, mit aquatischen Larven (Südasien); *Dermophis, Caecilia. Typhlonectes* (Südamerika, rein aquatisch).

Nach einer weniger gut gestützten **Annahme** sind die Urodela + Gymnophiona ein Monophylum (**Urodelomorpha**). Dafür könnte die noch mit kleinen Extremitäten versehene Gymnophione *Eocaecilia micropodia* aus dem Unterjura sprechen, die in mancher Hinsicht Salamandriden ähnelt.

> **Neotenie:** Das Erreichen der Geschlechtsreife in einem frühen Ontogenese-Stadium (Beispiel: Axolotl); die Fortpflanzung neotener Stadien wird als Pädogenese bezeichnet.
> **Fibulare:** Einer der Fußwurzelknochen, bei den Säugetieren als Calcaneus (Fersenbein) bezeichnet.
> **Cauda:** Schwanz, caudal: zum Schwanz gehörend, zur Schwanzregion hin gelegen.

1.38 Amniota

= Sauropsida + Synapsida

> Die Amniota (Sauropsida [u. a. mit den Vögeln] + Synapsida [einschließlich der Säugetiere]) haben sich bezüglich ihrer Fortpflanzung von der Bindung an Gewässer insofern gelöst, als sie festschalige Eier ablegen. Sie umfassen alle Wirbeltiere, bei denen der Embryo sogenannte Embryonalhüllen (Amnion [innen] und Serosa) ausbildet. Er entwickelt sich in der mit Fruchtwasser gefüllten Amnionhöhle.
> Innerhalb der Amniota lassen sich vier monophyletische Gruppen erkennen: Die **Testudines** (Schildkröten), die **Lepidosauria** (Brückenechsen und Squamaten), die **Archosauria** (oder Archosauromorpha, mit den Krokodilen und Vögeln und unter den fossilen Formen auch Synapsida, zu denen Flugsaurier und großwüchsige Dinosaurier wie Sauropoden und Ornithischia gehören) sowie die **Synapsida** inklusive der Säugetiere (Mammalia). Die Schwestergruppe der Amniota sind die Amphibien.

Apomorphien:

– Die Amnioten sind hinsichtlich ihrer Fortpflanzung von aquatischen Lebensräumen unabhängig. Das aquatische Larvenstadium ist entfallen. Die Eier werden an Land abgelegt und sind mit einer derben, z. T. **kalkigen Schale** umgeben. Im Ei liegt der Embryo geschützt in einer flüssigkeitsgefüllten Höhlung, der **Amnionhöhle**, die von einer Embryonalhülle, dem **Amnion**, umgeben ist. Das Amnion entwickelt sich als Teil der Amnionfalte; diese wächst vom Rand des Keimes aus und entstammt dem Ektoderm sowie der Coelomwand (Mesoderm). Die Falte umschließt letztlich den Embryo, sodass dieser von zwei ekto- bzw. mesodermalen Hüllen (**Serosa** [= **Chorion**] außen, Amnion innen) umgeben ist. Von der Darmanlage aus wächst – zusätzlich zum **Dottersack** – in den Raum zwischen Amnion und Serosa die bei den Amniota vergrößerte embryonale Harnblase, die **Allantois** vor. Die Allantois dient als Exkretspeicher und Respirationsorgan.

- Das **Lacrimale** – ursprünglich ein langgestreckter Deckknochen – ist **verkürzt**: Es ist nicht mehr an der Umrandung der äußeren Nasenöffnung beteiligt.
- **Reduktion** der großen **Fangzähne** auf dem Palatinum und dem Ectopterygoid.
- Schuppen (Aufwölbungen der Cutis mit kräftiger Verhornung ihrer Epidermis / **epidermale Hornschuppen**).
- Die Finger und Zehen tragen **Hornkrallen**.
- Die **Intercentra** der Wirbel sind weitgehend **zurückgebildet**.
- Ausbildung eines **zweiten Sakralwirbels** aus dem ersten postsakralen Wirbel im Tetrapoden-Grundplan.
- Das Endoskelett des **Schultergürtels** weist drei Verknöcherungen auf: die **Scapula**, das **Procoracoid** und das neu entstandene **Metacoracoid** (bei den Sauropsida ist letzteres wieder reduziert).
- **Cleithrum** stark **verkleinert**.
- **Saugatmung** (plesiomorpher Zustand: Schluckatmung).
- Der Truncus arteriosus ist in **Aortenstamm** und **Aorta pulmonalis** getrennt, die beide aus dem Herzen entspringen.
- Der Bulbus arteriosus ist vollkommen in den Ventrikel einbezogen und bildet einen Teil der ventralen Ventrikelwand.
- Entwicklung eines **Penis** bei den Männchen (gebildet aus der ventralen Kloakenwand).

Innerhalb der Amniota ist es hinter den Augen zur Entstehung seitlicher Öffnungen, den **Schläfenfenstern**, gekommen. Ausgangszustand ist der **anapside Schädel**, der keine derartigen Öffnungen aufweist. Beim **diapsiden Schädel** gibt es zwei, beim **synapsiden** – charakteristisch für die Säugetiere und ihre Stammgruppenvertreter – eine solche Öffnung, die untere (S. 245). Möglicherweise haben die Schildkröten einen sekundär anapsiden Schädel, der auf einen diapsiden zurückgeht. Die Bildung der Fenster ermöglichte an deren Rändern einen besseren Ansatz für die Kaumuskeln.

Stammgruppenvertreter der Amniota sind beispielsweise *Caserina* (unteres Karbon), *Diadectes* und Verwandte (Diadectomorpha) und *Seymouria* (Karbon-Perm).

1.39 Sauropsida

= Chelonia + Lepidosauria + Archosauria

Die Sauropsida umfassen die umgangssprachlich als „Schuppenkriechtiere" bezeichneten Tetrapoden sowie die Vögel (Abb. 1.**114**). Die Vögel sind, wenn man nur die heutigen Tiergruppen betrachtet, die Schwestergruppe der Krokodile. Bei ihnen wurde konvergent zu den Säugetieren Endothermie entwickelt. Mit einigen sauropoden Dinosauriern gehörten zu den Sauropsida die größten Landwirbeltiere überhaupt, andererseits umfassen sie Kleinstformen wie das nur 3 cm lang werdende Chamäleon *Brookesia minima* oder lediglich 2 g schwere Kolibris.

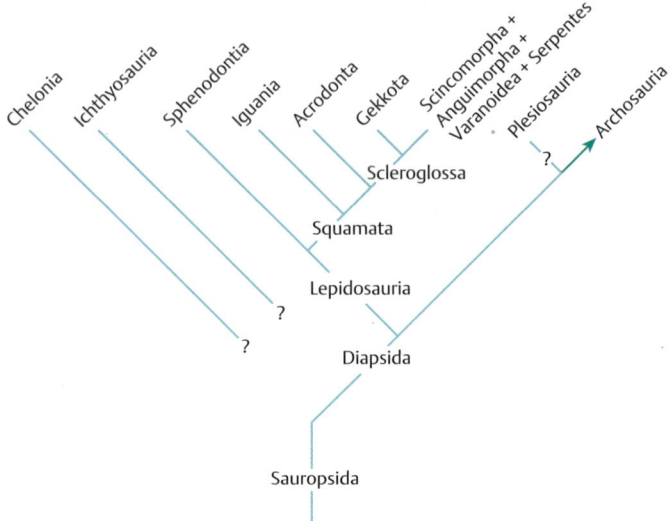

Abb. 1.114 **Verwandtschaftsbeziehungen innerhalb der Sauropsida.** Ein detailliertes Kladogramm für die Archosauria ist in Abb. 1.115 dargestellt.

Autapomorphien:
- Fußwurzel ohne das mediale Centrale.
- Aortenstamm ganz unterteilt. Damit gehen linker und rechter Aortenbogen getrennt von den Herzkammern aus.
- Vorderhirn mit „dorsoventrikulärem Kamm", einer ausgeprägten Protuberanz. Sie fehlt den Amphibien und Säugern.

Unklar ist, ob ein diapsider Schädel zum Grundplan der Sauropsida gehört. Sollte dies der Fall sein, muss der anapside Schädel der Schildkröten auf einen diapsiden zurückgehen.

1.39.1 Ichthyosauria (Fischsaurier)

Die phylogenetische Stellung der an das Wasser gebundenen Ichthyosauria (Trias – Kreide, bis 15 m lang) ist unklar. Schnauze lang, Augen groß; Extremitäten zu Flossen umgewandelt (Abb. 1.131k). Der Schwanz ist außer bei den ursprünglichsten Formen mit einer vertikal stehenden Flosse versehen. Vivipar.
Beispiele: *Mixosaurus* (Trias), *Stenopterygius* (häufig im unteren Jura).

1.39.2 Chelonia (Schildkröten)
= Testudines

Etwa 300 Arten. Die Schildkröten zeichnen sich durch außerordentlich viele **Autapomorphien** aus: Kieferränder zahnlos, mit Hornscheiden. Im **Schädel** wurden die Tabularia, Supratemporalia, Postfrontalia, Postparietalia und Lacrimalia völlig reduziert. Der Körper ist von einem **Panzer** aus **Hautknochen** (Osteoderme) und Knochen des Endoskeletts umgeben, die dorsal mit den Rippen oder Dornfortsätzen verschmelzen, ventral u. a. mit den Bauchrippen (Gastralia) und den Schlüsselbeinen. Überlagert werden die Knochenplatten von **Hornplatten**. Der Dorsalteil des Panzers wird als **Carapax**, der Ventralteil als **Plastron** bezeichnet. Die Zahl der Wirbel ist verringert (8 Hals- und 10 Rumpfwirbel).

Schildkröten leben sowohl an Land als auch in limnischen oder marinen Gewässern.

Zwei **Teilgruppen**: Die **Pleurodira** (Halswender) können Kopf und Hals seitlich in den Panzer legen, die **Cryptodira** (Halsberger) ziehen den Kopf unter S-förmiger Krümmung des Halses in den Panzer zurück.

Beispiele (alles Cryptodira): *Emys orbicularis*, Europäische Sumpfschildkröte; *Testudo hermanni*, Griechische Landschildkröte. Die Meeresschildkröten (Chelonoidea) haben zu Flossen umgewandelte Vorderbeine. Sie bewohnen das offene Meer und suchen nur zur Eiablage das Land auf. *Dermochelys coriacea*, Lederschildkröte; *Caretta caretta*, Unechte Karettschildkröte.

1.39.3 Diapsida
= Lepidosauria + Archosauriformes

Autapomorphien:
- Eventuell der **diapside Schädel**.
- Nasenmuscheln (**Conchae nasales**) (Konvergenz zu den Säugetieren).

Vielleicht gehören auch die Schildkröten zu den Diapsida bzw. Sauropsida; falls nicht, sind die Schildkröten die Schwestergruppe der Diapsida + Mammalia. Nucleotidsequenzanalysen haben allerdings ergeben, dass die Chelonia ein Teil der Sauropsida sind. Begründbar sind auch Annahmen, nach denen die Chelonia die Schwestergruppe der Archosauria (so die Ergebnisse fast aller molekularer Analysen) oder alternativ der Lepidosauria sind.

1.39.3.1 Lepidosauria
= Rhynchocephalia + Squamata

Abgeleitete Eigenschaften:
- Das **Sternum** bildet eine große verknöcherte Platte, die mit den Coracoiden artikuliert. Es muss bei den Archosauromorpha reduziert und bei den Vögeln erneut angelegt worden sein.
- Astragalus (Talus) und Calcaneus sind beim Adultus zum **Astragalocalcaneus** verschmolzen.

– Verlust des Penis. Es wäre allerdings zu fragen, warum dies keine Autapomorphie der Rhynchocephalia sein kann, es sei denn, es ist sicher, dass die Hemipenes und Hemiclitores der Squamata Neubildungen sind (s. u.) und nicht umgewandelte Penes bzw. Clitores.

Rhynchocephalia (Brückenechsen)
= Sphenodontia

Rezent eine, vielleicht zwei Arten. Praemaxillare meißelförmig verlängert, die Zähne des Palatinum sind in einer einzigen Reihe den Maxillarzähnen parallel angeordnet. Das Lacrimale, Supratemporale und im Unterkiefer das Spleniale fehlen.

Mit zahlreichen **ursprünglichen Eigenschaften**: Das Quadratum hat keine Ausbuchtung für das Trommelfell. Es gibt zwei gut ausgebildete Jochbögen, von denen der untere („Brücke") vom Jugale (und in geringen Anteilen vom Squamosum und Quadratojugale) gebildet wird (damit ist ein typischer **diapsider Schädel** vorhanden).

Das Parietalforamen ist sehr groß. (Das Parietalorgan ist ein Blasenauge unter dem Parietalforamen, welches mit transparentem Bindegewebe gefüllt ist und von einem transparenten Integument bedeckt wird.) Die Gehörorgane haben keine äußere Öffnung und kein oberflächlich liegendes Trommelfell. Da Kopulationsorgane fehlen, pressen die Partner bei der Kopulation ihre Kloaken aneinander.

Sphenodon punctatus, Tuatara. Neuseeland, bis 75 cm lang. *Sphenodon* ernährt sich räuberisch von Schnecken, Regenwürmern, Insekten, aber auch kleineren Wirbeltieren. Er ist durch eingeführte Arten in seiner Existenz bedroht und im Großteil seines einstigen Verbreitungsgebietes bereits ausgerottet.

Squamata (Schuppenkriechtiere)
= Iguania + Scleroglossa

Bauchrippen fehlen; Zunge an der Spitze geteilt. Bei den Männchen sind zwei neben der Kloake sitzende rückziehbare Hemipenes ausgebildet, bei den Weibchen zwei kleine Hemiclitores.

Iguania
Beispiele: *Iguana iguana*, Grüner Leguan; *Amblyrhynchus cristatus*, Meerechse, Galapagos, *Draco*, Flugechse, Südostasien; Chamaeleonidae (ca. 160 Arten, darunter *Chamaeleo*; *Brookesia minima*, 3 cm, Madagaskar).

Scleroglossa (= Gekkota + Autarchoglossa)

Gekkota (Gekkos): Ca. 1600 Arten. **Beispiel:** *Tarentola mauritanica*, Mauergekko (Mittelmeerraum)

Autarchoglossa (Scincomorpha + Anguimorpha + Varanoidea + Serpentes):

- **Scincomorpha** (Eidechsen). Zu ihnen gehören unter anderem die Lacertidae (Eidechsen, **Beispiele:** *Lacerta agilis*, Zauneidechse, *L. viridis*, Smaragdeidechse), Scincidae (Skinke), Amphisbaenidae (langgestreckt, **Beispiele:** *Amphisbaena*, Doppelschleiche; *Bipes*, nur mit kräftigen Vorderbeinen, Nordamerika).
- **Anguimorpha** (Schleichen). Manche Arten beinlos. **Beispiel:** *Anguis fragilis* (Blindschleiche).

Wahrscheinlich sind die Warane und Schlangen miteinander nächstverwandt. **Mögliche Synapomorphien:** Jacobsonsche Organe (= Vomeronasalorgan, olfaktorisches Organ zur Wahrnehmung nichtflüchtiger Geruchsstoffe; die Geruchspartikel werden mit der Zungenspitze zum Sinnesepithel befördert (das Jacobsonsche Organ von *Sphenodon* ist abweichend gebaut), Reduktion der linken Lunge.

- **Varanoidea** (= Platynota, Warane). Ca. 60 Arten. Hemipenes partiell verknöchert („Hemibaculum").

Beispiele: *Heloderma suspectum*, Gilatier, mit Giftdrüsen und -zähnen, Nordamerika. *Varanus komodoensis* (Komodowaran), bis 3,1 m Länge.

- **Serpentes** (= Ophidia, Schlangen). 3000 Arten. Extremitäten und Schultergürtel reduziert. Dentalia an der Symphyse nur lose verbunden, was eine starke Dehnung bei der Nahrungsaufnahme ermöglicht.

Beispiele: *Boa constrictor* (Abgottschlange), *Python reticulatus* (Netzpython, bis über 9 m lang), *Natrix natrix* (Ringelnatter), *Vipera berus* (Kreuzotter), *Naja naja* (Brillenschlange), *Eunectes murinus* (Grüne Anakonda, angeblich bis über 10 m), *Typhlops vermicularis* (Blödauge; Augen rudimentär).

1.39.4 Archosauriformes

= *Euparkeria* + Archosauria

Mit zwei zusätzlichen Schädelöffnungen: der Antorbitalfenestra vor dem Auge (fehlt sekundär den Krokodilen) und im Unterkiefer der Mandibularfenestra, ungefähr unter dem Auge gelegen.

Euparkeria (untere Trias Südafrikas) mit seinen relativ kurzen Vorderbeinen war wohl fakultativ biped oder biped. Körperlänge inkl. Schwanz ca. 50 cm (Abb. 1.**121a**).

1.39.4.1 Archosauria

= Crocodylia bis Aves
- Verlust der Gaumenbezahnung. Plesiomorphe Ausprägung: Noch mit Gaumenzähnen wie bei *Euparkeria*,
- Herzkammern weitgehend voneinander getrennt (vierkammeriges Herz),
- Harnblase vollständig reduziert,
- Brutpflege.

Wegen der Schwierigkeit, alle diese Eigenschaften fossil nachzuweisen, ist es denkbar, dass einige der genannten Apomorphien schon früher aufgetreten waren (Abb. 1.**115**).

1.39.4.2 Crocodylia (Krokodile, Panzerechsen)

23 rezente Arten. Antorbitalfenster sekundär verschlossen. Vor allem im Süßwasser tropischer Regionen.

Beispiele: *Crocodylus niloticus* (Nilkrokodil), *Crocodylus porosus* (Leistenkrokodil, größter heutiger Sauropside, im tropischen Indopazifik weit verbreitet, auf den Seychellen um 1820 ausgerottet), *Alligator mississippiensis* (Mississippi-Alligator, bis 6 m lang), *Caiman* (Brillenkaimane, in Mittel- und Südamerika).

Stammgruppenvertreter der Krokodile sind z. B. mit den Sphenosuchia (obere Trias-Jura, darunter *Sphenosuchus* aus dem Unterjura Südafrikas) und den artenreichen Mesosuchia (Unterjura-Alttertiär, z. B. *Geosaurus*, Lias) in großer Zahl bekannt.

Ornithodira (**Pterosauria** + *Lagosuchus* + **Dinosauria**): Acetabulum perforiert (Konvergenz zu den Crocodylomorpha). Beginnende Bipedie.

1.39.4.3 Pterosauria (Flugsaurier)

Mit einer Flughaut, die durch den 4. Finger aufgespannt wurde (Abb. 1.**131c**). Knochen pneumatisiert. Die Tiere trugen ein Fell und waren wahrscheinlich homoiotherm. Trias-Kreide.

Beispiele: *Eudimorphodon* (obere Trias Europas), *Rhamphorhynchus* (oberer Jura von Europa und Nordafrika), *Pterodactylus* (Oberjura Europas), *Pteranodon ingens* (obere Kreide Nordamerikas, Flügelspannweite bis 8 m), *Quetzalcoatlus* (obere Kreide Nordamerikas, Spannweite 12–15 m).

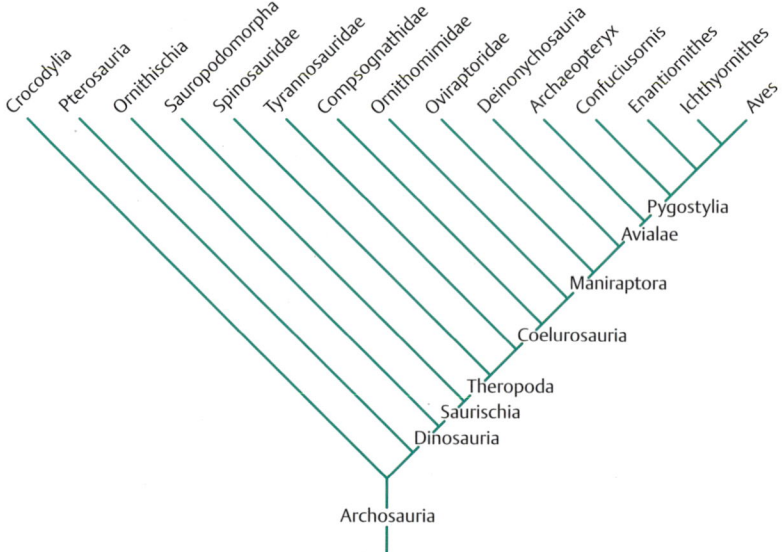

Abb. 1.**115 Die phylogenetischen Beziehungen innerhalb der Archosauria,** Stammgruppenvertreter der Vögel (Pterosauria bis Ichthyornithes) nur in Auswahl. Die Vögel (Aves) sind eine untergeordnete Teilgruppe der Dinosauria.

1.39.4.4 Dinosauromorpha

Die Dinosauromorpha sind die Schwestergruppe der Flugsaurier. Sie enthalten den fakultativ bipeden *Lagosuchus* aus der mittleren Trias und die Dinosauria.

Als **Dinosaurier** bezeichnete man gemeinhin die Ornithischia, Sauropodomorpha und eine Vielzahl von Theropoden wie die Allosauriden, Tyrannosauriden, Oviraptoriden und andere. Die Vögel bezog man in diese Gruppe nicht ein. Nachdem sich etwa ab 1980 die Gewissheit abzeichnete, dass die Vögel abgeleitete Theropoden sind, war unter der Maßgabe, dass nur monophyletische Gruppen in der Biosystematik berechtigt sind, die Konzeption der Theropoden und der Dinosauria zu ändern: Die Dinosauria umfassen nach wie vor die Ornithischia, Sauropodomorpha und Theropoden, aber letztere enthalten auch die Vögel. Damit sind die Vögel zugleich Dinosaurier. Die Dinosaurier also sind nicht ausgestorben (Abb. 1.**115**).

1.39.5 Dinosauria

= Ornithischia + Saurischia

Apomorphien:
- Verlust des Postfrontale.
- Drei oder mehr Sakralwirbel.

1.39.5.1 Ornithischia

- Mit einem Praedentale, einem neuen Knochen an der Spitze des Unterkiefers.
- Blattförmig-dreieckige grob gezackte Zähne.
- Pubis nach caudal gedreht.

Beispiele: *Iguanodon bernissartensis* (untere Kreide, Europa), *Anatosaurus*, *Corythosaurus* (obere Kreide Nordamerikas), *Protoceratops andrewsi* (Kreide der Mongolei), *Triceratops* (Oberkreide von Nordamerika), *Kentrurosaurus* (Oberjura von Afrika), *Stegosaurus* (Oberjura Nordamerikas). Der ca. 70 cm lange *Tianyulong confuciusi* (untere Kreide Chinas) trug zumindest stellenweise längere unverzweigte filamentöse Strukturen, die den „Protofedern" von Theropoden homolog sein könnten.

1.39.6 Saurischia

= Sauropodomorpha + Theropoda

Apomorphien:
- Hals lang.
- Halsrippen verlängert (jede Rippe erstreckt sich über mehrere Wirbel nach hinten).
- Der 2. Finger ist der längste (ursprüngliche Ausprägung: der 3. Finger ist am längsten).
- Daumen robust, mit großer Kralle.

Obertrias bis heute.

1.39.6.1 Sauropodomorpha

- Schädel relativ klein.
- Hals verlängert, mit mehr als 10 Wirbeln.
- Daumen kräftig, mit vergrößerter Kralle.
- Die Sauropoda bewegten sich quadruped fort.

Beispiele: *Plateosaurus* (obere Trias Europas), *Diplodocus carnegiei* (Oberjura Nordamerikas), *Brachiosaurus brancai* (oberer Jura Ostafrikas).

1.39.7 Theropoda

= Herrerasauria + Ceratosauria + Tetanurae

Die Theropoden umfassen die den Vögeln nächstverwandten Stammgruppenvertreter der Aves und die Aves selbst. **Apomorphien:**
- Unterkiefermitte mit einem zusätzlichen Gelenk, das eine Biegung der Unterkieferäste nach außen und unten ermöglichte.
- Schulterblatt riemenähnlich.
- Außer bei *Eoraptor* fehlt der 5. Finger bei den Adulti.

Alle Theropoden waren biped. Die ältesten Vertreter stammen aus der mittleren Trias Südamerikas. Die **Herrerasauria** und die **Ceratosauria** waren wie viele basale Vertreter der Tetanurae zum Teil großwüchsige Raubtiere.

1.39.8 Tetanurae

= Spinosauridae + Allosauridae + Coelurosauria
- Die Zähne liegen sämtlich vor den Orbitae.
- Zahl der Finger der Adulti auf drei reduziert.
- Mit **Furcula** (Gabelbein) als Fusionsprodukt aus den Schlüsselbeinen.
- Schwanz versteift (Name Tetanura).

Im Folgenden werden einige Taxa der Tetanurae in der Reihenfolge ihrer Entstehung bis zur Kronengruppe der Vögel vorgestellt (Abb. 1.**115**).

Spinosauridae.
Beispiele: *Baryonyx walkeri*, untere Kreide Englands. Jede Hand mit einer großen Kralle. *Spinosaurus aegypticus*, obere Kreide Nordafrikas. 12 m Länge. Mit stark verlängerten Dornfortsätzen.

Allosauridae.
Beispiel: *Allosaurus fragilis*, oberer Jura Nordamerikas. Bis 12 m lang.

Alle folgenden Dinosauria inclusive der Vögel werden meistens als **Coelurosauria** bezeichnet (nach manchen Autoren umfassen die Coelurosauria die Tyrannosauridae aber nicht). Bei ihnen beginnt die 1. Zehe nach hinten (hinter die Metatarsalia) zu rotieren.

Tyrannosauridae.
Beispiele: *Tyrannosaurus rex* (obere Kreide Nordamerikas) und *T. bataar* (Synonym: *Tarbosaurus*, Oberkreide Ostasiens), bis 15 m lang. Hand mit nur zwei Fingern. Zahlreiche der Ähnlichkeiten mit den Allosauridae gelten als Konvergenzen.
Compsognathus. Oberjura von Bayern. Phylogenetische Stellung unklar. Das Pubis ist noch nach vorn gerichtet (vgl. abweichend die Maniraptora). Das Sternum bildet keine Platte (vgl. abweichend die Maniraptora). **Autapomorphie:** Hand zweifingrig.

Möglicherweise gehört *Sinosauropteryx* zu den Compsognathidae.

Ornithomimidae.
Beispiele: *Struthiomimus altus*, obere Kreide Nordamerikas. *Deinocheirus*, Arme über 2 m lang.

1.39.9 Maniraptora

= Oviraptorosauria + Deinonychosauria + Avialae
- Sternum zu einer Brustplatte vergrößert.
- Arme stark verlängert.
- Pubis nach ventral und caudal gedreht.
- Fast der gesamte Schwanz ist steif.

Spätestens bei der Stammart dieses Monophylums waren **echte Federn** vorhanden.

1.39.9.1 Oviraptorosauria

- Kiefer fast zahnlos.

Beispiele: *Oviraptor philoceratops*. Untere Oberkreide der Mongolei. Man kennt Oviraptoridae, die ähnlich Vögeln über ihrem Nest hockend fossilisiert wurden. *Caudipteryx*. Untere Kreide Chinas. Zahlreiche Plesiomorphien zeigen, dass *Caudipteryx* entgegen manchen Autoren nicht zu den Vögeln i. w. S. (Avialae, das sind *Archaeopteryx* und die Pygostylia) gehört.

Die Deinonychosauria + Avialae (Abb. **1.115**) hatten im **Grundmuster** eine stark vergrößerte sichelförmige Kralle am 2. Zeh. Außerdem zeichnet sich ihr Grundplan durch ein hyperflexibles Handgelenk aus, das durch das rollenförmige halbmondförmige Carpale (nicht das Radiale, wie zeitweise angenommen) ermöglicht wurde. Es begünstigt den Flügelschlag entscheidend.

1.39.9.2 Deinonychosauria

Beispiele: Bei *Microraptor* (Dromaeosauridae) wurden asymmetrische Schwungfedern nachgewiesen, die zum Flug befähigten. *Dromaeosaurus*. *Deinonychus*, untere Kreide von Nordamerika. *Velociraptor*, obere Kreide der Mongolei.

1.39.10 Avialae

= Aves vieler Autoren; = *Archaeopteryx* + Pygostylia

Vögel im weiten Sinne. **Apomorphien:**
- Zahl der Zähne verringert.
- Zähne verkleinert.

- Gehirn vergrößert. Im Detail: Das **Cerebellum** ist wegen der Aufgaben beim Balancieren und bei Koordinationen **vergrößert**, die optischen Loben sind vergrößert, während der olfaktorische Bulbus stark reduziert wird.
- Coracoid verlängert und stark nach hinten gerichtet.
- Mit Furcula (vgl. abweichende Ansicht oben). Bei *Archaeopteryx* ist die Furcula ein äußerst kräftiger, u-förmiger Knochen.
- Schwungfedern asymmetrisch.
- 1. Zehe (Hallux) nach hinten gerichtet.

Archaeopteryx lithographica

Oberer Jura (Solnhofener Plattenkalke) von Bayern.

Archaeopteryx hat eine besondere Bedeutung in der Geschichte der **Evolutionsforschung** (Abb. 1.116). Sie vermittelt in vielen strukturellen Eigenschaften zwischen den rezenten Vögeln und ihren Vorfahren, wenn sie auch gewiss nicht in die Stammlinie der rezenten Vögel gehört, sondern einen Seitenast repräsentiert. *Archaeopteryx* hat als Merkmale der Vögel bereits die Befiederung, Flügel mit Verlust vom 4. und 5. Finger, große Augen, in der Ruhe an den Körperseiten liegende Vorderextremitäten, leicht gebaute Knochen, ein sehr langes, nach hinten gerichtetes Schambein und eine nach hinten gerichtete Zehe sowie den bipeden Gang. Sie hatte als ursprüngliche Eigenschaften, die bei rezenten Vögeln nicht mehr vorkommen, Zähne, noch keinen richtigen Schnabel (die Praemaxilla ist noch nicht verlängert), eine lange Schwanzwirbelsäule aus ca. 21 Wirbeln, noch keinen Kiel am Brustbein – d. h. auch: eine primär schwache Flugmuskulatur; die drei Finger sind noch nicht miteinander verwachsen (bei den heutigen Vögeln sind die Finger z. T. und Mittelhandknochen partiell verschmolzen) und tragen Krallen; die Mittelfußknochen sind noch nicht verschmolzen (Abb. 1.117). Noch ohne Alula.

Bei den folgenden Gruppen, den **Pygostylia**, ist das Pubis auf 65–45° zum Synsacrum rückwärtig gedreht. Die Schwanzwirbelsäule ist zum Pygostyl eingeschmolzen. Das Pygostyl erhöhte die Beweglichkeit der Schwanzfedern erheblich.

Abb. 1.**116** *Archaeopteryx lithographica*, **Rekonstruktion.** (Aus Willmann, 2004.)

Confuciusornis sanctus. Untere Kreide von Liaoning. Zahnlos (Konvergenz zu den Aves). Noch mit gut entwickelten Handkrallen. *Confuciusornis sanctus* wurde wiederholt als Schwestertaxon von *Archaeopteryx* angesehen.

Bei den folgenden, als **Ornithothoraces** bezeichneten Taxa (Enantiornithes bis Aves) ist der Rumpf verkürzt (mit weniger als 13 Wirbeln). Das Sternum ist vergrößert und weist einen Kiel auf. Mit Alula (Feder am ersten Finger zur Verminderung der Verwirbelung der Luft beim Fliegen).

- Enantiornithes. **Beispiele:** *Sinornis* (= *Cathayornis*) war noch mit Zähnen ausgestattet, spätere Taxa wie *Gobipteryx* waren zahnlos. Untere – obere Kreide, artenreich und weit verbreitet.
- Hesperornithiformes. **Beispiel:** *Hesperornis regalis.* Obere Kreide von Nordamerika. Tauchvogel, sekundär flugunfähig. Zähne gut entwickelt.
- Ichthyornithiformes. **Beispiel:** *Ichthyornis dispar.* Oberkreide von Nordamerika. Schnabel bezahnt.

1.40 Aves (Vögel)

= Neornithes; = Palaeognathae + Neognathae; Kronengruppe der Vögel

> Die Merkmale der Vögel werden insbesondere durch ihre Homoiothermie (Konvergenz zu den Mammalia), ihr Federkleid, ihre Bipedie und ihr primär vorhandenes Vermögen zu einem aktiven Flug durch Flügelschlag bestimmt. Viele Knochen sind pneumatisiert, und die Atmung ist gegenüber anderen Tetrapoden durch ein komplexes System aus Luftsäcken verbessert. Lungen- und Körperkreislauf sind völlig voneinander getrennt. Der vordere Schädelteil ist von einem Hornschnabel bedeckt; Zähne fehlen. Viele Knochen des Rumpfes sind starr miteinander verbunden, um den zum Teil mächtigen Flugmuskeln ein Widerlager zu bieten. Die Schwanzwirbelsäule ist zum Pygostyl verkürzt. Die Artenzahl der heutigen Vögel übertrifft die der Säugetiere fast um das Doppelte.

Ca. 8900 rezente Arten, in allen Regionen der Erde. Die nachstehend zusammengefassten abgeleiteten Eigenschaften der Vögel sind im Laufe einer mindestens 100 Mio. Jahre währenden Geschichte entstanden, nämlich seit der Aufspaltung der Archosauria in die Stammlinie der Krokodile einerseits und die Stammlinie der Vögel andererseits. Die Reihenfolge einiger der Evolutionsschritte in der Stammlinie der Vögel ist aus den vorstehenden Seiten ersichtlich.

Viele **Eigenschaften** der Vögel stehen in Zusammenhang mit ihrer **Flugfähigkeit** (Abb. 1.**117**). Die **Augen** sind äußerst **leistungsfähig**. In der Luftröhre haben viele Vögel ein besonderes Lautorgan, die **Syrinx** (fehlt z. B. bei Störchen, Neuweltgeiern und Straußen).

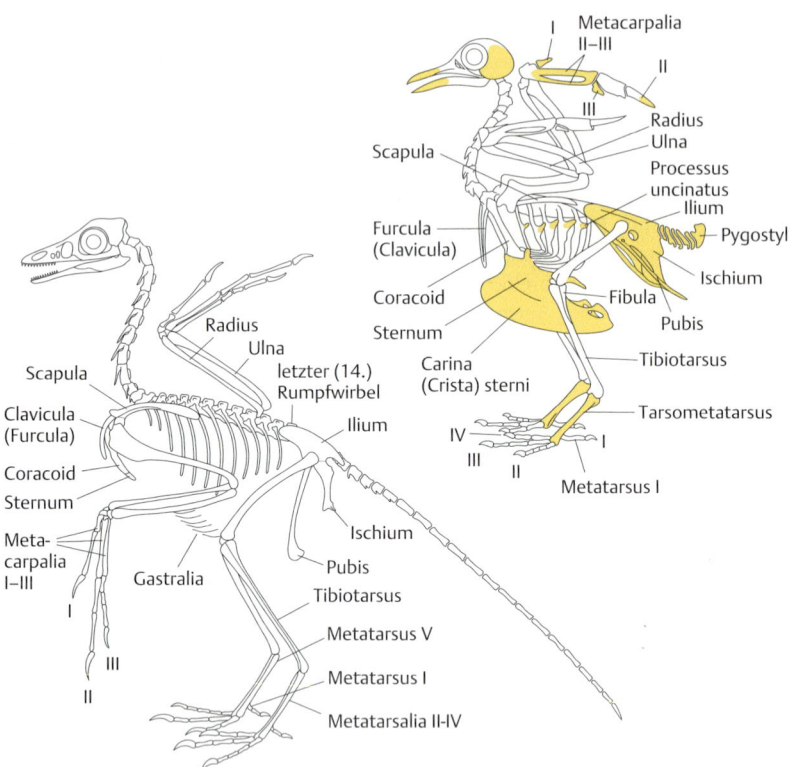

Abb. 1.**117** ***Archaeopteryx lithographica*** (**Jura**). Skelett im Vergleich mit dem eines heutigen Vogels (*Columba*, Taube). Originale mit Berücksichtigung der Angaben und Abbildungen von Bühler, 1984; Rietschel, 1984; Wellnhofer, 1984, 2008, und anderen. Die gegenüber *Archaeopteryx* abgeleiteten Strukturen bei heutigen Vögeln sind farblich hervorgehoben. (Vergleich und Position der Tiere nach Heilmann, 1926.)

Die Epidermis über dem vollkommen zahnlosen **Ober- und Unterkiefer** ist stark **verhornt** und hart; sie bildet die äußerlich sichtbaren Teile des **Schnabels**. Die Schädelkapsel ist stark vergrößert.

Im **Schädel** sind die Suturen meist nicht mehr erkennbar. Der Schädel ist leicht gebaut. Der obere Jochbogen und die hinter der Orbita gelegenen Knochenspangen sind mit der Vergrößerung des Gehirns und der Ausweitung der Orbita reduziert worden. Zum Teil sind die Schädelknochen **pneumatisiert**.

Das **Coracoid** ist sehr kräftig entwickelt und meist als einziger Knochen des Schultergürtels mit dem Sternum beweglich verbunden. Die Claviculae beider Seiten verschmelzen zum Gabelbein (**Furcula**), das eine Stütze für den Kropf liefert.

Die Vögel haben 11–25 Halswirbel. Die Cervical- (Hals-)rippen haben sich mit den Wirbeln vereinigt. Das **Sternum** ist außerordentlich vergrößert und hat einen großen medianen **Kiel** (Crista, Crista sterni, Carina), der der Anheftung der umfangreichen Flugmuskulatur dient. Den flugunfähigen Ratiten (Flachbrustvögel) fehlt der Kiel sekundär.

Die nur 3–10 Brustwirbel sind in Anpassung an die hohe Beanspruchung durch die Flugmuskulatur meist als **Os dorsale** (Notarium) fest oder kaum beweglich miteinander verbunden. Pinguine hingegen haben frei bewegliche Brustwirbel.

Die letzten Schwanzwirbel sind zu einem kompakten **Pygostyl** verschmolzen, das dem Ansatz der Muskeln der zur Steuerung oder für die Balz eingesetzten Schwanzfedern dient. Die **Knochen** sind leicht gebaut und zum Teil **pneumatisiert** (luftgefüllt); das **Gewicht** der Vögel wird außerdem unter anderem auch durch einen vergleichsweise **kurzen Darm** (mit geringen Mengen verdauter Nahrung) herabgesetzt und durch die **Exkretion** über **Harnsäure**. – Bei manchen Kormoranen, den Pinguinen, den Kiwis, Straußen und Nandus, dem größten Papagei (Kakapo, in Neuseeland), der ausgerotteten Dronte und anderen ist die Flugfähigkeit wieder aufgegeben worden. Bei Aufgabe der Flugfähigkeit wird die Furcula oft zu zwei getrennten Schlüsselbein-Splinten reduziert, so bei den großen Ratiten. Alle Vögel sind **biped**, d. h., sie laufen auf zwei Beinen. Vögel, die sich von mariner Nahrung ernähren, haben oft eine **Salzdrüse** oberhalb der Augen (z. B. Pinguine und Möwen, S. 840).

Die Vögel sind **homoiotherm**. Nur der rechte Aortenbogen ist vorhanden; die Herzkammern sind vollkommen getrennt (Konvergenz zu den Säugetieren). Die Lunge ist extrem leistungsfähig (S. 746).

Auf die **Federn** als besonders bekannte **Autapomorphie** der Vögel sei näher eingegangen. Federn sind Differenzierungen der äußeren Lage der Epidermis der Haut, des **Stratum corneum** (Hornschicht) und wahrscheinlich den **Amniotenschuppen homolog** (anders die Haare, S. 368). Evolutiv gingen sie danach auf verlängerte Schuppen, die bei kreidezeitlichen Coelurosauriern haarähnlich schlank waren, zurück. (Allerdings wird gerade wegen dieser fadenförmigen Strukturen bei fossilen Formen auch erwogen, dass Federn Sonderbildungen der Haut sein könnten, die unabhängig von den Schuppen entstanden seien.)

Bei ihrer Bildung im Verlauf der Ontogenese wird zunächst die Epidermis durch das Auswachsen einer Dermispapille schräg nach hinten hervorgewölbt. Diese Anlage wird anschließend als Federfollikel in die Haut eingesenkt. Der dermale Anteil, die Pulpa, bildet primäre Bindegewebssepten, durch die innerhalb des epidermalen Teiles, der Epidermisröhre, zunächst der **Federschaft** und die **Rami** (Federäste) abgegrenzt werden. Aus den primären Septen gliedern sich Sekundärsepten ab, die die **Radii** (Sing. Radius, Federstrahlen) abgrenzen. Die Epidermis verhornt (Hornscheide), öffnet sich und die **Federfahne** entfaltet sich. Das heißt, Federn sind verzweigte epidermale Hornfäden, in die ein Teil der Pulpa hineinragt.

Man unterscheidet zwischen Kontur- und Daunenfedern. Die **Konturfedern** (Deckfedern des Körpers sowie – besonders kräftig ausgebildet – die Schwungfedern der Flügel und die Steuerfedern des Schwanzes,) zeichnen sich durch eine geschlossene, meist asymmetrische Federfahne aus (Abb. 1.118). Die vom Schaft ausgehenden Äste tragen beiderseits Federstrahlen, die unterschiedlich ausgeprägt sind: Die Hakenstrahlen umgreifen mit Häkchen (**Hamuli**) die ohne Häkchen ausgestatteten Bogenstrahlen, sodass eine **enge Verflechtung** entsteht. Den **Daunenfedern** (Dunen, Plumae) fehlt eine Federfahne. Bei ihnen stehen die Rami, elektrostatisch aufgeladen, nach allen Seiten ab. Die zwischen ihnen entstehenden Lufträume bewirken eine sehr gute **thermische Isolation**. Die Farben der Federn werden zum Teil durch Pigmente hervorgerufen, zum Teil handelt es sich um Strukturfarben. Durch einen periodisch wiederkehrenden Federwechsel (**Mauser**) ist es möglich, dass die Vögel im Laufe des Lebens verschiedene Kleider tragen können. Federn dienen nicht nur dem Wärmeschutz und als Tragflächen, sie verleihen dem Körper auch seine aerodynamisch günstige Form und können durch ihre Farben Signal- oder Tarnfunktion übernehmen. Bei manchen Insekten fressenden Arten gibt es am Schnabelgrund Federn, die zu Borsten versteift sind.

Ursprüngliche Vögel (Abb. 1.119) haben noch einen Penis (Strauße, Enten); ansonsten erfolgt die Spermaübertragung durch Aneinanderpressen der Kloaken. Alle Vögel sind **ovipar**.

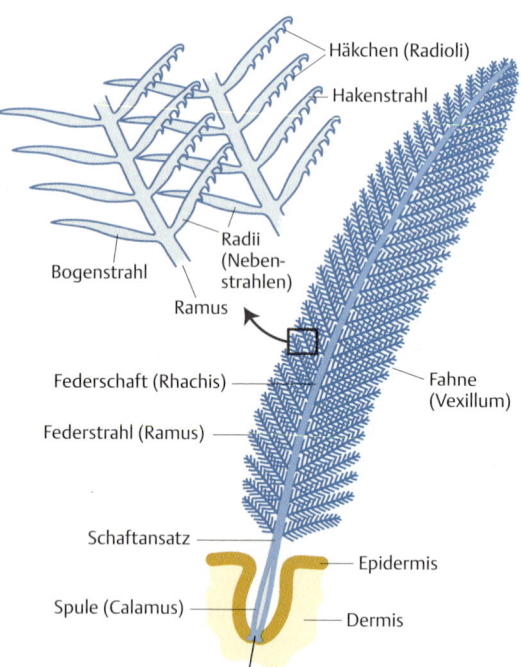

Abb. 1.**118 Bau der Vogelfeder** (Konturfeder; hier: Schwungfeder mit schmaler Außen- und breiterer Innenfahne).

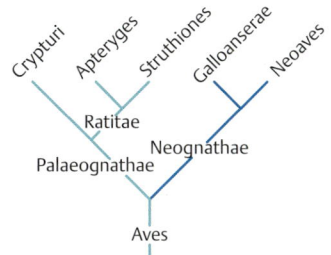

Abb. 1.119 Die basalen Verzweigungen der Vögel.

Ältester Vetreter dürfte *Apatornis* sein (Niobrara-Formation, obere Kreide, Nordamerika). Der größte bekannte flugfähige Vogel ist der fossile Kondor *Argentavis magnificens* (Miozän von Argentinien, Flügelspannweite ca. 7 m).

1.40.1 Palaeognathae
1.40.1.1 Crypturi (Steißhühner)
= Tinamiformes; = Tinamus

Ca. 43 Arten. Mit wenig entwickelten Schwanzfedern und schwach entwickeltem Pygostyl. Im Vergleich zu den Ratitae sind die Steißhühner in vieler Hinsicht ursprünglich geblieben: Sie sind noch zu einem kurzen Flug befähigt, das Sternum hat eine kräftige Crista, das Skelett der Vorderextremität ist nicht reduziert, Claviculae sind noch vorhanden.
Beispiele: *Tinamus tao* (Tao), *Rhynchotus rufescens* (Pampashuhn).

1.40.1.2 Ratitae (Flachbrustvögel)
= Apterygidae + Struthiones

10 rezente Arten auf den Südkontinenten. Die Monophylie der Ratitae wird immer wieder angezweifelt. Für die **Monophylie** könnten sprechen:
- Flugverlust; Reduktion der Crista des Sternums sowie des Coracoids.
- Scapula und Coracoid sind miteinander verschmolzen.

Apterygidae (Kiwis). 3 rezente Arten. Zahlreiche **Autapomorphien:** Augen und optische Hirnbereiche (Lobi optici des Tectum) verkleinert. Das Riechvermögen ist gut entwickelt: Eine zusätzliche Nasenmuschel vergrößert den olfaktorischen Bereich. Die Flügel sind außerordentlich klein. Die Nahrung besteht insbesondere aus Regenwürmern, Spinnen und Insekten. **Beispiele:** *Apteryx australis* (Streifenkiwi), *A. oweni* (Fleckenkiwi).

Mit den Kiwis nahe verwandt sind die ausgerotteten †**Dinornithidae** (ca. 20 Arten, Neuseeland). **Beispiel:** *Dinornis maximus*, bis 3 m hoch (Apterygidae + Dinornithidae = Apteryges).

Struthiones (= Struthioniformes). **Beispiele:** *Casuarius* (Kasuare), 3 Arten in Neuguinea und Nordaustralien. *Dromaius*, Emu. 1 Art (*D. novaehollandiae*) in Australien. *Struthio camelus* (Strauß), Afrika, Arabien. Bis 3 m hoch, über 150 kg schwer. *Rhea americana*, Nandu; *Rhea pennata* (Darwin-Nandu), beide in Südamerika.

1.40.2 Neognathae

Apomorphien: Verkleinerung des Vomers und ein durch einen Fortsatz nach vorn verlängertes Palatinum, das das Praemaxillare erreicht (Abb. 1.**120**).

Zu den Neognathae gehört die ganz überwiegende Hauptmenge der Vogelarten. Die Verwandtschaftsbeziehungen innerhalb der Neognathae sind weitgehend ungeklärt. Wahrscheinlich besteht ein Schwestergruppenverhältnis zwischen den Galloanserae und den Neoaves.

1.40.2.1 Galloanserae
= Anatidae (Enten, Gänse, Schwäne), Phasianidae (Fasane) und andere

Als Schwestertaxon der Anatidae gilt *Presbyornis* (obere Kreide/Alttertiär), womit die jüngere Kreidezeit als das Mindestalter für die Eigenständigkeit der Entenvögel und alle tieferen Stammgruppenverzweigungen feststeht.

1.40.2.2 Neoaves (alle folgenden Vogelgruppen)

Psittaci (Papageien). Ca. 380 Arten. **Apomorphien:** Gelenkfläche zwischen Oberschnabel und Hirnschädel (führt zur Möglichkeit eines weiten Anhebens des Oberschnabels). 1. und 4. Zehe weisen nach hinten (zygodactyle Greiffüße). Zunge dick, fleischig, mit differenzierter Muskulatur.
Pici (= Capitonidae [Bartvögel] + Ramphastidae [Tukane] + Indicatoridae [Honiganzeiger] + Picidae)

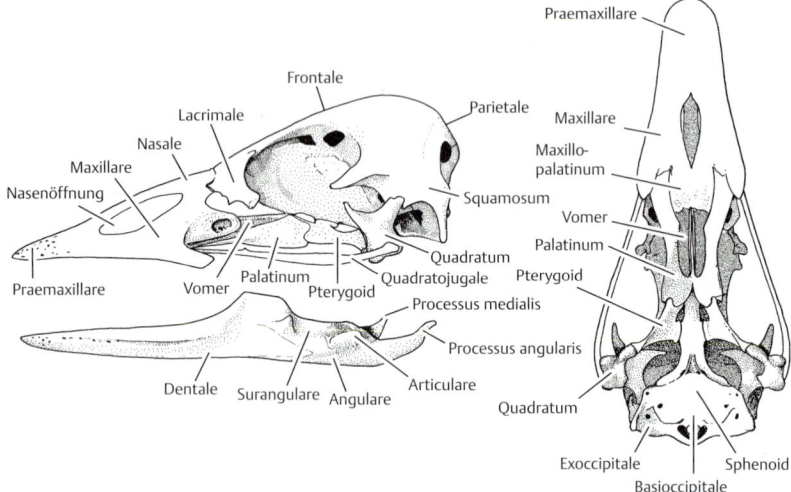

Abb. 1.**120** **Aves.** *Anser anser* (Hausgans), Kopfskelett lateral und ventral. Knochengrenzen wegen Verwachsungen der Nähte großenteils unkenntlich. Deutsche Bezeichnungen der Einzelknochen s. bei *Vulpes* (Abb. 1.**133**). (Aus Mickoleit, 2004, Beschriftung geändert.)

Picidae (Spechte), mit weit vorstreckbarer Zunge. Zungenbeinkörper und Zungenbeinhörner stark verlängert, sie liegen dem Hinterhaupt eng an und reichen bis zum Schnabelgrund. Zungenspitze verhornt, mit Widerhaken. Möglicherweise sind die Pici die Schwestergruppe der Sperlingsvögel (Passeres).
Passeres (Sperlingsvögel). Ca. 5700 Arten. Charakteristisch sind das Sperren und der Sperrrachen der Jungvögel. Die drei Vorderzehen haben einen gemeinsamen Flexormuskel (Musculus flexor digitorum longus) und einen gemeinsamen langen Extensor. Mittels dieser Muskeln können sie synchron gebeugt und gestreckt werden. Die Verbindung zwischen dem M. flexor digitorum und dem M. flexor hallucis, das Vinculum anderer Vögel, fehlt (Ausnahme: Eurylaimi). Damit kann die nach hinten gerichtete Großzehe unabhängig von den Vorderzehen bewegt werden (wirkt beim Umfassen von Ästen den Vorderzehen entgegen). Zu den Passeriformes gehören unter anderem die Paridae (Meisen), Fringillidae (Finken), Corvidae (Raben), Turdidae (Drosseln), Paradisaeidae (Paradiesvögel), Sturnidae (Stare), Troglodytidae (Zaunkönige), Hirundinidae (Schwalben) und Emberizidae (Ammern und Verwandte).

Weitere **Beispiele:** Pelecaniformes (Kormorane, Pelikane, Tölpel, Fregattvögel, Pinguine und andere), eng an aquatische Lebensräume angepasst. Die Pinguine (Spheniscidae, 17 Arten) sind auf die Südhalbkugel beschränkt. Die †Plotopteridae zeigen eine mosaikartige Verteilung von abgeleiteten Merkmalen von Pinguinen und den Suloidea (Tölpel, Kormorane, Schlangenhalsvögel), was ein Schwestergruppenverhältnis zwischen den Suloidea und den Spheniscidae + †Plotopteridae nahelegt. Reiher, Störche, Schuhschnabel und Ibisse gehören zu den Ciconiiformes (Schreitvögel). Die Neuweltgeier (Cathardidiformes), zu denen auch der Kondor gehört, haben ihre große Ähnlichkeit zu den Geiern der Alten Welt konvergent erworben (z. B. ihren nackten Kopf). Die Altweltgeier gehören mit den Adlern, Falken, Habichten u. a. zu den Accipitres, die zusammen mit den Sekretären (Sagittariidae) und möglicherweise auch den Neuweltgeiern das Taxon Greifvögel (Falconiformes) bilden. Es gibt aber auch Argumente für die Annahme, dass die Neuweltgeier die nächsten Verwandten der Störche seien. Nachtaktiv sind die Eulen (Strigiformes, 180 Arten). Besonders artenreiche Gruppen sind außer den oben genannten Papageien und Singvögeln die Hühnervögel (Galliformes, ca. 300 Arten), Taubenartigen (Columbiformes, etwas mehr als 300 Arten) und Regenpfeiferartigen (Charadriiformes, unter anderen den Rallen, Möwen und Alken). Möglicherweise gehören auch die Taubenartigen zu den letzteren. Zu den Kolibris (in der neuen Welt, über 400 Arten) gehören die kleinsten Vögel mit minimal nur 1,6 g Gewicht.

Enorm hoch ist die Zahl der bereits **ausgerotteten Vogelarten**. Beispiele: *Alca impennis* (Riesenalk); *Raphus cucullatus* (Dronte, Mauritius); *Ectopistes migratorius* (Wandertaube, Nordamerika), *Conuropsis carolinensis* (Carolinasittich, Nordamerika); *Aepyornis maximus* (Madagaskar-Strauß); alle Dinornithidae, *Ara tricolor* (Kuba); *Moho* (Hawaii-Krausschwanz, *Moho nobilis*, Hawaii).

Furcula: Gabelbein (verwachsene Schlüsselbeine). Auch als Furca bezeichnet.
Coracoid: Rabenbein; im Schultergürtel gelegen.

1.41 Synapsida

= Stammgruppenvertreter der Mammalia + Kronengruppe der Mammalia

> Die ursprünglichsten Synapsida unterschieden sich nur unwesentlich von den frühen Stammgruppenvertretern ihrer Schwestergruppe, den Sauropsida. Erst im Verlaufe ihrer Evolution zwischen dem Oberkarbon und der Trias wurden sukzessive Eigenschaften evolviert, in denen sich die heutigen Sauropsida und die rezenten Synapsida (das sind die Säugetiere) auffällig voneinander unterscheiden – man führe sich dazu einerseits Taxa wie die Schildkröten, Eidechsen, Warane und Krokodile oder die Vögel (alles Sauropsida) vor Augen, andererseits die verschiedenen Gruppen der Säugetiere.

Ca. 4700 rezente Arten. Die Synapsida (Säugetiere einschließlich ihrer Stammgruppenvertreter) sind die Schwestergruppe der Diapsida bzw. Sauropsida.

Zu den Synapsida gehört eine große Zahl von Arten aus dem Paläozoikum und frühen Mesozoikum. Einer der ältesten Vertreter ist *Archaeothyris* aus dem mittleren Oberkarbon Nordamerikas. Damit fällt der Beginn der Evolution der Säugetiere in das Oberkarbon. Die schrittweise Umwandlung von einem echsenähnlichen Tier zur letzten Stammart der rezenten Mammalia vollzog sich über rund 170 Mio. Jahre und ist sehr gut zu verfolgen. Die Kronengruppe der Mammalia existiert ungefähr seit dem Unterjura (180 Mio. Jahre), die Aufspaltung in die Beuteltiere (Marsupialia) und Plazentatiere (Placentalia) dürfte sich in der mittleren Kreidezeit vor rund 110 Mio. Jahren vollzogen haben.

Die zahlreichen Veränderungen im Knochenbau sind an Fossilien sehr genau dokumentiert und werden daher im Folgenden als erstes behandelt.

Bau und Evolution des Schädels der Synapsida: Der Schädel der ursprünglichen Amniota hatte außer dem Parietalforamen und außer den Nasen- und Augenöffnungen keine Foramina (**anapsider Schädel**, Abb. 1.121). Bei vielen Amniota aber entstanden an den Nahtstellen der Schädelknochen verschiedene Schläfenfenster. Bei den Ichthyo- und Plesiosauriern war dies ein oberes Schläfenfenster, das zwischen dem Parietale (oben) und dem Postorbitale und Squamosum (unten, als Jochbogen) liegt. Dies war der **eury-** oder **parapside Schädeltyp**. Bei den Diapsida (Lepidosauromorpha, Archosauromorpha) ist außer diesem oberen Fenster noch ein unteres vorhanden, das oben vom Postorbitale und Squamosum begrenzt wird, unten vom Jugale und Quadratojugale als Jochbogen (als Jochbögen werden generell die Stege genannt, die die Schläfenfenster unten begrenzen).

Bei den Synapsida ist nur das untere Schläfenfenster, das Temporalforamen, vorhanden. Dabei handelt es sich um eine Öffnung in der Schläfenregion dort, wo bei den anapsiden Amniota das Postorbitale, das Squamosum und das Jugale aneinanderstoßen (**synapsider Schädel**). Die ursprüngliche untere Begrenzung durch Jugale und Quadratojugale wurde später – unter Reduktion des Quadratojugale – vom vergrößerten Squamosum übernommen. Bei den rezenten Säugern wird der Joch-

1.41 Synapsida

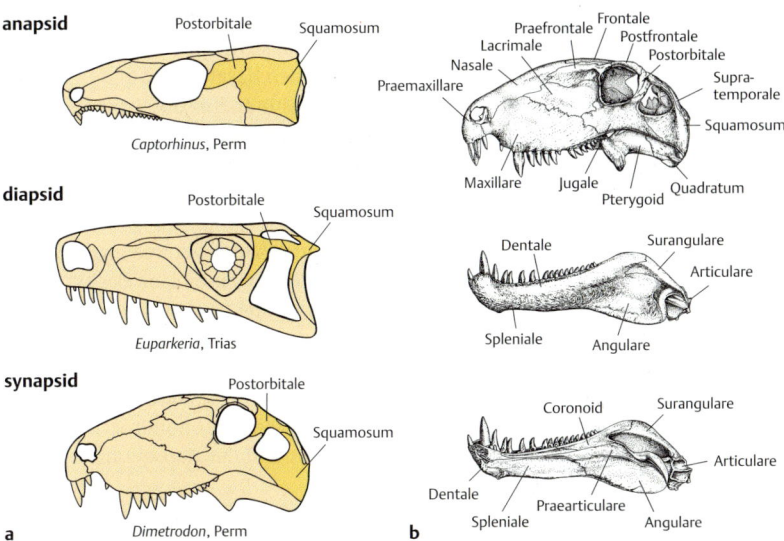

Abb. 1.**121 Tetrapoda. a** Schädelbau und Schädelfenster verschiedener Amniota. Anapsider, diapsider und synapsider Schädel. Unklar ist, ob der Schädel der Schildkröten primär anapsid ist oder ob er auf einen diapsiden Bau zurückgeht. **b** Schädel und Unterkiefer eines permischen Synapsiden (Dimetrodon). Unterkiefer von der Außen- und Innenseite.

bogen vom Jugale und der Pars squamosa des Temporale (Schläfenbein) gebildet, zu dem das Squamosum mit anderen Knochen verschmolz.

Grundsätzlich sind bei den frühen Synapsida alle Knochen des Schädels erhalten geblieben, die sich auch bei den ursprünglichen Amniota generell finden. Schon die ältesten Synapsida zeigen aber zugleich eine Reihe **abgeleiteter Schädelmerkmale** (Abb. 1.**122**, Abb. 1.**123**): Zum einen das Temporalforamen, zum anderen sind die Postparietalia zu einem unpaaren Element, dem Interparietale, verschmolzen.

Bei den ursprünglichsten Synapsida sind die Hirnschädelelemente in der Hinterhauptsregion nicht fest mit den umgebenden Deckknochen verwachsen. Bei *Archaeothyris* (Karbon) ist das Supraoccipitale ein gut abgegrenztes Skelettelement, das weder fest mit dem Schädeldach noch mit dem Tabulare oder der Ohrkapsel fest verbunden war. Die Ohrkapsel war klein und hatte keinen Kontakt mit der Wangenregion. Bei evolutiv weiter entwickelten Synapsiden verschmolzen die Knochen des Hinterhauptes zu einer einheitlichen Platte aus dem Supraoccipitale, den beiden Paroccipitalfortsätzen sowie aus Deckknochen vom Hinterrand des Schädeldaches.

Auffällig sind bei den rezenten Mammalia die Entfaltung des Gehirnes mit entsprechenden Umbildungen am Hirnschädel, die Ausbildung eines Kaugebisses mit heterodonten Zähnen und die Ausbildung eines sekundären Kiefergelenkes (Squamosodentalgelenk) mit Umbildung von Knochen des primären Kiefergelenkes (Quadratum und Articulare) zu **Gehörknöchelchen**.

Gegenüber den Sauropsida kommt es zu einer Verstärkung der Funktionen der **Nase**, die durch Ausbildung einer Pars ethmoturbinalis erheblich vergrößert wird. Dadurch ergeben sich neue Lagebeziehungen zwischen Nasenkapsel und Hirnschädel. Gleichzeitig wird der dorsale Teil der primären Mundhöhle durch einen sekundären Gaumen mit Skeletteinlagerungen von der endgültigen Mundhöhle der Säuger abgetrennt und der definitiven Nasenhöhle angegliedert (Abb. 1.122). Damit wird auch die Verbindung zwischen Nasen- und Rachenraum als **Choane** weit hinten neu gebildet.

Gegenüber den Sauropsida zeichnet sich der Schädel der rezenten Säuger durch den Verlust des Scheitelloches und durch Reduktion einiger Deckknochen (Postfrontale, Postorbitale, Quadratojugale, Tabulare) aus.

Am **Aufbau des Hirnschädels** sind Elemente verschiedener Herkunft beteiligt, die sich zum Syncranium zusammenfügen.

Derivate des **neuralen Endoskelettes** (Neurocranium); sie bilden das Chondrocranium. Dies sind Ersatzknochen in knorpeliger Anlage. Das Chondrocranium bildet die zusammenhängende Basis des Hirnschädels und der Kapseln für die Nase und das Labyrinthorgan.

Derivate des **visceralen Endoskelettes** (Viscero- oder Splanchnocranium; Abkömmlinge des Kieferbogenskelettes und des Branchialskelettes) (Zungenbein,

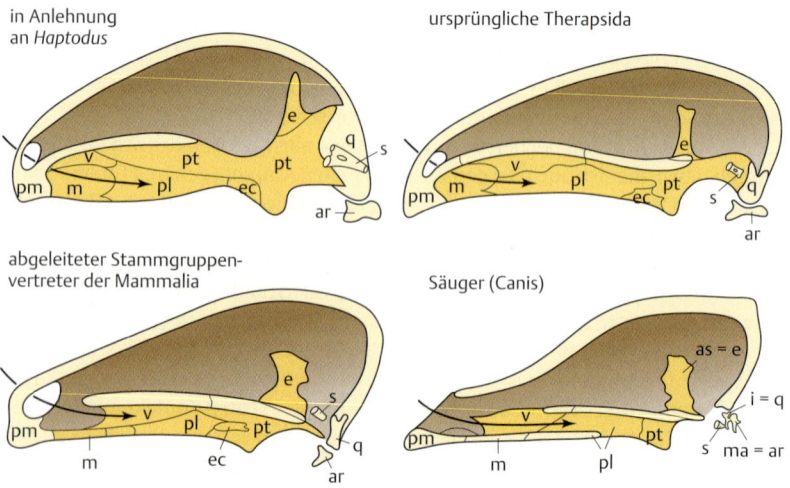

Abb. 1.**122 Tetrapoda.** Veränderungen im Schädel der Synapsida, Sagittalschnitte. Primärer Gaumen (bestehend aus Teilen des Praemaxillare, Vomer und Pterygoid) und Entstehung des sekundären Gaumens bei den Mammalia (Beispiel: *Canis*). Der sekundäre Gaumen wird aus Teilen des Praemaxillare, Maxillare und Palatinum gebildet. ar Articulare, as Alisphenoid, e Epipterygoid, ec Ectopterygoid, i Incus, m Maxillare, ma Malleus, pl Palatinum, pm Praemaxillare, pt Pterygoid, q Quadratum, s Stapes, v Vomer. (Nach Romer, 1971.)

Gehörknöchelchen, Anschluss des Epipterygoids an das neurale Endoskelett und Aufnahme des Alisphenoid in die Begrenzung des Hirncavums).

Deckknochen (Exoskelett, Dermatocranium). Sie werden dorsal und seitlich zur Begrenzung des Hirnraumes herangezogen und bilden mit der chondralen Schädelbasis die „Hirnkapsel" (Frontale, Parietale, Interparietale, Squamosum) und das Gesichts-Kieferskelett (Nasale, Maxillare, Praemaxillare, Lacrimale, Palatinum, Pterygoid, Dentale). Das Tympanicum bildet als weiterer Deckknochen die ventrale Abgrenzung des Mittelohrraumes. Ein weiterer Deckknochen des primären Unterkiefers, das Praearticulare (Goniale), wird als Fortsatz dem Hammer (ursprünglich: Articulare) angegliedert.

Die durch Nähte getrennten einzelnen Knochen sind oft **Mischgebilde**, in denen Deckknochen und Ersatzknochen gemeinsam neue Einheiten bilden. So entsteht das **Hinterhauptsbein** (Os occipitale) durch Verschmelzung von 4 Ersatzknochen und 1 Deckknochen, das **Schläfenbein** (Os temporale) durch Verschmelzung von 1 Deckknochen (Squamosum), 1 Ersatzknochen (Perioticum = Petrosum), 1 Unterkieferdeckknochen (Tympanicum) und 1 hyalem Ersatzknochen (Proc. styloideus).

Im Verlaufe der Evolution der Synapsida wurde das ursprüngliche Schädeldach durch ein sekundäres Dach ersetzt bzw. durch eine das Gehirn schützende neue Schädelseitenwand ergänzt (Abb. 1.**123**). Der **Unterkiefer** der Sauropsida besteht im Grundplan aus dem zähnetragenden Dentale vorn, dem Angulare dahinter, diesem folgend dem Praearticulare (= Goniale), dem Articulare sowie dorsal des Angulare dem Surangulare. Das Articulare bildet mit dem *Quadratum des Neurocraniums* das **(primäre) Kiefergelenk**. Median liegen Coronoide, und an der Innenseite kurz hinter der Symphyse der beiden Unterkieferhälften je ein großes Spleniale (= Operculare). Diese Situation besteht auch bei den frühen Synapsida wie *Dimetrodon*. Der Unterkiefer der rezenten Mammalia wird nur noch vom Dentale gebildet.

Gehörknöchelchen. Bei den Säugern wird die Columella (s. o. Tetrapoda) zum **Stapes** (**Steigbügel**). Auch die zwei ursprünglichen Kieferknochen (Palatoquadratum und Mandibulare; 1. Kiemenbogen) werden zu Gehörknöchelchen: Von ihnen waren nur noch Reste verblieben, die das (primäre) Kiefergelenk gebildet hatten – nämlich Quadratum (dorsal) und Articulare (ventral). Sie rücken aus dem Kieferapparat heraus und werden zu weiteren Gehörknöchelchen: Aus dem Articulare entsteht der **Hammer** (**Malleus**), der mit dem Trommelfell verbunden ist, und aus dem Quadratum entsteht dorsal der **Amboss** (**Incus**) (Abb. 1.**122**). Aufgespannt ist das Trommelfell bei den Säugern in einem weiteren, ringförmigen Knochen, dem Tympanicum, das aus dem Angulare hervorgeht.

Die Umwandlung von Quadratum und Articulare als den ehemaligen „Trägern" des (primären) Kiefergelenkes zu Incus bzw. Malleus machte ein neues **zweites Kiefergelenk** nötig: Es entstand zwischen Dentale und einem Knochen des Neurocraniums, dem Squamosum (Reichertsche Theorie von 1837). Im Mesozoikum gab es frühe Säugetiere mit beiden Kiefergelenken.

Aufbau des Schädels (Abb. 1.**133**): Das **Schädeldach** besteht aus breiten Deckknochen, von hinten nach vorn: Parietalia, Frontalia, Nasalia und ggf. dem Interparietale. Unter den Augen liegen die Lacrimalia.

In der Region des Occiput (**Hinterhauptes**) besteht zum Teil eine Verschmelzung zu einem einheitlichen Os occipitale. Beteiligt sind das Basioccipitale, Supraoccipitale und Exoccipitalia sowie kaudale Partien des dermalen Schädeldaches (Tabulare und Postparietale).

Die Exoccipitalia bilden die paarigen **Condyli** (Abb. 1.**133**).

An der **Schädelbasis** liegen vor dem Basioccipitale das Basi- und davor Praesphenoid.

Der **Hirnschädel** wird seitlich begrenzt durch die Regio otica, an der das Perioticum (= Os petrosum) großen Anteil hat. Als Deckknochen tritt das Os tympanicum (Paukenbein) hinzu. Es schwillt bei vielen Säugern zu einer kugeligen Bulla tympani an, an deren Bildung auch das Alisphenoid, Basisphenoid und auch das Squamosum beteiligt sein können. Os petrosum, Bulla tympani und Squamosum vereinigen sich bei vielen Säugern zum Os temporale.

Das **Squamosum** bildet eine Gelenkfläche für den Unterkieferfortsatz. Ein von ihm ausgehender Fortsatz, der Processus zygomaticus, zieht zum unteren Augenhöhlenrand und hat Anteil am Jochbogen (Arcus zygomaticus).

Die embryonal angelegten Alisphenoidalia stellen flügelartige Fortsätze des Basisphenoids, die Orbitosphenoidalia Fortsätze des Praesphenoids dar. Das Orbitosphenoid hat wesentlichen Anteil am Aufbau des **Augenhöhlengrundes**. Es wird vom Foramen opticum durchbohrt, durch das der **Sehnerv** hindurchtritt (Abb. 1.**133** unten).

Hirn- und Nasenhöhle werden durch das Ethmoid (**Siebbein**) getrennt.

Die beiden Nasenhöhlen werden durch das Septum nasi voneinander getrennt. In die Nasenhöhle ragen eine Zahl von „Muscheln" (Ethmoturbinalia, Naso- und Maxilloturbinale).

Unter der Nasenhöhle liegt der **Vomer** (Pflugscharbein).

Das **Mundhöhlendach** setzt sich aus den Palatina zusammen, die sich vorn in die Gaumenfortsätze der Maxillaria und Intermaxillaria fortsetzen. Sie bilden zusammen den harten Gaumen (Palatum durum), an den sich der weiche Gaumen (Palatum molle) anschließt, der von den Pterygoiden gestützt wird.

An das Maxillare schließt sich das **Jochbein** an (Os zygomaticum), das mit dem Processus zygomaticus des Squamosum den Jochbogen bildet.

Postcranialskelett, Wirbelsäule: Hauptteil der **Wirbel** ist der **Wirbelkörper** (**Centrum**), der ursprünglich von der Chorda dorsalis durchzogen wurde, welche bei den meisten adulten Amniota aber fast ganz reduziert ist. Nach dorsal geht vom Centrum jederseits ein **Neuralbogen** aus, der das Rückenmark umgibt. In den Lücken zwischen den aufeinander folgenden Bögen treten die Spinalnerven hindurch. Dorsal vereinigen sich die beiden Bögen zum **Processus spinosus** (**Dornfortsatz**). Seitlich ist oft ein **Processus transversus** vorhanden, an dem die **Rippe**

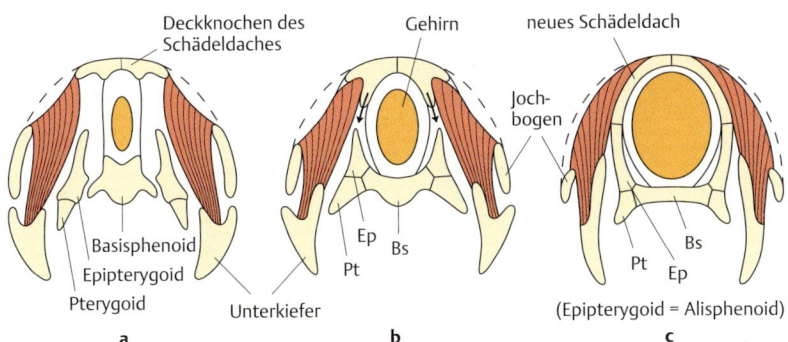

Abb. 1.**123** **Synapsida.** Veränderungen des Schädelbaues, Querschnitt durch den hinteren Schädelbereich. Bildung der sekundären Schädelseitenwand durch Vorwachsen ventraler Teile von Deckknochen des Schädeldaches (Pfeile in b) und schließlich Verschmelzen mit dem Epipterygoid (c). **a** ursprünglicher, **b** stärker fortgeschrittener Synapside, **c** Säugetier. (Nach Romer, 1971.)

ansitzt. Bei allen Tetrapoden steht jedes Bogenpaar mit dem nächsten über **Zygapophysen** (**Gelenkfortsätze**) in gelenkiger Verbindung.

Bei den **Amniota** liegen ventral zwischen den Centra kleine **Intercentra**, die im Allgemeinen in der Schwanzwirbelsäule erhalten bleiben. Hier tragen sie die Haemalbögen. Dies sind paarige Stäbe, die ventrad gerichtet sind, die Blutgefäße umschließen und sich dann zu einer Spina vereinigen, die die Schwanzmuskeln der beiden Körperseiten voneinander trennt.

Ursprüngliche Synapsida hatten schmale Neuralbögen, deren Zygapophysenfortsätze nahe der Mittellinie angeordnet sind. Zunächst waren die Dornfortsätze noch kurz und dreieckig, aber häufig verlängerten sie sich erheblich. Die Querfortsätze wurden ebenfalls ausladender. Laterales Schlängeln war zwar noch charakteristisch, doch könnten die verlängerten Querfortsätze auf eine zunehmende Stabilisierung des Rumpfes hinweisen.

Bei den frühen Vertebraten können an jedem Wirbel vom Hals bis zum Schwanz Rippen vorhanden sein. An den Halswirbeln der Tetrapoden sind die Rippen kurz oder sie fehlen. Im Rumpfbereich (dorsaler Bereich der Wirbelsäule) sind die hinteren Wirbel kürzer als die vorderen. Bei den Mammalia fehlen die hinteren Rumpfrippen, sodass rippentragende **thorakale** und rippenfreie **lumbale** Wirbel vorhanden sind. Wegen der Befestigung des Beckengürtels an der Wirbelsäule wird bei den Tetrapoden eine **Kreuzbein**(**Sakral-**)**region** gebildet, die zwischen den präsakralen und caudalen Wirbeln liegt.

Die **Gliederung der Wirbelsäule** der Säugetiere wird dementsprechend wie folgt in fünf Abschnitte vorgenommen: 1. Hals- (Cervical-), 2. Brust (Thorakal-), 3. Lenden (Lumbal-), 4. Kreuzbein (Sakral-) und 5. Schwanz- (Caudal- oder Cokzygeal-)region.

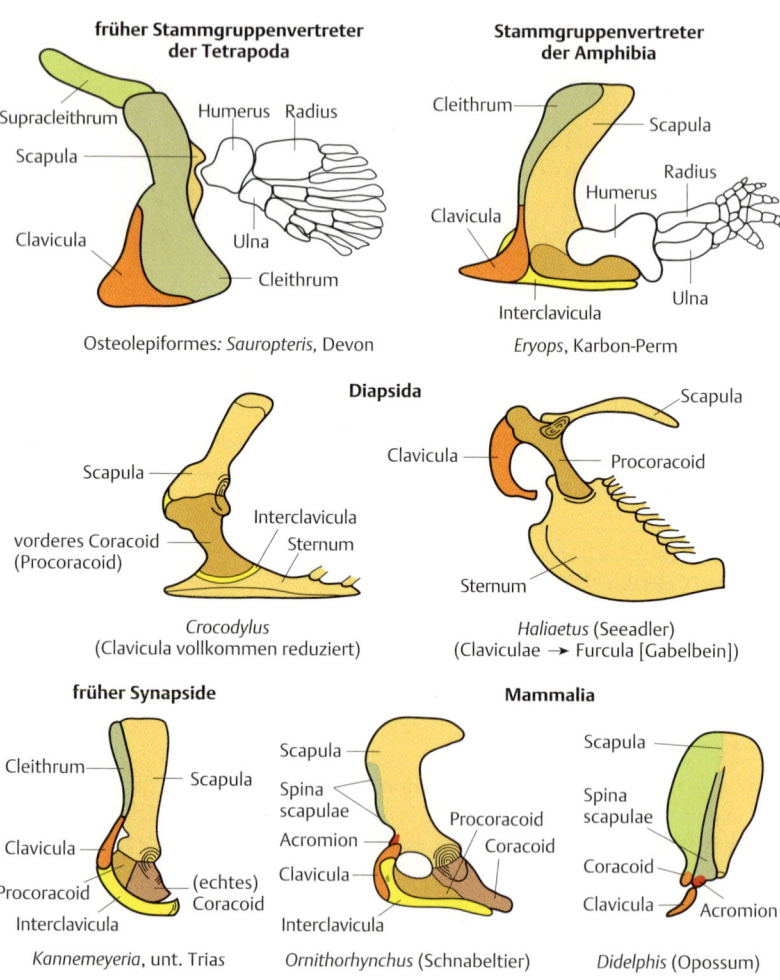

Abb. 1.**124 Tetrapoda.** Veränderungen im Schultergürtel im Laufe der Evolution. Oben: Aus der Flosse paläozoischer Sarcopterygier entwickelte sich die Tetrapodenextremität mit fünfstrahligen Händen und Füßen (Extremität von *Eryops*, einem großwüchsigen Stammgruppenvertreter der Amphibien, zum besseren Vergleich in unnatürlicher Weise in eine der Flosse von *Sauropteris* ähnliche Position gedreht). Bei den Vögeln (Mitte rechts) ist das Schulterblatt (Scapula) stark verschmälert, bei den Säugetieren (unten) verschmilzt das Cleithrum mit der Scapula und ist nur noch als Spina scapulae auszumachen. Bei den Theria (Beispiel: Opossum) wird das Schulterblatt vorn durch eine breite Fläche erweitert. Einander homologe Teile sind gleichfarbig dargestellt. (Nach Romer, 1966 sowie Romer und Parsons, 1991.)

Bei den Tetrapoden sind die beiden ersten Halswirbel (1. Halswirbel = **Atlas**, 2. Halswirbel = **Axis**, letzterer auch Epistropheus) spezialisiert, damit sie den Kopf relativ unabhängig vom Rumpf bewegen können (S. 379). Bei den Amniota bilden Neuralbogen und Intercentrum des Atlas einen Ring, auf dem sich der Kopf bis zu einem gewissen Grade drehen kann. Bei den Säugetieren umgibt der Atlas den Dens des Axis; bei Rotationen bewegt sich der Atlas zusammen mit dem Kopf um den Zahn des Axis (die Säuger haben paarige Condyli occipitales, bei den Sauropsida ist ein unpaarer Condylus vorhanden. Der Dens entsteht aus dem Centrum des Atlas und dem Centrum des Axis (Epistropheus); er ist mit dem Epistropheus fest fusioniert.

Meist haben die Säugetiere 7 Halswirbel. Die Seekuh *Trichechus manatus* und das Zweizehenfaultier (*Choloepus*) aber haben nur 6, das Dreizehenfaultier (*Bradypus*) hingegen 9–10 Halswirbel.

Echte **Kreuzbeinwirbel** sind dadurch charakterisiert, dass sie über die Querfortsätze oder Sakralrippen eine Verbindung zum Ilium haben. Es können aber weitere Wirbel (Pseudosakralwirbel) mit den echten Sakralwirbeln zum **Sacrum** (**Kreuzbein**) verschmelzen: So sind bei den Säugern statt der ursprünglichen zwei Sakralwirbel bis zu sechs an der Bildung des Os sacrum beteiligt. Die Zahl der **Schwanzwirbel** kann 49 erreichen (Schuppentier *Manis macrurus*).

Die **Rippen** stehen mit einem länglichen ventromedianen Skelettstück, dem Brustbein (**Sternum**), in Verbindung, meist über einen knorpeligen Rippenabschnitt. Die kürzeren hinteren Rippen stehen indirekt mit dem Brustbein in Verbindung, indem sie sich jeweils an den Rippenknorpel der vorhergehenden Rippe anlegen, oder sie enden frei. In der Schwanzregion haben die Mammalia keine Rippen.

Grundzüge in der Evolution des Schultergürtels (Abb. 1.**124**): Als ursprüngliche Teile des Schultergürtels gelten die **Scapula** (Schulterblatt, dorsal gelegen), das **Coracoid** (Rabenbein, ventral), die **Clavicula** (= Thoracale, Schlüsselbein) und das **Cleithrum** (bei ursprünglichen Synapsida; bei allen rezenten Amniota verlorengegangen).

Bei den **Synapsida** tritt in der Coracoidplatte (Procoracoid) am Hinterende ein zweites Element auf, das echte Coracoid, und ersetzt zunehmend den Bereich der Coracoidplatte.

Bei den **Monotremata** ist der Coracoidbereich als Knochen noch vollständig entwickelt und medial mit dem Sternum verbunden. Die Gelenkpfanne für den Humerus wird von Procoracoid/Coracoid und Scapula gebildet. Zur Gelenkung mit der Clavicula befindet sich an der Scapula ein Fortsatz (Acromion, bei allen Mammalia). Die Clavicula steht über die Interclavicula mit dem Sternum in Verbindung.

Bei den **Eutheria** ist die Interclavicula reduziert. Das Coracoid ist reduziert zum Processus coracoideus der Scapula (Rabenschnabelfortsatz), der an der Bildung der Gelenkpfanne beteiligt ist. Eine Verbindung der beiden Hälften des Schultergürtels ist nur noch über die Clavicula gegeben, die meist mit dem Sternum gelenkig verbunden ist.

Die Clavicula fehlt den Ungulata, Cetaceen, Sirenia und ist bei manchen weiteren Teilgruppen der Säugetiere stark reduziert.

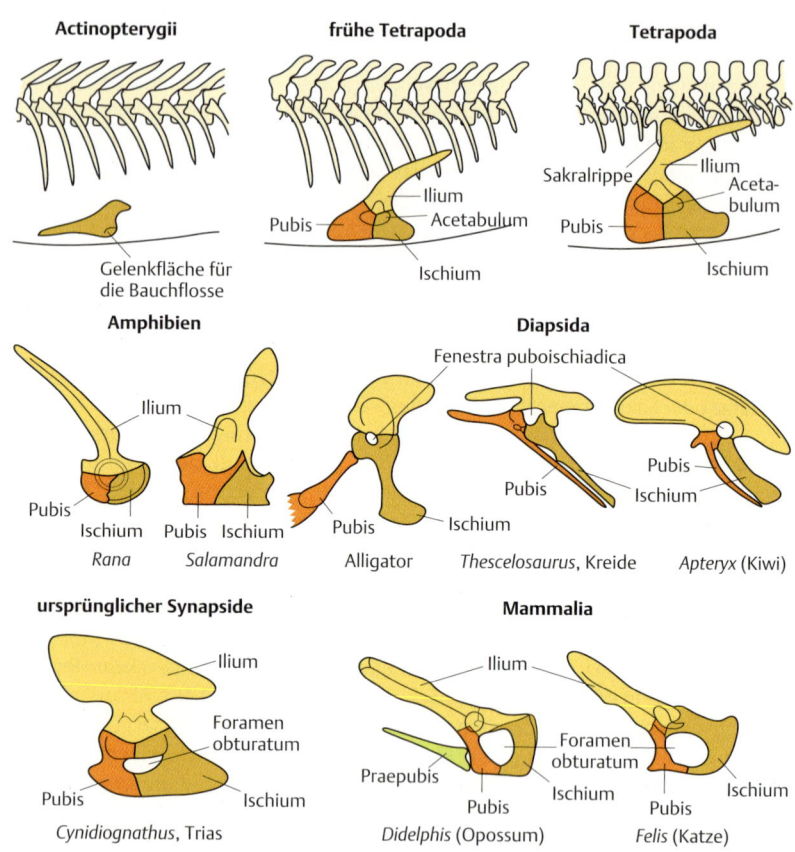

Abb. 1.125 **Tetrapoda.** Evolutive Veränderungen im Beckengürtel. Die Position des Kopfes ist links zu denken. Die Beckenanlage hat bei den Actinopterygii noch keine Verbindung mit der Wirbelsäule. Bei den Tetrapoda wird sie über das Ilium und eine dieser Aufgabe entsprechend veränderte Rippe (Sakralrippe, später mehrere Sakralrippen) hergestellt (obere Reihe). Bei den Sauropsida dreht sich innerhalb der Archosauria das Schambein (Pubis) nach hinten und ist bei den theropoden Dinosauria einschließlich der Vögel (Beispiel: *Apteryx*) annähernd parallel dem Sitzbein (Ischium) ausgerichtet. Bei den Synapsida (untere Reihe) entwickelte sich in der Stammlinie der Mammalia vor dem Schambein ein Praepubis, das bei den Eutheria (Beispiel: Katze) wieder verloren ging. (Nach Romer und Parsons, 1991.)

Evolution des Beckengürtels (Abb. 1.**125**): Bei den ursprünglichen Gnathostomata besteht das Becken aus einem paar länglicher, sich ventral in der Beckensymphyse berührender Elemente und ist nicht mit der Wirbelsäule verbunden. Mit ihnen gelenkt die Bauchflosse. Bei den Tetrapoda wird der ventrale Teil zu einer großen Beckenplatte mit zwei Verknöcherungen: dem **Os pubis** vorn und dem

Os ischii hinten. Dorsal kommt das **Os ilium** hinzu. Bei den frühesten Tetrapoda, wie sie aus dem Devon bekannt sind, ist es noch nicht mit der Wirbelsäule verbunden. Bei den übrigen Tetrapoden erfolgt eine Verbindung des Iliums und damit des Beckens über zunächst zwei Paar „Sakral"rippen.

Das **Becken** (**Pelvis**) setzt sich zusammen aus den beiden **Hüftbeinen** (**Ossa coxae**) und dem **Kreuzbein** (**Sacrum**), die ursprünglich einen geschlossenen Ring bilden.

An den Hüftbeinen besteht ein dorsaler Abschnitt **Ilium** (Pars iliaca, Os ilium) und ein ventraler, eine große Beckenplatte, die eine weite Ansatzfläche für die Muskulatur bietet. Er besteht aus dem Schambein (**Pubis**) vorn und dem Sitzbein (**Ischium**) hinten (Pars ischiadica; Os ischii und Pars pubica, Os pubis). Die Verbindung mit dem Kreuzbein erfolgt über das Darmbein (Ilium) bzw. über die Sakralrippen.

Auf einer Erhabenheit der ventralen Beckenplatte liegt die Gelenkgrube (**Acetabulum**) für den Oberschenkelkopf.

Bei *Sphenodon*, Eidechsen und Schildkröten entsteht zwischen Pubis und Ischium eine große Öffnung, die **Fenestra puboischiadica**. Bei den Archosauria sind die Endabschnitte von Pubis und Ischium verlängert und ventrad gerichtet. Bei den Vögeln (und den ihnen nächstverwandten Sauriern) hat sich die Orientierung des Pubis geändert, hier zieht das Pubis parallel zum Ischium nach hinten. Bei den Mammalia ist als Konvergenz zur Fenestra puboischiadica das **Foramen obturatum** entwickelt.

Die Monotremata und Marsupialia haben als Bauchstützen vor dem Pubis ein sogenanntes **Praepubis**. Seine Bezeichnung „Beutelknochen" suggeriert die nicht ganz zutreffende Vorstellung, es stütze den Beutel (Marsupium). Unter fossilen ursprünglichen Säugern ist es nachgewiesen bei den Tritylodontia und Pantotheria.

Autapomorphien der Mammalia unter Ausnahme von Strukturen im Skelett:

Viele der abgeleiteten Eigenschaften im Grundmuster der Säugetiere hängen mit ihrer **Homoiothermie** zusammen, die die Säugetiere konvergent zu der der Vögel erworben haben.

– Ein **Haarkleid**. Es dient nicht nur der Wärmeerhaltung, sondern unter anderem auch dem Schutz vor Verletzungen, als Sinnesorgan und Träger von Färbungen. Haare sind im Gegensatz zu Federn keine Homologa von Hornschuppen, gehören aber ebenfalls der Hornschicht (**Stratum corneum**) an. Es handelt sich bei ihnen um unverzweigte epidermale Bildungen aus verhornten Zellen (S. 368).
– Ohrmuscheln,
– **Gesichtsmuskulatur**, **Hautdrüsen** (Talg- und Schweißdrüsen).
– Die **Lippen** als muskulöse Hautfalten.
– Das Zwerchfell (Diaphragma) trennt als kuppelförmiger Muskel, der die Atmung unterstützt (**Zwerchfellatmung**), Brust- und Bauchhöhle.
– Die frühe Ernährung der Jungen besteht aus **Milch**, die in umgewandelten Hautdrüsen gebildet wird.

- Die **Erythrocyten** sind **kernlos**; **Herz** vollständig **geteilt**; rechter Aortenbogen fehlt.
- Vorderhirn mit **sechsschichtigem Cortex**.
- Änderungen der **Bezahnung**: Gaumenzähne fehlen (Zähne finden sich außer im Dentale nur noch im Praemaxillare und Maxillare); die Zähne liegen in Alveolen, und das Gebiss ist heterodont: Die Bezahnung besteht aus Incisivi (Schneidezähnen), Canini (Eckzähnen), Praemolaren und Molaren. Die Zähne werden in früher Jugend in einem einmaligen Zahnwechsel (vom Milch- zum permanenten Gebiss) gewechselt.

Ausgewählte **Stammgruppenvertreter** der Mammalia:

Der oberkarbonische **Archaeothyris** war eine kleinwüchsige Form mit großen Orbitae. Im Oberkarbon stellen die Synapsida etwa 50 % der Funde an Amnioten. Im Habitus erinnern sie an Warane. Im Unterschied zu anderen Amnioten jener Zeit ernährten sie sich von größeren Tieren. In Verbindung mit dieser Ernährungsweise wurde die postorbitale Region des Schädels verkürzt, zugleich aber höher. Die Zähne wurden vergrößert, und die Eckzähne verlängerten sich in besonderem Maße. Damit waren diese frühen Synapsida die ersten echten carnivoren Amnioten; alle übrigen aus jener Zeit gelten als Insektenfresser.

Bei **Haptodus** (Haptodontidae, Abb. 1.**126**) aus dem obersten Karbon und Unterperm erstreckte sich das Lacrimale von der Augenhöhle nach vorn bis zur Nasenöffnung. Unter ihm lag, noch relativ klein, das Maxillare, über ihm das Nasale.

Die Sphenacodontidae (z. B. **Dimetrodon, Sphenacodon**) waren die dominierenden terrestrischen Carnivoren im unteren Perm. Ihre Körperlänge erreichte mehr als 3 m. Der Schädel war recht hoch, die Eckzähne waren lang. Um dem Gebiss besseren Halt zu geben, erstreckte sich das Maxillare an der Schnauze so weit nach dorsal, dass das Lacrimale vom Rand der äußeren Nasenöffnung getrennt wurde. Damit reichte das Maxillare nach dorsal bis an das Nasale heran. Das Articulare war gegenüber den ursprünglicheren Synapsida stark vergrößert. Das Angulare wies eine Lamina reflexa auf. Sie wurde später zum Tympanicum (vgl. die Ausbildung des Mittelohres späterer Synapsida einschließlich der Säugetiere). Ein Rückensegel zur Temperaturregelung bei manchen dieser Formen belegt, dass diese

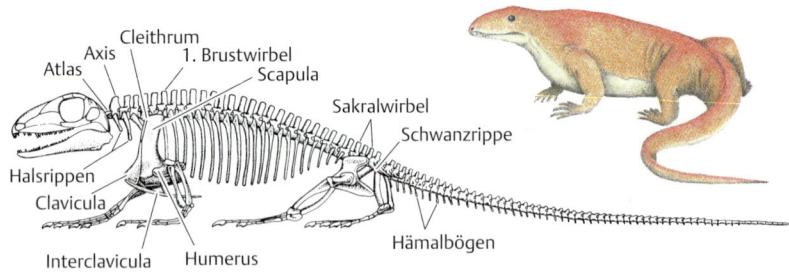

Abb. 1.**126** *Haptodus* (Perm) als Beispiel für einen ursprünglichen Synapsiden. (Aus Willmann, 2004, und nach Carroll, 1993.)

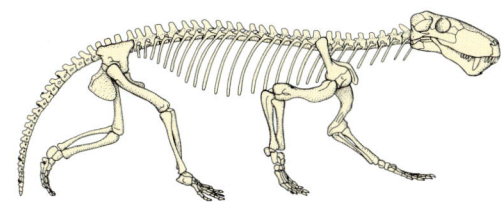

Abb. 1.**127** **Tetrapoda, Synapsida.** Der oberpermische Gorgonopside *Lycaenops*, noch mit wohl entwickelten Hals- und Lendenrippen (und damit noch ohne Differenzierung in Thorax- und Lendenregion). (Aus Colbert, 1948.)

Arten noch ektotherm waren. Andererseits zeigen diese Strukturen als besondere Spezialisierungen, dass deren Träger nicht die unmittelbaren Ahnen der späteren Synapsida sein dürften.

Weitere Entwicklungen zeigt ***Biarmosuchus*** aus Russland. Der obere Caninus ist sehr lang, aber es fehlt die Einkerbung im Schädel davor, wie sie bei *Dimetrodon* zur Aufnahme des unteren Eckzahnes besteht. Das Maxillare hat sich in Richtung Augenhöhle weiter ausgedehnt. Der Gaumen war teilweise bezahnt. Der Stapes ist groß; die Lamina reflexa am Angulare deutlich. Die Körperhaltung dürfte etwas stärker erhoben gewesen sein. Eine ganz ähnliche Form war ***Lycaenops*** (Abb. 1.**127**) aus dem Perm Südafrikas. Bei Formen wie ***Dvinia*** und ***Procynosuchus*** war das Dentale vergrößert, auch das Gehirn hatte an Größe gewonnen. Bei dem letzteren Vertreter war außerdem die Anzahl der Schneidezähne in jeder Kieferhälfte von ursprünglich sechs auf vier vermindert. Bei der Stammart der übrigen Synapsida (das sind die Cynognathidae und alle übrigen Vertreter einschließlich der Kronengruppe der Mammalia) war das Dentale so weit vergrößert, dass es praktisch den gesamten muskeltragenden Teil des Unterkiefers bildete. Zugleich existierte bei ihr ein knöchernes sekundäres Kiefergelenk zwischen dem Squamosum des Neurocraniums und dem Surangulare im Unterkiefer. Das Surangulare wurde bei späteren Synapsida reduziert, und bei den höheren Synapsida (z. B. den Morganucodontidae, Docodonta, Triconodonta inklusive der eigentlichen Mammalia) hat der Gelenkfortsatz des Dentale einen kräftigen Condylus, der mit dem Squamosum gelenkt. Zugleich erfolgte eine starke Verringerung der Körpergröße; erst innerhalb der Kronengruppe der Mammalia finden sich wieder großwüchsige Arten.

Occipitalia: Hinterhauptsknochen, um das Hinterhauptsloch herum angelegt: Supraoccipitale (dorsal), die beiden Exoccipitalia (lateral) und das Basioccipitale (ventral).
Chondrocranium: Gesamtheit der knorpeligen Schädelelemente bzw. aller Elemente mit einem knorpeligen Vorläufer. Im engeren Sinne der stets knorpelige Schädel der Elasmobranchii.
Ersatzknochen: Knochen, die sekundär an die Stelle primär knorpeliger Skelettelemente treten.

1.42 Mammalia (Säugetiere)

= Monotremata + Theria (= Marsupialia + Placentalia)

Wenn auch manche Stammgruppenvertreter der Säugetiere oft schon als „Mammalia" bezeichnet werden, so bezieht sich dieser Name in seiner klarsten Fassung lediglich auf die rezenten Taxa: Kloakentiere, Beuteltiere und Plazentatiere. Primär (und noch bei den Kloakentieren) eierlegend und ohne Zitzen (wohl aber mit Milchdrüsen und Milch als Sekret zur Ernährung der Jungen). Kennzeichnend sind zahlreiche abgeleitete Eigenschaften wie ihre Körperbehaarung, die Homoiothermie, die völlige Trennung von Körper- und Lungenkreislauf, das Zwerchfell, der Verlust von Hals-, Lenden- und Schwanzrippen, der besondere Bau des Ohres und das sekundäre Kiefergelenk, ein primär heterodontes Gebiss, einmaliger Zahnwechsel u. a.

Eine andere als die nachstehend vertretene Annahme zu den Verwandtschaftsbeziehungen innerhalb der Säugetiere (genauer: innerhalb der Theria) ist mit der Afrotheria-Hypothese verknüpft. Danach sind mehrere im Wesentlichen afrikanische Taxa miteinander nächstverwandt, und zwar die Xenarthra als Schwestergruppe einer Einheit, welche die Afrosoricida (Tenreks und Goldmulle), Macroscelidea, Tubulidenata und Paenungulata umfasst (Paenungulata = Hyracoidea, Proboscidea und Sirenia). Die Afrotheria-Hypothese ist primär das Ergebnis molekularsystematischer Untersuchungen. Überzeugende morphologische Hinweise auf die Monophylie der Afrotheria sind nicht bekannt.

Autapomorphien der Mammalia s. Kap. 1.41.

1.42.1 Monotremata (Kloakentiere)

= Prototheria

Die Kloakentiere kommen heute nur noch in Australien und Neuguinea vor. Sie unterscheiden sich von den übrigen rezenten Säugetieren vor allem durch eine Reihe **plesiomorpher Eigenschaften**:

– Innenohr: **Ductus cochlearis fast gestreckt**, noch ohne Windungen (bildet keine Schnecke).
– **Milchdrüsenfeld**, keine Zitzen.
– **Sporn** an der Hinterextremität mit Schenkel- oder Sporndrüse (Femoraldrüse). Der Sporn ist bei Weibchen nur im juvenilen Stadium nachweisbar. Auch Stammgruppenvertreter der Säugetiere haben derartige Sporne getragen; es handelt sich also entgegen älteren Angaben um eine Plesiomorphie.
– **Kloake**.
– kein Scrotum, Fehlen des Descensus testiculorum.
– **Oviparie**. Eier groß, polylecithal, mit Schale.
– Bei den Schlüpflingen ist ein **Eizahn** entwickelt, mit Schmelzorgan.

- Halsrippen; Form der Scapula; Besitz einer Interclavicula; Pro- und Metacoracoid relativ groß.

Autapomorphien (Beispiel):
- Fehlen des Lacrimale und Jugale.

Ornithorhynchus anatinus (Schnabeltier). Guter Schwimmer, am und im Wasser. Zwischen den Zehen mit Schwimmhäuten, Schädel mit Hornschnabel. Die Eier werden in einem unterirdischen Nest abgelegt. Ost-Australien.

Tachyglossus aculeatus (Schnabeligel, Ameisenigel, Echidna; Ostaustralien, Tasmanien und Neuguinea) und *Zaglossus* (Langschnabeligel; Neuguinea, 3 Arten). Mit Stachelkleid. Die Eier werden in einem Brutbeutel (Incubatorium) getragen, der sich während der Fortpflanzungsperiode ausbildet; er ist nicht dem Marsupium der Marsupialier homolog. Lange Schnauze mit kleiner Mundöffnung.

1.43 Theria

= Marsupialia + Placentalia

Apomorphien: Mehrere evolutive Neuerungen der Theria wurden bei der Schilderung der Evolution der Skelettelemente bereits genannt. Ergänzt sei, dass zumindest bei jüngeren Individuen der Monotremata die Halsrippen noch frei sind, während sie bei den Theria mit den Processus transversi verschmolzen sind.

- Die **Clavicula** gelenkt beweglich in **echten Gelenken** mit dem Sternum und dem Acromion.
- Die beiden Gehirnhälften sind durch eine Kommissur, den Balken (**Corpus callosum**) miteinander verbunden.
- Die **Molaren** sind tribosphenisch. Sie weisen jeweils drei in einem Dreieck angeordnete Haupthöcker auf (auf den Oberkiefermolaren Paraconus, Metaconus und Protoconus, im Unterkiefer Paraconid, Metaconid und Protoconid), die durch Grate und weitere Höcker ergänzt werden. Die Molaren des Ober- und des Unterkiefers greifen beim Kieferschluss ineinander.
- **Plazenta**. Die Prototheria haben poly- oder makrolecithale (dotterreiche) Eier, sodass mit dem Dotter eine lange Nährstoffversorgung des Keimlings gewährleistet ist. Die Metatheria und Eutheria haben sekundär oligolecithale (dotterarme) Eier. Dem Stoffaustausch mit der Mutter dient die Plazenta.

Beuteltiere haben mit ihrer kurzen Tragzeit eine **einfache Plazenta**: Bei ihnen bilden Dottersack und Chorion eine Dottersackplazenta. Marsupialia mit längerer Tragzeit haben eine **Chorioallantoisplazenta**, bei der der Stoffaustausch durch die Gefäße erfolgt.

Bei den Placentalia (= Eutheria) lassen sich **verschiedene Plazentatypen** unterscheiden. Sind alle Wandschichten ausgebildet, spricht man von einer **Placenta epitheliochorialis**. Es besteht eine Tendenz zur Reduktion der Zahl der Trennwände, sodass eine **endothelio-choriale** bzw. eine **hämo-choriale** Plazenta entsteht. Bei Meerschweinchen liegen die Gefäße des Embryos im mütterlichen Blutraum (**Placenta haemo-endothelialis**). Über die Plazenta wird dem Keimling das mit Nähr-

stoffen und Sauerstoff beladene mütterliche Blut zugeführt, ohne dass es zu einem Übertritt von Blutkörperchen kommt. Außerdem ist die Plazenta Bildungsort von Hormonen.
- Die Milchdrüsen liegen auf **Zitzen**.
- Die Theria sind **vivipar**. Damit verbunden ist die Entwicklung schalenloser Eier. Jene Abschnitte der Ovidukte, in denen die Eier ihre erste Entwicklung durchlaufen, sind als Uteri ausgebildet, die Endabschnitte der Ovidukte als Vaginae.
- Bei den Männchen ist ein **Scrotum** (Hodensack) ausgebildet, in den die Hoden aus der Bauchhöhle heraus einwandern (**Descensus testiculorum**).

Beim Männchen sind Urogenitalsinus und Penis vom Darm getrennt. Während bei den Männchen der Monotremata nur das Sperma durch den Penis geleitet wird, bilden bei den Theria Samenröhre und Urogenitalkanal einen kontinuierlichen Schlauch. Der hintere Abschnitt der Kloake ist zurückgebildet, sodass die Öffnung der Penisscheide nicht mehr in der Kloakenwand, sondern an der Körperoberfläche liegt. Auch bei den Weibchen der Theria ist keine Kloake mehr vorhanden, das heißt, Urogenital- und Afteröffnung sind durch einen Damm (Perineum) voneinander getrennt.

Die ältesten Nachweise eindeutiger Marsupialia stammen aus der Milk River Formation von Alberta, Kanada (70–80 Mio. Jahre alt, mindestens 7 Arten von der Größe einer Spitzmaus bis zu der eines Kaninchens). Die frühesten Placentalia stammen aus der Djadokhta-Formation der Mongolei, die wohl noch etwas älter ist.

1.43.1 Marsupialia (Beuteltiere, Beutelsäuger)

280 Arten. Die meisten Eigenschaften, in denen sich die Marsupialia von den Placentalia unterscheiden, sind Plesiomorphien. Als **abgeleitete Grundmustermerkmale** können genannt werden (Auswahl):
- die Reduktion eines Praemolars sowohl im Ober- als auch im Unterkiefer. Die **Zahnformel** lautet damit im Grundplan der Marsupialia 5134 im Ober- und 4134 im Unterkiefer.
- Ein **eigenartiger Zahnwechsel** vom Milchgebiss zum permanenten Gebiss: Gewechselt wird nur der 3. Praemolar = letzter oberer und unterer Praemolar). Die Milchzahnanlagen der Incisivi und Canini werden zwar entwickelt, aber zum Durchbruch kommen nur die Ersatzzähne.
- **Sinus vaginalis**. Die beiden Müllerschen Gänge (embryonale Vorstufen des Eileiters) münden getrennt aus (Didelphie). Ihre Vaginalteile verschmelzen zum Sinus vaginalis. Dieser bricht nach hinten in den Sinus urogenitalis durch und bildet so einen Geburtskanal („dritte Vagina").

Weitere Eigenschaften: Scrotum vor dem Penis gelegen; Penis ohne Baculum (Penisknochen).

Die Beuteltiere bringen ihre Jungen nach sehr kurzer Tragzeit zur Welt (12 Tage beim Opossum, 38 Tage beim Känguru). Diese kriechen mithilfe ihrer Vorderbeine zum Zitzenfeld und werden anschließend in einem Brutbeutel (Marsupium) oder zwischen Bauchfalten genährt. Die Mundränder werden kurz vor der Geburt durch Gewebe bis auf eine kleine Öffnung, die die Zitze umfasst, verengt.

Heute mit rund 190 Arten in Australien und Neuguinea, 90 Arten in Süd- und Mittelamerika und einer Art (*Didelphis virginiana*) in Nordamerika.

1.43.1.1 Ameridelphia

Die südamerikanischen Marsupialia (Caenolestoidea und Didelphoidea) scheinen ein Monophylum zu bilden, denn bei ihnen kommt eine Paarbildung der Spermien vor (**mögliche Synapomorphie**). Dabei sind jeweils zwei Spermien an den Köpfen oder seitlich miteinander verbunden.

Teiltaxa: Didelphidae (Beutelratten, Opossums. Eckzähne als Fangzähne entwickelt. Beutel gut ausgebildet, nur aus zwei Hautfalten bestehend oder fehlend. Ca. 90 Arten, meist nachtaktiv). **Caenolestidae** (Opossummäuse. Ohne Beutel. 7 Arten, Anden).

1.43.1.2 Australidelphia

Dromiciopsia. Nur *Dromiciopsis gliroides* (mausähnlich, Südamerika).
Dasyuromorphia, Raubbeutler. Australische Region, ca. 70 Arten. **Beispiele:** *Thylacinus cynocephalus* (Beutelwolf), Beutel nach hinten geöffnet, ausgerottet. *Sarcophilus laniarius* (früher *Dasyurus harrisii*, Beutelteufel), *Myrmecobius fasciatus* (Ameisenbeutler), mit spitzer Schnauze. Notoryctidae (Beutelmulle, maulwurfähnlich, leben unterirdisch).
Vombatoidea. Beutel nach hinten geöffnet. **Beispiele:** *Vombatus ursinus*, Nacktnasenwombat. *Phascolarctos cinereus*, Koala. An der Hand können die Finger I und II den übrigen gegenübergestellt werden.
Phalangerida. Beutel nach vorn geöffnet. **Beispiele:** Macropodidae (Kängurus). *Petaurus australis* (Riesenflugbeutler).

Unter den **südamerikanischen** und **australischen Beuteltieren** gab es mehrfach **Parallelentwicklungen**: Auf beiden Kontinenten entstanden große Carnivoren (†*Borhyaena* und *Thylacinus*), springende Formen (Argyrolagidae und Macropodidae) und wenig spezialisierte wiesel- und spitzmausähnliche Formen wie *Caenolestes* und die kleineren Vertreter der Dasyurinae. Andererseits entstanden aquatische Marsupialier (*Chironectes*) und ein säbelzahniger Carnivore (†*Thylacosmilus*) nur in Südamerika. Nur Australien wiederum beheimatete ein umfassendes Spektrum an Herbivoren, von kleinen arborealen Arten bis zu großen springenden Formen (Macropodidae) und quadruped sich fortbewegenden Vertretern (Phascolomidae, Diprotodontidae).

1.43.2 Placentalia (Plazentatiere)

= Eutheria

Apomorphien:
- **Reduktion mehrerer Zähne**: Im Oberkiefer zwei Incisivi und ein Molar, im Unterkiefer ein Incisivus und ebenfalls ein Molar. Die Zahnformel (S. 665) beträgt damit im Grundplan der Placentalia im Ober- und Unterkiefer jederseits 3143 (insgesamt also 44 Zähne).

- **Reduktion des Praepubis** (Beutelknochens). (Das Fehlen des Beutels bei den Placentalia ist hingegen eine Plesiomorphie.)
- Hoch differenzierte Plazenta (**Allantois-Plazenta** als Kontaktorgan zwischen dem Epithel des mütterlichen Uterus und der äußeren Embryonalhülle, dem Epithel des Chorions). Die Dottersack-Plazenta aus dem Grundplan der Theria ist noch vorübergehend als Austauschorgan aktiv und wird reduziert.
- Die Endabschnitte der Eileiter (Ovidukte) bzw. der Müllerschen Gänge, die bei den Monotremata und Marsupialia noch getrennte Scheiden bilden, verschmelzen zu einer einheitlichen **Vagina**.
- Verlängerte Entwicklung innerhalb des Uterus.

1.43.3 Edentata

= Xenarthra + Pholidota

Das Schwestergruppenverhältnis zwischen den Pholidota und Xenarthra ist umstritten. **Mögliche Synapomorphien** sind die Gebissreduktion und eine verfestigte Beckenregion.

Xenarthra (Zahnarme, Nebengelenktiere). **Autapomorphien:**
- Fehlen aller Incisivi, Praemaxillare klein.
- Hintere Thorax- und Lendenwirbel mit zusätzlichen Gelenkapophysen und Gelenkflächen (xenarthrale Gelenke). Ansonsten erfolgt die Gelenkung (der „normarthralen" Gelenke) über die Prae- und Postzygapophysen.
- Die Uteri sind zu einem Uterus simplex verschmolzen.

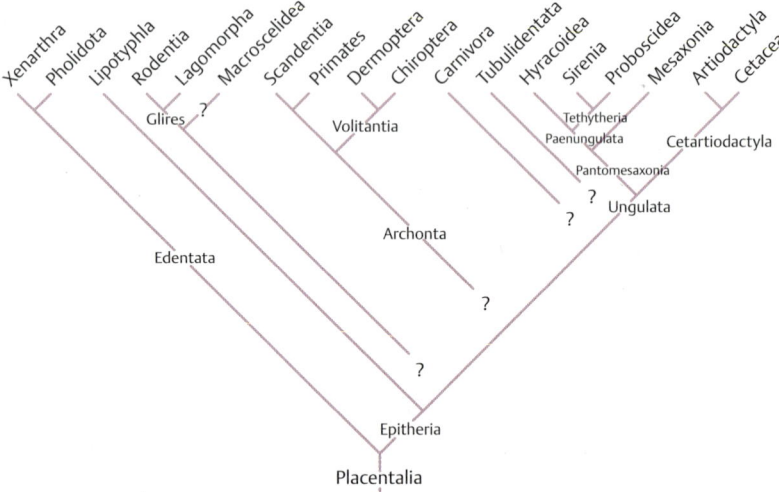

Abb. 1.**128** Mögliche Verwandtschaftsbeziehungen unter den plazentalen Säugetieren.

Vorkommen: Südamerika und südliches Nordamerika.
Beispiele: Dasypodidae (Gürteltiere). Extremitäten zu Grabwerkzeugen spezialisiert. Oberseite von Kopf und Rumpf mit vielteiligem Hautknochenpanzer, der von Horn überlagert ist. Zunge weit vorstreckbar. 20 Arten, omnivor oder insectivor. **Myrmecophagidae, Cyclopedidae** (Ameisenbären). Schnauze röhrenförmig. 3. Finger stark vergrößert, Zunge sehr lang. Zahnlos. 4 Arten, Süd- und Mittelamerika. *Myrmecophaga tridactyla*, Großer Ameisenbär, *Tamandua tetradactyla*, Tamandua. **Tardigrada** (Faultiere). Blätter fressend, Baumbewohner. Schwanz zurückgebildet, Zehen mit langen Krallen (Kletterhaken). Körpertemperatur 18–35°. Kopf um 270° drehbar. 5 rezente Arten in Südamerika. Die miozänen bis pleistozänen Megatheriidae wurden bis elefantengroß.

Pholidota (Schuppentiere). 7 Arten in Afrika und Asien. Kopf gestreckt, mit kleiner, terminaler Mundöffnung, Zunge lang (bis 40 cm bei *Manis gigantea*). Ohne durchgehenden Jochbogen. Zähne fehlen (Zahnanlagen treten aber in der Ontogenese vorübergehend auf). Panzer aus scharfrandigen Hornschuppen, die die Oberseiten aller Körperteile bedecken. Extremitäten mit kräftigen Krallen (Grabwerkzeuge und Kletterhaken). Ameisen- und Termitenfresser, terrestrisch oder baumbewohnend.

1.43.4 Epitheria (alle übrigen Placentalia)

Die **Monophylie** ist nur schwer durch morphologische Strukturen nachzuweisen:
– Bau der Zungenbein-(Hyoid-)Muskulatur.
– Ausprägung der epaxonischen (Rumpf-)Muskulatur.

1.43.4.1 Lipotyphla (Insektenfresser im engeren Sinne)
Über 400 Arten.
Beispiele: Erinaceidae (Igel), bodenlebend und omnivor; Soricidae (Spitzmäuse), mit sehr beweglicher, langer Nase, meist insektivor; Talpidae (Maulwürfe), mit sehr kleinen Augen und rüsselförmiger Nase, bei den Talpinae mit ans Graben angepassten Vorderextremitäten; Tenrecidae (Tenreks), in Afrika und auf Madagaskar.

Früher wurden die Scandentia und Macroscelidea (zusammen: Menotyphla, Arten mit Blinddarm) gegenüber den Lipotyphla (Arten ohne Blinddarm) in die Insektenfresser (Insektenfresser in weiterem Sinne) einbezogen (Abb. **1.128**).

1.43.5 Glires

= Rodentia (Nagetiere) + Lagomorpha (Hasenartige)
– **Nagezähne** ständig im Wachstum begriffen, vergrößert.
– Die Nagezähne sind persistierende Milchzähne (**zweite Incisivi**).
– Vordergebiss mit Ausnahme der Nagezähne stark reduziert.
– **Caecotrophie.**

Lagomorpha (Hasenartige). 90 Arten. Mit langen Ohren (insbesondere in heißen Regionen, Thermoregulatoren) und verlängerten Hinterbeinen. Oberlippe gespalten (Hasenscharte). Die Leporidae sind seit dem Eozän fossil belegt. Zu ihnen gehören *Lepus europaeus* (Feldhase) und *Oryctolagus cuniculus* (Europäisches Kaninchen).

Rodentia (Nagetiere). Ca. 2300 Arten.

Beispiele: Sciuridae (Eichhörnchen), ernähren sich von pflanzlicher und tierischer Kost; Hystricidae (Stachelschweine), mit Rückenstacheln (umgewandelte Haare); Castoridae (Biber), mit zahlreichen Anpassungen an das Leben im Wasser; Cricetidae (Hamster), Arvicolidae (Wühlmäuse, mit kurzem Schwanz); Erethizontidae (Neuwelt-Stachelschweine); Caviidae (Meerschweinchen und Verwandte); Muridae (Mäuse), darunter *Mus musculus* (Hausmaus, Kulturfolger); *Rattus rattus* (Hausratte, aus Südasien stammend, bis 260 g schwer). *Rattus norvegicus* (Wanderratte, aus China, bis 500 g). Eine Reihe von Meriden sind Träger des Pestflohs *Xenopsylla cheopis*.

1.43.5.1 Macroscelidea (Rüsselspringer)

15 Arten in Afrika. Augen groß, Hinterbeine lang; mit Rüsselnase.

1.43.6 Archonta

= Scandentia + Primates + Volitantia

Mögliche Apomorphie: Penis frei hängend (plesiomorphe Ausprägung: in einer Integumenttasche ruhend).

1.43.7 Scandentia + Primates

– Schädel mit kompletter Postorbitalspange.
– Ausbildung einer Sublingua.

1.43.7.1 Scandentia (Spitzhörnchen, Tupaias)

20 Arten. Baumbewohner, mit Insektenfressergebiss (Abb. 1.**129**). In den Tropen Südost-Asiens.

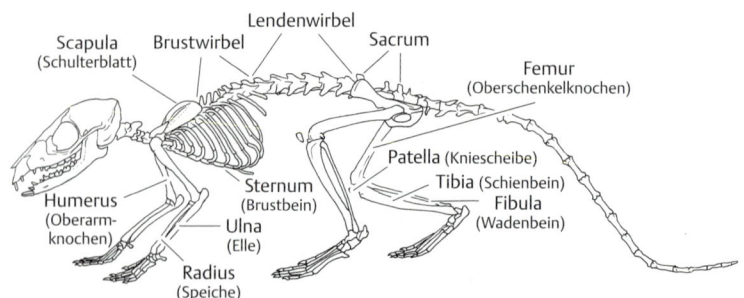

Abb. 1.**129 Tupaia (Spitzhörnchen), Skelett.** Beispiel für ein in vieler Hinsicht ursprüngliches Säugetier. (Nach Romer, 1971 und Mickoleit, 2004.)

1.43.7.2 Primates (Herrentiere)
= Strepsirhini + Haplorhini

Ca. 260 Arten. Die Primaten zeichnen sich durch jederseits nur zwei Incisivi im Ober- und Unterkiefer aus (**Autapomorphie**).

Strepsirhini (Nacktnasenaffen).
Teiltaxa: Lorisiformes (= Loriformes) mit den Loris und Buschbabies und die Lemuriformes (Lemuren), mit ca. 70 Arten auf Madagaskar.

Haplorhini (Haarnasenaffen, die weitaus meisten Primaten). Bei ihnen ist der primäre feuchte Nasenspiegel (Rhinarium), der sich noch bei den Strepsirhini findet, verloren gegangen.

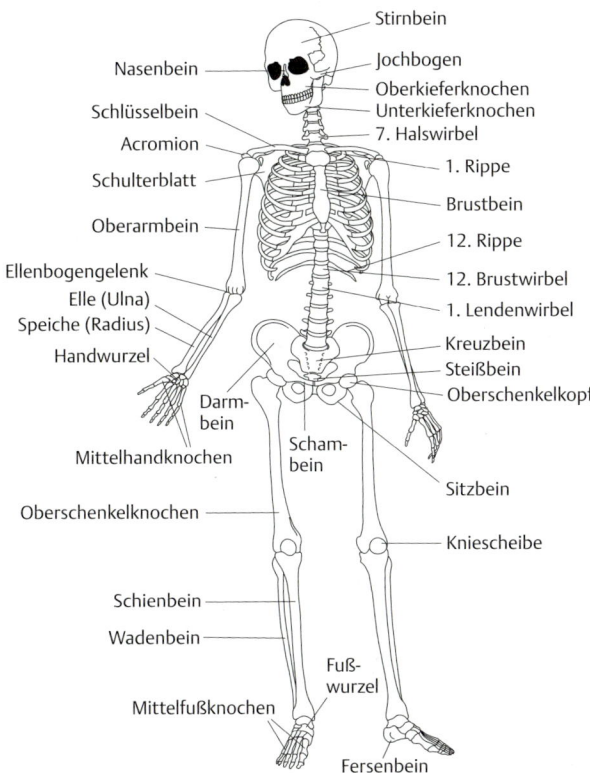

Abb. 1.**130 Primates.** Skelett von *Homo sapiens*.

Die nachtaktiven **Tarsiiformes** (Koboldmakis, in Südostasien, mit sehr großen Augen) bilden die Schwestergruppe der **Simiiformes** (= Anthropoidea), bei denen nur noch ein Paar Zitzen verblieben sind. Bei den **Platyrrhini** (Neuwelt- oder Breitnasenaffen, etwa 115 Arten) sind die Nasenöffnungen weit voneinander getrennt und zu den Seiten hin gerichtet (Beispiele: Kapuzineraffen; Callitrichidae, Krallenaffen; Atelidae, Brüllaffen und Verwandte). Deren Schwestertaxon sind die **Catarrhini** (Schmalnasen- oder Altweltaffen, mit eng beieinander liegenden Nasenöffnungen). Deren artenreichste Teilgruppe sind die **Cercopithecoidea** (etwa 100 Arten), zu denen unter anderen die Meerkatzen, Makaken, Paviane und Languren gehören. Nur knapp 20 rezente Arten machen ihre zweite Teilgruppe, die **Hominoidea** (Menschenartige) aus: die Gibbons (Hylobatidae), der Orang-Utan (*Pongo pygmaeus*, hierzu *P. pygmaeus abelii* von Sumatra) sowie die zumindest ursprünglich in Afrika beheimateten restlichen Arten: der Gorilla (*Gorilla gorilla* mit drei Unterarten), Schimpanse und Bonobo (*Pan troglodytes* und *P. paniscus*) sowie *Homo sapiens* (Mensch, Abb. 1.**130**). Beispiele für Stammgruppenvertreter des Menschen (und zum Teil Repräsentanten seiner Ahnenlinie) sind *Ardipithecus ramidus*, *Australopithecus afarensis*, *Homo erectus* und *Homo habilis*. Eine in vieler Hinsicht ursprüngliche Zwergform hat mit *H. floresiensis* zumindest bis vor 18 000 Jahren auf Flores überlebt. Ältester Menschenaffe ist *Pierolapithecus catalaunicus* (Iberische Halbinsel, ca. 13 Mio. Jahre).

1.43.8 Volitantia

= Dermoptera + Chiroptera
- Zwischen den Fingern mit Flügelhäuten (Chiropatagium).
- Mit einem großen Handwurzelknochen (Verschmelzung von Centrale, Scaphoid und Lunatum)
- Radius und Ulna distal fusioniert.
- 4. und 5. Zehenstrahl verlängert.
- Flexorsehnen der Fußzehen mit einem Sperrmechanismus zum kraftschonenden Aufhängen.

Dermoptera (Pelzflatterer, Flattermakis). 2 Arten. Herbivore Gleitflieger mit Flughaut zwischen Hals, Vorder- und Hinterbeinen und Schwanz. Augen groß.

Cynocephalus variegatus in Südostasien, *C. volans* auf den Philippinen.

Chiroptera (Fledertiere). Ca. 1120 Arten. Aktiv fliegend, mit Flughäuten zwischen den verlängerten Fingern und den Hinterbeinen (sowie bei den Mikrochiroptera dem Schwanz) (Abb. 1.**131d**). Die eine Flügelspannweite von 1,7 m erreichenden Megachiroptera (Flughunde, in den Tropen der Alten Welt) ernähren sich von Früchten und Pollen, die Mikrochiroptera (Fledermäuse) mit der Hauptmasse an Chiropteren-Arten sind großenteils Insektenfresser. Zur Orientierung und zum Auffinden von Beutetieren wird Echoortung eingesetzt.

Alternativhypothese: Ein Taxon **Primatomorpha** (= Dermoptera + Primates) wurde aufgrund von molekularen Untersuchungen angenommen. Morphologische Indizien für ein solches Verwandtschaftsverhältnis gibt es kaum.

1.43.9 Tubulidentata (Röhrenzähner)

1 Art in Afrika: *Orycteropus afer* (Erdferkel). Schädel lang. Gebiss aus Röhrenzähnen (Zähne aus zahlreichen Dentinröhrchen). Ernährt sich von Ameisen und Termiten. Die Tubulidentata werden meist als stark abgeleitete Huftiere betrachtet.

1.43.10 Ungulata (Huftiere)

= Cetartiodactyla + Mesaxonia + Paenungulata

Die vermutete Monophylie wird insbesondere mit dem offensichtlichen Zusammenlaufen der verschiedenen Evolutionslinien auf die „Condylarthra" (Urhuftiere, Kreide-Alttertiär) begründet.

1.43.11 Cetartiodactyla

Als **Synapomorphien** der Wale und Paarhufer gelten:
- Drei primäre Lungenbronchien.
- Die Erektion des Penis erfolgt vor allem durch Erschlaffen von Retraktormuskeln und weniger durch Schwellkörper.

1.43.11.1 Artiodactyla (Paarhufer)

= Paraxonia

220 Arten. Der 3. und 4. Strahl der Extremitäten ist verlängert und trägt am Ende je eine Hornkappe (Abb. 1.**131o–q**). Die Symmetrieachse verläuft entsprechend zwischen den Digiti III und IV (paraxone Extremitäten). Innerhalb der Artiodactyla gelten die Suina (= Neobunodontia, Schweine und Flusspferde, mit verlängerten Eckzähnen) als Schwestergruppe aller übrigen Taxa (zusammen: Neoselenodontia). Molekularen Analysen zufolge aber sollen die Wale die Schwestergruppe der Flusspferde sein.

Beispiele: Suidae (Schweine), Hippopotamidae (Flusspferde), Camelidae (Kamele), Giraffidae (Giraffen), Cervidae (Hirschartige), Moschidae (Moschustiere), Antilocapridae (1 Art: *Antilocapra americana*, Gabelbock), Bovidae (Hornträger, darunter Rinder, Gazellen, Saigas, Schafe und Ziegen [zu letzteren auch *Ovibos moschatus*, Moschusochse] sowie Gnus).

1.43.11.2 Cetacea (Wale)

80 Arten. Hinterextremitäten reduziert, Vorderextremitäten als Flosse (Flipper) entwickelt (Abb. 1.**131j**). Schwanz mit quer stehender „Fluke". Ohrmuscheln reduziert. Halswirbel zum Teil miteinander verschmolzen.

Teiltaxa:
 Odontoceti (Zahnwale). Adulte mit sekundär homodontem Gebiss, im vorderen Bereich des Kopfes mit „Melone". Äußere Nasenöffnung unpaar. Hierzu unter anderem die Physeteridae (Pottwale) und Delphinidae (Delphine).
 Mysticeti (Bartenwale). Im Oberkiefer mit epidermalen Hornplatten (Barten) als Seihapparat (homodontes Gebiss nur noch im Embryonalstadium).

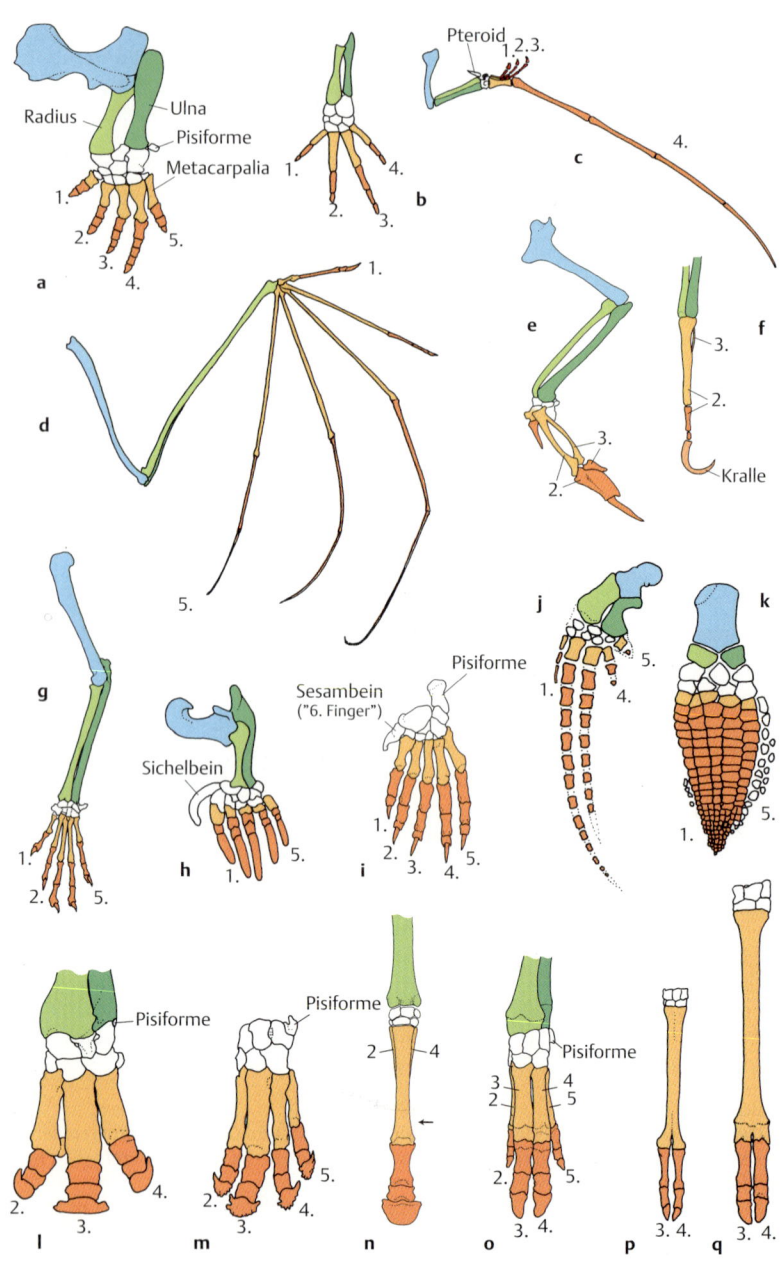

◄ **Abb. 1.131 Homologiebeziehungen in den Vorderextremitäten verschiedener Wirbeltiere.** Blau: Humerus, grün: Radius (hell) und Ulna (dunkel), weiß: Handwurzelknochen (bei Ichthyosaurus auch ein Teil der zusätzlichen Fingerknochen), orange: Mittelhandknochen, rötlich: Fingerknochen. **a** *Ophiacodon*, Perm, ein früher Synapside, **b** *Triturus cristatus* (Kammmolch), **c** Pterosauria, *Eudimorphodon* (Trias), **d** Mammalia, *Pteropus vampyrus*, **e–f** Aves: Columba (Taube) und *Dromaius novaehollandiae* (Emu), **g–q** außer k: Mammalia: **g** *Tupaia belangeri* (Tupaia), **h** *Talpa europaea* (Maulwurf), **i** *Ailuropoda melanoleuca* (Großer Panda), **j** *Globicephala melaena* (Grindwal), **k** *Ichthyosaurus* (Sauropsida: Ichthyosauria, Lias), **l** *Rhinoceros unicornis* (Panzernashorn), **m** *Tapirus* (Tapir), **n** *Equus ferus* (Pferd), **o** *Sus scrofa* f. *domestica* (Hausschwein), **p** *Lama guanicoe* (Guanako), **q** *Giraffa camelopardalis* (Giraffe). (Nach Abel, 1912; Carroll, 1993; Starck, 1979; Heilmann, 1926; Parker, 1888 und Präparaten im Zoologischen Museum Göttingen.)

1.43.12 Pantomesaxonia
= Mesaxonia + Paenungulata

Autapomorphien:
– Mehr als 17 Thorakalwirbel.
– Penisspitze mit einer Grube (Fossa glandis), aus der ein stielähnlicher Harnröhrenfortsatz ragt.

1.43.12.1 Mesaxonia (Unpaarhufer)
= Perissodactyla

17 Arten. Die charakteristische Betonung des mittleren (3.) Strahles der Vorder- und Hinterextremität (Abb. 1.131l–n) findet sich auch bei den Hyracoidea und ist damit möglicherweise nicht als Autapomorphie zu interpretieren.

Teilgruppen: Rhinocerotidae (Nashörner, 5 Arten), Tapiridae (Tapire, 4 Arten), Equidae (Pferdeartige, 6 Arten, mit nur noch einer Zehe an jeder Extremität).

Die Evolution der Pferde. Seit der oberen Kreide gab es pflanzen- und fleischfressende Huftier-Verwandte („Condylarthra"). Die Extremitäten von *Phenacodus* (Eozän) hatten fünf Zehen; die 3. war die kräftigste und längste. Das Gebiss umfasste 44 niedrigkronige Zähne. Ihm müssen die Vorfahren der Pferde ähnlich gesehen haben. Die Pferdeartigen im weiten Sinne (Hippomorpha) enthalten neben den alttertiären Pachynolophoidea die Equoidea mit den Palaeotheriidae (Eozän – Oligozän) und den Equidae (Eozän – heute, Pferde im engeren Sinne). Die meisten Pferdearten lebten in Nordamerika und Eurasien. Die ältesten Formen waren Waldbewohner und Laubfresser, die jüngeren Bewohner offener Steppenlandschaften und ernährten sich überwiegend von Gräsern.

Als ältester Vertreter der Pferde gilt gemeinhin *Hyracotherium* (= *Eohippus*, Eozän, mehrere Arten von Katzengröße bis ca. 50 cm Widerristhöhe). *Hyracotherium* hatte einen 4-zehigen Vorder- und einen 3-zehigen Hinterfuß (vorn war die erste Zehe reduziert, im Hinterfuß waren nur noch die 2., 3., und 4. Zehe vorhanden). Der Rücken war hochgewölbt, der Schwanz lang und kräftig, die Augenhöhle hinten nicht durch eine Knochenspange verschlossen, die Schnauze nicht länger als der Hirnschädel. Es waren wie bei *Phenacodus* noch 44 Zähne vorhanden (bei *Equus* normalerweise 40 bei Hengsten und 36 bei Stuten). Da die Zähne niedrigkronig waren und eine starke Abnutzung nicht ertragen hätten, muss sich *Hyracotherium* von saftigen Blättern und Früchten ernährt haben. Möglicherweise sind einige der *Hyracotherium*-Arten näher mit den Palaeotherien verwandt als mit der Evolutionslinie zu den echten Pferden (Abb. 1.**132**). *Hyracotherium* wäre demnach nicht monophyletisch.

Einige Artengruppen haben heute keine Nachfahren mehr, so die Palaeotheriidae (Eozän – Oligozän, vor allem in Europa). Nachdem die Palaeotherien und *Hyracotherium* in Europa erloschen waren, gab es lange Zeit keine eurasiatischen Pferdeartigen mehr.

Evolution von Schädel und Gehirn. Bei *Mesohippus* war der vordere Gesichtsschädel gegenüber dem bei *Hyracotherium* verlängert, bei *Merychippus* war die Augenhöhle hinten erstmals durch eine Knochenspange geschützt. Aus Ausgüssen des Schädelinnenraumes fossiler Pferde konnte man sogar die Evolution des Gehirns nachvollziehen. Auffällig ist die Entwicklung der äußeren Schichten des oberen Großhirnteiles (Neocortex).

Bezahnung. Mit der Zunahme der Körpergröße wurden an den Kauapparat neue Anforderungen gestellt, denn ein großes Tier braucht mehr Nahrung als ein kleines, ist meist langlebiger. Die Zähne müssen also nicht nur mehr Nahrung in einer bestimmten Zeit verarbeiten, sondern auch über längere Zeit funktionsfähig sein. Bei *Hyracotherium* waren die Praemolaren noch sehr von den Molaren verschieden. Bei *Orohippus* (mittleres Eozän) waren der letzte (4.) Praemolar, bei *Epihippus* (oberes Eozän) auch die beiden letzten Praemolaren (3. und 4.) den Molaren ähnlich. Dies begünstigte das Aufschließen der Nahrung. Noch *Mesohippus* (Oligozän) hatte niedrigkronige Zähne, die nicht für die harten Gräser geeignet waren. Allerdings war bei ihm ein weiterer Praemolar, der 2., den Molaren ähnlich geworden.

Im mittleren Tertiär nahmen Gräser mehr und mehr einen Großteil der Floren ein. Dass die Zähne die intensive Nutzung von Gras leisten konnten, wurde möglich unter anderem durch eine stark gefurchte Mahlfläche (Erhöhung der Mahlkraft) und eine höhere Zahnkrone (Hypsodontie, dadurch konnten die Zähne länger in Gebrauch bleiben). Zunehmend hochkronig wurden die Zähne bei *Parahippus* und *Merychippus*. Außerdem entwickelte sich eine neue Zahnsubstanz: Ursprünglich waren nur eine harte Schmelzschicht vorhanden, die die Krone bedeckte, und darunter das etwas weichere Dentin. Bei Grasfressern bestand die Gefahr, dass aus Schmelz bestehende hervorragende Teile der Mahlfläche splittern könnten. Dies wurde durch die Ablagerung von Zement außen am Schmelz behoben. Er begann als dünner Film bei *Parahippus* aufzutreten. Bei *Merychippus* stellte es bereits einen großen Teil des Zahnes.

Extremitäten. Wie *Hyracotherium* hatte auch *Orohippus* vier Zehen am Vorder- und drei am Hinterfuß. Die frühesten Pferde mit drei Zehen am Vorderfuß gehören zu *Mesohippus* (Oligozän). Anschließend erfuhren die beiden Seitenzehen eine starke Größenreduktion.

Mit den dreizehigen Anchitheriinae (Abb. 1.**132**) verließen zum ersten Mal Pferde Nordamerika. Im Anschluss an eine Wanderung über die Bering-Straße nach Eurasien vor ca. 24 Mio. Jahren waren sie hier weit verbreitet und erreichten auch Afrika. Die ebenfalls dreizehigen Hipparionini (= Hippotheriini) tauchten, nachdem auch sie die Bering-Straße gequert hatten, vor 11,5 Mio. Jahren in Europa auf, im späten Miozän auch in Afrika. Die pleistozänen Hipparionen Afrikas waren die letzten dreizehigen Pferde.

Equini. In der Entwicklungslinie zu den heute noch lebenden Pferden erfolgte im Miozän der Verlust der äußeren Zehen. Damit waren die einzehigen (monodactylen) Pferde entstanden – wieder in Nordamerika. Als am Ende des Miozäns Nord- und Südamerika miteinander verbunden wurden, gelangten zahlreiche Tiere nach Südamerika, darunter auch Pferde: *Onohippidum* und *Hippidion*. Vor ca. 3 Mio. Jahren, überquerte *Equus* von Nordamerika aus die Beringstraße nach Asien. Im Pleistozän erreichte *Equus* auch den südamerikanischen Kontinent, starb dort aber noch vor Ankunft des Menschen wieder aus. Die jüngsten radiometrisch datierten Pferdefossilien aus Nordamerika stammen aus Rancho la Brea in Kalifornien (Alter rund 10 940 Jahre). *Equus* ist heute ein rein eurasiatisch-afrikanisches Taxon und umfasst sechs Arten: *Equus ferus*, das echte Pferd einschließlich der Hauspferde) in Eurasien; *E. africanus* (= *E. asinus*, Esel, Nordafrika), die Halbesel

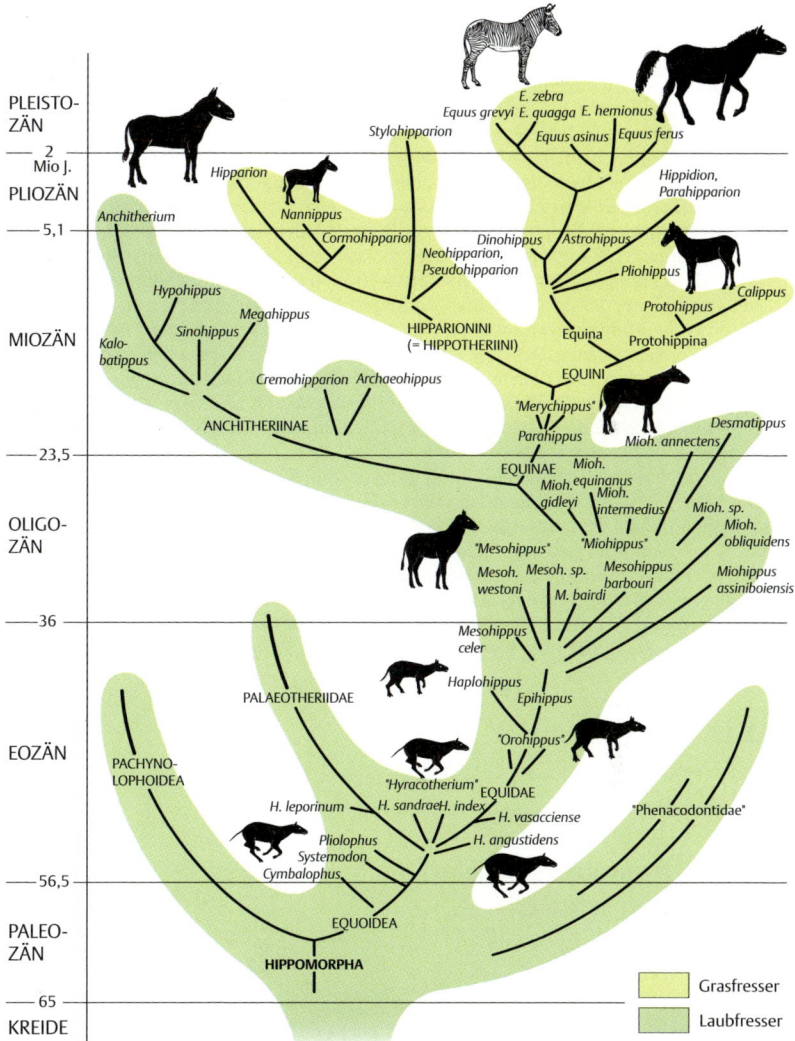

Abb. 1.**132 Perissodactyla.** Stammbaum und System der Pferde. Nicht monophyletische Taxa in Anführungszeichen.

(*Equus hemionus*, Asien) mit *E. hemionus kiang* (Kiang), *E. h. onager* (Onager), *E. h. hemionus* (Kulan) sowie drei Zebra-Arten (Afrika): *Equus grevyi* (Grevy-Zebra), *E. zebra* (Bergzebra) und *E. quagga granti* (Grant-Zebra, = *E. burchelli*, Burchell-Zebra).

Bei den Pferden im engeren Sinne lösten in Folge der Klimaschwankungen im Quartär kleine und große Formen einander ab. Diese Vielfalt hat zu einer enormen Zahl benannter Arten geführt (über 200!), die aber nichts mit natürlichen Arten zu tun haben – es sind lediglich Bezeichnungen für (manchmal ungenügend erhaltene) Fundstücke. Vermutlich haben in Eurasien nie mehr als vielleicht acht bis zehn Equiden-Arten gleichzeitig gelebt.

Schon früh wurden Mensch und Pferd geradezu eine Schicksalsgemeinschaft: Die tierischen Reste in den ca. 40 000 Jahre alten Siedlungsabfällen der Vogelherd-Höhle in Württemberg bestehen großenteils aus Resten relativ kräftiger Pferde. Spektakulär sind die Pferdefunde von Schöningen/Harzrand, einer etwa 400 000 Jahre alten Jagdstation.

Die Vorgeschichte des echten Pferdes (*Equus ferus*) ist schwer nachzuvollziehen, da sich viele Formen in ihrem riesigen Areal von Nordamerika und Asien bis nach Südwesteuropa immer wieder vermischten. Der Fund eines 26 000 Jahre alten Pferdes im Permafrostboden Alaskas hat gezeigt, dass es damals bereits Pferde mit einer Hängemähne gab. Dies ist also nicht notwendigerweise Kennzeichen des Hauspferdes, wie oft vermutet. Andererseits zeigen fast alle Pferdedarstellungen des Jungpaläolithikums in Mittel- und Südeuropa eine Stehmähne.

Equus ferus trat und tritt in mehreren Unterarten auf. Am ursprünglichsten ist das Przewalski-Pferd. Es hat im diploiden Satz 66 Chromosomen, die übrigen Pferde haben 64, Mischlinge 65. Über die unterartliche Gliederung und Verbreitung in Eurasien weiß man wenig. Ganz grob lässt sich sagen, dass im Osten (mongolischer Raum) das Przewalski-Pferd lebte, im Westen anschließend bis nach Osteuropa der meist als maus- oder aschgrau beschriebene Tarpan und auf der Iberischen Halbinsel eine ramsköpfige Form, die heute im Sorraia-Pferd nahezu unverändert überlebt hat. Auf vielen Höhlendarstellungen des südlichen Mitteleuropa findet man Pferde, die dem Exmoor-Pony Südwest-Englands weitgehend gleichen.

1.43.13 Paenungulata

= Uranotheria; = Hyracoidea + Tethytheria

Autapomorphie: Tarsalia dorsoventral komprimiert.

1.43.13.1 Hyracoidea (Schliefer)

4 Arten in Afrika und Asien.

1.43.13.2 Tethytheria

= Sirenia + Proboscidea

Apomorphien:
– Herzspitze gegabelt und mit getrennten Ventrikelspitzen.
– Mit einem Paar brustständigen Zitzen.

Sirenia (Seekühe). 6 Arten. Hinterextremitäten restlos reduziert, am Körperende mit querstehender Schwanzflosse (Fluke). In marinen und großen limnischen Gewässern.

Beispiele: *Hydrodamalis gigas* (Stellersche Seekuh, im 18. Jahrhundert ausgerottet), *Dugong dugong* (Dugong).

Proboscidea (Rüsseltiere). 3 oder 4 rezente Arten. Zahl der Zähne reduziert, der 2. Schneidezahn ist als ständig wachsender Stoßzahn entwickelt. Backenzähne aus zahlreichen Querlamellen bestehend. Der namengebende Rüssel ist eine Verlängerung des Rhinarium.
Beispiele: *Elephas maximus* (Indischer Elefant), *Loxodonta africana* (Afrikanischer Steppenelefant). Um 4000 v. u. Z. erloschen: *Mammuthus primigenius* (Mammut).

1.43.14 Carnivora (Raubtiere)

290 Arten. Mit einer Brechschere, gebildet aus den Reißzähnen (dem 4. Praemolar im Oberkiefer und dem 1. Molar im Unterkiefer). Primär Fleisch fressend.

Möglicherweise mit den zwei **Teiltaxa** Feloidea (Katzen, Schleichkatzen, Hyänen u. a.) und Canoidea (= Arctoidea) (Hundeartige, Bären, Robben, Marder, Stinktiere u. a.).

Feloidea. Beispiele: Viverridae: *Genetta genetta* (Kleinfleck-Ginsterkatze), Afrika und südliches Europa. *Herpestes edwardsi* (Indischer Mungo). Hyaenidae: *Hyaena hyaena* (Streifenhyäne, Afrika, Südwestasien, Anatolien). Felidae (Katzen): *Felis sylvestris* (Wildkatze), Stammform der Hauskatze. *Felis lynx* (Europäischer Luchs). *Panthera tigris* (Tiger, Asien); *P. leo* (Löwe, Afrika, Asien, in Europa ausgerottet [in Griechenland vor ca. 2100 Jahren]). *P. onca* (Jaguar, in Mittel- und Südamerika).
Arctoidea. Beispiele: Canidae (Hundeartige): *Canis lupus* (Wolf, Stammform der Haushunde), *Vulpes vulpes* (Rotfuchs). Mustelidae (Marder): *Martes foina* (Steinmarder), *Gulo gulo* (Vielfraß), *Meles meles* (Dachs), *Mephites mephites* (Streifen-Stinktier), *Lutra lutra* (Europäischer Fischotter). Procyonidae (Kleinbären): *Procyon lotor* (Waschbär). Ursidae (Bären): *Ursus arctos* (Braunbär), *U. maritimus* (Eisbär), *Ailuropoda melanoleuca* (Großer Panda, spezialisierter Pflanzenfresser). Pinnipedia (Robben): *Zalophus californianus* (Kalifornischer Seelöwe), *Odobenus rosmarus* (Walross), *Phoca vitulina* (Seehund), *Mirounga leonina* (See-Elefant, bis 5 m lang).

Beutelknochen: Paarige Knochen der Monotremata und Marsupialia, dem Grundmuster der Mammalia angehörend. Sitzen dem Pubis (Schambein) auf und dienen als Muskelansatz.
Incus (Amboss): mittlerer Gehörknöchelchen der Säugetiere, aus dem Quadratum hervorgegangen.
Stapes (Steigbügel): Gehörknöchelchen der Säugetiere, aus dem Hyomandibulare hervorgegangen.
Malleus (Hammer): Gehörknöchelchen der Mammalia.
Quadratum: Bildet im primären Kiefergelenk der Wirbeltiere den Oberkiefer, wird bei den Säugetieren zum Incus (Amboss).
Hyomandibulare: Das dorsale Stück des Zungenbeinbogens, wird bei den Tetrapoden zur Columella bzw. zum Stapes (Steigbügel).
Akromion: Fortsatz des Schulterblattes.

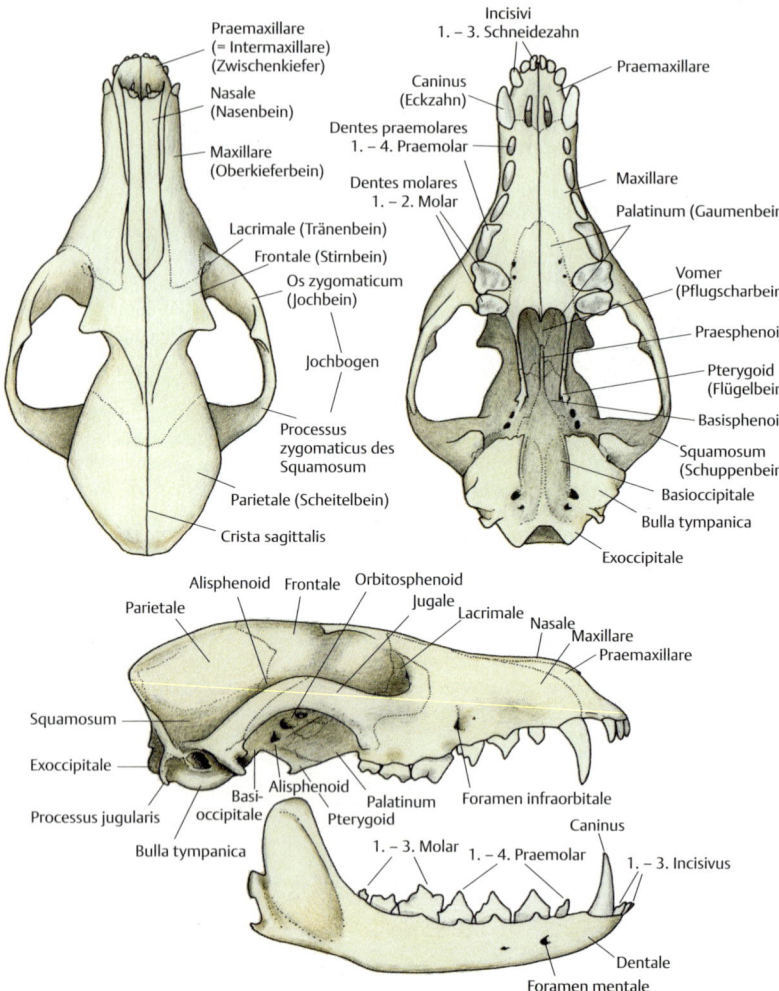

Abb. 1.**133** **Mammalia.** *Vulpes vulpes* (Rotfuchs), Kopfskelett dorsal und ventral (oben, ohne den Unterkiefer) sowie lateral (unten). (Original nach Präparaten im Zoologischen Museum Göttingen.)

2 Fortpflanzung

Klaus Wolf, Katharina Munk

2.1 Die asexuelle Fortpflanzung und ihre Bewertung

Die Weitergabe des genetischen Materials eines Organismus an die nächste Generation wird durch Fortpflanzung gesichert. Dies kann auf asexuellem oder sexuellem Weg erfolgen. Bei **asexueller Fortpflanzung** fehlt die genetische Rekombination und das genetische Material von Eltern und Nachkommen ist identisch. Sie ist meist mit einer Vermehrung verknüpft. Man unterscheidet die **eingeschlechtliche Vermehrung**, die **Parthenogenese** und die **vegetative Vermehrung** in Form von **Sprossung**, **Regeneration** und **Polyembryonie**. Oft gibt es einen Wechsel zwischen sexueller und asexueller Fortpflanzung beziehungsweise Vermehrung (Generationswechsel, Metagenese, Heterogonie).

Eine Eigenschaft aller lebenden Organismen ist die Fähigkeit zur **Fortpflanzung**, d. h. die Erzeugung von Nachkommen zur Erhaltung des eigenen genetischen Materials. Damit geht meist – aber nicht immer – eine **Vermehrung** einher, d. h. eine Erhöhung der Individuenzahl einer Population. Eukaryotische Einzeller können sich **asexuell**, d. h. **vegetativ** durch **Spaltung** oder **Sprossung** (bei Hefe, 📖 *Mikrobiologie*) vermehren und gelten deshalb als potenziell unsterblich. Bei vielzelligen Organismen findet eine Differenzierung zwischen Somazellen (Körperzellen), die absterben, und der sogenannten **Keimbahn** statt, aus der die **Gameten**, die Geschlechts- oder Keimzellen, hervorgehen. Diese Zellen bzw. deren „Abkömmlinge" können also auch als potenziell unsterblich angesehen werden. In höheren Metazoen trennen sich Soma- und (Ur)Keimzellen frühzeitig und endgültig schon während der Furchungsteilungen (S. 299).

Die meisten Eukaryoten pflanzen sich **sexuell** fort. Es liegen zwei Geschlechter vor, in denen nach Ablauf der Meiose zwei physiologisch und meist auch morphologisch verschiedene Gameten geformt werden. Diese verschmelzen miteinander und eine neue Generation entsteht. Eine **Generation** ist definiert als der von einem sexuellen oder asexuellen Fortpflanzungsprozess begrenzte Abschnitt in der kontinuierlichen Entwicklung eines Organismus (Abb. 2.1).

Für das Überwiegen von sexueller (geschlechtlicher) Fortpflanzung im Tierreich sind hauptsächlich genetische **Gründe** verantwortlich. Geschlechtliche Fortpflanzung führt zu rekombinanten Organismen, dagegen sind Nachkommen aus ungeschlechtlicher (asexueller, vegetativer) Fortpflanzung mit ihren Eltern genetisch identisch. Wegen der größeren **genetischen Vielfalt** sind rekombinante Organismen besser imstande, ein breites Spektrum von Veränderungen in der Umwelt zu tolerieren. Der treibende Faktor in der Evolution der sexuellen Fortpflanzung wird in der größeren **Toleranz** entsprechender Organismen gegenüber **Krankheits-**

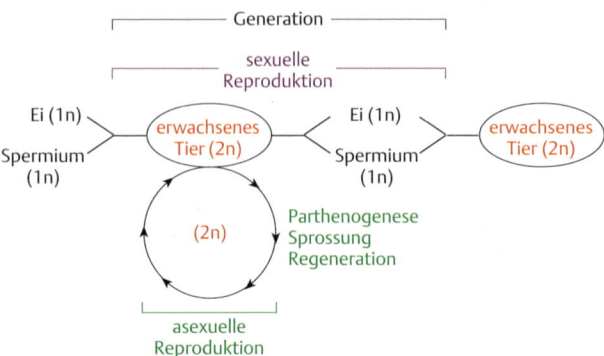

Abb. 2.1 **Gegenüberstellung und Formen der sexuellen und asexuellen Fortpflanzung.** Haploider Chromosomensatz: 1n; diploider Chromosomensatz: 2n.

erregern gesehen. Bei genetisch einheitlichen Organismen ist die Gefahr groß, dass eine bestimmte genetische Kombination besonders anfällig für den Befall mit Viren, Bakterien, eukaryotischen Einzellern, Pilzen oder parasitischen Würmern ist und die gesamte Population nach einem Befall ausgelöscht wird. Weiterhin können sich in sexuell fortpflanzenden Organismen durch meiotische Rekombination (*Genetik*) nachteilige Mutationen in Nachkommen akkumulieren. Solche Organismen sind nicht mehr überlebens- oder fortpflanzungsfähig. Nachteilige Mutationen werden auf diesem Weg aus dem Genpool eliminiert. Trotz dieser Vorteile der sexuellen Vermehrung hat sich die asexuelle Vermehrung auch innerhalb der Metazoa erhalten.

Sprossung ist die vorwiegende Reproduktionsform bei der Süßwasserhydra, die – gut ernährt – alle drei bis vier Tage einen neuen Spross bildet, aus dem sich innerhalb von zwei Tagen eine neue Hydra entwickelt. Es ist offensichtlich, dass hier die asexuelle Vermehrung bei konstant guten Lebensbedingungen zur schnellen Verbreitung des Organismus beiträgt. Eine weitere Form der asexuellen Reproduktion ist die **Regeneration**. Meist denkt man bei der Regeneration an den Ersatz von geschädigtem Gewebe. Bei Schwämmen kann sich aber aus einem Teil oder einem Abschnitt eines Tieres ein neuer Organismus entwickeln (S. 318). Auch bei Seeigeln und Anneliden (Abb. 2.**2**) ist diese Fortpflanzungsform anzutreffen. Von bestimmten niederen Tieren weiß man, dass sie sich seit circa 70 Millionen Jahren asexuell fortpflanzen. Diese Beispiele illustrieren, dass asexuelle Fortpflanzung in ökologischen Nischen sehr wohl langfristig existieren kann.

Eine weitere Form ist die **Polyembryonie**: Aus einer auf sexuellem Weg gebildeten Zygote entstehen durch Teilungen in der frühen Embryogenese auf asexuellem Weg mehrere Embryonen, die zu adulten, genetisch identischen Organismen heranwachsen. Die Entstehung **eineiiger Zwillinge** fällt in diese Kategorie.

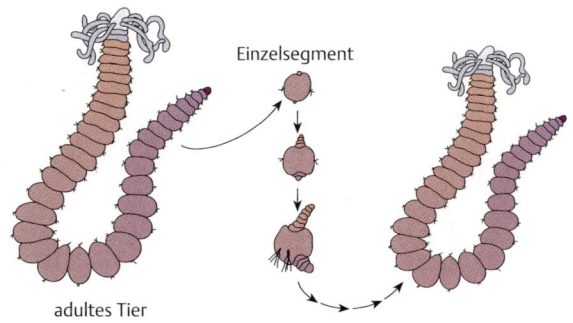

Abb. 2.2 **Regeneration als Form der asexuellen Vermehrung.** Bei Polychäten aus der Gattung *Dodecaceria* sind einzelne Körpersegmente eines adulten Tieres nach Abtrennung in der Lage, ein neues Tier zu bilden. Die Entwicklung läuft über einige Zwischenformen.

Neben diesen rein vegetativen Vermehrungsformen ist auch die **eingeschlechtliche Vermehrung**, die **Parthenogenese**, bekannt. Hier wird nur **ein Gametentyp**, das Ei, gebildet, aus dem sich ohne Befruchtung ein neuer Organismus entwickelt. Diese Fortpflanzungsform hat sich beispielsweise bei bestimmten Blattläusen neben der sexuellen Fortpflanzung (S. 276) entwickelt. Bei der Parthenogenese entstehen aus Eiern ohne Verzögerung durch Partnersuche, Werbung um einen Paarungspartner und Kopulation wieder Weibchen. Damit wird es den Tieren ermöglicht, in den Sommermonaten sich öffnende neue Habitate rasch zu kolonisieren. Nimmt die Tageslänge ab, entsteht eine aus Männchen und Weibchen bestehende sexuelle Generation. Nach der Befruchtung werden Eier abgelegt, die den Winter überdauern (Wintereier). Aus diesen schlüpfen im folgenden Jahr Weibchen (Fundatrix), die durch Parthenogenese eine neue Population starten.

In diesem Beispiel sehen wir die Hauptvorteile der asexuellen Fortpflanzung: die **schnelle Generationenfolge** und die Schonung von in diesem Fall pflanzlichen Ressourcen durch den Verzicht auf ein Geschlecht.

Der Wechsel zwischen sexueller und asexueller Fortpflanzung ist als **Generationswechsel** bekannt. Im gerade geschilderten Fall wechseln sich eingeschlechtliche und sexuelle Vermehrung ab; dies wird als **Heterogonie** bezeichnet. Der Wechsel zwischen vegetativer und sexueller Vermehrung ist als **Metagenese** bekannt. Sowohl bei Heterogonie als auch bei Metagenese müssen die beiden verschiedenen Fortpflanzungsformen sich nicht notwendigerweise regelmäßig abwechseln, sondern es kann eine Serie der einen oder anderen Fortpflanzungsform erfolgen, bis der Wechsel eintritt. Es soll noch erwähnt werden, dass auch bei modernen Klonierungsstrategien nur ein Geschlecht beteiligt sein kann. Durch die Übertragung des Kerns einer kultivierten somatischen Zelle in ein entkerntes Ei und die Implantation in ein weibliches Tier ist es gelungen, genetisch identische Kopien auch von Säugetieren herzustellen (S. 331).

Fortpflanzung: Reproduktion, Erzeugung von Nachkommen, nicht unbedingt mit Vermehrung gekoppelt, ungeschlechtlich (asexuell, vegetativ), sexuell, mit Rekombination des genetischen Materials verknüpft.
Vermehrung: Fortpflanzung unter langfristiger Vergrößerung der Population.
Keimbahn: Zellmaterial, aus dem Gameten hervorgehen. Potenziell unsterblich, Gegenstück zum Soma.
Parthenogenese: Jungfernzeugung.
Eingeschlechtliche Vermehrung: Nachkommen entstehen durch mitotische Teilungen eines unbefruchteten Eies.
Heterogonie: Wechsel zwischen eingeschlechtlicher Vermehrung und sexueller Fortpflanzung.
Metagenese: Wechsel zwischen vegetativer und sexueller Vermehrung.

2.2 Sexuelle Fortpflanzung

Bei der sexuellen Fortpflanzung werden in relativ komplizierten Entwicklungslinien, der **Spermatogenese** und **Oogenese**, die hoch spezialisierten Keimzellen, Spermien und Eier, gebildet, wobei meist eine Meiose durchlaufen wird. Bei der **Befruchtung** verschmelzen beide Typen von Keimzellen zur Zygote, der befruchteten Eizelle. Vier Prozesse sind dabei von besonderer Bedeutung: Die **Akrosomen-** und **Corticalreaktion** begleiten das Eindringen des Spermiums in das Ei (**Plasmogamie**) und schließlich verschmelzen die weiblichen und die männlichen Vorkerne miteinander (**Karyogamie**).

Bei der sexuellen Fortpflanzung werden in teilweise komplizierten Entwicklungslinien die Keimzellen gebildet. Dabei wird eine Meiose durchlaufen. Bei der Gametenbildung können in den beiden Geschlechtern gleich gestaltete Gameten entstehen. Diese ursprüngliche, noch innerhalb der Chlorophyten (z. B. *Chlamydomonas*) anzutreffende Form wird als **Isogametie** bezeichnet. Anstatt von Geschlechtern spricht man hier von Paarungstypen (+, –).

Ein Spezialfall der Isogametie liegt bei der **Konjugation von Ciliaten** vor (Abb. 2.3b, *Ökologie, Evoltion*). Zwei morphologisch nicht unterscheidbare Gameten besitzen je einen diploiden Mikronucleus und einen partiell polyploiden Makronucleus. Die Mikronuclei beider Zellen vergrößern sich, es finden zwei aufeinander folgende Reduktionsteilungen statt und vier haploide Kerne entstehen. Drei dieser Kerne werden resorbiert, der vierte teilt sich ein weiteres Mal (postgametische Teilung). Eines der Teilungsprodukte bleibt in der ursprünglichen Zelle (Stationärkern), das andere wandert in das Plasma des Paarungspartners ein (Wanderkern). In jeder Zelle verschmelzen Stationär- und Wanderkern miteinander (Synkaryon). Nach dieser Wechselbefruchtung trennen sich die Zellen voneinander, und die beiden entstandenen Zellen können als Zygoten (2n) angesprochen werden. Das Synkaryon teilt sich mitotisch und ein Tochterkern wird zum neuen Mikronucleus. Der andere Tochterkern führt zu einem neuen Makronucleus. Der alte Makronucleus löst sich parallel zu den oben beschriebenen Vorgängen auf und wird resorbiert.

In den meisten Fällen von sexueller Fortpflanzung werden in den beiden Geschlechtern zwei morphologisch verschiedene Gameten gebildet (**Anisogamie**). Sind wie bei Ei und Spermium die beiden Gameten morphologisch sehr stark differenziert, spricht man von **Oogametie** (Abb. 2.**3a**). Einen Spezialfall stellen die **Hermaphroditen** (**Zwitter**) dar, wobei sich in einem Organismus in unterschiedlichen Organen beide Gametentypen bilden (S. 79). Selbstbefruchtung ist möglich, wird aber oft durch den unterschiedlichen Zeitpunkt der Reifung der beiden Gametentypen verhindert.

Obwohl in jedem Geschlecht nur ein morphologisch erkennbarer Gamet entsteht, sollte nicht übersehen werden, dass zwei Formen von Gameten möglich sind (*Genetik*). In Organismen mit einem **heteromorphen Karyotyp** finden sich cytologisch erkennbare Geschlechtschromosomen. Ein Beispiel ist das XY-Chromosomensystem der meisten Säugetiere. Männliche Tiere besitzen neben den Autosomen ein relativ großes X-Chromosom und ein kleineres Y-Chromosom. Die beiden Chromosomen unterscheiden sich auch weitgehend in ihrer DNA-Zusammensetzung. Weibliche Tiere, das **homomorphe** (**homogamete**) **Geschlecht**, haben zwei identische X-Chromosomen und nur einen Gametentypen. In Männchen, dem **heteromorphen** (**heterogameten**) **Geschlecht**, werden zwei Spermientypen produziert. Spermien mit einem X-Chromosom führen nach der Befruchtung zu weiblichen Tieren, und Spermien mit einem Y-Chromosom führen zu Männchen. Ein weiteres Beispiel ist das ZW/ZZ-Geschlechtschromosomensystem z. B. der Vögel, bei denen das weibliche Geschlecht heterogamet ist (s. u.).

Modelle zur **Evolution der sexuellen Reproduktion** gehen von zwei konkurrierenden Faktoren aus. Auf der einen Seite sind voluminöse Gameten grundsätzlich vorteilhaft für den sich entwickelnden Embryo, da auf diesem Weg ein großzügiges Nahrungsangebot für die ersten Entwicklungsschritte zur Verfügung steht, auf der anderen Seite sichert aber nur eine große Zahl von Gameten eine erfolgreiche Befruchtung. Da Ressourcen meist begrenzt sind, nimmt man an, dass sich in der Evolution der Metazoa ein Kompromiss durchgesetzt hat: Einer **geringen Zahl** von großen, unbeweglichen Gameten (**Eier**) in einem Geschlecht steht eine **große Zahl** von relativ kleinen beweglichen Gameten (**Spermien**) im anderen Geschlecht gegenüber. Dies gilt jedoch nur unter der bislang dominierenden Ansicht, dass Spermien keine große Investition für Organismen darstellen und deshalb leicht in großer Zahl produziert werden können.

Die Entwicklung der Keimzellen, die **Gametogenese**, findet in aller Regel in speziellen Organen, den **Gonaden**, statt. Diese sind mit Ausführgängen verbunden, die in Kopulationsorgane einmünden können. Die Gonaden, die Leitungswege und die Begattungsorgane gehören zu den **primären Geschlechtsorganen**. Im weiblichen Geschlecht liegen die **Ovarien** (**Eierstöcke**) und im männlichen Geschlecht die **Testes** (**Hoden**) vor. Bei niederen Tieren wie manchen Anneliden können eng lokalisierte Gonaden fehlen. Die Keimzellen bilden sich an der Wand von Körperhohlräumen und flottieren dann in diesen. Männchen und Weibchen einer Art unterscheiden sich über die Geschlechtsorgane hinaus häufig in Bau und Körpergröße.

278   2 Fortpflanzung

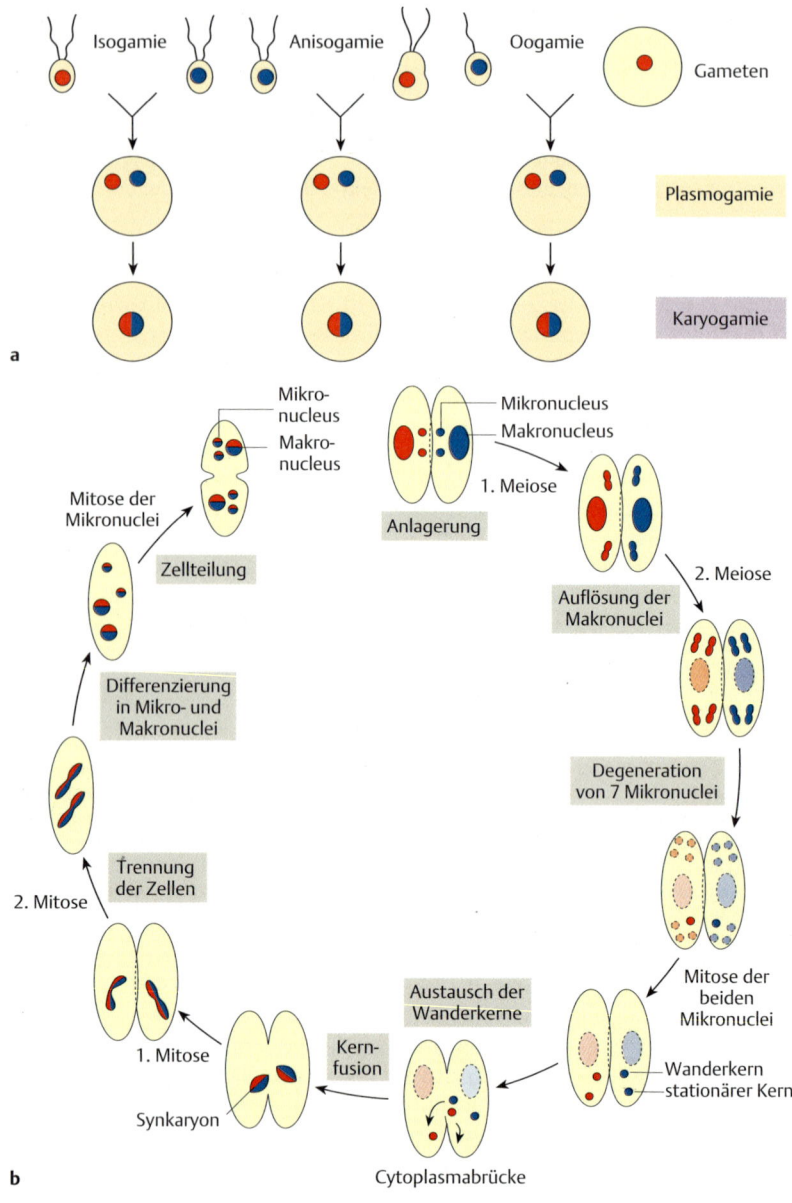

◂ **Abb. 2.3 Formen der Gametie. a** Isogamie, Anisogamie, Oogamie mit den Stadien, Plasmogamie (Fusion der beiden Gameten) und Karyogamie (Fusion der Gametenkerne). **b** Ein Spezialfall der Isogamie liegt bei der Konjugation der Ciliaten vor.

Dafür ist der Begriff **Geschlechtsdimorphismus** eingeführt. Die **sekundären Geschlechtsorgane** lassen sich grob in vier Kategorien einteilen:
- Klammerorgane der Männchen zum Festhalten an den Weibchen bei der Kopulation,
- Organe für die Brutpflege wie Milchdrüsen,
- Signalstrukturen zum Anlocken und der Stimulation von Paarungspartnern wie das Gefieder mancher Vögel und spezielle Körperbehaarungen (z. B. Löwenmähne),
- Waffen und Imponierstrukturen in Form von Zähnen, Geweihen und Zangen.

2.2.1 Goniale Teilung und Meiose

Der erste Schritt bei der **Bildung der Keimzellen** ist in beiden Geschlechtern weitgehend identisch. Ausgehend von diploiden Urkeimzellen und den aus ihnen durch Mitosen entstandenen Stammzellen finden weitere mitotische Teilungen, sogenannte **goniale Mitosen**, statt, die einen Pool von Zellen bereitstellen (Vermehrungsphase). Diese differenzieren sich beim Fortschreiten der **Oogenese** und der **Spermatogenese** zu den befruchtungsfähigen Gameten. Goniale Teilungen sind im Grunde gewöhnliche Mitosen, jedoch kann es bei der Durchschnürung des Cytoplasmas, der Cytokinese, Abweichungen geben. Die Cytokinese gonialer Teilungen weiblicher Säugetiere ist vollständig. Es entstehen individuelle **Oogonien** (2n). Dagegen bleibt bei diesem Vorgang im männlichen Geschlecht bei den allermeisten Tieren eine Cytoplasmabrücke zwischen den Tochterzellen, den **Spermatogonien** (2n), bestehen. Über diese Brücken, die erst in der Spermiogenese (s. u.) abgestreift werden, kommunizieren die Spermatogonien durch regulierende Substanzen miteinander, und eine größere Zahl von männlichen Keimzellen reift synchron heran. Bei höheren Insekten bleiben auch bei den oogonialen Teilungen Cytoplasmabrücken bestehen. In einem solchen Zellcluster entwickelt sich nur eine Zelle zur Oocyte I (s. u.). Die restlichen werden zu Nährzellen (S. 281), die über die Cytoplasmabrücken Syntheseprodukte in die Oocyte einspeisen.

Auf die Vermehrungsphase der Keimzellen folgt eine mehr (weibliches Geschlecht) oder weniger (männliches Geschlecht) ausgeprägte Wachstumsphase, an deren Ende die **Meiose** steht (📖*Genetik*). Zu Beginn der Meiose liegen immer noch diploide Zellen vor: Sie werden allgemein als Meiocyten I, im männlichen Geschlecht als Spermatocyten I bzw. im weiblichen Geschlecht als Oocyten I bezeichnet. Nach Abschluss der Meiose ist der diploide auf den haploiden Chromosomensatz reduziert. Auf einen grundlegenden Unterschied zwischen den beiden Geschlechtern in der **Gametogenese** soll hingewiesen werden (Abb. 2.**4**). Im männ-

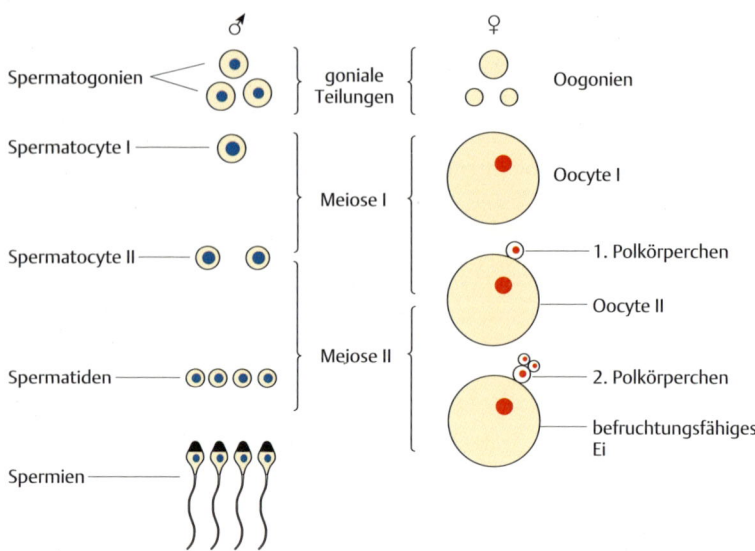

Abb. 2.4 **Gegenüberstellung der Gametogenese im männlichen ♂ und im weiblichen ♀ Geschlecht:** Im männlichen Geschlecht entstehen aus einem Spermatogonium vier Spermien. Im weiblichen Geschlecht sind die Teilungen asymmetrisch. Das befruchtungsfähige Ei erhält die Hauptmasse des Cytoplasmas. Drei nicht befruchtungsfähige kleine Zellen (Pol- oder Richtungskörperchen) werden abgeschnürt.

lichen Geschlecht entstehen aus einer Meiocyte I vier Gameten. Im weiblichen Geschlecht sind beide meiotische Teilungen asymmetrisch. Ein Teilungsprodukt, das zukünftige **Ei**, erhält die Hauptmasse des Cytoplasmas. Dieses Material wird für die Versorgung des Embryos benötigt. Das extrem cytoplasmaarme zweite Teilungsprodukt wird als **1. Pol-** oder **Richtungskörperchen** bezeichnet. Auch die zweite meiotische Teilung des Eies ist asymmetrisch, und es entsteht ein **2. Pol-** oder **Richtungskörperchen**.

> **Oogamie:** Verschmelzung zwischen Ei und Spermium.
> **Gametogenese:** Entwicklung der Gameten.
> **Gonade:** Organ, in dem Gametogenese stattfindet, bildet zusammen mit Leitungswegen und Begattungsorganen das primäre Geschlechtsorgan.
> Im Weibchen: Ovar (Eierstock).
> Im Männchen: Testes (Hoden)
> **Goniale Mitosen:** Finden während der Vermehrungsphase in der Gametogenese statt, bringen aus den Urkeimzellen über Spermatogonien und Oogonien die Meiocyten I hervor.

2.2.2 Oogenese

Nach Abschluss der oogonialen Teilungen liegen Oocyten I, auch als primäre Oocyten bezeichnet, vor. Charakteristisch für dieses Stadium ist die dramatische Volumenzunahme der Zellen. In das Cytoplasma der Oocyte werden große Mengen Dotter und ribosomale RNA eingelagert. Wird diese Volumenzunahme allein durch Aufnahme von niedermolekularem Material aus der umgebenden Körperflüssigkeit über die von Mikrovilli besetzte Zelloberfläche und deren Umwandlung in hochmolekulare Reservestoffe im Cytoplasma erreicht, spricht man von **Autosynthese** (**primäre Nährstofflieferung, solitäre Dotterbildung**). Polychaeten zeigen diese Form. Meist erfolgt bei der Volumenzunahme aber Unterstützung durch weitere Zelltypen in der Nachbarschaft der Oocyten I (**Heterosynthese, sekundäre Nährstofflieferung, nutrimentäre Dotterbildung**) (Abb. 2.5b). Man unterscheidet zwei Formen:
- Es können sich andere Oogonien in sogenannte Nährzellen umwandeln. Dieses Muster findet sich wie oben beschrieben in der Oogenese der höheren Insekten.
- Alternativ – und dies ist bei Säugetieren der Fall – können somatische Hilfszellen (Follikelzellen) zur Volumenvergrößerung der Oocyte I beitragen. Hochmolekulare Reservestoffe werden in den Follikelzellen gebildet, von diesen ausgeschieden und durch Pinocytose in das Cytoplasma des künftigen Eies eingeschleust.

Während der Heterosynthese der Eier der Säugetiere werden die Oocyten von einer Lage von Follikelzellen umgeben. Dieser Verband stellt einen **Follikel** dar. In jedem Zyklus reifen mehrere Follikel heran und beginnen mit ihrer Entwicklung. Beim Menschen gewinnt in der Regel eines, das sogenannte dominante Follikel, die Oberhand, das beim **Eisprung** (**Ovulation**) aus dem Ovar austritt, während die anderen degenerieren (**Atresie**). Ein voll entwickeltes Follikel wird als **Graafsches Follikel** bezeichnet (Abb. 2.5c). Die Follikelzellen dieser Oocyte bilden nach dem Eisprung das **Corpus luteum**, das die Produktion von Steroidhormonen übernimmt (hauptsächlich Progesteron, S. 904). Wenn die Hormonsynthese zum Stillstand kommt, schrumpft das Corpus luteum und wird dann als **Corpus albicans** bezeichnet (Abb. 2.5a).

In der **Meiose der weiblichen Säugetiere** gibt es in der späten Prophase I der Meiose eine Besonderheit. Dies soll am Beispiel des Menschen dargestellt werden. Während der Entwicklung eines weiblichen Embryos finden in den paarigen Ovarien zahlreiche mitotische Teilungen statt. Die resultierenden Zellen treten anschließend in die Meiose ein. Diese wird aber nicht zu Ende geführt, sondern in der späten Prophase I angehalten. Für dieses Ruhestadium hat man den Begriff **Dictyotän** eingeführt. Bei einem neugeborenen Mädchen enthalten die Ovarien etwa 500 000 Oocyten im Dictyotän. Bis zur Pubertät ist ein großer Teil degeneriert und zu diesem Zeitpunkt enthält jedes Ovar „nur" noch ca. 83 000 Oocyten. Mit Einsetzen der Pubertät setzt unter hormoneller Kontrolle vor jeder Ovulation in jeweils circa 20 Oocyten Zellwachstum ein, und die Meiose wird fortgesetzt, wobei nur ein Follikel reif wird (s. o.).

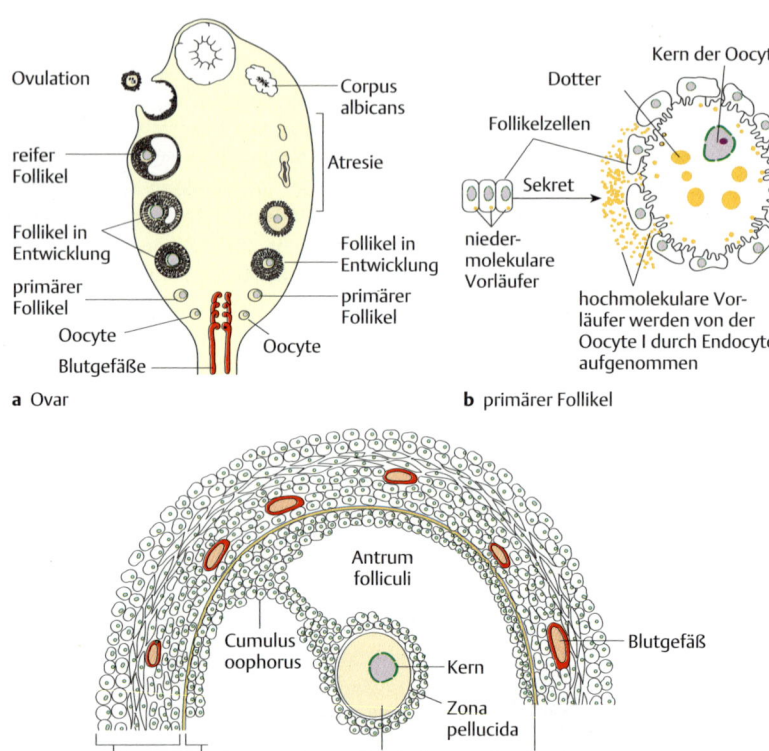

Abb. 2.5 Oogenese. a Ovar: Entwicklung der Follikel während eines menstruellen Zyklus. Der Entwicklungsgang auf der linken Seite zeigt das Schicksal eines dominanten Follikels und die Bildung des Corpus luteum bzw. Corpus albicans. Das Follikel auf der rechten Seite degeneriert (Atresie). **b** Heterosynthese. Die die Oocyte I umgebenden Follikelzellen nehmen niedermolekulare Substanzen aus dem Blut, der Hämolymphe oder der Coelomflüssigkeit auf und synthetisieren hochmolekulare Vorläufer von Dotter, die sezerniert werden. Die künftige Eizelle nimmt diese durch Endocytose auf. **c** Schema eines Graafschen Follikels. Die Oocyte II sitzt auf einer Ansammlung von Follikelzellen, dem Cumulus oophorus. Der Follikelraum (Antrum folliculi) ist von Flüssigkeit gefüllt, die beim Eisprung (Ovulation) die Oocyte in den Eileiter spült.

Bei Tierarten, die Eier ablegen, sind diese von einer **Schale** umgeben. Erfolgt wie bei Vögeln die Befruchtung vor der Bildung der Eischale, besitzt diese oft keine größeren mikroskopisch erkennbaren Öffnungen. Der Gasaustausch wird durch Poren der Kalkschale vermittelt. Die kugel- oder zylinderförmigen Eier von wirbellosen

Tieren sind meist von einer aus Glykoproteinen bestehenden Hülle umgeben. Diese kann einfach gebaut sein, wenn die Eier in eine geschützte Umgebung mit eher konstanten Bedingungen abgelegt werden. Erfolgt die Eiablage in eine Umgebung, wo mit Austrocknung, Überflutung, mechanischen Stress oder Eiparasiten (Tiere, die ihre Eier in die anderer Arten ablegen) zu rechnen ist, liegen komplizierte Hüllstrukturen als Schutz vor. Werden dicke Eihüllen schon vor der Fertilisation angelegt, müssen besondere Kanäle sowohl für das Eindringen der Spermien als auch für den Gasaustausch des Embryos bereitgestellt werden. Erstere werden als **Mikropylen**, letztere als **Aeropylen** bezeichnet (Abb. 2.6). Bei manchen Organismen wie den Stinkwanzen (Pentatomidae) sind beide Funktionen in einer Struktur vereint (Abb. 2.6b). Ist ein Bezirk der Eihülle besonders strukturiert und besitzt eine präformierte Bruchlinie, die das Entweichen der Larve erleichtert, bezeichnet man diese Region als **Operculum**. Die Eihüllen werden während der Oogenese aus mütterlichen Sekreten von den umgebenden Follikelzellen gebildet. Man unterscheidet das außen liegende, meist recht mächtige **Chorion** und die innen liegende **Vitellinmembran**. Bei manchen wirbellosen Tieren finden sich zusätzlich Hüllen innerhalb des Eies, die den Embryo direkt umgeben. Diese werden von den peripheren embryonalen Zellen abgegeben. Embryonale Hüllen können weitere Strukturen wie einen **Eizahn** tragen, der für das Aufsprengen der Eihülle verantwortlich ist (Abb. 2.7).

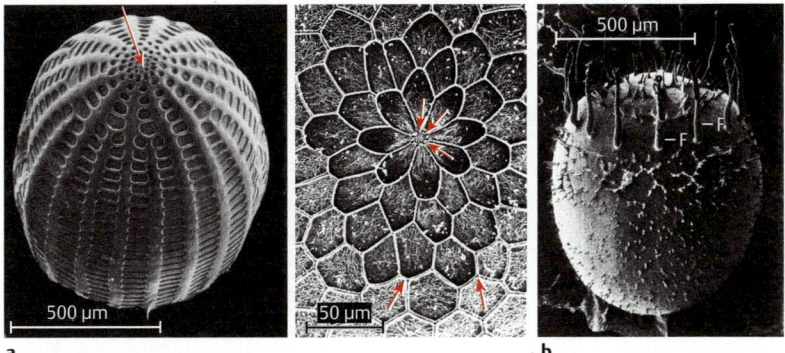

Abb. 2.6 **Eihüllen. a** Rasterelektronenmikroskopische Aufnahmen von Eiern von Schmetterlingen (Lepidoptera). Links: *Danaus plexipus* (Danaidae); Übersicht mit Blick auf den apikalen Pol (Pfeil). Rechts: *Horama grotei* (Arctiidae); Details des apikalen Pols. Inmitten einer sternförmigen Struktur liegen die Mikropylen. Aeropylen sind an den Schnittpunkten von 3 Graten zu finden, die ein Wabenmuster auf der Eioberfläche erzeugen. **b** Rasterelektronenmikroskopische Aufnahme eines Eies der Stinkwanze *Podisus sagitta* (Hemiptera: Pentatomidae). Das Ei zeigt eine stachelige Oberfläche. Am dem Betrachter zugewandten apikalen Pol sind schlanke Strukturen, die aero-mikropylaren Fortsätze (F), angebracht. (Fotos von K. W. Wolf, Kingston, Jamaika).

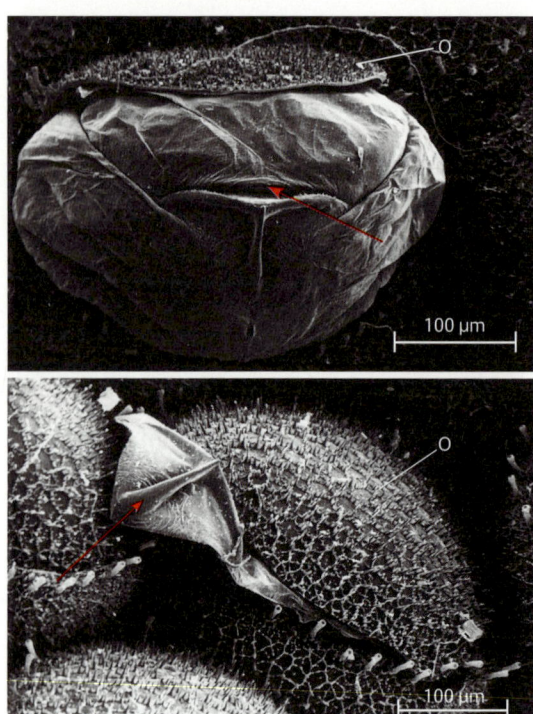

Abb. 2.7 **Rasterelektronenmikroskopische Aufnahme von Eiern der Stinkwanze *Mormidea pama* (Hemiptera: Pentatomidae).** Oben: Das Operculum (O) hat sich vom basalen Teil des Eies gelöst, und eine Nymphe befreit sich aus dem Ei. Das junge Tier ist in dieser Phase noch von einem embryonalen Sack umgeben, der eine sklerotisierte Modifikation zeigt (Pfeil). Hier handelt es sich um einen Eizahn, der für das Aufsprengen der Eischale verantwortlich ist. Unten: Die Nymphe ist aus dem embryonalen Sack (Pfeil) geschlüpft, und das Operculum (O) ist auf den basalen Teil der Eischale zurückgefallen. (Fotos von K. W. Wolf, Kingston, Jamaika).

Heterosynthese: Gegensatz zu Autosynthese. Sekundäre Nährstofflieferung an Oocyte I. Durch umgewandelte Oogonien (Nährzellen) oder umgebende somatische Zellen (Follikelzellen).
Follikel: Zellverband aus Oocyte I und Follikelzellen, als Graafscher Follikel voll entwickelt. Follikelzellen bilden nach Eisprung Corpus luteum, nach Stopp der Hormonproduktion Corpus albicans.
Atresie: Degeneration der dem dominanten Follikel unterlegenen Follikeln.
Dictyotän: Ruhestadium während der Prophase I in der Oocyte I.

Mikropyle: In zunächst unbefruchteten, abgelegten Eiern, Kanal für das Eindringen des Spermiums.
Aeropyle: Kanal nur für Luftzufuhr.

2.2.3 Spermatogenese

Die **Spermatogenese** findet in den **Hoden** statt. Diese können – wie bei vielen adulten Säugetieren – an der Körperoberfläche liegen, sind aber meist im Rumpf verborgen (Abb. 2.**8**).

Die Größe der Hoden ist in der Regel proportional zur Körpergröße. Es gibt aber Einflüsse durch das Paarungsverhalten auf die Hodengröße. In monogamen Primaten und in solchen mit dominanten Männchen sind die Hoden kleiner als in Arten, in denen sich die fruchtbaren Weibchen mit einer Reihe von Männchen paaren. Im letzteren Fall ist einfach der Spermienbedarf größer, um das eigene genetische Material zu verbreiten, und voluminösere Hoden sind vorteilhafter. Es ist offen, was die endgültige Größe der Hoden in Säugetieren bestimmt, aber die anfangs vorhandene Zahl der **Sertolizellen** (Abb. 2.9), scheint einen regulierenden Einfluss zu haben. Diese somatischen Zellen im Hoden werden während der Embryogenese gebildet, sind nicht teilungsfähig, trennen die Peripherie der Hodentubuli vom Lumen und bleiben über die gesamte Lebensspanne erhalten.

Bei manchen Säugetieren findet man, dass die Hoden während der Embryonalentwicklung in der Bauchhöhle gebildet werden und dann in den Hodensack (Scrotum) einwandern. Dabei behalten sie ihre ursprüngliche Verbindung mit Blutgefäßen, die sich entsprechend verlängern. Das Phänomen der **absteigenden Hoden** findet sich nicht in allen Säugetieren und tritt in keiner weiteren Klasse der Wirbeltiere auf. Es liegt auf der Hand, dass im Scrotum liegende Hoden gegenüber mechanischer Schädigung weitaus anfälliger sind als abdominale Hoden. Die Funktion der Hoden ist zudem ernsthaft gestört, wenn die Einwande-

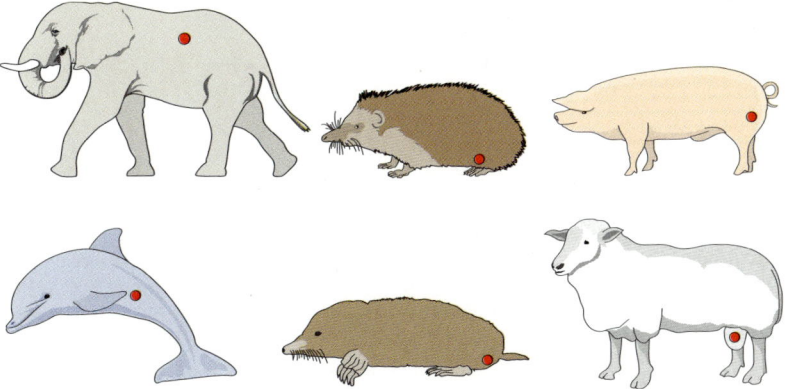

Abb. 2.**8 Testes.** Die Position der Hoden im Körper einer Reihe von Säugetieren.

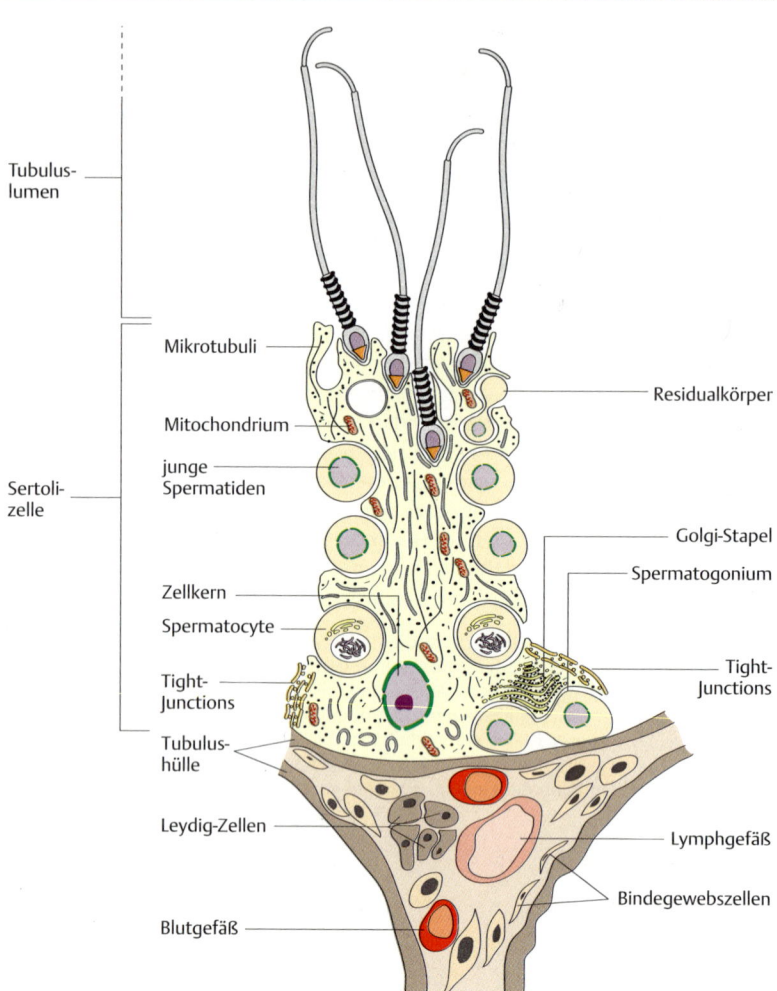

Abb. 2.**9 Bau der Säugerhoden.** Die Spermatogenese der Säugetiere findet in Hodentubuli statt. Die Spermatogonien werden im Intrazellularraum zwischen durch Tight Junctions miteinander in Verbindung stehenden Sertolizellen gebildet. Im Zuge ihrer Entwicklung bewegen sich die Keimzellen auf das Lumen der Hodentubuli zu. Die Sertolizellen spielen eine wichtige Rolle bei der Versorgung der Keimzellen und diesem einwärtsgerichteten Bewegungsvorgang. Außerhalb der Hodentubuli liegen Blut- und Lymphgefäße und ein weiterer somatischer Zelltyp, die Leydig-Zellen.

rung in das Scrotum bei den entsprechenden Arten beeinträchtigt ist. Somit scheint diese Organisationsform der männlichen Keimdrüsen einen starken Selektionsvorteil zu haben, der allerdings noch nicht entschlüsselt ist.

Die Spermatogenese beginnt mit der Pubertät und dauert über die gesamte Lebensspanne an. In der Regel werden beim Menschen einige Hundert Millionen Spermien pro Tag gebildet. Die Spermatogenese erfolgt in den Hoden in sogenannten **Hodentubuli**, die von einer Bindegewebshülle umgeben sind (Abb. 2.**9**). Außerhalb der Bindegewebshülle liegen Lymph- und Blutgefäße und ein somatischer Zelltyp, die **Leydig-Zellen**, die für die Hormonproduktion verantwortlich sind. Bei einem erwachsenen Mann wird die Länge der Hodentubuli auf 250 Meter geschätzt. Der erste Schritt der Spermatogenese sind die spermatogonialen Teilungen. Diese finden in der Peripherie der Hodentubuli, außerhalb der basalen, kernhaltigen Teile der Sertolizellen, statt. Aufgrund der Morphologie der Zellkerne unterscheidet man bei Säugetieren A_1- bis A_4- sowie intermediäre **Spermatogonien** (Abb. 2.**10**). Dann dringen die Keimzellen durch Interzellularspalten der Sertolizellen tiefer in das Lumen der Hodentubuli ein.

Es folgen die beiden meiotischen Teilungen (Rekombination und Reduktion des Chromosomensatzes) und die postmeiotische Reifung der Keimzellen. In diesen Abschnitten liegen sie in Krypten der Sertolizellen und werden von diesen zum Zentrum der Hodentubuli transportiert. Solange sie sich noch in den Hoden befinden und nach Durchlaufen der Meiose, werden die männlichen Keimzellen als **Spermatiden** bezeichnet, der Reifungsprozess ist auch als **Spermiogenese** bekannt. Nach Verlassen der Hoden haben wir **Spermien**, auch Spermatozoen genannt, vor uns (Abb. 2.**10**), die in die sogenannten **Nebenhoden** (**Epididymis**) gelangen. Dort finden keine morphologisch erkennbaren Veränderungen mehr statt, aber es erfolgt eine Reihe von biochemischen Reaktionen, die zur Reifung der Spermien nötig sind. Über den **Samenleiter** (**Vas deferens**) gelangen die Spermien in die **Harnröhre** (**Urethra**), die sich durch den Penis nach außen öffnet. Verschiedene Drüsen wie die Vesicula seminalis, die Vorsteherdrüse (**Prostata**) und die **Cowpersche Drüse** entlassen Fructose, Prostaglandine, alkalische Agenzien und Mucus in den Samenleiter. Sekrete und Spermien werden als **Samen** oder **Ejakulat** bezeichnet. Bei einem gesunden Mann sind 60 bis 100 Millionen Spermien pro Milliliter Ejakulat zu erwarten.

Spermien verschiedener Organismen sind sehr vielgestaltig geformt und ihre Länge zeigt keine Korrelation zur Größe des Tieres. Bei Vertebraten lässt sich aber ein Grundbauplan beschreiben, der auch für viele wirbellose Tiere zutrifft (Abb. 2.**11**). Das Spermium besteht aus dem kernhaltigen **Kopf**, der wiederum in die akrosomale und die post-akrosomale Region unterteilt ist. Der längenmäßig größte Abschnitt ist der **Schwanz** des Spermiums mit dem Flagellum. Dieser Abschnitt wird in Mittel-, Haupt- und Endstück unterteilt. Im Mittelstück sind Mitochondrien um das Flagellum herum schraubig angeordnet. Die Mitochondrien liefern energiereiche Phosphatverbindungen für die Bewegungen des Spermiums.

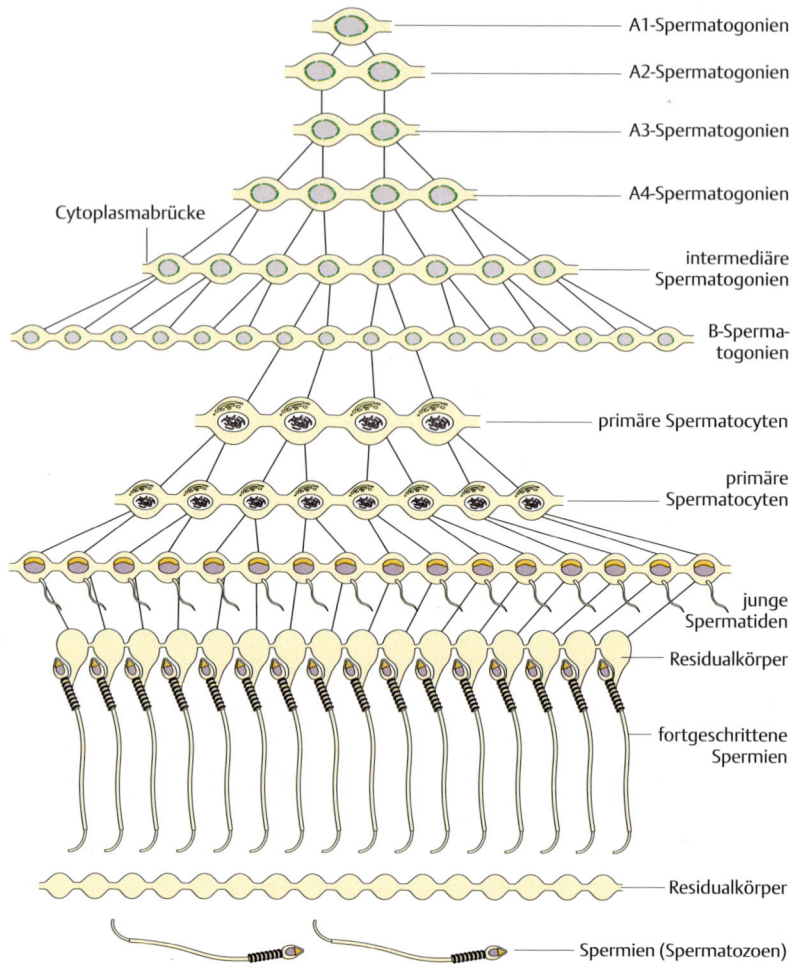

Abb. 2.**10 Ablauf der Spermatogenese beim Menschen.** Auf die spermatogonialen Teilungen folgen die Meiose und die Reifung der Spermatiden mit dem Abstreifen der Cytoplasmabrücken und der Residualkörper. (Nach: Storch, Welsch, Spektrum Akademischer Verlag, 2004.)

Das Hauptstück zeigt keine Mitochondrien, aber es finden sich weiterhin neun dichte Fasern und eine Art Hülle, die für die elastischen Eigenschaften des Spermienschwanzes verantwortlich sind (Abb. 2.**11**). Im Endstück fehlen diese Strukturen.

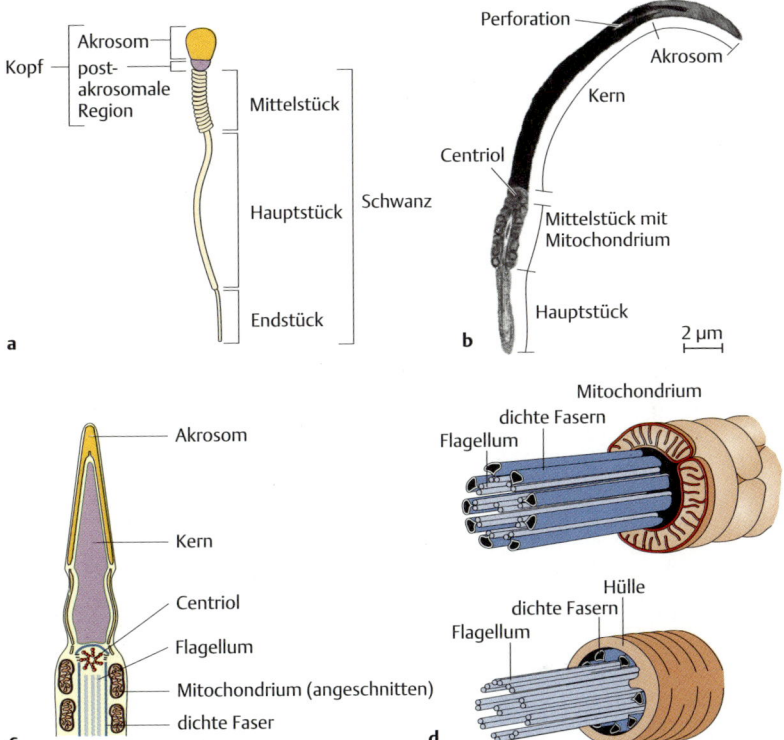

Abb. 2.11 **Bau eines Spermiums. a** Übersicht der Abschnitte. **b** Spermium des Mississippi Alligators. Das Perforatorium ist eine spezielle Struktur in Spermien von Vögeln und „Reptilien". (Foto von K. Gribbins, Springfield, Ohio, USA.) **c, d** Bau einzelner Abschnitte im Detail: c Kopf, d Mittel- und Hauptstück.

Da in der Spermiogenese (Abb. 2.**12**) eine solch dramatische Umstrukturierung des Cytoplasmas und der Kerne der Zellen stattfindet, sollen vier Vorgänge eingehender angesprochen werden:
- In den meisten Fällen verlängert sich ein in der Nähe des Zellkerns liegender Basalkörper und wächst zu einem **Flagellum** aus, das dem Spermium Beweglichkeit verleiht.
- Nach Abschluss der Meiose beginnt ebenfalls die Entwicklung eines von einer Membran umschlossenen Vesikels an einem Pol des Zellkerns. Dieses Vesikel, das im voll entwickelten Zustand **Akrosom** genannt wird, akkumuliert Enzyme, die später bei der Befruchtung am Eindringen des Spermiums in die Eizelle be-

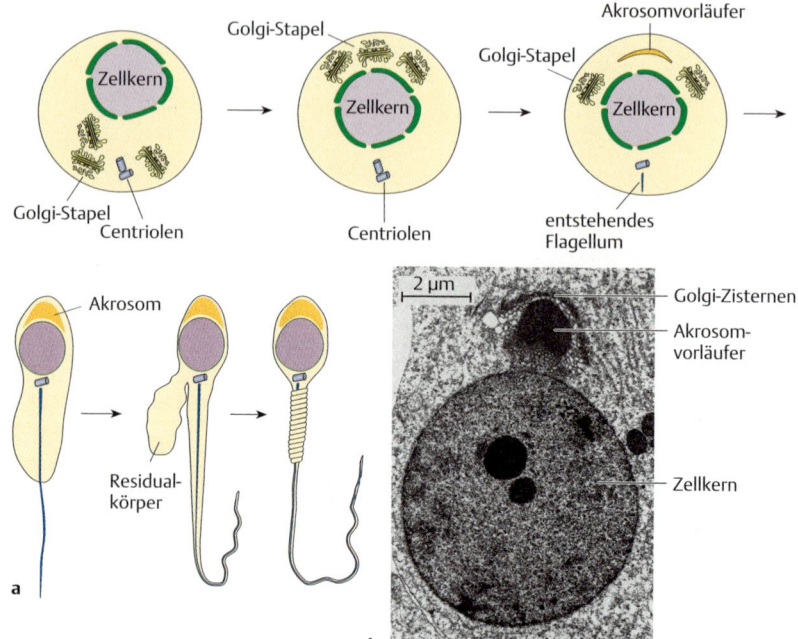

Abb. 2.12 **Spermiogenese. a** Die Tochterzelle der 2. meiotischen Teilung besitzt in der Nähe des Kerns zwei Centriolen. Eines der Centriolen verlängert sich zu einem Flagellum. Gleichzeitig bildet sich ein Akrosomvorläufer umgeben von Golgi-Stapeln. Die Zelle und der Zellkern nehmen eine längliche Gestalt an, und die Entwicklung des Akrosoms schreitet fort. Der Residualkörper wird gebildet und die Spermatide verlängert sich weiter. Der Residualkörper wird abgestoßen. **b** TEM-Aufnahme einer jungen Spermatide mit dem Zellkern und dem Akrosomvorläufer bei der Grille *Eneoptera surinamensis* (Orthoptera: Gryllidae). Golgi-Zisternen liegen in dessen Nachbarschaft und tragen zum Aufbau des Akrosoms bei. (Foto von K. W. Wolf, Kingston, Jamaika.)

teiligt sind. Der Inhalt des Akrosoms wird von Golgi-Komplexen bereitgestellt, die in großer Zahl in der Nachbarschaft des sich bildenden Akrosoms liegen (Abb. 2.12). Die Form des Akrosoms und seine Lage zum Zellkern variieren sehr stark im Tierreich (Abb. 2.13).

- Bei **externer Befruchtung**, recht häufig bei aquatischen Organismen, werden die Spermien in die Umwelt entlassen. **Werbeverhalten** und die **Kopulation** sichern unter anderem bei **interner Befruchtung**, dass nur die Spermien derselben Art in den weiblichen Genitaltrakt gelangen. In jedem Fall verlässt das Spermium den Körper des männlichen Individuums und ist dann möglicherweise schädigenden Einflüssen ausgesetzt. Die entscheidende Komponente des Spermiums

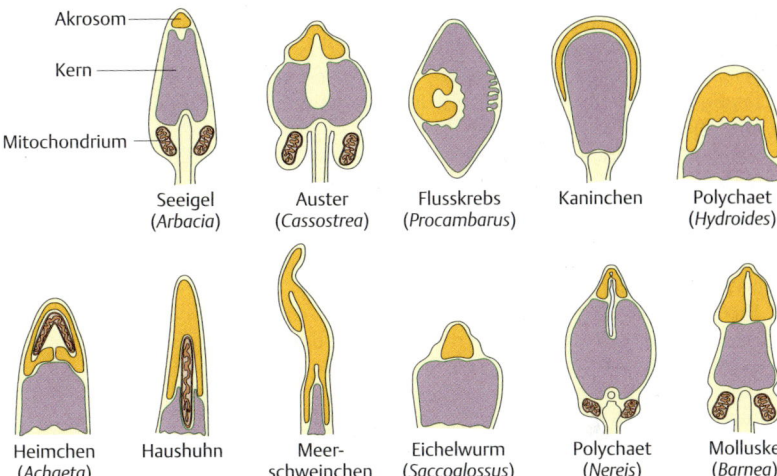

Abb. 2.13 **Form der Akrosomen und ihre Lage zum Zellkern bei einer Reihe von Tieren.**

ist der Zellkern mit dem genetischen Material. Dessen Beschädigung (Mutation) würde die Überlebens- und Fortpflanzungsfähigkeit der nächsten Generation in Frage stellen. Somit muss das genetische Material des Spermiums besonders gesichert werden. In der Spermiogenese werden die chromosomalen Proteine der somatischen Zellen, die Histone, durch andere basische Proteine, die sogenannten **Protamine**, ersetzt. Offenbar erlauben erst diese die extrem starke **Kondensation des Chromatins**, die während der Spermiogenese zu beobachten ist, und wahrscheinlich das genetische Material unempfindlicher gegen äußere Schädigungen macht.

– Die Tochterzellen der 2. meiotischen Teilung sind immer noch relativ groß. Während der Spermiogenese verlieren sie einen Großteil ihres Cytoplasmas. Es findet **Cytoplasmaelimination** statt, die zu kleinen, mit geringem Energieaufwand zu bewegenden Spermien führt. In der Spermiogenese werden sogenannte **Residualkörper** von den Spermatiden abgeschnürt (Abb. 2.12), die in großer Zahl Ribosomen und membranöse Bestandteile enthalten und schließlich degenerieren. Neben der Volumenreduktion hat die Cytoplasmaelimination auch die Aufgabe, die Cytoplasmabrücken zwischen den Spermatiden zu beseitigen.

> **Sertolizelle:** Somatische Zellen in den Hodentubuli, werden während der Embryogenese gebildet und verbleiben lebenslang. Wahrscheinlich Einfluss auf die Größe der Hoden. Trennen Peripherie vom Tubuluslumen. Nicht mehr teilungsfähig.
> **Leydig-Zelle:** Liegen außerhalb der Bindegewebshülle der Hodentubuli, Hormon produzierend, somatische Zellen.
> **Spermatiden:** Männliche Keimzellen nach Meiose, befinden sich noch im Hoden, noch nicht gereift. Werden erst nach Verlassen der Hoden und innerhalb der Nebenhoden als Spermien bezeichnet.
> **Spermiogenese:** Reifungsprozess der Spermatiden, gekennzeichnet durch Ausbildung des Flagellums, des Akrosoms, starke Kondensation des Chromatins und Cytoplasmaelimination.
> **Akrosom:** Von Membran umschlossenes Vesikel im kernhaltigen Kopf des Spermiums. Akkumuliert Enzyme für das Eindringen des Spermiums ins Ei.
> **Befruchtung:** Verschmelzung von Spermium und Ei.
> Extern: Spermien werden in die Umwelt entlassen (meist Wasser).
> Intern: Spermien gelangen direkt in weiblichen Genitaltrakt.
> **Residualkörper:** Teile des Spermatidiums, die während der Spermiogenese abgeschnürt werden (Cytoplasmaelimination).

2.2.4 Befruchtung

Die Voraussetzung für eine erfolgreiche **Befruchtung** (Verschmelzung zwischen Spermium und Ei) sind die **Erkennung** und eine erste Verbindung zwischen den beiden Keimzellen. Der Vorgang ist bei Säugetieren gut untersucht. Dort stellt die **Zona pellucida** (**Glashaut**) die äußerste, extrazelluläre Schicht des Eies dar. Es ist eine relativ dicke Lage aus Filamenten, die die Passage von Partikeln in der Größe bis zu kleinen Viren erlaubt. Die Zona pellucida der Hausmaus (*Mus musculus*) enthält drei verschiedene Glykoproteine: ZP1 (200 kDa), ZP2 (120 kDa) und ZP3 (83 kDa). ZP3 wird nur in sich entwickelnden Oocyten exprimiert und bildet zusammen mit ZP2-Filamente. Diese werden mithilfe von ZP1 untereinander verknüpft (Abb. 2.**14a**). ZP3 spielt die entscheidende Rolle, und es hat sich herausgestellt, dass nicht der Proteinanteil, sondern die angehefteten Zuckermoleküle für die spezifische Bindung der Spermien verantwortlich sind. Rezeptoren der freischwimmenden Spermien erkennen das Glykoprotein und heften sich an. Werden im Reagenzglas in einem Befruchtungsexperiment isolierte ZP3-Moleküle angeboten, blockieren diese die Ei-Bindungsstellen der Spermien und eine Anheftung findet nicht statt (Abb. 2.**14b**).

In Säugetieren sowie in wirbellosen Tieren sind die Rezeptoren in der Membran der Eier spezifisch für jede Art. Damit besteht eine Schranke gegen Befruchtung durch Spermien einer anderen Art, was insbesondere bei **externer Befruchtung** wichtig ist. Bei **interner Befruchtung** gibt es weitere vorgeschaltete Barrieren gegen Befruchtung durch andere Arten in Form der Werbung um einen Paarungspartner und der Anatomie der Genitalien. So unterscheiden sich die **Werbe-** und **Kopulationsverhalten** zweier verschiedener Schwarzkäfer aus der Gattung *Tribo-

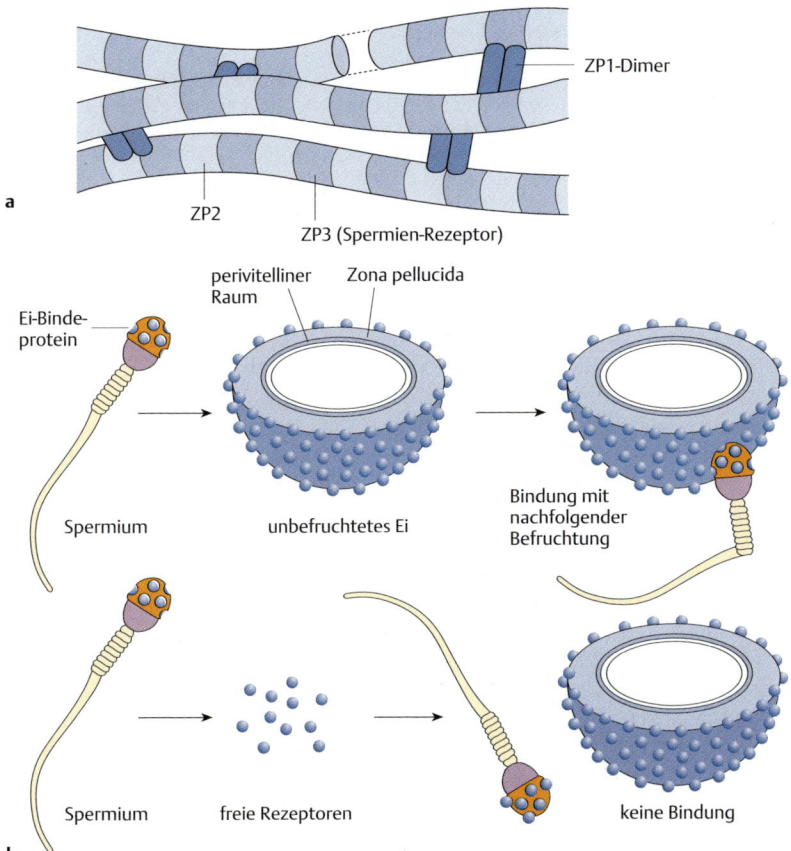

Abb. 2.**14 Zona pellucida. a** Auf molekularer Ebene besteht die Zona pellucida des Säugereis aus Filamenten, die aus den Glykoproteinen ZP2 und ZP3 bestehen. Ein weiteres Molekül, ZP1, verknüpft diese Filamente. **b** Wie Fertilisation in vitro gezeigt hat, ist das ZP3-Molekül der Zona pellucida der entscheidende Rezeptor für die Anheftung von Spermien. Blockiert man die Ei-Bindeproteine des Spermiums durch freie Rezeptoren, wird die Anheftung verhindert.

lium (Coleoptera: Tenebrionidae): Männchen von *T. confusum* stimulieren die Weibchen mit den Mundwerkzeugen und den Vorderbeinen. Männchen von *T. castaneum* setzen zu diesem Zweck die beiden vorderen Beinpaare ein. Unter natürlichen Bedingungen erreichen bei Säugetieren nur wenige Spermien das Ei. Aus diesem Grund wird seit längerem über die Möglichkeit von Chemotaxis zwischen Ei und Spermium spekuliert.

Seeigel dienen seit fast 100 Jahren als Modell zur Erforschung der Chemotaxis. Die Eihülle enthält kurze Lockstoffpeptide aus wenigen Aminosäuren, an die Rezeptoren an der Oberfläche des Spermienschwanzes binden. Die Rezeptoren sind Guanylylcyclasen (GC); sie synthetisieren den intrazellulären Botenstoff cGMP, durch den Ionenkanäle geöffnet und die Membran hyperpolarisiert wird. Es kommt über Aktivierung weiterer Kanäle, Ca^{2+}-Kanäle und HCN-Kanäle, die z. B. auch in den Schrittmacherzellen des Wirbeltierherzens eine Rolle spielen (S. 731), zu einem vermehrten Einstrom von Ca^{2+} und dadurch zu einer Änderung des Flagellenschlagmusters bzw. einem Richtungswechsel.

Das ZP3-Molekül ist bei Säugetieren nicht nur für die anfängliche Bindung zwischen Ei und Spermium verantwortlich, sondern induziert auch die sogenannte **Akrosomreaktion**. Wirbellose Meerestiere benötigen für die Spermienbindung und die Auslösung der Akrosomreaktion zwei verschiedene Moleküle. Die Akrosomreaktion ist eine Fusion der Plasmamembran und der Membran des Akrosoms. Auf diese Weise wird der Inhalt des Akrosoms freigesetzt (Abb. 2.**15a**). Die freiwerdenden Enzyme, eine Hyaluronidase und ein Trypsin-ähnliches Enzym, **Acrosin** genannt, erlauben es dem Spermium, unterstützt von den Bewegungen des Spermienschwanzes, die Zona pellucida zu durchdringen und den **perivitellinen Raum** zu erreichen (Abb. 2.**15b**). Beim Hamster dauert dies 5 bis 10 Minuten.

Das Spermium kann im perivitellinen Raum einige Zeit umherschwimmen und ist dann parallel zur Plasmamembran des Eies (**Oolemma**) orientiert. In dieser Orientierung nimmt das Spermium auf der Höhe des Zellkerns mit der Plasmamembran Kontakt auf und dies löst eine Reaktion des Eies, die sogenannte **Rinden-** oder **Corticalreaktion**, aus. Auf der cytoplasmatischen Seite der Plasmamembran liegen bei allen Tierarten **Rinden-** oder **Corticalgranula**. Innerhalb einer Art sind die Corticalgranula einheitlich gebaut. Zwischen Arten gibt es Unterschiede. Beim Seeigel *Strongylocentrotus purpuratus* besitzen sie einen Durchmesser von circa 1 µm und zeigen lamelläre und homogene Anteile. Die Corticalgranula der Maus sind kleiner (0,1–0,5 µm) mit homogenem, elektronendichtem Inhalt. Nach der Kontaktaufnahme zwischen Spermium und Plasmamembran des Eies entlassen die Corticalgranula ihren Inhalt in den perivitellinen Raum (Abb. 2.**15b**) und lassen eine extrazelluläre Hülle um das Ei, die **Befruchtungsmembran**, entstehen. Der Inhalt der Corticalgranula sind: Ovoperoxidase, Protease, Glykosidase und Strukturproteine. Insgesamt wurden bislang etwa 12 verschiedene Komponenten entdeckt. Die Befruchtungsmembran härtet in den Minuten nach Entlassen der Corticalgranula und stellt eine mechanische Schranke gegen das Eindringen weiterer Spermien dar. In anderen Worten: **Polyspermie** wird verhindert. Bei Säugetieren und Fischen erfüllen die Zona pellucida und der Inhalt der Corticalgranula diese Funktion zusammen. Bei Fröschen und Seeigeln fehlt eine ausgeprägte extrazelluläre Matrix vor der Befruchtung und die Corticalreaktion stellt den Hauptanteil der mechanischen Barriere gegen Polyspermie. Die Corticalreaktion umfasst die gesamte Oberfläche des Eies, und der Stimulus scheint durch eine Welle von Ca^{2+}-Ionen vermittelt zu werden. Im Zuge der Corticalreaktion wird auch das Spermium in das Cytoplasma des Eies aufgenommen. Die **Plasmogamie** ist vollzogen, und im Cytoplasma

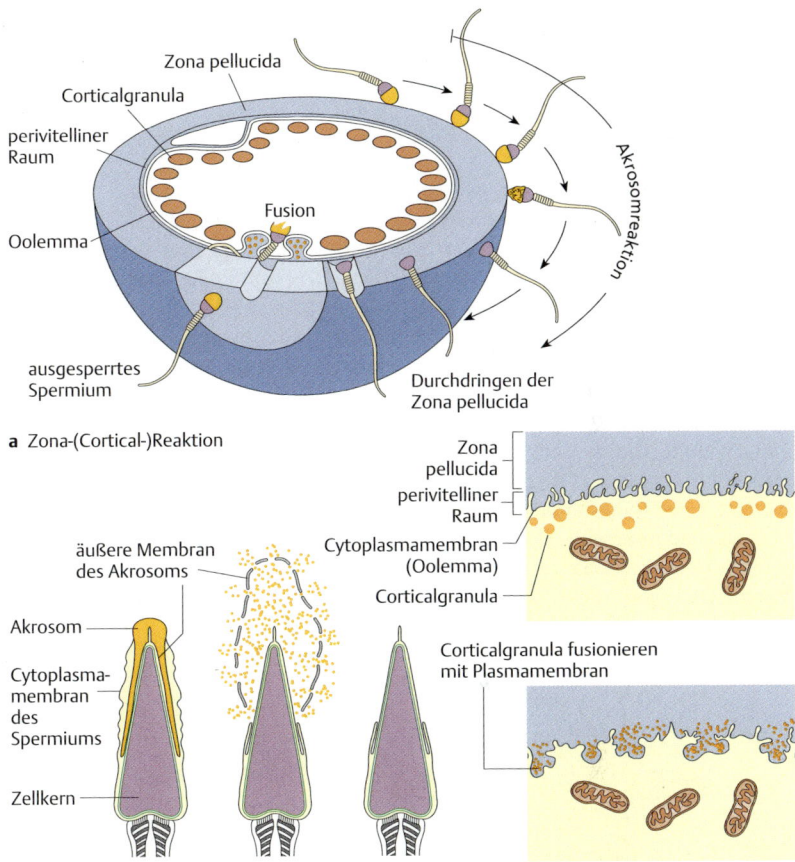

Abb. 2.15 Befruchtung. a In der Peripherie der Eizelle bindet das Spermium an die Zona pellucida (oben, weiterer Verlauf im Uhrzeigersinn) und die Akrosomreaktion findet statt. In deren Folge durchdringt das Spermium die Zona pellucida und erreicht den perivitellinen Raum. Die Fusion des Spermiums mit der Plasmamembran der Eizelle löst die Cortical- oder Rindenreaktion aus. Cortical- oder Rindengranula entlassen ihren Inhalt in den perivitellinen Raum und die Befruchtungsmembran wird gebildet. Der letztgenannte Vorgang wird auch als Zona-Reaktion bezeichnet und führt dazu, dass keine weiteren Spermien eindringen. **b** Spermienkopf vor der Akrosomreaktion. Die Akrosomreaktion ist durch die Fusion der Plasmamembran des Spermiums mit der äußeren Membran des Akrosoms in Gang gekommen. Es entstehen Vesikel aus diesen beiden Membranen und der Inhalt des Akrosoms wird freigesetzt. **c** Die kugelförmigen Corticalgranula werden im Cytoplasma der Eizelle gebildet und wandern im Zuge der Oogenese zur Plasmamembran. Das Eindringen des Spermiums in das Ei löst die Corticalreaktion aus. Die Granula fusionieren mit der Plasmamembran und entlassen ihren Inhalt in den extrazellulären Raum.

der befruchteten Eizelle (**Zygote**) liegen ein männlicher und ein weiblicher **Vorkern** getrennt voneinander vor. Die beiden Kerne bewegen sich mithilfe von Cytoskelettelementen aufeinander zu und verschmelzen schließlich miteinander (**Karyogamie**, Abb. 2.**3**a).

Zeitpunkt der Befruchtung

Beim Menschen beginnen die ovariellen Zyklen mit der **Pubertät** und enden mit der **Menopause**, wenn die Fortpflanzungsfähigkeit der Frau endet. Die ovariellen Zyklen werden normalerweise nur durch die Schwangerschaft unterbrochen, aber auch Unterernährung kann zu deren Stillstand führen. Ein Zyklus dauert 28 Tage. In der ersten Phase reifen die Oocyten in einem Follikel. Ist die Hälfte des Zyklus durchlaufen, wird die Oocyte II, in der mittlerweile die meiotischen Teilungen abgeschlossen werden, aus dem Ovar entlassen (**Ovulation**, **Eisprung**). Die verbleibenden Follikelzellen bilden das Corpus luteum, das auf hormonellem Wege den Uterus auf eine Schwangerschaft vorbereitet. Das befruchtungsfähige Ei wird vom **Ovidukt** (**Eileiter**) aufgenommen und in dieser Phase findet auch die Befruchtung statt (Abb. 2.**16**). Noch während sich die Zygote im Ovidukt befindet, setzen die ersten Furchungsteilungen ein. Die oberflächliche Lage des **Uterus** (Gebärmutter), das **Endometrium**, sorgt für die Einnistung (Implantation) des jungen Embryos. Der **Cervix** (Gebärmutterhals) verbindet das untere Ende des Uterus mit der **Vagina** (Scheide), die zur Aufnahme des männlichen Penis bei der Kopulation und als **Geburtskanal** dient.

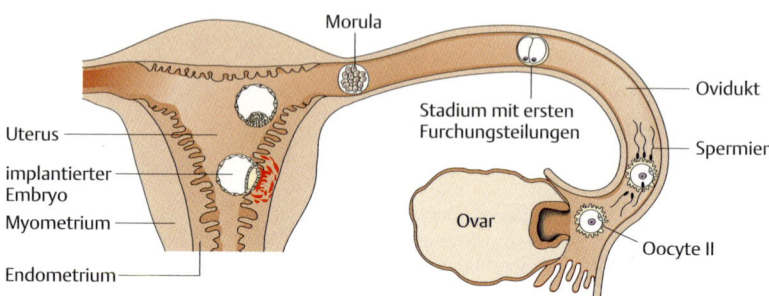

Abb. 2.**16 Anatomische Beziehung zwischen Ovar, Ovidukt und Uterus.** Beim Eisprung wird eine Oocyte aus dem Ovar entlassen und in Richtung Uterus transportiert. Ist die Befruchtung in dieser Phase erfolgreich, schließt sich die Implantation in das Endometrium des Uterus an.

Akrosomreaktion: Ausgelöst durch Bindung des Spermiums an Glykoproteine der Zona pellucida des Eies. Fusion der Plasmamembran des Spermiums und der Akrosommembran. Mithilfe der dadurch freigesetzten Enzyme aus dem Akrosom (Hyaluronidase, Acrosin) durchdringt das Spermium die Zona pellucida und erreicht den perivitellinen Raum.
Corticalreaktion: Ausgelöst durch Fusion des Spermiums mit der Plasmamembran des Eies entlassen die Corticalgranula ihren Inhalt (u. a. Ovoperoxidase, Protease, Glykosidase und Strukturproteine) in den perivitellinen Raum. Um das Ei wird eine extrazelluläre Hülle (Befruchtungsmembran) gebildet, die als mechanische Barriere das Eindringen weiterer Spermien (Polyspermie) verhindert.

3 Entwicklung

Thomas Kurth

3.1 Entwicklungsabschnitte

> Die Entwicklung eines vielzelligen Tieres von der Zygote bis zum adulten Tier lässt sich in verschiedene Abschnitte unterteilen. Während der **Embryonalphase** finden die ersten Zellteilungen, die Gastrulation und die Bildung der Keimblätter statt. Aus den Keimblättern entwickeln sich im Rahmen der **Organogenese** die Gewebe und Organsysteme des Körpers. Die Weiterentwicklung zum adulten Tier während der **Juvenilphase** erfolgt kontinuierlich oder ist an ausgeprägte und bisweilen vom **Adultus** stark abweichende **Larvalstadien** geknüpft.

Bei der sexuellen Fortpflanzung verschmelzen in der Regel zwei haploide Zellen (Gameten) miteinander zu einer diploiden Zygote (S. 296). Bei vielzelligen Tieren mit sexueller Fortpflanzung ist dieses einzellige Stadium daher ein obligatorisches Ausgangsstadium für komplexe Entwicklungsprozesse, die von der Zygote zum vielzelligen Adultus und letztlich über das Altern zum Tod führen (**Ontogenese**).

Das Leben eines vielzelligen Tieres lässt sich daher in verschiedene Phasen unterteilen. In der **Embryonalphase** oder **Embryogenese** finden die grundlegenden Entwicklungsprozesse wie Furchung, Gastrulation, Organentwicklung und Gewebebildung statt. Sie endet mit dem Schlüpfen oder der Geburt des Jungtieres. In der **Juvenilphase** findet ein intensives Wachstum statt. Bei **direkter Entwicklung** sind Organumbildungen in dieser Phase meist auf die sekundären Geschlechtsmerkmale beschränkt. Bei Tieren mit Larvalstadien kommt es zwischen der Juvenilphase und der Adultphase allerdings zu größeren Umbildungen. Man spricht dann von **indirekter Entwicklung**. Abgesehen von regenerativen Prozessen bei manchen Tieren kommen in der **Adultphase** kaum noch größere Umbildungen vor, bis schließlich in der **Seneszenzphase** Alterungsprozesse immer offensichtlicher werden, die zum Tode führen. Die Dauer der einzelnen Phasen kann sehr unterschiedlich sein. Bei Säugetieren ist die Adultphase der längste Lebensabschnitt, während bei einigen Insekten die Juvenilphase dominiert. Bei der Zikade *Magicicada septendecim* dauert die Juvenilphase 17 Jahre, die Adultphase aber nur wenige Wochen. Bei Eintagsfliegen (Ephemeroptera) erstreckt sich die Larvalentwicklung einiger Arten über mehrere Jahre, während die adulten Tiere nur wenige Stunden leben.

3.1.1 Furchung

Bei der **Furchung** kommt es durch eine rasche Abfolge von Mitosen zur Teilung der befruchteten Eizelle in viele kleinere Zellen, welche als **Blastomeren** bezeichnet werden. Bei einigen Tieren erinnert dieser Zellhaufen nach wenigen Zellteilungen an eine Maulbeerfrucht und wird deshalb als **Morula** bezeichnet. Weitere Teilungen führen zur Ausbildung einer Hohlkugel (**Blastula**). Der innere Hohlraum dieser Kugel ist das **Blastocoel** (= primäre Leibeshöhle). Für die Bildung des Blastocoels sind aktive Ionentransportvorgänge über das Blastulaepithel hinweg sowie das Vorkommen von Verschlusskontakten in diesem Epithel (Tight Junctions, *Biochemie, Zellbiologie*) verantwortlich. Ist ein Blastocoel nicht ausgebildet oder wird es verdrängt, spricht man von einer **Sterroblastula** (z. B. bei Tardigraden und vielen Mollusken). In Abhängigkeit von der Organisation der Eizelle können verschiedene Furchungstypen unterschieden werden.

Organisation der Eizelle

Der Ablauf der Furchungsteilungen ist von verschiedenen Faktoren abhängig. Die Organisation der Eizelle (Dottermenge, Verteilung von Cytoplasma und Dotter) spielt dabei eine entscheidende Rolle. Der **Dotter** soll als Nahrungsvorrat den Embryo so lange versorgen, bis dieser selbst Nahrung aufnehmen kann. Die Eiorganisation ist daher abhängig vom Entwicklungsmodus und der Lebensweise der betreffenden Art. Bei Tieren mit bereits früh zur Nahrungsaufnahme befähigten Larven (Trochophora der Anneliden oder Veliger der Mollusken, Abb. 3.**10**) sind die Eier relativ dotterarm (**oligolecithal**). Verläuft die Entwicklung direkt, sind die Eier meist dotterreich (**polylecithal**, z. B. Vögel und „Reptilien"). Eine Ausnahme bilden die plazentalen Säugetiere. Obwohl auch hier die Entwicklung direkt verläuft, sind die Eier dotterarm, da die Embryonen über die Plazenta der Mutter ernährt werden (s. u.) und ein dotterreiches Ei unnötig ist. Die eierlegenden Säugetiere (Monotremata) dagegen sind wie Vögel und „Reptilien" auf dotterreiche Eier angewiesen.

Neben der Dottermenge spielt auch die **Verteilung des Dotters** in der Eizelle eine Rolle. Eine gleichmäßige Verteilung findet man bei **isolecithalen Eiern** (z. B. *Branchiostoma*). Eine Konzentration des Dotters in einer Hemisphäre des Eies kennzeichnet **telolecithale Eier** (Amphibien, Fische, Vögel, „Reptilien"). Man unterscheidet hier die dotterreiche **vegetale** von der dotterärmeren **animalen Hälfte**. Bei den Insekten ist der Dotter in der Mitte des Eies konzentriert (**centrolecithale Eier**). Schließlich wird der Furchungstyp einer Eizelle noch durch die festgelegte Orientierung der Teilungsspindeln bestimmt (Radiärfurchung, Spiralfurchung und deren Abwandlungen).

Verschiedene Furchungstypen

Nur Eier mit wenig Dotter furchen sich vollständig (**holoblastisch**). Eine solche holoblastische Furchung kann **äqual** erfolgen, sodass alle Furchungszellen gleich groß sind (Porifera, Cnidaria, Echinodermata, sekundär bei Säugetieren) oder **inäqual** mit ungleich großen Blastomeren (Ctenophoren, viele Spiralier, Amphibien, Abb. 3.**1a**, Abb. 3.**2**).

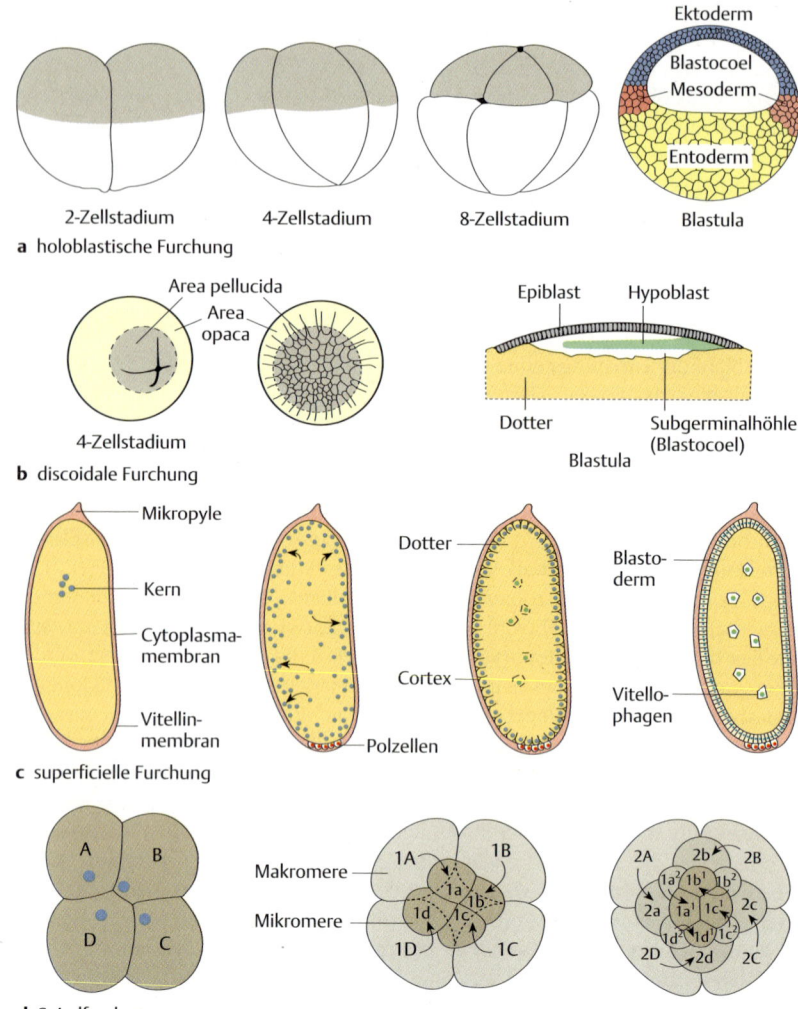

Abb. 3.1 Furchung. a Holoblastisch, radiär und inäqual (*Xenopus laevis*). 2-Zell-, 4-Zell-, 8-Zellstadium, Blastula mit Blastocoel. **b** Discoidale Furchung beim Huhn. 4-Zellstadium, der zentrale Teil des Embryos bildet die durchscheinende Area pellucida, während die Peripherie als Area opaca bezeichnet wird. Weiter fortgeschrittenes Stadium nach unregelmäßig abgelaufenen Zellteilungen. Schnitt durch die 2-schichtige Blastula mit Epiblast, Hypoblast und Subgerminalhöhle (Blastocoel). **c** Superficielle Furchung bei *Drosophila*. 4-Kern-; 512-Kernstadium, Bildung der Polzellen. 11. Kernteilungszyklus. Kerne wandern in den Cortex. Einige Kerne bleiben als Vitellophagenkerne im Dotter zurück. Blastodermstadium, Bildung von Zellgrenzmembranen. **d** Spiralfurchung am Beispiel eines Anneliden. 4-Zell-, 8-Zell-, 16-Zellstadien. Blick auf den animalen Pol.

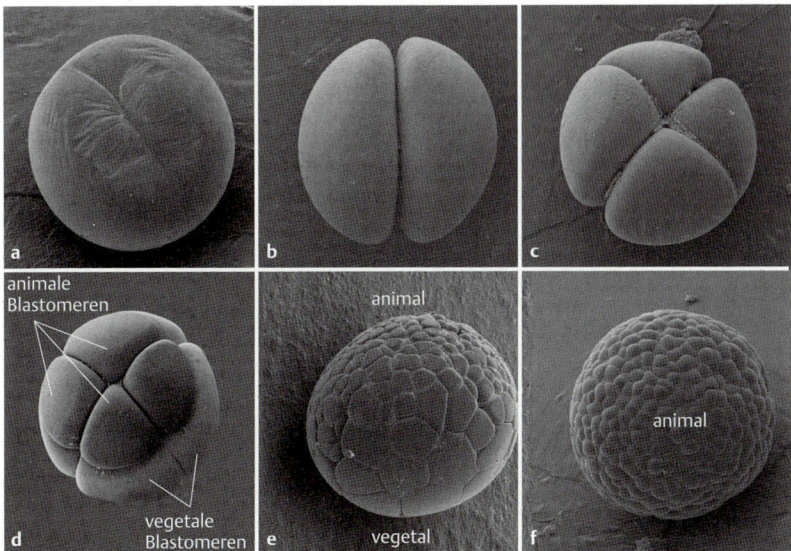

Abb. 3.**2** **Furchungsteilungen bei *Xenopus laevis*. a** Beginnende Zellteilung der Zygote. **b** 2-Zell-, **c** 4-Zell-, **d** 8-Zellembryo, **e** frühe Blastula. **f** mittlere Blastula, Blick auf den animalen Pol. (REM-Bilder von Thomas Kurth, CRTD Dresden, und Jürgen Berger, MPI für Entwicklungsbiologie Tübingen.)

Eier mit viel Dotter furchen sich dagegen nur teilweise (**partiell** oder **meroblastisch**). Bei Vögeln, „Reptilien", Haien, Teleosteern und Cephalopoden bildet sich dabei der Embryo am animalen Pol als **Keimscheibe**, welche einer großen ungefurchten Dottermasse aufliegt (**partiell discoidale Furchung**, Abb. 3.1b). Bei den centrolecithalen Eiern der Insekten erfolgen die Furchungsteilungen **partiell superficiell** (Abb. 3.1c). Dabei teilt sich nur der Zygotenkern, sodass ein Syncytium mit zahlreichen Kernen entsteht. Ab dem 256-Kernstadium beginnen die Kerne in die Peripherie und schließlich in den Cortex der Eizelle zu wandern, wo sie mit Zellgrenzmembranen umgeben werden und das zelluläre Blastoderm bilden. Dieses umgibt als Epithel die zentrale Dottermasse.

Eine weitere Einteilung der holoblastischen Furchungstypen erfolgt nach Lage der Blastomeren zueinander. Bei der **Radiärfurchung** teilen sich die Blastomeren regelmäßig. Die erste Furchung zerteilt die Eizelle vom **animalen Pol** meridional zum **vegetalen Pol** in zwei gleich große Blastomeren. Die zweite Furche verläuft ebenfalls meridional, aber in senkrechter Orientierung zur ersten. Die dritte Furchung verläuft äquatorial (Abb. 3.1a, Abb. 3.2). Bei diesem Furchungsmodus sind die Blastomeren radiärsymmetrisch um eine zentrale, vom animalen zum vegetalen Pol verlaufende Achse angeordnet und liegen regelmäßig über- und nebeneinander. Radiärfurchung kommt beispielsweise bei Poriferen, Amphibien und Echinodermen vor. Eine Abwandlung der Radiärfurchung stellt die **Bilateralfurchung** dar. Dabei kann schon in den frühen Furchungsstadien eine rechte von einer spiegelbildlich identischen linken Seite unterschieden werden, deren Symmetrieachse derjenigen des Embryos entspricht. Dieser Furchungstyp kommt bei Gastrotrichen, Nematoden, Ascidien und Acraniern (*Branchiostoma*) vor.

Ein weiterer Furchungstyp, die **Spiralfurchung**, ist charakteristisch für Anneliden und Mollusken (außer Cephalopoda) und kommt teilweise bei Plathelminthen und Nemertinen vor. Bei der Spiralfurchung (Abb. 3.**1d**) verlaufen die Teilungen schräg zueinander, und es werden alternierend nach rechts und nach links Quartette von Tochterzellen abgegeben. Die ersten 4 Blastomeren sind ungefähr gleich groß und werden als Makromeren A–D bezeichnet. Im nächsten Teilungsschritt bilden sich die 4 Makromeren 1A–1D und nach rechts gedreht 4 kleinere Blastomeren, die als Mikromeren 1a–1d bezeichnet werden. Auch die weiteren Teilungsschritte erfolgen streng synchron (meist bis zum 128-Zellstadium), wobei aus Mikromeren immer Mikromeren und aus einem Makromeren-Quartett immer 4 Makromeren und 4 Mikromeren entstehen. In der nächsten Teilungsrunde entstehen aus den Makromeren 1A–1D die Makromeren 2A–2D sowie die Mikromeren 2a–2d und aus den Mikromeren 1a–1d die Mikromeren $1a^1$–$1d^1$ und $1a^2$–$1d^2$. Da die Furchungsteilungen gesetzmäßig verlaufen, kann man bereits sehr früh das prospektive Schicksal einzelner Blastomeren vorhersagen. So wird der animale Pol zum Vorderende und der vegetale zum Hinterende. Die Zellen A und C kennzeichnen die Körperseiten, B die Ventral- und D die Dorsalseite. Besondere Bedeutung kommt der Zelle 4d (**Urmesodermzelle**) zu, aus der das Mesoderm entsteht.

Ein merkwürdiger Sondertypus der „Furchung" (**Blastomerenanarchie**) tritt bei manchen Turbellarien (Tricladida) auf. Hier wandern völlig isolierte Zellen in die Dottermasse des Eikokons ein und bilden erst später einen Embryo.

Regulation des Zellzyklus während der Furchung. Bei den meisten Eizellen ist die Kern-Plasma-Relation (Masse des Chromatins im Verhältnis zur Cytoplasmamenge, *Genetik*) stark zu Ungunsten der Chromatinmasse verschoben. Während der frühen Furchungsteilungen findet kein Wachstum statt. Es erfolgen lediglich Zellteilungen rasch aufeinander, und der Zellzyklus ist jeweils auf schnelle Abfolgen von S- und M-Phasen reduziert. G_1- und G_2-Phasen gibt es zu diesem Zeitpunkt nicht. Die Schlüsselkomponente zur Regulation des Zellzyklus ist ein cytoplasmatischer Komplex aus 2 Proteinen (Cyclin B und p34^{cdc2}), welcher auch als MPF (MPF = **mitosis promoting factor**) bezeichnet wird. MPF besitzt Kinase-Aktivität und triggert den Eintritt in die Mitose (*Biochemie, Zellbiologie*).

Der Standard-Zellzyklus in nichtembryonalen Zellen wird auch durch eine Vielzahl von kerngesteuerten Rückkopplungsmechanismen reguliert. Im frühen Embryo wird MPF dagegen nahezu unabhängig von Kernkomponenten zyklisch aktiviert und deaktiviert. Die Deaktivierung markiert den Übergang von der Mitose zur S-Phase. Bis zur nächsten Aktivierung des MPF bleibt gerade genug Zeit für eine komplette Replikation der Kern-DNA. Dies liegt wahrscheinlich daran, dass aufgrund der niedrigen Kern-Plasma-Relation während der frühen Furchungsteilungen die kerncodierten Regulatoren keine Rolle spielen, während die cytoplasmatischen Regulatoren (wie MPF) überwiegen. Erst wenn sich die Kern-Plasma-Relation wieder einem für somatische Zellen charakteristischen Wert nähert, verlängert sich der Zellzyklus. G_1- und G_2-Phasen treten auf, und zygotische Transkription setzt ein. Beim südafrikanischen Krallenfrosch *Xenopus laevis* wird dieser Übergang als Mid-Blastula Transition (MBT) bezeichnet. Ab diesem Zeitpunkt sind die Zellen erst in der Lage sich zu bewegen und ein eigenständiges Entwicklungsprogramm zu starten. Durch experimentelle Veränderungen der DNA-Menge in frühen Embryonen kann der Zeitpunkt der MBT entweder nach hinten verschoben oder vorverlegt werden.

3.1.2 Gastrulation und Bildung der Keimblätter

Auf die Furchungsteilungen folgt die **Gastrulation**, ein Prozess, der zur Ausbildung eines becherförmigen Entwicklungsstadiums führt, der **Gastrula**. Ursprünglich führt sie zur Bildung eines Gastralraumes (gr. gaster: Magen), welcher der Verdauung dient. Im einfachsten Fall stülpt sich die Blastula an einer Seite ein, und ein Teil des äußeren Epithels wird nach innen verlagert. Das Resultat ist ein becherförmiger Keim mit einem äußeren Epithel (**Ektoderm**) und einem inneren Epithel (**Entoderm**). Diese Zellschichten, aus denen sich später verschiedene Organsysteme entwickeln, werden auch als **Keimblätter** bezeichnet. Bei Schwämmen, Cnidariern und Ctenophoren ist diese Organisation bis heute im Wesentlichen beibehalten worden. Zwischen dem Ekto- und dem Entoderm kann noch eine gallertige Schicht liegen (**Mesogloea**). Tiere mit bilateralsymmetrischer Organisation (Bilateria) sind durch ein drittes Keimblatt, das **Mesoderm**, gekennzeichnet. Dieses bildet sich während der Gastrulation zwischen dem Ekto- und dem Entoderm, wodurch die Grundorganisation des Embryos festgelegt wird. Die Gastrulation ist durch eine Reihe von morphogenetischen Bewegungen (**Morphogenese** = Bildung der Gestalt) charakterisiert. Dazu gehören die Wanderung von Einzelzellen, Zellformveränderungen und koordinierte Bewegungen ganzer Zellverbände. Damit stellt die Gastrulation einen entscheidenden Schritt im Leben eines jeden Vielzellers dar. Der Entwicklungsbiologe Lewis Wolpert hat einmal gesagt, dass nicht Geburt, Hochzeit oder Tod, sondern die Gastrulation der wichtigste Augenblick im Leben eines Menschen sei.

Ein einfacher Typus der Gastrulation, die **Invagination**, findet sich z. B. beim **Lanzettfischchen** *Branchiostoma* (Abb. 3.**3a**). Ein Teil des Blastulaepithels stülpt sich nach innen und verdrängt die **primäre Leibeshöhle**. Die Einstülpungsstelle wird als **Blastoporus**, der neu entstandene Hohlraum als **Archenteron** (**Urdarm**) bezeichnet. Dieser Typ der Gastrulation ist weit verbreitet und kommt außer bei *Branchiostoma* bei Schwämmen, Cnidariern und einigen Krebsen vor.

Beim **Seeigel** verläuft die Gastrulation in mehreren Schritten (Abb. 3.**3b**). Zuerst wandern am vegetalen Pol gelegene Zellen in das Blastocoel ein (**Immigration**). Die Zellen durchlaufen dabei einen Übergang von epithelialer zu mesenchymartiger Anordnung (EMT = **e**pithelial **m**esenchymal **t**ransition). Die eingewanderten **primären Mesenchymzellen** strecken fadenförmige Fortsätze, sogenannte Filopodien, aus, welche Kontakt mit der fibronektinhaltigen Matrix der inneren Blastocoelwand aufnehmen. Fibronektin ist ein Protein der extrazellulären Matrix und bindet an Oberflächenrezeptoren der Zellen (Integrine, 📖 *Biochemie, Zellbiologie*).

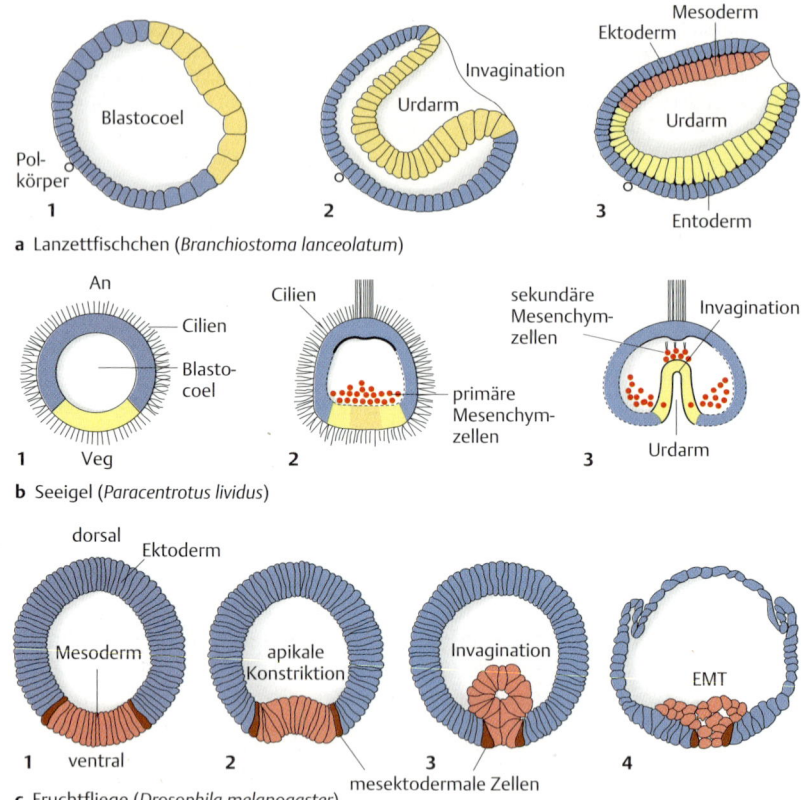

Abb. 3.3 **Gastrulation bei Wirbellosen. a** Invagination bei *Branchiostoma lanceolatum*. Embryonen jeweils im Längsschnitt. **b** Immigration und Invagination beim Seeigel *Paracentrotus lividus*. Blastula (1), Immigration der primären Mesenchymzellen (2), Invagination und Urdarmbildung (3). **c** Invagination bei *Drosophila melanogaster*. Blastoderm (1), apikale Konstriktion in der ventralen Rinne (2), Invagination des Mesoderms (3), Übergang von epithelialer zu mesenchymaler Organisation (EMT).

Die Zellen reaggregieren schließlich in der vegetalen Hälfte und bilden Anhäufungen von Zellen, welche später die Skelettelemente der Pluteus-Larve formen. Vom vegetalen Pol ausgehend kommt es dann zur Invagination und zur Bildung des Archenterons. An dessen Spitze liegen die **sekundären Mesenchymzellen**. Diese strecken ebenfalls Filopodien aus, welche wie die Filopodien der primären Mesenchymzellen an der inneren Blastocoelwand auf einer Fibronektinmatrix umherwandern und die Urdarmspitze schließlich zu der Stelle führen, an der später der Mund durchbricht. Der Blastoporus wird zum After. So ist ein durchgehendes entodermales Darmrohr entstanden. Das Mesoderm geht aus den primären und sekundären Mesenchymzellen hervor.

Tiere, bei denen der Blastoporus zum After wird und der Mund neu durchbricht, werden als **Deuterostomier** (Neumünder) bezeichnet (z. B. Echinodermen, Ascidien, Enteropneusta und Pterobranchia, Chordaten). Bei den **Protostomiern** (Urmünder) dagegen wird der Blastoporus zum Mund und der After bildet sich neu (z. B. Anneliden, Mollusken, Artikulaten).

Bei der **Fruchtfliege** *Drosophila melanogaster*, einem Vertreter der Protostomier, bildet sich zu Beginn der Gastrulation durch apikale Konstriktion von Epithelzellen zunächst eine ventrale Rinne. Anschließend invaginieren die Zellen der Rinne und geben danach ihre epitheliale Anordnung auf (EMT) (Abb. 3.**3c**). Die eingewanderten Zellen proliferieren und breiten sich als Mesodermanlage im Inneren des Embryos aus. Das Entoderm entsteht aus einwandernden Zellen des anterioren und posterioren Endes der Ventralrinne. Die Zellen invaginieren zunächst wie die Mesodermzellen und werden dann mesenchymal. Später wandern antiore und posteriore Entodermzellen aufeinander zu und bilden ein epitheliales Rohr, welches die zentrale Dottermasse umgibt.

Das Einwandern von prospektiven Mesodermzellen und/oder EMT sind auch wichtige Bestandteile der Gastrulation von Wirbeltieren. Beim **Zebrafisch** *Danio rerio* bildet sich der Embryo zunächst als Zellhaufen (Blastoderm) auf einer syncytialen Dottermasse (YSL = **y**olk **s**yncytial **l**ayer) (Abb. 3.**4a**). Der Embryo ist außerdem umgeben von einer dünnen Hüllschicht aus flachen Epithelzellen (EVL = **e**nvelope **l**ayer). Das Entoderm entsteht aus den Zellen am äußersten Rande des Blastoderms, das Mesoderm aus den darüber gelegenen Zellen und das Ektoderm aus noch weiter animal gelegenen Zellen. Entoderm und Mesoderm wandern zwischen Ektoderm und YSL ein und bilden den Hypoblast. Gleichzeitig dehnt sich das Ektoderm aus und umschließt den ganzen Embryo, ein Vorgang, der als **Epibolie** bezeichnet wird und schließlich dazu führt, dass die gesamte Dottermasse internalisiert ist.

Die Gastrulation bei **Amphibien** stellt eine Variante der Invagination dar (Abb. 3.**4b**). Obwohl ohne syncytiale Dottermasse erschwert die Anhäufung des Dotters in großen vegetalen Zellen doch erheblich die Invagination von Mesoderm und Entoderm. Daher beobachtet man auch hier ein Umschließen des vegetalen Dotterpfropfes durch die animalen Zellen (**Epibolie**), sodass ausschließlich die Zellen der animalen Kappe das künftige Ektoderm bilden. Die Bildung des Blastoporus beginnt auf der prospektiven dorsalen oder dorsoanterioren Seite (S. 329) und breitet sich dann in ventrolateraler Richtung aus. Über den Blastoporusrand wandern die Zellen eines Teiles der marginalen Zone in das Innere des Embryos ein (**Involution**). Im Inneren des Embryos wandern Zellschichten am Blastocoeldach entlang nach vorn (anterior). Im Verlaufe dieser Gastrulationsbewegungen entsteht so ein dreischichtiger Keim, und der Urdarm bildet sich aus. Das Mesoderm entsteht aus den involutierten marginalen Zellen und bildet eine Schicht, die sich zwischen Entoderm und Ektoderm schiebt. Es gliedert sich schließlich in Chorda, Somiten und

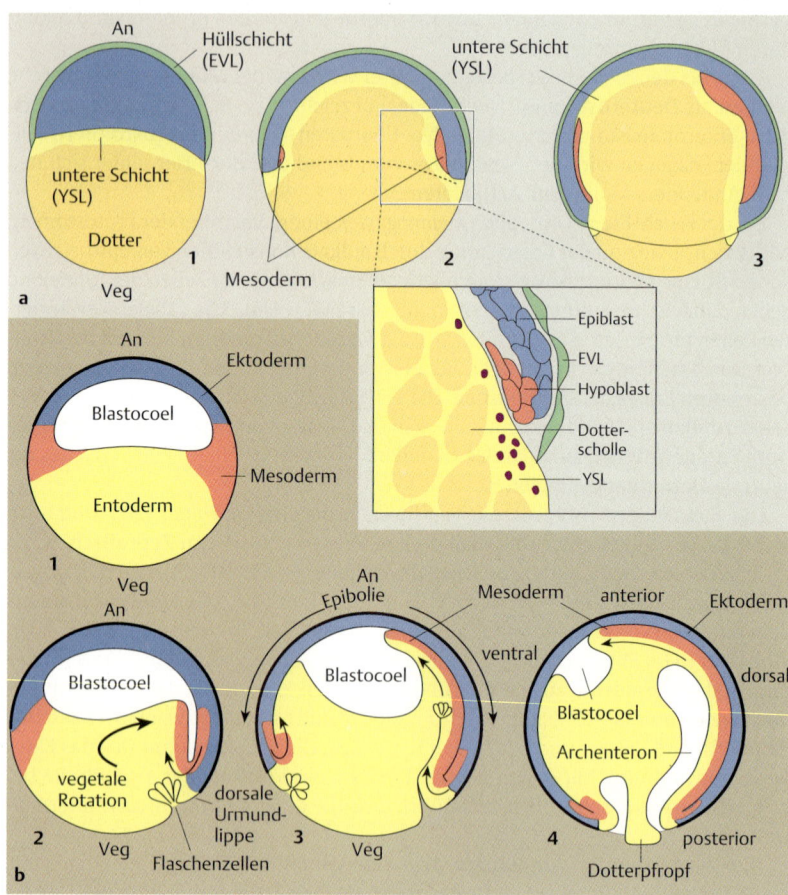

Abb. 3.4 **Gastrulation bei Wirbeltieren. a** Zebrafisch *Danio rerio*, Blastula mit Hüllschicht (EVL), unterer Schicht (YSL), Dotter und dem eigentlichen Embryo (blau) (1); Schildstadium mit einwanderndem Hypoblast (2), im vergrößerten Ausschnitt: Epiblast, Hypoblast und die Kerne der YSL; 70 % Epibolie (3). **b** *Xenopus laevis*, Blastula (1), frühe Gastrula (2), Flaschenzellen bilden sich auf der zukünftigen dorsoanterioren Seite, Rotation der vegetalen Masse; mittlere (3) und späte Gastrula (4): Epibolie und Involution führen zur Internalisierung der vegetalen Masse, das Archenteron (oder Urdarm) bildet sich und das dorsale Mesoderm streckt sich in die Länge. Von außen ist schließlich ein immer kleiner werdender Dotterpfropf zu erkennen. An: animal, Veg: Vegetal.

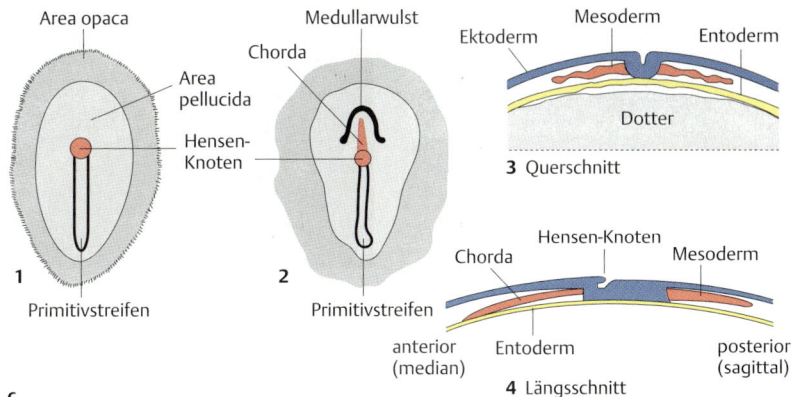

Abb. 3.**4 Gastrulation bei Wirbeltieren. c** Huhn. Bildung einer medianen sich teilweise einsenkenden Verdickung (Primitivstreifen), an deren Vorderende sich der Hensen-Knoten bildet (1). Vom Hensen-Knoten aus wächst die Chorda nach vorne aus (2–4). Vor ihr werden die Neural- oder Medullarwülste sichtbar.

die lateroventral anschließenden Seitenplatten. Epibolie kommt auch bei anderen Formen mit großen vegetalen Blastomeren vor (Ctenophoren und Mollusken).

Bei den sehr dotterreichen Keimen des **Haushuhns** wandern die Mesodermzellen über eine Rinne in den Raum zwischen Ektoderm und Dottermasse ein (Abb. 3.**4c**). Diese Rinne wird als **Primitivstreifen** bezeichnet und ist dem Blastoporus der Amphibien homolog. Die eingewanderten Zellen lösen sich dabei aus dem Epithelverband der Rinne (EMT) und bilden sowohl Vorläufer des Entoderms als auch des Mesoderms, welches sich zwischen Ento- und Ektoderm ausbreitet. In der Medianen und anterior vom Hensen-Knoten bildet sich die Chorda aus, lateral davon das somitogene (paraxiale) Mesoderm und noch weiter lateral schließlich das Seitenplattenmesoderm. Ein geschlossener Urdarm kann sich zu diesem Zeitpunkt nicht bilden, da der Embryo als flache Scheibe der großen Dottermasse aufliegt. Erst sehr viel später bildet sich ein geschlossenes Darmrohr.

Neben den beschriebenen Formen der Gastrulation gibt es in verschiedenen Gruppen (z. B. Cnidarier) noch die **Delamination** (Abblätterung). Dabei erfolgt die Einwanderung der Zellen von allen Seiten des Blastulaepithels ins Innere der Hohlkugel. Die eingewanderten Zellen bilden dann die Urdarmhöhle.

Gastrulationsbewegungen bei *Xenopus*: Beim Südafrikanischen Krallenfrosch *Xenopus laevis* lassen sich die verschiedenen Gastrulationsbewegungen (Abb. 3.**5**) losgelöst vom Gesamtprozess als Einzelmodule studieren. Bei der **apikalen Konstriktion** der epithelialen Flaschenzellen an der Grenze von vegetaler Masse und marginaler Zone ziehen sich die Zellen mithilfe von Actomyosin-Interaktionen zusammen, während sie sich gleichzeitig in die Länge strecken und ihre charakteristische (namensgebende) Form annehmen (Abb. 3.**5b**). Über den so entstehenden Urmundlippenrand involutiert dann das Mesoderm (Abb.

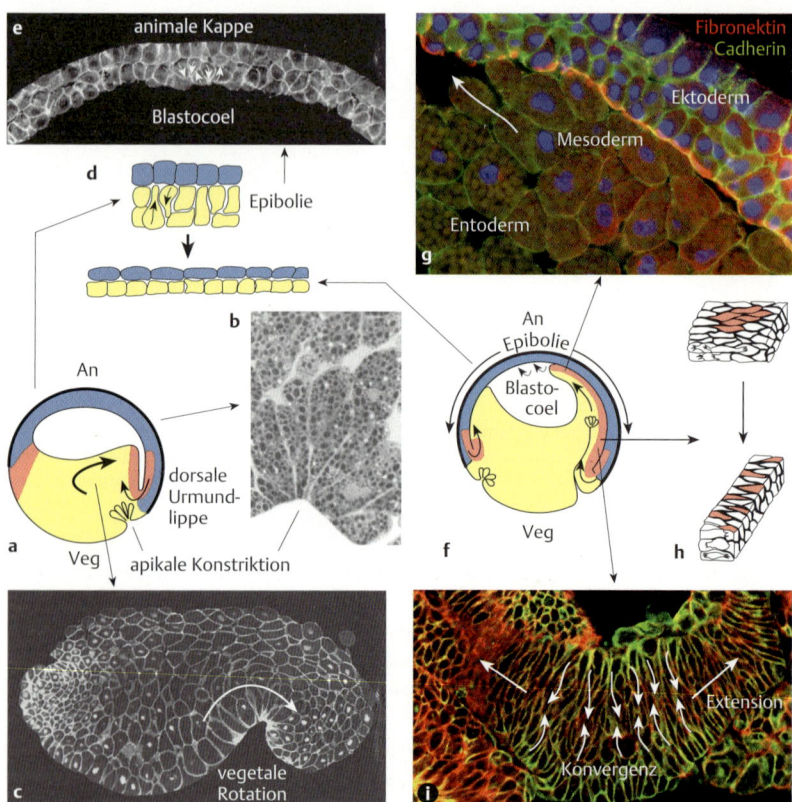

Abb. 3.5 **Gastrulationsbewegungen bei *Xenopus laevis*. a** Beginnende Gastrulation. Zu den frühen Bewegungsmodulen gehören die apikale Konstriktion der Flaschenzellen (**b**, histologischer Schnitt), die Rotation vegetaler Zellen (**c**, histologischer Schnitt durch eine isolierte vegetale Hälfte während der Rotationsbewegung, Zellgrenzen mit einem anti-β-Catenin-Antikörper markiert), und die Epibolie in der animalen Kappe (**d** Schema, **e** histologischer Schnitt, Zellgrenzen mit anti-α-Catenin markiert; Pfeile zeigen die Interkalation der inneren Zellen an). **f** Mittlere Gastrula. Die Wanderung von Mesodermzellen (rot) entlang des Blastocoeldaches ist angedeutet (gekrümmte Pfeile). **g** Histologischer Schnitt. Mesodermzellen wandern auf einer vom Ektoderm abgeschiedenen Fibronektin-haltigen Matrix. Mehrfachfluoreszenz: XB/U-Cadherin (grün), Fibronektin (rot), Zellkerne (DAPI, blau). Der Pfeil zeigt die Wanderungsrichtung (nach animal) an. **h** Schema konvergente Extension. **i** Konvergente Extension in einem ektodermalen Explantat, welches mit Activin stimuliert (= mesodermalisiert) wurde. Die Pfeile in der Mitte zeigen die Konvergenz der Zellen an, die Pfeile außen die daraus resultierende Extension des Explantates. Histologischer Schnitt, Mehrfachfluoreszenz: β-Catenin (rot), α-Tubulin (grün). (b,c, e, g, i: Aufnahmen von T. Kurth, S. Basche und K. Wenzel, Dresden.)

3.5f). Die **vegetale Rotation** lässt sich an vegetalen Hälften beobachten, die am Beginn der Gastrulation vom Mesoderm und Ektoderm abgetrennt werden. In einem solchen Explantat rotieren die Zellen über die Flaschenzellregion hinweg nach außen (Abb. 3.5c). Im Embryo führt die Rotationsbewegung zuerst zu einer Neuanordnung des Zellmaterials in der marginalen Zone und schließlich zu einer Bewegung des Entoderms und des Mesoderms nach animal (Abb. 3.5a,f). Die Geschwindigkeit der Rotationsbewegung entspricht dem Tempo der Involution im intakten Embryo. Die vegetale Rotation stellt somit eine wichtige krafterzeugende Komponente der Gastrulation dar. Bei der **Epibolie** interkalieren die inneren Zellen des Ektoderms (Abb. 3.5e), dadurch verdünnt sich die animale Kappe und die ektodermalen äußeren Zellen dehnen sich nach vegetal aus. Für die **Wanderung der Mesodermzellen** entlang des Blastocoeldaches sind einerseits Zell-Zell-Kontakte und andererseits Wechselwirkungen mit der extrazellulären Matrix (EZM) des Blastocoeldaches notwendig. Fibronektinfasern liegen in der EZM des Blastocoeldachs in animal-vegetaler Richtung und dienen als Orientierungshilfe. Die **konvergente Extension** lässt sich an Explantaten der animalen Kappe studieren, die mit Wachstumsfaktoren aus der Familie der TGF-(Transforming Growth Factor)-β-Signalmoleküle (*Biochemie, Zellbiologie*) stimuliert wurden. Unbehandelte Kontrollexplantate formen kleine „ektodermale" Kugeln, stimulierte Explantate dagegen werden mesodermalisiert, die inneren Zellen konvergieren, und das Explantat streckt sich in die Länge (Abb. 3.5i). Schließlich ist auch ein Gewebetrennungsverhalten von Ektoderm und Mesoderm an der gemeinsamen Grenze (zwischen rot und blau in Abb. 3.5f, angezeigt durch die fibronektinhaltige EZM in Abb. 3.5g) wichtig, welches dafür sorgt, dass sich diese beiden Zellgruppen nicht vermischen.

3.1.3 Organogenese

Im Verlauf der **Organogenese** entstehen aus den Keimblättern die Organsysteme des Körpers. Das **Ektoderm** bildet im Wesentlichen die äußere Hülle und das Nervensystem des Tieres, das **Entoderm** formt das Darmrohr samt Anhangsorganen, und das **Mesoderm** entwickelt sich zu Skelett, Gefäßsystemen, Blut und Muskulatur. Im Zuge der Organogenese findet schließlich auch die Herausbildung der verschiedenen Gewebetypen statt. Im Adultus unterscheidet man **Muskelgewebe** (quergestreifte, schräggestreifte, glatte Muskulatur, Herzmuskulatur), **Bindegewebe** (lockeres und formgebendes Bindegewebe), **Nervengewebe** und die verschiedenen Formen der **Epithelien** wie Haut-, Darm-, Lungen-, Nieren- oder Blasenepithel (s. Kap. 4, 5, 10, 12, 14).

Ektodermale Organe

Aus dem **Ektoderm** entsteht die **Epidermis** samt ihren Derivaten (z. B. Hautdrüsen, Haare, Schuppen und Federn). Hierzu zählen auch die mit einer ektodermalen Intima ausgekleideten Einstülpungen des Tracheensystems der Insekten und Tausendfüßer. Außerdem gehen das **Nervensystem** und die **Neuralleistenderivate** entwicklungsgeschichtlich aus einem Teil des embryonalen äußeren Epithels hervor (s. u.). **Plakoden** sind ektodermale Verdichtungen, welche in das subepidermale Gewebe einwandern und sich am Aufbau von Sinnesorganen beteiligen. Die Ohrplakoden werden z. B. Teil des Innenohres. Auch die Linse der Wirbeltiere sowie das Auge der Cephalopoden sind ektodermale Bildungen (S. 530).

Auf der Dorsalseite des Wirbeltierembryos bildet sich während der Gastrulation die **Neuralplatte**. Im weiteren Verlauf der Entwicklung faltet sich die Neuralplatte ein und bildet das **Neuralrohr** (**Neurulation**, Abb. 3.6). Bei diesem Prozess verlängern sich in Längsrichtung der Zellen angeordnete Mikrotubuli, sodass die Neuralplattenzellen hochzylindrisch werden. Die Zellen des übrigen Ektoderms (Hautektoderm) sind dagegen flach zylindrisch. Zusätzlich ziehen sich die im apikalen Bereich der Neuralplattenzellen gelegenen und mit den Adherens Junctions

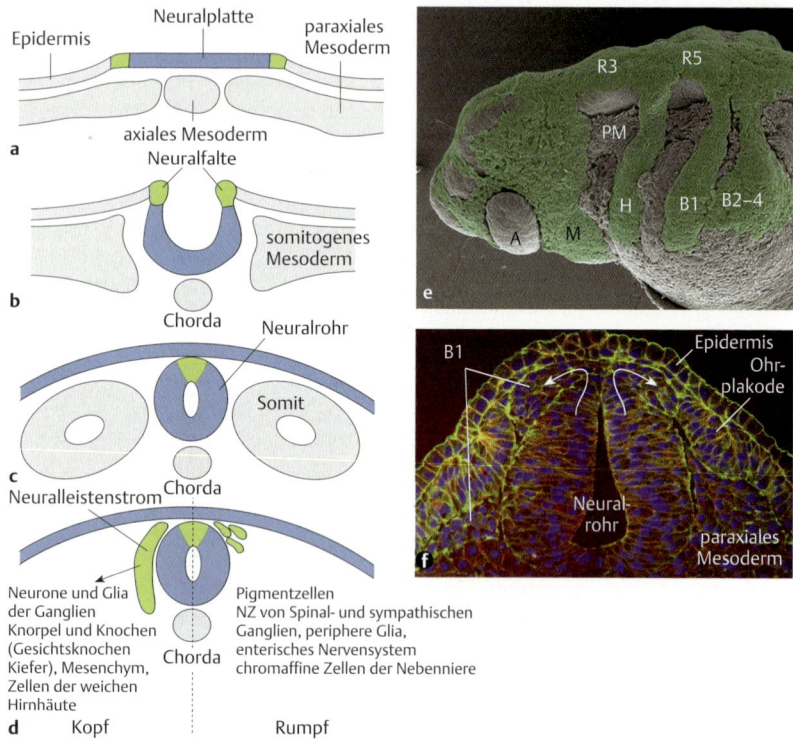

Abb. 3.**6** **Neurulation und Bildung der Neuralleiste. a** Neuralplatte (blau) mit prospektiver Neuralleiste (grün) in der Peripherie. **b** Neuralfaltenbildung durch apikale Konstriktion der Epithelzellen. **c** Neuralrohr mit dorsal gelegener prospektiver Neuralleiste. **d** Auswanderung der Neuralleistenzellen in Kopf und Rumpf. Die Zellen bilden unterschiedlichste Zelltypen (Neuralleistenderivate) aus. **e** REM-Aufnahme eines Axolotl-Embryos nach Entfernen der Epidermis, grün: Kopf-Neuralleiste: Mandibular- (M), Hyoid-(H) und Branchial-(B)-Ströme. A: Augenanlage, PM: paraxiales Mesoderm, R3, R5: Rhombomeren 3 und 5. (REM-Aufnahme von H. H. Epperlein, Dresden.) **f** Querschnitt durch einen Axolotl-Embryo auf Höhe von R5, Immunmarkierung von β-Catenin (rot) und Actin (grün, Überlagerung gelb), Zellkerne blau (DAPI). Der auswandernde Branchialstrom B1 ist angeschnitten. (Fluoreszenaufnahme von T. Kurth, Dresden.)

(📖 *Biochemie, Zellbiologie*) assoziierten Actinringe, ähnlich wie bei den Flaschenzellen der Amphibiengastrula, zusammen (apikale Konstriktion). Dies führt schließlich zur Einfaltung des Epithels. Während der weiteren Entwicklung des Nervensystems bilden sich im vorderen Abschnitt des Neuralrohres die fünf primären Hirnbläschen, die beiden Augenblasen sowie der Hinterlappen der Hypophyse. Als Reste des embryonalen Hohlraums im Neuralrohr verbleiben im Gehirn die Ventrikel und im Rückenmark der Zentralkanal.

An den Rändern der Neuralplatte bilden sich links und rechts die **Neuralleisten**. Deren Zellen wandern nach Schluss des Neuralrohres aus diesem aus. Man unterscheidet die **Kopfneuralleiste**, wo die Zellen in großen Strömen aus dem Neuralrohr auswandern, von der **Rumpfneuralleiste**, die durch einzeln auswandernde Neuralleistenzellen gekennzeichnet ist. Die Neuralleistenströme des Kopfes bilden Kiemenbogenanlagen und die daraus bei höheren Wirbeltieren abgeleiteten Strukturen wie Knorpel und Knochen der Kiefer oder die Gehörknöchelchen: Malleus (Hammer), Incus (Amboss) und Stapes (Steigbügel). Die Knochen des Gesichtsschädels, die Dentinkeime der Zähne, die Hirnhäute und die Neuronen und Gliazellen der Ganglien leiten sich von Neuralleistenzellen ab, und auch Vogelschnäbel oder Hirschgeweihe sind Neuralleistenderivate. Weiter posterior erfolgt die Wanderung der Rumpfneuralleistenzellen entlang mehrerer bevorzugter Routen: die **dorsolaterale Route** verläuft zwischen Ektoderm und Somiten und wird von prospektiven Pigmentzellen genommen. Die **ventrale Route** führt durch die jeweils anterioren Hälften der Somiten (Sklerotome, s. u.) hindurch. In unterschiedlichen Regionen des Embryos formen sich aus diesen Neuralleistenzellen Spinalganglien sowie die Ganglien des peripheren Nervensystems, Schwann-Zellen und die chromaffinen Zellen des Nebennierenmarks. Bei Tieren mit dorsalem Flossensaum wandern Neuralleistenzellen direkt in diese hinein und stellen einen Teil des Flossenmesenchyms. Die Neuralleiste kommt nur bei Wirbeltieren vor und war für deren Evolution als quasi 4. Keimblatt von großer Bedeutung. Insbesondere der Wirbeltierschädel wäre ohne die Neuralleiste wohl nicht entstanden. *Branchiostoma*, ein ursprünglicher Chordat ohne Schädel, hat keine Neuralleistenzellen.

Entodermale Organe

Das **Entoderm** bildet den **Mitteldarm** mit seinen Anhangsorganen. Dazu zählen die **Mitteldarmdrüsen** verschiedener wirbelloser Tiere sowie **Leber** und **Bauchspeicheldrüse** der Wirbeltiere. Im vorderen Bereich des Darmes stoßen Entoderm und die ektodermale Mundbucht (Stomodaeum) zusammen. Als Ausbuchtung des Stomodaeums entsteht hier die Rathkesche Tasche, aus der sich später der Vorderlappen der Hypophyse bildet. Ebenfalls entodermaler Abstammung sind die **Kiementaschen**, **Lungen** und **Schwimmblasen** sowie einige **endokrine Organe** (Schilddrüse, Nebenschilddrüse, Ultimobranchialkörper).

Mesodermale Organe

Vom **Mesoderm** werden hauptsächlich Muskulatur, Bindegewebe, Skelettelemente, Blut- und Lymphgefäße, Exkretionsorgane und Gonaden (mit Ausnahme der Keimzellen selbst) gebildet. Das Mesoderm gliedert sich während der Embryonalentwicklung in Chordamesoderm, segmentierte Somiten und unsegmentiertes Seitenplattenmesoderm. Aus dem **Chordamesoderm** entsteht bei den Chordaten der dorsale Achsenstab (Chorda dorsalis), von dem bei Wirbeltieren nur noch ein Rest in Form der Zwischenwirbelscheiben vorhanden ist.

Die **Somiten** entstehen aus dem neben der Chorda gelegenen paraxialen Mesoderm (Abb. **3.7**). Dieses segmentiert sich zunächst, und die einzelnen Segmente

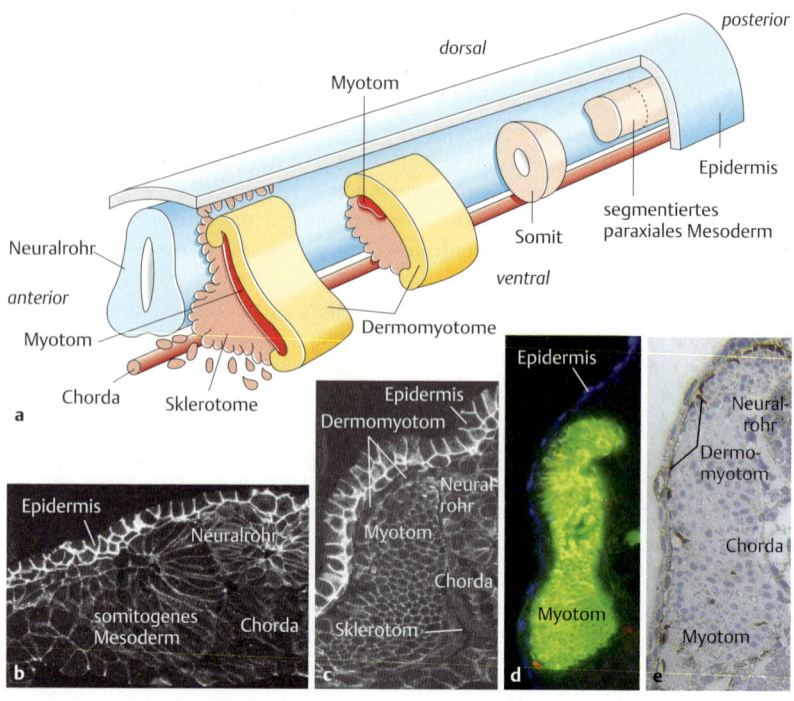

Abb. 3.7 **Somitenentwicklung. a** Schema. **b**, **c** Querschnitte durch *Xenopus*-Embryonen, Stadium 20 und 28, Immunfluoreszenz von Cadherin zur Darstellung der Zellgrenzen. **b** Epitheliale Organisation des somitogenen Mesoderms, **c** Aufteilung des Somiten in Dermomyotom, Myotom und Sklerotom. **d** Darstellung des Myotoms eines Axolotl-Embryos (Stadium 38) mit einem muskelspezifischen Antikörper (monoklonaler AK 12/101, grüne Fluoreszenz). **e** Darstellung des Dermomyotoms eines Axolotl-Embryos (Stadium 38, braun gefärbte Zellen) mithilfe eines Antikörpers gegen den Transkriptionsfaktor Pax7. (Aufnahmen b–d von T. Kurth, Dresden, e von H. H. Epperlein, Dresden.)

organisieren sich zu epithelialen Blasen (Somiten). Im weiteren Verlauf geht die epitheliale Organisation verloren und die einzelnen Somiten untergliedern sich in **Sklerotom**, **Myotom** und **Dermomyotom**. Aus dem Sklerotom geht das Axialskelett (z. B. Wirbel) hervor, aus dem Myotom die axiale Stammmuskulatur und aus dem Dermomyotom das Unterhautgewebe (Dermis) sowie weitere Muskelvorläuferzellen, die ins Myotom einwandern.

Die **Differenzierung von Somiten** lässt sich mithilfe von molekularen Markern verfolgen. Für die Myotomentwicklung bieten sich Antikörper gegen muskelspezifische Proteine an (z. B. Muskel-Myosin, Proteine des sarkoplasmatischen Retikulums, Abb. 3.**7**d). Zellen des Dermomyotoms exprimieren den Paired-box Transkriptionsfaktor Pax7 (Abb. 3.**7**e). Dieses Protein ist charakteristisch für Muskelvorläuferzellen und markiert dort die Zellen, die ins Myotom einwandern. Pax7 ist auch in den Satellitenzellen des quergestreiften Skelettmuskels exprimiert (S. 388).

Aus der Verbindung von Somiten und Seitenplatten (Somitenstiel) entsteht das nierenbildende Epithel (**Pronephros**). Die **Seitenplatten** bilden von Epithel umgebene Hohlräume, die als sekundäre Leibeshöhle (**Coelom**) oder als Coelomräume bezeichnet werden. Das Coelom breitet sich zwischen Körperwand und Darmwand aus. Das Coelomepithel, welches der Darmwand anliegt, heißt **Splanchnopleura** oder splanchnisches (viscerales) Blatt. Das der Körperwand anliegende Epithel wird als **Somatopleura** oder somatisches Blatt bezeichnet. Die Verbindungen der Coelomräume dorsal und ventral des Darmes sind die **Dissepimente**. Aus den Seitenplatten gehen auch die Genitalfalten und das Gonadensoma hervor. Als Coelomepithel bleiben z. B. das Perikard und das Peritonealepithel der Wirbeltiere erhalten. Aus dem ventralen Anteil des Seitenplattenmesoderms gehen schließlich die Blutzellen hervor.

Coelomräume können in Form von Aussackungen des Entoderms entstehen, welche sich dann abschnüren (**Enterocoelbildung**, z. B. bei Enteropneusta, Pterobranchia, Echinodermen und Chordaten). Es werden dabei zumeist ein unpaares **Protocoel** sowie jeweils paarige **Mesocoel**- und **Metacoel**-Räume gebildet (z. B. bei Enteropneusta, Pterobranchia). Bei den Echinodermen werden diese Hohlräume nach den daraus entstehenden Organsystemen **Axo**-, **Hydro**- und **Somatocoel** benannt (S. 181). Eine andere Form der Coelombildung geht auf eine **Urmesodermzelle** (Zelle 4d der Spiralier) zurück. Diese liegt am hinteren Urmundrand (Abb. 3.**9**c). Sie teilt sich, und die beiden Tochterzellen (Mesoteloblasten) geben Zellen nach vorne ab. Die dadurch entstandenen paarigen Mesodermstreifen können sich im weiteren Verlauf der Entwicklung auflösen und ein **Schizocoel** bilden (z. B. Plathelminthes, Nemertini und Mollusca). Die Mesodermstreifen können allerdings auch zusammenbleiben und einen Hohlraum (Coelom) bilden. Diese Form der **Coelombildung aus Mesoteloblasten** ist z. B. typisch für die Anneliden. Auch die metamere Gliederung der Anneliden geht auf die Mesoteloblasten zurück. Diese geben nach vorne sukzessive paarige Coelomsäcke ab, welche den Sprossungssegmenten entsprechen.

Embryonalhüllen

Embryonalhüllen sind im Tierreich weit verbreitet. Sie kommen bei Cestoden, Oligochaeten, Nemertinen, Insekten und Amnioten vor. Bei den Insekten kann z. B. der Keimstreifen unter Bildung einer Amnionhöhle in die umgebende Dottermasse abgesenkt werden. Auch bei den Wirbeltieren sind verschiedene Embryonalhüllen ausgebildet (Abb. 3.8). Diese werden von embryonalem Gewebe gebildet. Der **Dottersack** entsteht durch Umwachsen der Dottermasse von den seitlichen Rändern des Embryos her. Er ist von einer ento-mesodermalen Hülle umgeben und dient der Ernährung des Embryos. Bei Säugetieren, welche über die Plazenta ernährt werden, ist der Dottersack noch als stammesgeschichtliches Relikt erhalten geblieben. Bei den **Amnioten** („Reptilien", Vögel, Säugetiere) bildet sich zusätzlich zum Dottersack rings um den Embryo eine Falte (Amnionfalte), welche sich nach oben erhebt und schließlich über dem Embryo verwächst. Der Embryo kommt da-

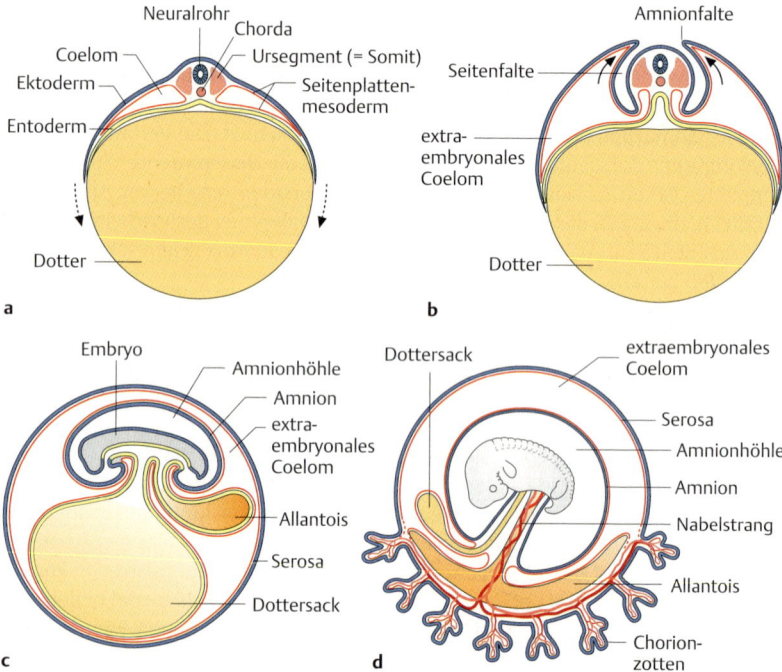

Abb. 3.**8 Embryonalhüllen bei Wirbeltieren. a** und **b** sind Querschnitte, **c** und **d** Längsschnitte. **a** Umwachsen des Dotters in Richtung der gestrichelten Pfeile führt später zur Bildung des Dottersacks. **b** Amnionbildung bei Sauropsiden („Reptilien" und Vögeln). **c** Sauropsidenembryo mit Dottersack, Allantois, Amnion und Serosa. **d** Schema eines Säugetierembryos mit den Embryonalhüllen und dem embryonalen Teil der Plazenta (Chorion).

durch in einer flüssigkeitsgefüllten **Amnionhöhle**, deren Wand als **Amnion** bezeichnet wird, zu liegen. Die äußerste Hülle des Embryos ist die **Serosa**. Amnion und Serosa werden jeweils von Ektoderm- und Mesodermepithel gebildet. Die Evolution der Amnionhöhle steht in engem Zusammenhang mit dem Übergang zum Landleben. Sie dient als Miniaquarium für den Embryo. Dementsprechend fehlt eine Amnionhöhle bei den Fischen. Als Aussackung des Enddarms entsteht schließlich noch die **Allantois**, welche als Exkretspeicher und als Atmungsorgan dient.

Abgeleitet sind die Verhältnisse bei den plazentalen Säugetieren. Am Ende der Furchung steht bei ihnen die **Blastocyste**. Diese wird von einem äußeren Epithel (**Trophoblast**) und einer inneren Zellmasse (**Embryoblast**) gebildet. Aus dem Trophoblast entwickelt sich das **Chorion**. Dieses ist phylogenetisch aus der Serosa hervorgegangen. Amnionhöhle, Dottersack, Allantois und der Embryo selbst entstehen dagegen aus dem Embryoblast. Die Blastocyste entspricht somit nicht einer Blastula (s. o.). Die Allantois nimmt Kontakt zur Plazenta auf und bildet zusammen mit dem Chorion den embryonalen Teil der **Plazenta**. Den mütterlichen Teil bildet die Uteruswand. Die Plazenta dient der Ernährung, dem Abtransport von Exkretstoffen, der Sauerstoffversorgung sowie der Hormonproduktion (S. 904).

3.1.4 Larvalentwicklung und Metamorphose

Bei vielen Tieren geht die Entwicklung über ein **Larvalstadium**, welches sich in Morphologie und Lebensweise mehr oder weniger deutlich vom Adultus unterscheidet. Man unterscheidet Primär- und Sekundärlarven. **Primärlarven** kommen bei Formen mit einem ursprünglichen Lebenszyklus vor, bei dem die Larven im Plankton und die Adulti am Boden leben (pelago-benthonischer Lebenszyklus). **Sekundärlarven** kommen dagegen in Gruppen vor, deren Stammformen sich nicht über ein Larvenstadium entwickelt haben. So hatte beispielsweise die Vorläuferform der Insekten eine wahrscheinlich direkte Entwicklung. Die Larven der Hymenopteren, Coleopteren oder Dipteren sind daher als stammesgeschichtlich abgeleitet (sekundär) zu betrachten. Ähnliches gilt für die Larven bei den Wirbeltieren (z. B. die Kaulquappen der Amphibien). Bei sessilen oder hauptsächlich bodenlebenden Formen gibt es **larvale Verbreitungsstadien**. Hierzu zählen die **Parenchymula** der Poriferen, die **Planula** der Cnidarier, die **Trochophora** der Anneliden und Mollusken sowie die **Müllerschen Larven** (Polykladida) oder die **Veliger-Larven** (viele Mollusken) und schließlich der **Nauplius** der Krebse (Abb. 3.**9**). Alle oben genannten Larven entwickeln sich mehr oder weniger direkt, d. h. ohne größere Umbildungen, zum Adultus weiter.

Bei anderen Larvenformen wird der Körper dagegen vollkommen umgeformt (**Metamorphose**). Hierzu gehören die Larven einiger parasitischer Formen (S. 639), der Echinodermen, vieler Insekten und der Amphibien (Abb. 3.**9** und Abb. 3.**10**). Die Echinodermenlarven weisen z. B. eine bilateralsymmetrische Organisation auf, die im weiteren Verlauf der Entwicklung in die pentaradiale Symmetrie der Adulti umgeformt wird. Bei den Insekten unterscheidet man **ametabole**

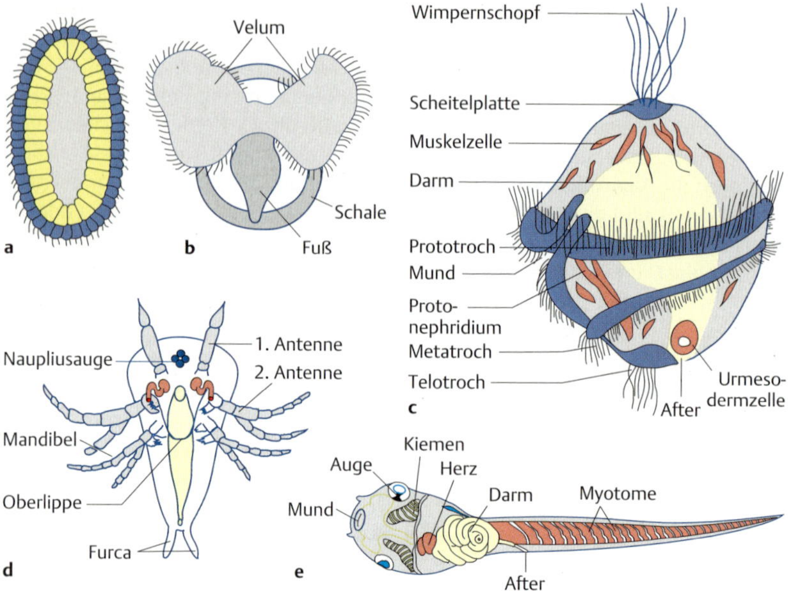

Abb. 3.9 **Larvenformen.** a–d Primärlarven. **a** Planula, **b** Veliger, **c** Trochophora, **d** Nauplius, **e** Sekundärlarve, Kaulquappe von *Xenopus* (Anura).

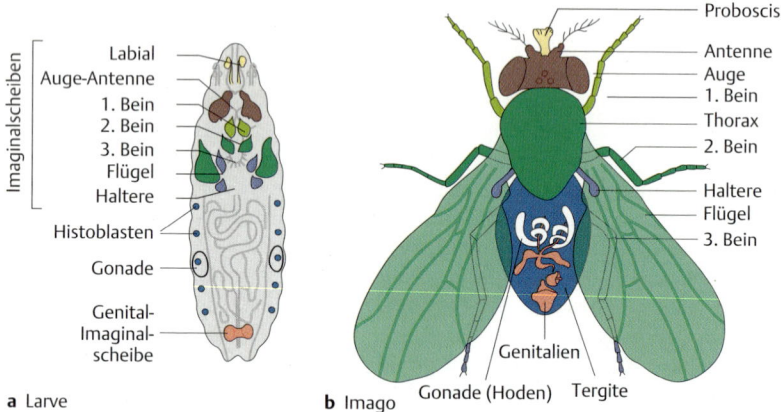

Abb. 3.10 **Imaginalscheiben in der Fliegenlarve (a) und die daraus sich entwickelnden Strukturen in der Imago (b)**. Bis auf die Genital-Imaginalscheibe sind alle anderen paarig angelegt. Aus den Histoblasten bilden sich die Tergite und Sternite des adulten Abdomens. (Aus Janning, Thieme Verlag, 2004.)

(mehr oder weniger direkte Entwicklung, bei primär flügellosen Insekten), **hemimetabole** (Umbildungen einzelner Organsysteme, kein Puppenstadium, z. B. bei Libellen oder Wanzen) und **holometabole** Entwicklung (vollständige Umbildung des Körpers, Puppenstadium, z. B. Hymenopteren, Coleoptera, Dipteren, Lepidoptera). Zwischen die einzelnen Entwicklungsstadien sind jeweils Häutungen geschaltet. Bei einigen holometabolen Insekten sind die Larven Ernährungsstadien, während die adulten Tiere (**Imagines**; Einzahl: **Imago**) auf die Fortpflanzung spezialisiert sind. Die Bildung der Adultorgane (z. B. Flügel, Extremitäten) erfolgt bei holometabolen Insekten im Stadium der **Puppe** und zwar aus Gruppen von embryonalen Zellen oder aus **Imaginalscheiben**. Dies sind vorgeformte Gebilde, die sich auf ein hormonelles Signal hin (s. u.) zu Beinen, Flügeln oder Antennen entwickeln können (Abb. 3.**10**).

Bei den Anuren leben die Larven (**Kaulquappen**) aquatisch und ernähren sich herbivor. In Anpassung an diese Lebensweise sind Atmungsorgane (Kiemen), Fortbewegungsorgane (Schwanz, Flossen), Kieferapparat und Darm entsprechend ausgebildet. **Adulte Frösche** sind dagegen zumeist Landbewohner und carnivor. Daher werden die oben genannten Organsysteme vollständig umgebildet und neue hervorgebracht (z. B. die Extremitäten). Die Veränderungen sind dabei nicht nur morphologischer, sondern auch physiologischer und biochemischer Natur. So besitzen adulte Frösche ein anderes Hämoglobin und ein anderes Sehpigment als die Kaulquappen. Die Neubildung der meisten adulten Merkmale geht dabei der Regression larvaler Merkmale voraus. Dadurch ist gewährleistet, dass während der kritischen Übergangsphase die „Funktionstüchtigkeit" des Organismus voll erhalten bleibt. Schließlich haben Frösche kein dem Puppenstadium der Insekten entsprechendes Ruhestadium.

Die Metamorphose der Insekten und Amphibien wird durch **Hormone** gesteuert. Bei den Insekten handelt es sich dabei um **Ecdyson** (ein Steroid) und **Juvenilhormon** (ein Isoprenderivat). Bei einer hohen Konzentration an Juvenilhormon löst Ecdyson eine Larvalhäutung aus. Sinkt die Juvenilhormonkonzentration allerdings unter einen bestimmten Schwellenwert, wird eine Imaginalhäutung ausgelöst. Diese geht bei holometabolen Insekten mit einer Metamorphose einher (S. 161). Durch Zugabe von Ecdyson können sogar isolierte Imaginalscheiben in vitro zur Metamorphose veranlasst werden. Bei den Amphibien wird die Metamorphose durch die **Schilddrüsenhormone** Thyroxin und Trijodthyronin gesteuert. Die Ausschüttung dieser beiden Hormone wird über Hypothalamus und Hypophyse gesteuert (S. 890). Die Hormone wirken direkt auf die Zielzellen. Sie passieren die Zellgrenzmembran und binden an intrazelluläre Rezeptorproteine. Die Hormon-Rezeptor-Komplexe beeinflussen daraufhin die Aktivität verschiedener an der Metamorphose beteiligter Gene (*Genetik*). Bei manchen Amphibien unterbleibt die Metamorphose und die Tiere werden als Larven geschlechtsreif (**Neotenie**). Dabei kann z. B. die Ausschüttung von thyreotropem Hormon durch die Hypophyse gestört sein (mexikanischer Axolotl, *Ambystoma mexicanum*), oder es kann ein Defekt im Thyroxinrezeptor vorliegen (Grottenolm, *Proteus anguinus*). Im ersten Fall können die Tiere durch Zugabe von Schilddrüsenhormon (z. B. Fütterung mit Schilddrüsen von Artgenossen, Verabreichung von Schilddrüsenextrakt) „gezwungen" werden, die Metamorphose zu beenden. Aus einem aquatischen Axolotl wird dann ein terrestrischer Salamander. Die Neotenie der Axolotl ist auch die Basis für die erstaunliche Fähigkeit dieser Tiere verschiedene Körperteile und Gewebe zu regenerieren (s. u.).

3.1.5 Regeneration

Die Erneuerung verloren gegangener Körperteile wird als **Regeneration** bezeichnet. Dabei kann man die physiologische von der reparativen Regeneration unterscheiden. Bei der **physiologischen Regeneration** werden Gewebeteile oder Zellen fortlaufend ersetzt (z. B. oberste Hautschichten, Darmepithel, Blutzellen) oder aber periodisch abgestoßen, z. B. bei der Häutung der Artikulaten, der Mauser der Vögel oder dem Haarwechsel einiger Säugetiere. Bei der **reparativen Regeneration** werden dagegen Körperteile ersetzt, die durch Verletzungen verloren gegangen sind.

Beispiele für **reparative Regeneration** findet man bei Schwämmen, Cnidariern, Plathelminthen, Echinodermen und auch einigen Wirbeltieren (Fische, Amphibien, „Reptilien"). Regenerationsprozesse können entweder von pluripotenten Stammzellen ausgehen (I-Zellen der Cnidarier oder die Neoblasten der Planarien, Oligochaeten oder Ascidien), oder es werden bereits differenzierte Zellpopulationen zumindest teilweise wieder dedifferenziert (*Botanik*).

Wird eine *Hydra* in zwei Hälften zerteilt, wird die Hälfte, die den „Kopf" enthält, einen neuen „Fuß" bilden, und die Hälfte, die den „Fuß" enthält, wird einen neuen „Kopf" bilden. Es entstehen zwei kleine Hydren durch Umsortieren des vorhandenen Zellmaterials ohne Bildung einer mitotisch besonders aktiven Region (**Morphallaxis**). Die regenerativen Fähigkeiten vieler wirbelloser Tiere sind erstaunlich. Bei *Hydra* können noch aus kleinen Bruchstücken des Körpers vollständige Polypen regeneriert werden. Plathelminthen können sich ebenfalls aus kleinen Stücken heraus vollständig wieder herstellen. Wenn man das Vorderende einer Planarie mehrfach einschneidet, regeneriert sich jedes Teilstück zu einem vollständigen Köpfchen und es entsteht ein vielköpfiger Plattwurm. Dieses Regenerationsvermögen kann auch zur Fortpflanzung benutzt werden (**Autotomie** bei bestimmten Plathelminthen). Unter den Echinodermata zeigen die Seesterne eine extreme Regenerationsfähigkeit. Aus einem einzigen Arm kann sich ein kompletter fünfarmiger Seestern bilden. Seegurken sind in der Lage bei Gefahr einem Fressfeind die Innereien entgegen zu speien, und sich als leerer Hautmuskelschlauch zu verdrücken, während der Räuber noch mit dem Fressen der Eingeweide beschäftigt ist. Die dann der Seegurke fehlenden Organe werden regeneriert.

Unter den Wirbeltieren sind Fische und manche Molche (*Triturus*, *Ambystoma*) in der Lage, abgetrennte Flossen bzw. Extremitäten neu zu bilden (Abb. 3.**11a,b**). Beim Molch kommt es zunächst am Stumpf zu einem epithelialen Wundverschluss. Die Zellen in der Umgebung der Wunde beginnen zu dedifferenzieren und bilden ein **Blastem** aus mitotisch aktiven embryonalen Zellen. Die intensive Zellvermehrung im Blastem ist von einer ausreichenden Innervierung abhängig. Wachstumsfaktoren, die von Gliazellen ausgeschieden werden (GGF, **G**lial **G**rowth **F**actor), spielen hierbei eine Rolle, eventuell auch FGF (**F**ibroblast **G**rowth **F**actor). Interessanterweise behalten die Zellen ihr ursprüngliches Differenzierungspotential bei. Nach Dedifferenzierung und Proliferation wird eine ehemalige Muskelzelle wieder eine Muskelzelle und eine Ex-Knorpelzelle wieder eine Knorpelzelle. Schließlich wird das räumliche Muster der Vertebratenextremität aufgebaut. Diese Form der Regeneration wird als **Epimorphose** bezeichnet. Die Mechanismen der Musterbildung bei der Extremitätenregeneration sind denen während der Embryonalentwicklung ähnlich (s. u.). Die Regenerationsknospe kann z. B. auch durch eine embryonale Extremitätenknospe ersetzt werden. Der Regenerationsprozess kann sich allerdings auch von den Vorgängen bei der Embryonalentwicklung unterscheiden. Bei der Linsenregeneration des Molches beispielsweise wird die neue Linse von Zellen des oberen Irisrandes gebildet (Abb. 3.**11c**). Die Linse entstammt hier also nicht – wie bei der Normalentwicklung – dem Hautektoderm, sondern dem Neuroektoderm.

Einen besonderen Typus der Regeneration stellt die **kompensatorische Regeneration** der Leber (auch von Säugetieren) dar. Wird ein Leberlappen entfernt, so bildet sich für diesen zwar kein neuer, aber der Verlust wird durch kompensatorisches Wachsen der übrigen Lappen ausgeglichen. Die Grundlage dieses Prozesses ist die Vermehrung bestimmter Zelltypen unter der Kontrolle von Wachstumsfaktoren (vor allem **H**epatocyte **G**rowth **F**actor, HGF). Ein Blastem wie bei der Epimorphose wird nicht gebildet.

Ansonsten sind die regenerativen Kapazitäten von Säugetieren und damit auch des Menschen auf die Vorgänge der **physiologischen Regeneration** beschränkt. Diese basiert auf gewebe- und organspezifischen Stammzellpopulationen (**adulte Stammzellen, Progenitorzellen**, s. u.), die ein eingeschränktes Differenzierungspotential haben und oft nur einen oder wenige bestimmte Zelltypen ersetzen. Unter einer **Stammzelle** versteht man jede noch nicht ausdifferenzierte Zelle eines Organismus, die sich teilen und noch entwickeln kann. Die einzelnen Formen von Stammzellen unterscheiden sich durch ihre Differenzierungspotenz. Im Falle des Menschen kann sich aus der befruchteten Eizelle und auch noch aus **totipotenten** Embryonalzellen bis zum 8-Zellstadium ein ganzer Mensch entwickeln. **Pluripotente** Stammzellen aus späteren Embryonalstadien entwickeln sich zu verschiedenen Gewebetypen (z. B. Neuralleistenzellen, Somitenzellen). Die im adulten Menschen vorhandenen organspezifischen Stammzellen sind bereits determiniert und ihre Differenzierungspotenz eingeschränkt. Typischerweise teilen sich diese Stammzellen **asymmetrisch** und bilden je eine Stammzelltochter während die zweite Tochterzelle proliferiert und sich schließlich als Progenitorzelle zu den jeweils gewebespezifischen Zellen differenziert. Beispiele sind die Stammzellen des Knochenmarks (S. 703), die Basalzellen in der Haut, die Satellitenzellen der quergestreiften Muskulatur, die Wulstzellen der Haare, die Stammzellen in den Krypten

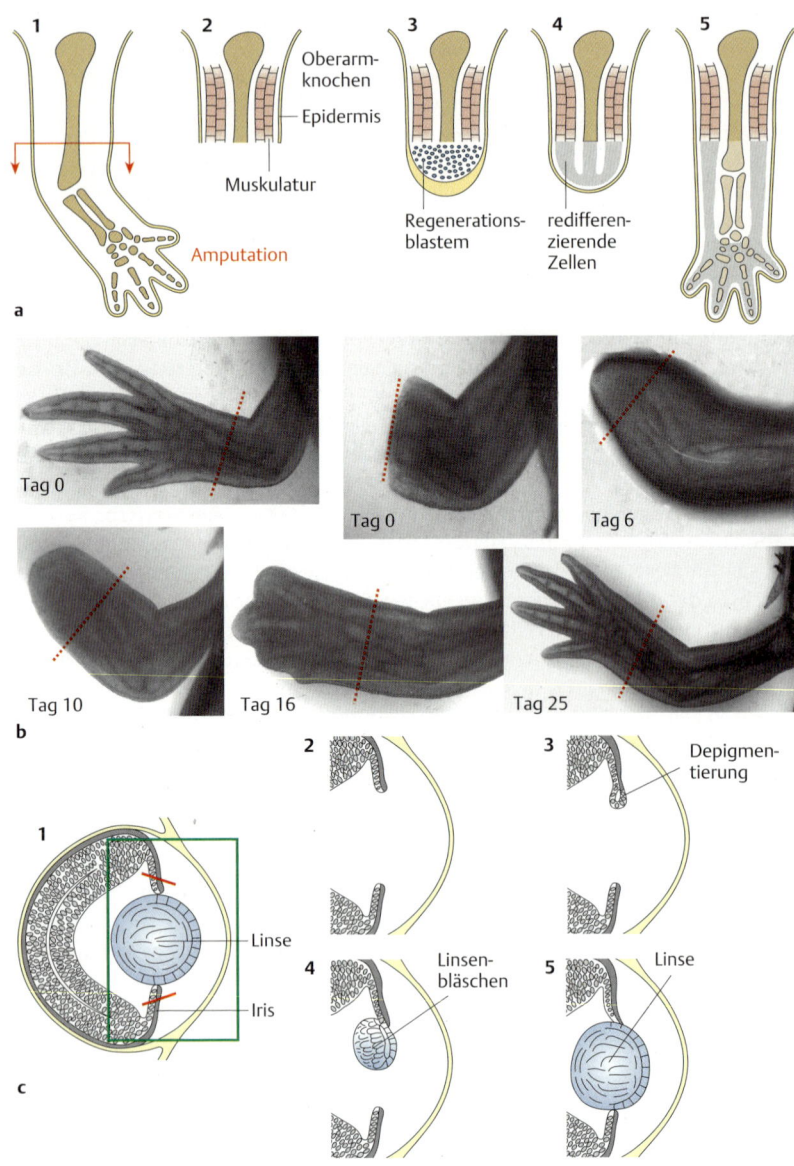

◂ Abb. 3.**11 Regeneration bei Schwanzlurchen. a** Schema der Extremitäten-Regeneration. Die Vorderextremität wird entlang der anteroposterioren Achse durchtrennt. Bildung eines Regenerationsblastems durch Dedifferenzierung der wundnahen Zellen. Nach Zellvermehrung und Redifferenzierung schließlich vollständig regenerierte Extremität. **b** Regeneration der Vorderextremität bei einem Mexikanischen Axolotl (*Ambystoma mexicanum*), Amputationsebene durch gestrichelte Linie angezeigt. (Aufnahmen von Dunja Knapp, Dresden.) **c** Regeneration der Linse: Schnitt durch das Auge. Entfernung der Linse. Depigmentierung der Zellen des oberen Irisrandes. Bildung eines Linsenbläschens. Differenzierung des Linsenbläschens zu einer Linse, Produktion von Linsenproteinen (Crystallinen).

des Darmepithels oder die Spermatogonien vom Typ A in den Testes (Abb. 3.**12**). Stammzellen finden sich auch in Geweben, in denen kaum noch neue Zellen entstehen (Gehirn, Herzmuskel). Einige adulte Stammzellen zeigen teilweise überraschende Entwicklungspotenzen. So sind z. B. Knochenmarkszellen auch in der Lage sich in Herzmuskelzellen zu differenzieren. Adulte Stammzellen in geschädigten Organen gezielt zu stimulieren ist eines der Kernziele der regenerativen Medizin.

Forschung an menschlichen Stammzellen. Da die molekularen Grundlagen der frühen Embryonalentwicklung des Menschen weitgehend unverstanden sind, ermöglicht die Kultur pluripotenter embryonaler Stammzellen, diese Wissenslücken zu schließen. Am Ende der Forschung an Zelldifferenzierungsmechanismen kann unter anderem die gesteuerte artifizielle Zelldifferenzierung oder Umdifferenzierung stehen. Erkenntnisse darüber wären hilfreich, um letztlich den umgekehrten Weg beschreiten zu können, nämlich pluripotente Stammzellen aus spezialisierten Zellen zu gewinnen. Embryonale Stammzellen würden dann nicht mehr benötigt. An pluripotenten Stammzellen könnte beispielsweise der Einfluss von äußeren Faktoren als Ursache für Entwicklungsstörungen erforscht werden. Diese Zellen würden sich hervorragend als In-vitro-System für die Erprobung neuer Medikamente eignen oder als Ausgangsmaterial für die Regenerierung von Geweben und ganzen Organen. Pluripotente Stammzellen können auf verschiedenen Wegen gewonnen werden:

ES-Zellen (**embryonale Stammzellen**) werden aus der inneren Zellmasse von Blastocysten (Embryoblast) entnommen (Blastomere). Dabei werden die Blastocysten in der Regel zerstört. Diese stammen meist aus In-vitro-Fertilisationen.

Aus abgegangenen oder abgetriebenen Feten können **primordiale Keimzellen** (**EG-Zellen**, embryonic germ cells) isoliert werden.

Durch den Transfer von Zellkernen aus differenzierten Körperzellen in „entkernte" (enucleierte) Eizellen wird eine Art ungeschlechtliche Fortpflanzung vollzogen (s. Schaf Dolly) und **individualspezifische Stammzellen** erzeugt. In der Eiplasma-Umgebung kommt es dabei zur einer Reprogrammierung des Körperzellkerns und es entsteht eine totipotente Zelle.

Induzierte pluripotente Stammzellen (IPSC's) werden durch virale Transfektion von adulten Fibroblasten mit stammzelltypischen Genen (*oct3/4*, *sox2*, *cmyc*, *klf4*) produziert. Alternativ scheint sogar die direkte Applikation der von diesen Genen codierten Proteine die Pluripotenz der Zellen auszulösen. IPSC's sind ideal für Therapieansätze, da man hier körpereigene Zellen verwenden kann. Somit treten keine immunologischen Komplikationen auf. Ein Problem stellt zur Zeit aber noch die Tendenz der transplantierten Zellen dar, Tumoren zu bilden. Insbesondere cMyc spielt dabei eine Schlüsselrolle.

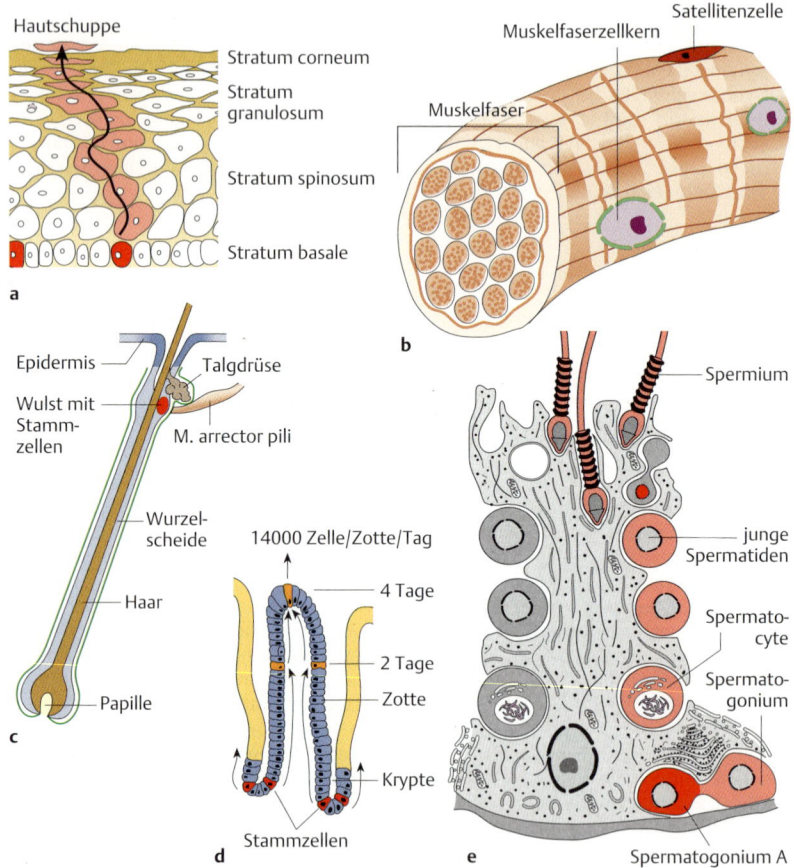

Abb. 3.**12 Adulte Stammzellen (rot markiert). a** Basalzellen der Haut, **b** Satellitenzellen des quergestreiften Skelettmuskels, **c** Wulstzellen eines Haares, **d** Zellen der Dünndarmkrypten, **e** Spermatogonien im Hoden.

3.1.6 Altern und Tod

In der letzten Phase des Lebens treten bei den meisten Tieren **Alterungsprozesse** auf. Einzellige Eukaryoten können sich noch zumindest theoretisch unbegrenzt teilen. Wenn man aber einen Klon von Paramecien (Ciliophora) betrachtet, fällt auf, dass bei Unterbleiben sexueller Prozesse (Konjugation, S. 278) gewisse „Alterungserscheinungen" auftreten, die schließlich zum Aussterben des Klons führen. Offensichtlich häufen sich mit der Zeit schädliche Mutationen an. Durch Konjugation kommt es zu einer Neumischung des genetischen Materials, und der somatische Kern (Makronucleus) wird aus dem generativen Kern (Mikronucleus) neu regeneriert. Schädliche Mutationen werden so eliminiert. Einzellige Eukaryoten sind daher als **potenziell unsterblich** zu betrachten. Bei Vielzellern sind nur die Zellen der Keimbahn potenziell unsterblich, während der Rest des Körpers (Soma) als Leiche zurückbleibt. Die meisten Tierarten besitzen eine natürliche maximale **Lebensspanne**, die mehr oder weniger artspezifisch ist (z. B. *Drosophila* 3 Monate, Maus 4–5 Jahre, Hund 20 Jahre, Schildkröte mehr als 150 Jahre, Mensch 122 Jahre). Diese ist genetisch bedingt und hängt stark von der Lebensweise der Tiere ab. So leben einige Säugetiere noch deutlich über die Fertilitätszeit hinaus, während auf der anderen Seite viele Tiere direkt nach der Fortpflanzung sterben (Lachse, viele Anneliden, Insekten und Spinnen). Die **Lebenserwartung** dagegen ist als das Alter definiert, bei dem mindestens die Hälfte einer bestimmten *Population* (nicht der *Art*) noch lebt. So hatten die Menschen im England des Jahres 1780 eine Lebenserwartung von 28 Jahren, während sie heute in den westlichen Ländern bei ca. 80 Jahren liegt.

Die Alterungsprozesse bei langlebigen Tieren haben unterschiedliche Ursachen (DNA-Schäden, oxidativer Stress, Hormonwirkungen). Verschlechterte DNA-Reparaturmechanismen und Mutationen führen zu **DNA-Schäden**. In Mitochondrien akkumulieren Mutationen 10–20 mal schneller als im Kern. Das führt zu Defekten in der oxidativen Phosphorylierung (OXPHOS-System) und einem damit verbundenem Energieverlust. Dazu kommen Abnutzungserscheinungen von Skelettelementen (z. B. Knochen, Knorpel) oder Proteinen (Enzyme, Moleküle der extrazellulären Matrix) sowie die Akkumulation von schädlichen Stoffwechselendprodukten wie Alterspigment oder von reaktiven Sauerstoffspezies (ROS, **r**eactive **o**xygen **sp**ecies). Tatsächlich haben Fliegen, die ROS-„entschärfende" Enzyme (Katalase, Superoxiddismutase) überproduzieren, eine um 30–40 % höhere Lebenserwartung als Kontrolltiere.

Die **biologische Bedeutung des Todes** liegt sicherlich darin, den nachfolgenden neuen Generationen „Platz zu machen". Diese stellen schließlich nicht nur neue Individuen, sondern (bei sexueller Fortpflanzung) auch neue Genkombinationen dar. In manchen Fällen dient der Tod eines Individuums direkt der Nachkommenschaft. Bei einigen Spinnenarten z. B. dient die tote Mutter ihrer Brut als Nahrung. In diesem Fall ist das Verhalten der Mutter direkt an den Fortpflanzungserfolg gekoppelt. Wie haben sich aber in der Evolution bei langlebigen Tieren Mechanismen heraus selektioniert, die das Altern steuern, handelt es sich doch um Eigenschaften, die sich erst *nach* der Fortpflanzungsperiode manifestieren und nicht an den Fortpflanzungserfolg des Individuums gekoppelt sind?

Dennoch scheinen Altern und Tod nicht nur Sekundärerscheinungen oder das Ergebnis von Verschleiß zu sein, sondern Teil des entwicklungsbiologischen Programms. So ist in somatischen Zellen die Expression des Proteins **Telomerase** (*Genetik*) unterdrückt. Ohne dieses Enzym können die Zellen nur eine begrenzte Anzahl von Zellteilungen durchmachen. Eine in Kultur gehaltene menschliche Fibroblastenzelle beispielsweise teilt sich etwa 50–60 mal, bevor sich Alterungserscheinungen zeigen (**Hayflick-Effekt**). Aufgrund der semikonservativen

Replikation verkürzen sich die Chromosomenenden bei jeder Zellteilung ein Stück. Irgendwann gehen dann essenzielle Sequenzen verloren, und die Zellen sterben ab. In embryonalen Zellen, die sich sehr oft teilen müssen, verlängert die Telomerase die Chromosomenenden und kompensiert so Verluste bei der Replikation. Im weiteren Verlauf der Entwicklung wird das Telomerase-Gen allerdings abgeschaltet. Dieser Prozess ist reversibel. In Krebszellen ist die Telomerase wieder aktiv und die Zellen werden wieder potenziell unsterblich. Insertion eines aktiven Telomerase-Gens lässt postmitotische Zellen ebenfalls wieder proliferieren. Telomerase-Knockout-Mäuse zeigen allerdings erst in der zweiten oder dritten Generation beschleunigte Alterung, sodass die Rolle dieses Enzyms bei der Alterung möglicherweise auch überschätzt wird. Außerdem gibt es beim Menschen keine Korrelation von Telomerenlänge und Lebensalter. Möglicherweise stellt die telomeren-abhängige Inhibierung von Zellteilungen auch einen Schutz gegen Krebs dar.

In Nematoden wurden andere das Altern steuernde Gene beschrieben. Sie sorgen z. B. für eine erhöhte Produktion von ROS-neutralisierenden Enzymen in Dauerlarven. Dauerlarven von *C. elegans* können ungünstige Umweltbeltbedingungen bis zu 6 Monate überleben, während adulte Würmer eine deutlich geringere Lebenserwartung von wenigen Wochen haben. Manche Mutationen im *daf-2*-Gen, welches den Rezeptor für einen **Insulin-ähnlichen Wachstumsfaktor** (**IGF**, **I**nsulin-like **G**rowth **F**actor) codiert, bewirken, dass die adulten Würmer eine erhöhte Resistenz gegen ROS erhalten und eine 4-fach erhöhte Lebenserwartung haben. Verlustmutanten in verschiedenen Genen des IGF-Signalweges lösen, unabhängig von den Umweltbedingungen, Dauerlarvenbildung aus. Bei den meisten Mutationen in diesem Signalweg geht die erhöhte Lebenserwartung mit verringerter Fertilität einher. Bei *Drosophila* sind Mutationen im IGF-Rezeptor ebenfalls mit einer um 85 % erhöhten Lebenserwartung und Sterilität verbunden. Bei Säugetieren ist die Situation komplexer, da der Insulin-Signalweg sowohl während der Entwicklung als auch zeitlebens im Metabolismus von zentraler Bedeutung ist und Mutationen sich oft vielfältig auswirken (Entwicklungsdefekte, Diabetes, etc.). Dennoch scheint sich auch hier eine Reduktion von Insulin oder IGF-1 lebensverlängernd auszuwirken. Der Selektionsvorteil eines solchen Mechanismus könnte darin liegen, dass Tiere die Möglichkeit haben, bei ungünstigen Verhältnissen die Fortpflanzung zu „verschieben" bis wieder mehr Ressourcen zur Verfügung stehen. „Verschieben" kann man aber nur, wenn man länger lebt.

Beim Menschen sind einige Mutationen bekannt, die sich auf das Altern auswirken. Die als **Dyskeratosis congenita** bekannte Erkrankung basiert auf einer Mutation im Telomerase-Gen und ist im fortschreitenden Verlauf durch Knochenmarksschwund gekennzeichnet. Beim **Hutchinson-Gilford-Syndrom** (Progerie) altern Kinder vorzeitig und sterben früh an Herzversagen. Die meisten erreichen nicht das 20. Lebensjahr. Ursache sind autosomal-dominante Mutationen im Lamin-A/C-Gen. Eine ähnlich sich auswirkende Mutation (im *klotho*-Gen) ist auch für die Maus beschrieben. Die Mutation ist nach der griechischen Göttin benannt, die den Lebensfaden spinnt. Klotho ist eine Glykosidase, die Ca^{2+}-Kanäle in Darm und Niere aktiviert. Inaktivierung des *klotho*-Gens führt zu einer Störung der Ca^{2+}-Homöostase, verbunden mit Ca^{2+}-Verlust, und schließlich zu Osteoporose.

Ontogenese: Gesamte Entwicklung eines Individuums von der Keimzelle bis zum Tod.
Furchung: Teilungen der befruchteten Eizelle; **Blastomer**: einzelne Zelle der ersten mehrzelligen Entwicklungsstadien; **Blastula**: vielzelliges frühes Entwicklungsstadium in Form einer Hohlkugel; **Blastocoel**: innerer Hohlraum der Blastula, primäre Leibeshöhle.
Organisation der Eizelle: Oligolecithal: dotterarm; polylectithal: dotterreich; isolecithal: Dotter gleichmäßig verteilt; telolecithal: Dotter in einer Hälfte konzentriert; centrolecithal: Dotter in der Mitte konzentriert. Animaler Pol: Pol einer Eizelle, an dem meist der Zellkern liegt; vegetativer Pol: Dem animalen Pol gegenüberliegender dotterreicher Eipol.
Furchungstypen: Holoblastisch-äqual: vollständige Furchung, Blastomeren gleich groß; holoblastisch-inäqual: vollständige Furchung, Blastomeren ungleich groß; partiell- oder meroblastisch-discoidal: unvollständige Furchung, Bildung einer Keimscheibe (Keimscheibe: Ansammlung von Furchungszellen, die den Embryo bilden und einer ungefurchten Dottermasse aufliegen); partiell-superficiell: unvollständige Furchung, Ausbildung eines Epithels um zentralen Dotter. Radiärfurchung: Holoblastischer Furchungstyp, Blastomeren radiärsymmetrisch zur Eiachse angeordnet. Bilateralfurchung: Spezialform der Radiärfurchung, frühe Ausbildung einer Spiegelsymmetrie zwischen linker und rechter Embryohälfte; Spiralfurchung: Holoblastischer Furchungstyp, schräg zur Eiachse ausgerichtete Teilungsspindeln bedingen spiralige Anordnung der Blastomeren; Blastomerenanarchie: Sondertypus der meroblastischen Furchung, isolierte Zellen bilden nach Einwanderung in den Dotter den Embryo.
Gastrulation: Entwicklungsvorgang, der zur Ausbildung der Gastrula und der Keimblätter führt, Typen: Invagination, Immigration, Epibolie, Delamination. Gastrula: becherförmiges Entwicklungsstadium, entsteht im einfachsten Fall durch Einstülpung der Blastula. **Blastoporus**: Urmund, Einstülpungsstelle des Urdarms. Primitivstreifen bei Vögeln und Säugern, Ventralrinne bei *Drosophila* entsprechen dem Blastoporus der Amphibien. **Deuterostomier**: „Neumünder", Tierstämme, bei denen sich in der Ontogenese der Mund neu bildet und der Blastoporus zum After wird. **Protostomier**: Tierstämme, bei denen der Urmund der Gastrula zum Mund wird und der After neu gebildet wird.
Keimblatt: Embryonale Zellschicht, aus der verschiedene Organsysteme entstehen. Ektoderm und Entoderm, bei Bilateria zusätzlich Mesoderm.
Ektodermale Organe: Epidermis und deren Derivate, Nervensystem und Neuralleiste. Plakode: Epidermales Areal im Embryo, am Aufbau von Sinnesorganen beteiligt, z. B. Ohr- und Linsenplakoden
Neurulation: Entwicklungsvorgang bei Chordata, der auf die Gastrulation folgt und zur Anlage des Neuralrohres führt. Neuralplatte: Bei Chordata, dorsaler Bereich des embryonalen Ektoderms, aus dem sich das Neuralrohr bildet. **Neuralleisten**: Ränder der Neuralplatte (aus den Zellen der Neuralleiste entwickeln sich z. B. Nerven-, Glia-, Mesenchym-, Knorpel-, oder Knochenzellen,); Neuralrohr: embryonale Anlage des Zentralnervensystems bei Chordatieren.
Entodermale Organe: Mitteldarm und Anhangsorgane, Rathkesche Tasche, Kiementaschen, Lungen und Schwimmblase, einige endokrine Organe.

Mesodermale Organe: Muskulatur, Bindegewebe, Skelett, Blut- und Lymphgefäße, Exkretionsorgane, Gonaden. Mesoderm im Wirbeltierembryo: Chordamesoderm, segmentierte Somiten (→ Sklerotom, Myotom, Dermomyotom), unsegmentiertes Seitenplattenmesoderm.
Coelom: Sekundäre Leibeshöhle, breitet sich zwischen Körper- und Darmwand aus, entsteht z. B. durch Abschnürung (Enterocoelbildung) oder aus Urmesodermzelle bzw. Mesoteloblasten. Coelomräume: Proto-, Meso- und Metacoel bzw. Axo-, Hydro- und Somatocoel bzw. Schizocoel sowie Perikard.
Embryonalhüllen: Amnion: Embryonalhaut der Amniota, umhüllt Embryo; Chorion: Bei placentalen Säugetieren aus Serosa, der äußeren Embryonalhaut, hervorgegangen, bildet zusammen mit Allantois den embryonalen Teil der Plazenta.
Larvalstadium: Postembryonales Entwicklungsstadium, das deutlich von der Gestalt des adulten Tieres abweicht; Primärlarve: Larve bei Tiergruppen mit ursprünglichem pelago-benthonischen Lebenszyklus. Sekundärlarve: Larve bei Tiergruppen, deren phylogenetische Ahnen keine Larvenstadien mehr hatten. Larvale Verbreitungsstadien: Parenchymula, Planula, Trochophora, Müllersche Larve, Veliger-Larve, Nauplius.
Metamorphose: Vollständige Umgestaltung zwischen Larven- und Adultphase, hormonell gesteuert, z. B. durch Ecdyson und Juvenilhormon. Ametabol: Nahezu direkte Entwicklungsform bei primär flügellosen Insekten; hemimetabol: „unvollständige" Metamorphose bei Insekten, kein Puppenstadium; holometabol: „vollkommene" Metamorphose bei Insekten, mit Puppenstadium; Puppe: letztes Entwicklungsstadium holometaboler Insekten; Imaginalscheiben: Embryonale Zellgruppen, aus denen sich im Puppenstadium Organe der Imago bilden. Imago: Adultform holometaboler Insekten; **Neotenie:** Geschlechtsreife bei Larven (z. B. Axolotl, Männer).
Regeneration: Vollständige Erneuerung oder Ersatz von Körperteilen. Physiologisch, reparativ, kompensatorisch. Morphallaxis: Regeneration durch Umorganisation bestehenden Gewebes. Epimorphose: Regeneration durch Zellwachstum und Zellteilung. **Blastem:** Gewebe aus undifferenzierten, teilungsfähigen Zellen, das der Regeneration dient. **Adulte Stammzellen** (z. B. Basalzellen der Haut, Satellitenzellen des Muskels, Wulstzellen im Haar, Kryptenzellen im Darm, Spermatogonien).
Altern: Zeitabhängige Anhäufung irreversibler Veränderungen im Organismus (DNA-Schäden, oxidativer Stress). Genetische Steuerung des Alterns durch Gene, die für DNA-Reparaturenzyme, ROS-entschärfende Enzyme und Insulin-ähnliche Wachstumsfaktoren codieren.

3.2 Die Steuerung von Entwicklungsprozessen

Die Embryonalphase ist der Abschnitt, in dem die grundlegenden entwicklungsrelevanten Entscheidungen wie die Orientierung der Achsen und die Festlegung der Körpergrundgestalt fallen. Diese Prozesse werden an wenigen **Modellorganismen** (Würmer, Fliegen, Fische, Frösche, Mäuse) genauer studiert und sind auf zellulärer Ebene durch zwei Prozesse charakterisiert: **Determination** und **Differenzierung**. Cytoplasmatische Determinanten und Zell-Zell-Wechselwirkungen

> spielen hierbei eine wichtige Rolle, Prozesse, die z. B. bei Seeigeln und Amphibien gut untersucht sind. Die genetische Steuerung der Frühentwicklung ist bei *Drosophila* am besten verstanden und beruht auf einer Reihe von Genen, die in fünf Gruppen unterteilt werden und für Signalmoleküle, Signalrezeptoren oder Transkriptionsfaktoren codieren. Ähnliche Mechanismen der Musterbildung finden sich auch bei der Ausbildung von Organanlagen wie der Extremitätenknospe der Wirbeltiere.

Die Identifizierung und Charakterisierung von Genen, welche an Entwicklungsprozessen beteiligt sind, hat in den letzten 20 Jahren einen wahren Schub erlebt. Mit Einführung moderner Klonierungsmethoden und immer leistungsfähigerer Computersysteme zur Auswertung und Verwaltung von Sequenzdaten hat dieses Gebiet enorm an Geschwindigkeit zugelegt. Künstliche Mutagenese und anschließende Screens nach Entwicklungsdefekten in großem Maßstab haben besonders bei *Drosophila* und einigen wenigen anderen Modellorganismen viel zum Verständnis molekularer Musterbildung im Embryo beigetragen. Auch neue experimentelle Techniken wie die gezielte Ausschaltung einiger Gene, die Herstellung transgener Tiere oder die vielfältigen mikroskopischen Darstellungsmöglichkeiten von zellulären Prozessen während der Entwicklung (*Biochemie, Zellbiologie*) sind Schlüssel zur Beantwortung der Frage nach den Funktionen bestimmter Genprodukte.

3.2.1 Modellorganismen

Die meisten Erkenntnisse zur Steuerung von Entwicklungsvorgängen sowie deren genetischer Basis werden an einer Hand voll **Modellorganismen** gewonnen (Abb. 3.**13**). Die wichtigsten Kriterien für Modellorganismen in der entwicklungsbiologischen Forschung sind die Handhabbarkeit im Labor, die Anzahl der Nachkommen, ein möglichst kurzer Entwicklungszyklus sowie die Möglichkeit, viele und auch komplizierte experimentelle Manipulationen vornehmen zu können (Transplantationen, Mikroinjektionen, gezielte Mutagenese). Nicht zuletzt zählt die Relevanz der gewonnenen Erkenntnisse für andere Organismen, vor allem für den Menschen. Die einzelnen Modellorganismen haben alle ihre Vor- und Nachteile. *Xenopus laevis* (Krallenfrosch) z. B. eignet sich aufgrund seines pseudotetraploiden Genoms nicht als genetisches Modellsystem. Experimentelle Manipulationen wie Transplantationen und Mikroinjektionen sind hier allerdings relativ leicht durchzuführen. In jüngster Zeit gelangte ein naher Verwandter, *Xenopus tropicalis*, ins Rampenlicht. Er besitzt ein diploides Genom und eignet sich somit sehr gut als genetisches Modellsystem. Die Maus (*Mus musculus*) eignet sich gut für die gezielte Mutagenese bestimmter Gene (Knock-out-Mäuse) und ist als relativ naher Verwandter des Menschen besonders für die anwendungsorientierte, medizinisch ausgerichtete Forschung attraktiv. Der Umgang mit den frühen Mausembryonen

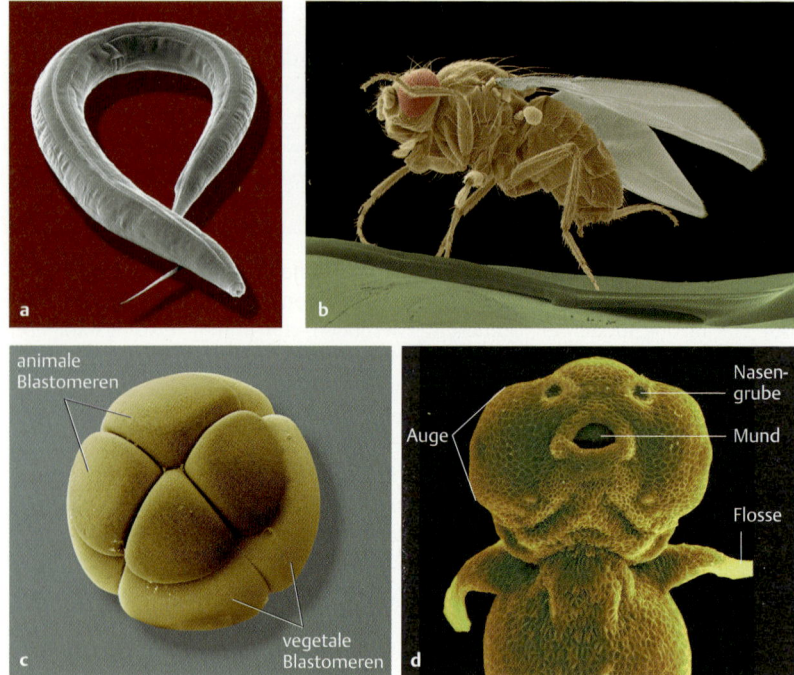

Abb. 3.**13 Einige Modellorganismen in der Entwicklungsbiologie. a** *Caenorhabditis elegans*, adulter Wurm. **b** *Drosophila melanogaster*. **c** 8-Zellstadium des Südamerikanischen Krallenfrosches *Xenopus laevis*. **d** 3 Tage alte Larve des Zebrabärblings *Danio rerio*, ventrale Ansicht. (Colorierte REM-Bilder von Jürgen Berger, MPI für Entwicklungsbiologie, Tübingen.)

ist aufgrund der internen Entwicklung aber recht kompliziert. Die Fruchtfliege (*Drosophila*) ist seit jeher ein Paradeobjekt der genetischen Forschung. So überrascht es nicht, dass die erste systematische Identifizierung von entwicklungsrelevanten Genen mithilfe von Mutagenese-Screens bei *Drosophila* erfolgte. Ähnliche Ansätze wurden bei der Seescheide *Ciona intestinalis* als einem Modell für ursprüngliche Chordaten, dem Zebrafisch *Danio rerio* und jüngst bei *Xenopus tropicalis* (jeweils als Wirbeltiermodelle) verfolgt. Weitere Modellorganismen sind der Süßwasserpolyp *Hydra vulgaris*, der bodenlebende Nematode *Caenorhabditis elegans*, der Seeigel *Strongylocentrotus purpuratus*, das Lanzettfischchen *Branchiostoma lanceolatum*, der Mexikanische Axolotl *Ambystoma mexicanum* (S. 320) und das Haushuhn (*Gallus gallus*). Zur Zeit ist der Zebrafisch, neben der Maus, das wichtigste Modell für die Wirbeltierentwicklung.

3.2.2 Determination und Differenzierung

Während der Embryonalentwicklung wird zu einem bestimmten Zeitpunkt das prospektive Schicksal embryonaler Zellen oder Zellverbände festgelegt. Man spricht hierbei von **Determination**. Eine der wesentlichen Entscheidungen im frühen Embryo ist die Festlegung oder Determination der Körperachsen. Bei radiärsymmetrischen Tieren genügt die Ausbildung einer Achse, bei einem Polypen (Cnidaria) spricht man z. B. von einer apicobasalen Achse, die durch „Fuß" und Tentakelkranz verläuft. Bei bilateralsymmetrischen Tieren wird eine **anteroposteriore** (Kopf/Schwanz) und eine **dorsoventrale** (Rücken/Bauch) Achse festgelegt. Schwieriger ist die Situation z. B. bei den Echinodermen. Sie haben sich aus bilateralsymmetrischen Vorfahren entwickelt und sind sekundär radiärsymmetrisch aufgebaut. Die Hauptkörperachse wird bei ihnen als Oral-Aboral-Achse bezeichnet. Bei Bilateriern gibt es neben den anteroposterioren und dorsoventralen Achsen noch mehr oder weniger ausgeprägte links-rechts Asymmetrien. Dabei handelt es sich nicht um zufällige und unbedeutende Fehler in der Bilateralsymmetrie, sondern sie sind vielmehr das Ergebnis von Prozessen, die für die Normalentwicklung notwendig sind und die einem genetisch festgelegten Programm folgen. Daher ist auch die frühe Determination einer **Links-Rechts-Achse** notwendig. Das Schicksal von verschiedenen Zelltypen schließlich wird meist schrittweise determiniert. Bei den roten Blutkörperchen (Erythrocyten) beispielsweise läuft die Entwicklung über pluripotente Stammzellen, determinierte Stammzellen und Erythroblasten hin zu den Erythrocyten (Hämatopoiese, S. 702, S. 812).

Bilden sich die Zellen morphologisch und physiologisch entsprechend ihres determinierten Schicksals aus, spricht man von **Differenzierung**. Differenzierte Zellen zeichnen sich durch eine definierte Morphologie und die Produktion zelltypspezifischer Proteine aus. Erythrocyten z. B. enthalten Hämoglobin oder das Enzym Carboanhydrase und Muskelzellen produzieren muskelspezifisches Actin, Myosin, Tropomyosin und Troponin. Determination und Differenzierung sind meist zeitlich versetzte Prozesse. Zellen können schon längst für ein bestimmtes Entwicklungsschicksal determiniert sein, ohne dass eine entsprechende Differenzierung festzustellen wäre. Auch der Zeitpunkt der Determination kann sehr unterschiedlich sein. Bei manchen Tieren kann man definierten Cytoplasmaregionen im Ei schon ein bestimmtes Schicksal zuordnen. Solche Tiere zeichnen sich oft durch einen invarianten Zellstammbaum aus (Nematoden, Spiralier, Ascidien). Wenn man die Organisation des Cytoplasmas von Ascidieneiern beispielsweise durch leichtes Zentrifugieren durcheinander bringt, entsteht ein völlig missgebildeter Embryo mit einer ungeordneten Ansammlung von verschieden differenzierten Zellen (Nerven-, Muskel- und Chordazellen). Diese Art der Entwicklung wird als **Mosaikentwicklung** bezeichnet. Die Weitergabe der im Ei verteilten cytoplasmatischen Faktoren an die durch Teilung entstehenden Zellen determinieren deren Entwicklungsschicksal.

Bei anderen Tieren dagegen findet die Determination später statt, und der Zellstammbaum ist sehr variabel (z. B. Seeigel, Fische, Amphibien, Vögel, Säugetiere). Diese Form der Entwicklung nennt man **regulative Entwicklung**. So können sich aus vereinzelten Seeigelblastomeren des 4-Zell-Stadiums 4 vollständige, wenn auch etwas kleinere, Pluteus-Larven entwickeln. Bei der Hausmaus kann man sogar noch im 8-Zell-Stadium aus einer Blastomere ein normales Tier erhalten. Die Furchungszellen von Tieren mit regulativer Entwicklung sind somit totipotent. Trennt man dagegen die beiden ersten Blastomeren eines Ascidienembryos, entstehen aus jeder Blastomere halbseitige unvollständige Larven.

Der Zeitpunkt der Determination einer bestimmten Zellpopulation kann mithilfe von **Transplantationsexperimenten** bestimmt werden. Transplantiert man einem Molchembryo präsumptive Rückenhaut auf die Bauchseite, entwickelt sich das Transplantat bis zu einem gewissen Alter **ortsgemäß** zu Bauchhaut. Hat es aber zum Zeitpunkt der Transplantation ein bestimmtes Entwicklungsstadium erreicht, entwickelt es sich **herkunftsgemäß** zu Rückenhaut. Im ersten Fall ist die prospektive Rückenhaut noch nicht determiniert und kann sich durch Wechselwirkungen mit Zellen der Umgebung noch zu Bauchhaut entwickeln. Im zweiten Fall ist das Schicksal der Rückenhautzellen irreversibel festgelegt.

Welche Faktoren bestimmen nun das Entwicklungsschicksal verschiedener Zellpopulationen? Zuerst glaubte man, dass es im Verlauf der Entwicklung zu differenziellen Kernteilungen komme. Zellen mit unterschiedlichem Schicksal hätten dann jeweils auch Kerne unterschiedlicher Chromosomenzusammensetzung. Bei dem Spulwurm *Parascaris equorum* sind tatsächlich nur die generativen Zellen mit einem kompletten Chromosomensatz ausgestattet. Bei den somatischen Zellen geht ein Teil der Chromosomen im Vorgang der **Chromatindiminution** verloren. Dies ist jedoch eher die Ausnahme denn die Regel. Zahlreiche **Kerntransplantationsexperimente** haben gezeigt, dass bei vielen Tieren die Furchungskerne totipotent sind (**Kernäquivalenz**). Man kann beispielsweise Kerne von *Xenopus laevis* aus verschiedenen Entwicklungsstadien (bis hin zum Larvenstadium) in Eizellen transplantieren, welchen vorher der zygotische Kern entfernt wurde. Aus solchen Eiern können sich normale Frösche entwickeln. Die Erfolgsrate solcher Kerntransplantationen ist mit Zellkernen aus frühen Entwicklungsstadien wesentlich höher als mit Kernen aus späteren Embryonen. Dies deutet auf Synchronisationsprobleme mit dem Zellzyklus, welcher in den frühen Furchungszellen stark verkürzt ist (s. o.), oder auf differenzielle Modifikationen der DNA in ausdifferenzierten Zellen hin. Bei letzteren handelt es sich meist um Methylierungen der DNA (*Genetik*). Dennoch zeigen die Transplantationsexperimente, dass die verschiedenen Kerne jeweils die vollständige genetische Information enthalten, die zur Bildung eines adulten Tieres notwendig ist. Die Spezifität der verschiedenen Zelltypen wird somit nicht durch das Vorhandensein unterschiedlicher Gene, sondern durch unterschiedlich intensive Transkription zelltypspezifischer Gene erzielt (**differenzielle Genaktivität**), was dann zur Produktion zelltypspezifischer Proteine führt. Gleichzeitig wird die Aktivität anderer Gene reduziert.

Eine weitere lebende Demonstration der Kernäquivalenz stellt das geklonte Schaf **Dolly** dar. Hier wurden ausdifferenzierte Epithelzellen aus den Milchdrüsen eines adulten Schafes in Kultur gezüchtet. Durch einen experimentellen Trick wurden die Zellen dauerhaft in der G_0-Phase des Zellzyklus gehalten. Die Fusion einer solchen Zelle mit einer Eizelle, aus der vorher der Kern entfernt wurde, führt zur Bildung einer „Zygote". Die Fusion kann durch Zugabe eines elektrischen Impulses stimuliert werden (Elektrofusion). Die kernlose Eizelle wird also mit einer adulten Milchdrüsenzelle „befruchtet" und enthält dann nur die genetische Information dieser ausdifferenzierten Zelle. Die Eizelle stammt aus einem Schaf anderer Rasse, damit ein aus diesem Experiment stammendes Lamm von seinen „Geschwistern" unterschieden werden kann. Von 277 fusionierten Zygoten furchten sich 29, die alle in den Uterus von schwangeren Schafen eingepflanzt wurden. Ein Experiment war erfolgreich: Dolly. Ähnliche Versuche sind inzwischen auch mit Mäusen, Rindern, Schweinen, Katzen, Hunden, Pferden und Rhesusaffen erfolgreich durchgeführt worden.

3.2.3 Cytoplasmatische Determinanten und embryonale Induktion

Da die Furchungskerne totipotent sind, müssen cytoplasmatische Faktoren und/oder Zell-Zell-Wechselwirkungen bei Determinations- und Differenzierungsvorgängen eine Rolle spielen. Ein klassisches Beispiel für sogenannte **cytoplasmatische Determinanten** findet sich bei der Keimzellentwicklung von Drosophila. Am posterioren Ende des Eies entstehen im 512-Kernstadium die Polzellen. Aus ihnen gehen später die Keimzellen hervor. Wird die Bildung der Polzellen gezielt durch UV-Bestrahlung verhindert, entstehen adulte Fliegen, denen die Keimzellen fehlen. Die Determinanten für die Polzellbildung scheinen also im posterioren Eicytoplasma zu liegen. Wenn man dieses Cytoplasma einer Spendereizelle entnimmt und in den anterioren Bereich einer Empfängereizelle injiziert, werden dort ektopisch Polzellen gebildet. Aus diesen induzierten Polzellen können voll funktionsfähige Keimzellen entstehen.

Cytoplasmatische Determinanten beim Seeigel

Experimente des schwedischen Biologen **Sven Hörstadius** an **Seeigelembryonen** legen nahe, dass gradientenhaft verteilte **cytoplasmatische Determinanten** auch an der Achsenbildung im frühen Seeigelembryo beteiligt sind. Hörstadius halbierte Embryonen im 8-Zellstadium mit einer feinen Glasnadel. Wurden die Embryonen meridional von animal nach vegetal durchtrennt, entwickelten sich aus den beiden Hälften zwei normale Pluteus-Larven. Erfolgte die Trennung jedoch äquatorial, so entstand aus der vegetalen Hälfte eine fast normale Larve, die animale Hälfte entwickelte sich dagegen zu einer bewimperten Hohlkugel (Dauerblastula). Offensichtlich enthält der vegetative Pol cytoplasmatische Faktoren, die für die Normalentwicklung essenziell sind. Diese Asymmetrie findet sich bereits im Ei. Wird dieses am Äquator in eine vegetale und eine animale Hälfte geteilt, entstehen zwei sogenannte merogone Zellen aus den Hälften. Von diesen enthält nur eine den Eikern. Bei Seeigeln können sich allerdings auch die haploiden Merogone entwickeln.

Befruchtet man nun die Merogone, wird aus dem animalen eine Dauerblastula und aus dem vegetalen eine fast normale Pluteus-Larve.

Ausgehend von diesen Beobachtungen führte Hörstadius eine Reihe von Kombinationsexperimenten mit Teilen von 64-Zell-Embryonen durch (Abb. 3.**14**). In der Normalentwicklung bilden die animale Hemisphäre und z. T. die erste vegetale Zellreihe (Veg1) das Ektoderm der Pluteus-Larve, der vegetale Anteil von Veg1 und die zweite vegetale Zellreihe (Veg2) bilden Entoderm und Teile des Mesoderms, und die vegetalen Mikromeren formen das Larvalskelett. Isoliert man die animale Hälfte, entsteht aus ihr erwartungsgemäß eine

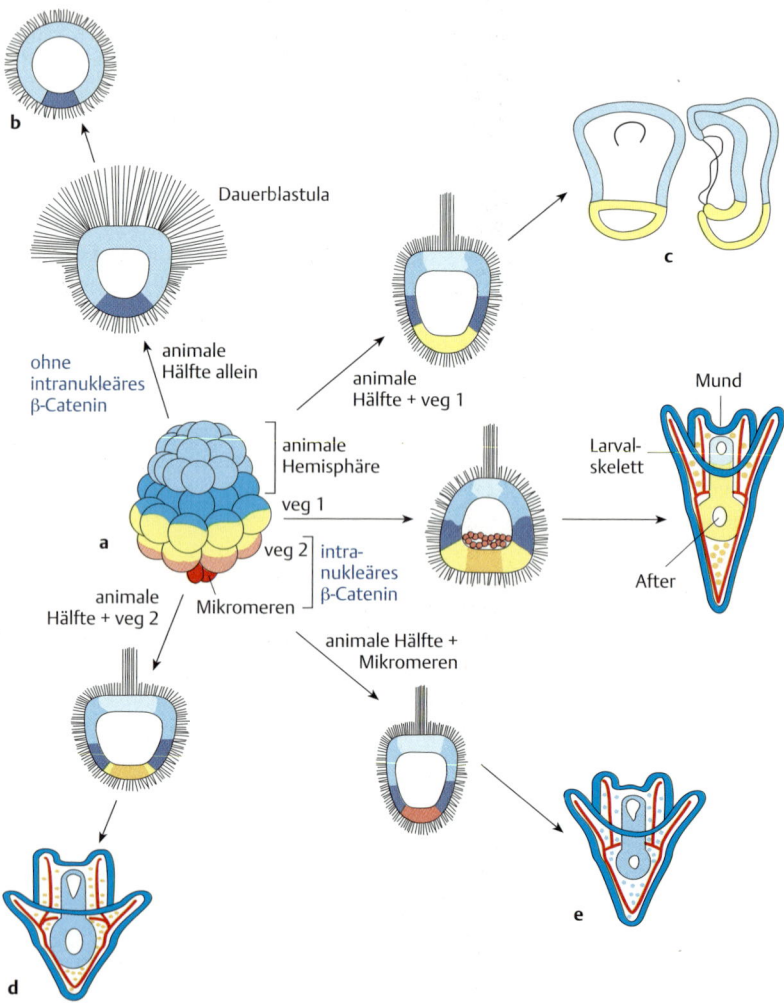

„animalisierte" Dauerblastula. Kombiniert man animale Hälften mit Veg1, sind die resultierenden Larven deutlich weniger animalisiert. Sie zeigen keine Bewimperung und bilden zumindest einen Teil des Darmes. Kombination von animalen Hälften und Veg2 führt zu normal aussehenden Pluteus-Larven. Die Skelettelemente dieser Larven werden von Abkömmlingen der Veg2-Zellreihe gebildet. Kombiniert man schließlich animale Hälften mit Mikromeren, entstehen ebenfalls fast normale Larven, deren Entoderm von Zellen der animalen Hälfte gebildet wird. Diese Zellen bilden normalerweise ausschließlich Ektoderm. Hörstadius folgerte aus seinen Experimenten, dass es **Gradienten** von determinierenden, sprich „animalisierenden" und „vegetalisierenden" Faktoren im Seeigelembryo geben müsse. Diese Kombinationsexperimente zeigen darüber hinaus, dass zusätzlich zu den bereits im Ei vorkolisierten determinierenden Faktoren noch **regulative Zell-Zell-Interaktionen** möglich sind und dass diese das Entwicklungsschicksal bestimmter Zellgruppen beeinflussen können. Eine wichtige molekulare Komponente des vegetalisierenden Systems scheint **β-Catenin** zu sein. Dieses Protein wurde zunächst als Komponente von Adherens Junctions identifiziert. Es ist aber zudem noch Bestandteil des Wnt/Wingless-(Wg)-Signaltransduktionsweges, der in Vertebraten (Wnt) und *Drosophila* (Wingless, s. u.) an der frühen embryonalen Musterbildung beteiligt ist (*Biochemie, Zellbiologie*). Wnt/Wg ist ein sekretiertes Signalmolekül, das an einen Transmembranrezeptor mit sieben Membrandurchgängen bindet (Frizzled) und dadurch eine Signalkaskade auslöst, in deren Folge sich intrazelluläres β-Catenin anreichert und in den Zellkern gelangt. Dort steuert es die Aktivität bestimmter Zielgene. Im frühen Seeigelembryo akkumuliert β-Catenin in den Kernen der Mikromeren und in etwas geringerem Ausmaße in den Kernen der Veg2-Zellreihe. Verhindert man in vollständigen Embryonen experimentell den Eintritt von β-Catenin in die Kerne, entsteht wieder eine „animalisierte" Dauerblastula. Dies belegt eindrucksvoll die Rolle, die dieses Protein bei der Achsenbildung im Seeigelembryo spielt.

Achsendetermination bei Amphibien und anderen Wirbeltieren

Auch bei **Amphibien** spielen **cytoplasmatische Determinanten** eine gewisse Rolle. So ist in der vegetalen Hälfte von *Xenopus*-Eiern eine mRNA lokalisiert, die für einen T-Box-Transkriptionsfaktor (**VegT**) codiert. Auch das daraus resultierende Protein findet sich vegetal (Abb. 3.**15b**). Nach Ausschaltung des maternalen VegT-mRNA-Pools mithilfe spezifischer Antisense-DNA bildet sich in solcherart behandelten Embryonen kein Entoderm und nur noch rudimentär Mesoderm heraus. Für dessen Bildung ist möglicherweise ein Vertreter aus der Familie der TGF-β-Wachs-

◄ Abb. 3.**14 Hörstadius-Kombinationsexperimente an Seeigelembryonen. a** Normalentwicklung. Aus der animalen Hemisphäre und Veg1 wird das Ektoderm der Pluteus-Larve. Veg1 und Veg2 bilden Entoderm und primäres Mesenchym, und die Mikromeren formen das Skelett. In den Mikromeren und, in geringerem Ausmaß, in Veg2 gelangt der Transkriptionsfaktor β-Catenin in die Zellkerne. **b** Isolierte animale Hemisphären werden zu bewimperten Dauerblastulae (komplette Animalisierung). Das geschieht auch mit einem vollständigen Embryo, wenn man experimentell die Translokation von β-Catenin in die Kerne verhindert. **c** Animale Hemisphäre und Veg1 bilden eine abnormale aber nicht vollständig animalisierte Larve. **d** Animale Hemisphäre und Veg2 bilden eine fast normale Larve. Die Skelettelemente werden hier von Abkömmlingen der Veg2-Zellen geformt. **e** Animale Hemisphäre und die Mikromeren bilden ebenfalls eine fast normale Larve. Das Entoderm entwickelt sich hier aus Zellen der animalen Hemisphäre. Ektoderm: blau, primäres Mesenchym: orange, skelettogenes Mesenchym: rot, Entoderm: gelb.

tumsfaktoren)-β (*Biochemie, Zellbiologie*), **Vg1**, verantwortlich. *vg1*-mRNA und -Protein sind bereits im vegetalen Cortex des Eis lokalisiert. VegT induziert entodermspezifische Gene sowie weitere TGF-β-Signale (**nodal related Faktoren**: z. B. Xnr-1, Xnr-2; Xnr-5; Xnr-6), welche ihrerseits die Bildung des Ringes aus prospektiven Mesodermzellen induzieren, der sich in der marginalen Zone zwischen prospektivem Ektoderm und prospektivem Entoderm bildet. Dieser Prozess wird als **Mesoderminduktion** bezeichnet. VegT ist damit für die frühe embryonale Musterbildung und die Herausbildung der drei Keimblätter von entscheidender Bedeutung.

Die Bildung der primären Körperachse scheint ebenfalls von lokalisierten Determinanten abzuhängen. Unmittelbar nach der Befruchtung kommt es zu Umlagerungen cytoplasmatischer Bestandteile im Ei (**Corticalrotation**, Abb. 3.**15**). Das unbefruchtete Ei ist radiärsymmetrisch und weist lediglich eine animal-vegetale Achse auf. Nach Eintritt des Spermiums kommt es zu einer Mikrotubuli-abhängigen Umlagerung des Eicortex in Relation zum inneren Cytoplasma um etwa 30°. Bei manchen stark pigmentierten Fröschen (*Rana*) entsteht dadurch gegenüber der Spermieneintrittsstelle eine hellere Region, der **graue Halbmond**. Durch die Corticalrotation wird die Radiärsymmetrie durchbrochen und die Zygote wird bilateralsymmetrisch. Der graue Halbmond markiert die künftige dorsoanteriore Seite, die Spermieneintrittsstelle die künftige ventroposteriore Seite.

Traditionell wird die Seite, die den grauen Halbmond und später die Urmundlippe bildet, als prospektiv dorsal bezeichnet. Eine Revision der *Xenopus*-Schicksalskarte (**Fate Map**) hat kürzlich ergeben, dass man auch von prospektiv anterior sprechen könnte. Bei der Schicksalskartierung werden einzelne Zellen des 32-Zell-Embryos mit Vital-Farbstoffen markiert (z. B. durch Mikroinjektion von fluoreszierendem Dextran) und das Entwicklungsschicksal der Nachkommen dieser Zelle verfolgt. Die Nachkommen von traditionell „ventralen" marginalen Zellen differenzieren sich zu ventralem Mesoderm (Blut), sind aber auch in dorsalen Strukturen (Somiten) zu finden. Tatsächlich entstammen die posterioren Somiten aus der „ventralen" marginalen Zone, während die Zellen der anterioren Somiten aus der lateralen und mehr „dorsalen" marginalen Zone kommen. Chordazellen entstammen alle der „dorsalen" Seite, genauso wie das Kopfmesoderm oder die Herzanlage (eine eigentlich ventrale Struktur). Daraus folgt, dass die dorsale Region des frühen Embryos prospektiv dorsale sowie anteriore (dorsale wie ventrale) Zellen enthält, während die ventrale Region prospektiv ventrale sowie posteriore (dorsale wie ventrale) Zellen enthält. Das Ganze erhellt sich dadurch, dass sich die primären Körperachsen im Laufe der Gastrulation erst richtig herausschälen, sodass auch erst in der fortgeschrittenen Gastrula die anteroposteriore und die dorsoventrale Achse klar abgegrenzt sind (Abb. 3.**4a**). Die „ventral" gelegenen Vorläuferzellen der posterioren Somiten beispielsweise gelangen erst im Zuge der Gastrulation auf die „dorsale" Seite. Im Folgenden wird daher bei frühen Embryonen jeweils von **dorsoanterior** (statt dorsal) und **ventroposterior** (statt ventral) die Rede sein.

Schnürungsexperimente, bei denen die Zygote mit einer feinen Haarschlinge vorsichtig durchgeschnürt wird, haben gezeigt, dass die Zone des grauen Halbmondes für die normale Entwicklung des Embryos unerlässlich ist. Schnürt man das Ei von animal nach vegetal so durch, dass der graue Halbmond geteilt wird, entstehen aus den beiden Hälften normale Embryonen. Durchschnürt man das Ei jedoch so, dass

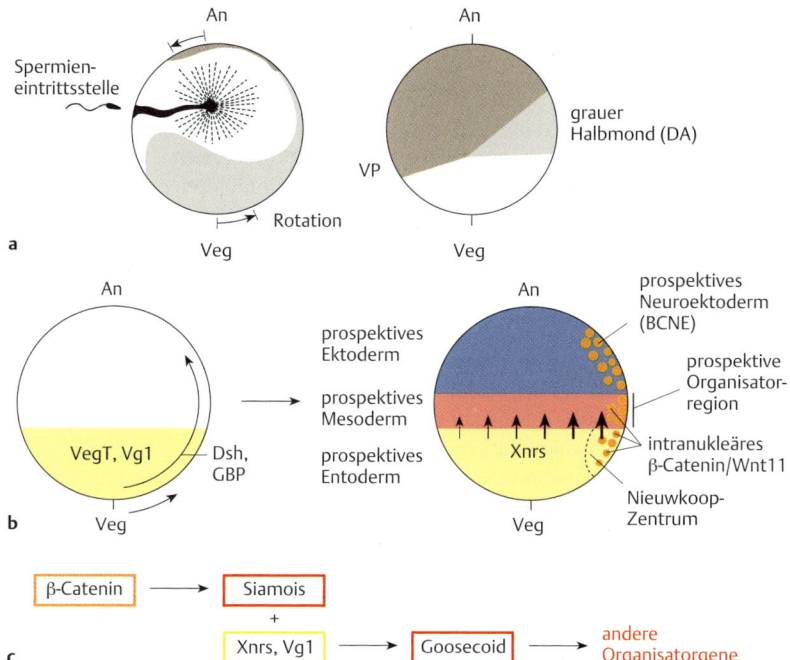

Abb. 3.15 **Corticalrotation und Festlegung der Körperachsen bei Amphibien. a** Corticalrotation und Bildung des grauen Halbmondes bei Amphibien. **b** Lokalisierte Determinanten und Musterbildung im Froschembryo. Vegetal lokalisiertes VegT induziert die Transkription entodermspezifischer Faktoren sowie die Synthese mesoderminduzierender Signalmoleküle aus der Familie der TGF-β-Wachstumsfaktoren (nodal-related oder Xnr) und ist somit für die Bildung der Keimblätter verantwortlich. Außerdem ist die RNA eines anderen TGF-β-Signals bereits im Eicortex lokalisiert (Vg1). Durch die Corticalrotation gelangen cortexassoziierte Faktoren auf die zukünftige Dorsalseite und sorgen dort für die Akkumulation und den Kernimport von β-Catenin (orangene Kreise). β-Catenin wird dort auch durch das Signalmolekül Wnt11 stimuliert. β-Catenin induziert schließlich die Transkription dorsalspezifizierender Gene und führt zur Bildung des BCNE, des Organisators und des Nieuwkoop-Zentrums. Somit ist aus dem radiärsymmetrischen Ei ein bilateralsymmetrischer Embryo mit bereits determinierter primärer Körperachse geworden. An: animal, DA: dorsoanterior, VP: ventroposterior, Veg: vegetal. **c** Induktion des Organisators durch β-Catenin.

eine Hälfte den kompletten Halbmond enthält und die andere Hälfte nichts davon, entsteht nur aus der Hälfte mit dem Halbmondmaterial ein normaler Embryo. Die andere Hälfte entwickelt sich zu einem Zellhaufen ohne Kopf und Achsstrukturen, der „Bauchstück" genannt wird. Die Verhinderung der Mikrotubuli-abhängigen Corticalrotation durch UV-Bestrahlung führt ebenfalls zu einem Bauchstück.

Die Region des grauen Halbmondes enthält also ähnlich wie der vegetative Pol der Seeigeleier (s. o.) Determinanten, welche für die Entwicklung eines normalen Embryos notwendig sind.

Auch hier spielt das cytoplasmatische Protein **β-Catenin** eine wichtige Rolle. Im Zuge der Corticalrotation kommt es zur Verlagerung von cortexassoziierten Faktoren auf die zukünftige dorsoanteriore Seite. Dabei handelt es sich z. B. um Dishevelled (Dsh) und das GSK-bindende Protein (GBP). Beide inhibieren den Abbau von β-Catenin, was zur Akkumulation und letztlich zur Translokation von β-Catenin in die Zellkerne führt, wo es die Aktivität dorsalspezifischer Gene steuert. Darüber hinaus wird hier der β-Catenin-Signalweg auch durch Wnt11 stimuliert. Grob vereinfachend kann man sagen, dass maternale vegetale Determinanten wie VegT für die Bildung der Keimblätter verantwortlich sind, während β-Catenin eine dorsalisierende Wirkung auf das in der marginalen Zone gebildete Mesoderm entfaltet. Interessanterweise scheinen VegT und β-Catenin auf der Dorsalseite synergistisch auf die Bildung von Mesoderm-induzierenden Faktoren zu wirken, sodass man einen Gradienten von Xnr-Aktivität von dorsoanterior nach ventroposterior erhält (Abb. 3.**15b**). Die dorsoanteriore vegetale Region mit der höchsten Xnr-Aktivität wird als **Nieuwkoop-Zentrum** bezeichnet.

In der Gegend des grauen Halbmondes bildet sich später, während der Gastrulation, die **dorsoanteriore Urmundlippe**. Die Bedeutung dieser Region ist durch die Versuche von Spemann und Mangold aufgedeckt worden. Sie transplantierten zum ersten Mal dorsoanteriore Urmundlippen von Spenderembryonen einer Molchart (*Triturus cristatus*) in den ventroposterioren Bereich oder einfach ins Blastocoel von Empfängerembryonen einer anderen Molchart (*Triturus taeniatus*). Spender- und Empfängergewebe konnten aufgrund der unterschiedlichen Pigmentierung der beiden verwendeten Arten unterschieden werden (Abb. 3.**16**). Das Transplantat selbst entwickelt sich bei solchen Experimenten zu Chorda- und Somitengewebe. Darüber hinaus induziert es Zellen des Empfängerembryos, Somitengewebe und ein sekundäres Neuralrohr zu bilden. Es entsteht eine nahezu vollständige zweite Embryonalanlage (oft als sekundäre Achse bezeichnet, Abb. 3.**16**). Die dorsoanteriore Urmundlippe enthält offensichtlich Stoffe, welche in der Lage sind, die Bildung von Achsenstrukturen zu induzieren. Damit hatten Spemann und Mangold das Prinzip der **Induktion** entdeckt. Die dorsale Urmundlippe nannte Spemann den **Organisator**. Die Bildung des Organisators ist von cytoplasmatischen Determinanten wie VegT oder den cortexassoziierten Faktoren abhängig, die für die Akkumulation von β-Catenin auf der zukünftigen dorsoanterioren Seite sorgen (s. o.). β-Catenin induziert dann die Expression des Transkriptionsfaktors Siamois, welcher seinerseits zusammen mit Vg-1 und den Xnrs die Expression des Homöobox-Gens *goosecoid* aktiviert. Im weiteren Verlauf werden andere Organisator-Faktoren induziert (Abb. 3.**15c**). In der animalen Hälfte der **B**lastula induziert β-Catenin die Bildung einer **C**hordin und **N**oggin **e**xprimierenden Region (**BCNE**, Abb. 3.**15b**). Diese Aktivität ist für die Bildung des anterioren Neuroektoderms wichtig, da auf diese Weise bereits früh eine BMP4-freie Region festgelegt wird. Im Verlauf der

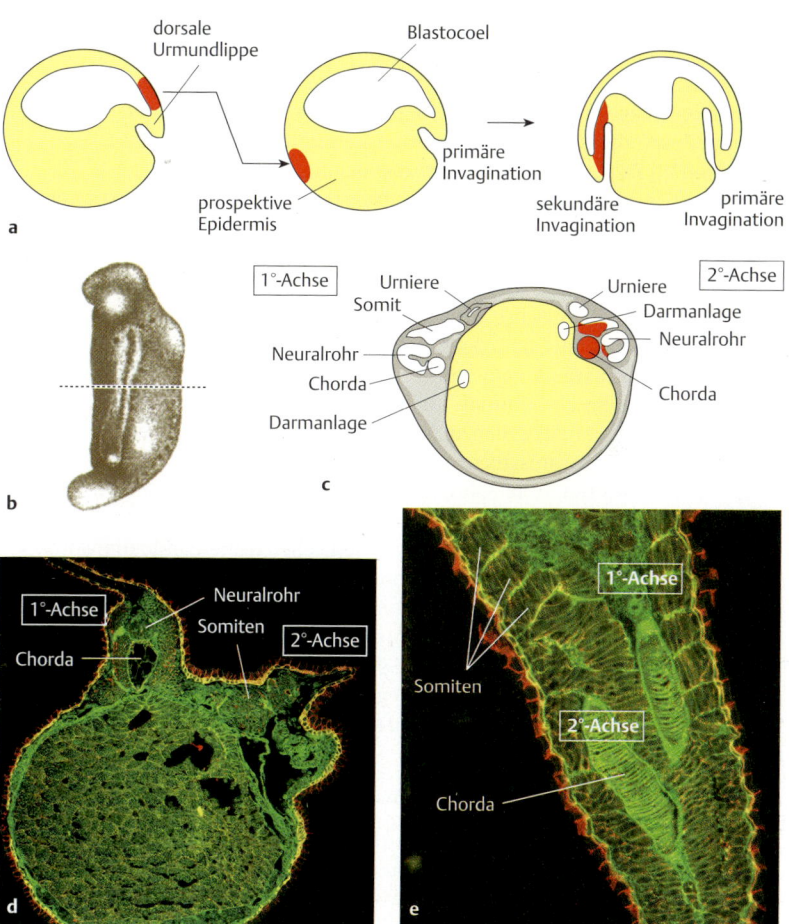

Abb. 3.**16 Organisatortransplantation bei Amphibien. a** Versuchsansatz und Bildung einer zweiten „dorsalen" Invaginationsstelle. **b** Embryo aus Versuch Um 132 der Spemann-Mangold-Versuchsreihe. Die blaue Linie gibt die Lage des Querschnitts in c an. **c** Querschnitt durch Um 132 nach Organisatortransplantation. Die sekundäre Embryonalanlage ist chimärisch aus Spender- (rot) und Empfängergewebe zusammengesetzt. **d** Querschnitt und **e** Längsschnitt durch *Xenopus* Schwanzknospen-Embryonen, denen β-Catenin-mRNA im 16-Zell-Stadium in prospektive ventroposteriore Blastomeren injiziert wurde. Doppelimmunfluoreszenz von β-Catenin (rot) und $β_1$-Integrin (grün). (d,e Aufnahmen von Thomas Kurth, Dresden.)

Gastrulation involutieren die Zellen der frühen Urmundlippe (Kopforganisator, s. u.) und wandern innen nach animal/anterior. Dort kommen sie unterhalb der BCNE-Nachkommen im Neuroektoderm zu liegen und bilden zusammen mit diesen die Kopfanlage. Ähnlich wie beim Seeigel zeigt sich also auch beim Amphibienkeim das Zusammenspiel von lokalisierten Determinanten und Zell-Zell-Wechselwirkungen im Zuge von Induktionsprozessen.

Weitere Experimente legten die Vermutung nahe, dass sich die Induktionseigenschaften des Organisators im Laufe der Gastrulation verändern. Transplantiert man eine frühe dorsoanteriore Lippe, bildet sich eine vollständige zweite Achse; wird dagegen eine späte Lippe transplantiert, bilden sich nur Rumpf- und Schwanzstrukturen in der sekundären Achse aus. Zieht man die Gastrulationsbewegungen in Betracht, ergibt sich daraus, dass der Organisator auch räumlich zumindest in einen anterioren Bereich (Kopforganisator, entspricht der frühen Urmundlippe) und einen posterioren Bereich (Rumpf- und Schwanzorganisator, entspricht der späten Urmundlippe und enthält Zellen, die von lateral in die Primärachse eingewandert sind) unterteilt ist. Organisatorregionen gibt es außer bei Amphibien auch beim Huhn (**Hensen-Knoten**, Abb. 3.**4c**), bei der Maus (ebenfalls ein Knoten am Ende des Primitivstreifens) und beim Zebrabärbling (embryonaler Schild).

Der Bildung des Organisators bei Amphibien gehen frühere Induktionsprozesse wie die Mesoderminduktion bereits voraus und auch im weiteren Verlauf der Entwicklung kommt es noch zu Induktionsprozessen. Das involutierte Mesoderm induziert im darübergelegenen Ektoderm die Bildung von Neuroektoderm (**Neuralinduktion**). Bei der **Induktion der Linse** stimuliert das Augenbläschen, eine Ausstülpung des Vorderhirns, die darüberliegende Epidermis, eine Linsenplakode zu bilden. Schließlich induziert die Linse ihrerseits das über ihr liegende Epithel, die durchsichtige Cornea zu bilden.

Die molekulare Architektur des Organisators (Abb. 3.**17**): Die molekulare Zusammensetzung des Organisators war lange der „heilige Gral" der Entwicklungsbiologie. Nach den Versuchen von Spemann und Mangold im Jahre 1924 wurde fieberhaft nach möglichen Organisatorfaktoren gesucht. Aber erst nach Aufkommen der Molekularbiologie wurde schließlich im Jahre 1990 das Homöobox-Gen *goosecoid* als erstes Organisatorgen isoliert, nach über 60 Jahren frustrierender Gralssuche. Schon aufgrund der Experimente von Spemann und Mangold musste man fordern, dass mindestens zwei Aktivitäten für das Organisatorgewebe charakteristisch sein müssen. Zum einen muss das Schicksal des Organisators selbst festgelegt sein und dieses sich in der Expression organisatorspezifischer Gene widerspiegeln, und zum anderen muss der Organisator in der Lage sein, Stoffe zu produzieren, welche das benachbarte Gewebe induzieren können. In der Tat spielen zwei Typen von Proteinen für die Organisatoraktivität eine wichtige Rolle: Transkriptionsfaktoren (oft Homöobox-Proteine wie Goosecoid, X-Lim oder Siamois) und ein Cocktail von sezernierten Proteinen (z. B. Chordin, Noggin, Xnr3, Cerberus), die als Signalstoffe oder als Inhibitoren von Signalstoffen fungieren. Synthetisch hergestellte mRNAs für einige dieser Faktoren können, in die prospektive ventroposteriore Seite von *Xenopus*-Embryonen injiziert, die Bildung sekundärer Embryonalanlagen ähnlich wie bei der Transplantation von dorsoanterioren Urmundlippen auslösen. Darüber hinaus werden die oben genannten Proteine zur rechten Zeit und am rechten Ort exprimiert. Die Bildung des Organisators ist abhängig von Corticalrotation und Mesoderminduktion, und intranucleäres β-Catenin ist eine wesentliche Voraussetzung für die Expression von organisatorspezifischen Genen. Daher führt auch die Überexpression von β-Catenin auf der prospektiven ventroposterioren Seite zur Etablierung eines sekundären Organisators und somit zur Bildung einer zweiten Achse (Abb. 3.**16**d,e). Ein weiterer Weg, sekundäre Achsen zu erhalten, ist die Hemmung eines extrazellulären Signalmoleküls aus der TGF-β-Familie, nämlich BMP-4 (bone morphogenic protein 4). Umgekehrt hat die Überexpression von BMP-4 auf der Dorsalseite ventralisierende Wirkung und führt zur Bildung eines „Bauchstücks". Aus diesen Befunden leitet sich die Vorstellung ab, dass Transkriptionsfaktoren im Organisator (Goosecoid, Siamois) unter anderem das BMP-4-Gen blockieren, während die sezernierten Faktoren Chordin und Noggin das extrazelluläre BMP-4-Protein inaktivieren. Das eine führt dazu, dass das Organisatorgewebe selbst dorsale Achsenstrukturen bilden kann, während das andere zur Induktion der be-

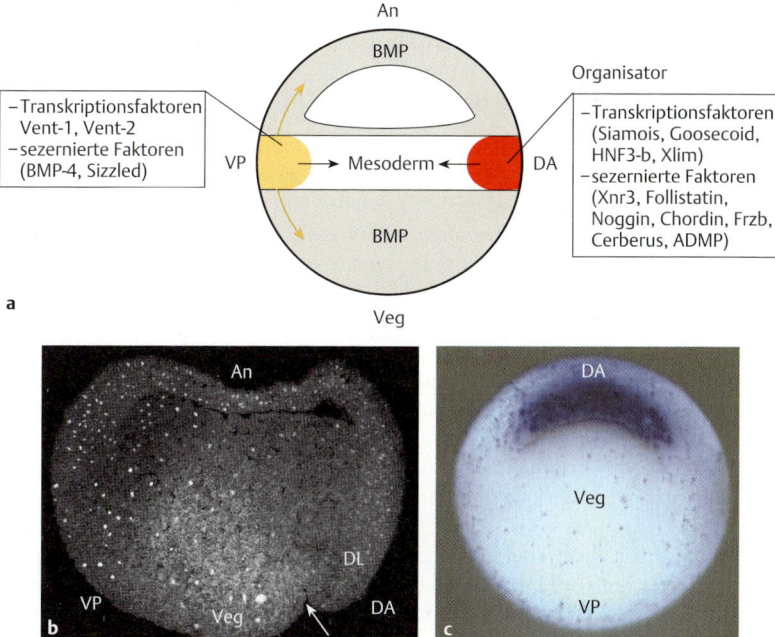

Abb. 3.**17 Der Organisator. a** Die molekulare Organisation des Organisators auf der dorsoanterioren und der gegenüberliegenden ventroposterioren Seite des Froschembryos. Eine Auswahl charakteristischer Faktoren ist jeweils aufgelistet. **b** Längsschnitt durch eine frühe Gastrula von *Xenopus*, rechts ist die beginnende Urmundlippenbildung auf der dorsoanterioren Seite zu sehen. Immunfluoreszenz von phoshoryliertem Smad-1 (zeigt BMP-Signalaktivität an), markierte Zellkerne links besonders deutlich, die Organisatorregion rechts ist frei von Signal. **c** Frühe Gastrula von vegetal. In-situ-Hybridisierung mit einer Probe gegen *chordin*-mRNA (blau), welches direkt über der dorsoanterioren Urmundlippe exprimiert ist. An: animal, DA: dorsoanterior, DL: dorsoanteriore Lippe, Veg: vegetal, VP: ventroposterior. (b,c Aufnahmen von Thomas Kurth, Dresden.)

nachbarten Zellen führt, sich an der Bildung dieser Achse zu beteiligen. Die Hemmung von BMP-4 durch verschiedene Faktoren scheint also ein entscheidender Teil der Organisatoraktivität zu sein. Auf der ventroposterioren Seite und in den lateralen Bereichen des Mesoderms wird diese Organisatoraktivität ihrerseits wieder gehemmt. Gelegentlich wird in diesem Zusammenhang von einem Antiorganisator auf der Ventralseite gesprochen, dessen molekulare Komponenten wieder Transkriptionsfaktoren (Vent-1, Vent-2) und sezernierte Faktoren (z. B. Sizzled) sind. Daraus folgt, dass sowohl auf der einen, als auch auf der anderen Seite aktive Signale notwendig sind. Kurioserweise finden sich im Organisator aber auch Moleküle mit ventralisierender und im Antiorganisator Moleküle mit dorsalisierender Wirkung. ADMP (anti-dorsalizing morphogenic protein) beispielsweise ist im Organisator exprimiert, wird durch Organisatorfaktoren induziert, unterdrückt aber nach Überexpression die Achsenbildung. Im Antiorganisator wird ein Pseudorezeptor namens BAMBI (**B**MP and **A**ctivin **M**embrane **B**ound **I**nhibitor) produziert, der die BMP-Signalkaskade hemmt. ADMP und BAMBI sind vermutlich Faktoren zur Eingrenzung der Organisator- beziehungsweise Antiorganisator-Aktivitäten. Sie illustrieren, dass auch negativen Rückkopplungsmechanismen zentrale Bedeutung bei der Musterbildung zukommt.

3.2.4 Musterbildung bei *Drosophila*

Die Analyse von **entwicklungssteuernden Genen** (oft auch Muster- oder Selektorgene genannt) ist bei *Drosophila* am weitesten fortgeschritten. Die Musterbildung bei diesem Organismus ist eng an den speziellen Furchungsmodus und die syncytiale Organisation des frühen *Drosophila*-Embryos gekoppelt. Trotzdem sind inzwischen Homologe von vielen der bei *Drosophila* entdeckten entwicklungssteuernden Genen auch bei anderen Organismen entdeckt worden. Diese erfüllen vielfach auch noch ganz ähnliche Funktionen. Daraus leitet sich ab, dass die molekularen Grundmechanismen vieler Entwicklungsprozesse im Laufe der Evolution kaum verändert worden sind. Einige wichtige Prinzipien der **Musterbildung** und ihrer genetischen Steuerung seien deshalb für diesen Organismus erläutert. In der Frühentwicklung von *Drosophila* unterscheidet man fünf verschiedene Typen von entwicklungssteuernden Genen: Maternaleffektgene, Lücken-(Gap-)Gene, Paarregelgene, Segmentpolaritätsgene und homöotische Gene (Abb. 3.**18**).

Die von diesen Genen codierten Proteine regeln als Transkriptionsfaktoren die Aktivität von nachgeschalteten Genen. Es kann sich auch um sezernierte Signalmoleküle oder andere Komponenten von Signaltransduktionskaskaden handeln. Die Produkte der **Maternaleffektgene** werden dem Ei meist in Form von mRNA als Mitgift der Mutter mitgegeben. Die Bildung der Hauptkörperachsen, der anteroposterioren Achse und der dorsoventralen Achse wird von Maternaleffektgenen gesteuert. Die *bicoid*-mRNA z. B. wird am anterioren Ende des Eies abgelagert, die *nanos*-mRNA am posterioren Ende. Nach Befruchtung und Ablage des Eies werden die beiden mRNAs translatiert, und es bilden sich entlang der anteroposterioren Achse Gradienten von Bicoid- und Nanos-Protein. Bicoid und Nanos beeinflussen ihrerseits die Expression von **Lückengenen**. Eines der ersten ist *hunchback*, dessen Transkription von Bicoid am anterioren Ende stimuliert und dessen Translation am posterioren Ende durch Nanos gehemmt wird. Bicoid und Nanos liefern so die **Posi-

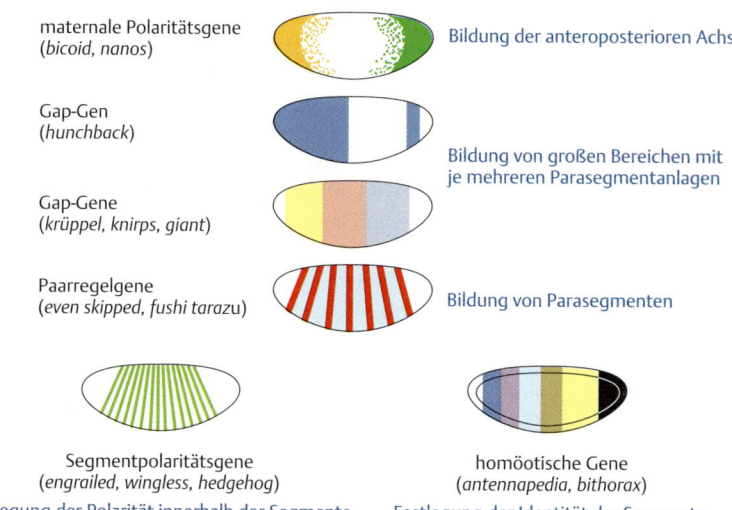

Abb. 3.18 Embryonale Musterbildung während der Ausbildung der anteroposterioren Achse bei *Drosophila*. Von oben nach unten ist die zeitliche Abfolge und räumliche Verteilung der Proteine dargestellt, welche durch die genannten entwicklungssteuernden Gene codiert werden.

tionsinformation für die lokalisierte Bildung von Hunchback-Protein. Weitere nach *hunchback* aktivierte Lückengene sind z. B. *krüppel* oder *knirps*, welche jeweils in breiten Bereichen des Embryos exprimiert sind und deren Zusammenspiel zur lokalen Aktivierung der **Paarregelgene** führt. Im syncytialen Blastoderm zählt man insgesamt 14 Streifen von Paarregelgen-exprimierenden Kernen. Diese Streifen werden als **Parasegmente** bezeichnet. Sie entsprechen nicht den zukünftigen Segmenten, sondern enthalten je den posterioren Teil eines Segmentes und den anterioren Teil des nachfolgenden Segmentes. Die einzelnen Paarregelgene sind in jedem zweiten Streifen aktiv. *Even skipped* (= die Geraden weggelassen) ist z. B. in den geradzahligen und *fushi tarazu* (= zu wenig Segmente) in den ungeradzahligen Parasegmenten aktiv. Im zellulären Blastodermstadium wird die Polarität der Segmente durch die Aktivität der **Segmentpolaritätsgene** (*engrailed*, *wingless* oder *hedgehog*) festgelegt. Zur gleichen Zeit wird die spezifische Ausprägung der Segmente durch die **homöotischen Gene** determiniert. Mutationen in den homöotischen Genen haben oft dramatische Auswirkungen. Bei *Drosophila* trägt die Mutante *antennapedia* (*antp*) an Stelle der Antennen normale Laufbeine und die Doppelmutante *bithorax postbithorax* (*bx pbx*) zeichnet sich durch die Umformung des Metathorax in einen zweiten Mesothorax und folglich durch die Umwandlung der Halteren (zweites zu Schwingkölbchen umgeformtes Flügelpaar bei Dipteren,

Abb. 3.**10b**) in ein normales Flügelpaar aus (Abb. 3.**19**). Mutanten von *Tribolium*, denen die homöotischen Gene komplett fehlen, haben eine normale Anzahl an Segmenten. Alle diese Segmente tragen allerdings Antennen.

Die Ausbildung der dorsoventralen Achse ist bei *Drosophila* von der gradientenhaften Verteilung des Transkriptionsfaktors **Dorsal** abhängig. Dorsal wird in die Kerne von ventralen Zellen transportiert, während es in den Kernen von lateralen und dorsalen Zellen fehlt (Abb. 3.**20**). Man muss hier um die Ecke denken, da der Name des Gens und damit auch des von ihm codierten Proteins sich von der Mutante ableitet, in der das entsprechende Gen defekt ist oder fehlt. Er steht daher im Gegensatz zur eigentlich ventralisierenden Funktion von Dorsal. Die Translokation von Dorsal erfolgt im Blastodermstadium. Die Proteinprodukte einer Reihe von Maternaleffektgenen sorgen dafür, dass Dorsal nur in den ventralen Zellen in die Kerne gelangt. Die entscheidende dorsoventrale Asymmetrie, die dahinter steht, zeigt sich schon in der Oocyte. Der Oocytenkern wandert auf die anteriore und dorsale Seite der Zelle. Dieser Prozess ist von Mikrotubuli abhängig, deren Orientie-

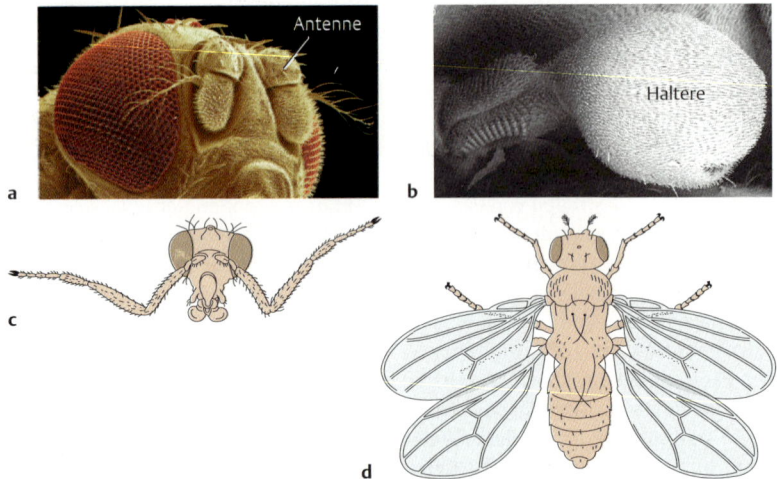

Abb. 3.**19 Homöotische Mutationen bei *Drosophila*. a** Wildtyp-Kopf mit Antennen (REM-Aufnahme: Original Jürgen Berger, MPI für Entwicklungsbiologie, Tübingen). **b** Haltere im REM (Original Thomas Kurth, Dresden). **c** Bei der *antennapedia*-Mutante bilden sich Laufbeine an Stelle der Antennen. **d** Bei der vierflügligen *bithorax-postbithorax*-Mutante sind aus den Halteren Flügel entstanden.

rung durch die posterioren Follikelepithelzellen nach Stimulation durch das von der Oozyte produzierte Protein **Gurken** festgelegt wird. Der auf diese Weise nach anterior und dorsal gewanderte Kern produziert weiter *gurken*-RNA und Gurken-Protein. Gurken wird sezerniert und führt zu verminderter Expression von **Pipe** im angrenzenden dorsalen Follikelepithel. Auf der Ventralseite wird Pipe dagegen synthetisiert und in die Vitellinmembran eingebaut. Hier stehen Pipe und dessen

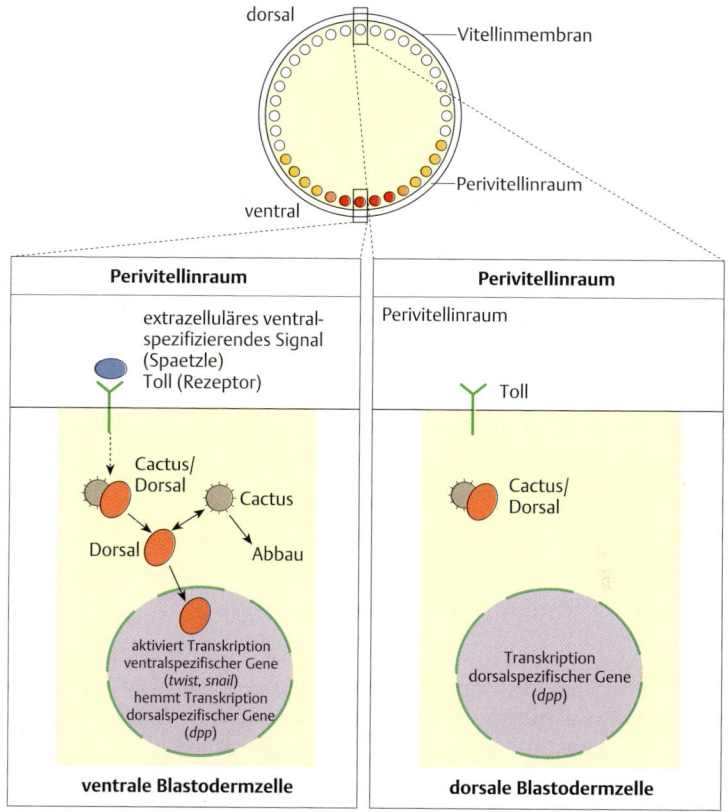

Abb. 3.**20 Die Bildung der dorsoventralen Achse bei *Drosophila* ist von einem Gradienten von Dorsal-Protein in den Kernen des Blastoderms abhängig** (oben, schematischer Querschnitt). Interaktionen von Oocyte und Follikelzellen führen dazu, dass im Perivitellinraum eine proteolytische Kaskade startet, in deren Verlauf nur ventral das Protein Spaetzle aktiviert wird. Das aktivierte Spaltprodukt fungiert als ventralspezifizierendes Signal und bindet an Toll. Die dadurch ausgelöste Signalkette führt schließlich zum Import von Dorsal-Protein nur in die ventralen Kerne, wo das Protein die Aktivität ventralspezifischer Gene stimuliert und die dorsalspezifischer Gene hemmt. Auf der Dorsalseite werden in Abwesenheit von Spaetzle dorsalspezifische Gene wie *dpp* transkribiert.

Substrat **Nudel** am Beginn einer **Proteolysekaskade** im dem die Eizelle umgebenden **Perivitellinraum**, an dessen Ende das extrazelluläre Protein **Spaetzle** gespalten wird. Das Spaltprodukt bindet als Signal an einen transmembranen Rezeptor (**Toll**). Diese Interaktion löst eine intrazelluläre Signalkaskade aus, in dessen Folge ein Komplex, bestehend aus Dorsal und dem Protein **Cactus**, dissoziiert und freigewordenes Dorsal in den Kern gelangt. Dort aktiviert es die Transkription ventralspezifischer Gene (wie *twist* und *snail*) und hemmt die Aktivität von dorsal-spezifischen Genen (z. B. *dpp*, *decapentaplegic*) (Abb. 3.**20**).

Homöobox-Gene

Die homöotischen Gene bei *Drosophila* enthalten eine charakteristische Sequenz, die **Homöobox**, welche für ein DNA-bindendes Motiv, die **Homöodomäne**, in den entsprechenden Proteinen codiert (*Genetik*). Homöobox-Gene sind inzwischen in einer Vielzahl von Tieren entdeckt worden (z. B. *Hydra*, Nematoden, Crustaceen, Acrania, Wirbeltiere). Bei *Drosophila* sind die homöotischen Gene in einem Komplex (**HOM-C**) auf Chromosom 3 angeordnet. Dieser ist in zwei Unterkomplexe, den Antennapedia-Komplex (**Antp-C**) und den Bithorax-Komplex (**Bx-C**), unterteilt. Die Abfolge dieser Gene auf dem Chromosom entspricht sowohl der zeitlichen Abfolge ihrer Expression als auch der räumlichen Anordnung der Expressionsdomänen entlang der anteroposterioren Achse (Abb. 3.**21**). Bei den Chordaten ist es im Laufe der Evolution zu Duplikationen gekommen. Die **Hox-Gene** der Maus sind in 4 Clustern (Hox A–Hox D) auf 4 verschiedenen Chromosomen angeordnet. Auch hier entspricht die Lage der Gene auf dem DNA-Strang ihrer zeitlichen und räumlichen Expression im Embryo. Darüber hinaus ist sogar die Anordnung der Fliegen- und Maus-Homöobox-Gene prinzipiell gleich (Abb. 3.**21**). Homöobox-Gene spielen nicht nur bei der Ausbildung der anteroposterioren Achse, sondern auch bei der Bildung der Extremitäten (s. u.) oder bei der Ausbildung der dorsoventralen Achse (z. B. *goosecoid* oder *siamois* im Organisator, s. o.) eine Rolle. Die Funktion der Homöobox-Genprodukte ist sehr stark konserviert. So ist ein Gen aus *Hydra*, das Homologien zum organisatorspezifischen Gen *goosecoid* in Wirbeltieren besitzt, in der Lage das Wirbeltier-*goosecoid* funktional zu ersetzen. Injektion von mRNA, die für *Hydra*-Goosecoid codiert, auf die Ventralseite von frühen *Xenopus*-Embryonen führt zur Bildung einer zweiten dorsalen Achse. Da die Funktion von *Hydra*-Goosecoid nicht ohne weiteres mit der von *Xenopus*-Goosecoid vergleichbar ist, zeigt dieses Experiment, dass homologe Genprodukte in unterschiedlichen Organismen an jeweils verschiedenen Entwicklungsprozessen beteiligt sein können.

Pax6 – ein Entwicklungskontrollgen für die Bildung von Augen: Die *eyeless*-Mutation bei *Drosophila* ist durch das Fehlen von Augenstrukturen gekennzeichnet. Das betroffene Gen steuert offensichtlich die Bildung der Komplexaugen. Wird das Gen mithilfe eines speziell konstruierten Transposons (*Genetik*) in verschiedenen Imaginalscheiben (Flügel-, Fühler- oder Beinimaginalscheiben) exprimiert, so entstehen an den aus diesen Imaginalscheiben hervorgehenden Flügeln, Fühlern und Beinen ektopische Komplexaugen. Das homologe Gen zu *eyeless* ist bei Wirbeltieren das Gen, welches für den Transkriptionsfaktor

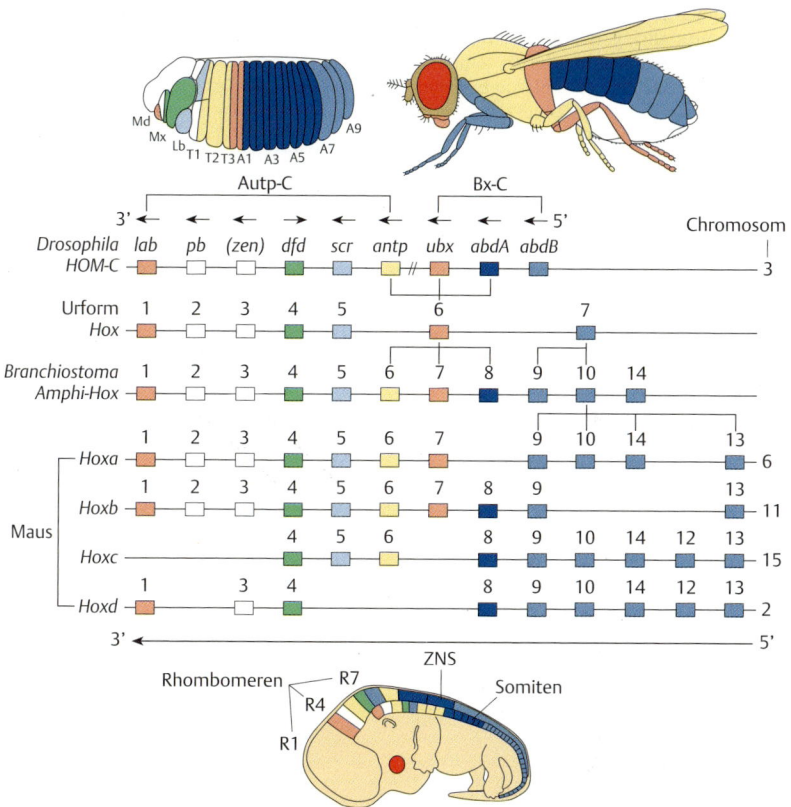

Abb. 3.**21 Homöotische Gene (Hox-Gene) bei *Drosophila* und der Maus.** Gezeigt ist die Anordnung der Hox-Gene auf den Chromosomen und ihre Expression in den beiden Tieren. Die Hox-Gene zeigen eine hoch konservative Anordnung. Dies zeigt sich sowohl in ihrer Verteilung auf den Chromosomen als auch in ihrer Expression entlang der anteroposterioren Achse von Fliege und Maus. Ebenfalls dargestellt ist der Hox-Komplex einer möglichen gemeinsamen Urform (Urbilaterier) und der Hox-Komplex von *Branchiostoma lanceolatum*. Die mögliche Vervielfältigung einzelner Hox-Gene (z. B. 6 und 7) ist angedeutet. (Nach Wehner, Gehring, Thieme Verlag, 2007.)

Pax6 codiert. Defekte im Pax6-Gen finden sich bei der Mausmutante *small eye* und bei der Aniridia-Mutation des Menschen (fehlende Iris). Pax6 und eyeless sind sich derart ähnlich, dass man das Mausgen in der Fliege zur Expression bringen kann und dieses dort für die Bildung ektopischer Komplexaugen sorgt. Inzwischen weiß man, dass die Funktionen der Pax6-homologen Gene bei Wirbeltieren, Insekten, Nematoden, Nemertinen und Mollusken hoch konserviert sind, ungeachtet der Tatsache, dass jeweils völlig verschiedene Augentypen vorliegen. Bei Nematoden scheint Pax6 ganz allgemein bei der Entwicklung des Kopfbereiches und der dort vorhandenen Sinnesorgane beteiligt zu sein. Dies lässt auf eine ursprünglich generelle Funktion bei der Bildung von Sinnesorganen schließen. Offensichtlich hatte bereits der letzte gemeinsame Vorfahre all dieser Tiere ein Pax6-ähnliches Gen mit vergleichbarer Funktion besessen. Darüber hinaus ist Pax6 aber auch bei der Differenzierung von Nichtsinneszellen beteiligt. Während der Pankreas-Entwicklung beispielsweise scheint es an der Differenzierung der endokrinen Zellen beteiligt zu sein.

3.2.5 Musterbildung bei Extremitäten

Die Extremitäten entstehen bei Wirbeltieren aus **Extremitätenknospen** (limb buds). Diese entstehen als zungenförmige Auswüchse an den Flanken des Embryos und entwickeln sich zu Armen, Beinen oder Flügeln. Die Extremitätenknospe besitzt drei Achsen, die als proximodistale, anteroposteriore und dorsoventrale Achsen bezeichnet werden (Abb. 3.**22**). Das Epithel der Extremitätenknospe bildet an der dorsoventralen Grenze eine Leiste aus hochzylindrischen Zellen (**AER**, apical ectodermal ridge). Diese Leiste ist für die Bildung der Extremität von entscheidender Bedeutung, da sich nach experimenteller Entfernung des AER nur eine verkümmerte Extremität ausbildet. Das Mesoderm unterhalb der AER ist die **Progressionszone**. Ein Großteil der Extremität entwickelt sich aus den Zellen dieser Region, mit Ausnahme der Muskelzellen, welche aus den Somiten einwandern. Im posterioren

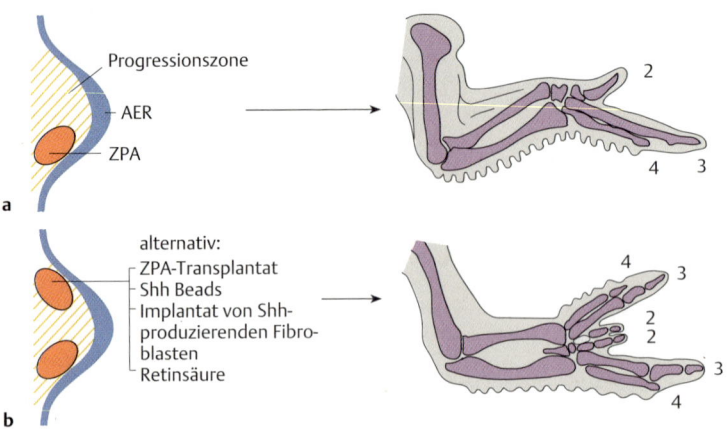

Abb. 3.**22 Die Extremitätenknospe. a** Links: Die wichtigsten strukturellen und funktionellen Komponenten sind die an der dorsoventralen Grenze verlaufende epitheliale Leiste (AER), die darunter liegende Progressionszone sowie die im posterioren Teil der Knospe gelegene ZPA (exprimiert shh). Rechts: Flügel von dorsal betrachtet. **b** Transplantation einer ZPA in den anterioren Bereich einer Extremitätenknospe führt zu einer spiegelbildlichen Anordnung der Phalangen. Denselben Effekt erzielt man durch ektopisches Shh am anterioren Ende der Extremitätenknospe, z. B. durch Implantation von Shh-getränkten Partikeln (beads) oder Shh-produzierenden Zellen. Auch die Applikation von Retinsäure verdoppelt die Extremitätenanlage.

Bereich der Knospe gibt es eine **Zone mit polarisierender Aktivität** (**ZPA**). Wenn man beim Hühnerembryo die ZPA einer Flügelknospe in den anterioren Bereich einer anderen Knospe transplantiert, entsteht aus dieser Knospe mit posteriorer und anteriorer ZPA eine Extremität mit spiegelbildlicher Anordnung der Finger (Phalangen) (Abb. 3.**22b**). Daraus ergibt sich, dass die ZPA die Positionsinformation „posterior" enthält.

Die Ausbildung der Extremitätenknospe wird von verschiedenen Genen bzw. deren Genprodukten gesteuert. Einige molekulare Aspekte, die den Eigenschaften von AER, Progressionszone und ZPA zugrunde liegen, sind inzwischen etwas näher charakterisiert (Abb. 3.**23**). Der Ort, an dem sich die Extremitäten entlang der Körperseite bilden, wird von **Hox**-Genprodukten bestimmt. So bilden sich bei Amphibien, Vögeln und Säugetieren die Vorderextremitäten (bei Fischen die Brustflossen) auf Höhe der am meisten anterior gelegenen Expressionsdomäne von **Hoxc6**. Auch die **Retinsäure** spielt bei der Bildung der Extremitätenknospe eine Rolle. Verhindert man die Retinsäureproduktion, bildet sich keine Extremität heraus. Möglicher-

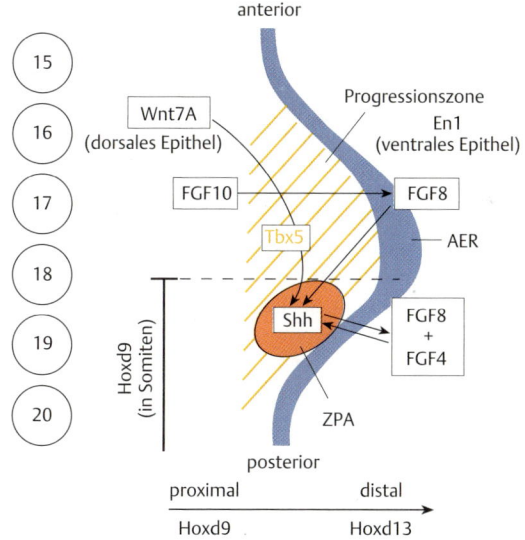

Abb. 3.23 Einige molekulare Wechselwirkungen bei der Musterbildung in der Vorderextremität eines Wirbeltieres. Die Vorderextremitätenknospe bildet sich auf Höhe der Somiten 15–20. Hoxd9 und Tbx5 sind charakteristisch für die Vorderextremität. FGF-Signale stimulieren die Proliferation von Zellen in der Progressionszone. FGF8 induziert auch die Synthese von Shh in der ZPA. Shh ist für die Bildung der anteroposterioren Achse essenziell und stimuliert die Produktion von FGF8 und FGF4 im posterioren Abschnitt des AER. Im Gegenzug induziert FGF4 die Shh-Synthese in der ZPA. Wnt7A, neben En1 eine wichtige Komponente des dorsoventralen Achsenbildungssystems, induziert Shh.

weise steuert ein vom Hensen-Knoten ausgehender Retinsäuregradient die Aktivität bestimmter Hox-Gene entlang der anteroposterioren Achse. Die Entscheidung, ob eine Extremität sich zu Vorder- oder Hinterextremität ausdifferenziert, ist von der Aktivität zweier T-Box enthaltender Transkriptionsfaktoren (Tbx4, Tbx5) abhängig. Expression von **Tbx5** führt zur Bildung von **Vorder-**, **Tbx4** zur Bildung von **Hinterextremitäten**. Auch Hox-Gene in den angrenzenden Somiten sind beteiligt: Hoxd9 ist charakteristisch für die Vorder- und Hoxc9 für die Hinterextremität. Die Induktion einer Extremitätenknospe und die Ausbildung ihrer proximodistalen Achse wird von **FGF**-Signalen gesteuert. FGF10 ist für die Induktion der Knospe verantwortlich und induziert die Produktion von FGF8 im AER. FGF10 und FGF8 stimulieren die Proliferation von Zellen in der Progressionszone und FGF8 darüber hinaus die Expression von **Sonic Hedgehog** (**Shh**) in der ZPA. Shh ist die Kernaktivität der ZPA und steuert die Ausbildung der anteroposterioren Achse. Implantiert man Fibroblasten, die mit Shh-cDNA transfiziert sind und das Protein sezernieren, in die anteriore Hälfte einer Extremitätenknospe, erhält man, – wie nach ZPA-Transplantation –, eine spiegelbildliche Anordnung der Phalangen. Ein ähnliches Resultat erzielt man durch Implantation von Shh-beladenen Partikeln (beads). Auch die anteriore Applikation von Retinsäure (RA) hat eine solche Wirkung. In diesem Fall induziert RA über intrazelluläre Retinsäurerezeptoren (RARs) die Expression von Shh. Die Begrenzung der Shh-Produktion auf die ZPA erklärt sich möglicherweise durch die ebenfalls begrenzte Expression von Hoxb8, welches in den Somiten auf Höhe der posterioren Hälfte der Extremitätenknospe zu finden ist. Man nimmt an, dass Hoxb8 die Voraussetzung dafür schafft, dass die posterioren Zellen auf FGF reagieren können. An der Bildung der dorsoventralen Achse der Extremität ist zumindest **Wnt7A** maßgeblich beteiligt. Wnt7A ist im dorsalen Epithel exprimiert und induziert im darunter liegenden dorsalen Mesoderm die Expression des Transkriptionsfaktors Lmx1 sowie posterior Shh, während **En1** eine charakteristische Komponente des ventralen Epithels ist. Schließlich spielen auch weitere Hox-Gene eine Rolle bei der Ausbildung der Extremität. Besonders die Bildung der Finger und der Zehen (sowie ihre Anordnung) ist abhängig von einem komplexen und hochdynamischen Muster von Hox-Genaktivitäten während der Extremitätenentwicklung. In der auswachsenden Extremität zeigt sich eine colineare Expression der Hox-Gene des D-Komplexes entlang proximodistalen Achse (Hoxd9: proximal – Hoxd13: distal). Bei der Extremitätenentwicklung zeigt sich, wie beim Spemann-Organisator oder der Musterbildung in *Drosophila*, ein Zusammenspiel von Transkriptionsfaktoren (Hox, Lmx, Tbx) und sezernierten Signalmolekülen (FGF, Wnt, Shh). Die verschiedenen molekularen Systeme zur Festlegung der verschiedenen Achsen sind durch Wechselwirkungen untereinander zu einem dreidimensionalen Musterbildungssystem verbunden.

Der Zwischenraum zwischen den Fingern und Zehen wird durch **programmierten Zelltod** (**Apoptose**) der dort gebildeten Zellen geformt. Bei diesem Prozess begehen bestimmte Zellen, einem genetischen Programm folgend, regelrecht Selbstmord. BMPs, Signalmoleküle, die uns schon als ventralisierende Faktoren im Amphibienkeim begegnet sind, sind hierbei unerlässlich. Apoptose ist in Embryonen mit regulativer Entwicklung weit verbreitet und tritt auch bei der Entwicklung des Nervensystems oder des Immunsystems auf. So werden mehr als 95 % der T-Zellen während ihrer Reifung im Thymus durch Apoptose eliminiert (S. 816).

Viele der an der Extremitätenbildung beteiligten Moleküle sind auch bei anderen Entwicklungsprozessen beteiligt. Shh ist auch im Spemann-Organisator exprimiert und spielt bei der Induktion der Bodenplatte (floorplate) des Neuralrohres durch das Notochord eine wichtige Rolle. Das homologe Gen in *Drosophila* (*hedgehog*) erfüllt teilweise ähnliche Funktionen wie in Wirbeltierembryonen. So kontrolliert *hedgehog* in der Fliege unter anderem die Untergliederung der Segmente (als Segmentpolaritätsgen, s. o.) und analog zum Vogelflügel die Bildung der anteroposterioren Achse des Fliegenflügels (S. 355). Wnt/Wg-Signale und FGFs sind ebenfalls an einer Vielzahl von unterschiedlichen Entwicklungsprozessen beteiligt (Mesoderminduktion, Achsenbildung, Ausbildung verschiedener Organe).

Modellorganismen in der Entwicklungsbiologie: Hydra, *C. elegans*, *Drosophila*, Strongylocentrotus, Ciona, Branchiostoma, Danio, Ambystoma, Xenopus, Gallus, Mus.
Determination: Festlegung der Entwicklungsmöglichkeiten von Zellen oder Zellverbänden, z. B. Festlegung der Körperachsen (anteroposterior, dorsoventral, rechts-links) oder der Keimblätter. **Determinante:** Determinationsfaktor, legt die spätere Differenzierung von Zellen fest. Beispiele: β-Catenin, VegT, Vg1. **Gradient:** Konzentrationsgefälle einer Komponente innerhalb von Zellen oder Geweben, wodurch unterschiedliche Determination bewirkt wird.
Differenzierung: Entwicklungsvorgang, bei dem sich Zellen gemäß ihrer Bestimmung (Determination) morphologisch und funktionell entwickeln. Alle Zellen enthalten einen kompletten Satz an Genen (Kernäquivalenz), aber in differenzierten Zellen wird nur ein Teil davon abgelesen (differentielle Genaktivität).
Mosaikentwicklung: Streng determinierte Entwicklung bestimmter Zellen aufgrund der Verteilung cytoplasmatischer Faktoren im Ei, Verlust einzelner Zellen kann nicht ausgeglichen werden.
Regulative Entwicklung: Entwicklung, bei der Verlust einzelner Teile ausgeglichen werden kann, da Determinierung erst später erfolgt.
Induktion: In der Entwicklungsbiologie ein Vorgang, bei dem membranständige oder sezernierte Faktoren Determinationsvorgänge in benachbarten Zellen bestimmen.
Keimblatt - und Achsendetermination bei Amphibien: Vegetal lokalisiertes VegT induziert Entoderm und stimuliert die Bildung von Signalmolekülen (Xnr), welche in der marginalen Zone Mesoderm induzieren. Animal induziert Ectodermin die Bildung von Ektoderm. Cortikalrotation und mikrotubuliabhängiger Proteintransport führen zur Stabilisierung von β-Catenin auf der dorsoanterioren Seite. VegT und β-Catenin induzieren synergistisch z. B. Xnr1, welches einen Gradienten von dorsoanterior nach ventroposterior ausbildet. Xnr- und β-Catenin-Aktivität induzieren die Bildung des Organisators und der BCNE.

Organisator: Region im Embryo, welche Determinationsvorgänge im umgebenden Gewebe induziert („organisiert"). **Nieuwkoop-Zentrum**: vegetale dorsoanteriore Region, die im darüber gelegenen dorsoanterioren Mesoderm den Organisator induziert. **BCNE**, **B**lastula **C**hordin und **N**oggin **e**xprimierende Region oberhalb des Organisators, wichtig für die Bildung des anterioren Neuroektoderms. **Organisatoren bei anderen Wirbeltieren**: embryonaler Schild (Fisch), Hensen-Knoten (Huhn), Primitivknoten (Maus).
Entwicklungssteuernde Gene bei *Drosophila*: Maternaleffekt-Gene, *GAP*-Gene, Paarregel-Gene, Segmentpolaritäts-Gene, Homöobox-Gene. **Homöobox**: Stark konservierte Nucleotid-Sequenz der homöotischen Gene, codiert für DNA-bindendes Motiv, die Homöodomäne. **Hox-Gene**: Gene, die z. B. die segmentspezifische Ausprägung einzelner Merkmale während der Ontogenese regulieren. **Ausbildung der anteroposterioren Achse**: Maternaleffekt-Gene *bicoid* (anterior) und *nanos* (posterior), Lücken-Gene *hunchback*, *krüppel*, *knirps* (Bildung von Segmentgruppen), Paarregel-Gene *even skipped*, *fushi tarazu* (Bildung von Parasegmenten), Sementpolaritätsgene *engrailed*, *wingless* (Bildung der Polarität von Segmenten), homöotische Gene *antennapedia*, *bithorax* (Festlegung der Identität von Segmenten). **Ausbildung der dorsoventralen Achse**: Proteolysekaskade aktiviert nur ventral das Signalmolekül Spaetzle, welches über seinen Rezeptor Toll, den ventralen Transkriptionsfaktor Dorsal aktiviert. Dorsal wird das durch die Aktivität von Gurken verhindert. Dorsal induziert ventralspezifische Gene (*twist*, *snail*) und hemmt dorsalspezifisches *dpp*.
Extremitätenknospe: Embryonale Anlage der Extremitäten bei Wirbeltieren. Bildung abhängig von Hoxc6 und Retinsäure; Vorderextremität: Tbx5 und Hoxd9, Hinterextremität: Tbx4 und Hoxc9. **Musterbildung in der Extremitätenknospe:** FGF aus der apikalen ektodermalen Leiste stimuliert Proliferation; Shh liefert Positionsinformation posterior, Wnt7A und Lmx1 dorsal, En1 ventral, Hoxd9 proximal und Hoxd13 distal. Ausbildung der Phalangen durch programmierten Zelltod (Apoptose) in den Zwischenräumen von Fingern und Zehen.

3.3 Evolution von Entwicklungsprozessen: Evo Devo

Die vergleichende Analyse der molekularen Mechanismen von **Entwicklungsprozessen** eröffnet neue Einblicke in die **Evolution** der Metazoen. Viele der bisher entschlüsselten molekularen Entwicklungsmechanismen sind hoch konserviert und kommen mit einer überschaubaren Anzahl von entwicklungssteuernden Genen aus, die für Transkriptionsfaktoren, Adhäsionsmoleküle oder Komponenten von Signaltransduktionswegen codieren und in unterschiedlichen Entwicklungskontexten immer wieder zum Einsatz kommen. Variationen in der Entwicklung liegen Veränderungen der Eigenschaften von entwicklungssteuernden Genen zugrunde, u. a. durch **Genduplikation** und **Diversifikation**, **Rekrutierung** von einzelnen Faktoren oder ganzen Genmodulen in einen neuen Kontext oder die Veränderung ihrer **räumlichen** oder **zeitlichen Expression**.

Vergleichende Morphologie und **Embryologie** waren seit jeher wichtige Stützen der **Evolutionstheorie**. Unterschiedliche Anatomie und Physiologie und der damit verbundene Fortpflanzungserfolg in einer bestimmten ökologischen Nische sind das Substrat der Selektion. Morphologische Variationen sind aber das Ergebnis der zugrunde liegenden Individualentwicklung. Evolution basiert also auf Veränderungen der Entwicklungsprozesse. Die Erkenntnisse über die molekularen Abläufe während der Entwicklung verschiedener Metazoen erlauben neue, interessante Einblicke in die Evolution von Entwicklungsprozessen und Musterbildungssystemen. Das daraus entstandene Wissenschaftsgebiet wird gerne abgekürzt als **Evo Devo** bezeichnet.

Aus den im vorigen Abschnitt beschriebenen Beispielen wird bereits ersichtlich, dass viele entwicklungssteuernde Genprodukte im Laufe der Evolution in ihrer Funktion stark konserviert sind. Sie werden in verschiedenen Organismen oft in analoger Weise verwendet und auch innerhalb eines Organismus zu verschiedenen Entwicklungszeitpunkten und bei ganz unterschiedlichen Prozessen eingesetzt. Der Entwicklungsbiologe Sean Caroll spricht in diesem Zusammenhang von einem Gen-Werkzeugkasten (**Gene Tool Kit**), in dem statt eines Satzes von Sechskantschlüsseln verschiedene Hox-Gene oder statt unterschiedlich großer Schraubenzieher ein Sortiment von Signalmolekülen zu finden sind.

Die molekularen Homologien solcher Genwerkzeuge reichen dabei oft bis tief an die Wurzeln des Metazoen-Stammbaums, in einigen Fällen noch tiefer in den Brunnen der Vergangenheit. β-Catenin z. B. ist einerseits Teil eines Zell-Zell-Kontaktes und andererseits Teil des Wnt/Wg-Signaltransduktionsweges, in dem es als Transkriptionsfaktor dient. β-Catenin-Homologe scheint es in allen Metazoenstämmen zu geben. Eines namens Aardvark wurde gar aus *Dictyostelium discoideum* isoliert, einem „Teilzeitvielzeller", dessen Zellen einen Großteil ihres Daseins als einzellebende Amöben verbringen. Auch bei diesem einfachen Organismus scheint eine Multifunktionalität des Moleküls (Zell-Zell-Kontakt, Signalverarbeitung) verwirklicht.

Signalwege oder Gruppen von Proteinen mit gemeinsamem Aufgabengebiet sind oft als Module zusammengefasst. Die einzelnen Mitglieder solcher Module haben ähnliche Expressionsmuster und werden gemeinsam in ihrer Aktivität gesteuert (**Synexpression groups**, z. B. BMP- oder ER-Synexpression groups). So lässt es sich vielleicht erklären, dass nicht nur einzelne Proteine, wie β-Catenin, sondern auch ganze Komplexe wie die Hox-Gene oder Signalkaskaden wie FGF-, TGF-β- oder Wnt/Wg-Signalwege bis an die Wurzeln der Vielzeller reichen. So findet man den Wnt/Wg-Signalweg mit seinen Komponenten in den verschiedensten Organismen (vom Süßwasserpolypen *Hydra* bis zum Menschen) und in den unterschiedlichsten funktionalen Zusammenhängen. Daraus lässt sich ableiten, dass bereits ursprüngliche Metazoen erstaunlich viele der molekularen Akteure aufweisen, die bei unterschiedlichen Entwicklungsprozessen der höheren Metazoen eine Rolle spielen.

Vor dem Hintergrund dieser konservativen Natur von Entwicklungsprozessen drängt sich die Frage auf, wie die offensichtlichen Unterschiede zwischen den Tieren unterschiedlicher Phyla in der Evolution zustande kommen. Vergleiche von Entwicklungsprozessen bei Fliege und einem Vertreter der Wirbeltiere bringen dabei oft überraschende Gemeinsamkeiten, aber auch Unterschiede auf, die ein interessantes Schlaglicht auf die Evolution der Bilateria werfen.

Salopp formuliert wird das molekulare Netzwerk zur embryonalen Musterbildung nach dem „Lego"-Prinzip konstruiert und modifiziert. Die einzelnen Bausteine stellen ein begrenztes Sortiment dar und werden in unterschiedlichen Kontexten verwendet. Darüber hinaus werden nicht nur einzelne Komponenten, sondern auch ganze Bauelemente oder Module, die ihrerseits aus mehreren Bausteinen bestehen, in einen neuen Kontext gestellt. Unterschiede gehen daher nicht so sehr auf die Verwendung unterschiedlicher Moleküle, sondern auf die unterschiedliche Verwendung homologer Moleküle zurück. Die Evolution der Entwicklungsprozesse innerhalb der Metazoen scheint von einer Art Flickschusterei unter Verwendung bereits vorhandener Bauteile geprägt zu sein. Vornehmer formuliert: Die Embryonalentwicklung basiert auf einer begrenzten Anzahl von hoch konservierten molekularen Abläufen, deren unterschiedliche Kombination, zeitliche Abstimmung und Vernetzung letztlich zu so verschiedenen Organismen wie Fliegen, Fröschen oder Seeigeln führt. Anhand einiger Beispiele (Körperachsen, Extremitäten, Neuralleiste) soll das illustriert werden.

3.3.1 Achsendetermination bei Fliege und Frosch

Neues entsteht in der Evolution sehr häufig durch **Genduplikation** und **Diversifizierung**. Ein klassisches Beispiel dafür sind die für die Ausbildung der anteroposterioren Achse wichtigen Hox-Komplexe (Abb. 3.**21**). Im Laufe der Evolution kam es in der Wirbeltierlinie zweimal zu einer Verdopplung des Genoms, sodass 4 Hox-Komplexe (A–D) dem einen bei Fliegen und anderen Wirbellosen sowie dem Chordaten *Branchiostoma* gegenüberstehen. Die „zusätzlichen" Hox-Gene unterliegen keinem Selektionsdruck und mutieren. Dabei gehen einige Hox-Gene verloren, andere erfahren einen Funktionswandel. Zusätzlich können auch einzelne Hox-Gene verdoppelt werden, sodass die Anzahl der Hox-Gene innerhalb eines Clusters zunehmen kann. Auch hier kann es durch Mutation zu Verlust oder Funktionswandel der Kopie kommen. So können trotz aller Ähnlichkeiten unterschiedlich organisierte Hox-Expressionsmuster entstehen, die sich in unterschiedlichen Ausprägungen der A/P-Achse widerspiegeln.

Andere Beispiele für Verdopplung und Diversifizierung sind Transkriptionsfaktoren und Signalmoleküle, die mit zunehmender Organisationshöhe und Komplexität von Tieren an Zahl zunehmen, β-Catenin und Plakoglobin in Verbindung mit der Evolution von Desmosomen (*Biochemie, Zellbiologie*) oder Distalless in Zusammenhang mit der Neuralleistenevolution (S. 358).

Rekrutierung eines Signals, Transkriptionsfaktors oder Genmoduls in einen neuen Kontext stellt einen weiteren wichtigen Weg dar, neue Eigenschaften entstehen zu lassen. So werden in den Zellen der Linse von Wirbeltieren und Kopffüßern jeweils unterschiedliche Stoffwechselproteine als **Linsencrystalline** rekrutiert (z. B. Lactatdehydrogenase B beim Krokodil, Alkoholdehydrogenasen beim Kamel).

Ein weiteres Beispiel findet man in der Frühentwicklung von *Drosophila*. Die **Determination der Dorsoventralachse** bei Fröschen und Fliegen erscheint zunächst völlig unterschiedlich abzulaufen. Bei Fröschen spielt β-Catenin eine Schlüsselrolle, während Fliegen den Spaetzle-Toll-Dorsal-Signalweg nutzen (Abb. 3.16 vs. Abb. 3.20). Dennoch gibt es auch in Wirbeltieren einen homologen Signalweg: Der Interleukin-1-(IL-1)-Signalweg. IL-1 entspricht Spaetzle, der IL-1-Rezeptor entspricht Toll, IκB entspricht Cactus und NF-κB Dorsal. IL-1 ist wichtig für die Differenzierung von T-Zellen (S. 825) und damit ein wichtiger Faktor in der Immunabwehr. Auch Insekten nutzen den Spaetzle-Signalweg in ihrer Immunabwehr, *Drosophila* hat diesen Signalweg aber für die Frühentwicklung **rekrutiert**, um damit die Dorsoventralachse zu determinieren.

Experimentelle Rekrutierung eines Signalwegs: Wenn man einem *Xenopus*-8-Zell-Embryo *spaetzle*- oder *dorsal*-mRNA auf die zukünftige Dorsalseite injiziert, kann man keine sekundäre Achse erzeugen. Unterdrückt man allerdings vorher die Achsenbildung durch Zerstörung der für die Corticalrotation wichtigen Mikrotubuli (UV-Bestrahlung von vegetal), dann induzieren sowohl Spaetzle als auch Dorsal Achsenbildung in solchen Embryonen. Das bedeutet, dass auch der Frosch etwas mit diesen Proteinen „anfangen" kann, allerdings nur, wenn das eigene Achsenbildungssystem ausgeschaltet ist.

Im weiteren Verlauf der D/V-Achsenbildung bei *Drosophila* kommt es zur Expression von *short-gastrulation* (*sog*) auf der Ventrolateralseite und *decapentaplegic* (*dpp*) auf der Dorsalseite. Die beiden Genprodukte sind dem oben erwähnten Organisatorprotein Chordin (entspricht Sog) und seinem Gegenspieler BMP4 (entspricht Dpp) homolog. Die Homologien von Chordin/Sog oder BMP4/Dpp sind über die Insekt/Wirbeltier-Grenzen hinweg so ausgeprägt, dass sie sich funktional gegenseitig ersetzen können. So kann *Drosophila*-Sog in *Xenopus*-Embryonen sekundäre Achsenstrukturen auf der Ventralseite erzeugen und *Xenopus*-Chordin in *Drosophila*-Embryonen ventrales Nervengewebe auf der Dorsalseite induzieren. Die Lokalisation dieser Moleküle in den Embryonen spricht dafür, dass die Dorsalseite von *Xenopus* der Ventralseite von *Drosophila* entspricht (Abb. 3.24).

Schon Geoffroy Saint-Hilaire hat 1822 festgestellt, dass die Organisation z. B. eines Krebses (mit seinem ventral gelegenen Nervenstrang) an die eines umgedrehten Vertebraten (mit seinem dorsal gelegenen Rückenmark) erinnert. Er schloss daraus, dass die **Dorsalseite der Vertebraten** der **Ventralseite der Arthropoden** homolog sei. Die Verteilung der an der Achsenbildung beteiligten Moleküle scheint diese Interpretation zu stützen. Chordin/Sog und BMP/Dpp sind dabei Teil eines komplexen Protein-Interaktionssystems zur Steuerung der Entwicklung des Nervensystems. Weitere Komponenten dieses Systems in *Xenopus* sind Xolloid (inhibiert Chordin), Twisted Gastrulation (Tsg, bindet sowohl Chordin als auch BMP und stimuliert beider Aktivität), und Crossveinless-2 (CV2, bindet Chordin/Tsg/BMP-Komplexe, welche daraufhin endocytiert werden), welche alle ihre Entsprechungen

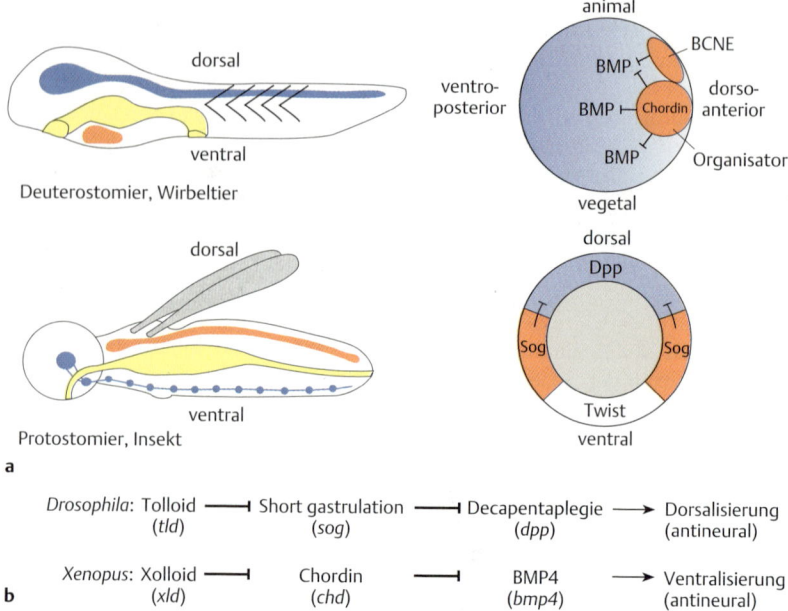

Abb. 3.24 Vergleichende Achsenbildung bei Insekten und Wirbeltieren. a Bauplan eines Wirbeltieres (Deuterostomier) im Vergleich zu einem Insekt (Protostomier). Die Lage von ZNS (blau), Darmsystem (gelb) und Herz (rot) entlang der dorsoventralen Achse erscheint entgegengesetzt (links). Das wird durch die Expression von Genen bestätigt, die an der Bildung der Dorsoventralachse beteiligt sind. Das Organisatorgen *chordin* ist auf der dorsoanterioren, *bmp* auf der ventroposterioren Seite einer Frosch-Gastrula exprimiert, während die *Drosophila*-Homologen *sog* und *dpp*, umgekehrt, ventral und dorsal vorkommen (rechts). **b** Ein hoch konserviertes System von Inhibitoren zur Regelung der Aktivität von BMP-Signalen ist wahrscheinlich bei allen Bilateriern an der Bildung der Primärachse und des ZNS beteiligt.

in *Drosophila* besitzen (Tolloid, Tsg und CV2). Wie es im Laufe der Evolution zu der entgegengesetzten Orientierung der dorsoventralen Achsen in beiden Tiergruppen kam, bleibt allerdings unklar.

3.3.2 Extremitätenentwicklung

Die Ausbildung von Extremitäten stellt neben der Achsenbildung ein Musterbeispiel für embryonale Induktion und Musterbildung dar. Im Zusammenhang mit evolutiven Fragestellungen sind das Entstehen oder der Verlust von Extremitäten sowie die Modifikation von Extremitäten im Focus des Interesses.

Die Flügel von Fliegen und Vögeln

Niemand würde vermuten, dass Fliegenflügel und Hühnerflügel homologe Strukturen sind. Zum einen sind sowohl Insekten als auch Wirbeltiere primär flügellos, zum anderen werden beide Strukturen aus nicht homologisierbaren Anlagen gebildet (Imaginalscheiben bei Fliegen, Extremitätenknospe beim Huhn; Abb. 3.**11** und Abb. 3.**23**). Dennoch gibt es erstaunliche Gemeinsamkeiten in den Fliegen- und Hühnerflügelanlagen. So ist in beiden *shh* (Huhn) bzw. *hedgehog* (*Drosophila*) im jeweils posterioren Teil der Anlage exprimiert und für die Ausbildung der Anteroposteriorachse des Flügels wichtig. Wie beim Huhn (Abb. 3.**22**) führt auch bei *Drosophila* Überexpression von *hedgehog* im anterioren Teil der Flügelimaginalscheiben zur Bildung spiegelbildlich organisierter Flügel. Die dorsale Hälfte der Flügelanlage wird bei beiden Tieren durch Wnt und Lmx-1 (Huhn) bzw. deren Homologe Wingless und Apterous (*Drosophila*) definiert. Schließlich zeigen noch weitere Gene (*bmp2*, *distalless* etc.) ähnliche Expressionsmuster in beiden Anlagen. Ähnlich wie bei Pax6 in der Augenentwicklung wird hier möglicherweise ein uraltes Prinzip zur Bildung von Körperanhängen verwendet, welches beim letzten gemeinsamen bereits vorhanden war. Alternativ könnten die beiden Formen der Koordinatensystembildung von Extremitätenanlagen aber auch konvergent entstanden sein.

Warum haben Schlangen keine Beine?

Bei den rezenten Schlangen kann man bezüglich der Ausbildung von Extremitäten zwei Gruppen unterscheiden. Boas und Pythons besitzen noch Rudimente von Hinterextremitäten (Reste des Beckengürtels und des Femurs) während z. B. die Vipern ihre Extremitäten komplett eingebüßt haben. Fossilfunde legen den Schluss nahe, dass sich die Schlangen aus Mosasaurier-artigen Vorfahren entwickelt haben. Im Laufe der Evolution haben sie dann zuerst die Vorderextremitäten verloren. Die fossile „Schlange" *Pachyrhachis problematicus* mit einigermaßen vollständigen Hinterextremitäten und fehlenden Vorderextremitäten passt in dieses Szenario. Was ist nun die entwicklungsbiologische Basis für diesen Übergang, und welche genetischen Veränderungen könnten ihm zugrundeliegen? Das Vorhandensein von Extremitäten ist begleitet von einer regionalen Gliederung des axialen Skelettes mit einer charakteristischen Abfolge von verschiedenen Wirbeltypen entlang der anteroposterioren Achse (z. B. Halswirbel, Brustwirbel mit Rippen, Schwanzwirbel). Die Abfolge dieser Wirbeltypen wird von **Hox-Genen**, die in den entsprechenden Somiten exprimiert werden, festgelegt. Die Vorderextremität der Tetrapoden bildet sich, wie oben bereits erwähnt, an der anterioren Expressionsdomäne von HoxC6. Weiter posterior ist HoxC6 zusammen mit HoxC8 exprimiert, und beide legen so den Brustwirbelbereich fest. Am hinteren Ende der HoxC8-Expressionsdomäne bildet sich die Hinterextremität.

Bei Pythonembryonen ist das posteriore Hox-Muster in etwa erhalten, und es bildet sich eine hintere Extremitätenknospe. Das anteriore Expressionsmuster von HoxC6 und HoxC8 ist allerdings stark verändert. Beide Expressionsdomänen reichen nach vorne bis zum Kopf. Die dazugehörigen Wirbel entsprechen Brustwirbeln und tragen Rippen. Eine Veränderung des Hox-Gen-Musters könnte also für den Verlust der Vorderextremitäten verantwortlich sein. Die Knospe der Hinterextremität bildet sich fast normal. Es fehlen allerdings AER und ZPA beziehungsweise die Expression von Shh in der ZPA. Die Folge ist, dass sich keine komplette Extremität herausbilden kann. Auch hier spielt wahrscheinlich ein Hox-Code eine Rolle, der für die Bildung der ZPA und die dort erfolgende Shh-Produktion wichtig ist. In beiden Fällen korrelieren dramatische morphologische Veränderungen mit relativ „einfachen" molekularen Veränderungen. Daraus folgt, dass der Verlust von Extremitäten, wenn er auf einfachen Mutationen von entwicklungsrelevanten Genen beruht, unter entsprechendem Selektionsdruck kein unwahrscheinliches und seltenes Phänomen darstellt. In der Tat ist ein solcher Extremitätenverlust konvergent in verschiedenen Tetrapodengruppen aufgetreten (z. B. Schlangen, Blindschleichen, Blindwühlen). Darüber hinaus beruht der Verlust von Vorder- und/oder Hinterextremität vermutlich auf jeweils unterschiedlichen Mechanismen. In diesem Zusammenhang wäre das Hox-Gen-Muster bei Viper-Embryonen, bei denen auch die Hinterextremitäten vollständig verloren gegangen sind, sehr aufschlussreich.

Stummelbeine in Raupen

Bei hexapoden Insekten ist das Abdomen extremitätenlos. Ein Grund dafür könnte die Hemmung von extremitätendeterminierenden Faktoren durch abdomenspezifische Gene sein. Wie jede Regel hat auch das extremitätenlose Abdomen bei Insekten Ausnahmen. Die Raupe des Schmetterlings *Danaus plexipus* besitzt z. B. Stummelbeine an den Abdominalsegmenten A3–A6 (Abb. 3.**25a**). Während der Beinentwicklung in den Thorakalsegmenten ist das Gen *distalless (dll)* in einem proximalen Ring sowie einer distalen „Socke" exprimiert (Abb. 3.**25b**). In den extremitätenlosen Abdominalsegmenten fehlen beide Expressionsdomänen und es bilden sich keine Beine. Während der Entwicklung der Stummelbeine ist der proximale *dll*-Ring zu sehen, die distale „Socke" fehlt aber, sodass sich nur Stummelbeine bilden, die im erwachsenen Schmetterling aber keine Entsprechung haben. Die Hemmung von Dll im Abdomen wird z. B. durch Polyalaninhaltiges Ubx bewirkt. Alle Hexapoda haben diese Polyalaninhaltige Domäne im Ubx, während sie z. B. Tausendfüßern oder Spinnen fehlt. Das gilt auch für *Danaus*-Raupen. Allerdings hat Ubx in den Extremitätenanlagen der Segmente A3–A6 eine Expressionslücke (Abb. 3.**25c**), sodass Dll hier nicht reprimiert wird. Möglicherweise hat hier die lokale Inhibition eines Inhibitors zur Bildung von Stummelbeinen geführt.

Die Bildung von Schwimmhäuten

Bei den meisten Wirbeltieren werden in der späten Extremitätenentwicklung die Finger/Zehen (Phalangen) durch Apoptose in den Zwischenräumen getrennt. Die Apoptose wird duch BMP-Signale stimuliert (Abb. 3.**26**). Bei einigen wasserleben-

3.3 Evolution von Entwicklungsprozessen: Evo Devo

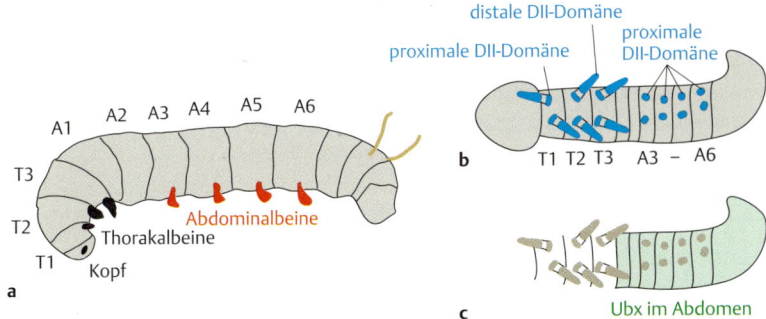

Abb. 3.25 Entstehung von abdominalen Stummelbeinen durch Veränderungen in der Expression von entwicklungssteuernden Genen. a Raupe von *Danaus plexipus* mit Stummelbeinen an den Abdominalsegmenten A3–A6 (rot). **b** Expression von *distalless* (*dll*, blau) in den Anlagen von Thorakal- und Abdominal-Extremitäten. **c** Ubx verhindert die Bildung von Extremitäten im Abdomen. Die Expression von Ubx (grün) ist in Distalless-positiven Bereichen (A3–A6) aber inhibert.

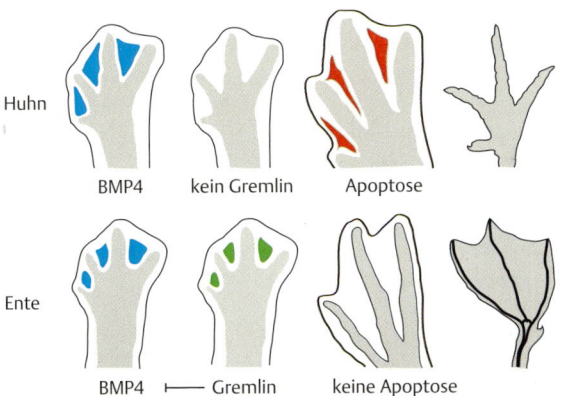

Abb. 3.26 Modifikation von BMP-Signalaktivität und die Bildung von Schwimmhäuten. Beim Hühnerfuß wird zwischen den Phalangen BMP aktiviert, welches dort Apoptose stimuliert. Entsprechend stehen die Zehen getrennt voneinander. Bei der Ente hingegen wird zusätzlich ein BMP-Inhibitor namens Gremlin exprimiert, sodass die Apoptose ausbleibt und sich eine Schwimmhaut ausbildet bzw. übrig bleibt.

den Tieren bleibt jedoch eine **Schwimmhaut** zwischen den Phalangen bestehen. Am Beispiel der Entenextremität konnte gezeigt werden, dass hier ein **BMP-Inhibitor** namens **Gremlin** in den Zehenzwischenräumen exprimiert ist und dort die Apoptose verhindert. Gremlin-Expression fehlt dagegen im Hühnerfuß (Abb.

3.26). Experimentelle Hemmung des BMP-Signalweges durch Überexpression einer dominant-negativ wirkenden BMP-Rezeptormutante kann die Apoptose in den Extremitäten des Hühnerembryos allerdings verhindern und es entsteht ein Huhn mit „Schwimmfüßen". Inhibition des Signalmoleküls BMP in der späten Extremitätenanlage ist also möglicherweise ausreichend für die Bildung von Schwimmhäuten.

3.3.3 Die Evolution der Neuralleiste

Die Entstehung der **Neuralleiste**, vielfach als viertes Keimblatt bezeichnet, stellt ein Schlüsselereignis in der **Evolution** der Wirbeltiere dar. Ursprüngliche Chordaten wie *Branchiostoma* haben keine Neuralleiste. Somit fehlen ihnen auch alle Neuralleistenderivate, insbesondere der Kopf. Interessanterweise sind aber viele charakteristische Neuralleistenmarker (BMP2, Msx, Distalless, Snail) im Neuralrohr von *Branchiostoma* exprimiert, allerdings wandern die entsprechenden Zellen nicht aus. Die Gene *ap-2* und *distalless* (*dll*) haben möglicherweise Schlüsselrollen während der Neuralleistenevolution gespielt. AP-2 kommt bei Wirbeltieren in der Kopfneuralleiste und im Neuralrohr vor, bei *Branchiostoma* ist es allerdings nur in der Epidermis exprimiert. Dabei gibt es bei Wirbeltieren 5–6 *dll*-Kopien, und davon sind 3 in der Neuralleiste aktiv. *Branchiostoma* und *Drosophila* haben jeweils nur eine Kopie. Die Neuralleiste ist möglicherweise entstanden, weil bestimmte Transkriptionsfaktoren wie AP-2 in neuen Geweben für neue Funktionen rekrutiert werden und andere nach Verdopplung einen Funktionswandel erfahren haben (Dll). Viele der Strukturen, die von Neuralleistenderivaten gebildet werden (Kiefer, Zähne, dreigeteiltes Gehirn, etc.) entstehen unter der Kontrolle von Dll. Geringfügige Variationen in der Proliferation oder Migration von Kopfneuralleistenzellen könnten schon die Ursache morphologischer Veränderungen am Schädel oder dem Zahnrelief sein. Somit stellt das Verhalten von Neuralleistenzellen einen wesentlichen Faktor in der Evolution der Wirbeltiere dar.

> **Evo Devo:** Forschungsgebiet, das sich der Evolution von Entwicklungsprozessen widmet, basiert auf dem Grundgedanken, dass jede morphologische Variation auf eine Variation der zugrunde liegenden Entwicklungsprozesse zurückgeht.
> **Gene Tool Kit:** Begrenzte Anzahl von Genwerkzeugen, die für entwicklungssteuernde Genprodukte codieren, welche oft hochkonserviert sind und verschiedene Entwicklungsprozesse steuern. Beispiele: Wnt-β-Catenin-Signalweg, Hox-Gene, BMP-Signalweg.
> **Evolution von Entwicklungsmechanismen und Merkmalen:** Durch Veränderung der Expression oder Eigenschaften entwicklungssteuernder Gene. Beispiele: Genduplikation und Diversifikation; Rekrutierung; Veränderung der Expression entwicklungssteuernder Gene.

4 Gewebe und ihre Funktionen

Kristine Raether-Buscham

Die Zelle ist der Grundbaustein des Organismus. Zellen mit gleichartiger Differenzierung halten durch Interzellularkontakte und/oder Extrazellularmatrix zusammen und bilden ein **Gewebe**. Ein **Organ** besteht aus verschiedenen Geweben, die in Zusammenarbeit die speziellen Aufgaben des Organs erfüllen. **Organsysteme** bestehen aus einer Gruppe von Organen, die funktionell zusammengehören, beispielsweise das Urogenitalsystem oder der Verdauungsapparat.

Die **Histologie** (gr. Hist(i)o: Gewebe, logia: Lehre) beschreibt den Aufbau von Geweben. Meist dienen dünne, gefärbte Schnitte als Untersuchungsmaterial (*Biochemie, Zellbiologie*). Die Funktion vieler mikroskopisch sichtbarer Strukturen wird erst in cytologischen, biochemischen oder physiologischen Zusammenhängen verständlich.

Seit circa 100 Jahren teilt man die Gewebe in vier Grundtypen ein und unterscheidet:
- Epithelgewebe
- Binde- und Stützgewebe
- Muskelgewebe
- Nervengewebe.

Neuere Forschungsergebnisse zeigen enge Übereinstimmungen zwischen Teilen des Binde- und Muskelgewebes; Nervengewebe stimmt in Grundzügen seines Aufbaus mit dem Epithelgewebe überein. Die Haut und das Nervensystem gehen beide aus dem Ektoderm hervor und dienen u. a. dem Informationsaustausch mit der Außenwelt. Die Einteilung in vier Grundgewebe ist trotzdem auch heute noch gut brauchbar und verständlich und wird diesem Kapitel zugrunde gelegt.

4.1 Epithelgewebe

> Epithelgewebe grenzen äußere oder innere Oberflächen von der Umwelt ab. Dafür knüpfen die Epithelzellen lückenlose Kontakte zu den Nachbarzellen. Epitheliale Zellverbände sind durch eine **Basalmembran** vom darunter liegenden Bindegewebe getrennt. Die Einteilung der Epithelien richtet sich nach der Zahl der Zellschichten und der Form der Zellen. **Oberflächendifferenzierungen** wie Kinocilien und Mikrovilli dienen speziellen Aufgaben. Verhorntes, mehrschichtiges Plattenepithel bildet die oberste Schicht der **Haut**. Die Hornschicht bildet unterschiedliche **Anhänge** wie Federn, Haare, Nägel, Hufe. **Drüsenepithelien** dienen der Sekretbildung.

Epithelgewebe (gr. epi: auf, thel: wachsen) bedeckt äußere und innere Oberflächen des Körpers. Es entwickelt sich aus allen drei **Keimblättern** (S. 303). Der werdende Organismus grenzt sich durch geschlossene Zellverbände von der Umwelt ab. Das **Ektoderm** bildet die Haut und Sinnesepithelien von Auge, Ohr und Nase. Die Haut hat in erster Linie Schutzfunktion, dient aber mit ihren Sinnesorganen auch dem Informationsaustausch. Aus dem **Entoderm** stammen die Epithelien der Atemwege und des Verdauungstraktes. Sie stellen eine Barriere dar zwischen der nach innen verlagerten Umwelt (Luft, Nahrung) und dem Organismus; sie dient je nach Anforderung dem Schutz oder dem Stoffaustausch. Aus dem **Mesoderm** stammen einschichtige Mesothelien, die die Peritoneal-, Pleura- und Perikardhöhle auskleiden, und Endothelien, die Herz-, Blut- und Lymphgefäße zum Lumen hin abdichten.

Epithelien liegen einer **Basalmembran** auf, an der sie fest verankert sind. Die Basalmembran verbindet als extrazelluläre Schicht aus Fasern und Proteinen das Epithelgewebe mit dem darunterliegenden Bindegewebe. Enge Zellkontakte verknüpfen Epithelzellen zu Zellverbänden. Die Zellen sind in Bau und Funktion polar orientiert mit einer Basis (**basaler Pol**), die der Basalmembran aufliegt, und einem Apex (lat. Spitze, **apikaler Pol**), der sich der Oberfläche zuwendet. Drüsenepithelien stellen eine besondere Gruppe dar. Epithelien bedingen oft die spezifische Funktion eines Organs. Sie bilden das sogenannte Organparenchym. Das bindegewebige Stroma (gr. Stroma: Teppich) des Organs dient dem mechanischen Zusammenhalt und bettet Blut- und Lymphgefäße und Nerven ein.

Während epitheliale Zellverbände auf einer dünnen lichtmikroskopisch homogen erscheinenden Basalmembran sitzen, die sie vom darunter liegenden Bindegewebe abgrenzt, Stoffaustausch aber zulässt, besitzen Fett-, Muskel- und Gliazellen Basalmembranen, die sie umhüllen. Blutgefäße wachsen nicht in Epithelien ein, sie durchbrechen deren Basalmembran nicht (außer im Corpus luteum und in der Stria vascularis des Ductus cochlearis). Makrophagen und Lymphocyten können in Epithelien einwandern.

Die Basalmembran (Abb. **4.1**) besteht meistens aus zwei Teilen: Basallamina und Lamina fibroreticularis.

Die **Basallamina** dient der Verankerung der Zellen. Sie wird überwiegend von den Epithelzellen als Extrazellulärmatrix selbst hergestellt. Man unterscheidet zwei Schichten

– **Lamina rara** (lat. dünn): Sie grenzt direkt an die Plasmamembran. Adhäsionsmoleküle (u. a. Laminine oder Fibronektine, *Biochemie, Zellbiologie*) durchziehen sie und stellen über membranständige Rezeptoren (z. B. Integrine) die Verbindung her zwischen dem intrazellulären Cytoskelett und der
– **Lamina densa** (lat. dicht), die vor allem aus Kollagen Typ IV und Laminin besteht.

Die **Lamina fibroreticularis** verankert die Basallamina am Bindegewebe. Sie besteht aus Kollagenfibrillen unterschiedlichen Typs, u. a. ein Geflecht aus retikulären Fasern. Die Lamina fibroreticularis wird vom Bindegewebe produziert und geht ohne deutliche Grenze in dieses über.

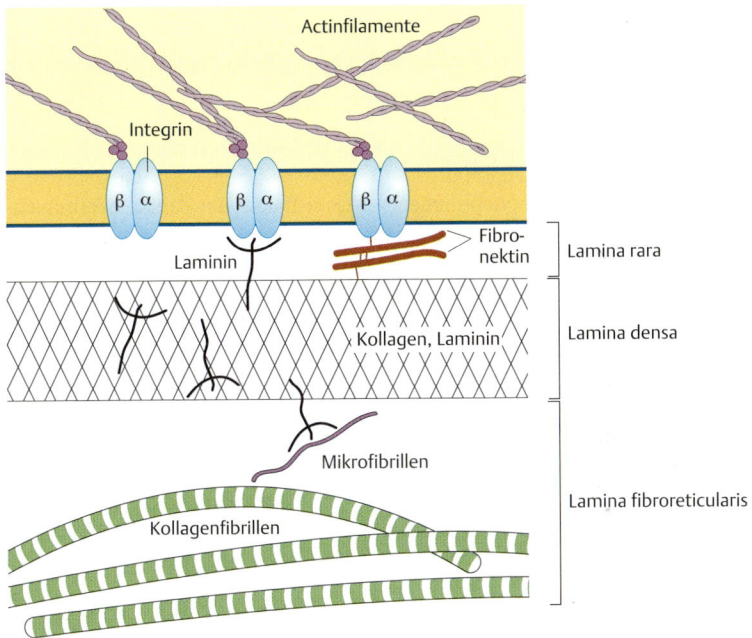

Abb. 4.1 **Aufbau der Basalmembran.**

Die Lamina fibroreticularis fehlt beispielsweise an der **Blut-Luft-Schranke**, um die Diffusion zu erleichtern. Die Laminae densae von Kapillarendothel und Alveolarepithel sind zu einer Schicht verschmolzen.

Epithelgewebe haben sehr unterschiedliche **Aufgaben**: Als **Resorptionsepithelien** (z. B. Darm) lassen sie gezielt einen Übertritt von Substanzen von außen nach innen zu. Als **Drüsenepithelien** produzieren sie Sekrete oder Hormone und geben sie ab. Als „**Gangepithelien**" kleiden sie Leitungen für Flüssigkeiten aus (Blut, Lymphe, Drüsensekrete). Als **Schutzepithelien** verhindern sie das Eindringen von unerwünschten Stoffen in den Organismus.

Diese Aufgaben setzen dichte, lückenlose **Zellkontakte** voraus, die die polare Orientierung der Zellverbände und den festen Zusammenhalt gewährleisten (*Biochemie, Zellbiologie*). Typisch sind u. a. **Adhaerenskontakte**: Zonulae (lat. Zonula: Gürtelchen) adhaerentes laufen wie ein schmales Band um die Zellen herum und verknüpfen sie mit den Nachbarzellen. Sie stehen mit intrazellulären Actinfilamenten des Cytoskeletts in Verbindung. **Hemidesmosomen** verankern Epithelien, die starken Scherkräften ausgesetzt werden, an der Basallamina (Haut, Schleimhaut, respiratorisches Epithel). Haftkomplexe (**Schlussleistenkom-**

plexe) aus Zonula occludens, Zonula adhaerens und Desmosom verbinden die Zellen der meisten einschichtigen Epithelien (z. B. Darmepithel).

Epithelgewebe können entsprechend ihrer Hauptaufgabe in Oberflächenepithelien und Drüsenepithelien eingeteilt werden.

4.1.1 Oberflächenepithelien

Die Einteilung der Oberflächenepithelien richtet sich nach der Zahl der Zellschichten (einschichtig oder mehrschichtig) und der Form der Zellen. Bei mehrschichtigen Epithelien bestimmt das Aussehen der obersten Zellschicht die Klassifizierung.

Einschichtige Epithelien

Einschichtige Epithelien werden in einfache Epithelien und mehrreihige Epithelien eingeteilt. Bei beiden Arten stoßen alle Zellen an die Basalmembran. Beim einfachen Epithel sind die Zellen gleich hoch (platt, kubisch, zylindrisch). Sie erreichen mit ihrer Spitze die Oberfläche, mit dem basalen Pol sitzen sie auf der Basalmembran. Die Zellkerne liegen auf einer Höhe. Das zwei- und mehrreihige Epithel ist eine Sonderform einschichtiger Oberflächenepithelien. Die unterschiedlich geformten Zellen haben alle Kontakt zur Basalmembran (manche lediglich mit einem schmalen Fuß), nur ein Teil der Zellen erreicht die Oberfläche.

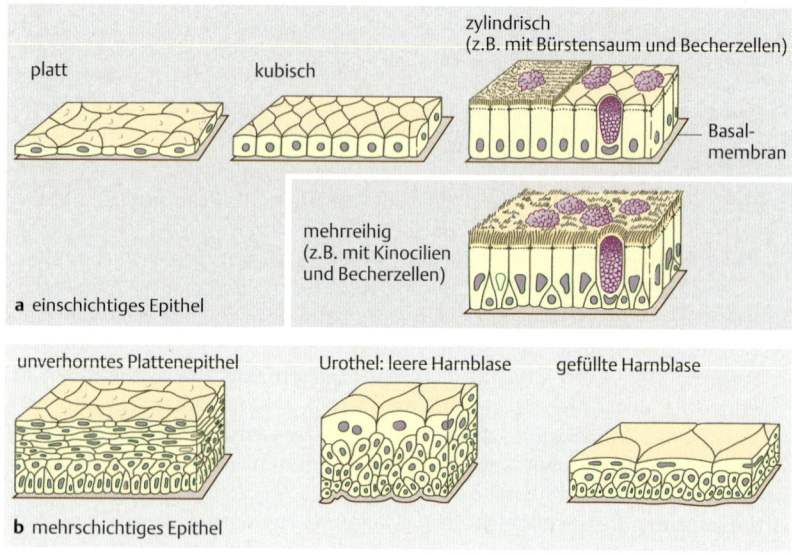

Abb. 4.2 **Epithelien. a** einschichtige, **b** mehrschichtige Epithelien (nach Lüllmann-Rauch, Thieme Verlag, 2009.)

4.1 Epithelgewebe

Einschichtige **Plattenepithelien** (Abb. 4.2a) bestehen aus einer dünnen Schicht flacher Zellen. Histologische Präparate zeigen oft nur den Kern. Einschichtige Plattenepithelien kleiden Herz, Lymph- und Blutgefäße (Endothel) aus (Abb. 4.3a). Sie bedecken als Pleura, Perikard oder Peritoneum Organe und natürliche Körperhöhlen und sorgen in den Lungenalveolen für den Gasaustausch.

Einschichtige **kubische** (würfelförmige) **Epithelien** (Abb. 4.2a) kommen u. a. in vielen kleineren Ausführungsgängen von exokrinen Drüsen vor und in kleineren Sammelrohren der Niere (Abb. 4.3c). Wenn das Gangepithel keinen Einfluss auf den Ganginhalt hat, fehlen Oberflächendifferenzierungen.

Die Zellen des **Zylinderepithels** sind deutlich höher als breit. Einschichtige Zylinderepithelien sind weit verbreitet und haben oft spezielle Oberflächenstrukturen, beispielsweise Kinocilien im Eileiter für den Eitransport und Mikrovilli im Resorptionsepithel des Gastrointestinaltrakts (S. 685). Die Mikrovilli vergrößern die Fläche für die Resorption erheblich. Sie stehen so dicht, dass sie lichtmikroskopisch als Saum erscheinen (Bürstensaum, Abb. 4.3d); im Dünndarm kommen bis zu 3000 Mikrovilli pro Zelle vor. Das Resorptionsepithel schließt Zellen (z. B. Becherzellen) ein, die durch Sekretion für das Funktionieren des Zellverbands wichtig sind (Abb. 4.3d).

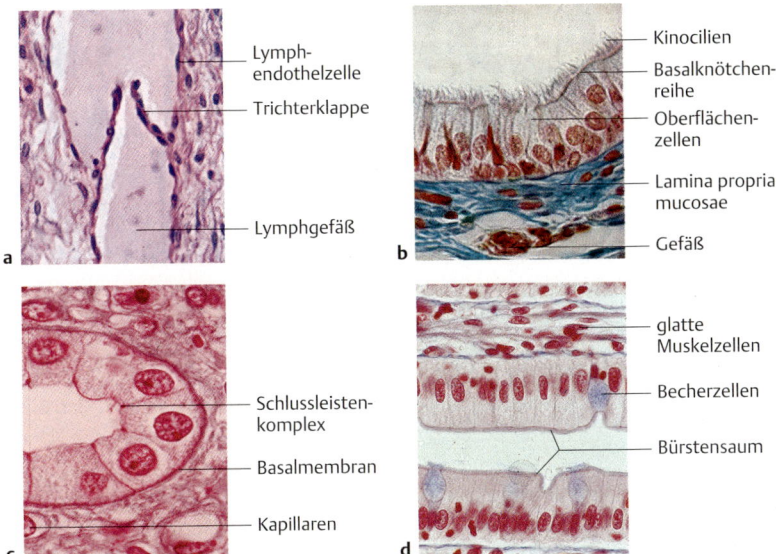

Abb. 4.3 **Epithelien. a** Endothel – Lymphgefäß aus der Milzkapsel eines Rinderfetus, Färbung Hämalaun-Eosin. **b** Mehrreihiges zylindrisches Epithel – Trachea, Färbung Azan. **c** Einschichtiges kubisches Epithel – Nierenpapille, Färbung Hämalaun-Eosin. **d** Einschichtiges zylindrisches Epithel – Duodenum, Färbung Azan (a: Vergr. 240fach, b, c, d: Vergr. 400fach aus Kühnel, Thieme Verlag, 2008.)

Mehrreihiges Epithel: Die Zellen haben alle Kontakt mit der Basalmembran, sind aber unterschiedlich hoch und erreichen nur teilweise die Oberfläche. Neben den hohen ausgereiften Zellen, die die eigentlichen Aufgaben des Epithels leisten, gibt es niedrige Basalzellen, die wohl deren Zellersatz dienen. Mehrreihiges Epithel bildet mit wenigen Ausnahmen (Teilen der Nase, Stimmfalten des Kehlkopfes) die Schleimhaut der Atemwege bis zu den kleinen Bronchien. (Hier geht es in ein einschichtiges Zylinderepithel über.) Die Oberfläche erreichen Flimmerzellen und Becherzellen (Abb. 4.**2a**). Die Flimmerzellen haben einen dichten Besatz von Kinocilien (etwa 200–250/Zelle). Die Cilien transportieren mit koordinierten Schlagbewegungen den Schleim, den die Becherzellen produzieren, Richtung Rachen zusammen mit Partikeln aus der Atemluft, die in dem Schleimfilm hängen bleiben. Die Cilienwurzeln (Kinetosome, Basalknötchen, *Biochemie, Zellbiologie*) im apikalen Cytoplasma der Flimmerzellen sind so eng aneinandergelagert, dass sie lichtmikroskopisch als Basalknötchenreihe erkennbar sind (Abb. 4.**3b**).

Mehrschichtige Epithelien

Alle Epithelien, die mehr als zwei Schichten haben, lassen sich grob in drei Stockwerke gliedern: Basal-, Intermediär- und Superfizialschicht. In der Basalschicht finden die Zellteilungen für den Zellersatz statt. Die Zellen steigen von hier auf, beginnen mit ihrer Reifung, die sie in der Superfizialregion abschließen. Die **mehrschichtigen Epithelien** teilt man nach der Form der Oberflächenzellen ein. Kubische und zylindrische mehrschichtige Epithelien sind selten. Sie kommen u. a. an einigen Drüsenausführungsgängen vor. Eine wichtige Funktion im Körper haben mehrschichtige Plattenepithelien, verhornt oder unverhornt (Abb. 4.**2b**). Als Sonderform des mehrschichtigen Epithels gilt das Urothel.

Das **Urothel** (**Übergangsepithel**, Abb. 4.2b) ist ein Schutzepithel eigener Art, das die ableitenden Harnwege vom Nierenbecken bis zum oberen Teil der Harnröhre auskleidet. Es ist dem hypertonen Harn ausgesetzt und muss sich unterschiedlichen Füllungszuständen (besonders in der Harnblase) anpassen. Auffällig sind die Deckzellen (Abb. 4.**4a**) des Urothels in der Superfizialschicht. Sie sind wesentlich größer als die tiefer gelegenen Zellen und haben oft mehrere Zellkerne oder sind polyploid. In der leeren Harnblase wölben sich die Deckzellen in das Lumen vor, das Urothel erscheint fünf- bis siebenschichtig. Mit Füllung der Harnblase wirkt das Urothel dreilagig; die Deckzellen flachen ab und überdecken mehrere Zellen des Intermediärstockwerks. Zum Schutz gegen den Harn sind die Deckzellen durch typische Haftkomplexe untereinander verbunden und haben spezielle Glykoproteine auf der Plasmamembran.

Mehrschichtige Plattenepithelien kommen an Oberflächen vor (Haut, Schleimhaut), die großen mechanischen Kräften standhalten müssen. Die Epithelzellen werden von einem besonders dichten Netz aus Cytokeratinfilamenten durchzogen, die jeweils in den **Desmosomen** zu den Nachbarzellen ankern. Die Zellen sind durch sehr viele Desmosomen verbunden, der Halt der untersten Zellschicht auf der Basallamina ist durch **Hemidesmosomen** verstärkt.

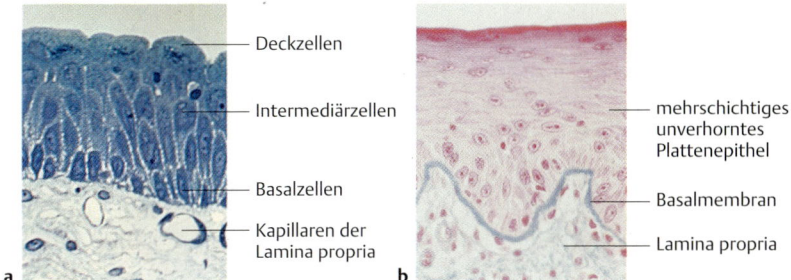

Abb. 4.**4 Übergangs- und Plattenepithel. a** Urothel – Harnblase, Färbung Methylenblau; Vergr. 350fach. **b** Mehrschichtiges unverhorntes Plattenepithel – Stimmlippe, Färbung Azan; Vergr. 400fach (aus Kühnel, Thieme Verlag, 2008.)

Mehrschichtige Plattenepithelien müssen als Epithel der Haut oder Schleimhaut verhindern, dass Wasser oder andere Substanzen unkontrolliert eindringen können. Sie müssen dicht sein. Dies wird zum einen durch ein kontinuierliches Netz von **Tight Junctions** erreicht, zum anderen durch den Verschluss der Interzellulärspalten mit Lipiden, die von vitalen Zellen der oberen Schichten gebildet werden und durch Exocytose in die Spalten gelangen.

Unverhorntes mehrschichtiges Plattenepithel (Abb. 4.**2b**): Es kommt im Körperinneren vor an Stellen, die mechanisch stark belastet sind, aber durch Drüsensekrete ständig feucht gehalten werden: Mundhöhle; Speiseröhre, Analkanal, Vagina, Ausgang der Harnröhre.

Verhorntes, mehrschichtiges Plattenepithel: Es bildet den epithelialen Anteil der Haut, die **Epidermis**; die Zellen heißen Keratinocyten. Unter der Epidermis liegt die **Dermis** (syn. Corium lat.: Leder); sie besteht aus Bindegewebe und ist durch Vorwölbungen (Papillen) mit der Epidermis verzapft, die Schichtgrenzen bleiben deutlich sichtbar (Abb. 4.**5b**). Die Dermis setzt sich in die **Subcutis** (Unterhaut) fort ohne scharfen Übergang. In der Subcutis verlaufen größere Nerven und Gefäße; die Subcutis enthält Fettgewebe, lässt Verschiebungen zu und dient den darunter liegenden Strukturen (Faszien, Knochenhaut) als Druckpolster. Die Haut erfüllt viele Schutzaufgaben:

- **Mechanischer Schutz:** Die Hornschicht ist an besonders beanspruchten Körperstellen besonders dick (s. u.) und es bilden sich Schwielen.
- **Kälte-/Wärmeschutz:** Die Haut spielt eine wichtige Rolle bei der Temperaturregulation (S. 778) mittels Schweißsekretion, dem Haarkleid oder dem Gefäßnetz im subepithelialen Bindegewebe.
- **Flüssigkeitsschutz:** Die Haut muss den Flüssigkeitsdurchtritt in beiden Richtungen klein halten. Wasser soll nur gezielt zur Wärmeregulation abgegeben werden und nicht von außen eindringen und das osmotische Gleichgewicht stören. Dazu dient das kontinuierliche Netz von Tight Junctions und die Versiegelung der Interzellularspalten mit polaren Lipiden (Abb. 4.**5c**).

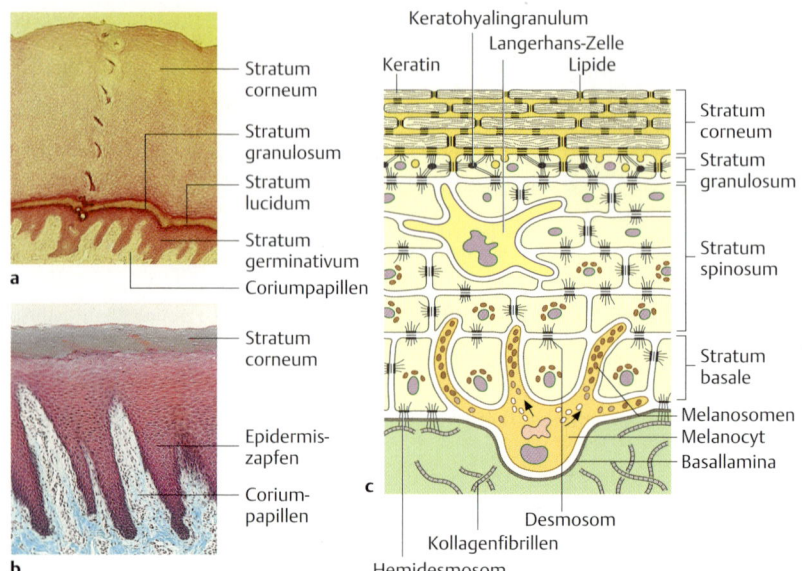

Abb. 4.**5 Mehrschichtiges verhorntes Plattenepithel. a** Haut der Fingerbeere, Färbung Hämatoxylin-Eosin; Vergr. 40fach. **b** Haut der Hohlhand mit besonders ausgeprägter Verzapfung zwischen Corium und Epidermis, um der mechanischen Beanspruchung standzuhalten, Färbung Trichrom nach Masson-Ladewig; Vergr. 80fach (a,b: aus Kühnel, Thieme Verlag, 2008). **c** Aufbau der Epidermis (nach Lüllmann-Rauch, Thieme Verlag, 2006.)

- **Strahlenschutz:** Der Körper versucht, schädigende Strahlen schon an ihrer Eintrittsstelle abzufangen. Dazu dient ein strahlenabsorbierender brauner Farbstoff, das Melanin. Die Keratinocyten können ihn nicht synthetisieren. Aus der Neuralleiste wandern Melanocyten in das Epithel ein und legen sich direkt an die Basalmembran; sie nehmen über Zellausläufer mit mehreren Keratinocyten Beziehungen auf. In speziellen Zellorganellen (den Melanosomen) synthetisieren sie das Melanin und übergeben die Melanosomen über die Zellkontakte an die Keratinocyten. Pro mm^2 kommen 800 bis 1500 Melanocyten vor (Abb. 4.**5**c).
- **Infektionsschutz:** Bakterien können gesunde Haut schwer durchdringen. Die Hautoberfläche schützen antibakterielle Stoffe, die teils von den Keratinocyten, teils von den ekkrinen Schweißdrüsen produziert werden. Bei Beschädigung setzen Keratinocyten eine Fülle von Zytokinen frei, die Abwehrzellen anlocken. Langerhans-Zellen sitzen in regelmäßigen Abständen im Stratum spinosum (s. u.) zwischen den Keratinocyten (Abb. 4.**5**c) und bilden mit langen Ausläufern ein lückenloses Abfangnetz für Antigene. Langerhans-Zellen gehören zum Monocyten-Makrophagen-System; sie wandern mit einem eingedrungenen Antigen in einen Lymphknoten und setzen hier die Immunreaktion in Gang.

- **Sinnesorgane als Alarmauslöser:** Sensible Endorgane kommen in allen Schichten der Haut vor, intra- und subepithelial als freie oder eingekapselte Nervenendigungen (S. 508). Die Haut kann als größtes Sinnesorgan des Körpers angesehen werden. Die einfachste Form der Sinnesempfindung dient der Schmerzwahrnehmung. Sie geht von stark verzweigten Endigungen markloser Neurone aus. Merkel-Zellen in der Epidermis und Ruffini-Körperchen im Bindegewebe registrieren Druck. Meissner-Tastkörperchen liegen am dichtesten an den Fingerspitzen und leiten Berührungsreize weiter.

Die **Epidermis** hat folgende Schichten:

Das **Stratum basale** besteht aus einer Lage von zylindrischen Zellen, die direkt auf der Basallamina sitzen. Von hier geht der Zellnachschub aus für abgeschilferte Zellen der obersten Schicht. Neben den epidermalen Stammzellen liegen deren teilungsfreudige Abkömmlinge, die nach etlichen Teilungszyklen die Mitose einstellen und mit der Differenzierung beginnen, indem sie in höhere Schichten aufsteigen. Die Lebensdauer eines Keratinocyten der menschlichen Epidermis beträgt circa 30 Tage.

Das **Stratum spinosum** (Stachelzellschicht) hat 2–5 Lagen polygonaler Zellen. Im histologischen Präparat schrumpfen die Zellen; dadurch werden die Interzellularspalten weiter, die Desmosomen bleiben als Verbindungen erhalten, sodass die Zellen „stachelig" aussehen. Stratum basale und Stratum spinosum werden als Stratum germinativum (Keimschicht) zusammengefasst.

Stratum granulosum: Keratohyalingranula sind in den Keratinocyten lichtmikroskopisch sichtbar – ein Zeichen der beginnenden Verhornung.

Stratum lucidum: Diese Schicht ist nur an Hautstellen mit besonders dicker Hornschicht (an den Handinnenflächen und Fußsohlen bis zu 100 Lagen) nachweisbar. Sie enthält Übergangsstadien zwischen Keratinocyten und Hornzellen (Abb. 4.**5a**).

Stratum corneum (Hornschicht): Die Zellen dieser Schicht haben keinen Kern und keine Zellorganellen mehr. Sie sind kein Abfallprodukt, sondern das Ziel der Differenzierung. Mit ihnen erfüllt die Epidermis ihre Aufgabe als widerstandsfähige Abdeckung. Die Hornzellen sind durch die Anreicherung von Keratin abgestorben, flachen ab, schichten sich übereinander und schilfern an der äußeren Oberfläche meist einzeln ab. Um die Festigkeit der Epidermis zu gewährleisten werden bei der Wanderung der Zellen zur Oberfläche zwar ständig Zellkontakte gelöst, aber nach dem Hineinschieben in die neue Zelllage sofort wieder geknüpft.

Anhangsgebilde der Epidermis

Das Stratum corneum bildet je nach Aufgabe unterschiedliche Strukturen: Schuppen und Schilder bei den „Reptilien"; Krallen, Nägel, Haare, Hufe und Hörner; Hornscheiden von Schnäbeln und Federn. Federn sind sehr komplexe Keratinstrukturen aus verzweigten Hornfäden (S. 239).

Haare sind unverzweigte Hornfäden. Ihre Wurzeln liegen in Einstülpungen der Epidermis. Es kommen sehr unterschiedliche Haartypen mit unterschiedlichsten **Aufgaben** vor: Flaumhaare des Säuglings, Wimpern, Haupthaare, Borstenhaare, Tasthaare, Fellhaare. Haare dienen der Berührungsempfindung. In Dermis und Subcutis werden sie von einer Bindegewebshülle umgeben, die viele feine Nervenendigungen enthält. Manche Tiere sträuben das Fell als Drohgebärde. Die Luftschicht unter dem Fell wirkt als guter Wärmeisolator. Sie kann durch Aufrichten der Haare bei Bedarf vergrößert werden.

Haare haben eine unterschiedliche **Lebensdauer**; menschliche Kopfhaare werden beispielsweise drei bis acht Jahre alt und wachsen durchschnittlich 1 cm/Monat.

Jedes Haar entsteht in einem Haarfollikel, zu dem jeweils eine Talgdrüse (s. u.) und ein glatter Muskel gehören (Abb. 4.**6**). Die Epidermis hat sich bis in die Dermis oder Subcutis vorgewölbt und den Haarfollikel gebildet. Am Boden des Follikels (zum Haarbulbus erweitert) liegen teilungsaktive Matrixzellen, die die Entwicklung des Haares bestimmen, in einer wiederkehrenden Folge von Wachstum, Stillstand und Ausfall des Haares. Auf dem Weg zur Hautoberfläche verhornen die Haarzellen. Ihr Keratin (*Biochemie, Zellbiologie*) hat einen besonderen Aufbau und bedingt den festen Zusammenhalt und die Härte des entstehenden Hornfadens.

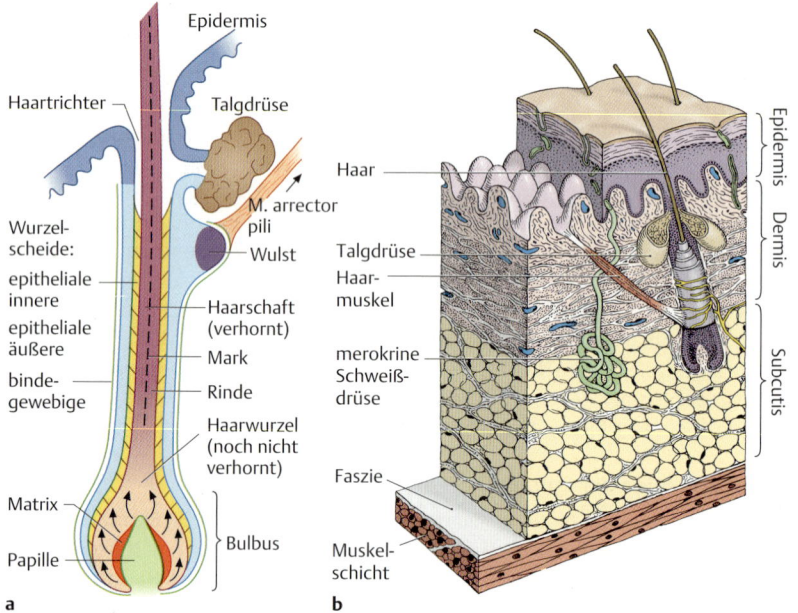

Abb. 4.**6** **Haare. a** Aufbau eines Haares. **b** Schnitt durch die menschliche Haut mit Haarfollikel (a nach Lüllman-Rauch, Thieme Verlag, 2006, b aus Fritsch, Thieme Verlag, 2006).

Der Haarschaft liegt größtenteils oberhalb der Hautoberfläche. Der Haarschaft besteht aus zwei (Flaumhaare) bis drei (Terminalhaare) Schichten: Außen liegen dachziegelartig angeordnete platte Hornzellen und bilden die Cuticula. Darunter liegt die Rinde aus dicht gepackten Hornzellen. Terminalhaare (beispielsweise Wimpern und Kopfhaare) haben in der Mitte Mark, das entspricht locker gepackten Hornzellen und lufthaltigen Hohlräumen. Eine Haarwurzelscheide aus Bindegewebe (Haarbalg) umhüllt die epithelialen Wurzelscheiden. Am Haarbalg unterhalb der Talgdrüse inseriert der glatte Muskel, der das Haar aufrichten kann. Im Wulst der äußeren epithelialen Wurzelscheide liegen Stammzellen für ein neues Haar. Der Haarbulbus mit den Matrixzellen wird von der Dermis aus ernährt, die sich in den Bulbus vorwölbt – Haarpapille genannt (Abb. 4.6a).

Die **Haarfarbe** hängt von der Melaninmenge ab, die die Melanocyten in der Matrixschicht an die Haarzellen abgeben. Im Bulbus weißer Haare fehlen Melanocyten.

Haaranalyse: Bei der Bildung der Haare werden Stoffe eingebaut, die im Blut zirkulieren. Sie werden im Verlauf des Haarwachstums nach außen vorgeschoben und sind in Haaren lange nachweisbar, in Langhaarfrisuren mehrere Jahre. Deshalb sind Haare für Gerichtsmediziner ein interessantes Untersuchungsmaterial. Für die wichtigsten Drogen (Opiate, Kokain, Cannabis, Amphetamin, Ecstasy), für Nikotin und Barbiturate gibt es zuverlässige Labortests. Die Ergebnisse lassen auch Aussagen über länger zurückliegenden oder lang anhaltenden Drogenkonsum zu. ◀

Unter **Tissue Engineering** versteht man die Züchtung von Gewebe im Labor. Meist werden die dafür notwendigen Zellen den Versuchstieren oder den Patienten selbst entnommen, um Abstoßungsreaktionen zu minimieren. Die Zellen brauchen spezielle Nährlösungen und geeignete Gerüste, um zu den gewünschten Geweben wachsen zu können. Haut wird gezüchtet, um offene Wunden oder verbrannte Haut abzudecken. Knorpel- und Knochenherstellung wird erforscht zum Einsatz in zerstörten Gelenken und schlecht heilenden Knochenbrüchen. Wissenschaftler arbeiten an Methoden, mit **adulten Stammzellen** (S. 319) aus Haarwurzeln individuellen Hautersatz zu züchten. ◀

Nägel sind gewölbte Hornplatten. Sie dienen der weichen Fingerbeere und der Zehenunterseite als Widerlager und verfeinern dadurch das Tastempfinden. Für das Nagelwachstum sind analog zur Haarentstehung Matrixzellen verantwortlich, die aus dem Epithel hervorgegangen sind und an der Nagelwurzel liegen (Abb. 4.7).

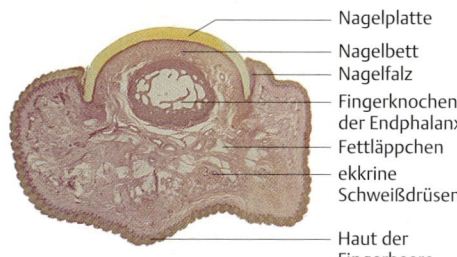

Abb. 4.7 **Senkrechter Schnitt durch das Endglied eines menschlichen Fingers.** Färbung Hämalaun-Eosin; Vergr. 10fach (aus Kühnel, Thieme Verlag, 2008.)

4.1.2 Drüsenepithelien

Epithelzellen oder Epithelzellverbände, die in erster Linie der Sekretbildung und -abgabe dienen, werden Drüsenzellen, Drüsenepithelien oder **Drüsen** genannt. Sie liegen **intraepithelial** wie die Schleim produzierenden Becherzellen (Abb. 4.**8c**) oder **extraepithelial** im Bindegewebe unterhalb des Epithels, aus dem sie abstammen. Werden große Sekretmengen gebraucht, reicht die Oberfläche nicht aus; Epithelzellen wachsen fingerförmig in das Bindegewebe und differenzieren sich zu Drüsen unterschiedlichster Form. Drüsen, deren Verbindung zur Oberfläche erhalten bleibt für die Sekretableitung, heißen **exokrine Drüsen**. Drüsen, deren Kontakt zum Oberflächenepithel im Lauf der Entwicklung verloren geht, sind **endokrine Drüsen**. Sie geben ihr Sekret, Hormon genannt, an das umliegende Bindegewebe ab. Über

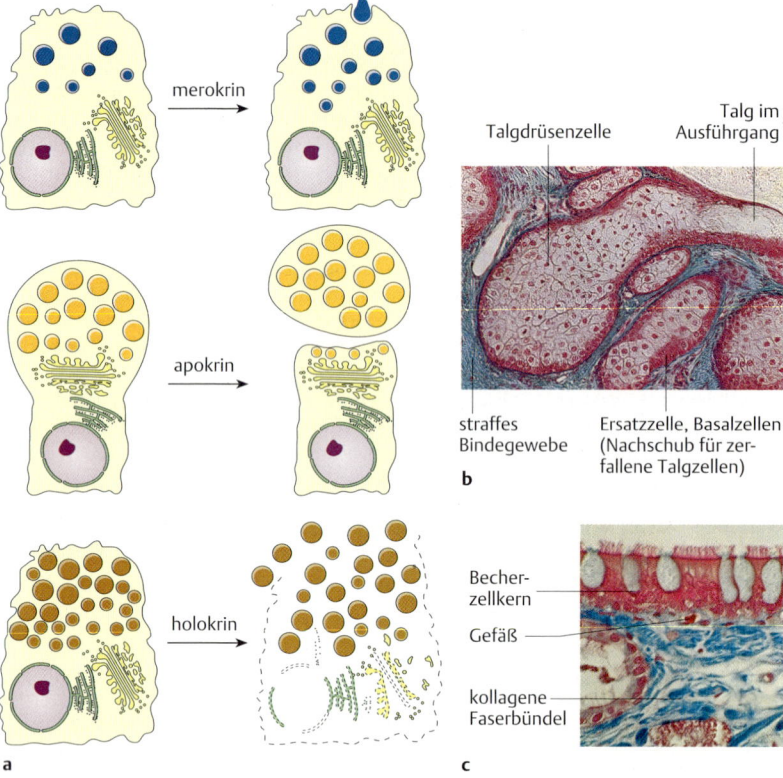

Abb. 4.**8 Drüsen. a** Merokrine, apokrine und holokrine Sekretion. **b** Extraepitheliale Drüse – holokrine Talgdrüse eines Haarfollikels Färbung Azan; Vergr. 65fach. **c** Intraepitheliale, einzellige Drüsen – Becherzellen in Flimmerepithel (aus dem Rachendach eines Frosches), Färbung Azan; Vergr. 400fach (b, c aus Kühnel, Thieme Verlag, 2008).

Kapillarwände aufgenommen, gelangen die Hormone in die Blutbahn. Beispiele für Drüsen, die Hormone sezernieren, sind die Hypophyse und die Schilddrüse.

Exokrine Drüsen, die im Bindegewebe liegen, sind immer vielzellig. Ein Verband von Zellen (Endstück) sezerniert das Sekret. Endstücke können die Form einer kleinen Röhre (Tubulus), einer Beere (Acinus) oder einer kleinen Aushöhlung (Alveolus) haben. Sie geben ihr Sekret in einen einfachen Ausführungsgang ab oder in ein zusammengesetztes Ausführungsgangsystem.

Die Ausschüttung proteinhaltiger Sekrete erfolgt **merokrin** (gr. meros: Teil, krinein abscheiden) nach dem Prinzip der Exocytose (*Biochemie, Zellbiologie*). Die Milchdrüse sezerniert den Fettanteil der Milch **apokrin** (Abb. 4.8a), das heißt die Lipidtropfen werden an der Spitze der Zelle zusammen mit einem Cytoplasmasaum mit Plasmamembran abgeschnürt. Zellen der Talgdrüsen (Abb. 4.8a) bilden ein sehr zähflüssiges Sekret, die Talgzellen sterben dabei ab. Sie zerfallen und setzen das Sekret frei: **holokrine Sekretion** (gr. holos: ganz).

Für den Transport des Sekrets in den Ausführungsgängen gibt es verschiedene Mechanismen: Die Ohrspeicheldrüse wird beim Kauen zusammengepresst. Muköse Drüsenendstücke mit dickflüssigem Sekret sind mit Drüsen kombiniert, die dünnflüssiges seröses Sekret produzieren. Myoepithelien umgeben die Endstücke der Drüsen. Sie leiten sich vom Epithel ab, haben aber kontraktile Filamente, die glatten Muskelzellen ähneln. Ihre Kontraktion presst die Drüsenendstücke aus.

Talgdrüsen (Abb. 4.8b) gehören zu den **Hautdrüsen**, sie dienen dem Einfetten von Haaren und Haut. Vögel haben eine Bürzeldrüse, deren holokrin sezerniertes Sekret mit dem Schnabel auf den Federn verteilt wird, um sie geschmeidig zu halten. Den Haartalgdrüsen analoge Verhältnisse, das hieße pro Feder eine Drüse, würden das Daunengefieder völlig verschmieren.

Merokrine (ekkrine) Schweißdrüsen sind beim Menschen fast über die ganze Haut verteilt. Ihre Endstücke produzieren eine isotone NaCl-Lösung. Im Ausführungsgang wird das Sekret verändert und Na^+ und Cl^- rückresorbiert. Die Verdunstung des Schweißes entzieht dem Körper Wärme. Tiere mit dichtem Fell haben in der Regel keine ekkrinen Schweißdrüsen. Hunde lassen zur Kühlung die feuchte Zunge heraushängen. **Apokrine Schweißdrüsen** werden auch **Duftdrüsen** genannt, da ihr Sekret Duftstoffe enthält. Sie kommen beim Menschen in der Achselhöhle, in der Umgebung von Brustwarzen, Anus und Genitalien vor. Vor der Pubertät sind sie inaktiv. Duftdrüsen sondern ein milchiges Sekret ab, das den körpereigenen Geruch verursacht.

Epithelgewebe: Schützt äußere oder innere Körperoberflächen durch lückenlose Zellverbände, die ein- oder mehrschichtig sind; verhornt oder nicht verhornt; platt, kubisch oder zylinderförmig in der obersten Schicht.
Basalmembran: Grenzt u. a. Epithelien, Muskeln und Gliazellen von Bindegewebe ab; besteht in der Regel aus zwei Schichten, die aus Kollagenfibrillen und retikulären Fasern unterschiedlich zusammengesetzt sind: Basallamina und Lamina fibroreticularis.

Hautschichten: Epidermis (Oberhaut): mehrschichtiges, verhornendes Plattenepithel; Dermis (Corium, Lederhaut): Bindegewebe, verzapft über Papillen mit der Epidermis; Subcutis (Unterhaut): Binde-und Fettgewebe.
Sekretionsmechanismen: Merokrin (ekkrin): nach dem Prinzip der Exocytose; apokrin: Sekret wird an dem apikalen Pol der Zelle von Cytoplasma umgeben durch Plasmamembran abgeschnürt; holokrin: die Zelle zerfällt mit dem Sekret als Ganzes.

4.2 Binde- und Stützgewebe

Zu den Bindegeweben gehört das **Fettgewebe**. Das Stützgewebe wird in **Knorpel-** und **Knochengewebe** unterteilt. Während Epithelien innere oder äußere Körperoberflächen bedecken, füllen Abkömmlinge des embryonalen Bindegewebes angrenzende Innenräume aus und bieten Nerven und Gefäßen Schutz. Binde- und Stützgewebe entwickeln sich aus dem **Mesenchym** (embryonales Bindegewebe). Das Muskelgewebe, die Zellen der Immunabwehr und des Blutes sind ebenfalls Mesenchymderivate, werden aber an anderer Stelle besprochen (S. 702). Lebenslang entstehen aus multipotenten mesenchymalen Stammzellen Bindegewebs-, Knochen-, Knorpel-, Fett- und Muskelzellen. Binde- und Stützgewebe haben vielfältige weitere Aufgaben: Stoffaustausch zwischen Gefäßsystem und Erfolgsgewebe, Körperabwehr, Bewegung, Stabilität, Energiespeicher, Wasser- und Elektrolythaushalt. Typischerweise liegen die Zellen des Binde- und Stützgewebes mit Abstand zueinander. Den Zwischenraum (interstitieller Raum) füllt extrazelluläre Matrix (EZM). Sie besteht im Wesentlichen aus Fasern unterschiedlicher Dicke und Zusammensetzung und aus ungeformter Substanz mit hoher Wasserbindungsfähigkeit. Der Knochen erhält seine Festigkeit durch Hydroxylapatit-Kristalle in der Matrix.

4.2.1 Bindegewebe

Fibroblasten (Abb. 4.**9**) sind die typischen ortsständigen Zellen des Bindegewebes. Sie synthetisieren die Bestandteile der Extrazellulärmatrix (EZM, syn. Interzellulärsubstanz) und kontrollieren deren Abbau. Die EZM besteht aus zwei Komponenten: aus geformten Anteilen (Fasern) und aus ungeformten Anteilen. Sie füllt den interstitiellen Raum zwischen den Zellen aus.

Die ungeformte, **amorphe Substanz** der EZM enthält Glykosaminoglykane (GAG) und Proteoglykane, die große Mengen an Wasser binden können (*Biochemie, Zellbiologie*). Über die amorphe Substanz findet der Stoff- und Flüssigkeitsaustausch zwischen Organparenchym und Gefäßsystem statt. Als Parenchym (gr. par-: neben, abweichend; gr. -enchym: füllen, eingießen) bezeichnet man die Zellen und Zellverbände, die die spezifischen Aufgaben des Organs erfül-

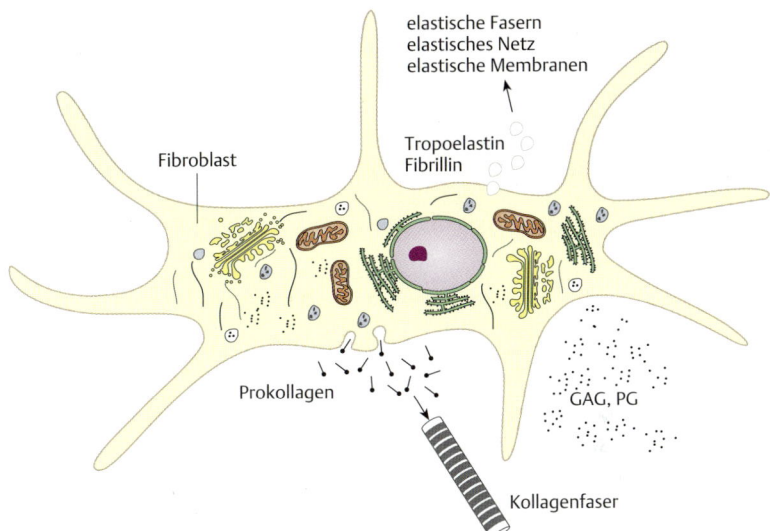

Abb. 4.**9 Fibroblasten.** Die Zellen sezernieren Glykosaminoglykane (GAG) und Proteoglykane (PG) und die Vorstufen, aus denen extrazellulär die Kollagenfasern und die elastischen Fasern gebildet werden. Die elastischen Fasern sind verzweigt und können Netze und Membranen bilden, wie in der Wand der Aorta.

len. Die amorphe Substanz dient als Flüssigkeitsspeicher und unterliegt einem ständigen Umbau, um den jeweiligen Aufgaben gerecht zu werden. Hyaluronan ist ein nicht sulfatiertes GAG. Es bindet besonders viele Wassermoleküle und bildet ein nicht komprimierbares visköses Gel. Es dient als Schmiermittel in Gelenken, als Wasserspeicher und hält Druck besonders gut stand: u. a. in der Nabelschnur, im Glaskörper, in Schleimbeuteln und im Nucleus pulposus der Bandscheibe.

Die Zellen gehen dauerhafte oder vorübergehende Bindungen mit Strukturen der EZM ein, entweder direkt über Membranrezeptoren oder über zwischengeschaltete Adhäsionsproteine (*Biochemie, Zellbiologie*).

Die **Faser**art und -menge in der EZM bestimmt die Elastizität und Dehnbarkeit des Bindegewebes. Die Faseranordnung richtet sich nach der Funktion. In **Sehnen** verlaufen Kollagenfasern leicht gewellt und parallel, in **Faszien** sich schräg überkreuzend. Sie haben dadurch eine „Dehnungsreserve", wenn sie durch Zug beansprucht werden. Eine gestreckte **Kollagenfaser** kann durch Zug fast nicht verlängert werden. Kollagen (gr. Kolla: Leim) bildet beim Kochen eine klebrige Masse, die als Leim oder weiterverarbeitet als Gelatine verwendet werden kann. Ungefähr ein Drittel der gesamten Proteinmasse des Menschen wird durch Kollagen verursacht. Die Fasern stellen wegen ihrer geringen Dehnungsfähigkeit ein ideales Baumaterial für Sehnen, Bänder und Muskelfaszien dar.

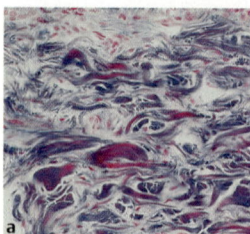 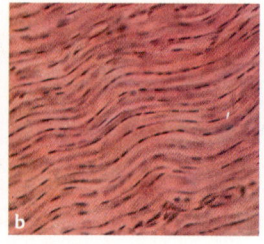 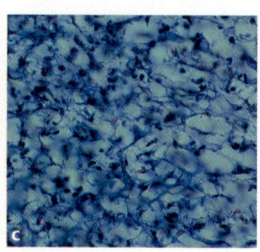

Abb. 4.**10 Bindegewebe. a** Lockeres Bindegewebe aus einer menschlichen Lippe, am oberen Bildrand liegen wenige Fasern, das übrige Bild zeigt den ungeordneten Verlauf der kollagenen Faserbündel, Färbung Azan; Vergr. 200fach. **b** Straffes parallelfaseriges Bindegewebe aus einer Fingersehne im Längsschnitt. Die Kollagenfasern liegen parallel angeordnet und sind im ungedehnten Zustand leicht gewellt. Zwischen den Faserbündeln finden die Fibroblasten langgestreckt in Reihen Platz. Nur die Kerne sind erkennbar; die Zellen haben flügelförmige Fortsätze, deshalb werden sie auch Flügelzellen (Tenocyten, gr. Teno: Sehne) genannt, Färbung Hämalaun-Eosin; Vergr. 240fach. **c** Retikuläres Bindegewebe aus der Milz. In diesem durchspülten Präparat fehlen die freien Zellen. Die Kerne der Retikulumzellen sind dunkelblau, die Retikulumfasern hellblau. Färbung Methylenblau-Eosin; Vergr. 200fach. (Aus Kühnel, Thieme Verlag, 2008.)

Neben den ortsständigen Fibroblasten kommen auch **freie mobile Zellen** im Bindegewebe vor, vor allem im faserarmen, lockeren Bindegewebe. Sie dienen der Körperabwehr und treten aus dem Blut- und Lymphgefäßsystem in den Bindegewebsraum über: Makrophagen, Mastzellen, Plasmazellen, weiße Blutzellen.

Zwei Arten von **kollagenem Bindegewebe** werden unterschieden: Das lockere (Abb. 4.**10a**) und das straffe kollagene Bindegewebe (Abb. 4.**10b**).

Lockeres Bindegewebe (**interstitielles Bindegewebe**, Abb. 4.**10a**) kommt von den verschiedenen Typen des Bindegewebes am häufigsten vor. Es füllt als Stroma die Räume zwischen dem Organparenchym. Es umgibt Gefäß-/Nervenbündel, liegt zwischen Muskelbündeln und unter Schleimhäuten und der Epidermis. Es wirkt als Verschiebeschicht, dient der Regulation des Wasserhaushalts und gewährleistet über die reichlich vorhandene amorphe Substanz den Stoffaustausch zwischen Epithel und Kapillargebieten. Es enthält Fibroblasten, elastische Fasern und Kollagenfasern, die locker verteilt sind. Es ist verformbar und kann große Wassermengen speichern und bei Entzündungen beispielsweise einem Ödem „Platz gewähren".

Straffes kollagenes Bindegewebe besteht überwiegend aus kollagenen Fasern. Es kommt an Stellen mit erhöhter mechanischer Beanspruchung vor. Die Fasern richten sich nach der Zugrichtung aus. In Sehnen und Bändern liegen sie parallel, da sie dem Zug nur in einer Richtung standhalten müssen (Abb. 4.**10b**). Wenn auf das Gewebe aus verschiedenen Richtungen Zug ausgeübt wird, ordnen sich die Kollagenfasern geflechtartig wie ein Scherengitter an, d. h. regelmäßig gekreuzt: beispielsweise in der Dura mater, in Organ- und Gelenkkapseln.

Retikuläre Fasern kommen an vielen Stellen vor. Es handelt sich um dünne Fasern überwiegend aus Typ-III-Kollagen, die Netze bilden (lat. Reticulum: Netzchen) und nur begrenzt dehnbar sind. Als zweidimensionale, flächige Netze dienen sie als feines Stützkorsett in der Basalmembran. Die Fasern werden von Fibroblasten gebildet.

Als dreidimensionales räumliches Netz bilden retikuläre Fasern das Gerüst für das **retikuläre Bindegewebe**. Die Fasern werden hier von fibroblastischen Retikulumzellen gebildet und dann von langen Zellausläufern vollständig umhüllt. Retikuläres Bindegewebe kommt in Lymphknoten, in der Milz (Abb. 4.**10c**) und im Knochenmark vor. Hier würden freiliegende Kollagenfibrillen beispielsweise die Blutgerinnung auslösen und zu Störungen führen, deshalb ist die vollständige Umhüllung wichtig. In den Räumen zwischen den dreidimensionalen Netzen können die Blutzellen und die Lymphocyten ausreifen.

Gallertiges Bindegewebe hat wenig Zellen und wenig Fasern; die amorphe Substanz enthält viel Hyaluronan und bindet entsprechend viel Wasser. Gallertiges Bindegewebe schützt die Nabelschnurgefäße und die Gefäße der Zahnpulpa vor Kompression.

Elastisches Bindegewebe kommt beim Menschen eigentlich nur in den elastischen Bändern (Ligg. flava) zwischen den Wirbelbögen vor und als Ligamentum nuchae im Nacken.

Elastische Fasern hingegen kommen häufig vor. Sie bestehen u. a. aus Elastin und Fibrillin (*Biochemie, Zellbiologie*). Elastische Fasern können wie ein Gummiband reversibel gedehnt werden. Sie sind verzweigt und können Netze bilden. Elastische Fasern findet man vor allem in Geweben, die wegen ihrer Funktion auf eine reversible Dehnungsfähigkeit angewiesen sind, wie Lunge, Haut, herznahe Arterien oder elastischer Knorpel.

Elastische Fasern kommen oft gemeinsam mit kollagenen Fasern vor: Die elastischen Fasern lassen die Kollagenfasern nach Dehnung in deren welligen Zustand zurückkehren, die Kollagenfasern verhindern eine Überdehnung der elastischen Fasern.

Fettgewebe

Fettgewebe kommt als braunes und weißes Fettgewebe vor. Es besteht aus Fettzellen, die durch retikuläre und kollagene Fasern zu Gruppen verbunden sind. Vereinzelt treten Fettzellen an vielen Orten des Körpers auf.

Weißes univakuoläres (mit einer einzelnen Fettvakuole) **Fettgewebe** (Abb. 4.**11**) macht bei normal gewichtigen jungen Männern ungefähr 15 % des Körpergewichts aus, bei Frauen ca. 25 %. Es besteht aus Fettzellen, die bis zu 100 µm groß werden. Durch Zusammenfluss kleiner Einzelfetttropfen entsteht ein großer Fetttropfen, der die Zelle fast vollständig ausfüllt und den Kern an den Rand drückt. Das gespeicherte Fett wird kontinuierlich umgesetzt. Es dient als **Speicher** von energiereichen Lipiden und liegt vor allem im Bereich des Bauchfells und der Subcutis. Die subcutane Fettschicht schützt wegen ihrer geringeren Wärmeleitfähigkeit vor **Wärmeverlust**.

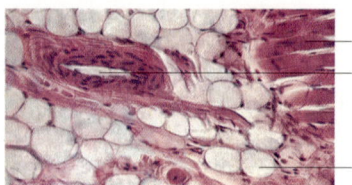

Abb. 4.11 **Weißes Fettgewebe im interstitiellen Bindegewebe der Muskulatur.** Färbung Hämalaun-Eosin; Vergr. 300fach (aus Kühnel, Thieme Verlag, 2008).

Labels: quergestreifte Muskelfaser, Arterie, Fettzelle

Als **Baufett** federt das Fettgewebe an der Fußsohle und in der Nähe einiger Gelenke Stöße ab oder hält beispielsweise den Augapfel in der Orbita an der richtigen Stelle. Baufett wird nur in extremen Hungersituationen abgebaut.

Das Speicherfett wird ständig auf- und abgebaut. Lipogenese und Lipolyse unterliegen vielfältigen Regulationsmechanismen; unter anderem stimuliert Insulin die Speicherung von Fett in Form von Triacylglycerinen (S. 900) und blockiert den Abbau, während Glukagon lipolytisch wirkt.

Fettgewebe produziert Faktoren, die andere Gewebe beeinflussen, u. a. **Östrogene** und **Leptin**. Leptin (gr. leptos: dünn) ist ein Hormon, das von den Fettzellen proportional zur Gesamtfettmasse produziert wird und eher der langfristigen Kontrolle der Fettspeicher dient. Leptin kann die Blut-Hirn-Schranke passieren und führt über zentrale Schaltzentren zu Sattheitsgefühl und verminderter Nahrungsaufnahme.

Diabetes mellitus Typ 2: Zuviel Speicherfett führt zur erhöhten Freisetzung von Tumornekrose-Faktor alpha (TNF-alpha) und Interleukin-6. Beides vermindert die Empfindlichkeit der Zielzellen für Insulin. Die B-Zellen des Pankreas müssen zum Ausgleich die Insulinproduktion erhöhen. Wenn sie die Insulinproduktion nicht mehr dem Bedarf angleichen können, kommt es zur Hyperglykämie. Eine Verminderung des Übergewichts führt oft zur Normalisierung der Blutzuckerwerte.

Das **braune, plurivakuoläre Fettgewebe** kommt bei Vögeln, Nagetieren, Winterschläfern und neugeborenen Säugern vor. Es dient vor allem der Wärmeproduktion (S. 772). Die Fettzellen sind etwas kleiner als die weißen. Die braune Farbe ist mit bloßem Auge erkennbar und kommt von der großen Anzahl an Mitochondrien im Cytoplasma und von dem dichten Kapillarnetz im Gewebe. Die Zellen enthalten mehrere Fetttröpfchen, der Zellkern liegt zentral.

4.2.2 Stützgewebe

Knorpel und Knochen sind durch ihre extrazelluläre Matrix spezialisiert auf die Stützfunktion.

Knorpel

Knorpel ist fest, aber schneidbar. Er reagiert auf Druck elastisch und wirkt stoßdämpfend. Knorpelgewebe entsteht aus dicht zusammengelagerten Mesenchymzellen, die sich zu **Chondroblasten** (gr. chondr: Knorpel) differenzieren und begin-

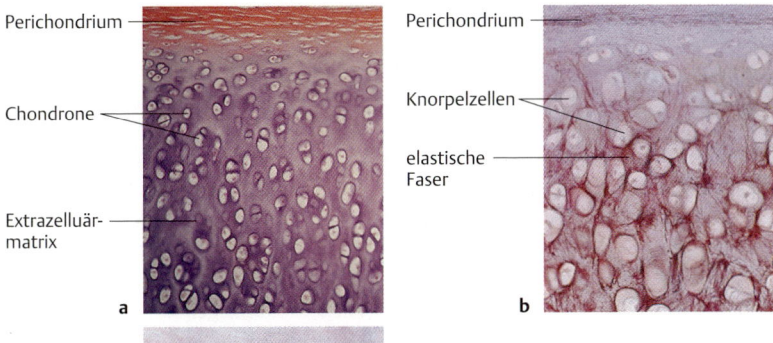

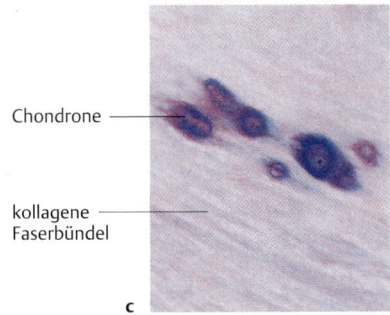

Abb. 4.**12 Knorpel. a** Reifer hyaliner Knorpel – Rippe, Färbung Hämatoxylin; Vergr. 100fach. **b** Elastischer Knorpel mit deutlich sichtbaren elastischen Fasernetzen, Färbung Hämalaun-Orzein; Vergr. 50fach. **c** Faserknorpel – Zwischenwirbelscheibe, in der Abbildung wird die große Menge an Fasern und die geringe Zelldichte deutlich, Färbung Hämatoxylin-Eosin; Vergr. 240fach (aus Kühnel, Thieme Verlag, 2008).

nen, Knorpelmatrix auszuscheiden. Knorpelmatrix besteht hauptsächlich aus Proteoglykanen und Kollagenfibrillen (*Biochemie, Zellbiologie*). Die zunehmende Matrix drängt die Zellen auseinander. Die Chondroblasten differenzieren sich zu **Chondrocyten**; die ausgereiften Chondrocyten teilen sich nicht mehr. Sie sorgen für den steten Umsatz der Matrix.

Am Rand einer Knorpelanlage entsteht aus den Mesenchymzellen das **Perichondrium**, eine bindegewebige Knorpelhaut. Die innerste Schicht des Perichondriums enthält undifferenzierte Zellen, die sich in Chondroblasten verwandeln können und dann zu Knorpelwachstum durch Anlagerung von außen führen.

Hyaliner Knorpel (Abb. 4.**12a**) ist ein Baumaterial, das wechselnden Druckbelastungen standhält. Er kommt im Körper von den Knorpelgeweben am häufigsten vor: als Primordialskelett, das in Knochen umgebaut wird, in den Epiphysenfugen beim noch wachsenden Organismus, als Gelenk- und Rippenknorpel, in den Atemwegen (Nasenseptum, Kehlkopfskelett, Trachea, Bronchien). Die Chondrocyten liegen einzeln oder mit isogenen Zellen als Gruppe zwischen der Matrix; durch Adhäsionsproteine sind Plasmamembran und Matrixbestandteile verknüpft. Die Matrix erscheint in Zellnähe verdichtet und wird Knorpelhof oder Territorium genannt; ein Chondrocyt oder eine Chondrocytengruppe mit umgebendem Knorpelhof heißt **Chondron**.

Die Knorpelmatrix enthält Kollagenfibrillen, die in den Interterritorien (also zwischen den Chondronen) senkrecht zum Perichondrium ausgerichtet sind und in die Knorpelhaut einstrahlen, im Knorpelhof bilden sie eine Hülle um die Chondrocyten. Mit den Kollagenfibrillen vernetzen sich riesige Molekülkomplexe aus Proteoglykanen, Hyaluronan und Wasser. Diese Riesenmoleküle würden sich in freier wässriger Lösung stark ausdehnen, sie werden in der Knorpelmatrix durch die Kollagenfibrillen quasi ständig prallelastisch zusammengedrückt und so an der Ausdehnung gehindert. Eine einseitige Druckbelastung auf hyalines Knorpelgewebe wird in einen allseitigen „hydrostatischen" Druck umgewandelt, Wasser bei Druckbe- und entlastung hin und her geschoben. Das fördert die Ernährung der Knorpelzellen durch Diffusion von Gefäßen des anliegenden Bindegewebes über die Knorpelmatrix; reifer Knorpel enthält in der Regel keine Blutgefäße. Die Kollagenfibrillen sind im Lichtmikroskop nicht zu erkennen, die Matrix erscheint homogen glasig (gr. hyal: Glas).

Der **elastische Knorpel** (Abb. 4.**12b**) entspricht im Aufbau dem hyalinen Knorpel. Die Matrix enthält zusätzlich Netze aus elastischen Fasern. Dadurch wird das Knorpelgewebe biegeelastisch. Elastischer Knorpel kommt in der Ohrmuschel, im äußeren Gehörgang, im Kehldeckel und in den kleinsten Bronchien vor. Er verknöchert nicht im Gegensatz zum hyalinen Knorpel, der im Alter teilweise mineralisiert wird.

Faserknorpel (Abb. 4.**12c**) entsteht, wenn Zugkräften und Druck standgehalten werden muss. Er vereinigt Merkmale von straffem Bindegewebe und Knorpel. Kollagenfaserbündel sind in der Hauptzugrichtung angeordnet. Dazwischen liegen vereinzelt Chondrocyten. Faserknorpel kommt in den Zwischenwirbelscheiben, in den Gelenken als Menisci und Disci und in der Schambeinfuge vor.

Hyaliner Knorpel ist Bestandteil vieler **Gelenke**. Gelenke lassen sich verschiedenen Typen zuordnen:

Bandgelenke: Zwei Knochen sind durch straffes Bindegewebe miteinander verbunden, wie die Zwischenknochenmembran zwischen Elle und Speiche oder die Naht (lat. Sutura) zwischen rechtem und linkem Scheitelbein des Schädels. Die bindegewebigen Schädelnähte lassen Verformungen während der Geburt zu; nach Abschluss des Wachstums verknöchern sie meist. Als Sonderform eines Bandgelenks gilt die Einzapfung der Zähne in den Kieferknochen (Abb. 4.**16**). Kollagenfasern befestigen die Zähne federnd in der Alveole.

Knorpelgelenke: Zwei Knochen sind durch Knorpel zusammengefügt. In den Epiphysenfugen liegt hyaliner Knorpel zwischen den Knochenteilen bis zum Ende des Wachstums. In der Symphysis pubica (der Schambeinfuge) sorgt Faserknorpel für die feste Verknüpfung der beiden Schambeine. Benachbarte Wirbelkörper werden durch Zwischenwirbelscheiben verbunden.

Synoviale Gelenke (Abb. 4.**13a**): Hyaliner Knorpel bedeckt die Gelenkflächen der Knochen in synovialen Gelenken. Die beiden Knochen sind durch einen **Gelenkspalt** getrennt. Eine **Gelenkkapsel** verbindet die beiden Knochen; die äußere Schicht der Gelenkkapsel wird von straffem Bindegewebe gebildet, **Membrana fib-**

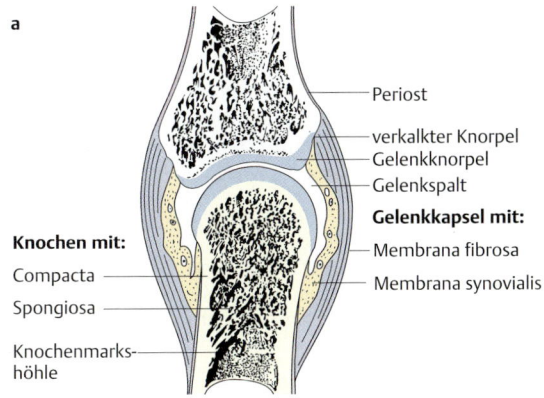

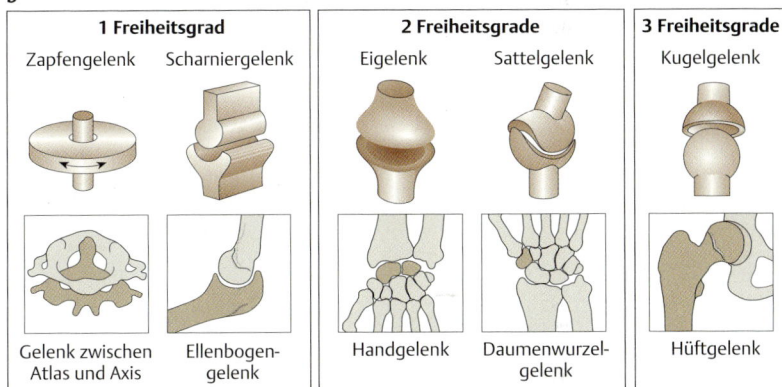

Abb. 4.**13** **Gelenk. a** Synoviales Gelenk. **b** Verschiedene Gelenktypen: Zapfen- und Scharniergelenke haben einen Freiheitsgrad; das Zapfengelenk lässt Drehungen um eine senkrechte Achse zu. Das Scharniergelenk lässt Beugung und Streckung um eine Achse zu. Eigelenke und Sattelgelenke haben zwei Freiheitsgrade; das heißt Bewegungen um zwei Achsen sind möglich. Kugelgelenke haben drei Freiheitsgrade.

rosa genannt. Sie geht in das Periost des Knochens über. Wenn es für die Stabilität des Gelenks notwendig ist, verstärken Bänder die äußere Gelenkkapsel. Die innere Schicht der Gelenkkapsel heißt **Membrana synovialis**; sie enthält Makrophagen, die die **Gelenkhöhle** reinhalten, und spezialisierte Bindegewebszellen, die die **Synovia** – die Gelenkflüssigkeit – synthetisieren. Die Synovia füllt den Gelenkspalt aus; in den meisten Gelenken reicht dafür weniger als 1 ml. Synovia enthält u. a. Hyaluronan, ist viskös und wirkt als Gelenkschmiere. Sie ernährt den hyalinen Knorpel. Die Gelenkkapsel enthält Nerven und Gefäße.

Der hyaline Knorpel in synovialen Gelenken hat eine Dicke von 1–6 mm; er ist fest in den darunter liegenden Knochen verankert, am Übergang zum Knochen mineralisiert, sodass die Ernährung des gefäßlosen Knorpels von dieser Seite erschwert ist. Die Knorpeloberfläche ist sehr glatt und glänzend; reibungsfreie Bewegungen werden ermöglicht. Im Gegensatz zum anderen hyalinen Knorpel fehlt beim Gelenkknorpel das Perichondrium. Dadurch fehlt fast gänzlich die Regenerationsfähigkeit.

Arthrose ist eine sehr weit verbreitete Gelenkerkrankung; sie führt durch Degeneration des Gelenkknorpels zu Schmerzen und Bewegungseinschränkungen. Zur Entstehung tragen mechanische Faktoren bei: Schwerarbeit, Übergewicht, Traumen, angeborene Fehlstellung. Auch entzündliche Gelenkerkrankungen und Alterungsprozesse führen zur Knorpeldegeneration mit Auffaserung und Erosionen bis hin zum vollständigen Abschliff des Knorpels von der Knochenfläche.

Zusätzliche Bauteile synovialer Gelenke können Bänder, Menisken, Schleimbeutel oder Gelenklippen sein. Synoviale Gelenke lassen **Bewegungen** mit unterschiedlichen Freiheitsgraden zu – abhängig von den „Bauteilen" (Abb. **4.13b**):

Das Becken-Kreuzbein-Gelenk hat einen so starken und straffen Bandapparat, dass das Gelenk fast unbeweglich wird; das ist für die Stabilität beim aufrechten Gang erforderlich und spart muskuläre Haltearbeit. Das Schultergelenk ist ein Kugelgelenk mit verhältnismäßig schlaffer Gelenkkapsel; die Muskulatur leistet den Zusammenhalt. Das Schultergelenk erlaubt Bewegungen in fast alle Richtungen des Raums.

Knochengewebe

Knochengewebe enthält spezifische Zelltypen mit unterschiedlichen Aufgaben: **Osteoklasten** bauen Knochen ab, **Osteoblasten** bilden neues Knochengewebe, sie differenzieren sich teilweise zu **Osteocyten**. Die EZM des Knochengewebes besteht hauptsächlich aus Kollagenfibrillen, an die Hydroxylapatitkristalle angelagert sind. Hydroxylapatite sind komplexe Salze aus Calciumphosphaten. Sie verleihen dem Knochen die Festigkeit. Mineralien machen 45 % der Gesamtmasse des Knochengewebes aus, organisches Material 30 %, Wasser 25 %.

Ein Knochen ist ein Organ, das **viele Gewebearten** beherbergt: Den Hauptanteil bildet das Knochengewebe; in den inneren Hohlräumen der Knochen liegt das Knochenmark; an den Gelenken sorgt ggf. Knorpel für reibungsfreies Gleiten; straffes Bindegewebe bildet Teile der Knochenhaut; ein Knochen ist sehr gut durchblutet und enthält Nerven.

Knochen werden ständig umgebaut, jährlich ungefähr 10 % der Skelettmasse: Mikroschäden werden repariert; das Knochengewebe wird der mechanischen Belastung angepasst, also an Stellen höherer Beanspruchung verstärkt, an Orten mit geringerer Belastung abgebaut; Calcium wird bei Bedarf aus dem Knochengewebe bereitgestellt. Neben Zähnen sind Knochen das schwerste Gewebe des Menschen mit einer Dichte zwischen 2 und 3 g/ml – Fettgewebe hat ungefähr 0,9 g/ml. Der

Körper verwendet das schwere Baumaterial sparsam: Im Durchschnitt machen die Knochen gut 10 % des Körpergewichts aus, Muskeln 40 %.

Der menschliche Körper umschließt ungefähr ein Kilogramm Calcium; zu mehr als 99 % liegt dieses Calcium im Knochengewebe und stabilisiert in Form von Hydroxylapatitkristallen den Knochen. Die Calciumkonzentration im Blutplasma wird sehr genau reguliert. Das Knochengewebe ist in den Calciumstoffwechsel einbezogen u. a. über die Hormone Parathyrin (PTH abgekürzt, ältere Bezeichnung Parathormon), Calcitonin und Cholecalciferol (Vitamin D, S. 655).

Knochen haben zwei Möglichkeiten der **Entstehung**. „Ohne Umweg" entsteht Knochen direkt aus Bindegewebe; durch solche **desmale Osteogenese** (gr. desmal: Band) werden z. B. Schädelknochen und Schlüsselbein gebildet. „Mit Umweg" wird der Knochen zunächst aus hyalinem Knorpel vorgeformt; der Knorpel dann abgebaut und nach und nach durch Knochengewebe ersetzt (**chondrale Osteogenese**, s. u.). Nach diesem Prinzip entstehen die meisten Knochen des Körpers. Die Bildung des eigentlichen Knochengewebes verläuft gleich:

Mesenchymzellen differenzieren sich zu Osteoblasten, diese sondern eine unverkalkte Vorstufe der Extrazellulärmatrix ab: das **Osteoid**. Es besteht hauptsächlich aus kollagenen Faserbündeln, die miteinander verflochten sind und sich nach den Hauptspannungslinien ausrichten. Hydroxylapatitkristalle sind länglich, sie lagern sich parallel zu den Kollagenfasern an und versteifen sie. Dieser zunächst entstandene **Geflechtknochen** wird fast überall durch **Lamellenknochen** ersetzt; er ist stabiler. Eine Lamelle ist circa 3–5 µm dick, sie besteht aus gleichlaufenden mineralisierten Kollagenfasern, in der Nachbarlamelle ändert sich die Verlaufsrichtung der Fasern. Zwischen Nachbarlamellen liegen Osteocyten.

Lamellenknochen (Abb. 4.14) kommt als Spongiosa (lat. spongia: Schwamm) und Kompakta vor: In der **Spongiosa** verlaufen die Lamellen flächig, im Prinzip parallel zur Oberfläche der Knochenbälkchen. Spongiosa liegt im Inneren der Knochen, ein Gerüst aus **Knochenbälkchen**, zwischen dem das Knochenmark (s. u.) liegt. Die Knochenbälkchen enthalten keine Gefäße, die Osteocyten werden von Gefäßen des Knochenmarks versorgt; ein Knochenbälkchen (Trabekel) wird 300–400 µm dick, entsprechend kurz ist die Diffusionsstrecke ins Innere.

Kompakta (Abb. 4.14) liegt am Rand der Knochen, sie wird umgeben von **Generallamellen** und **Periost** (Knochenhaut s. u.); Generallamellen umfassen kontinuierlich das Äußere der Knochen; die Knochenhaut ist durch feste Faserbündel (**Sharpey-Fasern**) in diesen äußeren Knochenlamellen verankert. Kompakta ist aus **Osteonen** (Abb. 4.14b) aufgebaut. Das ist eine spezielle Baueinheit aus einem Kanal (**Havers-Kanal**) in der Mitte und 5–20 **Knochenlamellen**, die den Kanal konzentrisch umgeben; die Lamellen bilden einen Kreis und nicht wie in der Spongiosa eine Fläche. Der Havers-Kanal enthält ein oder mehrere kleine Gefäße; diese Gefäße der Osteone sind miteinander in Längsrichtung verbunden und über Querverbindungen (**Volkmann-Kanäle**) mit den Gefäßen des Markraums und des Periosts. Die Havers-Gefäße versorgen durch Diffusion das Osteon.

4 Gewebe und ihre Funktionen

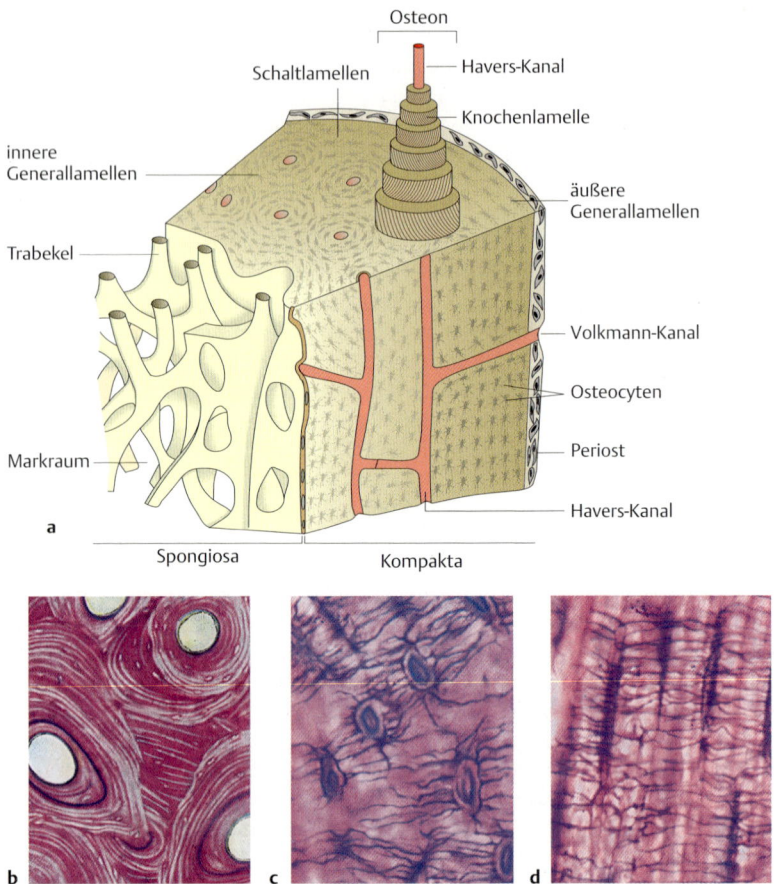

Abb. 4.**14 Lamellenknochen. a** Knochenaufbau. **b–d** Substantia compacta des Lamellenknochens; **b** Querschnitt; gut erkennbar sind die Osteone und die Schaltlamellen, Färbung Hämatoxylin-Eosin; Vergr. 120fach; **c** Querschnitt; **d** Längsschnitt, die Knochenkanälchen und -höhlen (in denen die länglichen Osteocyten und ihre Fortsätze liegen) sind deutlich zu sehen. Färbung Thionin-Pikrinsäure nach Schmorl; Vergr. 400fach (b–d aus Kühnel, Thieme Verlag, 2008).

Die Knochenlamellen werden von Osteoblasten aufgebaut; sie gehen nach der Herstellung der Lamelle zugrunde oder verwandeln sich in Osteocyten, die auf der fertigen Lamelle liegen bleiben und über Zellausläufer miteinander und mit Nachbarn aus der nächsten Schicht verbunden sind. Osteocyten werden quasi durch die nächste Schicht aus Knochenmatrix eingemauert; um die Zellleiber und die Ausläufer wird eine schmale Zone Osteoid nicht mineralisiert.

Im Lamellenknochen liegt ein System aus kleinen Höhlen und Knochenkanälchen für die Osteocyten und ihre Ausläufer, die bis ins Endost (s. u.) und Periost Information weitergeben können (Abb. **4.14c,d**).

Die Grenze zum Nachbarosteon ist meist deutlich erkennbar; ein vollständiges Osteon hat einen Durchmesser von 100–400 μm und einen runden oder ovalen Querschnitt. Wegen der ständigen Umbauten gibt es auch unvollständige Osteone, sogenannte **Schaltlamellen** (Abb. **4.14b**), die in den Zwischenräumen liegen geblieben sind.

Die Länge eines Osteons kann nicht genau angegeben werden; es ist in der Längsrichtung nicht klar von angrenzenden Osteonen unterscheidbar.

Der **Knochenumbau** wird wahrscheinlich von **Osteocyten** ausgelöst; sie aktivieren Osteoblasten, die überall im Endost vorkommen und ihrerseits mit Osteoklasten in Kontakt stehen. Osteoklasten sind große Zellen mit mehreren Kernen, verschmolzen aus einkernigen Vorläuferzellen.

Nach Aktivierung durch Osteoblasten beginnen sie, in die mineralisierte Knochenmatrix Kanäle oder Löcher zu „fressen". Osteoblasten bauen anschließend das Knochengewebe in den entstandenen Lücken wieder auf.

Durch die Möglichkeit des Knochenumbaus ist der Knochen fähig, auf **veränderte Belastung** zu reagieren, z. B. bei Erhöhung der körperlichen Aktivitäten oder Zunahme des Körpergewichts mit einer Zunahme der Knochenmatrix, bzw. bei längerem Krankenlager oder Abnahme des Körpergewichts entsprechend mit einer Abnahme der Knochenmatrix. Ein Knochenumbau ist ebenso nötig, um neuen **Belastungsrichtungen** gerecht zu werden, z. B. bei einseitiger Arbeitsbelastung, nach Korrekturoperationen am Skelett oder Versteifung von Gelenken.

Frakturheilung: Knochenbildung erfolgt nur, wenn die Bruchstücke des Knochens ruhig liegen. Wenn der Bruchspalt weniger als 1 mm breit ist und die Knochenenden stabil fixiert wurden, beispielsweise mittels Platten und Schrauben, kann sich Lamellenknochen im Frakturspalt bilden. Es erfolgt eine **primäre** Frakturheilung. Bei breiteren Bruchspalten geschieht die Heilung des Knochenbruchs **sekundär**: Der Bluterguss im Bruchspalt wird durch Granulationsgewebe ersetzt, bindegewebiger Kallus (lat. callus: verhärtete Haut, Schwiele) füllt den Bruchspalt und legt sich auch außen wie ein dicker Verband um die Bruchenden. Innerhalb von Wochen wird das Bindegewebe durch Geflechtknochen ersetzt; im Verlauf von Monaten wird der ursprüngliche Knochenumriss wiederhergestellt und der Geflechtknochen durch Lamellenknochen ersetzt. Wenn die Bruchenden sehr instabil sind, unterbleibt die Verknöcherung, eine Pseudarthrose bildet sich.

Bei der **Osteoporose** handelt es sich um eine Erkrankung des Skeletts, die durch Abnahme der Knochensubstanz gekennzeichnet ist. Sie führt besonders häufig in Knochen mit hohem Spongiosaanteil zu Knochenbrüchen (Wirbelkörper, Oberschenkelhals). Risikofaktoren sind u. a. Rauchen, Bewegungsmangel und Fehlernährung (calciumarm, Vitamin D-Mangel) und vor allem Östrogenmangel, der nach der Menopause die Frauen, in höherem Lebensalter auch die Männer betrifft. Östrogene wirken hemmend auf Osteoklasten und bremsen den Knochenabbau.

Das **Periost** (gr. peri: um, herum, osteon: Knochen) umhüllt alle Knochen vollständig bis auf die Flächen, die mit Gelenkknorpel bedeckt sind. Die Knochenhaut hat zwei Schichten: Das **Stratum fibrosum** (lat. stratus: ausgestreckt) liegt außen. Es besteht aus straffem Bindegewebe. Sehnen und Bänder strahlen in die Fasern ein und befestigen sich am Knochen durch Fasern, die quasi das Periost durchdringen bis zu den Generallamellen. Das **Stratum osteogenicum** (die knochenbildende Schicht) liegt den Generallamellen unmittelbar an. Diese Schicht enthält Vorläuferzellen von Osteoblasten und Osteoklasten. Von hier aus können jederzeit Umbau- und Reparaturmaßnahmen erfolgen. Periost ist gefäßreich und gut innerviert, daher sind z. B. Knochenbrüche oder Tritte vors Schienbein sehr schmerzhaft.

Endost (gr. end(o): innen) überzieht alle inneren Knochenflächen: die Spongiosabälkchen; die Havers-Kanäle; die Knochenkanälchen, in denen die Ausläufer der Osteocyten liegen. Endost entspricht bezüglich der Zusammensetzung der Zellen und der Funktion dem Stratum osteogenicum.

Knochenmark füllt alle inneren Hohlräume der Knochen; das heißt es liegt zwischen den Knochenbälkchen der Substantia spongiosa; in der Diaphyse der langen Röhrenknochen sind die Knochenbälkchen fast vollständig zurückgebildet, das Knochenmark füllt eine zusammenhängende Markhöhle, die Grundlage bildet retikuläres Bindegewebe. Es gibt rotes (blutbildendes) und gelbes Knochenmark.

Das **rote Mark** enthält sehr viele Zellen der Hämatopoiese (S. 703) in unterschiedlichen Reifestadien. Es füllt beim Kind alle Knochen; im Laufe des Lebens wird es durch gelbes Mark ersetzt und bleibt nur in wenigen Knochen erhalten, u. a. Beckenkamm, Sternum, Rippen, Schädelknochen, Wirbelkörper. Große Fetttropfen in den Retikulumzellen kennzeichnen das **gelbe Mark** (Fettmark). Ein erwachsener Mensch hat ungefähr 2,6 kg Knochenmark; in etwa je 1,3 kg rotes und gelbes.

Chondrale Osteogenese

Ein Modell des zukünftigen Knochens wird aus hyalinem Knorpel vorgeformt und nach und nach durch Knochengewebe ersetzt. Abb. 4.**15a** zeigt das Prinzip der Entstehung eines Röhrenknochens; dessen Mittelstück heißt Diaphyse, die beiden Endstücke Epiphyse. Zwischen Diaphyse und Epiphyse entwickeln sich die Wachstumsplatten, in der das Längenwachstum stattfindet. Der Knorpel wird hier erst zum Abschluss des Wachstums mineralisiert und sieht bis dahin im Röntgenbild wie ein Spalt aus, daher kommt der Name **Epiphysenfuge** für diesen Knochenbereich.

Bei langen Knochen beginnt der Umbau des Knorpelmodells gegen Ende der 8. Embryonalwoche (Abb. 4.**15a**). An der Diaphyse entsteht eine perichondrale Knochenmanschette. Die enchondrale Ossifikation beginnt in der Diaphyse; die Knorpelzellen werden großblasig (Abb. 4.**15b**). In die Knorpelmatrix werden Kalksalze eingebaut. Vom Periost aus dringen Gefäße in die Diaphyse ein, die Knorpelmatrix wird teilweise abgebaut, die Knorpelzellen gehen zugrunde.

Mesenchymgewebe dringt in den Innenraum vor. Aus Zellen des Mesenchymgewebes differenzieren sich Osteoblasten. Sie nehmen Reste der mineralisierten Knorpelmatrix als Gerüst zur Ablagerung von Knochengewebe. Diese primäre

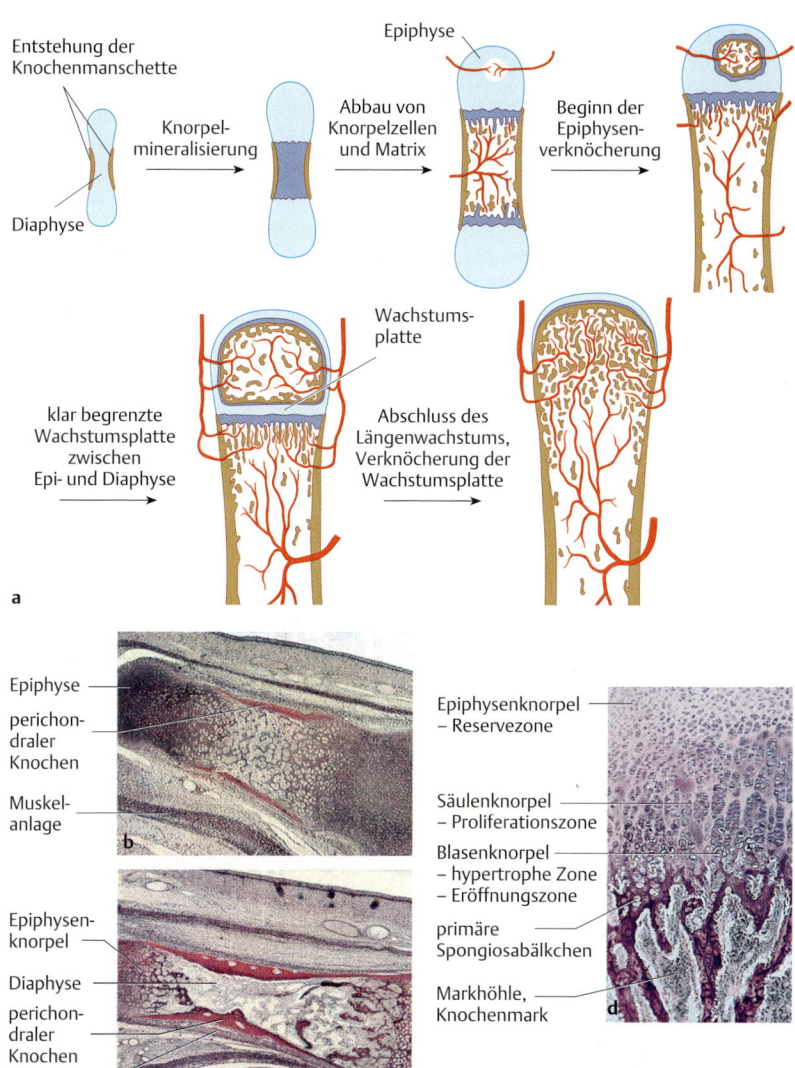

Abb. 4.**15 Chondrale Osteogenese. a** Ablauf der chondralen Osteogenese vom Knorpelmodell zum ausgewachsenen Knochen (nach Lüllmann-Rauch, Thieme Verlag, 2009), **b** und **c** chondrale Osteogenese – Finger, Färbung Hämatoxylin-Eosin; Vergr. b: 15fach, c: 12fach, **b** früheres Stadium mit erhaltenem hyalinen Knorpel der Epiphysen, **c** zeigt epiphysenwärts Säulenknorpel, **d** zeigt ein späteres Stadium der chondralen Osteogenese (Tibiapräparat), Färbung Hämalaun-Benzopurpurin; Vergr. 30fach (aus Kühnel, Thieme Verlag, 2008).

Markhöhle enthält primäres Knochenmark (es wird zum sekundären Knochenmark, wenn es in der Mitte der Schwangerschaft mit der Blutbildung beginnt). Die perichondrale Knochenmanschette wird dicker.

In der Epiphyse beginnt die Verknöcherung im Zentrum und breitet sich von dort nach allen Seiten aus. Der Gelenkknorpel bleibt erhalten, ebenso die Wachstumsplatte. Das Wachstum geht in Richtung der Epiphysen. In der Reservezone (Abb. 4.15d) ruht hyaliner Knorpel als Vorrat für die Proliferationszone. Hier sind Chondrocyten sehr teilungsfreudig; isogene Zellen liegen wie eine Säule übereinander, durch Matrix voneinander getrennt. In der hypertrophen Zone sehen die Chondrocyten durch Wasseraufnahme blasig aufgequollen aus. Die längs laufende Knorpelmatrix zwischen den Knorpelsäulen wird mineralisiert. In der Eröffnungszone wird die Knorpelmatrix entfernt, die quer zu den einzelnen Knorpelzellen verläuft. Die Knorpelzellen gehen nach Öffnung ihrer Hülle zugrunde. Zu einem Drittel wird die mineralisierte Knorpelmatrix als Grundlage für primäre Knochenbälkchen genutzt und dann in Lamellenknochen umgebaut. Zwei Drittel der mineralisierten Knorpelmatrix werden abgebaut. Der Markraum wäre sonst mit Knochenbälkchen ausgefüllt. Die Knorpelzellen haben die Vermehrung eingestellt (Abb. 4.15a). Die Verknöcherungszonen von Epiphyse und Diaphyse haben sich vereinigt. Das Längenwachstum ist beendet.

Zähne

Jeder **Zahn** (Abb. 4.16) hat eine Krone, einen Hals und eine (Schneidezähne) oder mehrere Wurzeln (Mahlzähne). Die Zahnwurzeln sind in die Zahnfächer (Alveolen) der Kieferknochen beweglich eingezapft (s. u.); der Druck beim Kauen wird dadurch aufgefangen und in eine Zugbelastung des Knochens umgewandelt.

Die Hauptsubstanz der Zähne ist das **Dentin** (Zahnbein); es besteht zu 70% aus Hydroxylapatitkristallen und umschließt eine Zahnhöhle, die mit **Pulpa** gefüllt ist. Im Bereich der Krone, das heißt oberhalb des Zahnfleischs wird das Dentin von **Schmelz** bedeckt. Schmelz enthält fast kein organisches Material und sehr wenig Wasser; er besteht zu 95% (bezogen aufs Gewicht) aus Hydroxylapatit (Calciumphosphatkristallen) und ist die härteste Substanz des Körpers; dennoch können wasserlösliche Stoffe wie Fluoride in geringem Umfang eindringen und Säuren den Schmelz schädigen. Die Schichtdicke beträgt 1–2,3 mm; die schmelzbildenden Zellen (Ameloblasten) gehen unter, der Schmelz ist zellfrei und kann bei Verlust durch Karies oder Abnutzung nicht ersetzt werden. Das angrenzende Dentin ist ein lebendes Gewebe und kann zeitlebens nachgebildet werden. Fortsätze von Odontoblasten (gr. Odont: Zahn) reichen von der Grenze Schmelz/Dentin, bzw. Zement/Dentin (s. u.) durch die ganze Dentinschicht bis zu den dazu gehörenden Zellleibern; diese liegen unterhalb der Dentinschicht an der Grenze zur Pulpa und kleiden die Pulpahöhle aus. Die Pulpahöhle enthält neben mesenchymartigem Gewebe mit gallertiger Grundsubstanz Nervenfasern und Blutgefäße, die die Odontoblasten versorgen, sowie freie Zellen der Immunabwehr.

4.2 Binde- und Stützgewebe

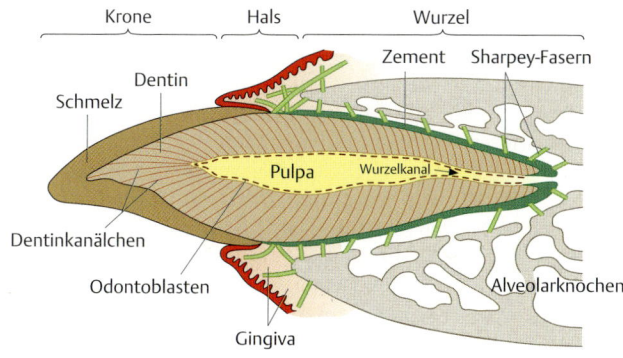

Abb. 4.**16** **Zahn mit Zahnhalteapparat.** (Nach Lüllmann-Rauch, Thieme Verlag, 2009.)

Über die Fortsätze im Dentin werden Reize (heiß, kalt, süß) weitergeleitet, besonders wenn sie freiliegen bei defektem Schmelz.

An der Zahnwurzel (d. h. im Alveolarknochen) wird das Dentin von **Zement** umgeben. Die Schichtdicke liegt bei 100–500 µm. Die Extrazellulärmatrix des Zahnzements gleicht Knochenmatrix. Im Zement sind Kollagenfasern (Sharpey-Fasern) verankert, die in den Alveolarknochen einstrahlen und den Zahn federnd in der Alveole befestigen. Die **Wurzelhaut** (Syn. Desmodont, Periodontium) ist im Grunde ein Geflecht aus Sharpey-Fasern zwischen Zahnwurzel und Alveolarknochen, die beides miteinander verbindet.

Die **Gingiva** (Zahnfleisch) bedeckt den **Alveolarknochen** und den Zahnhals. Hier stoßen Zement- und Schmelzschicht aneinander. Die Gingiva ist fest an der Unterlage verankert und dadurch unverschieblich.

Zahnfleisch, Alveolarknochen, Zement und Wurzelhaut bilden den Zahnhalteapparat, das Parodontium (gr. par: neben; odont-: Zahn).

Parenchym: In der Zoologie das eigentliche Funktionsgewebe eines Organs im Gegensatz zum bindegewebigen Gerüstgewebe (Parenchym, 📖 *Botanik*).
Fibroblast: Typische Zelle des Bindegewebes, synthetisiert Extrazellulärmatrix, v. a. Kollagenfasern, Proteoglykane und Glykosaminoglykane.
Chondron: Funktionseinheit des Knorpelgewebes aus ein oder mehreren Knorpelzellen (Chondrocyten) mit umgebendem Matrixhof.
Osteon: Baueinheit des kompakten Lamellenknochens aus Havers-Kanal und 5–20 Lamellen, die den Kanal konzentrisch umgeben.
Interstitium: Raum zwischen Parenchymfeldern, gefüllt mit Bindegewebe, Nerven und Gefäßen.

4.3 Muskelgewebe

Muskelgewebe besteht aus Zellen, die auf Bewegung spezialisiert sind. Die Muskelzellen enthalten in ihrem Cytoplasma **Myofilamente** aus **Actin** und **Myosin**, deren Interaktion die Muskelzellen verkürzt und/oder Muskelkraft aufbaut. Chemische Energie aus ATP wird dabei in mechanische Arbeit verwandelt. **Myoglobin** in den Muskelzellen verursacht die typische rote Farbe der Muskulatur. Muskulatur wird in **glatte** und **quergestreifte Muskulatur** unterschieden, die quergestreifte in Skelett- und Herzmuskulatur. Die Myofilamente ordnen sich in der quergestreiften Muskulatur so regelmäßig, dass typische Querstreifen zu erkennen sind; in der glatten Muskulatur fehlt die Querstreifung. **Glatte Muskelzellen** sind spindelförmig, der Zellkern liegt in der Mitte. Die **Skelettmuskelzelle** entsteht durch Fusion aus einkernigen Myoblasten. Sie hat viele Zellkerne, die am Rand liegen. **Herzmuskelzellen** sind meist einkernig, der Zellkern liegt zentral. Die Zellen bilden unregelmäßige Verzweigungen. Mit den Nachbarzellen haben sie in den Disci intercalares enge Kontakte, die die Herzmuskelzellen elektrisch koppeln. Spezielle Herzmuskelfasern besitzen als Schrittmacherzellen die Fähigkeit der Autorhythmie.

4.3.1 Skelettmuskulatur

Skelettmuskulatur heißt die Muskulatur des Bewegungsapparats. Sie wird vom somatischen Nervensystem innerviert. Die Bewegungen werden meist bewusst gesteuert. Ursprungs- und Ansatzort der meisten Muskeln ist das Skelett (Name!). Im Kopf und Halsbereich gibt es diese Art der quergestreiften Muskulatur auch ohne Verbindung zum Skelett in der Zunge, in der Speiseröhre, im Kehlkopf und im Rachen.

Die Skelettmuskelzelle entsteht durch Verschmelzungen von Myoblasten, ein riesiges, vielkerniges **Syncytium**. Die Skelettmuskelzelle wird Muskelfaser genannt und kann einen Muskel vom Ursprung bis zum Ansatz durchziehen. Die Zellkerne können sich nicht mehr teilen: Ruhende Myoblasten liegen als Satellitenzellen eng an der Zellmembran der reifen Muskelfaser, bedeckt von einer gemeinsamen Basallamina. Bei Bedarf (Regeneration, Wachstum) verschmelzen die Satellitenzellen mit der Muskelfaser und liefern zusätzliche Kerne.

Die Kerne der **Muskelfaser** liegen längs gerichtet (Abb. 4.**17b,c**) dicht unter der Plasmamembran (**Sarkolemm**, gr. sark: Fleisch). Sie werden von Myofibrillen (Verkleinerungsform von lat. fibra: Fäserchen) an den Rand gedrängt, die dicht gepackt und parallel geordnet das Cytoplasma (Sarkoplasma) füllen. In erster Linie bauen Myosin- und Actinfilamente die Myofibrillen auf: eine lange Kette aus funktionellen Baueinheiten – den Sarkomeren (Abb. 4.**17a**).

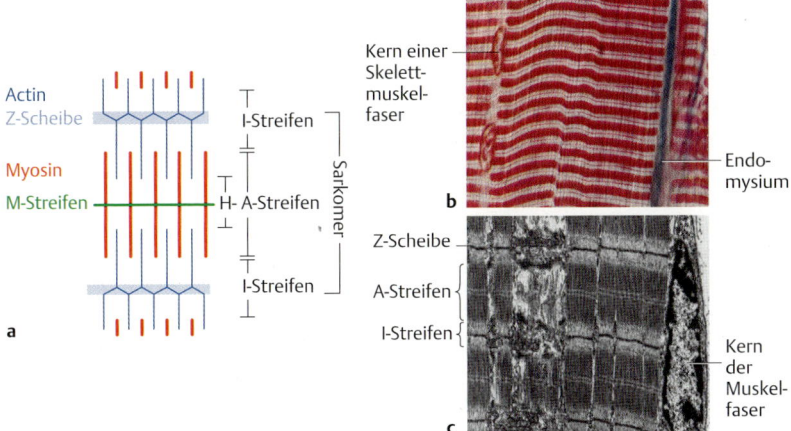

Abb. 4.**17** **Skelettmuskulatur. a** Sarkomer (nach Lüllmann-Rauch, Thieme Verlag, 2009); **b** quergestreifte Muskulatur. vordere Halsmukulatur; in diesem Längsschnitt durch Muskelfasern sind die dunklen A-Streifen und hellen I-Streifen gut zu erkennen. In den I-Streifen fällt die Z-Scheibe als zarte schwarze Linie auf. Im Endomysium verlaufen Kapillaren und Nervenfasern. Färbung Azan; Vergr. 1125fach. **c** Diese elektronmikroskopische Aufnahme einiger Myofibrillen aus dem Lendenmuskel (Längsschnitt) zeigt deutlich den Aufbau der Sarkomere, Vergr. 6000fach (b, c aus Kühnel Thieme Verlag, 2008.)

Die **Actinfilamente** bestehen aus globulären Actinmonomeren (*Biochemie, Zellbiologie*), die sich zu einer doppelsträngigen Helix zusammenlagern. Sie sind 7 nm dick und 1,1 μm lang. Sie ankern an Proteinen der Zwischenscheiben (**Z-Linie** oder Z-Scheibe), die zu beiden Seiten das Sarkomer begrenzen. An das Actinfilament sind als Regulatorproteine **Tropomyosin** und ein **Troponinkomplex** aus drei Untereinheiten gebunden. Jeweils sechs Actinfilamente umgeben ein Myosinfilament.

Die **Myosinfilamente** liegen in der Mitte des Sarkomers. Sie entstehen aus Myosinmolekülen, deren Schwanzregionen sich so vereinigen, dass die Köpfe und ein Teil der Hälse nach außen ragen. Die Myosinfilamente sind 15 nm dick und quasi zweimal je 0,75 μm lang, da das Filament bipolar gebaut ist; in der Mitte treffen sich die Schwanzregionen. Die Myosinköpfe zeigen jeweils zur Z-Scheibe. Der Übergangsbereich heißt Mittelstreifen (**M-Streifen**) und enthält spezifische Proteine.

Lange dünne **Titinmoleküle** sind an der Z-Scheibe und am M-Streifen verankert und durch Proteine am Myosinfilament befestigt. Titin wirkt wie eine elastische Feder; es schützt das Sarkomer vor Überdehnung, stellt nach Kontraktion die Ruhelage wieder her und hält das Myosinfilament zentriert (Abb. 4.**18a**).

Die Lage der Filamente zueinander (überlappend, frei liegend) und die Befestigungszonen sind mikroskopisch zu erkennen als **Querstreifung** von hellen (I-Streifen) und dunklen Streifen (A-Streifen), die im polarisierten Licht isotrop oder anisotrop (doppelbrechend) wirken. Das Sarkomer beginnt in der Mitte der I-Streifen an der Z-Scheibe; ein Bereich der Actinfilamente ohne Überlappung mit den Myosinfilamenten. Es folgen die A-Streifen, die die Myosinfilamente verursachen, dann kommt wieder ein halber I-Streifen, und das Sarkomer endet an der folgenden Z-Scheibe. Die Actinfilamente reichen nicht bis zum Mittelstreifen. Deshalb wirkt ein Bereich in der Mitte des A-Streifens heller (H-Streifen); in der Mitte dieses H-Streifens ist der Mittelstreifen als dunkle Linie erkennbar (Abb. 4.**17c**).

Ein Sarkomer hat eine Länge von circa 2,2 µm in einer ruhenden Muskelfaser. Die Streifenfolge des Sarkomers ist Z-I-A-H-M-H-A-I-Z (Abb. 4.**17a**). Gleiche Streifen liegen etwa in gleicher Höhe bei allen Muskelfibrillen einer Muskelfaser. Intermediärfilamente des Cytoskeletts (Desmin) verbinden die Myofibrillen untereinander und mit dem Sarkolemm; sie können sich nicht gegeneinander verschieben: Eine einzelne Muskelfaser kann Hunderte von Myofibrillen enthalten, sie durchziehen die Faser in der ganzen Länge und haften mit beiden Enden am Sarkolemm.

Bei der Kontraktion ziehen Kippbewegungen der Myosinköpfe die Actinfilamente zur Mitte des Sarkomers. Die Myosin- und Actinfilamente gleiten ineinander. Das Sarkomer verkürzt sich höchstens um 30 % der Ruhelänge auf circa 1,5 µm. Die I- und H-Streifen werden dabei schmaler oder verschwinden bei maximaler Kontraktion. Der A-Streifen ist konstant (1,5 µm)

Dem Ineinandergleiten der Filamente liegt der **Querbrückenzyklus** zugrunde mit folgenden Schritten (Abb. 4.**18b**):
1. Der Myosinkopf ist ohne ATP fest mit dem Actinfilament verbunden. ATP wirkt als „Weichmacher". Der Myosinkopf bindet ATP, löst sich vom Actinfilament und kehrt in seine Ausgangslage zurück. Ca^{2+}-Ionen werden in das longitudinale System des sarkoplasmatischen Retikulums (s. u.) zurückgepumpt. Der Muskel erschlafft.
2. Spaltung des ATP am Myosinkopf verändert dessen Position; er klappt auf Höhe des neuen Actinmonomers um.
3. Die Erregung der neuromuskulären Endplatte führt zu einer Freisetzung von Ca^{2+}-Ionen aus dem sarkoplasmatischen Retikulum in das Sarkoplasma der Muskelfaser. Die Ca^{2+}-Ionen binden an den Troponinkomplex des Actinfilaments, verändern dadurch die Lage des Tropomyosins; die Bindungsstelle am Actin für Myosin wird freigegeben.
4. Der Myosinkopf lagert sich an die freigegebene Bindungsstelle.
5. und 6. Zuerst wird die Phoshatgruppe abgepalten dann ADP. Die freiwerdende Energie verbraucht der Myosinkopf beim Abknicken und schiebt das Actinfilament mit zwei Kraftschlägen Richtung Mitte des Sarkomers. Der Myosinkopf kann wieder ATP aufnehmen und den nächsten Zyklus durchlaufen.

Ein Myosinkopf schafft 5–50 Zyklen/Sekunde, wenn genug Ca^{2+} im Sarkoplasma und genügend ATP vorhanden ist. Pro Zyklus wird das Actinfilament ungefähr

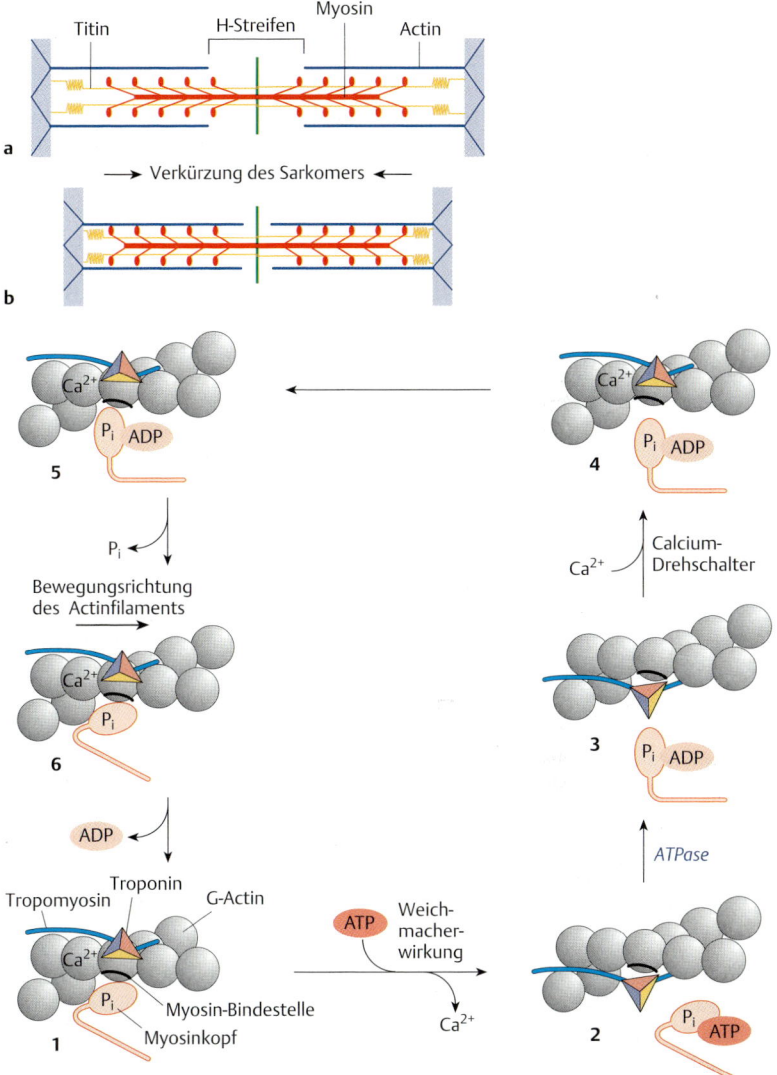

Abb. 4.**18 Kontraktion. a** Myofilamente in Ruhe und nach der Kontraktion; das Sarkomer ist verkürzt; die Myosinköpfe sind an die Actinfilamente gebunden; die Pfeile zeigen die Bewegungsrichtungen der Actinfilamente, **b** Querbrückenzyklus.

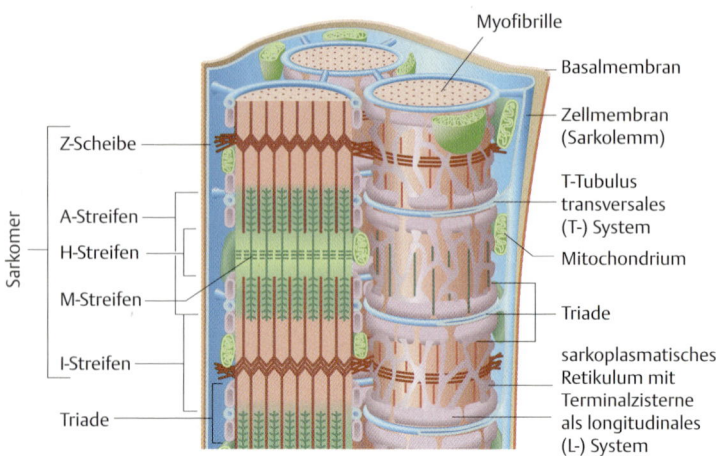

Abb. 4.**19 Aufbau des Skelettmuskels.** Jede Muskelfibrille ist von sarkoplasmatischem Retikulum und T-Tubuli umgeben (aus Duale Reihe Physiologie, Thieme Verlag, 2010).

10 nm weiter geschoben, das Resultat ist nach mehreren Querbrückenzyklen eine Verkürzung des Muskels. Sie heißt **isotonische Kontraktion**, wenn der Muskel bei konstanter Last verkürzt wird. Bei der **isometrischen Kontraktion** behält der Muskel seine Länge, die Actin-und Myosinfilamente sind in ihrer Position fixiert und wandeln die Energie in den Querbrückenzyklen in Muskelkraft um (S. 476).

Die **Energie** zur Bereitstellung des ATPs wird größtenteils aus dem Abbau von Glykogen gewonnen, das als Glykogengranula im Sarkoplasma gespeichert ist. Mitochondrien sind zahlreich; ein dichtes Kapillarnetz um die Muskelfasern sorgt für den nötigen Sauerstoff und den Nachschub an Glucose.

Nach dem Tod hört die ATP-Synthese auf; die Myosinköpfe bleiben an die Actinfilamente gebunden; die Muskeln sind starr; die **Totenstarre** erreicht nach 6–12 Stunden ihr Maximum. Nach 24–48 Stunden beginnt sie sich zu lösen, wenn die Muskeleiweiße von freigewordenen Zellenzymen autolysiert oder von Fäulnisbakterien aus dem Darm verändert werden.

Die Kontraktion wird durch ein **Aktionspotential** an der motorischen Endplatte (S. 475) ausgelöst, das sich über das gesamte Sarkolemm der Muskelfaser ausbreitet. Vom Sarkolemm gehen Einstülpungen aus, die quer (transversal) verlaufen (T-Tubuli); sie umrunden alle Myofibrillen und bilden ein Kanälchensystem, das miteinander anastomosiert (Abb. 4.**19**). Die T-Tubuli liegen an jedem Übergang zwischen A- und I- Streifen der Sarkomere, also sehr fein verteilt. T-Tubuli stehen über Membranproteine mit terminalen Zisternen des sarkoplasmatischen Retikulums in Verbindung. Das SR bildet um die Muskelfibrillen ein längs verlaufendes Schlauchsystem (L-System), das in terminale Zisternen einmündet, die die Muskelfibrillen umrunden, parallel zu den T-Tubuli. Im SR sind Ca^{2+}-Ionen gespeichert, die für die Kontraktion erforderlich sind. Die T-Tubuli übermitteln bis in die Tiefe der Muskelfaser das Aktionspotential. Durch die Depolarisation ihrer Membran werden Ca^{2+}-Kanäle in den terminalen Zisternen des SR geöffnet. Ca^{2+}-Ionen strömen ins Sarkoplasma, die Kontraktion beginnt.

Wenn die Nervenreize an der motorischen Endplatte aufhören, wird das Ca^{2+} ins SR zurückgepumpt. Der Muskel erschlafft.

T-Tubulus und die zwei angrenzenden terminalen Zisternen des SR bilden eine sog. Triade, pro Sarkomer zwei. Innerhalb von Millisekunden wird das Aktionspotential an der neuromuskulären Endplatte in eine simultane Verkürzung aller Sarkomere einer Muskelfaser umgesetzt (**elektromechanische Kopplung**).

Zur quergestreiften Muskulatur gehört stets **Bindegewebe**; es gliedert die Muskeln und überträgt die Verkürzung des Muskelgewebes auf die Sehnen. Es dient Muskelfasern zur Befestigung und schützt sie mit retikulären Fasern vor Rissen; im Bindegewebe verlaufen Nerven und Gefäße. **Endomysium** umhüllt im Anschluss an die Basalmembran die einzelnen Muskelfasern; es steht mit dem **Perimysium** in Verbindung, das die Einzelfasern zu Bündeln zusammenfasst. **Epimysium** umgibt alle Bündel eines Muskels und geht in die Muskelfaszie über.

Sehnen übertragen die Muskelbewegungen auf das Skelett. Die einzelne Muskelfaser steht über das Endo- und Perimysium mit ihnen in Verbindung. An Muskel-Sehnen-Verbindungen ist das Sarkolemm gefaltet. Kollagenfasern der Sehne ragen in die Falten bis zur Basalmembran (Abb. 4.20).

Actinfilamente der endständigen Sarkomere ankern innen an der Zellmembran. Proteine (u. a. Integrine und Dystrophin) stabilisieren das Sarkolemm an dieser Stelle und stärken den Zusammenhalt.

Strukturproteine tragen viel zur Stabilität der Muskelfasern bei. Genetisch bedingte Defekte sind für einige Proteine recht häufig und führen zu Myopathien. Desmin schützt die Myofibrillen vor mechanischer Überanstrengung, bei fehlerhafter Synthese kommt es zu Brüchen

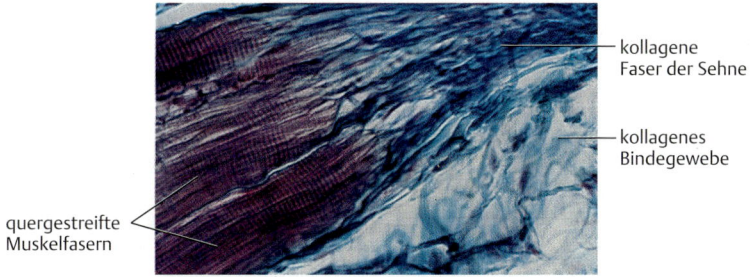

Abb. 4.**20 Skelettmuskel-Sehnen-Verbindung.** Zwischen den Myofibrillen der Muskelfasern und den kollagenen Fibrillen der Sehne liegt das Sarkolemm und die Basalmembran, beides von Integrinen durchzogen; eine echte Kontinuität besteht nicht. Färbung Azan; Vergr. 500fach (aus Kühnel, Thieme Verlag, 2008.)

in den Fibrillen und zu ihrer Zerstörung. Die **Duchenne-Muskeldystrophie** wird X-chromosomal rezessiv vererbt (*Genetik*). Der Mangel an Dystrophin führt zu Rissen im Sarkolemm und wiederholtem Untergang von Muskelfasern. Der Tod tritt bei Betroffenen meist vor dem 20. Lebensjahr ein.

Es gibt unterschiedliche **Muskelfasern**:
- Der **Fasertyp 1** kontrahiert sich relativ langsam; er eignet sich eher für Dauerleistung; er hat wenig SR, arbeitet aerob und ist reich an Mitochondrien und Myoglobin – rote, langsame Fasern; sie bilden beispielsweise die Flugmuskulatur von vielen Zugvögeln.
- Der **Fasertyp 2B** eignet sich für schnelle, kurze Aktionen. Er hat viel SR und große Glykogenvorräte, wenig Mitochondrien und Myoglobin – weiße, schnelle Fasern, die anaerob Energie gewinnen; sie bilden die Flugmuskulatur von Hühnern, die meist selten und sehr kurze Strecken in der Luft sind.
- Der **Fasertyp 2A** kontrahiert schnell; er arbeitet aerob, hat viele Mitochondrien.

In quergestreiften Skelettmuskeln kommen alle drei Typen von Muskelfasern vor, aber in unterschiedlicher Anzahl.

Menschen, die einige Wochen fest im Bett verbringen müssen, können hinterher nur noch mit Mühe laufen; der Körper hat die Muskelproteine abgebaut, die nicht benutzt werden (**Inaktivitätsatrophie**).
Bei **Winterschläfern** ist das anders, und auch bei den Braunbären, die nach monatelanger **Winterruhe** in einer Höhle topfit auf Jagd gehen. Auf der Suche nach neuen Therapien gegen Muskelschwund erforschen verschiedene Arbeitsgruppen am Bären den zugrunde liegenden Mechanismus – in der Hoffnung, eine Substanz zu finden, die auch beim Menschen Kräfteverfall vorbeugt.

Eine Sonderform der quergestreiften Muskulatur stellt die **schräggestreifte Muskulatur** dar, die bei Tieren mit Hydroskelett vorkommt wie beispielsweise Nematoden und Anneliden. Sie haben keine Knochen, die die Weite der Bewegung durch Hebelwirkung vergrößern. Bei ihnen bilden die A und I Streifen einen spitzen Winkel mit der Längsachse der Muskelfaser. Dadurch können sich bei Kontraktion die Actinfilamente in die Myosinfilamente schieben und die Myosinfilamente aneinander vorbeigleiten; damit kann der Muskel bis auf 25 % der Ausgangslänge verkürzt werden.

4.3.2 Herzmuskulatur

Der Aufbau der Muskelfibrillen und der Kontraktionsmechanismus der **Herzmuskulatur** entspricht weitgehend der Skelettmuskulatur. Der Troponinkomplex zeigt herzspezifische Baumerkmale; sein Nachweis im Blut bestätigt den Myokarduntergang bei Verdacht auf Herzinfarkt.

Die T-Tubuli der Herzmuskelzellen sind weiter als beim Skelettmuskel. Sie bilden mit dem sarkoplasmatischen Retikulum **Diaden**, nur ein SR-Schlauch grenzt an den T-Tubulus. Die Diaden verlaufen auf Höhe der Z-Scheiben. In menschlichen Herzmuskelzellen ist das SR wenig ausgeprägt. Ein Teil der Ca^{2+}-Ionen kommt durch

Ca^{2+}-Kanäle aus dem Extrazellulärraum ins Zellinnere. Die Herzmuskulatur hat keine motorischen Endplatten. Die Erregungen gehen von modifiziertem Herzmuskelgewebe aus mit der Fähigkeit zur spontanen Erregungsbildung (S. 731). Die Herzmuskelzellen sind unregelmäßig verzweigt (Abb. 4.21a), sie haben eine Länge von ca. 100 µm. Der Kern liegt zentral, im kernnahen Cytoplasma fehlen die Myofibrillen. Die extrem hohe Arbeitsleistung des Herzens fordert viel Energie. Große Mitochondrien liegen sehr zahlreich zwischen den Myofibrillen in Reihe; ein dichtes Kapillarnetz liegt zwischen den Muskelzellen.

Herzmuskelzellen haben keine Satellitenzellen. Lange Zeit ging man davon aus, dass eine **Regeneration von Herzmuskelzellen** nicht möglich ist. Inzwischen wurden in der Umgebung frischer Herzinfarktbereiche Zellen gefunden, aus denen neue Herzmuskelzellen hervorgehen können. In erster Linie reagiert der Herzmuskel mit Hypertrophie auf funktionelle Mehrbelastung bei Leistungssport oder auf pathologische Überbelastung durch Bluthochdruck.

In den **Disci intercalares** (lat. intercalare: einschieben) liegen die Haft- und Kommunikationskontakte zwischen benachbarten Herzmuskelzellen. Sie erscheinen lichtmikroskopisch als stark gefärbte **Glanzstreifen** mit gezacktem Verlauf (Abb. 4.21a). Elektronenmikroskopisch sind drei Komponenten erkennbar (Abb. 4.21b, *Biochemie, Zellbiologie*): In der Fascia adhaerens sind Actinfilamente durch Proteine an der Zellmembran verankert. In den Desmosomen haften Intermediärfilamente des Sarkoplasmas. Beide Kontaktarten dienen der mechanischen Kopplung. Über die Gap Junctions erfolgt die Ausbreitung des Aktionspotentials (Abb. 4.21b). Die Herzmuskelzellen bilden über ihre Verzweigungen und engen Zellkontakte ein Netz, das eine gemeinsame Kontraktion ermöglicht.

4.3.3 Glatte Muskulatur

Glatte Muskulatur kann ohne großen Energieverbrauch einen Tonus aufrechterhalten. Sie kommt in Gefäßwänden, in den Atemwegen, im Verdauungstrakt, in Harnleiter und Harnblase und im Uterus vor. Glatte Muskelzellen sind lang gestreckte, spindelförmige Zellen, zwischen 20 und 500 µm (im graviden Uterus) lang, im Durchmesser 5–10 µm. In manchen Organen leisten glatte Muskelzellen einen erheblichen Beitrag zur Produktion der EZM. Dann überwiegen rER und Golgi-Apparat, sonst die Myofilamente.

Der zigarrenförmige Zellkern liegt in der Mitte der Zelle. Glatte Muskelzellen bleiben regenerationsfähig. Im Cytoplasma und an der Plasmamembran liegen Verdichtungszonen (s. u.). In der Plasmamembran gibt es zahlreiche Grübchen (Caveolae), ihnen wird eine Rolle beim Ca^{2+}-Einstrom zugeschrieben. Die glatten Muskelzellen bilden kleine Muskeln (z. B. die glatten Muskeln, die in der Haut die Haare zur „Gänsehaut" aufrichten) oder je nach Organ Schichten, Stränge oder Gitter. Die Einzelzellen schließen sich zu Gewebsverbänden zusammen mit einer Hauptwirkungsrichtung. Jede Zelle ist von einer Basalmembran umhüllt und durch Adhäsionsmoleküle an der Extrazellulärmatrix verankert. Bindegewebsfasern übertra-

4 Gewebe und ihre Funktionen

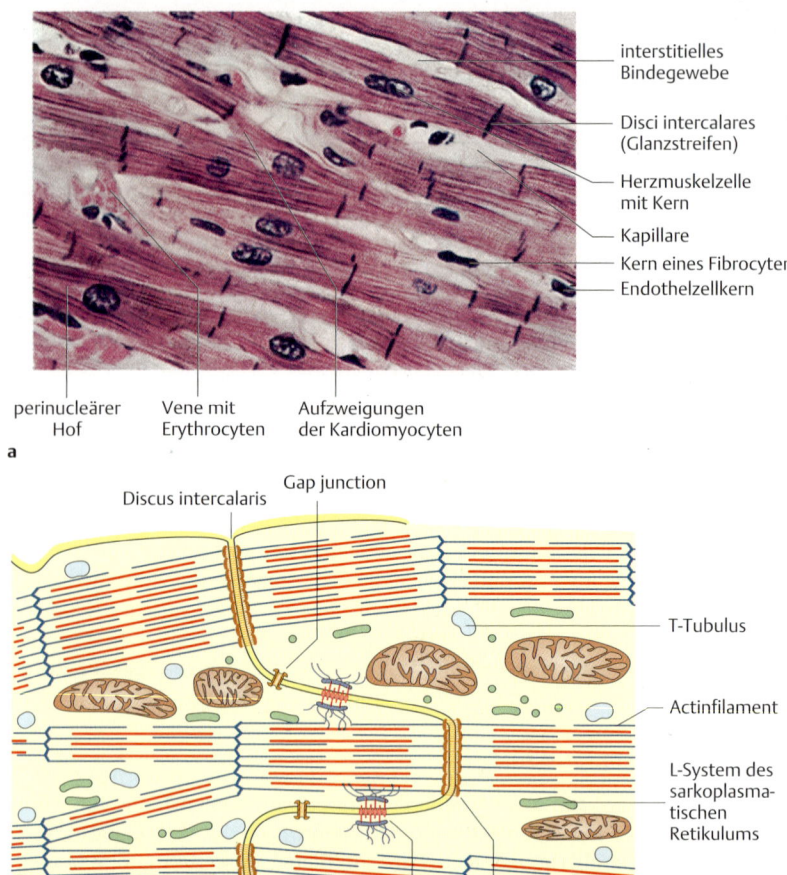

- interstitielles Bindegewebe
- Disci intercalares (Glanzstreifen)
- Herzmuskelzelle mit Kern
- Kapillare
- Kern eines Fibrocyten
- Endothelzellkern

perinucleärer Hof — Vene mit Erythrocyten — Aufzweigungen der Kardiomyocyten

a

Discus intercalaris — Gap junction

- T-Tubulus
- Actinfilament
- L-System des sarkoplasmatischen Retikulums
- Mitochondrium

b Sarkolemm   Desmosom   Fascia adhaerens

Abb. 4.21 **Herzmuskulatur. a** Herzmuskulatur – linker Ventrikel, die Verzweigungen der Herzmuskelzellen und die Glanzstreifen sind deutlich erkennbar. Färbung Brillantschwarz-Toluidinblau-Safranin, Vergr. 200fach. **b** Schema eines Discus intercalaris in elektronenmikroskopischer Dimension. (a aus Kühnel, Thieme Verlag, 2008, b nach Fritsch, Thieme Verlag, 2005.)

gen die Kontraktion auf Nachbarzellen. Auch Gap Junctions kommen vor zwischen glatten Muskelzellen. Actin- und Myosinfilamente der glatten Muskelzellen bilden keine Sarkomere, sie unterscheiden sich auch im molekularen Bau von quergestreifter Muskulatur.

Der Troponinkomplex fehlt, die Actinfilamente sind viel länger; die Myosinköpfe liegen im Myosinfilament anders geordnet (Abb. 4.**22c**). T-Tubuli fehlen in glatten Muskelzellen, das sarkoplasmatische Retikulum ist spärlich. Die Ca^{2+}-Ionen, die für die Kontraktion nötig sind, kommen teilweise aus dem SR, vor allem aber aus dem Extrazellulärraum durch Ca^{2+}-Pumpen der Zellmembran ins Zellinnere. Die Ca^{2+}-Ionen binden an Calmodulin; das löst eine Kette von Reaktionen aus, die zur Phosphorylierung der Myosinköpfe führt und damit die Querbrückenzyklen in Gang setzt. Die Actin- und Myosinfilamente gleiten aneinander vorbei. Die Kontraktion verläuft langsamer als in quergestreifter Muskulatur, aber durch die Anordnung der Filamente kann die glatte Muskelzelle stärker verkürzt werden (auf ein Drittel der Ausgangslänge).

Wahrscheinlich bilden die kontraktilen Filamente in Bündeln ein Netz, das schräg durch die Muskelzelle verläuft; die Actinfilamente sind an scheibenartigen Verdichtungen (Haftplatte, Area densa) des Cytoplasma befestigt und an Anheftungsplaques des Sarkolemms gebunden. Diese Verdichtungszonen werden durch Intermediärfilamente des Cytoskeletts (Desmin) stabilisiert, die dort anhaften (Abb. 4.**22a**). Die Haftplatten liegen im Sarkoplasma verteilt, sie entsprechen den Z-Scheiben der Sarkomere.

Die glatte Muskulatur hält meistens einen bestimmten Kontraktionszustand (**Tonus**) aufrecht, der dem Bedarf dann angeglichen wird. Die **Regulation** der Akti-

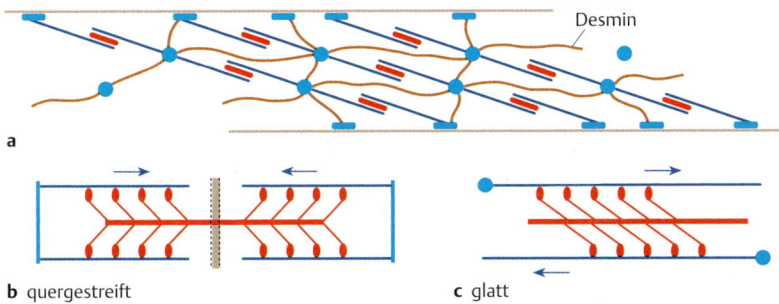

Abb. 4.**22 Glatte Muskulatur. a** Mögliche Anordnung der Myofibrillen in einer glatten Muskelzelle; blaue Punkte Haftplatten (Areae densae), blaue Kästen membranständige Anheftungsplaques. (Actin blau, Myosin rot, Desmin braun). **b** und **c** Ausrichtung der Myosinköpfe; **b** im quergestreiften Muskel ist das Myosinfilament zweigeteilt, die Köpfe beider Hälften „sehen" sich an. **c** Im glatten Muskel „sehen" die Köpfe der oberen und der unteren Reihe in entgegengesetzte Richtungen. Pfeile: Gleitrichtung der Actinfilamente (nach Lüllmann-Rauch, Thieme Verlag, 2009)

vität der glatten Muskulatur verläuft myogen, hormonell, durch lokale Faktoren oder neurogen. In der Regel sind mehrere Regulationsmechanismen kombiniert.

In den meisten Hohlorganen läuft die Regulation **myogen**. Spezialisierte glatte Muskelzellen wirken als Schrittmacherzellen und lösen langsame Depolarisationswellen aus, die zu peristaltischen Bewegungen führen (zum Beispiel im Darm und Harnleiter). Viele Gap Junctions sorgen für die funktionelle Kopplung der Muskelzellen. Das vegetative Nervensystem und der Füllungsgrad des Hohlorgans beeinflussen die Aktivität der Muskulatur.

In manchen Organen wird die glatte Muskulatur überwiegend **hormonell** reguliert, beispielsweise am Geburtstermin die Uterusmuskulatur durch Oxytocin.

Zu den **lokalen Faktoren** gehört Stickstoffmonoxid (NO); es wird in vielen Zellen aus L-Arginin gebildet. NO hat eine Halbwertszeit von wenigen Sekunden und wurde erst spät entdeckt. NO spielt bei der Kontrolle des Gefäßwiderstands eine große Rolle, es wirkt gefäßerweiternd.

Schon lange wurde zur **Behandlung der Angina pectoris** erfolgreich Nitroglycerin eingesetzt ohne zu wissen, dass die Wirkung auf dem Abbauprodukt NO beruht.

Die **neurogene Regulation** erfolgt durch das vegetative Nervensystem (S. 548). Glatte Muskelzellen haben keine motorischen Endplatten, sie besitzen adrenerge und cholinerge Rezeptoren auf der Zelloberfläche. Fein verzweigte Axonäste des vegetativen Nervensystems verlaufen im Bindegewebe der glatten Muskelzellen; entlang der Axonäste liegen zahlreiche kleine Erweiterungen, sie enthalten Neurotransmittervesikel. Die Transmitter werden auf der ganzen Strecke freigesetzt und erreichen dadurch sehr viele glatte Muskelzellen-Synapsen en passant. Es gibt auch glatte Muskelzellen mit engerem Kontakt zu vegetativen Nervenfasern.

> **Sarkomer:** Funktionelle Einheit, die die Myofibrillen der quergestreiften Muskulatur aufbaut; Actin- und Myosinfilamente greifen so ineinander, dass eine Verkürzung möglich ist; die Actinfilamente haften an Z-Scheiben, das Sarkomer ist der Bereich zwischen zwei Z-Scheiben.
> **Querbrückenzyklus:** Molekulare Grundlage der Muskelkontraktion: Zyklus aus Bindung zwischen Actinfilamenten und Myosinfilamenten (über die Myosinköpfe) und Lösen der Bindung; dabei wird ATP verbraucht und in mechanische Energie umgewandelt.
> **Glanzstreifen (Discus intercalaris):** Entspricht der Zellgrenze zwischen zwei Herzmuskelzellen, sie weist spezielle Strukturen zur elektromechanischen Kopplung auf: Desmosomen, Fasciae adhaerentes und Gap Junctions.

4.4 Nervengewebe

> **Nervengewebe** umfasst Neuroglia (gr. Glia: Leim) und Nervenzellen. **Glia** ist das Hüll- und Stützgewebe des Nervensystems. Es stammt überwiegend vom Ektoderm ab und besteht aus sehr unterschiedlichen Zelltypen mit vielfältigen Aufgaben: Stoffaustausch, Blut-Hirn-Schranke, elektrische Isolation, Immunabwehr. Die Glia sorgt für das Milieu, in dem die Nervenzellen funktionieren können.
> **Nervenzellen** (Neurone) besitzen Zellfortsätze (**Dendriten**, **Axone**) und Zellkörper (**Soma**). Über spezifische Zellkontakte (**Synapsen**) stehen sie mit Tausenden von anderen Nervenzellen, mit Sinneszellen oder „Erfolgsorganen" in Verbindung.

Das **Zentralnervensystem** (**ZNS**) bilden Gehirn und Rückenmark. Das **periphere Nervensystem** (**PNS**) umfasst alle Nerven und Ganglien außerhalb des ZNS. In der grauen Substanz des ZNS liegen vor allem Somata von Nervenzellen mit ihren Fortsätzen und Neuroglia (s. u.); die weiße Substanz enthält neben den Gliazellen vor allem Nervenfasern.

4.4.1 Nervenzellen

10^{10} bis 10^{12} Nervenzellen kommen im menschlichen Gehirn vor. Jede **Nervenzelle** (auch Neuron genannt) besteht aus dem Zellleib (**Soma**), der den Zellkern enthält, und den Fortsätzen: in der Regel mehreren **Dendriten** und einem **Axon**. Der Kern liegt zentral, meist ist er groß und hat einen deutlichen Nucleolus. Das ihn umgebende Cytoplasma wird auch als **Perikaryon** bezeichnet. Der Zellleib ist das Stoffwechselzentrum des Neurons. Im Cytoplasma fallen Nissl-Substanz, Golgi-Apparat und Neurofibrillen auf; zudem zahlreiche Mitochondrien und Lysosomen. Die **Nissl-Substanz** entspricht wie unten erwähnt Häufungen von rER und freien Ribosomen. Sie ist Ausdruck intensiver Proteinsynthese. Die Nissl-Substanz fehlt im Cytoplasma des „Axonhügels", der Region des Axonabgangs, liegt aber in den Ansatzregionen der Dendriten (Abb. 4.**23**).

> Zur Darstellung des Nervengewebes gibt es viele spezielle Färbemethoden, die jeweils einen Teil der Strukturen darstellen:
> In der **Silberimprägnation nach Golgi** (Abb. 4.**24a**) werden Zellkörper und ihre Fortsätze wie ein Schattenriss auf hellem Untergrund dargestellt. Der Italiener Camillo Golgi (1844–1926) erhielt 1906 den Nobelpreis für die Erkenntnisse über den Feinbau des Nervensystems, die er mit seinen neuen Färbetechniken gewonnen hat.
> Mit der **Patch-Clamp-Methode** (S. 421) lassen sich Nervenzellen intrazellulär mit **Markern** (z. B. Biocytin) füllen, um den Zelltyp zu bestimmen und den Verlauf der Ausläufer darzustellen.
> Eine nach wie vor bewährte Technik zur Darstellung von Zellkern und -körper von Nervenzellen ist die **Färbung nach Nissl** (Abb. 4.**24a**), benannt nach dem deutschen Psychiater Franz Nissl (1860–1919). In Nervenzellen, die mit basischen Farbstoffen ge-

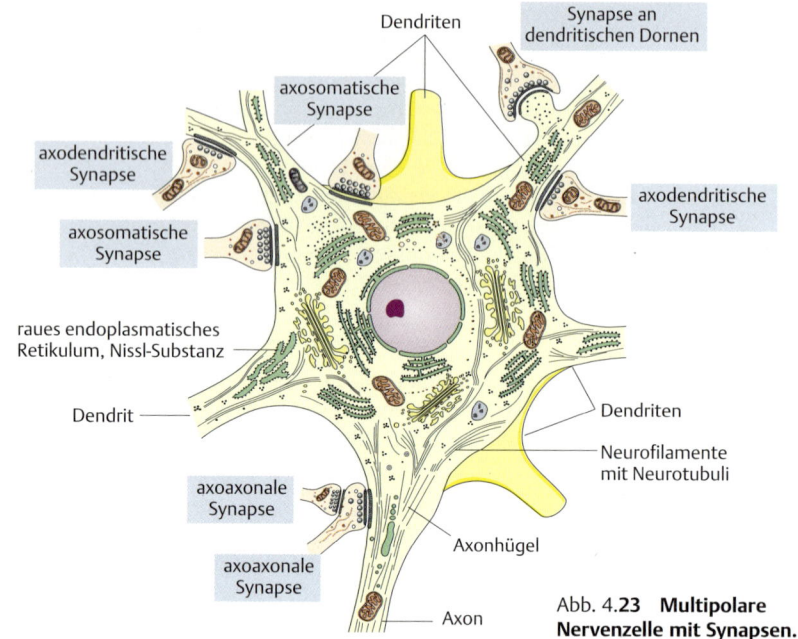

Abb. 4.23 **Multipolare Nervenzelle mit Synapsen.**

färbt sind, werden im Lichtmikroskop feine und grobe Körnchen sichtbar, nach dem Entdecker als Nissl-Substanz oder -Schollen bezeichnet. Im Elektronenmikroskop erweisen sie sich als Anhäufungen von rER und freien Ribosomen. ◄

Das Cytoskelett der Nervenzellen ist sehr ausgeprägt. Es besteht aus Mikrotubuli, intermediären Filamenten und Mikrofilamenten. Es gibt in Nervenzellen spezifische intermediäre Filamente. Sie können Bündel bilden, die lichtmikroskopisch sichtbar sind und **Neurofibrillen** genannt werden. Mikrotubuli dienen dem Transport von Organellen und Vesikeln. Der Energiebedarf der Nervenzellen ist hoch, er wird fast ausschließlich durch **Glucose** gedeckt. Mitochondrien sind reichlich vorhanden. Die Lysosomen dienen u. a. dem Abbau von Material, das aus dem Axon zur Beseitigung herantransportiert wird.

Im Axon findet keine Proteinsynthese statt. Alle erforderlichen Zellorganellen, Membranen, Transmitter werden im Soma zusammengebaut und Richtung Axonende verschickt. **Anterograd** gibt es einen **schnellen Transport** beispielsweise für Mitochondrien und Vesikel mit Neuropeptiden; sie legen mithilfe der Mikrotubuli bis zu 400 mm/Tag zurück. Über den **langsamen Transport** (circa 4 mm/Tag) gelangen im Plasma gelöste Proteine ans Ende des Axons. Den **retrograden** Transport leisten auch die Mikrotubuli. Defekte Membranen und Organellen werden in Vakuolen verpackt und zum Soma zurückgeschickt.

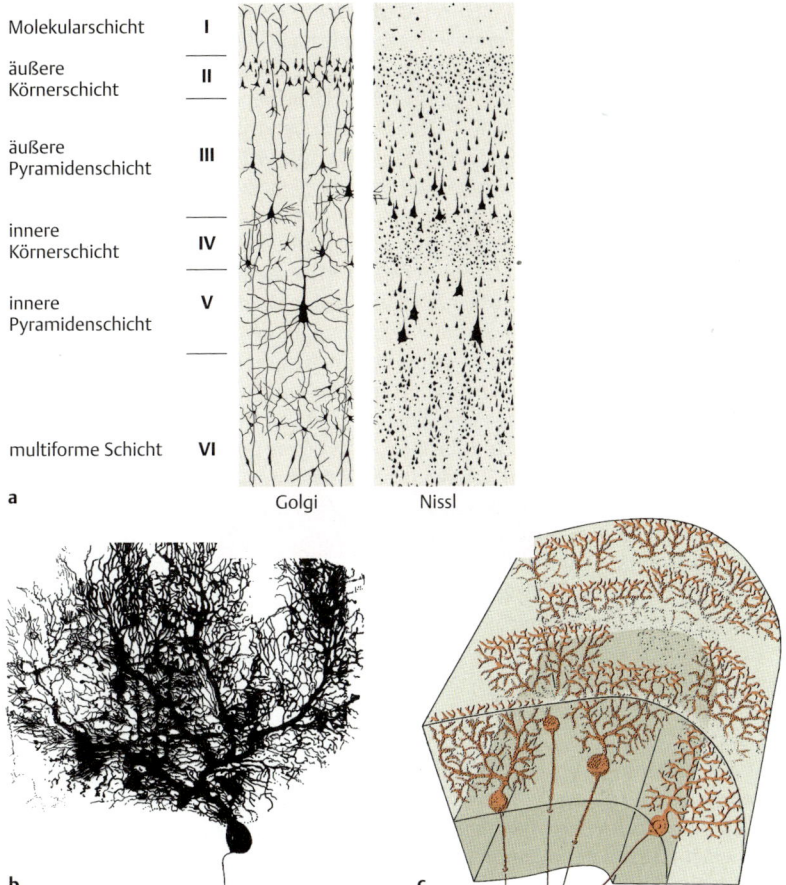

Abb. 4.**24 Neurone. a** Schichten des Isokortex. Darstellung ganzer Neurone (Golgi-Versilberung), der Perikaryen (Nissl-Färbung) (aus Lüllmann-Rauch, Thieme Verlag, 2009.), **b** Purkinje-Zelle mit **c** Anordnung im Kleinhirn (aus Kahle, Thieme Verlag, 2009).

Fataleweise gelangen über den retrograden Transport auch Schadstoffe, die in den Synapsen (s. u.) durch Endocytose aufgenommen wurden, und neurotrope Viren wie Herpes-simplex-Viren oder Tollwutviren direkt in die Somata.

Jede Nervenzelle besitzt nur ein **Axon** (S. 416), das in Extremfällen bis zu mehreren Metern lang sein kann (Giraffenhals!). Das Axon kann im Verlauf Seitenäste abgeben. Es verzweigt sich kurz vorm Zielort in viele kleine Äste, die über **Synapsen** entsprechend viele Kontakte bilden können.

Die meisten Somata haben mehrere **Dendriten**. Sie sind oft recht kurz und verzweigen sich mehrfach. Der Feinbau des Cytoplasmas entspricht dem des Somas. Nissl-Substanz kommt allerdings nur am Übergang ins Soma vor. Mitochondrien fehlen in sehr dünnen Dendriten. An ihrer Oberfläche haben Dendriten oft winzige **Dornen**, die Synapsenregionen darstellen. An dem Dendritenbaum eines einzelnen Neurons können Hunderte bis Hunderttausende von Synapsen sein. Nervenzellen bekommen über Dendriten, Axone und Somata Signale von anderen Neuronen über axodentritische, axosomatische und axoxonale Synapsen (Abb. 4.**23**, S. 415).

Nach der **Anzahl ihrer Fortsätze** kann man Neurone einteilen in:
- **Unipolare Neurone:** Sie besitzen nur einen Fortsatz und sind bei Säugetieren selten. Beispiel: modifizierte Nervenzellen in der Netzhaut des Auges.
- **Pseudounipolare Neurone:** Sie haben ursprünglich zwei Fortsätze, die sich dann an ihrem Ursprung zu einem gemeinsamen Stamm vereinigen; er teilt sich nach kurzem Verlauf, ein Ast zieht zum zentralen Nervensystem, der andere in die Peripherie. Sie sind primäre sensible Neurone und kommen in Spinalganglien vor.
- **Bipolare Neurone:** Sie haben ein Axon und einen Dendriten. Sie sind selten, kommen beispielsweise im Ganglion spirale des Innenohrs vor.
- **Multipolare Neurone:** Sie besitzen mehrere Dendriten und ein Axon; sie kommen mit Abstand am häufigsten vor.

Nach ihrer **Funktion** kann man Neurone einteilen in Prinzipalneurone (Hauptneurone) und Interneurone: Die **Prinzipalneurone** des Neocortex sind die **Pyramidenzellen**, die der Kleinhirnrinde die **Purkinje-Zellen**.

Der **Neocortex** (Isocortex) ist 2–5 mm breit und weist eine Sechsschichtung (S. 494) auf, die parallel zur Oberfläche verläuft (Abb. 4.**24a**).
- Schicht 1 (unter der Pia mater) ist die zellarme und faserreiche Molekularschicht.
- Schicht 2 heißt äußere Körnerschicht. Sie enthält dicht gepackt kleine Pyramidenzellen und Nicht-Pyramidenzellen, beide werden Körnerzellen genannt nach dem Aussehen der kleinen Somata im Nissl-Präparat.
- In Schicht 3 (äußere Pyramidenschicht) liegen auch mittelgroße Pyramidenzellen.
- Schicht 4 ist die innere Körnerschicht.
- In Schicht 5 (innere Pyramidenschicht) liegen v. a. Pyramidenzellen unterschiedlicher Größe.
- Schicht 6 (multiforme Schicht) enthält Pyramidenzellen und Nicht-Pyramidenzellen, oft mit unscharfem Übergang zum Marklager.

Pyramidenzellen haben einen dreieckigen Zellleib, die Spitze zeigt zur Hirnoberfläche. Der Apikaldendrit steigt in die oberste Schicht auf und bildet dabei Verzweigungen, Basaldendriten gehen zu allen Seiten ab. Die Dendriten haben viele Dornen auf der Oberfläche. Das Axon beginnt an der Zellbasis, gibt rückläufige Kollateralen ab und verlässt seine Rindenregion auf dem Weg in andere Rindenbereiche oder in subkortikale Gebiete, wo es endet. Pyramidenzellen sind Projektionsneurone (S. 414, S. 464).

Die **Kleinhirnrinde** hat drei Schichten (S. 491). In der zweiten Schicht liegen die Somata der **Purkinje-Zellen** (benannt nach J. E. Purkinje, Physiologe, 1787–1869). Sie haben in der Regel zwei kräftige Dendriten, die sich in immer feinere Äste aufzweigen, sodass ein Dendritenbaum (Abb. **4.24b**) entsteht, der wie ein Spalierbaum v. a. zweidimensional in einer Ebene wächst zu einer Breite von etwa 200 μm bei einer Tiefe von circa 20 μm. Die Dendritenbäume stehen (quer zum Längsverlauf der Kleinhirnwindungen) in der obersten Schicht, die Äste reichen bis zur Oberfläche (Abb. **4.24c**). Die ersten Aufzweigungen haben glatte Oberflächen mit Synapsen, die feinen Endverzweigungen tragen Dornen. Eine Purkinje-Zelle hat bis zu 60 000 Dornsynapsen. Die Purkinje-Zellen sind die Projektionsneurone des Kleinhirns, die Axone enden überwiegend in den Kleinhirnkernen.

Die Mehrzahl der Nervenzellen des Zentralen Nervensystems sind **Interneurone**. Ihr Zellleib ist in der Regel klein, das Axon kurz, es verlässt seine Region nicht. Interneurone sind Zwischenglieder neuronaler Informationsketten und wirken integrativ. Es kommen sehr viele verschiedene Interneurone vor: z. B. Korbzellen, Sternzellen, Kandelaberzellen, Doppelbusch-Zellen oder Martinotti-Zellen. **Korbzellen** haben eine hemmende Funktion. Ihr Axon bildet Kollateralen, deren Endverzweigungen ein Geflecht bilden und sich wie ein Korb um Perikarya von Pyramiden- oder Purkinje-Zellen legen. **Sternzellen** haben kurze Fortsätze, die recht gleichmäßig in alle Richtungen verteilt sind.

4.4.2 Gliazellen

Das Hüll- und Stützgewebe des Nervensystems (**Neuroglia**) stammt vom Ektoderm ab, im Gegensatz zum Bindegewebe des übrigen Körpers, das mesodermalen Ursprungs ist. 10 % der zentralen Gliazellen sind Mikrogliazellen; ob sie vom Mesoderm oder vom Ektoderm abstammen, ist noch nicht endgültig geklärt. Die Gliazellen sind in der Regel viel kleiner als Nervenzellen. Die Glia nimmt die Hälfte des Gesamtvolumens im Nervensystem ein, obwohl auf 1 Nervenzelle 10 Gliazellen kommen. Die **Glia des ZNS** hat folgende **Zelltypen**:

Astrocyten kommen am häufigsten vor. Mit ihren regelmäßigen Ausläufern erinnern sie an einen Stern. Die Intermediärfilamente von Astrocyten sind aus einem zellspezifischen Protein aufgebaut (**GFAP, glial fibrillary acidic protein**). Sie verleihen den Ausläufern Stabilität. Astrocyten dienen im ZNS als Stützelemente. Sie bilden ein dreidimensionales Gerüst, über Gap Junctions funktional gekoppelt. Astrocyten füllen mit ihren Ausläufern überall Lücken zwischen Axonen, Dendriten, Somata und Gefäßen. Man unterscheidet sie unter anderem nach ihrem Filamentreichtum: **Fibrilläre Astrocyten** haben zahlreiche lange, dünne Ausläufer. Sie kommen vorwiegend in der weißen Substanz vor. **Protoplasmatische Astrocyten** haben wenige, relativ dicke Ausläufer und finden sich vor allem in der grauen Substanz. Astrocytenausläufer bilden über „Füßchen" Grenzschichten zu nicht neuronalen Geweben – um Blutgefäße herum, an den Hirnhäuten. Daneben gibt es zahlreiche **Sonderfomen** der Astroglia (Abb. 4.28). Radiäre Glia dient z. B. in der Embryonalentwicklung als Gleitschiene und leitet das neuronale Wachstum (S. 497).

Astrocyten erfüllen neben der Stützfunktion noch zahlreiche andere **Funktionen** im Nervensystem. Sie spielen eine wichtige Rolle für die Blut-Hirn-Schranke (s. u.). Astrocyten sorgen entscheidend dafür, dass das innere Milieu und v. a. das Ionengleichgewicht im ZNS erhalten bleibt. Sie nehmen z. B. bei Aktionspotentialen freigesetztes K^+ auf, verteilen es über Gap Junctions auch an benachbarte Astrocyten (K^+-sink) und wirken damit unerwünschter Depolarisation von Neuronen entgegen. Sie besitzen viele verschiedene Rezeptoren und Transportproteine, über die sie Neurotransmitter aufnehmen. Sie schirmen Synapsen ab, sodass die Transmitterwirkung auf den synaptischen Spalt begrenzt wird. Zugleich synthetisieren sie selbst Botenstoffe (Glutamat, D-Serin), um aktiv an der elektrochemischen Signalvermittlung teilzunehmen. Über diese komplexen Vorgänge modulieren die Astrocyten die neuronale Aktivität und die synaptische Weiterleitung. Sie garantieren die Energieversorgung der Neuronen, indem sie Glykogen speichern. Kommt es zur Zerstörung von Nervengewebe, bilden Astrocyten Glianarben.

Mikrogliazellen sind die Makrophagen des Gehirns und erfüllen Abwehrfunktionen. Mikrogliazellen bewegen sich amöboid fort, phagocytieren Zelltrümmer und transferieren z. B. Antikörper durch die Blut-Hirn-Schranke.

Ependymzellen werden oft den Gliazellen des ZNS zugeordnet. Sie kleiden die Oberflächen der Hirnventrikel und den Zentralkanal des Rückenmarks aus (s. u.).

Im ZNS kommen Axone ohne spezielle Hülle vor. Sie liegen frei im Neuropil (gr. Filz) oder werden von Astrocytenfortsätzen zu Bündeln zusammengefasst. Ihre Leitgeschwindigkeit ist langsam. **Oligodendrocyten** sind im ZNS zuständig für die **Myelinscheiden** (**Markscheiden**) um Axone. Myelinisierte Nervenfasern leiten wegen ihrer saltatorischen Erregungsleitung (S. 425) wesentlich schneller; das **Myelin** wirkt als Isolierschicht, sie wird in regelmäßigen Abständen unterbrochen: Die Einkerbungen (**Ranvier-Schnürringe**, benannt nach dem franz. Anatom und Pathologen L. Ranvier, 1835–1922) entsprechen der Zellgrenze zwischen zwei Gliazellen. Jede Gliazelle sorgt für die Myelinscheide zwischen zwei Schnürringen (Internodium), d. h. für genau ein Segment der Myelinscheide eines Axons. Ein einziger Oligodendrocyt baut und erhält Myelinsegmente für bis zu 50 Axone. Er hat mehrere Fortsätze, die am Ende eine breite Fläche bilden, mit der das Axonteilstück mehrfach umwickelt wird; die äußerste Lamelle endet dabei am Ranvier-Schnürring und überdeckt alle darunterliegenden (Abb. 4.25c). Die Myelinscheiden bestehen aus zahlreichen Lipid-Protein-Lamellen. Beim Menschen wird die Myelinisierung der zentralen Nervenfasern erst im 2. Lebensjahrzehnt abgeschlossen.

Im **PNS** läuft die Myelinisierung anders (Abb. 4.25a,c). **Schwann-Zellen** (F. Th. Schwann, 1810–1882, Anatom und Physiologe) sind für die Myelinscheiden der peripheren Nervenfasern zuständig. Eine Schwann-Zelle umhüllt dabei ein Segment von einem einzelnen Axon. Sie legt sich um das Axon, es gleitet tiefer in die Zelle bis sich die Membranen beider Seiten berühren und das Mesaxon bilden. Die Berührungsstellen werden länger und wickeln sich um das Axon. Die Außenschichten

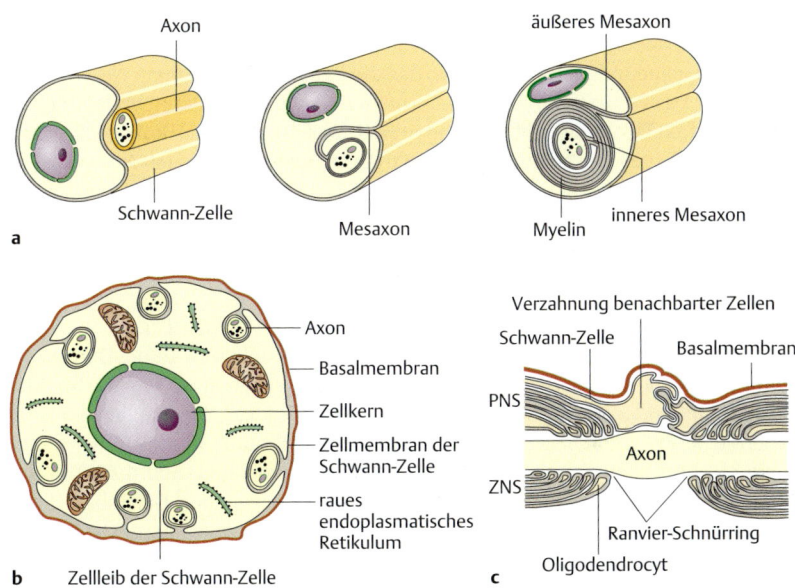

Abb. 4.**25 Markscheide. a,b** Schwann-Zelle, **a** bei Myelinisierung eines peripheren Nervs, **b** mit marklosen peripheren Nervenfasern. **c** Ranvier-Schnürring bei zentraler und peripherer Faser (nach Kahle, Thieme Verlag, 2009).

der Membran, die aufeinander liegen, werden durch Myelin-spezifische Proteine miteinander verklebt. Benachbarte Schwann-Zellen verzahnen sich im Bereich des Ranvier-Schnürrings. Die gesamte Nervenfaser ist von einer durchgehenden Basalmembran umgeben.

Periphere, **markhaltige Nerven** sind bereits bei der Geburt myelinisiert. Die Zahl der Internodien bleibt lebenslang konstant, die Internodien verlängern sich bei Körperwachstum. Da periphere Nervenfasern nicht im geschützten inneren Milieu des ZNS liegen, das die Neuroglia aufbaut, sondern in Bindegewebe verlaufen, brauchen sie Schutz durch ihre Hüllen. Hüllenlose Fasern kommen im PNS nicht vor. **Marklose Nervenfasern** liegen auch in Schwann-Zellen, aber nur in Rinnen oder Vertiefungen ohne Myelinlamellen. Eine Schwann-Zelle kann mehrere Axone einzeln in Rinnen schützen, bis die nächste Schwann-Zelle diese Aufgabe übernimmt. Auch bei marklosen Fasern sind benachbarte Schwann-Zellen verzahnt, und die Faser ist von einer durchgehenden Basalmembran umgeben.

Die Nervenfasern des PNS verlaufen etwas gewellt, um bei Dehnung eine Reservelänge zu haben. Sie sind von Bindegewebe umgeben: die einzelnen Nervenfasern von **Endoneurium**, einer zarten Bindegewebsschicht. Das Endothel der hier verlaufenden Kapillaren hat Tight Junctions und bildet die **Blut-Nerven-Schranke**.

Mehrere Nervenfasern werden durch das **Perineurium** zu Bündeln zusammengefasst. Das Perineurium hat die Funktion einer Diffusionsbarriere zwischen Nervenfaser und epineuralem Bindegewebe, das die Faserbündel zu einem Nerv zusammenfasst. Das Perineurium besteht aus mehreren Lagen von Perineuralepithelzellen, die durch Tight Junctions verbunden sind, dazwischen liegen Kollagenfibrillen. Periphere Nerven bestehen meist aus marklosen und markhaltigen Nervenfasern.

4.4.3 Hirnhäute und Liquorräume

Hirnhäute umgeben das Gehirn und das Rückenmark. Außen liegt die **Dura mater**, die **harte Hirnhaut** aus straffem geflechtartigen Bindegewebe. Sie geht in das Periost der Schädelknochen über. Im Wirbelkanal liegt zwischen Periost und Dura mater der Epiduralraum, gefüllt mit Fettgewebe und Gefäßen. An die Dura mater schließt sich die **weiche Hirnhaut** an, die in zwei Blätter geteilt ist: Die **Arachnoidea** liegt der Innenfläche der Dura dicht an, die **Pia mater** folgt allen Furchen der Hirnoberfläche. Zwischen beiden liegt der Subarachnoidalraum (Abb. 4.**27**), der mit Liquor cerebrospinalis (s. u.) gefüllt ist – der **äußere Liquorraum** (Abb. 4.**26**a). Arachnoidea und Pia mater sind durch Arachnoidaltrabekel verbunden. Der Subarachnoidalraum (inklusive Trabekel) wird von flachen Meningealzellen ausgekleidet, modifizierte Fibroblasten der Arachnoidea. Sie sind durch Gap Junctions (Nexus) und Desmosomen miteinander verknüpft. Zur Dura hin bildet die Arachnoidea einen dichten Zellverband: mehrere Lagen flacher Zellen, die über Tight Junctions verbunden sind. Diese Schicht, **Neurothel** genannt, ist Teil der Blut-Liquor-Schranke (s. u.).

Der Liquor füllt den Subarachnoidalraum aus und umgibt als Flüssigkeitsmantel Gehirn und Rückenmark. Er bietet ähnlich wie ein Wasserkissen mechanischen Schutz und dient gleichzeitig dem Ausgleich hydrostatischer Druckänderungen im Gefäßsystem.

Der äußere Liquorraum, der Hirn und Rückenmark umgibt, steht mit dem **inneren Liquorraum** des ZNS in Verbindung. Ihn bilden die vier **Ventrikel** des ZNS, die alle miteinander in Verbindung stehen. Sie werden von Ependymzellen ausgekleidet. In die Ventrikel wölben sich **Plexus choroidei** vor und bilden den Liquor. Über den vierten Ventrikel fließt der Liquor in den Subarachnoidalraum und wird hauptsächlich über Arachnoidalzotten in die venösen Sinus der Dura entsorgt (Abb. 4.**27**).

Die Plexus choroidei werden von stark verästelten, kapillarreichen Bindegewebsschlingen gebildet. Sie gehen von der Pia aus und wölben sich in die Ventrikel vor, sodass sie überall von spezialisierten Ependymzellen umgeben sind. Sie bilden das Plexusepithel mit einschichtigen kubischen Zellen, die viele Mikrovilli auf der Oberfläche haben und mit Tight Junctions fest verbunden die Blut-Liquor-Schranke an dieser Stelle bilden (entsprechend dem Neurothel der äußeren Liquorräume).

Der **Liquor cerebrospinalis** ist fast zellfrei, eine klare Flüssigkeit mit einem Eiweißgehalt von 35 mg/dl und einer Glucose-Konzentration von ca. 65 mg/dl (zum Vergleich: Blutplasma 7000 mg/dl Eiweiß und ca. 100 mg/dl Glucose). Pro

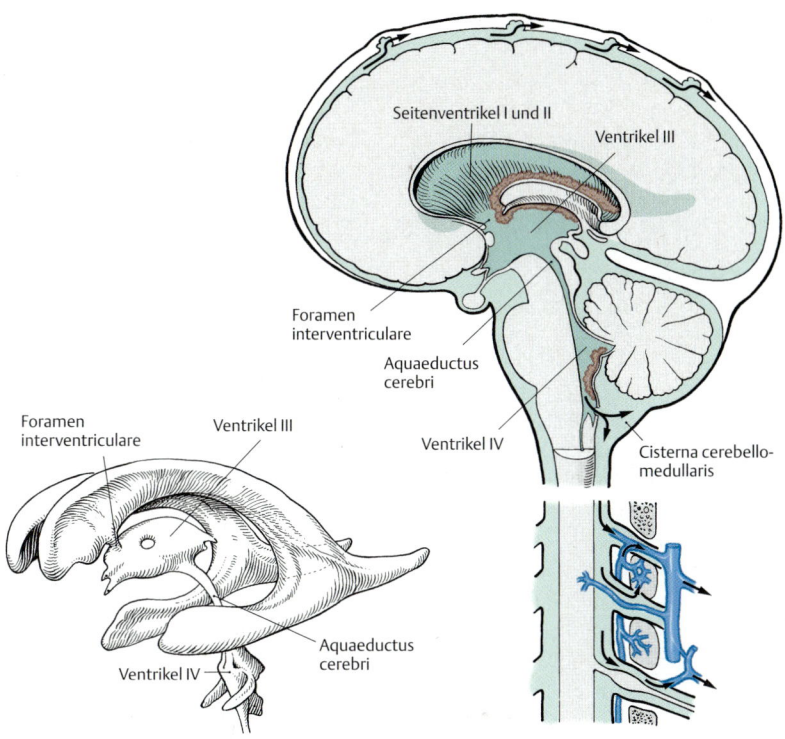

b Ventrikelsystem, Seitenansicht   **a** Liquorräume

Abb. 4.**26 Liquorräume. a** Äußerer Liquorraum, **b** innerer Liquorraum, Ventrikelsystem, Seitenansicht (aus Kahle, Thieme Verlag, 2009). Die Austauschfläche der Blut-Liquor-Schranke entspricht nur ca. dem 5000stel Teil der Blut-Hirn-Schranke.

Tag wird ca. 500 ml Liquor produziert, ein Erwachsener hat etwa 135 ml in seinen Liquorräumen. Der Liquor wird mehrmals täglich erneuert.

Die Funktion des hochspezialisierten ZNS ist an die Erhaltung eines bestimmten Milieus gebunden. Das ZNS muss einerseits ausreichend mit Sauerstoff, Glucose und anderen Nährstoffen, Elektrolyten und Transmittern über Blutgefäße versorgt sein, andererseits muss das Gehirngewebe vor einigen im Blut befindlichen Substanzen geschützt werden. Hierzu haben sich speziell aufgebaute Barrieren entwickelt: Damit eine Substanz aus dem Blut ins Gehirn gelangt, muss sie die Blut-Hirn-Schranke überwinden,

Die **Blut-Hirn-Schranke** bei Wirbeltieren wird in erster Linie vom Kapillarendothel gebildet. Dessen parazelluläre Permeabilität ist durch dichte Tight Junctions 100fach niedriger als außerhalb von Nervengewebe. Unterstützt wird das Kapillarendothel von Astrocyten, die mit Endfüßchen die Kapillaren umgeben. Sie regen

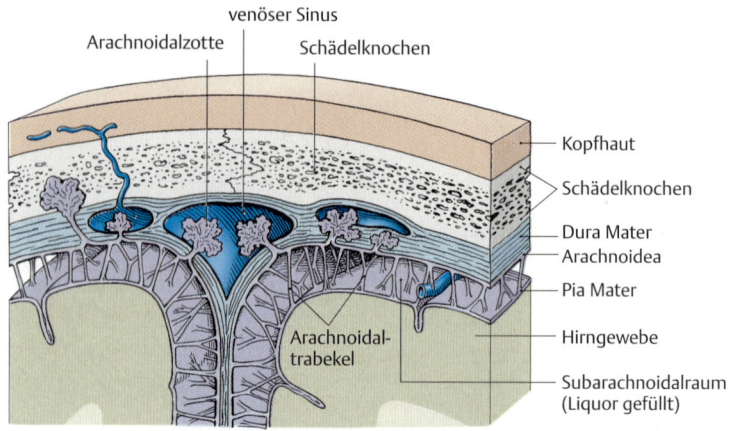

Abb. 4.27 **Liquorabfluss, Hirnhäute, Subarachnoidalraum.** (Aus Kahle, Thieme Verlag, 2009.)

das Kapillarendothel an, die spezifischen Tight Junctions auszubilden, sorgen für den Erhalt und die Ausbildung bestimmter Transportproteine. Nur kleine lipophile Substanzen können die Membranen des Endothels ungehindert passieren, der Austritt aller anderen Substanzen wird über Transportproteine reguliert. Neben dem direkten Stoffaustausch zwischen Blutkreislauf und Hirngewebe findet auch ein Stoffaustausch über den Liquor statt, allerdings in weit geringerem Umfang. Hierzu muss die **Blut-Liquor-Schranke** überwunden werden, die das Neurothel der Arachnoidea und das Epithel der Plexus choroidei bilden.

> **Myelinscheide:** Isolierende Umhüllung von Axonen; besteht aus Myelinsegmenten, die aus Lipid/Protein- Doppelschichten aufgebaut sind.
> **Oligodendrocyt:** Hüllzelle des ZNS, bildet Myelinsegmente für mehrere Axone.
> **Schwann-Zelle:** Hüllzelle des peripheren Nervensystems; bildet Myelinsegment für ein Axon oder bettet marklose Nervenfasern in Cytoplasma.
> **Liquor:** Flüssigkeit, die Hirnventrikel und Subarachnoidalraum füllt und Gehirn und Rückenmark gegen Stöße und Druck schützt.
> **Blut-Hirn-Schranke:** Der Stoffaustausch zwischen Blut und Hirnsubstanz unterliegt einer aktiven Kontrolle; spezialisiertes Kapillarendothel, daran angrenzende Pericyten und Astrocytenendfüßchen bilden die morphologische Grundlage.
> **Blut-Liquor-Schranke:** Das Epithel der Plexus choroidei bildet im Bereich der Ventrikel diese Barriere, Neurothel im Subarachnoidalraum.

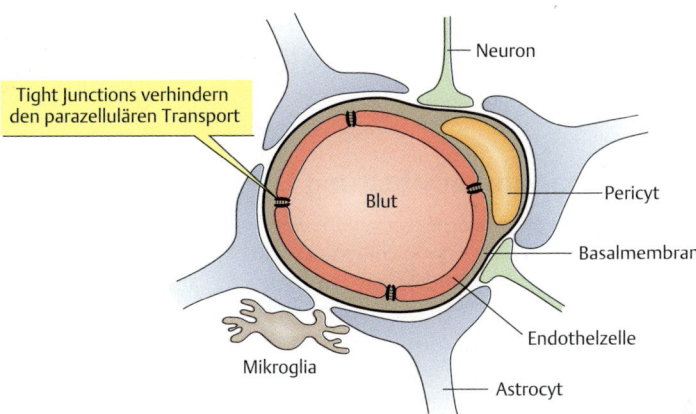

Abb. 4.**28 Blut-Hirn-Schranke.** Etwa 20 % der Endotheloberfläche ist von Pericyten bedeckt. Sie stehen über Gap Junctions mit den Endothelzellen in Verbindung. Pericyten besitzen kontraktile Actinfilamente, sie können den Gefäßdurchmesser und damit lokal den Blutdruck regulieren. Sie fungieren auch als Makrophagen und stellen eine zweite Abwehrfront für neurotoxische Stoffe dar, die die Endothelbarriere passiert haben. Pericyten und Endothelzellen sind von einer Basalmembran umgeben, die an die Membranen der Astrocytenendfüßchen grenzt.

5 Funktionelle Struktur von Nerven- und Sinneszellen

Matthias Munk

5.1 Informationsverarbeitung

> Nervensysteme dienen vor allem der Wahrnehmung der Umgebung, der Organisation von Mobilität und der Koordination von Lebensrhythmen mit Fortpflanzungsphasen. Hierzu haben sich Nervensysteme zu **komplexen Systemen** evoluiert, deren arbeitsteilige Komponenten sich zunehmend spezialisiert haben und doch gut integriert funktionieren. Alle Teilfunktionen von Nervensystemen müssen ständig durch Lernvorgänge angepasst und verbessert werden, weswegen die zugrundeliegenden neuronalen Mechanismen plastisch, das heißt durch Erfahrung modifizierbar sind. Um flexibel auf schnell veränderliche Umweltbedingungen reagieren zu können, ist eine **große Bandbreite** aller **sensorischen Fähigkeiten** und ein möglichst **umfangreiches Verhaltensrepertoire** notwendig. Voraussetzung für alle Prozesse, durch die Nervensysteme Einfluss nehmen können, ist die Fähigkeit, **Information zu verarbeiten**.

Was ist **Information**? Als Gegenstand der Naturwissenschaften wird „Information" als ein potentiell oder tatsächlich vorhandenes nutzbares Muster von Materie und/oder Energieformen verstanden, das für einen Betrachter innerhalb eines bestimmten Kontextes Bedeutung hat. Information ist das, was sich aus dem Zustand eines Systems für die Zustände anderer Systeme ableiten lässt. **C. E. Shannon** (1948) definierte den „Informationsgehalt" eines Ereignisses als umgekehrt proportional zu seiner Auftretenswahrscheinlichkeit:

$I(p) = -\log_2 p$ mit $[I]$ = bit.

Information ist demnach an Wahrscheinlichkeiten für Ereignisse und damit an Änderungen in **Zeit** und **Raum** gebunden, d. h. es gibt einen **Kontext**, der sich aus der Umgebung und dem Zustand anderer Systeme oder Systemkomponenten ergibt.

Sinneszellen haben die Aufgabe, Information aus der Umgebung aufzunehmen und als bioelektrisches Signal bereitzustellen, das von nachgeschalteten Nervenzellen weiterverarbeitet wird. **Nervenzellen** verarbeiten und leiten Information in Form von elektrischen und chemischen Signalen weiter, während **Effektorzellen** wie Muskel- oder Drüsenzellen neuronal kodierte Information wieder in Bewegungen oder die Ausschüttung von Sekreten oder Hormonen umsetzen. In Sinneszellen wird aus **physikalischen** (z. B. Licht, Photonen) oder **chemischen** Signalen ein **neuronales Signal** in Form einer elektrischen Spannung an einer Zellmembran erzeugt. Dabei wird das Signal in der Regel erheblich verstärkt.

Aus der Reizenergie z. B. eines Photons roten Lichts (ca. 10^{-19} J Strahlungsenergie) erzeugt eine Sehsinneszelle einen Rezeptorstrom von ca 10^{-13} J und reagiert damit auf Absorption eines einzelnen Quants mit einer ca 10^6 fachen Verstärkung.

Bei der Entstehung des neuronalen Signals wird **Information kodiert**, was nicht mit der Signalumwandlung an sich erklärt ist, sondern vom Kontext in Zeit und Raum abhängt. Die Kodierung von Information in neuronalen Signalen besteht also nicht nur aus einer Vorschrift für die Umwandlung von Signalen, wie etwa im Morsealphabet, sondern bezieht grundsätzlich mit ein, ob, wann und wieviel Signal im Zusammenhang entsteht. Weil die Begriffe häufig nicht sauber getrennt werden, sei hier angemerkt, dass bioelektrische Signale nicht gleichbedeutend mit der Information sind, die sie tragen können! Für die meisten Systeme ist bis heute nicht bekannt, welche und wieviel Information bestimmte Signale wirklich tragen.

Im Fall der Photonen, die auf die Netzhaut des Auges fallen, führt die Energieumwandlung durch Rhodopsin zu einer Änderung der Membranspannung. Wenn Photonen zufällig mit einer homogenen räumlichen Verteilung auf die Netzhaut fallen, dann wird nur die mittlere Helligkeit kodiert, die zum Beispiel für die Steuerung der circadianen Rhythmik benötigt wird, nicht aber Information über eine möglicherweise strukturierte Umgebung, die benötigt wird, um Objekte zu erkennen oder zu navigieren. Dazu müssen Photonen entsprechend der Struktur in der visuellen Umgebung auf die Netzhaut fallen. Information über räumliche Unterschiede oder Bewegungen werden dann kodiert, indem viele Nervenzellen in der Netzhaut miteinander wechselwirken, d. h. der visuelle Kontext wird sofort bei der Kodierung mit berücksichtigt. Natürlich gibt es zahllose andere Aspekte des Kontextes, die nicht auf der Stufe der Kodierung in den Sinnesorganen berücksichtigt werden können. Dazu sind dann zentrale Verarbeitungsstrukturen verantwortlich.

Aus diesen wenigen Beispielen geht schon hervor, dass Nervensysteme eine ungeheure Vielfalt an Reizen aufnehmen und verarbeiten müssen und dazu zahlreiche Strategien entwickelt haben. Wichtige Dimensionen für die Betrachtung sind dabei die **räumliche** und **zeitliche Auflösung**, die **Sinnessysteme** entwickelt haben. Für viele Sinne gibt es Beispiele für besonders ausgereifte Leistungen, die meist jedoch extremen Spezialisierungen entsprechen. Primaten müssen die Augenstellung ihrer Artgenossen auf große Entfernung erkennen können, weswegen die visuelle Auflösung im Bereich von einer halben Winkelminute (1° Sehwinkel = 1 cm in 57 cm Abstand; 1' = 0,16 mm; 25" = 6,9 µm) liegt. Fledermäuse detektieren durch Ultraschallortung die Stellung der Flügel ihrer Beute, was nur möglich ist, wenn sie das reflektierte Schallsignal im Bereich von Nanosekunden auflösen können. Für die endgültige Sinnesleistung gibt es in vielen Fällen heute noch keine Erklärung, wie sie erbracht wird, und es ist klar, dass es sich oft nicht um einzelne hoch spezialisierte Zellen handelt, sondern um eine kooperative Leistung ganzer Systeme. Hinsichtlich der Leistungsfähigkeit **motorischer Systeme** sind analog zur Auflösung der Sinnessysteme **Präzision** und **Freiheitsgrade** zu betrachten. Zwischen sensorischen und motorischen Systemen ergeben sich Freiheitsgrade durch erworbene Assoziationen der Sensomotorik, und bei höheren Arten bestimmen dann zunehmend kognitive Funktionen den Umfang des Verhaltensrepertoires (Kap. 8).

Die **Menge an Information**, die ein Mensch pro Zeiteinheit (Sekunde) aufnehmen kann, liegt für alle Sinnessysteme zusammengenommen in der Größenordnung von 5×10^8 bit/s. Bei der zentralen Verarbeitung muss diese Bandbreite erheblich reduziert werden. Der geschätzte Informationsfluss für Verhalten und Sprache dürfte bei etwa einem Fünfzigstel der eingehenden Information, also bei etwa 10^7 bit/s liegen. Davon abgesehen, dass nur ein winziger Bruchteil dieser Information bewusst wahrgenommen werden kann, findet eine erhebliche Reduktion des Informationsflusses statt.

Um sämtlichen täglichen Aufgaben gerecht zu werden, müssen biologische Systeme über ein möglichst **breites Spektrum** an Problemlösungsstrategien verfügen. Diese müssen dann noch der sich ständig ändernden Umwelt angepasst werden, um auch auf Dauer dem Selektionsdruck erfolgreich zu begegnen. Dies ist ein wesentlicher Unterschied zu technischen Ansätzen, die bisher nur Optimierungslösungen für eine oder wenige Spezialaufgaben liefern, wenngleich die moderne Robotik ernst zu nehmende Anstrengungen unternimmt, Systeme zu entwickeln, die vielen Situationen gewachsen sind. Nicht zuletzt aus der Notwendigkeit heraus, viele **flexible Verhaltensantworten** generieren zu können, bestehen höhere Nervensysteme aus vielen Subsystemen, die mehrere **Organisationsebenen** enthalten (Abb. 5.**1**). Sowohl die **räumliche Ausdehnung** – einzelne Nervenzellen bilden bis

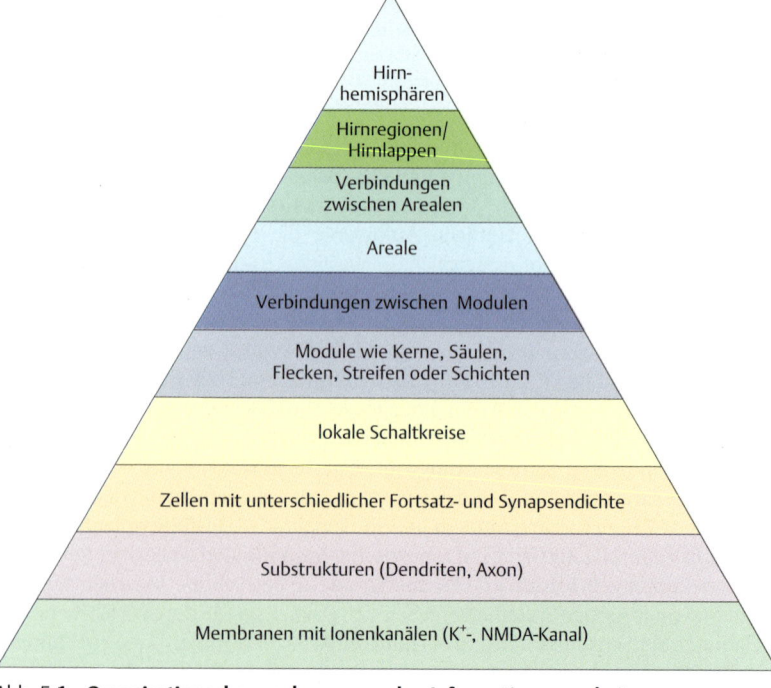

Abb. 5.**1 Organisationsebenen der neuronalen Informationsverarbeitung.**

zu mehrere Meter lange Fortsätze aus – als auch die **zeitliche Spanne**, über die Information von Nervensystemen bearbeitet wird – zwischen wenigen Millisekunden bis zu lebenslanger Speicherung – ist erstaunlich groß. Um diesen Anforderungen bei der Informationsverarbeitung gerecht zu werden, haben Nervensysteme und ihre Elemente, die Nervenzellen, eine sehr hohe **Komplexität** entwickelt. Einzelne Zellen unterhalten mit mehr als 10^4 anderen Zellen Verbindungen. Die Anzahl der verarbeitenden Nervenzellen, die zwischen sensorische und motorische Zellen geschaltet sind, erhöht sich im Laufe der Entwicklung von den einfachsten Arten mit Nervennetzen (Coelenteraten) bis zu den Säugern, die zur Lösung komplexerer Aufgaben ein Gehirn mit bis zu ~10^{11} Zellen einsetzen.

> **Information:** Die allgemeingültigste Definition der Information gibt ausschließlich die Wahrscheinlichkeit an, mit der ein Signal auftritt.
> **Kodierung:** Vorschrift für die Umwandlung von Signalen, unter Berücksichtigung, ob, wann und wieviel Signal im Zusammenhang entsteht. Algorithmus mithilfe dessen Nervenzellen Information in ihrer Aktivität verschlüsseln.

5.2 Signalverarbeitung in Nervenzellen

> Die Struktur und Funktion von **Nervenzellen** ist hoch spezialisiert, um Signale über **afferente** Verbindungen zu empfangen, zu integrieren und über **efferente** Verbindungen weiterzuleiten. Zugeführte Signale werden über **Synapsen** aufgenommen – vor allem, aber nicht ausschließlich, über die **Dendriten**. Synaptische und intrinsische Signale werden auf den **Dendriten**, dem **Soma**, dem **Axonhügel** des Axons integriert, um bei ausreichender Erregung Ausgabesignale zu generieren. Schließlich wird das Ergebnis der Signalintegration nach Fortleitung über das **Axon** an den **Synapsen** der **Axonendverzweigungen** an nachgeschaltete Zellen weitergegeben.

Nervenzellen (Neurone) bilden die zelluläre Grundlage der Informationsverarbeitung und damit für alle sensorischen, motorischen und Gedächtnisleistungen des Nervensystems. Eine typische Nervenzelle besitzt Dendriten, einen Zellkörper (Soma) mit dem Axonhügel und ein Axon mit präsynaptischen Endköpfchen. Die verschiedenen **Bereiche der Nervenzelle** (Abb. 5.2) sind für spezielle Aufgaben optimiert.

Von anderen Zellen über elektrische oder chemische Synapsen zugeführte (**afferente**) Signale werden von der **postsynaptischen Membran** aufgenommen und die Signale bei chemischen Synapsen wieder in elektrische Signale umgewandelt. Die postsynaptische Membran ist häufig Teil der **Dendriten** oder ihrer **Dornfortsätze** (**spines**). Die Dendriten setzen sich bei komplexeren Neuronen aus mehreren baumartigen Strukturen zusammen. Hier findet die Integration der Eingangssig-

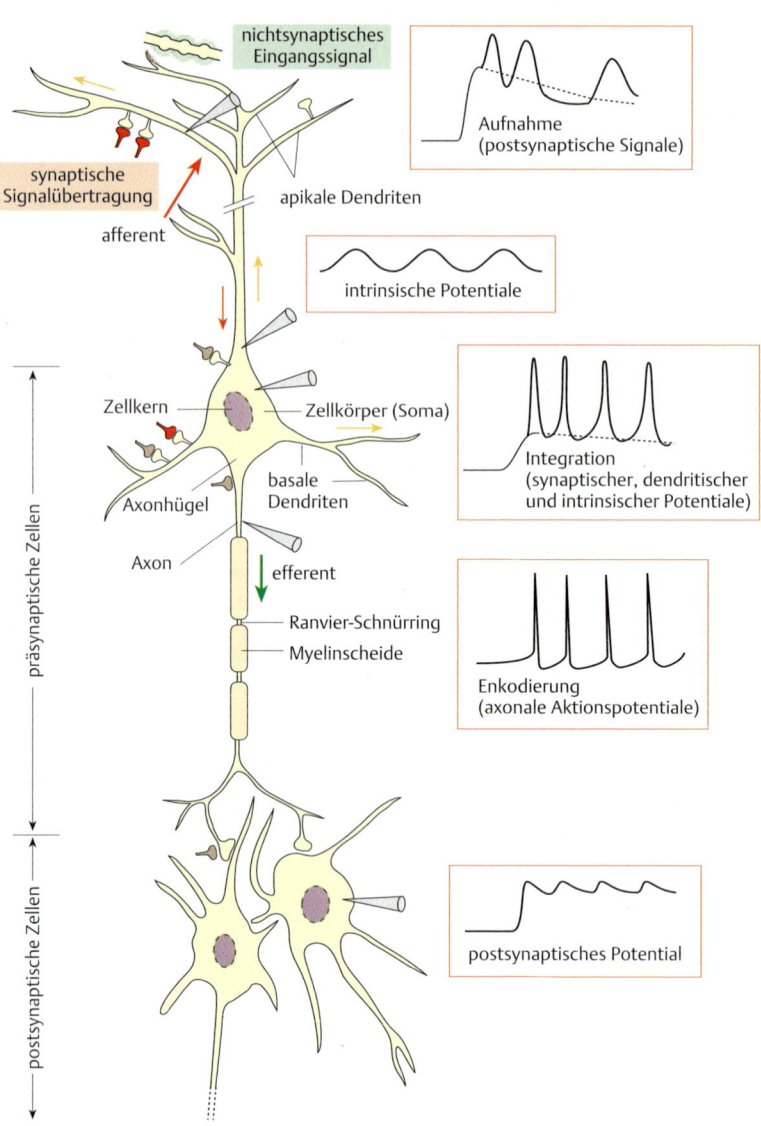

Abb. 5.2 **Nervenzelle.** Pyramidenzelle mit Dornsynapsen. Das Ausgabesignal wird an den Axonendköpfchen auf die postsynaptische Membran anderer Neurone übertragen. In der Zelle gibt es bei der Signalverarbeitung auch zurücklaufende Signale (gelbe Pfeile). In den verschiedenen Kompartimenten werden unterschiedliche Signalformen gebildet.

nale mit intrinsischen Signalen statt. Letztere führen durch Membraneigenschaften und Second-Messenger-Aktivität zu Änderungen der Erregbarkeit. Das **Soma** zusammen mit dem **Axonhügel** bzw. **Initialsegment** bildet als Konvergenzzone (s. u.) die Endstrecke der Signalintegration. Am Axonhügel werden bei ausreichender Erregung die Ausgangssignale in Form von Aktionspotentialen generiert. Sie werden auf dem **Axon** oft über sehr weite Strecken übertragen. An den **präsynaptischen Endköpfchen** (**buttons**) der Axonendverzweigungen wird das Signal an nachgeschaltete Zellen weitergegeben (**efferente**, ausgehende Signale).

Nicht zu verwechseln mit den genannten Strukturen sind die **funktionellen Kompartimente** einer Nervenzelle. Allgemein versteht man darunter einen zusammengehörigen Teil einer Struktur, der eine oder mehrere konsistente Funktionen erfüllt. Unter einem **Kompartiment einer Nervenzelle** versteht man einen elektrisch kompakten, als Einheit funktionierenden Abschnitt, innerhalb dessen alle Signale intensiv wechselwirken können und i. d. R. auch integriert werden. Zum Beispiel sind Internodien bzw Ranvier-Schnürringe eines Axons als Kompartiment zu bezeichnen, oder Dornsynapsen mit den unmittelbar angrenzenden Dendritenmembranen. Wir wissen heute, dass der Dendritenbaum funktionsabhängig aus vielen kleinen Kompartimenten besteht, aber auch kurzfristig zu einem einzigen Kompartiment zusammengeschaltet werden kann.

Dendriten sind die komplexesten Strukturen in einer Nervenzelle, sie können **mehrfach** an einer Zelle ausgebildet sein (apikaler und meist mehrere basale Dendriten bei Pyramidenzellen). Dendriten haben sehr unterschiedliche Formen. Ihre Signalverarbeitungskapazität wurde lange Zeit massiv unterschätzt. Letzteres erklärt sich vor allem dadurch, dass trotz früher Hinweise lange Zeit nicht bekannt war, dass Dendriten alles andere als nur passive Elemente der neuronalen Signalverarbeitung sind (S. 461). Der hier beschriebene Signalweg durch die Nervenzelle ist stark vereinfacht und weist nicht die für die Informationsverarbeitung notwendige Flexibilität auf. Synapsen kommen nicht nur auf den Dendriten, sondern auch auf dem Soma, dem Axonhügel, den axonalen Endköpfchen vor. Die Signalverarbeitung erfolgt im einfachsten Fall über Summation (S. 438), wenn die passiven (elektrotonischen) Eigenschaften der Membran überwiegen. Stark nichtlineare Formen der Integration erfolgen allerdings durch dynamische Regulation der lokalen Erregbarkeit und aktive Prozesse. Zu letzteren gehört, dass dendritische Membranen nicht nur passive Signalausbreitung ermöglichen, sondern aktiv Signale in allen Richtungen weiterleiten. Auch am Axonhügel entstehende Aktionspotentiale können über das Soma rückwärts über die Dendriten fortgeleitet werden.

Dornfortsätze (**spines**) kommen besonders häufig auf großen Dendritenbäumen vor, wie sie bei Pyramidenzellen der Großhirnrinde und Purkinjezellen der Kleinhirnrinde zu finden sind. Die Synapsen der Dornfortsätze (**Dornsynapsen**) wirken typischerweise erregend, können aber z. B. am **Axonhügel** stark hemmen. Ihre verschiedenen Formen – von sackförmigen Ausstülpungen zu grazilen zweigartigen oder lutscherförmigen Fortsätzen von wenigen Mikrometern Länge – lassen darauf schließen, dass ihre elektrischen Eigenschaften ebenfalls sehr unterschiedlich sind.

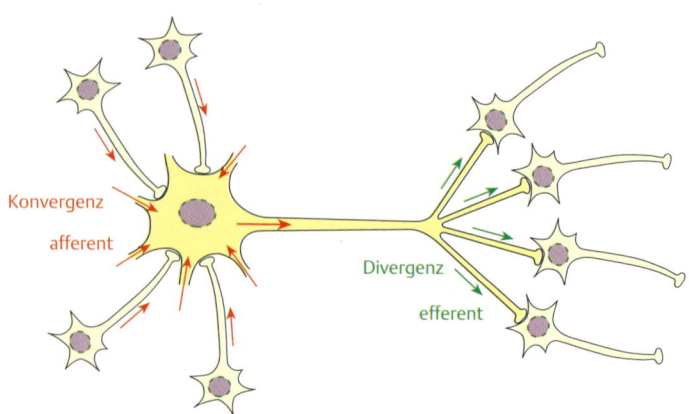

Abb. 5.3 **Konvergenz und Divergenz.**

Obwohl viele Nervenzellen mehrere Dendriten haben, kommt meist nur ein Axon vor. Die **Ein-Axon-Regel** ist fast universell. Durch diese Konfiguration von Nervenzellen ist festgelegt, dass alle Ausgangssignale irgendwann durch das Nadelöhr des Axonhügels hindurch geleitet werden müssen, sodass grundsätzlich eine **Konvergenz** der Signale und damit auch eine **Reduktion** der **eingehenden Information** strukturell vorgegeben ist (Abb. 5.3).

Das Gegenstück zur Informationsreduktion auf der Ebene von einzelnen Nervenzellen ist die Verteilung von Ausgangssignalen über Axonkollateralen und meist sehr zahlreiche **Axonendverzweigungen**. Durch diese **Divergenz** werden Signale auf viele, beim Menschen bis zu mehreren zehntausend andere Zellen verteilt, was die Grundlage für verteilte (**distributed**) Verarbeitung bildet. Die Wirkung der so verteilten Signale muss allerdings stark begrenzt werden, weil sonst durch positive Rückkopplungsmechanismen das gesamte System destabilisiert werden kann.

Zusätzlich zu den synaptischen Eingangssignalen, die eine Nervenzelle erreichen, haben **nichtsynaptische Eingangssignale** (Abb. 5.2), die über extrasynaptische Membranrezeptoren (z. B. metabotrope Glutamat-Rezeptoren) geleitet werden, modulierende Wirkung auf die Signalausbreitung in der Nervenzelle (z. B. Volumenübertragung, S. 451).

In der Nervenzelle werden Signale, in denen Information kodiert ist, umgeformt, integriert und über Synapsen an andere Zellen weitergeleitet. Die Kodierungsvorschriften unterscheiden sich in den unterschiedlichen Abschnitten und Verarbeitungsphasen. Die synaptische Signalübertragung kann dabei so modifiziert werden, dass in Kooperation mit vielen anderen Zellen, Information gespeichert und wieder abgerufen werden kann.

Neuron: Nervenzelle, auf Signalverarbeitung spezialisierte Zelle mit verschiedenen Typen von Fortsätzen:
- **Dendriten:** Sehr vielgestaltige und meist weitverzweigte, am Soma des Neurons ansetzende Fortsätze, die bei vielen Zellen mit dornenförmigen Fortsätzen (spines) besetzt sind, auf denen eine Synapse verankert ist.
- **Axon:** Meist sehr dünner, am Soma abgehender Fortsatz, der meist zahlreiche Endverzweigungen mit synaptischen Endköpfchen hat.

Axonhügel (Initialsegment): Übergangsbereich von Soma zu Axon, Konvergenzzone und Auslöseort für die Entstehung der (meisten) Aktionspotentiale.
Divergenz: Eine Nervenzelle verteilt ihre Signale über Axonkollateralen und meist sehr zahlreiche Axonendverzweigungen auf mehrere ($2-10^4$) Nervenzellen.
Konvergenz: Signale von ($2-10^4$) verschiedenen Nervenzellen laufen zunächst auf allen postsynaptischen Membranen und schließlich am Axonhügel einer Nervenzelle zusammen.

5.3 Spezielle neuronale Membranphysiologie

Die bioelektrischen Signale von Sinnes- und Nervenzellen unterscheiden sich nicht grundsätzlich von entsprechenden Signalen anderer Zellen, aber sie weisen viele Besonderheiten auf, die mit der Komplexität und Adaptivität der Signalverarbeitung zu tun haben. Sie beruhen auf der Aktivität von **Ionenkanälen** in den Membranen. Neben **passiver Ausbreitung** auf Membranen, aber auch über verschiedene Zellkompartimente oder gar verschiedene Zellen hinweg, gibt es **aktive Weiterleitung** in Form von **Aktionspotentialen**. **Synaptische Potentiale** können das Membranpotential sowohl de- als auch hyperpolarisieren. Ihr Effekt auf die Signalweiterleitung einer Zelle wird als **exzitatorisch** bzw. **inhibitorisch** bezeichnet, wenn die Wahrscheinlichkeit für ein Aktionspotential zu- bzw. abnimmt.

5.3.1 Ionenkanäle

Alle elektrischen Prozesse in der Nervenzelle wie Ruhepotential, Aktionspotentiale, dendritische Potentiale und synaptische Potentiale und ihre passive Ausbreitung oder aktive Weiterleitung beruhen auf dem Zusammenspiel von **Ionenkanälen** und -pumpen. Ihr Vorkommen, ihre Verteilung und ihre funktionellen Eigenschaften charakterisieren die jeweiligen Nervenzelltypen und bestimmen ihre Funktion in der neuronalen Informationsverarbeitung.

Die Cytoplasmamembran hat eine verschwindend geringe Durchlässigkeit für geladene und hydratisierte Ionen. Ionenkanäle sind Transmembranproteine, sie bilden wässrige Poren durch die hydrophobe Lipiddoppelmembran und ermöglichen so für die Ionen eine erleichterte Diffusion durch die Membran hindurch. Die verschiedenen Kanäle lassen nur bestimmte Ionen passieren. Sie werden entsprechend z. B. als Na^+-, K^+-, Ca^+- oder Cl^--Kanäle bezeichnet. Kein Kanal ist vollkommen selektiv, aber z. B. haben manche K^+-Kanäle eine 100fach höhere Selektivität für K^+-Ionen als für Na^+-Ionen. Diese **selektive Permeabilität** der Ionenkanäle beruht auf mehreren Faktoren: Unterschiedliche Porengrößen, der engste Bereich wird als **Selektivitätsfilter** bezeichnet, wirken als molekulares Sieb. Zusätzlich weisen die Kanalwände durch unterschiedliche Aminosäurereste unterschiedlich geladene Bereiche auf, die als **elektrostatische Barrieren** wirken und je nach Vorzeichen positiv oder negativ geladene Ionen passieren lassen. Die K^+-Kanalwand z. B. ist ungeladen, die kleinen K^+-Ionen streifen ihre Hydrathülle leicht ab und passieren den K^+-Kanal daher leichter. Es ist eine Vielzahl an unterschiedlichen Kanaltypen und Genfamilien mit unterschiedlicher Struktur, Funktion und Verteilung im Nervensystem bekannt.

Ionenkanäle bestehen häufig aus mehreren Proteinuntereinheiten und akzessorischen Proteinen, die unterschiedlichste Regulation zulassen. Es werden spannungsgesteuerte, ligandengesteuerte, rezeptorgekoppelte sowie konstitutiv aktive Kanäle unterschieden.

Der schnelle Na^+-Kanal ist wesentlich an der Entstehung eines Aktionspotentials beteiligt. Er ist ein **spannungsgesteuerter** Ionenkanal. Seine Aktivierung ist abhängig vom Membranpotential. Ein Beispiel für einen **ligandengesteuerten** Ionenkanal ist der nikotinische Acetylcholinrezeptor (nAChR, S. 448). Der ligandengesteuerte Kanal wirkt selber als Rezeptor für seinen aktivierenden Liganden (Transmitter), in dem Fall Acetylcholin, und wird deshalb auch als **ionotroper Rezeptor** bezeichnet. Die Aktivierung der mit einem separaten Rezeptor gekoppelten Ionenkanäle erfolgt dagegen indirekt z. B. über G-Proteine bzw. sekundäre Botenstoffe. Sie werden deshalb auch als **metabotrope Rezeptoren** bezeichnet (S. 449).

Die meisten der für die neuronale Verarbeitung relevanten Ionenkanäle sind nicht kontinuierlich geöffnet, sondern die Kanäle schalten zwischen **geöffnetem** und **geschlossenem Zustand** hin- und her. Die Kinetik dieser Vorgänge ist charakteristisch für den jeweiligen Ionenkanaltyp, und die Offen- oder Geschlossenzeiten variieren im Millisekunden- bis Sekundenbereich. **Konstitutiv aktive Ionenkanäle** sind dauerhaft offene Membranporen. Ströme durch solche Membranporen werden auch als Leckströme bezeichnet. Sie sind eine Voraussetzung für die Aufrechterhaltung des Ruhepotentials und für die Erregbarkeit von Nervenzellen.

Weitere Transportproteine in der Nervenzellmembran wie Pumpen und Carrier sorgen dafür, dass die durch Ionenströme verursachten sehr kleinen Verschiebungen der lokalen Ionenkonzentrationen langsam wieder ausgeglichen und so stabile Voraussetzungen für die Erhaltung des Membranpotentials erhalten werden. Die **Na^+-K^+-ATPase** z. B. transportiert gegen die Konzentrationsgradienten 3 Na^+-Ionen aus der Zelle hinaus und 2 K^+-Ionen in die Zelle hinein. Diese „elektrogene" Ionenpumpe führt also zu einem Nettotransport elektrischer Ladungen, das Membranpotential verändert sich. **Ca^{2+}-ATPasen** transportieren aktiv Ca^{2+} aus der Zelle. Bei dem Transport durch Ionenpumpen wird ATP verbraucht, sie werden daher als ATPasen bzw. **primäre aktive Transporter** bezeichnet. Carrier sind

sekundär aktive Transporter, die vorhandene Konzentrationsgradienten ausnutzen (*Biochemie, Zellbiologie*). Ein für Nervenzellen wichtiger Carrier ist der Na^+-Ca^{2+}-Antiporter.

5.3.2 Ruhepotential

Damit Zellen elektrische Signale verarbeiten können, muss ihre Membran in Ruhe, also in Abwesenheit von afferenter synaptischer Aktivität in Neuronen und Muskelzellen und von äußeren Reizen in Sinneszellen, ein Potential aufweisen, das erlaubt, dem Zustand des Nervensystems entsprechend, entweder möglichst sensitiv oder nur bedingt empfindlich zu sein. Die Grundvoraussetzungen für ein stabiles **Ruhepotential** sind: eine ungleiche Verteilung von Ladungsträgern (Ionen), die durch Ionenpumpen und Carrier aufrechterhalten wird, sowie selektive Permeabilität für mindestens eine Ionensorte (z. B. K^+). Für jedes Ion gibt es unter diesen Bedingungen ein **Gleichgewichtspotential**, bei dem die Diffusionstendenz entlang des Konzentrationsgradienten mit der elektrostatischen Anziehung in Gegenrichtung im Gleichgewicht steht. Wird das Potential überschritten, dann kehrt sich die Richtung der Ionenbewegung um, weswegen das Gleichgewichtspotential auch als Umkehrpotential bezeichnet wird. Das Gleichgewichtspotential ist durch den **Konzentrationsunterschied**, die **Temperatur**, die **Wertigkeit des Ions** und die zur **Trennung einer bestimmten Ladungsmenge** benötigte Arbeit determiniert und kann mithilfe der **Nernst-Gleichung** ausgerechnet werden (Abb. 5.4, *Biochemie, Zellbiologie*). In Säugerzellen liegen die Gleichgewichtspotentiale typischerweise für K^+ bei –95 mV, für Na^+ bei +60 mV, für Cl^- bei –80 mV und für Ca^{2+} bei +120 mV. Das tatsächliche Ruhemembranpotential hängt dann vor allem vom Verhältnis der Permeabilitäten der beteiligten Ionen ab, das sich nach der **Goldmann-Hodgkin-Katz-Gleichung** (*Biochemie, Zellbiologie*) berechnen lässt:

$$V_m = \frac{RT}{F} \ln \frac{P_{K^+}[K^+]_i + P_{Na^+}[Na^+]_i + P_{Ca^{2+}}[Ca^{2+}]_i + P_{Cl^-}[Cl^-]_o}{P_{K^+}[K^+]_o + P_{Na^+}[Na^+]_o + P_{Ca^{2+}}[Ca^{2+}]_o + P_{Cl^-}[Cl^-]_i}$$

V_m = Membranspannung, R = allgemeine Gaskonstante (8,32 J· K^{-1} · mol^{-1}), F = Faraday-Konstante (96 500 C · mol^{-1}), T = absolute Temperatur (K), p_x = relative Permeabilität des Ions X, $[X]_i$ bzw. $[X]_o$ = Konzentrationen des Ions X im Intra- und Extrazellulärraum.

Das Ruhepotential ist also ein gewichteter Mittelwert der Gleichgewichtspotentiale aller Ionen, die auch in Ruhe die Membran passieren können.

In Wirklichkeit ist das Ruhepotential wegen der Wirkung der elektrogenen Ionenpumpen noch einige Millivolt negativer, wobei hier ausdrücklich betont werden soll, dass der **Beitrag** der **Ionenpumpen** am Ruhepotential durch die asymmetrische Stöchiometrie bei nur ~1 % liegt.

Das Ruhepotential von manchen Zellen ist abhängig vom **Zustand** des Gehirns: In den Relaiskernen des Zwischenhirns kann das Ruhepotential im Schlaf 15 mV negativer sein als bei Wachheit, was damit zu tun hat, dass der Signaltransfer in die Hirnrinde im Schlaf stark gedrosselt ist.

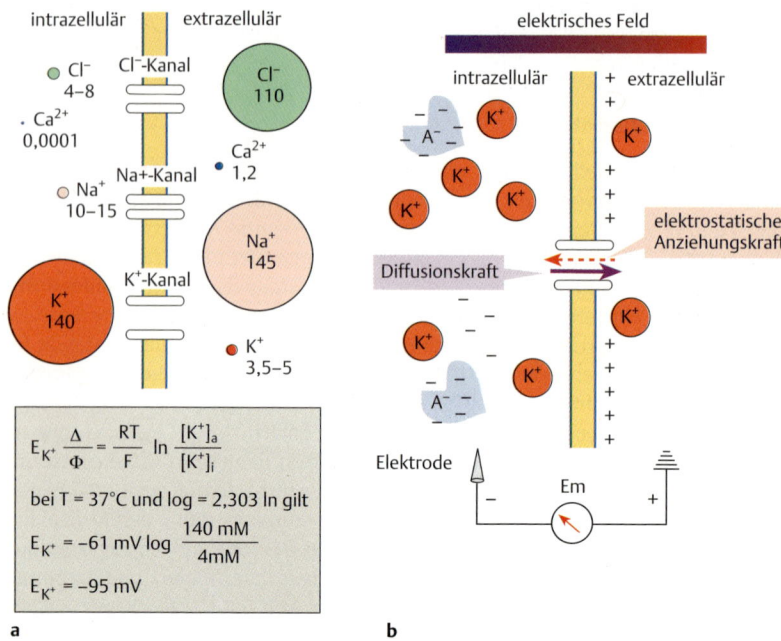

Abb. 5.4 **Ionenverteilung beim Ruhepotential. a** Typische Ionenverteilung in einem Säugerneuron. Die Nernst-Gleichung berücksichtigt nur eine Ionensorte, hier das K$^+$-Ion, für K$^+$ liegt das Gleichgewichtspotential (E_{K+}) bei –95 mV. **b** Beim Gleichgewichtspotential ist die Diffusionskraft, die K$^+$ nach außen drückt, gleich groß der elektrostatischen Anziehung zwischen den nach außen diffundierten K$^+$-Ionen und der netto negativen Ladung des Zellinneren (A$^-$ = negativ geladene Proteine und Polypeptide). Zum Aufbau eines Membranpotentials müssen nur wenige Ionen in enger Nachbarschaft der Membran verschoben werden. Der Effekt auf die intra- und extrazellulären Ionenkonzentrationen ist vernachlässigbar.

5.3.3 Unterschwellige Membranpotentiale

Das Ruhepotential ist Voraussetzung für jeglichen Signalempfang und jede weitere Signalverarbeitung und -weitergabe einer elektrisch erregbaren Zelle. Es gibt nun viele Möglichkeiten, wie elektrisch erregbare Zellen ihre Ruhelage verlassen: Nervenzellen erhalten die meisten Signale über chemische oder elektrische Synapsen. Signale, die über chemische Synapsen eingehen, müssen durch Membranprozesse in elektrische Signale umgewandelt werden. Diese werden, ebenso wie die über elektrische Synapsen eingehenden Signale, als **postsynaptische Potentiale** bezeichnet. Die Nervenzellen generieren aber u. U. auch selbst „**intrinsische" Signale**. Die meisten dieser Signale sind alleine zu schwach oder heben sich aufgrund unterschiedlicher Polarität auf, sodass die Nervenzelle nicht stark genug aktiviert wird, um die Signale gleich durch aktive Weiterleitung in Form von Aktionspotentialen an andere Zellen auszugeben. Daher bezeichnet man diese Signale als **unterschwellig**. Diese Signale, die z. B. auf den ausgedehnten Membranen der Dendriten ankommen und durch Integration mehrerer Quellen in den Bereich der Schwelle kommen, lösen Aktionspotentiale aus, deren Frequenz etwa proportional zu ihrer Amplitude ist. Daher bezeichnet man sie auch als **Generatorpotentiale**.

Bei Sinneszellen entstehen nach Reizung in den allermeisten Fällen auch zunächst unterschwellige Potentiale, die dann als **Rezeptorpotentiale** bezeichnet werden (S. 47).

Muskelzellen hingegen erhalten über ihre Synapsen immer sehr starke und damit **überschwellige Potentiale**, Aktionspotentiale, die die elektromechanische Kopplung aktivieren.

Postsynaptische Potentiale und Rezeptorpotentiale können verschiedene **Polarität** haben, je nachdem, welche Ionenkanäle aktiviert werden: Wenn Einwärtsströme wie Na^+-Kanäle aktiviert werden, kommt es zur **Depolarisation** („de-", weil dadurch das Rezeptorpotential reduziert wird). Wenn jedoch Auswärtsströme wie K^+-Kanäle aktiviert werden, kommt es zur **Hyperpolarisation** (hyper-: über das Rezeptorpotential hinaus).

Schließlich kann man **experimentell** das Membranpotential beeinflussen und durch Anlegen eines elektrischen Feldes von außen eine Hyperpolarisation (unter der Anode) oder Depolarisation (unter der Kathode; zieht Kationen von der Membran weg) bewirken. Eleganter ist natürlich, mit einer feinen Glaspipette direkt Ladungsträger in das Zellinnere zu injizieren: Durch direkte Strominjektion lässt sich die Membranspannung nicht nur auf einen vorgewählten Wert „klemmen", sondern auch zu einem genauen Zeitpunkt an die Schwelle für das Auslösen eines Aktionspotentials bringen (s. u., Abb. 5.**5a**).

In der **Elektrophysiologie** werden Substanzen wie Tetrodotoxin und Tetraethylammonium eingesetzt, um gezielt **pharmakologisch** den einen oder anderen Kanal „auszuschalten" und dadurch das Aktionspotential in Form, Zeitverlauf oder Amplitude zu verändern (Abb. 5.**5b**). Tetraethylammonium inhibiert K^+-Kanäle, Tetrodotoxin verhindert die Aktivierung des spannungsabhängigen Na^+-Kanals, der bei der Auslösung der Aktionspotentiale unabdingbar ist. Tetrodotoxin wird aus der Leber des japanischen Kugelfisches isoliert. In Japan gilt dieser Fisch als Delikatesse, und jedes Jahr sterben einige Menschen am Verzehr unsachgemäß präparierter Fische. Mittels der **Patch-Clamp-Technik** gelingt es, Ionenströme durch **einzelne Kanäle** zu messen und somit die Funktion einzelner Ionenkanäle zu untersuchen. Die Methode wurde von den Göttinger Forschern Erwin Neher und Bert Sakmann entwickelt, die dafür 1991 den Nobelpreis bekamen. Unter mikroskopischer Kontrolle wird eine sehr feine Glaskapillare auf die Membran aufgesetzt und durch vorsichtiges Saugen ein Unterdruck erzeugt, der Membran und Glas in engen Kontakt bringt und so den an der Pipettenspitze befindlichen Membranfleck von der restlichen Zellmembran elektrisch isoliert. Es kommen zwei Techniken zur Anwendung: Um zu verhindern, dass Ionenströme das Membranpotential (V_m) verändern, hält man durch Strominjektion V_m konstant. Bei konstanter Spannung ist nach dem Ohmschen Gesetz der Strom direkt proportional zur Leitfähigkeit und damit durch den Zustand der Membranka-

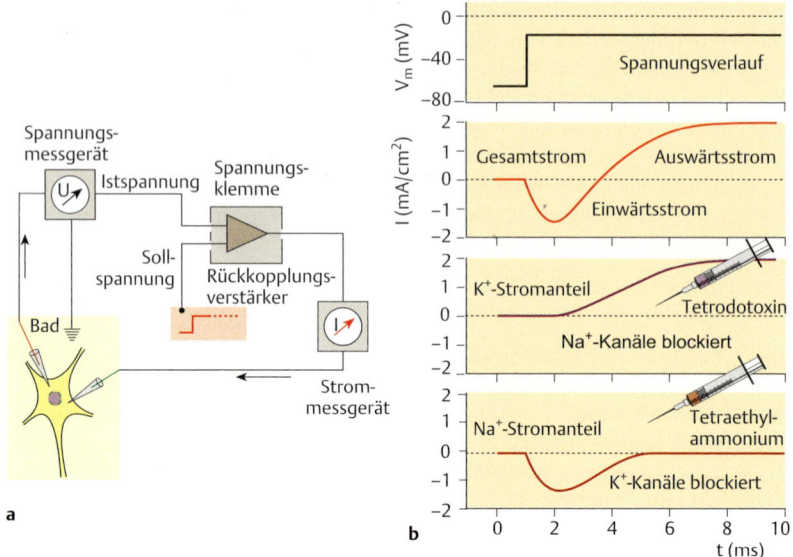

Abb. 5.**5 Voltage Clamp. a** Eine intrazelluläre Elektrode misst den Istwert, bei einer Abweichung vom Sollwert wird über eine zweite intrazelluläre Elektrode so viel Strom in die Zelle geleitet, bis der Sollwert wieder erreicht ist (Rückkopplungsverstärker). **b** Wirkung von Tetrodotoxin und Tetraethylammonium.

näle bestimmt. Der Injektionsstrom, der bei der Spannungsklemme für die Konstanthaltung des Membranpotentials benötigt wird, ist demnach ein direktes Maß für den Strom, der durch die isolierten Ionenkanäle fließt. Man misst hier also nicht das Membranpotential, sondern die Ströme, die bei einem bestimmten Potential fließen. Diese Technik nennt man **Spannungsklemme** (**Voltage-Clamp-Technik**). Bei der **Stromklemme** (**Current-Clamp-Technik**) misst man das Membranpotential und fixiert oder „klemmt" die Ströme auf einen Wert. ◀

5.3.4 Aktionspotentiale

Für lange Zeit dachte man, dass ausschließlich die Membranen der Axone die Fähigkeit hätten, Signale **aktiv weiterzuleiten**. Diese Auffassung ist heute obsolet, weil es auf vielen anderen Membranabschnitten von Nervenzellen spannungsabhängige Leitfähigkeiten gibt, insbesondere auch auf den oft weitverzweigten Dendritenbäumen. Entgegen der ursprünglichen Auffassung, dass **Aktionspotentiale** (spikes) die Zelle lediglich als Ausgangssignale über das Axon verlassen, können sie aktiv rückwärts gerichtet vom Axonhügel über das Soma zurück in den ganzen Dendritenbaum weitergeleitet werden. Rückgeleitete Aktionspotentiale sind für die dendritische Signalverarbeitung (S. 463, Abb. 5.**24**) besonders interessant, weil sie alle

Eingangsstrukturen von Nervenzellen über die Ausgangssignale informieren und sich damit auch an der Auslösung synaptischer Plastizität beteiligen können (S. 458).

Grundsätzlich gilt, dass überall dort, wo spannungsabhängige Ionenkanäle (für Na^+, K^+, Ca^{2+} etc.) auf der Membran vorhanden sind, die bei einem **Schwellenwert** ansprechen, eine aktive Signalfortleitung in Form von Aktionspotentialen stattfinden kann. Wenn das Membranpotential V_m am Axonhügel (hier stellvertretend genannt für alle Membranabschnitte mit spannungsabhängigen Ionenkanälen) von seinem Ruhewert (~–75 mV) soweit depolarisiert wird, dass dabei das Membranpotential den Schwellenwert für spannungsabhängige Na^+-Kanäle (~–50 mV) überschreitet, wird ein Aktionspotential ausgelöst (Abb. 5.6). Dabei wird zunächst die Permeabilität für Na^+ erhöht, wodurch es zu einer **Depolarisation** des Membranpotentials (~+30 mV) in Richtung auf das Na^+-Gleichgewichtspotential (+56 mV) kommt. Mit geringer Verzögerung erhöht sich die Permeabilität für K^+-Ionen, was schnell zur **Repolarisation** des Membranpotentials in Richtung auf das K^+-Gleichgewichtspotential (~–102 mV) führt, dabei aber wegen der langsameren

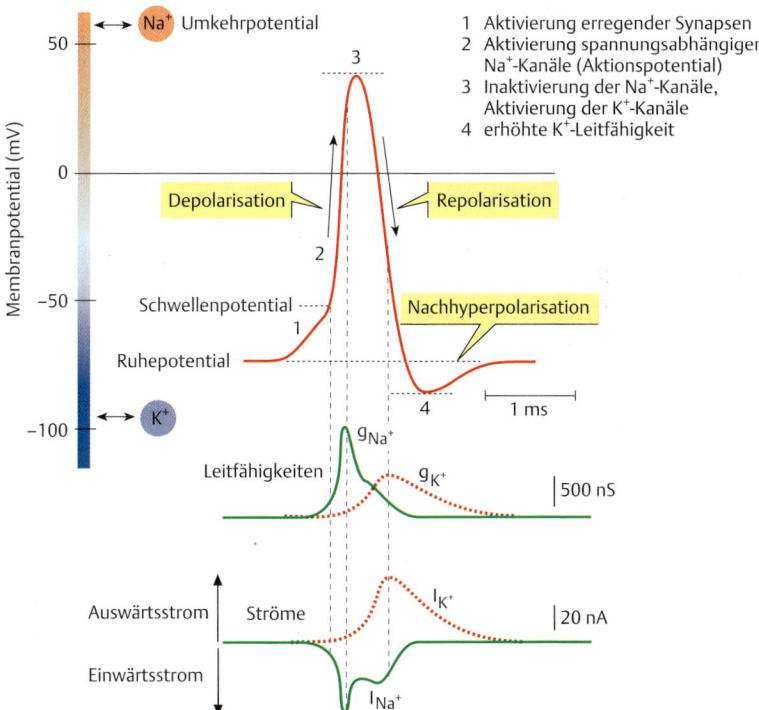

Abb. 5.**6 Membranprozesse beim Auslösen von Aktionspotentialen.** Ionenströme und Spannungsverlauf.

Deaktivierung der K⁺-Leitfähigkeit zu einer überschießenden **Nachhyperpolarisation** (~10 mV negativer als das Ruhepotential) führt. Wenn das Membranpotential über –40 mV steigt, dann „inaktivieren" die Na⁺-Kanäle, d. h. ihre Konformation ändert sich so, dass sie sich auch bei beliebig hohen Reizstärken nicht mehr öffnen können. Diese Eigenschaft dient nicht nur dazu, den ohnehin schon explosionsartigen Charakter der elektrischen Aktivierung zu begrenzen, sondern sie hinterlässt die Membran in einem **refraktären Zustand**. Dadurch wird es erst möglich, dass die sich schnell ausbreitenden Aktionspotentiale nur in einer Richtung weitergeleitet und kreisende Erregungen (Reverberationen) verhindert werden. Letztere würden dazu führen, dass die erregbare Struktur keinen geordneten Signaltransfer mehr leisten kann.

Die Übertragungskapazität, d. h. die Informationsmenge, die ein Axon übermitteln kann, hängt davon ab, wie schnell der refraktäre Membranabschnitt wieder ak-

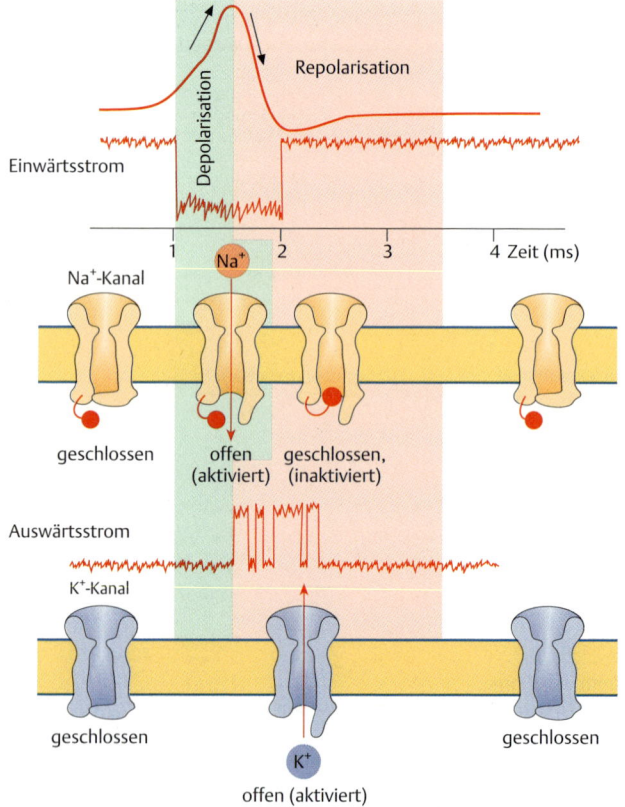

Abb. 5.**7** **Refraktärzeit von Aktionspotentialen.**

tivierbar ist. Je schneller der Membranabschnitt wieder aktivierbar ist, d. h. je kürzer die **Refraktärzeit**, desto höhere Entladungsfrequenzen werden möglich. Die schnelle Repolarisation durch den spannungsabhängigen K^+-Strom trägt dazu bei. Man unterscheidet eine **absolute Refraktärzeit** (~0,4–1,2 ms nach Überschreiten der Schwelle), während der überhaupt keine aktivierbaren Na^+-Kanäle verfügbar sind (oberhalb –40 mV) von einer **relativen Refraktärzeit** (~>1,2 ms nach Überschreiten der Schwelle), in der nur ein Teil der Na^+-Kanäle regeneriert sind und es deswegen nur zur Ausbildung eines unvollständigen Aktionspotentials kommt (Abb. 5.**7**).

Inwieweit die **Uniformität** der Aktionspotentiale, die früher gerne mit der „Alles-oder-nichts-Regel" beschrieben wurde, Bedeutung für den Informationstransfer in einem neuronalen System hat, ist bisher nicht geklärt, zumal sich auch unter physiologischen Bedingungen die Form der Aktionspotentiale erheblich ändert, wenn Zellen beispielsweise mit sehr hohen Frequenzen entladen. Oft werden in Analogie zu elektronischen Signalverarbeitungssystemen die **Aktionspotentiale** mit **digitalen** Signalen verglichen, während die **amplituden- und zeitkontinuierlichen** Signale an Synapsen, Dendriten und Somata als **analoge** Signale betrachtet werden. Der Vergleich ist in mancher Hinsicht nützlich: Ähnlich wie die digitale Übertragung gegenüber der analogen Übertragung schneller und weniger störanfällig ist, ist auch der neuronale Signaltransfer über weitere Strecken mittels relativ formstabiler Aktionspotentiale nicht nur schneller, sondern auch sicherer.

Die **Geschwindigkeit**, mit der Aktionspotentiale über das Axon geleitet werden, hängt neben der **Temperatur** von der Beschaffenheit des Axons ab und variiert um mehr als zwei Größenordnungen. Die langsamsten marklosen Fasern leiten mit ~0,5 m/s während die schnellsten markhaltigen Fasern über ~100 m/s erreichen (Tab. 5.**1**). Dabei spielen vor allem zwei Faktoren eine Rolle: der **Durchmesser** des Axons und damit die Zahl der zur Verfügung stehenden Ladungsträger und die **Myelinisierung**, die erlaubt, dass die Aktionspotentiale große Membranabschnitte überspringen und somit erheblich Zeit einsparen (S. 404). Für die Leitungsgeschwindigkeit **markloser Fasern** spielt der **Längswiderstand** die entscheidende Rolle, der in einem elektrolytischen Leiter neben der Beweglichkeit der Teilchen (Temperatur) vor allem von ihrer Zahl abhängt. Letztere kann unter physiologischen Bedingungen nur durch Vergrößerung des Faserdurchmessers erhöht werden. Die Leitungsgeschwindigkeit markloser Fasern ist näherungsweise proportional der Quadratwurzel ihres Durchmessers. Im Gegensatz zu dieser **kontinuierlichen** Art der Fortleitung findet auf den Membranen der **myelinisierten Fasern** eine **saltatorische** (springende) **Fortleitung** statt, bei der sich die Aktionspotentiale nur an den sehr kurzen, vom Myelin nicht bedeckten Membranabschnitten bilden können (Abb. 5.**8**), den Ranvier-Schnürringen. Der Haupteffekt der Isolation durch die Myelinscheiden ist eine massive Verringerung der **Membrankapazität**. Das Auf- bzw. Umladen von Kapazitäten kostet vor allem Zeit, und die Reduktion der erregbaren Membranfläche führt zu einem so erheblichen Zeitgewinn, dass die Leitungsgeschwindigkeit um das 10–100fache zunimmt.

Tab. 5.1 **Klassifikation von Nervenfasern.** Die Angaben basieren auf Messungen an Katzen. Beim Menschen z. B. sind die Nervenleitgeschwindigkeiten um 25 % reduziert (nach Duale Reihe Physiologie, Thieme Verlag, 2010).

	Faserklasse nach Erlanger und Gasser	Faserklasse nach Llyod und Hunt	Vorkommen	Durchmesser (µm)	Leitungsgeschwindigkeit (m/s)
myelinisiert	Aα	I	afferent: Muskelspindelafferenz efferent: α-Motoneurone	10–20	60–120
	Aβ	II	somatosensorische Afferenz der Haut	7–15	30–70
	Aγ		Muskelspindelefferenz	4–8	15–50
	Aδ	III	afferent: Thermo-, Schmerzrezeptoren (heller Sofortschmerz)	2–7	10–40
	B		efferent: präganglionäre vegetative (viszeromotorische) Fasern	1–3	3–20
marklos	C	IV	Schmerzrezeptoren (dumpfer Spätschmerz) efferent: postganglionäre vegetative Fasern	0,5–1,5	0,5–2

Für die phylogenetische Weiterentwicklung im Sinne einer schnelleren und damit leistungsfähigeren Signalübertragung durch Nervenfortsätze waren Myelinisierung und Homoiothermie wesentliche Schritte.

Der **Axondurchmesser** ist bei zentralen Neuronen wie den Pyramidenzellen der Hirnrinde, bei denen sich die Axone in sehr viele Kollateralen aufzweigen, **nicht homogen**. Dadurch können Aktionspotentiale an gleich weit voneinander entfernten Zielorten zu unterschiedlichen Zeiten ankommen oder aber an unterschiedlich weit entfernten Zielorten gleichzeitig eintreffen, obwohl die Eingangssignale zu verschiedenen Zeiten entstanden sind. Ob der Grad der Myelinisierung verschiedener Axonkollateralen auch inhomogen ist und dazu genutzt wird, die Laufzeiten aufeinander abzustimmen, ist bisher nicht geklärt. Im Hörsystem werden verschiedene Schalllaufzeiten zu den beiden Ohren, die die Grundlage für das Richtungshören darstellen, dadurch ausgewertet, dass die neuronalen Signale über Axone mit unterschiedlichen Leitungsgeschwindigkeiten an gemeinsame Zielzellen eines Kerngebietes geleitet werden. Im Sehsystem konnte mithilfe einer sub-µm-genauen 3D-Rekonstruktion der Axongeometrie und nachfolgender Simulationen der Ausbreitung eines Aktionspotentials gezeigt werden, dass in einem Drittel der Zellen das Aktionspotential mit µs-Präzision an Synapsen gleichzeitig ankommt, die mehrere Millimeter voneinander entfernt sind. Für die Koordination

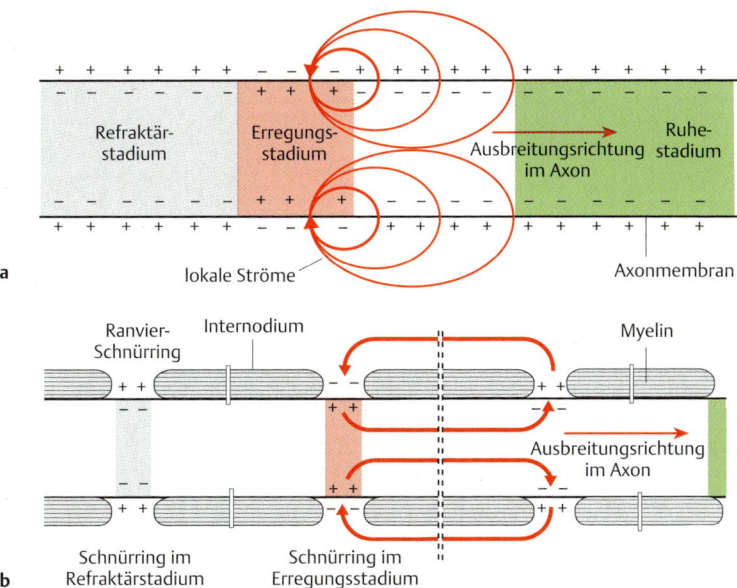

Abb. 5.8 **Saltatorische und kontinuierliche Weiterleitung von Aktionspotentialen.** Die Länge der Internodien liegt zwischen 200 und 2000 μm.

von zentralen Verarbeitungsprozessen ist es notwendig, dass weitverteilte Gruppen von Nervenzellen Signale genau gleichzeitig erhalten (S. 470).

Inzwischen ist auch herausgefunden worden, dass die **Schwelle** für das Auslösen von Aktionspotentialen, zumindest in Pyramidenzellen der Hirnrinde, **dynamisch** reguliert werden kann. Bei solchen Untersuchungen wurde eine Variabilität der Schwelle von ~15 mV beobachtet. Der **Schwellenmechanismus** mit einem fixen, biophysikalisch determinierten Wert wurde lange Zeit als universales Phänomen begriffen. Inzwischen ist aber geklärt, dass Säugerneurone wesentlich schneller die Schwelle erreichen können, was möglicherweise durch Kooperativität zwischen benachbarten Na^+-Kanälen zustande kommt. Aus diesem Befund ergibt sich, dass der genaue Zeitpunkt, an dem Aktionspotentiale in Säugern ausgelöst werden können, mehr Freiheitsgrade aufweist, was für die Lernprozesse, die mit einer Änderung der synaptischen Übertragung einhergehen, von besonderer Bedeutung sein dürfte.

Um die Erregbarkeit einer neuronalen Struktur zu untersuchen, bestimmt man üblicherweise Rheobase und Chronaxie (Abb. 5.**9**). Die **Rheobase** ist definiert als die minimale Reizstärke bei (theoretisch) unendlicher Einwirkdauer, die benötigt wird, um ein Aktionspotential auszulösen. Die **Chronaxie** gibt, komplementär dazu, die Dauer der Reizeinwirkung bei doppelter Rheobase an, die zur Auslösung eines Aktionspotentials benötigt wird. Bei externer Stimulation von Nervenzellen

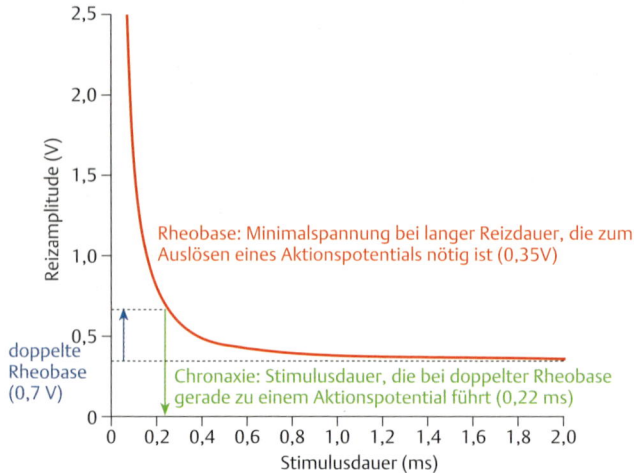

Abb. 5.**9 Rheobase und Chronaxie.**

ist ferner darauf zu achten, ob Verbindungen ein Signal in physiologischer Richtung (vom Soma zu den Synapsen), also **orthodrom**, oder entgegengesetzt (von den Synapsen zum Soma), also **antidrom** fortleiten, weil die **Latenz** (Zeitverzögerung), mit der das Signal übertragen wird, bei orthodromer Fortleitung meistens etwas länger ist. Diesen Unterschied kann man sich experimentell zunutze machen, wenn man die Verbindung zwischen zwei Neuronen genauer untersuchen will. Mithilfe des **Kollisionstests** kann man eine asymmetrische Verbindung zwischen zwei Nervenzellen eindeutig identifizieren.

Neuronale Kodierung durch Aktionspotentiale

Die Amplitude der primären postsynaptischen Potentiale in einer Nervenzelle bzw. Rezeptorpotentiale in einer Sinneszelle ist meist proportional zur Intensität der über die Synapsen bzw. reizaufnehmenden Strukturen eingehenden Signale (**Amplitudenkodierung**). Die primären meist unterschwelligen Potentiale werden mit intrinsischen Potentialen verrechnet und dann umgewandelt (**Transformation**). Dabei werden an den meisten Axonen proportional zur Amplitude des Potentials entsprechend viele **Aktionspotentiale** ausgelöst. Die Information über die Reizintensität wird also in Form der Entladungsrate kodiert (**Frequenzkodierung**) (Abb. 5.**10a,b**). Da nicht nur die Amplitude dieser unterschwelligen Potentiale sondern auch deren Anstiegssteilheit von Bedeutung ist, kann im Ausgangssignal auch Information in Form des Zeitpunkts der Entladung kodiert sein (**Latenzkodierung**).

Bei den meisten Sinneszellen sind die Entstehungsorte von Rezeptor- und Aktionspotentialen räumlich voneinander getrennt: Z. B. am Pacini-Körperchen (Me-

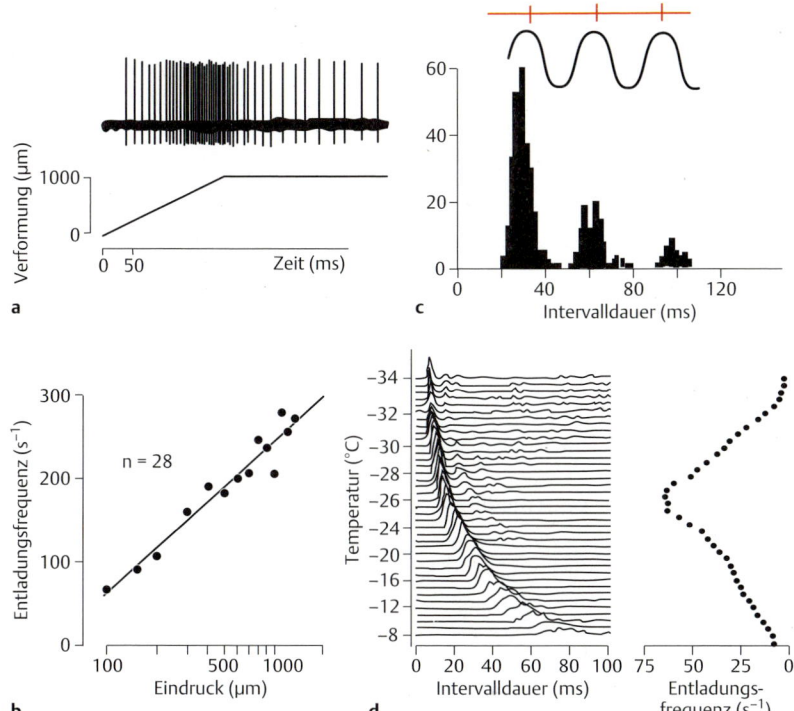

Abb. 5.**10 Beispiele für neuronale Kodierung von Reizinformation beim Generieren von Aktionspotentialen. a, b** Kodierung der Reizstärke, hier die Verformung in µm einer mechanosensorischen Afferenz der Ratte, in der Entladungsrate einer afferenten Nervenfaser (nach Sanders & Zimmermann, 1986). **a** Aktionspotentiale und Weg-Zeit-Diagramm der Verformung. **b** Entladungsfrequenz als Funktion der Verformung. **c, d** Kodierung mittels rhythmisch wiederkehrender Aktionspotentiale (nach Braun et al., 1994). **c** Aktionspotentialfolge (|) mit aus der Rhythmizität rekonstruierten Schwingung (h); darunter Nachweis der Oszillation durch Intervallverteilungen. **d** links: Temperatur als Funktion der Intervalllänge ergibt eindeutigen Kode, weil jeder Temperatur genau eine Intervalllänge bzw. Oszillationsfrequenz zugeordnet werden kann. **d** rechts: Temperatur als Funktion der Entladungsrate (nicht eindeutiger Kode).

chanorezeptor von Vögeln und Säugern) finden sich Rezeptorpotentiale am nichtmyelinisierten Abschnitt des Axons innerhalb des Sinneskolbens, während Aktionspotentiale erst am ersten Schnürring des fortleitenden Axons auftreten (Abb. 5.**27**). Bei vielen Nervenzellen können jedoch Aktionspotentiale auch an denselben Membranabschnitten, z. B. im Dendriten, entstehen, die zuvor unterschwellig aktiviert wurden.

Die räumliche Trennung von unter- und überschwelligen Membranpotentialen ermöglicht, dass Aktionspotentiale in einer bestimmten zeitlichen Beziehung zu unterschwelligen Membranpotentialen, die z. B. rhythmisch moduliert sind, generiert und so zur Informationskodierung verwendet werden können. Z. B. können temperatursensitive Schlangennerven auf demselben Axon durch Modulation der Entladungsrate einerseits und **Periodizität in der Aktionspotentialfolge** andererseits Information über Temperatur und die Richtung der Temperaturänderung übertragen (Abb. 5.**10c,d**). Das Muster der Entladungen in Form ansteigender oder abfallender Oszillationsfrequenzen sorgt dafür, dass die nicht eindeutig in der Entladungsrate enthaltene Information aufgelöst und damit eindeutig dekodierbar wird. Es ist allerdings bisher nicht geklärt, wie diese Signale im ZNS tatsächlich dekodiert werden.

Die Stärke und Dauer unterschwelliger Membranpotentiale bestimmt den Zeitverlauf (zeitliche Dynamik) der Ausgabesignale, meist Folgen von Aktionspotentialen, sowohl in Rezeptor- (S. 474) als auch in Nervenzellen (s. u.). Die Folgen von Aktionspotentialen sind bei starker, kurzer Erregung sehr kurz (phasisch) und haben meist eine kurze Latenz, bei längerdauernder Erregung dauern sie länger (tonisch) und haben oft auch eine längere Latenz.

Entladungsmuster verschiedener Zelltypen

Die **Entladungsmuster** von verschiedenen Nervenzellen im Endhirn von Säugern sind sehr unterschiedlich (Abb. 5.**11a**). Sie wurden ursprünglich **in vitro** als Antwort auf Injektion eines konstanten Stroms ins Soma einer Nervenzelle beschrieben, sind aber auch **in vivo** zu identifizieren und lassen sich teilweise morphologisch bestimmbaren Zelltypen zuordnen.

Reguläres Feuern (**regular spiking, RS**) ist ein Entladungsmuster, das durch eine kurz nach Beginn des Feuerns einsetzende, leichte Reduktion der Entladungsfrequenz (spike frequency adaptation) gekennzeichnet ist, dann aber über längere Zeit konstant bleibt. Man findet es bei dornigen Stern- (spiny stellate) und Pyramidenzellen. Schnelles Feuern (**fast**

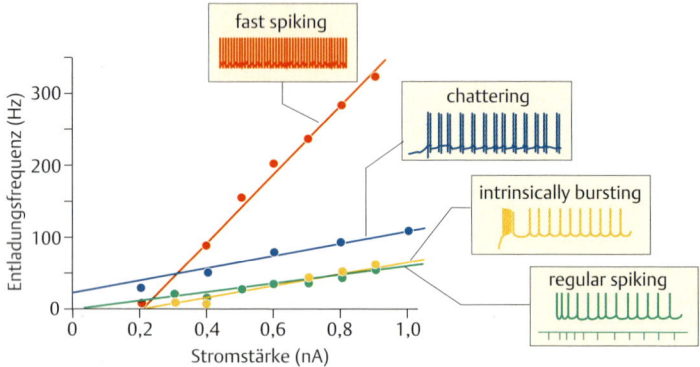

Abb. 5.**11 Entladungsmuster** und Abhängigkeit der Entladungsfrequenz von der injizierten Stromstärke (nach Nowak et al., 2006).

spiking, FS) ist vor allem dadurch gekennzeichnet, dass es eine direkte Abhängigkeit zwischen injiziertem Strom und der Entladungsfrequenz gibt, die keine oder nur sehr schwache Frequenzadaptation zeigt, gelegentlich sogar eine leichte Zunahme. Besonders nützlich für In-vivo-Untersuchungen ist, dass die Dauer der einzelnen Aktionspotentiale sehr kurz ist (<0,5 ms auf halber Höhe). Schnell feuernde Zellen wurden morphologisch als nichtpyramidale, spärlich dornig oder meist dornenfreie Interneurone identifiziert. Bei In-vivo-Untersuchungen kann man FS-Zellen anhand ihrer sehr kurzen Aktionspotentialdauer als „putative Interneurone" klassifizieren. Zellen, die auf Strominjektion einen kurzen Burst von Aktionspotentialen (**intrinsic bursting, IB**) mit Frequenzen <425 Hz generieren, gefolgt von einer tonischen Entladung, werden als intrinsische Burster bezeichnet. Diese Zellen können sowohl Stern- als auch Pyramidenzellen sein und tragen meist zahlreiche Dornsynapsen. Schließlich gibt es Neurone, die repetitive, hochfrequente (350–700 Hz) Bursts (**chattering, CH**) entladen und ebenfalls durch kurzdauernde Aktionspotentiale (<0,55 ms) gekennzeichnet sind. Diese Zellen induzieren starke Oszillationen, die das neuronale Netzwerk synchronisieren können, sie werden als schnatternde Zellen (chattering cells) bezeichnet. Morphologisch handelt es sich ebenfalls um Stern- oder Pyramidenzellen, die vor allem durch ihre Lage im Gewebe (Schicht III, Abb. 4.**24**) charakterisiert sind.

Systematische quantitative Studien haben gezeigt, dass es sich nicht um ein Kontinuum von Entladungsmustern handelt, sondern um distinkte elektrophysiologische Klassen und Subklassen.

Wie die unterschiedlichen Entladungsmuster in den verschiedenen Zelltypen durch einen einfachen standardisierten Reiz zustande kommen, ist noch nicht in allen Einzelheiten verstanden. Ihre Bedeutung für die Signalverarbeitung ist nur in Ansätzen bekannt. Man nimmt an, dass in Hirnteilen, in denen riesige Zellzahlen existieren, eine stärkere Arbeitsteilung vorliegt, die dazu führt, dass verschiedene Zellklassen unterschiedliche, eher stabile Entladungsmuster ausbilden. In anderen Hirnteilen wie dem Thalamus, die für den Informationsfluss strategisch wichtige Positionen haben, ändern Neurone in Abhängigkeit vom Systemzustand (Schlaf/Wachen) ihre Entladungsmuster dynamisch, um zwischen Abblocken und Transfer von Signalen vom Zwischenhirn zur Endhirnrinde hin und herschalten zu können. Dies ist zum Teil auf die Ausrüstung solcher Zellen mit durch Modulatorsubstanzen steuerbaren Ionenströmen zurückzuführen, die über das aufsteigende retikuläre Aktivierungssystem (S. 490) reguliert werden. Es soll hier aber nicht der Eindruck entstehen, dass Neurone im Endhirn nur starre Aktivitätsmuster bilden. Allein durch das Niveau der mittleren Hintergrundaktivität ändert sich die elektrotonische Struktur von Nervenzellen dynamisch (S. 463). Auch gibt es Hinweise, dass die Empfindlichkeit von Neuronen für bestimmte Muster von Eingangssignalen dynamisch reguliert sein könnte.

5.3.5 Synaptische Potentiale

Als **synaptische Potentiale** bezeichnet man alle Änderungen der Membranspannung, die durch die Wirkung von Verbindungsstellen (**Synapsen**) zwischen zwei Zellen zustande kommen. Bei **elektrischen Synapsen** werden synaptische Potentiale praktisch verzögerungsfrei über Gap Junctions an die postsynaptische Zelle weitergegeben. Bei **chemischen Synapsen** erfolgt in der präsynaptischen Zelle die Umwandlung elektrischer in chemische Signale und an der postsynaptischen Zelle die sofortige Rückverwandlung chemischer in elektrische Signale. Die eigentliche Signalübermittlung von der präsynaptischen auf die postsynaptische Zelle erfolgt über Überträgersubstanzen (**Transmitter**). An der postsynaptischen Membran entstehen entweder depolarisierende oder hyperpolarisierende Potentiale, die nach ihrer Wirkung auf die Erregbarkeit der Zelle als **exzitatorisches** bzw **inhibitorisches postsynaptisches Potential** (**EPSP**) bzw (**IPSP**) bezeichnet werden (Abb. 5.**12**).

Bindet eine Überträgersubstanz wie **Acetylcholin** an einen entsprechenden Rezeptor der postsynaptischen Membran z. B. an einer Muskelzelle, der sogenannten **motorischen Endplatte**, öffnen sich die Ionophore der (nikotinischen) Acetylcholinrezeptoren (nAChR) und es fließen Kationen in die Zelle. Dadurch wird die postsynaptische Membran depolarisiert, was die Muskelzelle schlussendlich kontrahieren lässt (S. 475). Die Öffnung einzelner AChR in der postsynaptischen Membran führt zu sehr kleinen (~2 pA) Einwärtsströmen. Erst wenn unter physiologischen Bedingungen durch Aktivierung einer motorischen Nervenfaser Millionen von ACh-Molekülen freigesetzt werden und an tausende dicht gepackter AChR auf der postsynaptischen Membran gleichzeitig binden, kommt es zu einem ausrei-

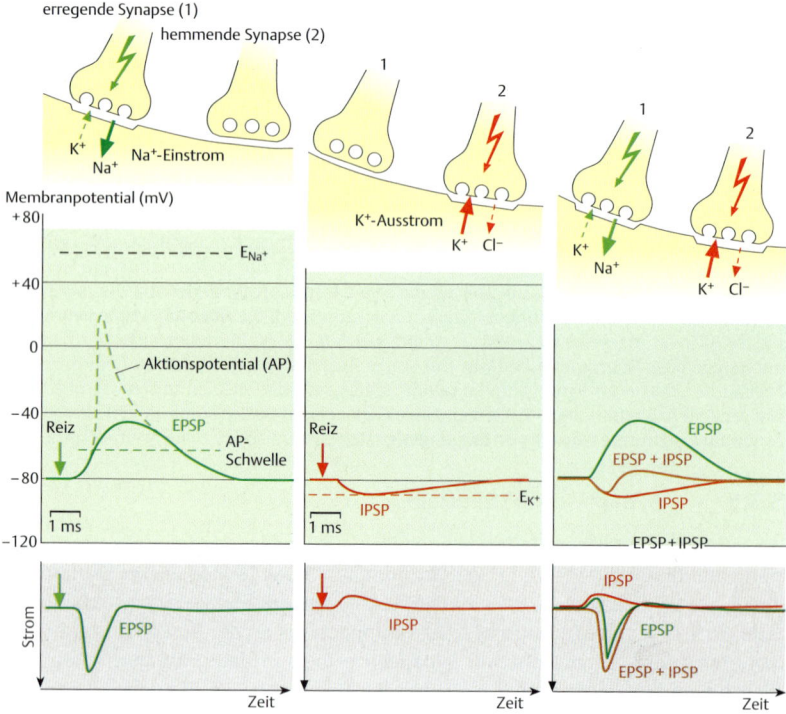

Abb. 5.**12 Erregende und hemmende synaptische Potentiale** (nach Duale Reihe Physiologie, Thieme Verlag, 2010).

chend starken **Endplattenpotential**, das zu einem **Aktionspotential** der Muskelzelle führt.

Um die Wirkung geöffneter Ionenkanäle auf das postsynaptische Membranpotential vorauszusagen, ist es erforderlich zu wissen, welche Potentialdifferenz vor der Änderung der Leitfähigkeit bestand und welches Gleichgewichtspotential die Ionensorte hat, deren Leitfähigkeit durch das Öffnen der Kanäle verändert wird.

An der motorischen Endplatte liegen die Gleichgewichtspotentiale von Na$^+$, K$^+$ und Cl$^-$ bei +70, –110 und –50 mV. Das Umkehrpotential liegt bei geöffnetem AChR bei 0 mV. Dieser Befund lässt sich nicht damit erklären, dass die nAChR nur für eine der zuvor genannten Ionenarten durchlässig ist. Tatsächlich handelt es sich bei dem nAChR um einen nicht selektiven Kationenrezeptor, der für Na$^+$, K$^+$ sowie andere Kationen permeabel ist. Dies lässt sich dadurch beweisen, dass man die extrazelluläre Konzentration der in Frage kommenden Ionen ändert: Z. B. führt reduziertes extrazelluläres Na$^+$ zu einem negativeren und erhöhtes extrazelluläres K$^+$ zu einem positiveren Umkehrpotential.

Andere Synapsen funktionieren nach demselben **Prinzip**: Die Bindung eines Liganden (Transmitters) an den postsynaptischen Rezeptor führt zu einer Änderung (meist einer Erhöhung, gelegentlich aber auch einer Reduktion) der Leitfähigkeit. Diese Leitfähigkeitsänderung führt je nach Membranpotential zu einem postsynaptischen Strom (PSC), der zu einer Änderung des **postsynaptischen Potentials** (**PSP**) führen kann. Die PSP sind **depolarisierend**, wenn das Umkehrpotential einer erhöhten Leitfähigkeit positiver ist als das momentane Membranpotential, und **hyperpolarisierend**, wenn das Umkehrpotential einer erhöhten Leitfähigkeit negativer ist als das momentane Membranpotential. Ob ein PSP **exzitatorisch** (EPSP) oder **inhibitorisch** (IPSP) wirkt, hängt davon ab, ob es zum Schwellenpotential für ein Aktionspotential hin oder davon weg führt, ob es also die Wahrscheinlichkeit für ein Aktionspotential erhöht oder erniedrigt.

Ein großer Anteil der zentralnervösen Synapsen verwendet **Glutamat** als Transmitter. Die glutamatergen Rezeptoren sind wie der AChR permeabel für Na$^+$- und K$^+$-Ionen, weswegen das Umkehrpotential hier ebenfalls bei ~0 mV liegt. Wenn das Ruhepotential einer Zelle ~–60mV beträgt, dann wird ein Glu-vermitteltes PSP das Membranpotential näher an die Schwelle für ein Aktionspotential (~–50mV) bringen, weswegen es als **EPSP** klassifiziert wird. Anders wird das Membranpotential durch γ-Aminobuttersäure (**GABA**) beeinflusst, das einen Cl$^-$-Kanal öffnet. In vielen Neuronen liegt das Gleichgewichtspotential für Cl$^-$ bei –70 mV, weswegen eine Erhöhung der Cl$^-$-Leitfähigkeit selbst dann noch eine Hyperpolarisation verursacht, wenn an der Membran ein Ruhepotential von ~–60mV besteht. Da durch eine Hyperpolarisation das Membranpotential weiter vom Schwellenpotential für ein Aktionspotential entfernt wird, erniedrigt sich die Wahrscheinlichkeit für ein Aktionspotential – dieses GABAerge PSP wird dementsprechend als **IPSP** klassifiziert.

Allerdings können GABAerge PSPs auch exzitatorisch wirken, wenn aufgrund eines anderen Gleichgewichtspotentials z. B. in der frühen postnatalen Entwicklung beim Öffnen des Cl⁻-Kanals kein Einwärts- sondern ein Auswärtsstrom fließt. Exzitatorische Cl⁻-Potentiale kommen auch in olfaktorischen Rezeptoren adulter Mäuse vor.

Schließlich können synaptische Leitfähigkeitsänderungen ohne jede Spannungsänderung einhergehen (**shunting inhibition**), wenn erregende und hemmende Synapsen gleichzeitig aktiv sind und die Ströme sich aufheben (Abb. 5.**23**).

5.3.6   Dendritische Potentiale

Die **Dendriten** von Nervenzellen wurden lange Zeit ausschließlich als deren Eingangsdomäne betrachtet, auf deren Membranen sich Signale nur **elektrotonisch** ausbreiten. Wenngleich auch heute noch gilt, dass sich die **Mehrzahl der afferenten Synapsen** auf den Dendritenmembranen befinden, ist klar, dass grundsätzlich in allen Abschnitten von Nervenzellen afferente Synapsen ausgebildet werden können, auch am Axonhügel und sogar in unmittelbarem Kontakt zu efferenten Synapsen, z. B. an der Membran eines terminalen Endköpfchens. Dendritenmembranen sind aber auch zu **intrinsischer Aktivität** in der Lage. Auch wenn alle Neuronsegmente über afferente Synapsen verfügen, spielt sich ein Großteil der Signalintegration auf den weitläufigen Dendritenmembranen ab, was der Signalverarbeitung ungeahnte Freiheitsgrade gibt.

Dendritische Signale werden vor allem durch afferente synaptische Potentiale verändert, deren raumzeitliche Struktur nicht nur durch die komplexe Struktur der Dendriten bestimmt wird, sondern deren Ausbreitung und Reichweite sich dynamisch ändern. Grundsätzlich werden Signale passiv und aktiv weitergegeben. Bei aktiver Weitergabe spricht man besser wie bei axonalen Aktionspotentialen von **aktiver Weiterleitung**. Der einfachste **passive Ausbreitungsmodus** wird **elektrotonisch** genannt.

Die zugrundeliegenden Vorgänge der passiven Ausbreitung können mithilfe einer vereinfachten **Kabeltheorie** beschrieben werden. Kompartimentmodelle wurden bereits in den 1960er entwickelt, haben aber aufgrund der wesentlich verbesserten Rechenleistung und des Verständnisses der komplexen Vorgänge an den Membranen in jüngerer Zeit erheblich an Realitätsbezug und Aussagekraft gewonnen. Besonders empfehlenswert sind die Programme „Neuron" (http://www.neuron.yale.edu/neuron/); und „Genesis" (http://www.scholarpedia.org/article/GENESIS).

Für die elektrotonischen Eigenschaften der neuronalen Membranen sind zwei Parameter wichtig: die **Membranlängenkonstante** λ und die **Membranzeitkonstante** τ (Abb. 5.**13**). λ gibt an, in welcher Entfernung auf der Membran das Potential auf 1/e, also ungefähr ein Drittel, abfällt, während τ die entsprechende Dauer angibt. Die elektrotonische Ausbreitung hängt sowohl vom **Transmembranwiderstand** (Leckströme und andere Leitfähigkeiten) als auch vom Längswiderstand und deswegen von der Größe bzw vom **Durchmesser** der neuronalen Struktur ab, die um den Faktor 1000 variieren können: Die Durchmesser der kleinsten erreg-

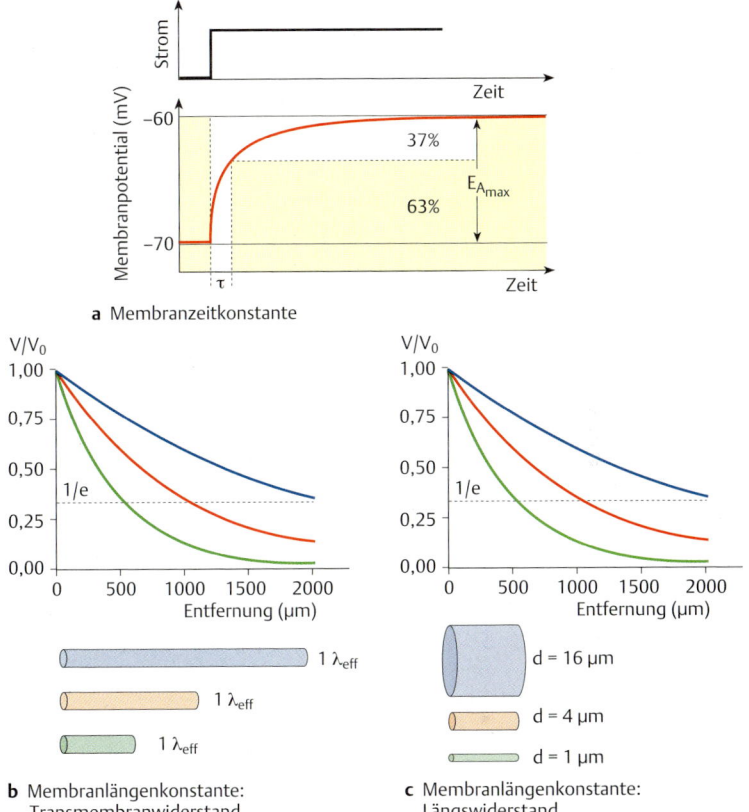

a Membranzeitkonstante

b Membranlängenkonstante: Transmembranwiderstand

c Membranlängenkonstante: Längswiderstand

Abb. 5.**13 Elektrotonische Eigenschaften neuronaler Membranen. a** Membranzeitkonstante τ: wird an einer Stelle ein konstanter Strom injiziert, dann braucht die Membranspannung Zeit, um ihre Kapazität umzuladen. Eine Kenngröße ist die Zeit, die verstreicht, bis die Membranspannung auf $1/e$ = 37 % an den neuen positiveren Wert angenähert ist. **b, c** Membranlängenkonstante λ: Je größer λ, desto geringer ist die Amplitudenabnahme. λ gibt in mm die Entfernung vom Reizort an, in der noch 37 % des ursprünglichen Potentials vorhanden ist. Die Membranlängenkonstante kann durch unterschiedliche Transmembranwiderstände (b) variieren oder durch unterschiedliche Längswiderstände, was sich im Durchmesser äußert (c). (Nach Squire, Elsevier, 2008.)

baren Membranstrukturen wie Cilien einiger Rezeptorzellen betragen nur etwa 0,02 μm, die größten Dendritenstämme von Pyramidenzellen etwa 20–25 μm. Allerdings geht der Effekt des Durchmessers nur mit der Quadratwurzel ein, d. h. eine ~10-fache Änderung des Durchmessers verursacht nur eine ~3-fache Änderung von λ. Wenn sich vorübergehende (transiente) Potentialänderungen auf der

Membran ausbreiten, dann spielt auch die **Kapazität** der Membran eine Rolle, die sich aufgrund der Ladeströme vor allem als **Verzögerung** auswirkt. Ein wesentliches Merkmal der passiven Signalausbreitung tonischer Potentiale ist die **Linearität**, mit der die Signale überlagern. Das ändert sich sofort, wenn Leitfähigkeiten ins Spiel kommen, die miteinander wechselwirken.

Aktive Weiterleitung beruht vor allem auf **spannungsabhängigen** Leitfähigkeiten, die durch positive Rückkopplung der durch sie verursachten Spannungsänderung auf den Erregungsvorgang zu einer **explosionsartigen Ausbreitung** der Erregung führen. Diese Form der Ausbreitung benötigt allerdings ebenfalls die elektrotonischen Eigenschaften der Membran als Grundlage der Weiterleitung. Der Ort der Auslösung ist bei vielen Zellen am Axonhügel zu lokalisieren, kann sich aber auch **dynamisch**, in Abhängigkeit von der Stärke der Eingangssignale, z. B. bei den Mitralzellen des Bulbus olfactorius, vom Soma weg bis in die distalen Dendriten verschieben. Auch in den großen Pyramidenzellen der Hirnrinde breiten sich aktiv Aktionspotentiale rückwärts über den ganzen Dendritenbaum aus. Diese **aktive Rückleitung** (**back propagation**) kann nur mithilfe der auf Dendritenmembranen befindlichen, spannungsabhängigen Ionenkanäle funktionieren. Bisher wurden vor allem spannungsabhängige Na^+- und K^+- und weniger Ca^{2+}-Kanäle identifiziert.

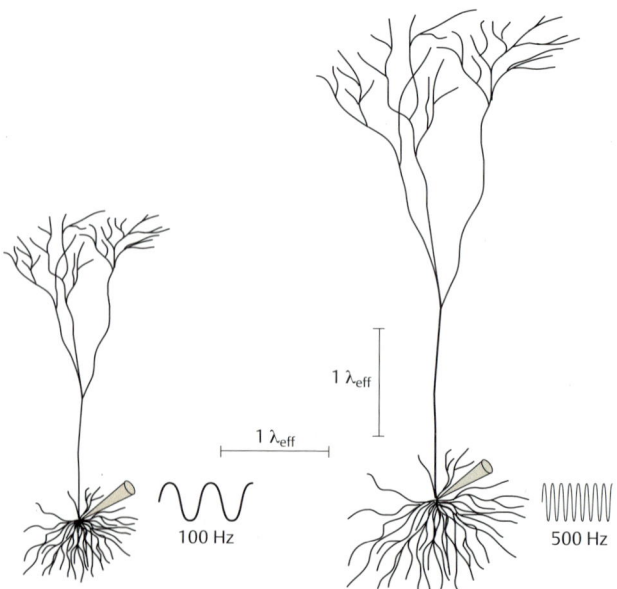

Abb. 5.14 Elektrotonische Länge. Bei höheren Frequenzen werden die Signale schneller abgeschwächt, die effektive Membranlängenkonstante (λ_{eff}) wird kleiner. Die Größe der Zelldarstellung demonstriert die elektronische Länge. (Nach Zador, 1995.)

Dynamische Änderungen dendritischer Potentiale sind aber nicht auf aktive Fortleitung beschränkt, sondern auch die passive **elektrotonische Struktur (Länge)** (Abb. 5.14) der Dendriten ändert sich fortwährend und verursacht so komplexe Änderungen der Signalintegration. So macht es für große Pyramidenzellen, wie sie im Hippocampus vorkommen, einen erheblichen Unterschied, ob Signale am distalen Ende eines Dendritenbaums entstehen und auf das Soma wirken oder umgekehrt. In dendrosomatischer Richtung kann die elektrotonische Länge 2–3mal größer sein als in umgekehrter Richtung. Die starke Schwächung der Signale in dendrosomatischer Richtung wird zum Teil durch aktive Weiterleitung kompensiert. Diese Überlegungen gelten aber nur bei gleichbleibendem Aktivitätsniveau oder sehr langsamen Signaländerungen. Wenn schnellere Signaländerungen, wie Oszillationen mit 100 oder 500 Hz, auf die Somaregion einwirken, dann wirkt die **Membrankapazität** als **Tiefpassfilter**. Dadurch werden die schnelleren Signale sehr viel stärker geschwächt, reichen also weniger weit und beeinflussen deswegen eher lokale Prozesse.

Außerdem spielt das **Membranpotential** eine wichtige Rolle für die elektrotonische Struktur. In Abwesenheit synaptischer Aktivität sind die Dendriten stark hyperpolarisiert, was durch spannungsabhängige K^+-Leitfähigkeiten (I_h) noch verstärkt sein kann. Mit zunehmender exzitatorischer synaptischer Aktivität werden diese hyperpolarisierenden Leitfähigkeiten inaktiviert, wodurch die elektrotonische Struktur kompakter wird und synaptische Potentiale die Zelle effektiver depolarisieren können. Mit weitergehender synaptischer Depolarisation setzen andere K^+-Leitfähigkeiten ein, die die elektrotonische Länge wieder erhöhen und damit die Integrationsleistung begrenzen. Diese Beispiele zeigen, wie Kabeleigenschaften und spannungsabhängige Leitfähigkeiten zusammenwirken, um die Signalintegration von Neuronen zu optimieren.

Synaptische Potentiale, die auf der Dendritenmembran entstehen, treten in Wechselwirkung. Herkömmlicherweise wurden lineare Überlagerungen angenommen, was zu dem Begriff „**Summation**" führte (Abb. 5.15). Treffen Signale von verschiedenen Synapsen kommend innerhalb der Membranzeitkonstante aufeinander, werden sie über den Mechanismus der **räumlichen Summation** integriert. Treffen Signale, sie können auch von einer Synapse ausgehen, nacheinander innerhalb der Membranzeitkonstante aufeinander, werden sie mittels der **zeitlichen Summation** integriert. Dieser Mechanismus hat nur solange Gültigkeit, bis es zu aktiven Leitfähigkeitsänderungen kommt.

Die Aktivierung synaptischer Ionenströme verursacht Leitfähigkeitsänderungen, die den gesamten Membranwiderstand im Kompartiment verändern und damit auch den Eingangswiderstand (**input resistance**). Als Folge treten Leckströme (durch ständig geöffnete Membranporen) auf, die als Kurzschlüsse zwischen den postsynaptischen Zonen die Wirkung der Ionenströme auf das elektrische Potential nachhaltig reduzieren. Die integrierte synaptische Antwort ist somit kleiner als die Summe der Einzelantworten, was auch als **Okklusion** bezeichnet wird. Je weiter zwei Synapsen voneinander entfernt sind, umso geringer sind ihre Wechselwirkungen. Die gegenseitige Schwächung benachbarter synaptischer Eingänge relativiert sich vor allem in den distalen Dendriten: Synaptische Potentiale haben relativ **große Amplituden**, weil dünne Dendritenfortsätze einen relativ hohen Eingangswiderstands haben, und aufgrund ihrer geringen Membrankapazität eine **geringe Trägheit**.

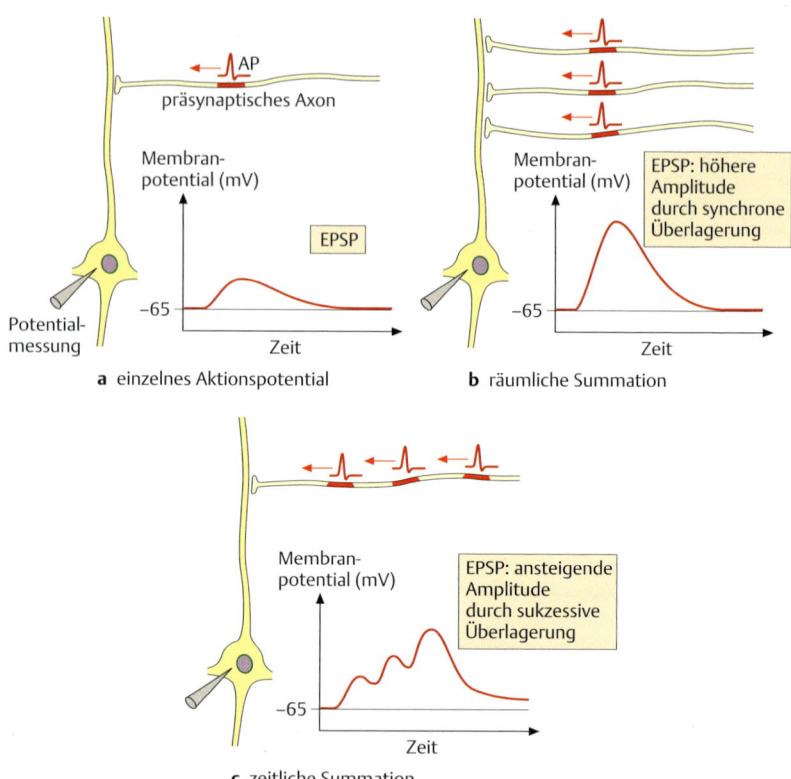

Abb. 5.**15 Summation synaptischer Potentiale. a** Ein einzelnes eingehendes AP führt zu einem (unitary) EPSP mit relativ niedriger Amplitude. **b** Werden mehrere afferente Synapsen (innerhalb der Membranlängenkonstante) gleichzeitig aktiv, werden die postsynaptischen Potentiale summiert. **c** Treffen mehrere Aktionspotentiale kurz nacheinander (innerhalb der Membranzeitkonstante) auf einer oder mehreren Synapsen ein, akkumulieren ihre Signale.

Die Rolle von **Dornfortsätzen** für die Signalverarbeitung ist bisher nur in Ansätzen geklärt. In jedem Fall aber stellen sie mehr oder weniger abgeschlossene Kompartimente dar, die sowohl elektrisch wie auch chemisch sehr lokal funktionieren. Der **hohe Eingangswiderstand**, der vor allem durch einen geringen Durchmesser der Verbindung zum Dendrit (Hals) verursacht wird, sorgt wie bei den dünnen Dendriten für hohe synaptische Potentialamplituden. Die **niedrige Membrankapazität** erlaubt schnelle Potentialänderungen.

Das Membranpotential des Dendriten beeinflusst trotz des erheblichen Widerstands am Hals des Dornfortsatzes das Potential in der Dornsynapse, während die dort auftretenden synaptischen Potentiale wenig Wirkung auf den Dendritenschaft entfalten können. Daher hat die **Dornsynapse** Gleichrichterfunktion und kann als **Koinzidenzdetektor** für Antworten benachbarter Synapsen oder für rückgeleitete Aktionspotentiale operieren. Durch die größere elektrotonische Länge zwischen Dornsynapsen wird die Wirkung von Leckströmen vermindert, wodurch Wechselwirkungen eher linear sind als an anderen dendritischen Synapsen. Somit können Potentiale, die an Dornsynapsen eingehen, fast linear summieren.

5.3.7 Elektronische Ersatzschaltungen zwecks Modellierung

Die Funktion von Nervenzellen kann mit **elektronischen Ersatzschaltungen** in Form von **Computerprogrammen** simuliert werden, um das Zusammenspiel der vielen verschiedenen Komponenten analytisch zu untersuchen.

> **Ersatzschaltungen für neuronale Kompartimente** (Abb. 5.**16**): Ausgehend vom Ruhemembranpotential V_R, das hier durch eine Gleichspannungsquelle E_r simuliert wird, gibt es eine Membrankapazität C_m und einen Membranwiderstand R_m in Form eines Kondensators und eines Widerstands, die jede von außen herangetragene Änderung des Potentials beeinflussen. Wenn durch Strominjektion z. B. durch eine Reizelektrode eine Stelle an der Innenseite der Membran depolarisiert wird, fließt zunächst Ladung auf die Kapazität C_m, aber auch über den Widerstand R_m, wenn die Leitfähigkeit nicht ganz null ist. Das Verhältnis der Ladungsverteilung auf die Kapazität C_m und den Widerstand R_m entscheidet über die Änderungsgeschwindigkeit der Membranspannung V_m, die in Form der Membranzeitkonstante τ angegeben wird.
> Wenn spannungsabhängige Leitfähigkeiten wie Na^+-, K^+-, und Ca^{2+}-Kanäle hinzukommen, die der aktiven Weiterleitung dienen, dann müssen der Ersatzschaltung für jede Ionensorte variable Leitfähigkeiten hinzugefügt werden. Ein **passiver** Dendrit kann mit einem Widerstand, einer Spannungsquelle und einer Kapazität beschrieben werden, während ein **aktiver** Dendrit mindestens eine, realistischerweise aber 3–5 regelbare Leitfähigkeiten enthält, die neben den ubiquitären Na^+-, K^+- und Ca^{2+}-Kanälen häufig noch von verschiedenen anderen Kanälen (z. B. T-, L-, N-Type Ca^{2+}-Kanäle) abhängt. ◀

Die elektrotonische Ausbreitung des Potentials entlang der Nervenzellmembran ist deswegen begrenzt, weil es einen **Längs-** oder **Innenwiderstand (R_i)** gibt. Dieser ergibt sich aus der Leitfähigkeit des membrannahen Cytoplasmas bzw. Extrazellulärraums, ihre Fähigkeiten als elektrolytische Leiter hängen von der Zahl der beweglichen Ladungsträger ab. Je größer der Durchmesser, je mehr Ladungsträger sind vorhanden und umso geringer ist der Längswiderstand. Wenn sich also eine Depolarisation entlang der Membran ausbreitet, dann fließt Strom gegen den Längswiderstand und teilt sich wieder auf die Kapazität C_m und den Querwiderstand R_m des jeweils nächsten Membranabschnitts oder Kompartiments. Wenn die Ladung von einem Kompartiment zum nächsten fließt, dann dünnen die Ladungen aus, weil sie sich auf der Membranoberfläche verteilen und zusätzlich durch Leckströme verloren gehen. Es kommt zu einer Verkürzung der Membranzeitkonstante und diese beschreibt dann nicht mehr nur den Ladestrom der auf die Kapazität fließt (Lade-

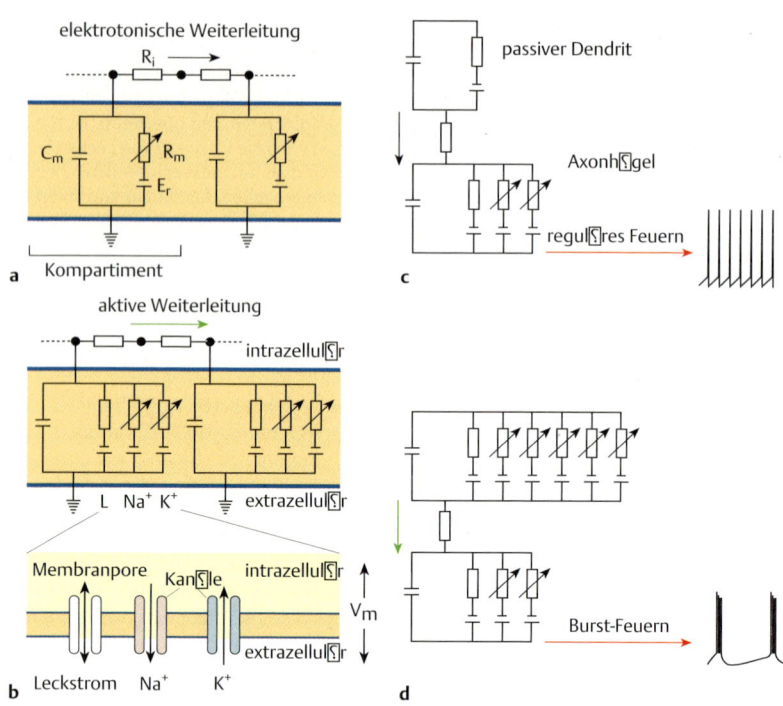

Abb. 5.16 Elektronische Ersatzschaltungen für die Nervenzellmembran (a, b) und für zwei Kompartimente einer sehr stark vereinfachten Nervenzelle (c, d). Unter Ruhebedingungen (**a**) breiten sich Potentialänderungen elektrotonisch über den Längswiderstand R_i von einem Kompartiment zum nächsten aus. Bei aktiver Weiterleitung (**b**) gibt es zwar auch elektrotonische Komponenten, aber der wesentliche Mechanismus der aktiven Fortleitung liegt im Selbstregenerieren des Aktionspotentials in jedem Kompartiment. Ein passiver Dendrit ermöglicht ausschließlich elektrotonische Fortleitung (**c**), während das Vorhandensein spannungsabhängiger Leitfähigkeiten auf der Dendritenmembran auch dort aktive Fortleitung ermöglicht (**d**). L Leckstrom.

transiente). Diese rein passiven Vorgänge verhalten sich bei Überlagerung mehrerer Prozesse linear. Wenn es jedoch zu Änderungen der lokalen Leitfähigkeit durch Aktivierungen von Ionenkanälen in der Membran kommt, entsteht aus einem linearen System auch schon unter passiven Bedingungen ein nichtlineares System.

Wenn der Längswiderstand des Extrazellulärraums sehr gering wird, also einem Kurzschluss nahe kommt, dann spielt die Ladungsverschiebung im Inneren der Zelle eine größere Rolle für die elektrotonische Fortleitung, obwohl dort mehr negative Ladungsträger angeordnet sind, die überwiegend stationär sind.

Membranpotential: Elektrische Potentialdifferenz über einer Membran, entsteht durch unterschiedliche Ionen- und in Folge Ladungsverteilung zwischen intra- und extrazellulärem Raum.
Ionenkanäle: Die Zellmembran durchquerende hydrophile Poren oder Kanalproteine, durch die Ionen fließen können, wenn es der Öffnungszustand des Ionenkanals erlaubt. Dieser kann durch Potentialänderungen (spannungsabhängig) oder durch Bindung von Transmittern (ligandengesteuert), Aktivierung eines separaten Rezeptors (rezeptorgekoppelt) oder durch Second Messenger geändert werden.
Hyperpolarisation: Das Membranpotential wird negativer als das Ruhepotential, die Potentialdifferenz wird größer.
Depolarisation: Das Membranpotential wird positiver als das Ruhepotential, die Potentialdifferenz wird geringer.
Ruhepotential: Membranpotential im Ruhezustand der Zellen, beträgt bei Nervenzellen circa 60–70 mV, Zellinneres negativ gegenüber extrazellulärem Raum.
Aktionspotential: Kurzzeitige Umpolung des Membranpotentials durch depolarisierende Ströme wie Einstrom von Na^+ ins Zellinnere (und verzögert K^+ zwecks Repolarisation); dient der Erregungsweiterleitung, entsteht erst, wenn ein Schwellenwert der Depolarisation überschritten wird; Potentialgröße spiegelt nicht die Reizstärke wider.
Refraktärzeit: Absolute R.: Zeit unmittelbar nach einem Aktionspotential, in der kein weiteres Aktionspotential ausgebildet werden kann; relative R.: Ruhepotential noch nicht hergestellt, besonders starke, überschwellige Reize können jedoch Aktionspotential auslösen.
Myelinisierte Fasern: Nervenfasern elektrisch isoliert durch Myelin bei Wirbeltieren, hohe Leitungsgeschwindigkeit bei geringem Faserdurchmesser.
Ranvier-Schnürring: Myelin-freie Stellen der myelinisierten Nervenfasern, hohe Dichte von Na^+-Kanälen, Raum zwischen zwei Schwann-Zellen oder Oligodendrocyten.
Saltatorische Erregungsleitung: Aktionspotentiale breiten sich von Schnürring zu Schnürring aus, Ausgleichsströme nur im nicht-myelinisierten Bereich möglich, da nur hier vermehrt Ionenkanäle.
Okklusion: Die Auftretenswahrscheinlichkeit eines Aktionspotential ist bei kurz hintereinander eintreffenden Aktionspotentialen kleiner als bei Aktionspotentialen, die in größeren Abständen eintreffen.

5.4 Signalübertragung zwischen Zellen: Synapsen und Modulatoren

Die Signalübermittlung von einer Nervenzelle zur nächsten erfolgt über **Synapsen**. Bei elektrischen Synapsen wird das elektrische Signal direkt über Gap Junctions auf die nächste Zelle übertragen, bei chemischen Synapsen erfolgt die Signalübertragung über **Transmitter**. Sie werden über Exocytose von Vesikeln aus präsynaptischer Neuronendigung entlassen und binden an **Rezeptoren** der postsynaptischen Membran.

Eine **elektrische Synapse** kann aufgrund des nur sehr geringen Ladungstransfers durch die Gap Junctions und der erheblichen postsynaptischen Membrankapazität nur sehr kleine postsynaptische Potentiale verursachen (Abb. 5.**17**). Außerdem können elektrische Synapsen in Folge eines präsynaptischen Aktionspotentials nur exzitatorische postsynaptische Potentiale verursachen, was die Vielfalt der neuronalen Verarbeitung – gäbe es nur elektrische Synapsen – erheblich einschränken würde. Die Mehrzahl der Synapsen ist chemisch. **Chemische Synapsen** sind wesentlich leistungsstärker, weil sie abhängig von der Höhe der Leitfähigkeitsänderung und der postsynaptischen Membrankapazität sehr große Potentialänderungen mit sehr unterschiedlichen Zeitverläufen induzieren können. Außerdem können verschiedene Substanzen freigesetzt werden, die unterschiedliche Effekte haben. Auch die Postsynapse kann modulatorische Substanzen freisetzen, die eine ganz andere Wirkung auf die Präsynapse hat als in umgekehrter Richtung. Manche Synapsen bleiben still (**silent synapses**), wenn sich die Membran an ihrem Ruhepotential befindet, antworten aber kräftig, wenn andere Synapsen für eine schwache unterschwellige Depolarisation sorgen.

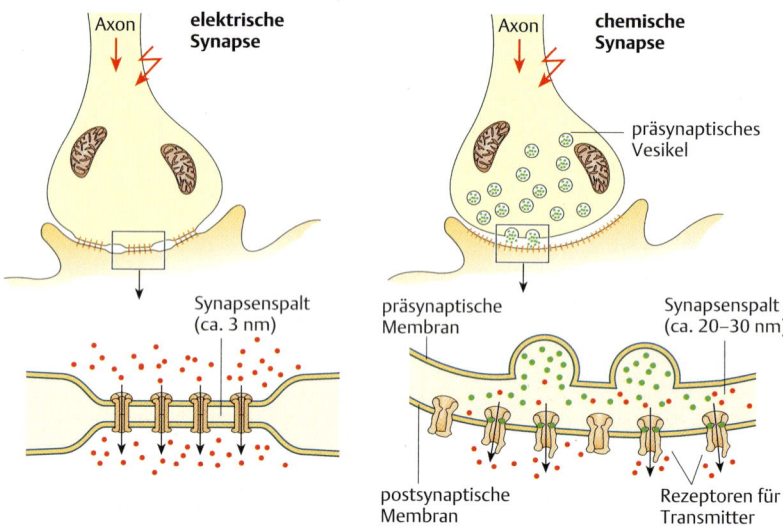

Abb. 5.**17 Elektrische und chemische Synapse.** Bei den elektrischen Synapsen können nicht nur Ionen und damit Änderungen des Potentials direkt übertragen werden, sondern auch für den Stoffwechsel relevante Moleküle wie ATP oder Second Messenger.

5.4.1 Transmitter und Neuromodulatoren

Substanzen, die als **Transmitter** qualifiziert werden können, müssen in der präsynaptischen Zelle synthetisiert und in den präsynaptischen Endigungen gespeichert werden sowie durch Aktivierung der präsynaptischen Zelle in den synaptischen Spalt freigesetzt und an der postsynaptischen Membran eine Änderung der elektrischen Aktivität verursachen, was durch experimentelle Applikation der Substanz zu beweisen ist. Der Effekt eines Transmitters muss sich durch einen kompetitiven Antagonisten blockieren lassen. Es sollte einen Mechanismus geben, durch den die Transmitterwirkung aktiv begrenzt bzw. aufgehoben wird.

Nur eine kleine Zahl von Substanzen erfüllt alle diese Kriterien eines Transmitters (Tab. 5.**2**). Zu den **klassischen Transmittern**, eher kleinen Molekülen, deren kurze Biosyntheseketten im Cytosol auch an den synaptischen Endköpfchen stattfindet, gehören **Aminosäuren** wie Glutamat, Aspartat, γ-Aminobuttersäure und Glycin, oder die **biogenen Amine** wie Serotonin, Histamin, Dopamin, Noradrenalin, Adrenalin. Die letzten drei sind Derivate des 1,2-Dihydroxybenzols (engl. Catechol), sie werden deshalb als Katecholamine bezeichnet. **Acetylcholin** ist der einzige klassische Transmitter, der nicht aus einer Aminosäure hergestellt wird.

Die weitaus größere Zahl von Substanzen erfüllen nicht alle Kriterien oder stehen sogar im Widerspruch dazu. Dazu gehört ein Teil der **Neuromodulatoren**. Wenn sie gemeinsam mit klassischen Transmittern ausgeschüttet werden und so die Wirkung der klassischen Transmitter beeinflussen, werden sie auch als Cotransmitter bezeichnet. Es gibt aber auch klassische Transmitter, die im ZNS als Modulatoren wirken.

Die größte Gruppe der Neuromodulatoren sind die **Neuropeptide**. Mittlerweile sind mehr als 100 neuroaktive Peptide bekannt, diese Moleküle bestehen aus 2–50 Aminosäuren. Oft werden verschiedene Peptide von einer mRNA codiert, die dann im Soma in ein großes Vorläuferprotein übersetzt wird. Zu den Neuropeptiden gehören Substanz P, Angiotensin II, Somatostatin oder Substanzen, die wie ACTH und Vasopressin als Hormone bekannt sind (Kap. 15). Oxytocin wird von Nervenzellen in das Blut sezerniert, um periphere Organe zu steuern. Cholecystokinin, das im peripheren (vegetativen) Nervensystem die Motilität der Gallengänge steuert, kommt in den Basalganglien vor. Enkephaline und Endorphine haben beim Menschen schmerzlindernde oder euphorisierende Wirkung. Sie wirken über die gleichen Rezeptoren wie pflanzliche Opiate und werden deshalb als endogene Opioidpeptide bezeichnet (Abb. 7.**10**). Zu den Neuromodulatoren gehören auch nicht peptiderge Moleküle wie ATP und Stickstoffmonoxid (NO). Weitere unkonventionelle Transmitter umfassen die Endocannabinoide (Anandamid, 2-Arachidonylglycerol/2-AG).

Tab. 5.2 **Transmitter und Modulatoren.**

Name	chemische Herkunft, Bedeutung	postsynaptische Wirkung (+ erregend, – hemmend)	wichtigstes Vorkommen	biologische, medizinische Bedeutung
Glutamat (Glu)	Glutamin	+	ZNS neuromuskuläre Synapse bei Arthropoden	wichtigster erregender Transmitter im ZNS
Acetylcholin (ACh) $H_3C-\overset{O}{\underset{\|}{C}}-O-CH_2-CH_2-\overset{CH_3}{\underset{CH_3}{\overset{\oplus}{N}}}-CH_3$	Cholin + Acetyl-CoA	+	neuromuskuläre Synapse, Parasympathikus (Vertebraten), ZNS von Vertebraten und Invertebraten	im ZNS auch als Neuromodulator, wichtig bei Gedächtnis und Aufmerksamkeit, in 5–10 % aller Synapsen
GABA (γ-Aminobuttersäure) $^\ominus OOC-CH_2-CH_2-CH_2-\overset{\oplus}{N}H_3$	Glutamat	–	ZNS von Vertebraten, Invertebraten neuromuskuläre Synapse bei Krebstieren	wichtigster hemmender Transmitter im ZNS
Glycin (Gly)	Serin	–	Rückenmark	wichtigster hemmender Transmitter im Rückenmark
Adrenalin	Tyrosin	+, –	Sympathikus (Vertebraten) auch bei Invertebraten	vor allem als Hormon bekannt
Noradrenalin (NA, engl. Norepinephrine, NE)	Tyrosin	+, –	ZNS, Sympathikus (Vertebraten)	im ZNS auch als Neuromodulator, auch als Hormon
Dopamin (DA)	Tyrosin Vorstufe zu Adrenalin/ Noradrenalin	–	ZNS (Vertebraten) auch bei Invertebraten	Parkinson-Syndrom (Dopaminmangel)

Tab. 5.2 **Transmitter und Modulatoren. (Fortsetzung)**

Name	chemische Herkunft, Bedeutung	postsynaptische Wirkung (+ erregend, – hemmend)	wichtigstes Vorkommen	biologische, medizinische Bedeutung
Serotonin (5-Hydroxytryptamin (5-HT))	Tryptophan	+, –	Mittelhirn (Vertebraten)	Schlaf-Wach-Rhythmus, auch als Hormon
Histamin	Histidin	+	Hypothalamus	Neuromodulator
ATP	ADP	+	ubiquitär	Modulator
Neuropeptide	Proteinsynthese	+,–	ZNS	z. B. Endorphine (endogene Schmerzmodulation)
Endocannabinoide	Membranlipide	inhibiert –	ZNS	retrograder synaptischer Modulator (GABA)
NO	Arginin	+,–	ZNS	Durchblutungsregulation und Plastizität

5.4.2 Vorgänge an der Präsynapse

Die molekularbiologischen Prozesse beim Ablauf synaptischer Übertragung sind leider trotz jahrzehntelanger Forschung noch nicht vollständig entschlüsselt. Es sind verschiedene Phasen zu unterscheiden, die unterschiedlich gut aufgeklärt sind:

Erreicht ein axonales **Aktionspotential** die präsynaptische Membran (Abb. 5.18), werden tausende bis hunderttausende von Transmittermolekülen freigesetzt, die innerhalb einer Millisekunde an tausende von postsynaptischen Rezeptoren binden können und dadurch ebenso viele Ionenkanäle öffnen oder schließen. Die Wirkung vieler gleichzeitig aktivierter Kanäle kann sehr große postsynaptische Potentiale verursachen. Voraussetzung für die Funktion der Präsynapse sind mit Transmitter beladene synaptische Vesikel. Wenn das Na^+-getragene Aktionspotential die Membran des Endköpfchens erreicht, übernehmen spannungsabhängige Ca^{2+}**-Kanäle** die weitere elektrische Aktivierung der Präsynapse (Abb. 5.18). Wegen des sehr steilen Konzentrationsgradienten für Ca^{2+} (10^{-3} M extrazellulär und 10^{-7} M intrazellulär) kommt es zu einer sehr schnellen und starken Zunahme der intrazellulären Ca^{2+}-Konzentration, die benötigt wird, damit die Vesikel mit der präsynaptischen Membran verschmelzen (Abb. 5.18). Dazu werden diverse Pro-

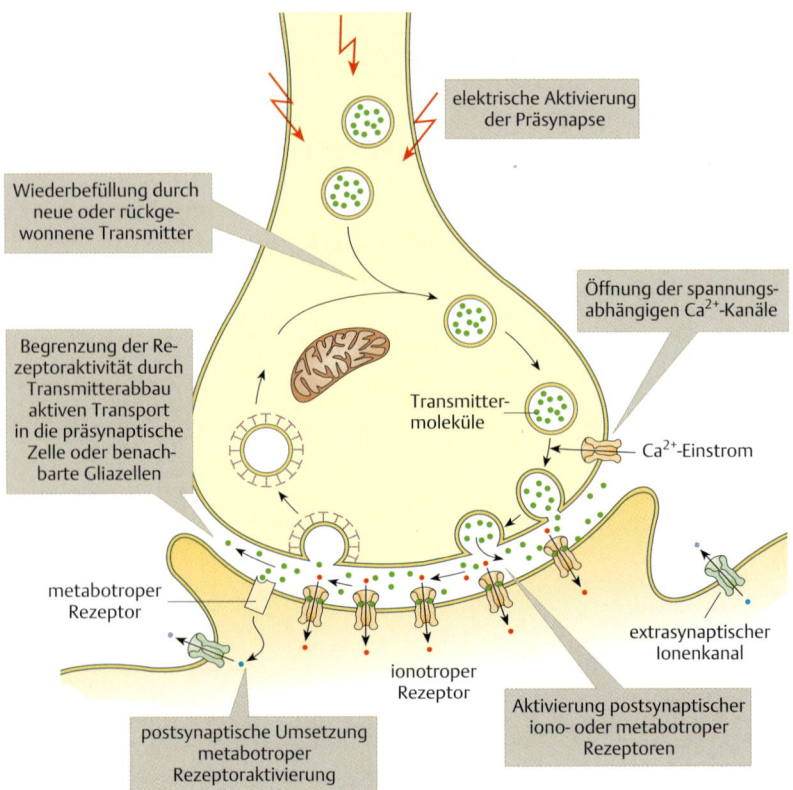

Abb. 5.**18** **Vorgänge an der Synapse.** (Nach Purves, Sinauer, 2007.)

teine aktiv: **Synapsin** bindet reversibel an die Vesikelmembran und hält so die Vesikel mit Actinfilamenten im Reservepool der Präsynapse. Durch Phosphorylierung von Proteinkinasen, wie der Ca^{2+}-Calmodulin-abhängigen Proteinkinase Typ II (CaMKII), dissoziiert Synapsin von den Vesikeln, die dann zur präsynaptischen Membran diffundieren und durch (noch schlecht verstandene) Andockungsreaktionen für die Fusion vorbereitet werden. Einer der wichtigsten Prozesse besteht darin, **SNARE**-Proteine, wie das in der Vesikelmembran verankerte v(vesicle)-SNARE-Protein **Synaptobrevin**, mit den t(target)-SNARE-Proteinen **Syntaxin** oder **SNAP25** in der präsynaptischen Membran in räumliche Nähe zu bringen, sodass sie dann tatsächlich verschmelzen (*Biochemie, Zellbiologie*). Diverse Gifte, wie die Proteasen Tetanus- und Botulinumtoxin (*Mikrobiologie*) behindern genau diese Annäherung, indem sie Synaptobrevin zerschneiden. Die **Verschmelzung**

der Membranen erfolgt aber nur, wenn ein weiteres regulatives Protein, **Synaptotagmin**, wiederum durch Ca^{2+} aktiviert, den SNARE-Komplex freigibt. Obwohl auch andere Proteine wie Calmodulin oder (m)unc-13 Ca^{2+} binden, ist Synaptotagmin für die Vesikelfusion mit der präsynaptischen Membran verantwortlich, weil es Ca^{2+} bei Konzentrationen bindet, bei denen dann auch Membranen verschmelzen. Wenn die Membranen verschmolzen sind, kommt es zur **Freisetzung von Vesikelinhalt** (Abb. 5.**18**), die **Transmittermoleküle** diffundieren in den **synaptischen Spalt** und so an Rezeptoren der postsynaptischen Membran (Abb. 5.**18**).

Die Menge Transmitter, die bei Eintreffen eines Aktionspotentials in der Präsynapse freigesetzt wird, ist nicht konstant, sondern variiert in Abhängigkeit verschiedener Faktoren, z. B. Transmittergehalt und Zahl der freigesetzten Vesikel. Die postsynaptische Wirkung resultiert aus einem ganzzahligen Vielfachen der Wirkung der Transmittermenge, die aus einem Vesikel freigesetzt wird. Man spricht deshalb auch von einer **gequantelten Übertragung** an der Synapse. An manchen Synapsen entstehen spontan sogenannte Minipotentiale, die durch spontane Freisetzung solcher einzelner Vesikel verursacht werden. Wenn eine Synapse als Folge eines Aktionspotentials im Durchschnitt den Inhalt von zwei Vesikeln freisetzt, kann sie auf das nächste AP nur noch ein oder auch kein Vesikel mehr freisetzen, d. h. das präsynaptische Signal ist nicht notwendigerweise proportional zur Stärke der elektrischen Aktivierung. Diese diskontinuierliche und stochastische Signalübertragung wird durch die **Quantenanalyse** beschrieben. An der neuromuskulären Endplatte werden normalerweise in Antwort auf ein Aktionspotential hunderte von Quanten freigesetzt, wodurch große und zuverlässige, aber auch fein abstufbare postsynaptische Antworten hervorgerufen werden. Die Beschreibung der quantalen Parameter einer Synapse sind nützlich, um Synapsen mit hoher von solchen mit niedriger Freisetzungswahrscheinlichkeit unterscheiden zu können: Wenn der Pool an Vesikeln in einer Synapse klein ist und die Vesikelfusion mit hoher Zuverlässigkeit erfolgt, wird sie durch eine schnelle Folge von Aktionspotentialen bald entleert werden (**Depletion**), wodurch die Signalübertragung schnell abnimmt. Man bezeichnet dies als **synaptische Depression**. Im Gegensatz dazu wird eine Synapse mit einem großen Vesikelvorrat und niedriger Freisetzungswahrscheinlichkeit nicht so schnell deprimiert. Der Hauptgrund für die Bestimmung quantaler Parameter besteht darin, dass man dadurch den Wirkort einer modulierenden Substanz bestimmen oder eingrenzen kann. Außerdem werden fast alle Formen **synaptischer Plastizität** durch Änderungen der Transmitterfreisetzung mitverursacht (S. 452).

5.4.3 Vorgänge an der Postsynapse

Die **Aktivierung postsynaptischer Rezeptoren** erfolgt dann sehr schnell, binnen weniger als einer Millisekunde (Abb. 5.**18**). Der weitere Zeitverlauf der postsynaptischen Wirkung ist sehr unterschiedlich und hängt vor allem vom Rezeptortyp, aber auch von der momentanen Sensitivität der involvierten postsynaptischen Rezeptoren ab (Tab. 5.**3**).

Ionotrope Rezeptoren sind große, aus 4–5 Proteineinheiten zusammengesetzte Einheiten, die einen Ionenkanal durch die Membran bilden und durch Bindung von Transmittermolekülen schnell in ihrer Konformation geändert werden, sodass sich der Ionenkanal öffnet und Ionen entlang ihres elektrochemischen Gradienten fließen können. Der transmembranäre Ionenstrom hält so lange an, bis entweder der

Transmitter vom Rezeptor dissoziiert oder der Rezeptor desensitiviert wird. **Rezeptordesensitivierung** erfolgt schnell (min → h) durch Phosphorylierung und langsam (4 h → 14 h) durch Entfernung von Rezeptoren von der Zelloberfläche (Abb. 5.**18**, S. 457, Abb. 5.**22**). Ihre Selektivität für bestimmte Kationen oder Anionen beruht auf dem Vorhandensein positiv oder negativ geladener Aminosäuren an strategischen Stellen des Rezeptorkanals. Die ionotropen Rezeptoren umfassen aufgrund ihrer phylogenetischen Entwicklung zwei aus unabhängigen Ursprungsgenen hervorgegangene Familien. Zur ersten Rezeptorfamilie gehören: der **nikotinische Acetylcholinrezeptor**, der **GABA$_A$-Rezeptor**, der **Glycin-Rezeptor** und eine Subklasse der Serotonin-Rezeptoren (**5HT$_3$**). Die andere Rezeptorfamilie besteht aus **Glutamat-Rezeptoren**. Diese wird anhand ihrer Empfindlichkeit für vier verschiedene synthetische Agonisten (AMPA, NMDA, Kainat und Quisqualat) in vier Gruppen unterteilt. Weil NMDA-Rezeptoren besondere physiologische Eigenschaften haben, unterscheidet man für praktische Zwecke meist NMDA- und nicht-NMDA-Rezeptoren. Letztere verursachen schnelle (Anstieg innerhalb weniger ms) und kurze (oft <25 ms) postsynaptische Antworten auf Stimulation mit Glutamat. Dahingegen reagieren NMDA-Rezeptoren wegen ihrer Spannungsabhängigkeit verzögert und dann langanhaltend. Die Spannungsabhängigkeit der NMDA-Rezeptoren beruht auf dem Vorhandensein eines Mg^{2+}-Ions im Rezeptorkanal (Abb. 5.**19**). Dieser Mg^{2+}-Block kann nur durch ausreichende Depolarisation der Membran von ~10 mV aufgehoben werden, sodass dann bei weiterer Depolarisation Ca^{2+} in die Zelle fließt. Obwohl manche glutamatergen Synapsen nur über AMPA- oder nur über NMDA-Rezeptoren verfügen, exprimieren die meisten dieser Synapsen doch beide Rezeptortypen, was bedeutet, dass bei ausreichend langer Glutamat-Freisetzung durch die Präsynapse der Mg^{2+}-Block der NMDA-Kanäle

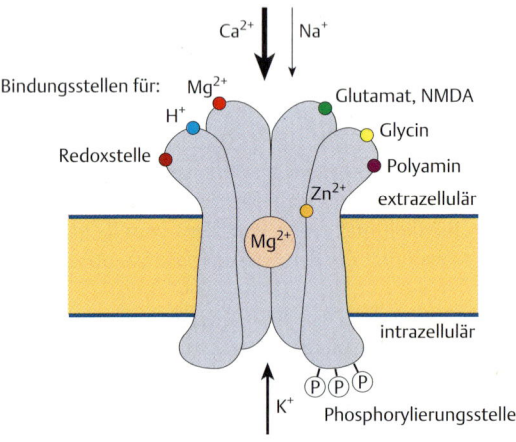

Abb. 5.**19 NMDA-Rezeptor.**

durch AMPA-vermittelte Depolarisation derselben Synapse aufgehoben werden kann (S. 459).

Im Gegensatz zu ionotropen Rezeptoren bestehen **metabotrope Rezeptoren** aus nur einem Polypeptid, das seine Wirkung nicht direkt über einen Ionenkanal entfaltet, sondern über G-bindende Proteine (**G-Protein-gekoppelte Rezeptoren**), die dann verschiedene Second Messenger aktivieren, bevor eine Wirkung auf die elektrischen Signale erfolgt. Die Wirkungsdauer liegt zwischen Sekunden bis zu mehreren Stunden. Es sind inzwischen mehr als 1000 solcher Rezeptoren bekannt, von denen allerdings nicht alle, wie ursprünglich angenommen, erst Second Messenger induzieren bevor sie Ionenkanäle beeinflussen, sondern es gibt zahlreiche Beispiele, bei denen das G-Protein direkt wieder Leitfähigkeiten ändert. Die postsynaptische Umsetzung metabotroper Rezeptoraktivierung erfolgt auf sehr verschiedene Weise. Aktivierte G-Proteine binden an andere Effektoren wie Enzyme, z. B. Proteinkinasen, oder Ionenkanäle. Diese Molekülinteraktionen brauchen Zeit und sind in jedem Fall langsamer als die direkte Wirkung auf ionotrope Rezeptoren. Weil alle Stoffwechselprodukte eine gewisse Lebenszeit haben, hält die Wirkung der metabotropen Aktivierung auch länger an.

Alle kleinen Transmittermoleküle (wie ACh, Glu, 5HT, GABA) können sowohl schnelle ionotrope als auch metabotrope Wirkung entfalten, während z. B. Neuropeptide ihre Wirkung überwiegend über G-Proteine induzieren.

G-Protein-gekoppelte Rezeptoren werden derzeit aufgrund struktureller Eigenschaften in drei Gruppen eingeteilt: **Rhodopsin-adrenerge Rezeptoren**, **Sekretin-VIP-Rezeptoren** und **metabotrope Glutamat-Rezeptoren**.

Außerdem gibt es **purinerge Rezeptoren**, die ATP und seine Stoffwechselprodukte bis hin zum Adenosin binden und somit den metabolischen Status eines Neurons vermitteln können. Purinerge Rezeptoren sind weit verbreitet, aber obwohl Purinmetaboliten auch in synaptischen Vesikeln vorkommen, handelt es sich nicht um klassische Transmitter (s. o.). Es sind drei Rezeptortypen bekannt, von denen einer ein ligandengesteuerter nicht selektiver Kationenkanal ist, die beiden anderen sind G-Protein-gekoppelte metabotrope Rezeptoren. Methylxanthine wie Coffeïn oder Theophyllin blockieren Adenosinrezeptoren, was die stimulierende Wirkung dieser Substanzen verursachen soll.

Die intrazelluläre Verwertung von metabotropen Signalen ist universell und wird im Zusammenhang zellbiologischer Grundfunktionen ausführlich dargestellt (*Biochemie, Zellbiologie*).

Die postsynaptische Rezeptoraktivität wird durch enzymatische Degradation (z. B. Esterasen wie beim Acetylcholin) oder aktiven Transport in die präsynaptische Zelle und benachbarte Gliazellen (z. B. bei 5HT) **aktiv begrenzt** (Abb. 5.**18**).

5.4.4 Rückgewinnung und Wiederbefüllung der Vesikel

Für die **Rückgewinnung** (Abb. 5.**18**) der Vesikelmembran durch Endocytose sind Proteine wie Clathrin verantwortlich. Clathrin bildet eine Art Außengerüst, das eine dreidimensionale Krümmung der Membran erzwingt, sodass sich die Membran wie bei einer Knospung immer weiter hervor wölbt und schließlich durch Dynamin endgültig von der präsynaptischen Membran getrennt wird. Sowohl bei der Anlagerung von Clathrin als auch bei der Abspaltung werden verschiedene Aktivatoren benötigt (*Biochemie, Zellbiologie*).

Die **Wiederbefüllung** (Abb. 5.**18**) der zurückgewonnenen Vesikel erfolgt entweder durch **Neusynthese** des Transmitters oder durch seine **Wiederaufnahme** aus dem Extrazellulärraum. In cholinergen Synapsen wird **Acetylcholin** synthetisiert, wobei das Cholin über einen Cotransport mit Na^+ aus dem Extrazellulärraum zurückgewonnen wird, während das Acetyl-CoA aus den Mitochondrien stammt, das mithilfe der Cholinacetyltransferase an das Cholin gebunden wird. Anschließend werden ~10 000 Moleküle des funktionsfähigen ACh von einem spezifischen Transporter in jeden Vesikel gepumpt. Im Gegensatz dazu wird der Transmitter **Glutamat** durch den EAAT (excitatory amino acid transporter) in die Präsynapse und benachbarte Gliazellen zurückgepumpt und im Neuron durch VGLUT (vesicular glutamate transporter) direkt wieder in die Vesikel transportiert. Das in Gliazellen aufgenommene Glutamat wird durch die Glutaminsynthase in Glutamin verwandelt, von den Gliazellen abgegeben und wieder in das Neuron aufgenommen und durch das Enzym Glutaminase wieder in Glutamat umgewandelt. Für die eigentliche **Befüllung** der Vesikel sind spezielle Transportmechanismen vonnöten, die Transmitter werden per sekundär aktiven Transport im Austausch gegen H^+ in die Vesikel befördert.

Tab. 5.**3** Synaptische Rezeptortypen.

Neurotransmitter	Rezeptor	Umkehrpotential (mV)	Typ	Eigenschaften
Glutamat	AMPA	–4	ionotrop	sehr schnell
	NMDA	1 bis 5	ionotrop	spannungsabhängig
GABA	$GABA_A$	–70	ionotrop	schnelle Hemmung
	$GABA_B$	–80 bis –100	metabotrop	langsame Hemmung
ACh	nicotinerger	–5	ionotrop	neuromuskuläre Endplatte
	muscarinerger	–90	metabotrop	steigert K^+-Leitfähigkeit
Noradrenalin	α_2	–90 bis –100	metabotrop	senkt K^+-Leitfähigkeit
	β_1	–90 bis –100	metabotrop	steigert K^+-Leitfähigkeit

Volumenübertragung

Die Übertragung von Signalen im Nervensystem funktioniert nicht ausschließlich über synaptische Verbindungen. Die Vielzahl von Rezeptoren außerhalb von Synapsen sowie „präsynaptisch" aussehenden Membranspezialisierungen ohne anliegende postsynaptische Membran, sogenannte **Varikositäten**, zeugen davon, dass Überträgersubstanzen in den Extrazellulärraum abgegeben werden und dann offensichtlich auf viele Nervenzellen in der Umgebung wirken sollen. Diese Signalübertragung wird als **Volumenübertragung** (volume transmission) bezeichnet, im Gegensatz zu der auf präzise Ziele „verdrahteten" **synaptischen Signalübertragung** (wiring transmission).

Die Bedeutung dieser Unterschiede ist noch wenig verstanden, aber es ist klar, dass die sogenannten diffusen **Modulatorsysteme** im Endhirn, wie Noradrenalin und Acetylcholin, viele Zielzellen erreichen müssen und die zeitliche Präzision dieser Übertragung weniger kritisch ist als die topographisch präzise Signalübertragung in sensorischen Systemen. Weil dieser Übertragungsmechanismus nicht nur für Modulatorsysteme implementiert ist, sondern auch Rückkopplungsverbindungen zwischen verschiedenen Hirnarealen damit ausgestattet sein können, ist davon auszugehen, dass sich mehr dahinter verbirgt, als eine starke räumliche Verteilung des Signals zu erzielen. Ein möglicher Vorzug dieser Übertragungsweise liegt in ihrer gegenüber Synapsen einfacheren Modifizierbarkeit, was vor allem in den frühen Phasen von Lernvorgängen Bedeutung haben dürfte, wenn Änderungen der Aufmerksamkeit Modulatoren auf wechselnde Abschnitte des Gehirns wirken lassen, um so das Substrat der Lernvorgänge schnell wechseln zu können.

> **Synapse:** Kontaktstelle zwischen benachbarten Nervenzellen, dient der Signalübermittlung von einer Zelle auf die nächste. Elektrische S.: das elektrische Signal wird direkt über Gap Junctions auf die nächste Zelle übertragen, Chemische S.: die Signalübertragung erfolgt über Transmitter.
> **Transmitter:** Chemischer Botenstoff der Signalübertragung zwischen Neuronen, unterschiedliche Substanzgruppen, wird über Exocytose von Vesikeln aus präsynaptischer Neuronendigung entlassen, bindet an Rezeptormoleküle der postsynaptischen Membran.
> **Neuromodulator:** Chemischer Botenstoff, der die Funktion anderer Synapsen und integrative Mechanismen der Nervenzellmembranen moduliert.
> **Wiring Transmission (WT):** Signalübertragung über Synapsen, die durch Entwicklungs- und Lernprozesse entstanden und modifiziert wurden; nutzt für die Informationsverarbeitung weitgehend festgelegte Verbindungen.
> **Volume Transmission (VT):** Diffuse Signalübertragung über Varikositäten und extrasynaptische Rezeptoren, die ganze Gewebeabschnitte betrifft und daher Zustände induziert, in denen flexible Signalweitergabe gebahnt und Plastizität in Gang gesetzt wird.

5.5 Neuronale Plastizität – Rolle von Synapsen und Dendriten

Der Begriff **neuronale Plastizität** bedeutet, dass Nervenzellen ihre Kodierungs- und Übertragungseigenschaften kurz- oder längerfristig verändern. Welche Mechanismen dies bewirken, ist bisher nur in sehr **einfachen** oder **reduzierten Modellen** untersucht worden und es wurde im Laufe der letzten Jahre immer klarer, dass keinesfalls überall dieselben Mechanismen zum Einsatz kommen.

Lange Zeit dachte man, dass **Synapsen** die einzigen zellulären Elemente seien, die für Änderungen der **Signalübertragung** in Frage kommen, und es wurde sogar über viele Jahre hinweg darüber gestritten, ob plastische Änderungen nur durch die postsynaptische oder auch durch die präsynaptische Membran realisiert werden könnten. Inzwischen wissen wir, dass sowohl die prä- als auch die postsynaptische Zelle beteiligt sind, und dass die **Dendriten** als nachgeschaltetes postsynaptisches Element durch Änderungen der intrinsischen Erregbarkeit eine wichtige Rolle für die neuronale Plastizität spielen.

Änderungen der synaptischen Signalübertragung finden auf kurzen und langen Zeitskalen statt, und man unterscheidet **Kurzzeit-** und **Langzeitplastizität**. Kurzzeitplastizität verursacht abhängig von der unmittelbar vorhergehenden Aktivität starke Änderungen der postsynaptischen Antworten auf physiologische Aktivierungsmuster. Synapsen können ihre Übertragung reduzieren (**Depression**) oder verstärken. Letzteres wird je nach Dauer der Änderung als Fazilitierung oder **Augmentation** (Sekunden), als **Potenzierung** (Minuten) oder als **Langzeitpotenzierung** (Stunden und mehr) bezeichnet. Synaptische Depression kann durch Depletion, Autoinhibition oder Rezeptor-Desensitivierung verursacht werden. Depression macht Synapsen für kurze Reize oder schnelle Änderungen des Aktivitätsniveaus selektiv. Frequenz-abhängige Änderungen der synaptischen Übertragung sind auf präsynaptisches Ca^{2+} zurückzuführen, das den Freisetzungsprozess moduliert.

5.5.1 Klassische Konzepte

Lange bevor die ersten elektrophysiologischen Untersuchungen synaptischer Übertragung technisch möglich waren, wurden verschiedene Theorien formuliert, wie Lernvorgänge die Funktion von Nervenzellen beeinflussen müssten. Die umfassendste und bekannteste Theorie wurde von **Donald Hebb** 1949 in „The Organization of Behavior" publiziert.

Hebbs Theorie ist deswegen heute noch aktuell, weil er viele wichtige Eigenschaften **neuronaler Plastizität** postulierte und in einen Systemansatz zur Erklärung von Lernvorgängen integriert hat: 1. **Kausalität** – nur wenn die präsynaptische Zelle vor der postsynaptischen Zelle aktiv ist, darf sich die sie verbindende Synapse ändern, sodass sicher gestellt ist, dass

5.5 Neuronale Plastizität – Rolle von Synapsen und Dendriten

die präsynaptische Zelle ursächlich an der Aktivität der postsynaptischen Zelle beteiligt ist. 2. **Kooperativität** – die präsynaptische Zelle muss mit anderen präsynaptischen Zellen zeitlich korrelierte Aktivität exprimieren, um die synaptische Übertragung zu verstärken. 3. **Verstärkung** wird nur für aktive Synapsen ermöglicht (**Aktivitätsabhängigkeit**, use dependence). 4. Eine Abschwächung der synaptischen Übertragung wurde nie thematisiert. 5. **Instabilität** – korrelierte Eingangsaktivität führt zur Verstärkung der beteiligten Synapsen, und Verstärkung der beteiligten Synapsen führt zu mehr korrelierter Aktivität. 6. **Uniformität** – alle Synapsen können unabhängig von ihrer Lokalisation auf der postsynaptischen Zelle gleichermaßen verändert werden. 1.–3. konnten seinerzeit experimentell bestätigt werden (s. u.), während 4.–6. ungelöste Probleme widerspiegeln. Aber Hebb postulierte nicht nur Mechanismen, er erarbeitete auch ein umfassendes Konzept zu assoziativem Gedächtnis, das ohne besondere Verstärker auskam, weil die meisten Inhalte seiner Auffassung nach auch emotionale Information enthielten und somit Ziele.

Grundsätzlich teilt man **Lernvorgänge** in **assoziative** und **nicht assoziative** Formen. Zu den assoziativen gehört u. a. die klassische Konditionierung, während Habituation, Dishabituation und Sensitivierung nicht-assoziativ sind (S. 607). Welche Mechanismen den Lernvorgängen zugrundeliegen, ist in sehr einfachen Nervensystemen untersucht worden, wie in dem der Meeresnacktschnecke *Aplysia californica*.

Aplysia zieht bei Berührung des Siphons die Kiemen zurück. Dieser **Kiemenrückziehreflex** (Abb. 5.**20**) wird schwächer, wenn die Reizung in kurzen Zeitabständen wiederholt wird (**Habituation**). Der einfache Reflexbogen (S. 540) des Kiemenrückziehreflexes ist in weitere Netzwerke einbezogen, sodass seine Funktion beeinflusst und verändert werden kann. Bei der Habituation wird das (glutamaterge) Signal, das vom sensorischen auf das motorische Neuron übertragen wird, verringert. Auch die Wirkung erregender Interneurone im Schaltkreis wird schwächer.
  Die Schnecke wird zunächst mit Berührung am Siphon gereizt. In Folge zieht sie die Kiemen auch zurück, wenn sie am Schwanz gereizt wird, d. h. sie reagiert empfindlicher auch auf andere Reize (**Sensitivierung**), die ohne den vorhergegangenen schädigenden Siphonreiz unbeantwortet geblieben wären.

Gedächtnismechanismen haben drei Komponenten: Induktion, Expression und Erhaltung, die im Folgenden am Beispiel der **Sensitivierung** von *Aplysia* erklärt sind.
  Für die **Induktion der Kurzzeitsensitivierung** spielen Modulatoren wie Serotonin eine Rolle, weil sie die cAMP-Konzentration erhöhen und über Aktivierung der PKA und Phosphorylierung von Proteinen wie Membrankanälen (serotoninsensitiver K^+-Kanal) zu einer anhaltenden Depolarisation führen (Abb. 5.**20c**). Dadurch werden nicht nur die Aktionspotentiale länger, sondern bei gleicher Stimulation der Zelle werden mehr Aktionspotentiale ausgelöst (**Expression**). Außerdem kommt es zu einer vorübergehenden cAMP-bedingten, synapsinvermittelten Verschiebung von Transmittervesikeln aus dem Speicher- in den Freisetzungspool, sodass jedes Aktionspotential mehr Transmitter freisetzt. Die **Erhaltung** der Kurzzeitsensitivierung wird durch die anhaltende Wirkung der Proteinkinasen bewirkt. Es gibt auch eine **Langzeitsensitivierung** mit ähnlichen Induktionsmechanismen unter Mitwirken von Transkriptionsfaktoren wie CREB1 (cAMP responsive element binding protein), die dafür sorgen, dass entsprechende Gene wie CRE (cAMP res-

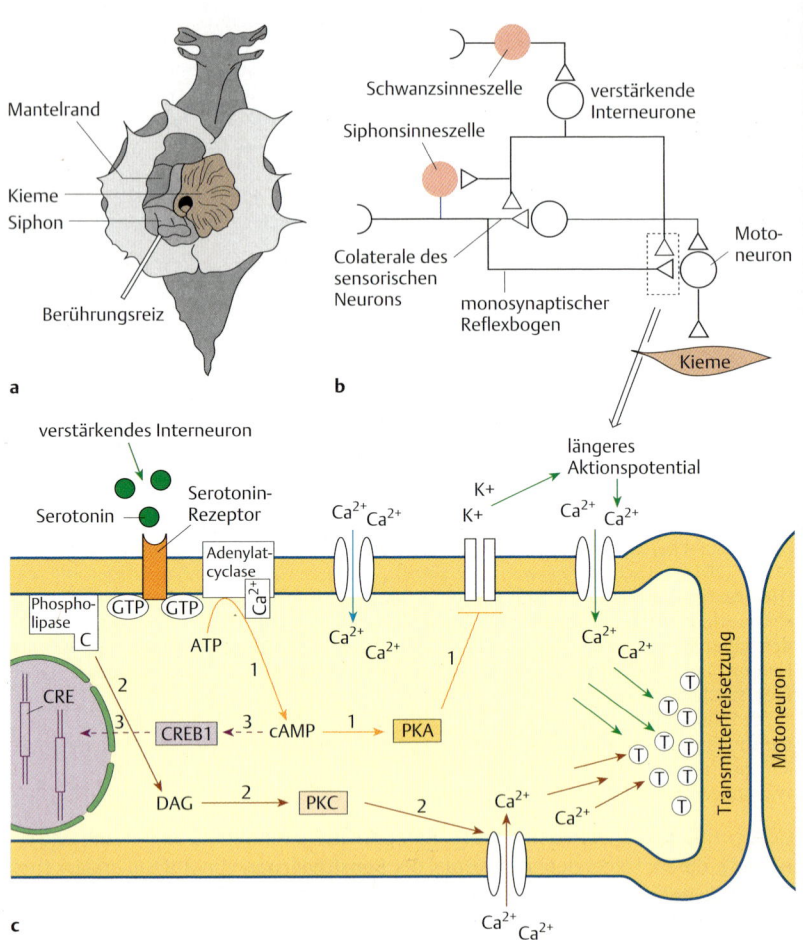

Abb. 5.**20 Kiemenrückziehreflex. a** Dorsale Ansicht von *Aplysia*. **b** Monosynaptischer Reflexbogen. Es ist nur jeweils eines der 24 sensorischen Neurone und der 6 Motoneurone gezeigt. An der Habituation sind Interneurone beteiligt. An der Sensitivierung sind weitere neuronale Schaltkreise beteiligt, die durch einen Reiz am Schwanz aktiviert werden. Es kommt zur präsynaptischen Verstärkung der Übertragung zwischen sensorischem Neuron des Siphons und dem Motoneuron der Kieme. **c** Zelluläres Modell für das assoziative Lernen bei *Aplysia*.

ponsive element) vermehrt transkribiert werden. RNA- und Proteinsynthese sind bei allen Langzeitgedächtnisformen nicht notwendigerweise auf die Induktion beschränkt, sondern reichen oft in die Konsolidierungs- und Erhaltungsphase hinein. Der Hauptunterschied in der Expression von Kurz- und Langzeitprozessen ergibt sich aus zusätzlichen strukturellen Änderungen bei den Langzeitformen. Der Kiemenrückziehreflex ist gleichzeitig ein Beispiel für einen assoziativen Lernvorgang, bei dem **aktivitätsabhängige Neuromodulation** für die Einbindung sensorischer Neurone in die konditionierte Antwort sorgt, wenn diese in der Gegenwart des Modulators (hier Serotonin) aktiv sind.

Die Mehrzahl aller Studien zu den synaptischen Mechanismen des Langzeitgedächtnisses wurde allerdings an Vertebraten durchgeführt, obwohl es in diesen komplexeren Systemen erheblich schwieriger ist, den Zusammenhang zur lernbedingten Änderung des Verhaltens aufzuzeigen. Das am besten untersuchte **Modell** für synaptische Plastizität im **Säuger** ist die synaptische Verbindung zwischen den Pyramidenzellgruppen **CA3** und **CA1** im **Hippocampus** (lat. **c**ornu **a**mmonis: Horn des Schafbocks), die meist in lebenden Hirnschnitten **in vitro** untersucht wurden. Leitet man diese Neurone des Hippocampus **in vivo** in einer frei beweglichen Ratte ab, so kann man beobachten, dass diese Zellen nur aktiv werden, wenn sich das Tier an bestimmten Orten innerhalb z. B. eines Labyrinths befindet, weswegen diese Zellen die Bezeichnung „**Place Cells**" erhielten (S. 609).

Neuere Untersuchungen legen nahe, dass plastische Änderungen dieser Place Cells in vivo durch dieselben Mechanismen verursacht werden, wie Änderungen ihrer synaptischen Übertragung in vitro. Damit bekommen die Erkenntnisse auf zellulärer Ebene Bedeutung für die Erklärung von Lernmechanismen.

Die Entdeckung der synaptischen Langzeitpotenzierung durch **Bliss** und **Lomo** 1973 im Hippocampus von anästhesierten Kaninchen wurde zunächst als besondere Eigenschaft der Nervenzellen des Hippocampus betrachtet. Bald jedoch stellte sich heraus, dass auch so unterschiedliche neuronale Strukturen wie das Kleinhirn oder periphere Nerven dauerhaft potenzierbar sind.

Die Axone der CA3-Neurone, die synaptische Verbindungen zu den CA1-Neuronen bilden, heißen **Schaffer-Kollateralen**. Wenn diese Axone elektrisch aktiviert werden (Abb. 5.**21a**), antworten die CA1-Zellen mit EPSPs, deren Amplitude stabil bleibt, wenn ~2–3mal pro Minute stimuliert wird (Testreiz). Wird jedoch eine schnelle Folge (**Tetanus**) von präsynaptischen Reizen auf eine der gezeigten Kollateralen gegeben, dann potenziert die Synapse, d. h. die Amplitude der EPSPs auf Testreize steigt rasch auf das 2–3fache an und stabilisiert sich meist bei einem geringeren Wert, der aber für lange Zeit (es gibt Nachweise bis zu einem Jahr) deutlich über dem Ausgangswert liegt, weswegen diese Potenzierung als **Langzeitpotenzierung** (LTP) oder Langzeitverstärkung bezeichnet wird. Wird als Kontrolle vor der Potenzierung auch eine andere Schaffer-Kollaterale mit Testreizen stimuliert, die während des Tetanus nicht mit aktiviert wird, dann bleibt die postsynaptische Antwort dieser Synapse auf Testreize auch nach der Potenzierung unverändert. Wird eine Schaffer-Kollaterale für 10 bis 15 min mit ~1/s stimuliert, dann wird diese Synapse deprimiert (Abb. 5.**21b**). Die EPSP-Amplitude sinkt dauerhaft auf z. B. ~50 % der Ausgangsamplitude, weswegen diese Reduktion als **Langzeitdepression** (**LTD**) bezeichnet wird.

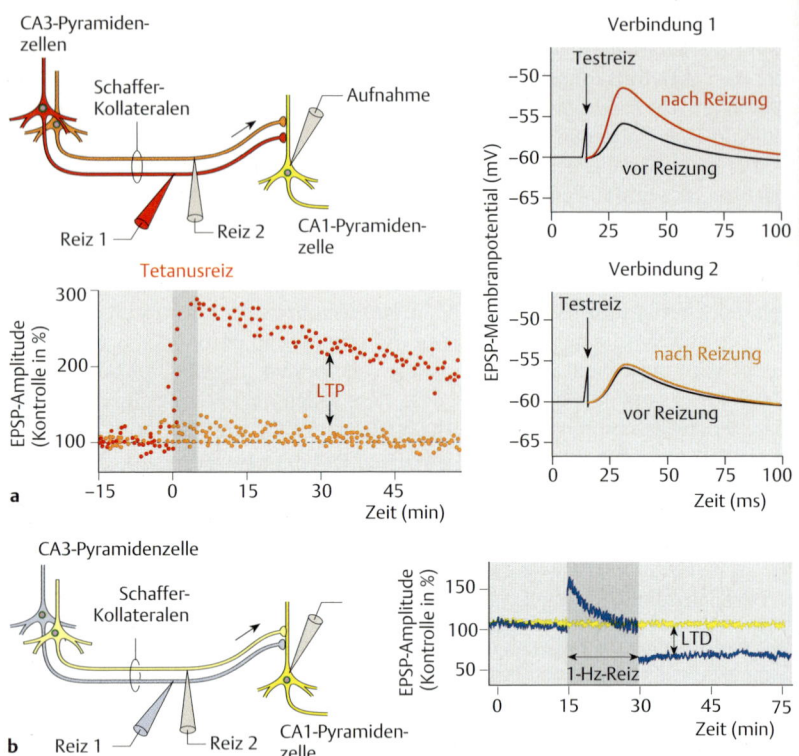

Abb. 5.**21 LTP und LTD. a** Die Potenzierung ist spezifisch für die tetanisierte Verbindung. **b** Langanhaltende, niederfrequente Stimulation führt zur Depression. (Nach Malinow et al., 1989, Mulkey et al., 1993.)

Diese Änderungen der synaptischen Signalübertragung sind durch das jeweils andere Induktionsprotokoll umkehrbar, d. h. eine potenzierte Synapse lässt sich deprimieren und umgekehrt, was nahelegt, dass die zugrundeliegenden Änderungen am selben Ort auftreten und durch sehr ähnliche Mechanismen vermittelt werden.

Zur **Induktion** der synaptischen Änderung bei LTP und LTD müssen meistens NMDA-Rezeptoren aktiviert werden, zur **dauerhaften Expression** werden, abhängig von der Menge an Ca^{2+}, das in die postsynaptische Zelle gelangt, die Zahl verfügbarer AMPA-Rezeptoren verändert: Wenn LTP induziert wurde, werden vermittelt über Calmodulinkinase II mehr AMPA-Rezeptoren in die postsynaptische Membran eingebaut bzw. bei LTD AMPA-Rezeptoren entfernt. Dadurch wird die Empfindlichkeit der postsynaptischen Zelle für Glutamat und in Folge die Menge an einströmendem Ca^{2+} reduziert (Abb. 5.**22**). Beide Formen synaptischer Langzeitänderun-

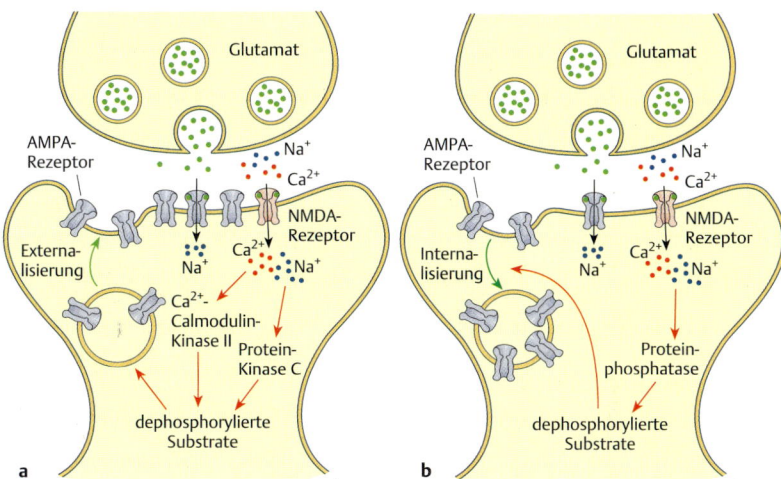

Abb. 5.22 **Expression synaptischer Änderung durch Externalisierung (a) und Internalisierung (b) von AMPA-Rezeptoren** (nach Mulkey et al., 1993).

gen werden durch Erhöhung der intrazellulären Ca^{2+}-Konzentration induziert: schnelle, starke Anstiege der Ca^{2+}-Konzentration löst LTP aus, während niedrigere, länger anhaltende Ca^{2+}-Konzentration „nur" LTD auslöst.

Auch die **räumliche Anordnung** der Synapsen im Dendritenbaum und in den Dornfortsätzen spielt eine wichtige Rolle, sowohl für die Richtung, als auch für die Spezifität der synaptischen Änderung. Außerdem gibt es Zusammenhänge zur **Funktionsdynamik** der postsynaptischen Zelle. Wenn das Membranpotential der postsynaptischen Zelle rhythmisch moduliert wird, wie durch den im Hippocampus prominenten Thetarhythmus, dann hängt die Richtung der dauerhaften synaptischen Leitfähigkeitsänderung davon ab, ob sich die postsynaptische Zelle beim Eintreffen des präsynaptischen Signals gerade in der depolarisierten Phase der **Oszillation** befand, worauf LTP induziert wird, oder in der hyperpolarisierten Phase, worauf LTD induziert wird. Es gibt inzwischen elaborierte Hypothesen darüber, dass das Gleichgewicht von Verstärkung und Abschwächung synaptischer Übertragung langfristig durch das abwechselnde Auftreten von schnellen und langsamen Hirnrhythmen eingestellt wird.

LTD kann aber auch durch ganz **andere Mechanismen** verursacht werden. Zum Beispiel wird im Kleinhirn LTD in Purkinjezellen durch Internalisierung der AMPA-Rezeptoren infolge einer Phosphorylierung durch Proteinkinase C ausgelöst, also ohne NMDA-abhängigen Ca^{2+}-Einstrom.

5.5.2 Moderne Konzepte

Bisher wurde beschrieben, dass die Richtung langfristiger Änderungen der synaptischen Übertragung vor allem durch die Frequenz der induzierenden präsynaptischen Stimulation bestimmt wird: schnelle (starke) Reize induzieren LTP und langsame LTD. Mitte der 1990er wurde jedoch entdeckt, dass bei insgesamt geringer Aktivität langfristige Änderungen der synaptischen Übertragung in beiden Richtungen möglich sind, wenn die **präzise zeitliche Abfolge** der Aktionspotentiale in der präsynaptischen und der postsynaptischer Zelle beachtet wird. Ist die postsynaptische Zelle einige Millisekunden vor der präsynaptischen Zelle aktiv, wird die Synapse abgeschwächt, es wird LTD induziert. Entlädt die präsynaptische Zelle einige Millisekunden vor der postsynaptischen Zelle, sodass das präsynaptische Aktionspotential ursächlich an der Aktivität der postsynaptischen Zelle beteiligt sein kann, wird die Synapse verstärkt, also LTP induziert. Diese Induktionsregel wird als **Spike-Timing-Dependent-Plasticity (STDP)** bezeichnet. Die Reihenfolge der transsynaptischen Aktivierung kommt jedoch nur zum Tragen, wenn prä- und postsynaptisches Aktionspotential innerhalb von ~100 ms auftreten.

Eine mögliche Erklärung für diesen noch nicht in allen Details verstandenen Mechanismus findet sich bei der Betrachtung der **postsynaptischen Ca^{2+}-Konzentration**. Wenn die präsynaptische Zelle vor der postsynaptischen Zelle aktiviert wird, kommt es zu einer relativ hohen Ca^{2+}-Konzentration, die LTP induziert. Im umgekehrten Fall, wenn also die postsynaptische Zelle vor der präsynaptischen Zelle aktiv ist, könnte die postsynaptische Ca^{2+}-Erhöhung schon wieder abgeklungen sein, weswegen nur LTD induziert wird.

Eine weitere, für das Verständnis synaptischer Plastizität sehr wichtige Entdeckung war die Rückleitung von Aktionspotentialen (**back propagating spikes**) in den Dendritenbaum, nachdem sie am Axonhügel ausgelöst wurden. Dazu benötigt die Zelle eine besondere Ausstattung mit spannungsabhängigen Leitfähigkeiten (S. 423, 439), deren Verteilung inhomogen ist, hier mit abnehmender Dichte in den distalen Dendriten. Ursprünglich wurde angenommen, dass die Rückleitung von Aktionspotentialen in die Dendriten bei Koinzidenz mit eingehenden Signalen in jedem Fall Plastizität triggern würde. In Pyramidenzellen mit ihrem oft weitverzweigten Dendriten wirken rückgeleitete Aktionspotentiale mit zunehmender Entfernung vom Soma immer weniger, während hochfrequente **Burst-Entladungen**, wie sie für bestimmte Neurone typisch sind, sogar im distalen Dendriten noch **Ca^{2+}-Spikes** auslösen können. Wenn ein rückgeleitetes Aktionspotential mit einem synaptischen Potential zusammentrifft, wird abhängig von der **Entfernung der Synapse vom Soma** LTP oder LTD induziert: Nah am Soma wird LTP induziert, wenn die Aktivierung des Dendriten überschwellig ist, je weiter die Synapse vom Soma entfernt ist, umso wahrscheinlicher und stärker wird LTD induziert, weil die Menge an intrazellulärem Ca^{2+} nicht mehr für LTP ausreicht. Auch das **Timing der Bursts** spielt eine Rolle: Wenn die Synapse nach dem Beginn des Bursts aktiv wird, dann wird LTP induziert, während eine vorzeitig aktive Synapse durch LTD abgeschwächt wird.

Auch dies kann durch unterschiedliche NMDA-Rezeptoraktivierung erklärt werden: Bei vorzeitiger synaptischer Aktivität kommt es nur zu geringem Ca^{2+}-Einstrom, wird die Synapse jedoch während des Bursts aktiv, ist der Mg^{2+}-Block des NMDA-Rezeptors vollständig aufgehoben und die synaptische Aktivierung führt zu starkem Ca^{2+}-Einstrom.

Insgesamt folgt daraus, dass die Position einer Synapse im Dendritenbaum grundsätzlich entscheidet, wie sich STDP auswirkt, und dass Art und Ausmaß, wie Synapsen verändert werden, mehr lokalen und weniger globalen Regeln folgen als bisher angenommen.

Die **Erregbarkeit neuronaler Strukturen** ist ein komplexes Phänomen, weil viele Faktoren, die untereinander wechselwirken, daran beteiligt sind. **Intrinsische Faktoren** sind: Ruhepotential, Leckleitfähigkeit (input resistance), Membrankapazität, Membranpumpen sowie zeit- und spannungsabhängige Leitfähigkeiten. Rein deskriptiv ist die Erregbarkeit eines Neurons mithilfe seiner **IO-Funktion (Input-Output)** zu fassen: Diese beschreibt die Zahl der Aktionspotentiale (Ausgabesignale) als Funktion standardisierter, in ihrer Intensität modulierter Reize (Eingabesignale). Mit der IO-Funktion können die Schwelle, die Steigung des Outputs und die Maximalantwort bestimmt werden. Diese Parameter können durch Lernprozesse einzeln oder kombiniert verändert werden, und es ist sehr schwierig, die Erregbarkeit, die durch natürliche Reize ggf. über einen Lernprozess hervorgerufen wird, mithilfe elektrophysiologischer Methoden zu bestimmen. Aber es ist auch klar, dass die Erregbarkeit von einzelnen Zellen nicht nur lokal entsteht, sondern durch **extrinsische Faktoren** wie Vigilanz (Wachheit) und Aufmerksamkeit verändert wird, die ihrerseits durch Modulatorsubstanzen wie Acetylcholin oder Serotonin vermittelt werden. Von diesen Substanzen ist bekannt, dass sie meist über Second Messenger bestimmte Leitfähigkeiten verändern und dadurch z. B. eine tonische Depolarisation verursachen. Außerdem ist geklärt, dass diese Modulatoren auch direkt auf die synaptische Plastizität einwirken, sodass im Einzelfall zu klären sein wird, inwieweit eine veränderte Erregbarkeit nur Voraussetzungen für synaptische Plastizität schafft, oder selber Teil des Speichervorgangs ist.

Bildgebende Verfahren, bei denen nicht die Struktur, sondern die Funktion von Nerven- und Gliazellen im Vordergrund stehen, basieren auf der Darstellung von Spannungsänderungen (z. B. durch Verwendung von spannungsabhängigen Farbstoffen (**voltage sensitive dyes**) oder von relevanten Ionen wie Ca^{2+}. Die besondere Entwicklung dieser Verfahren in den letzten Jahren besteht vor allem darin, dass bestimmte Zellklassen und -typen durch Transfektion (*Genetik*) zur Expression von z. B. **Ca^{2+}-sensitiven Farbstoffen** gebracht und so über z. T. mehrere Monate hinweg für Funktionsdarstellungen verwendet werden können. Der große Vorteil von bildgebenden Verfahren mit spannungssensitiven Farbstoffen besteht darin, dass nicht zwingend mit zellulärer oder subzellulärer Auflösung gearbeitet werden muss. Auf diese Weise können auch größere Gewebeabschnitte auf ihre **Funktionsdynamik** hin untersucht werden, wie durch Identifizieren von Wellen der Ca^{2+}-Freisetzung, die für die Entwicklung von neuronalen Verbindungen eine wichtige Rolle spielen.

Mit der Entwicklung hochauflösender mikroskopischer Verfahren wurde es möglich Dornsynapsen live zu beobachten. Mithilfe einer speziellen **konfokalen Lichtmikroskopie** (*Biochemie, Zellbiologie*) konnten in GFP-transfizierten Neuronen **Änderungen der Form einzelner Synapsen** beobachtet werden, die durch Actinauf- und -abbau zustande kommen und sich auf einer Zeitskala von Sekunden abspielen. Wenn Glutamat freigesetzt wird, kommt es über Aktivierung von AMPA-Rezeptoren zu einer Ca^{2+}-vermittelten Hemmung der Dornmotilität, also einer Stabilisierung der Synapse und ihrer Form. Werden NMDA-Rezeptoren stimuliert, kommt es sogar zur Neubildung von Dornfortsatz-ähnlichen Ausstülpungen der Dendritenmembran, was allerdings einer erheblich stärkeren Aktivierung bedarf und deutlich länger dauert als die AMPA-vermittelte Stabilisierung. Schließlich ist die **Geometrie von Synapsen**, z. B. der Durchmesser des Halses einer Dornsynapse, durchaus von Bedeutung für die Verteilung und Wirkungsdauer von postsynaptischen Ladungsträgern, wie Ca^{2+}, aber auch von sekundär induzierten Mediatoren. So können bei runden Synapsen im synaptischen Spalt freigesetzte Substanzen eher weg diffundieren (spillover) und an extrasynaptische Rezeptoren binden, während tassenförmige Synapsen in den Randzonen mit Glutamattransportern für die Wiederaufnahme ausgestattet sind.

Wegen seiner hohen räumlichen und zeitlichen Auflösung ist es mit dem **2-(oder Multi)-Photonen-Imaging** sogar möglich, verschiedene Zelltypen mit unterschiedlichen Indikatoren zu markieren und auf diese Weise **Kooperativität** zwischen Nervenzellen oder zwischen Nerven- und Gliazellen zu untersuchen. Außerdem gibt es inzwischen Vektoren, mit deren Hilfe man die Membranen bestimmter Zelltypen durch Belichtung elektrisch manipulieren kann, was hinsichtlich der Spezifität der Stimulation gegenüber der bisher verwendeten elektrischen Stimulation vollkommen neue Maßstäbe setzt.

Neuronale Plastizität: Kurz- oder längerfristige Änderung der Kodierungs- und Übertragungseigenschaften von Nervenzellen, die durch vielfältige Vorgänge an Synapsen und Dendriten ermöglicht werden.

Synaptische Plastizität: Man unterscheidet Kurz- und Langzeitplastizität, die zu einer Änderung der synaptischen Signalübertragung führen.

Langzeitpotenzierung, Long-Term-Potentiation (LTP): Synaptische Antworten auf einen Testreiz in Form postsynaptischer Potentiale fallen dauerhaft stärker aus; eingangsspezifisch, d. h. nur diejenigen Synapsen, deren Aktivierung zur Induktion von LTP geführt hat, werden auch potenziert. Hängt (meist) von der Aktivierung von NMDA-Kanälen ab, durch die dann Ca^{2+} in die Zelle einströmt. Wahrscheinlich wegen der Notwendigkeit für NMDA-vermittelten Ca^{2+}-Einstrom ist die Induktion von LTP frequenzabhängig.

Langzeitdepression, Long-Term-Depression (LTD): Synaptische Antworten auf einen Testreiz in Form postsynaptischer Potentiale bleiben dauerhaft schwächer, ebenfalls (meist) von Aktivierung von NMDA-Kanälen abhängig. Die Menge von intrazellulärem Ca^{2+} ist niedriger als bei LTP.

Spike-Timing-Dependent-Plasticity (STDP): Induktionsregel; in vielen Synapsen führt die Ankunft wiederholter präsynaptischer Spikes einige Millisekunden vor der Aktivität der postsynaptischen Zelle zu LTP. Ist die postsynaptische Zelle einige Millisekunden vor der präsynaptischen Zelle aktiv, wird die Synapse abgeschwächt, es wird LTD induziert. STDP erfolgt nur, wenn prä- und postsynaptisches Aktionspotential innerhalb von ~100 ms auftreten.

Back Propagating Spikes: Durch aktive Weiterleitung auf den Dendritenmembranen werden somatische Aktionspotentiale rückwärts geleitet und lösen bei Zusammentreffen mit einem EPSP in Abhängigkeit von der Entfernung vom Soma entweder LTP (proximal) oder LTD (distal) aus.

5.6 Komplexe Signalintegration in Dendriten

Dendriten sind nicht nur in der Lage, sehr lokal Signale zu verarbeiten und an benachbarte Zellen weiterzugeben, sondern sie verfügen über verschiedene Ebenen der **Kompartimentierung**: Verschiedene Dendriten an derselben Zelle haben aufgrund der Lagebeziehung zu anderen Zellen und Zellgruppen unterschiedliche Aufgaben, und Abschnitte der Dendritenmembranen können flexibel unabhängig vom Rest der Zelle Signale verarbeiten, weil die elektrotonische Länge dynamisch reguliert wird. Die Möglichkeiten der dendritischen Signalverarbeitung werden gerade erst entdeckt (Abb. 5.**24**).

Das meiste Wissen, das wir heute über die **Signalverarbeitung auf dendritischen Membranen** haben, stammt von relativ großen **Pyramidenzellen**. Bei Pyramidenzellen gibt es eine starke Korrelation zwischen der Größe des Somas und der Länge und damit Reichweite ihrer Axone, aber auch der Ausdehnung ihrer Dendritenbäume. Auch und besonders für diese Zellen gilt, dass es eine **Konvergenzzone** am Axonhügel gibt, die für die Generierung der globalen Ausgangssignale in Form von Aktionspotentialen zuständig ist. Da ein erheblicher Teil der elektrischen Aktivität auf Dendritenmembranen unterschwellig bleibt, selbst wenn es lokal zu aktiver Weiterleitung kommt, die die lokale Signalintegration nachhaltig beeinflussen kann, muss längst nicht jede Aktivität die globalen Ausgabesignale der Zellen direkt und sofort beeinflussen. Wobei auch das Ausbleiben eines Signals (so wie Nullen in einem digitalen Kode) einen hohen Informationsgehalt haben kann.

Bei der näheren Betrachtung des Signalaustausches zwischen Nervenzellen gibt es Befunde, die allen bisherigen Vorstellungen widersprechen: Neurone mit und ohne Axone können Signale über **dendro-dendritische Synapsen** auf andere Zellen übertragen. Ein früh entdecktes und elektronenmikroskopisch gesichertes Beispiel dafür sind bidirektionale Synapsen zwischen Dendriten von Neuronen im stomatogastrischen Ganglion des Hummers (S. 468), die mittels oszillatorischer Aktivität rhythmische Kontraktionen des Magens hervorrufen und unterhalten. Ein weiteres Beispiel aus den Nervensystemen von Invertebraten sind die Reichardt-Bewegungsdetektoren, die zumindest im Fliegenauge durch dendro-dendritischen Signalaustausch äußerst zuverlässige, globale Ausgangssignale bereitstellen, um Bewegungsrichtungen zu kodieren.

Eine Auftrennung der Dendriten in **funktionelle Kompartimente** ist bei vielen Nervenzellen Voraussetzung für komplexere Operationen. Klassisches Beispiel sind die **Mitralzellen** im Riechkolben, deren primäres Dendritenbüschel die primären olfaktorischen Afferenzen aufnimmt, während das zweite Dendritenbüschel der Selbst- und lateralen Hemmung dient. Ein ebenso prominentes Beispiel ist die Unterteilung der Dendriten von **cortikalen Pyramidenzellen** in apikale und basale. **Apikale Dendriten** kreuzen je nach Lage durch alle Schichten oberhalb des Zellkörpers und enden meist in Schicht I, die vor allem modulierende Eingänge aus subcor-

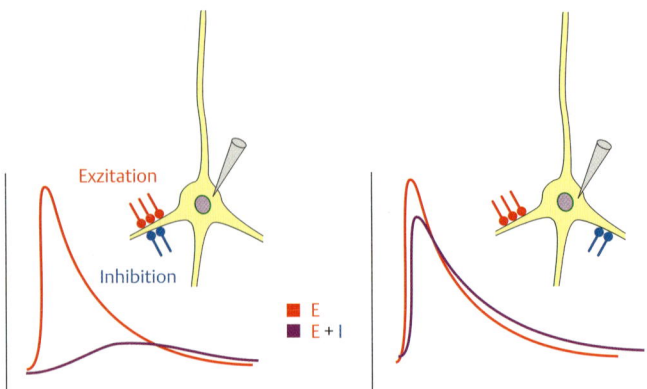

Abb. 5.23 **Integration synaptischer Potentiale auf demselben oder verschiedenen Dendriten.** (Nach Mel und Schiller, 2004.)

tikalen und Rückkopplungsafferenzen aus anderen corticalen Arealen empfängt. Beim Durchkreuzen der anderen Schichten können die Afferenzen aus der jeweiligen Schicht den zentripetalen Signaltransfer modulieren. Da viele Zellen mehrere **basale Dendriten** haben, die überwiegend horizontal verlaufen, ist es für die Integration von erregenden und hemmenden Eingangssignalen wichtig, ob sie auf demselben Ast oder auf verschiedenen ankommen (Abb. 5.23). Basale Dendriten erhalten Eingangssignale von benachbarten corticalen Kolumnen. Wenn die Signalintegration entlang der basalen und apikalen Dendriten ähnlich funktioniert, dann integrieren basale Dendriten nicht wie apikale Dendriten Signale aus verschiedenen Schichten, sondern aus benachbarten Kolumnen und wären somit auch funktionell, also hinsichtlich der repräsentierten Information, als orthogonal zu den apikalen Dendriten zu betrachten.

Gerade die besondere **Länge** von Dendriten großer Zellen macht es schwer zu akzeptieren, dass distal (stammfern) ankommende Eingangssignale überhaupt eine Chance haben, die proximale (stammnahe) Signalintegration am Soma oder Axonhügel, also die globalen Ausgangssignale, zu beeinflussen. Aber diese Einschätzung ist schlicht falsch. Sowohl bei Mitralzellen im Riechkolben als auch bei einigen Pyramidenzellen im Cortex kontaktieren primäre sensorische Afferenzen bevorzugt an den distalen Enden der Dendriten. Im Kleinhirn erhalten die Purkinjezellen mit ihren riesigen Dendritenbäumen über ihre gesamte Länge afferente Synapsen. Wie also können große Entfernungen entlang der Membran funktionell entschärft werden? Zunächst kann ein **niedriger Längswiderstand** helfen, der durch größere Durchmesser realisiert sein könnte. Aber große Volumina sind wegen des allgemeinen Platzmangels im ZNS nicht sinnvoll. Ein weiterer Faktor ist der **spezifische Membranwiderstand R_m**. Die **elektrotonische Länge** ist umso größer, je höher R_m. Ein wichtiger Faktor für den spezifischen Membranwiderstand ist die K$^+$-Leitfähigkeit. Eine reduzierte K$^+$-Leitfähigkeit auf den Dendriten, z. B. in Form von I$_h$ (s. u.), führt zu einer sehr kurzen elektrotonischen Länge. Dadurch werden die distalen Dendriten an die somatische Signalintegration angekoppelt (**elektrotonische Kopplung**), wobei die Stärke der Ankopplung auch noch dynamisch reguliert werden kann.

Neben der verbesserten Weiterleitung kann auch die Entstehung von synaptischen Potentialen am distalen Dendriten zu einer stärkeren Wirkung auf die somatische Integration führen: exzitatorischen PSPs liegen in distalen Synpsen erheblich **stärkere Ströme** (**PSCs**) zugrunde, obwohl ihre Potentialamplituden relativ konstant (~100 µV) sind. Bei IPSCs gibt es diesen Unterschied offenbar nicht. Dieser Effekt könnte durch unterschiedliche Zusammensetzung der Rezeptoruntereinheiten zustande kommen.

Für **transiente und hochfrequente Signale** wird die **elektrotonische Kopplung** nur über kurze Entfernungen funktionieren, weil bei diesen Signalen die Membrankapazität in Kombination mit hohem Membranwiderstand als Filter wirkt. Dieses Problem wird überwunden, indem spannungsabhängige, depolarisierte Membranleitfähigkeiten für Na$^+$, Ca^{2+} oder beide erhöht werden. Sie wirken als aktive Verstärker (booster) von EPSPs. Diese Leitfähigkeiten ermöglichen nicht nur die Rückleitung von Aktionspotentialen durch den Dendritenbaum, sondern bilden auch Inseln besonders hoher Erregbarkeit, über die dann eine Art „**pseudo-saltatorischer**" **Fortleitung** oder Koinzidenzdetektion stattfindet.

Depolarisierende Leitfähigkeiten erhöhen die Erregbarkeit der Synapsen an distalen Dendriten, während hyperpolarisierende Leitfähigkeiten dem entgegenwirken und durch dynamische Interaktion die zeitliche Dynamik der Dendritenmembran steuern. Die Kombination von erregenden und hemmenden Leitfähigkeiten in dicken und dünnen Ästen des Dendritenbaums ist die Grundlage für neue Klassifikationen von neuronalen Integrationsleistungen im Sinne verallgemeinerbarer Typen von **Input-Output-Operationen**. Die dendritischen Eigenschaften werden basierend auf Verästelungsmorphologie, Typ der ionalen Leitfähigkeiten und genetisch bestimmter Untereinheiten der Kanäle in **neue Klassen** eingeteilt. Sie können unter http://senselab.med.yale.edu/neurondb/ abgefragt werden.

Historisch betrachtet konnte die Frage, wo auf der Nervenzellmembran die niedrigste **Schwelle für das Auslösen von Aktionspotentialen** existiert, erst überzeugend geklärt werden, als es technisch möglich war, von mehreren Stellen an der Nervenzellmembran gleichzeitig abzuleiten. Diese Untersuchungen bestätigten, dass der **Axonhügel** als erstes Kompartiment, trotz der kleineren somatischen EPSCs, die Schwelle erreicht. Aber durch zunehmende synaptische Erregung in den distalen Dendriten und/oder zunehmende synaptische Hemmung am Soma kann dieser **Initiationsort** vom Axonhügel in Richtung der Dendriten **verschoben** werden. Ein einmal ausgelöstes Aktionspotential wird dann auch **aktiv retrograd** in den Dendritenbaum fortgeleitet. Solche **rückgeleiteten Aktionspotentiale** können viele Funktionen erfüllen, z. B. Löschen der aktuellen elektrischen Prozesse durch maximale Aktivierung der spannungsabhängigen Leitfähigkeiten, die dann zunächst refraktär sind, oder Verstärkung exzitatorischer synaptischer Antworten.

Durch Koinzidenz mit einem rückgeleiteten Aktionspotential wird nach STDP Plastizität ausgelöst (S. 458).

In verschiedenen Typen von Nervenzellen bereichern **spannungsabhängige Leitfähigkeiten** die dendritische Informationsverarbeitung.

In den **Purkinje-Zellen** des Kleinhirns beispielsweise gibt es langanhaltende „persistierende" Na^+-Leitfähigkeiten (Na_p), die ein **Plateaupotential** generieren, wodurch P-Typ-Ca^{2+}-Leitfähigkeiten dendritische Aktionspotentiale auslösen. Purkinje-Zellen befinden sich in zwei verschiedenen Funktionsmodi: Wenn die Kletterfasern in weiten Teilen des Dendritenbaums starke EPSPs verursachen, kommt es zu synchronen Ca^{2+}-Spikes, die dann zum Soma wandern und am Axonhügel komplexe Aktionspotentiale (**complex spikes**) auslösen. Im Gegensatz dazu verursacht die Aktivierung von Parallelfasern, die meist in kleinen Gruppen aktiv werden und nur lokal wirksame EPSPs hervorrufen, nur die Verarbeitung in **einzelnen Kompartimenten** des Dendritenbaums. Dieses Beispiel zeigt, dass durch aktive dendritische Membraneigenschaften unterschwellige Verstärkung erfolgen kann, die je Eingangssignal eher globale oder lokale Signalintegration unterstützt.

In den **Sternzellen** des Neostriatums (Abb. 6.30) müssen viele synaptische Eingangssignale von verteilten cortikalen Afferenzen aufsummiert werden, bevor eine Aktionspotentialantwort gebildet werden kann. Spezifische synchrone Eingangssignale verursachen starke Depolarisation der Dendritenmembran. Die Erregbarkeit dieser Zellen wird im Wesentlichen durch die Kabeleigenschaften ihrer Membran bestimmt. Individuelle synaptische Antworten werden durch die hohe Kapazität der vielen Dornsynapsen geschwächt, sodass die Wirkung individueller EPSPs am Soma gering ist. Die Dendritenmembran der Sternzellen enthält **einwärts gleichrichtende K^+-Kanäle (I_h)**, die bei Depolarisation ihre Leitfähigkeit reduzieren und dadurch den effektiven Membranwiderstand erhöhen, was zur Folge hat, dass die elektrotonische Länge des Dendritenbaums schrumpft. Starke Depolarisation aktiviert auch Ca^{2+}-Leitfähigkeiten mit hoher Schwelle, was zu noch stärkerer, länger dauernder Depolarisation führt. Somit können Sternzellen von einem Zustand, in dem sie für kleine verrauschte Eingangssignale unempfindlich sind, in einen anderen Zustand überführt werden, in dem sie große Antworten auf spezifische Eingangssignale geben, bei maximaler Sensitivität für zusätzliche Eingangssignale. Durch **dynamische Regulation der elektrotonischen Länge** wird hier also die Empfindlichkeit für distale dendritische Eingangssignale reguliert.

In den Dendriten von **Pyramidenzellen** von Hippocampus und Neocortex spielt die Aktivierung von Na^+-Kanälen mit niedriger Schwelle eine wichtige Rolle für die Aktivierung von Ca^{2+}-Kanälen mit hoher Schwelle. Depolarisation der Dendritenmembran führt zunächst zur Aktivierung von spannungsabhängigen Na^+-Kanälen und infolge weiterer Aktivierung zur Verstärkung (boost) von EPSPs durch die Aktivierung von Ca^{2+}-Kanälen mit hoher Schwelle. Diese verstärkten EPSPs propagieren zum Soma und lösen dort ein Na^+-Aktionspotential aus, das sofort wieder in die Dendriten zurückgeleitet wird und ein langsameres Ca^{2+}-Aktionspotential auslöst.

Dieses starke, lang anhaltende Aktionspotential breitet sich auf den Dendriten aus. Kehrt es schließlich erneut zum Soma zurück, löst es eine Burst-förmige Aktionspotentialfolge aus. Diese Sequenz von Membranprozessen (Abb. 5.**24b**) fördert oszillatorische Aktivität und triggert synaptische Plastizität. Simulieren lässt sie sich am besten mithilfe eines multikompartimentellen Modells des Dendritenbaums, kann aber im Wesentlichen schon mit zwei Elementen für Soma und Dendrit reproduziert werden (Abb. 5.**16d**). Dieses Beispiel zeigt, wie wichtig **dynamische Interaktionen** nicht nur zwischen verschiedenen Leitfähigkeiten, sondern **zwischen verschiedenen Kompartimenten** von Neuronen sind, um Intensität und Zeitverlauf der Ausgabesignale zu steuern.

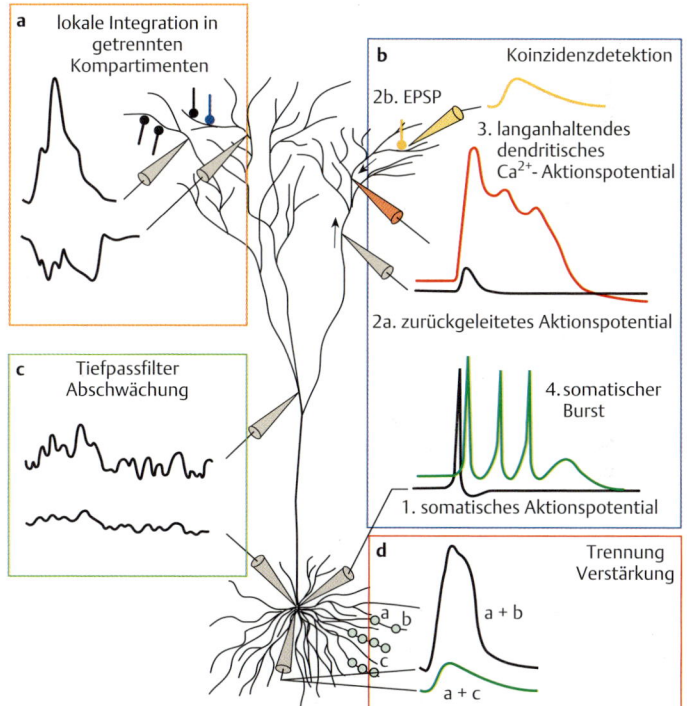

Abb. 5.**24 Komponenten komplexer dendritischer Integration. a** Lokale Integration in getrennten, elektrisch unabhängigen Kompartimenten. **b** Koinzidenzdetektion mit rücklaufenden Aktionspotentialen (2a) führt zu langanhaltenden Ca^{2+}-Aktionspotentialen (3), ausgelöst durch Koinzidenz mit EPSPs (2b). Daraus folgt ein Burst von somatischen Aktionspotentialen (4). **c** Tiefpassfilter und Abschwächung, dendro-dendritische Synapsen. **d** Trennung von Eingangssignalen auf verschiedenen basalen Dendriten versus Verstärkung von koinzidenten Eingangssignalen auf demselben basalen Dendriten. (Nach Mel und Schiller, 2003.)

Die Komplexität dendritischer Verarbeitung (Abb. 5.**24**) wird durch **Dornsynapsen** erheblich erhöht, weil sie nicht nur weitere elektrische Kompartimente zur Verfügung stellen, sondern ihre Form durch Lernvorgänge, bei starker mentaler Retardierung sowie unter dem Einfluss von Hormonen massiv verändern können. Die Form von Dornsynapsen wirkt auf die Ausbreitung synaptischer Potentiale und deren Wechselwirkungen. Wenn der Hals einer Dornsynapse enger wird, kann nicht nur eine stärkere **Abtrennung vom intrazellulären Milieus** hinsichtlich auch biochemischer Prozesse stattfinden, sondern auch der Eingangswiderstand und die Amplitude von EPSPs zunehmen und die Wechselwirkungen mit den Signalen des Dendriten abschwächen. Dendritische Dornsynapsen stellen multifunktionale Mikrointegrationseinheiten dar, die besonders wichtig für Lernprozesse sind, obwohl oder vielleicht doch gerade weil sie elektrisch relativ weit von den integrativen Elementen wie Soma und Axonhügel entfernt sind.

> **Dendro-dendritische Synapsen:** Durch direkte elektrische Übertragung können sehr zuverlässige Signale ausgetauscht und ausgewertet werden.
> **Apikale versus basale Dendriten von Pyramidenzellen:** Morphologische und funktionelle Differenzierung verschiedener Dendriten ermöglicht, unterschiedliche Kategorien von afferenten Signalen zu integrieren.
> **Dendriten, funktionelle Kompartimente:** Durch Regulation der elektrotonischen Länge durch Einwärtsströme wie I_h und spannungsabhängige, depolarisierte Membranleitfähigkeiten, die als aktive Verstärker wirken, kann der distale Dendritenbaum elektrisch an das Soma angekoppelt werden. Aber nicht jede Aktivität beeinflusst direkt die globalen Ausgabesignale der Zellen, sondern vieles wird lokal verarbeitet.
> **Dornsynapsen:** Stellen weitere lokale elektrische Kompartimente dar, die biochemisch und elektrisch separiert sind.

5.7 Dynamik in Zellverbänden

> Nervenzellen bilden **Zellverbände**, die es auf allen Ebenen von Nervensystemen und mit allen Komplexitätsgraden gibt. Einfache Verbände, die aus reziprok verschalteten exzitatorischen und inhibitorischen Neuronen bestehen, haben die Aufgabe, Aktivitätsmuster zur Steuerung z. B. **rhythmischer Bewegungen** zu generieren. Mit zunehmender Komplexität kommen **modulatorische Funktionen** hinzu, die dazu dienen, das Netzwerk in verschiedene Funktionszustände zu schalten. Für die komplexesten der bekannten Netzwerke wie die Endhirnrinde der Säuger, die ebenfalls stark reziprok verschaltet sind, deren Verbindungsstruktur sich aber durch massive Divergenz und Konvergenz auszeichnet und die in bisher nicht beobachteter Weise selbstbezogen ist, können nur Modelle vorgeschlagen werden.

5.7.1 Zelluläre Mechanismen zentraler Mustergeneratoren

Periodische Aktivität wie Schwimm- oder Kriechbewegungen wurden schon an diversen Modellsystemen wie dem Lanzettfischchen (lamprey) so ausführlich untersucht, dass die Mechanismen weitestgehend bekannt sind. Das Grundmodell ist bei allen Vertebraten gleich: **Zentrale Mustergeneratoren** (central pattern generators, CPGs) bestehen aus einem Kern glutamaterger und glycinerger **Interneurone**, sie operieren auf Segmentebene teilweise **autonom**, werden aber über absteigende reticulospinale Bahnsysteme mittels verschiedener Monoamine sowie metabotroper

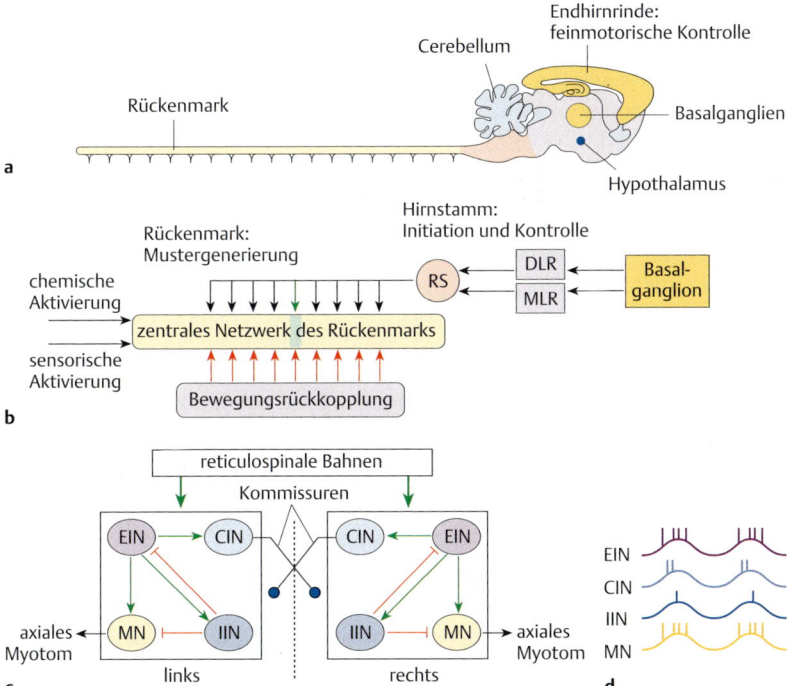

Abb. 5.**25 Zentrifugale Steuerung zentraler Mustergeneratoren im Wirbeltier. a** Übersicht über die beteiligten Hirnteile. **b** Kontrollschema mit den Basalganglien des Endhirns als oberster Steuerinstanz, Mittel- (MLR) und Zwischenhirn (DLR) als Auslöse- und Kontrollsysteme konvergieren auf den Kernen der reticulospinalen Bahnen (RS) sowie dem Rückenmark als Mustergenerator. **c** Bilateral symmetrischer Schaltkreis auf Segmentebene, der über Kommissurenfasern mit der Gegenseite verbunden ist. **d** Zeitverlauf der Aktivität im Mustergenerator: Exzitatorische glutamaterge Interneurone (EIN), Ipsilateral projizierende inhibitorische Interneurone (IIN), Contralateral projizierende glycinerge inhibitorische Interneurone (CIN), Motorneurone (MN). Wichtig ist, dass die exzitatorischen und inhibitorischen Neurone rhythmisch aktiv sind und sich mit dem Schaltkreis der Gegenseite abwechseln. (Nach Grillner, 2003.)

GABA- und Glu-Rezeptoren gesteuert (Abb. 5.**25**). Im Laufe der Evolution sind Mechanismen hinzugekommen, die vor allem Signale von den Extremitäten und der Kopfhaltung berücksichtigen und so ein vielfältigeres und differenzierteres Fortbewegungsverhalten ermöglichen.

5.7.2 Modulation neuronaler Schaltkreise

Ein gut etabliertes Modell für multiple, ineinandergreifende neuronale Schaltkreise, die dynamisch zwischen **verschiedenen Funktionszuständen** hin- und herschalten können, findet sich bei den Crustacea z. B. in Form des **stomatogastrischen Ganglions** des Hummers. Es verfügt über zwei Subsysteme innerhalb des Ganglions, eine Gruppe von 14 Neuronen für die Magenmotilität (gastric mill system) und eine Gruppe von 12 Neuronen für die Steuerung des Pylorus. Angekoppelt werden kann ein drittes kleines Netzwerk im ösophagealen Ganglion, das für den Nahrungstransport verantwortlich ist. Die **Modulation** dieser drei Gruppen erfolgt durch eine große Zahl verschiedener Substanzen: Das Neuropeptid Proctolin erregt Neurone im pylorischen Netzwerk, der Cotransmitter GABA hemmt die Neurone im Netzwerk für die Magenmotilität. Zum Teil wirken verschiedene Überträger- und Modulatorsubstanzen sogar auf dieselben Ionenströme (**Konvergenz**). So konnte gezeigt werden, dass mindestens 5 verschiedene Peptide auf denselben Ionenstrom wirken, von denen 4 in synaptischen Terminalen des Neuropils nachweisbar sind, die 5. Substanz als Hormon wirkt. Andere Modulatoren hingegen, wie Dopamin und Serotonin, wirken nicht nur über unterschiedliche Rezeptoren, sondern auch auf verschiedene Gruppen von Neuronen. D. h. es gibt auch in diesen sehr einfachen neuronalen Netzwerken schon **funktionelle Divergenz**, dergestalt, dass zwei Neuropeptide sowohl gemeinsame als auch getrennte Zielneurone aktivieren. Diese Peptide wirken vor allem als Cotransmitter, die somit unterschiedliche Funktionsweisen am selben Schaltkreis hervorrufen. Neuronale Netzwerke sind also nicht hart verschaltet, sondern werden durch die Wirkung von modulierenden Substanzen sehr **flexibel rekonfiguriert**.

5.7.3 Graue Substanz: der kanonische Mikroschaltkreis

Die wohl komplexeste neuronale Struktur ist das Endhirn (Telencephalon) der Säuger, das sich aus in der Tiefe liegenden Kerngebieten und einem Hirnmantel (Pallium) zusammensetzt, der auch als Großhirnrinde (Cortex) bezeichnet wird. Die Zahl der Zellen wird auf $\sim 10^{11}$ und die Zahl der Verbindungen auf $\sim 10^{14}$ geschätzt, beim Menschen gibt es Befunde von 6×10^4 Verbindungen pro Zelle. Die Gesamtlänge an axonalen Verbindungen innerhalb der Großhirnrinde wird auf $2 \times \sim 10^5$ km geschätzt. Daraus ergibt sich unmittelbar, dass es kein einfaches Prinzip geben kann, die Funktionsweise dieses Netzwerks zu beschreiben.

Aber es gibt doch Regelhaftigkeiten, die zunächst anatomisch beschrieben wurden: Exzitatorische Neurone, die etwa 85 % aller Kontakte unterhalten, sind stark reziprok miteinander verschaltet und erhalten hemmende Signale von GABAergen Interneuronen sowohl als Rückkopplung als auch als „feed-forward"-Hemmung über die thalamischen Eingangssignale. Im Laufe der Jahrzehnte konnten mithilfe sehr aufwendiger physiologischer und weiterer anatomischer Untersuchungen systematische Verbindungsmuster identifiziert (Abb. 5.**26b**) und ein allgemeines Funktionskonzept (Abb. 5.**26c**) entwickelt werden, das darauf beruht, dass bestimmte Verschaltungsmuster ubiquitär, also überall im „Isocortex" (iso: gleich) zu finden sind. Deswegen wurde diesem Verschaltungsmuster die Bezeichnung **„kanonischer Mikroschaltkreis"** gegeben (lat. canon: Norm, Regel). Bei diesen Betrachtungen ist noch nicht berücksichtigt, dass zahlreiche modulierende Systeme zum Teil global, zum Teil aber auch sehr fokal in die Funktion des cortikalen Netzwerks eingreifen. Basierend auf der Erforschung der komplexesten Schaltkreise des Gehirns ist eine neue Forschungsrichtung gewachsen, die als „Neuromorphic Engineering" sich damit beschäftigt, Erkenntnisse aus der biologischen Forschung mit

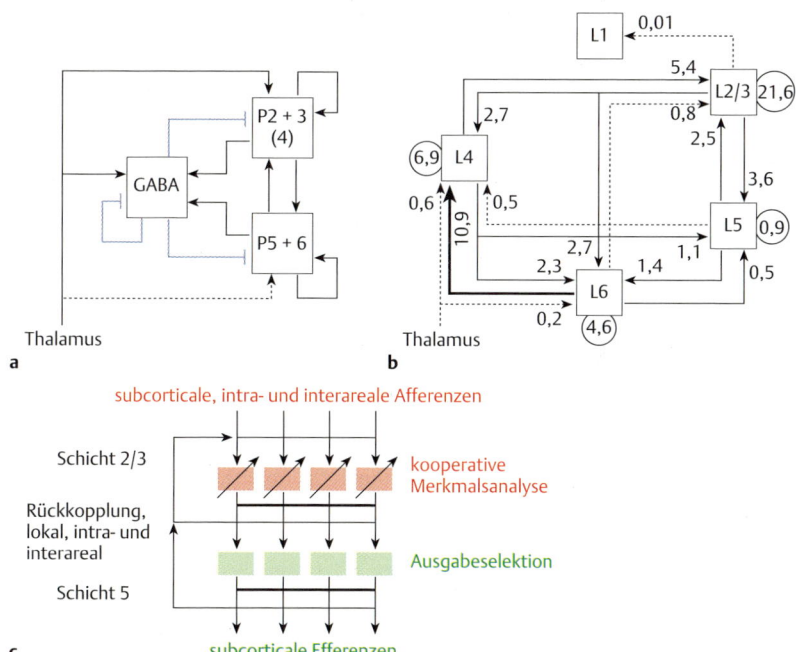

Abb. 5.26 Kanonischer Mikroschaltkreis für den Neocortex. a Zwei Klassen von exzitatorischen Pyramidenzellen (P2+3; P5+6) sind reziprok miteinander verbunden, und erhalten wirkungsvolle hemmende Rückkopplung von GABAergen Zellen, die alle auch vom Thalamus Signale erhalten. **b** Präzise Gewichtungen der Verbindungsstärke zwischen den Zellen in verschiedenen Schichten (= Layer 1–6). **c** Die Einbindung der lokal verbundenen Module in Afferenzen und Efferenzen. (Nach Douglas und Martin, 1989.)

Methoden der Halbleitertechnologie (in silico) für weitergehende Untersuchungen der Dynamik in größerem Maßstab zu simulieren und ggf. für die Neuroprothetik als „Smart Sensors" nutzbar zu machen.

5.7.4 Zelluläre Mechanismen neuronaler Synchronisation

In den meisten Nervensystemen spielt die **zeitliche Koordination** neuronaler Aktivität eine fundamentale Rolle für deren Fähigkeit zur Signalintegration und -weitergabe sowie für die Induktion von Plastizität. Die Mechanismen, durch die präzise zeitliche Koordination synaptischer Aktivität entsteht, sind so vielfältig wie die Schaltkreise, die Signale integrieren und dekodieren. Die vor ~100 Jahren diskutierte *Syncytium*-Theorie forderte eine direkte elektrische Kopplung zwischen Nervenzellen. Heute ist bewiesen, dass es zwischen den Dendriten zahlreicher benachbarter Zellen entsprechende **elektrische Synapsen** gibt, was jedoch nicht die zellbiologische Aufteilung in Nervenzellen infrage stellt. Weitere Synchronisationsmechanismen bestehen darin, dass die **Leitungsgeschwindigkeit** von Axonkollateralen (S. 416, 426) so **abgestimmt** ist, dass trotz sehr unterschiedlicher Länge die Terminalien mit Mikrosekundenpräzision Signale an verschiedene Zielzellen weitergeben. Diese Eigenschaft in Kombination mit der teilweise starken Divergenz axonaler Verbindungen kann für sehr präzise Synchronisation sorgen.

Neben diesen „hartverdrahteten" Mechanismen gibt es **Netzwerkprozesse**, die Eigenschaften auf zellulärer Ebene erfordern und die es ermöglichen, dass Neurone, die nicht einmal über irgendwelche direkten synaptischen Verbindungen verfügen, dynamisch in einen synchronisierten Aktivitätsmodus gelangen können. Dabei spielt vor allem die Interaktion von erregenden und hemmenden Neuronen eine Rolle, die unter ungünstigen Bedingungen auch entgleisen kann, wie es z. B. bei Epilepsie der Fall ist. Das Grundprinzip dynamischer Synchronisation besteht in einer Rhythmisierung neuronaler Aktivität, die als **Oszillation** beschrieben wird. Die Mechanismen für das Entstehen von Oszillationen reicht von Autapsen (axonale Synapsen auf der eigenen Dendritenmembran) über zelluläre Rhythmusgeber (intrinsische Bursts, chattering, S. 431) bis hin zu Netzwerken von Interneuronen, die z. T. untereinander elektrisch gekoppelt sind, durch Disinhibition riesige Populationen exzitatorischer Nervenzellen in ihren Rhythmus einbeziehen können und dabei durch Neuromodulatoren in ihrer Aktivität gesteuert werden.

> **Central Pattern Generator:** Neuronale Mustergeneratoren bestehen meist aus reziprok verschalteten Neuronen, die rhythmische Aktivität produzieren.
> **Kanonischer Mikroschaltkreis:** Allgemeines Funktionsprinzip für cortikale Schaltkreise.

5.8 Sinnesrezeptoren: Prinzipien der Energieumwandlung

> Sinneszellen wandeln verschiedene physikalische und chemische Reize in elektrische Potentiale um, die dann im Nervensystem weiterverarbeitet werden. **Primäre Sinneszellen** sind neuronalen, **sekundäre** epithelialen Ursprungs.

Tiere nehmen verschiedenste Reize (Tab. 5.**4**) aus der Umwelt auf. Welche Reize aufgenommen werden, hängt mit den Lebensbedingungen zusammen und ist bei den einzelnen Tiergruppen sehr verschieden: So können einige Fische elektrische Felder wahrnehmen, Bienen und andere Arthropoden orientieren sich mithilfe polarisierten Lichts. Die physikalischen oder chemischen Umweltbedingungen bekommen für einen Organismus erst Bedeutung und können als Reiz wirken, wenn er passende **reizaufnehmende Strukturen** besitzt.

Solche reizaufnehmende Strukturen sind Bestandteile von **Sinneszellen**, die einzeln vorkommen oder zu mehreren in Sinnesorganen (Sinnesepithelien) zusammengeschlossen sind. Sinneszellen wandeln die unterschiedlichen Reize in elektrische Signale (Rezeptorpotentiale) um (**Transduktion**, Abb. 5.**27**). Diese Rezeptorpotentiale werden zwecks Weiterleitung über meist lange Strecken in das ZNS erneut umgewandelt (**Transformation**). Erst die Verarbeitung im Zentralnervensystem macht aus der Erregung von Rezeptorzellen einen Sinneseindruck (sensation), der durch weitere erfahrungsabhängige Verarbeitung zur **Wahrnehmung** (perception) führt und bei höheren Wirbeltieren auch zur bewussten Wahrnehmung.

Tab. 5.**4** **Verschiedene Sinnesmodalitäten.**

Rezeptor	Reizform	Modalität
Photorezeptor	Licht (Photonen)	Sehen
Chemorezeptor	Moleküle	Schmecken, Riechen
Mechanorezeptor	Druck, Zug, Schwingung	Tast- und Vibrationssinn
	Scherkräfte	Dreh- und Schweresinn
	Scherkräfte	Hören
Thermorezeptor	Wärmestrahlung oder -leitung, direkt oder durch Konvektion	Wärme, Kälte
Infrarotrezeptor	Infrarotstrahlung	Wärme von Beutetieren
Hygrorezeptor	Wasserdampf	Feuchte
Elektrorezeptor	elektrisch	Elektrischer Sinn (Fische)
Magnetorezeptor	elektromagnetisch	Magnetischer Sinn
Nocizeptor, Schmerzrezeptor	mechanisch, chemisch	Schmerz

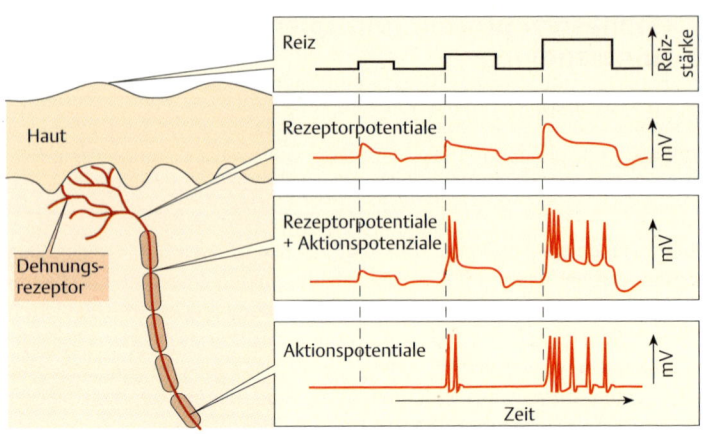

Abb. 5.27 **Signalverarbeitung in einer Hautrezeptorzelle** (nach Klinke, Thieme Verlag, 2009).

Bei **primären Sinneszellen** ist die reizaufnehmende Struktur oder Rezeptorzone ein Teil eines afferenten Neurons, und die Erregung der Rezeptorzone führt an derselben Zelle zur Auslösung von Aktionspotentialen. Zu den primären Sinneszellen zählen Photorezeptoren und Geruchsrezeptoren sowie somatoviszerale Spinalganglienzellen. **Sekundäre Sinneszellen** sind umgewandelte Epithelzellen mit reizaufnehmenden Strukturen. Bei sekundären Sinneszellen ist daher die synaptische Übertragung des Rezeptorpotentials auf ein afferentes Neuron notwendig. Die Erregung der Rezeptorzelle führt erst am afferenten Neuron zur Auslösung von Aktionspotentialen. Zu den sekundären Sinneszellen gehören Geschmacksrezeptoren oder Haarsinneszellen des Innenohrs.

In der Sinnesphysiologie bezeichnet man als **Sinnesmodalitäten** die verschiedenen Systeme, die Empfindungen wie Sehen, Hören, Riechen, Schmecken und Fühlen ermöglichen. Wie Johannes Müller schon 1837 beschrieb, hängt sie nicht vom Reiz, sondern vom gereizten Sinnesorgan ab. Innerhalb einer Modalität unterscheidet man verschiedene Qualitäten, die darauf beruhen, dass innerhalb der **Bandbreite** einer Modalität Teilbereiche einen eigenen Verarbeitungsmechanismus entwickelt haben, z. B. verschiedene Farben innerhalb des Bereichs sichtbaren Lichts. Der für biologische Systeme relevante Spektralbereich umfasst Wellenlängen von 100–800 nm, wobei Menschen mit ihren drei Rezeptortypen Lichtreize unterschiedlicher Wellenlänge im Bereich zwischen 400 und 700 nm unterscheiden können, während bei Bienen der Bereich mit 350–530 nm teilweise in den UV-Bereich verschoben ist.

Durch die unterschiedlich ausgebildeten Rezeptorstrukturen (Kap. 6) können sehr viele verschiedene Energieformen umgewandelt werden. Bei chemischen Sinnen sind die Rezeptoren auf einige wenige Moleküle spezialisiert. Aber jeder Rezeptor reagiert nicht nur auf seinen **adäquaten Reiz**, wie Photorezeptoren auf Licht, sondern kann durch andere zumeist stärkere inadäquate Reize aktiviert werden. Mechanischer Druck auf das Auge löst Lichtempfindungen aus, die als „Sternchensehen" beschrieben werden.

Als weitere für die Wahrnehmung wichtige Dimension muss die **Intensität** von Reizen detektiert werden. Ein idealer Rezeptor sollte Reize aller Intensitätsstufen in informationstragende Signale übersetzen. Hier gibt es Einschränkungen, u. a. aufgrund der Anzahl verfügbarer Rezeptorkanäle und wegen der Refraktärzeit (S. 424), die die Aktionspotentialfrequenz begrenzt. Der Bereich, in dem ein Rezeptor bei zunehmender Reizenergie eine Kodierung entsprechend der Intensität vornehmen kann, wird als **dynamischer Bereich** bezeichnet. Für jede Reizmodalität gibt es verschiedene **Unterschiedsschwellen**, d. h. die minimale Änderung der Intensität, die notwendig ist, um zwei Reize unterscheiden zu können. Nach dem Weber-Fechner-Gesetz ist das Verhältnis von Unterschied und absoluter Intensität konstant, was aber keine allgemeine Gültigkeit hat und vor allem im Bereich der absoluten Schwelle nicht stimmt. Außerdem ändern fast alle Rezeptorsysteme bei längerdauernder Reizeinwirkung ihre Empfindlichkeit, was allgemein als **Adaptation** bezeichnet wird. Adaptation kann aber auch bei Ausbleiben von Reizen auftreten, z. B. bei der Dunkeladaptation des Sehsinnes, dessen maximale Empfindlichkeitssteigerung nach ca. 1h erreicht ist.

Man unterteilt in **tonische** und **phasische Rezeptorzellen**, die entweder proportional und damit das Niveau einer Reizeigenschaft oder differentiell und damit die Änderungsgeschwindigkeit abbilden (Abb. 5.**28**). Die meisten Sinnessysteme exprimieren beide Rezeptortypen. **Tonische Rezeptorzellen** ändern ihre Impulsfrequenz bei Dauerreizung und gleicher Reizstärke nicht. Die Reizstärke wird exakt codiert. Die Zellen zeigen keine oder nur eine sehr geringe Adaptation. Stellungs- oder Positionsrezeptoren sind oft tonisch, ebenso wie Hörsinneszellen. **Phasische Rezeptorzellen** zeigen sehr schnelle Adaptation. Bei Dauerreizung fällt die Impulsfrequenz schließlich auf null ab, d. h. konstante Reize werden nur zu Beginn und erst bei Reizänderungen erneut registriert. Phasische Sinneszellen dienen als biologische Warnanlage. Geschwindigkeitsmessende Rezeptoren, Riech- oder Tastsinneszellen gehören dazu. Bei **phasisch-tonischen Rezeptorzellen** ist die Impulsfrequenz anfänglich hoch und fällt dann auf einen niedrigeren konstanten Wert ab, d. h. sie besitzen eine schnelle phasische und eine langsame tonische Komponente. Zu den phasisch-tonischen Rezeptorzellen gehören Seh-, Geschmacks-, Schmerz- und Temperatursinneszellen.

> **Transduktion:** Umwandlung von Reizen in elektrische Signale der Rezeptorzelle (Rezeptorpotential).
> **Transformation:** Umwandlung des Rezeptorpotentials in Aktionspotentiale zwecks Weiterleitung.

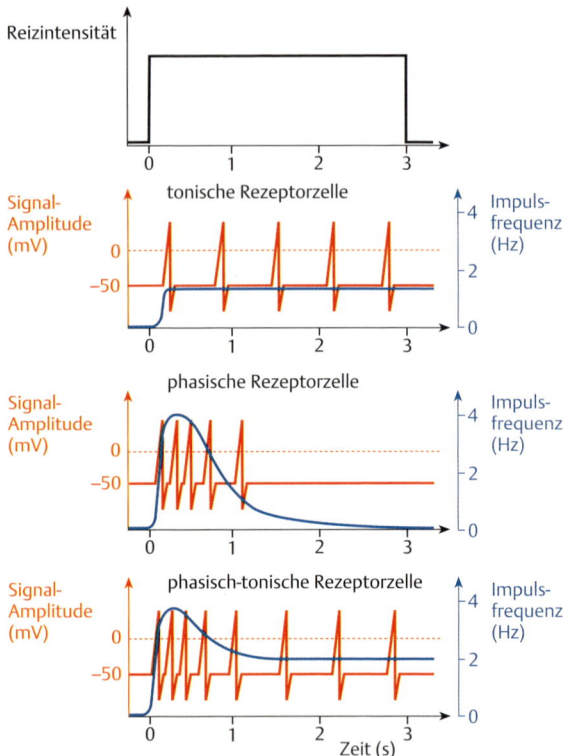

Abb. 5.**28** **Entladungsmuster verschiedener Rezeptoren auf einen uniformen Reiz.**

> **Modalität:** Durch die Sinnessysteme vorgegebene Kategorien wahrnehmbarer Reize (Sehen, Hören,…).
> **Adaptation:** Änderung der Empfindlichkeit von Rezeptoren bei längerdauernder Reizeinwirkung.

5.9 Effektoren: Muskel- und Drüsenzellen

> Die direkte Wirkung neuronaler Aktivität auf das Verhalten wird durch **Effektoren** vermittelt, die entweder Bewegungen verursachen und somit über **Muskelzellen** wirken, oder aber über **Drüsenzellen** und deren Sekrete Verhaltensweisen unterstützen.

5.9 Effektoren: Muskel- und Drüsenzellen

Zu den wichtigsten Effektoren gehören neben den Muskelzellen die Drüsenzellen. Die meisten **Drüsenzellen** werden durch Nervenfasern des vegetativen Systems innerviert. Sie reagieren mit der Sekretion einer Substanz oder eines Stoffgemisches, wie Schleim oder Milch. Auch wenn die meisten glatten Muskelzellen viele Funktionen autonom, d. h. ohne nervale Kontrolle, ausführen können, werden sie zusätzlich durch efferente (viszeromotorische) Nervenfasern gesteuert (S. 549): Dazu gehören die sehr zahlreichen Gefäßwände, die vor allem zur Blutdruckregulierung zentrifugal gesteuert werden müssen und der Magen-Darm-Kanal, in dem zwei intramurale Nervengeflechte (Plexus submucosus und myentericus) die Verdauungsaktivität steuern. Als weitere Effektorzellen sollen noch spezialisierte Muskelzellen erwähnt werden, die nicht der Kraftentwicklung dienen, sondern wie am Herzen als Schrittmacherzentrum operieren (S. 731). In diesem Fall wird keine Bewegung induziert, sondern die Geschwindigkeit der Erregungsbildung moduliert. Außerdem gibt es zahlreiche Beispiele für efferente neuronale Aktivität, die die Empfindlichkeit von Rezeptoren steuert.

Skelettmuskelfasern werden durch (somatomotorische) Nervenfasern innerviert (S. 538): Erreicht ein Aktionspotential eines motorischen Neurons die Synapse an der zugehörigen Muskelfaser (**motorische Endplatte**), wird durch Freisetzung von Acetylcholin in die subsynaptischen Einfaltungen der Außenmembran der Muskelfaser (Sarkolemm) über nikotinische Rezeptoren ein **Endplattenpotential** ausgelöst (Abb. 5.29). Dieses initiiert die Erregungsausbreitung auf dem Sarkolemm. Damit die Erregung möglichst schnell in das Innere der Muskelfaser vordringen kann, breitet sich das Muskelaktionspotential über weitere Einstülpungen der Zellmembran, die **transversalen Tubuli** (T-System), aus, die in enger Nachbarschaft zu den Zisternen des sarkoplasmatischen Retikulums (SR) liegen. Dort angelangt, vermitteln Dihydropyridin-Rezeptoren (DHPR) in der Tubulusmembran, gekoppelt mit Ryanodin-Rezeptoren (RyR) in der Membran des SR, eine Freisetzung von Ca^{2+}-Ionen in das Sarkoplasma. Diese Ca^{2+}-Ionen kontrollieren dann die Freigabe des Querbrückenzyklus (S. 391).

Ein einzelnes Aktionspotential führt am Skelettmuskel zu einer **Einzelzuckung**, die deutlich länger dauert (50–500 ms) als das Aktionspotential (wenige ms). Wenn mehrere Aktionspotentiale in schneller Folge den Muskel aktivieren, überlagern

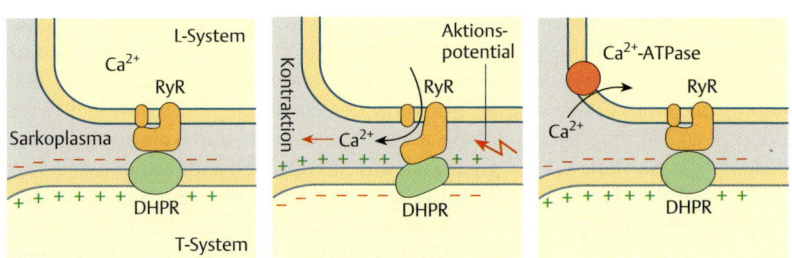

Abb. 5.**29** **Membranprozesse an der motorischen Endplatte** (s. a. Abb. 4.**19**).

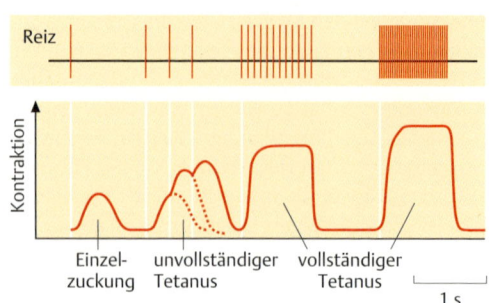

Abb. 5.**30** Einzelzuckung und zunehmende Tetanisierung des Skelettmuskels durch elektrische Reizung.

sich die Zuckungen (**Superposition**), was zu einer größeren Kraftentwicklung führt. Wenn die Entladungsfrequenz einer **motorischen Einheit** (Motoneuron mit den von ihm innervierten Muskelfasern) so hoch wird, dass es zu keiner vollständigen Erschlaffung mehr kommt, aber noch Schwankungen der Kraft sichtbar sind, spricht man von einer **unvollständigen tetanischen Kontraktion** (Abb. 5.**30**). Wenn die Kraftentwicklung, die das 3- bis 10fache der Einzelzuckung erreichen kann, konstant wird, spricht man von einer vollständigen tetanischen Kontraktion (glatter **Tetanus**). Die Kraftentwicklung bei Willkürbewegungen wird nicht durch Modulation der Kraftentwicklung einzelner motorischer Einheiten, sondern durch **variable Rekrutierung** verschieden vieler motorischer Einheiten erzielt. Daher hängt die Abstufbarkeit der Kraftentwicklung eines Muskels von der Zahl seiner motorischen Einheiten ab.

Die **Kraftentwicklung** des Skelettmuskels wird außerdem von der Dehnung des Muskels vor der Kontraktion bestimmt (Abb. 5.**31**), weil die Wirksamkeit der Actin-Myosin-Wechselwirkung maßgeblich von deren Überlappung abhängt: Haben sich die Myosinfilamente schon vollständig zwischen die Actinfilamente gezogen (**Sarkomerlänge** 1,6 µm), so kann sich die Muskelfaser nur noch minimal verkürzen und dabei wenig Kraft entwickeln. Maximal ist die Kraftentwicklung, wenn alle Myosinköpfchen Actinfilamenten gegenüberliegen und so an diese binden können (2,0–2,2 µm), während mit weiter zunehmender Muskeldehnung die Filamente auseinander gezogen werden und die Kraftentwicklung proportional abnimmt, bis die Filamente gar nicht mehr ineinandergreifen können (3,6 µm). Für praktische Zwecke beschreibt die **Ruhe-Dehnungskurve** (Abb. 5.**32** links unten) die Kraftentwicklung als Funktion der Muskellänge, beginnend bei der Gleichgewichtslänge, bei der alle passiven Rückstellkräfte durch die als Feder wirkenden Titinmoleküle (S. 389) gleich null sind, bis hin zur maximalen Muskellänge.

Kontraktionsformen. Eine **isotonische Kontraktion** verkürzt den Muskel, ohne seine Spannung bzw Kraftentwicklung zu ändern (Abb. 5.**32**). Im Gegensatz dazu ändert sich bei der **isometrischen Kontraktion** die Länge nicht, dafür jedoch die Spannung. Im Arbeitsdiagramm eines Muskels kann man sowohl die isotoni-

5.9 Effektoren: Muskel- und Drüsenzellen

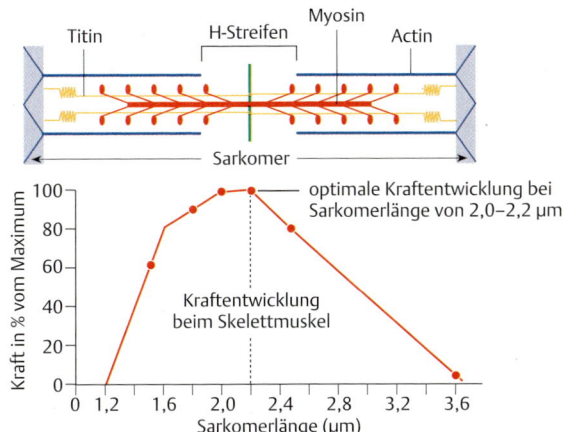

Abb. 5.**31** **Kraftentwicklung bei verschiedenen Sarkomerlängen.**

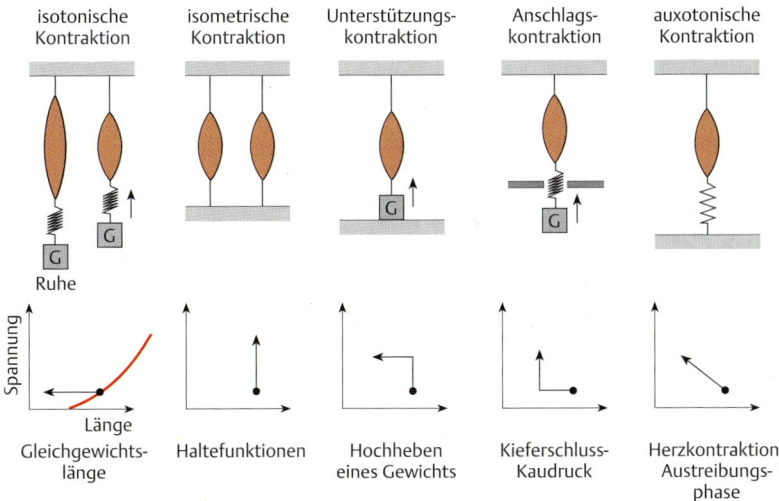

Abb. 5.**32** **Verschiedene Formen von Muskelaktivität.**

schen Maxima, die für alle Muskellängen bestimmt werden können, als auch die isometrischen Maxima eintragen, die auch für die Gleichgewichtslänge bestimmt werden kann. Bei einer **auxotonen Kontraktion** verkürzt sich der Muskel und erhöht sich gleichzeitig seine Spannung, z. B. beim Dehnen einer Feder. Eine **Unterstützungszuckung** tritt beim Anheben eines Gegenstandes auf, bei der sich erst die Spannung erhöht und dann bei gleicher Muskelspannung die Länge verkürzt. Bei einer **Anschlagszuckung** ist es genau umgekehrt: Erst verkürzt sich der Muskel ohne seine Spannung zu ändern, und dann kann er nur noch seine Spannung erhöhen, wie es idealisiert bei Kaubewegungen geschieht.

Das Produkt aus Muskellängenänderung (Hubhöhe) und Last (= zum Anheben notwendige Muskelkraft) entspricht der **physikalischen Muskelarbeit**, die im Arbeitsdiagramm als Fläche eingetragen werden kann. Bei isometrischen Kontraktionen wird die gesamte vom Muskel in Form von ATP benötigte chemische Energie in Wärme umgesetzt. Die **Muskelleistung** ergibt sich als Produkt aus der Kraft und der Verkürzungsgeschwindigkeit. Der **Wirkungsgrad** von Muskulatur liegt unter optimalen Bedingungen unter 50%, d. h. maximal die Hälfte der chemischen Energie wird in Muskelarbeit umgesetzt. Die **Ermüdung** von Muskeln kann sowohl zentralnervöse als auch periphere Ursachen haben (reduzierte Steuersignale, schwächere neuromuskuläre Erregungsübertragung durch Transmitterverarmung), die elektromechanische Kopplung wird durch verminderte Ca^{2+}-Freisetzung, veränderten pH und Metabolitenüberangebot (Phosphat) behindert. Außer der zentralen Ansteuerung der Muskeln (S. 539) mit der Konsequenz von aufeinander folgenden Zuckungen, die kontrollierte Kontraktionen ermöglichen, wird die Muskelspannung (**Muskeltonus**) durch Rückkopplung aus den **Muskelspindeln** den Erfordernissen der Körperhaltung angepasst. Damit diese Rückkopplung möglich ist, müssen Sensoren im Muskel vorhanden sein, deren Empfindlichkeit dynamisch mit der Muskellänge reguliert wird. Neben diesen im Muskel befindlichen Sensoren gibt es Spannungssensoren in den Sehnen.

Die **Innervation** von Muskeln kann **speziesabhängig sehr unterschiedlich** sein. Es ist grundsätzlich zu unterscheiden, ob nur ein (**mononeuronal**) oder mehrere (**polyneuronal**) Neurone eine Muskelfaser innervieren. Außerdem kann jedes Neuron nur eine (monoterminal) oder mehrere (polyterminal) Kollateralen zu einer Muskelfaser entsenden. Bei Insekten sind polyneuronale, polyterminale Innervationsmuster häufig. Zwar nicht bei den Vertebraten, aber bei vielen anderen Spezies können auch inhibitorische Neurone direkt auf die Muskeln wirken (postsynaptische Hemmung) oder aber die Freisetzung von Transmittern aus den Terminalen exzitatorischer Motoneurone drosseln (präsynaptische Hemmung). Auch bei der Reinnervation von Muskeln nach einer traumatischen Schädigung motorischer Fasern kommt es zunächst zu einer polyneuronalen Innervation, die sich mit zunehmender Wiederherstellung der Funktion zurückbildet.

Flugmuskeln der Insekten sind vor allem hinsichtlich der Kodierung interessant, weil es **synchrone** und **asynchrone** Muskeln gibt. Letztere brauchen nicht für jede Kontraktion eine Aktivierung durch einen Nervenimpuls. Bei jedem Senken und Heben des Flügels sind zwei gegenläufig wirkende Muskeln (Agonist bzw. Antagonist) beteiligt und es kommt zu einer Spannung im thorakalen Exoskelett. An einem bestimmten Punkt geben die Sklerite plötzlich nach (Klickpunkt), wodurch der Antagonist bzw. in der Gegenrichtung der Agonist gespannt und aktiviert wird. Asynchrone Muskeln ermöglichen eine Frequenz von bis zu 1000 Flügelschlägen/s.

> **Motorische Einheit:** Anzahl von Muskelfasern, die gemeinsam von einem Motoneuron innerviert werden.
> **Motorische (neuromuskuläre) Endplatte:** Synaptische Verbindung zwischen Motoneuron und Muskelfaser, in der Acetylcholin freigesetzt wird und durch nikotinische Rezeptoren das Endplattenpotential entsteht.
> **Muskelinnervation:** Bei Vertebraten mononeuronal (immer exzitatorisch) und polyterminal. Bei Invertebraten polyneuronal auch hemmende Neurone.

5.10 Neurovaskuläre Kopplung

> Um die energetisch aufwendigen Prozesse der Informationsverarbeitung und Strukturerhaltung im Gehirn zu ermöglichen, ist eine sehr präzise **Regulation der Durchblutung** erforderlich. Das Verständnis der neurovaskulären Prozesse ist neben ihrer biologischen Bedeutung für Organerhaltung und -funktion auch Voraussetzung für das Verständnis verschiedener bildgebender Verfahren, wie der funktionellen Kernspintomographie oder direkter optischer Ableitungen aus dem Nervengewebe.

Der Begriff **neurovaskuläre Kopplung** beschreibt das Verhältnis zwischen lokaler Aktivität von Nervenzellen und den daraus folgenden Änderungen des regionalen **cerebralen Blutflusses (CBF)**. Diese Kopplung erfolgt durch eine komplexe Sequenz von koordinierten Ereignissen, die sowohl Neurone als auch Glia und Gefäßzellen betreffen. Es ist noch nicht geklärt, ob die Regulation der Durchblutung ausschließlich durch Rückkopplung des lokalen metabolischen Bedarfs (**feedback**) gesteuert wird, oder ob ein den Bedarf antizipierender Vorschub-Mechanismus (**feedforward**) über Transmitter für eine Mehrdurchblutung sorgt. Eine wichtige Voraussetzung für eine lokale Feinregulation besteht darin, dass die Hirndurchblutung nicht, wie die Durchblutung der meisten anderen Organe, passiv dem kardiovaskulär vorgegebenen Perfusionsdruck folgt, sondern durch entsprechende kompensatorische Regulation des Gefäßtonus (Autoregulation) über einen weiten Bereich des physiologischen Blutdrucks konstant gehalten wird.

Zelluläre Prozesse in Neuronen, wie die Aufrechterhaltung von Ionengradienten und die Synthese bzw Wiedergewinnung von Neurotransmittern, erfordern Energie in Form von ATP. Die Funktion von Nervenzellen hängt demnach ab von einer gleichbleibenden Versorgung mit Substanzen, die für die Bereitstellung von ATP benötigt werden: Glucose und Sauerstoff. Eine gleichbleibende Versorgung ist nur gewährleistet, wenn die Durchblutung bedarfsgerecht angepasst wird, was bei erhöhter neuronaler Aktivität mehr CBF erfordert. Interessanterweise steigen bei neuronaler Aktivierung CBF und Glucoseverbrauch ähnlich stark, aber der

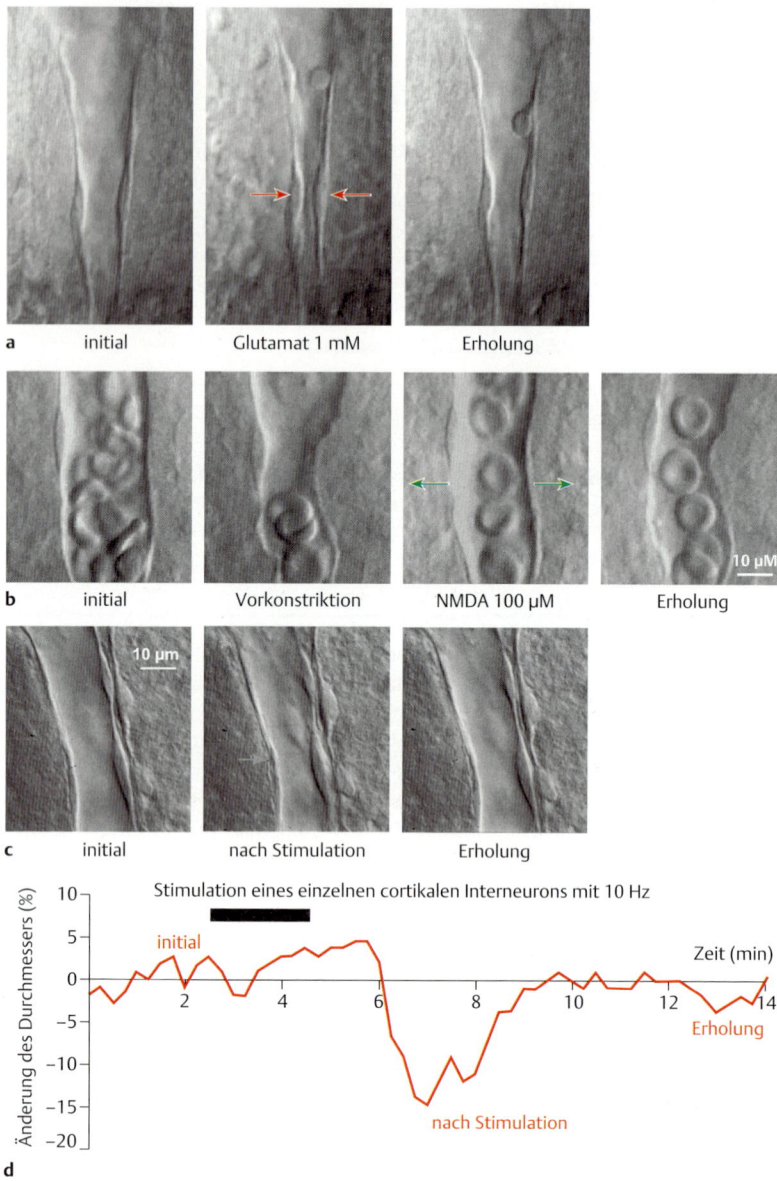

◂ Abb. 5.**33 Lokale Vasoregulation in Klein- und Großhirnrinde. a** Glutamat-verursachte Vasokonstriktion (auch durch Aktivierung von Purkinjezellen) und **b** NMDA-verursachte Vasodilatation (auch durch Aktivierung von Sternzellen) im Kleinhirn (Armelle Rancillac, ESPCI ParisTech). **c** Im Großhirn sind vor allem Interneurone für die Gefäßregulation verantwortlich, hier Vasokonstriktion durch Aktivierung eines Interneurons. Zeitverlauf der Gefäßantwort in Prozent des Durchmessers in Ruhe (initial). Zu beachten sind die erheblichen Latenz (~1 min) und dass die Kontraktion reversibel ist. (Bruno Cauli, RCCN, CNRS-UPMC).

Sauerstoffverbrauch steigt deutlich weniger als die Zunahme der Durchblutung. Dadurch ist mehr Sauerstoff in den Blutgefäßen und dem angrenzenden Gewebe als unmittelbar benötigt. Dieses **Überangebot** an Sauerstoff und die starke Perfusion des Gewebes (Luxusperfusion) reduzieren die lokale Konzentration an deoxygeniertem Hämoglobin, was für Messungen hämodynamischer Antworten durch bildgebende Verfahren wie fMRT (S. 557) oder direkter optischer Ableitungen aus dem Nervengewebe grundlegend ist.

Die zellulären Mechanismen der **lokalen Durchblutungsregulation** sind leider nur ansatzweise verstanden. Die Idee, dass die Durchblutung bedarfsabhängig sein könnte, ist alt: schon 1890 formulierten Roy und Sherrington die Ansicht, dass die regionale Durchblutung von einem **Rückkopplungsmechanismus** entsprechend der funktionellen Aktivität gesteuert wird. Diese Ansicht beruht auf der Vorstellung, dass die Konzentrationen von Ionen, wie K^+, und Metaboliten wie NO, Adenosin, Arachidonsäuremetaboliten (Prostglandine) und CO_2 mehr oder weniger direkten Einfluss auf die Gefäßweite haben, indem sie glatte Muskelzellen in der Gefäßwand de- oder hyperpolarisieren. Die Vorstellung, dass der Energienachschub direkt und nur durch den Bedarf an Substrat bestimmt wird, erscheint zu einfach zu sein.

Alternativ könnten Modulatoren vorausschauend, also bevor ein Mangel an Glucose oder Sauerstoff eintritt, für eine Änderung der Durchblutung sorgen (**Vorwärts-Kontrolle**). Dabei könnten Gliazellen, besonders Astrocyten, eine Rolle spielen. Da Astrocyten eine wichtige Rolle bei der Rückgewinnung von Glutamat spielen und der Verbrauch von Glutamat ein guter Indikator für exzitatorische Aktivität ist, wäre eine Kopplung der Glutamatkonzentration mit der Freisetzung vasoaktiver Substanzen (Neuropeptide, Endothelin 1) sinnvoll. Allerdings gibt es auch Beobachtungen, nach denen Nervenzellen direkt die glatten Muskelzellen in der Gefäßwand innervieren und so die Blutzufuhr steuern können (Abb. 5.**33**). Ganz sicher aber ist die räumliche Auflösung dieser Steuerprozesse so gut, dass bildgebende Verfahren erstaunliche Details neuronaler Repräsentationen darstellen können.

5.10.1 Kopplung mit synaptischer Aktivität und Aktionspotentialen

Die relevanten Merkmale neuronaler Aktivität, die über neuronale Modulatoren vermittelt tatsächlich zu Änderungen der Durchblutung führen, wurden bisher nicht identifiziert. Es ist unwahrscheinlich, dass ausschließlich einzelne Merkmale neuronaler Aktivität wie die Zahl der Aktionspotentiale pro Zeiteinheit ausschlaggebend sind, weil energetisch betrachtet die meisten Aktionspotentiale nur auf Na^+/K^+-Leitfähigkeiten beruhen, und viel weniger Energie kosten als andere Ereignisse. Synaptische Aktivität verursacht vor allem dann erheblichen Energieaufwand, wenn durch starke Aktivierung NMDA-Kanäle von ihrem Mg^{2+}-Block befreit werden und in Folge dessen große Mengen Ca^{2+} in die Zelle gelangen, wodurch synaptische Plastizität induziert wird. Ähnlich hoher Energieaufwand dürfte verursacht werden, wenn durch Aktivierung von Interneuron-Netzwerken große Zellpopulationen beginnen, rhythmisch zu entladen.

Synaptische Aktivität verursacht nicht nur an der präsynaptischen, sondern vor allem auch an der postsynaptischen Membran langsame und energieaufwendige Signale. Synaptische Potentiale entstehen meist gleichzeitig an mehreren benachbarten Synapsen, weswegen sich ihre elektrischen Felder überlagern und somit auch extrazellulär in Form des **lokalen Feldpotentials** (**LFP**) messbar werden. Im Gegensatz zu Aktionspotentialen, wird lokale synaptische Aktivität hauptsächlich durch Aktivität anderer Zellen verursacht, weswegen das LFP vor allem die Eingangssignale widerspiegelt, während Aktionspotentiale überwiegend die Ausgangssignale von Zellen reflektieren. Bei starker Synchronisation der Eingangssignale (hoher Amplitude und höheren Frequenzen des LFPs) steigt die Wahrscheinlichkeit für das Auslösen vieler Aktionspotentiale und führt so zu einer starken Kopplung auch von Ein- und Ausgangssignalen. Wenn Aktionspotentiale und LFP stark gekoppelt sind, zeigt dies einen sehr hohen Energieverbrauch an. Es gibt aber auch Bedingungen, in denen LFP und Aktionspotentiale-Aktivität stark dissoziiert sind. Dann richtet sich die Stärke der Durchblutung sehr viel mehr nach der Energie des LFPs, also der Koordination synaptischer Aktivität.

Die **neurovaskuläre Kopplung** kann im **alternden und im kranken Gehirn** erheblich verändert sein, was sich darauf auswirkt, inwieweit durch die hämodynamische Aktivität auf neuronale Aktivität zurückgeschlossen werden kann. Derartige Veränderungen können sowohl auf der Ebene der Mediatoren als auch der Vasomotorik auftreten. Veränderte Gefäßreaktionen infolge neuronaler Aktivierung kann bei Bluthochdruck, Diabetes und Morbus Alzheimer auftreten, weil entweder die Gefäßinnervation oder die glatte Muskulatur beeinträchtigt ist. Außerdem können Verletzungen zu Gliose, also einer Proliferation von Gliazellen, führen, so dass die Bildung und Übertragung von Modulatoren der Durchblutung nachhaltig verändert sein können. Im Alter ändern sich zahlreiche Eigenschaften des Gefäßsystems, nicht nur die Elastizität der großen Gefäße, die dann keine Windkesselfunktion mehr haben, wodurch auch lokale hämodynamische Antworten nicht mehr oder nicht mehr so gut erfolgen.

Viele **Medikamente** haben Wirkung auf das Gefäßsystem ohne mit neuronalen Prozessen in Wechselwirkung zu treten. Dies betrifft vor allem Substanzen, die z. B. im Rahmen einer Behandlung von Durchblutungsstörungen eingesetzt werden und häufig, wie bei der Behandlung der koronaren Herzkrankheit, direkt auf den Gefäßtonus über Modulation der Ca^{2+}-Konzentration wirken. Aber auch Erkrankungen der Atemwege oder der Niere können messbare Folgen für die Gefäßreaktion haben. Wenn z. B. durch Obstruktion der Atemwege der Gasaustausch vermindert ist, kommt es zu erhöhter CO_2-Konzentration im Plasma und so zu einer Vasodilatation. Die Interpretation von Ergebnissen funktioneller bildgebender Untersuchungen an Patientenkollektiven muss daher immer unter besonderer Berücksichtigung der Krankheitsmechanismen und deren Therapie erfolgen.

5.10.2 Räumliche und zeitliche Modulation der NVK

Um Durchblutungssignale wie fMRT dazu verwenden zu können, das Ausmaß neuronaler Aktivierungen zu messen, muss man wissen, wie sich die hämodynamischen und die neuronalen Signale zueinander verhalten. Dies gilt sowohl für zeitliche als auch räumliche Eigenschaften. Die **räumliche Auflösung** einer funktionellen MR-Messung hängt von vielen Faktoren ab, u. a. von der Größe und dem **Abstand der gemessenen Gefäße** sowie der **Stärke des statischen Magnetfeldes**. Es ist aber meistens technisch zu aufwendig, an die Grenzen der biologisch vorgegebenen Auflösung zu kommen, die durch den Abstand benachbarter Kapillaren (~25 µm) vorgegeben ist. Wenn man durch Verwendung von Hochfeldtechnik in die Nähe dieser Auflösung kommt oder durch Einsatz anderer Techniken wie direkter optischer Ableitungen, kann man auch mittels hämodynamischer Antworten die Aktivität von **kortikalen Kolumnen** oder **Schichten** erfassen.

Bei genauerer Betrachtung des Zeitverlaufs der hämodynamischen Antwort fällt auf, dass vor der starken Luxusperfusion mit sauerstoffreichem Blut eine initiale Senke (**initial dip**) zu beobachten ist. Diese hat zwar nur einen geringen Signalstörabstand (signal-to-noise ratio, SNR), bietet aber möglicherweise für funktionelle Kartierungen eine noch bessere räumliche Auflösung.

Die sicher schwerwiegendste Einschränkung der Verwendbarkeit hämodynamischer Antworten ist die **geringe zeitliche Auflösung**. Die Dauer der Durchblutungsänderung auch auf eine sehr kurz dauernde neuronale Aktivierung von wenigen Millisekunden ist 1–2 s verzögert und erreicht ihr Maximum erst 4–6 s später. Diese Art von Tiefpassfilter verhindert, dass sich schnelle Änderungen der neuronalen Aktivität in der hämodynamischen Antwort einfach und sicher identifizieren lassen. Die verzögerte hämodynamische Antwort ist sicher nicht nur durch die deutlich trägeren mechanischen Teilprozesse, wie die Kontraktion der Gefäßwände, bedingt, sondern vor allem durch die Diffusion und Signaltransduktion von vaskulär modulierenden Substanzen wie NO. Schnellere Messungen oder rechnerische Verfahren ermöglichen dennoch, anhand der hämodynamischen Aktivität zeitliche Unterschiede der neuronalen Aktivität im Bereich von **Zehntel bis Hundertstel Sekunden** abzubilden.

Allerdings ist die Beziehung zwischen neuronaler und vaskulärer Aktivität **nicht grundsätzlich linear**. Über einen erheblichen Bereich an Aktivierungsstärken ist die Amplitude der hämodynamischen Antwort zwar nicht weit von einer linearen Beziehung zur Stärke der neuronalen Aktivierung entfernt. Dennoch ergeben sich erhebliche Abweichungen, wenn die Aktivierung länger als 4 s dauert. Auch gibt es eine Schwelle, unterhalb derer keine hämodynamische Antwort hervorgerufen wird. Bei Sättigung der neuronalen Aktivität tritt eine weitere Zunahme der hämodynamischen Antwort auf, was keine triviale Erklärung hat.

Neurovaskuläre Kopplung: Regulation der lokalen Hirndurchblutung über Mediatoren und Transmitter.
Cerebraler Blutfluss (CBF): Blutmenge, die pro Zeit durch das Gefäßsystem des Gehirns fließt, hängt von cerebralem Perfusionsdruck und cerebrovaskulärem Widerstand ab und benötigt etwa 15–20 % des normalen Herzzeitvolumens.
Luxusperfusion: Der CBF korreliert gut mit dem Glucoseverbrauch, während der Sauerstoffverbrauch deutlich weniger steigt, wodurch mehr Sauerstoff in die Blutgefäße und angrenzenden Gewebe kommt, als unmittelbar benötigt.

6 Nervensysteme: Entwicklung, Organisationsebenen und Subsysteme

Matthias Munk

Nervensysteme bestehen nicht nur aus sehr vielen Einzelelementen, sondern organisieren sich auf vielen verschiedenen Ebenen (Abb. 5.1) zu lokalen Schaltkreisen (**mikroskopisch**), Modulen oder Kernen mit intrinsischen Verbindungen innerhalb einzelner Areale (**mesoskopisch**) sowie verbundenen Arealen innerhalb von Hirnregionen, Hirnlappen (z. B. Temporallappen), Hemisphären oder eben über das gesamte Gehirn verteilt (**makroskopisch**). Innerhalb der Ebenen laufen Prozesse nach jeweils eigenen Regeln ab, aber Prozesse verschiedener Ebenen greifen auch ineinander, sowohl in auf- als auch in absteigender Richtung. Zum Beispiel bilden sich Zellverbände innerhalb eines Netzwerks oder einer Schicht, die Verbindungen in ein Projektionsareal unterhalten und dessen Aktivität nachhaltig beeinflussen. Umgekehrt kann die globale Hirnaktivität, wie sie sich im EEG (S. 554) manifestiert, auch direkt Einfluss auf die Aktivität kleiner Schaltkreise und einzelner Zellen nehmen. Mit der Entwicklung von Nervensystemen während der Evolution nimmt nicht nur die Zahl der Ebenen zu, sondern auch die Komplexität der Verschaltungen innerhalb und zwischen Modulen und Teilsystemen.

6.1 Funktionelle Anatomie in der Phylogenese

Die Entwicklung von Nervensystemen im Laufe der **Evolution** hat eine unvorstellbar große Vielfalt an Strukturen und Funktionen hervorgebracht. Das derzeitige Spitzenmodell hat sich in der Entwicklung der Wirbeltierreihe als hierarchisch gegliedertes System herausgebildet, das bei den Primaten durch zunehmende Komplexität und Frontalisierung geprägt ist, was aber nicht ausschließt, dass auf anderen Wegen erworbene Konstruktionsprinzipien ebenso eindrucksvolle Leistungen erbringen.

6.1.1 Vom Nervennetz zum Gehirn

Die primitivsten **Nervensysteme** sind **diffuse epitheliale Nervennetze** der Cnidaria und Coelenterata (Abb. 6.1). Bei den Bilateria sind die Neurone zu Längs- bzw. **Marksträngen** gebündelt, wodurch eine schnelle Erregungsleitung in Längsrichtung des Körpers möglich wird. Die Nervenzellkörper sind anfänglich auf die gesamte Länge der Stränge verteilt, werden aber zunehmend in **Ganglien** konzentriert. Die Hauptnervenstränge liegen bei den Wirbeltieren dorsal, bei den Arthropoden ventral vom

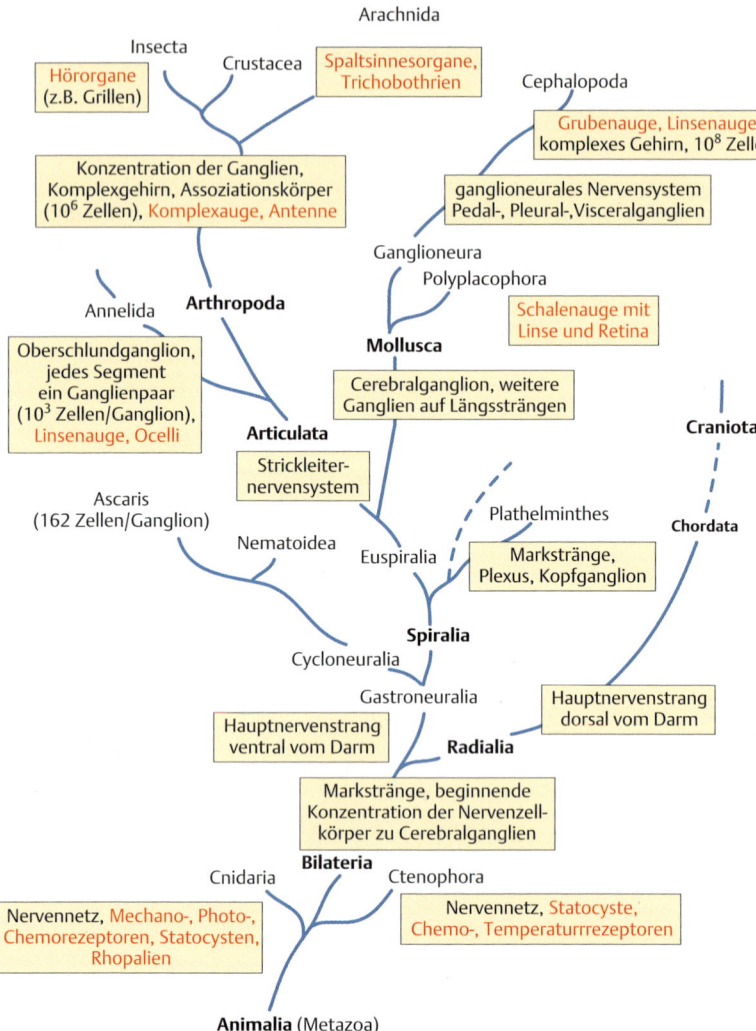

Abb. 6.1 **Nervensysteme und Beispiele für Sinnesorgane der wirbellosen Tiere.**

Darm. Am Bewegungsvorderende erfordern neue Sinnesorgane eine zunehmende Konzentrierung von Nervenzellen und Kopfbildung (**Cephalisation**).

Bei den Annelida befinden sich am Kopf das **Oberschlund-** und das **Unterschlundganglion**, Nervenstränge durchziehen den Körper, die in jedem Segment ein Ganglienpaar und eine Querverbindung (Kommissur) ausbilden. Die Längsver-

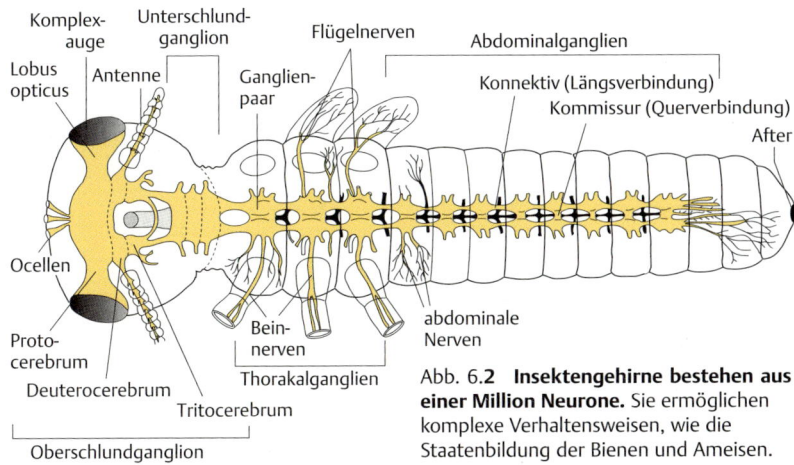

Abb. 6.**2 Insektengehirne bestehen aus einer Million Neurone.** Sie ermöglichen komplexe Verhaltensweisen, wie die Staatenbildung der Bienen und Ameisen.

bindungen von einem Ganglion eines Segments zum nächsten werden als Konnektiv bezeichnet. Solche Nervensysteme nennt man **Strickleiternervensysteme**. Auch die Insekten folgen diesem Grundbauplan (Abb. 6.**2**).

Bei den Insekten, höheren Cheliceraten, Cephalopoden und Wirbeltieren kommt es wiederholt und unabhängig zur Bildung komplexer Nervenzentren, Gehirnen, mit hohen Sinnes- und Fortbewegungsleistungen. Tintenfische stehen in Bezug auf Komplexität an der Spitze der wirbellosen Tiere. Unter den Wirbeltieren sind die Gehirne der Elefanten und Wale, aber auch die einiger Vögel wie Raben in ihrer Komplexität mit denen der Menschen und Menschenaffen vergleichbar.

Der **Energieaufwand** für ein komplexes Gehirn ist enorm. Beim Menschen nimmt das Gehirn zwar nur etwa zwei Prozent des Körpervolumens ein, verbraucht jedoch 20 Prozent der Stoffwechselenergie, bei einem Neugeborenen sind es sogar zwei Drittel. Ein komplexes Gehirn bedeutet daher im evolutionären Wettbewerb wegen des hohen Energieverbrauchs eine Last. Es muss viel Zeit und Aufwand in seine Versorgung bzw. in die des Nachwuchses investiert werden. Die Suche nach qualitativ höherer und energiereicher Nahrung bedurfte raffinierterer Sammelmechanismen und damit wieder raffinierterer Hirnleistungen.

6.1.2 Das Gehirn der Wirbeltiere

Wirbeltiergehirne haben einen gemeinsamen Grundbauplan, der auch für das menschliche Gehirn Gültigkeit hat. Sie sind wie der Körper bilateral symmetrisch aufgebaut und lassen sich morphologisch in fünf Abschnitte unterteilen. In der frühen Embryonalentwicklung entstehen noch vor dem Schluss des Neuralrohres am Vorderende zunächst zwei unterscheidbare Erweiterungen, das **Prosencephalon** (Vorderhirn) und das **Rhombencephalon** (Rautenhirn). Aus dem Prosencephalon

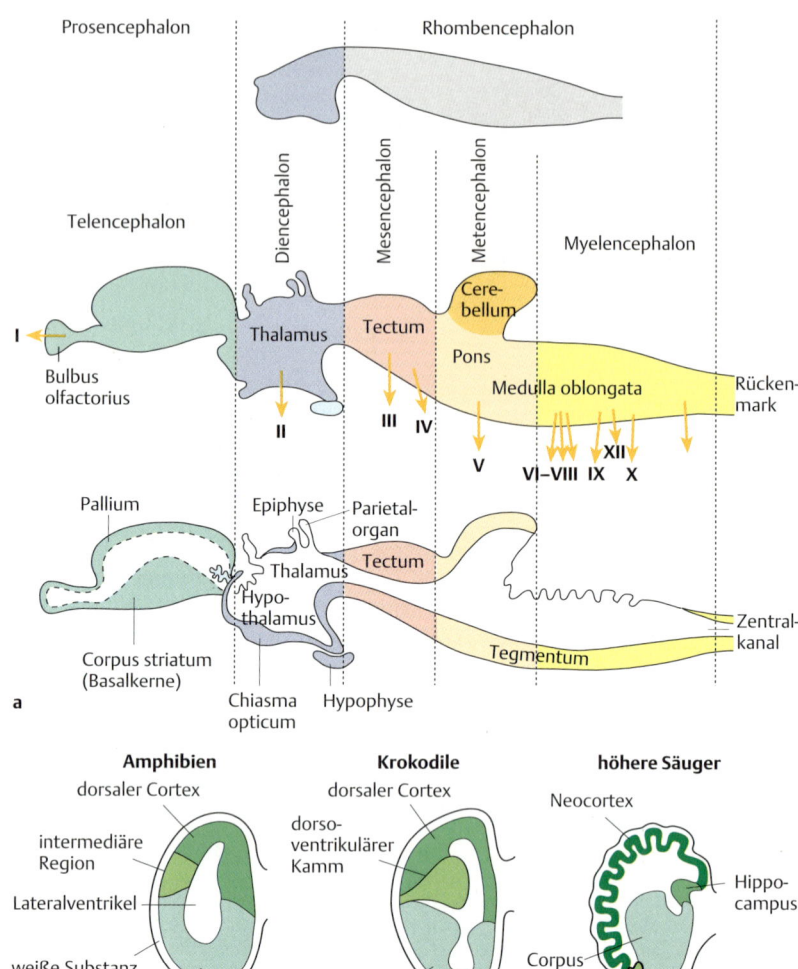

Abb. 6.3 Gehirn der Wirbeltiere. a Im Grundplan sind fünf Abschnitte vorhanden. Der Zentralkanal bildet die Ventrikel. **b** Entwicklung des Cortex. (Nach Wehner, Gehring, Thieme Verlag, 2007.)

entstehen später **Telencephalon** (Endhirn) und **Diencephalon** (Zwischenhirn) und aus dem Rhombencephalon **Mesencephalon** (Mittelhirn), **Metencephalon** (Kleinhirn und Pons) und **Myelencephalon** (Medulla oblongata, verlängertes Mark), an das sich das Rückenmark anschließt (Abb. 6.3). Die Entwicklung der einzelnen

6.1 Funktionelle Anatomie in der Phylogenese

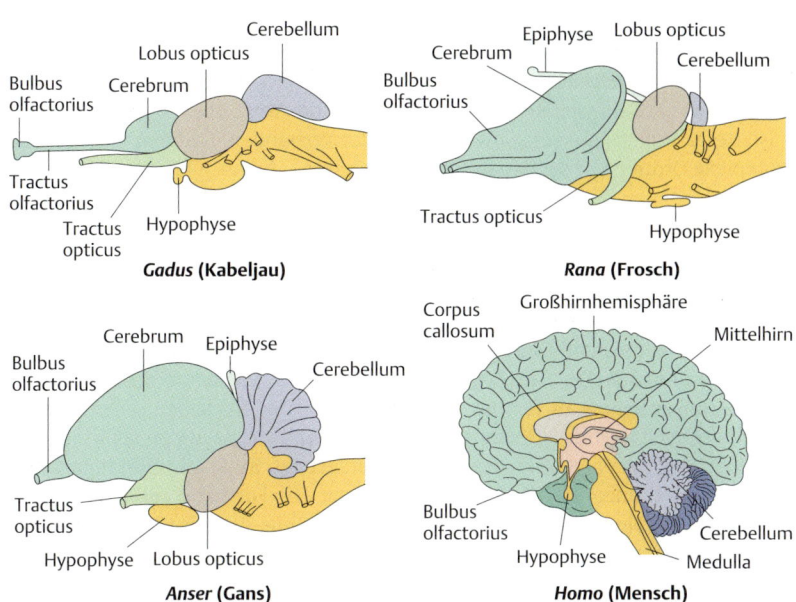

Abb. 6.4 **Vergleich verschiedener Wirbeltiergehirne.**

Hirnabschnitte greift auf vielfache Weise ineinander, nicht zuletzt weil alle weiterreichenden Verbindungen andere Hirnteile kontaktieren und passieren. Durch besondere Differenzierung einzelner Strukturen des Grundplanes wurden in den verschiedenen Wirbeltiergruppen und auch bei verschiedenen Arten innerhalb einer Gruppe z. T. sehr unterschiedliche, den jeweiligen Erfordernissen angepasste Gehirnleistungen möglich (Abb. 6.4).

In den Nervensystemen der meisten wirbellosen Tiere ist die **Anzahl der Nervenzellen** noch überschaubar, einzelne Neurone können identifiziert und untersucht werden (Abb. 6.1). Die Nervensysteme von Wirbeltieren bestehen aus erheblich mehr Neuronen, untersuchen lassen sich nicht mehr einzelne Neurone, sondern Gruppen und Klassen von Nervenzellen, die funktionell zusammenarbeiten. Eine Ausnahme stellen vielleicht die Mauthner-Riesenneurone bei Fischen dar, die am Fluchtreflex beteiligt sind.

Innerhalb der einzelnen Gehirnabschnitte sind die Neurone in verschiedenartige Strukturen organisiert, die zur „grauen Substanz" (sie ist überwiegend reich an Zellkörpern, Gliazellen und Blutkapillaren und erscheint makroskopisch dunkler) gehören. Einfache Anhäufungen sind die Kerne (**Nuclei**) oder Kerngebiete, die fälschlicherweise auch als Ganglien bezeichnet wurden, wie bei dem noch gebräuchlichen Ausdruck für „Basalganglien". Eher flächige, 2-dimensional geschichtete Strukturen bezeichnet man als Mantel (**Pallium**) oder Rinde (**Cortex**); diese Organisationsform findet man nicht nur bei der Groß- und Kleinhirnrinde, sondern auch beim Hippocampus (dreischichtig) oder dem Tectum. Jede dieser Strukturen hat besondere Eigenschaften und ist für bestimmte Aufgaben spezialisiert, und alle Strukturen sind auf vielfältige und hochspezifische Weise über lange meist myelinisierte Fasern (weiße Substanz) miteinander verbunden. Dadurch entsteht eine komplexe Ordnung in der Organisation des Gehirns, die noch lange nicht verstanden ist.

Hirnstamm

Als Hirnstamm oder Stammhirn werden vielfach die aus dem Rhombencephalon entstandenen drei hinteren Hirnabschnitte, **Medulla oblongata**, **Metencephalon** (ohne Cerebellum) und **Mesencephalon** zusammengefasst. Die ventralen Anteile des Stammhirns werden als **Tegmentum** (Haube) bezeichnet, der dorsale Anteil des **Mesencephalons** als Tectum (Dach). Pons und Medulla haben keinen tectalen Abschnitt, weil dort das Kleinhirn liegt. Das Stammhirn ist in den verschiedenen Gruppen der Vertebraten recht einheitlich aufgebaut. Im Stammhirn haben auch alle echten Hirnnerven (III–XII) ihren Ursprung. Die **Formatio reticularis** ist ein Netzwerk von Nervenzellen, das sich über weite Teile des Hirnstamms erstreckt und vor allem als Warn- und Wecksystem dafür sorgt, dass der Funktionszustand des gesamten Gehirns den Erfordernissen entsprechend eingestellt wird. Deswegen unterhält dieses Netzwerk zahlreiche Verbindungen zu Thalamus, basalem Vorderhirn und direkt ins Endhirn. Zudem beherbergt der Hirnstamm viele Kerne, die wichtige vegetative Funktionen wie Atmung und Gefäßtonus regulieren. Das **Myelencephalon** (Nachhirn) oder das meist als **Medulla oblongata** bezeichnete verlängerte Rückenmark enthält nicht nur die auf- und absteigenden Leitungsbahnen, sondern zahlreiche Kerne, auch die der Hirnnerven und die Hinterstrangkerne. Hier befinden sich auch zahlreiche Reflexzentren, etwa für Schutzreflexe, wie Lid-, Nies- oder Hustenreflex, oder auch für Reflexe, die bei der Verdauung eine Rolle spielen.

Hirnnerven

Vom Gehirn gehen 12 paarige Nerven ab und versorgen verschiedene Sinnesorgane und Körperteile (Tab. 6.**1**), wobei zwei dieser Nerven (Riech- und Sehnerv) genau genommen Strukturen innervieren, die zum ZNS gehören und somit nicht zum **Hirnnerv** qualifizieren. Drei Nervenpaare (I, II, VIII) sind ausschließlich sensorisch. Sie versorgen die Riechschleimhaut, das Auge beziehungsweise Gehör- und Vestibularorgan. Drei Nervenpaare (III, IV, VI) innervieren die äußere Augenmuskulatur. Die Nerven V, VII, IX, X, XI sind gemischte Nerven, die sowohl sensorische als auch motorische Fasern enthalten. Besondere Bedeutung hat der Nerv X, der Vagusnerv, der als wesentlicher Bestandteil des Parasympathicus wichtige innere Organe innerviert. Außer den Nerven I und II, die zum Vorderhirn ziehen, entspringen alle Hirnnerven dem Hirnstamm.

Tab. 6.1 **Hirnnerven.**

Hirnnerv	Name	motorisch (m)/ sensorisch (s)	Funktion
I	N. olfactorius	s	Riechnerv
II	N. opticus	s	Sehnerv
III	N. oculomotorius	m	Augenmuskeln
IV	N. trochlearis	m	Augenmuskeln
V	N. trigeminus	s/m	Gesicht, Kiefermuskulatur
VI	N. abducens	m	Augenmuskeln
VII	N. facialis	m	Mimik
VIII	N. stato-acusticus	s	Gehör-/Geichgewicht
IX	N. glossopharyngeus	m/s	Zungengrund, Schlund
X	N. vagus	m/s	Parasympathicus
XI	N. accessorius	m	Hals- und Schultermuskulatur
XII	N. hypoglossus	m	Zungenmuskulatur

Seh- und Riechnerv sind insofern eine Besonderheit, als es sich nicht um periphere Nerven handelt. In der Embryonalentwicklung entsteht das Auge als Ausstülpung des Zwischenhirns. Die Retina ist also ein in die Peripherie verlagerter Teil des Zwischenhirns, sodass der Sehnerv eher einer Faserverbindung, einem Tractus, zwischen verschiedenen Teilen des Gehirns entspricht. Auch der Riechnerv unterscheidet sich von den übrigen Nerven, da seine Fasern im Riechepithel entspringen.

Metencephalon

Das **Kleinhirn (Cerebellum)** ist ein wichtiges Zentrum für die **sensomotorische Integration** und ist an allen Prozessen beteiligt, die eine präzise zeitliche Koordination erfordern. In der traditionellen Neurologie wurde das Kleinhirn vor allem als Zentrum für Feinabstimmung motorischer Funktionen wie Gleichgewichtsreaktionen und rasche Bewegungskoordination betrachtet. Es erhält von vielen Sinnesorganen Signale. Die wichtigsten Sinnesmeldungen kommen jedoch von den Vestibularorganen und den Propriozeptoren der Muskulatur (Muskelspindeln und Sehnenorgane). Das Cerebellum kontrolliert und koordiniert die Durchführung von Bewegungsabläufen, löst aber nicht selbst motorische Aktionen aus. Bei Schädigung des Kleinhirns ist daher die Koordination von Bewegungselementen gestört, nicht jedoch die Durchführung einer Bewegung an sich.

Das Kleinhirn ist wie das Großhirn in zwei Hemisphären unterteilt, sie bilden jedoch funktionell und histologisch (S. 403) eine Einheit. Die beiden Hemisphären sind genauso wie die des Großhirns in graue und weiße Substanz unterteilt. Die oberflächlich liegende graue Substanz ist ähnlich wie im Großhirn aus Schichten gegliedert – allerdings drei anstatt sechs – sie wird deshalb als Kleinhirncortex bezeichnet. Der wichtigste Neuronentyp des Kleinhirns sind die großen **Purkinje-Zellen** (Abb. 4.24), die als efferente Neurone ihre Ausgangssignale zu den Kleinhirnkernen im Marklager, der weißen Substanz des Cerebellums, senden. Von dort gelangen die Signale zu vier Zielen: über den Thalamus zur motorischen Großhirnrinde, zum Nucleus ruber des Mittelhirns, zur Formatio reticularis (zentrales Höhlengrau) und zu den Vestibularkernen.

Die Größe des Kleinhirns spiegelt sich teilweise in den Anforderungen für Koordination von Bewegungen wider. Besonders gut ausgebildet ist es bei Fischen, Vögeln und Säugern, die sich im dreidimensionalen Raum orientieren und bewegen müssen. Bei manchen Fischen macht das Kleinhirn sogar den größten Anteil (bis zu 90 %) des Gehirns aus. Die Rindenschicht des Kleinhirns ist bei manchen Spezies, ähnlich wie beim Neocortex der Säugetiere, durch Faltenbildung stark vergrößert, wobei die 3-Schichtung erhalten ist.

Bei Säugetieren entstand ventral des mesencephalen Tegmentums ein neuer Abschnitt des Stammhirns, der **Pons** (**Brücke**). Neben den vielen auf- und absteigenden Faserbahnen und Hirnnervenkernen enthält die Brücke Kerngebiete, die dazu dienen, über die Pyramidenbahn (S. 545) laufende Ausgangssignale des Neocortex der Kleinhirnrinde zu übermitteln.

Mesencephalon

Das **Tectum (Mittelhirndach)** ist bei allen Wirbeltieren – außer den Säugern – das wichtigste **Integrationszentrum für visuelle Information** und wird bei diesen als primäres Sehzentrum bezeichnet. Die meisten Sehnervenfasern enden daher bei diesen Tiergruppen im **Tectum opticum**. Bei den Säugetieren übernimmt die Großhirnrinde (S. 534) die Funktion des Sehzentrums, das Tectum behält jedoch eine sehr wichtige visuelle Funktion für die multisensorische Integration vor allem mit auditorischer Information und die Steuerung von schnellen Augenbewegungen. Das Tectum wird auch „**Vierhügelplatte**" genannt, weil es aus zwei wulstartigen, paarigen Strukturen (Colliculi) besteht. Rostral liegen die Colliculi superiores, die viele Axone retinaler Ganglienzellen erhalten, wenngleich die meisten Sehnervenfasern bei den Säugetieren zum Zwischenhirn projizieren, während auditorische Information über direkte Verbindungen von den Colliculi inferiores bezogen wird. Der **Colliculus superior** der Säugetiere ist das Zentrum für visuelle Reflexe und für die Steuerung von Augenbewegungen. Die Konvergenz visueller und auditorischer Signale erfolgt unter anderem, um schnelle Augenbewegungen (Sakkaden) auf Geräuschquellen zu ermöglichen. Der **Colliculus inferior** ist ein Teil der Hörbahn (S. 521).

Diencephalon

Das Diencephalon unterteilt man in zwei Strukturen, den dorsal gelegenen Thalamus und den ventral gelegenen Hypothalamus. Der **Thalamus** ist vor allem **Schalt-**

station für Signale, die aus anderen Abschnitten des Nervensystems zur Großhirnrinde weitergeleitet werden sollen. Diese Weiterleitung wird von verschiedenen Systemen kontrolliert, zum einen von der Formatio reticularis in Abhängigkeit von der Vigilanz (Wachheit), zum anderen von der Großhirnrinde selbst, die über sehr zahlreiche Rückverbindungen zum Thalamus verfügt.

In den verschiedenen Wirbeltiergruppen weisen die einzelnen Kerngebiete des Thalamus sehr große Unterschiede in der Differenzierung auf. Bei Säugetieren sind zwei Gebiete, die Kniehöcker, besonders gut ausgeprägt. Der paarige seitliche Kniehöcker (**Corpus geniculatum laterale**) dient der Vorverarbeitung und Weiterleitung visueller Signale von der Retina zur primären Sehrinde. Der ebenfalls beidseitig vorhandene mittlere Kniehöcker (**Corpus geniculatum mediale**) ist die entsprechende Umschaltstation der Hörbahn, die Signale aus dem **Colliculus inferior** zur primären Hörrinde umschaltet.

Der **Hypothalamus** liegt, wie der Name schon andeutet, unterhalb, rostroventral des Thalamus und ist das wichtigste Zentrum für die **Steuerung vegetativer Prozesse**. Insbesondere steuert er Prozesse, die der Konstanthaltung des inneren Milieus dienen, wie Wasser- und Ionenhaushalt, Blutzuckerspiegel, Temperaturregulation. Daneben spielt er eine Rolle bei der Regulation verschiedener lebenswichtiger Verhaltensweisen, wie Schlaf-wach-Rhythmus, Nahrungsaufnahme, Abwehrverhalten, Sexualverhalten. Aber auch emotionale Anteile vieler Verhaltensweisen, etwa Appetit, Durst, Stimmungen, sind mit Funktionen des Hypothalamus verknüpft. Der Hypothalamus steuert die Funktionen der Hypophyse und ist somit entscheidend an der Kontrolle wichtiger endokriner Funktionen beteiligt (S. 890).

Die **Hypophyse** (Hirnanhangdrüse) liegt vor und unter (rostroventral) dem Hypothalamus und ist eine wichtige Hormondrüse (Abb. 15.**10**). Sie gliedert sich in **Neuro-** und **Adenohypophyse**. Eine weitere Hormondrüse, die zum Thalamus gehört, ist die dorsal liegende **Epiphyse** (S. 895).

Telencephalon

Das Telencephalon gewinnt im Lauf der Evolution mit seinen paarig angelegten **Hemisphären** gegenüber anderen Hirnteilen immer mehr an Bedeutung, weil es zunehmend Kontroll- und Integrationsfunktionen übernimmt. Mit zunehmender Bedeutung nimmt die Größe des Telencephalons zu, was bei den Säugetieren besonders ausgeprägt ist. Graue und weiße Substanz des Endhirns bilden eine extrem komplexe Struktur, weil die graue Substanz nicht nur an der Oberfläche in Form des Hirnmantels vorkommt, sondern sehr ausgedehnte Kerngebiete, die **Basalganglien** (S. 545) bildet, die an vielen Stellen durch dichte und ausgedehnte Faserstränge durchbrochen werden. Obwohl sich die relative Lage aller dieser Strukturen im Lauf der Evolution erheblich ändert, um dem Pallium zwecks Faltung und damit Oberflächenvergrößerung mehr Platz zu gewähren, bleibt die Unterteilung in geschichtete Pallium- und kompakte ungeschichtete „Ganglien"-Strukturen erhalten. Die Nervenzellen der beiden Hemisphären des Endhirns unterhalten Verbindungen miteinander, über die **Kommissuren**, zu denen ab den plazentalen Säugern auch der Balken (**Corpus callosum**) gehört.

Das **Pallium** wird drei Entwicklungsstadien zugeordnet: Palaeopallium, Archipallium und Neopallium. Das **Archipallium** ist der Vorläufer des Säugerhippocampus und hat aufgrund seiner zentralen Position als Teil des limbischen Systems im telencephalen Netzwerk koordinierende Funktionen. Das **Palaeopallium** ist anatomisch sehr eng mit dem Riechkolben verbunden und entspricht bei Säugern dem piriformen (birnenförmigen) und präpiriformen Cortex, der für die Verarbeitung olfaktorischer Information zuständig ist. Das **Neopallium** ist bei Krokodilen und Vögeln vorhanden. Die eigentliche Größenzunahme erfolgt erst bei den Säugern, die dann auch zunehmend höhere Integrationsleistungen zustande bringen.

Da der **Neocortex** eine flächige, geschichtete Struktur ist, kann er sich nur ausdehnen und dabei seine Struktur beibehalten, indem er sich in Falten und Windungen legt. Größere Säugetiere und solche mit höheren Gehirnleistungen besitzen stärker gefurchte Cortexoberflächen als kleinere Säugetiere. Die mächtigste Ausbildung erfährt der Neocortex beim Menschen, er überdeckt die übrigen Gehirnteile weitgehend. Der geglättete Cortex einer Ratte würde ausgebreitet Briefmarkengröße, der eines Schimpansen die Größe eines DIN-A4-Blatts und die menschliche Großhirnrinde vier DIN-A4-Blätter bedecken.

Bei **Vögeln** erscheint das Endhirn anders strukturiert als bei den Säugetieren. Insbesondere fehlt eine ausgeprägte corticale, d. h. geschichtete Struktur. Daher wurde lange angenommen, dass die höchsten Integrations- und Koordinationsleistungen der Vögel, die ja ähnlich komplexe Verhaltensweisen aufweisen wie die Säugetiere, durch eine andere Endhirnstruktur, die Basalganglien, erbracht würden. Heute wird jedoch die Meinung vertreten, dass die entsprechenden mächtig ausgebildeten Bereiche des Vogelgehirns ebenfalls vom Pallium gebildet werden und also dem Neocortex der Säuger entsprechen.

Höchste Integrationsleistungen werden also sowohl bei Vögeln als auch bei Säugetieren durch Strukturen des Neopalliums erbracht, auch wenn sie histologisch etwas unterschiedlich differenziert sind.

> **Ganglion:** Lokale Ansammlung von Nervenzellen, Cerebralganglion: im Kopfbereich von Invertebraten mit übergeordneter Kontrollfunktion.
> **Strickleiternervensystem:** Nervensystem der Arthropoden; paarige, segmentale Ganglien, die über Konnektive und Kommissuren untereinander verbunden sind.
> **Konnektiv:** Nervenverbindung zwischen Ganglien in Längsachse des Körpers.
> **Kommissur:** Nervenquerverbindung zwischen Ganglien eines Segmentes. Im Vertebratengehirn verbinden Kommissuren ausschließlich paarige Strukturen, d.h. verlaufen nur quer, nicht längs.
> **Stammhirn:** Fasst die hinteren drei Abschnitte des Wirbeltiergehirns zusammen: Medulla oblongata, Metencephalon (ohne Kleinhirn) und Mesencephalon. Enthält zahlreiche motorische Kerngebiete, Ursprung aller Gehirnnerven außer Seh- und Riechnerven. Von der **Formatio reticularis** durchzogen, wirkt regulierend auf Atmung, Herzrhythmik, Blutdruck, aber auch Wachzustand und Aufmerksamkeit.

Medulla oblongata: Auch Myelencephalon, verlängertes Rückenmark, genannt; bildet Übergang vom Gehirn zum Rückenmark, enthält zahlreiche Reflexzentren.
Metencephalon: Brücke (Pons), dorsal liegt das Cerebellum.
Cerebellum: Übergeordnetes motorisches Zentrum, Koordination von Bewegungsabläufen, besteht aus zwei Hemisphären. Bildet geschichteten Cortex; wichtigster Zelltyp: Purkinje-Zellen; Rindenschicht kann stark gefaltet sein; bei Säugetieren stellt der Pons die Verbindung vom Kleinhirn zum Neocortex her.
Mesencephalon: Akustische und visuelle Funktionen, primäres Sehzentrum bei allen Wirbeltieren außer Säugern (Tectum opticum); bei Säugern: Differenzierung des Tectums (Dach des Mittelhirns) in Colliculus superior und C. inferior.
Diencephalon: Dorsal: Thalamus; Schaltstation für sensorische Meldungen zum Cortex; ventral: Hypothalamus.
Telencephalon: Zwei Hemisphären, bestehend aus grauer Substanz: Basalkerne und Pallium (Cortex) und weißer Substanz (Marklager): Faserverbindungen.
Cortex: Mantel (Pallium) des Endhirns bei Säugetieren, Nervenzellen flächig in Schichten angeordnet.
Corpus callosum: Bei placentalen Säugern, Hauptfaserverbindung (Kommissur) der beiden Endhirnhälften.

6.2 Neurogenese

Nervenzellen werden durch **asymmetrische Zellteilung** aus Vorläuferzellen gebildet. Sie wandern vom Bildungs- zum Bestimmungsort (**Migration**) und bilden dort Fortsätze. Das Axon als Verbindung für Ausgabesignale wächst mithilfe eines Wachstumskegels mitunter über weite Strecken, durch Signalmoleküle gesteuert, in ein Zielgebiet ein und bildet dort synaptische Kontakte. Die Orientierung von wachsenden Axonen in zentralen Strukturen kann sehr aufwendig sein, wenn etwa Verbindungen von einer Sinnesoberfläche zu einer topographisch getreuen Repräsentation im Gehirn erstellt werden müssen.

Neurone entstehen während der Embryonalentwicklung in einem Prozess, der als **Neurogenese** bezeichnet wird. Bevor **Neuroblasten** entstehen, aus denen durch asymmetrische Teilung Neurone hervorgehen, kommt es durch lokale Wechselwirkung im Neuroektoderm zur Bildung von proneuralen Clustern, die u. a. Neurogenin exprimieren. Dieses stimuliert die Bildung von Signalprotein, das an die Oberflächenrezeptoren der Nachbarzellen bindet und damit deren Bildung von Neurogenin unterdrückt. Da alle Zellen ihre Nachbarn hemmen, werden nur diejenigen Zellen, die zuerst und am meisten Neurogenin exprimierten, sich wirklich zum Neuroblasten weiterentwickeln, die dazwischenliegenden differenzieren sich zu Dermoblasten. Wenn in dieser Phase einzelne Neuroblasten zerstört werden und damit das hemmende Signal fehlt, bilden sich benachbarte Dermoblasten wieder zu Neuroblasten um. Der Zeitpunkt, an dem eine asymmetrische Zellteilung aus einer Vorläuferzelle eine weitere Vorläuferzelle und eine Nervenzelle bzw. einen Neuroblasten entstehen lässt, bezeichnet man als Geburtsdatum einer Nervenzelle. Diese Nervenzelle wird in aller Regel selbst nicht wieder den Zellzyklus durchlaufen, ist also postmitotisch. Mit markierten Basenpaaranaloga (^{3}H-Thymidin) lässt sich das Schicksal von Nervenzellen verfolgen, und es gelang nachzuweisen, dass bei der Bildung des Hirnmantels normalerweise die ältesten Zellen innen, auf der Seite der germinativen Zone, zu liegen kommen, und die jüngsten außen, also in umgekehrter Reihenfolge („inside-out") als zu erwarten wäre. Die Zellen wandern nach ihrer Geburt durch die schon vorhandenen Zellschichten hindurch (**Migration**) und werden dort, wo noch Platz ist, sesshaft bzw. etablieren ihre Verbindungen. Damit das Wachstum von neuronalen Strukturen kontrolliert abläuft, werden chemische und neuronale Signale aus verschiedenen Gewebeabschnitten zu den zellgenerierenden Strukturen nachgemeldet, ob und wie viele neue Zellen benötigt werden.

6.2.1 Migration und Organogenese am Beispiel der corticalen Platte

Die Hirnrinde der Säuger wird in zwei Stufen gebildet. Zuerst werden Vorläuferzellen in einer schmalen Zone um die telencephalen Ventrikel herum gebildet. Durch **symmetrische Zellteilung** wächst diese ventrikuläre Zone exponentiell. Danach erfolgt eine **asymmetrische Zellteilung**, bei der aus den Vorläuferzellen jeweils eine weitere Vorläuferzelle und ein Neuron entstehen. Die Neurone wandern von der Ventrikulärzone in die weit entfernte **corticale Platte** aus (Abb. 6.**5**). Neurone, die von derselben Vorläuferzelle abstammen, bilden später eine **corticale Kolumne**, in der die später geborenen Zellen sich außen bzw. oben auf die zuvor schon eingewanderten Zellen draufsetzen. Die Zahl der symmetrischen Zellteilungen bestimmt die Zahl der Vorläuferzellen und mit der Zahl der Kolumnen die Fläche des Cortex. Die Zahl der asymmetrischen Zellteilungen bestimmt die Zahl der Neurone in jeder Kolumne und mithin die Höhe des Cortex.

Es gibt einen etwa 1000-fachen Unterschied in der Größe der corticalen Oberfläche zwischen Maus und Mensch, aber nur einen 3-fachen Unterschied in der Höhe. Kleine Änderungen regulatorischer Gene könnten diesen Unterschied verursacht haben. Durch ein etwas verzögertes Einsetzen der asymmetrischen Teilungen brauchten nur wenige symmetrische Teilungen mehr erfolgt zu sein, wodurch sich der enorme Oberflächenunterschied erklären ließe. Beginn, Rate und Beendigung der symmetrischen Zellteilungen in allen Hirnteilen müssen einer genauen Regulation unterliegen, damit es zu positiv oder negativ allometrischem Wachstum kommt, d. h. einige Teile werden größer, während andere zurückbleiben.

Für die Steuerung der Proliferation in der germinalen Zone sind **Rückkopplungssignale** erforderlich, die sowohl von den wandernden Zellen auf dem Weg zur corticalen Platte als auch aus den neugebildeten Gewebeabschnitten selbst stammen. Es wird vor allem hemmende Rückkopplung benötigt, um die anfängliche Produktion

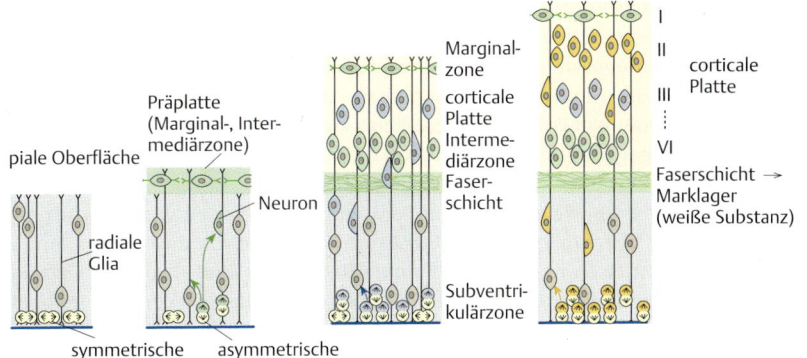

Abb. 6.5 Bildung der corticalen Platte. Links Zustand unmittelbar nach Schluss des Neuralrohrs. Einige Neurone werden postmitotisch und wandern entlang radialer Gliafasern in die Präplatte. Sie verbleiben zunächst in Wartestellung. Ein Teil der Zellen wandert erneut zum endgültigen Bestimmungsort. Sie bilden die Intermediärzone, die tiefsten Cortexschichten (VI), ihre Fasern bilden das spätere Marklager. Die in der Präplatte verbleibenden Zellen werden zur Marginalzone. Zellen, die später gebildet werden, ziehen an den früher gestarteten Partnern vorbei und finden ihr Zielgebiet im Cortex zunehmend weiter oberflächennah (V, IV, III, II, Abb. 4.24). Damit werden die älteren Zellen nach unten abgedrängt, die ältesten Zellen liegen somit in den tiefen, die jüngsten in den oberflächennahen Schichten des Cortex. Eine Ausnahme bildet die spätere Schicht I direkt unterhalb der pialen Oberfläche, die sich aus der Marginalzone entwickelt.

der (infragranulären) Neurone für die unteren Schichten zu stoppen, wenn die genetisch vorgegebene Höhe der unteren Schichten erreicht wurde. Hierbei soll WNT, das von SHH und FGF2 (S. 351) abhängt, eine Rolle spielen. Der Übergang der Produktion von infra- zu supragranulären Neuronen geschieht durch Rückkopplungssignale, die die Vorläuferzellen in der ventrikulären Zone dazu bringen, in die subventrikuläre Zone überzugehen und fortan supragranuläre Neurone zu produzieren. Die Neurone in der corticalen Platte senden auch Axone zurück in die ventrikuläre Zone und setzen sowohl GABA als auch Glutamat frei. Durch diese Transmitter wird die Proliferation in der Ventrikulärzone gefördert und in der subventrikulären Zone gehemmt, womit die Größe des Vorläuferzell-Pools kontrolliert wird.

6.2.2 Mechanismen der axonalen Verbindungsbildung

Nach der Migration wachsen Fortsätze von den Neuronen aus, suchen ihre Zielregion, um schließlich synaptische Kontakte innerhalb des ZNS vor allem mit anderen Neuronen, außerhalb aber auch mit Rezeptor- oder Effektorzellen zu etablieren. Das Auswachsen der Fortsätze basiert auf **Wachstumskegeln** (growth cones), die aus einer blattartigen Verlängerung des Axons (Lamellopodium) mit mehreren feinen fühlerartigen Filopodien bestehen. Die eigentlichen Bewegungen des Wachstumskegels kommen durch dynamisches Polymerisieren und Depolymerisieren von Actin an der Membran der Filopodien zustande, die die Ausrichtung des Wachstumskegels bestimmen. Entsprechend konsolidiert dynamisches Polymerisieren und Depolymerisieren von Tubulin die Wachstumsrichtung, indem es den Axonschaft stabilisiert.

Die Wachstumskegel beherrschen für das axonale Pfadfinden zwei verschiedene Mechanismen: Über größere Entfernungen orientieren sich die auswachsenden Fasern chemotaktisch an Gradienten (**Chemoaffinitätshypothese**) von im Zielgebiet freigesetzten diffundierenden **Signalmolekülen** (z. B. Netrin). In der Nähe der Zielzellen dienen substrat- und zellgebundene Erkennungsmoleküle wie Oberflächen-Glykoproteine (z. B. N-CAMs, neural cell adhesion molecules, *Biochemie, Zellbiologie*) der Orientierung. Es gibt aber auch Signalmoleküle (z. B. Semaphorine), die nicht chemo-**attraktiv**, sondern überwiegend **repulsiv** (abstoßend) wirken, damit Axone nicht „en passant" in irgendein am Wege liegendes Gewebe einwachsen, sondern zielgerichtet weiterwachsen.

Wenn es **im Zielgebiet** darum geht, die räumlichen Beziehungen etwa einer sensorischen Oberfläche wie der Retina in einer zentralen Repräsentation nachzubilden, dann kommen **räumliche Gradienten** zum Einsatz. Dies passiert für 2-dimensionale Strukturen mit zwei orthogonal zueinander stehenden Gradienten, d.h. in axialer Richtung bildet eine andere Substanz ein Konzentrationsgefälle wie in dorsoventraler Richtung. Z.B. steuern Ephrine das Einwachsen thalamocorticaler Afferenzen in die primäre Sehrinde. Die Ephrin-Liganden sind Transmembran- oder membranassoziierte Proteine und funktionieren im Prinzip wie Zelladhäsionsmoleküle. Die Ephrin-Rezeptoren gehören zur Gruppe der Tyrosinkinasen (*Biochemie, Zellbiologie*).

6.2.3 Synaptogenese

Ist ein Axon im Zielgebiet angekommen, müssen die Zellen erkannt werden, mit denen synaptische Kontakte hergestellt werden sollen. Eine Lösung besteht darin, nach dem Try-and-Error-Prinzip Kontakte herzustellen, sich ggf. umzuentscheiden und erneut Wachstum in Gang zu setzen, oder ganz aufzugeben, was im Extremfall den Tod des Neurons bedeutet. Auf molekularer Ebene spielen für die Etablierung synaptischer Kontakte Substanzen wie **Agrin** eine entscheidende Rolle. Agrin wird von der präsynaptischen Zelle bereitgestellt und fördert die postsynaptische Differenzierung einer Synapse. Das Proteoglykan kommt in Motorneuronen und Muskelzellen sowie im gesamten Gehirn vor. Knock-out-Mäuse, denen der Agrin-Rezeptor fehlt, sterben bei der Geburt. Neben der Wahl der richtigen Zelle ist die Lokalisation der Synapse auf den teilweise weitverästelten Fortsätzen von Bedeutung. Ca^{2+}-abhängige Adhäsionsmoleküle wie **Cadherin** werden als notwendige lokale Voraussetzung zur Bildung einer Synapse auf Dendritenmembranen betrachtet. Für die eigentliche Verbindung der prä- und postsynaptischen Membranen werden das präsynaptische Zelladhäsionsmolekül **Neurexin** und sein postsynaptisches Gegenstück **Neuroligin** benötigt. Neurexin hat zusätzlich zur Bindungsstelle für Neuroligin eine Transmembrandomäne, die synaptische Vesikel, Docking-Proteine und Fusionsmoleküle an die präsynaptische Membran führt und mit speziellen postsynaptischen Proteinen interagiert, die das Clustern von postsynaptischen Rezeptoren und Kanälen fördern.

6.2.4 Neurotrophine

Damit einmal hergestellte Verbindungen und schlussendlich auch die Neurone selbst erhalten bleiben, müssen prä- und postsynaptische Zellen in trophische Interaktion treten. Spezifische Wachstumsfaktoren (**Neurotrophine**), z. B. NGF (nerve growth factor) oder BDNF (brain derived neurotrophic factor) werden von den postsynaptischen Zellen synthetisiert und freigesetzt und aktivieren präsynaptisch lokalisierte Rezeptoren (z. B. Rezeptor-Tyrosinkinasen A, B und C, p75-Rezeptor).

Während der normalen frühen Embryonalentwicklung von neuronalen Verbindungen werden überzählige Neurone gebildet (z.B. Motorneurone im Rückenmark oder corticocorticale Neurone), die im weiteren Verlauf eliminiert werden, wenn sie nicht benötigt werden und sie keine entsprechenden Signale erhalten, z.B. wenn das Zielorgan fehlt oder nicht richtig funktioniert. Die endgültige Zellzahl in einem Abschnitt des Nervensystems wird also nicht ausschließlich durch das genetische Programm der Zellproliferation zu Beginn der Entwicklung bestimmt. Dadurch können Zellzahlen zwischen Individuen erheblich variieren.

> **Migration:** Neuronale Vorläuferzellen wandern zu ihrem Bestimmungsort, Richtung wird durch Gerüstzellen (z.B Gliazellen im Cortex der Wirbeltiere) bestimmt.
> **Wachstumskegel:** Endstruktur von wachsenden Axonen, dient dem Wachstum und der Kontaktaufnahme mit anderen Neuronen, Sinnes- oder Muskelzellen.
> **N-CAMs** (neural cell adhesion molecules): Glykoproteine auf Membranoberflächen in Zielgebieten, die für auswachsende Axone als Erkennungsmoleküle dienen.
> **Chemoaffinitätshypothese:** Expression von attraktiven und repulsiven Substanzen, die für einwachsende Axone Orientierung z. B. in einer topographisch organisierten Repräsentation (Karte) bieten.
> **Neurotrophine:** Wachstumsfaktoren (z. B. NGF, BDNF), die für den Erhalt von synaptischen Verbindungen erforderlich sind.

6.3 Regeneration und Reinnervation

Im Nervensystem sind nur **sehr eingeschränkte Regenerationsprozesse** möglich. Die oft langen Axone in **peripheren Nerven** stellen eine **Ausnahme** dar: Solange die einhüllenden Gewebe wie Gliazellen und Bindegewebe im weiteren Verlauf des Nervs noch vorhanden sind, kann das Axon auch über lange Strecken langsam nachwachsen und damit die sensorische und motorische Innervation wiederherstellen. Im Gehirn gibt es zahlreiche Faktoren, die eine Regeneration – so bislang bekannt – bei höheren Wirbeltieren unmöglich machen: Oft kommt es im Rahmen der Schädigung zum Absterben der Nervenzellen selbst, andere Zelltypen wie Gliazellen hemmen aktiv das Wachstum von Axonen, und obwohl neurale Stammzellen mit der Fähigkeit, alle Zelltypen des ZNS bilden zu können, noch im adulten Gehirn vorhanden sind, ist ihre Aktivität zu stark eingeschränkt.

Die Fähigkeit des Nervensystems zur **Regeneration** ist im Gegensatz zu anderen Organsystemen wie Knochen, Blut, Darm oder Haut sehr begrenzt. Das liegt vor allem daran, dass der Aufbau der meisten Zentralnervensysteme sehr komplex ist und relativ früh während der Ontogenese abgeschlossen wird. Zwei Typen von Regenerationsprozessen spielen eine Rolle: 1. Wiederherstellung einer axonalen Verbindung zwischen einer im ZNS liegenden Nervenzelle und einem peripheren Organ wie Muskel oder Haut; 2. Regeneration von Fortsätzen zentraler Neurone, die häufig mit verändertem Wachstum der Glia, u. U. mit Verdrängung von Neuronen, verläuft und meist unvollständig bleibt.

Die Regeneration von **peripheren Axonen** zentraler Neurone erfordert die Reaktivierung von Prozessen, die während der frühen ontogenetischen Entwicklung für das Auswachsen, Zielfinden und die Synapsenbildung verantwortlich sind. Wenn Nervenfasern durchtrennt werden, degeneriert der distale Teil der Axone. Damit eine Reinnervation stattfinden kann, muss die Kontinuität des proximalen mit dem distalen Nervenstumpf gegeben sein, sodass die aussprossenden Axone in der distalen Gliahülle entlang der vorgegebenen Strecke wachsen können. Wenn eine chirurgische Behandlung möglich ist, verbindet man beide Enden mit einer Nervennaht. Die Geschwindigkeit des Axonwachstums beträgt etwa 1 mm/d. Für die Regeneration der Axone sind vor allem Schwann-Zellen und Makrophagen wichtig, die beide notwendige Substanzen sezernieren: Laminin, Fibronectin und Bestandteile der extrazellulären Matrix (S. 360). Regenerierende Axone produzieren Integrine, die die extrazelluläre Matrix erkennen und anschließend durch intrazelluläre Signale das Wachstum initiieren. Von den Substanzen, die während der ontogenetischen Entwicklung der Nerven eine Rolle gespielt haben, sind für die Regeneration z. B. N-CAMs und N-Cadherin bedeutsam, für die das nachwachsende Axon entsprechende Zelladhäsionsmoleküle exprimieren muss. Die Schwann-Zellen exprimieren auch BDNF. Auf den Wachstumsknospen der Axone werden dann vermehrt Neurotrophinrezeptoren exprimiert. Die lokale Verfügbarkeit von Neurotrophinen ist nicht nur ein Wachstumssignal, sondern definiert auch ein distales Ziel für das Axonwachstum.

Die Regeneration von **peripheren Synapsen** ist der letzte und wichtigste Schritt für die Wiederherstellung einer funktionellen Verbindung zwischen dem nachgewachsenen Axon und dem Zielorgan. Wenn eine Skelettmuskelfaser ihre motorische Innervation verliert, bleibt die neuromuskuläre Synapse für mehrere Wochen intakt, d. h. Signalmoleküle der Muskel- und Gliazellen bleiben erhalten, trophische Faktoren wie NGF und BDNF werden verstärkt exprimiert, während die Expression anderer wie Neurotrophine (NT3 und NT4) reduziert werden, weil sie wahrscheinlich eher für die Erhaltung einer funktionierenden Verbindung eine Rolle spielen und hierbei nicht die Reinnervation verhindern sollen. Daneben werden aber auch die Membranrezeptoren wie die Acetylcholinrezeptoren und der sezernierte Faktor Neuregulin exprimiert, der an der Bildung von Rezeptor-Clustern beteiligt ist. Auch die extrazelluläre Matrix, die u. a. synaptisches Laminin und Acetylcholinesterase enthält und normalerweise den synaptischen Abschnitt der Zellmembran vom Rest unterscheidet, wird erhalten, wenn es zur Denervation einer Muskelfaser kommt. Aber die molekulare Spezifität bietet nur einen Teil der Information, die zur Reinnervation benötigt wird. Unabdingbar sind aktivitätsabhängige Prozesse.

Wenn bei Gewebsschäden die **Fortsätze zentraler Neurone** innerhalb des **ZNS** betroffen sind, ist die Regeneration immer erheblich unvollständiger und führt selten zu einer funktionellen Rekonstitution. Es ist bisher vollkommen unklar, warum das ausgewachsene Gehirn so sehr auf stabile Verschaltungen programmiert ist und nicht ohne weiteres umfangreiches Wachstum und strukturelle Änderungen zulässt. Häufige Ursachen für akute Zerstörungen von Hirn- und Rückenmarksgewebe sind mechanische Traumen, Hirninfarkte oder Kreislaufversagen, die zu Sauerstoffmangel führen. Eher chronische Zerstörungen des Nervengewebes erfolgen durch neurodegenerative Erkrankungen wie Morbus Parkinson, Alzheimer, durch Erkrankungen des Immunsystems wie multiple Sklerose oder andere Vaskulitiden. Immer ist die Folge, dass ein erheblicher Teil der Nervenzellen abstirbt, je nach Noxe schnell oder chronisch progredient. Der Unterschied zur peripheren Regeneration besteht darin, dass nicht die Prozesse der ontogenetischen Entwicklung reaktiviert werden, sondern Proliferation von Glia erfolgt, mit der Folge von Narbenbildung und Aktivierung der Mikroglia, die im Sinne einer Immunabwehrreaktion lokale Entzündungsreaktionen hervorruft.

Ein wesentlicher Faktor bei der Zerstörung von zentralem Nervengewebe ist der zelluläre Stress, der vor allem durch glutamaterge Überstimulation infolge Burstentladungen entsteht. Sie treten direkt nach einer Schädigung oder epileptischen Anfällen auf. Diese erhöhte Aktivität wird als **Exzitotoxizität** bezeichnet und hat zur Folge, dass anti-apoptotische Moleküle ineffektiv werden, die normalerweise Änderungen in den Mitochondrien aufgrund oxidativen Stresses verhindern. Aber auch die Glia spielt eine entscheidende Rolle in diesem Prozess. Alle drei Formen von Gliazellen (Astrocyten, Oligodendrocyten und Mikroglia) reagieren anders nach Hirngewebsschädigungen. Durch vermehrte Sekretion von TGF (transforming growth factor), FGF (Fibroblastenwachstumsfaktor), TNFα-Interleukine, Interferon-γ sowie IGF1 (Insulin-artiger Wachstumsfaktor) wird die sogenannte Gliose oder **Glianarbe** induziert.

6.4 Sinnesorgane und -systeme

Nervensysteme sind mit vielfältigen **Nah- und Fernsinnen** ausgestattet, die entweder mehr Bedeutung für die unmittelbare sensomotorische Umsetzung haben oder aber aufgrund des größeren räumlichen Abstandes des Reizauslösers eher für die weitere Planung wichtig sind. Die Körperinnervation unterscheidet sich im Vergleich zu Sinnesorganen wie Auge, Ohr und Riechepithel vor allem in der **Organisation ihrer Afferenzen**: Das phylogenetisch ältere spinothalamische System unterhält eine direkte Verschaltung auf zentrale Verarbeitungsstrukturen, während die jüngeren Afferenzen in Rückenmark und Hirnstamm umgeschaltet werden, bevor sie im Gehirn verarbeitet werden können. **Lichtsinnesorgane** sind in so gut wie allen Tiergruppen vertreten. Die verschiedenen im Tierreich verwirklichten Augentypen sind ein eindrucksvolles Beispiel, wie sich im Laufe der Evolution aus einfachen Hell-Dunkel-Rezeptoren hochauflösende komplexe Linsenaugen entwickelten.

6.4.1 Somatosensorisches System

Jede Sinneszelle und jedes Neuron, das Sinnesinformation verarbeitet, verfügt über ein **rezeptives Feld**. Der Begriff wurde ursprünglich dazu benutzt, Ausschnitte von Sinnesoberflächen zu beschreiben, deren Stimulation eine neuronale Antwort hervorruft. Der Begriff lässt sich aber auch für die Empfindlichkeit in abstrakten, nicht räumlichen Reizdimensionen verwenden. Die Grundverschaltung aller somatosensorischen Afferenzen von Wirbeltieren besteht aus **Rezeptoren** und **Ganglienzellen**, die als erste zentrale Neurone die Signale zentripetal in das zentrale Nervensystem weiterleiten. Rezeptoren finden sich in der Haut, den Muskeln, Knochen und Gelenkkapseln sowie allen inneren Organen und deren Hüllen mit Ausnahme des Gehirns, das nur über eine Innervation seiner Hüllen und zuleitenden Gefäße verfügt. Die Axone der meisten Afferenzen des Körpers verlaufen zunächst in **peripheren Nerven**, die meist nicht nur **afferente**, sondern auch **efferente** Fasern enthalten. Eine besondere Form der Innervation besteht für das Gesicht, das von einem dreistämmigen Hirnnerv (N. trigeminus) versorgt wird, der zwar auch über ein besonderes Ganglion führt, dann aber direkt auf die sensorischen Kerne im Hirnstamm verschaltet ist. Periphere Nerven bestehen aus mehreren **Faserbündeln**, die durch Hüllen aus Bindegewebe zusammengehalten werden (S. 405). Je näher die Nerven am ZNS liegen, umso mehr Faserbündel sind zu Nerven zusammengefasst, die sich kurz vor dem Eintritt in das **Rückenmark** in Form von Geflechten (**Plexus**) in die **Spinalnerven** umsortieren, wobei oft Fasern aus verschiedenen peri-

6.4 Sinnesorgane und -systeme

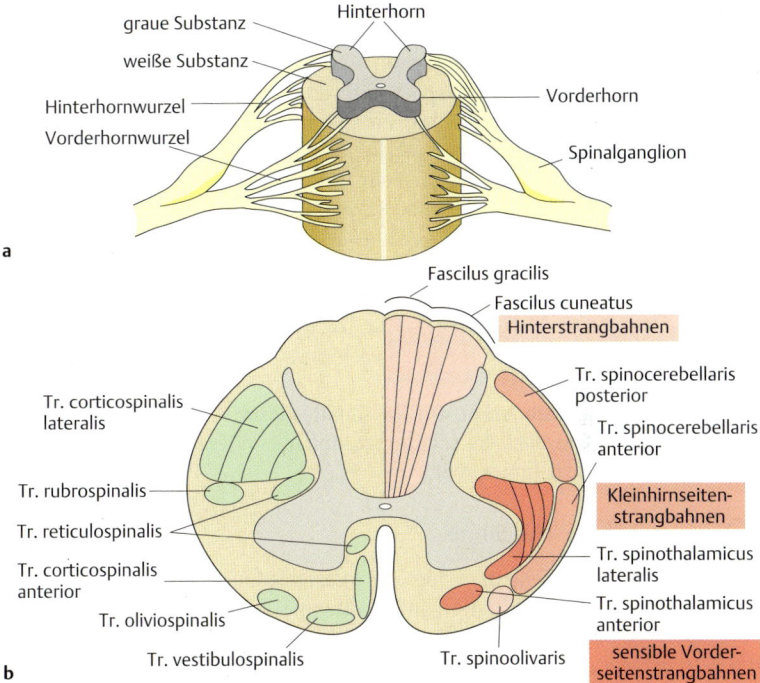

Abb. 6.6 **Rückenmark.** Im Querschnitt sind die äußere weiße und die innere graue Substanz zu erkennen. Die weiße Substanz besteht aus markhaltigen Nervenfasern, die die Verbindungen über große Strecken herstellen. **a** Die schmetterlingsförmige graue Substanz besteht aus Zellkörpern und marklosen Fortsätzen. In den Vorderhörnern der grauen Substanz liegen die Zellkörper der efferenten Neurone, z.B. der Motoneurone. Die efferenten Fasern verlassen das Rückenmark durch die Vorderwurzeln. Afferente Fasern treten über die Hinterwurzeln in das Rückenmark ein. Die Zellkörper der sensorischen Fasern liegen nicht im Rückenmark selbst, sondern außerhalb in den Spinalganglien. **b** Links: efferente (absteigende) Bahnsysteme, rechts: afferente (aufsteigende) Bahnsysteme. Afferente und efferente Bahnen sind komplementär angeordnet und nur aus Gründen der Vereinfachung einseitig dargestellt.

pheren Nerven auf verschiedene Rückenmarkssegmente verteilt werden. Über die Spinalganglien führen die Spinalnerven durch Öffnungen in den Wirbelbögen in den Wirbelkanal, wo sie schließlich als vordere (motorisch) und hintere (sensorisch) Wurzel in das Rückenmark eintreten (Abb. 6.6). Nach Eintritt durch die hintere Wurzel kreuzen einige Fasern zur Gegenseite oder führen direkt in verschiedenen aufsteigenden Fasersträngen bis in den Hirnstamm oder, bei den phylogenetisch älteren Bahnen, sogar direkt bis zum Thalamus empor.

Aufsteigende Bahnsysteme unterscheiden sich nach ihren Zielen: Der phylogenetisch älteste ist der **Vorderseitenstrang**, in dem Axone verlaufen, die auf der Höhe des Eintritts in das Rückenmark zur Gegenseite kreuzen und dann ohne Umschaltung bis zum Thalamus aufsteigen. Alle zentralen sensorischen und motorischen Verbindungen, auch die von den Seh- und Hörorganen wechseln zur Gegenseite und werden in der gegenüberliegenden Hirnseite verarbeitet. Der Vorderseitenstrang leitet die **protopathischen Qualitäten**: Schmerz und Temperatur. Der etwas jüngere **Kleinhirn-Seitenstrang** enthält sowohl (weniger) gekreuzte als auch (mehr) ungekreuzte Fasern, er zieht direkt zum Kleinhirn und dient als direkte sensorische Informationsquelle für die **Feinsteuerung der Motorik**. Der phylogenetisch jüngste **Hinterstrang** leitet **epikritische** (Tastsinn, Vibration) und **propriozeptive** (Tiefensensibilität: Muskellänge und Gelenkstellung) Information und enthält ausschließlich ungekreuzte Fasern. Sie ziehen bis in die Hinterstrangkerne im verlängerten Mark und kreuzen erst dann in Form des Lemniscus medialis (Schleifenbahn) im Hirnstamm auf die Gegenseite. Von dort gelangen sie über den Thalamus ins Endhirn, wo mehrere topographisch organisierte Repräsentationen der Körperoberfläche existieren.

Das **höchste Integrationszentrum** für somatosensorische Information ist bei Primaten die **Inselrinde**, die neben der Integration mit anderen Modalitäten Aufgaben für die Selbstwahrnehmung hat.

6.4.2 Mechanische Sinne

Das somatosensorische System verfügt über verschiedene mechanische Rezeptoren für Druck, Berührung, Vibration und Strömung sowie Rezeptoren für Schmerz und Temperatur. Die z. T. sehr kurze Transduktionszeit der meisten Mechanorezeptoren (~10 µs) legt nahe, dass die mechanischen Reize direkt auf die Ionenkanäle wirken. Die Aufgaben von Mechanorezeptoren sind sehr vielfältig und reichen von internen Messungen (**Propriozeptoren**) der Gewebespannung, Muskellänge und Gelenkstellung und des Blutdrucks bis zu äußeren Reizen (**Exterozeptoren**) wie Berührung, Druck, Gravitation, Strömung, Schall und Vibration. Außerdem unterscheidet man (nach ihrem Ursprung) epitheliale (sekundäre Sinneszellen, z. B. Haarzellen) von ganglionären Rezeptoren (primäre Sinneszellen, z. B. freie Nervenendigungen, Haarsensillen).

Bei wirbellosen Tieren und Vertebraten besitzen Mechanorezeptoren eine Haarstruktur: Bei wirbellosen Tieren handelt es sich um das mehrzellige Haarsensillum (s. u.), bei den Vertebraten um die Haarzelle. Durch Abwandlungen der Hilfsstrukturen werden sie in beiden Gruppen in sehr verschiedenen Sinnessystemen verwendet.

Bei Wirbeltieren sind **Haarzellen** bei der Transduktion sehr verschiedener Reize beteiligt. Dazu gehören Strömung im Seitenlinienorgan der Fische, Gravitation im Schwere- und Gleichgewichtssinn und Schall im Gehörsinn. Haarzellen sind epithelialen Ursprungs (sekundäre Sinneszelle) ohne eigenen axonalen Fortsatz. Am apikalen Ende sind modifizierte Mikrovilli, die **Stereovilli**, und ein echtes Cilium, das **Kinocilium**. Das Kinocilium ist an dem eigentlichen Transduktionsprozess nicht beteiligt und fehlt z. B. in den Haarzellen im Hörsinnesorgan. Die Mikrovilli

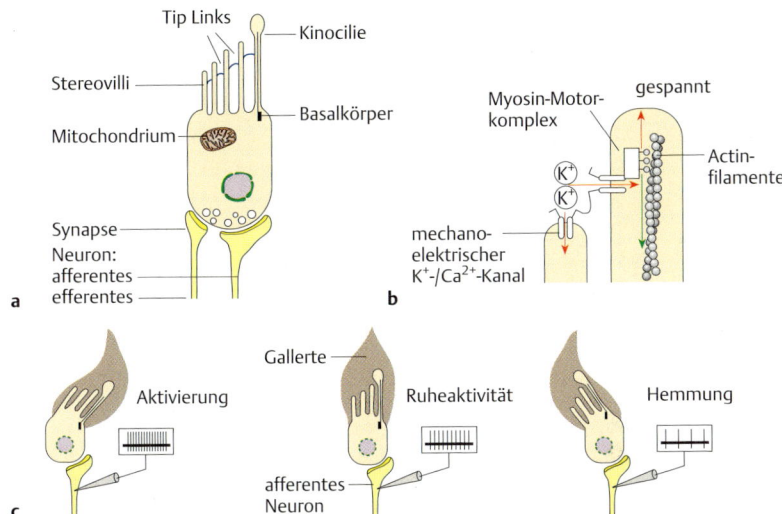

Abb. 6.7 **Die Stereovilli sind durch Tip Links verbunden. a** Die sekundären Sinneszellen stehen mit afferenten und efferenten Synapsen in Kontakt. **b** Bei einer länger anhaltenden Auslenkung adaptieren die Sinneszellen. Das Motorprotein Myosin verschiebt den Kanal entlang der Actinfilamente, wodurch die Tip Links entspannt und die mechanosensorischen Kanäle geschlossen werden. **c** In Ruhe entstehen einzelne Aktionspotentiale (Ruheaktivität). Bei Auslenkung in Richtung des Kinocilums wird das afferente Neuron aktiviert, bei Auslenkung in der anderen Richtung gehemmt.

einer Haarzelle, sie sind durch Actinfilamente versteift, besitzen unterschiedliche Längen, wobei die dem Kinocilium unmittelbar benachbarten Stereovilli am längsten sind, während die kürzesten am weitesten vom Kinocilium entfernt sind. Die Stereovilli sind mit den benachbarten Stereovilli durch Tip Links, Spitzenverbindungen, verbunden (Abb. 6.7).

Bei einer Auslenkung der starren Stereovilli werden an den Spitzen K^+-/Ca^{2+}-Kanäle mechanisch geöffnet. Der so ausgelöste Kationen-Einstrom depolarisiert die Haarzelle. Die Tip Links zwischen den Stereovilli sind gespannt, d. h. bei einer Auslenkung reagieren alle Stereovilli gleichzeitig, sodass schon geringe Auslenkungen für einen großen Kationen-Einstrom sorgen. Der Haarzellrezeptor besitzt eine gewisse Richtungsspezifität. Nur wenn die Sterovilli in Richtung auf das Kinocilium ausgelenkt werden, wird die Haarzelle depolarisiert. Bei einer Scherung in die entgegengesetzte Richtung werden die Kanäle geschlossen und es erfolgt Hyperpolarisierung.

Die **Haarsensillen** bei wirbellosen Tieren mit Exoskelett sind anders gebaut als die Vertebraten-Haarzelle. Ein Sensillum besteht aus fünf Zellen: Trichogenzellen bilden den Schaft, Tormogenzellen den Sockel, das Neuron (primäre Sinneszelle)

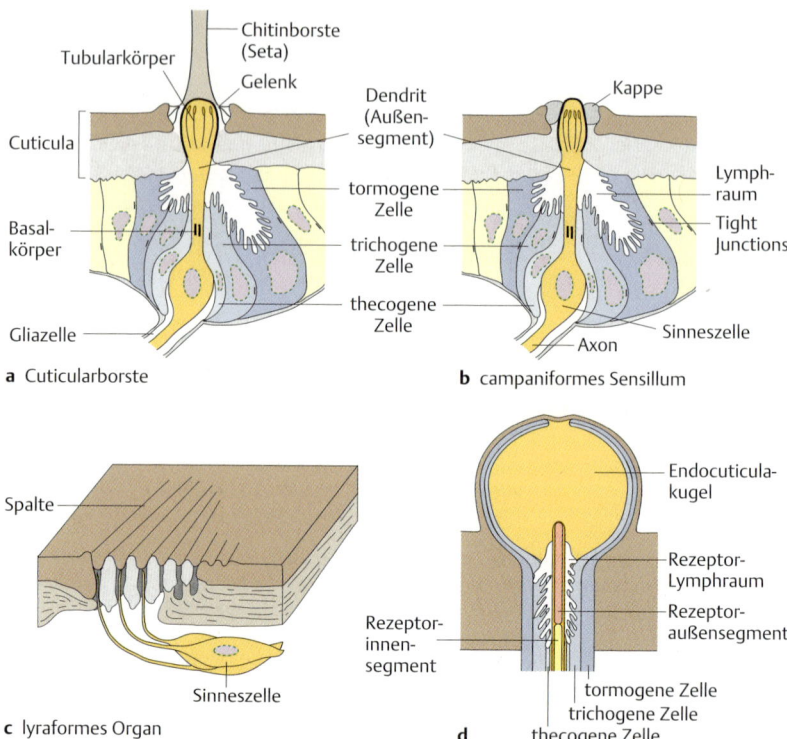

Abb. 6.8 **Mechano- und Thermorezeptoren der Arthropoden. a** Cuticularborste. Epithelzellen bilden Chitinfäden, in deren Basis ein oder auch mehrere Dendriten einwachsen. Die Chitinfäden dienen als Hebel, die am Gelenk mit der Cuticula den mechanischen Reiz auf das Außensegment der Sinneszelle übertragen. Das Außenglied gleicht einem starren Cilium. Es bildet zur Kraftübertragung an die Chitinstrukturen des Gelenks den Tubularkörper aus besonders vielen Mikrotubuli aus. **b** Campaniformes Sensillum der Insekten. Überträger des mechanischen Reizes können in vielfältiger Weise abgewandelt werden, beispielsweise zu Kappen, Platten oder Stiften. **c** Das lyraforme Organ auf den Spinnenbeinen in der Nähe von Gelenken setzt sich aus über 20 Spaltsinnesorganen zusammen. Die Spaltsinnesorgane von Spinnen sind so empfindlich, dass sie bei nur 10–25 Å Auslenkung schon mit neuronaler Aktivierung reagieren. **d** Das Infrarotsensillum ähnelt einem campaniformen Sensillum, hier hat sich die Kappe zu einer Endocuticulakugel umgewandelt, sie absorbiert Infrarotstrahlung und dehnt sich in Bruchteilen von Sekunden aus, sodass der Tubularkörper komprimiert wird. Mit den Infrarotsensillen können Käfer (z. B. *Melanophila acuminata*) kilometerweit entfernte Waldbrände lokalisieren.

ist von einer Begleitzelle (Thecogenzelle) und einer Gliazelle umgeben (Abb. 6.8**a** und **b**).

Neben den Haarzellen besitzen Vertebraten noch weitere Mechanorezeptoren, die jedoch einen völlig anderen Bau aufweisen.

Der adäquate Reiz für die meisten **Tastrezeptoren** ist eine Verformung (Scher- und Biegungskräfte), die nur wenige μm betragen muss. Die Tastempfindlichkeit variiert erheblich für verschiedene Körperteile: Fühler oder Schnabel- und Schnauzenspitzen von wühlenden Säugern oder die Fingerbeeren von Primaten sind sehr viel empfindlicher als z. B. die Rückenhaut. Die Tastempfindlichkeit kann beim Menschen durch die **2-Punkt-Diskrimination** quantitativ untersucht werden und erreicht bis zu 200 Tastpunkte/cm^2. Außerdem reagieren die meisten Organismen sehr schnell auf Berührung, was voraussetzt, dass die Lokalisierbarkeit der gereizten Stelle sehr gut funktioniert. Hohe Empfindlichkeit muss auch die Schwimmblase von Fischen haben, wenn diese für die vertikale Orientierung verwendet werden kann.

Bei Wirbeltieren kann man verschiedene Tastrezeptoren unterscheiden, deren verschiedene Hilfsstrukturen die Eigenschaften der Rezeptoren bestimmen: beginnend bei Nervenendigungen, die frei im Gewebe oder um Haar- oder Federwurzeln liegen, wie bei Schnurr- (Vibrissen) und Nasenhaaren, über Endkörperchen (Vater-Pacini-Körperchen), die von Hüllzellen umgebene marklose Nervenendigungen enthalten, bis hin zu noch spezialisierteren Anordnungen wie die Merkel-Scheiben der Säuger und Meissner- und Ruffini-Körperchen bei Primaten (Abb. 6.**9**).

Tastrezeptoren reagieren entweder primär auf Beschleunigung und dann meist schnell adaptierend oder phasisch oder aber sind langsam adaptierend, phasisch-tonisch und wirken als Proportional- bzw Intensitätsdetektoren.

Vibrissen sind für viele Tiere überlebenswichtige Sinnesorgane. Die nachwachsenden Tasthaare bestehen aus leblosem Material. Sie sind in einen speziellen Haarbalg eingebettet. In der zweilagigen Haarbalgwand ist ein dünner Blutfilm, Blutsinus, der Bewegung auf die zahlreichen freien Nervenenden in der Haarbalgwand überträgt. Auch bei im Wasser lebenden Arten kommen Vibrissen zum Einsatz, deren Haarfollikel von über 1000 Nervenfasern innerviert werden und deren Empfindlichkeit ausreicht, um hydrodynamische Spuren von schwimmenden Fischen verfolgen zu können. Ein weiteres Beispiel sehr hoher Empfindlichkeit von Mechanorezeptoren sind die Spaltsinnesorgane von Spinnen (Abb. 6.**8 c**)

Der **Vibrationssinn** ist ein Spezialfall des Tastsinns und überträgt Information über schwingende mechanische Reize. Er wird oft als Ergänzung zum Hören (S. 51) eingesetzt.

Strömung wird mithilfe von Haarzellen, deren Stereovilli häufig in eine Gallertkappe (Cupula) eingebettet sind, in elektrische Signale umgewandelt. Das **Seitenlinienorgan** von Aalen, Neunaugen, Fischen und Amphibien kann so empfindlich sein, dass es Wasserbewegungen mit einer Amplitude von 10 nm rezipiert. Dazu werden allerdings mehrere tausend Sinneszellen benötigt, die auf Rumpf und Kopf verteilt sind. Ihre afferenten Nervenfasern sind spontan aktiv und antworten proportional zur Reizstärke. Die Haarzellen in Seitenlinienorganen sind teilweise auch von efferenten Fasern innerviert, die ähnlich wie im Ohr von Säugern die Aufgabe haben, die Empfindlichkeit der Rezeptoren zu steuern. Seitenlinienorgane sind häufig in ein Epidermal- und ein Kanalsystem differenziert, wodurch in fließendem Wasser unterschiedliche Reizeigenschaften registriert werden, die bei

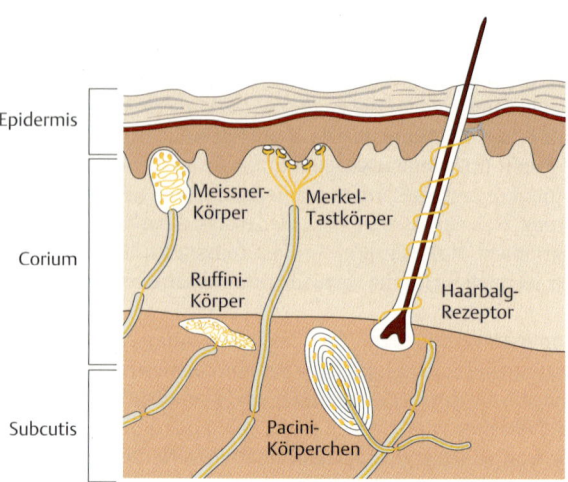

Abb. 6.**9** **Mechanorezeptoren in der menschlichen Haut.** In der Tiefe und an der Oberfläche gibt es jeweils einen schnell adaptierenden Rezeptortyp, der dynamische Reize in guter zeitlicher Auflösung codiert, und einen langsam adaptierenden, tonischen Rezeptor, der mit besserer räumlicher Auflösung Druckreize codiert. Pacini-Körperchen in der Subcutis sind Nervenendigungen, die von einer in Schalen angeordneten Lamellenkapsel eingehüllt sind. Bei Reizung verschieben sich die Lamellen gegeneinander und dämpfen anhaltenden Druck weg. Dadurch antwortet der schnell adaptierende Pacini-Rezeptor richtungsunspezifisch nur auf Druckbeschleunigungen im Frequenzbereich von 20 bis 1000 Hz mit einer On- und Off-Antwort. Bei den langsam adaptierenden Ruffini-Körperchen verzweigen sich Nervenenden in eine Bindegewebskapsel. Diese Rezeptoren antworten auf rasche Drücke, aber auch auf Zug an der Haut. Die beiden oberflächlichen Rezeptortypen sind die schnell adaptierenden Meissner- und die langsam adaptierenden Merkel-Körperchen.

der zentralen Verarbeitung benötigt werden. Seitenlinienkanäle können auch Druckgradienten messen. Durch den Staudruck, der beim Anschwimmen von Objekten entsteht, können Fische bereits auf mehrere Zentimeter Entfernung die Größe, Form und Oberflächenbeschaffenheit erkennen (Ferntastsinn).

6.4.3 Temperatur- und Infrarotsinn

Besonders gut ist der **Temperatursinn** beim Mensch untersucht. Die Rezeptoren für Temperatur (Temperaturpunkte) liegen verstreut als freie Nervenendigungen (ohne akzessorische Hilfsstrukturen) in der Haut, die **Kaltrezeptoren** dicht unter der Epidermis und die **Warmrezeptoren** tiefer in der Unterhaut. Die Rezeptorzellen sind primäre Sinnesnervenzellen, deren Somata in den Spinalganglien des Rückenmarks liegen. Die beiden Thermorezeptortypen überlappen in ihren Temperaturbereichen. Die Kaltrezeptoren registrieren Temperaturen zwischen etwa 18 und 35 °C, die Warmrezeptoren Temperaturen im Bereich zwischen 30 und

42 °C. Unterhalb von 18 °C antworten die Kaltrezeptoren nicht mehr, die Warmrezeptoren oberhalb von 42 °C. Die Rezeptoren senden fortwährend Signale und ändern ihre Entladungsfrequenz sprunghaft (überschießende Erregung), wenn es zu einer schnellen Änderung der Temperatur kommt. Durch Temperaturen über 42–45 °C werden Schmerzrezeptoren aktiviert, sie werden deshalb als Schmerz wahrgenommen. Weitere Thermorezeptoren liegen beim Menschen im Bereich des Hypothalamus. Es handelt sich dabei um Propriozeptoren, die die Temperatur des Blutes messen und der Regulation und Kontrolle der Körpertemperatur dienen.

Maximal empfindlich ist der Temperatursinn bei Arthropoden. Thermotaktische Orientierung spielt z. B. für Insekten, die Blut von Warmblütern saugen, bei der Wirtsfindung eine wichtige Rolle.

Infrarotrezeptoren kommen in **Gruben-** und **Lippenorganen** von Schlangen und in Sinnesgruben von Käfern vor. Das Grubenorgan enthält eine 15 µm dünne Membran, die von Fasern des N. trigeminus innerviert ist. Die Empfindlichkeit ist für Infrarotstrahlung mit einer Wellenlänge von 1 bis 3 µm, also im kurzwelligen Infrarotbereich, am höchsten. Die freien Nervenendigungen enthalten sehr viele Mitochondrien, deren Proteine die Infrarotstrahlen absorbieren, wodurch Ca^{2+} aus den Mitochondrien freigesetzt wird und ein Ca^{2+}-abhängiger Ca^{2+}-Kanal die Zellmembran depolarisiert. Die Rezeptoren signalisieren schnelle Temperaturänderungen, die bei der Klapperschlange nur 0,003 °C betragen müssen, um detektiert zu werden. Bei Käfern handelt es sich teilweise um Mechanorezeptoren, die schon nach 2 ms Strahlungswirkung ansprechen (Abb. 6.**8**d).

6.4.4 Schmerz (Nozizeptoren, Verarbeitung, Pharmakologie)

„**Schmerz** ist eine unangenehme Sinnesempfindung, die mit körperlicher Schädigung verbunden ist oder die so beschrieben wird, als ob sie mit einer Schädigung verbunden wäre". Diese Definition der internationalen Gesellschaft zum Studium des Schmerzes zeigt, dass Schmerzwahrnehmung und -empfindung sehr schwer zu objektivieren ist. Schmerz wird durch freie Nervenendigungen rezipiert (Nozizeption, lat. nocere: schaden) und über ein hochspezifisches arbeitsteiliges System in die zentralen Verarbeitungsstrukturen übertragen. Für die Schmerzwahrnehmung spielen aber nicht nur afferente Bahnen eine Rolle, sondern das zentrale Opioidsystem ebenso wie Rückverbindungen vom Gehirn zu den ersten Umschaltstellen im Rückenmark. Bei allen Säugetieren und Vögeln gibt es schmerzverarbeitende Systeme.

Die rezeptiven Eigenschaften von **Nozizeptoren** werden in drei Gruppen unterteilt:
- Rezeptoren für starke mechanische Reize, mit hoher Schwelle, die langsam adaptieren, durch Aδ-Fasern vermittelt werden und Schutzreflexe auslösen,
- polymodale Nozizeptoren, die durch schädigende mechanische, thermische und chemische Reize aktiviert werden,

– schlafende Nozizeptoren, die im gesunden Gewebe überhaupt nicht zu aktivieren sind, sondern nur erwachen, wenn entzündliche Prozesse ablaufen.

Zusätzlich gibt es besondere Rezeptoren für **Juckreize**, die vor allem durch Histaminfreisetzung vermittelt werden. Substanzen, die nach Gewebsschädigung Entzündungsreaktionen hervorrufen, nennt man **noxische Entzündungsmediatoren**. Dazu gehören ATP und K^+. Bradykinin (S. 906) stimuliert nicht nur Nozizeptoren, sondern aktiviert auch Phospholipase A und fördert so die Produktion von Prostaglandin E2, dessen Synthese aber auch durch Thrombin und Serotonin aus aktivierten Thrombocyten stimuliert wird. Die nicht steroidalen Antiphlogistika (Entzündungshemmer, wie Acetylsalicylsäure) wirken schmerzreduzierend, indem sie die Cylcooxigenase, ein Schlüsselenzym der Prostaglandinsynthese, hemmen.

Auf Rezeptorebene ist noch viel unbekannt. Die **Transduktion** erfolgt ionotrop oder metabotrop. Für mechanische Reize scheint es dehnungsempfindliche Ionenkanäle zu geben. Die meisten Nozizeptoren enthalten einen unspezifischen Kationenkanal TRPV1 (früher als Capsicain-Rezeptor bezeichnet). Chemosensitive Nozizeptoren sind großenteils polymodal, d. h. sie sind nicht nur chemisch, sondern auch thermisch aktivierbar. Viele der oben erwähnten Entzündungsmediatoren wirken über G-Proteine, wobei die Proteinkinasen dann Ionenkanäle phosphorylieren und somit ihre Empfindlichkeit im Sinne einer Sensibilisierung verändern.

Perzeptuell werden zwei **Qualitäten von Schmerz** unterschieden, die sich durch die Eigenschaften der vermittelnden Fasern erklären lassen: Hell stechend und schnell (Aδ-Fasern) sowie dumpf brennend und langsam (C-Fasern, Abb. 6.**10a**). Bevor die afferenten Fasern in das dorsale Horn der grauen Substanz des Rückenmarks eintreten, verzweigen sie sich in Kollateralen, die in Form des Lissauer-Trakts ein oder zwei Rückenmarkssegmente auf- oder absteigen. Im dorsalen Horn kontaktieren sie die 2. Neurone der Schmerzbahn (second order neurons), wobei es vom peripheren Fasertyp abhängt, in welcher der 10 Schichten (I–X, nach Rexed) der grauen Rückenmarkssubstanz dies geschieht: C-Fasern innervieren Neurone der Schichten I und II (Substantia gelantinosa), während Aδ-Fasern ihre Signale über Glutamat und Neuropeptide an Zellen der Schichten I und V und evtl. auch IV übertragen.

Die Axone der 2. Neurone der **Schmerzbahn** verlassen die graue Substanz ventral und kreuzen durch die Commissura alba zur Gegenseite. Die **Axone der Schicht I** (**und II**) steigen im Tractus spinothalamicus lateralis bis in den medialen (MD) und posterolateralen Thalamus (VPI, VM) auf und werden dort auf die 3. Neurone der Schmerzbahn verschaltet, die dann die rostrale Inselrinde und das vordere Cingulum innervieren, wo die affektiven und unangenehmen Empfindungen von Schmerzsignalen verarbeitet werden. Die Axone der **tieferen spinalen Schichten** IV und V kreuzen ebenfalls, aber steigen im Tractus spinothalamicus anterior zum lateralen Thalamus (VPL, VPI, CL) auf, werden dort auf thalamocorticale Neurone umgeschaltet, die zur primären (SI) und sekundären somatosensorischen Hirnrinde (SII) projizieren, um diskriminative und lokalisierende Aspekte der Schmerzinformation zu verarbeiten (Abb. 6.**10b**).

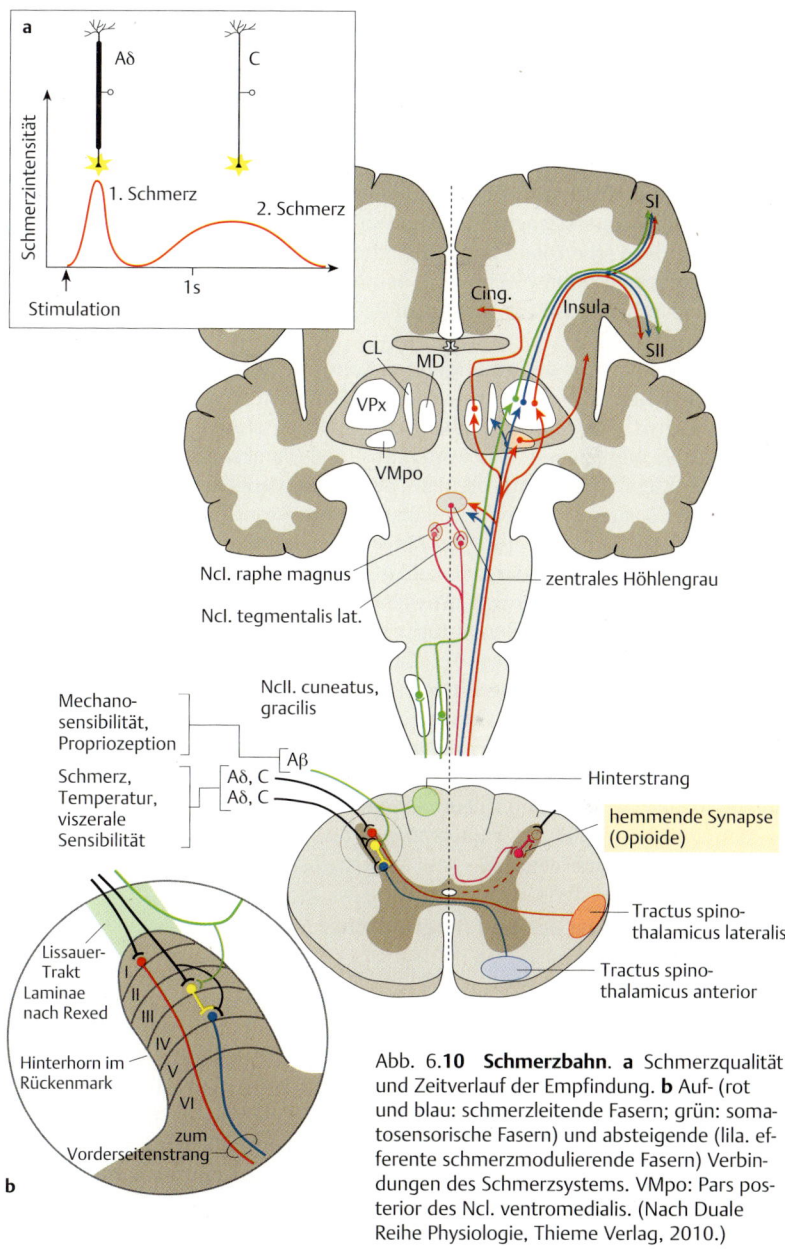

Abb. 6.**10 Schmerzbahn. a** Schmerzqualität und Zeitverlauf der Empfindung. **b** Auf- (rot und blau: schmerzleitende Fasern; grün: somatosensorische Fasern) und absteigende (lila. efferente schmerzmodulierende Fasern) Verbindungen des Schmerzsystems. VMpo: Pars posterior des Ncl. ventromedialis. (Nach Duale Reihe Physiologie, Thieme Verlag, 2010.)

Die **Innervation des Gesichtes** erfolgt vorrangig durch den V. Hirnnerv (N. trigeminus), aber auch durch Fasern, die mit den Ganglien des VII. (N. facialis), IX. (N. glossopharyngeus) und X. (N. vagus) Hirnnervs assoziiert sind. Die afferente Weiterverschaltung erfolgt über die entsprechenden sensorischen Kerne dieser Hirnnerven und von dort nach Kreuzung zur kontralateralen Hirnseite über dieselben Thalamuskerne zur Hirnrinde.

Für **viszerale Afferenzen** (Eingeweideschmerz) ist die Trennung zwischen Vorderseiten- und Hinterstrangbahnen nicht so eindeutig wie für somatosensorische Afferenzen. Head'sche Zonen sind Abschnitte der Körperoberfläche, auf die Eingeweideschmerzen projiziert werden. Sie beruhen auf der Mehrfachverwendung von spinothalamischen Projektionsneuronen für sowohl viszerale als auch somatische Afferenzen.

Für das Verständnis der **absteigenden Kontrolle über die Weiterleitung von Schmerzsignalen** war es von besonderer Wichtigkeit, verschiedene Strukturen des Mittelhirns elektrisch und pharmakologisch zu stimulieren. Dazu gehören das „zentrale Höhlengrau" des Mittelhirns, der „Parabrachialkern" (neben den Armen des Kleinhirns), Locus coeruleus, der dorsale Raphekern und die medulläre Formatio reticularis. Diese Kerne senden **efferente Axone** ins **Hinterhorn** (Schichten I–VI), wo sie durch Steuerung der Aktivität von Interneuronen die Übertragung zwischen peripheren Afferenzen (C- und Aδ-Fasern) und spinothalamischen Zellen durch präsynaptische Hemmung drosseln können. Aber die Modulation der Weiterleitung von Schmerzsignalen verfügt noch über einen wichtigen zweiten lokalen Mechanismus, der die Grundlage der „Gate Control"-Theorie des Schmerzes bildet: Aktivierung von **mechanosensitiven Afferenzen** (Aβ-Fasern), durch starkes Drücken oder Reiben benachbarter Hautbezirke kann die wahrgenommene Schmerzintensität stark reduzieren, weil diese Afferenzen ebenfalls exzitatorisch auf hemmende Interneurone verschaltet sind, die direkt die Aktivität der spinothalamischen Projektionsneurone reduzieren. Opiate und endogene Opioide wirken sowohl auf die deszendierenden Projektionskerne (Abb. 6.**10**) als auch direkt auf spinale Interneurone.

6.4.5 Elektrischer und magnetischer Sinn

Es gibt Fische mit starken und schwachen elektrischen Organen. Stark elektrische Fische wie Zitteraale haben umgestaltete Schwanzmuskeln, die mehrere tausend **Elektroplaxen**, also Einheiten zur extrazellulären Spannungserzeugung, enthalten. Diese sind teilweise seriell verschaltet und können auf diese Weise bis zu 1000 V und, bei allerdings niedrigerer Spannung (~60 V) beim gefleckten Zitterrochen, bis zu 50 A Strom erzeugen. Solche Organe werden als **Waffe**, vor allem zum Beutefang, verwendet. Bei den schwach elektrischen Fischen werden in der Schwanzregion Spannungen von einigen Volt gemessen, was nur zu **Kommunikation und Ortung** eingesetzt werden kann. Diese schwachen elektrischen Signale können nur in Süßwasser, dessen Leitfähigkeit meist weit unter 100 μS liegt, zum Einsatz kommen. Je niedriger die Leitfähigkeit, umso weiter können sich die elektrischen Felder ausdehnen.

Die **Orientierung mittels elektrischer Signale** könnte eine Anpassung an Leben in trüben Gewässern darstellen. **Aktive Elektroorter** erzeugen mit ihren elektrischen Organen selbst elektrische Felder, deren Änderung sie detektieren. Man unterscheidet zwei Großgruppen: Mormyriden sind afrikanische Süßwasserfische, die bis zu einige 100 pulsförmige Entladungen pro s erzeugen. Gymnotiden, südamerikanische Süßwasserfische, erzeugen sinusförmige elektrische Entladungen zwischen 20 und 4000 Hz.

Passive Elektroortung führen Rochen, Haie, Aale, Welse, einige Lungenfische sowie Schnabeltiere und Ameisenigel durch. Fische wie Katzenhaie verwenden Elektroortung, um gut getarnte Beutetiere auszumachen, z. B. im Schlick versteckte Schollen, indem sie die elektrischen Felder von Herzschlag und Muskelbewegungen detektieren.

Das Prinzip der biologischen Feldmessung beruht auf Elektrosensoren, die in Vertiefungen (ampulläre Organe) oder Hohlräumen (tuberöse Organe) der Haut liegen und sich ursprünglich vom Seitenlinienorgan ableiten, was sich auch darin zeigt, dass sie vom VIII. Hirnnerv, dem N. statoacusticus, innerviert werden. Bei den **ampullären Organen** (z. B. Lorenzinische Ampulle des Katzenhais) befinden sich sekundäre Sinneszellen am Grund eines gallertgefüllten Ganges, dessen Lumen wie bei einem Ausführungsgang einer Drüse mit Epithel bedeckt ist. Durch die hohe Leitfähigkeit der Gallerte kann sich eine hohe elektrische Spannung zwischen der Hautoberfläche und den Rezeptorzellen aufbauen. Die Rezeptoren der ampullären Organe sind tonische Rezeptoren, die niederfrequente Felder (bis ~40Hz) mit wenigen µV/cm^{-1} detektieren können. Sie dienen der **passiven Elektroortung**. Bei den **tuberösen Organen** ist anstelle des gallertgefüllten Ganges ein Pfropfen aus locker gepackten, durch leitende Desmosomen gekoppelten epithelialen Zellen, vorhanden, die wie eine Linse die Spannungsgradienten auf die Sinneszellen fokussieren. Die Rezeptoren der tuberösen Organe sind im Gegensatz zu denen der ampullären Organe nur kapazitiv mit dem Außenmedium gekoppelt, weswegen sie vorzugsweise phasisch auf lokale Änderungen von mehreren mV/cm^{-1} hochfrequenter, selbsterzeugter Felder (10 Hz bis mehrere kHz) reagieren. Sie dienen der **aktiven Elektroortung**. Die Frequenz der selbsterzeugten Signale kann zur Vermeidung von Interferenzen mit Signalen von herannahenden Artgenossen schnell verändert werden.

Magnetfeldabhängige Fortbewegung ist bei Bakterien und auch bei Wirbellosen (Planarien, Schnecken, Langusten) bekannt. Bei Insekten kann die Ruhelage, die Orientierung von Bauten (Kompasstermiten) und die Präzision des Schwänzeltanzes der Bienen magnetfeldabhängig sein. Die Mechanismen zur **Orientierung mithilfe des Erdmagnetfeldes** sind bisher nur sehr unvollständig untersucht. Magnetitkristalle (Fe_3O_4), die in magnetotaktischen Bakterien (*Mikrobiologie*) und einigen Algen für die Ausrichtung im Magnetfeld der Erde verantwortlich sind, hat man auch in Vögeln, Fischen und Bienen nachgewiesen. Bei Vögeln konnte man durch experimentelle Manipulation des Magnetfeldes regelhafte Änderungen ihrer Orientierung beobachten. Bei einigen Arten ließ sich sogar nachweisen, dass die Magnetorientierung genetisch determiniert ist und nicht erlernt werden muss, im Gegensatz zu anderen Orientierungsstrategien. Außerdem wurde beobachtet, dass die Magnetwahrnehmung von der Wellenlänge des verfügbaren Lichts abhing, was darauf schließen lässt, dass photobiochemische Prozesse beteiligt sein könnten.

6.4.6 Vestibuläres System

Schwerkraft wird grundsätzlich mithilfe von **Statolithen** erfasst, die über Scherkräfte Haarzellen reizen.

Bei **wirbellosen Tieren** sind die **Schweresinnesorgane** vielfach blasenartige Strukturen, **Statocysten**, in denen Statolithen auf Sensillenpolstern liegen. Bei einer Verlagerung des Statolithen kommt es zu einer Auslenkung des Außensegments und damit Reizung der Sinneszelle. Als Statolithen dienen Kalkstatholithen, Sandkörner oder Chitinkügelchen.

Bei den **Wirbeltieren** befinden sich die **Schweresinnesorgane** im **Labyrinth** im Innenohr (Abb. 6.**11**). Im **Utriculus** und **Sacculus** lagert ein Kalkstatolith auf einem Haarzellenpolster, der **Macula**. Bei einer Verlagerung des Statolithen werden die Stereovilli abgebogen. D. h. in den Statolithenorganen löst nicht die vertikale Druckkomponente des Reizes ein Signal aus, sondern die horizontale Komponente, d. h. Scherkräfte, durch die die Stereovilli bei Lageänderung ausgelenkt werden.

In den **Bogengängen** des Labyrinths liegen die **Drehsinnesorgane**. Das Bogengangsystem des Labyrinthes lässt sich phylogenetisch vom **Seitenlinienorgan** ab-

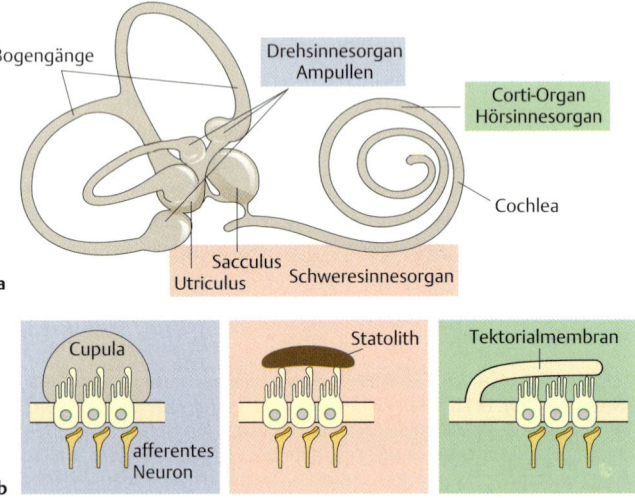

Abb. 6.**11 Labyrinth. a** Im Labyrinth des Innenohrs sind Dreh-, Schwere und Hörsinnesorgan lokalisiert. **b** Die Haarzellen sind zur Perzeption der verschiedenen Reize mit unterschiedlichen akzessorischen Strukturen ausgestattet.

leiten. Die drei Bogengänge stehen senkrecht aufeinander, kugelige Auswölbungen bilden die Ampullen, in denen die eigentlichen Sinnesorgane, die **Cristae**, liegen (Abb. 6.**11**). Die Fortsätze der Haarzellgruppe sind hier ebenfalls in eine gallertige Kappe (Cupula) eingebettet. Bei Drehbewegungen in einer Bogengangsebene bleibt die Endolymphe in dem betreffenden Bogengang aufgrund ihrer Massenträgheit zurück, während die Haarzellen, die auf der Wand des Bogenganges sitzen, mit diesem bewegt und die in die Cupula eingebetteten Stereovilli der Haarzellen ausgelenkt werden. Da die Relativbewegung nur in der Beschleunigungs- oder Abbremsphase auftritt, werden anhaltende Drehbewegungen nicht registriert. Schweresinnes- und Drehsinnesorgane werden zum **Gleichgewichtsorgan** (**Vestibularorgan**) zusammengefasst.

> **Somatisches Nervensystem:** Ist für Funktionen in Wechselwirkung mit der Außenwelt zuständig, Vorgänge zum Teil willkürlich und bewusst gesteuert.
> **adäquater Reiz:** Reiz, auf dessen Transduktion eine Sinneszelle spezialisiert ist. Geringe Reizintensität ist ausreichend, um die Reizschwelle zu überwinden. Bei einem **inadäquaten Reiz** kann in seltenen Fällen infolge hoher Reizstärke ebenfalls eine Reizantwort erfolgen.
> **Haarzelle:** Mechanorezeptor der Vertebraten. Sekundäre Sinneszelle mit apikalen Stereovilli und einem Kinocilium (nicht im Innenohr), Spitzen der Stereovilli sind durch Tip Links verbunden; sind an der Transduktion im Seitenlinienorgan der Fische, am Schwere- und Gleichgewichtssinn und am Gehörsinn beteiligt.
> **Haarsensillen:** Haarförmige Rezeptoren der Arthropoden.
> **Scolopidium:** Mechanorezeptor bei Arthropoden, der sich vom Haarsensillum ableitet, jedoch kein Haar ausbildet.
> **Gleichgewichtsorgan (Vestibularorgan):** Drehsinnesorgan in den Bogengängen, Schweresinnesorgan: Utriculus und Sacculus mit Statolith.
> **Nozizeption:** Schmerzwahrnehmung, bewahrt den Organismus vor Schädigungen, kann durch Reizformen sehr unterschiedlicher Natur hervorgerufen werden.

6.4.7 Auditorisches System

Hörsinnesorgane sind im Tierreich nur bei Tetrapoden, bei einigen Fischen und Insektengruppen z. B. Grillen zu finden, d. h. sie sind viel weniger weit verbreitet als Sehorgane. Schallsignale können aus großer Entfernung wahrgenommen werden (**Fernsinn**) und dienen meist der innerartlichen Kommunikation, werden aber auch zur Orientierung herangezogen. Fledermäuse und Delphine besitzen ein Echoortungssystem, bei dem (Ultra-)Schallsignale ausgesendet und die Echos zur Orientierung verwendet werden.

Physikalisch sind Schallwellen **Druckwellen**, die sich über schwingende Trägermedien wie Luft und Wasser ausbreiten. Wenn sich Schallwellen von einer Schallquelle ausbreiten, verdichten sich die Trägermoleküle periodisch in Ausbreitungsrichtung (longitudinal) und verdünnen sich wieder. Eine Schallwelle lässt sich durch mehrere Schallgrößen charakterisieren. Die **Frequenz** ist die Häufigkeit der periodischen Druckänderungen pro Sekunde (Hz), sie ist für die Wahrnehmung der Tonhöhe ausschlaggebend. Je höher die Frequenz, desto höher wird ein Ton wahrgenommen. Neben der Frequenz ist der **Schalldruck** für die Hörwahrnehmung entscheidend. Er wird in Pascal (1 Pa = 1N/m^2) gemessen und bestimmt die Lautstärke, mit der ein Schallereignis wahrgenommen wird.

Wie laut ein Ton gehört wird, hängt zusätzlich von der subjektiven Schallwahrnehmung und von der Frequenz ab. Als Maß der **subjektiven Schallwahrnehmung** wurde daher der **Schalldruckpegel** eingeführt. Als Bezugspunkt wird die Hörschwelle gesunder junger Erwachsener gewählt, d. h. der notwendige Schalldruck, bei dem im Schnitt ein Ton mit einer Frequenz von etwa 1000 Hz gerade noch wahrgenommen wird, und der mit 2×10^{-5} Nm^{-2} (P_0) festgesetzt wurde. Einheit des relativen Messsystems ist das Dezibel. Die Hörleistung wird als Vielfaches der so festgelegten Hörschwelle angegeben.

Schalldruckpegel (dB SPL, Dezibel **s**ound **p**ressure **l**evel) = $20 \log \frac{P_x}{P_0}$ [dB].

Ein Schallreiz mit $P = 2\times10^{-5}$ Nm^{-2} hätte danach einen Schalldruckpegel von 0 dB SPL. Bei einem Schallreiz von 100 dB SPL beträgt P das Hunderttausendfache des Referenzreizes. Als Schmerzgrenze für den Menschen gelten abhängig von der Frequenz 90–130 dB SPL. Eine Schädigung des Gehörs erfolgt allerdings schon etwa ab 90 dB. Solche Werte werden in Diskotheken durchaus überschritten.

Bei gleichem Schalldruck werden zumindest in einem bestimmten Bereich Töne niedrigerer **Frequenz** leiser wahrgenommen als Töne höherer Frequenz. Die größte Empfindlichkeit hat das menschliche Gehör in einem Bereich von 2–5 kHz, was sich in einer **Hörschwellenkurve** zeigen lässt, bei der man die Hörbarkeit einzelner Frequenzen überprüft (Abb. 6.**12**). Bei Tieren weichen die Frequenzbereiche, die ein-

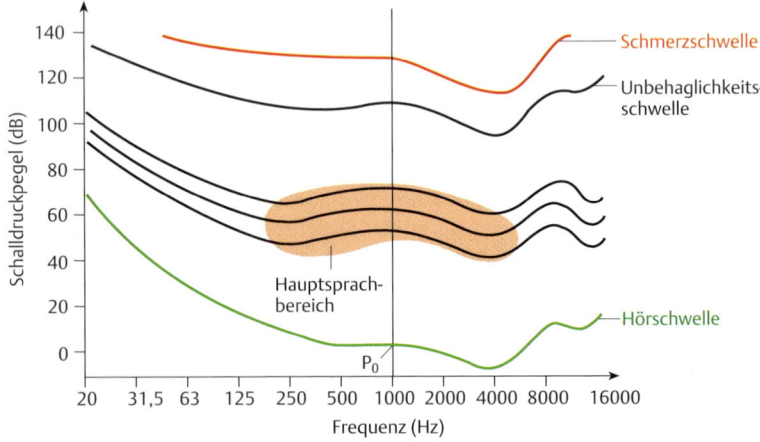

Abb. 6.**12 Hörschwellenkurve.** P_0 entspricht dem Schalldruck, bei dem ein Ton bei 1000 Hz gerade noch wahrgenommen wird.

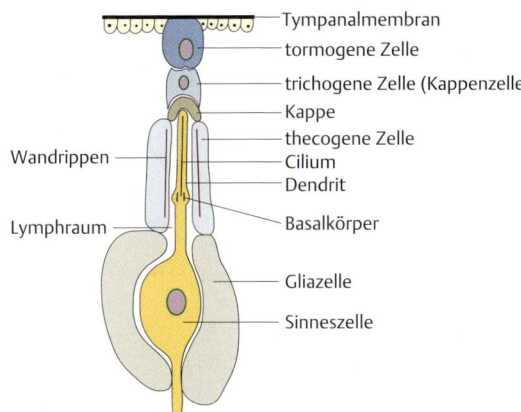

Abb. 6.13 **Scolopidium im Tympanalorgan der Grille.**

zelne Arten wahrnehmen, oft erheblich von dem des Menschen ab. Fledermäuse und Delphine, z. B. aber auch die meisten anderen Säugetiere, hören **Ultraschall**.

Bei Insekten liegen die Hörorgane, **Tympanalorgane**, an sehr unterschiedlichen Stellen des Körpers. Bei Grillen und Laubheuschrecken sitzen sie in den Tibien der Vorderbeine, bei Feldheuschrecken und Zikaden bzw. manchen Schmetterlingen am Rumpf. Eine verdünnte Region der Cuticula bildet das Trommelfell, Tympanum. Auf der Rückseite liegt eine Tracheenblase, sodass die Membran beidseitig von Luft umgeben ist und ungehindert schwingen kann. Das Tympanum ist mit Rezeptorzellen, **Scolopidien**, besetzt, die der Transduktion dienen (Abb. 6.**13**). Die Hörorgane der Grillen, Zikaden und Heuschrecken sind Druckempfänger. Die vom Körper abstehenden Antennengeißeln der Mücken nehmen dagegen die Luftbewegung wahr, d. h. die aufgrund der Schallwelle gerichteten Bewegungen der Luftmoleküle. Die Geißelschwingung überträgt sich auf die als **Johnston-Organ** ausgebildeten Scolopidien. Über diese Bewegungsdetektoren erkennt eine männliche Mücke ein herannahendes Weibchen anhand des Flugtons mit einer Frequenz von $380 s^{-1}$. Hörhaare als Bewegungsdetektoren sitzen auch auf den Cerci vieler Insekten.

Das **Ohr** der Wirbeltiere besteht aus mehreren Anteilen (Abb. 6.**14**): Ein **Außenohr** mit Ohrmuschel, die der Schallaufnahme und der Lokalisation einer Schallquelle im Raum dient, ist allerdings nur bei den Säugetieren ausgebildet. Das **Mittelohr** ist nach außen durch das **Trommelfell** abgeschlossen. In dem luftgefüllten Raum übertragen die **Gehörknöchelchen** Hammer, Amboss und Steigbügel die Schwingungen des Trommelfells auf das flüssigkeitsgefüllte Innenohr. Bei dem direkten Übergang würden über 90 % der Schallenergie durch Reflexion verloren gehen. Eine wichtige Funktion des Mittelohrs ist daher die eines mechanischen Verstärkers. Die Verstärkung erfolgt einerseits durch die Hebelwirkung der Gehörknöchelchenkette und andererseits durch das Flächenverhältnis (Druck = Kraft/Fläche) des Trommelfells ($50 mm^2$) zum kleinen ovalen Fenster ($4 mm^2$). Die beiden Mecha-

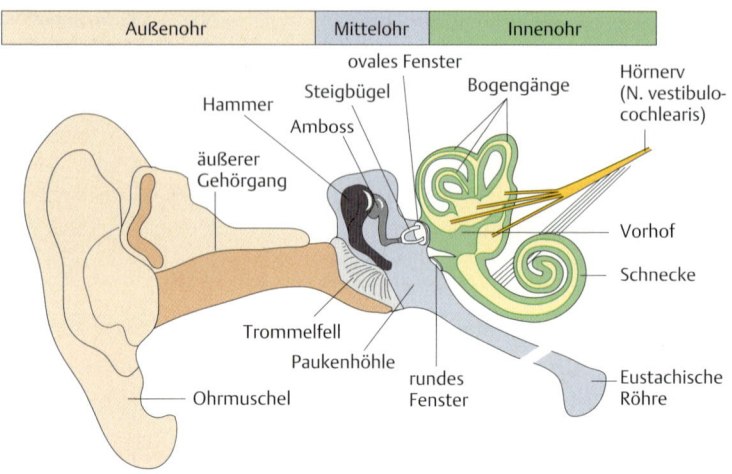

Abb. 6.**14** **Ohr des Menschen.**

nismen kompensieren den Energieverlust bei der Übertragung Luft-zu-Lymphflüssigkeit fast vollständig.

Das **Innenohr** enthält das Labyrinth, das aus Gleichgewichtsorgan und **Schnecke** (**Cochlea**) mit dem eigentlichen Hörsinnesorgan, dem **Corti-Organ**, besteht. Die Schnecke besteht aus drei übereinander liegenden Kanälen: Scala tympani, Scala media und Scala vestibuli. Sie sind durch dünne Membranen voneinander getrennt. Scala tympani und Scala vestibuli sind am äußeren Ende der Schnecke durch das Schneckenloch (Helicotrema) miteinander verbunden. Sie enthalten Perilymphe, die Scala media ist mit Endolymphe gefüllt. In ihr befindet sich das Hörorgan.

Frequenzkodierung der Cochlea

Vom ovalen Fenster ausgehend breiten sich die Schwingungen des Schallsignals in Form einer **Wanderwelle** entlang der Scala vestibuli in Richtung Helicotrema aus (Abb. 6.**15**). Die Ausbreitungsgeschwindigkeit entlang der Basilarmembran und die Wellenlänge nehmen dabei ab, während die Amplitude zunimmt. An einer Stelle auf dem Weg zum Helicotrema kommt es zu einer maximalen Auslenkung der Membran, sodass der Druck auf die Scala tympani übertragen wird. Je nach der Frequenz der Schallwelle liegt dabei das Schwingungsmaximum der Wanderwelle an einer anderen Stelle. Die Stelle, an der es zur Maximalauslenkung kommt, hängt von der Breite und Elastizität der Basilarmembran, d. h. von deren Eigenfrequenz, ab. Nahe des ovalen Fensters ist die Basilarmembran fest und elastisch und (beim Menschen) nur 0,1 mm breit. Sie wird durch hohe Töne bis 16 000 Hz maximal ausgelenkt. Zum Helicotrema hin nimmt die Elastizität ab, die Membran wird weicher und breiter (am Helicotrema 0,5 mm), hier kommt es bei tiefen Tönen (bis minimal 20 Hz) zur Auslenkung.

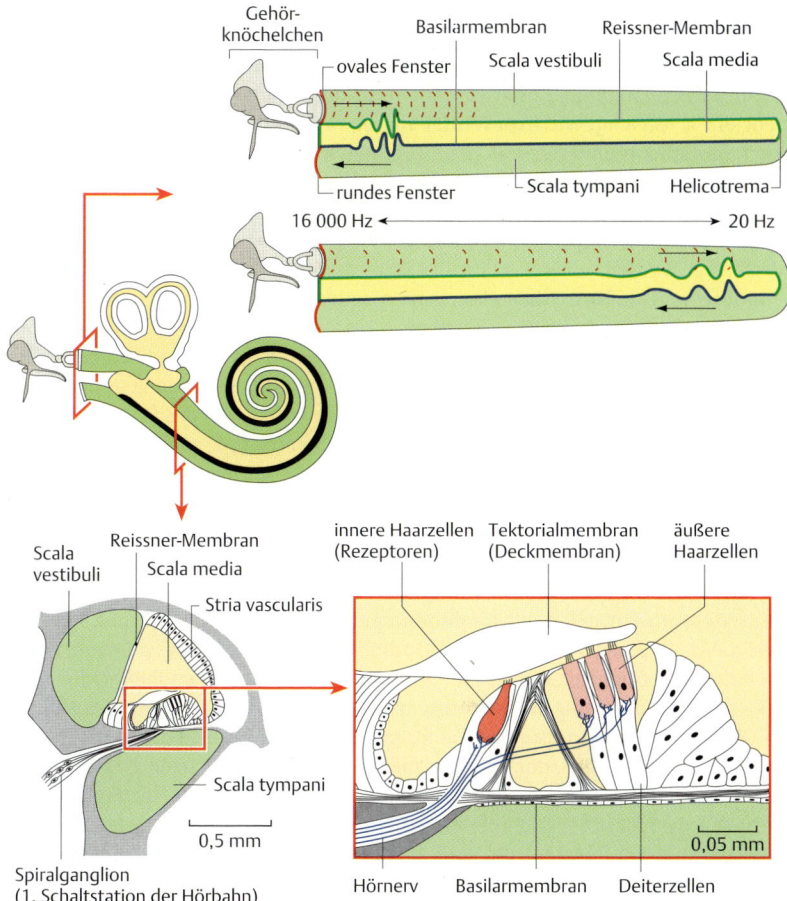

Abb. 6.**15 Cochleaquerschnitt und Corti-Organ.** (Aus Duale Reihe, Phsyiologie, Thieme Verlag, 2010 und Wehner, Gehring, Thieme Verlag, 2007.)

Das **Corti-Organ** besteht aus der **Basilarmembran**, auf der etwa 25 000 Haarzellen, umgeben von Stützzellen, sitzen. Jede Haarzelle trägt etwa 50–120 Stereovilli. Die apikalen Enden der Stereovilli berühren die gallertige Tektorialmembran. Wenn die Basilarmembran ausgelenkt wird, verschiebt sich die Tektorialmembran und damit werden die Stereovilli der Haarzellen geschert. Diese Scherung ist der adäquate Reiz für die Sinneszellen und führt zur Transduktion.

Die Haarsinneszellen bilden mit den benachbarten Epithelzellen **Tight Junctions** aus, so dass nur die Stereovilli mit der Endolymphe der Scala media in Kontakt stehen. Während die Ionenzusammensetzung der Perilymphe der Ionenzusammensetzung anderer Extrazellulärflüssigkeit entspricht, enthält die Endolymphe eine hohe K$^+$-Konzentration und eine niedrige Na$^+$-Konzentration. Da die Zusammensetzung der Endolymphe in etwa derjenigen des Zellinnenraums entspricht, besteht ein **K$^+$-Gleichgewichtspotential** von etwa **0 mV**. Wenn durch Auslenkung der Tektorialmembran die K$^+$-Kanäle geöffnet werden, fließt K$^+$ nur deswegen in die Zelle, weil es eine **Potentialdifferenz** zwischen Endolymphe (+80 mV) und Zellinnerem (–70 mV) gibt. Durch diese Depolarisation kommt es zu einem Ca^{2+}-Einstrom, der zur Freisetzung von Glutamat führt, wodurch die afferenten Nervenfasern erregt werden.

Innere und **äußere Haarzellen** haben unterschiedliche Funktionen bei der Schalltransformation. Die Reizaufnahme erfolgt vor allem durch die inneren Haarzellen. Den äußeren Haarzellen, die auch von efferenten Fasern aus dem oberen Olivenkomplex (S. 521) innerviert sind, wird hingegen die Funktion zugeschrieben, durch aktive Zellbewegungen die Schwingungseigenschaften des Corti-Organs zu beeinflussen. Sie verstärken die Wanderwelle im Bereich des Schwingungsmaximums, indem sie zusätzliche Schwingungsenergie einbringen. Diese wird durch potentialabhängige oszillierende Kontraktionen eines spannungsabhängigen kontraktilen Proteins (Prestin) in den Haarzellen verursacht. Dadurch können sich scharfe Maxima der Wanderwelle ausbilden, die der Frequenzunterscheidung zugrunde liegen. Die Funktion der efferenten Verbindungen zu den äußeren Haarzellen besteht im Einstellen der Empfindlichkeit des Corti-Organs: Schutz vor sehr lautem Schall, Verbesserung des Verhältnisses von Nutz- und Störsignal und Erzielen hoher Empfindlichkeit während der frühen ontogenetischen Entwicklung.

Durch die Auslenkung der Basilarmembran werden die Haarsinneszellen, die auf der Basilarmembran angeordnet sind, gereizt. Hohe Schallfrequenzen erregen Haarzellen an der Basis der Cochlea, niedrigere Schallfrequenzen Haarzellen an der Schneckenspitze. In der Cochlea erfolgt auf diese Weise also eine Frequenzcodierung aufgrund des Ortes auf der Basilarmembran, an dem die Haarzellen bei einer bestimmten Frequenz am stärksten gereizt werden. Man spricht von einer **Frequenz-Orts-Transformation** und bezeichnet die Organisation der Cochlea als **tonotop**. Im Hörsystem erfolgt die Tonhöhen- oder Frequenzcodierung also direkt im Sinnesorgan. Wegen dieser einfachen tonotopen Organisation führte der Einsatz von Cochlea-Implantaten schnell zum Erfolg.

Hörbahn der Säugetiere

Die Verarbeitung akustischer Reize beginnt bei Wirbeltieren erst im ZNS (Abb. 6.**16**). Das Corti-Organ und der Hörnerv, dessen Zellkörper (1. Neuron der Hörbahn) im **Ganglion spirale** sitzen, übertragen Aktivität proportional zur mechanischen Schwingung. Die erste Station im ZNS (2. Neuron der **Hörbahn**) sind die Nuclei cochleares (ventralis und dorsalis), von denen der ventrale Kern auch Fasern an die nächste Umschaltstation derselben Seite (ipsilateral) schickt, der dor-

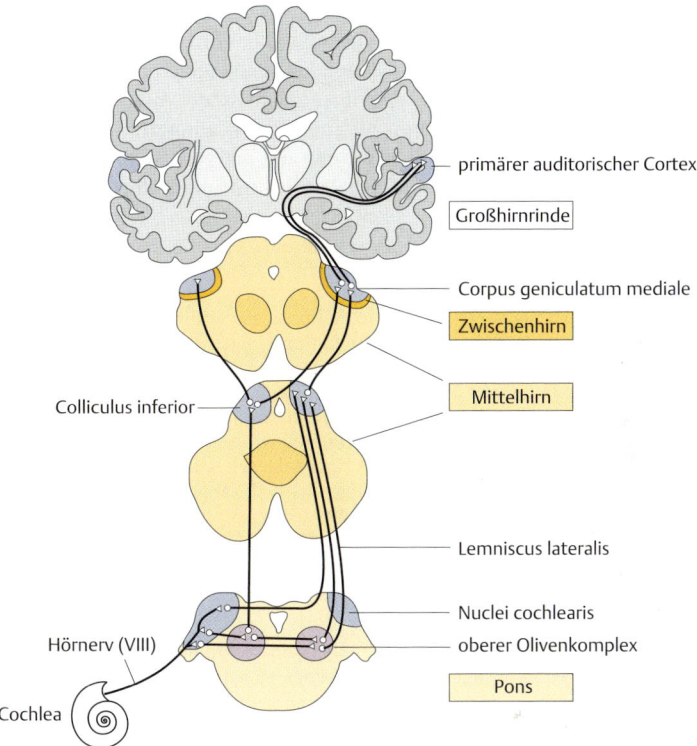

Abb. 6.**16 Hörbahn der Säugetiere.**

sale Kern nur zur anderen Seite (kontralateral), sodass insgesamt mehr Afferenzen zur gegenüberliegenden Hirnhälfte bestehen. Ein weiterer Unterschied zwischen den beiden **Cochlearis-Kernen** besteht darin, dass der ventrale die Signale weitgehend unverarbeitet weiterleitet, während der dorsale Kern bereits erste Signalverarbeitung leistet: Er extrahiert Anfang und Ende von Reizen sowie schnelle Frequenzänderungen und kann durch laterale Inhibition (S. 530) spektral benachbarte Signalkomponenten abgrenzen. Die nächste Umschaltung erfolgt für viele Verbindungen, die hier durch den Lemniscus lateralis ziehen, schon im kontralateralen **Colliculus inferior** (3. Neuron der Hörbahn), ein Teil der Fasern führt jedoch vorher noch über den Schleifenkern und/oder den **oberen Olivenkomplex**. Dieser besteht aus einem medialen und lateralen Kern und extrahiert durch Intensitäts- und Laufzeitunterschiede der binauralen Signale (von beiden Ohren kommend) Richtungsinformation, sendet aber auch efferente Signale an die Cochlea zur Steuerung deren Empfindlichkeit. Von den unteren der vier Hügel (Colliculi inferiores) werden die

Hörsignale über den Arm (Brachium c. i.) zum **Corpus geniculatum mediale** (medialer Kniehöcker, 4. Neuron der Hörbahn) geleitet. Hier wird eine erste Trennung nach Frequenzbereichen in den verschiedenen Schichten vorgenommen und die zeitliche Struktur (z. B. Periodizitäten) der Hörreize analysiert. Außerdem werden Zuordnungen zu räumlicher Information aus anderen Modalitäten (visuell und somatosensorisch) ermöglicht. Schließlich werden die auditorischen Signale über thalamocorticale Fasern (5. Neuron der Hörbahn) in die **primäre Hörrinde** vermittelt, wo sie zunächst noch tonotop repräsentiert sind, aber dann schnell nach komplexeren Eigenschaften als nur Frequenz- und Intensitätsänderungen untersucht werden.

Auch für die weitere corticale Verarbeitung im auditorischen System gilt, dass sehr viele Areale beteiligt sind und starke Differenzierungen für funktionelle Eigenschaften bestehen, die sich, wie im visuellen System, in der Ausprägung von verschiedenen spezialisierten Pfaden für mehr räumliche und mehr objektbezogene Information manifestieren. Eine ganz wichtige Komponente der zentralen Verarbeitung ist die Zuordnung von Schallwahrnehmungen zu Information aus anderen Sinnesmodalitäten wie etwa dem Sehsystem, wenn es bei der Spracherkennung darum geht, durch Lippenablesen undeutliche Sprache noch zu verstehen, oder bei erheblichem Hintergrundgeräusch, die Signale der primär interessierenden Quelle entsprechend zu extrahieren. Außerdem spielen, wie im visuellen System, die Verschaltungen im Mittelhirn, aber auch über andere Thalamuskerne wie das Pulvinar und parietale Cortexareale eine wichtige Rolle für die Steuerung der Aufmerksamkeit und damit für aktive Exploration.

> **Tympanalorgane:** Hörorgane mit Trommelfell (Tympanum), einer schwingungsfähigen Membran und Haarsensillum als Sinneszelle, z. B. bei Grillen.
> **Corti-Organ:** Hörorgan in der Cochlea des Innenohrs von Säugern mit Haarzellen und Hilfsstrukturen.
> **Tonotopie:** Verschiedene Schallfrequenzen werden in räumlich geordneter Weise innerhalb des Sinnesepithels oder eines neuronalen Gewebes abgebildet.

6.4.8 Chemischer Sinn

Die adäquaten Reize des **Geschmacks-** und **Geruchssinns** sind chemische Stoffe, beide werden deshalb auch als **chemischer Sinn** zusammengefasst. Die Differenzierung in beide Sinne ist nur für landlebende Tiere sinnvoll, bei denen sich spezielle Riechorgane ausgebildet haben, um Moleküle, die über die Luft übertragen werden, zu detektieren. Wasserlebende Tiere detektieren im Wasser gelöste Substanzen. Mit ihren chemischen Sinnen riechen oder schmecken sie Substanzen in der Nähe, aber auch aus erheblicher Entfernung.

Olfaktorisches System

Über den **Geruchssinn** werden vorwiegend organische flüchtige Stoffe aufgenommen, die über größere Entfernungen durch Luft oder auch Wasser herangetragen werden (**Fernsinn**). Er dient vor allem der Nahrungs- und Partnersuche.

Das Riechepithel von Säugern enthält ~5–15 Millionen Riechzellen. Riechzellen sind **primäre Sinneszellen** mit chemosensorischen Cilien. Sie haben eine Lebensdauer von etwa vier Wochen. Danach werden sie von adulten Stammzellen durch neue Zellen ersetzt. Jede Riechzelle trägt einen Dendriten, an dessen Ende 5–20 feine Sinneshärchen (modifizierte Cilien) ausgebildet sind, die in die Schleimschicht des Riechepithels hineinragen. In der Membran der Sinneshärchen befinden sich die Geruchsrezeptoren. Jede Riechzelle reagiert mit hoher Empfindlichkeit (bei extrem niedrigen Konzentrationen) nur auf eine kleine Gruppe von Duftstoffen. Je höher aber die Duftstoffkonzentration ist, desto größer ist die Anzahl unterschiedlicher Duftstoffe, die eine Reaktion auslösen. Daher kann eine Veränderung der Konzentration eines Duftstoffes auch eine veränderte Geruchswahrnehmung auslösen, z. B. bei Moschus, das in niederen Konzentrationen gut, aber mit steigender Konzentration penetrant riecht. Bei 20 Millionen Riechzellen und 350 unterschiedlichen Rezeptortypen kommt jeder Sinneszelltyp 50 000-mal in der Schleimhaut vor. Das Verteilungsmuster ist spezifisch und genetisch festgelegt. Die unterschiedliche Bedeutung des Riechorgans bei verschiedenen Tieren zeigt sich auch an der Oberflächengröße des Riechepithels: 5 cm^2 beim Mensch, 85 cm^2 beim Hund.

Mit ursprünglich 1000 Genen stellen die verschiedenen Rezeptortypen die größte Genfamilie dar. Beim Menschen sind nur noch 347 Gene aktiv, der Rest sind Pseudogene. Die Geruchsrezeptoren sind **G-Protein-gekoppelte Rezeptoren**, die bei entsprechender Molekülbindung eine Adenylatcyklase aktivieren. cAMP öffnet Ca^{2+}-permeable Kanäle. Über das einströmende Ca^{2+} werden Cl$^-$-Kanäle aktiviert, und es kommt zur Depolarisation der Sinneszelle. cAMP-gesteuerte Hemmprozesse (PKA) beenden den Rezeptorstrom und damit die Aktivität der Riechzelle nach wenigen Sekunden.

Mechanismen der Geruchs-Adaptation: Je intensiver und länger ein Duft die cAMP-aktivierten Kanäle offen hält, umso höher wird die Ca^{2+}-Konzentration. Bei höheren Konzentrationen von Ca^{2+}-Ionen wird der cAMP-Kanal gehemmt, vermutlich durch Vermittlung eines Ca^{2+}-bindenden Proteins wie Ca^{2+}-Calmodulin. Die Kurzzeitadaptation (STA) erfolgt alleine durch die Anwesenheit von cAMP und wird durch Ca^{2+}-Calmodulin-abhängige Proteinkinase II vermittelt, die direkt auf die Adenylatcyclase wirkt. Die Langzeitadaptation (LTA) schließlich erfordert die Synthese von cGMP durch die Guanylatcyclase sowie die längerfristige Wirkung eines Na$^+$/Ca^{2+}-Austauschers.

Die Axone von Riechzellen gleicher Selektivität konvergieren auf die gleichen Glomeruli im Riechkolben. In den Glomeruli wird das olfaktorische Signal auf Mitralzellen übergeben. Olfaktorische Information wird dort räumlich kodiert (Chemotopie, S. 581). Durch laterale Inhibition wird das Signal verbessert. Körnerzellen und periglomeruläre Zellen sorgen für laterale Verschaltungen. Durch den Tractus olfactorius gelangt das Riech-Signal direkt in verschiedene Endhirnstrukturen: orbitofrontalen Cortex (präpiriformis), Amygdala. Durch Verschaltungen mit dem limbischen System greift das Riechsignal in endokrine Prozesse ein und beeinflusst zudem Emotionen und Erinnerungen.

Säugetiere detektieren **Pheromone** mithilfe des **vomeronasalen Organs** (VNO oder auch **Jacobsonsches Organ**), es findet sich bei den meisten Wirbeltieren mit Ausnahme von Fischen und Vögeln. Pheromone werden häufig im Urin oder von Drüsen in der Geschlechtsregion gebildet. Durch Flehmen bei Huftieren, Patschen beim Eber und Züngeln bei Schlangen gelangen die Moleküle aus der Luft ins vomeronasale Organ. In der Mikrovilliwand sind drei Klassen von Rezeptorproteinen: V1R, V2R und V3R. Signaltransduktion: über G-Proteine. Im akzessorischen Bereich des Riechkolbens, wo die Reizverarbeitung der Pheromone stattfindet, konvergieren jeweils mehrere Neurone auf Glomeruli, die über Mitralzellen mit Zellen im akzessorischen Riechkolben verbunden sind. Durch die Erregung unterschiedlicher Mitralzellen sowie durch **laterale Inhibition** ist eine räumliche Ortung des Pheromonsignals möglich. Das Signal wird nun über den Hypothalamus zur Hypophyse und damit zum limbischen System weitergeleitet. Die Hypophyse reagiert mit der Ausschüttung von Hormonen, die wiederum bestimmte, stereotype Verhaltensweisen hervorrufen. Da die Großhirnrinde nicht in den Weg der Signalübertragung eingeschaltet ist, findet keine bewusste Wahrnehmung von Pheromonen statt.

Bei den **Insekten** bestehen die Geruchsorgane aus cuticulären **Sinneshaaren** vor allem auf den Antennen. Über Poren in der Cuticula gelangen die Geruchsstoffe zu den Dendriten der primären Sinneszellen. Beim Männchen des Seidenspinners (*Bombyx mori*) dienen 95 % der Riechsinneszellen für die Erkennung des Pheromons (Bombykol). Der Sexuallockstoff wird von den Weibchen abgegeben, um Männchen anzulocken. Für den Menschen ist Bombykol geruchlos. Ein einziges Molekül Bombykol reicht aus, um einen Nervenimpuls in einer Sinneszelle auszulösen. Damit auch eine Verhaltensreaktion folgt, ist es allerdings erforderlich, dass etwa 200 Sinneszellen gereizt werden (Abb. 6.**17**).

Gustatorisches System

Der **Geschmackssinn** ist ein **Nahsinn** und dient primär der Kontrolle der Nahrung. Geschmackssinnesorgane, die Geschmacksknospen, sitzen daher an Körperteilen, die direkte Berührung mit der Nahrung haben, also vorwiegend im Mundbereich, so auch auf Barteln bei Fischen. Bei Fischen kommen Geschmackssinnesorgane zusätzlich noch über die gesamte Körperoberfläche verteilt vor, bei Insekten auch an den Tarsen. Bei höheren Landwirbeltieren sind die Geschmacksknospen ausschließlich in der Mundhöhle und vor allem auf der Zunge in den Geschmackspapillen lokalisiert. Die Geschmacksrezeptoren reagieren auf meist nicht flüchtige, gelöste Stoffe oder Flüssigkeiten.

Bei den **Insekten** besteht eine **Geschmacksborste** (Sensillum) aus einem cuticulären Haar, an deren Spitze sich eine Pore befindet oder deren Haarschaft Poren enthält, durch die die Geschmacksstoffe zu den Dendriten der eigentlichen Sinneszellen gelangen können. Bei den Sinneszellen der Insekten handelt es sich also um **primäre Sinneszellen**. Jedes Sensillum enthält bis zu fünf Sinneszellen. Jede Sinneszelle ist für einen anderen chemischen Reiz empfindlich: Zucker, Kationen, Anionen, Wasser, aber auch für Pflanzenduftstoffe.

Die Sinneszellen der **Wirbeltiere** differenzieren sich aus den basalen Epithelzellen (**sekundäre Sinneszellen**), sie werden ständig (ca. 10–15 d) regeneriert. Die rezeptiven Strukturen bestehen aus Mikrovilli. Mehrere Geschmacksrezeptoren bilden zusammen mit Stützzellen die **Geschmacksknospen**. Über eine Pore in der Geschmacksknospe gelangen die Substanzen zu den Sinneszellen. Die Geschmacks-

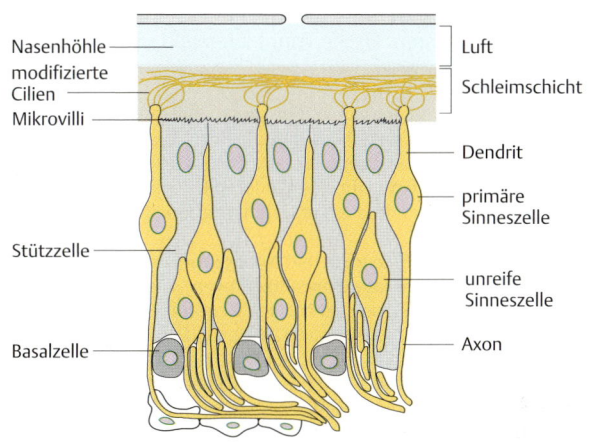

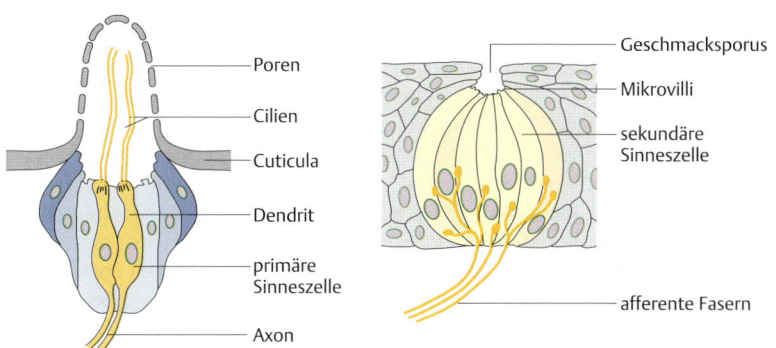

Abb. 6.17 Chemische Rezeptoren. a Olfaktorischer Rezeptor der Vertebraten. Die Stützzellen isolieren den Rezeptor. Die Basalzellen ersetzen die Riechsinneszellen. **b** Olfaktorischer Rezeptor bei Insekten. **c** Geschmacksknospe der Vertebraten.

knospen sitzen im Mundbereich. Bei den Säugern sind sie auf **Geschmackspapillen** der Zungenschleimhaut angeordnet. Innerhalb der Wirbeltiere variiert die Anzahl der Geschmacksknospen beträchtlich: Hühner und Tauben (20–40), Fledermäuse (ca. 100), Mensch (ca. 2000) und Hasen und Hunde (bis zu 30 000).

Beim Menschen werden die **Geschmacksqualitäten** süß, sauer, salzig, bitter und umami (jap.: wohlschmeckend, vermittelt durch Aminosäuren, insbesondere Glutamat), unterschieden, sehr wahrscheinlich gibt es aber noch weitere, z. B. den D36-Rezeptor, der eine Geschmackswahrnehmung für Fett auslöst. Die Geschmacksqualitäten sind charakteristisch über die Zungenoberfläche verteilt. Bei Tieren findet man oft andere Qualitäten: Fische, Amphibien und Vögel sind z B. weitgehend unempfindlich für Bitterstoffe.

Die Rezeptoren für die Geschmacksqualitäten **sauer** und **salzig** sind Ionenkanäle (**ionotrope Rezeptoren**). Na^+-Ionen (salzig) aus dem Speichel fließen durch ENaC (**e**pitheliale **Na**$^+$-**C**hannels) in die Geschmacksrezeptorzellen. Ebenso sollen spezielle Ionenkanäle H^+-Ionen (sauer) in die Zelle leiten bzw. laut einer anderen Theorie Protonen K^+-Kanäle blockieren, sodass weniger K^+ ausströmt und es zur Depolarisation der Zelle und damit zur Transmitterausschüttung kommt.

Die Rezeptoren für **Bitterstoffe**, **Zucker** und **Aminosäuren** gehören zur Klasse der G-Protein-gekoppelten Rezeptoren (**metabotrope Rezeptoren**). Die T1R-Rezeptorfamilie enthält drei Gene: *T1R1*, *T1R2* und *T1R3*. Die zugehörigen Genprodukte werden als G-Protein-gekoppelte chemische Rezeptoren bezeichnet (GPCR), die Detektion der verschiedenen Geschmacksqualitäten entsteht durch unterschiedliche Kombinationen der Rezeptortypen. Die Kodierung für süß erfolgt über den Rezeptor-Dimer (T1R2/T1R3), die Kodierung für umami über ein T1R1/T1R3-Dimer und die Kodierung für bitter durch unterschiedliche T2-Rezeptor-Dimere (z. B. T2R3/T2R4, T2R26/T2R29). Die Familie der T2-Rezeptoren umfasst mehr als 30 Gene, was die Detektion von chemisch sehr unterschiedlich aufgebauten Bitterstoffen zulässt und einen effektiven Schutzmechanismus darstellt.

Geschmacksrezeptoren sind nicht sehr selektiv, dafür aber sensitiv für viele Substanzen. Jede Geschmacksknospe enthält Sinneszellen unterschiedlicher Spezifität. Jede Faser hat ein Reaktionsprofil. Afferente Fasern integrieren Signale von mehreren Sinneszellen und zeigen Reaktionen auf mehrere Geschmacksqualitäten (**coarse coding**). Zentral wird nicht die Aktivität einzelner Fasern, sondern das Aktivitätsmuster vieler Fasern als Sinnesinformation interpretiert. Die Geschmacksinformation wirkt im Stammhirn auf die Kontrolle von Speichelfluss, Schluckbewegung und Verdauungsfunktionen ein. Im limbischen System wird die gustatorische Information mit emotionalen Inhalten assoziiert. Der gustatorische Cortex in der Inselrinde ermöglicht die bewusste Wahrnehmung der Geschmacksinformation.

> **Geruchssinn:** Chemorezeption, über große Entfernung. Axone der Riechsinneszellen (primäre Sinneszellen) bilden Riechnerv (bei Vertebraten), Verarbeitungszentrum: Bulbus olfactorius (bei Vertebraten).
> **Geschmackssinn:** Chemorezeption, durch unmittelbaren Kontakt. Geschmackssinneszellen sind sekundäre Sinneszellen. Ionotrope Rezeptoren für die Geschmacksqualitäten sauer und salzig. Metabotrope Rezeptoren (G-Protein-gekoppelte R.) für Bitterstoffe, Zucker und Aminosäuren.

6.4.9 Visuelles System

Die adäquaten Reize für Photorezeptoren sind elektromagnetische Wellen. Für den Transduktionsprozess entscheidend sind die Sehpigmente, die in den Membranen der Sehzellen eingelagert sind. Das **Rhodopsin** besteht aus dem eigentlichen Chromophor, 11-*cis*-Retinal, und einer Proteinkomponente, dem **Opsin**.

Unterschiede in der Aminosäuresequenz des Opsins bestimmen die spektrale Empfindlichkeit der jeweiligen Sehpigmente wirbelloser Tiere und Wirbeltiere. Die **spektrale Empfindlichkeit** entspricht der Wellenlänge des Lichtes, bei der ein Pigment sein Absorptionsmaximum besitzt. Das in den Stäbchen der Wirbeltiere vorkommende Rhodopsin hat ein Absorptionsmaximum bei 500 nm (Abb. 6.**24**). Diese Wellenlänge erscheint für das menschliche Auge grün.

Bei den **Photorezeptoren** werden zwei Bautypen unterschieden. Bei Photorezeptoren vom **Rhabdomertyp** sind die Sehpigmente in die Membranen von Mikrovillisäumen eingelagert. Sie kommen vor allem bei Arthropoden, z. B. im Komplexauge, und Mollusken vor. Beim **ciliären Typ** besteht die rezeptive Struktur aus einem modifizierten Cilium. Photorezeptoren vom ciliären Typ sind bei einigen Invertebratengruppen und den Vertebraten ausgebildet.

In den Photorezeptoren der **Vertebraten** ist die Membran des lichtrezipierenden Außensegments (modifiziertes Cilium), durch vielfache Faltungen stark vergrößert. Bei den **Zapfen** bleiben die Einfaltungen der Membran bestehen. Bei den **Stäbchen** schnüren sie sich als Membranscheibchen (disks) ab, es entstehen „geldrollenartige" Stapel. Die Membranen sind dicht mit Photopigment besetzt (Abb. 6.**18**).

Der **Transduktionsprozess** in den **Stäbchen** ist gut verstanden: Bei Auftreffen eines Photons auf ein Rhodopsinmolekül ändert das 11-*cis*-Retinal seine Konformation zu all-*trans*-Retinal. Durch die Isomerisierung wird ein in der Zellmembran sitzendes G-Protein (Transducin) aktiviert. Dieses wiederum aktiviert eine Phosphodiesterase, das cGMP hydrolysiert. cGMP hält im Dunkeln die Na$^+$-Kanäle in der Membran der Sehzelle offen, sodass ständig Na$^+$ in die Zelle fließt (**Dunkelstrom**). Die Hydrolyse von cGMP bewirkt, dass sich die Na$^+$-Kanäle schließen und sich somit der Na$^+$-Einstrom verringert. Die Zellmembran hyperpolarisiert also als Antwort auf einen Lichtreiz.

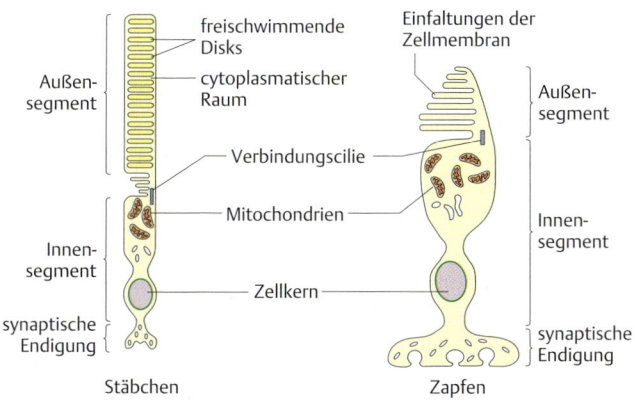

Abb. 6.**18** **Stäbchen und Zapfen und die Membranfaltungen im Außensegment.**

Ein wesentlicher Unterschied zwischen den Photorezeptoren von Vertebraten und wirbellosen Tieren besteht darin, dass bei Vertebraten immer ein Dunkelstrom fließt und der Transduktionsprozess Hyperpolarisierung auslöst. Bei den **wirbellosen Tieren** hingegen (Abb. 6.19c) werden die Kanäle geöffnet, und die Rezeptorzelle depolarisiert als Antwort auf einen Lichtreiz.

Die Kaskade bewirkt eine enorme Verstärkung des ursprünglichen Signals. Ein aktiviertes Rhodopsin führt über viele G-Proteine zur Schließung vieler Ionenkanäle. Ein einziges Photon führt somit schon zu einem messbaren elektrischen Signal des Rezeptors. In der Regel ist für einen Wahrnehmungsprozess die Aktivierung mehrerer Rezeptorzellen erforderlich. Nach längerer Dunkeladaptation können jedoch auch einzelne Photonen wahrgenommen werden.

Der Transduktionsprozess endet, indem der Chromophor und das Opsin getrennt werden, was zur **Bleichung** des Pigmentes führt. Die Neusynthese des Rhodopsins erfolgt im Pigmentepithel (Abb. 6.**19**).

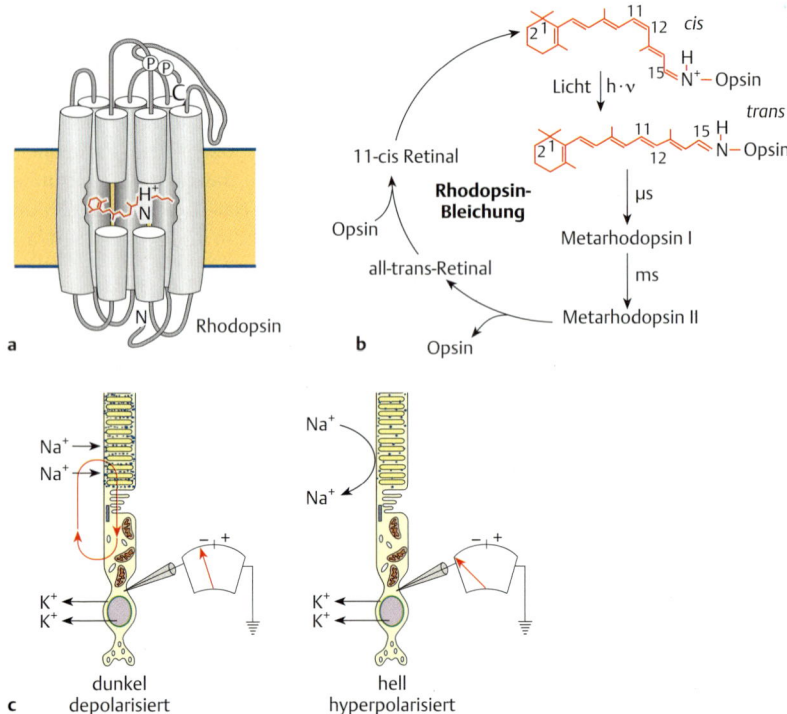

Abb. 6.**19 Photopigment. a** Struktur und **b** Konformationsänderung bei Lichteinfall von Rhodopsin in der Zellmembran. **c** Das aktivierte Rhodopsin löst einen Dunkelstrom aus.

Bei wirbellosen Tieren bleiben Chromophor und Opsin verbunden. Die Regeneration des Rhodopsins erfolgt durch Absorption eines zweiten Photons anderer Wellenlänge. Dieser Absorptionsvorgang löst keine Transduktion aus, führt also auch nicht zur Wahrnehmung eines Lichtreizes.

Selbst eukaryotische Einzeller besitzen lichtempfindliche Farbstoffe, die in Form von **Augenflecken** oder Stigmen angeordnet sind und eine Hell-Dunkel-Wahrnehmung ermöglichen. Einzelne Lichtsinneszellen sind auf der gesamten Körperoberfläche vieler Wirbellosen verteilt, wie etwa beim Regenwurm. Eine einfache Art von Richtungssehen wird durch Pigmentzellen ermöglicht, die die Sinneszellen abschirmen, sodass Licht nur aus bestimmten Richtungen einfallen kann. Solche **Pigmentbecherocellen** kommen bei Strudelwürmern und beim Lanzettfischchen vor. Sie können aus mehreren Sinnes- und Pigmentzellen zusammengesetzt sein.

Beim **Grubenauge** der Quallen und Mollusken sind die Sinneszellen auf einem eingesenkten Sinnesepithel angeordnet. Ähnlich wie im zusammengesetzten Pigmentbecherocellus bestimmt die Einfallsrichtung des Lichtes, welche Rezeptorzellen erregt werden. Senkt sich das Epithel weiter in die Tiefe, entsteht ein **Lochkameraauge**, bei dem das Licht nur durch eine kleine Öffnung einfällt und ein umgekehrtes Bild eines Gegenstandes auf dem Sinnesepithel erzeugt. Lochkameraaugen sind bei Mollusken und auch bei Anneliden zu finden. Damit ein Auge nach dem Prinzip einer Lochkamera ein scharfes Gegenstandsbild erzeugt, muss die Öffnung des Auges sehr eng sein. Dies bedingt ein sehr lichtschwaches Bild.

Eine **Linse** hinter der Augenöffnung löst das Problem. Bei Mollusken, z. B. Helix, füllt ein Sekret die Augenblase aus und übernimmt Linsenfunktion.

Die **komplexen Linsenaugen** von Wirbeltieren und Cephalopoden stimmen in Bau und Funktion weitgehend überein. Sie stellen ein klassisches Beispiel für konvergente Entwicklung im Laufe der Evolution dar. Ihre **ontogenetischen Entwicklungen** unterscheiden sich völlig:

Das Wirbeltierauge entsteht als blasenartige Ausstülpung des Zwischenhirns. Die Blase stülpt sich becherförmig ein, wobei das innere Blatt der Becherwand mit dem äußeren verwächst. Das äußere Blatt bildet die Pigmentzellschicht, das innere Blatt wird zur Netzhaut. Aus den dem Lumen des Bechers zugewandten Zellen gehen auch die Rezeptorzellen hervor. Sie liegen daher von der Lichteinfallsrichtung abgewandt (**inverses Auge**). Das Licht muss zwar erst mehrere Zellschichten durchdringen, ehe es zu den Rezeptorzellen gelangt, diese Konstruktion reduziert jedoch erheblich Streulicht. Die Wirbeltierlinse entsteht aus dem Epithel.

Das Linsenauge der Cephalopoden ist ein **everses Auge**, die Rezeptorzellen sind dem Licht direkt zugewandt. Bei der Ontogenese schnürt sich eine Augenblase vom Epithel ab. Die Linse entsteht durch Sekretion: Von der Retina werden Sekretfäden für das größere innere Linsensegment abgeschieden, das Sekret für das kleinere äußere wird vom Epithel gebildet (Abb. 6.**20**).

Bei den Wirbeltieren sind die Rezeptorzellen, Stäbchen und Zapfen, nicht gleichmäßig auf der Netzhaut oder **Retina** verteilt (Abb. 6.**21**). An der **Fovea centralis** sorgen dicht angeordnete Sehzellen, für ein besonders gutes räumliches Auflösungs-

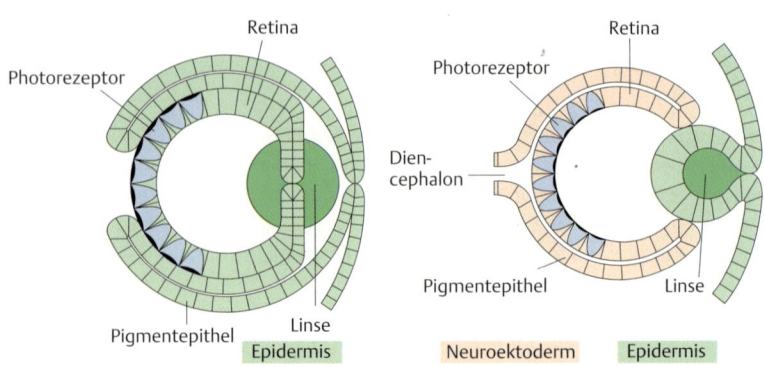

Abb. 6.**20 Ontogenese des Cephalopoden- und Wirbeltierauges.** Bei den Cephalopoden (links) stülpt sich das Ektoderm zur Augenblase ein. Die Retina ist einschichtig. Das Ektoderm schließt sich über der Augenblase, es entsteht die primäre Cornea. Das Ektoderm schiebt sich vor, das Material der Einfaltungen liefert die Irisfalte, die sekundäre Cornea und die Lider. Die Fortsätze der Sehzellen finden Kontakt zu den Nervenzellen des Lobus opticus. Bei den Vertebraten (rechts) geht die Augenanlage aus der Wand des Zwischenhirns hervor. Die Ausstülpung beginnt bereits bevor sich das Neuralrohr geschlossen hat. Der Sehnerv entsteht aus den Axonen der innersten Retinazellschicht, die durch den ursprünglichen Becheransatz zurück zum Zwischenhirn wachsen. (Nach Wehner, Gehring, Thieme Verlag, 2007.)

vermögen. In dem **blinden Fleck** der Netzhaut befinden sich keinerlei Sehzellen, da dies die Austrittsstelle des Sehnervs ist.

Die **menschliche Netzhaut** enthält 180 Millionen Stäbchen und 6 Millionen Zapfen. **Stäbchen** sind Hell-Dunkel-Rezeptoren. Sie sind sehr lichtempfindlich und vermitteln auch bei geringen Beleuchtungsstärken Seheindrücke („Nachts sind alle Katzen grau"). Die **Zapfen** sind für die Farbwahrnehmung verantwortlich. Beim Menschen befinden sich in der Fovea centralis ausschließlich die für das Farbensehen verantwortlichen Zapfen (deshalb verschwindet nachts ein Stern, den man zu fixieren versucht).

Außer den Rezeptorzellen befinden sich in der Netzhaut noch vier weitere Nervenzelltypen: amakrine Zellen, Horizontalzellen, Bipolarzellen und Ganglienzellen. Die Axone der Ganglienzellen bilden den Sehnerv, über den die visuelle Information von der Retina zum Gehirn geleitet wird. Die übrigen Zelltypen sind an vielfältigen Verrechnungsschritten innerhalb der Retina beteiligt, d. h. in der Netzhaut erfolgt bereits eine erhebliche Verarbeitung, ehe die Information zum Gehirn gelangt, was auch daran ersichtlich ist, dass ca. 180 Millionen Stäbchen auf 1 Million Ganglienzellen konvergieren.

Ein wichtiges Verarbeitungsprinzip ist das der **antagonistischen Verschaltung**, bei der **lateraler Hemmung** beteiligt ist. Dabei werden z. B. einige retinale Ganglienzellen durch ein Objekt im Zentrum ihres rezeptiven Feldes erregt (**On-Zentrum-Neurone**), andere aber gehemmt (**Off-Zentrum-Neurone**), während ein Objekt in

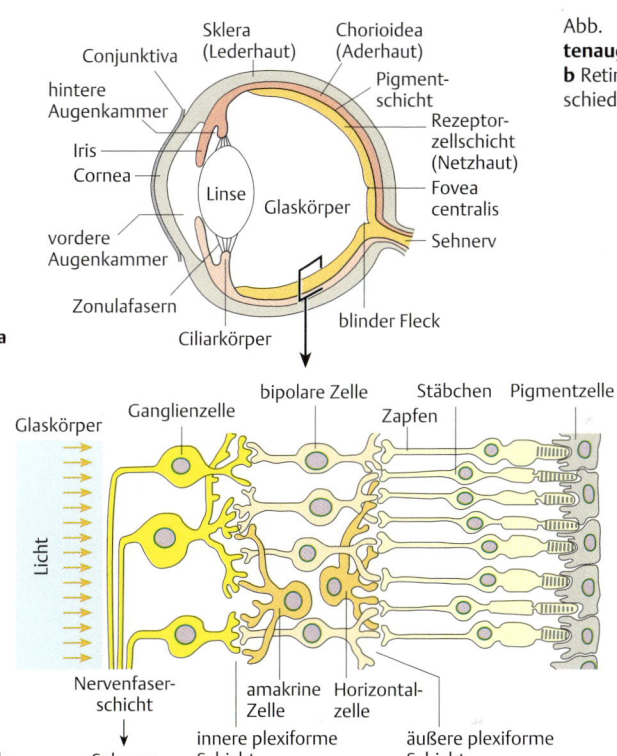

Abb. 6.21 **Vertebratenauge. a** Querschnitt, **b** Retina mit den verschiedenen Zelltypen.

der Peripherie des rezeptiven Feldes den gegenteiligen Effekt auf die entsprechenden Neurone hat.

Komplexaugen

Ebenfalls sehr leistungsfähig sind die **Komplex-** oder **Facettenaugen** der Arthropoden (Abb. 6.**22**). Sie sind aus bis zu mehreren tausend Einzelaugen, Ommatidien, zusammengesetzt (Biene: ca. 5000, Stubenfliege: ca. 3200, Libelle: ca. 28 000). Komplexaugen sind für *Limulus*, die meisten Krebse und sämtliche Insekten charakteristisch. Die Augen sind bei Insekten und den meisten niederen Krebsen am Kopf starr in der Cuticula eingebettet, während sie bei den Malacostraca am Ende eines sehr beweglichen Augenstils sitzen. Ein **Ommatidium** besteht aus zwei Abschnitten: Der **dioptrische Teil** besteht aus einer cuticulären Linse, sie wird entsprechend bei Häutungen mitgehäutet, und einem Kristallkegel, der das Licht bündelt und auf die rezeptiven Strukturen lenkt. Der **rezeptive Teil** des Ommatidiums setzt

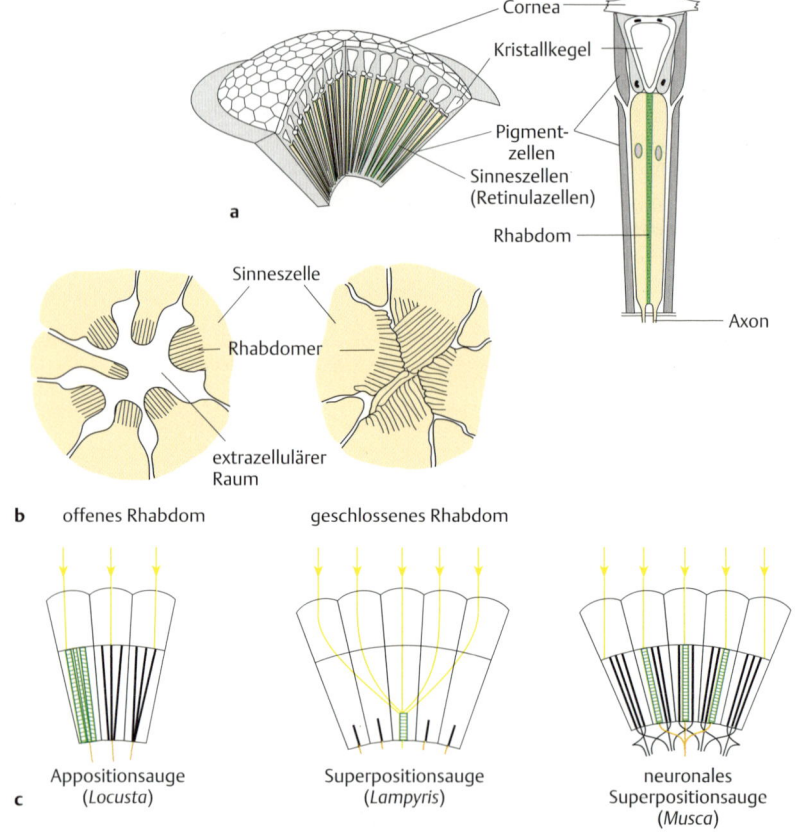

Abb. 6.22 **Komplexauge. a** Das Auge der Fliege besteht aus über 3000 Ommatidien. **b** Offenes und geschlossenes Rhabdom (Dipteren). **c** Verschiedene Komplexaugentypen.

sich aus meist acht radiär angeordneten Sehzellen zusammen, den **Retinulazellen**. Sie bilden jeweils zum Zentrum hin einen Mikrovillisaum (**Rhabdomer**) aus, in dessen Membranen die Sehpigmente eingelagert sind. Die Rhabdomere aller acht Sehzellen bilden zusammen das **Rhabdom**.

Das **räumliche Auflösungsvermögen** eines Komplexauges wird durch Größe und Anzahl der Ommatidien bestimmt. Je kleiner der Kegelwinkel, den ein Ommatidium erfasst, und je mehr Ommatidien vorhanden sind, desto kleiner ist der Abstand zwischen zwei Objekten, die noch getrennt wahrgenommen werden können. Allerdings sinkt mit der Größenabnahme die Lichtempfindlichkeit jedes einzelnen Ommatidiums, und selbst Komplexaugen mit sehr gutem Auflösungsvermögen erreichen nicht die Auflösung von Wirbeltieraugen und projizieren nur ein grobgerastertes Mosaikbild. So beträgt der Sehwinkel im Bienenauge 1° (= 3600 Winkelsekunden), der des menschlichen Auges 25 Winkelsekunden, d. h. das Auflösungsvermögen des Menschen ist um den Faktor ~120 besser.

Dafür ermöglichen Komplexaugen ein sehr gutes **zeitliches Auflösungsvermögen**. In den Sinneszellen sind die Komponenten der Signaltransduktionskaskade durch ein Proteingerüst in räumliche Nähe gebracht, sodass die Latenzzeit von der Aktivierung des Rhodopsins bis zur Öffnung der Ionenkanäle nur wenige Millisekunden beträgt. Die Schmeißfliege nimmt noch 160 Bilder in der Sekunde getrennt wahr, beim Menschen verschmelzen Bilder schon bei 20/s (Film).

Bienen und Ameisen nutzen das **Polarisationsmuster** am Himmel zur Orientierung. Ein Teil des Komplexauges, die POL-Region, enthält Ommatidien, deren Photorezeptoren für die Wahrnehmung der Polarisation des Tageslichts spezialisiert sind. Da nur UV-Licht für die Messung verwendet wird, enthält jedes Ommatidium neben zwei Grünrezeptoren sechs UV-Rezeptoren. (Die Ommatidien außerhalb der POL-Region haben zwei UV-Rezeptoren und sechs Grünrezeptoren.) Über die ganze Länge des Rhabdoms sind die Mikrovilli, winzige Röhrchen von nur 30–70 nm Durchmesser, in deren Membranen die Photopigmentmoleküle dicht gepackt und ausgerichtet vorliegen, exakt parallel zueinander angeordnet. Allerdings haben zwei der UV-Rezeptoren Mikrovilli in exakt rechtwinkliger Ausrichtung dazu. Die beiden Rezeptorgruppen sind antagonistisch auf ein Folgeneuron verschaltet. Durch die Anordnung der Mikrovilli ist die anatomische Basis gegeben, um die Ebenen polarisierten Lichts zu analysieren. Als Chromophor im Rhodopsin eingebundenes Retinal absorbiert polarisiertes Licht besser, wenn die Schwingungsrichtung parallel zu seiner Längsachse liegt.

Um ein gutes räumliches Auflösungsvermögen zu erzielen, sind die Einzelaugen durch Pigmentzellen optisch völlig voneinander isoliert (**Appositionsauge**, Abb. 6.**22c**). Dadurch sind sie vergleichsweise lichtschwach. Bei nachtaktiven Arthropoden wird die Lichtausbeute auf Kosten der räumlichen Auflösung erhöht, indem die einzelnen Ommatidien nicht vollständig optisch voneinander isoliert vorliegen. Dadurch gelangt Licht aus verschiedenen benachbarten Ommatidien auf ein Rhabdomer (**Superpositionsauge**). Einige Insekten sind zur Hell-Dunkel-Adaptation befähigt, bei ihnen wird die optische Isolierung der Einzelaugen durch Pigmente in Nebenzellen lichtabhängig reguliert.

Normalerweise bilden die Retinulazellen eines Ommatidiums eine funktionale Einheit, ihre Axone werden auf ein nachfolgendes Neuron verschaltet. Bei Dipteren sind die Retinalzellen im Ommatidium in einem offenen Kreis angeordnet (Abb. 6.**22b,c**), und jede Retinalzelle sieht einen anderen Gesichtsfeldausschnitt. Die Axone von jeweils einer Retinalzelle aus sechs verschiedenen Ommatidien werden auf ein nachfolgendes Neuron konvergent verschaltet (**neuronale Superposition**). Sie bilden eine funktionale Einheit, das **Neuroommatidium**. Durch diese neuronale Verschaltung werden Signale aus verschiedenen Einzelaugen richtungsabhängig integriert, wodurch die Richtung einfallenden Lichtes genauer bestimmt werden kann.

Sehbahn

Die Wege, über die visuelle Informationen von den Rezeptoren der Netzhaut bis zu den Verarbeitungszentren im Gehirn, bei Säugern der Sehcortex, gelangen, werden als **Sehbahn** bezeichnet (Abb. 6.**23**). Von den Ganglienzellen der Retina ziehen Nervenfasern über den Tractus opticus („Sehnerv") zum Gehirn. Auf halbem Weg kreuzen Axone im **Chiasma opticum** zur kontralateralen Hirnseite, allerdings variiert der Anteil der kreuzenden Fasern stark: Bei den meisten niederen Wirbeltieren kreuzen die meisten Fasern, sodass die Information der rechten Retina fast ausschließlich in die linke Gehirnhälfte gelangt und umgekehrt. Bei den Säugern nimmt der Anteil kreuzender Fasern ab, es gibt zunehmend ipsilaterale Projektionen aus den temporalen Bereichen der Retinae. Bei Säugetieren mit ausgeprägtem **binokularem Sehen**, wie etwa beim Menschen und anderen Primaten, kreuzen nur Fasern aus den nasalen Retinabereichen, während Fasern aus den temporalen Bereichen nicht kreuzen. Als Folge dieser unvollkommenen Kreuzung gelangen die

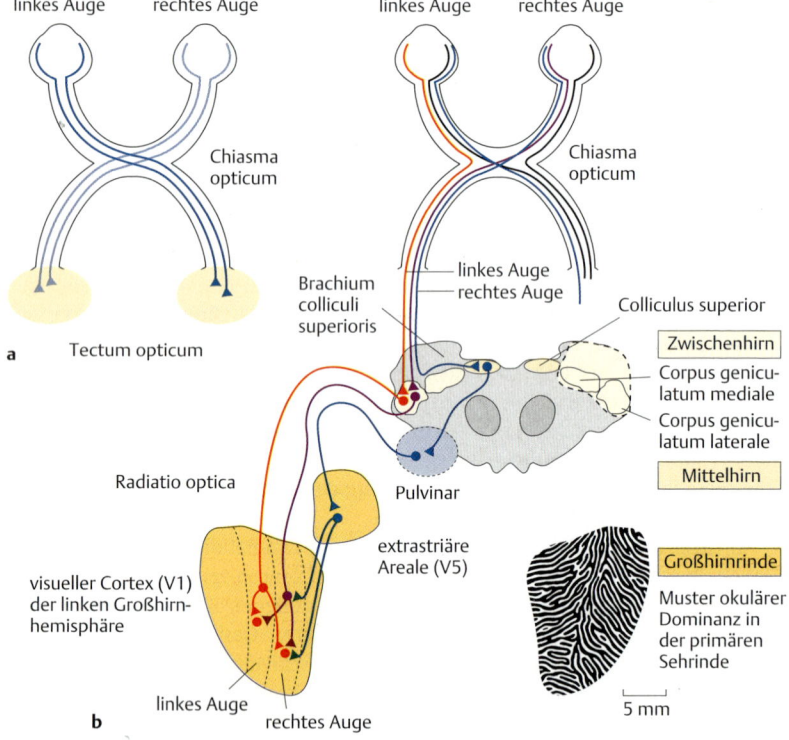

Abb. 6.**23** Sehbahn eines niederen Wirbeltieres (a) und eines Primaten (b).

Fasern der linken Hälften beider Retinae zur linken Gehirnhälfte, sodass das gesamte rechte Gesichtsfeld in der linken Gehirnhälfte abgebildet wird und umgekehrt. Wenn eine Spezies nicht auf räumliches Sehen im Nahbereich angewiesen ist, wie es bei manchen Säugern, z. B. der Ratte, der Fall ist, ist der Anteil nichtkreuzender temporaler Fasern geringer.

Bei allen nicht säugenden Wirbeltieren projizieren retinale Fasern nach Kreuzung im Chiasma opticum zum Tectum des Mittelhirns. Das **Tectum opticum** ist das wichtigste Zentrum für die Verarbeitung visueller Information bei den meisten Wirbeltieren (Abb. 6.**23**). Bei Säugern spielt der **alte visuelle Pfad** über das Tectum beziehungsweise den Colliculus superior eine andere Rolle: die Verarbeitung im Mittelhirn dient vor allem der Steuerung von Augenbewegungen, aber damit untrennbar verbunden ist die zentrale Steuerung der Aufmerksamkeit, die durch Projektionen über den **Pulvinar** (Diencephalon) in diverse Areale der Großhirnrinde reichen. Der Hauptteil der Sehbahn bei Säugern führt über das **Corpus geniculatum laterale**, dem seitlichen Kniehöcker im Thalamus, zur **primären Sehrinde** (Area striata), dem untersten corticalen Zentrum des Sehsystems der Säuger. Von hier aus wird visuelle Information in viele andere Bereiche der Hirnrinde verteilt, die dann die Analyse verschiedener Aspekte wie Bewegung, Farbe und Objekte vornehmen. Viele Projektionen auf den unteren Stufen des visuellen Systems sind topographisch organisiert, d. h. benachbarte Bildpunkte im Sehfeld werden in der Aktivität benachbarter Neurone, die in **Kolumnen** angeordnet sind, abgebildet. Je abstrakter die Repräsentationen etwa von visuellen Objekten werden, umso weniger lässt sich topographische Organisation erkennen.

<u>Räumliches Sehen</u> basiert auf vielen Effekten. Im Nahbereich ist es sehr nützlich, wenn die Gesichtsfelder beider Augen möglichst stark überlappen, weil auf diese Weise jeder Bildpunkt im binokularen Teil des Gesichtsfeldes auf beiden Retinae abgebildet wird. Je nach Lage des Bildpunktes vor oder hinter der Fokusebene, die durch Krümmung der Linse (Akkommodation) eingestellt wird, kann er von der Hirnrinde als nah oder fern identifiziert werden. Dies funktioniert nur, weil in der Hirnrinde die **ipsilateralen** und **contralateralen** Verbindungen zwar zunächst getrennt bleiben, aber im nächsten Schritt gemeinsame **binokuläre** Zielneurone aktivieren, die dann die Tiefe aus dem Versatz (retinale Disparität) der Abbildungen auf den beiden Retinae berechnen.

Bei Vögeln kreuzen die Sehnerven vollständig. Neben der Projektion zum Tectum opticum gibt es auch schon Verbindungen über den Thalamus zum Endhirn, allerdings wird im Thalamus von Vögeln nur die contralaterale Retina abgebildet. Die Kreuzung von Fasern, die Signale der temporalen Retina bereitstellen, erfolgt hier eine Verarbeitungsebene höher als bei Säugern, zwischen Thalamus und Endhirn.

Farbensehen

Die Fähigkeit Farben, d. h. Licht unterschiedlicher Wellenlänge, zu unterscheiden, ist bei Tieren sehr unterschiedlich ausgebildet. Farbtüchtige Arthropoden und Vögel haben drei verschiedene Zapfentypen (**trichromatisches Farbensehen**)

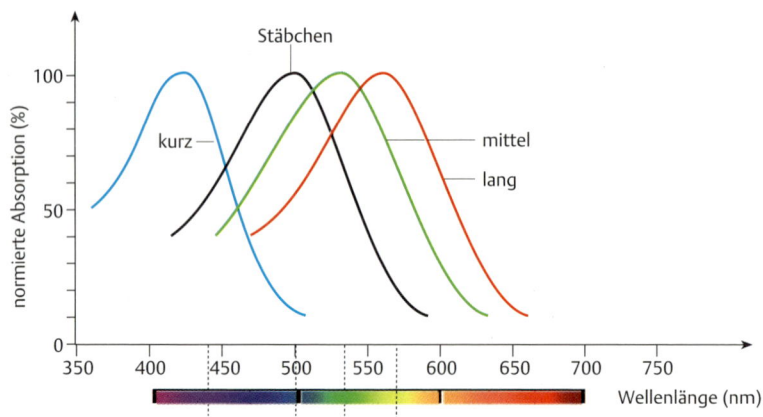

Abb. 6.**24** **Absorptionsspektren der Stäbchen und drei Zapfentypen.**

ebenso wie der Mensch und Altweltaffen bzw. einige Neuweltaffen (Brüllaffen). Viele Fische und Tagvögel besitzen vier Zapfentypen (**tetrachromatisches** Farbensehen), die einen weiten Wellenlängenbereich überspannen. Viele andere Tiere besitzen nur zwei verschiedene Zapfentypen (**dichromatisches** Farbensehen) bzw. sind, wie Dressurversuche zeigen, weitgehend farbenblind (Katzen, Ratten, Kaninchen, Hunde, Halbaffen, Stabheuschrecken, verschiedene Käfer).

Die **drei Zapfentypen** in der menschlichen Netzhaut absorbieren Licht mit unterschiedlichen Absorptionsmaxima (440 nm: Blaurezeptor; 535 nm: Grünrezeptor; 567 nm: Rotrezeptor) sie werden nach der absorbierten Wellenlänge auch als S-, M- und L-Cones (Short-, Medium-, Long-Wavelength) bezeichnet (Abb. 6.**24**). Die menschliche Farbwahrnehmung beruht auf ungleicher Lichtabsorption durch die drei Zapfenarten: Wenn alle drei Zapfentypen gleich stark stimuliert werden, d. h. wenn sie die gleiche Anzahl von Photonen pro Sekunde absorbieren, wird das Licht als weiß empfunden. Die bewusste Wahrnehmung von Farbe erfordert bei Primaten die Verarbeitung visueller Information im Areal V4, d. h. jenseits der primären Sehrinde.

Etwa 8 % aller Männer haben eine angeborene **Farbsinnstörung**. Erbliche Störungen können einen Rezeptortyp oder mehrere betreffen: Am Häufigsten ist die Rot/Grün-Störung, bei der Rot- oder Grüntöne als Grautöne gesehen werden. Die Ausprägung der Farbstörung ist sehr unterschiedlich von „Rotschwach" bis zu völliger Farbblindheit. Die Gene für die Opsine der Grün- und Rot-Zapfen liegen auf dem X-Chromosom. Die Mutationen werden rezessiv vererbt und betreffen daher vor allem Männer.

Visuelles System der Primaten

Die besondere Rolle des Sehens für die Informationsverarbeitung im Primatengehirn zeigt sich nicht nur an dem großen Anteil von Cortexarealen (>30 %), die sich mit visueller Information befassen, sondern beginnt schon in der Retina: die Vielfältigkeit der Zelltypen und ihre funktionelle Spezialisierung. Die **Retina** leistet eine umfangreiche Voranalyse visueller Information zwecks Kodierung, Kompression und Versand an zentralere Verarbeitungsstationen in Mittel-, Zwischen- und Endhirn. Massiv parallele Verarbeitung beginnt bereits in der Retina und setzt sich beim Signaltransfer durch Mittel- und Zwischenhirn fort bis in die kognitiven Zentren der Großhirnrinde.

Zentrales Element der visuellen Verarbeitung (und vermutlich gilt das für alle Sinnessysteme) ist die Differenzierung von Prozessen, die einerseits unmittelbar für das Verhalten Bedeutung haben (**vision for action**), wie die Analyse räumlicher Information und visueller Bewegung, und andererseits die Analyse von Objektmerkmalen wie etwa Farbe und Form, die zunächst nur für die Wahrnehmung (**vision for perception**) und Gedächtnisbildung und nur mittelbar für das Verhalten relevant sind. Diese Dichotomie (wenn es nicht viel mehr Kategorien gibt, nach denen Gehirne visuelle Verarbeitung differenzieren) beginnt schon in der Retina, setzt sich im Thalamus fort und betrifft keinesfalls nur die Verarbeitung in der Hirnrinde. Wenngleich sie dort am offensichtlichsten ist, weil es starke Spezialisierungen für räumliche und objektbezogene Eigenschaften in den Arealen des dorsalen (parietalen) und ventralen (temporalen) Pfads gibt. Die beiden Pfade konvergieren im **Frontalcortex**, also in den Arealen des exekutiven Systems und des Kurzzeitgedächtnisses, wo Information aus beiden Verarbeitungswegen benötigt wird. Ebenso wichtig sind alle Systemkomponenten, die für offene (overt weil als Augenbewegungen exprimiert), und verdeckte (covert) Verschiebungen der Aufmerksamkeit verantwortlich sind. Dazu gehört auch der „alte" visuelle Pfad über die Vierhügelplatte des Mittelhirns, der nicht nur für die Bewegungsverarbeitung wichtige Signale über den Thalamus in höhere Areale der Hirnrinde überträgt, sondern auch die Ausgabesignale multipler Großhirnareale integriert und darauf basierend Augenbewegungen steuert. Sehen ist viel mehr als passive Verarbeitung optischer Information und erfordert **aktive Exploration** der visuellen Umgebung!

Für das **visuelle Langzeitgedächtnis** für Objekte sind hippocampusnahe Areale im mediobasalen Temporallappen zuständig, aber Gedächtnis entsteht überall dort, wo Lernvorgänge neuronale Verarbeitung modifizieren, also auch z. B. im primären Motorcortex, wo Aktivität auftritt, wenn visuelle Information für die Ausführung einer Handlung erforderlich ist.

Rezeptives Feld: Ausschnitt einer Sinnesoberfläche oder Bereich von Reizmerkmalen, innerhalb dessen durch Reizung Sinnes- und Nervenzellen aktiv werden können. Rezeptive Felder benachbarter Rezeptoren oder Neurone können überlappen.
Pigmentbecherocelle: Einfacher Augentyp, Pigmentzellen verhindern den Lichteinfall aus bestimmten Richtungen.
Rhabdom: Lichtleitende Struktur, gebildet von den Rhabdomeren (Mikrovillisaum der Retinulazelle, in den die Sehpigmente eingelagert sind) aller Retinulazellen eines Ommatidiums.
Ommatidium: Einzelauge des Komplexauges, bestehend aus Cornea, Kristallkegel, primären und sekundären Pigmentzellen und mehreren Sinneszellen, mit offenem oder geschlossenem Rhabdom.
Komplexauge: Auge der Arthropoden, zusammengesetzt aus Ommatidien. **Appositionsauge:** Die Ommatidien sind optisch durch Pigmentzellen voneinander isoliert. Jedes Ommatidum hat eigenen Bildpunkt. **Superpositionsauge:** Die Ommatidien sind nicht vollständig optisch voneinander isoliert, sodass sich Bilder benachbarter Ommatidien überlagern können. Neuronales Superpositionsauge: Die Überlagerung von Bildern aus verschiedenen Ommatidien wird durch neuronale Verschaltung erreicht.
Laterale Hemmung, laterale Inhibition: Neuronale Verschaltung, durch die benachbarte Neurone gehemmt werden, dient der Kontrasterhöhung.
Topographie: Die räumliche Beziehung von Reizen in der Außenwelt wird auch auf neuronaler Ebene beibehalten. Benachbarte Reize der Außenwelt erregen benachbarte Neurone. Der räumliche Bezug wird bis zur Cortexebene beibehalten.
corticale Kolumne: Organisationsprinzip im Cortex vieler höherer Säugetiere. Neurone entlang eines säulenartigen Bereichs senkrecht zur Cortexoberfläche antworten auf ähnliche Reizparameter.

6.5 Motorisches System

Die Steuerung von Muskelaktivität erfolgt über **spinale Motoneurone**, die zur Einstellung des Muskeltonus von **Ia-Spindelafferenzen** über Änderungen der Muskellänge informiert werden. Im Rückenmark absteigende Verbindungen **cerebraler Motoneurone** sorgen einerseits dafür, dass achsennahe Muskeln das Körpergleichgewicht halten, andererseits vermitteln sie Willkürbewegungen, die durch besonders lernfähige Schaltkreise in den Basalganglien und dem Kleinhirn verfeinert werden.

6.5.1 Innervation, motorische Einheit und Kraftentwicklung

Bewegungen werden durch Kraftentwicklung von quergestreiften Muskeln meist zwischen Skelettelementen wie Knochen oder Knorpeln verursacht. Seltener formen Muskeln Körperteile um, wie das Gesicht bei mimischen Bewegungen oder die Zunge bei der Nahrungsaufnahme oder beim Artikulieren. Die meisten Bewegungen müssen sehr präzise und koordiniert durchgeführt werden, um ihr Ziel zu erreichen. Dazu müssen oft viele Muskeln räumlich und zeitlich gut aufeinander abgestimmt aktiv werden, was nur durch eine sehr differenzierte und vielschichtige neuronale Steuerung zu erreichen ist.

Die Innervation von **Skelettmuskeln** erfolgt grundsätzlich durch Nervenzellen, die bei Vertebraten im ventralen Teil des Rückenmarks liegen. Als **motorische Einheit** (ME) bezeichnet man das Motorneuron und alle Muskelfasern, die es innerviert. Wie viele Muskelfasern ein Motorneuron innerviert, hängt davon ab, wie präzise die Kraftentwicklung eines Muskels reguliert werden muss. Große Skelettmuskeln wie jene, die den Oberschenkel bewegen, haben wenige sehr große ME (~1000 Fasern), kleine Muskeln, die sehr präzise arbeiten müssen, wie die Augenmuskeln, viele sehr kleine ME mit durchschnittlich nur drei Muskelfasern pro Neuron.

Rote Muskelfasern, die viel Myoglobin und Mitochondrien enthalten und stark durchblutet sind, werden von kleinen Motoneuronen innerviert. Diese ME sind langsam ermüdbar (**SME**, slow). Große Motoneurone innervieren im Gegensatz dazu große, fahle, also wenig Myoglobin enthaltende Fasern, die kurzfristig viel Kraft ausüben können, aber schnell (~1 min) ermüden (**FFME**, fast fatigable). Es gibt auch **FRME** (fast fatigue resistant), die zwischen S und FF liegen, und einige Minuten aktiv bleiben können.

Alpha-Motoneurone innervieren die Arbeitsmuskulatur (Abb. 6.**25**), die auch als extrafusal bezeichnet wird (lat. fusus: Spindel). Gamma-Motoneurone innervieren **intrafusale Muskelfasern**, also Muskelfasern innerhalb einer bindegewebig umhüllten **Muskelspindel**. Muskelspindeln benötigen kontraktile Elemente, um bei Muskellängenänderungen die Empfindlichkeit der Rezeptoren einstellen zu können. Anhand der Position ihrer Zellkerne unterscheidet man Kernsackfasern und Kernkettenfasern. Beide Faserarten sind passiv dehnbar und von Nervenendigungen umwickelt, die bei Dehnung aktiviert werden. Kernsackfasern sind von **Ia-Afferenzen** umwickelt, die schnelle phasische Änderungen übermitteln. Kernkettenfasern sind zusätzlich von II-Afferenzen umwickelt, die statisch die Muskellänge signalisieren. Diese unterschiedliche Dynamik der Afferenzen schlägt sich auch im Aktivitätsmuster der zugehörigen γ-Motoneurone nieder. Wenn α- und γ-Motoneurone gleichzeitig aktiviert werden, wird die Empfindlichkeit der Muskelspindel erhalten (Abb. 6.**26**).

Die Kraftentwicklung der extrafusalen Muskulatur geschieht durch Rekrutierung immer zahlreicherer ME und nicht primär durch Zunahme der Entladungsfrequenz einzelner ME. Hinsichtlich der Ermüdbarkeit werden zunächst S-, dann FR- und schließlich FF-ME aktiviert.

Beim Ausfall spinaler Motorneurone kommt es zur Parese (Schwäche) oder Paralyse (Lähmung) der Muskeln, Areflexie (Ausfall der Reflexe), Verlust des Muskeltonus, Faszikulationen oder Fibrillationen, später Atrophie.

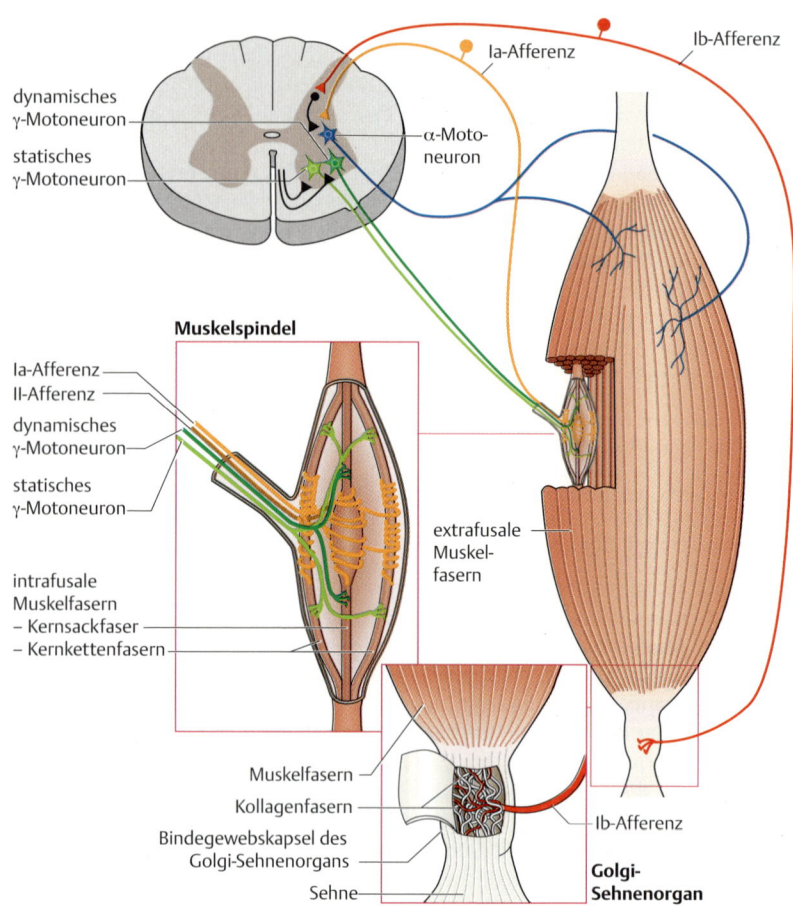

Abb. 6.**25** **Innervation der Muskelspindel.** (Duale Reihe Physiologie, Thieme Verlag, 2010.)

6.5.2 Reflexe und spinale Motorik

Muskeleigenreflexe werden benötigt, um kurzfristigen Längenänderungen wirksam zu begegnen und in Ruhe die Muskellänge und den **Muskeltonus** konstant zu halten. Der zugrundeliegende **monosynaptische Reflexbogen** umfasst eine schnellleitende Ia-Afferenz aus einer Muskelspindel, die über den peripheren Nerv und die Hinterwurzel in das Rückenmark verläuft und dort mit nur einer exzitatorischen Synapse auf ein alpha-Motoneuron umgeschaltet wird (Abb. 6.**25** und 6.**27**). Der efferente Teil des Reflexbogens besteht aus dem Axon des Motoneurons,

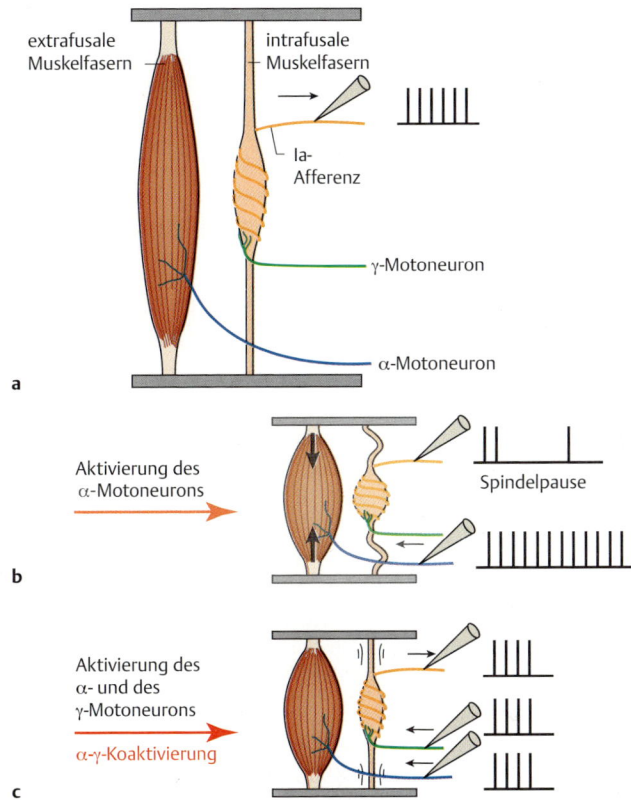

Abb. 6.**26 α-γ-Koaktivierung. a** Spindelafferenz sendet Signale proportional zur Muskellänge. **b** Ausschließliche Aktivierung des α-MN führt zu Entspannung der Spindel und Sistieren ihrer Aktivität (Spindelpause) **c** Koaktivierung des γ-MN erhält die Empfindlichkeit der Spindel. (Duale Reihe Physiologie, Thieme Verlag, 2010.)

das die extrafusale Muskulatur aktiviert. Reflexe laufen unwillkürlich ab und spielen deshalb für die klinische Untersuchung des Nervensystems von Mensch und Tier eine wichtige Rolle. Mit Reflexen sind nicht nur große Teile des peripheren Nervensystems beurteilbar, sondern die Stärke der Reflexantwort und die möglicherweise gestörte Symmetrie von Reflexen ermöglicht weitreichende Aussagen über die zentrale Motorik. Die Latenzzeit von Reflexen (Zeit zwischen Reiz und Reaktion) wie dem Quadrizepsreflex (Kniestrecker) liegt bei ca. 30 ms.

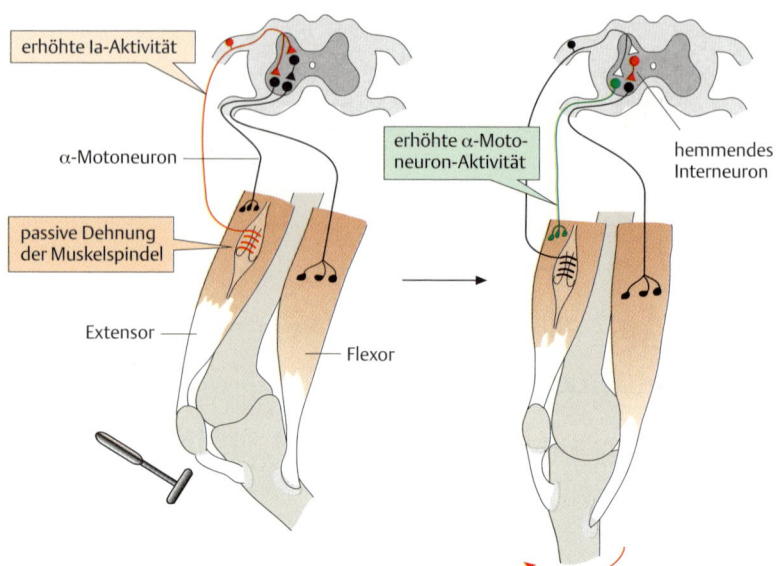

Abb. 6.**27 Muskeleigenreflex des M. quadriceps. a** Plötzliche Dehnung der Patellarsehne dehnt den Muskel und löst mehr Aktivität auf der Spindelafferenz aus, die das zugehörige α-MN über eine Synapse aktiviert und eine kompensatorische Kontraktion auslöst. **b** Gleichzeitig werden über hemmende Interneurone die Antagonisten gehemmt.

Unter **Fremdreflexen** versteht man Reflexe, deren afferenter und efferenter Schenkel nicht zu demselben Organ gehört. Dazu gehören **Schutzreflexe**, die durch Aktivierung von Schmerzfasern ausgelöst werden können, um z. B. eine Extremität aus einem Gefahrenbereich zu entfernen. Ein wichtiger **polysynaptischer** Schutzreflex ist der gekreuzte Streckreflex (Abb. 6.**28**), bei dem durch einen Schmerzreiz an der Fußunterseite nicht nur über ipsilaterale Aktivierung der Flexoren das stimulierte Bein weggezogen wird, sondern gleichzeitig die Extensoren (Strecker) des kontralateralen Beins aktiviert werden, um die aufrechte Haltung zu stabilisieren. Bei diesem Reflex sind im ipsilateralen Reflexbogen mindestens drei, im kontralateralen Reflexbogen vier Synapsen beteiligt. Bei sehr starken Muskelkontraktionen, wie sie auch bei einem Schutzreflex auftreten können, muss die Aktivierung der Motoneurone begrenzt werden. Dies geschieht einmal über die **Renshaw-Hemmung**, bei der hemmende Interneurone direkt auf die Motoneurone wirken, und zum anderen über die **Golgi-Sehnenorgane**, die bei sehr hoher Spannung über Ib-Afferenzen und hemmende Interneurone den Motoneuronpool des betreffenden Muskels hemmen.

Der **Eigenapparat** (Fasciculi proprii) besteht aus Axonen von spinalen Interneuronen, die verschiedene Segmente des Rückenmarks miteinander verbinden. Diese

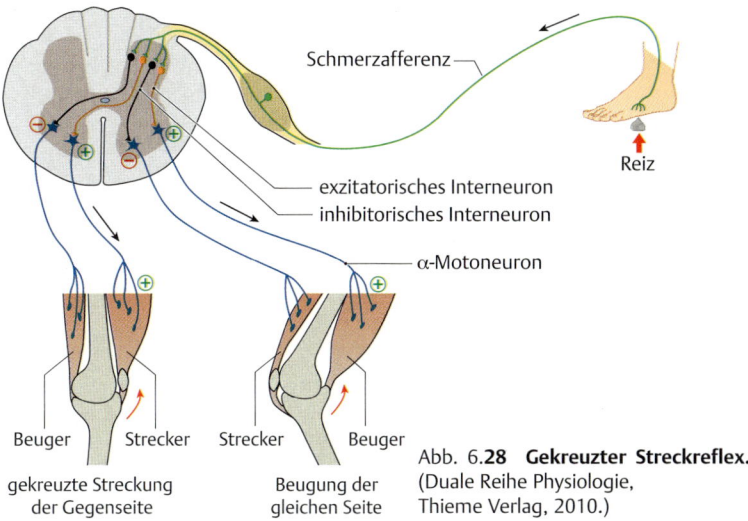

Abb. 6.**28** **Gekreuzter Streckreflex.** (Duale Reihe Physiologie, Thieme Verlag, 2010.)

Fasern werden als **Assoziationsfasern** bezeichnet, sofern sie ipsilateral verlaufen. Wenn sie jedoch zur Gegenseite kreuzen, werden sie als **Kommissurenfasern** bezeichnet. Der Eigenapparat ist wichtig für die schnelle Reaktion bei Reflexen, deren Verschaltung mehrere Segmente des Rückenmarks einschließt. Zum Eigenapparat werden mehrere Faserbahnen gerechnet, zu denen auch die Commissura alba zählt.

6.5.3 Koordination: Hirnstamm, Cortex, Basalganglien und Kleinhirn

Die Funktion von spinalen Motoneuronen wird von diversen übergeordneten Zentren gesteuert, die stufenweise auf den Eigenapparat des **Rückenmarks** Einfluss nehmen. Es gibt vier Hauptbahnen, vestibulo-, reticulo-, rubro- und corticospinale Bahnen, die von verschiedenen Stufen der zentralen Motorik ausgehen und aufeinander abgestimmt zusammenarbeiten, um eine sehr differenzierte Motorik vom Halten des Gleichgewichts bis zu feinen willkürlichen Fingerbewegungen zu ermöglichen (Abb. 6.**29**). Die Verbindungen sind auf die anteromedialen und lateralen absteigenden Bahnen verteilt und erreichen entweder das mediale System von Motoneuronen (vestibulo-, reticulospinale Bahnen), das die axiale Muskulatur und proximale Extremitätenmuskeln innerviert, oder das laterale System von Motoneuronen (rubro- und corticospinal), das vor allem die distale Extremitätenmuskulatur innerviert.

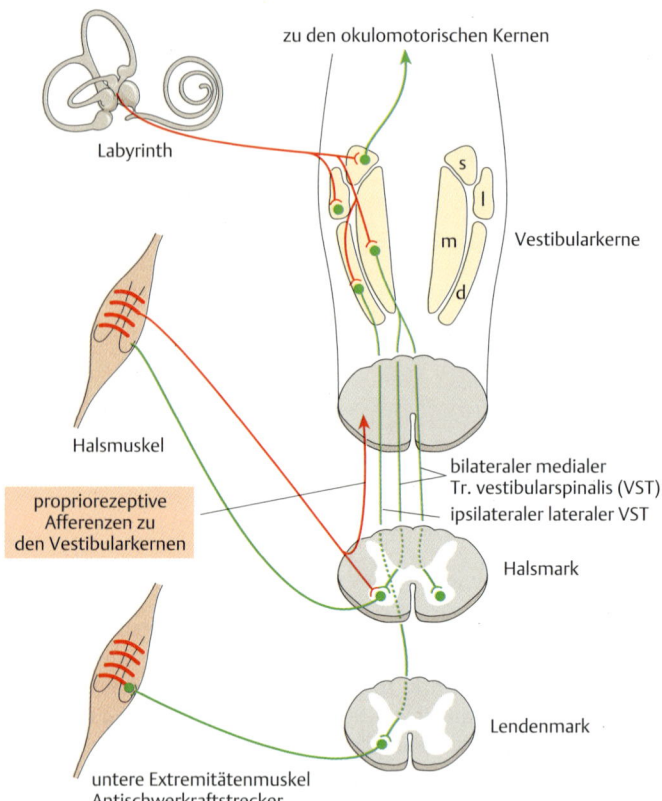

Abb. 6.**29 Vestibulospinale Bahn.** Das Gleichgewichtsorgan sendet Lage und Bewegungssignale zu den Vestibularkernen (s, l, m, d). Zwei dieser Kerne (m, d) unterhalten absteigende Verbindungen vor allem zu den medialen Motoneuronpools, die für die Stabilisierung von Gleichgewicht und Körperhaltung verantwortlich sind. Stark vereinfacht ist der Beitrag der propriozeptiven Afferenzen aus z. B. der Halsmuskulatur. (Nach Squire, Elsevier, 2008.)

Die ersten Stufen dienen der Stabilisierung der Körperbalance und Steuerung der Körperhaltung. Dazu gehören die vestibulospinalen und reticulospinalen Bahnen, die in den **Vestibularkernen** und der **Formatio reticularis** ihren Ursprung nehmen und über den Vorderstrang zu den entsprechenden Segmenten absteigen. Sie vermitteln Signale aus dem Labyrinth, die eine Änderung des Gleichgewichts anzeigen und primär auf Motoneuronpools wirken, die Antischwerkraftfunktion haben oder für die Stabilisierung des Halses zuständig sind. Colliculospinale Bahnen erhalten überwiegend Signale aus den tiefen, polysensorischen Schichten des Colliculus superior und steuern damit axiale Muskulatur des Halses.

Die nächsten Stufen haben mit der Steuerung distaler Extremitätenmuskeln zu tun: Verbindungen vom **Nucleus ruber** in die lateralen Regionen des Vorderhorns übermitteln stark vorverarbeitete Signale an die Motoneurone, da der Nucleus ruber neben corticobulbären Afferenzen (~95 % der Fasern der Pyramidenbahn) vor allem Efferenzen aus dem Kleinhirn erhält. Der größte Teil der absteigenden Projektionen in die lateralen Regionen des Vorderhorns kommt entweder direkt aus dem **primären Motorcortex** (nur ~5 % der Fasern der Pyramidenbahn) oder, nach Umschaltung über die Brückenkerne und Vorverarbeitung im Kleinhirn, über die rubrospinale Bahn. Die Bezeichnung **Pyramidenbahn** wird leider meistens sowohl für die corticobulbären als auch corticospinalen Fasern ober- und unterhalb der Pyramidenkreuzung benutzt (Abb. 6.**30**). Die efferenten Fasern des Motorcortex durchqueren die Basalganglien (Capsula interna) und das Mittelhirn (Crura cerebri), um in der Brücke entweder (~95 % der corticofugalen Fasern) auf die Brückenkerne verschaltet zu werden und dort zu enden, oder weiter abzusteigen. Von den weiter absteigenden Fasern kreuzen ~90 % im Bereich der unteren Brücke und der Medulla oblongata auf die Gegenseite (Pyramidenkreuzung) und verlaufen als Tractus corticospinalis lateralis weiter. Die übrigen ~10 % nicht kreuzender Fasern steigen als Tractus corticospinalis anterior weiter ab und innervieren entweder nur ipsilaterale Motoneurone oder bilateral durch Entsenden von Axonkollateralen über die Rückenmarkskommissur. Die Signale, die über corticobulbäre und corticospinale Bahnen übertragen werden, haben viel mit der Umsetzung von Willkürbewegungen zu tun.

Ausfallerscheinungen von zentralen (und peripheren) Motoneuronen sind Lähmungen, die meist größere Bereiche einer Körperhälfte betreffen und sich an den Extremitäten meist besonders stark manifestieren: Zu Beginn der Störung kommt es zu Tonusverlust („spinaler Schock"), der sich im weiteren Verlauf meist zu einer Spastik (erhöhter Tonus) entwickelt, weswegen es auch zu verstärkten Reflexantworten kommt. Die Störungsbilder von Basalganglien und Kleinhirn sind vergleichsweise deutlich komplexer.

Die **Basalganglien** (Nucleus caudatus, Putamen, Globus pallidus) erhalten die meisten ihrer Afferenzen aus der Hirnrinde und unterhalten efferente Verbindungen überwiegend mit Endhirnstrukturen, was bedeutet, dass die Basalganglien vor allem corticale Aktivität modifizieren (Abb. 6.**31**). Es gibt aber auch funktionell und klinisch sehr bedeutsame Afferenzen aus der Substantia nigra des Mittelhirns, die eher modulierenden Charakter haben, Dopamin als Transmitter verwenden und bei Morbus Parkinson nicht oder nicht mehr richtig funktionieren. Die Basalganglien beeinflussen Bewegungen nur indirekt und sorgen vor allem für die Initiierung und glatte Ausführung von Bewegungen, was bei Morbus Parkinson oder Morbus Huntington nicht mehr funktioniert. Sie unterhalten aber auch Verbindungen mit Hirnabschnitten, die nicht primär an Motorprozessen, sondern u. a. Gedächtnis und Sprache beteiligt sind.

Das **Kleinhirn** (Cerebellum) erhält zahlreiche Afferenzen aus dem Rückenmark, den Vestibularkernen und der unteren Olive. Mit Abstand die meisten Afferenzen

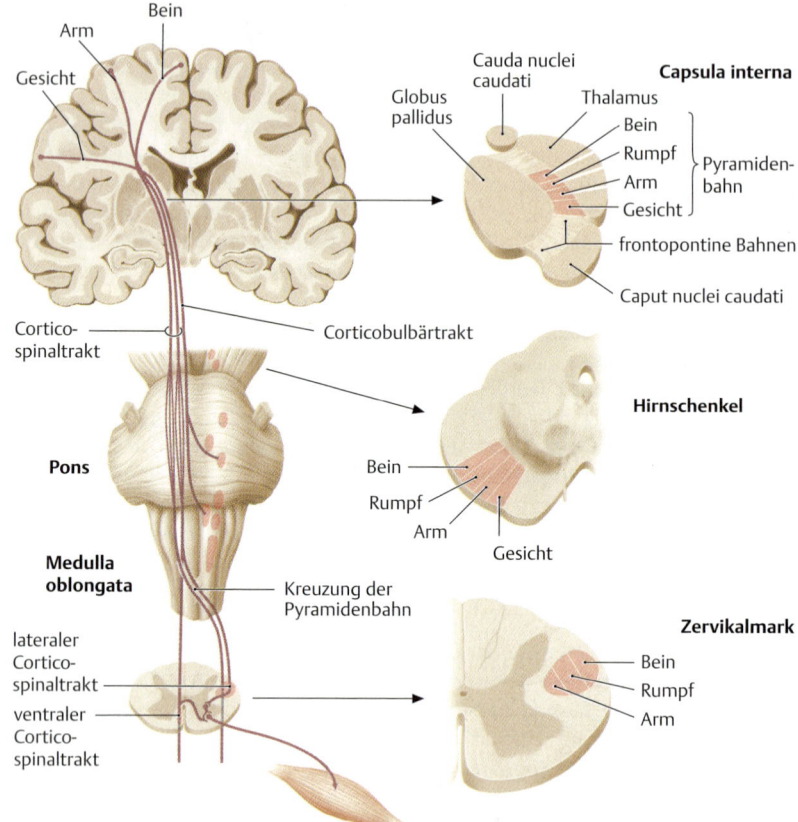

Abb. 6.**30 Pyramidenbahn.** Ihr Ursprung sind große Pyramidenzellen in Schicht 5 der motorischen Areale der Großhirnrinde (oben links). 95 % der Fasern terminieren in den Brückenkernen. 90 % der weiterführenden Fasern kreuzen, um als Tractus corticospinalis lateralis zu den Motoneuronen in weiter caudal liegenden Abschnitten des Vorderhorns zu gelangen. Rechts ist die somatotope Anordnung der Fasern dargestellt. (Duale Reihe, Thieme Verlag, 2010.)

erhält die Kleinhirnrinde von der Großhirnrinde über die Brückenkerne. Die Ausgangssignale der Kleinhirnrinde werden alle über die in der Tiefe liegenden Kleinhirnkerne (Ncl. dentatus, interpositus, fastigii) geleitet und von dort vor allem über den Thalamus zurück zur Großhirnrinde, aber auch über die Vestibulariskerne und den Nucleus ruber ins Rückenmark. Wenn es zu einer Funktionsstörung kommt, ist vor allem die Zielgenauigkeit von Bewegungen reduziert, was man als **Dysmetrie**

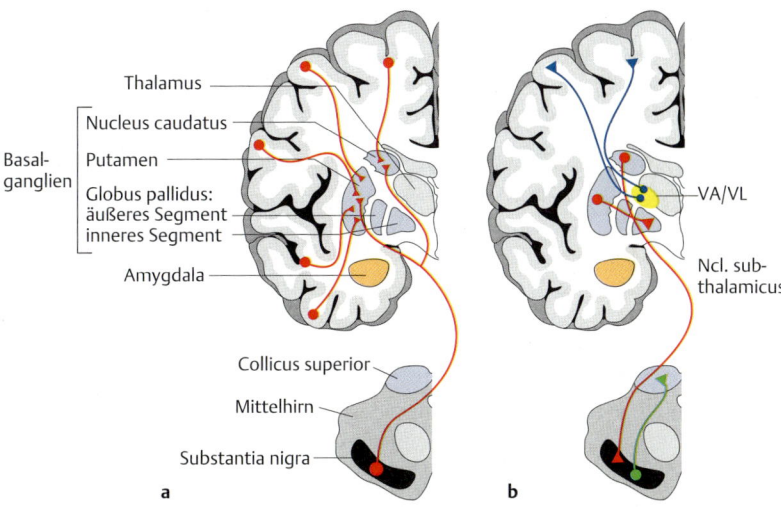

Abb. 6.**31 Basalganglien. a** Afferenzen (rot) aus weit verteilten Großhirnbereichen erreichen vorwiegend Ncl. caudatus und Putamen (Neostriatum). Von dort sorgen interne Verbindungen zu den älteren Kernen (Globus pallidus). **b** Die Efferenzen (grün) verlaufen überwiegend über thalamische Kerne (Ncl. subthalamicus und VA: Ncl. ventralis anterior/VL: Ncll. ventrales laterales) wieder zur Großhirnrinde.

bezeichnet. Die Bewegungen sind dann auch nicht mehr glatt, zeitlich unkoordiniert und tollpatschig. Man spricht von cerebellärer **Ataxie**.

Das Cerebellum besteht aus drei phylogenetisch unterschiedlich alten Teilen: Der älteste ist das **Vestibulocerebellum** bestehend aus Nodulus und Flocculus am caudalen Ende. Der nächst jüngere Teil ist das **Spinocerebellum**, das aus den medianen und paramedianen Anteilen der Kleinhirnhemisphären besteht und vorwiegend Signale zu Bewegungen peripherer Muskeln verarbeitet. Der jüngste und größte Teil ist das **Cerebrocerebellum**, das vor allem die seitlichen Anteile beider Hemisphären umfasst und hauptsächlich mit der Großhirnrinde interagiert.

6.6 Vegetatives System

Das somatische Nervensystem innerviert Haut, Skelettmuskeln und Knochenhaut mit afferenten und efferenten Fasern zwecks Interaktion mit der Außenwelt. Im Gegensatz dazu versorgt das **vegetative Nervensystem** alle **inneren Organe** mit afferenten und efferenten Fasern, um den inneren Zustand zu erfassen und ggf. Korrektur- oder Kompensationsmechanismen zu aktivieren. Die beiden Systeme sind jedoch nicht vollständig voneinander abzugrenzen und interagieren, wenn es z. B. nötig wird, das äußere Verhalten an die Bedürfnisse des inneren Zustands anzupassen. Weil das vegetative Nervensystem wesentlich weniger willentlicher Steuerung unterliegt, wird es auch als **unwillkürliches** oder **autonomes Nervensystem** bezeichnet.

Das oberste Kontrollzentrum des vegetativen Nervensystems ist der **Hypothalamus**, der zahlreiche neuronale Verbindungen mit anderen Hirnzentren unterhält, über die vegetative Funktionen gesteuert werden. Über die Hypothalamus-Hypophysenachse sind Hormonsystem (Kap. 15) und vegetatives System direkt gekoppelt.

Das vegetative Nervensystem besteht aus zwei entgegengesetzt wirkenden Anteilen, dem **Sympathicus** und dem **Parasympathicus** (Abb. 6.**32**). Fast alle inneren Organe werden von beiden Teilsystemen innerviert. Parasympathicus und Sympathicus wirken zwar antagonistisch auf die meisten Organe, ihre Gesamtwirkung ist jedoch synergistisch, da beide Systeme erforderlich sind, um die Funktion der Organe den jeweiligen Erfordernissen anzupassen. Der Sympathicus hat die Aufgabe, den Organismus leistungsbereit zu machen, wenn es z. B. darum geht, anzugreifen oder zu flüchten, während der Parasympathicus den Körper in einen Zustand der Entspannung und Regeneration versetzt. Dementsprechend werden Organe wie das Herz und blutdruckrelevante Gefäße durch den Sympathicus aktiviert, während Verdauungsorgane gehemmt werden. Umgekehrt hemmt der Parasympathicus alle Organe, die in Ruhe nicht zu aktiv sein sollen, aber fördert die Verdauungsorgane.

Der **Aufbau** des vegetativen Nervensystems unterscheidet sich z. T. erheblich vom Aufbau des somatischen Nervensystems. Im somatischen Nervensystem innervieren Motoneurone im Vorderhorn des Rückenmarks direkt die periphere Muskulatur, im Gegensatz dazu sind zwischen die **präganglionären Neurone** des vegetativen Nervensystems, die im Seitenhorn liegen, und die innervierten Organe noch weitere **postganglionäre Neurone** geschaltet. Die Zellkörper der Letzteren befinden sich in paravertebralen Ganglien außerhalb des Zentralnervensystems. Die Ganglien des **sympathischen Systems** liegen beidseitig parallel zur Wirbelsäule und bilden die sogenannten **Grenzstränge**. Im **parasympathischen System** befinden sich alle Ganglien in unmittelbarer Nähe der von ihnen innervierten Organe. Die Motoneurone des Parasympathicus liegen im ausgedehnten Kerngebiet

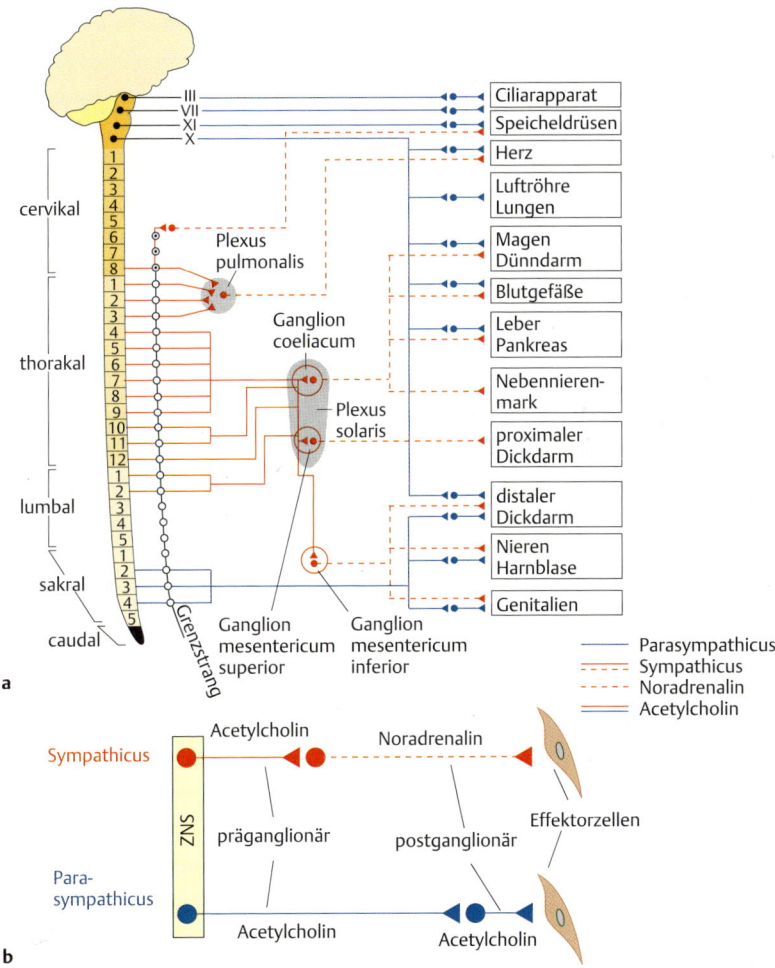

Abb. 6.**32 Aufbau des vegetativen Nervensystems (a) und die verwendeten Transmitter (b).**

des X. Hirnnervs (N. vagus) im Hirnstamm, der die meisten parasympathischen postganglionären Neurone in entsprechenden organnahen Ganglien innerviert.

Transmitter: Während die **präganglionären Neurone** von Sympathicus und Parasympathicus alle **Acetylcholin** ausschütten, das postsynaptisch von nikotinischen Rezeptoren gebunden wird, verwenden beide Systeme am Effektororgan unterschiedliche Transmitter (Abb. 6.**32b**): Die **postganglionären Neurone** des

Sympathicus schütten **Noradrenalin** aus, dessen postsynaptische Rezeptoren auch von im Blut zirkulierendem Adrenalin aktiviert werden können. Die entsprechenden postganglionären **parasympathischen** Neurone schütten dagegen ebenfalls **Acetylcholin** aus, das postsynaptisch aber muscarinische Rezeptoren aktiviert.

> **Reflex:** Einfache, stereotype motorische Reaktion. **Eigenr.:** sensorisches Neuron und motorische Endstrecke im selben Organ; **Fremdr.:** sensorisches Neuron und motorische Endstrecke in verschiedenen Organen. **Monosynaptischer R:** sensorisches Neuron bildet direkt synaptische Verbindung mit Motoneuron, enthält kein Interneuron. **Polysynaptischer R.:** Zwischen sensorischem und motorischem Neuron liegen mehrere weitere Neurone (Interneurone) und Synapsen.
> **Extrafusale Muskelfaser:** Fasern außerhalb der Muskelspindel, Muskelfasern der Arbeitsmuskulatur, werden durch Motoneurone innerviert.
> **Motoneuron:** Innerviert die Muskulatur, efferente Faser. **α-M.:** innervieren die extrafusalen Muskelfasern. **γ-M:** Innervieren die Muskelspindelfasern.
> **Intrafusale Muskelfaser:** Spezialisierte Muskelfasern der Muskelspindel (Kernsackfasern, Kernkettenfasern), sind nicht an der Kraftentwicklung eines Muskels beteiligt
> **Muskelspindel:** Mechanisches Sinnesorgan der Muskulatur.
> **Ia-Afferenzen:** Sensorische Neurone, die die intrafusalen Fasern der Muskelspindel innervieren bzw. umwickeln, ziehen zum Rückenmark, übermitteln Dehnungszustand.
> **Vegetatives Nervensystem:** Reguliert Prozesse im Körperinneren. Sympathicus und Parasympathicus: Antagonistische Anteile des vegetativen Nervensystems. Vorgänge unabhängig von willkürlicher Steuerung.

7 Höhere Verarbeitungsprozesse

Christian Hölscher

7.1 Corticale Areale

> Der durch Rezeptoren aufgenommene und in ein neuronales oder zelluläres Signal umgewandelte Reiz wird durch Neuronen weitergeleitet und gelangt zur Weiterverarbeitung in corticale Areale des Gehirns, in denen bestimmte Körperteile repräsentiert sind. Bei höheren Säugetieren, in erster Linie Primaten und Mensch, werden auf der ersten Ebene, dem **primären Cortex**, die taktilen, akustischen und optischen Informationen, die von benachbarten Rezeptoren ankommen, noch in einem Areal verarbeitet. Corticale Areale haben jedoch keine starren Grenzen oder Verschaltungen, sondern sind durch Training oder Ausfall von Rezeptoren veränderlich (**Plastizität**). Der primäre Motorcortex bildet den motorischen Informationsausgang. Auf der nächsten Ebene, dem **sekundären Cortex**, kommen die Informationen sortiert an, beispielsweise nach Objekt und Hintergrund im visuellen sekundären Cortex. Der **präfrontale Cortex** ist das höchste sensomotorische Integrationszentrum. Bei der Ausbildung von komplexeren Systemen (wie limbisches System, Belohnungssystem und Lernsysteme) sind Verschaltungen von verschiedenen Hirnbereichen von Bedeutung.

Das Telencephalon (Großhirn) ist der am höchsten entwickelte Teil des Gehirns. Es besteht aus zwei **Hemisphären**, die über den Balken miteinander verbunden sind (Abb. 7.**1**, S. 493). Die beiden Hälften werden in verschiedene Lappen unterteilt, die ihre lokalen Gegenstücke in den Schädelknochen haben: Frontallappen (Stirnbereich), Parietallappen (Bereich, der sich quer über den Kopf zieht), Temporallappen (Ohrbereich) und Okzipitallappen (Hinterkopf) (Abb. 7.**2**). Der äußere Bereich der grauen Substanz hat bei Säugetieren eine geschichtete Struktur, **Cortex** oder Rinde. Der Neocortex der Säugetiere ist aus sechs Schichten aufgebaut und in Falten und Windungen gelegt. Ein wichtiger Zelltyp sind die Pyramidenzellen (S. 401). Sie sind die efferenten Neurone des Cortex und stellen die Verbindungen zwischen den Cortexarealen und zu anderen Gehirnteilen her. Unter **Cortexarealen** oder **corticalen Arealen** versteht man einen bestimmten Cortexbereich, in dem ein sensorisches Feld abgebildet wird oder repräsentiert ist. Bestimmte sensorische Felder, beispielsweise die gesamte Retina im visuellen Cortex, können mehrfach repräsentiert sein. Jedes sensorische System hat ein primäres und zwei sekundäre Gebiete mit mehreren Repräsentationsfeldern, in denen Informationen aus dem primären Areal weiterverarbeitet werden.

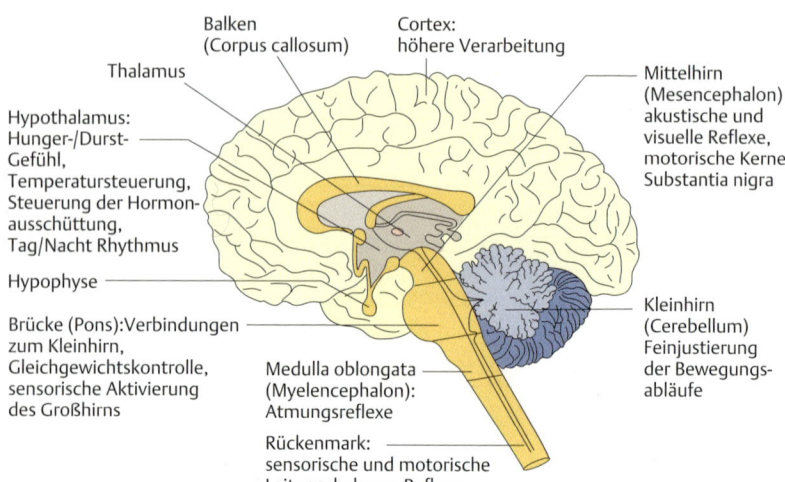

Abb. 7.1 **Die wichtigsten Hirngebiete und ihre Funktionen.** Gezeigt ist ein Medianschnitt durch das Gehirn. Der Balken (Corpus callosum) verbindet die beiden Hemisphären. Das Zwischenhirn (Diencephalon) ist in Thalamus und Hypothalamus geteilt. Das Mittelhirn (Mesencephalon) enthält wichtige sensorische und motorische Kerne. Die Brücke (Pons) verbindet den Neocortex mit dem Kleinhirn (Cerebellum). Die Verbindung mit dem Rückenmark wird durch die Medulla oblongata (Myelencephalon) hergestellt.

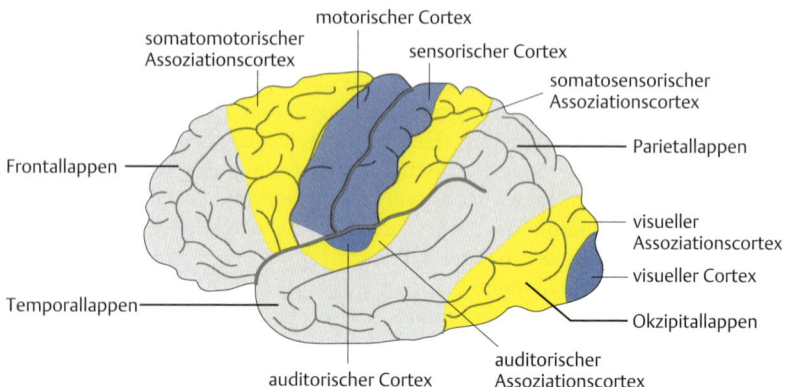

Abb. 7.2 **Primäre und sekundäre Cortexareale sowie die Unterteilung der Hemisphären in die vier Lappen.** Um die Insula zu sehen, muss der Temporallappen zur Seite geschoben werden. Die Insula spielt eine wichtige Rolle in der Verarbeitung von Geschmack und Geruchsinformation.

7.1.1 Primäre Areale des Cortex

Taktile, optische und akustische Information erreicht das Gehirn nach Zwischenverarbeitung und synaptischer Umschaltung in spezialisierten Kernen im Thalamus und wird an die **primären sensorischen Cortexareale** weitergeleitet. Eine Ausnahme stellt der Geruchssinn dar, der vom Riechkolben (Bulbus olfactorius) die Information direkt in **limbische Cortexareale** (S. 567) sendet. Jede Sinnesqualität hat also ihre eigenen Eingänge. Der **primäre visuelle** Cortex liegt im Okzipitallappen, während der **primäre somatosensorische** Cortex im Parietallappen liegt. Der **primäre akustische** Cortex liegt im Temporallappen (Abb. 7.2). Der **motorische Informationsausgang** wird über den **primären Motorcortex** gesteuert. Er liegt im Frontallappen, gegenüber dem primären sensorischen Cortex.

Die Information, die diese Cortexareale erreicht, ist **topologisch geordnet**. Im primären akustischen Cortex liegen beispielsweise die Gebiete, die die einzelnen Frequenzen verarbeiten, in geordneter Reihenfolge nebeneinander. Tiefe Frequenzen werden von einem speziellen Cortexareal verarbeitet, mittlere Frequenzen von daneben liegenden Arealen. Höhere Frequenzen liegen wiederum neben diesen, sodass das gesamte hörbare Frequenzspektrum linear angeordnet ist. Auch der somatosensorische Cortex ist auf eine solche Weise geordnet. Die Cortexareale, die zum Beispiel die Information verarbeiten, die von der Hand kommt, liegen neben den Arealen, die Information vom Arm erhalten. Jeder Finger sendet sensorische Information an spezielle Cortexareale, die alle nebeneinander liegen. Abb. 7.3 zeigt, wie diese Ordnung der sensorischen Informationseingabe aussieht. Wie die Abbildung zeigt, gibt es keinen direkten Zusammenhang zwischen der Größe der corticalen Repräsentation und der Größe des Körperteils. Das liegt daran, dass von einigen Körperteilen im Verhältnis zur Oberfläche mehr Information verarbeitet werden muss als von anderen. So ist die Dichte von Rezeptoren in den Fingerkuppen wesentlich höher als auf dem Rücken. Entsprechend groß ist das Cortexareal, dass die Information von den Fingerkuppen verarbeitet.

Der Geruchssinn spielt auch hier eine Sonderrolle, da der olfaktorische primäre Cortex nicht topologisch nach Gerüchen geordnet ist. Die olfaktorische Information scheint auf eine andere Weise verarbeitet zu werden, in der die Information über den gesamten olfaktorischen Cortex verteilt ist (s. u. Neuronale Netzwerke).

Methoden zur Erfassung von Gehirnaktivitäten. Eine nicht invasive Methode zur Erfassung der elektrischen Aktivität vor allem der Gehirnrinde ist das **Elektroencephalogramm (EEG)**, das über die Kopfhaut durch eng anliegende und über Leitpaste verbundene Elektroden abgeleitet werden kann. EEG-Ableitungen werden aber auch zu diagnostischen Zwecken direkt auf der Hirnoberfläche von Patienten oder zu Zwecken der Grundlagenforschung an Tieren, dann meist invasiv, durchgeführt. Je nach Zustand des Gehirns kommt es zu regelmäßigen rhythmischen Änderungen des elektrischen Feldes, die entweder als **Grundaktivität** bezeichnet werden, wenn diese große Teile oder das gesamte Gehirn generieren, oder als **fokale Aktivität**, wenn es zu umschriebenen und oft nur kurz dauernden, auch irregulären Potentialänderungen innerhalb eines Hirnareals kommt. Funktionsstörungen des Gehirns, wie Epilepsie und Schlafstörungen, aber auch Stoffwechselstörungen

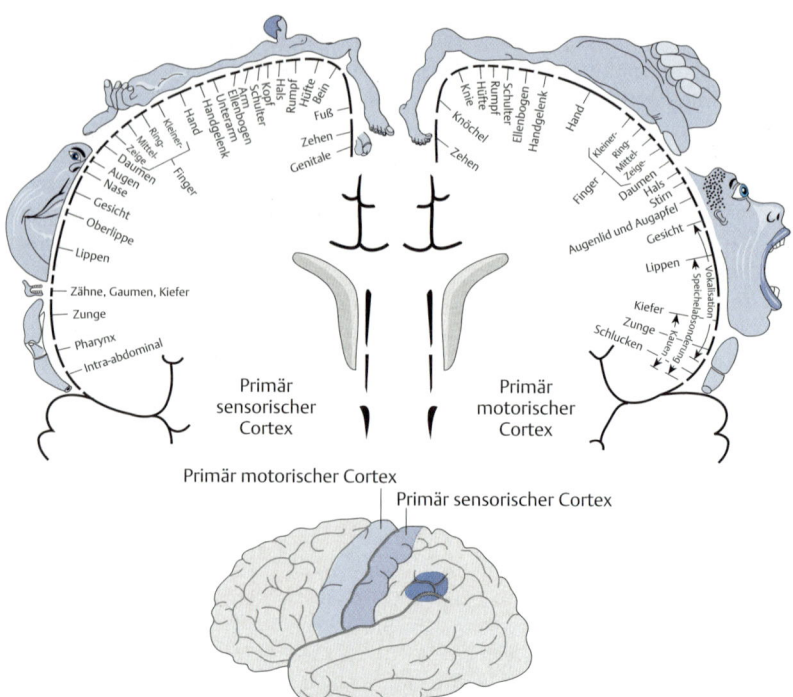

Abb. 7.**3 Repräsentation des Körpers im primären sensorischen Cortex.** Die Zeichnung des somatosensorischen „Homunculus" spiegelt die Größenverhältnisse der entsprechenden somatosensorischen Cortexareale wider. Solche Skizzen wurden nach elektrischer Stimulation von Cortexarealen beim Menschen angefertigt, wie sie vor hirnchirurgischen Eingriffen durchgeführt werden.

oder die verschiedenen Formen von Koma bis hin zum Hirntod machen sich in charakteristischen Musteränderungen der Gehirnpotentiale bemerkbar.

Das EEG misst die Massenaktivität von allen Nerven- und Gliazellen im Gehirn. Das gemessene Signal ist eine komplexe Überlagerung der elektrischen Felder („Quellen"), die vor allem die Aktivität von synaptischen Potentialen (S. 431) widerspiegeln. Diese entstehen vor allem im Bereich der ausgedehnten Dendritenbäume von Pyramidenzellen, wodurch sie erhebliche Änderungen der elektrischen Felder verursachen. Potentiale gleicher räumlicher Ausdehnung und entgegengesetzter Polarität heben sich dabei auf und können nicht mit dem EEG gemessen werden. Es handelt sich also um eine Untersuchungsmethode zur Analyse globaler Aktivität des Gehirns, bei der die Signale der Hirnrinde im Vordergrund stehen. Tiefer gelegene Hirngebiete, wie Kerne im Hirnstamm tragen Signale zum EEG bei, die aber so schwach sind, dass sie nur mithilfe von Signalextraktionsverfahren erfasst werden können. Die **räumliche Auflösung** hängt von verschiedenen Faktoren ab: Der Wechselstromwiderstand (Impedanz) der Verbindung zwischen Elektrode und Gehirn bestimmt die Empfindlichkeit der EEG-Messung für Signalanteile unterschiedlicher Frequenz. Je niedriger die Impedanz bei einer bestimmten Frequenz, umso weiter „sieht" die Elektrode und umso weniger Rauschen (Störsignal) verdeckt die Sicht auf die Hirnaktivität (Nutzsignal). Außerdem bestimmt die Zahl der Elektroden, mit der man die gesamte Hirnaktivität „abtastet", die Qualität der Quellenrekonstruktion.

In den EEG-Messungen zeigen sich charakteristische Oszillationen, die die koordinierte Gesamtaktivität größerer Neuronengruppen widerspiegeln und Phasen erhöhter und erniedrigter neuronaler Erregbarkeit verursachen. Die Frequenzen dieser Oszillationen ändern sich physiologischerweise in Abhängigkeit vom Funktionszustand, Wachen, Schlafen, Aufmerksamsein, Nachdenken. Die typischen **Frequenzen von Oszillationen**, die gemessen werden, sind in einem Identifikationssystem erfasst:

- Delta-Wellen: 1–3 Hz, extrem langsame Oszillationen, wie sie im Schlaf, unter Narkose und im Koma gemessen werden. Neuerdings wurden Delta-Wellen auch während aktiver sensorischer Exploration beschrieben, sie könnten für die Koordination zwischen verschiedenen Modalitäten eine Rolle spielen.
- Theta-Wellen: 4–7 Hz, treten beim Dösen und Einschlafen auf, sind aber auch im wachen Gehirn zu beobachten, vor allem im Zusammenhang mit Gedächtnisfunktionen.
- Alpha-Wellen: 8–13 Hz, sind zu beobachten, wenn die untersuchte Person wach ist, die Augen geschlossen hat und sich in Ruhe befindet. Diese Wellen treten bei den meisten Menschen als Grundaktivität auf und sind besonders stark über dem visuellen und parietalen Cortex. Wellen mit der Frequenz von Alpha-Wellen werden u. U. auch in Schlaf und Koma sichtbar.
- Beta-Wellen: 14–30 Hz, sind zu beobachten, wenn die Person aufmerksam ist und eine Aufgabe löst. Zeichen von kognitiver Aktivität.
- Gamma-Wellen: >30 Hz, meist werden alle hohe Frequenzen in diesem Band zusammengefasst, was aber nicht unbedingt gerechtfertigt ist, weil in verschiedenen Spezies weitere abgegrenzte Frequenzbänder beschrieben wurden. Bei Menschen und anderen Primaten werden Gamma-Wellen vor allem während aktiver Informationsverarbeitung in der Hirnrinde beobachtet.
- Sigma-Wellen: >400–1000 Hz, sehr schnelle Oszillationen, wie sie vor allem im somatosensorischen System zwischen Thalamus und Cortex sowohl nichtinvasiv am Menschen, als auch mit Mikroelektroden am Tier gemessen werden können. Welche Funktion diese Wellen erfüllen ist noch unklar, vermutlich dienen sie der koordinierten Signalübertragung und basieren auf kurzen synchronen Burst-Entladungen vieler Neurone, womit das Frequenzspektrum von sehr langsamen Wellen bis hin zu den Aktionspotentialen als Kontinuum zu betrachten ist.

Mithilfe der inzwischen schon etwas älteren Methode **Positronenemissionstomographie (PET)** ist es möglich, am wachen Menschen die Aktivitäten von Hirnarealen aufzulösen. Der durch die Gehirnaktivität erzeugte Glucose- und Sauerstoffbedarf hat eine lokale **Erhöhung der Durchblutung** zur Folge. Injiziert man in das Kreislaufsystem einer Versuchsperson Isotope des Sauerstoffs, die bei ihrem Zerfall Positronen freisetzen, in gebundener Form als Wasser, so verteilen sich diese Moleküle nach kurzer Zeit gleichmäßig im gesamten Körperwasser und liefern regelmäßige Positronensignale. In vermehrt durchbluteten Hirnregionen nimmt die Signaldichte wegen der größeren Menge an Sauerstoffisotopen durch den höheren Wassergehalt des Gewebes deutlich zu. Die Signale werden mit geeigneten Detektoren auf der Kopfoberfläche gemessen und im Computer in Bilder umgesetzt. Somit lassen sich die Bereiche des Gehirns zuordnen, die beim Ausführen visueller, auditiver, kognitiver oder gedächtnisbeanspruchender Aufgaben aktiviert werden.

Ein bildgebendes Verfahren ist die **Magnet-Resonanz-Tomographie** (**MRT**, engl. magnetic resonance imaging, MRI). Es werden zwei verschiedene Techniken unterschieden. Das sogenannte **strukturelle MRT** stellt die Anatomie des Gehirns, aber auch anderer Organe, sehr detailliert dar. Dazu wird die Person in ein sehr starkes Magnetfeld gebracht. Atomkerne besitzen einen Eigendrehimpuls (Spin) und sind somit magnetisch. In einem

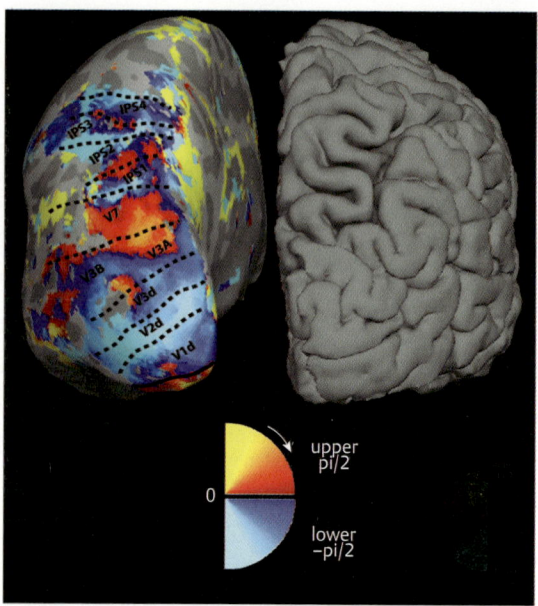

Abb. 7.4 **Retinotope Kartierung der menschlichen Sehrinde mithilfe der funktionellen Magnet-Resonanz-Tomographie (Imaging) (fMRI).** Das rechte Gesichtsfeld einer Versuchsperson wurde mit einem langsam bewegten Muster (Kreissegment) stimuliert, welches sich langsam durch das Gesichtsfeld bewegt, jedoch zu jedem Zeitpunkt nur einen Teilbereich stimuliert. Die hämodynamische Antwort (BOLD) der Sehrinde reflektiert den Ort des Reizes, indem zu verschiedenen Zeitpunkten (von gelb über rot nach hellblau) verschiedene Abschnitte des visuellen Cortex stärkeres Signal produzieren. Die Aktivierung erfolgt im visuellen Cortex der linken Hemisphäre (sichtbar hier ist nur der obere (occipito-parietale) Anteil), die durch komplexe geometrische Transformationen der strukturellen MR-Daten als aufgeblasen dargestellt ist, im Gegensatz zur rechten Hemisphäre derselben Versuchsperson, auf der die Furchen in ihrer echten 3D-Struktur zu sehen sind. Die dunklen Bereiche auf der linken Seite stellen die Rindenfurchen (Sulci), die hellgrauen die Windungen (Gyri) dar. Wenn sich das bewegte Muster im oberen rechten Viertel (Quadranten) befindet (Pfeil), sieht man eine Aktivierung in den gelb-roten Farben in Teilbereichen von mehreren Arealen (z. B. gut sichtbar in V3 und V7). Der hier sichtbare Bereich des Gesichtsfeldes in der primären (V1) und sekundären (V2) Sehrinde reflektiert den unteren rechten Quadranten des Gesichtsfeldes, der in blauen Farben dargestellt ist. Die Grenzen zwischen den frühen Sehrealen V1 und V2 sind mit unterbrochenen schwarzen Linien dargestellt, die dem vertikalen Meridian im Gesichtsfeld entsprechen. Die nächste Arealgrenze zwischen V2 und V3 ist durch eine durchgezogene schwarze Linie markiert und entspricht somit dem horizontalen Meridian. Alle weiteren parietal gelegenen Areale repräsentieren jeweils das gesamte Gesichtsfeld und sind durch vertikale Meridiane voneinander getrennt. Die übrige (unbeschriftete) schwächere Aktivität könnte weitere Repräsentationen widerspiegeln, die noch nicht untersucht und beschrieben wurden, zum Teil könnte es sich aber auch schlicht um starke spontane Signalfluktuationen handeln, die zufällig zeitgleich mit der Stimulation erfolgten. (Von Elvira Fischer und Andreas Bartels, MPI für biologische Kybernetik und Center for Integrative Neuroscience, Tübingen).

starken Magnetfeld (0,5–9,4 Tesla, T) richten sich alle Spins z. B. von Protonen in Richtung des Magnetfeldes aus. Durch ein zusätzliches hochfrequentes Wechselfeld (64 MHz bei 1,5 T und 125 MHz bei 3 T) werden die Spins von Protonen in eine andere Richtung gekippt. Nach Beendigung des hochfrequenten Wechselfeldes richten sich die Spins langsam wieder nach dem statischen Magnetfeld aus (Relaxation). Diese Bewegung induziert Spannungen in einer empfindlichen Messspule. Über die Protonendichte lassen sich so unterschiedliche Strukturen des Gehirns darstellen. Damit hat man zunächst die Anatomie des Gehirns gemessen, jedoch noch keine Hirnaktivität. Dazu wird bei der **funktionellen MRT** das BOLD (blood oxygen level dependent)-Signal gemessen (S. 481): Desoxygeniertes Hämoglobin ist im Gegensatz zu oxygeniertem Hämoglobin paramagnetisch, d. h. es interferiert lokal mit dem Magnetfeld des Tomographen, und stört die Relaxation. Wenn das Gehirn lokal aktiv wird, steigt zwar zunächst kurz die Konzentration an desoxygeniertem Hämoglobin, was zu einer kurzen Signalreduktion führt (**initial dip**), aber dann setzt eine mehrere Sekunden andauernde Zunahme des lokalen Blutflusses ein, wodurch es zu einer starken Zunahme des MR-Signals kommt (S. 483, Abb. 7.**4**). Mit dieser Methode wird ein hämodynamisches Signal mit relativ geringer zeitlicher Auflösung gemessen, und nicht bioelektrische Aktivität der Nervenzellen.

Höhere zeitliche und räumliche Auflösungen erzielt man durch extrazelluläre **Einzelzellableitungen**. Das invasive Verfahren, bei dem Mikroelektroden in bestimmte Gehirnareale eingebracht werden und das in Tierversuchen oder bei neurochirurgischen Eingriffen beim Menschen angewandt wird, ermöglicht die Ableitung der Aktivität von Einzelzellen bei gleichzeitiger sensorischer Stimulation oder der Beobachtung der motorischen Aktivität. Das Studium der Koordination von neuronaler Aktivität in verschiedenen Hirnteilen mit diesen Methoden erfordert die Implantation mehrerer Elektroden in genau umschriebene Hirnbereiche.

Mithilfe von „**Tracern**" ist es möglich, neuronale Verbindungen selbst über größere Entfernungen zu kartieren. Eine übliche Methode ist, Nervenfasern freizulegen und in situ, d. h. innerhalb des lebenden Organismus, zu durchtrennen und die Enden für einige Stunden in ein Nährmedium mit Proteintracern, wie Meerrettichperoxidase oder Fluoreszensfarbstoffe wie Fast Blue zu legen. Die Tracer werden durch axonalen Transport sowohl anterograd als auch retrograd bewegt (S. 400). Histochemisch können später an Gewebeschnitten die synaptischen Verbindungen identifiziert werden, da einzelne Axone, ihre Endverzweigungen und ihre Zellkörper sichtbar werden. Anstelle dieser Tracer werden auch Viren (z. B. abgeschwächte Herpesviren) verwendet, die spezifisch neuronale Zellen befallen und über synaptische Kontakte von einer Zelle zur anderen weiterwandern. Durch Virusnachweis im Nervensystem lassen sich alle mit der primär infizierten Zelle in Kontakt stehenden Neurone verfolgen. Auf diese Weise können einfache neuronale Netzwerke rekonstruiert werden.

Die Funktion neuronaler subzellulärer Strukturen, einzelner Zellen und kleiner Zellgruppen können bisher nur in vitro, d. h. außerhalb des lebenden Organismus in **Gewebekultur** untersucht werden. Solche Gewebekulturen lassen sich inzwischen stundenlang in künstlichen Medien am Leben halten.

7.1.2 Plastizität im Cortex

Man darf sich topologische Gehirnkarten nicht als starr verschaltet vorstellen. Tatsächlich ist das Nervensystem sehr **plastisch**, und die Karten können sich durch Übung oder durch Veränderung der Stimulation (beispielsweise nach Verlust einer Hand) verändern. Bei Studien an Primaten hat sich gezeigt, dass sich bei intensiven Übungen von manuellen Fähigkeiten die somatosensorische Repräsentation der Hand und der Finger im Cortex vergrößert. Das legt den Schluss nahe, dass sensorische Eingänge um Cortexareal konkurrieren: je höher der sensorische Eingang, desto mehr Cortexareal wird übernommen.

Die Forschung an den Ursachen von **Phantomschmerzen** hat viele neue Erkenntnisse auf diesem Gebiet erbracht. Phantomschmerzen sind Schmerzen in Körperteilen, die nicht mehr existieren. Sie sind unter anderem darauf zurückzuführen, dass sich die corticale Karte nach dem Verlust einer Extremität plastisch verändert, und vorübergehend neuronale Verbindungen entstehen, die keinen Bezug zur Realität haben. So kann z. B. bei einigen Patienten, die eine Hand verloren haben, beim Berühren des Rückens auch der Gefühlseindruck der Hand ausgelöst werden. Die Sinneseindrücke der angrenzenden Körperteile, also des Arms, des Rückens, oder sogar des Gesichtes, scheinen mehr und mehr in das nicht mehr genutzte corticale Areal der Handrepräsentation einzudringen, wobei solche ungewöhnlichen sensorischen Übergangszustände auftreten können.

Übung macht den Meister – oder auch nicht. Der Komponist und Pianist F. Chopin entwickelte nach sehr intensiven Übungsperioden ein Problem: Er konnte einige seiner Finger nicht mehr unabhängig bewegen. Erst durch weitere Übungen, in denen er sich zwang, die Finger unabhängig zu bewegen, konnte er die Kontrolle über die einzelnen Finger wiedererlangen. Was war passiert?

Untersuchungen im Computertomographen (spezielle Röntgentechnik zur Erzeugung dreidimensionaler Bilder) von Personen mit ähnlichen Symptomen zeigten, dass ihr primärer somatosensorischer Cortex durch intensive Übungen verändert wurde. Die corticale Repräsentation der einzelnen Finger hatte sich verändert, und zwei „Fingerareale" waren scheinbar miteinander verschmolzen. Werden die Finger also sehr oft synchron bewegt, so verändert sich die Verschaltung im Cortex und beide Finger werden nun von einem Doppelareal synchron gesteuert. Erst durch wiederholte unabhängige Bewegungen der Finger werden die Cortexareale wieder funktionell unabhängig.

7.1.3 Sekundäre Cortexareale

Die Information, die in die primären Areale gelangt, wird verarbeitet und an **sekundäre Areale** zur höheren Verarbeitung weitergeleitet. Im visuellen System werden Informationen aus den primären Arealen zu höheren Repräsentationen zusammengesetzt. Informationen, die im primären Sehcortex noch nebeneinander liegen, weil in der Retina nebeneinander liegende Rezeptoren erregt wurden, sind nun nur dann nebeneinander zu finden, wenn sie zu demselben Objekt gehören. Die Informationsverarbeitung über den Hintergrund liegt nun nicht mehr genau neben der des Objektes, obwohl sie auf der Retina nebeneinander liegen. Die topologische Anordnung der Information im primären Cortex ist in den sekundären Arealen nicht mehr vorhanden. Im **Temporallappen** gibt es Areale, die bei der **Objekterkennung** eine wichtige Rolle spielen. Information über Kanten und Flächen werden synthetisiert und als Objekt (z. B. ein Auto) identifiziert. Ein Spezialfall der Objekterkennung ist die des Gesichtes. Diese Areale setzen die Information Ohr-Auge-Nase zu einem individuellen Objekt zusammen, also zu einem Gesicht. Präsentiert man einer Person ein unzusammenhängendes Sammelsurium der jeweiligen Gesichtsteile (etwa: Nase-Augen-Kinn), so wird dieses Areal nicht aktiviert. Erst wenn die Einzelteile zu einem Gesicht montiert und dem Betrachter präsentiert werden, wird dieses Areal aktiviert. Es sind Fälle bekannt, in denen dieses Areal durch einen Schlaganfall oder durch einen Tumor geschädigt wurde. Diese Personen sind stark behindert in der **Gesichtserkennung**, obwohl sie andere Objekte gut identifizieren können.

Andere Anteile des sekundären visuellen Cortex sind an der Analyse von Bewegungen oder von räumlicher Information beteiligt.

Im **Motorcortex** gibt es vor- und parallel geschaltete Areale (prämotorische und akzessorische Areale), die an der Vorbereitung und dem Erlernen von komplexeren Bewegungen beteiligt sind, wie beispielsweise dem Erlernen des Klavierspielens.

Ein spezielles sekundäres Cortexareal verdient besondere Erwähnung, das neben dem primären Cortex auf der Höhe der Cortexanteile liegt, die für die Bewegungen der Lippen und der Zunge verantwortlich sind. Dieses sekundäre Cortexareal ist für die **Aussprache** zuständig und codiert komplexe Mund- und Zungenbewegungen, die für die gesprochene Sprache wichtig sind. Es wurde von dem Arzt Paul Broca entdeckt und nach ihm benannt (**Broca-Areal**). Er beschrieb die Symptome von Patienten, die Schäden in diesem Areal hatten. Es zeigte sich, dass sie sehr wohl gesprochene Sprache verstanden, aber nicht mehr in der Lage waren, selber Worte und Sätze zu formulieren. Andere Laute – außer gesprochenen Worten – konnten sie ohne Schwierigkeiten bilden oder nachahmen.

Das Phänomen der **Farbkonstanz**: Jeder hat schon einmal die Erfahrung gemacht, dass ein Foto enttäuschend farbstichig herauskam, obwohl es eigentlich „nicht so aussah", als das Foto gemacht worden war. Wenn die Beleuchtung in einem Raum relativ gesehen zum Sonnenlicht sehr orange-gelbstichig ist, ist das von den Objekten im Raum reflektierte Licht auch in den Orange-Gelbbereich verschoben: Es hat einen „Farbstich". Unser visuelles System ist jedoch in der Lage, Farben als „konstant" wahrzunehmen, während ein Film nur die reflektierten Lichtstrahlen wiedergibt. Für uns ändern sich die Farben nicht. Das deutet darauf hin, dass unsere Farbwahrnehmung nicht einfach eine Wiedergabe der Farb-Absorptionsinformation der Zapfen in der Retina ist, sondern ein Verarbeitungsprodukt des Gehirns. Die Verhältnisse der reflektierten Wellenlängen aller Objekte werden dabei verrechnet. Ist die Lichtquelle stärker im gelben Frequenzbereich, so reflektieren alle Objekte im Raum mehr Gelb als sonst. Dieser Anteil kann dann vom Cortex in der Farbanalyse berücksichtigt und in der Verrechnung „eliminiert" werden. Untersuchungen haben gezeigt, dass Neurone im primären visuellen Cortex noch nicht diese Farbkonstanz codieren. Erst in den sekundären visuellen Arealen werden Neurone gefunden, die Farben auch bei „farbstichiger" Beleuchtung als konstant codieren.

Andere Prozesse spielen eine zusätzliche Rolle, z. B. die Erinnerung an die Farben von Objekten. So kann eine graue Abbildung einer Banane unter den richtigen Bedingungen als leicht gelblich erscheinen. Das Gedächtnis rechnet die Farbe zu dem Objekt dazu. Die Farben, die wir wahrnehmen, sind daher genauso wie Gerüche, Geschmackserlebnisse und Gefühle ein Konstrukt des Gehirns.

7.1.4 Multimodale Cortexareale

Die weiteren Cortexareale verbinden mehrere Sinneseindrücke miteinander, wie etwa Hören und Sehen. Wenn man einen Ball fängt, müssen eine ganze Reihe von Sinnesverarbeitungen miteinander verknüpft werde: Optische Bildverarbeitung (wo ist der Ball?), Motoraktivität (den Arm in die richtige Richtung befördern), sensorische Eindrücke (Fangen und Festhalten des Balls).

Ein weiteres Beispiel eines multimodalen Cortexareals ist das Areal, das **Sprachinhalte** verarbeitet: das sogenannte **Wernicke-Areal** (Abb. 7.5). Es wurde von dem Neurologen Carl Wernicke entdeckt und nach ihm benannt. Dieses Areal verbindet gesprochene und gelesene Worte mit dem Sinn, den sie haben. Schaden an diesem Areal führen zu schweren Sprachstörungen, und das Verstehen von gehörter oder gelesener Sprache ist stark beeinträchtigt. Interessanterweise ist die Aussprache von Wörtern bei Patienten mit Schäden im Wernicke-Areal kaum geschädigt, jedoch können sie keinen Sinn mehr mit den Wörtern verbinden. Wie bereits erwähnt, findet die Vorbereitung der Motorprogramme von gesprochener Sprache im Broca-Areal statt (Abb. 7.5).

Es ist kein Zufall, dass sich das Wernicke-Areal zwischen dem visuellen, dem akustischen und dem Areal für logische Prozesse und Kategorisierung befindet. Hochverarbeitete akustische und visuelle Information wird dem Wernicke-Areal zugeführt und die Verbindungen mit dem Sinn der Worte hergestellt. Ein geschriebenes Wort besteht aus Symbolen (Buchstaben), die wiederum aus Strichen und Punkten bestehen. Diese Symbole müssen mit dem Sinn verbunden werden. Patienten, die relativ lokalisierbare Schäden in den neuronalen Verbindungen von Cortexarealen haben, liefern wichtige Erkenntnisse über die Informationsverarbeitung und den Informationstransfer im Gehirn. Wenn zum Beispiel die Verbindun-

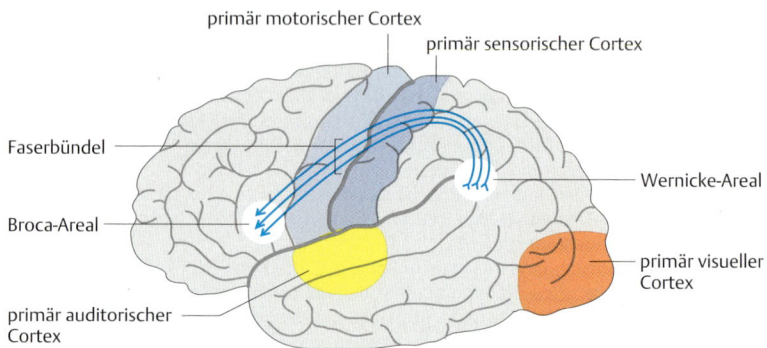

Abb. 7.5 **Sprachzentren in der linken Hemisphäre.** Das Wernicke-Areal ist im sensorischen Teil der Hemisphäre angesiedelt, zwischen akustischen, visuellen und sensorischen Cortexgebieten. Das Broca-Areal ist im motorischen Teil der Hemisphäre lokalisiert. Beide Sprachzentren sind durch ein Faserbündel direkt miteinander verbunden.

gen vom visuellen Verarbeitungssystem zum Sprachzentrum gestört sind, kann der Patient noch gesprochene Worte verstehen und selber ungehindert sprechen, ist aber nicht mehr in der Lage, geschriebene Worte zu verstehen. Die Worte kann er nur noch als Ansammlungen von Strichen und Punkten erkennen. Das Wernicke-Areal ist mit dem Broca-Areal durch eine gut entwickelte axonale Projektion (Abb. 7.5) verbunden. Wird diese Verbindung unterbrochen, so kann der Patient zwar gesprochene und geschriebene Sprache verstehen, aber keine sinnvollen Sätze mehr formulieren.

Das Wernicke-Areal beinhaltet auch Gebiete, die für **logische Verknüpfungen** und **Kategorisierungen** zuständig sind. Verschiedene Bäume sind alle Teil der Kategorie „Baum", und haben alle ähnliche Eigenschaften. Experimente mit Primaten zeigen, dass sie Kategorien entwickeln und nutzen, um logische Verbindungen zu knüpfen. Ein Beispiel ist, dass höhere Primaten Werkzeuge benutzen können (z. B. Stöcke, um an Früchte heranzukommen). Sie müssen also die generellen Eigenschaften von Stöcken (lang und dünn, kann als Armverlängerung benutzt werden) verstehen und kategorisieren können. Obwohl Primaten nicht sprechen, haben sie bereits logische Kategorisierungs- und Verknüpfungsfähigkeit und besitzen ein Sprachareal-Äquivalent. Alles, was dann noch hinzukommen muss, sind abstrakte Symbole, die mit den Kategorien verknüpft werden. Um Worte aussprechen zu können, müsste natürlich auch noch ein komplexes Areal zur Bildung von motorischen Programmen hinzukommen und die anatomischen Möglichkeiten wie ein entsprechend konstruierter Kehlkopf, um differenzierte Laute bilden zu können.

Bei den meisten Menschen ist das Wernicke-Areal in der linken Hirnhälfte lokalisiert. Das spiegelbildlich entsprechende Areal auf der rechten Hemisphäre ist nicht direkt bei der Sprachbildung beteiligt. Jedoch spielt es auch eine Rolle in der Kommunikation: Interessanterweise führen Schäden in der rechten Hirnhälfte zu der Unfähigkeit, die gesprochene Sprache mit einer Sprachmelodie, die ja auch wichtige Information enthält, zu unterlegen. Auch können diese Patienten nicht erkennen, ob jemand seine Sätze mit einem ungeduldigen oder fröhlichen Ton unterlegt.

Früher war es üblich, **Linkshändern** spätestens in der Schule beim Schreiben ihr „böses Händchen" abzutrainieren, was in einigen Fällen zu Sprachstörungen führte. Bei ca. 15 % aller Linkshänder entwickeln sich Broca- und Wernicke-Areal in der rechten Hemisphäre, bei Rechtshändern und den übrigen Linkshändern in der linken Hemisphäre. Die Kontrolle der linken Hand erfolgt in der rechten Hemisphäre, die der rechten in der linken. Werden Linkshänder also umtrainiert, kann es durch den Umbau von Cortexarealen zu Störungen im Sprachzentrum kommen.

Multimodale Cortexareale erhalten also hochverarbeitete Information aus den unimodalen Gebieten und verbinden sie miteinander. Dabei findet mehr als nur eine Abstimmung der verschiedenen Modalitäten statt. Neuartige Qualitäten entstehen, das Ganze ist mehr als nur die Summe der Einzelinformationen.

7.1.5 Präfrontaler Cortex

Der **präfrontale Cortex** ist im Laufe der Säugetier-Evolution relativ zu anderen Hirnteilen am stärksten gewachsen (Abb. 7.**6**), speziell bei Primaten, in der Entwicklung zum *Homo sapiens*. Dementsprechend zeichnet sich der Mensch durch eine ungewöhnlich hohe Stirn aus im Vergleich zu seinen Urahnen oder zu anderen Primaten. Ursprünglich entwickelte sich der präfrontale Cortex aus dem motorischen Cortex. Die Funktionen sind jedoch mehr theoretischer, analytischer und abstrakter Natur. Der präfrontale Cortex erhält Informationen aus den meisten anderen Hirnarealen und sendet Informationen auch dorthin zurück. Generell lässt sich sagen, dass der präfrontale Cortex Koordinations- oder Managerfunktionen übernimmt.

Der mediale und ventrale Anteil (an der Innenseite der Hemisphären angeordnet) grenzt an das limbische System (den vorderen Teil des Gyrus cinguli, Abb. 7.**9**) und wird auch **limbischer Assoziationscortex** genannt. Seine Funktion scheint in erster Linie die Koordination und Kontrolle von emotionalen Prozessen zu sein, und deren Einordnung in soziale Verhaltensnormen. Läsionen in diesem Bereich führen zu sozial nicht angepasstem Verhalten, wie Exhibitionismus oder ungezügelten Aggressionen, Flüche oder andere als „schwierige" oder nicht mit der sozialen Situation zu vereinbarenden Verhaltensweisen. Es überrascht nicht, dass autistische Menschen in diesem Areal Veränderungen aufweisen können. Das **Autismus-Syndrom** zeichnet sich dadurch aus, dass die betroffenen Personen Gesichtsausdrücke, Sprachmelodien und andere soziale Signale nicht erkennen können.

Der dorsal-laterale Anteil des präfrontalen Cortex spielt eine Rolle in der Erfassung und Planung von Handlungsweisen und deren Koordination in eine logische Reihenfolge. Auch ist er für die Bildung des Arbeitsgedächtnisses von Wichtigkeit. Das **Arbeitsgedächtnis** hat zur Aufgabe, Dinge kurzfristig zu behalten, die für einen Arbeitsablauf relevant sind. Zum Beispiel ist es notwendig, beim Auseinanderbauen eines Radios sich die jeweilige Position der Einzelteile in dem Gerät zu

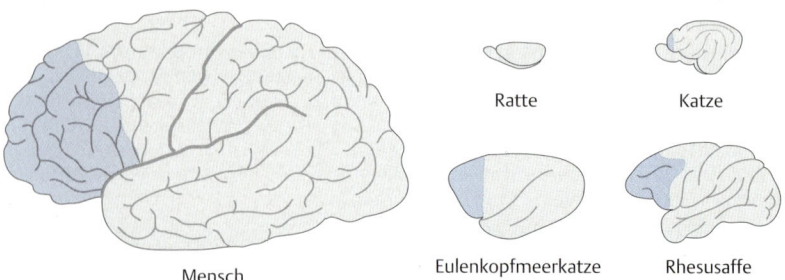

Abb. 7.6 Größenverhältnisse des präfrontalen Cortex in verschiedenen Säugetieren. Der relative Anteil im Vergleich zu den anderen Hirnarealen ist beim Menschen am größten. (Nach Kandel, Schwartz, McGraw-Hill. Medical, 2000.)

merken, damit das Zusammenbauen unproblematisch verläuft. Ein typischer Funktionstest für diesen präfrontalen Cortexanteil ist es, eine Reihe von Bildern in eine logische Reihenfolge zu bringen, sodass sie eine durchgehende Geschichte erzählen. Um den Überblick zu halten, muss die Testperson eine Anzahl der Bilder in das Arbeitsgedächtnis speichern können.

Analysen der Hirnaktivität von Testpersonen im PET (s. o.) oder ähnlichen bildgebenden Verfahren zeigen, dass der laterale Anteil des präfrontalen Cortex immer dann aktiviert wird, wenn der durchzuführende Test eine Arbeitsgedächtnis-Komponente enthält. Dabei ist es egal, um welche Informationsart (visuell, taktil, akustisch) es sich im Arbeitsgedächtnistest handelt. Ableitungen von Neuronen im präfrontalen Cortex von Primaten zeigen weiterhin, dass diese Neurone während eines Arbeitsgedächtnistests aktiv bleiben, bis der Test vorüber ist. Diese kontinuierliche neuronale Aktivität wird als Korrelat für ein Arbeitsgedächtnis angesehen. Es zeigt sich weiterhin, dass die Neurone aktiv werden, **unabhängig** von der Modalität des **Reizes**. Ein akustischer Arbeitsgedächtnistest aktiviert die Neurone genauso wie ein visueller Test.

Der präfrontale Cortex ist sozusagen ein **multimodales Areal**, das alle anderen unimodalen und multimodalen Areale verbindet. Da sich keine spezifische Modalität zuordnen lässt, wurde der präfrontale Cortex in der Vergangenheit auf corticalen Karten als „weißer Fleck" mit schwer definierbaren Funktionen eingezeichnet.

Ein Anteil (Areal 46 nach Brodmann) des präfrontalen Cortex wird mit der Initiation von Aktivität aus **eigenem Antrieb** in Verbindung gebracht. So zeigt sich, dass Patienten mit Schäden in diesem Gebiet oft antriebsschwach sind. Dieser Umstand wurde in den 1950er Jahren ausgenutzt, um hyperaktive, kritische oder mit „zu viel krimineller Energie ausgestattete" Menschen ruhig zu stellen, indem der präfrontale Cortex zerstört wurde (frontale Lobotomie).

7.1.6 Hemisphären-Spezialisierung und Lateralisierung

Generell gesehen scheinen die meisten Hirnareale doppelt vorzukommen. So sind die Hirnhälften scheinbar spiegelsymmetrisch. Diese Annahme ist jedoch nicht ohne weiteres richtig. So zeigt sich bereits eine **Lateralisierung** der Hirnhälften des frisch geschlüpften Kükens bei der Verarbeitung von Information, die bei der Prägung auf die Mutter eine Rolle spielen. Die linke Hirnhälfte ist zunächst beim Prägungslernen mehr beteiligt, nach einiger Zeit verlagert sich die Aktivität mehr in die rechte Hirnhälfte.

Beim Menschen ist eine starke Spezialisierung der Hirnhälften festzustellen. So liegen die **Broca-** und **Wernicke-Sprachzentren** bei den meisten Menschen in der **linken Hirnhälfte**. Die **rechte Hirnhälfte** scheint eher bei der Erfassung von **Zusammenhängen** eine Rolle zu spielen wie beim Erleben von Musik, bei der Wortintonation, die beim Sprechen eine Rolle spielt (Sprachmelodie) oder bei der Erfassung von 3-D-Informationen bei räumlichen Problemstellungen. Generell lässt sich sagen, dass die linke Hirnhälfte bei der Detailanalyse wichtig ist (Einheiten sind die einzelnen Bäume, aber nicht der Wald), während die rechte Hirnhälfte eher Details ignoriert und den **Überblick** herstellt (der Wald als Einheit, aber keine einzelnen Bäume).

Ein weiteres Beispiel wäre das Erkennen eines Sternbildes: Es müssen sowohl die einzelnen Sterne erkannt werden als auch die Konfiguration der Sterne zueinander. Das Erkennen der einzelnen Sterne des großen Wagens ist demnach eher eine Aufgabe für die linke Hirnhälfte, das Erkennen des Sternbildes eher eine der rechten Hirnhälfte.

Bei dem Phänomen des „**Körper-Neglekts**" nehmen die betroffenen Patienten ihren Körper nicht mehr vollständig wahr und empfinden z. B. Körperteile nicht als ihnen zugehörig: Arme und Beine erscheinen fremd, nicht als Teil des Körpers. Dieser **Neglekt** (lat. neglegere: vernachlässigen) tritt in der Regel auf, wenn Schäden in der rechten Hemisphäre in den sekundären sensorischen Cortexarealen auftreten. Es sind Fälle bekannt, in denen sich die Personen nicht bewusst waren, dass ihr linker Arm gelähmt war. Darauf angesprochen, reagierten sie mit Ausflüchten („der Arm ist heute etwas müde"). Die rechte Hemisphäre ist also vermutlich für die Gesamtrepräsentation des Körpers zuständig. Liegen die Schäden in der linken Hemisphäre, so sind sich die Patienten in der Regel über ihre Behinderungen im Klaren.

Ein weiteres Beispiel ist der Befund des **visuellen Neglekts**. Bei Schäden in rechten sekundären visuellen Cortexarealen kann es vorkommen, dass die Patienten einen Teil des visuellen Gesichtsfeldes verlieren, ohne dass es ihnen bewusst ist. Sie ignorieren den Teil, den sie nicht sehen können, vollständig. Ein Teller wird nur halb leer gegessen, ein Bild nur halb fertig gemalt.

Halbiertes Hirn – doppelte Person? Eine wichtige Studie beschäftigte sich mit der Spezialisierung der Hirnhälften und wie sie miteinander zusammenarbeiten. Beide Hirnhälften sind durch axonale Faserbündel miteinander gekoppelt, dem **Balken** (**Corpus callosum**). Durch diese starken anatomischen Verbindungen sind die beiden Hirnhälften funktionell zu einer Einheit verschaltet (Abb. 7.**7**).

Die Neurologen R. Sperry und M. Gazzaniga untersuchten Patienten, bei denen der **Balken durchtrennt** worden war, um die Ausbreitung von epileptischen Anfällen von einer Hirnhälfte auf die andere zu verhindern. Die chirurgischen Eingriffe waren erfolgreich: Bei einigen Patienten verschwanden die epileptischen Anfälle vollständig, bei anderen traten sie nur noch abgeschwächt auf. Zunächst schienen die Patienten in ihren intellektuellen Fähigkeiten vom Eingriff kaum beeinflusst zu sein. Nähere Untersuchungen zeigten jedoch, dass die Hirnhälften nun funktionell isoliert arbeiteten.

Mithilfe eines speziellen Versuchsaufbaus konnte Information getrennt in die linke oder rechte Hirnhälfte projiziert werden. Da die linke Hirnhälfte exklusiv visuelle Information vom rechten Gesichtsfeld bezieht, und die rechte Hirnhälfte vom linken Gesichtsfeld (S. 535, Abb. 6.**23**), ist es möglich, gezielt eine Hirnhälfte anzusprechen. Bei den meisten Patienten war die rechte Hirnhälfte stumm, da sie keinen Zugang zum Sprachzentrum hat. Wenn man eine Versuchsperson ansprach, antwortete also immer die linke Hirnhälfte. In den Versuchen war die linke Hirnhälfte besser in der sprachlichen Analyse und in mathematischen Algebra-Aufgaben. Die rechte Hirnhälfte dagegen löste räumliche oder musikalische Aufgaben besser. Wenn ein Bild in die rechte Hirnhälfte projiziert wurde und die Person gefragt wurde, was gezeigt worden war, antwortete die Person (also die linke Hirnhälfte), dass sie es nicht weiß. Da die rechte Hirnhälfte die linke Hand kontrolliert und

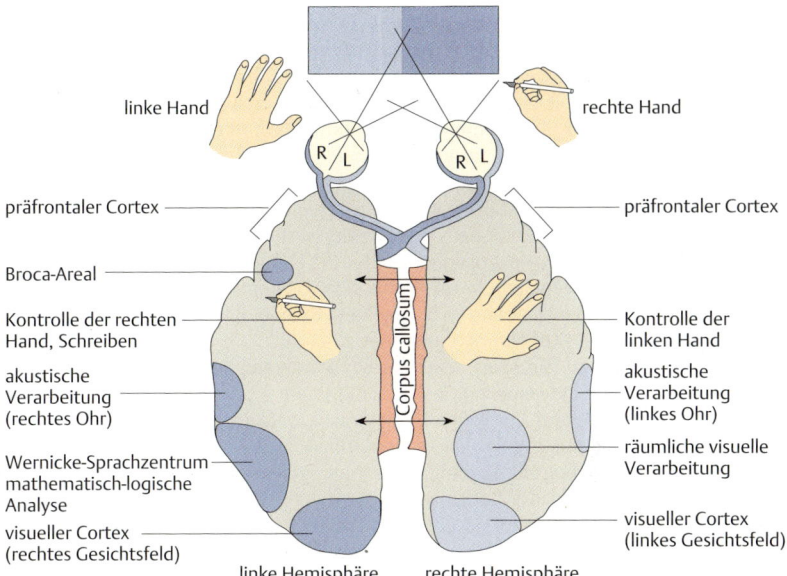

Abb. 7.**7 Areale der beiden Hemisphären, die für bestimmte Aufgaben spezialisiert sind.** Die Aufteilung ist nicht spiegelsymmetrisch, jede Hemisphäre ist unterschiedlich spezialisiert.

die linke die rechte Hand, kann man dadurch beide Hirnhälften getrennt zu einer Antwort bewegen. Während die linke Hirnhälfte antwortete, dass sie nichts gesehen hatte, zeigte die rechte Hirnhälfte jedoch mit der linken Hand auf die vorher gezeigte Figur auf einer Bildtafel. Sie hatte also das Bild sehr wohl erkannt.

In weitergehenden Untersuchungen zeigte sich, dass beide Hirnhälften auch unterschiedlichen Geschmack entwickeln können. So wunderte sich eine Patientin, dass sie manchmal morgens mit der linken Hand ein Kleid aus dem Schrank nahm, aber gleichzeitig mit der rechten Hand ein anderes. Die Entscheidung, welches Kleid nun angezogen werden soll, wurde manchmal zu einem Problem. Bei Menschen mit intaktem Balken sind solche Divergenzen nicht möglich, da beide Hirnhälften als eine Einheit funktionieren und eventuelle Unterschiede in der Beurteilung einer Situation „intern" geregelt werden. Dabei scheint in der Regel die dominante linke Hirnhälfte die Entscheidungen zu treffen.

> **Cortexareale:** Bereich der Großhirnrinde, dienen der Verarbeitung von neuronaler Information, bilden sensorische Felder ab (Repräsentation), können primär, sekundär oder höherer Ordnung sein, können uni- oder multimodal sein. Eingangsareal: sensorisch; Ausgangsareal: motorisch.

Primärer Cortex: Zusammenfassung aller primärer Cortexareale (visuell, sensorisch, somatosensorisch, akustisch, Motorcortex), taktile, akustische und optische Information kommt vorverarbeitet von Kernen des Thalamus, Geruchsinformation kommt direkt vom Bulbus olfactorius zu limbischen Cortexarealen. Information ist topologisch geordnet (Ausnahme Geruchsinformation): Information benachbarter Rezeptoren liegen auch im Cortexareal nebeneinander; jedes Körperteil ist repräsentiert.

Phantomschmerz: Information (z. B. Schmerz) von nicht mehr vorhandenen Rezeptoren, beruht auf Plastizität der Cortexareale, verursacht durch Neuverschaltung von Neuronen an den Cortexarealgrenzen.

Sekundäres Cortexareal: Empfängt Information von primären Cortexarealen, dient der höheren Weiterverarbeitung (z. B. Objekterkennung, Bewegungsanalyse), Information ist nicht mehr topologisch geordnet.

Gesichtserkennung: Spezielles sekundäres Cortexareal, setzt Information Nase-Auge-Ohr zu einem individuellen Gesicht zusammen.

Broca-Areal: Sekundäres Cortexareal, Aussprachezentrum, koordiniert Mund- und Zungenbewegung, meist in der linken Hemisphäre.

Multimodales Cortexareal: Verbindet mehrere Sinneseindrücke miteinander, notwendig für komplexere Reaktionsmuster.

Wernicke-Areal: Multimodales Cortexareal, verbindet gesprochene und gelesene Worte mit dem Sinn, meist in der linken Hemisphäre.

Präfrontaler Cortex: Übergeordnetes multimodales Cortexareal, verbindet alle anderen uni- und multimodalen Areale, ursprünglich aus dem motorischen Cortex. Koordinations- und Managerfunktion für andere Cortexareale.

Limbischer Assoziationscortex: Medialer und ventraler Teil des präfrontalen Cortex, grenzt an limbisches System. Koordination und Kontrolle emotionaler Prozesse, verantwortlich für angepasstes Verhalten.

Autismus-Syndrom: Patienten zeigen unter anderem Veränderungen im limbischen Assoziationscortex, Patienten zeigen Verhaltensstörungen: in sich gekehrt; können soziale Signale wie Sprachmelodie, Gesichtsausdruck nicht deuten.

Arbeitsgedächtnis: Lokalisiert im dorsal-lateralen Bereich des präfrontalen Cortex, spielt Rolle bei Erfassung und Planung von Handlungsweisen sowie deren logischer Abfolgen, speichert kurzfristig Information. Neuronen reagieren unspezifisch auf Informationsart oder Reizmodalität.

Lateralisierung: Führt dazu, dass die Großhirnhemisphären nicht spiegelsymmetrisch sind; sie spezialisieren sich in ihrer Funktion. Beispiel: linke Großhirnhemisphäre: Detailanalyse; rechte Großhirnhemisphäre stellt den Überblick her (Baum = Detail; Wald = Kontext).

Neglekt: Körperteile werden als „fremd" empfunden, nicht bewusst als eigen wahrgenommen, oder Bilder werden nur halb gesehen. Verursacht durch Schädigungen in rechter Hemisphäre.

7.2 Funktionelle Systeme

> Die **Zusammenarbeit** oder Verschaltung von **Cortex** und **anderen Teilen** des Gehirns zu Einheiten bildet die Grundlage für komplexe Reaktionsmuster.

7.2.1 Neurobiologische Grundlage der Gefühle: Das limbische System

Anteile des Stammhirns, Kerne des Thalamus (Abb. 7.**8**) und der Basalganglien sowie Bereiche des Cortex stehen im engen Zusammenhang mit der Entstehung von Gefühlen. Abb. 7.**9** zeigt eine grobe Übersicht, welche Areale beteiligt und wie sie verschaltet sind. Anatomen fiel bereits im 19. Jahrhundert auf, dass es Gebiete gibt, die eng miteinander zu einem Netzwerk verschaltet sind und funktional zusammengehören. Hinweise auf den emotionalen Inhalt der Funktion dieses Systems, das als **limbisches System** bezeichnet wird, gab es bereits recht früh, z. B. durch die Beobachtung, dass das Tollwutvirus bevorzugt Anteile des limbischen Systems befällt und dabei bei Mensch und Tier starke Emotionen auslösen kann.

Anteile im Stammhirn: das Belohnungssystem

Versuche an Ratten, bei denen die Tiere elektrisch in verschiedenen Arealen des Hirns gereizt wurden, zeigten, dass die Tiere anfangen sich selbst zu reizen, wenn bestimmte Gebiete, z. B. das **ventrale Tegmentum**, aktiviert wurden. Abb. 7.**10** zeigt, welche Areale beteiligt sind. Die Elektroden können dabei beliebig auf der gesamten Länge der Projektion zum ventralen Tegmentum positioniert sein.

Auch beim Menschen ist dieses System ausgebildet. Versuche mit elektrischer Stimulation sind eher selten, werden aber bei Explorationen vor hirnchirurgischen Eingriffen durchgeführt. Dabei kann es zu positiven Gefühlen kommen, wie von

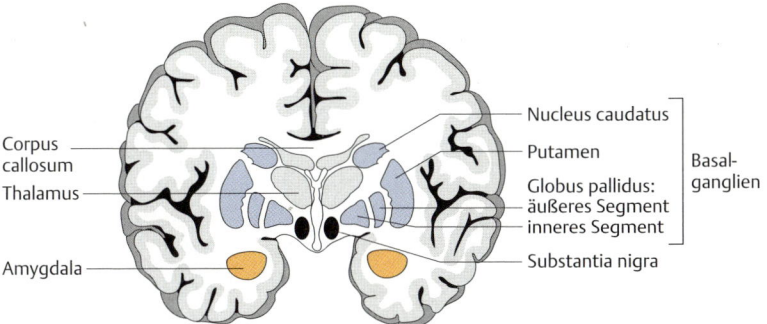

Abb. 7.**8** **Frontalschnitt eines Gehirns.** (Nach Nieuwenhuys, Springer-Verlag, 1980.)

7 Höhere Verarbeitungsprozesse

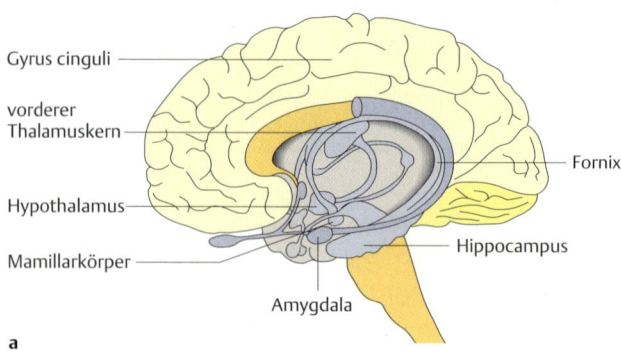

Abb. 7.**9** **Die Hauptanteile des limbischen Systems.** Die Anteile aus dem Mittelhirn, dem Zwischenhirn und corticale Anteile sind über Faserbündel miteinander verbunden.

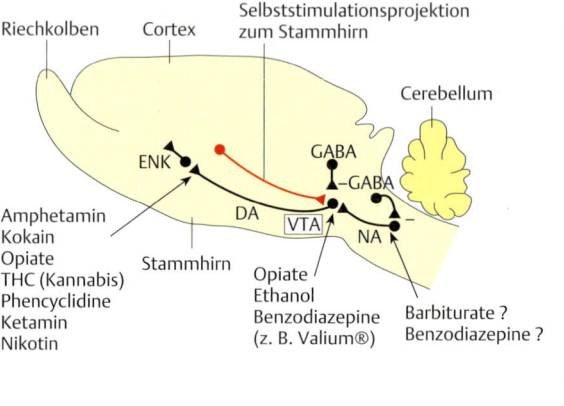

Abb. 7.**10**
Hirnareale bei der Ratte, die zu Selbstreizungen führen, wenn man den Tieren die Gelegenheit gibt, diese Gebiete über implantierte Elektroden elektrisch zu reizen. Sie sind vermutlich ein Bestandteil des endogenen Belohnungssystems. Diese Gebiete enthalten Neurone, die Rezeptoren für eine Reihe von stimulierenden Drogen tragen (ENK = Enkephalin, GABA). (Nach Kandel, Schwartz, McGraw-Hill. Medical, 2000)

den Patienten berichtet wird. Eindeutigere Hinweise auf die hedonistische Natur dieser Hirnareale liefert die Neuropharmakologie: Suchterzeugende Drogen wie Opiate oder Benzodiazepine wirken auf diese Neuronengruppen (Abb. 7.**10**). Die Funktion dieses Systems ist eindeutig: Handlungen, die erfolgreich sind oder eine Befriedigung von Bedürfnissen erreichen, werden verstärkt. Da das System höhere Areale im Thalamus und Cortex einschließt, ist es möglich, Assoziationen zwischen zunächst wertneutralen Handlungen und dem **Belohnungssystem** zu knüpfen.

Die Amygdala

Die Amygdala (**Mandelkern**), ein Bereich im Temporallappen, spielt eine wichtige Rolle bei dem Erlernen von emotionalen Zusammenhängen. Ratten, bei denen die Amygdala geschädigt wurde, können nicht mehr die Assoziation zwischen einem Furcht erregenden Ereignis und der Umgebung, in der diese Erfahrung gemacht worden war, erlernen. Sie vermeiden dann auch diese Umgebung nicht, wenn man ihnen die Wahl lässt. Die Amygdala ist daher hauptsächlich an der **Verknüpfung von Erfahrungen mit Emotionen** beteiligt.

Beim Menschen haben klinische Studien gezeigt, dass Patienten mit einer beidseitigen Degeneration der Amygdala (**Urbach-Wiethe-Syndrom**) nicht in der Lage sind, die emotionalen Gesichtsausdrücke ihrer Mitmenschen zu erkennen. Insbesondere negative Gefühle oder Gesichtsausdrücke bei anderen Menschen werden nicht erkannt. Auch sind sie nicht in der Lage, gefährliche Situationen richtig einzuschätzen.

7.2.2 Lernsysteme

Eine wichtige Funktion des ZNS ist die des **Lernens**. Wie bereits in Kap. 5 beschrieben, gibt es eine Reihe von elementaren Lernvorgängen (Habituation, Sensitivierung, klassische Konditionierung, s. auch S. 607). Diese Prozesse finden in erster Linie in Arealen des Stammhirns statt. Komplexere Lernvorgänge bedürfen der Aktivität höherer Hirnstrukturen.

Lernen erfolgt modalitätsspezifisch

Generell lässt sich sagen, dass Lernen **dezentralisiert** stattfindet und an die jeweiligen Hirnareale geknüpft ist, die die Sinnesqualitäten verarbeiten. Akustische Information ist also in den Gebieten gespeichert, die die Schallverarbeitung durchführen. Die Erinnerung an Bilder, Gesichter oder Landschaften ist in den Arealen des Temporallappens lokalisiert, in denen die Bilderkennung erfolgt. Es gibt also keine spezialisierten Speichergebiete im Gehirn ähnlich der Speicherchips in Computern, sondern die Information ist **in den Informationsanalyse-Arealen** gespeichert.

Hirnareale des Lernens sind miteinander verbunden

Hirnareale, die eine Rolle in der Gedächtnisbildung spielen, sind miteinander zu **Lernsystemen** verbunden. Untersuchungen an Personen mit Hirnschäden haben ergeben, dass der **Hippocampus** (Abb. 7.**9**), der vom Archicortex gebildet wird, eine wesentliche Rolle bei der Gedächtnisbildung spielt (s. u.). Es sind jedoch auch andere Hirnareale beteiligt, und vor allem sind die Verbindungen dieser Areale zueinander von Bedeutung. Lernen ist also eine **Systemeigenschaft**. Das Ausschalten einzelner Areale bewirkt nur mäßige Behinderungen des Lernens, während das simultane Deaktivieren von mehreren Anteilen dieses Systems zu schweren Gedächtnisstörungen führen kann.

Wichtige Anteile dieses Lernsystems decken sich mit Teilen des **limbischen Systems** (Abb. 7.**8**, Abb. 7.**9**). Es ist sicher kein Zufall, dass die Hirnareale, die mit emotionalem Erleben in Zusammenhang stehen, auch eine Rolle bei der Gedächtnisbildung spielen. So haben entsprechende Anteile des limbischen Systems einen Einfluss auf die Lernfähigkeit:

- Die corticalen Anteile des **Temporallappens** sind – neben dem Hippocampus – bei Primaten und beim Menschen bei der Gedächtnisbildung wichtig.
- Ein Patient mit einer Stichwunde in bestimmten **Thalamuskernen** entwickelte starke Lernschwierigkeiten.
- Die **Mamillarkörper** bilden einen Teil des limbischen Systems, durch den viele Informationen laufen, und sind z. B. beim Korsakow-Syndrom (häufig bei Langzeitalkoholikern aufgrund von Thiamin-Mangel) geschädigt. Die Betroffenen haben schwere Gedächtnisstörungen, die zu einem Teil auf den Verlust der Mamillarkörper zurückzuführen sind.

Andere Areale, die nicht zum limbischen System gerechnet werden, spielen ebenfalls eine Rolle in der Gedächtnisbildung, wie der **Nucleus basalis**, der aus dem Stammhirn in corticale Areale projiziert. Die Funktion dieser Projektion ist die der Aktivierung der Hirnregionen. Bei Alzheimer-Patienten ist dieser Nucleus eine der Regionen, die in den ersten Stadien besonders betroffen sind. Gedächtnisstörungen sind die Folge.

Ein weiteres wichtiges Areal ist der **präfrontale Cortex**, der besonders für das Arbeitsgedächtnis eine Rolle spielt (s. o.).

„Ich erinnere mich, also bin ich" – der Fall H. M. Ein Meilenstein in der Gedächtnisforschung ist die Geschichte des Seemanns H. M., der 1953 wegen chronischer Epilepsieanfälle hirnchirurgisch behandelt worden war. Dabei wurde je ein Teil der beiden Temporallappen entfernt, in dem sich unter anderem der **Hippocampus** befindet. Der Hippocampus ist in vielen Fällen der Herd von nicht behandelbaren Epilepsien. Da zu diesem Zeitpunkt nicht genau bekannt war, welche Funktionen der Hippocampus hat, wurde eine beidseitige Entfernung des lateralen Temporallappens durchgeführt. Das Ergebnis der Operation war spektakulär. Zwar verschwanden die epileptischen Anfälle, allerdings war der Patient H. M. nicht mehr in der Lage, ein **Langzeitgedächtnis** auszubilden. Sein Gedächtnis reichte über den Zeitraum eines Gespräches nicht hinaus. Während sein Gedächtnis der Vorgänge vor der Operation zu einem gewissen Teil beeinträchtigt war, konnte er sich praktisch an nichts erinnern, was nach der Operation stattfand. Bei einer Untersuchung 40 Jahre später glaubte er, sich in den 50er-Jahren zu befinden und 27 Jahre alt zu sein, das Alter, in dem die Operation durchgeführt worden war. In einem Versuch, der im Alter von 60 Jahren durchgeführt wurde, war er nicht in der Lage, sich selbst auf einem Foto zu erkennen, auf dem er 40 Jahre alt war.

Dieser Fall schien den Hippocampus als den zentralen Ort der Gedächtnisbildung zu identifizieren, und eine lange Serie von wissenschaftlichen Untersuchungen zur Rolle des Hippocampus in der Gedächtnisbildung begann. Es zeigte sich jedoch in folgenden Untersuchungen, dass H. M. zusätzliche Schäden in einer Reihe von anderen wichtigen Hirnregionen davongetragen hatte. So waren wichtige corticale Areale beschädigt, die für die Informationsverarbeitung und Speicherung wichtig sind. Auch zeigten Läsionsstudien in Primaten und in Patienten, die einen Schlaganfall erlitten hatten, dass eine auf den Hippocampus beschränkte Läsion nur verhältnismäßig geringe Lernstörungen produziert. Um eine vollständige Amnesie vom Typ H. M. zu erlangen, müssen **mehrere Hirnregionen** simultan geschädigt sein.

Motorisches und sensorisches Lernen

Das beschriebene Lernsystem ist vor allem für die Bildung von **sensorischem Gedächtnis** verantwortlich. Läsionsstudien haben gezeigt, dass es jedoch (mindestens) zwei relativ unabhängige Lernsysteme gibt, die unterschiedliche Aufgaben haben. Das **motorische Gedächtnis** ist in erster Linie für das Erlernen von motorischen Programmen und deren Ausführung zuständig, während das sensorische System Informationen der Sinnesorgane speichert. Studien zeigten, dass Läsionen im motorischen System (Basalganglien, motorische Kerne des Thalamus, Motorcortex, Kleinhirn, Abb. 7.11) zur Folge haben, dass die Tiere motorische Verhaltenstests nur schwer erlernen können, jedoch sensorische Tests (z. B. Orientierungstests) normal erlernen, solange die Motorik nicht zu stark beeinträchtigt ist.

Läsionen im limbisch-sensorischen Lernsystem jedoch lassen motorisches Lernen relativ unbeeinträchtigt, während sensorische Informationen nur schwer erlernt werden.

Diese funktionelle Unterscheidung lässt sich auch beim Menschen beobachten. So hat sich gezeigt, dass Alzheimer-Patienten, bei denen in den frühen Stadien zunächst der sensorische Cortex betroffen ist, oder der Patient H. M. (s. o.), durchaus motorische Aufgaben normal erlernen können (z. B. Erlernen des Schreibens in Spiegelschrift), sensorische Aufgaben jedoch nur schwer erlernen (z. B. das Lernen von Namen). Parkinson-Patienten hingegen haben wenig Probleme, sensorische Aufgaben zu lösen, sind jedoch nur bedingt in der Lage, motorische Fertigkeiten zu erlernen.

Anekdotisch lässt sich die relative Unabhängigkeit dieser beiden Lernsysteme gut belegen: 1962 wurde dem Patienten H. M. in einer Studie die motorische Fähigkeit beigebracht, Muster zu zeichnen, während er seine Hand nur in einem Spiegel sah. Er musste also lernen, seine Hand spiegelverkehrt zu steuern. Dies erfordert zunächst etwas Übung, ist aber recht schnell zu lernen. H. M. lernte diese Übung ohne Schwierigkeiten. Von Tag zu Tag verbesserten sich seine motorischen Leistungen (motorisches Gedächtnis), jedoch konnte er sich nach Tagen bei einem Test nicht mehr daran erinnern, die Übungen je vorher gemacht zu haben (sensorisches Gedächtnis).

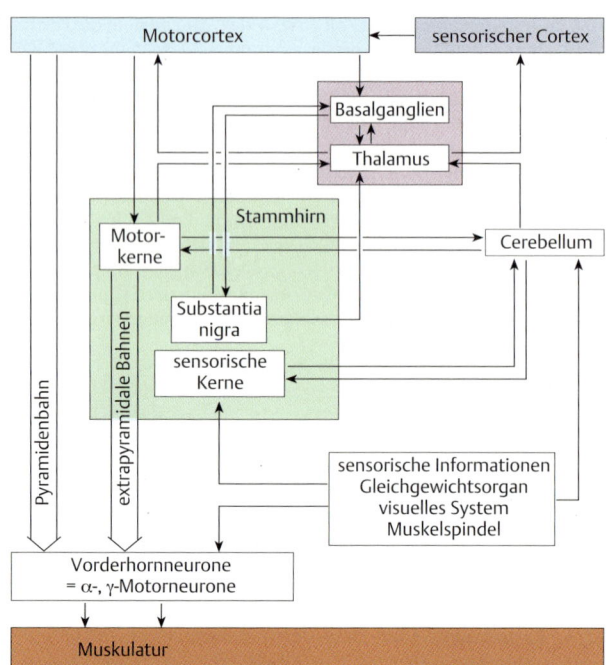

Abb. 7.**11 Das motorische System.** Die verschiedenen Anteile sind durch starke Faserbündel verbunden.

Viele Krankheiten sind darauf zurückzuführen, dass im zentralen Nervensystem Probleme mit dem neuronalen Stoffwechsel oder der Kommunikation zwischen den Neuronen entstehen. Zu diesen gehören die Parkinson-Krankheit, Epilepsie, die Huntington-Chorea und auch die Alzheimer-Krankheit.

Die **Alzheimer-Krankheit** ist die häufigste Ursache der krankhaften Abnahme intellektueller und geistiger Fähigkeiten im Alter. Aus diesem Grunde werden die Auslösefaktoren und Grundlagen der Krankheit unter Hochdruck und mit viel Geldinvestitionen erforscht. Die Krankheit kann im Extremfall bereits ab Mitte Fünfzig eintreten. In solchen Fällen können aktive und intelligente Menschen innerhalb weniger Jahre zu dementen Pflegefällen degenerieren. Was sind die Ursachen für diesen dramatischen Zerfall?

Charakteristisch für die neurodegenerative Krankheit sind die Ansammlungen von Proteinkristallen, den sogenannten **Plaques**, und intrazelluläre Anhäufungen von Mikrotubuli, Fibrillenbündel, die sehr stark phosphoryliert sind. Außerdem ist das Gehirn im fortgeschrittenen Krankheitsstadium durch kontinuierlichen Zelltod wesentlich kleiner als das von gleichaltrigen Menschen ohne Demenz. Was genau diese neurodegenerativen Prozesse auslöst ist nicht vollständig bekannt. Es gibt aber eine Reihe von Hinweisen, die das Interesse der Forscher auf die Plaques gerichtet haben. Diese bestehen aus Proteinfragmenten, den **Beta-Amyloiden**. Beta-Amyloide sind Teil eines Amyloid-Vorläuferproteins (amyloid precursor protein, APP) und werden nach proteolytischer Spaltung durch Enzyme von Nervenzellen freigesetzt. Da die Beta-Amyloidfragmente schwer wasserlöslich sind, bilden sie kristallähnliche Konglomerate, die Plaques. APP ist ein membranständiges Protein, dass vermutlich für die Identifikation der Neurone wichtig ist. Es gibt viele verschiedene solcher Zellerkennungsproteine, die beim Gewebewachstum und der Zelldifferenzierung wichtige Rollen spielen. Welche Rolle das APP-Molekül spielt, ist noch nicht vollständig bekannt.

Etwa 5 % der Alzheimer-Erkrankungen sind vererbt, während die Mehrheit der Fälle sporadisch auftritt. Interessant ist, dass alle bisher identifizierten Formen der vererbten Erkrankung auf Mutationen beruhen, die die Produktion oder Auskristallisation von Beta-Amyloid erhöhen. Auch Patienten mit Trisomie 21, dem Down-Syndrom, erkranken recht früh an der Alzheimer-Krankheit. Da das Chromosom 21 bei ihnen dreifach vorhanden ist, besitzen sie ein zusätzliches Gen für APP. In ihren Gehirnen sammeln sich die Plaques verstärkt an.

Die molekularen Grundlagen der Krankheit werden bisher nur in groben Zügen verstanden. Eine führende Hypothese, wie die neurotoxische Wirkung von Beta-Amyloid zustande kommt, ist die der Induktion von **oxidativem Stress**. In Hirngeweben von Alzheimer-Patienten wurde eine erhöhte Oxidation von Lipiden und Proteinen gemessen. Ursache dieser Oxidation könnte eine erhöhte Produktion von freien Radikalen sein. Freie Radikale werden im Zellstoffwechsel ständig produziert, und spezielle Enzyme sind im Normalzustand in der Lage, die Zelle vor unkontrollierter Oxidation zu schützen. In neuronalen Gewebekulturen kann man die Produktion von freien Radikalen durch Zugabe von Beta-Amyloiden erhöhen. Vermittelt wird dies unter anderem durch die Aktivierung von Ca^{2+}-Kanälen in den Zellmembranen. Die erhöhte zelluläre Ca^{2+}-Konzentration aktiviert mehrere Enzyme, die im Zuge ihrer metabolischen Aktivität auch freie Radikale produzieren. Es ist also denkbar, dass die erhöhte Ausschüttung von Beta-Amyloid im Gehirn von Alzheimer-Patienten über Jahre hinweg Neurone durch oxidativen Stress belastet und letztendlich tötet. An der Prüfung dieser Hypothese wird zurzeit intensiv geforscht.

7.2.3 Schlaf

Welche Funktion **Schlaf** hat, ist nicht vollständig geklärt. Schlaf ist nicht nur wichtig zur Erholung, sondern **lebenswichtig**, wie bei Menschen mit tödlicher vererbbarer Schlaflosigkeit (FFI, fatal familial insomnia) deutlich wird. Die Betroffenen entwickeln Symptome ab dem 50. Lebensjahr, wenn sie weniger und weniger in der Lage sind zu schlafen. Der Verlauf ist schnell und endet innerhalb von ein bis zwei Jahren mit dem Tod. Die Entwicklung der Krankheit geht einher mit der Degeneration eines Thalamuskerns. Welche Funktion dieser Kern genau in der Schlafkontrolle oder -induktion hat, ist nicht bekannt.

Tiere entwickeln unterschiedliche Schlafstrategien, und auch die durchschnittliche tägliche Schlafdauer (h/d) variiert enorm: Faultier (20), Maus (13), Schimpanse (9), Mensch, Kaninchen, Schwein (8), Elefant, Schaf, Ziege (3) und Pferd (2). Delfine leben im Wasser und können eigentlich nicht schlafen, da sie ja regelmäßig zum Luftholen an die Wasseroberfläche schwimmen müssen. Deshalb haben sie eine spezielle Technik entwickelt: Eine Großhirnhälfte schläft, während die andere wacht, um regelmäßig zu atmen, aufzutauchen und nach Feinden Ausschau zu halten.

Eine Theorie zur Funktion des Schlafes postuliert, dass im Schlaf Information vom Vortag verarbeitet wird und Gedächtnisinhalte konsolidiert werden. Ableitungen von Neuronen im Hippocampus zeigten ähnliche Feueraktivitäten und Aktivitätsmuster im Schlaf, die sie schon am Vortag während des Lernens einer Aufgabe zeigten. Das deutet darauf hin, dass **Information** im Schlaf **rekapituliert** wird und unter Umständen verarbeitet und stabiler gespeichert wird.

Schlafphasen

Das Gehirn ist auch im Schlaf aktiv und zeigt charakteristische Aktivitätsmuster. Im Allgemeinen wird zwischen **REM-Phase** und vier verschiedenen **non-REM-Phasen** unterschieden, je nach Tiefe des Schlafes. Der Übergang zwischen Wachzustand und den vier Schlafphasen ist dabei fließend.

- **REM-Schlaf** (REM, rapid eye movement, die Augen bewegen sich im Schlaf): Diese Phase ist sehr nahe am Wachzustand und kann fließend in den Wachzustand übergehen. Während der REM-Phase scheint die Person hauptsächlich zu träumen, obwohl Träume auch außerhalb der REM-Phase beobachtet wurden.
- **Phase 1:** Dieser Schlaf ist sehr leicht und kann schnell unterbrochen werden. Augen- und Körperbewegungen sind unterdrückt. Es können spontane Kontraktionen der Arme und Beine auftreten, die sogenannte hypnotische Myoklonie. Diese spontanen Zuckungen werden durch unvollständige Unterdrückung der motorischen Areale ausgelöst. Auch das Gefühl des Fallens kann auftreten, was wahrscheinlich durch beginnende Unterdrückung somatosensorischer Information von Muskeln und Gelenken an das Gehirn ausgelöst wird. Im EEG finden sich Theta-Wellen (4–7 Hz).
- **Phase 2:** Die Hälfte des Schlafes insgesamt ist Phase-2-Schlaf. In dieser Phase sind Augen- und Körperbewegungen ganz unterdrückt. Das EEG zeigt kurze hochfrequenten Oszillationen („Schlafspindeln", 7–14 Hz) und scharfe hochamplitudige Wellen (K-Komplexe).
- **Phase 3:** Diese Phase ist Teil des Tiefschlafs. Im EEG sind jetzt Delta-Oszillationen (0,5–3 Hz) mit hoher Amplitude sichtbar. Es ist schwer, aus dieser Phase aufzuwachen.
- **Phase 4:** In dieser Phase ist das Gehirn im Tiefschlaf. Im EEG sind fast ausschließlich Delta-Oszillationen zu sehen. Aufwachen aus dieser Phase ist schwer, und eine Person reagiert auf Ansprache für einige Minuten nicht schnell und ist u. U. desorientiert. Tiefschlaf gilt als der Teil des Schlafes, der die beste Erholung bringt.

Schlafinduktion

Einer der „Taktgeber" bei der **Induktion des Schlafes** ist der ventrolaterale präoptische **Nucleus im rostralen Hypothalamus**. Dieser Kern inhibiert andere Hirnareale wie den suprachiasmatischen Nucleus, der für die Regulation des Wachheitsgrades zuständig ist. Ein weiterer wichtiger Schaltpunkt der Schlafregulation ist die Zirbeldrüse (**Epiphyse**). Die Neurone in der Zirbeldrüse schütten Melatonin aus, was als Hormon die Aktivität anderer Hirnregionen beeinflusst. Melatonin wird aus Serotonin hergestellt, weshalb der Mangel an Serotonin in der Nahrung bei einigen Menschen zu Schlafstörungen führen kann. Melatonin wird hauptsächlich nachts ausgeschüttet, synchron mit dem circadianen Rhythmus. In Fossilien von frühen Vertebraten und in der sehr ursprünglichen Echsenart Sphenodon enthält die Zirbeldrüse noch lichtempfindliche Zellen, die den Photorezeptoren in der Retina ähneln. Hell-/Dunkel-Information wird bei höheren Vertebraten durch Projektionen von der Netzhaut des Auges übermittelt.

Neurone in den genannten Hirnarealen mit Zeitgeberfunktionen zeigen spontane circadiane Aktivitätsmuster auch in Zellkultur. Diese zelluläre Grundaktivität steuert im intakten System neuronale Netze, die durch diese Oszillatoren als Taktgeber den Tag-Nacht-Rhythmus vieler zentralnervöser Funktionen verursachen. Synchronisiert wird dieser Oszillator durch Licht und hormonale Einflüsse.

Limbisches System: Gefühlszentrum, Verschaltung verschiedener Gehirnteile (Teile des Stammhirns, Kerne des Thalamus und der Basalganglien, Cortexbereiche).
Belohnungssystem: Verstärkt Handlungen, die erfolgreich waren oder Bedürfnisse befriedigen; Teile des Stammhirns; bei Ratten: ventrales Tegmentum, wird durch Opiate beeinflusst.
Amygdala: Mandelkern, Bereich des Temporallappens. Wichtig für das Erlernen von emotionalen Zusammenhängen, verknüpft Erfahrung mit Emotionen.
Hippocampus: Wird vom Archicortex gebildet, spielt wesentliche Rolle bei Gedächtnisbildung, Teil des Lernsystems.
Thalamuskerne: Gruppen von spezialisierten Neuronen; Kerne haben unterschiedliche Funktionen, z. B. limbisches System, Lernsystem, Sensorik, Motorik.
Mamillarkörper: Teil des limbischen Systems und des Lernsystems; Schädigungen führen zu Korsakow-Syndrom (bei Alkoholismus).
Nucleus basalis: Teil des limbischen Systems und des Lernsystems, Teil des Stammhirns; aktiviert von Hirnregionen durch Projektion.
Sensorisches Gedächtnis: Wird durch Lernsystem ausgebildet, dient der Speicherung von Sinneseindrücken.
Motorisches Gedächtnis: Wird durch Lernsystem ausgebildet, dient dem Erlernen und Ausführen motorischer Programme.

7.3 Generelle Prinzipien der Informationsverarbeitung

Informationsverarbeitung im Gehirn unterliegt verschiedenen Gesetzmäßigkeiten und Prinzipien. Das einfachste Prinzip ist die **lineare Verarbeitung**, „Schritt für Schritt". Es gibt aber eine ganze Anzahl anderer Prinzipien, die **parallele Verarbeitung** von Information, und die **„dezentralisierte" Verarbeitung** in neuronalen Netzen, in denen die Information nicht in diskreten „Paketen" kodiert ist, sondern über das Netz verteilt (verschmiert?) ist. Im Gehirn scheinen alle diese Prinzipien zur Anwendung zu kommen. Jedes der Prinzipien hat besonderen Eigenschaften und Begrenzungen, die hier im Detail besprochen werden.

7.3.1 Probleme mit linearer Informationsverarbeitung

Bis hierher wurde der Informationsfluss und die **Informationsverarbeitung** im Gehirn in einer **linearen**, hierarchischen Weise beschrieben: Visuelle Information erreicht die Retina, wird über die Sehbahn über den speziellen Thalamuskern (den lateralen Kniehöcker, Geniculatum laterale) zum primären visuellen Cortex gesandt und dort von sekundären Arealen weiterverarbeitet. Dabei wird die Information nach verschiedenen Qualitäten verarbeitet, wie Farben, räumliche Tiefe und Bewegung. Diese Darstellung ist stark vereinfacht, idealisiert und so nicht zutreffend.

Das Problem mit der Zeit

Da zwischen den einzelnen Cortexarealen lange Signalwege zu überbrücken sind, deshalb Verzögerungen der Informationsweiterleitung durch die axonalen Laufzeiten und die synaptischen Verschaltungen auftreten, würde es etwa eine halbe Sekunde dauern, bis beispielsweise ein Gesicht erkannt werden kann. Die analysierenden Areale für Farbe, Form, Geschwindigkeit, 3D-Projektion müssten ja alle untereinander Verbindung aufnehmen.

Ableitungen im Cortex haben jedoch gezeigt, dass komplexe Prozesse wie Gesichtserkennung bereits nach rund 75 Millisekunden abgeschlossen sind. Das entspricht ungefähr der Zeitdauer, die die Information von der Retina über den Sehhöcker zum visuellen Cortex zurücklegt. Es bliebe keine Zeit, Information etwa vom Farbareal zum Objekterkennungsareal zu schicken. Ein rein lineares System kann eine solch schnelle Leistung daher nicht vollbringen.

Das Problem mit der Speicherung

Bei linearer Informationsverarbeitung müsste die Information kontinuierlich **konvergent** auf immer weniger Neurone zugeleitet werden, die immer kompliziertere Prozesse codieren (z. B. ein Gesicht). Irgendwann gelangte man auf eine Stufe, bei der alle Informationen über ein Gesicht auf ein einziges Neuron konvergieren würden. Ein solch hypothetisches Neuron wird auch „**Großmutterzelle**" genannt, da es alle visuellen Informationen, also auch die über die eigene Großmutter, repräsentiert und auch speichert. Jedes Objekt braucht in diesem System eine Zelle, die die Information speichert. Man kann sich leicht ausrechnen, dass man bald keine frei verfügbaren Neurone mehr im visuellen System hätte. Obwohl der Cortex eine große Anzahl von Zellen besitzt, ist die Zahl der visuellen Eindrücke, die man im Leben aufnimmt, größer. Auch wäre dieses System sehr **unflexibel**. Wenn man etwas Neues sähe, wäre dieses unflexible System nicht in der Lage, Gemeinsamkeiten zu bisher gesehenen und gespeicherten Objekten zu erkennen. Wir könnten also neue Objekte erst einmal überhaupt nicht erkennen, auch wenn sie Ähnlichkeiten mit bereits bekannten haben. Tatsächlich ist unser visuelles System aber sehr flexibel, und wir können auch neue Objekte „verstehen" und die Ähnlichkeiten mit bekannten Objekten sofort erkennen.

Das Problem mit der Verlässlichkeit

Ein weiteres Argument gegen die lineare „Großmutterzellen"-Architektur des Gehirns ist die Tatsache, dass Neurone chronisch unzuverlässig sind. Das Rauschverhältnis ist extrem hoch im Nervensystem, da Neurone spontan aktiv sein können, oder umgekehrt auch bei starker Aktivierung nicht immer feuern. „**Großmutterzellen**" dürften aber nicht spontan feuern, da ja sonst Halluzinationen auftreten würden, und sie müssten extrem zuverlässig feuern, wenn der richtige Stimulus erscheint, damit wir die Personen auch erkennen.

Auch wäre der **Tod** einer solchen „Großmutterzelle" eine Katastrophe, da die gesammelte Information plötzlich und vollständig verloren ginge. Tatsächlich sterben aber täglich Tausende von Neuronen ab, ohne dass es uns bewusst wird. Im Gegenteil – der Cortex ist sogar sehr tolerant gegenüber Zellverlust. Bei jüngeren Menschen können im Extremfall ganze Cortexareale (z. B. durch Epilepsie) zerstört werden, ohne dass es zu größeren Ausfällen kommt. In einem Fall wurde einem Kind die ganze linke Hirnhälfte entfernt, da es der Herd von nicht-behandelbaren epileptischen Anfällen war. Nach einer Erholungsphase zeigten sich die Eltern und die Ärzte überrascht, wie gering die Ausfälle bei dem Kind waren. Einige Aktivitäten konnte das Kind sogar besser durchführen. Vermutlich funktionierte die linke Hirnhälfte bereits seit geraumer Zeit nicht mehr zuverlässig, und die Funktionen der linken Hirnhälfte waren bereits von der rechten weitgehend übernommen worden, inklusive des Sprachvermögens.

Der Psychologe **Karl Lashley** unternahm in den 30er-Jahren eine Reihe von Versuchen bei Ratten um herauszufinden, welches corticale Areal für welche Verhaltensleistung zuständig ist. Zu seiner Überraschung konnte er keine spezifischen Verluste nach der Entfernung verschiedener Cortexanteile feststellen, und nur die Gesamtmenge des entfernten Cortex schien eine Auswirkung auf die Fähigkeiten zu haben, etwa den Weg durch ein Labyrinth zu erlernen. Er stellte die Vermutung auf, dass der Cortex nicht sehr spezialisiert ist, und nur die Quantität eine Rolle spielt.

Warum sind Menschen so schlecht im Kopfrechnen? Was ist die Quadratwurzel von 127? Nun? Warum dauert es so lange, ein verhältnismäßig leichtes Algebra-Problem zu lösen? Jeder billige Taschenrechner kann das Problem im Bruchteil einer Sekunde lösen. Im Vergleich dazu sind unsere Fähigkeiten erstaunlich begrenzt. Jedoch: Wir sind sehr gut in der Objekterkennung. So ist es für uns kein Problem, einen Menschen wiederzuerkennen, auch wenn er inzwischen älter, übergewichtiger, kahler geworden ist, einen Bart hat und eine Sonnenbrille trägt. Bisher ist es nicht möglich gewesen, einen Computer zu bauen, der eine solche „leichte" visuelle Aufgabe lösen kann. Tauben sind übrigens auch in der Lage, ähnliche Aufgaben zu lösen.

Der wesentliche Unterschied zwischen Mensch und Computer besteht darin, dass **Computer** mit einer **linearen Informationsverarbeitungs-Architektur** arbeiten. Sie haben Prozessoren, die relativ schwierige Probleme in jedem Schritt bewältigen können. Allerdings können sie nicht viele Probleme gleichzeitig lösen. **Gehirne** dagegen arbeiten nach dem **parallelen Verarbeitungsprinzip**. Dadurch kann ein Problem in viele relativ einfache Unterprobleme aufgeteilt werden, die alle gleichzeitig bearbeitet werden, und die Bildverarbeitung so viel schneller vonstatten gehen lässt. Außerdem wird dabei kein hochspezieller Prozessor gebraucht, sondern die Arbeit kann von vielen eher einfachen Prozessoren (also Neuronen) ausgeführt werden. Ein Nachteil: Algebraische Probleme lassen sich nicht beliebig in einfache Probleme aufspalten, sie sind also ideal für lineare Informationsverarbeitung. Unser Gehirn ist nicht ohne weiteres in der Lage, komplexe algebraische Prozesse in einem Schritt zu bewältigen.

Die Aufgabe, Menschen wiederzuerkennen, ist eine Mustervervollständigungsaufgabe. Neuronale Netze sind sehr gut auf diesem Gebiet, aber lineare Informationsverarbeitungssysteme nicht.

Das Problem mit der Informationszusammenführung

Ein weiteres Problem wäre, die jeweiligen Eigenschaften von Dingen (also Farbe, räumliche Dimensionen, Bewegung), die bei strikt linearer Informationsverarbeitungsweise in verschiedenen Cortexarealen analysiert werden, wieder zusammenzuführen, um ein vollständiges Objekt zu erhalten. Ein Hund zum Beispiel hat verschiedene Eigenschaften, eine bestimmte Farbe, bestimmte Bewegungsweisen oder eine bestimmte Größe. Woher weiß das Gehirn, dass die Farbe zu dem Hund gehört? Die Areale, die Farbanalysen betreiben, sind relativ weit entfernt von den Arealen der räumlichen Analyse. Wie werden die **Eigenschaften synthetisiert**, die Einzeleigenschaften also wieder zu einem Hund „zusammengefügt"? In einem linearen Informationsverarbeitungssystem wäre dies nur unter erheblichem Aufwand zu machen, der vor allem Zeit braucht. Die jeweiligen Informationsanteile müssen gekennzeichnet werden, dass sie zu dem Objekt „Hund" gehören, und dann über Verbindungsleitungen zusammengeführt werden.

7.3.2 Die Antwort: Parallele Informationsverarbeitung und neuronale Netzwerke

Eine Methode, die Informationsverarbeitung zu beschleunigen, ist die **parallele Informationsverarbeitung**. Anstatt wie bei einem Computer jeden Bildpunkt nacheinander zu rechnen, kann ein paralleles System alle Bildpunkte gleichzeitig berechnen. Wie wir von der Anatomie des visuellen Systems wissen, wird die Information parallel an das ZNS weitergeleitet. Die Bildverarbeitung kann daher **sehr schnell** erfolgen. Neurone sind ideal für ein parallel geschaltetes System: Sie können nur verhältnismäßig einfache Probleme bearbeiten und sind sehr langsam (im Vergleich zu Computerprozessoren), aber parallel geschaltet ist die Gesamtverarbeitung schneller als in einem Computer. Parallele Verarbeitung allein löst aber noch nicht das Problem mit der Verlässlichkeit und dem Speichern großer Datenmengen. Auch haben wir noch das Problem mit dem Rauschen der Neurone.

Neuronale Netzwerke: holistische Informationsverteilung

Sogenannte **neuronale Netzwerke** sind Verknüpfungen von vielen Neuronen. Im Idealfall ist jedes Neuron mit möglichst vielen anderen Neuronen über synaptische Verbindungen verknüpft. Alle Neurone und alle Verbindungen sind zunächst gleichwertig. Ein Reiz aktiviert eine Reihe von diesen Neuronen und Synapsen, und das entstehende Erregungsmuster enthält die Information des Reizes. Dieses Aktivitätsmuster kann man speichern, wenn die synaptischen Verbindungen veränderbar sind, wenn etwa oft genutzte Synapsen ihre Übertragungseigenschaften verbessern.

Die Informationsverteilung in neuronalen Netzwerken ist prinzipiell der Erzeugung von **Hologrammen** sehr ähnlich: Die Information ist über das gesamte Netz verteilt. Das hat eine Reihe von wichtigen Auswirkungen:

Toleranz gegenüber Verlust von corticalem Gewebe: Da die Information nicht auf einzelne Neurone beschränkt, sondern vielmehr verteilt ist, kann das neuronale System den Verlust von Neuronen ohne weiteres ertragen. Daher haben auch größere Cortexverluste unter Umständen wenig funktionale Auswirkungen. Auch kann die Unzuverlässigkeit einzelner Neuronen auf diese Weise aufgefangen werden.

Große Speicherkapazität: Im Gegensatz zu linearen Systemen, die „Großmutterzellen" produzieren, die dann für keine weiteren Aufgaben zur Verfügung stehen, ist die Speicherkapazität in neuronalen Netzwerken nicht so streng begrenzt. In neuronalen Netzwerken haben Neurone keine genau definierte Rolle, sondern können Teil von beliebig vielen Netzwerken sein. Die tatsächliche Speicherkapazität eines neuronalen Netzwerks hängt von der konkreten Architektur ab. Die Architektur des Hippocampus legt nahe, dass relativ wenige Synapsen an der Informationsverarbeitung und -speicherung beteiligt sind (das Prinzip des **sparse coding**), sodass dieses Netzwerk riesige Datenmengen speichern kann, die auch in einem langen Menschenleben nicht ausgeschöpft werden können.

Rauschtoleranz: Das Rauschen von einzelnen Neuronen hat wenig Auswirkung auf die Information im Netzwerk insgesamt. Wenn ein Neuron spontan aktiv ist, beeinflusst dieses Rauschen nur einen lokal begrenzten Bereich des neuronalen Netzwerkes. Bei einer geeigneten Architektur kann sich das Rauschen über viele Neuronengruppen hinweg statistisch herausmitteln.

Mustervervollständigung: Neuronale Netzwerke können unvollständige Informationspräsentationen aus dem Gedächtnis vervollständigen. Wenn ein Reizmuster (z. B. ein Gesicht) von dem Netzwerk „gelernt" wurde, wenn also die in der Lernphase aktivierten Synapsen sich verändert haben, dann kann auch bei unvollständiger Reizpräsentation (also nur ein halbes Gesicht) das neuronale Aktivitätsmuster, was vorher bei der vollständigen Reizpräsentation auftrat, wieder aktiviert werden. Dieser „Erinnerungsprozess" kann erklären, warum unser visuelles System große Fähigkeit zur Wiedererkennung von Menschen und Objekten hat, obwohl sich die Lichtverhältnisse ständig ändern, uns die Objekte immer aus einer etwas anderen Orientierung präsentiert werden und Menschen verschiedene Kleidungsstücke tragen.

Zusammenbinden der Einzeleigenschaften zu einem Objekt: Da die Information in neuronalen Netzwerken nicht streng lokalisiert ist, sondern auf viele Neurone verteilt, ergibt sich eine elegante Lösung des Problems, wie die einzelnen Eigenschaften von Objekten zusammengefasst werden können. Zwar gibt es spezialisierte Areale im Cortex, die bestimmte Aufgaben bevorzugt durchführen (z. B. Farbanalyse), jedoch darf man sich diese Arbeitsteilung nicht zu streng vorstellen. Neuronale Netze kennen keine 100%ige Lokalisierung von Information, sondern nur „stärkere Beteiligung" an der Verarbeitung von bestimmten Informationen. Demnach sind auch andere Areale an der Informationsanalyse von Farbe beteiligt, jedoch nur zu einem kleineren Anteil. Das „Farbzentrum" ist also nicht exklusiv für die Farbbestimmung zuständig, sondern nur hauptsächlich. Wenn also das neuronale Netz die Gesamtinformation in nicht-lokaler, verteilter Form enthält, dann ist das Areal, das Formen analysiert, auch mit dem Areal, das Farben oder Bewegung analysiert, verbunden. Das Problem, die richtigen Informationen nach der Verarbeitung wieder zusammenzuführen, entfällt.

Geschwindigkeit ist keine Hexerei: Wenn das Areal, das Formen analysiert, auch mit dem Areal, das Farben oder Bewegung analysiert, als Netzwerk funktional verbunden ist, entfällt auch der Zeitverlust, den ein Informationstransfer von Farbareal zu Formenareal beinhalten würde. Die Information ist sofort präsent und war immer als Netzwerk verbunden. So kann man erklären, wie Gesichtserkennung in nur 75 Millisekunden erfolgen kann.

Ein Konzept, wie solche Aktivitätsmuster in neuronalen Netzwerken im Gehirn zusammengeführt oder zusammengehalten werden, ist das der **synchronisierten Aktivität** von Netzwerken, wie sie an der Gesichtserkennung beteiligt sind. Wenn also Hirnareale zusammenarbeiten, um beispielsweise eine gezielte Bewegung auszuführen, dann müssen Motorcortex und visuelle Cortexanteile zusammenarbeiten. Die Zusammenführung neuronaler Aktivitätsmuster erfolgt durch zeitliche Synchronisation der Feueraktivität der Neurone. Neurone, die an der gleichen Informationsverarbeitung beteiligt sind, feuern zur gleichen Zeit, während die, die andere Information verarbeiten, zu anderen Zeiten aktiv sind. Wenn Cortexareale nicht an der gleichen Informationsverarbeitung beteiligt sind, sind sie auch nicht synchronisiert. Dadurch entfällt auch eine mögliche Interferenz durch nichtrelevante Information aus Nachbararealen, die andere Analysen durchführen. Die Synchronisation von neuronaler Aktivität könnte durch Membran-Oszillationen gesteuert werden, das heißt, eine Signalerkennung ist im Netzwerk als Resonanz eines periodischen Stimulus mit einer inhärenten Oszillation der Neurone zu verstehen. Solche Oszillationen lassen sich im EEG nachweisen. Sie werden in der Hauptsache von **Schrittmacher-Kernen**, Neuronengruppen im Gehirn, die über sogenannte Schrittmacher-Ionenkanäle verfügen, im Stammhirn gesteuert.

Hologramme – holistische Informationsspeicher: Ein Hologramm ist ein Interferenzmuster, das ein Laserstrahl, der ein Objekt beleuchtet, mit einem anderen Referenzlaserstrahl produziert. Wenn das Hologramm entwickelt ist, reproduziert es das Interferenzmuster. Ein Hologramm enthält also mehr als nur die zweidimensionale Information auf einem herkömmlichen Foto. Zum einen enthält es die dreidimensionale Information, zum anderen ist die Information „holistisch" über das Hologramm verteilt, und nicht lokal wie bei einem Foto. Eine interessante Auswirkung davon ist, dass, wenn man ein Stück des Hologramms abschneidet, immer noch das gesamte Bild zu sehen ist. Schneidet man das Hologramm in viele Stücke, so ist das gesamte Bild auf jedem Einzelstück zu sehen. Je kleiner das Stück ist, desto grobkörniger sieht es aus und desto weniger Details enthält das Bild. Natürlich passiert das bei einem herkömmlichen Foto nicht. Der abgeschnittene Teil eines Fotos enthält Informationen, die dem Gesamtbild verloren gehen.

Ein Beispiel für eine solche holistische Informationsverarbeitung im Gehirn ist die **Geruchswahrnehmung**. Die Geruchssinneszellen befinden sich in der Riechschleimhaut der Nasenhöhle (S. 523). Beim Menschen sind vermutlich ~350 verschiedene Geruchsrezeptoren in den Membranen der Geruchssinneszellen lokalisiert, die jeweils verschieden stark von einem Geruchsstoff aktiviert werden. Viele Sinneszellen senden dann gleichzeitig Information an den **Riechkolben**, wo Geruchsinformation verarbeitet wird. Jeder Geruch hat daher ein individuelles Aktivitätsprofil von mehr oder weniger aktivierten Sinneszellen. Es wurde lange Zeit versucht, spezialisierte Gebiete innerhalb des Riechkolbens auszumachen, also zum Beispiel ein Areal, welches von dem Duft von Geranien spezifisch aktiviert wird. In der Praxis zeigte sich jedoch, dass Gerüche Aktivitätsmuster im gesamten Riechkolben auslösen, und nicht auf einen Unterbezirk des Riechkolbens begrenzt sind. Die Information steckt also nicht in der Aktivität eines Neurons oder einer kleinen Gruppe von Neuronen, sondern im **Aktivitätsmuster** des gesamten Netzwerkes. Da nur einige Neurone durch die Sinneszellen aktiviert werden, entstehen Aktivitätsmuster, die für jeden Geruch individuell sind und über den gesamten Riechkolben verteilt sind. Solche Aktivitätsmuster wurden mit verschiedenen Methoden nachgewiesen, z. B. durch Ableiten von neuronaler Aktivität im Riechkolben oder durch bildgebende Messmethoden wie der MRI-Technik (s. o.).

7.3.3 Bottom-up- und Top-down-Dynamik

Ein weiteres wichtiges Prinzip der Informationsverarbeitung im Gehirn ist das der Rück-Propagation und Rückkopplung. Bisher wurde in diesem Kapitel die Informationsverarbeitung als Einbahnstraße beschrieben, als ob sie nur von den sensorischen Organen unidirektional zum ZNS geschickt wird, wo sie die verschiedenen Ebenen der Informationsverarbeitungshierarchie durchläuft (auch **Bottom-up-Informationsfluss** genannt). Anatomische Untersuchungen der Faserbündel und Projektionen im Gehirn zeigen jedoch, dass diese einfache Annahme nicht richtig ist. So sind die meisten axonalen Projektionen im Gehirn in beide Richtungen entwickelt. Die Information wird also von der Retina an einen speziellen Thalamuskern (den Sehhöcker, Corpus geniculatum laterale) gesandt, von dort zum primären Sehcortex, dann zum sekundären visuellen Cortex, und so weiter. Gleichzeitig gibt es sehr starke Projektionen in die umgekehrte Richtung. Insbesondere ist die Projektion vom primären Sehcortex zurück zum Sehhöcker sehr stark ausgeprägt. Dies legt die Vermutung nahe, dass Information zurückgeführt wird, um die Weiterleitung zu steuern. Dies ist als **Top-down-Prinzip** bekannt. Welche Funktion könnte dieses Top-down-System haben?

Durch **Top-down-Rückkopplung** wird die Aktivierung von speziellen Arealen gesteuert, die ein bestimmtes Problem bearbeiten. Dadurch wird eine **Fokussierung der Informationsanalyse auf relevante Information** erreicht. Zum Beispiel sind, wenn man ein bestimmtes Gesicht in der Menge sucht, die Areale aktiviert, die bei der Gesichtsanalyse wichtig sind. Dazu muss zunächst das Gesicht aus dem Gedächtnis aufgerufen werden. Durch Top-down-Rückkopplung werden dann die Unterareale aktiviert, die bestimmte Eigenschaften analysieren können, wie Haarfarbe oder Nasenform. Daher erkennt man eine Person schlecht, wenn man nach einer rothaarigen Person sucht, die Person aber inzwischen blonde Haare hat. Die Areale der Erkennung „rothaarig" sind aktiviert, und die der Erkennung „blondhaarig" in der Aktivität heruntergeregelt, damit keine Interferenz von nichtrelevanten Stimuli entstehen kann. Durch die Top-down-Rückkopplung kann die Suchdauer stark verkürzt werden, da nicht erst die Analyse von allen Gesichtern stattfinden muss, sondern bereits bei der Erkennung relativ einfacher Stimuli die Suche beendet werden kann. Da aber einfache Merkmalsdetektoren nicht ganze Gesichter analysieren und entscheiden können, welche Anteile des Gesichtes relevant sind, muss die Suchinformation aus den komplexeren Stimulidetektoren rückgekoppelt werden.

Damit dieses System der „Fokussierung" funktioniert, muss das Gehirn in der Lage sein, die Aktivität der Areale selektiv zu steuern. Areale, die nicht an der Informationsverarbeitung beteiligt sind, sollten möglichst wenig aktiv sein, um Interferenz zu vermeiden, während Areale, die wichtige Aufgaben erfüllen, besonders aktiv sein und die Information sicher und schnell verarbeiten sollten. Wie das auf der Ebene der Neurone funktioniert, ist bisher nur ansatzweise verstanden. Ob dabei mehr Neurone an der Verarbeitung beteiligt werden oder die Auswahl der beitragenden Neurone verbessert wird, ist noch ungeklärt. Diesen Prozess nennen wir **Aufmerksamkeit**, und er erfüllt einige wichtige Funktionen: Messungen der Hirnaktivität zeigen, dass verschiedene Areale tatsächlich sehr schnell und selektiv aktiviert oder deaktiviert werden. Dieser Prozess wird von Kerngebieten im Hirnstamm und dem basalen Vorderhirn gesteuert. Diese Kerne unterhalten axonale Projektionen in fast alle Hirngebiete und können auf diese Weise die Hirnaktivität global steuern. Es existieren mehrere solcher Steuersysteme, die jeweils verschiedene Funktionen ausführen.

Diese Kerne haben jeweils ihren eigenen Neurotransmitter, z. B. Acetylcholin, Dopamin, Serotonin, um Interferenz der Signale zu vermeiden. Da diese Systeme die Aktivität ganzer Hirnregionen zwecks Verbesserung der Aufmerksamkeit steuern, ist es nicht verwunderlich, dass andere Substanzen, die die Rezeptoren dieser Neurotransmitter aktivieren, oft starke Wirkungen auf die Wachheit generell und die Aktivität verschiedener Hirnareale haben, z. B. LSD, Cocain und Amphetamine (S. 568).

Negative Rückkopplung könnte als **Sicherheitssperre** dienen, indem zu viel Aktivierung durch inhibitorische Rückprojektionen gedämpft wird. Allerdings wären für eine solche einfache Sicherheitskonstruktion keine so stark entwickelten Rückprojektionen notwendig, wie sie im Gehirn zu finden sind.

Das Prinzip der Rück-Propagation ermöglicht **selbstoptimierende Systeme**. Zum Beispiel kann beim Erlernen einer neuen Tätigkeit die Abweichung von der Idealbewegung durch Veränderung der synaptischen Gewichte im Netzwerk Schritt für Schritt in die optimale Richtung verändert werden. Der sensorische Anteil dieses Lernvorgangs läge in der Information über den Erfolg oder Misserfolg und die daraus resultierende Optimierung. Die Abweichung von der Ideallinie wird durch Rückprojektionen an die niederen Ebenen rückgekoppelt. Dort verändern sich dann die synaptischen Verbindungen. Solche Systeme sind relativ einfach zu konstruieren und sehr leistungs- und anpassungsfähig. Jedoch müssen erst einige Trainingsphasen durchlaufen werden, bis ein stabiles Optimum erreicht wird. Übung macht so den Meister. Künstliche neuronale Netzwerke, die eine solche Architektur der Rückprojektionen haben, können als selbst-justierende Systeme die Bewegung von Roboterarmen wesentlich schneller errechnen als herkömmliche Steuerprogramme.

Es ist denkbar, dass solche geschlossenen neuronalen Rückkopplungskreisläufe als **dynamisches Gedächtnis** dienen, indem sie die neuronale Aktivität über eine gewisse Zeit erhalten. Ein Arbeitsspeicher kann auf diese Weise Information für kurze Zeit speichern. Im präfrontalen Cortex feuern Neurone kontinuierlich während eines Arbeitsgedächtnistests. Allerdings ist dieses System sehr anfällig für Störungen. Ablenkungen können dieses dynamische Gedächtnis stören, und die Information ist unwiederbringlich verloren.

Eine weitere Möglichkeit, die sich durch diese Rückkopplungskreislauf-Architektur ergibt, ist die Signalverstärkung durch wiederholte Eingabe von Information. Wenn ein Durchgang der Informationsverarbeitung nicht ausreicht, kann ein zweiter Durchgang eventuell eine Verbesserung, insbesondere bei der **Mustervervollständigung**, bringen. Reicht die Erregung des Netzwerkes zunächst nicht aus, um das gesamte gespeicherte Informationsnetzwerk zu reaktivieren, so kann ein zweiter Durchlauf eventuell erfolgreich sein. Auch arbeitet dieser Mechanismus kontrastverstärkend und unterdrückt damit das Rauschen im System.

> **Parallele Informationsverarbeitung:** Problem wird in weniger komplexe Unterprobleme geteilt und gleichzeitig bearbeitet, Gesamtverarbeitung schneller als bei linearer Informationsverarbeitung.
> **Neuronales Netzwerk:** Verschaltung von Neuronen, Information wird verteilt.
> **bottom up:** Unidirektionaler Informationsfluss von den sensorischen Organen zum ZNS, spiegelt die verschiedenen Ebenen der Informationshierarchie wider.
> **top down:** Bidirektionaler Informationsfluss von den sensorischen Organen zum ZNS und umgekehrt, Voraussetzung für selbst-optimierendes System und dynamisches Gedächtnis.

8 Verhalten

Jutta Heidelbach

8.1 Wichtige Strömungen in der Verhaltensbiologie

> Die Verhaltensbiologie erforscht die **Ursachen** und **Funktionen des Verhaltens** von Tieren. Die methodischen Ansätze unterscheiden hierbei die **„Wie?"-Fragen** nach den **proximaten (unmittelbaren) Faktoren** (Wie funktioniert ein Verhalten? Wie entwickelt sich ein Verhalten?) von den **„Warum?"-Fragen** nach den **ultimaten (mittelbaren) Faktoren** (Warum hat sich ein Verhalten evolutiv gerade so und nicht anders entwickelt?). Proximate Fragestellungen finden sich in den Fachrichtungen **Verhaltensphysiologie** und **Verhaltensontogenie** wieder, während ultimate Fragestellungen bei der **Verhaltensökologie**, der **Soziobiologie** und der **Verhaltensgenetik** im Vordergrund stehen. Historisch haben sich sämtliche heute vorhandenen Teildisziplinen der Verhaltenslehre zunächst aus der reinen Verhaltensbeobachtung – der **klassischen Ethologie** – entwickelt. Dabei stand über lange Zeit, auch im Hinblick auf das Verhalten des Menschen, die Frage nach angeborenen und erlernten Verhaltensmustern im Vordergrund.

Unter dem Begriff **Verhalten** werden alle **in der Umwelt wahrnehmbaren aktiven Veränderungen** bei Tieren wie Bewegung, Haltung und Stellung des Körpers, Lautäußerungen, Farb- und Formwechsel sowie die Absonderung von Substanzen, die der Verständigung dienen, zusammengefasst. Die Verhaltensbiologie besteht als eigenständige biologische Wissenschaft seit den Dreißigerjahren des vorigen Jahrhunderts. Seitdem hat sie einen Wandel von einer rein beobachtenden zu einer vergleichenden, experimentellen und analytischen Naturwissenschaft vollzogen. Dabei änderte sich nicht nur die Interpretation einiger Verhaltensbeobachtungen sondern auch der Inhalt vieler Fachbegriffe. Drei Fragestellungen spielen in der Verhaltensbiologie eine wichtige Rolle:
- Wie funktioniert ein Verhalten (**Verhaltensphysiologie**)?
- Wie entwickelt sich ein Verhalten (**Verhaltensontogenie**)?
- Wozu dient ein Verhalten (**Verhaltensökologie**)?

Die beiden „Wie"-Fragen beschäftigen sich mit den Mechanismen der Verhaltenssteuerung und der Verhaltensentwicklung, den **proximaten** Faktoren (Ursachen) des Verhaltens. Die „Wozu"-Frage zielt auf die evolutive Bedeutung des Verhaltens in der Umwelt, also auf die **ultimaten** Faktoren (Funktionen) des Verhaltens.

Aufgrund der methodischen Ansatzpunkte lassen sich verschiedene **Strömungen** in der **Verhaltensbiologie** unterscheiden:

Klassische Ethologie (vergleichende Verhaltensforschung): Von Beginn an trugen Tierbeobachtungen in fast allen Kulturen auch zum Selbstverständnis der Menschen bei. So entwickelte sich mit der Humanpsychologie des ausgehenden

19. Jahrhunderts aus der damaligen Tierpsychologie unter dem Einfluss von Konrad Lorenz (1903–1989) und Nikolaas Tinbergen (1907–1988) die klassische Ethologie. Detaillierte Beschreibungen des natürlichen Verhaltens einer Tierart (**Ethogramm** = Verhaltensinventar) sowie der Vergleich von Verhaltenseinheiten bei nah verwandten Arten stehen bei der Ethologie im Vordergrund. Durch voraussetzungsloses Beobachten des Verhaltens wird eine empirische Basis geschaffen, aus der sich dann theoretische Konzepte ableiten lassen (**induktiver Ansatz**).

Behaviorismus: Etwa zeitgleich und konträr zur Ethologie entstand aus der experimentellen Lernpsychologie eine mit **Behaviorismus** bezeichnete Strömung der Verhaltenslehre. Hierbei wird das Verhalten eines Tieres ausschließlich als Ergebnis von Lernvorgängen angesehen; angeborene Verhaltensweisen gelten als unbedeutend. Die von Iwan P. Pawlow (1849–1936) durchgeführten Versuche zum „bedingten Reflex" (Pawlowscher Hund s. u.) bildeten einen Ausgangspunkt. Geprägt wurde der Behaviorismus aber vor allem von John B. Watson (1878–1958), der Verhalten als Reiz-Reaktions-Schemata interpretierte, sowie von Burrhus F. Skinner (1904–1990) mit seinen Versuchen zur „operanten Konditionierung".

Verhaltensphysiologie: Ab 1950 entstand unter dem Einfluss von Konrad Lorenz, Erich von Holst (1908–1962) und Karl von Frisch (1886–1982) der Zusammenschluss ethologischer und physiologischer Untersuchungsmethoden: die Verhaltensphysiologie. Hierbei werden die dem Verhalten zugrunde liegenden Sinnes- und Nervensysteme sowie Orientierungs- und Kommunikationsleistungen bei niederen und höheren Tieren untersucht. Die moderne **Neuroethologie (Neurophysiologie)** der 1960er- und 1970er-Jahre versuchte mit kybernetischen Versuchsansätzen (Eingangs-Ausgangs-Beziehungen), das Verhalten eines Tieres auf der Ebene einzelner Nervenzellen und Zellverbände zu erklären. Zunehmend werden auch biochemische und molekulare Untersuchungsmethoden eingesetzt, um Verhaltensleistungen zu erklären. Kognitive („Erkennungs-") Prozesse bei höheren Wirbeltieren werden seit den 90er Jahren des vergangenen Jahrhunderts zunehmend untersucht. Diese kognitive Neurowissenschaft (Kap. 6) nutzt elektrophysiologische und funktionell bildgebende Verfahren, um komplexe Verhaltensleistungen und Lernprozesse bei Nagern, Katzen, nicht humanen Primaten und Menschen zu untersuchen.

Soziobiologie: Mit dem Anpassungswert (**adaptive value**) des Verhaltens beschäftigt sich die moderne **Soziobiologie**, die um 1970 ursprünglich im angloamerikanischen Raum entstand (William D. Hamilton, 1936–2000, Edward Osborne Wilson, geboren 1929). Im Vordergrund stehen Untersuchungen zum Sozialverhalten, zur **biologischen Fitness** und zur **Evolution des Verhaltens**. Zentrale Inhalte sind die Theorie der Verwandtenselektion, die Theorie des Elternaufwandes und spieltheoretische Modelle (J. Maynard Smith, geboren 1920). Die Vorgehensweise ist dabei deduktiv: Es erfolgt zunächst eine theoretische Voraussage über das Verhalten eines Tieres, danach eine empirische Studie, die die Voraussage bestätigen soll.

> **Verhalten:** Die aktiven Veränderungen der Tiere in ihrer Umwelt, „Was ein Tier tut und wie es das tut".
> **Verhaltensbiologie:** Wissenschaft von den Ursachen und Funktionen des Verhaltens, Richtungen: naturkundlich-beobachtend, behavioristisch, physiologisch, soziobiologisch.

8.2 Grundbegriffe der klassischen Ethologie

> Die klassische Ethologie benutzt drei wesentliche Begriffe, um das Verhalten eines Tieres qualitativ zu beschreiben: Die **Erbkoordination** stellt einen formkonstanten Bewegungsablauf dar, der die Basis eines bestimmten Verhaltens bildet. Weiterhin existiert im Tier ein **angeborener Auslösemechanismus**, der geeignete Schlüsselreize aus der Umwelt herausfiltert und die Verhaltensreaktion auslöst. Schließlich ist die innere **Motivation**, d. h. die Handlungsbereitschaft eines Tieres, wesentlich für das Auftreten oder Ausbleiben bestimmter Verhaltensabläufe. Das Zusammenspiel dieser **exogenen** (äußeren) und **endogenen** (inneren) **Faktoren** kann in **Verhaltensmodellen** dargestellt werden, die in der modernen Verhaltensbiologie kritisch diskutiert werden.

8.2.1 Erbkoordinationen

Neben dem Reflex (S. 453, S. 540), dem einfachsten Typ eines Bewegungsmusters, das einer Verhaltensweise zugrunde liegen kann, treten im Verhaltensrepertoire einer Tierart häufig komplexe, formkonstante Bewegungsmuster auf, die von K. Lorenz als **Erbkoordinationen** (**fixed action pattern**) bezeichnet wurden. Der formstarre, leicht wiedererkennbare Ablauf von Erbkoordinationen ist **angeboren** und **artkennzeichnend**. Daher sind Erbkoordinationen wichtige Verhaltenselemente für die vergleichende Verhaltensforschung. Als klassisches Beispiel einer Erbkoordination gilt die von K. Lorenz und N. Tinbergen beschriebene **„Eirollbewegung der Graugans"** (Abb. 8.1). Auf einen definierten Reiz hin (das Ei) erfolgt der vollständige Bewegungsablauf, auch wenn der Auslöser (s. u.) entfernt wird. Das menschliche Gähnen, das selbst als auslösender Reiz beim Artgenossen wirkt, ist ein Beispiel für eine Erbkoordination. Der phylogenetische Vorteil eines kollektiven Gähnens liegt darin, dass bei O_2-Mangel andere Individuen tief durchatmen und so einer Hypoxie vorbeugen. Trotz des starren Ablaufs sind genetisch determinierte Erbkoordinationen in gewisser Weise auch modifizierbar, d. h. durch Umwelteinflüsse veränderbar. Ein eklatantes Beispiel ist die rasche (innerhalb weniger Generationen) Veränderung des Zugverhaltens bei verschiedenen Singvogelarten als Reaktion auf die Klimaerwärmung.

Abb. 8.1 **Erbkoordination.** Eine brütende Gans rollt ein aus dem Nest gefallenes Ei mittels einer stereotypen Halsbewegung in die Nestmulde zurück. Wird der Gans das Ei während der Eirollbewegung weggenommen, führt das Tier die Eirollbewegung auch ohne Ei zu Ende. In dieser Situation werden seitliche Korrekturbewegungen des Schnabels, die normalerweise das Ei in der Richtung des Nestes halten, nicht mehr beobachtet. Die Eirollbewegung stellt die eigentliche Erbkoordination dar, die auch nach Wegnahme des Eies noch zu sehen ist. Die seitlichen Korrekturbewegungen, die nur durch ein Ei ausgelöst werden können, überlagern die Erbkoordination als Orientierungsreaktion (Taxiskomponente). (Nach Tinbergen und Lorenz, 1938.)

8.2.2 Angeborener Auslösemechanismus

Viele Verhaltensweisen eines Tieres lassen sich durch relativ einfache Reize oder Reizkombinationen auslösen. Dies führte in der klassischen Ethologie zu der Vorstellung, dass im Tier ein **angeborener Auslösemechanismus (AAM)** existiert, der dafür sorgt, dass aus der Vielzahl der einwirkenden Reize der richtige **Schlüsselreiz** oder **Auslöser** herausgefiltert und mit einer bestimmten Verhaltensreaktion (z. B. einer Erbkoordination) beantwortet wird. Solche Schlüsselreize sind häufig **Körpermerkmale** (Strukturen, Farben) oder **Signalverhaltensweisen** eines Artgenossen. Die Wirksamkeit von Schlüsselreizen kann experimentell mittels **Attrappen** untersucht werden (Abb. 8.2a). Die Reizkonfiguration, die zur Auslösung eines Verhaltens notwendig ist, besteht meist aus mehreren Auslösern, die additiv zusammenwirken. Obwohl einzelne Merkmale eine Reaktion auslösen können, wirkt die gleichzeitige Darbietung mehrerer Reize stärker (**Reizsummenregel**). Beispielsweise picken unerfahrene Silbermöwenküken beim Futterbetteln gezielt nach dem roten Unterschnabelfleck der Eltern. Neben der Farbe besitzen aber auch die Schnabelform sowie der Farbkontrast zum Untergrund eine auslösende Funktion. Die Kopfform oder Schnabelkonsistenz sind für die Auslösung der Pickreaktion jedoch bedeutungslos. Übertriebene Signalreiz-Attrappen werden als **supernormale Auslöser** bezeichnet. Sie lösen ein Verhalten besser aus als der natürliche Schlüsselreiz (Abb. 8.2b). So bevorzugen Austernfischer bei der Eirollbewegung übergroße Ei-Attrappen gegenüber arteigenen Eiern.

Das ursprüngliche Konzept des AAM sieht vor, dass ein Tier auf einen Schlüsselreiz unabhängig von Lernvorgängen reagiert. Die Auslösemechanismen haben sich so evoluiert, dass sie den Jungtieren eine optimale Überlebenschance bieten. Im Laufe der Entwicklung zum Adulttier können die AAM jedoch komplexer werden, dann spricht man von einem **durch Erfahrung modifizierten angeborenen Auslösemechanismus (EAAM)**. Ebenso entstehen durch Lernerfahrungen völlig neue

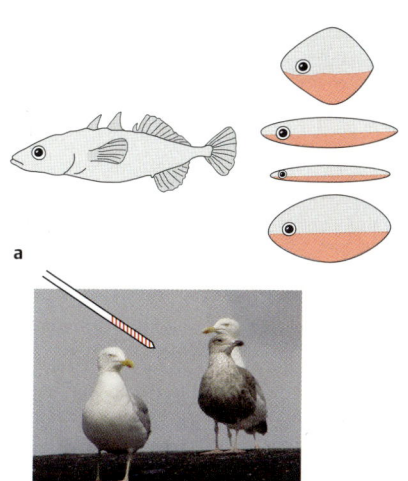

Abb. 8.2 **Auslöser. a** Auslösung von Aggressionsverhalten beim Stichling mittels Attrappen. Während ein Stichlingsmännchen ohne die Paarungsbereitschaft signalisierende Rotfärbung des Bauches (links) kaum beachtet wird, können die vier stark stilisierten, aber rotbäuchigen Attrappen (rechts) aggressive Attacken bei einem anderen Stichlingsmännchen auslösen. (Nach Tinbergen, 1951.) **b** Supernormaler Auslöser: Ein Stab, der eine gestreifte Spitze hat, löst bei sehr jungen Möwen das Bettelverhalten wirkungsvoller aus als eine realitätsnahe Attrappe eines Elternvogels.

Reiz-Reaktions-Verknüpfungen, sogenannte **erlernte Auslösemechanismen (EAM)**. Bis vor kurzem ging man davon aus, dass AAM so weit spezifiziert werden können, wie es die neuronalen Filtereigenschaften (Reizselektivität) erlauben. Im Gegensatz zu diesen eher schematischen Vorstellungen nimmt man in jüngerer Zeit selbstorganisierende neuronale Prozesse an, durch die über verschiedene, verteilte Netzwerke sensorischer und motorischer Areale – bei entsprechend höher differenzierten Arten auch assoziativer Areale – die zur Optimierung des Verhaltens notwendigen funktionellen neuronalen Verschaltungen erstellt und konsolidiert werden (S. 467).

8.2.3 Motivation

Das Auftreten einer Verhaltensweise (beziehungsweise einer Erbkoordination als Bestandteil des Gesamtverhaltens) beruht auf zwei Faktoren: Zum einen auf der Stärke der auslösenden Reizsituation (**exogene Faktoren**) und zum anderen auf den inneren Bedingungen des Tieres (**endogene Faktoren**). Man spricht vom **Prinzip der doppelten Quantifizierung** (Abb. 8.3). Die inneren Bedingungen oder der innere Zustand eines Tieres werden auch als seine **Handlungsbereitschaft** oder **Motivation** bezeichnet. Die Motivation ist jedoch nicht direkt messbar, sondern drückt sich durch die Intensität, Häufigkeit und Dauer des Verhaltens aus.

Viele Tiere zeigen ihre Handlungsbereitschaft durch ein spontan auftretendes, nicht von äußeren Reizen ausgelöstes Such- oder **Appetenzverhalten**. Beispielsweise sucht ein Tier, wenn es sich in Paarungsstimmung befindet, nach einem Geschlechtspartner. Durch einen geeigneten Schlüsselreiz löst der potenzielle Partner das Balzverhalten aus, das schließlich zur Kopulation führt. Diese wird als soge-

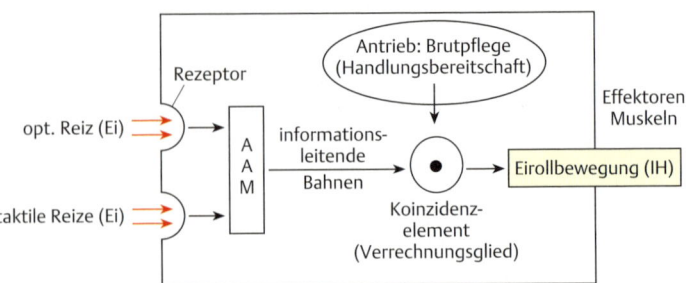

Abb. 8.3 Prinzip der doppelten Quantifizierung am Beispiel der Eirollbewegung.
Die Steuerung von Verhalten lässt sich nach Bernhard Hassenstein (1965) als kybernetisches Modell mithilfe eines Funktionsschaltbildes erklären: Als exogene Faktoren wirken hier die vom Ei ausgehenden optischen und taktilen Reize. Sie werden vom Tier (der Gans) mittels geeigneter Rezeptoren gemessen und mit einem AAM verglichen. Haben diese Reize Signalcharakter (Auslöser), werden sie über informationsleitende Bahnen (Afferenzen) einem Koinzidenzelement (Verrechnungsglied) zugeführt und dort mit den endogenen Faktoren (dem Brutpflegetrieb) verrechnet. Führt diese Verrechnung zu positiven Werten, erfolgt die Endhandlung (Eirollbewegung) über eine entsprechende Ansteuerung von Effektoren (Muskeln). In Erweiterung solcher Modelle (hier nicht dargestellt) wird die Ausführung der Endhandlung sensorisch rückgemeldet und senkt hierdurch die Motivation. Umgekehrt kann diese Motivation über Änderungen weiterer Regelgrößen (z. B. hormoneller Zustand des Tieres) wieder angehoben werden.

nannte **Endhandlung** bezeichnet, da sie zu einem vorläufigen Absinken der Handlungsbereitschaft führt. Das Ziel des Appetenzverhaltens wird also erst durch die zugehörige Endhandlung deutlich. Ist die Motivation eines Tieres sehr hoch, können Verhaltenselemente auch ohne geeignete Auslöser, als sogenannte **Leerlaufhandlungen** auftreten. Bei den **Intentionsbewegungen** hingegen ist die Motivation zu gering: Die Verhaltensweise wird nur angedeutet, besitzt aber häufig einen adaptiven Signalwert. Ein Beispiel hierfür ist das angedeutete Zubeißen im Kampfspiel des Hundes (Beißintention). Treten bei einem Tier starke Motivationen für zwei entgegengesetzte Verhaltenstendenzen gleichzeitig auf, kommt es zum Konflikt. Dieser äußert sich dann häufig in „deplatzierten" **Übersprungshandlungen**, d. h. es treten Handlungen auf, die nicht in den natürlichen Kontext passen. Treffen z. B. Vogelmännchen an der Reviergrenze auf einen Rivalen, führt der Konflikt zwischen Flucht- und Angriffstendenz häufig zu „Übersprungs"-Putzen, -Schlafen oder -Futterpicken. Dieses Verhalten ist bei vielen Arten, beispielsweise bei Haushühnern, zu beobachten.

Allerdings ist hier anzumerken, dass die relativ starren Verhaltensbegriffe, wie sie von klassischen Ethologen, wie K. Lorenz und N. Tinbergen vor mehr als sechzig Jahren im Rahmen der Instinkttheorie eingeführt wurden, im weiteren zwanzigsten Jahrhundert durchaus auch kritisch betrachtet und zum Teil durch neuere Konzepte ersetzt wurden. Zum einen wurden die Ergebnisse ethologischer Forschung möglicherweise zu stark im Hinblick auf die bereits bestehenden Modelle interpretiert, zum anderen zeigt die moderne Hirnforschung, sowohl mit neurophysiologischen als auch molekularbiologischen Daten, dass die Mechanismen von Instinkthandlungen auch beim Menschen noch nicht ausreichend verstanden sind. Sie werden derzeit intensiv erforscht.

Schlüsselreiz (Auslöser): Bewirkt bestimmte Reaktion, wird durch Auslösemechanismus aus anderen Reizen herausgefiltert, kann Körpermerkmal oder Signalverhalten sein. Supernormale Auslöser wirken häufig stärker, additive Reize verstärken die Reaktion (Reizsummenregel). Attrappenversuche dienen der Abgrenzung von Schlüsselreizen.
Auslösemechanismen: AAM: angeborener Auslösemechanismus; EAAM: durch Erfahrung modifizierter angeborener Auslösemechanismus; EAM: erlernter Auslösemechanismus.
Prinzip der doppelten Quantifizierung: Endogene (Handlungsbereitschaft) und exogene (Schlüsselreize) Faktoren bestimmen das Verhalten.
Handlungsbereitschaft (Motivation): Innerer Zustand oder innere Bedingungen des Tieres, die das Verhalten beeinflussen; nur indirekt messbar. Äußert sich in Intensität, Häufigkeit und Dauer des Verhaltens, sinkt nach vollzogener Endhandlung. Umgangssprachlich: Trieb, Drang, Stimmung, Tendenz.
Appetenzverhalten: Hohe Motivation bewirkt Suchverhalten ohne Auslöser.
Leerlaufhandlung: Hohe Motivation, spontanes Verhalten ohne Auslöser.
Intentionsbewegung: Geringe Motivation, angedeutetes Verhalten mit Auslöser.
Übersprungshandlung: Zwei verschiedene Motivationen für entgegengesetzte Verhaltenselemente, die zu (deplatziertem) Verhalten aus einem anderen Verhaltensrepertoire führen.
Endhandlung: Hohe Motivation, Verhalten mit Auslöser, senkt Motivation ab.

8.3 Verhaltensphysiologie

Das sichtbare Verhalten eines Tieres basiert auf dem Zusammenspiel von äußeren Umweltreizen und innerer Nervenzellaktivität, das bei ausreichender Motivation zu einer Änderung der Muskelbewegungen führt. In der **Verhaltensphysiologie** wird zunächst die Beziehung zwischen einem auf das Tier einwirkenden Reiz und dem Verhalten analysiert. Solche **Eingangs-Ausgangs-Analysen**, bei der ein Organismus als **Black-Box** betrachtet wird, ermöglichen Modellvorstellungen über die dem Verhalten zugrunde liegenden physiologischen Bausteine. Motorische Verhaltenskomponenten (Bewegungen), wie sie beim Laufen, Schwimmen oder Fliegen von Tieren auftreten, werden durch das Zusammenspiel von **zentralnervösen Mustergeneratoren**, **sensorischer Rückkopplung** und **neuronalen Filtereigenschaften** im Gehirn ermöglicht. Biologische „innere" Uhren, sogenannte **endogene Rhythmen**, sind bei vielen Tieren fester Bestandteil wesentlicher Verhaltensbereiche (Nahrungssuche, Paarung, Migration) und werden durch **zentralnervöse Schrittmacherzentren** gesteuert.

> An seine Grenzen stößt der verhaltensphysiologische Versuchsansatz (die Messung von Eingangs-Ausgangsbeziehungen) jedoch bei komplexem Verhalten wie den vielfältigen **Orientierungsarten** (Taxien), über die sowohl wirbellose Tiere (z. B. Chemotaxis beim Strudelwurm) wie Wirbeltiere (z. B. Navigation beim Vogelzug) verfügen. Im Zusammenhang mit Orientierungsverhalten spielt die **innerartliche Kommunikation** eine Rolle. Es werden dabei **Sender, Empfänger** und die verschiedenen **Signaltypen** physiologisch untersucht, um zu Aussagen über die Art und Weise des Informationsaustausches zu kommen. Dass auch eine rein vergleichend beobachtende Verhaltensanalyse zu tiefem Verständnis komplexer Orientierungs- und Kommunikationssysteme führen kann, belegt die Entdeckung der Sonnenkompassorientierung der Honigbiene durch Karl von Frisch (1977) in sehr eindrucksvoller Weise. Dennoch sind die sensorische Kodierung und Speicherung im Gedächtnis sowie die Navigationsmechanismen der Biene Gegenstand vieler aktueller spannender Forschungsprojekte.

8.3.1 Motorische Programme

In der Verhaltensphysiologie wird der Ausdruck Erbkoordination (S. 587), wie er in der klassischen Ethologie verwendet wird, durch den neutraleren Begriff **formkonstante Verhaltenselemente** ersetzt. Solche Fixed Action Patterns werden beispielsweise an der Meeresschnecke *Tritonia festiva* untersucht. Auf leichte Berührungsreize durch einen räuberischen Seestern zeigt diese Schnecke ein stereotypes Fluchtverhalten, das aus einer Vorbereitungsphase, einer Schwimmphase und einer Ruhephase besteht (Abb. 8.**4**). Das motorische Muster, das die alternierende Kontraktion der dorsalen und ventralen Muskeln verursacht, wird **neuronal** durch einen sogenannten **zentralnervösen Mustergenerator (central pattern generator)** verursacht, ohne dass eine sensorische Rückkopplung zur Aufrechterhaltung der Bewegungsfolge notwendig ist. Auch komplexere und meist rhythmische Verhaltensweisen, wie der Flug und das Zirpen bei Insekten oder die Laufbewegungen bei Wirbeltieren, werden von zentralen Mustergeneratoren erzeugt (s. Befehlszentren). Bei solchen komplexeren **Verhaltenssequenzen** sind jedoch die sensorischen Rückmeldeprozesse notwendige Bestandteile der Mustergenerierung. Auch werden die zentralen Mustergeneratoren durch das Einwirken von **Neuromodulatoren** (z. B. biogene Amine wie Serotonin, S. 445) entscheidend in ihrer Aktivität verändert. Ein Mustergenerator kann unter dem Einfluss von Neuromodulatoren nicht nur ein Verhaltensmuster (z. B. rhythmisches Schwimmen) generieren, sondern ist auch an anderen Verhaltensweisen (z. B. Zusammenziehen des Körpers als Schutz) beteiligt. Diese Multifunktionalität der zentralen Mustergeneratoren, verursacht durch pharmakologische Modulation, steht in neueren Arbeiten im Vordergrund. Sie gewährleistet, dass Verhaltenselemente sich adaptiv an die jeweilige Umweltsituation anpassen. Das hat zur Folge, dass bestimmte Verhaltensabläufe

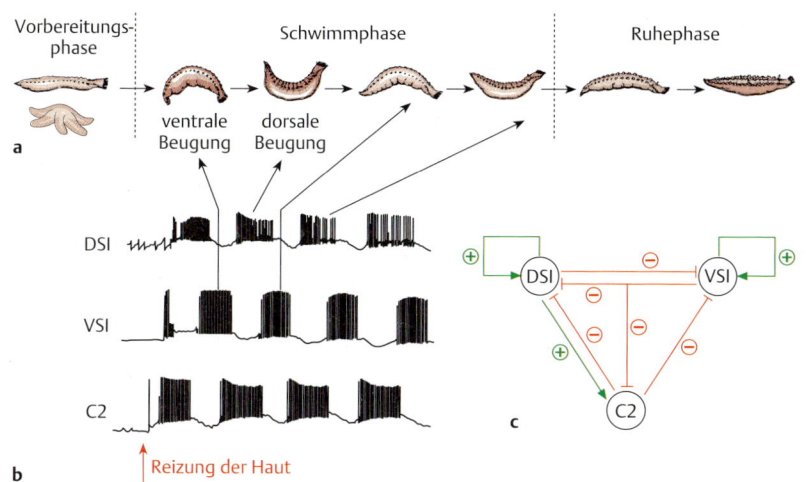

Abb. 8.4 **Fluchtverhalten bei *Tritonia*.** Das Fluchtschwimmen, ausgelöst durch Kontakt mit einem räuberischen Seestern (**a**), gliedert sich in eine Vorbereitungsphase, eine Schwimmphase und eine Ruhephase. Simultane Ableitungen (**b**) an den die rhythmischen Schwimmbewegungen verursachenden Prämotoneuronen DSI (dorsal swim interneuron) und VSI (ventral swim interneuron) sowie dem zugehörigen Kommandoneuron C2 verdeutlichen die Funktionsweise eines zentralen Mustergenerators (**c**). Eine sensorische Rückkopplung zur Aufrechterhaltung des Bewegungsablaufs ist nicht notwendig. (Nach Getting, 1983, und Frost et al., 2001.)

eines Tieres keineswegs so starr ablaufen, wie es der ursprüngliche Begriff der Erbkoordination vorschlug, sondern dass sie zeitlich und räumlich mit inneren und äußeren Faktoren koordiniert werden können.

8.3.2 Neuronale Filter

Die meisten Tiere können auf eine Vielzahl äußerer Reize mit sehr unterschiedlichen Verhaltensmustern reagieren. Die **zeitliche** und **räumliche Koordination**, also die Entscheidung, welches Verhalten unter welchen Umständen aktiviert wird, kann durch unterschiedliche Mechanismen erfolgen. Bei Wirbellosen werden verhaltensauslösende Schlüsselreize häufig bereits auf Rezeptorebene herausgefiltert: Solche Rezeptoren wirken als **sensorische Filter** (S. 471). Bei den komplexeren Verhaltensmustern von Wirbeltieren sorgen nachgeschaltete **neuronale Filter** (zentralnervöse Nervenzellen) für einen koordinierten Ablauf, wobei „Filter" nicht mehr nur als passive Elemente verstanden werden sollen, sondern sie können wie moderne technische Filter adaptiv und damit aktiv Information extrahieren. Ein sowohl ethologisch als auch neurophysiologisch gut untersuchtes Beispiel ist „das Beutefangverhalten von Erdkröten" (Abb. 8.5). Im Attrappenversuch lösen in

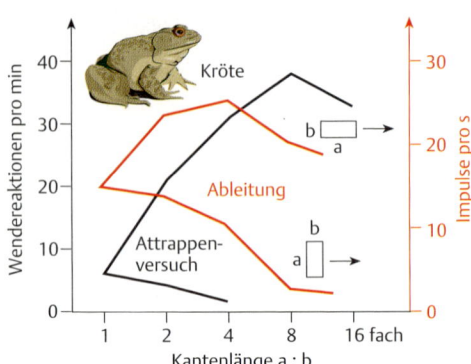

Abb. 8.5 **Beutefang bei der Erdkröte *Bufo bufo*.** Eine Wurmattrappe löst umso mehr Wendereaktionen aus, je stärker sie in Längsrichtung ausgedehnt ist. Ableitungen von bestimmten Filterneuronen im Tectum opticum zeigen, dass diese auf Wurm- und Antiwurmattrappen unterschiedlich reagieren. (Nach Ewert, 1980.)

Bewegungsrichtung ausgedehnte „Wurmattrappen" wesentlich häufiger Körperwendungen aus, als vertikal zur Bewegungsrichtung orientierte „Antiwurmattrappen". Die Unterscheidung zwischen „Beute" und „Nichtbeute" wird vor allem im **Tectum opticum** des Mittelhirns, dem höchsten visuellen Integrationszentrum der Kröte, getroffen. Elektrophysiologische Ableitungen im Tectum opticum zeigen, dass ein Teil der Neurone unterschiedlich auf Wurm- und Antiwurmattrappen reagiert. Die Entladung von „Wurm-sensitiven" Tectumneuronen führt beim normalen Beutefangverhalten über nachgeschaltete motorische Zentren zur Körperwendung der Kröte, bis diese das Beuteobjekt mit beiden Augen fixiert. Das abschließende Zuschnappen und Herunterschlucken des Beuteobjekts erfolgt dann als relativ starr ablaufende Bewegung ohne weitere sensorische Rückmeldung. Die Unterscheidung (**decision making**) zwischen Beute-(Wurmattrappe)- und Feind-(Antiwurmattrappe)verhalten beruht auf Wechselwirkungen zwischen einerseits Eingängen aus der Retina als sensorischem Filter und andererseits nachgeschalteten, wechselseitig hemmend wirkenden Neuronen der **Thalamus-Prätectum-Region** (Steuerung des Fluchtverhaltens) sowie der eigentlichen Tectum-Region (Steuerung des Beuteverhaltens). Durch operative Entfernung eines dieser Hirnareale wird entweder ungehemmter Beutefang auf jedes sich bewegende Objekt (Entfernung der Thalamus-Prätectum-Region) oder Unterdrückung jeglicher Beutefang oder Fluchtreaktion (Entfernung der Tectum-Region) ausgelöst. Die Ableitungen von Neuronen dieser Regionen bei gleichzeitiger Reizung der Retina bei *Bufo bufo* sind ein beeindruckendes Beispiel für die Darstellung der neurophysiologischen Grundlagen eines angeborenen Auslösers (Schlüsselreizes s. o.).

In der neurobiologischen Verhaltensforschung werden **elektrische Hirnreizungen** eingesetzt, um **Kommandosysteme** und **Motivationszentren im Gehirn** zu lokalisieren. Über feine Mikroelektroden werden dabei in einem eng umgrenzten Hirnareal schwache Reizströme (Mikro- bis Milliampèrebereich) injiziert. Durch punktförmige Hirnreizung im Stammhirn lassen sich z. B. beim Haushuhn Bewegungsabläufe der Feindabwehr auslösen. Ebenso kann ein gackerndes Huhn durch Hirnreizung in schläfrige Stimmung versetzt werden. Die Effekte von Hirnreizungen sind meist ortsspezifisch, was lange Zeit die Annahme stützte, dass Nervensysteme von Tieren mit Befehlszentren ausgestattet seien, die für die Aktivierung ganz bestimmter Reaktionen zuständig sind. Heute versteht man Befehlszentren eher als Teile **neuronaler Schaltkreise**, die anatomisch getrennt sein können, jedoch untereinander in wechselseitiger hemmender oder erregender Verbindung stehen. Auch zentralnervöse Mustergeneratoren (s. o.) unterstehen der Kontrolle von Befehls- bzw. Steuerzentren.

Grillenmännchen erzeugen durch Aneinanderreiben der Vorderflügel (Stridulation) arteigene Gesänge, die zur Kommunikation genutzt werden (Abb. 8.**6a**). Die motorischen Programme, die den verschiedenen Gesängen (Lock-, Rivalen- und Werbegesang) zugrunde liegen, werden autonom in Nervenzellen der thorakalen Ganglien erzeugt und sind durch elektrische Reizung der Konnektive „abrufbar". In den Pilzkörpern des Grillengehirns existiert ein Steuerzentrum durch dessen elektrische Reizung der Gesang ebenfalls ausgelöst werden kann. Im Unterschied zu solchen **extrazellulären Hirnreizungen**, die bei neurobiologischen Versuchen an Wirbeltieren häufig auch zu unspezifischen Reaktionen führen, und daher in der Aussage umstritten sind, konnten bei Grillen und Heuschrecken mittels **intrazellulärer Reizung identifizierter einzelner Hirnneurone** auch am lebenden Tier die arteigenen Gesänge ausgelöst werden (Abb. 8.**6b**). Hier ist der thorakale Mustergenerator für die zeitliche und räumliche Feingliederung der verschiedenen Gesangstypen zuständig. Die Neurone der Pilzkörper wirken hingegen als echte Kommandostelle, von der aus der Gesang zentralnervös an- oder abgestellt werden kann. Auch in wachen Säugern ist es inzwischen gelungen, mittels intrazellulärer Aktivierung einzelner identifizierter Neurone der Hirnrinde das Verhalten des Tieres zu beeinflussen. ◄

8.3.3 Endogene Rhythmik

Die meisten Tiere zeigen in ihrem Verhalten tagesperiodische Schwankungen. Wird z. B. die Bewegungsaktivität eines Tieres über viele Tage gemessen, so treten bei tagaktiven Arten Maxima am frühen Morgen und/oder späten Nachmittag auf, während nachtaktive Arten hauptsächlich nach Einbruch der Dämmerung und/oder am frühen Morgen aktiv sind. Um zu klären, ob eine solche Tagesperiodik auf Umweltreizen wie etwa Licht, Temperatur oder Feuchtigkeit beruht, oder ob ein sogenannter **endogener Rhythmus (biologische Uhr)** vorliegt, müssen Aktivitätsrhythmen unter **konstanten Außenbedingungen** überprüft werden. Bei konstantem Dauerlicht zeigen Grillenmännchen eine zyklisch wiederkehrende Gesangsaktivität (Abb. 8.**7**), die jedoch jeden Tag etwas später einsetzt. Dieser frei laufende Rhythmus besitzt eine Periodendauer von 25–26 Stunden. Er liegt also nur ungefähr (circa) im Bereich eines 24-Stunden-Tages (lat. dies: Tag), und wird daher als **circadianer Rhythmus** bezeichnet. Der endogene circadiane Rhythmus (die innere Uhr) wird durch einen **äußeren Zeitgeber** synchronisiert. Als äußerer Zeitgeber fungiert meist der natürliche Tag-Nacht-Rhythmus, da der Hell-Dunkel-Wechsel einen sehr verlässlichen Umweltfaktor darstellt.

Die zentralnervösen Mechanismen, die eine circadiane Rhythmik ermöglichen, wurden als sogenannte **circadiane Schrittmacherzentren** im Gehirn lokalisiert. Bei

Rivalengesang
Silbe
Vers
Lockgesang
Werbegesang
0,2 s
Pilz-
körper
Brücke
Protocerebrum
Zentral-
körper
Gehirn
Deutocerebrum
Tritocerebrum

a

Zentralkörper
Brücke
Ocellennerv
Protocerebrum
Pilzkörper
optischer Nerv
Antennen-Nerv
Deuterocerebrum
Axon
Stromreiz I (nA)
+5
0
−5
Neuron
10 mV
geschlossen
2 mm
offen
Flügelbewegung
Gesangsmuster
2 s

b

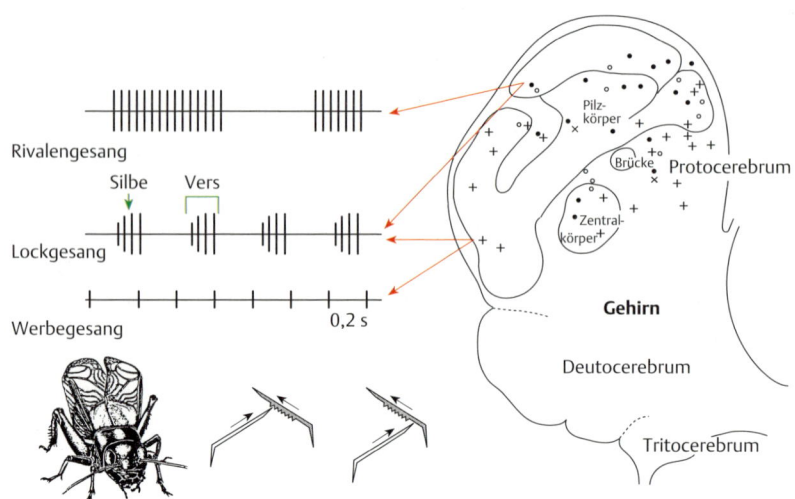

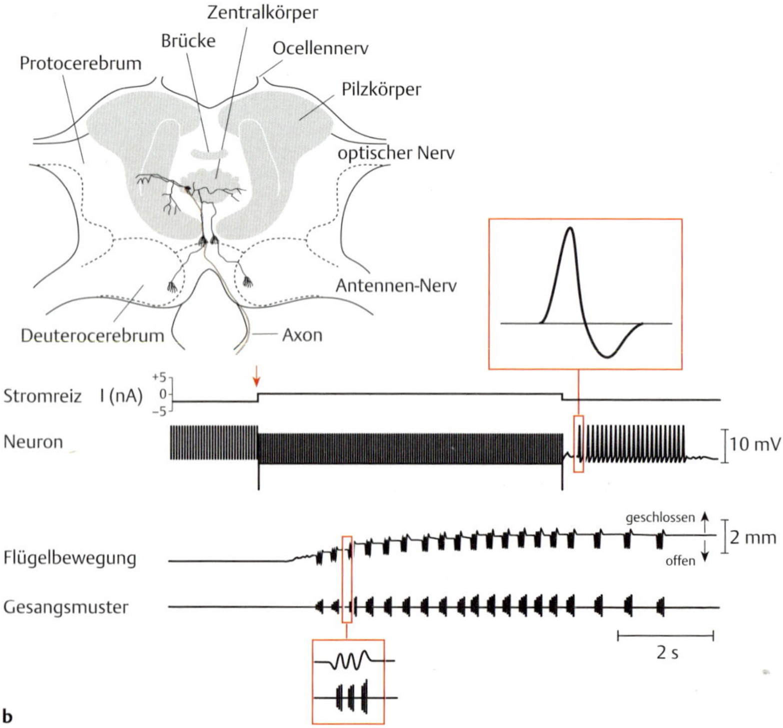

Abb. 8.6 Gesangsproduktion bei Grillen. a Beim Gesang werden die Vorderflügel gegeneinander gerieben, dabei wird eine Schrillkante über eine gezackte Schrillleiste gezogen. Ein Zug ergibt im Oszillogramm eine Silbe, mehrere Silben einen Vers. Elektrische (extrazelluläre) Reizung an verschiedenen Orten des Grillengehirns lösen unterschiedliche Gesangsmuster (Lockgesang, Rivalengesang, Werbegesang) aus. (Nach Huber, 1989.) **b** Unten: Auslösung des Lockgesangs durch intrazelluläre Strominjektion in ein einzelnes absteigendes Hirnneuron. Untereinander die Aufzeichung von Stromreiz, Neuronenaktivität, Flügelbewegung und Gesangsmuster über der Zeit. Oben: Morphologische Darstellung (durch Färbung) des intrazellulär abgeleiteten, absteigenden (Lockgesang-)Kommandoneurons im Gehirn der Grille. Das Soma des Neurons liegt dorsal, die Dendritenregion projiziert nach anterior in den Zentralkörper sowie lateral in Richtung Pilzkörper. Das Axon verläuft ventral und zieht ins kontralaterale Konnektiv. (Nach Hedwig, 2000.)

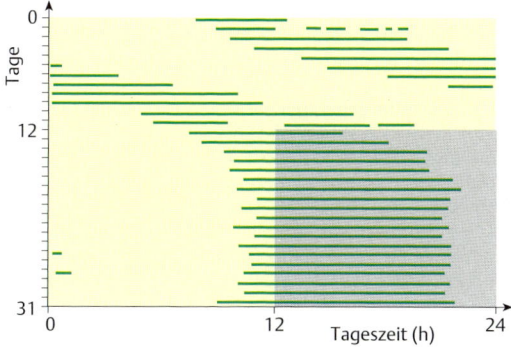

Abb. 8.7 Circadiane Gesangsrhythmik bei Grillenmännchen. Bei konstantem Dauerlicht während der ersten 12 Tage zeigen Grillenmännchen eine zyklisch wiederkehrende Gesangsaktivität, die jedoch jeden Tag etwas später einsetzt. Wird das Dauerlicht durch einen Tag-Nacht-Wechsel von 12 Stunden Licht und 12 Stunden Dunkelheit (graue Fläche) ersetzt, beginnt der Gesang jeden Tag zur gleichen Zeit ein bis zwei Stunden vor Einsetzen der Dunkelphase. (Nach Loher, 1972.)

Vögeln führt die Entnahme der **Epiphyse** (**Pinealorgan**) zum Verlust der tagesperiodischen Gesangsaktivität. Bei Säugetieren ist der **suprachiasmatische Nucleus** (**SCN**), eine Zellgruppe im Hypothalamus des Zwischenhirns, für die Aufrechterhaltung der circadianen Rhythmik wesentlich. Bei Insekten liegen circadiane Schrittmacherzentren in der **Medulla** (2. optisches Ganglion). Gemeinsam ist diesen Zentren, dass sie direkte Zeitgeberinformationen durch die Verarbeitung von optischen Reizen erhalten (z. B. Hell-Dunkel-Wechsel). Als **Zentraluhren** steuern sie die verschiedenen circadianen Rhythmen eines Tieres (in Bezug auf Lokomotion, Nahrungsaufnahme und Hormonausschüttung). Die Zentraluhren werden offenbar genetisch kontrolliert. So wurde bei *Drosophila* und bei Mäusen ein Zusammenhang nachgewiesen zwischen circadianer Zentraluhr und (circadian) rhythmischer Genexpressionen von X-chromosomalen *PER*-Genen (period genes), die PER-Proteine codieren. Verschiedene PER-Proteinsysteme zeigen eine periodische negative Rückkopplung auf ihre eigene Transkription. Die *PER*-Gene stellen somit den molekularen Taktgeber der Zentraluhren dar, der durch den retinalen Helligkeitsinput auf den äußeren Hell-Dunkel-Wechsel des 24-Stunden-Tages synchronisiert wird. Beim Menschen spielen vor allem **soziale Zeitgeber** eine wesentliche Rolle für die Synchronisation des circadianen Rhythmus. Bei den sogenannten „Bunkerversuchen" hielten sich Testpersonen mehrere Wochen in unterirdischen Räumen ohne Kontakt zur Außenwelt (und ohne Zeitgeber wie Uhren, Radio oder Fernsehen) auf. Der festgestellte „frei laufende" Schlaf-Wach-Rhythmus dieser Personen war individuell sehr verschieden (z. B. 25-, 30- oder 52-stündiger Rhythmus), wurde jedoch durch kleinste tagesperiodische „soziale" Hinweise (z. B. bestimmte Geräusche) auf die exogene 24-Stunden-Periodik synchronisiert.

Neben der circadianen Periodik treten auch **längerdauernde endogene Rhythmen**, wie der **lunare** (Mondphasen, 28–30 Tage) oder der **annuale** (Jahresperiodik, 365 Tage) Rhythmus auf. Lunare Fortpflanzungsrhythmen finden sich vor allem bei Insekten. Bei der Mücke *Clunio marinus* kommt es zwei Mal pro Monat zum gehäuften Auftreten geschlechtsreifer Tiere aufgrund einer **semilunaren** Schlüpfrhythmik, wodurch die Fortpflanzung dieser Meerestiere mit den Gezeiten abgestimmt wird. Jahresperiodische Erscheinungen sind zum Beispiel die Mauser und die Zugunruhe bei verschiedenen Singvogelarten (Abb. 8.8) Auch der saisonale Winterschlaf (S. 777) vieler Kleinsäuger basiert auf einer endogenen Jahresperiodik. Die unterschiedlichen Tageslängen werden als Zeichen der jahreszeitlichen Veränderung wahrgenommen. Auf molekularer Ebene lässt sich dies durch ein verändertes Expressionsmuster der Uhrengene *PER1* und *PER2* im SCN (Nucleus suprachiasmaticus)

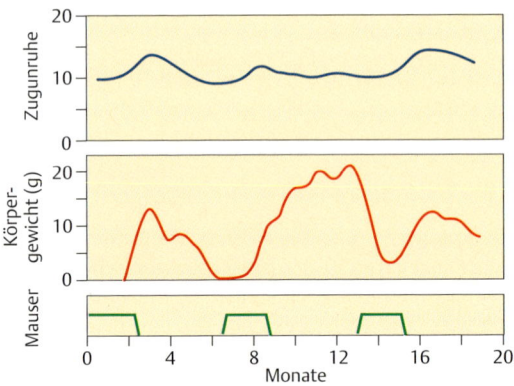

Abb. 8.8 Circannualer Rhythmus beim Fitislaubsänger bei konstanter Temperatur und konstantem 12:12 Licht-Dunkel-Wechsel. Untereinander ist die Änderung des Körpergewichts (blaue Kurve), die nächtliche Zugunruhe (rote Kurve) und die Mauser grüne Balken) gegen die Jahreszeit (in Monaten) aufgetragen. Die „Freilaufperiode" beträgt nicht 12 sondern 10 Monate, es handelt sich also um einen endogenen Rhythmus der die Zugvorbereitung (Mauser,Gewichtszunahme) und den Zug selbst (Zugunruhe) steuert. (Nach Gwinner, 1967.)

sehen: Bei verkürzter Hellphase ist die Dauer der erhöhten Expression deutlich kürzer und ihre Phasenlage zueinander verschiebt sich.

8.3.4 Orientierung

Ein wesentlicher Bestandteil vieler Verhaltensweisen ist die **Orientierung**, die gerichtete Einstellung des Organismus im Reizfeld der Umwelt. Bei Tieren sind vor allem die Bewegungen im Raum gerichtet. Diese gerichteten Bewegungen werden **Taxien** genannt. Die Bezeichnung einer Taxis erfolgt häufig nach der physikalischen Natur des richtenden Reizes. Bewegt sich eine Planarie (Strudelwurm) auf eine chemische Reizquelle zu, spricht man von **Chemotaxis**. Erfolgt eine Orientierung im Schwerefeld der Erde, wird dies **Geotaxis** genannt. Bei der **Phototaxis** bewegt sich ein Tier auf eine Lichtquelle zu (positiv gerichtet) oder von einer Lichtquelle weg (negativ gerichtet). So verhalten sich Ameisen morgens positiv phototaktisch, abends dagegen negativ phototaktisch.

Zur Orientierung benutzen Tiere auch ihre Kenntnis von erlernten Markierungspunkten: Sie orientieren sich aufgrund von Gedächtnisinformationen (**Mnemotaxis**). Für die Orientierung im gewohnten Lebensraum ist eine solche **Landmarkenorientierung** von großer Bedeutung. So finden beispielsweise Strandvögel, die oft in unübersichtlichen Kolonien leben, ihr Nest offenbar mithilfe von Orientierungsmarken wie Steinen oder angeschwemmtem Treibholz. Werden Landmarken experimentell versetzt, orientieren sich Tiere, die zum Nest zurückkehren wollen, entsprechend fehlerhaft. Bei Säugetieren wie auch beim Menschen lassen sich räumliche Orientierungsleistungen vor allem der Region des **parietalen posterioren Kortex** (**PP** als Teil des assoziativen Kortex, Kap. 6) zuordnen. Hier erfolgt die Lokalisation äußerer Sinnesreize und die mit der räumlichen Orientierung einhergehende **Aufmerksamkeitssteuerung**. Bei der Katze konnte durch experimentelle Kühlung des PP ein reversibler Ausfall von zuvor erlernten Orientierungsreaktionen evoziert werden.

Insekten orientieren sich häufig an der Sonne als Bezugspunkt, die ihnen das Einhalten einer festen Kompassrichtung ermöglicht. Dabei wird die tageszeitabhängige Änderung des Sonnenstandes bei der Winkeleinstellung (**Menotaxis**) zur Sonne berücksichtigt. Diese **zeitkompensierte Sonnenkompassorientierung** wurde von **Karl von Frisch** an **Honigbienen** entdeckt. Eine mit Pollen beladene Sammelbiene, die eine lohnende Futterquelle entdeckt hat, teilt mit dem mitgebrachten Pollen nicht nur Qualität und Art der Blüten mit, sondern übermittelt mit dem **Schwänzeltanz** ihren Nestgenossen auch die **Richtung** und **Entfernung** zur Futterquelle. Dies geschieht, indem die Biene den Winkel zwischen Sonne und Futterziel, den sie während ihres Fluges zur Futterquelle mithilfe ihres visuellen Systems gemessen hat, auf einer horizontalen Fläche bei Sicht der Sonne beibehält, oder im Dunkeln im Bienenstock auf der vertikalen Wabe in einen **Winkel zur Schwerkraft** transponiert (Abb. 8.9). Die Entfernung zum Ziel wird durch die Dauer des Schwänzeltanzes angezeigt. Gemessen wird diese Entfernung von der Biene

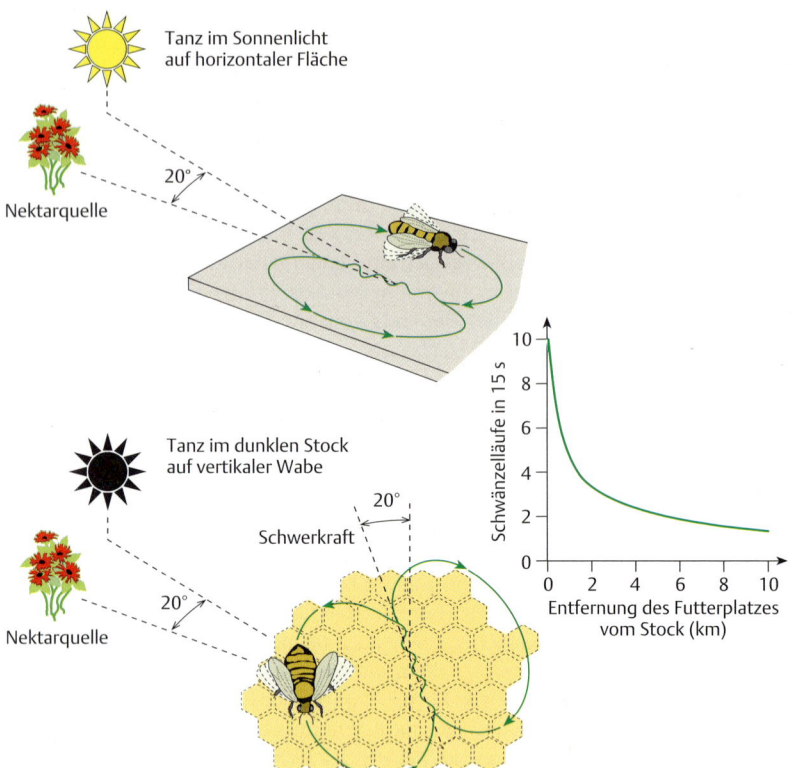

Abb. 8.9 **Schwänzeltanz der Honigbiene.** Die Biene läuft die Figur einer Acht, auf deren Mittelstrecke das typische Schwänzeln mit dem Abdomen erfolgt. Die Orientierung dieser Mittelstrecke zur Sonne zeigt auf einer horizontalen Tanzfläche im Sonnenlicht die Richtung der Futterquelle an. Auf der vertikalen Wabe innerhalb des Stocks (im Dunkeln) wird der Winkel zwischen Sonne und Futterquelle in einen Winkel zur Schwerkraft transponiert. Liegt die Futterquelle in der gleichen Richtung wie die Sonne, so weist der Schwänzeltanz im dunklen Stock direkt nach oben, beziehungsweise nach unten, wenn sich die Futterquelle in entgegengesetzter Richtung befindet. Die Entfernung zur Futterquelle wird durch die Anzahl der Durchläufe angezeigt. Je öfter ein Durchlauf pro Zeit erfolgt, desto näher liegt die Futterquelle. (Nach von Frisch, 1977, und Tautz, 2007.)

über visuelle Eingänge. Bei weiter entfernten Futterquellen ist der retinale Bildfluss höher und wird von der Biene im Stock in längere Schwänzeltanzphasen übersetzt. Durch Versetzungsversuche des Bienenstockes in unbekanntes Gebiet wurde belegt, dass Bienen nur mithilfe der Sonne navigieren können, allerdings spielen bei der Nahrungssuche in der Umgebung des Stocks offenbar auch **Landmarken** eine Rolle. Junge Sammlerinnen absolvieren mehrere Erkundungsflüge im Umfeld des

Stocks und erlernen so eine **Umgebungskarte**. Ebenso finden Bienen eine Futterquelle auch bei bedecktem Himmel. Sie orientieren sich dabei am **Polarisationsmuster** des Himmels, das in enger Beziehung zum Sonnenstand steht.

Neben der Orientierung an Himmelskörpern wurde vor allem bei Vögeln, aber auch bei Insekten, eine Ausrichtung am **magnetischen Feld der Erde** nachgewiesen. Diese **Magnetkompassorientierung** ermöglicht Zugvögeln die Einhaltung ihrer natürlichen Zugrichtung. So sind Rotkehlchen allein aufgrund der Information des Erdmagnetfeldes in der Lage, ihre Zugrichtung beizubehalten. In einem veränderten Magnetfeld ändern sie ihre Zugrichtung genau um den Betrag, um den das künstliche Magnetfeld in seiner Richtung von der natürlichen Nordrichtung abweicht. Die physiologischen Mechanismen, die dieser Orientierungsleistung zugrunde liegen, sind jedoch kaum bekannt.

Eine andere Form der Orientierung, die **Navigation**, bezeichnet die Fähigkeit, in fremder Umgebung nicht nur die Richtung, sondern einen **bestimmten Zielort** zu finden. Die unter extremen Temperaturbedingungen lebenden Wüstenameisen der Art *Cataglyphis bicolor* laufen verschlungene, hundert Meter lange Wege um Nahrung aufzuspüren. Nachdem sie eine Futterquelle gefunden haben, kehren sie jedoch auf dem kürzesten Weg direkt zu ihrem Nest zurück. Die Richtung des Nestes ermitteln sie anhand des Sonnenstandes und dem entsprechenden **Polarisationsmuster des Himmels**. Der aktuelle Abstand zum Nest wird aus dem zurückgelegten Weg integriert. Offenbar ist in dem nur wenige Millimeter großen Gehirn eine Art **Himmelskarte** repräsentiert, deren Kenntnis den Wüstenameisen die überlebensnotwendige Heimkehr ins Nest ermöglicht. Grundsätzlich sind in allen Tierstämmen außerordentliche Orientierungs- und Navigationsleistungen zu finden. Das Heimfinden der Brieftauben oder die weltweiten Wanderungen bestimmter Tierarten lassen sich durch ein komplexes Zusammenspiel von unterschiedlichen Orientierungsmechanismen, Landmarken und Navigation erklären.

8.3.5 Kommunikation

Mittels **artspezifischer Signale** beeinflusst ein Tier (**Sender**) das Verhalten eines anderen Tieres (**Empfänger**). Die evolutive Entwicklung verschiedener Signaltypen und Kommunikationskanäle bei unterschiedlichen Tiergruppen wird sowohl durch ökologische Faktoren, als auch durch spezifische Reaktionen der Signalempfänger beeinflusst. Bei der Klassifizierung von Kommunikationskanälen muss zwischen der physikalisch wirksamen Energieform des vom Sender erzeugten Signals und seiner beim Empfänger durch zentralnervöse Verarbeitung erzeugten **Wahrnehmung** (der eigentlichen Sinnesleistung) unterschieden werden.

Optische Signale (Sehsinn) spielen für die **visuelle Wahrnehmung** vieler Tierarten mit gut entwickelten Augen eine Rolle. Dies betrifft besonders die Primaten, deren Gehirn zu mehr als einem Drittel visuelle Information verarbeitet. Auch im Fortpflanzungsverhalten übermitteln optische Balzsignale dem Empfänger Information über die Motivation des potentiellen Partners. Bei dämmerungsaktiven

Leuchtkäfern werden beispielsweise Blinksignale zum Anlocken von Weibchen genutzt.

Akustische Signale (**Gehörsinn**, **auditorische Wahrnehmung**) erlauben auch bei fehlender Sicht und über große Entfernungen Gefahren, Beute, aber auch Artgenossen zu erkennen. Vor allem bei Vögeln, die in dichter Vegetation leben, sowie bei einigen Insekten (Grillen, Heuschrecken) werden „Gesänge" zur Revierabgrenzung und zum Anlocken von Fortpflanzungspartnern eingesetzt (s. o.). Tropische Vögel bevorzugen bei ihren Gesängen bestimmte Frequenzbereiche (um 2 kHz), bei denen die Schallabsorption durch die Umgebung gering ist. Akustische Signale sind energetisch aufwendig. Ihre Intensität und Dauer spiegelt daher die Größe und Potenz des Senders wider. So ist die Kampfkraft eines Rothirsches vor allem in seiner Fähigkeit erkennbar, Konkurrenten durch lautes und sonores Röhren akustisch fern zu halten.

Chemische Signale (**Geruchs- und Geschmackssinn**, **olfaktorische Wahrnehmung**) werden z. B. auch als **Pheromone** mittels spezieller Körperdrüsen verbreitet und stellen die ursprünglichste Kommunikationsform dar, die bereits bei Bakterien und Einzellern auftritt. Bei Insekten werden **Sexuallockstoffe** zum Anlocken des Geschlechtspartners eingesetzt. Ein bekanntes Beispiel ist das **Bombykol**, ein Pheromon, das von Weibchen des Seidenspinners (*Bombyx mori*) mittels spezieller Duftdrüsen am Hinterleib produziert wird. Bereits wenige Moleküle dieses Duftstoffes locken Männchen über mehrere Kilometer Entfernung hin an. Auch bei vielen Säugern signalisieren die Weibchen mit Sexualdüften ihre Paarungsbereitschaft und über HLA-abhängige Duftstoffe die Fitness der Immunabwehr potentieller Nachkommen (S. 802, Ökologie), während die Männchen mittels schwerflüchtiger **Duftmarken** ihre Reviere abgrenzen. **Alarm-** oder **Schreckstoffe** sind hingegen meist leichtflüchtig. Mit ihnen signalisieren beispielsweise Bienen oder Fische ihren Artgenossen eine drohende Gefahr und lösen damit Angriff, Flucht oder Tarnung aus.

Eher selten werden **elektrische** (**elektrischer Sinn** bei Fischen) oder **mechanische** Signale (**Vibrationssinn** bei Spinnen) zur Kommunikation eingesetzt, da hierzu hochspezialisierte Sinnesorgane notwendig sind (S. 507, S. 512).

Im Laufe der Evolution wurde die Effektivität von Kommunikationssignalen vor allem bei Säugern und Vögeln durch zunehmende **Ritualisierung** verstärkt. Darunter versteht man die stammesgeschichtliche Abwandlung eines Verhaltens, die durch Betonung und Übertreibung bestimmter Bewegungselemente schließlich zu einer symbolischen Signalhandlung führt. Ursprünglich neutrale Verhaltensweisen, wie etwa Putz- oder Nistbewegungen, werden durch Ritualisierung zu einer balztypischen Signalhandlung, die den Vorteil hat, für den Empfänger eindeutig und unverwechselbar zu sein. Eine zunehmende Normierung von Signalen fördert jedoch „Nachahmungen", durch die der Empfänger getäuscht werden kann. Solche Signalfälschungen (**Mimikry**) treten sowohl zwischen Arten (z. B. Wespenmimikry bei Schwebfliegen), als auch innerhalb derselben Art auf.

Verhaltensphysiologie: Wissenschaft von den physiologischen Verhaltensgrundlagen, erforscht proximate Faktoren (Ursachen) des Verhaltens. Eingangs-Ausgangs-Analyse von Verhaltenselementen. Organismus als Black-Box.
Formkonstantes Verhaltenselement (fixed action pattern): Komplexes, +/– unveränderliches Bewegungsmuster, nicht nur vom Reiz, sondern auch von Motivation des Tieres abhängig. Umweltstabil, variiert hinsichtlich Dauer und Vollständigkeit, überlagert durch variable Taxiskomponente. Wurde in der klassischen Ethologie als Erbkoordination bezeichnet.
Koordination: Zeitlicher Einsatz und räumliche Orientierung von Verhaltenssequenzen, neuronale oder hormonale Kontrolle von situationsgerechten Verhaltensweisen. Sensorische oder neuronale Filter selektieren relevante Außenreize.
Reizfilter: Filtert Schlüsselreiz aus dem Reizangebot, basiert auf Eigenschaften von Rezeptoren oder neuralen Zentren, wird modifiziert durch Erfahrung. Entspricht angeborenem Auslösemechanismus in der klassischen Ethologie.
Endogener Rhythmus: Verhalten im Zeittakt einer biologischen Uhr. Frei laufender Rhythmus wird durch zentralnervösen Schrittmacher vorgegeben, synchronisiert durch äußere Zeitgeber. Beispiele: circadianer, lunarer, annualer Rhythmus.
Circadiane Schrittmacher: Bei Vögeln: in der Epiphyse; bei Säugern: Zellgruppe im Hypothalamus; Bei Insekten: in den optischen Loben.
Orientierung: Gerichtete Einstellung des Organismus im Reizfeld der Umwelt. Typen: Taxis, Navigation.
Taxis: Orientierung zur Reizquelle (Geotaxis, Thermotaxis, Chemotaxis). Orientierung durch Gedächtnisinformationen (Mnemotaxis). Orientierung in einem bestimmten Winkel zur Reizquelle (Menotaxis).
Navigation: Zielfinden in fremder Umgebung. Beispiele: Vogelzug, Tierwanderung.
Kommunikation: Austausch von Signalen vom Sender zum Empfänger. Signale: akustisch, optisch, chemisch, elektrisch, vibratorisch.
Ritualisierung: Phylogenetische Entwicklung von symbolischen Signalhandlungen.

8.4 Verhaltensontogenie

Wie andere biologische Merkmale entsteht auch das Verhalten eines Tieres als kontinuierlicher Prozess während der Individualentwicklung. Die **Verhaltensontogenie** (Verhaltensentwicklung) versucht zu klären, wie genetische und umweltbedingte Information bei der Entstehung einer Verhaltensweise zusammenwirken. Mit der Erkenntnis, dass bereits die Genexpression genauso wie alle folgenden neuronalen und sensorischen Entwicklungsprozesse, die schließlich ein Verhalten erst ermöglichen, unter Umwelteinflüssen stehen, tritt die historisch bedingte Kontroverse, zwischen **angeborenem** und **erlerntem** Verhalten zu unterscheiden, in den Hintergrund. Nach heutigem Stand wird zwischen relativ starren („**geschlossenen**") **Entwicklungsprogrammen** des Verhaltens und sehr flexiblem, durch Lernvorgänge stark modifiziertem Verhalten unterschieden („**offene**" **Entwicklungsprogramme**). Starre Systeme lassen sich durch isolierte

Aufzucht (Kaspar-Hauser-Experimente) gut analysieren, z. B. bei der Gesangsentwicklung von Insekten (Grillen) und Vögeln. Hier stehen die formkonstanten Anteile der Gesangsentwicklung im Vordergrund. **Reifungsprozesse** bestimmen hingegen häufig die Entwicklung motorischen Verhaltens wie dem Vogelflug.

Ein Schwerpunkt verhaltensontologischer Forschung gilt dem **Lernen**. Eine einfache (nicht assoziative) Lernform ist die abnehmende Reaktionsstärke (**Habituation**) auf wiederholt auftretende äußere Reize. Frühontogenetisches Lernen lässt sich während **sensibler Prägungsphasen** nachweisen (Objektprägung, sexuelle Prägung bei Vögeln). Lernen durch Neugier- oder Spielverhalten, typisch für Säugetiere, dient der Eingliederung in den Sozialverband. Hinsichtlich ihrer biologischen Relevanz sind Experimente an Säugern zu höheren assoziativen Lernleistungen (Verknüpfungen zwischen verschiedenen Ereignissen) umstritten, wenn sie nur als **klassische** oder **operante Konditionierung** erfolgen. **Kognitives Lernen**, das vorausschauende Planung einbezieht, lässt sich besonders bei Primaten nachweisen. Neuronale Plastizität des Endhirns, wozu auch der Hippocampus gehört, bildet die Basis für Lern- und Gedächtnisleistungen von Säugern.

8.4.1 Angeborenes Verhalten

Es gibt viele Verhaltensweisen, die – unabhängig von individuellen Umwelteinflüssen – bei den Mitgliedern einer Art in gleicher Weise auftreten. Daher liegt es nahe, diese **artspezifischen Verhaltensweisen** als „angeboren" zu bezeichnen. Die klassische Ethologie nahm an, dass angeborene Verhaltensweisen bis in jede Einzelheit durch Gene festgelegt sind. Es hat sich jedoch gezeigt, dass die Entwicklung der physiologischen Mechanismen (beispielsweise der neuronalen Netzwerke), die einem Verhalten zugrunde liegen, auch erheblich von Umwelteinflüssen abhängig ist. Die Entwicklung eines Verhaltensmusters basiert immer auf einer komplexen **Wechselwirkung** zwischen **genetischer Information und Umwelt**. Eine strenge Unterscheidung in **angeborene** und **erlernte** Verhaltensweisen ist somit nicht mehr sinnvoll. Trotzdem ist es auch heute noch üblich, eine Verhaltensweise als angeboren zu bezeichnen, wenn sie sich ohne sichtbaren Umwelteinfluss entwickelt, und wenn ihre Anpassung an die Umwelt genetisch festgelegt ist und nicht auf individuellem Lernen beruht.

Ob ein Verhalten erlernt werden muss, wurde in der klassischen Ethologie durch **Erfahrungsentzugsexperimente** (**Kaspar-Hauser-Experimente**) überprüft. Gemäß dem, laut Überlieferung in völliger Isolierung aufgewachsenen und in seiner Entwicklung schwer beeinträchtigten, Nürnberger Findelkind Kaspar Hauser wurden in diesen Experimenten Individuen getrennt von Artgenossen aufgezogen. Verhaltensweisen, die trotz dieser Isolierung auftreten, werden offenbar **frühontogenetisch** determiniert, sie gelten als angeboren. So zeigen Grillenmännchen, die bereits als Larven isoliert wurden und nie den typischen Gesang von Artgenossen durch Nachahmung lernen konnten, trotzdem im Adultstadium das vollständige Gesangsrepertoire. Die Fähigkeit zur Gesangsproduktion und die arttypische Entwicklung der Gesangserzeugung bei Grillen sind daher unabhängig von erkennbaren Lernprozessen. Ähnliches gilt für die Gesänge einiger Vogelarten (z. B. Dorngrasmücke). Bei Säugern führen Kaspar-Hauser-Experimente jedoch häufig zu so generellen Störungen im Verhalten, dass Rückschlüsse auf angeborene Verhaltenselemente kaum noch möglich sind.

Als **Reifung** angeborener Verhaltensweisen wird der Vorgang bezeichnet, bei dem eine Verhaltensweise bei der Geburt noch nicht vorliegt, in einem späteren Stadium jedoch ohne vorherige Übung voll funktionsfähig auftritt. So sind frischgeschlüpfte Tauben flugunfähig, das Flugvermögen entsteht erst allmählich. Werden junge Tauben in engen Tonröhren aufgezogen, so fliegen sie später genauso gut wie frei beweglich aufgezogene Tiere, obwohl sie keine Gelegenheit zu „Flatterübungen" hatten. Das Fliegen wird also nicht erlernt, sondern reift als motorischer Entwicklungsprozess unabhängig von Lernvorgängen heran.

8.4.2 Lernen

Unter **Lernen** versteht man die Aufnahme und Speicherung von Information, die wieder abrufbar ist. Lernen führt zu einer dauerhaften Veränderung des Verhaltens als Folge von Erfahrungen. Die Fähigkeit zu Lernen beruht auf **artspezifischem, angeborenem Lernvermögen**. Verschiedene Tierarten lernen je nach Aufgabenstellung unterschiedlich gut. Beispielsweise lernt eine Ratte den Lauf durch ein Labyrinth wesentlich schneller und besser als ein Frosch, da die Aufgabe ihrem natürlichen Verhalten näher steht.

Die einfachste Form des Lernens ist die **Habituation** (Gewöhnung). Durch Reizwiederholung lernt ein Tier beispielsweise, ob ein Reiz eine besondere Bedeutung hat. Ist dies nicht der Fall, nimmt die Reaktionsstärke entsprechend ab. Ein Buchfink lernt, dass eine Eulenattrappe keine Gefahr darstellt: Seine Alarmreaktion („Hassen") nimmt von Tag zu Tag mehr ab, wenn die Eule keine Reaktion zeigt. Habituationseffekte können sehr lange anhalten, auch wenn der Reiz für längere Zeit aussetzt. Sie beruhen nicht auf motorischer oder sensorischer Ermüdung, sondern auf zentralnervöser Drosselung der Reaktionsbereitschaft. Ein veränderter oder neuer Reiz wird daher sofort wieder mit der anfänglichen Reaktionsstärke beantwortet (**Dishabituation**).

Von besonderer Bedeutung für das spätere Verhalten eines Tieres ist das frühontogenetische Lernen in Jugendstadien, zu dem die **Prägung** gehört. Typisch für Prägungsvorgänge ist, dass sie nur in einem bestimmten Zeitbereich der Individualentwicklung, der **sensiblen Phase**, erfolgen und dann irreversibel sind. Ein bekanntes Beispiel ist die **Nachlaufprägung** bei nestflüchtenden Vogelarten (Hühner, Enten, Gänse). Bei Enten liegt die sensible Phase, in der normalerweise die Prägung auf das Elterntier erfolgt, 9–20 Stunden nach dem Schlüpfen. In diesem Zeitraum folgt ein Entenküken jedoch jedem Objekt (also auch einer Attrappe oder einem

Menschen), vorausgesetzt es bewegt sich und gibt mehrsilbige, gegliederte Laute von sich. Die Nachlaufprägung erlischt, wenn die Entenküken selbstständig werden. Eine weitere Form der Objektprägung ist die **sexuelle Prägung**, während der ein Jungtier die Merkmale des geeigneten Geschlechtspartners lernt. Die sensible Phase für die sexuelle Prägung ist bei Enten zeitlich weit ausgedehnter als die der Nachlaufprägung (8–10 Wochen). Sie endet jedoch lange vor Eintritt der Geschlechtsreife (mit 4–5 Monaten). Normalerweise dienen daher die Elterntiere als sexuelle Prägevorbilder, sodass im Familienverband aufgezogene Vögel später nur Artgenossen als Geschlechtspartner wählen. Jedoch können beispielsweise Zebrafinkenmännchen sexuell fehlgeprägt werden, wenn ihnen im Verlauf einer Fremdaufzucht in der sensiblen Phase ein fremdes Prägevorbild präsentiert wurde.

Bei der **Gesangsentwicklung** vieler Singvogelarten spielen prägungsähnliche Lernprozesse eine wesentliche Rolle. Junge Weißkopf-Ammerfinken (*Zonotrichia leucophrys*) produzieren im Alter von 3–4 Monaten zunächst einen wenig ausgeprägten **Jugendgesang** (subsong), der dem **Normalgesang** (fullsong) adulter Tiere zwar ähnelt, jedoch unregelmäßig und nicht melodisch ist. Sogar schallisoliert aufgezogene Jungfinken sind zum Jugendgesang befähigt. Zur Entwicklung des Normalgesangs kommt es aber nur dann, wenn die Jungen während einer sensiblen Phase (10–50 Tage nach dem Schlüpfen) den arteigenen Gesang vom Vater oder einem anderen männlichen Artgenossen hören. Der arteigene Normalgesang wird also gelernt, lange bevor der Jungvogel selbst zu singen beginnt. Bei diesem Lernprozess besteht eine Präferenz für das arteigene Gesangsmuster, da isoliert aufgezogene Weißkopf-Ammerfinken auch dann keinen Normalgesang produzieren können, wenn sie während der sensiblen Phase einen artfremden Gesang, z. B. den einer Singammer hören. Aus diesen experimentellen Befunden lässt sich ein allgemeines Schema zur Gesangsentwicklung ableiten (Abb. 8.10). Singvögel besitzen im Unterschied zu anderen Vogelgruppen (mit überwiegend angeborenen Lautäußerungen) auf das Gesangslernen spezialisierte neuronale Zentren („Gesangskerne" der Vorderhirnbahn).

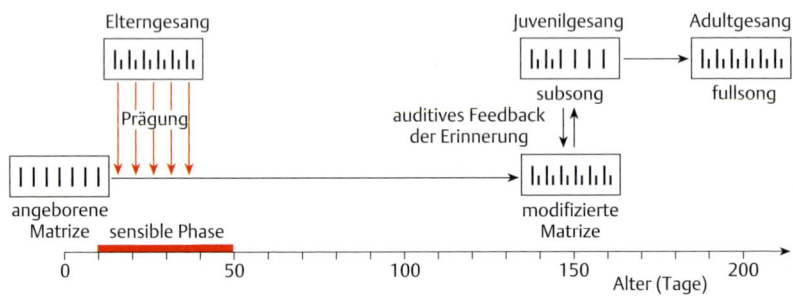

Abb. 8.**10 Gesangsentwicklung beim Weißkopf-Ammerfink.** Der Weißkopf-Ammerfink verfügt über eine angeborene akustische Matrize, die aus einem einfachen motorischen Programm der Gesangsproduktion und einem allgemeinen sensorischen Filter der Gesangserkennung besteht. Während der sensiblen Phase wird diese genetisch determinierte Matrize auf den spezifischen Elterngesang geprägt und dadurch modifiziert (erfahrungsmodifizierte Matrize). Später passt der Vogel seinen eigenen Juvenilgesang (subsong) durch auditives Feedback der Erinnerung an den gelernten Gesang an, bis er diesen schließlich vollständig imitiert (Adultgesang, fullsong). (Nach Marler, 1990.)

Zum frühontogenetischen Lernen gehört auch das **Neugier-** und **Spielverhalten** der Jugendstadien vieler Tierarten. Durch neugieriges Erkunden der Umgebung lernt ein Jungtier Wesentliches über Nahrungsangebot, Gefahrenquellen oder geeignete Nistplätze. Beim Spiel werden artspezifische Verhaltensabläufe aus ganz verschiedenen Funktionskreisen (**Bewegungs-**, **Kampf-** oder **Beuteerwerbsspiele**) ohne Ernstbezug eingeübt und sorgen für eine erfahrungsbedingte Anpassung des Tieres an seine Umwelt. Junge Schimpansen lernen im Spiel mit verschiedenen Gegenständen, diese schließlich erfolgreich als Werkzeuge einzusetzen. Spielerisches Lernen ist vor allem bei Säugern notwendig für die **Sozialisation**, die Einpassung in den Sozialverband. Wird bei jungen Rhesusaffen diese soziale Entwicklung experimentell verhindert, zeigen sie schwere Verhaltensstörungen (Bewegungsanomalien, Ängstlichkeit), sodass eine normale Fortpflanzung später nicht möglich ist. Durch Anbieten einer Mutterattrappe lässt sich diese gestörte Sozialisation teilweise kompensieren. Beim Menschen ist ein Sozialisationspartner während der frühkindlichen Entwicklung unentbehrlich. Die durch soziale Isolation entstehenden Verhaltensstörungen (**Hospitalismus**) betreffen sowohl die körperliche wie die geistige Entwicklung und sind weitestgehend irreversibel.

8.4.3 Klassische und operante Konditionierung

Die bekanntesten Modelle für Mechanismen des Lernens sind die **klassische** und die **operante Konditionierung**, die auch als **assoziatives Lernen** bezeichnet werden. Beide Begriffe gehen auf die **experimentelle Lernpsychologie** zurück, sind aber als allgemein gültige Prinzipien bis heute umstritten, da sie aufgrund des starren Versuchsablaufs die Vielfalt natürlicher Lernsituationen nicht berücksichtigen.

Die **klassische Konditionierung** wurde 1921 von dem russischen Physiologen **I. Pawlow** bei Versuchen zur Speichelsekretion von Hunden entdeckt. Wird einem hungrigen Hund Nahrung angeboten, so zeigt er eine Zunahme der Speichelsekretion. Wird gleichzeitig mit der Nahrung ein zweiter Reiz geboten, beispielsweise ein Glockenton oder ein Lichtsignal, so genügt nach wenigen Wiederholungen dieser zweite Reiz allein, um vermehrte Speichelsekretion auszulösen. Aufgrund des wiederholten zeitlichen Zusammenhangs zwischen primärem (**unbedingten**) und sekundärem (**bedingten**) Reiz entsteht im Gehirn des Hundes eine Verknüpfung (Assoziation). Die ursprünglich als „unbedingt" bezeichnete Reaktion wird zur „bedingten" Reaktion. Voraussetzung für diese Verknüpfung ist der positiv verstärkende Effekt des Primärreizes, der als **Belohnung** wirkt. Ebenso können auch negative Verstärkungen (**Strafreize**) zur Ausbildung einer bedingten Reaktion führen. Die klassische Konditionierung ist im Unterschied zur Prägung **reversibel**.

Die **operante Konditionierung** basiert auf Untersuchungen des amerikanischen Psychologen Burrhus Skinner. In einer vollautomatisierten Versuchsanordnung (**Skinner-Box**) lernt ein Tier die Verknüpfung zwischen einer (**zufälligen**) **Verhaltensweise** und einer **Belohnung** (Abb. 8.**11**). Bei der operanten Konditionierung

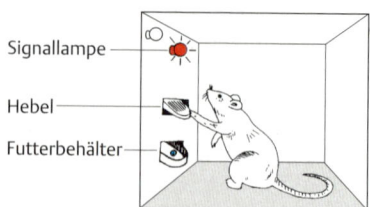

Abb. 8.11 Operante Konditionierung in einer Skinner-Box. Eine in die Box gesetzte Ratte erkundet zunächst den Innenraum. Drückt sie zufällig den vorhandenen Hebel, erhält sie ein Futterpellet. Diese Belohnung wirkt als Verstärkung für erneutes Hebeldrücken und die Ratte lernt schnell, sich durch Hebeldruck Futter zu beschaffen. In Erweiterung des Versuchs kann sie lernen, den Hebel nur dann zu drücken, wenn eine bestimmte Signallampe aufleuchtet. Dies erfordert, dass beim Aufleuchten der richtigen Signallampe der Hebeldruck durch Futter belohnt wird, während der Hebeldruck bei Aufleuchten der anderen Signallampe beispielsweise durch Elektroschock bestraft wird. (Nach Skinner, 1966.)

wird also immer die erfolgreiche Handlung belohnt, daher spricht man auch vom **instrumentellen Lernen** oder vom Lernen durch **Versuch und Irrtum**.

Bei der klassischen Konditionierung erfolgt die Assoziation zwischen Reiz und Belohnung, bei der operanten Konditionierung zwischen Reaktion und Belohnung. Neben den Skinner-Boxen werden auch Labyrinthe als Versuchsanordnungen eingesetzt (**maze-learning**); so lernen z. B. Ratten und Mäuse sehr schnell, komplizierte Labyrinthe richtig zu durchlaufen, wenn die korrekten Richtungen belohnt werden (zum Beispiel zu einer Futterquelle führen), und falsche Richtungen z. B. durch milde, aber unangenehme elektrische Reize an den Füßen (foot shocks) bestraft werden.

Konditionierungsexperimente werden häufig dazu genutzt, die Unterscheidungsfähigkeit von Objekten, Düften oder Temperaturen bei Tieren zu messen. Historisch bilden Konditionierungsversuche die Basis der als **Behaviorismus** bezeichneten Verhaltenslehre. Sie haben zu der gängigen Vorstellung geführt, dass jeder Lernprozess im Rahmen der arttypischen Prädisposition durch **Verstärkung** (Belohnung) gefördert werden kann und somit für die Entwicklung des natürlichen Verhaltens eine wichtige Rolle spielt.

Für das Verhalten vieler Tiere ist das Lernen von Artgenossen wichtig. Wird eine Verhaltensweise vollständig kopiert, bezeichnet man dies als **Imitation** (**Nachahmung**). Beispiele hierfür sind die **Gesangsimitation (Spotten)** bei einigen Singvogelarten oder der Spracherwerb des Menschen. Durch Nachahmungslernen bilden sich auch völlig neue **Traditionen**, wie beispielsweise das Milchflaschenöffnen bei Meisen in England, die in einer Population verbreitet werden.

Räumliches Lernen im Labyrinth: Ein Wasser-Labyrinth (water-maze, Abb. 8.**12**) ist eine der zahlreichen Test-Apparaturen, die in der aktuellen Forschung eingesetzt werden, um räumliches Lernen von Ratten oder Mäusen zu untersuchen: In einem kreisförmigen Wasserbecken (d = 1–2 m) wird eine kleine Plattform so installiert, dass sie für das zu testende Tier unsichtbar ist (Einfärbung des Wassers, Plattform unter der Wasseroberfläche). Über eine von oben aufnehmende Videokamera wird mit nachgeschalteter computergestützter Spurregistrierung (**video tracking system**) der Weg der schwimmenden Ratte aufgezeichnet, bis sie die Plattform erreicht. Auswerteparameter wie Kurswinkelfehler (gemessen als Winkel zwischen Kopf und Zentrallinie (d) des Schwimmkanals), zugehörige Kurswinkelfehlerstrecke, Breite des Schwimmkanals und Aufenthaltsdauer der Ratte in verschiedenen Quadranten (k) bzw. im Randbereich (i) ermöglichen vergleichende Aussagen über die Qualität der Orientierungsleistung. Wie Richard G. Morris in den 1980ern zeigte, lernen Ratten sehr schnell (in wenigen Durchläufen), **direkt** zur Plattform zu schwimmen („escape from water" ohne vorheriges zufallsmäßiges Suchen); sie orientieren sich dabei an der relativen Lage der Plattform zu äußeren räumlichen Bezugspunkten (**Landmarken**). Vergleichende Labyrinth-Versuche mit normalen und gentechnisch oder neuropharmakologisch veränderten Tieren erlauben Einblicke in die Neurobiologie des (räumlichen) Lernens. ◄

Höhere Lernleistungen beruhen in der Regel auf der Fähigkeit, die Wichtigkeit von Lerninhalten zu erkennen und diese zu speichern, Inhalte zu generalisieren und die so gewonnenen Regeln gewinnbringend einzusetzen. Sie treten bei **Wirbeltieren**,

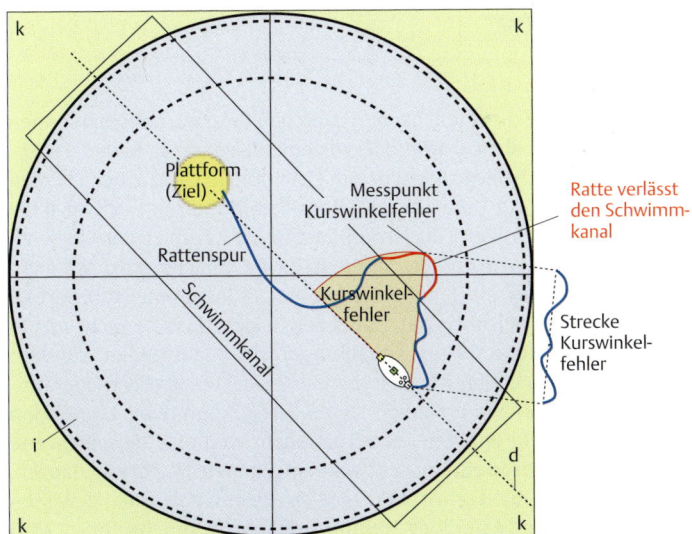

Abb. 8.**12. Water-Maze-Anordnung.**
(Mit freundlicher Genehmigung der Fa. BIOBSERVE GmbH, Bonn, info@biobserve.com.)

Nr.	Ausgangsmuster		
1.	 • ● ••		
	Testmuster	Anzahl der Tests	Prozentsatz der „Richtig-Wahlen"
2.	 ▲▲ ▲▲	100	70
3.	 ◆ ' ⸳ '	95	87
4.	 G ❙❙	70	99
5.	 ❩ ʃʃ	50	90
6.	 4(+⁺	60	80
7.	 ı❙ 99	60	85
8.	 ⌐ ▗ ∠ ◢	110	75
9.	 ▪▪	50	78
10.	 ▪▪▪	60	73
11.	 ★ ● ∧ ∧	50	90
12.	 ⸱ᵛ ■■	50	80

Abb. 8.**13 Unterscheidungsversuche bei Säugern.** Eine Zibetkatze (*Viverricula malaccensis*) wurde darauf dressiert, zwischen gleichen und ungleichen Kreisen zu unterscheiden. Dieses Ausgangsmuster kann sie auf andere, abweichende Musterpaare, die ebenfalls gleich/ungleich sind, übertragen. Angegeben sind die Prozentsätze von „Richtig-Wahlen" auf eine Serie neuer, abweichender Musterpaare. (Nach Rensch, 1973.)

besonders bei **Primaten** auf, die Ähnlichkeiten zwischen Reizsituationen erkennen können, und die Fähigkeit haben, nonverbale Allgemeinbegriffe zu bilden. So lernen einige Säugetiere logische Begriffspaare wie gleich/ungleich zu unterscheiden (Abb. 8.**13**). Diese Fähigkeit zur (nonverbalen) **Begriffsbildung** zeigt sich auch bei Versuchen mit Vögeln (z. B. Dohlen), die lernen, bestimmte Anzahlen von Objekten zu unterscheiden. Schimpansen können die menschliche Sprache akustisch nicht nachahmen, jedoch gelang es, einigen die Zeichen der Taubstummensprache (asl = american sign language) beizubringen. Dabei zeigte sich, dass sie nicht nur in der Lage waren, verschiedene Gesten situationsgerecht anzuwenden, sondern auch eigenständige Sätze zu bilden, die eine gewisse Einsicht in logische Operationen und Kausalitätsbeziehungen erkennen lassen. Diese **kognitiven Leistungen** zeigen Schimpansen auch in anderen Lernsituationen, wenn sie beispielsweise im Gehege Kisten stapeln, um an eine an der Decke aufgehängte Frucht zu gelangen. Dabei werden die Aktionen nicht schrittweise geübt, sondern nach einer gewissen Planungsphase als neuartige Handlung zusammenhängend durchgeführt. Man spricht hier vom **Lernen durch Einsicht**. Diese Fähigkeit, durch planende Voraussicht, Handlungsabläufe zu koordinieren, ist bei Menschenaffen im Vergleich zu allen anderen Tierarten sehr viel weiter entwickelt.

Eine unabdingbare Voraussetzung für Lernvorgänge ist das **Gedächtnis**, durch welches Information eingespeichert, aufbewahrt und abgerufen werden kann. Nach allgemeiner Vorstellung erfolgt das Einspeichern erlernter Information zunächst in ein **Kurzzeitgedächtnis**. I. d. R. wird die Information erst nach 10–30 Minuten in ein **Langzeitgedächtnis** übernommen. Es gibt aber Lernvorgänge, bei denen Inhalte innerhalb weniger Augenblicke für den Rest des Lebens eingespeichert werden. Der Übergang vom Kurz- ins Langzeitgedächtnis wird als **Konsolidierungsphase** bezeichnet. Erlerntes kann dann über die gesamte Lebensdauer gespeichert bleiben. Auf zellulärer Ebene vollziehen sich Lernvorgänge im Kurzzeitspeicher über die **Plastizität neuronaler Verschaltungen**. Dabei kommt es weniger zu Neubildungen von Synapsen als zu Veränderungen der Übertragungseigenschaften an bestehenden synaptischen Verbindungen. Bei der Meeresschnecke *Aplysia californica* lässt sich der Lernprozess, der der Habituation des Kiemenrückziehreflexes zugrunde liegt, bis in biochemische Details verfolgen. Wird die freiliegende Kieme der Schnecke berührt, zieht sich diese zum Schutz reflektorisch zurück. Mit zunehmender Wiederholung des mechanischen Reizes wird an den Synapsen zwischen sensorischen und motorischen Nervenzellen weniger Transmitter ausgeschüttet (S. 453).

Bei der Übertragung von Information in den Langzeitspeicher sind jedoch strukturelle Veränderungen beteiligt. Eine wesentliche Rolle spielen offenbar direkte **Änderungen der Genaktivitäten**, wie an *Drosophila*-Mutanten mit unterschiedlichen Gedächtnisleistungen gezeigt werden kann. Im Gehirn von Säugetieren und Vögeln gilt der **Hippocampus** als Zentrum des expliziten Gedächtnisses. Störungen des Hippocampus und umliegender Areale führen zu klinisch relevanten Gedächtnisausfällen (S. 570). Andere Gedächtnisfunktionen, die durch prozedurales oder motorisches Lernen zustande kommen, erfordern vielfältige andere Hirnstrukturen (S. 571). Durch die **Änderungen neuronaler Schaltkreise** werden neue Lerninhalte in bereits bestehende integriert.

Im Zusammenhang mit dem Lernverhalten von Tieren stellt sich häufig die Frage nach dem Begriff **Intelligenz**. Die herkömmliche Auffassung von einerseits niederen, nicht intelligenten Tieren mit kleinen, einfach strukturierten Gehirnen und andererseits intelligenten Tieren mit großen, komplex aufgebauten Gehirnen, kann nur noch sehr eingeschränkt gelten. Aufgrund der Tatsache, dass jede Tierart sehr spezielle, evolutiv entwickelte Verhaltensanpassungen zeigt, erscheint ein direkter Vergleich allgemeiner Intelligenzleistungen bei verschiedenen Arten nicht sinnvoll. Vielmehr ist davon auszugehen, dass verschiedene Arten gemäß ihrer ökologischen Gegebenheiten ganz verschiedene Formen von Intelligenz entwickelt haben. Dieser Tatbestand spiegelt sich natürlich auch in der zentralnervösen Ausstattung einer Tierart wieder. Je mehr Verhalten ein Tier in einem bestimmten Bereich zeigt, desto stärker sind die synaptischen Verknüpfungen der Neurone im korrespondierenden Teil des Gehirns ausgeprägt. Beim Menschen wird versucht, die geistigen Fähigkeiten mittels verschiedener **Intelligenztests** quantitativ zu erfassen. In einem solchen Test werden unter anderem das Gedächtnis, das arithmetische Denkvermögen sowie die sprachlichen Fähigkeiten einer Person ermittelt. Die Zahlenwerte der **Intelligenzquotienten** (**IQ**) in einer menschlichen Population sind in Form einer Gauß-Kurve verteilt, mit einem Mittelwert von 100. Der IQ gibt einen Querschnitt verschiedenartiger geistiger Fähigkeiten wieder, ohne im Einzelnen aufzuschlüsseln, wie diese bei einer Testperson verteilt sind. Die Aussagekraft von Intelligenztests ist daher sehr umstritten. Zwar lässt sich der Fortschritt intellektueller Fähigkeiten einer Person durch Tests gut vorhersagen, jedoch werden emotionale und umweltbedingte Faktoren nicht berücksichtigt. Neue **nichtsprachliche Intelligenztests** (**culture fair test**) wurden entwickelt, um kulturell bedingte Unterschiede der Probanden im Test auszuschließen.

Verhaltensontogenie: Individuelle Entwicklung des artspezifischen Verhaltens, Zusammenspiel angeborener und erlernter Verhaltensweisen, Wechselwirkung genetischer und umweltbedingter Information.
Angeborenes Verhalten: Genetisch (weitgehend) festgelegt, Reaktionsnorm ohne individuelles Lernen. Nachweis: Erfahrungsentzugsexperimente (Kaspar-Hauser-Experimente).
Reifung: Entwicklung angepassten, angeborenen Verhaltens ohne Lernen, Beispiel: Flugvermögen der Vögel.
Lernen: Dauerhafte Verhaltensänderung durch Erfahrung; progressiver und flexibler als angeborenes Verhalten. Beispiele: Habituation, Konditionierung, höhere Lernleistungen.
Habituation (Gewöhnung): Nachlassende Reaktion (ohne Ermüdung) bei Reizwiederholung. Nachweis: Volle Reaktion bei verändertem oder neuem Reiz (Dishabituation).
Prägung: Juveniles Lernen während einer sensiblen Phase, führt zu irreversiblen Verhaltensweisen. Beispiele: Nachlaufprägung, sexuelle Prägung.
Neugierverhalten: Erkundungsverhalten gegenüber neuen Objekten; unspezifische Auslöser. Wiederholtes Auslösen führt zum Nachlassen der Reaktion. Ermöglicht beispielsweise die Entdeckung neuer Nahrungsquellen oder Gefahren.
Spielverhalten: Ausprobieren artspezifischer oder individueller Verhaltensweisen. Bewegungs-, Kampf- oder Beuteerwerbsspiele oft an Ersatzobjekten. Strebt keiner Endhandlung zu, ist immer wieder auslösbar, ermöglicht Lernen ohne Ernstbezug, wird gehemmt durch lebenswichtige Motivationen wie Hunger oder Gefahr.
Sozialisation: Entwicklung eines artgemäßen Sozialverhaltens, führt zur Einpassung in den Sozialverband, soziale Isolation führt zu Hospitalismus.
Klassische Konditionierung: Durch assoziatives Lernen veränderte Reiz-Reaktions-Beziehung, Ausgangsphase: Primärreiz bewirkt (unbedingte) Reaktion, Lernphase: Primärreiz wird mehrfach (Verstärkung) mit zweitem Reiz assoziiert, Kannphase: Zweiter Reiz bewirkt (bedingte) Reaktion. Beispiel: Pawlowscher Hund.
Operante Konditionierung: Assoziatives Lernen durch Versuch und Irrtum, Ausgangsphase: Reizspektrum steht Reaktionsrepertoire gegenüber, Lernphase: Reiz und Reaktion werden zufällig assoziiert (Verstärkung), Kannphase: Bestimmter Reiz bewirkt erneute Reaktion. Beispiel: Konditionierung mittels Skinner-Box.
Imitation: Beobachtung und Nachahmung von Verhaltensweisen.
Tradition: Generationsübergreifende Weitergabe erlernten Verhaltens.

Lernen durch Einsicht: Erfassung von Zusammenhängen und planende Voraussicht.
Gedächtnis: Basis von Lernvorgängen. Speicherung individuell erworbener Information durch Änderung neuronaler Schaltkreise in verschiedenen Teilen des Nervensystems. Bei Säugern und Vögeln gilt der Hippocampus als Zentrum des Langzeitgedächtnisses.

8.5 Verhaltensökologie (Soziobiologie)

Die **Verhaltensökologie** untersucht die biologischen Funktionen des Verhaltens in Hinblick auf ihre Anpassung an die Umwelt. Es wird, vereinfacht dargestellt, gefragt, warum sich ein Tier in einer bestimmten Situation gerade so und nicht anders verhält. Die theoretische Grundlage verhaltensökologischer Untersuchungen bildet die **Soziobiologie**, deren Kernpunkt die Untersuchung des Sozialverhaltens von Tier und Mensch unter Anwendung evolutionsbiologischer Methoden ist. Soziobiologische Konzepte, z. B. **Nutzen-Kosten-Analyse**, **Gesamtfitness**, **Elterninvestition** und **Verwandtenselektion** ermöglichen Voraussagen darüber, wie sich ein Tier theoretisch verhalten müsste, um seinen Fortpflanzungserfolg zu sichern oder sogar zu steigern. Solche **Optimalitätsmodelle** werden anschließend durch eine empirische Untersuchung überprüft. Der soziobiologische Ansatz versteht Verhalten hierbei als ökonomischen Prozess und als Folge von **natürlicher Selektion** und **Anpassung**. Er analysiert **evolutionär stabile Verhaltensstrategien**, die im Zusammenhang mit **Nahrungssuche**, **Partnerwahl** und **Brutpflege** bei Tieren auftreten können. Bei klassischen Ethologen ist diese Sichtweise umstritten, insbesondere weil sie auch menschliches Sozialverhalten weitgehend evolutiv zu erklären versucht. Jedoch trägt die Soziobiologie als wichtiger Zweig der modernen Ethologie zu einem besseren Verständnis von Phänomenen wie **Aggression**, **Konkurrenz** und **Altruismus** im Gruppenleben verschiedener Spezies bei.

8.5.1 Evolutionsbiologische Grundlagen des Verhaltens

Die Prinzipien evolutiver Entwicklung gelten nicht nur für morphologische Merkmale, sondern genauso für das Verhalten der Tiere: Die **natürliche Selektion** bewirkt, dass Verhaltensweisen, die die Anpassung (Adaptation) eines Organismus an seine Umwelt fördern, von Generation zu Generation erhalten bleiben. Als angepasst gelten Verhaltensweisen, die den Fortpflanzungserfolg, das heißt die **genetische Eignung (Fitness)** ihres Trägers steigern. Der quantitative Effekt, den ein bestimmtes Verhalten auf die Fitness eines Individuums hat, ist in der Praxis schwer zu bestimmen, da ein Auszählen der gesamten Nachkommenschaft eines Individuums meist nicht möglich ist. In der Vergangenheit wurden daher indirekte Größen (wie Anzahl der Eier, Zahl der begatteten Weibchen) zur Fitnessbestimmung verwendet. Durch neue molekularbiologische Techniken, wie DNA-Fingerprinting (Genetik), ist heute auch ein direkter Nachweis der elterlichen Fitness möglich.

Fitnesssteigerung durch angepasstes Verhalten: Als Beispiel dient das „Hassen" bei Lachmöwen (*Larus ridibundus*). Nähert sich ein Eindringling einer Lachmöwenkolonie, so reagieren die Adulttiere zunächst mit lautem Geschrei, bevor sie unter lautem Rufen auffliegen und Scheinangriffe auf den Eindringling starten. Je weiter ein Nesträuber in die Kolonie vordringt, umso mehr Scheinangriffe werden beobachtet. Das führte zur Hypothese, dass potenzielle Nesträuber, wie Krähen, durch das „Hassen" abgelenkt werden und dann weniger oder keine Eier erbeuten. Zur Überprüfung dieser Hypothese wurden in regelmäßigem Muster Hühnereier in einer Kolonie verteilt. Ergebnis: Im Inneren der Kolonie wurden anteilig weniger Eier von Krähen gefunden und gefressen, hier ist die Ablenkung durch die adulten Möwen offenbar besonders wirksam. Je weniger Möweneier aus einem Nest gefressen werden, umso mehr Nachkommen überleben, die Fitness der Eltern ist also gesteigert. Damit ist der Beweis erbracht, dass das „Hassen" ein adaptives Verhalten der Lachmöwe darstellt.

8.5.2 Nutzen-Kosten-Analyse

Um zu überleben, verfolgen Tiere beim Nahrungserwerb, bei der Fortpflanzung und im Sozialverhalten verschiedene Strategien, die sich passiv infolge der Selektion entwickelt haben. Um den Selektionsvorteil unterschiedlicher Verhaltensweisen quantitativ zu erfassen, benutzen Soziobiologen **Nutzen-Kosten-Analysen**. Dabei wird das Verhalten eines Tieres als **ökonomischer Prozess** betrachtet. Der ökologische Nutzen (**Fitnessgewinn**) einer Verhaltensweise wird den ökologischen Kosten (**Fitnessverlust**) gegenüber gestellt. Beispielsweise investieren Tiere beim Nahrungserwerb vor allem Energie und Lebenszeit. Diesen Kosten steht der Energiegehalt gegenüber, der aus der Nahrung gewonnen wird. Eine angepasste Verhaltensweise, also eine erfolgreiche Strategie, sollte ein Nutzen-Kosten-Verhältnis aufweisen, das zu einer **positiven Energiebilanz** und damit zu einem erhöhten Reproduktionserfolg führt.

Welcher Kompromiss zwischen Nutzen und Kosten zu einem maximalen Nettogewinn für das Individuum führt, lässt sich häufig mit sogenannten **Optimalitätsmodellen** voraussagen. Solche Modelle errechnen, welche Verhaltensweise die Fitness des Tieres im Vergleich zu Artgenossen vergrößern würde. Durch den Vergleich der Voraussage des Modells mit den gemessenen Werten wird deutlich, welche Kosten und Nutzenfaktoren für die evolutive Anpassung der Verhaltensweise des Tieres von Bedeutung sind. (Abb. 8.**14**).

Der Erfolg eines Verhaltens ist auch davon abhängig, welches Verhalten die anderen Individuen der Population wählen. Analysemodelle der **mathematischen Spieltheorie** (Ökologie) lassen sich auf evolutiv erworbene Verhaltensstrategien anwenden. Eine **optimale Strategie** ist hierbei vor allem dadurch gekennzeichnet, dass eine Spielfarbe (Population) im Spiel bleibt, auch wenn einzelne Spielfiguren

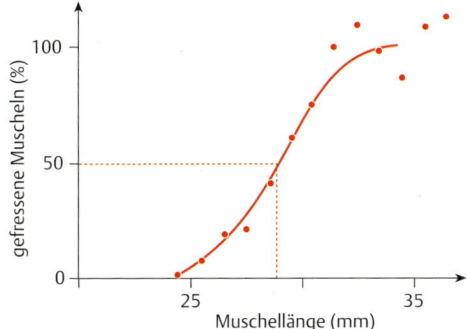

Abb. 8.14 Optimalitätsmodell. Nordamerikanische Sundkrähen (*Corvus caurinus*) ernähren sich von Muscheln, die sie am Strand aufspüren und ausgraben. Kleine Muscheln lassen sie liegen, während sie mit größeren Muscheln wegfliegen, um sie dann zum Öffnen auf einen Felsen fallen zu lassen. Je größer die Muschel ist, desto größer ist ihr Energiegehalt. Ab welcher Größe es sich lohnt, eine Muschel mitzunehmen und keine weitere Energie und Zeit bei der Suche nach einer noch größeren zu verschwenden, lässt sich in einem Optimalitätsmodell berechnen. Die Berechnung der Bilanz zwischen Energie- und Zeitaufwand für das Aufspüren, Ausgraben, Abwerfen und Fressen einer Muschel (Kosten) gegenüber ihrem Nahrungsgehalt (Nutzen) ergibt, dass es optimal ist, etwa zur Hälfte ihres Bedarfs Muscheln ab einer Länge von 28,5 mm mitzunehmen. In der Tat wird das Modell (Maximierung der Energie pro Zeit) durch das Verhalten der Krähen bestätigt, da sie nicht nur alle Muscheln über 31 mm nutzen, sondern auch ungefähr die Hälfte der Muscheln öffnen und fressen, die 29 mm lang sind. (Nach Richardson und Verbeek, 1986.)

(Individuen) ausscheiden. Die Spieltheorie beschäftigt sich also weniger mit der individuellen Fitness, als mit der **Gesamtfitness einer Population**. Mit ihr wird auf der Basis von Nutzen-Kosten-Analysen berechnet, in welchem prozentualen Verhältnis bestimmte, alternative Verhaltensstrategien in einer Population vorkommen sollten, damit sie sich als evolutionsstabil erweisen. Die **Theorie der evolutionsstabilen Strategien** (= ESS, evolutionary stable strategy, 📖 Ökologie) geht davon aus, dass die Evolution ein bestimmtes Mischverhältnis von Verhaltensstrategien bevorzugt: Das Verhalten in einer Population sollte polymorph sein. Beim Weißkopfseeadler (*Haliaetus leucocephalus*) treten innerhalb einer Population Individuen auf, die ihre Beute selbst jagen, und andere, die die Nahrung stehlen. Nur wenn beide Strategien etwa gleich häufig innerhalb einer Population vorkommen, stellen sie einen Fitnessgewinn für die Gesamtpopulation dar. In einer Population, in der fast alle Tiere selbst jagen, würde sich die Strategie des Stehlens schnell ausbreiten. Umgekehrt würde die Gelegenheit zum Stehlen zurückgehen, wenn fast alle Tiere diese Strategie wählten. Evolutionsstabil ist eine Strategie nur dann, wenn keine andere Strategie einen größeren Selektionsvorteil aufweist.

8.5.3 Fortpflanzungsverhalten

Das **Fortpflanzungsverhalten** von Tieren mit sexueller Fortpflanzung umfasst sämtliche Verhaltensweisen, die zu den Bereichen **Paarung** (Partnerwahl, Balz, Kopulation) und **Brutpflege** (Versorgung der Eier, Aufzucht der Jungtiere) gehören. Die Funktion der **Balz** besteht darin, die Geschlechtspartner zusammenzuführen, sexuell zu stimulieren und für die eigentliche Kopulation zu synchronisieren. Balzsignale können sowohl auffällige morphologische Strukturen (Körperfärbung, Ornamente), als auch spezielle Verhaltensweisen (Lockrufe, typische Bewegungen, Duftstoffabgabe) sein. Wichtig ist ihre Funktion bei der **Arterkennung**, durch die Paarungen von artfremden Individuen verhindert werden.

Sexuelle Selektion

Die evolutive Entwicklung auffälliger Körpermerkmale oder extremer Balzsignale, die bei den Männchen vieler Tierarten festzustellen ist, steht in scheinbarem Widerspruch zum natürlichen Selektionsprozess, da solche Männchen einem erhöhten Energieaufwand und verstärktem Feinddruck unterliegen. Eine Erklärung liefert die von **Charles Darwin** entwickelte **Theorie der sexuellen Selektion**. Danach werden solche sexuellen Merkmale und Verhaltensweisen selektiert, die einem Individuum im Vergleich zu gleichgeschlechtlichen Artgenossen Vorteile bezüglich der Fortpflanzung verschaffen. Ein Beispiel sind die Prachtkleider bei den Männchen verschiedener Vogelarten. Weibchen bevorzugen Männchen mit derartigen sexuellen Signalen bei der Partnerwahl und erzeugen daher einen starken Selektionsdruck, der zur Ausbildung auffälliger Gefieder führt. Andere Merkmale, wie das Geweih beim Rothirsch, sind hingegen für die aggressive Konkurrenz zwischen Männchen von Bedeutung. Die Partnerwahl durch das Weibchen (**female mate choice**) und die Konkurrenz zwischen Männchen (**male-male competition**) sind somit die wesentlichen Grundlagen der sexuellen Selektion.

Partnerwahl

Erfolgt die **Partnerwahl** durch das Weibchen nur aufgrund auffälligen Körperschmucks des Männchens (wie etwa extrem lange Schwanzfedern bei afrikanischen Widavögeln), bestehen evolutionsbiologisch zwei Interpretationsmöglichkeiten: Entweder kann das Weibchen anhand dieser Merkmale die genetischen Eigenschaften der Männchen abschätzen (**good gene model**), oder es ist im Laufe der Evolution zu einer genetischen Korrelation zwischen der Präferenz und der Ausbildung des Merkmals gekommen (**runaway model**). Die Partnerwahl des Weibchens wird häufig auch durch vom Männchen angebotene **Ressourcen** beeinflusst. Vogelmännchen besetzen und verteidigen ein Brutterritorium, in das sie die Weibchen durch Gesang locken. Für diese ist die Nutzung des Territoriums von Vorteil: Sie bevorzugen daher Revierinhaber als Partner. Bei einigen Insekten, wie beispielsweise den Mückenhaften (*Bittacidae*), bieten die Männchen den Weibchen ein „Hochzeitsgeschenk" an, um sie zur Paarung zu stimulieren. Das Geschenk wird vom

Weibchen geprüft und gefressen, wobei die Größe der Beute die Dauer des Kopulationsvorgangs und damit die Anzahl übertragener Spermien auf das Weibchen bestimmt. Bei vielen Tierarten bevorzugen die Weibchen solche Männchen, die aufgrund ihrer Körpergröße oder ihrer Aggressionsbereitschaft auffallen.

Elterninvestition

Aus soziobiologischer Sicht sind die Verhaltensunterschiede von Männchen und Weibchen auch bei der Fortpflanzung auf der Basis von Nutzen-Kosten-Analysen erklärbar. Denn grundsätzlich leisten die Partner sehr unterschiedliche Beiträge zur Fortpflanzung. Die **Elterninvestition** (parental investment) ist der Energie- und Zeitaufwand, der von einem Elternteil zu Gunsten eines Nachkommens und auf Kosten weiterer Nachkommen erbracht wird. Man unterscheidet zwischen **Brutfürsorge** (Investition vor der Eiablage beziehungsweise Geburt) und **Brutpflege** (Investition nach der Eiablage oder Geburt). Bereits bei der Zygotenbildung investiert das Weibchen mit nährstoffreichen, großen Eiern mehr in das Überleben des Embryos als das Männchen, dessen kleine Spermazellen fast nur genetisches Material enthalten. Da Weibchen nur relativ wenige Eier produzieren, ist ihr Fortpflanzungspotential begrenzt: Sie investieren weniger in die Quantität als in die Qualität der Nachkommen. Männchen dagegen verfügen über eine Vielzahl von Spermien und können ihren Fortpflanzungserfolg eher steigern, indem sie möglichst viele Weibchen befruchten. Die Elterninvestition der Männchen ist daher meist geringer als die der Weibchen. Diese gegensätzlichen Interessen führen dazu, dass bei den meisten Arten die Männchen untereinander um die Paarungschancen bei den Weibchen konkurrieren, während diese zwischen verschiedenen Geschlechtspartnern wählen können.

Der Interessenkonflikt zwischen den Geschlechtern und die ökologischen Faktoren der Umwelt bestimmen das **Brutpflegeverhalten** einer Tierart. Es umfasst alle Verhaltensweisen, durch die die Eier oder Jungtiere gepflegt, gefüttert und vor Feinden geschützt werden. Dieser Aufwand vermindert zwar einerseits die Fruchtbarkeit der Eltern durch geringere Paarungschancen, andererseits erhöht die Brutpflege die Überlebensrate der Nachkommen, was eine Fitnesssteigerung für beide Eltern bedeutet. Bei Vögeln ist Brutpflege häufig die Aufgabe beider Elternteile. Koloniebrütende Silbermöwen wechseln sich sowohl bei der Nahrungssuche als auch beim Brüten ab, um den Nachwuchs vor räuberischen Artgenossen zu schützen. Bei anderen Vogelarten (wie Graugans oder Zaunkönig) brütet nur das Weibchen, jedoch beteiligt sich das Männchen an der Fütterung der Jungvögel. Bei den Säugern sind die Weibchen durch das Austragen im Körper, die Versorgung mit Milch und spezielle mütterliche Verhaltensweisen zur Brutpflege besonders geeignet. Für Säugermännchen fällt die Nutzen-Kosten-Bilanz daher günstiger aus, wenn sie das Weibchen unmittelbar nach der Paarung verlassen, um neue Paarungschancen wahrzunehmen. Bei brutpflegenden Fischen (Dreistachliger Stichling) verlassen hingegen die Weibchen die Männchen unmittelbar nachdem sie im Territorium des Männchens abgelaicht haben. Nach der äußeren Besamung übernimmt das Männchen die Versorgung der Brut.

Paarungssysteme

Das Ausmaß der Brutpflegeleistungen spiegelt sich bei vielen Arten im **Paarungssystem** wider. So leben 90 % aller Vogelarten, zumindest während der Brutzeit in **Monogamie** (ein Männchen verpaart sich nur mit einem Weibchen). Monogamie bei Säugern (beispielsweise bei Füchsen und Schakalen) ist insgesamt eher selten, allerdings sind einige Primaten monogam. Eine Form der **Polygamie** ist die **Polygynie**. Hier verpaart sich ein Männchen mit mehreren Weibchen. Es besteht eine starke Konkurrenz zwischen den Männchen, die durch Verpaarung mit mehreren Weibchen ihren Fortpflanzungserfolg steigern können. Bei vielen Säugern, wie Mantelpavianen oder Löwen, verteidigen die Männchen einen „Harem" von Weibchen gegen andere Männchen. Die Haremsbesitzer führen dann den Großteil aller Paarungen aus. Bei polygynen Insekten, Fischen und Vögeln verteidigen die Männchen meist ein ressourcenhaltiges Areal, in das sie paarungsbereite Weibchen locken. Verteidigen Männchen kleine Territorien auf gemeinsamen Balzplätzen (Frosch, Damhirsch), spricht man von **Lek-Polygynie**. Bei der seltenen **Polyandrie** sind die Geschlechterrollen vertauscht, das heißt ein Weibchen paart sich mit mehreren Männchen (z. B. beim amerikanischen Blatthühnchen (*Jacana spinosa*).

8.5.4 Sozialverhalten

Während sich **solitär** (einzeln) lebende Tiere nur zur Fortpflanzung treffen, leben andere Tierarten periodisch oder zeitlebens gemeinschaftlich. Erfolgt dies ausschließlich aufgrund bestimmter Umweltfaktoren (wie etwa der Temperatur) spricht man von **Aggregationen**. Demgegenüber bilden die echten **sozialen Arten** Verbände mit bestimmten Sozialstrukturen, in denen soziale Verhaltensweisen in sehr unterschiedlichem Ausmaß auftreten können. Bei **offenen, anonymen Verbänden** (Fischschwärme, Brutkolonien) können fremde Artgenossen sich beliebig anschließen. Bei **geschlossenen Verbänden**, wie Insektenstaaten, Ratten- und Mäusesippen, wird zwischen Gruppenmitgliedern und Gruppenfremden streng unterschieden. Diese Unterscheidung erfolgt aufgrund bestimmter überindividueller Gruppenmerkmale, wie beispielsweise dem typischen Gruppenduft. Wirbeltiersozietäten (Primaten, Carnivoren, einige Nager) sind hingegen **individualisierte Verbände**: Die Tiere kennen die meisten oder alle Mitglieder der Gruppe individuell. In solchen Verbänden wird der soziale Status und die Rollenverteilung der Mitglieder häufig durch eine festgelegte Rangordnung (**Dominanzhierarchie**) reguliert.

Kooperation und Altruismus

Ein wesentliches Merkmal aller höheren sozialen Organisationsformen ist das Auftreten **kooperativer Verhaltensweisen**. Wenn Artgenossen gemeinschaftlich jagen oder Feinde abwehren, kommen diese Aktivitäten nicht nur ihnen selbst, sondern auch den kooperierenden Artgenossen zugute. Evolutionsbiologisch lässt sich kooperatives Handeln immer dann erklären, wenn die beteiligten Artgenossen dabei in gleicher Weise ihren Fortpflanzungserfolg verbessern (Prinzip des beiderseitigen Vorteils). Darüber hinaus gibt es jedoch bei Tieren auch echten **Altruismus**, also Handlungen, die für das Individuum selbst nachteilig, für den Sozialpartner jedoch von Vorteil sind. Eine Form altruistischen Verhaltens ist die **Elternfürsorge**, bei der die Alttiere hohe Energie- und Zeitkosten investieren, um die Fitness ihrer Nachkommen zu erhöhen. Bei den sozialen Insekten (s. u.) ist altruistisches Verhalten besonders ausgeprägt. Hier ziehen sterile Arbeiterinnen den Nachwuchs der Königin auf. Bei der Kolonieverteidigung nehmen sie sogar den Verlust des eigenen Lebens in Kauf (**altruistischer Selbstmord**).

Verwandtenselektion und Gesamtfitness

Eine soziobiologische Erklärung für das Auftreten altruistischer Verhaltensstrategien ist die **Theorie der Verwandtenselektion**, die besagt, dass altruistisches Verhalten vorwiegend Verwandten zugute kommt. Tatsächlich entwickeln sich höhere soziale Gemeinschaften evolutiv sehr häufig aus familiären Beziehungen, sodass die Mitglieder eines Sozialverbandes meist aus Verwandten unterschiedlichen Grades bestehen. Da altruistisch handelnde Tiere mit ihren Verwandten, aufgrund gleicher Abstammung, einen Teil der Gene gemeinsam haben, kommt ihr Verhalten indirekt über die Verwandtschaft auch der Weitergabe eigener Gene zugute. Die Verwandtenselektion setzt somit zwei Formen des Fitnessgewinns voraus: Ein Individuum trägt durch eigene Fortpflanzung (**direct fitness**) wie auch durch eine erhöhte Überlebensrate von Verwandten, die keine direkten Nachkommen sind (**indirect fitness**) zum Genpool der nächsten Generation bei. Direkte und indirekte Fitness ergeben die **Gesamtfitness** (**inclusive fitness**) des Individuums.

Der Zusammenhang zwischen Verwandtenselektion und Evolution von Altruismus lässt sich besonders gut bei den staatenbildenden Insekten nachvollziehen. Obwohl sie nur 6 % aller Insektenarten ausmachen, sind bei ihnen elfmal unabhängig voneinander **eusoziale** Strukturen, das heißt hoch entwickelte Staaten mit sterilen Kasten entstanden. Wesentlich ist hierbei der **Haplo-Diploidie-Mechanismus** der Geschlechtsbestimmung. Bei Hautflüglern entstehen die Männchen aus unbefruchteten (haploiden) Eiern und erzeugen genetisch identische Spermien. Die Weibchen entstehen hingegen aus befruchteten (diploiden) Eiern. Jede Arbeiterin erhält die eine Hälfte des Genoms von der Mutter (der Königin), die andere vom Vater, sodass sie mit der Mutter 50 % Allele, mit dem Vater 100 % Allele gemeinsam hat. Die Arbeiterinnen untereinander sind Schwestern und haben in diesem Fall 75 % der Allele gemeinsam: **Verwandtschaftsgrad** $r = 0{,}75$. In diploiden Erbgängen beträgt der Verwandtschaftsgrad dagegen nur $r = 0{,}5$. Für eine Arbeiterin lohnt es sich also mehr, in die Aufzucht ihrer eigenen Schwestern zu investieren ($r = 0{,}75$), als in potenzielle Töchter ($r = 0{,}5$). Allerdings gilt dies nur unter der Voraussetzung, dass die Königin von nur einem Männchen begattet wird, was zumindest bei Honigbienen nicht immer der Fall ist. Hier kann der tatsächliche Verwandtschaftsgrad der Arbeiterinnen untereinander wesentlich geringer sein.

Insektenstaaten: Unter den Insekten bilden die Hautflügler (Bienen, Wespen und Ameisen) und die Termiten sozial hoch organisierte Staaten. Diese stellen Familienverbände mit bis zu mehreren Tausend Individuen dar, die in der Regel alle von einer Mutter, der **Königin**, abstammen. Stammesgeschichtlich leiten sich soziale Insekten von solitären Insektenarten ab, bei denen die Weibchen bei den abgelegten Eiern bleiben und die Larven später mit Futter versorgen. Wesentliche Merkmale der höchstentwickelten Insektenstaaten sind die Generationenüberlappung, die kooperative Arbeitsteilung und die Ausbildung **steriler Arbeiterkasten**. Bei den Hautflüglern besteht die Arbeiterkaste aus sterilen Weibchen, die sich um Nestbau, Brutpflege und Versorgung der Königin kümmern. Die Fortpflanzung ist beschränkt auf die Königin und die Drohnen (männliche Geschlechtstiere). Bei Ameisen und Termiten gibt es darüber hinaus noch eine Soldatenkaste, die sich um die Verteidigung des Nestes kümmert. Zwischen Geschlechtstieren und sterilen Arbeitern besteht **Polymorphismus**; sie unterscheiden sich äußerlich und im Verhalten sehr stark. Bei Bienen (*Apis*) gehen die sterilen Arbeiterinnen ebenso wie weibliche Geschlechtstiere (zukünftige Königinnen) aus befruchteten Eiern der Königin hervor. Die Art der Ernährung entscheidet, ob sich eine Larve zu einer Königin oder zu einer Arbeiterin entwickelt. Die Sterilität der Arbeiterinnen wird außerdem durch einen Hemmstoff verstärkt, der von der Königin produziert und beim „Belecken" durch Arbeiterinnen unter diesen verbreitet wird. Unter den Bienenarbeiterinnen besteht eine altersabhängige Arbeitsteilung, die vom Entwicklungsstand der Futter- und Wachsdrüsen abhängig ist. So folgen bei einer Arbeiterin (Lebensdauer höchstens 6 Monate) Brutzellenreinigung, Fütterung der Larven, Wabenbau und Futtersuche als unterschiedliche Aufgaben in der Regel aufeinander. Die Königin (Lebensdauer mehrere Jahre) beteiligt sich nicht an der Brutpflege. Sie ist darauf spezialisiert Eier zu legen (bis zu 1500 pro Tag). Neben befruchteten Eiern legt sie auch unbefruchtete Eier, aus denen sich die Drohnen entwickeln. Diese verlassen das Nest zum Hochzeitsflug, bei dem sie sich mit einer jungen Königin paaren und anschließend sterben. Die Aufzucht einer neuen Königin erfolgt entweder, weil die alte Königin stirbt, oder weil sie das Nest mit einem Teil der Arbeiterinnen verlässt (Volksteilung durch Schwärmen).

Brutpflegehelfer

Auch bei verschiedenen Wirbeltieren, vor allem bei Vögeln, verzichten einige Individuen zumindest temporär auf eigene Fortpflanzung, um als **Brutpflegehelfer** bei der Aufzucht des Nachwuchses zu helfen. Brutpflegehelfer sind in der Regel junge Männchen, die noch wenig Chancen haben, eine Fortpflanzungspartnerin zu finden (Abb. 8.**15**). Als **primäre Helfer** unterstützen sie vor allem ihre Eltern bei der Aufzucht jüngerer Geschwister, indem sie sich aktiv an der Futtersuche und Feindvermeidung beteiligen. Durch die Aufzucht von Vollgeschwistern (r = 0,5) erreichen sie einen ähnlichen Fitnessgewinn wie durch die Aufzucht eigener Nachkommen. Als **sekundäre Helfer** können sie jedoch auch fremde Paare unterstützen. Hierdurch erhöht sich die Chance, im Folgejahr das Revier oder auch das Weibchen des ursprünglichen Besitzers zu übernehmen. Für die Paare, die Brutpflegehelfer zulassen, besteht ein direkter Fitnessvorteil, da sowohl ihre eigene Überlebenschance als auch die ihrer Brut durch Helfer erhöht wird. Um Verwandten zu helfen,

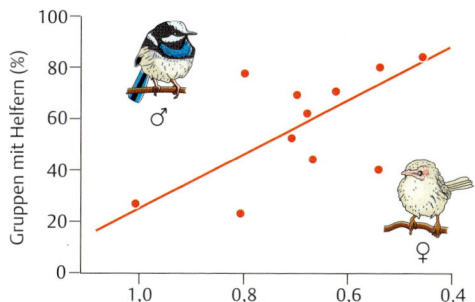

Abb. 8.15 **Brutpflegehelfer bei australischen Staffelschwänzen (Gattung Malurus).** Je geringer der Anteil an Weibchen in der Population ist, desto höher ist der Prozentsatz von nichtbrütenden Männchen, die Brutpaaren bei der Aufzucht der Jungvögel helfen.

muss ein Helfer den Verwandtschaftsgrad von Artgenossen messen können. Bei sozialen Insekten erfolgt das Erkennen der Gruppenmitglieder, die durchweg Verwandte sind, durch Prägung auf chemische Marker (Gruppenduft). Bei Säugern und Vögeln spielen Lautäußerungen oder Kopfzeichnungen für das individuelle Erkennen eine wesentliche Rolle. Individuelles Erkennen ist die Voraussetzung für **reziproken Altruismus** zwischen Nichtverwandten. Hierbei beruht der Vorteil altruistischen Verhaltens auf der Möglichkeit, zu einem späteren Zeitpunkt eine entsprechende Gegenleistung von bestimmten Artgenossen zu bekommen.

Konkurrenz und Aggression

Die natürliche Begrenzung vorhandener Ressourcen wie Nahrung oder Fortpflanzungspartner führt dazu, dass Artgenossen untereinander konkurrieren (*Ökologie, Evolution*). Diese Konkurrenz kann sich in **innerartlichem Aggressionsverhalten** äußern, das sich deutlich von aggressiven Verhaltensweisen gegen Artfremde (Feindabwehr) unterscheidet. Um die Kosten innerartlicher Auseinandersetzungen (Energieaufwand, Kampfstress, Verletzungsrisiko) möglichst gering zu halten, haben Tiere verschiedene **aggressionshemmende Verhaltensweisen** entwickelt. Bei Wirbeltiergemeinschaften dienen feste soziale **Rangordnungen** dazu, Kämpfe zwischen Gruppenmitgliedern zu reduzieren. Bei Vögeln vermindert die Aufteilung des Lebensraums in feste Territorien die Kampfbereitschaft zwischen den Männchen. Eine andere Möglichkeit der Aggressionsbegrenzung ist der **Kommentkampf**, bei dem nach festen Regeln gekämpft wird, bis sich einer der Kontrahenten unterwirft. Dabei können typisches Droh- und Imponiergehabe (Vergrößern des Körpers, Zähneblecken) echte Kampfhandlungen ersetzen. **Demutshaltung** oder **Beschwichtigungsgesten** (Präsentieren des Hinterteils, Wegsehen) dienen dazu, die Aggressionsbereitschaft des Gegners zu senken.

In scheinbarem Widerspruch zu aggressionshemmenden Verhaltensweisen stehen die bei einigen gruppenbildenden Säugern, wie etwa bei Löwen oder Schimpansen, festgestellten **Kindstötungen**. Eine soziobiologische Erklärung hierfür ist, dass es bei Übernahme einer Weibchengruppe für die neuen Führungsmännchen von Vorteil ist, vorhandene Jungtiere zu töten, da hierdurch die Weibchen schneller wieder paarungsbereit werden, und der Anteil der nichteigenen Gene in der Gruppe reduziert wird. Allerdings muss nicht jeder Führungswechsel mit Kindstötung einhergehen.

8.5.5 Verhaltensanpassungen des Menschen

Auch das Verhalten von Menschen ist in einem evolutionären Entwicklungsprozess entstanden und kann in diesem Sinne als angepasst gelten. Allerdings sind soziobiologische Ansätze, die Verhaltensstrategien von Menschen (beispielsweise im Sozial- oder Sexualverhalten) nur in Hinblick auf ihren Anpassungswert (Fitnessvorteil) erklären, äußerst problematisch, da der Mensch nicht nur einer **biologischen**, sondern auch einer **kulturellen Evolution** unterliegt. Kulturelle Prozesse entstehen durch **Traditionsbildung**, durch Weitergabe von Lernerfahrung über Generationen. Im Unterschied zur biologischen Evolution führt dies sehr schnell zu Verhaltensanpassungen, ohne dass sich die zugrunde liegenden genetischen Verhaltensprogramme ändern.

Wann entstand modernes Verhalten? Der anatomisch moderne Mensch, der *Homo sapiens*, erschien in Afrika vor über 160 000 Jahren. Neuere Daten, basierend auf afrikanischen Fundstücken menschlicher Kultur (z. B. Blombos-Höhle in Südafrika), scheinen zu belegen, dass schon der frühe *Homo sapiens*, lange vor seiner Ausbreitung auf den europäischen Kontinent, über eine Art modernes Verhalten verfügen musste. Dies wird, wie anthropologisch üblich, gemessen an der Verwendung von „Symbolik" in Form von Körperschmuck, ausgefeiltem Werkzeug und schließlich Sprache (s. u.). Insofern scheinen die afrikanischen Funde (durchbohrte Schneckenhäuser als Schmuck, Harpunen, Knochenreste größerer Wildtiere) dafür zu sprechen, dass der Mensch bereits in der frühen afrikanischen Steinzeit (vor ca. 80 000 Jahren) kulturell erworbene Verhaltensweisen praktizierte, die ihm, soweit die Annahme, genetisch bereits von Anfang an zur Verfügung standen.

Trotz des starken kulturellen Einflusses gibt es auch beim Menschen einige Beispiele für stammesgeschichtlich erworbene Verhaltensmuster. So existieren **angeborene Auslösemechanismen (AAM)**, die auf bestimmte Schlüsselreize (Auslöser) ansprechen. Eine charakteristische Kombination von Kopf- und Gesichtsmerkmalen des Kleinkindes lösen bei Menschen „Brutpflegegefühle" aus. Dazu gehören ein großer Kopf, eine hohe Stirnregion, große runde Augen, eine kleine Nase, ein kleines Kinn und rundliche Wangen. Dieses **Kindchenschema** kann auch auf andere Einzelwesen mit entsprechenden Merkmalen übertragen werden, beispielsweise auf junge oder erwachsene Tiere. In ähnlicher Weise wird die Reaktion auf typisch weibliche Gestaltsmerkmale (breite Hüften, Brüste, rundliche Formen) oder typisch männliche (breite Schultern, hervortretende Muskeln, Körperbehaarung) als **sexueller Auslösemechanismus** verstanden.

Im **frühkindlichen Verhalten** des Menschen spielen **Erbkoordinationen** eine besondere Rolle, da sie für das Überleben des Neugeborenen entscheidend sind. Hierzu gehören das **Brustsuchen** (Hin- und Herbewegen des Kopfes) und **Brustsaugen** sowie das **Schreien**, um die Zuwendung der Mutter auszulösen. Der **Klammer-**

reflex des Neugeborenen ist stammesgeschichtlich erklärbar. Neugeborene Menschenaffen werden ständig von der Mutter getragen und klammern sich hierzu in deren Bauchfell fest. Trotz Rückbildung der Körperbehaarung besteht der Klammerreflex auch beim menschlichen „Tragling" als rudimentäre Verhaltensweise fort. Das **Lächeln** des Neugeborenen erfolgt zuerst spontan und entwickelt sich dann langsam zum sozial differenzierten Antwortlächeln. Lächeln gilt als stammesgeschichtliche Abwandlung des Furchtgrinsens bei Primaten, das bei sozialer Unterlegenheit als Beschwichtigungsgeste eingesetzt wird. **Weinen** stellt eine Übergangsform zwischen dem Wimmern und dem Schreien mit entblößten Zähnen bei Schimpansen dar. Ein typisches **Spielgesicht** (entspanntes „Mund-offen-Lachen") tritt bei verschiedenen Primaten wie auch beim Kleinkind auf. Der **Augengruß** (Anlächeln aus Entfernung und kurzes Anheben der Augenbrauen) ist bei Menschen verschiedenster Kulturkreise verbreitet und stellt eine weitere angeborene mimische Ausdrucksform dar.

Da auch Menschen um die Ressourcen der Umwelt konkurrieren, zeigen sie vielseitige **aggressive Handlungen**, die vor allem durch das soziale Leben in der Gruppe bestimmt werden. Das Abreagieren von Aggressionen an unbeteiligten Gruppenmitgliedern (**umadressierte Aggression**), ebenso wie eine kollektive Steigerung der Aggressionsbereitschaft gegenüber Gruppenfremden (**Gruppenaggression**), ist beim Menschen zwar häufig, für eine rein stammesgeschichtliche Erklärung rassistischer und kriegerischer Verhaltensweisen jedoch unzureichend.

Altruistisches Verhalten wird soziobiologisch auch beim Menschen mittels Verwandtenselektion oder reziprokem Altruismus erklärt. Darüber hinaus gibt es jedoch auch altruistische Verhaltensweisen (etwa: Erste Hilfe am Unfallort), die vorwiegend kulturell adaptiv sind. Hier handelt der Altruist nach kulturellen Vorschriften und steigert dadurch seine gesellschaftliche Reputation.

Sprachentwicklung: Ein wesentliches Verhaltensmerkmal des Menschen ist die Fähigkeit zum Spracherwerb (*Ökologie, Evolution*). Vergleicht man genetische Sprachstammbäume, so zeigt sich, dass nah verwandte Populationen auch nah verwandte Sprachen sprechen und dass, umgekehrt, genetisch sehr verschiedene Gruppen einander fremden Sprachgruppen angehören. Somit gehorcht die sprachliche Entwicklung der Völker ähnlichen Gesetzmäßigkeiten wie ihre biologisch genetische, eine Erkenntnis, die bereits Charles Darwin formuliert hat und die durch neuere genetische und linguistische Forschung belegt wird. Der moderne Mensch verfügt über ein sehr flexibles Sprachlernsystem, das ihm ermöglicht, alle der etwa 4000 weltweit vorkommenden Sprachen zu erlernen. In sämtlichen gesprochenen Sprachen treten jedoch nur 40 verschiedene **Phoneme** (Sprachlaute) auf. Wie sich experimentell zeigen lässt, besitzen bereits menschliche Säuglinge neuronale Mechanismen, die es ihnen erlauben, solche Phoneme zu unterscheiden. Die **Sprachentwicklung** erfolgt bei allen Menschen nach dem gleichen Schema. Während der Plapperphase produzieren Säuglinge zunächst verschiedene Laute, die sie mit der Erinnerung an Gehörtes vergleichen. Nachfolgend bilden sie Ein-Wort-, dann Zwei-Wort-Sätze. Über einfache Sätze im Telegrammstil erfolgt schließlich das Erlernen grammatikalischer Regeln, die aus dem Gehörten abgeleitet und auf die eigene Sprache übertragen werden. Die sprachlichen Fähigkeiten des Menschen lassen sich physiologisch bestimmten Hirnarealen zuordnen. Allgemein ist die Sprachfunktion auf die **linke Hirnhemisphäre** beschränkt. Hier finden sich im Neocortex (Neuhirnrinde) eng umgrenzte Gebiete, die für die grammatikalische Ausformung (**Broca-Region**) und die Sinnzusammenhänge (**Wernicke-Region**) der Sprache zuständig sind (S. 560).

> **Verhaltensökologie (Soziobiologie):** Wissenschaft vom Anpassungswert des Verhaltens. Erforscht ultimate Faktoren (Funktionen) des Verhaltens, untersucht Evolution des Ernährungs-, Fortpflanzungs- und Sozialverhaltens. Wichtige soziobiologische Konzepte: Nutzen-Kosten-Analyse, Gesamtfitness, Elterninvestition, Verwandtenselektion.
> **Nutzen-Kosten-Analyse:** Energiebilanz zwischen aufgenommener und aufgewandter Energie; ökologischer Nutzen (Fitnessgewinn) gegen ökologische Kosten (Fitnessverlust).
> **Optimalitätsmodell:** Mathematische Berechnung des optimal angepassten Verhaltens.
> **Theorie der evolutionsstabilen Strategien:** Die Evolution begünstigt ein bestimmtes Mischverhältnis von Verhaltensweisen. Setzt polymorphes Verhalten oder alternative Verhaltensweisen innerhalb einer Population voraus.
> **Sexuelle Selektion:** Bei der Partnerwahl werden bestimmte Merkmalsträger bevorzugt; die Konkurrenz um den Partner fördert bestimmte Merkmale. Grundlagen: Partnerwahl des Weibchens, Konkurrenz zwischen Männchen.
> **Elterninvestition:** Energie- und Zeitaufwand der Eltern zu Gunsten der Nachkommen. Brutfürsorge: Investition vor Eiablage oder Geburt. Brutpflege: Investition nach Eiablage oder Geburt.
> **Monogamie:** Einehe von einem Männchen und einem Weibchen.
> **Polygamie:** Mehrehe unterschiedlicher Zusammensetzung.
> **Polygynie:** Mehrehe von einem Männchen und mehreren Weibchen. Haremsbildung.
> **Polyandrie:** Mehrehe von einem Weibchen und mehreren Männchen.
> **Aggregation:** Zufällige Ansammlung von Tieren. Verursacht durch Umweltfaktoren wie Nahrung, Temperatur, Feuchtigkeit.
> **Sozialverbände:** Offen: Zusammenschluss anonymer Einzeltiere. Geschlossen: Zusammenschluss kenntlicher Gruppen. Individualisiert: Zusammenschluss kenntlicher Individuen.
> **Kooperation:** Zusammenarbeit nach dem Prinzip des beiderseitigen Vorteils.
> **Altruismus:** Zusammenarbeit ohne eigenen Vorteil oder sogar mit Nachteil.
> **Reziproker Altruismus:** Uneigennütziges Verhalten in Erwartung einer Gegenleistung bei Nichtverwandten.
> **Verwandtenselektion:** Altruistisches Verhalten kommt vor allem Verwandten im Sozialverband zugute. Es erhöht die Gesamtfitness.
> **Gesamtfitness:** Besteht aus direkter und indirekter Fitness. Direkte Fitness: gemessen am individuellen Fortpflanzungserfolg. Indirekte Fitness: gemessen am Fortpflanzungserfolg von Verwandten.
> **Brutpflegehelfer:** Form des Altruismus. Primäre Helfer: unterstützen Eltern. Sekundäre Helfer: unterstützen Fremde.

Aggression: Folge von Konkurrenz, gegen Fremde oder innerartlich. Aggressionshemmende Verhaltensweisen: Rangordnung, feste Territorien, Kommentkampf, Demuts- und Beschwichtigungsgesten. Umadressiert: Abreagieren an Unbeteiligten. Gruppenaggression: gesteigerte kollektive Aggression gegen Gruppenfremde.

Kindchenschema: Kopf und Gesichtsproportionen des Kleinkindes wirken als „Auslöser" für „Brutpflegegefühle" beim Menschen – ähnliche Merkmale bei Jugendstadien z. B. von Tieren wirken auch beim Menschen.

Phonem: Als „Sprachlaut" kleinste Einheit der menschlichen Sprache; in allen gesprochenen Sprachen treten nur 40 verschiedene Phoneme auf, die bereits von Säuglingen neuronal unterschieden werden können.

9 Parasiten

Thomas Kurth

9.1 Der Parasitismus als Lebensform

> Parasiten schmarotzen auf oder in anderen Organismen und ernähren sich von deren Körperflüssigkeiten, Darminhalten oder Geweben. Sie zeigen charakteristische **Anpassungen** an diese Lebensweise, wie verschiedenste Haft- und Klammerapparate, Stoffwechselbesonderheiten, reduzierte Organsysteme oder spezielle Reproduktionsverfahren. Gegen die Abwehrmaßnahmen ihrer Wirte haben sich bei Parasiten raffinierte **Schutzmechanismen** herausgebildet.

9.1.1 Was ist Parasitismus?

Der **Parasitismus** ist eine ökologische Beziehung zwischen zwei artverschiedenen Organismen (Bisystem, *Ökologie, Evolution*), bei der einer der Partner, der **Parasit**, den einseitigen Nutzen hat, während der andere Partner, der **Wirt**, mehr oder weniger großen Schaden erleidet, ohne dabei jedoch vorzeitig getötet zu werden. Der Parasit bezieht dabei vom Wirt Nahrung und meist auch Wohnung. Es ist ein Charakteristikum gut angepasster Parasiten, ihre Wirte nicht so stark zu beeinträchtigen, dass sie sich die eigene Lebensgrundlage entziehen. In diesem Kapitel wird nur von tierischen Parasiten die Rede sein, Bakterien oder Pflanzen mit parasitischer Lebensweise werden an anderer Stelle behandelt (*Mikrobiologie, Botanik*).

Andere ökologische Bisysteme: Neben dem Parasitismus gibt es noch eine Reihe von anderen ökologischen Bisystemen, bei denen bestimmte Aspekte Ähnlichkeiten, andere Aspekte jedoch gravierende Unterschiede zum Parasitismus aufweisen (*Ökologie, Evolution*). Bei den **Parabiosen** hat eine Art den alleinigen Nutzen, während die andere Art weder Vorteile hat noch Nachteile erleidet. Hierzu wird vielfach auch das enge Zusammenleben von Individuen einer Art gezählt (siamesische Zwillinge, mit den Weibchen verwachsene Zwergmännchen mancher Tiefseefische), obwohl es sich hierbei nicht um ein Bisystem handelt. Bezieht ein Partner eines Bisystems Nahrung, ohne dass dies den anderen schädigt, spricht man von **Kommensalismus**. So begleiten Lotsenfische die Haie, da sie auf deren Nahrungsreste angewiesen sind, während für die Haie die Anwesenheit der Lotsenfische bedeutungslos ist. Diese ernährungsbedingte Basis des parabiotischen Zusammenlebens unterscheidet den Kommensalismus z. B. von der **Phoresie**, bei der das Wechselspiel der beiden Partner durch den entgeltlosen Transport des einen Partners charakterisiert ist: Milben heften sich z. B. an die Beine von Hummeln und gelangen auf diese Weise zu einer anderen Pflanze. Der Parasitismus lässt sich von der **Symbiose** dadurch unterscheiden, dass bei letzterer beide Partner Vorteile genießen, wie bei Seeanemone und Clownfisch, Termiten und polymastigote Flagellaten, Einsiedlerkrebs und *Hydra*, Korallen und Zooxanthellen.

Der Begriff Symbiose als Überbegriff für jedwede Form des Zusammenlebens zweier Arten ist nicht mehr gebräuchlich.

Einige Tiergruppen leben ausschließlich parasitisch (Apicomplexa, Trematoden, Cestoden, Acanthocephalen, Mesozoen, Pentastomiden), andere enthalten neben frei lebenden Arten eine Vielzahl von Parasiten (Nematoden, Milben, Insekten, Krebse, Flagellaten), während die meisten anderen Gruppen nur einzelne Parasiten hervorgebracht haben. Bei den Deuterostomiern, insbesondere den Vertebraten, sind Parasiten sehr selten (Cyclostomen, Vampirfledermäuse). Der Eingeweidefisch *Fierasfer* (Dorschartige) lebt in den Wasserlungen von Seegurken lediglich zur Untermiete, ohne sich von ihm zu ernähren (**Entökie**). Er verlässt seinen Wirt nur zur Nahrungsaufnahme oder zur Fortpflanzung. Parasiten fehlen vollständig bei den Foraminiferen oder den Actinopoden. Insgesamt ist der Parasitismus eine sehr erfolgreiche Lebensform, und manche Schätzungen gehen davon aus, dass etwa 50 % aller Lebewesen ganz oder teilweise parasitisch leben.

Parasiten spielen in Ökosystemen eine wichtige Rolle, und zwar nicht nur durch die Beeinträchtigung ihrer Wirte. Sie haben darüber hinaus einen großen Anteil an der Gesamtbiomasse und dadurch einen starken Einfluss auf die **Energiebilanz** eines Ökosystems. In Estuaren der kalifornischen Pazifikküste beispielsweise haben Parasiten einen höheren Anteil an der **Biomasse** als alle größeren Raubtiere (Top-Prädatoren) zusammen, und allein die jährliche Produktion von freischwimmenden Trematoden-Larven übersteigt dort die Biomasse der Vögel.

Man unterscheidet verschiedene **Parasitentypen: Fakultative Parasiten** sind nicht unbedingt auf die parasitische Lebensweise festgelegt. Sie sind frei lebend und gelangen meist per Zufall in potenzielle Wirte, wo sie gefährliche Erkrankungen hervorrufen können. Die im Süßwasser lebende Amöbe *Naegleria fowleri* zum Beispiel kann bei Badenden über den Nasen-Rachen-Raum in das Gehirn eindringen und unter Umständen tödlich verlaufende Hirnhautentzündungen verursachen. Ein anderer fakultativer Parasit, die blutsaugende Raubwanze, *Triatoma infestans*, ist nicht unbedingt auf Blutmahlzeiten angewiesen, sondern kann auch Jagd auf andere Insekten machen. Auch bei **obligaten Parasiten** kann es frei lebende Stadien geben, wie bei vielen parasitischen Nematoden. Diese können allerdings ihren Entwicklungszyklus nicht beenden, ohne zumindest einen Teil davon parasitisch zu verbringen.

Parasiten, die an der Körperoberfläche ihres Wirtes parasitieren, bezeichnet man als **Ektoparasiten**. Hierzu zählen Blutegel, Stechmücken, Milben, Zecken, Läuse und Flöhe, verschiedene Krebse (Copepoden, Asseln und Cirripedier) und die Federlinge (Mallophagen) der Vögel. Man unterscheidet temporäre Parasiten (z. B. Mücken), die Wirte nur zur Nahrungsaufnahme aufsuchen, und stationäre Parasiten (z. B. Läuse), die in ständigem Kontakt mit dem Wirt leben. Ektoparasiten, die Erreger auf ihren Wirt übertragen, bezeichnet man als **Vektoren**: Zu ihnen zählen eine Reihe von Insekten wie die Übertrager von Malaria (Stechmücke *Anopheles*), Schlafkrankheit (Tsetsefliege *Glossina*), Flussblindheit (*Simulium*) und anderer

Infektionskrankheiten (s. Tab. 9.4 S. 648), wie auch Vertreter der Chelicerata (Zecken als Überträger der Lyme-Borreliose oder der **F**rüh**s**ommer-**M**ening**o****e**ncephalitis, FSME). **Endoparasiten** hingegen schmarotzen im Körperinneren. Der Übergang vom Ekto- zum Endoparasitismus geschieht zuerst an den Eingangspforten zum Körperinneren: in der Mundhöhle, an Kiemen, im Nasen-Rachen-Raum (Nasen-Rachen-Bremse beim Schaf), im Magen (Magenbremse beim Pferd), in der Lunge oder in Tracheen (Lungenegel, verschiedene Milben) sowie im Darm (Amöben, Gregarinen, Trematoden, Cestoden, Nematoden, Acanthocephalen). In einer nächsten Stufe dringen Parasiten in verschiedene Gewebe und Organe ein, z. B. verschiedene Trematoden in die Leber (*Fasciola*, *Dicrocoelium*), Gallenblase oder Harnblase (*Polystoma* in Fröschen), Nematoden in die Niere (*Dioctophyme* bei Raubtieren) oder in die Muskulatur (*Trichinella*). Andere Endoparasiten finden sich in den Körperflüssigkeiten wie im Blut (*Schistosoma*) und in der Lymphflüssigkeit (verschiedene Nematoden wie *Brugia* und *Wuchereria*, die Erreger der Elephantiasis) oder sogar intrazellulär (*Plasmodium*, *Leishmania*, *Toxoplasma*).

Auch die Wirte lassen sich in verschiedene Kategorien, die **Wirtstypen**, unterteilen. Der Wirt, in dem die geschlechtliche Fortpflanzung des Parasiten stattfindet, wird als **Endwirt** bezeichnet. Alle übrigen Wirte sind **Zwischenwirte**. Im Zwischenwirt können Entwicklungsvorgänge (z. B. Larvalentwicklung der Nematoden) oder ungeschlechtliche Vermehrungen (z. B. Schizogonie bei *Plasmodium*) stattfinden. Zu den Zwischenwirten zählen auch die **paratenischen Wirte**, welche nicht obligatorisch in den Lebenszyklus eingeschaltet sind und in denen sich der Parasit auch nicht weiterentwickeln kann. Der Parasit kann aber in paratenischen Wirten „aufbewahrt" oder gar „angesammelt" werden (**Sammelwirt**). Zwischenwirte, die weniger der Ernährung als vielmehr dem Transport und der geographischen Ausbreitung dienen, werden als **Transportwirte** bezeichnet.

Kann sich ein Parasit in mehreren Wirtsarten entwickeln, wird als **Hauptwirt** diejenige Wirtsart betrachtet, die quantitativ für den Parasiten die größte Bedeutung hat und an die der Parasit in der Regel am besten angepasst ist. Dies kann sowohl auf der Stufe des Endwirtes als auch auf der Stufe des Zwischenwirtes der Fall sein. Quantitativ weniger bedeutsame End- oder Zwischenwirte werden dann als **Nebenwirte** bezeichnet. In ihnen gelangt der Parasit allerdings ebenso in das entsprechende Entwicklungsstadium wie im Hauptwirt. Nebenwirte haben eine gewisse Bedeutung als **Parasitenreservoire**. Eine ganze Reihe von human- und nutztierpathogenen Parasiten können in diversen Nebenwirten „untertauchen" und sind somit nur schwer zu bekämpfen (Plasmodien, Trypanosomen). Wirte, in denen sich der Parasit nicht weiterentwickeln kann und von denen aus er auch nicht mehr auf einen anderen Wirt gelangen kann, werden als **Fehlwirte** bezeichnet. So ist beispielsweise der Mensch ein Fehlzwischenwirt für den Hunde- und den Fuchsbandwurm (*Echinococcus granulosus* beziehungsweise *E. multilocularis*, Tab. 9.2, S. 646), da er nicht in das Beutespektrum des Endwirtes (Hund oder Fuchs) passt.

Das **Wirtsspektrum** von Parasiten kann sehr verschieden sein. *Toxoplasma gondii* z. B. kommt in allen Säugetieren vor, während viele Läuse nur eine Wirtsart befallen (z. T. sogar sehr habitatspezifisch, Tab. 9.**4**). Ursachen für den Grad der Beschränkung des Wirtsspektrums (**Wirtsspezifität**) liegen oft darin, dass der Parasit bestimmte Synthesefähigkeiten verloren hat und daher auf spezifische Stoffe des Wirtes, vor allem Lipide, angewiesen ist. Wegen der spezifischen Anpassung solcher Parasiten an ihre Wirte und der langen gemeinsamen Coevolution lassen sich aus den Verwandtschaftsverhältnissen der Parasiten oft Rückschlüsse auf die Verwandtschaftsverhältnisse der Wirtsarten ziehen. Die phylogenetische Analyse von Parasit-Wirt-Beziehungen ist daher ein wichtiger Ansatz bei der Aufstellung von Stammbäumen (*Ökologie, Evolution*).

In der Regel wird beim Parasitismus zumindest der Endwirt nicht vorzeitig getötet, unter Umständen kann es allerdings aus der Sicht des Parasiten durchaus nützlich sein, einen Zwischenwirt stark zu schwächen, sodass dieser von einem räuberischen Endwirt aufgenommen werden kann (Fuchsbandwurm: Zwischenwirt = Nager, Endwirt = Fuchs; Tab. 9.**2**). Im Gegensatz dazu werden Fälle, bei denen der Wirt stets vorzeitig stirbt, als **Raubparasitismus** bezeichnet. Dies gilt z. B. für die Schlupfwespen: Ihre Brut frisst das befallene Tier auf. Hierbei spricht man von **Parasitoiden**. Auch beim Räuber-Beute-Verhältnis lebt eine Art auf Kosten der anderen, im Gegensatz zum Parasit weist der Räuber jedoch eine größere individuelle Biomasse und eine geringere Populationsgröße auf. Einen Sonderfall stellt der **Brutparasitismus** des Europäischen Kuckucks (*Cuculus canorus*) dar. Weibchen dieser Art legen ihre Eier in Nester von Singvögeln. Das Kuckucksjunge schlüpft in der Regel zuerst und befördert die Jungvögel des Singvogels aus dem Nest. Der Kuckuck wird von den Singvogeleltern gefüttert und erhält somit die Nahrung, welche eigentlich für deren Jungvögel bestimmt war; auch hier ist der Nutzen also einseitig. Brutparasitismus findet sich auch bei Insekten. Schmarotzerhummeln (*Psithyrus*) beispielsweise legen ihre Eier in die Nester sozialer Hummeln und überlassen diesen die Aufzucht der Jungen.

In einer Tiergruppe wird der Übergang zum Parasitismus erleichtert, wenn Anpassungen an bestimmte Umweltfaktoren des potenziellen Lebensraumes, also des Wirtes, bereits vorliegen. Man spricht hierbei von **Präadaptationen** (nicht zu verwechseln mit **Prädisposition**, der Anfälligkeit von potentiellen Wirten für Befall mit potentiellen Parasiten). Tiere beispielsweise, die frei lebend im Faulschlamm, in Kothaufen, Tierleichen oder sonstigen Zersetzungsherden leben (**Saprozoen**), sind an niedrige O_2-Partialdrücke, die Anwesenheit von Verdauungsenzymen und erhöhte Temperaturen angepasst. Ähnliche Bedingungen herrschen auch im Darmtrakt höherer Tiere. Man vermutet daher, dass es von der saprozoischen Lebensweise hin zum Endoparasitismus im Darm eines anderen Tieres keines allzu großen evolutiven Schrittes bedarf. Weitere Präadaptationen stellen die Fähigkeiten dar, Dauerstadien zu bilden oder eine Vielzahl von Nachkommen zu produzieren. Beides kommt insbesondere bei Tieren in unbeständigen Lebensräumen wie Süßwassertümpeln oder Zersetzungsherden vor. Parasit-Wirt-Beziehungen können im Laufe der Evolution auch aus Symbiosen oder Parabiosen hervorgehen. Es gibt keinen Hinweis darauf, dass permanente Parasiten wieder zur freien Lebensweise zurückkehren können.

Nematoden zeigen eine außerordentliche Vielfalt ökologischer Anpassungen an die verschiedensten Lebensräume. Eine Vielzahl lebt fakultativ oder obligat parasitisch, andere sind frei lebend oder parabiotisch (s. o.). Der **Übergang von rein saprozoischer zu parasitischer Lebensweise** lässt sich an ihnen besonders gut darstellen: Viele Arten der Gattung *Rhabditis* (Rhabditida) leben in verschiedenen Zersetzungsherden. Bei ungünstigen Umweltbedingungen bilden sie Dauerlarven aus. Diese können auf Insekten kriechen und sich zu neuen Zersetzungsherden transportieren lassen (**Phoresie**). Einige gelangen in Schnecken oder Regenwürmer, wo sie passiv verbleiben, bis diese zu Grunde gehen. *Rhabditis* ist also frei lebend saprozoisch mit Übergängen zur parabiotischen Lebensweise. Bei Arten der Gattung *Strongyloides* ist der Schritt zum Parasitismus bereits vollzogen: *Strongyloides stercoralis* ist ein fakultativer Darmparasit des Menschen. Unter günstigen Umweltbedingungen leben die Individuen von *S. stercoralis* getrenntgeschlechtlich über Generationen hinweg im Freien. Verschlechtern sich die Bedingungen, entwickeln sich infektionsfähige Dauerlarven, die sich durch die Haut in den Körper des Menschen bohren. Dort entwickeln sie sich zu parthenogenetischen Weibchen. Es liegt somit ein Generationswechsel von zweigeschlechtlicher und eingeschlechtlicher Fortpflanzung (**Heterogonie**) vor (S. 275). Die Wurmlarven werden mit dem Kot abgegeben und sind die Grundlage für neue frei lebende Generationen.

Eine evolutive Stufe weiter zum Parasitismus ist ein anderer Darmparasit des Menschen: der Hakenwurm *Ancylostoma duodenale*. Seine Eier werden über den Kot abgegeben. Sie entwickeln sich über frei lebende Larvenstadien direkt zu infektionsfähigen Larven, die nun in einen Wirt gelangen müssen, um sich weiterentwickeln zu können (obligater Parasit). Beim Spulwurm (*Ascaris lumbricoides*, Abb. 9.**6**) gelangen ebenfalls Eier ins Freie. Die Entwicklung der Larven findet allerdings in der Eihülle statt, und diese wird vom Wirt aufgenommen. In einem nächsten evolutiven Schritt gelangen die frühen Larvenstadien statt ins Freie in einen zusätzlichen Wirt (Zwischenwirt): Die Larven des Medinawurmes (*Dracunculus medinensis*) gelangen noch frei ins Süßwasser. Dort werden sie von Copepoden aufgenommen, in denen sie sich weiterentwickeln. Übers Trinkwasser gelangen sie wieder in den Menschen. Schließlich werden die Larven direkt von einem Zwischenwirt (meist blutsaugenden Insekten) aufgenommen und über diesen auch direkt weitergegeben. Der Parasit gelangt hier gar nicht mehr ins Freie. Dies ist zum Beispiel bei *Wuchereria bancrofti* und bei *Onchocerca volvulus* (Tab. 9.**3**) der Fall.

9.1.2 Anpassungen an die parasitische Lebensweise

Parasiten zeigen in **Anpassung** an ihren extremen Lebensraum charakteristische anatomische und physiologische Besonderheiten. Diese betreffen Verankerung und Nahrungsaufnahme im Wirt, Vermehrung und Invasionsmechanismen sowie den Schutz vor Wirtsreaktionen.

Anpassungen von **Ektoparasiten** sind häufig **Klammerorgane** (Abb. 9.**1**a). Diese sind unter Umständen ausgesprochen habitatspezifisch: Die Kopflaus (*Pediculus humanus capitis*) kann sich beispielsweise im Kopfhaar festkrallen, nicht aber in den Schamhaaren, während es sich bei der Filzlaus (*Pthirus pubis*) genau umgekehrt verhält. Die verschiedenen Arten von Federlingen („Mallophagen") auf

9.1 Der Parasitismus als Lebensform

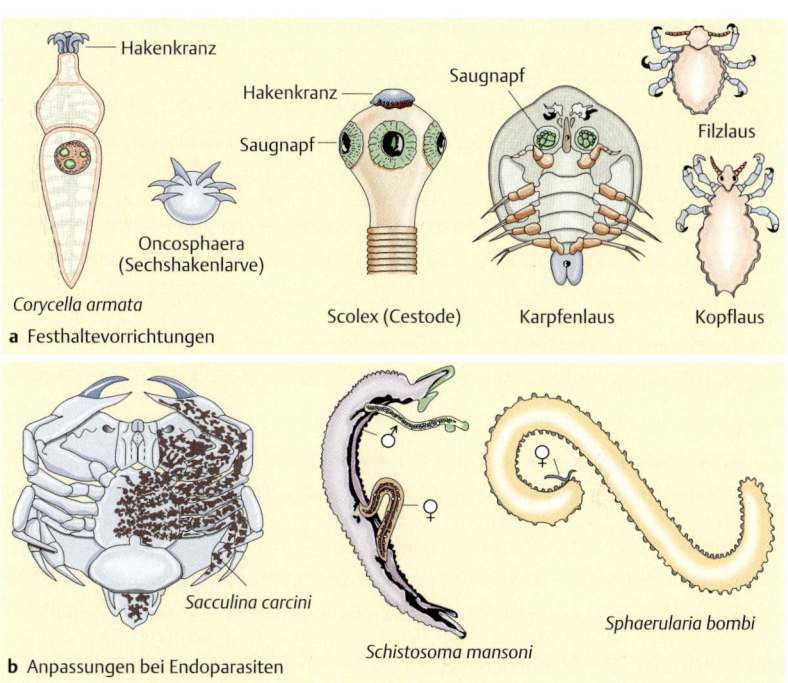

Abb. 9.**1 Morphologische Anpassungen an die parasitische Lebensweise. a** Festhaltevorrichtungen. **b** Reduktionen des Somas und vergrößerte Gonaden bei Endoparasiten: *Sacculina carcini* in einem Dekapoden, die rechte Hälfte des Wirtskrebses ist durchsichtig gedacht; Pärchenegel *Schistosoma mansoni*; das größere Männchen trägt das Weibchen in einer Bauchfalte; *Sphaerularia bombi* (Nematoda) aus der Leibeshöhle der Hummel, das Weibchen ist nur als kleiner Anhang am ausgestülpten, riesigen Uterus zu erkennen.

einem Vogel sind ebenfalls auf jeweils eine bestimmte Gefiederpartie beschränkt. **Saug- oder Haftnäpfe** finden sich bei Hirudineen, Nemertinen (*Malacobdella*), Krebsen (Karpfenlaus *Argulus*) und Milben. Blutsaugende Parasiten, wie Stechmücken, Wanzen, Zecken oder Blutegel, haben teilweise komplizierte **Stech- oder Saugapparate** entwickelt. Es handelt sich dabei um analoge Merkmale: Bei den Arthropoden lassen sie sich von Extremitäten ableiten, und zwar bei Insekten meist von den Mandibeln und Maxillen (Stechmücken, Bremsen, Wanzen), während sie bei Milben und Zecken von den Cheliceren gebildet werden.

Als Anpassungen von **Endoparasiten** lassen sich häufig ebenfalls **Klammerorgane** feststellen: Haken oder Hakenkränze kommen bei Gregarinen (*Corycella*), Monogenea (*Polystoma*), Cestoden (Hakenkranz der Adulti, Haken der Oncosphaera-Larve), Nematoden, Acanthocephalen und bei Pentastomiden (*Armillifer*) vor. Trematoden und Cestoden bilden **Saugnäpfe**. Die meisten Endoparasiten zeigen außerdem morphologische Anpassungen der **Sinnesorgane** oder des **Darmsystems**. Optische Sinnesorgane sind weitgehend reduziert, Mund und Vorderdarm werden teilweise umstrukturiert. Besonders deutlich wird dies beim Nematoden *Strongyloides stercoralis*, dessen frei lebende Larve einen völlig anders strukturierten Pharynx besitzt als die infektionsfähige Larve. Der gesamte Darmtrakt kann stark zurückgebildet werden. Bei einigen Parasiten wird die Nahrung ausschließlich über die Körperoberfläche aufgenommen (Cestoda, Acanthocephala, Glochidium-Larve von Süßwassermuscheln aus der Familie der Unioniden). Ein Extrembeispiel für die morphologische Veränderung eines Parasiten ist der endoparasitisch in Dekapoden lebende Krebs *Sacculina carcini* (Cirripedia, Abb. 9.**1b**). Er stellt im adulten Zustand nur ein verästeltes Geflecht von Schläuchen dar, das den ganzen Wirtskrebs durchwuchert. Dass dieser Parasit zu den Krebsen gehört, kann man nur noch daran erkennen, dass er sich über eine Nauplius-Larve entwickelt (S. 121 und S. 316).

Für einen Parasit ist die Wahrscheinlichkeit normalerweise sehr gering, auf einen geeigneten Wirt zu treffen. Bei den meisten Parasiten ist daher eine erhöhte **Reproduktionsrate** zu finden. Insbesondere bei den Endoparasiten sind die Gonaden extrem stark ausgebildet und stellen eine ausreichende Vermehrung sicher (Abb. 9.**1b**). Außerdem findet man häufig Phasen mit ungeschlechtlicher Fortpflanzung in den Entwicklungsgang eingeschaltet (Parthenogenese z. B. bei einigen Nematoden, Schizogonie bei *Plasmodium*, Endodyogenie bei *Toxoplasma*, Polyembryonie bei Schlupfwespen). Viele Parasiten sind zwittrig (Trematoden, Cestoden), oder aber Männchen und Weibchen leben in Dauerpaarung und umgehen damit die Schwierigkeit, einen Paarungspartner finden zu müssen (*Schistosoma*, Abb. 9.**1b**).

Je nach Habitat im Wirt können Parasiten über die oben genannten Anpassungen hinaus auch Besonderheiten im **Verhalten** aufweisen oder das Verhalten ihrer Wirte beeinflussen: Der „Hirnwurm" von *Dicrocoelium dendriticum* bewirkt z. B. einen **Mandibelkrampf** bei der Ameise, dem zweiten Zwischenwirt. Andere Parasiten stellen sich auf die **Tagesperiodik** der Wirte ein. Beispiele hierfür sind die Periodizität der Mikrofilarien im externen Blutkreislauf bei *Wuchereria bancrofti* und *Onchocerca volvulus* oder die Emission der Cercarien aus den Schnecken bei Trematoden (Tab. 9.**2**). Es gibt sogar Hinweise darauf, dass Parasiten auf die Hormone des Wirtes reagieren, sodass sie den eigenen Entwicklungszyklus mit dem des Wirtes synchronisieren: Bei *Polystoma integerrimum* leben die Larven in der Kaulquappe, die adulten Parasiten im Frosch. Viele Blutsauger verfügen über thermische und/ oder chemische Sinne zum **Auffinden** möglicher Wirtsorganismen. Auch charakteristische Verhaltensanpassungen wie die kreisenden Suchbewegungen der infektionsfähigen Larven des Nematoden *Strongyloides stercoralis* sind hier zu nennen. Sie erhöhen die Wahrscheinlichkeit, auf einen potenziellen Wirt zu treffen.

9.1.3 Abwehr des Wirtes gegen den Parasit

Die **Ektoparasitenabwehr** des Wirtes erfolgt über entsprechende Verhaltensweisen wie Kratzen, Vermeidung von Kontakt oder Baden. Häufig werden andere Individuen (soziale Fellpflege) oder gar andere Arten (Putzerfische, Putzergarnelen) eingeschaltet. Auch Häutungen dienen der periodischen Parasitenabwehr.

Abwehrmaßnahmen gegen Endoparasiten lassen sich in unspezifische und spezifische unterteilen (Kap. 13). Die **unspezifische Abwehr** richtet sich generell gegen alle Parasiten sowie gegen gewebsfremde Partikel. Tränenflüssigkeit und Speichel enthalten bereits antimikrobielle Enzyme. Als nächste Barriere wirkt die Magensäure, die einen Großteil der oral aufgenommenen Parasiten abtötet. Sind Parasiten weiter in das Körperinnere eingedrungen, greifen andere Abwehrmaßnahmen. Hier sind in erster Linie die phagocytotisch aktiven Fresszellen der Metazoen (Hämocyten bei Arthropoden, Amöbocyten bei Mollusken, Makrophagen und Granulocyten bei Wirbeltieren) oder auch lösliche Substanzen wie die Cytolysine der Mollusken zu nennen. Ebenfalls zur natürlichen Abwehr wird die Einkapselung gezählt, welche gewöhnlich das letzte gegen Parasiten angewandte Mittel darstellt. Zur **spezifischen** Abwehr sei nur so viel erwähnt, dass man zwischen zellulärer Abwehr mithilfe verschiedener Formen von T-Lymphocyten und humoraler Abwehr mit spezifischen Antikörpern unterscheidet. Beide Mechanismen laufen in der Regel parallel ab, gelegentlich steht aber zumindest zeitweise ein System im Vordergrund (z. B. die zellvermittelte Abwehr bei in die Haut eingedrungenen *Schistosoma*-Cercarien). Im Gegensatz zur angeborenen Abwehr, die als eine Art Sofortmaßnahme immer zur Verfügung steht, benötigt die spezifische Abwehr eine gewisse Anlaufzeit, um voll wirksam zu werden, denn das Immunsystem antwortet erst nach einem bereits erfolgten Kontakt mit bestimmten Antigenen des Parasiten (S. 795).

9.1.4 Abwehr des Parasiten gegen die Immunantwort des Wirtes

Im Laufe der Evolution erwiesen sich verschiedene Anpassungen als vorteilhaft, mit denen ein **Schutz der Parasiten** vor Wirtsreaktionen möglich wurde, d. h. mit denen der Parasit sich gegen die Immunkräfte des Wirtes zu Wehr setzen konnte. Einen möglichen Mechanismus stellt die **Encystierung** dar, wie sie bei den Cysten von *Toxoplasma* (Abb. 9.**2b**), den Cysticerci von Bandwürmern oder den Muskeltrichinen (Abb. 9.**2c**) zu finden ist. Innerhalb der Cysten sind die Parasiten vor einem Angriff des Immunsystems weitgehend geschützt. Häufig kommt der Wirt dem Parasit mit seiner Tendenz zur Abkapselung entgegen, sodass die inneren Anteile der Cysten dann vom Parasit und die äußeren Schichten vom Wirt gebildet werden. Parasiten, die sich im Gehirn des Wirtes ansiedeln, werden aufgrund der Blut-Hirn-Schranke nur schwer von immunologischen Reaktionen erreicht. Des Weiteren kann die Vermehrung synchronisiert werden, sodass das Immunsystem „überfahren" wird (Trypanosomen, Plasmodien, Nematoden). Ein besonders raffinierter Mechanismus findet sich bei dem Nagetier-Nematoden *Litomosoides carinii*: Ein

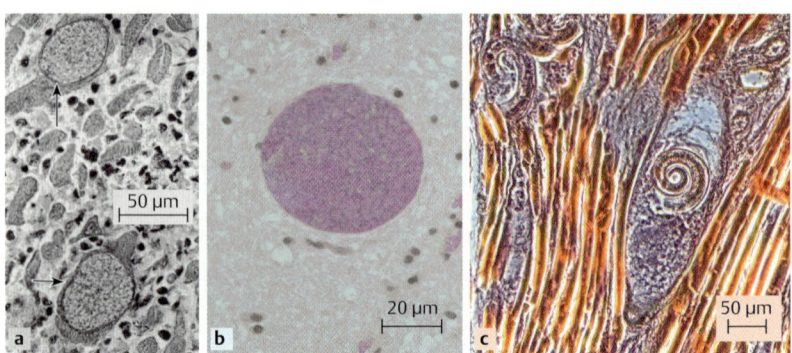

Abb. 9.2 **Cystenbildung bei Parasiten. a** Pseudocyste von *Trypanosoma cruzi* in nekrotischem Herzgewebe (Chagas-Myocarditis), HE-Färbung, 1:300 (aus Riede und Schäfer, Thieme Verlag, 2004). **b** Cyste von *Toxoplasma spec.* im Gehirn der Maus, **c** Larven von *Trichinella spiralis* in Skelettmuskel, Azan-Färbung. (b, c von Rolf Entzeroth und Susanne Weiche, TU Dresden).

Teil der Filarien wandert in die Kapillaren der Lunge. Man vermutet, dass er dort als „Adsorptionssäule" für Antikörper fungiert. Der Antikörpertiter im übrigen Blutkreislauf wird dadurch so weit herabgesenkt, dass den Filarien ein zweiwöchiges Überleben gesichert ist. Schließlich ist noch die **Immunsuppression** (*Plasmodium, Toxoplasma, Trichinella*) oder die **molekulare Maskierung**, d. h. der Einbau wirtseigener Moleküle in die Parasitenoberfläche (*Schistosoma*), zu nennen. So gibt es im Tegument von Schistosomen einerseits Rezeptoren für Blutgruppenantigene des Wirtes und andererseits Rezeptoren, welche die F_c-Anteile von Wirtsantikörpern binden. Außerdem enthält die Oberfläche von Schistosomen Proteasen, die Antikörper zerschneiden.

Parasiten nutzen auch das Immunsystem des Wirtes, um sich Konkurrenz aus dem eigenen Lager vom Hals zu halten, oder anders ausgedrückt: die eigene Populationsdichte zu regulieren. Viele Würmer unterlaufen z. B. als Adulte das Immunsystem ihrer Wirte, haben es aber während der Infektionsphase stimuliert, sodass der Wirt auf Neuinfektionen vorbereitet ist (Präimmunität). Ähnliches findet sich bei *Toxoplasma gondii*. Auf diese Weise verhindert der Parasit die Superinfektion des Wirtes und begrenzt dessen Parasitenbürde.

Antigenvarianz bei Trypanosomen: Parasiten mit veränderlichen antigenen Merkmalen erschweren die Bildung wirksamer Antikörper durch das Immunsystem des Wirtes. Trypanosomen leben im Blut verschiedener Säuger und werden von blutsaugenden Insekten übertragen. *Trypanosoma brucei* ist der Erreger der Schlafkrankheit und wird von Tsetsefliegen übertragen (Tab. 9.1 S. 645). Bei der in der Fliege lebenden Form gibt es auf der Zelloberfläche nur einen Typ des invarianten Glykoproteins Procyclin. Die Zelloberfläche der im Säugerblut lebenden Trypanosomen enthält dagegen in großer Anzahl sogenannte VSGs (variant surface glycoproteins). Der Wechsel erfolgt in den Speicheldrüsen der Fliege, von wo aus die Parasiten beim Stich in den Säugerwirt gelangen. Die VSGs sind über ein Glykolipid in der Membran verankert und stellen das für das Immunsystem zugängliche Haupt-

Antigen dar. Ca. 800–1000 verschiedene für VSGs codierende Gene sind über das Genom der Trypanosomen verteilt, aber es wird jeweils nur eines davon transkribiert. Dieses befindet sich in einer aktiven Position, welche sich stets in der Nähe von Chromosomen-Telomeren befindet. Die Umschaltung auf ein anderes VSG-Gen kann durch Aktivierung einer anderen VSG-Expressionsstelle erfolgen (**In-situ-Switch**). Eine Möglichkeit ist der Austausch des in der aktiven Position befindlichen Gens durch die Kopie eines anderen VSG-Gens mittels homologer Rekombination (**Gen-Konversion**). Alternativ kann auch ein Telomer-Austausch stattfinden, sodass ein ruhendes VSG-Gen in eine aktive Position gebracht wird (**Crossover-Event**). Nur 7 % der 806 bislang untersuchten VSG-Gene des *T.-brucei*-Genoms codieren für vollständige VSGs. Der Rest stellt Pseudogene mit Leserasterverschiebungen oder im Leseraster gelegenen Stoppcodons, Genfragmente oder sonstwie atypische VSG-Gene dar. Interessanterweise lassen sich aber aus diesen „Bruchstücken" chimäre VSG-Gene aus 3–4 Segmenten verschiedener VSG-Pseudogene zusammensetzen, die dann auch in eine aktive Expressionsstelle gelangen können (**segmentale Gen-Konversion**). Dieser Mechanismus könnte besonders bei chronischer Infektion Vorteile bieten, wenn die Standard„garderobe" auszugehen droht und segmentale Gen-Konversion zusätzliche Varianten geschaffen werden können. Insgesamt erfolgt die Umstellung auf ein anderes VSG-Gen mit einer Frequenz von 10^{-2} bis 10^{-6} pro Zellzyklus. Dadurch verändern sich immer wieder die antigenen Eigenschaften des Parasiten, und das Immunsystem des Wirtes muss immer wieder mit neuer Antikörperproduktion beginnen.

Parasiten bewohnen extreme Lebensräume: Sie sind ständig der Gefahr ausgesetzt, von ihrem Wirt vernichtet zu werden, umgekehrt wird der Wirt vom Parasit beeinträchtigt. Im Laufe der Evolution wurden auf beiden Seiten spezifische Anpassungen an die Parasit-Wirt-Wechselbeziehung selektiert. Es fand und findet ein regelrechtes „**Wettrüsten**" statt. Im Endergebnis zeichnen sich evolutiv weit entwickelte Parasit-Wirt-Beziehungen meist dadurch aus, dass der Parasit nicht zu aggressiv und der Wirt relativ resistent ist. Es bildet sich eine Art „Gleichgewicht der Kräfte" aus.

Ein Beispiel für so ein **Wettrüsten** zwischen Parasit und Wirt stellt die Beziehung von Malaria-Erregern mit dem Menschen dar. Neben Mutationen im Hämoglobingen, die mit einem Heterozygotenvorteil gegenüber der Malaria tropica einhergehen (Sichelzellanämie, Thalassämie, *Genetik*), spielt hier natürlich auch die Medikamentenentwicklung eine wichtige Rolle. Ein Medikament stellt für den Parasit zunächst nichts anderes als eine neue chemische Abwehr des Wirtes dar, und es entsteht ein hoher Selektionsdruck, ein „Gegenmittel" zu finden. Ein Beispiel hierfür stellt die zunehmende Resistenz von Plasmodien-Stämmen gegen das Medikament Chloroquin dar. Die Blutstadien der Plasmodien ernähren sich von Hämoglobin. Als giftiges Abfallprodukt bleibt das Häm übrig, welches durch die Häm-Polymerase mit Proteinen und Lipiden zusammen in Hämozoin umgewandelt wird. Hämozoin ist unlöslich und wird als sogenanntes „Malariapigment" in der Nahrungsvakuole abgelagert. Das seit 1924 bekannte Medikament Chloroquin (CQ) setzt genau hier an und formt lipophile, zytotoxische CQ-Häm-Komplexe, die den Parasiten durch Permeabilisierung der Zellmembranen umbringen. Seit Einführung von CQ haben sich bei vielen Plasmodien-Stämmen Resistenzen herausgebildet, die mit Mutationen in verschiedenen Genen einhergehen. Eines davon codiert für ein in der Nahrungsvakuolenmembran sitzendes Transportmolekül (*P. falciparum* **C**Q **r**esistance **t**ransporter, PfCRT). In resistenten Stämmen mit Mutationen in PfCRT wird ein erhöhter Efflux von CQ aus der Nahrungsvakuole festgestellt. Wenn auch der genaue Mechanismus der CQ-Resistenz noch nicht ganz verstanden ist, zeichnet sich doch ab, dass die Plasmodien einen Weg gefunden haben, CQ aus der Nahrungsvakuole herauszuhalten. Dieses Beispiel zeigt, wie schnell sich ein Parasit an Veränderungen im Wirt anpassen kann. Das Wettrüsten geht in eine neue Runde.

> **Parasitismus:** Schmarotzertum, Bisystem aus Wirt und Parasit. Vorteilhaft für den Parasit, nachteilig für den Wirt.
> **Parasiten im Tierreich:** Ausschließlich parasitische Arten: z. B. Trematoda, Cestoda, Acanthocephala, viele parasitische Arten: z. B. Nematoda, Acari, Insecta, Crustacea. Keine parasitischen Arten: z. B. bei Foraminifera, Actinopoden.
> **Parasitentypen:** Fakultativ: parasitische Phase ist möglich; obligat: parasitische Phase ist notwendig; Ektoparasiten: schmarotzen auf Körperoberfläche, temporär (Mücke), stationär (Laus); Endoparasiten: schmarotzen im Körperinneren.
> **Vektoren:** Übertragen Krankheitserreger auf den Wirt.
> **Wirtstypen:** Endwirt: beherbergt Geschlechtstiere des Parasiten; Zwischenwirt: beherbergt unreife Parasiten oder asexuelle Stadien; paratenischer Wirt: Zwischenwirt zur Aufbewahrung oder Sammlung; Hauptwirt: wichtigster End- oder Zwischenwirt; Nebenwirt: seltener befallener End- oder Zwischenwirt; Fehlwirt: ungeeigneter Wirt für die Entwicklung des Parasiten.
> **Wirtsspezifität:** Grad der Beschränkung des Parasiten auf ein bestimmtes Wirtsspektrum, enge Wirtsspezifität bewirkt Coevolution von Wirt und Parasit.
> **Anpassungen von Ektoparasiten:** Verankerung: Klammerorgane, Saugnäpfe, Nahrungsaufnahme: Stech-, Saugapparate. Auffinden des Wirtes: guter thermischer, chemischer Sinn. Reproduktion: hohe Vermehrungsrate.
> **Anpassungen von Endoparasiten:** Invasion: über Körperöffnungen des Wirtes, teilweise durch Vektoren, Verankerung: Klammerorgane, Hakenkränze, Saugnäpfe; Nahrungsaufnahme: spezialisierter Pharynx, reduziertes Darmsystem; Reproduktion: oft eingeschlechtliche oder ungeschlechtliche Generationen.
> **Parasitenabwehr des Wirtes:** Ektoparasiten: Häutungen, Kratzen, Baden, soziale Fellpflege, Symbiose mit Putzerarten. Endparasiten: Unspezifisch: Magensäure, Fresszellen, Einkapselung, spezifisch: zelluläre und/oder humorale Immunantwort.
> **Schutz des Parasiten vor Wirtsreaktionen:** Encystierung, Immunsuppression, molekulare Maskierung, Ablenkung des Immunsystems (z. B. *Trypanosoma*).

9.2 Lebenszyklen von tierischen Parasiten

Für parasitische Arten ist es überlebenswichtig, dass ausreichend viele Nachkommen in einen geeigneten Lebensraum gelangen, also einen Wirt finden. Das wird einerseits durch eine **hohe Vermehrungsrate**, oft verbunden mit einem **Generationswechsel**, erreicht, andererseits tragen auch **Wirtswechsel** dazu bei, dass die im Zwischenwirt angereicherten Parasiten relativ gezielt in einen Endwirt gelangen. Insbesondere die Endoparasiten zeichnen sich dementsprechend durch komplexe Lebenszyklen aus. Es können beispielsweise mehrere Zwischenwirte hintereinander geschaltet sein (*Dicrocoelium dentriticum*, einige Bandwürmer, z. B. *Diphyllobothrium latum*) oder verschiedene Entwicklungsstadien innerhalb

> eines Wirtes in unterschiedlichen Habitaten leben (*Plasmodium*, einige parasitische Krebse, *Ascaris, Filarien*).

Die **Entwicklungszyklen von Parasiten** gehören zu den komplexesten im gesamten Organismenreich. Sie umfassen oftmals Generationswechsel, entweder den Wechsel von geschlechtlicher und ungeschlechtlicher Generation (**Metagenese** bei Plasmodien) oder den Wechsel von geschlechtlicher und eingeschlechtlicher Generation (**Heterogonie** beim Nematoden *Strongyloides stercoralis*, Tab. 9.**3**). Außerdem kommen Wirtswechsel sowie Habitatswechsel innerhalb eines Wirtes hinzu.

Plasmodium vivax (Apicomplexa, Abb. 9.**3**) ist der Erreger der Malaria tertiana. Der Entwicklungszyklus dieses Einzellers teilt sich in die für Apicomplexa typischen Abschnitte: Gamogonie, Sporogonie und Schizogonie. Es handelt sich um einen Haplonten mit zygotischer Meiose. Die geschlechtliche Fortpflanzung (Bildung von Gameten, Verschmelzung der Gameten, Meiose [R!]) findet in Mücken der Gattung *Anopheles* statt, die somit den Endwirt darstellen. Im Anschluss an die Meiose wird im Darmepithel der Mücke eine Vielzahl von Sporozoiten gebildet (**Sporogonie**), die in die Speicheldrüse wandern und beim Stich auf den Menschen (Zwischenwirt) übertragen werden. Hier vermehren sich die Zellen zuerst in der Leber (**Schizogonie** im Leberparenchym). Die Sporozoiten befallen die Hepatocyten durch das diskontinuierliche Kapillarendothel entweder direkt, oder sie nehmen einen Umweg über Kupffer-Sternzellen (Makrophagen der Leber, S. 784). Einige Parasiten verbleiben als Hypnozoiten ohne Weiterentwicklung in den Leberzellen. Die bei der Schizogonie entstehenden Merozoiten gelangen schließlich ins Blut, wo sie Erythrocyten befallen und sich in diesen vermehren (Schizogonie im Blut, erythrocytäre Schizogonie). Die Freisetzung der Merozoiten in der Blutphase ist synchronisiert und geht mit einem Fieberschub des Wirtes einher. Dieser Prozess kann sich vielfach wiederholen. Schließlich differenzieren sich die Merozoiten zu Gametenvorläuferzellen, den Mikro- bzw. Makrogamonten. Diese befinden sich insbesondere im peripheren Blut und gelangen beim nächsten Saugakt wieder in eine *Anopheles*-Mücke. *P. vivax* ist für etwa 50% der Malaria-Erkrankungen außerhalb Afrikas verantwortlich. In Afrika selbst, dem am stärksten von der Malaria betroffenen Kontinent, spielt v. a. *P. falciparum* als Erreger der schweren Malaria tropica mit unregelmäßigen Fieberverläufen eine wichtige Rolle. Man geht von über 500 Mio. Infizierten weltweit aus. Malaria tropica ist mit hoher Sterblichkeit verbunden, besonders bei Kindern unter 5 Jahren. 1–2 Mio. Tote/Jahr alleine in Afrika unterstreichen dies. In Deutschland sind es rund 1000 „importierte" Fälle mit etwa 20 Toten jährlich. *P. falciparum* ist der wohl bestuntersuchte unter den Malaria-Erregern und das Hauptziel bei der Malaria-Bekämpfung, sowohl bei der Impfstoff- als auch bei der Medikamentenentwicklung.

Fasciola hepatica (Großer Leberegel, Trematoda, Abb. 9.**4**, Tab. 9.**2**) lebt in den Gallengängen von Wiederkäuern. Ein Wurm kann bis 20 000 unembryonierte Eier legen, die mit dem Kot ins Freie gelangen. In ausreichend feuchtem Milieu ent-

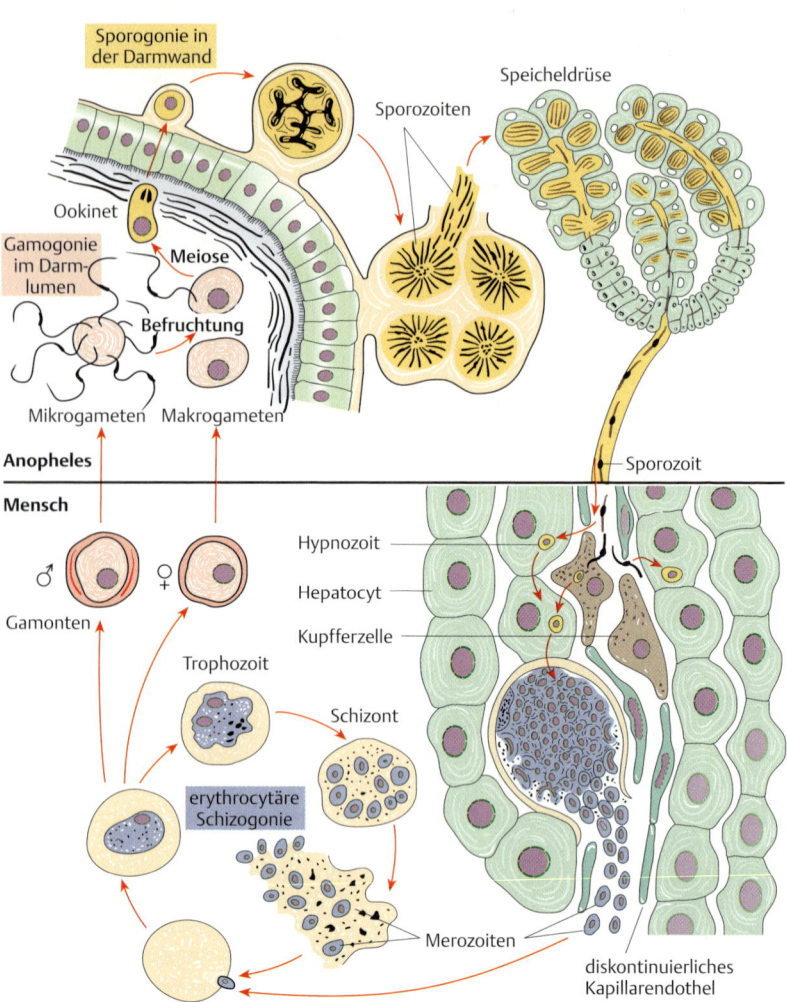

Abb. 9.3 **Lebenszyklus von *Plasmodium vivax*.** Schizogonie in Leberparenchymzellen und in Erythrocyten (blau), Gamogonie (rot), Sporogonie (gelb). (Nach Wenk und Renz, Thieme Verlag, 2008.)

wickeln sich innerhalb von 2–3 Wochen schlupfbereite **Miracidien**, die in die limnische Leberegelschnecke *Lymnaea truncatula* eindringen und sich zu **Sporocysten** entwickeln. In den Sporocysten entwickeln sich **Redien**, in den Redien bilden sich **Cercarien**, die die Schnecke verlassen und sich an Pflanzen encystieren (**Metacercarien**). In dieser Form werden sie von potenziellen Wirten aufgenommen, durch-

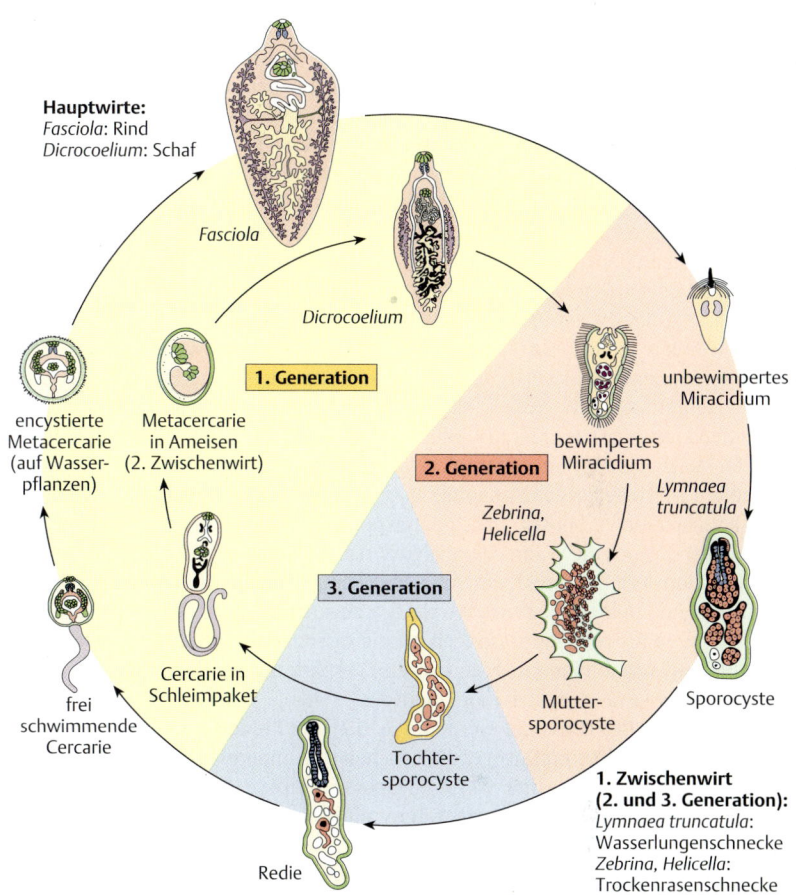

Abb. 9.4 **Lebenszyklen Fasciola hepatica (Großer Leberegel) und Dicrocoelium dendriticum (Kleiner Leberegel).**

dringen deren Darmwand, wandern in die Leber und entwickeln sich zu adulten Würmern. Der Lebenszyklus von *F. hepatica* umfasst somit drei Generationen: Sporocyste mit Miracidium als Larve, Redie mit direkter Entwicklung und adulter Wurm mit Cercarie als Larve. Die Encystierung auf Pflanzen stellt eine Besonderheit unter den Saugwürmern dar. Ansonsten wird entweder ein 2. Zwischenwirt (Fische, Krebse, Insekten) eingeschaltet, oder die Cercarien gelangen direkt in den Endwirt (Pärchenegel, Tab. 9.2).

Dicrocoelium dendriticum (Trematoda, Abb. 9.4, Tab. 9.2), der Kleine Leberegel, lebt in den Gallengängen verschiedener Pflanzenfresser, hauptsächlich im Schaf, selten im Menschen (1. Generation). Eier mit schlupfbereiten **Miracidien** (Larven der 2. Generation) gelangen mit dem Kot ins Freie. Hier werden sie von Landschnecken der Gattungen *Zebrina* oder *Helicella* aufgenommen (1. Zwischenwirt). In der Schnecke entwickelt sich das Miracidium zu einer **Muttersporocyste** (Adulte der 2. Generation), die ihrerseits **Tochtersporocysten** (3. Generation) hervorbringt. In der Tochtersporocyste entwickeln sich die **Cercarien** (Larven der 1. Generation), welche in die Lunge der Schnecke wandern und in Schleimballen verpackt über das Atemloch ausgeschieden werden. Gelegentlich werden solche cercarienhaltigen Schleimballen von Ameisen gefressen (2. Zwischenwirt). Die Cercarien schlüpfen im Magen der Ameise und durchdringen die Magenwand. Im Abdomen sammeln sie sich an, encystieren und entwickeln sich zu **Metacercarien**. Ein Wurm allerdings wandert ins Unterschlundganglion der Ameise („**Hirnwurm**") und bewirkt bei ihr eine bemerkenswerte Verhaltensänderung. Anstatt nachts in den Bau zurückzukehren, steigt die Ameise auf einen Grashalm und verbeißt sich dort. Dieser Mandibelkrampf ist temperaturabhängig: Wenn am Morgen die Temperaturen wieder steigen, löst sich der Krampf, befallene Ameisen kehren in ihren Bau zurück, verhalten sich wieder ganz unauffällig, bis sie sich in der Abendkühle wieder an Grashalmspitzen verbeißen. Durch die exponierte Lage auf der Spitze eines Grashalmes erhöht sich die Wahrscheinlichkeit, dass sie von einem Schaf gefressen werden. Mit den zufällig gefressenen Ameisen gelangen die im Abdomen befindlichen Metacercarien in ihren Endwirt, wo sie sich zu adulten Würmern entwickeln. Dieser Lebenszyklus zeigt Anpassungen an die terrestrische Lebensweise der Wirte (modifiziertes schlupfbereites Miracidium, Verpackung der Cercarien in Schleimkapseln, Ameise als terrestrischer Zweitwirt).

Taenia saginata (Cestoda, Abb. 9.**5**, Tab. 9.**2**). Der Rinderfinnenbandwurm wird 4–10 m lang und lebt im Darm des Menschen und anderer fleischfressender Säugetiere (Endwirte). An einer vorderen Sprossungszone des Wurmes bildet sich eine Vielzahl von Gliedern (**Proglottiden**) mit je einem zwittrigen Genitalapparat. Reife mit Eiern angefüllte Proglottiden lösen sich am hinteren Ende des Parasiten ab und gelangen mit dem Kot des Endwirts ins Freie. Die Eier werden vom Rind (Zwischenwirt) aufgenommen. Die im Ei befindliche Larve (**Oncosphaera**) schlüpft im Dünndarm, durchdringt das Darmepithel und gelangt so in die Blutbahn. Schließlich erreicht sie die Muskulatur, wo sie sich zur **Finne** (**Cysticercus**) entwickelt. Durch den Genuss von rohem, finnigem Fleisch gelangen die Cysticerci in den Dünndarm eines potenziellen Endwirtes. Dort stülpen sie ihren Scolex aus, verankern sich an der Darmwand und wachsen zum adulten **Bandwurm** heran.

Einen ähnlichen Entwicklungszyklus durchläuft *T. solium*, der Schweinefinnenbandwurm. Zwischenwirt ist hier das Schwein. Da der Mensch im Gegensatz zur Situation beim Rinderbandwurm auch als Zwischenwirt fungieren kann und sich die Cysticerci häufig im Nervensystem des Wirtes ansiedeln, ist der Befall mit *T. solium* für den Menschen gefährlicher als der Befall mit *T. saginata*, zumal auch eine Eigeninfektion möglich ist.

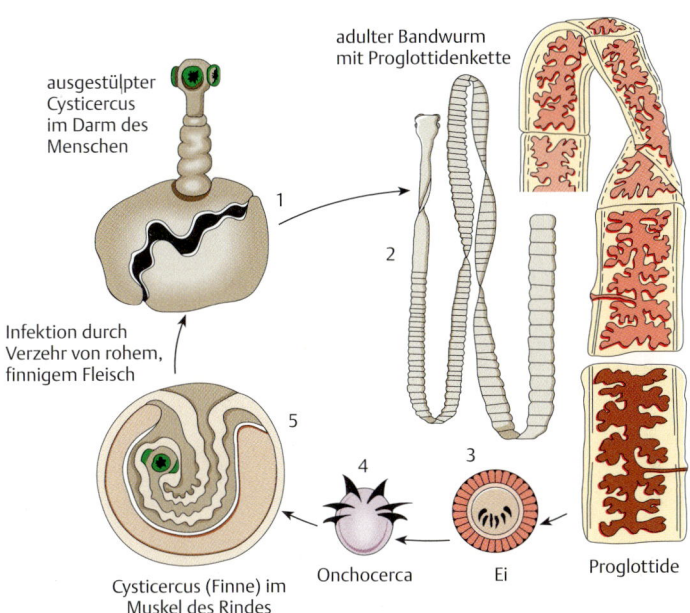

Abb. 9.5 Lebenszyklus von *Taenia saginata* (Rinderfinnenbandwurm).
1–2: im Menschen; 3–5: im Rind.

Bei Hunde- und Fuchsbandwurm (*Echinococcus granulosus* und *E. multilocularis*) handelt es sich um kleine Bandwürmer mit nur wenigen Proglottiden (3–5). Endwirte sind Wolf, Hund, Dingo, Schakal *(E. granulosus)* bzw. Füchse, Marderhund und Kojote (*E. multilocularis*). Als Zwischenwirte dienen entweder Huftiere (*E. granulosus*) oder Nagetiere (*E. multilocularis*). Der Mensch kann in beiden Fällen nach oraler Aufnahme von Eiern als Fehlzwischenwirt befallen werden. *E. granulosus* formt dann bevorzugt in der Leber eine große Cyste (Hydatide), in der ungeschlechtliche Vermehrung stattfindet. Die Hydatide kann fußballgroß werden, wird aber vom Wirt mit einer zusätzlichen derben Hülle versehen, sodass sie operativ als Ganzes entfernbar ist (**cystische Echinokokkose**). *E. multilocularis* formt in der Leber dagegen eine dichte Masse mit unzähligen Bläschen oder Kammern (alveoläre Hydatide). Diese Masse wächst mehr und mehr in gesundes Lebergewebe hinein (krebsartiges Wachstum) und verdrängt schließlich große Teile der Leber. Da sich die Hydatide gewebe„freundlich" verhält, treten Beschwerden meist erst auf, wenn es für eine erfolgreiche operative Behandlung (weiträumige Entfernung des betroffenen Lebergewebes) bereits zu spät ist. In fortgeschrittenem Stadium lässt sich die **alveoläre Echinokokkose** lediglich medikamentös aufhalten.

Ascaris lumbricoides (Nematoda, Abb. 9.**6**, Tab. 9.**3**), der Spulwurm des Menschen, parasitiert im Dünndarm und ernährt sich von Darminhalt. Die Eier gelan-

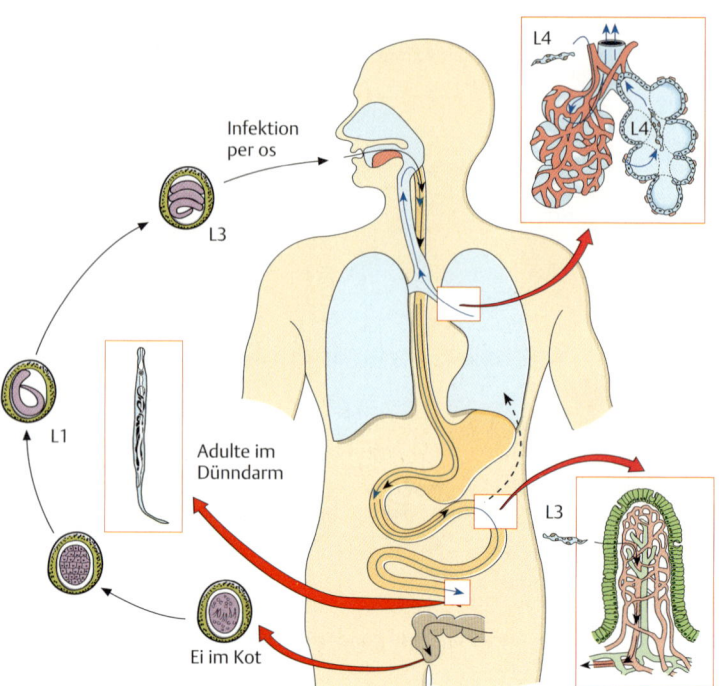

Abb. 9.6 **Lebenszyklus von *Ascaris lumbricoides* (Spulwurm des Menschen).**

gen über den Kot ins Freie. Die Entwicklung läuft insgesamt über 4 Larvalstadien (L1–L4). Im Ei entwickeln sich die Embryonen zur infektionsbereiten Larve (L3). Wird diese oral aufgenommen, gelangt sie in den Darm und schlüpft dort. Sie durchdringt die Darmwand und wandert über das Pfortadersystem in die Leber, wo sie sich weiter zum Larvalstadium 4 entwickelt. Die L4 wandert über das Herz in die Lunge, durchbricht das Lungenepithel und wandert über Bronchiolen und Bronchien zur Luftröhre. Durch Husten werden die Larven in den Rachenraum befördert und wieder verschluckt. So gelangen sie in den Darm und entwickeln sich zu adulten Würmern.

Entwicklung von Parasiten: Entweder mit Larvalformen, aber ohne Generationswechsel oder mit Generationswechsel (Heterogonie oder Metagenese); oft verbunden mit Wirtswechsel und/oder Habitatwechsel.
***Plasmodium*:** Gamogonie, Sporogonie, Leber- und erythrocytäre Schizogonie; Habitatwechsel.

Fasciola: Ungeschlechtliche Vermehrung in Sporocysten und Redien; Metacercarien an Pflanzen.
Dicrocoelium: Ungeschlechtliche Vermehrung in Mutter- und Tochtersporocysten; Metacercarien in Zweitzwischenwirt (Ameise), Hirnwurm; Habitatwechsel im Zwischenwirt.
Taenia: Adulti mit vielen Proglottiden, keine ungeschlechtliche Vermehrung der Cysticerci.
Echinococcus: Adulti mit wenigen Proglottiden; ungeschlechtliche Fortpflanzung in Hydatiden.
Ascaris: Entwicklung über Larven 1–4, Habitatwechsel, kein Generationswechsel.

9.3 Parasiten des Menschen sowie seiner Nutztiere und -pflanzen

Parasiten finden sich in fast allen Tiergruppen, die meisten innerhalb der einzelligen Eukaryoten, Plathelminthen, Nematoden und Arthropoden. Viele von ihnen sind bedeutsame **Krankheitserreger** des **Menschen** oder seiner **Nutztiere** und **-pflanzen**, andere übertragen pathogene Mikroorganismen.

9.3.1 Parasiten des Menschen und seiner Nutztiere

Die für den **Menschen** bedeutsamsten Parasiten findet man unter den einzelligen Eukaryoten, den Trematoden und Cestoden, den Nematoden und den Arthropoden (Tab. 9.**1**–Tab. 9.**4**, Abb. 9.**7**). Man schätzt, dass mehr als 500 Mio. Menschen mit *Plasmodium* (Malaria), 20 Mio. mit *Leishmania* (Leishmaniosen), 18 Mio. mit *Trypanosoma cruzi* (Chagas-Krankheit), 450 000 mit *T. brucei* (Schlafkrankheit), mehr als 1,5 Mill. mit *Toxoplasma gondii* (Toxoplasmose) und 200 Mio. mit *Giardia lamblia* (Giardienruhr) infiziert sind. Außerdem sind weltweit 200 Mio. Menschen mit *Schistosoma* (Bilharziose) und 1 Mill. mit *Ascaris* und/oder *Ancylostoma* befallen. Die Bedeutung letztgenannter Parasiten wird schließlich noch dadurch unterstrichen, dass 90 % der Weltbevölkerung mindestens einmal in ihrem Leben mit einem Nematoden infiziert waren. Lästige Plagegeister sind eine Vielzahl von Milben (Krätzmilbe *Sarcoptes*, Zecke *Ixodes*), Stechmücken, Bremsen, Wanzen (die Bettwanze *Cimex* oder Raubwanzen wie *Triatoma*), Flöhe und Läuse (Tab. 9.**4**). Unter diesen finden sich auch Vektoren für eine Reihe von Erkrankungen. Zecken können Borrelien (Erreger der Borreliose oder Lyme-Krankheit) oder FSME-Viren übertragen. Kleiderläuse übertragen Rickettsien, welche das Läusefleckfieber hervorrufen, oder Spirochaeten, die Erreger des Läuserückfallfiebers. Der Floh (*Xenopsylla cheopis*) überträgt Pest-Bakterien (*Yersinia*), und eine Reihe von Insekten übertragen einzellige Eukaryoten oder Filarien (Tab. 9.**1**, Tab. 9.**3**). In letzter Zeit erlangten einige Parasiten auch Bedeutung als opportunistische Krankheitserreger bei AIDS-Patienten und anderen immungeschwächten Personen. Bei AIDS-Patienten, die sich mit *Leishmania donovani* infizieren, ist die Wahrscheinlichkeit, eine Eingeweide-Leishmaniose zu entwickeln, 50–100-mal größer als bei immunkompetenten *Leishmania*-Infizierten. Weitere opportunistische Erreger sind *Cryptosporidium parvum*, *Balantidium coli*, *Entamoeba histolytica* (erzeugen alle Durchfall), *Toxoplasma gondii* oder der Nematode *Strongyloides stercoralis* (Tab. **9.1** und Tab. **9.3**).

Viele Parasiten verursachen durch den Befall von **Nutztieren** erheblichen ökonomischen Schaden. Beispiele sind der für die Viehzucht in Afrika bedeutsame Erreger der Nagana-Rinderseuche (*Trypanosoma brucei brucei*), der Flagellat *Histomonas meleagridis* bei Truthühnern, verschiedene *Eimeria*-Arten als bedeutende Schädlinge in der kommerziellen Hühnerhaltung sowie eine Reihe von Würmern und Insekten, die Haus- und Nutztiere befallen (Tab. **9.2** und Tab. **9.4**).

Tab. 9.1 **Human- und nutztierpathogene Protisten.** „Flagellaten": *Trypanosoma* und *Leishmania*, *Trichomonas*, *Giardia*; „Amöben": *Entamoeba*; *Naegleria*. „Sporozoen": *Toxoplasma*, *Eimeria* und *Plasmodium*. Ciliaten: *Balantidium*.

Art	Krankheitsbild	Infektionsweg, Vektor
Trypanosoma brucei gambiense, *Trypanosoma brucei rhodesiense* (Abb. 9.**7a**)	Blutphase mit Fieberschüben 2–4 Wochen nach Infektion; Schlafkrankheit nach Eindringen ins ZNS	Tsetsefliege (*Glossina*)
Trypanosoma brucei brucei	Nagana-Seuche bei Rindern und Schafen	Tsetsefliege (*Glossina*)
Trypanosoma cruzi (Abb. 9.**2a**)	Chagas-Krankheit, Ödeme, ZNS-Schädigungen, Myocarditis (Holzfällertod)	Raubwanzen (*Rhodnius*, *Triatoma*), über den Kot der Wanze
Leishmania tropica	Haut-Leishmaniose (Orientbeule)	Schmetterlingsmücken (*Phlebotomus*)
Leishmania donovani	Eingeweide-Leishmaniose (Kala-Azar): Fieberschübe, Milz und Leber vergrößert, führt unbehandelt meist zum Tode	Schmetterlingsmücken (*Phlebotomus*)
Leishmania brasiliensis	Schleimhaut-Leishmaniose: Läsionen der Schleimhaut, die im weiteren Verlauf auch auf die Cutis und Subcutis übergreifen	Schmetterlingsmücken (*Phlebotomus*)
Trichomonas vaginalis	Entzündungen im Urogenitalbereich, z. T. mit schleimigem Auswurf	Infektion über Geschlechtsverkehr
Giardia lamblia	Blähungen, Durchfall, Gewichtsverlust (Giardienruhr)	orale Aufnahme von Cysten in verseuchtem Wasser oder von Person zu Person
Entamoeba histolytica	Amöbenruhr: harmlose Minutaform parasitiert im Darm; maligne Magnaform dringt ins Darmgewebe ein und ruft Geschwüre hervor	oral über Cysten in Trinkwasser oder Essen

Tab. 9.1 (Fortsetzung)

Art	Krankheitsbild	Infektionsweg, Vektor
Naegleria fowleri	Meningoencephalitis; meist tödlicher Verlauf	über Nasen-Rachen-Weg beim Baden in warmen Gewässern; fakultativer Parasit, sonst frei lebend im Süßwasser
Eimeria tenella	Rote Kükenruhr bei Hühnern; hohe Verluste besonders bei Massenhaltung	oral über Oocysten, bei Massenhaltung entsprechend hohe Infektionsdosis
Toxoplasma gondii (Abb. 9.**2b**)	Toxoplasmose; diaplazentare Übertragung möglich, dann schwere Entwicklungsschäden der Leibesfrucht möglich	oral über Cysten; Endwirt: Katze; Zwischenwirte: Nager, Carnivoren, Mensch
Plasmodium vivax (Abb. 9.**3**), *Plasmodium ovale*	Malaria tertiana (Fieberschübe alle zwei Tage)	Stechmücken (*Anopheles*)
Plasmodium malariae	Malaria quartana (Fieberschübe alle drei Tage)	Stechmücken (*Anopheles*)
Plasmodium falciparum (Abb. 9.**7b**)	Malaria tropica (unregelmäßige Fieberschübe; hohe Sterblichkeit)	Stechmücken (*Anopheles*)
Balantidium coli (Abb. 9.**7c**)	Balantidienruhr, Geschwüre in der Darmschleimhaut	oral über Cysten; Mensch ist Nebenwirt, Hauptwirt ist das Schwein

Tab. 9.**2** **Human- und nutztierpathogene Trematoden (*Fasciola*, *Dicrocoelium*, *Schistosoma*, *Clonorchis*, *Paragonimus*) und Cestoden (*Diphyllobothrium*, *Taenia*, *Echinococcus*).**

Art	Krankheitsbild	Entwicklungsgang und Infektionsweg
Fasciola hepatica (Großer Leberegel)	Schädigung des Gallengangepithels; bis hin zum Gallengangkatarrh und Leberzirrhose	(Abb. 9.**4**)
Dicrocoelium dendriticum (Kleiner Leberegel)	Appetitlosigkeit, Gewichtsverlust; beim Menschen sehr selten	(Abb. 9.**4**)
Clonorchis sinensis (Chinesischer Leberegel)	bei hoher Wurmlast Verdauungsstörungen, Schädigung von Gallengang und Leber bis hin zur Leberzirrhose und Gallengangkarzinomen	Endwirte: Mensch, Hund, Katze; Zwischenwirte: Schnecken (Sporocysten), Fische (Metacercarien)

Tab. 9.2 (Fortsetzung)

Art	Krankheitsbild	Entwicklungsgang und Infektionsweg
Paragonimus westermani (Lungenegel)	chronischer Husten, Atembeschwerden, häufig tödlicher Verlauf	Endwirte: Mensch, Hund, Katze, Ratte; Zwischenwirte: Schnecken; Krabben (Cercarien); Infektion über Trinkwasser (Cercarien aus toten Krabben) oder nicht ausreichend gekochtes Krabbenfleisch
Schistosoma mansoni (Pärchenegel)	Darm- und Leberbilharziose; unter Umständen tödlicher Verlauf	Adulte in Mesenterialvenen; Eier gelangen durch Ulzeration in den Darm und über den Kot ins Freie; Zwischenwirt: Wasserschnecke *Biomphalaria*, Cercarien dringen bei Badenden durch die Haut
Schistosoma haematobium (Pärchenegel)	Blasenbilharziose, Geschwüre in der Blase, Blut im Harn, erhöhtes Blasenkrebsrisiko	Adulte in den Venen der Harnblase und der Ureter; Eier gelangen über den Urin ins Freie, Zwischenwirt: Wasserschnecke *Bulinus*, Cercarien dringen bei Badenden durch die Haut
Diphyllobothrium latum (Breiter Fischbandwurm)	Müdigkeit, verschiedene intestinale Beschwerden, Allergien gegen Bandwurmprotein	Endwirt: Säuger; Zwischenwirte: Copepoden, Fische; Larven: Procercoid, Plerocercoid, Infektion per os durch Genuss von rohem befallenem Fisch
Taenia saginata (Rinderfinnenbandwurm)	häufiger als *T. solium*, Darmbeschwerden, Gewichtsverlust	(Abb. 9.**5**)
Taenia solium (Schweinefinnenbandwurm)	gefährlich, da Autoinfektion möglich, somit Mensch auch Zwischenwirt; Finnen setzen sich dann bevorzugt im Auge oder im Gehirn fest	wie *T. saginata*
Echinococcus granulosus (Hundebandwurm)	Mensch ist Fehlzwischenwirt; Schädigung von Leber und Lunge durch Finnen (bis zu 40 cm)	Endwirt: Hund; Zwischenwirt (Finnenträger): Schaf
Echinococcus multilocularis (Fuchsbandwurm)	Mensch ist Fehlzwischenwirt; Finne wuchert in der Leber und ist fast nicht zu operieren, oft tödlich	Endwirte: Hunde und Füchse; Zwischenwirte: Mäuse

Tab. 9.3 **Humanpathogene Nematoden.**

Spezies	Krankheitsbild	Entwicklungsgang und Infektionsweg
Strongyloides stercoralis (Zwergfadenwurm)	Diarrhöen, Oberbauchschmerzen; durch Autoinfektion chronischer Verlauf (Würmer können sich bei Verstopfung bereits im Enddarm zu invasionsbereiten Larven entwickeln)	Parthenogenetische Weibchen im Darm, zweigeschlechtliche Generationen im Freien (Heterogonie); L3 bohrt sich durch die Haut in den Menschen
Ancylostoma duodenale (Hakenwurm)	Darmparasit; beschädigt die Darmschleimhaut und ernährt sich von dem austretenden Blut; bei starkem Befall starke innere Blutungen, die oft tödlich enden	Eier gelangen über den Kot ins Freie. Die Larven bohren sich durch die Haut und wandern über Venen, Herz, Lunge und Speiseröhre in den Darm
Enterobius vermicularis (Madenwurm)	relativ harmloser Darmparasit; bei Kindern verbreitet	adulte Würmer leben im Enddarm; Weibchen wandern zum After, laichen ab und sterben; Infektion per os
Ascaris lumbricoides (Spulwurm)	milde Bronchitis (Löfflersches Syndrom) durch Larven in der Lunge, Darmverschluss bei starkem Befall	(Abb. 9.**6**)
Dracunculus medinensis (Medinawurm)	Weibchen rufen brandblasenartige Wunden meist der unteren Extremitäten hervor. Sie werden durch Aufwickeln auf ein Stäbchen entfernt (Äskulap-Stab!)	Adulte leben im Lymphsystem; nach der Kopulation wandert das Weibchen in das subcutane Bindegewebe der Beine und laicht ab, sobald diese mit Wasser in Berührung kommen. Larven werden von Copepoden aufgenommen und gelangen über das Trinkwasser wieder in den Menschen
Wuchereria bancrofti (Haarwurm) (Abb. 9.**7f**)	Allergien; bei starkem Befall kann es zur Verstopfung der Lymphgefäße kommen, Elephantiasis	Adulte leben im Lymphsystem; L1 (Mikrofilarien) nachts im peripheren Blut, wo sie von nachtaktiven Mücken (*Culex spec.*) aufgenommen werden; L3 wandern in die Stechborstenscheide und gelangen beim Stechvorgang wieder in den Menschen
Onchocerca volvulus	in den Tropen an schnell fließenden Gewässern verbreitet; Hautknoten, Greisenhaut, Flussblindheit durch ins Auge eingedrungene und abgestorbene Mikrofilarien	Adulte im subcutanen Bindegewebe; Mikrofilarien wandern tagsüber in periphere Blutgefäße und werden von tagaktiven Kriebelmücken (*Simulium*) aufgenommen. L3 gelangen bei erneutem Stich wieder in den Menschen
Trichinella spiralis (Trichine) (Abb. 9.**2c**)	Darmkatarrh durch Adulte (Darmtrichinen), Muskelschmerzen, Muskelsteifheit durch L3 (Muskeltrichinen); Verzehr von mehr als 3000 Muskeltrichinen unter Umständen tödlich	Adulte im Dünndarm; L2 wandern in die quer gestreifte Muskulatur; L3 (Muskeltrichinen) werden eingekapselt. Infektion per os über trichinöses Fleisch

Tab. 9.4 **Einige parasitische „Arthropoden"** (Crustaceen, Cheliceraten, Insekten)

Spezies	*Ernährung/Wirt*	*Besonderheiten*
Argulus (Karpfenlaus)	Ektoparasit auf Karpfenfischen	2. Antennen zu Saugscheiben umgewandelt, keine Nauplius-Larve
Sacculina carcini	Endoparasit in Krabben der Gattung *Carcinas*	Nauplius-, Cypriden-, Kentrogonlarve, Letztere injiziert embryonale Zellen, die durch den ganzen Krabbenkörper wuchern, Männchen freilebend
Ixodes ricinus (Holzbock)	Blutsauger auf Säugetieren inkl. des Menschen	Überträger von Borreliose (Bakterien der Gattung *Borrelia*) und FSME (Flaviviren)
Dermacentor (Schildzecke)	Blutsauger von Kleinsäugern, sporadisch auch des Menschen	Überträger des Felsengebirgsfiebers (Rocky Mountain Spotted Fever), Erreger: *Rickettsia rickettsi* (Bacteria)
Sarcoptes scabiei (Krätzmilbe)	gräbt Gänge in der Epidermis, ernährt sich von lebenden Epidermiszellen; Haus- und Nutztiere, Mensch	die verzweigten Gangsysteme lösen starken Juckreiz aus
Demodex folliculorum (Haarfollikelmilbe)	lebt in Haarfollikeln und macht selten Beschwerden; 60–80 % der Bevölkerung sind befallen	*D. canis* verursacht Hautveränderungen und Haarausfall bei Hunden
Trombicula spec. (Herbstgrasmilbe)	die Larven injizieren mit dem Stich proteasehaltigen Speichel und saugen aufgelöste Hautzellen auf; als Wirte fungieren Landwirbeltiere inkl. des Menschen	Larve gräbt sich nicht in die Haut, aber der Stich hinterlässt juckende und schmerzende Beulen
Xenopsylla cheopis (Pestfloh)	Blutsauger bei Ratten, u. U. auch beim Menschen	Überträger des Pest-Bacillus *Yersinia pestis* sowie des Erregers des murinen Fleckfiebers (*Rickettsia typhi*)
Pediculus humanus corporis (Kleiderlaus)	Blutsauger des Menschen, temporärer Parasit, lebt aber in unmittelbarer Nähe des Wirtes (Kleidung); Übertragung durch befallene Kleidung, Decken etc.	Überträger des Läusefleckfiebers (Erreger: *Rickettsia prowazeki*), des Wolhynischen Fiebers (Erreger: *R. quintana*) und des Läuserückfallfiebers (Erreger: *Borrelia recurrentis*)
Pediculus humanus capitis (Kopflaus)	Blutsauger an der Kopfhaut des Menschen; stationär, Übertragung nur bei engem Kontakt	größte „ansteckende" Kinderkrankheit weltweit, 6–12 Mio. Fälle/Jahr
Pthirus pubis (Filzlaus)	Blutsauger des Menschen, stationär auf Achsel- und Schamhaaren; Übertragung nur bei engem Kontakt	bei starkem Befall auch auf den Augenbrauen
Culex pipiens quinquefasciatus (Südliche Hausmücke)	Blutsauger an Säugetieren inkl. Mensch	Überträger von Filarien (*Wuchereria*, Tab. 9.3; *Brugia*)

Tab. 9.4 (Fortsetzung)

Spezies	Ernährung/Wirt	Besonderheiten
Aedes aegypti (Gelbfiebermücke)	Blutsauger an Säugetieren inkl. Mensch	Überträger des Gelbfiebers, (hohe Sterblichkeit von ca. 70 %) und des Dengue-Fiebers, Erreger: Flaviviren
Dermatobia hominis (Dasselfliege)	Erstlarven durchdringen die Haut und wachsen dort in einer Dasselbeule heran; Drittlarve verlässt die Beule und verpuppt sich im Boden	Weibchen hängen Eipakete an andere blutsaugende Insekten, die somit als Transportwirte fungieren (Phoresie)
Gasterophilus intestinalis (Magenbremse oder Magendassel)	Magenräude bei Pferd und Esel. Erstlarve dringt ins Maul ein und wandert in den Schlund, L2 ernährt sich dort von Blut, L3 wird in den Magen abgeschluckt und ernährt sich vom Nahrungsbrei des Wirtes; wird schließlich ausgeschieden und verpuppt sich im Boden	Brummen der Imagines löst panikartige Fluchtreaktion aus. Massenbefall erzeugt Entzündungen und Wucherungen der Magenschleimhaut, kann tödlich enden
Hypoderma bovis (Dassel- oder Biesfliege)	Erstlarven dringen in die Haut, wandern in die Dura mater des Rückenmarks und schließlich in in die Rückenhaut, wo sie eine Dasselbeule bilden. Drittlarve verlässt die Beule und verpuppt sich im Boden; beim Rind	panische Fluchtreaktion (Biesen) auf den Ton der Imagines; Dasselbeulen mindern die Qualität des Leders (wirtschaftliche Bedeutung)

9.3.2 Pflanzenparasiten

Viele tierische Parasiten schmarotzen auf oder in Pflanzen beziehungsweise Pilzen. Sie stellen als Pflanzenschädlinge ein großes Problem für die Land- und Forstwirtschaft dar (Botanik). Die wichtigsten Pflanzenparasiten finden sich unter den Protozoen, den Nematoden, den Milben und den Insekten. Unter den **Nematoden** gibt es eine Reihe von Pflanzenparasiten. *Ditylenchus dipsaci* lebt in den Interzellularräumen des Sprosses und ruft die **Stockkrankheit** hervor. *Heterodera schachtii* (Rübencystenälchen) dringt in die Wurzeln von Rüben ein. Die Pflanze reagiert auf den Befall unter anderem mit der Ausbildung von „Hungerwurzeln". Bei ausreichender Durchseuchung des Bodens spricht man von „**Rübenmüdigkeit**". Die verwandte *Heterodera glycines* befällt die Sojabohne (*Glycine max*) und ist ein wichtiger Schädling in der Soja-Produktion, besonders in den USA. Arten der Gattung *Meloidogene* führen zur Ausbildung von Wurzelgallen. *Anguina tritici* (Weizenälchen) lebt in Weizenkörnern und ruft die **Radekrankheit** hervor. Ein befallenes Weizenkorn kann bis zu 10 000 Würmer enthalten.

Die **Spinnmilben** aus der Familie der Tetranychidae saugen Pflanzensäfte. Sie befallen Obstbäume, Baumwolle, Klee und auch Zimmerpflanzen. Viele **Insekten** begleiten den Menschen schon lange als Schadorganismen seiner landwirtschaft-

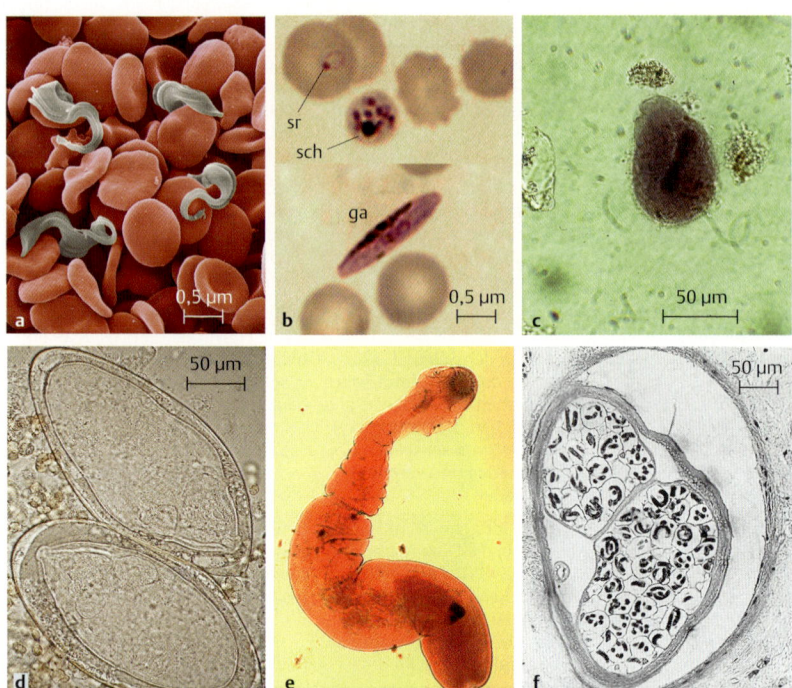

Abb. 9.7 **Parasiten des Menschen. a** *Trypanosoma brucei* (grau), in peripherem Blut. **b** Trophozoiten ("Siegelringstadium", sr), ein Schizont (sch) und ein Gamont (ga) von *P. falciparum*. Pappenheim-Färbung. **c** *Balantidium coli*. HE-Färbung. **d** Eier von *Schistosoma haematobium*, mit Miracidien. Phasenkontrast. **e** *Echinococcus*. **f** *Wuchereria bancrofti*, Würmer in einem Lymphspalt. (a REM-Aufnahme von Jürgen Berger, MPI für Entwicklungsbiologie, Tübingen; b, e von Rolf Entzeroth und Susanne Weiche, TU Dresden; c aus Groß, Thieme Verlag, 2009; d, f aus Riede und Schäfer, Thieme Verlag, 2004.)

lichen Erzeugnisse. Besonders viele Schädlinge finden sich unter den Thysanoptera (Läuse, z. B. Blattläuse, Aphidina), Coleoptera (z. B. Kartoffelkäfer, *Leptinotarsa decemlineata* und Rübenkäfer, *Blitophaga*), Hymenoptera (z. B. Gallwespen, Blattwespen), Diptera (z. B. Gallmücken, Pilzmücken) und Lepidoptera (z. B. Larven der Langhornminiermotten in Blättern und des Apfelwicklers *Carpocapsa pomonella* in Äpfeln). Bei vielen blutsaugenden Insekten (z. B. *Culex spec.*) benötigen nur die Weibchen die Blutmahlzeit, die Männchen saugen Pflanzensäfte. Viele pflanzenparasitierende Insekten, insbesondere Läuse und Wanzen, übertragen auch Viren (z. B. Blattrollvirus der Kartoffel, Tabakmosaikvirus).

Parasiten (Parasitosen) des Menschen: Ektoparasiten: Milben, Zecken, Flöhe, Läuse, Stechmücken, Bremsen, Wanzen; Endoparasiten: *Trypanosoma* (Chagaskrankheit, Schlafkrankheit), *Leishmania* (Leishmaniosen), *Toxoplasma* (Toxoplasmose), *Plasmodium* (Malaria), *Schistosoma* (Bilharziose), *Taenia* (Bandwurmerkrankung), *Echinococcus* (cystische und alveoläre Echinokokkose), *Ascaris* (Askariasis), *Onchocerca* (Flussblindheit), *Wuchereria* (Elephantiasis).
Parasiten (Parasitosen) der Nutztiere: Ektoparasiten (wie oben); Endoparasiten: *Histomonas* (Typhlohepatitis bei Truthühnern), *Trypanosoma brucei brucei* (Nagana-Seuche der Rind), *Eimeria* (Hühner-Coccidiosen), Bandwürmer, Spulwürmer, Filarien.
Parasiten (Parsitosen) bei Pflanzen: Ektoparasiten (wie oben); Endoparasiten: Gallwespen, Gallmücken (Gallenbildung), Miniermotten, *Ditylenchus dipsaci* (Stockkrankheit), *Heterodera schachtii* (Rübenmüdigkeit), der Soja-Schädling *H. glycines*, *Meloidogyne* (Wurzelgallen), *Anguina tritici* (Radekrankheit).

10 Ernährung und Verdauung

Thomas Kurth

10.1 Nährstoffe

> Alle **heterotrophen** tierischen Organismen sind neben Wasser und **Mineralstoffen** auf **organische Verbindungen** angewiesen. Zu diesen zählen Kohlenhydrate, Proteine, Fette sowie die **Vitamine**. Aus diesen Nährstoffen beziehen die Tiere ihre Energie sowie die Bausteine zur Synthese körpereigener Substanzen. Vitamine dienen als Vorstufen von Cofaktoren, welche an verschiedenen enzymatischen Reaktionen beteiligt sind, oder als Vorstufen von Signalstoffen oder Hormonen.

Autotrophe Organismen wie Pflanzen, einige wenige einzellige tierische Organismen und viele Bakterien können körpereigene Substanzen und energiereiche Verbindungen aus anorganischen Vorläufermolekülen wie CO_2, H_2O oder H_2S selbst herstellen (*Botanik*, *Mikrobiologie*, *Biochemie, Zellbiologie*). **Heterotrophe** Organismen (die meisten Tiere und Pilze sowie viele Bakterien) sind dazu nicht in der Lage und müssen organische Verbindungen als Nahrung zu sich nehmen. Tiere ernähren sich in der Regel von Bakterien, Pilzen, Pflanzen oder anderen Tieren. Man unterscheidet Allesfresser (**Omnivore**) und mehr oder weniger ausgeprägte **Nahrungsspezialisten**. Der Mensch beispielsweise ist ein Allesfresser, wie auch Wespen, Schaben, Schweine und viele Vögel. Viele Tiere sind jedoch eher Nahrungsspezialisten. Man kann grob zwischen Pflanzenfressern (**Herbivoren**) und Fleischfressern (**Carnivoren**) unterscheiden. Es gibt aber auch extreme Nahrungsspezialisten. Der Koala (*Phascolarctos cinereus*) lebt ausschließlich von Eukalyptusblättern, und die Larven vieler Insekten sind auf spezifische Futterpflanzen angewiesen. Die Seidenraupe ist beispielsweise auf Maulbeerblätter spezialisiert.

Als **Nährstoffe** werden Kohlenhydrate, Proteine, Fette und in kleineren Mengen Vitamine, Mineralstoffe (Makroelemente und Spurenelemente) benötigt. Auch **Nucleinsäuren** werden in nicht geringem Umfang mit der Nahrung aufgenommen und einzelne Nucleotide können auch direkt verwendet werden; dennoch sind Nucleinsäuren kein essentieller Nahrungsbestandteil, da sie aus körpereigenen Vorstufen synthetisiert werden können.

Kohlenhydrate dienen direkt als Energielieferanten, überschüssige Kohlenhydrate werden als **Glykogen** gespeichert.

Proteine liefern **Aminosäuren**. Diese dienen als Ausgangssubstanzen für die Nucleinsäuresynthese oder werden direkt als Bausteine für körpereigene Proteine verwendet. Aminosäuren stellen die Hauptstickstoff- und in der Regel die einzige Schwefelquelle (Cystein, Methionin) dar. Viele Aminosäuren kann der Körper selbst

Tab. 10.1 **Essentielle Aminosäuren.**

unpolare Seitenketten	Valin, Leucin, Isoleucin
ungeladene polare und aromatische Seitenketten	Phenylalanin, Methionin, Threonin, Tryptophan
basische Seitenketten	Lysin, Histidin*, Arginin*

* Histidin und Arginin sind für Säugetiere im Wachstum essentiell, für Erwachsene nicht.

synthetisieren, einige müssen jedoch mit der Nahrung aufgenommen werden (Tab. 10.1). Welche Aminosäuren **essentiell** sind, kann unterschiedlich sein.

Vögel benötigen beispielsweise während des Wachstums (oder wenn die Nahrung wenig Purine enthält) Glycin, da Glycin als Ausgangssubstanz für die Eigensynthese von Purinen und somit von Nucleinsäuren dient. Darüber hinaus werden Purine von Vögeln auch für die Bildung der Harnsäure als Exkretsubstanz gebraucht (S. 849). Die Aminosäuren Arginin und Histidin sind für Säugetiere im Wachstum, nicht aber für ausgewachsene Tiere essentiell. Die Schmeißfliege *Calliphora* ist auf Tryptophan in der Nahrung nicht angewiesen. Methionin ist für die Honigbiene nicht, für den in Insekten parasitierenden Flagellaten *Trigomonas* dagegen als einzige Aminosäure essentiell.

Wie viel Protein der Körper aufnehmen muss, hängt davon ab, in welchem Umfang er die aus der aufgenommenen Nahrung gewonnenen Bausteine für die Synthese körpereigener Stoffe nutzen kann. Diesbezüglich sind Proteine aus Muskelfleisch und Milch sehr ergiebig, während die meisten pflanzlichen Eiweiße etwas weniger effizient genutzt werden können. Der Grund hierfür liegt in der unterschiedlichen **Aminosäurenzusammensetzung**. Der Mangel schon einer Aminosäure ist ausreichend, um die Translation zum Erliegen (*Genetik*) zu bringen, und es kann nur begrenzt körpereigenes Protein hergestellt werden. Da Aminosäuren nicht lange gespeichert werden können, werden in einer solchen Mangelsituation die vorhandenen Aminosäuren in den Energiestoffwechsel eingespeist und somit verschwendet. Es kommt zu **Proteinmangelsymptomen** (Hungerödeme, Infektanfälligkeit, Apathie, Muskelatrophie, bei Kindern Entwicklungsstörungen). Der Mais beispielsweise, in vielen Ländern ein Grundnahrungsmittel, hat nur einen geringen Gehalt an Tryptophan und Lysin. Zur Ergänzung müssen daher zusätzliche Proteinquellen genutzt werden. Werden diese Zusammenhänge jedoch berücksichtigt, ist auch eine rein vegetarische Kost durchaus vollwertig.

Fette können meist vom Tier selbst hergestellt werden. Die **ungesättigten Fettsäuren** Linol-, Linolen- und Arachidonsäure sind jedoch für den Menschen **essentiell**. Ungesättigte Fettsäuren werden als Bausteine der Phospholipide, wichtigen Bestandteilen biologischer Membranen, benötigt (*Biochemie, Zellbiologie*). Die Arachidonsäure dient als Vorläufer der Prostaglandine, Leukotriene und Thromboxane (Gewebshormone, S. 876).

In unterschiedlichem Maße werden noch Stoffe wie Myoinosit, Cholin, Carnitin oder Cholesterin benötigt. **Myoinosit** ist ein Cyclohexanderivat, das als Baustein bestimmter Phosphatide benötigt wird. **Cholin** wird für den Aufbau von Membranen gebraucht (*Biochemie, Zellbiologie*). **Carnitin** ist für einige Insekten essentiell, während die meisten übrigen Tiere, darunter auch viele Insekten, dieses Molekül selbst synthetisieren können. Es stellt eine wichtige Komponente für den Transport von Fettsäuren dar (Acylcarnitin, *Biochemie, Zellbiologie*). **Cholesterin** ist bei Insekten und vielen Wirbellosen ein essentieller Nahrungsbestandteil.

Vitamine werden in geringen Mengen benötigt. Der Begriff Vitamin (aus lat. vita: Leben und „Amin": Derivat des Ammoniaks) wurde für die „lebensnotwendige" Stickstoffverbindung geprägt, welche aus den Schalen von Reiskörnern isoliert wurde und deren Fehlen zur Vitaminmangelerkrankung Beriberi führt. Bei diesem Amin handelt es sich um Vitamin B_1 oder Thiamin. Die meisten Vitamine sind chemisch gesehen allerdings keine Amine. Man unterscheidet traditionell wasserlösliche und fettlösliche Vitamine.

Die meisten **wasserlöslichen Vitamine** (s. Tab. 16.1) stellen Vorstufen sogenannter Cofaktoren (*Biochemie, Zellbiologie*) dar, welche für viele enzymatische Reaktionen benötigt werden. Das oben erwähnte **Vitamin B_1 (Thiamin)** ist die Vorstufe von Thiaminpyrophosphat (TPP), dem Coenzym der Transketolase und des α-Ketosäure-Dehydrogenase-Komplexes. **Vitamin B_2 (Riboflavin)** ist Bestandteil der Flavinnucleotide FAD und FMN. Diese spielen beispielsweise in der Atmungskette eine wichtige Rolle. **Nicotinsäure** und **Nicotinsäureamid** sind Ausgangssubstanzen für die Coenzyme NAD und NADP. **Vitamin B_6** ist die Vorstufe des **Pyridoxalphosphats (PLP)**, welches das wichtigste Coenzym im Aminosäurestoffwechsel darstellt. Die **Pantothensäure** ist Bestandteil des Coenzym A und des Acyl-Carrier-Proteins (ACP). **Biotin (Vitamin H)** ist die prosthetische Gruppe von Carboxylgruppen übertragenden Enzymen. **Folat** ist Vorläufer des Tetrahydrofolats (THF), welches als Überträger von C_1-Fragmenten eine Rolle spielt, und **Cobalamin (Vitamin B_{12})** schließlich ist das Coenzym der Methylmalonyl-CoA-Mutase und der Methionin-Synthase. **Vitamin C (Ascorbinsäure)** zählt ebenfalls zu den wasserlöslichen Vitaminen und dient vor allem als Reduktionsmittel. Es ist an einer ganzen Reihe von Reaktionen beteiligt (z. B. Synthese von Kollagen, Noradrenalin und Adrenalin; Abbau von Cholesterin, Bildung von Gallensäuren; Abbau der Aminosäure Tyrosin).

Einige **fettlösliche Vitamine** (Tab. 16.2) sind Vorstufen von Signalmolekülen oder von Hormonen. **Vitamin A** beispielsweise kann als Alkohol (**Retinol**), Aldehyd (**Retinal**) oder Säure (**Retinsäure**) vorliegen. Die Retinalform ist die lichtabsorbierende Komponente des Sehfarbstoffes Rhodopsin (Abb. 6.19 und S. 528) oder wirkt als Cofaktor bei Glykosylierungen. Die Retinsäure wird von Retinsäurerezeptoren (RAR) gebunden, welche ihrerseits als Transkriptionsfaktoren die Aktivität bestimmter Zielgene steuern. Retinol und Retinsäure spielen bei einer Reihe von Wachstums- und Differenzierungsvorgängen eine wichtige Rolle. Außerdem wird eine Rolle der Retinsäure als morphogene Substanz während der Embryonalentwicklung diskutiert (S. 348). **Provitamin A (β-Carotin)** ist ein pflanzliches Carotinoid. Durch Spaltung an der zentralen Doppelbindung entstehen zwei

Moleküle Retinal (Vitamin A), welche in Retinol oder Retinsäure umgewandelt werden können. Die **Vitamine D₃** (**Cholecalciferol**) und **D₂** (**Ergocalciferol**) sind Vorläufermoleküle der Hormone 1α,25-Dihydroxycholecalciferol beziehungsweise 1α,25-Dihydroxyergocalciferol, die für den Calcium- und Phosphathaushalt von entscheidender Bedeutung sind (S. 905). Beide Hormone haben die gleiche Wirksamkeit. In Dünndarmepithelzellen (Enterocyten) binden sie an intrazelluläre Rezeptoren. Diese gelangen ihrerseits als Hormon-Rezeptor-Komplex in den Zellkern und aktivieren dort die Transkription von Genen, welche für einen Calciumkanal in der apikalen Enterocytenmembran und für ein intrazelluläres calciumbindendes Protein (Calbindin) codieren. Beide Proteine sind an der Resorption des Calciums entscheidend beteiligt (S. 692). **Vitamin E** (**Tocopherol**) besitzt antioxidative Eigenschaften und scheint außerdem an der Regelung der Fluidität biologischer Membranen beteiligt zu sein. **Vitamin K** ist eine Sammelbezeichnung für verschiedene Substanzen mit antihämorrhagischen Eigenschaften (**Phyllochinon**, **Menachinon**). Vitamin K ist an der posttranslationalen Modifikation von Glutamylresten zu γ-Carboxyglutamat beteiligt, welches beispielsweise in den Blutgerinnungsfaktoren Prothrombin, Faktor VII, IX und X vorkommt (S. 710).

Einige Vitamine können vom Körper selbst hergestellt werden. So wird das eben genannte Vitamin D von Cholesterin ausgehend in der Leber synthetisiert. Das so entstandene Provitamin 7-Dehydrocholesterin wird anschließend in der Haut in einer UV-abhängigen Reaktion zu Cholecalciferol umgewandelt. Ein Mangel an Tageslicht führt daher zu einem Mangel dieses Vitamins. Auch Nicotinsäure und Nicotinsäureamid werden von der Aminosäure Tryptophan ausgehend synthetisiert. Da dieser Weg allerdings nicht sehr effizient ist, müssen ausreichende Mengen Tryptophan in der Nahrung enthalten sein. Einige Vitamine, insbesondere Cobalamin, Biotin (Vitamin H) und Vitamin K, werden von Darmbakterien zur Verfügung gestellt.

Für fast alle Vitamine sind mehr oder weniger starke Vitaminmangelerscheinungen bekannt (**Hypovitaminosen** bei zu wenig Vitamin; **Avitaminosen** bei gänzlich fehlendem Vitamin) (Tab. 16.**1**, Tab. 16.**2**). Zu den Bekanntesten zählen sicher **Beriberi** (Vitamin-B₁-Mangel), **Rachitis** („englische Krankheit", Vitamin-D-Mangel oder Tageslichtmangel), die **perniziöse Anämie** (Mangel an Cobalamin oder an Faktoren, welche für dessen Resorption benötigt werden, S. 694) oder der **Skorbut** (Ascorbinsäure- beziehungsweise Vitamin-C-Mangel). Der Name Ascorbinsäure leitet sich übrigens von **A**nti-**Scorb**ut-Vita**min** ab. Diese Hypovitaminose war lange Zeit bei Seefahrern sehr gefürchtet, bevor man feststellte, dass frisches Obst, besonders Zitrusfrüchte dieser Krankheit vorbeugen konnten und die britische Marine einen ausreichenden Vorrat an solchen Früchten seit etwa 1790 vorschrieb. Auf Polarexpeditionen lernte man seit Ende des 19. Jahrhunderts außerdem den Vitamin-C-Gehalt von rohem Robbenfleisch schätzen. Die meisten Vitaminmangelerkrankungen äußern sich zunächst als krankhafte Hautveränderungen. Dies ist als Reaktion des Körpers auf die Mangelsituation zu verstehen: Um die Versorgung lebenswichtiger Organe mit entsprechenden Vitaminen sicherzustellen, werden sie von zunächst vernachlässigbaren Organen (wie der Haut) abgezogen. Hier zeigen sich krankhafte Reaktionen daher meist zuerst.

Auch zu große Mengen bestimmter Vitamine können schädlich sein (**Hypervitaminosen**). Dies gilt besonders für die fettlöslichen Vitamine, da ein Überschuss an diesen nicht wie ein Überschuss an wasserlöslichen Vitaminen mit dem Harn ausgeschieden werden kann.

Tiere benötigen über die bisher beschriebenen Komponenten hinaus noch **Mineralstoffe**. Zu den **Makroelementen** gehören Kalium, Natrium, Calcium, Magnesium, Chlor, Phosphor und Schwefel, welche in Form von anorganischen Ionen bei einer Reihe von zellphysiologischen Vorgängen benötigt werden. Hierzu zählen beispielsweise die Muskelkontraktion, die Zelladhäsion, die intrazelluläre Signalweiterleitung und die Weiterleitung von Nervenimpulsen. Schließlich werden noch in sehr geringen Mengen die **Mikro-** oder **Spurenelemente** wie Eisen, Kupfer, Zink, Zinn, Selen, Cobalt, Molybdän, Nickel, Mangan, Arsen und Jod gebraucht. Diese werden oft für die Funktion bestimmter Proteine benötigt. Zinkfingerproteine beispielsweise sind an der Regulation bestimmter Gene beteiligt, Hämoglobin dient dem Sauerstofftransport, und Enzyme mit einem Metallion im aktiven Zentrum spielen bei einer Reihe von Stoffwechselreaktionen eine wichtige Rolle (*Biochemie, Zellbiologie*). Jod ist Bestandteil der Schilddrüsenhormone Thyroxin und Trijodthyronin (S. 897).

> **Ernährungstypen: Omnivoren** (Allesfresser), **Carnivoren** (Fleischfresser), **Herbivoren** (Pflanzenfresser), **Insektivoren** (Insektenfresser).
> **Nährstoffe:** Kohlenhydrate (Energie, Speicherung als Glykogen), Proteine (liefern Aminosäuren, Stickstoffquelle), Fette (Bausteine für Membranen, Energiespeicher), Nucleinsäuren; essentielle Nährstoffe: nicht selbst herstellbare Verbindungen (z. B. essentielle Aminosäuren, einige ungesättigte Fettsäuren, Cholin, Vitamine).
> **Vitamine:** Ursprüngliche Bedeutung: lebenswichtige Stickstoffverbindungen, in kleinen Mengen notwendig. Wasserlösliche Vitamine (z. B. B_1, B_2, B_6, Nicotinsäureamid; Vitamin C): meist Vorstufen zu Cofaktoren; fettlösliche Vitamine (z. B. A, D-Reihe, E und K): meist Vorstufen zu Signalmolekülen.
> **Vitaminmangelerkrankungen:** Zu wenig (Hypovitaminosen) bzw. fehlendes Vitamin (Avitaminosen). Beriberi: Vitamin-B1-Mangel, Rachitis: Vitamin-D-Mangel, Skorbut: Vitamin-C-Mangel, Perniziöse Anämie: Cobalamin-Mangel.
> **Spurenelemente:** Eisen, Kupfer, Zink, Zinn, Selen, Cobalt, Molybdän, Nickel, Mangan, Arsen und Jod; oft Bestandteil von Proteinen (z. B. Zinkfingerproteine, Hämoglobin).

10.2 Verschiedene Formen des Nahrungserwerbs

Möglichst effektiv die notwendigen Nährstoffe zu erlangen, ist offensichtlich ein Schlüsselkriterium für den evolutiven Erfolg einer Spezies. Tiere verfolgen ganz **unterschiedliche Strategien** der Nahrungsbeschaffung, welche sich ganz zwangsläufig im Verhalten und in der Körpergrundgestalt widerspiegeln. Man unterscheidet Absorbierer, Strudler, Filtrierer, Sauger, Substratfresser, Schlinger, Zerkleinerer, Weidegänger sowie Tiere, welche in Symbiose mit anderen Organismen leben. Die Parasiten werden gesondert besprochen (Kap. 9). Sie alle zeichnen sich durch spezialisierte Verhaltensweisen und/oder ernährungsbedingte anatomische und physiologische **Anpassungen** aus, wie Kiefer, Zähne, Saugrohre oder speziell konstruierte Extremitäten bis hin zu mächtig ausgebildeten Gärkammern, in denen Mikroorganismen die enzymatische Zerlegung ansonsten unverdaulicher Stoffe übernehmen.

10.2.1 Absorbierer

Absorbierer nehmen Nährstoffe aus dem umgebenden Medium direkt über ihre Körperoberfläche auf. Diese Art der Ernährung zeichnet viele Protisten, Endoparasiten und einige wasserlebende wirbellose Tiere aus. Einige Endoparasiten wie die Kinetoplastida (z. B. *Trypanosoma*, *Leishmania*), die Cestoden, die Mesozoen und einige Mollusken und Crustaceen leben in den nährstoffreichen Geweben oder Körperflüssigkeiten ihrer Wirte und nehmen viele Bausteine wie Aminosäuren und Zucker direkt über die Zell- oder Körperoberfläche auf. Dabei spielen Transportprozesse über die äußeren apikalen Zellmembranen der Parasiten hinweg eine wichtige Rolle, die denen im Darmsystem anderer Tiere entsprechen. Bei einigen vielzelligen Endoparasiten fehlt dementsprechend ein internes Verdauungssystem. So sind die Bandwürmer beispielsweise darmlos. Auch endoparasitische Crustaceen haben im Laufe ihrer Evolution ihr Darmsystem sekundär verloren (*Sacculina carcini*, S. 632). Auch frei lebende Wirbellose wie einige darmlose Pogonophoren sind in der Lage, die notwendigen Nährstoffe über ihre Oberfläche aufzunehmen. Dabei werden beispielsweise Aminosäuren mithilfe von Transportproteinen gegen einen steilen Konzentrationsgradienten absorbiert.

Neben dem direkten Transport organischer Moleküle über die Oberfläche nehmen Zellen das sie umgebende Medium auch über Einschnürungen der Zellgrenzmembran unter Bildung von Vesikeln auf (**Endocytose**). Wird in endocytotischen Vesikeln nur Flüssigkeit aufgenommen, spricht man von „Zelltrinken" oder **Pinocytose**. Es können aber auch größere Partikel in Nahrungsvakuolen eingeschlossen und internalisiert werden (**Phagocytose**). Ciliaten haben an einer Stelle ihres Zellcortex eine „Mundöffnung" (**Cytostom**, Zellmund), an der sich Nahrungsvakuolen bilden (S. 671). Von reinem Absorbieren kann bei vielen phagocytierenden Protisten aber nicht immer die Rede sein. So strudeln sich viele Ciliaten Nahrungspartikel zu, und einige Phagocytose-Prozesse sind derart spektakulär, dass man eher von „Schlingern" als von Absorbierern reden würde. So verschlingt der Ciliat *Didinium nasutum* Beute, die größer ist als er selbst, und einige Ciliaten sind ebenfalls in der Lage, gewaltige Mengen an Blaualgen auf einmal zu phagocytieren (z. B. *Chilodonella*).

Die oben beschriebenen grundlegenden Prozesse wie der Transport von Nährstoffen über die äußere Zellgrenzmembran hinweg, Pinocytose und Phagocytose finden sich auch in den Nahrung resorbierenden Epithelien höherer Tiere wieder. Phagocytose spielt zudem bei der unspezifischen Immunabwehr eine wichtige Rolle. So nehmen Makrophagen (Fresszellen) und neutrophile Granulocyten Fremdpartikel (z. B. Bakterien) phagocytotisch auf (S. 784).

10.2.2 Strudler und Filtrierer

Strudler und **Filtrierer** nehmen kleine Nahrungspartikel oder Organismen aus dem sie umgebenden Wasser auf. Dabei wird mit **Cilien** und **Geißeln** oder durch Muskelbewegung ein Wasserstrom erzeugt, aus dem die Nahrungspartikel mithilfe von unterschiedlich gestalteten Filtriereinrichtungen abgefangen werden. Diese Art der Nahrungsaufnahme findet sich in fast allen Tierstämmen von den Protisten bis hin zu den Wirbeltieren. Meistens handelt es sich um kleine und sessile Tiere (Ciliaten, Schwämme, Cnidarier, Brachiopoden, Mollusken, bestimmte Krebse), aber es gibt auch größere, freischwimmende Filtrierer (Walhai, Riesenhai, Bartenwale).

Ciliaten erzeugen mithilfe ihrer Cilien einen Wasserstrom, der Nahrungspartikel zu ihrem Zellmund (Cytostom) führt (Abb. 10.**5**). Auch bei Rotatorien, Molluskenlarven, Phoronida, Bryozoa, Brachiopoda, einige Polychaeten und Crinoiden sorgen Cilien für einen Nahrungsstrom. Einen besonders interessanten Fall stellen die **Schwämme** dar. Sie nutzen den Bernoulli-Effekt: Der Druck einer Flüssigkeit sinkt, wenn sich die Strömungsgeschwindigkeit erhöht. Der Schwammkörper ist so geformt, dass das Wasser an der Ausströmöffnung (**Osculum**) schneller strömt als an anderen Stellen des Schwamms (Abb. 10.**1**a). Dadurch entsteht über dem Osculum ein Unterdruck, der Wasser aus dem Schwamm herauszieht. Über kleine Poren (**Ostien**) auf der Außenseite des Schwammes gelangt Wasser wieder in den Schwamm, es sammelt sich im zentralen Spongocoel. Schwämme „filtrieren" auf diese Weise große Mengen Seewasser, ohne dafür zusätzliche Energie aufwenden zu müssen. Das hier beschriebene Prinzip funktioniert auch an einem Plastikmodell, wenn dieses in eine Strömung gehalten wird. Die Nahrungspartikel werden in Geißelkammern von **Choanocyten** (Kragengeißelzellen) phagocytiert. Diese Zellen erzeugen mit ihren Flagellen zusätzlich einen internen Wasserstrom. Die Verdauung erfolgt intrazellulär.

Viele Strudler/Filtrierer nutzen Schleimfilme oder Schleimnetze, um ihre Nahrung zu filtrieren und anzureichern (Abb. 10.**1**). Hierzu gehören beispielsweise Mu-

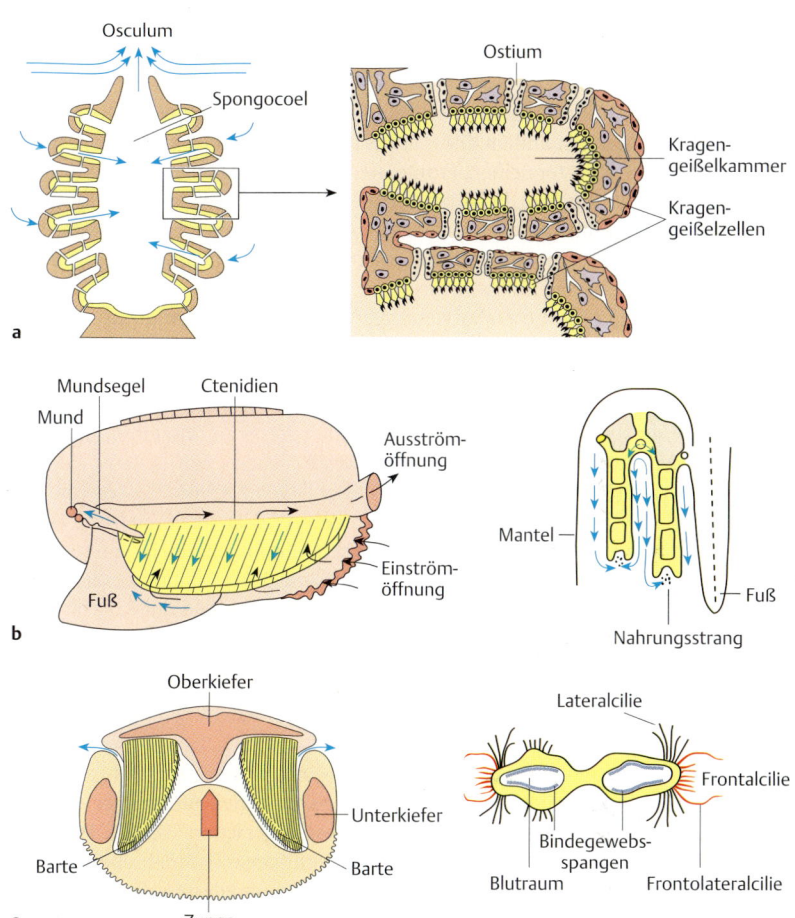

Abb. 10.1 **Filtrierer. a** Schwamm (Sycon-Typ, S. 14). Der Wasserstrom (blaue Pfeile) wird sowohl durch die Tätigkeit der Choanocyten als auch durch eine strömungs- und konstruktionsbedingte Herabsetzung des hydrostatischen Drucks am Osculum (Bernoulli-Effekt) erzeugt. **b** Muschel. Die Nahrungspartikel gelangen mit dem Schleim (rote Pfeile) an der Kammkieme und den Mundsegeln entlang zum Mund. Schnitt durch eine Kammkieme von *Mytilus*. Querschnitt, ciliäre Strukturen sind für den Transport der Nahrungspartikel verantwortlich. **c** Filtriermechanismus bei einem Bartenwal (*Balaenoptera*).

scheln, Ascidien, Salpen und Acranier. **Muscheln** erzeugen mit ihrem Mantel einen Wasserstrom. Dieser bringt sauerstoffreiches und Nahrungspartikel enthaltendes Wasser an den Kiemen (**Ctenidien**) vorbei. An den Ctenidien verlaufen Schleimstraßen, welche die Nahrungspartikel abfangen. Durch Cilienbewegungen wird der Schleim zum distalen Ende der Ctenidie befördert und dort zu einem Nahrungsstrang geformt. Dieser wird von den Mundsegeln übernommen und schließlich zur Mundöffnung transportiert. Die Bildung des Nahrungsstranges wird durch die spezielle Form der Ctenidien und das Zusammenspiel unterschiedlich gestalteter Cilienstrukturen (Lateralcilien, Frontolateralcilien, Frontalcilien; Abb. 10.1) ermöglicht. Ein ähnliches Prinzip ist bei Ascidien und Acraniern verwirklicht. Diese besitzen als Filtriereinrichtung allerdings einen zum Kiemendarm umgestalteten **Pharynx**. Auch hier werden die Nahrungspartikel durch Schleim abgefangen und zu einem Nahrungsstrang aufkonzentriert.

Andere Filtrierer gebrauchen Borstenfilter (einige Crustaceen, manche Insektenlarven) oder anders gestaltete Filtriereinrichtungen, um Nahrung aus der Wasserströmung aufzunehmen (Bartenwale, Flamingos). Die Borstenfilter der **Arthropoden** sind Anhänge von Extremitäten. Bei manchen Krebsen werden die Nahrungspartikel in einer ventralen Rinne gesammelt und in dieser zur Mundöffnung befördert (Wasserfloh, Cephalocarida). **Bartenwale** leben von relativ kleinen Organismen (zumeist von Krill, eine planktonische kleine Krebsart, oder von kleinen Fischen), die sie mithilfe ihrer Barten aus dem Wasser filtrieren (Abb. 10.1c). Die Barten sind verhornte, keratinhaltige Platten, die im Oberkiefer entspringen. Der Wal nimmt einen kräftigen Schluck Seewasser, drückt dann mit der Zunge das Wasser durch die Barten wieder aus dem Maul heraus und der Krill bleibt an den Barten hängen. Der Buckelwal treibt kleine Fische häufig vorher noch zusammen. Er erzeugt hierzu einen Käfig aus Luftblasen, in dem die Beute gefangen wird.

10.2.3 Säftesauger

Viele Tiere ernähren sich hauptsächlich von einer oder wenigen Flüssigkeiten (Phloemsaft, Blut, Lymphe, Nektar, vorverdautes Gewebe). **Blutsauger** nehmen oft große Mengen bei einer Mahlzeit auf, die dann gespeichert werden. **Pflanzensaftsauger** wie Wanzen, Zikaden, Blatt- und Schildläuse nehmen ebenfalls viel Phloemsaft auf und filtern diesen. Dies ist darin begründet, dass der Phloemsaft zwar reich an Zucker, aber arm an Aminosäuren ist. Dementsprechend groß ist die Durchflussrate, und eine große Menge an zuckerhaltiger Flüssigkeit (z. B. „Honigtau" der Blattläuse) wird wieder ausgeschieden. Manche Säftesauger besitzen komplexe anatomische Anpassungen an ihre Lebensweise. Zu diesen zählen die Cheliceren der Zecken, die saugenden Mundwerkzeuge vieler Insekten (Fliegen, Stechmücken, Bremsen, Wanzen, Schmetterlinge, Bienen, einige Käfer) oder auch die speziell geformten Schnäbel der Kolibris. Unterstützend sind oft Stech- oder Beißapparate ausgebildet.

Eine Besonderheit stellt die **extraintestinale Verdauung** der Spinnen dar. Auf das gelähmte Opfer werden Verdauungssäfte gespien und das vorverdaute, verflüssigte Gewebe wird dann eingesogen. Einige Käfer injizieren Verdauungssäfte in ihre Opfer und saugen diese dann aus. Eine andere extreme Form der extraintestinalen

Verdauung findet man bei Seesternen. Bevorzugte Beute dieser Tiere sind Muscheln. Mithilfe ihrer Ambulakralfüßchen öffnen die Seesterne die Schale der Muschel ein wenig, stülpen ihren Magen vollständig aus, „speien" Verdauungssäfte in die Muschel und nehmen schließlich den vorverdauten Nahrungsbrei auf.

Alle **Säugetiere** sind am Beginn ihres Lebens auf flüssige Nahrung in Form von Milch angewiesen. Diese wird in speziellen Milchdrüsen produziert und die Zusammensetzung derselben kann je nach Lebensweise oder Wachstumsrate der betreffenden Spezies stark variieren: der Proteingehalt von 1 % (Mensch) bis 15 % (Hase), der Fettgehalt von 1 % (Esel) bis 50 % (Seehunde, Wale), der Kohlenhydratgehalt von fast nichts bis 7 % (Pferd).

Vogelmilch: Einige Vögel füttern ihre Jungtiere mit milchähnlichen Sekreten. Tauben produzieren diese „Milch" im Kropf (Kropfmilch). Sie besteht aus komplett abgestoßenen fetthaltigen Epithelzellen (holokrine Sekretion). Die Sekretion wird durch Prolactin, welches auch die Milchdrüsen der Säugetiere zur Sekretion anregt, reguliert. Auch der Königspinguin produziert milchähnliche Substanzen. Die Eiablage dieser Tiere findet im antarktischen Winter statt. Danach kehren die Weibchen zur Nahrungssuche ins Meer zurück, und die Männchen brüten die Eier über zwei Monate aus. Schlüpfen die Jungvögel, bevor das Weibchen wieder zurück ist, kann das Männchen die Jungen mit einer im Rachen produzierten fetthaltigen „Milch" füttern. Obwohl es sich hierbei sicher nur um eine Übergangslösung handelt, können die Jungvögel mit dieser Kost an Gewicht zulegen.

10.2.4 Substratfresser

Substratfresser verschlingen große Mengen Erde, Schlamm oder Sand und entziehen diesen während der Passage durch den Darm die notwendigen organischen Materialien (Nährstoffe). Viele von ihnen fressen sich regelrecht durch ihre Umwelt hindurch. Zu den Substratfressern zählen beispielsweise die Regenwürmer (Lumbricidae, 📖 *Ökologie, Evolution*), der Wattwurm (*Arenicola marina*) oder die Seewalzen (Holothurien). Da Substratfresser wesentlich zur Bodenbeschaffenheit beitragen, kommen ihnen in den jeweiligen Ökosystemen oft Schlüsselpositionen zu. Im Sediment fossilisierte Fraßspuren von Substratfressern sind für die Paläontologen meist die einzige Hinterlassenschaft ausgestorbener (wirbelloser) Tiere ohne fossilisierbare Hartteile. Solche Spurenfossilien (trace fossils) haben sehr charakteristische Formen und verraten viel über die Lebensweise dieser Tiere.

10.2.5 Schlinger und Zerkleinerer

Die meisten übrigen Tiere ernähren sich von anderen Tieren, Pilzen oder Pflanzen. Dabei werden diese entweder getötet und dann ganz oder in Stücken ingestiert. (Eine Ausnahme stellen die Parasiten dar, die ihren Wirt in der Regel nicht töten und nur „teilweise" auffressen, S. 626). Man unterscheidet Schlinger, Zerkleinerer und Weidetiere oder Sammler, Jäger, Fallensteller und Auflauerer, wobei die Übergänge zwischen den Kategorien fließend sein können.

Ausgesprochene **Schlinger** finden sich in vielen Tiergruppen. Bereits manche Ciliaten, wie *Didinium nasutum* (s. o.), verschlingen verhältnismäßig große Nahrungsbrocken. Unter den Cnidariern gehören Seeanemonen, Hydroidpolypen und *Hydra* zu den Schlingern, unter den Wirbeltieren Amphibien, Schlangen, viele Vögel oder auch einige Tiefseefische. Die schlingende Ernährungsweise ohne vorhergehende Zerkleinerung der Nahrung ist oft eine Anpassung an Lebensräume oder Lebensweisen mit **unregelmäßiger** und unsicherer **Nahrungszufuhr**. Wenn Beute gemacht wird, muss diese möglichst schnell aufgenommen werden. Diese Art der Ernährung bedingt allerdings auch lange Verdauungszeiten (bei der Anakonda mehrere Wochen).

Zerkleinerer zermahlen oder zerkauen ihre Nahrung in möglichst kleine Stücke, bevor sie in den Magen-Darm-Trakt gelangt. Im Laufe der Evolution haben sich vielfältige Hilfsstrukturen zum Zerkleinern der Beute herausgebildet. Die **Kiefer** einiger Polychaeten befinden sich im **Pharynx**. Dieser wird zur Nahrungsaufnahme ausgestülpt (*Nereis*, Abb. 10.**2a**). Die Tintenfische besitzen schnabelförmige Kiefer (Abb. 10.**2c**). Strukturen zum Zerkleinern der Nahrung können auch vor der Mund-

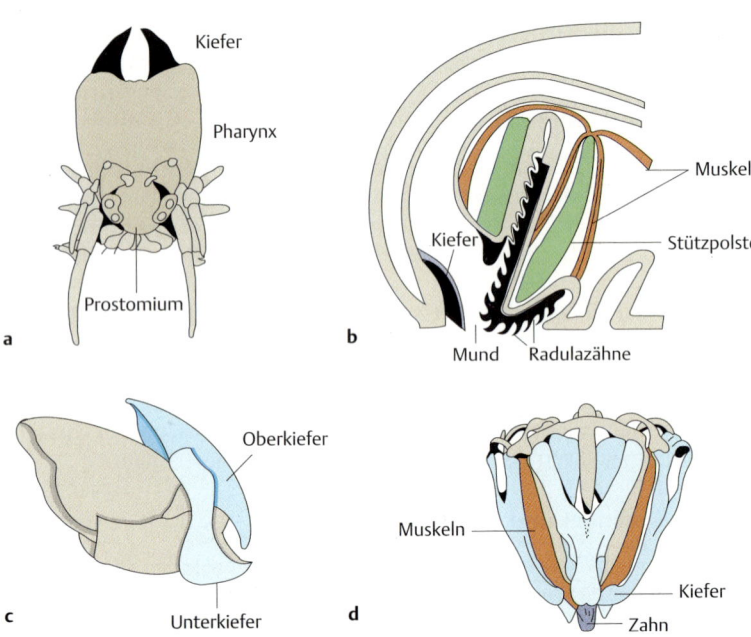

Abb. 10.**2 Kiefer- und Kauapparate einiger Wirbelloser. a** Vorderende des Polychaeten *Nereis* mit ausgestülptem Pharynx und Kiefern. **b** Sagittalschnitt durch den Radula- und Kieferapparat einer Lungenschnecke. Die Radulazähne reiben Nahrung vom Substrat ab. **c** Papageienschnabelartiger Kieferapparat eines Tintenfisches (*Loligo forbesi*). **d** Fünfteiliger Kieferapparat eines Seeigels („Laterne des Aristoteles").

öffnung liegen, wie die großen Scheren der Hummer und Krabben und die Mundwerkzeuge der Arthropoden (**Mandibeln**, **Maxillen**, Abb. 10.3). Bei den Wirbeltieren befinden sie sich im Mundraum (**Zähne**, Abb. 10.4). Die **Schnäbel** der Vögel sind Derivate der Lippen und ersetzen die im Laufe der Evolution verloren gegan-

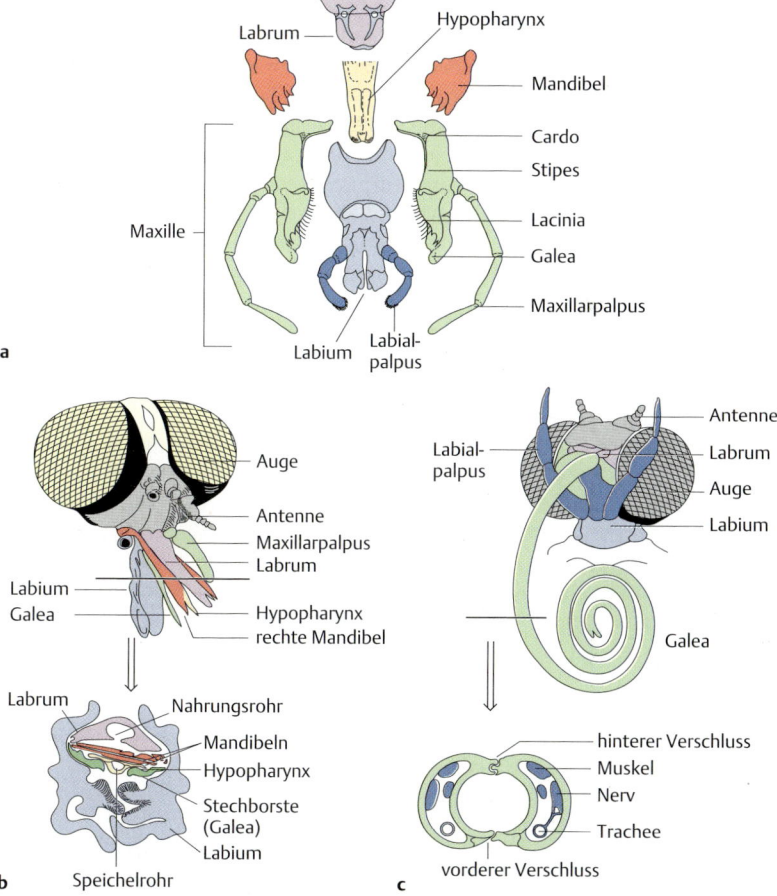

Abb. 10.3 **Mundwerkzeuge von Insekten.** a Ursprüngliche Anordnung von Mundwerkzeugen (beißend-kauend), wie sie bei der Schabe *Periplaneta americana* vorkommt. Als Mundwerkzeuge dienen die Extremitätenderivate Mandibel, Maxille und Labium. Anterior wird der Kauapparat von einer Oberlippe (Labrum) begrenzt. Abgewandelte Mundwerkzeuge einer Bremse (**b**) und eines Schmetterlings (**c**). Die stechend-saugenden Mundwerkzeuge der Bremse bestehen aus einer Stechborstenscheide (vom Labium gebildet) und einem Stechborstenbündel (von Teilen des Labrums, der Mandibeln, der Maxillen und des Hypopharynx gebildet). Der Saugrüssel des Schmetterlings wird von den beiden Galeae der Maxillen gebildet.

genen Zähne (Abb. 10.**4**). Durch den Einsatz dieser Hilfsstrukturen wird einerseits die Nahrung effektiver genutzt, und andererseits kann auch Beute gemacht werden, die relativ zur eigenen Körpergröße deutlich größer ist, als das bei Schlingern möglich wäre.

Bei einigen Formen wird die mechanische Zerkleinerung noch im Magen-Darm-Trakt fortgesetzt. So besitzen Schaben beispielsweise einen mit Chitinzähnen ausgekleideten **Kaumagen**. Ähnliche Kaumägen finden sich auch bei Rotatorien und dekapoden Krebsen. Körnerfressende Vögel und Krokodile schlucken Steine, die im Magen eine weitere Zerkleinerung der Nahrung bewirken (**Magensteine**). Ein weiteres Beispiel für das nachträgliche Zerkleinern zuvor verschlungener Nahrung ist die Eierschlange. Sie verschlingt ein Ei zunächst am Stück. Dann wird die Schale mithilfe von Wirbelfortsätzen, die durch die Oesophaguswand gewachsen sind, geöffnet. Die Schale wird schließlich wieder hervorgewürgt und ausgespien.

Es gibt ganz unterschiedliche Methoden, mit denen Zerkleinerer an ihre Nahrung herankommen. **Sammler** verwenden je nach Lebensraum einen guten Teil ihrer Zeit für die Suche nach Früchten, Nüssen und anderem Futter. **Jäger** erbeuten andere Tiere, wobei sie diesen entweder aktiv nachstellen (z. B. räuberische Insekten wie Libellen, Laufkäfer, Wespen oder Raubkatzen, Haie, Greifvögel), Fallen stellen (Spinnen, Ameisenlöwe) oder ihrer Beute auflauern (Rochen, Steinfisch, Fransenschildkröte).

Als Sonderfall werden manchmal die **Weidegänger** eingestuft. Diese nehmen als Nahrung Teile der Vegetation oder Stücke von sessilen Tieren oder Tierstöcken auf. Sie verfügen hierzu über mechanische Hilfsmittel zum Abbeißen oder Abschaben der Nahrung. Hierzu zählen die **Radula** der Mollusken (Abb. 10.**2b**), die Mundwerkzeuge verschiedener Arthropoden, die Zähne der Wirbeltiere und der komplexe Kieferapparat („**Laterne des Aristoteles**") vieler Seeigel (Abb. 10.**2d**). Mithilfe dieser Strukturen können insbesondere die Landformen höhere Pflanzen als Nahrungsquelle nutzen und die Cellulosewände der Pflanzenzellen mechanisch aufschließen. Typische Weidegänger sind z. B. die herdenbildenden Großsäugetiere der afrikanischen Savanne oder der nordamerikanischen Prärien. Seeigel weiden im Meer z. B. an Korallen, wo sie mit ihrem Kieferapparat einzelne Polypen herausrupfen.

Die Zähne der Säugetiere

Säugetiere haben in Anpassung an ihre Ernährungsweise die unterschiedlichsten **Gebiss**- und **Zahntypen** entwickelt. Ein „typischer" Säugetierzahn ist aus mehreren Substanzen zusammengesetzt (S. 386). Im Kiefer sichtbar ist meist nur die Krone aus Zahnschmelz, die das Zahnbein (Dentin) überzieht.

Sind die Zähne der übrigen Wirbeltiere gleich gestaltet (**Homodontie**), so sind die der Säuger meist unterschiedlich gebaut (**Heterodontie**, Abb. 10.**4**). Das ermöglicht eine Arbeitsteilung unterschiedlicher Zahntypen und eine Spezialisierung einzelner Zahntypen. Man unterscheidet Schneidezähne (**Incisivi**), Eckzähne (**Canini**)

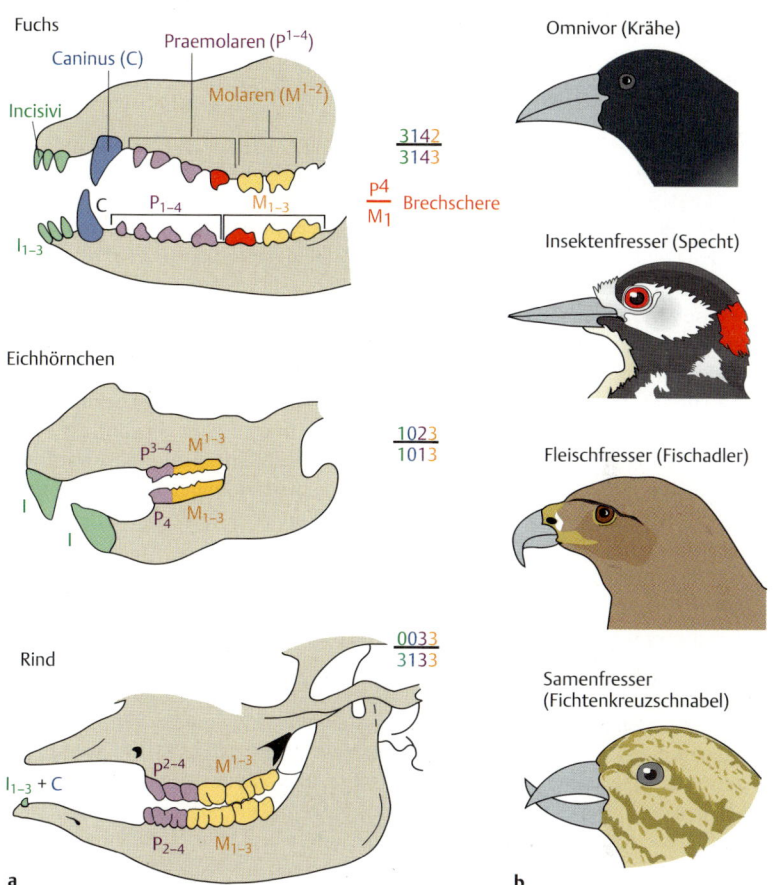

Abb. 10.4 **Kieferapparate bei Wirbeltieren. a** Gebisse verschiedener Säugetiere. Schematische Darstellung eines Fuchsgebisses mit der relativ urtümlichen Zahnformel $\frac{3142}{3143}$. P_4 und M_1 bilden die für Carnivoren charakteristische Brechschere. Die Zahnausstattung ist im Laufe der Säugetierevolution vielfach abgewandelt worden, wie etwa beim Eichhörnchen oder beim Rind. **b** Vögel mit verschiedenen, an spezifische Ernährungsweisen angepassten Schnabelformen.

sowie vordere und hintere Backenzähne (**Praemolares** und **Molares**). Die Anzahl der verschiedenen Zahnformen in einem Gebiss wird durch die **Zahnformel** angegeben. Die ursprüngliche Zahnformel der Säugetiere lautet $\frac{3143}{3143}$. Dabei geben die Zahlen über dem Bruchstrich die Verhältnisse in einer Hälfte des Oberkiefers und die Zahlen unter dem Bruchstrich die Verhältnisse in einer Hälfte des Unterkiefers wieder. Die erste Zahl zeigt jeweils die Anzahl der Incisivi, die zweite die der Canini, die dritte die der Praemolares und die vierte die der Molares an. Innerhalb der Säugetiere kann die Zahnformel stark variieren. So hat das Eichhörnchen die Zahnformel: $\frac{1023}{1013}$, die Maus (*Mus musculus*) die Formel: $\frac{1003}{1003}$ und der Mensch die Formel: $\frac{2123}{2123}$.

Ein weiteres Charakteristikum bei Säugetieren ist das Vorhandensein von nur zwei **Zahngenerationen**. Die erste Zahngeneration wird als Milchgebiss bezeichnet und umfasst Schneidezähne, Eckzähne und die Praemolaren. Die zweite Generation ist das bleibende Gebiss. Von den Molaren gibt es nur eine Generation. Eine Besonderheit stellt der **horizontale Zahnwechsel** der Elefanten dar. Diese entwickeln im Laufe ihres Lebens nacheinander 6 Backenzähne. Sie werden jeweils von hinten nach vorne geschoben und zwar in dem Maße, wie sich der in Gebrauch befindliche Backenzahn vorne abnutzt. Somit sind in jeder Kieferhälfte ein Backenzahn und ein mehr oder weniger weit vorgerücktes Stück des horizontal nachfolgenden Backenzahns zu finden. Ein horizontaler Zahnwechsel kommt auch bei den Seekühen vor.

Zur besseren Verwertung unterschiedlicher Nahrungsressourcen kann die Form einzelner Zahntypen stark variieren. Das gilt insbesondere für die **Backenzähne**, welche für die Zerkleinerung der Nahrung von entscheidender Bedeutung sind. So sind die Backenzähne von Grasfressern hochkronig (**hypsodont**), während die der Fleischfresser eher niedrigkronig (**brachydont**) sind. Hochkronige Molaren sind bei Grasfressern als Anpassung an den hohen Kieselsäuregehalt der Nahrung und die damit einhergehende stärkere Abnutzung der Zähne zu verstehen. Manche Backenzähne können auch zeitlebens nachwachsen (Hasen und Wühlmäuse). Die Kaufläche der Molaren zeigt bei vielen Pflanzenfressern ein kompliziertes Relief, wobei die Oberflächenstrukturen von Ober- und Unterkiefermolaren jeweils genau zueinanderpassen (**Occlusion**). Beim Kauen werden die Backenzähne aber auch gegen die des Gegenkiefers bewegt, sodass für derartige Mahlbewegungen ein gewisser Spielraum vorhanden sein muss. Bei Wiederkäuern bewegt sich beim Kauen der Unterkiefer quer zur Schädelachse, und die Backenzähne des Oberkiefers sind breiter als die des Unterkiefers. Bei Ratten und Mäusen dagegen werden beim Kauen die Zähne von hinten nach vorne bewegt, die Backenzähne von Ober- und Unterkiefer sind annähernd gleich breit. Die Richtung der Mahlbewegung spiegelt sich auch in der Orientierung der **Schmelzfalten** wider, die bei Mäusen und Ratten quer und bei Wiederkäuern längs zur Schädelachse verlaufen. Insgesamt ermöglicht die ausgeklügelte Architektur der Backenzähne eine gründliche Zerkleinerung der Nahrung, bevor diese in den Magen-Darm-Trakt gelangt. Unterstützt wird das gründliche Zerkauen durch die Bewegungen der muskulösen Zunge und der Wangen, die beide dafür sorgen, dass die Nahrung mehrmals zwischen die Molaren gelangt. Zusammen mit der Entwicklung eines sekundären Gaumens, durch welchen gleichzeitiges Kauen und Atmen ermöglicht wird, sowie der Backentaschen und des Wärme isolierenden Haarkleides stellen die Zähne eine der Grundvoraussetzungen für die energieaufwendige homoiotherme Physiologie der Säugetiere dar (S. 771).

Weitere **Spezialisierungen** stellen die **Schneidezähne der Nagetiere** dar. Diese sind sehr hochkronig und schärfen sich durch die spezielle Anordnung von Zahnschmelz, Dentin und Zahnzement selbst nach. Die **Stoßzähne der Elefanten** sind die umgebildeten Schneidezähne des Oberkiefers. Auch das „**Einhorn**" des Narwals ist ein Schneidezahn. Bei Carnivoren bilden der 4. Praemolar des Oberkiefers und der 1. Molar des Unterkiefers die sogenannte **Brechschere** (P_4/M_1, Abb. 10.**4a**), und die Eckzähne einiger Säugetiere können zu regelrechten **Fangzähnen** (Säbelzahntiger) oder **Hauern** (Warzenschwein) umgebildet sein. Zahnwale haben sekundär wieder ein homodontes Gebiss mit vielen einfach gestalteten kegelförmigen Zähnen entwickelt. Zuweilen spielen speziell geformte Zähne auch bei Paarungs- oder Revierverteidigungsverhalten eine Rolle (z. B. Zahndimorphismus bei Hundsaffen). Diese Beispiele verdeutlichen, dass die Form von Zähnen, insbesondere von Backenzähnen, viel über die Ernährungs- und Lebensweise des betreffenden Tieres verrät. Da Zähne aufgrund ihres harten Schmelzüberzugs außerdem sehr beständig sind und oft das einzige Überbleibsel ausgestorbener Säugetiere darstellen, sind sie in der **Paläontologie** eine der wichtigsten, häufig sogar die einzigen Informationsquellen.

10.2.6 Symbiose

Viele Tiere leben mit anderen Organismen auf einer trophischen, d. h. ernährungsbedingten, Basis in **Symbiose** (*Ökologie, Evolution*). Dabei werden die Wirte von ihren Symbionten entweder direkt mit Nährstoffen oder aber mit Enzymen zum verbesserten Aufschluss der ingestierten Nahrung versorgt.

Einzellige Eukaryoten, Schwämme, Cnidaria, Plathelminthen und Mollusken zeichnen sich oft durch einzellige intrazellulär lebende endosymbiontische Algen aus. Dabei kann es sich um Grünalgen handeln (Zoochlorellen, z. B. in der „grünen" Hydra (*Chlorohydra*) oder im Plattwurm (*Convoluta roscoffensis*) oder um Dinoflagellaten (Zooxanthellen in Korallen oder Muscheln). Die Endosymbionten können **Photosynthese** betreiben und versorgen ihre Wirte mit verschiedenen Metaboliten (Sauerstoff und organische Verbindungen, hauptsächlich Kohlenhydrate). Sie erhalten ihrerseits CO_2 und Stickstoffverbindungen (aus dem Protein- und Purinstoffwechsel). Bei Korallen und bestimmten Muscheln (*Tridacna*) fördern die Endosymbionten die Kalkskelettbildung. Die Bildung von ausgedehnten Korallenriffen wäre ohne die symbiontische Beziehung von Korallen und Zooxanthellen nicht möglich!

Pogonophoren und chemolithoautotrophe Bakterien: Generell gilt, dass das meiste Leben auf dieser Erde direkt oder indirekt von der Energie der Sonne abhängt. Diese wird durch die photosynthetische Aktivität mikrobieller und pflanzlicher Organismen nutzbar und über Nahrungsketten den heterotrophen Organismen zugänglich gemacht (*Ökologie, Evolution*). Es gibt allerdings Ausnahmen von dieser Regel. Eine davon stellt die Lebensgemeinschaft um die in der Tiefsee gelegenen **hydrothermalen Quellen** dar. Das Wasser in der unmittelbaren Umgebung solcher hydrothermaler Quellen kann sehr heiß sein (bis zu 350 °C) und ist reich an H_2S. Hier siedeln sich H_2S-metabolisierende Bakterien an (📖 *Mikrobiologie*). Diese sind die Primärproduzenten dieser Tiefseegemeinschaft, bestehend aus Bakterien, einzelligen Eukaryoten, Muscheln, Krebsen und Fischen und merkwürdigen bis zu 2 m großen Röhrenwürmern. Diese mund- und darmlosen Würmer (*Riftia pachyptila*) sind Vertreter aus der Gruppe der Pogonophoren (S. 78). Sie sind gänzlich auf endosymbiontische chemolithoautotrophe Bakterien angewiesen, welche in Massen im sogenannten Trophosom angesiedelt sind. Die Bakterien treiben **Chemosynthese** und liefern reduzierte Kohlenstoffverbindungen. Die Enzyme für Elektronentransport und Calvin-Zyklus wurden in großen Mengen im Trophosom nachgewiesen. Der Wurm versorgt seine Untermieter mit den entsprechenden Rohstoffen (CO_2, O_2 und H_2S). Diese werden über das Kiemenbüschel aus dem umgebenden Wasser aufgenommen und über das Blut den Bakterien zugeführt. Da H_2S toxisch ist und an die Sauerstoffbindungsstelle von Hämoglobin binden kann, haben die Würmer ein Hämoglobin mit einer zusätzlichen Bindungsstelle für H_2S entwickelt. So kann dasselbe Molekül sowohl O_2 als auch H_2S transportieren. Eine andere Lösung für dieses Problem hat sich bei der Muschel *Calyptogena* entwickelt. Sie benutzt für den Transport von H_2S ein anderes spezialisiertes Transportmolekül.

Auch einige Nematoden aus der Familie der Stilbonematiden leben mit Schwefel metabolisierenden Bakterien in Symbiose. Eine analoge symbiontische Beziehung findet sich bei Muscheln der Gattung *Mytilus*. Sie kommen in der Nähe von Gasvorkommen (auch kleinere Lecks von Gasleitungen) vor und beherbergen in ihren Kiemen Methan metabolisierende Bakterien.

Fast alle Tiere beherbergen in ihrem Darmsystem **heterotrophe Mikroorganismen**, die mehr oder weniger auf die Verdauungstätigkeit ihrer Wirte einwirken. Dabei kann es sich um Bakterien, Hefen und verschiedene eukaryotische Einzeller handeln. Vielfach sorgen sie für ein entsprechendes **Darmmilieu** oder liefern **Vitamine** (z. B. Cobalamin). Es gibt im Tierreich darüber hinaus aber auch eine Reihe von ausgeklügelten Symbiosen von darmansässigen Mikroorganismen und ihren Wirten. Im Gegensatz zu den oben besprochenen autotrophen Endosymbionten geben die heterotrophen Endosymbionten keine Nährstoffe an ihre Wirte ab, sondern liefern zusätzliche Verdauungsenzyme oder dienen selbst als Nahrung. Besonders herbivore Tiere sind mit dem Problem konfrontiert, die pflanzlichen Zellwände zu verdauen. Nur wenige Tiere sind in der Lage, Cellulose verdauende Enzyme (**Cellulasen**) zu bilden. Hierzu gehören beispielsweise die Amöbe *Hartmannella*, der Schiffsbohrwurm *Teredo*, manche Schnecken, die Assel *Limnoria*, das Silberfischchen *Ctenolepisma* und einige holzbewohnende Käferlarven (*Cerambyx*). Die meisten anderen Pflanzenfresser müssen dafür Cellulase produzierende Mikroorganismen in Anspruch nehmen. Schaben, Termiten, Wiederkäuer (S. 676), Nagetiere und Hasenartige haben bestimmte Abschnitte ihres Darmes (Enddarm, Pansen, Blindsäcke) zu **Gärkammern** umgebildet, in denen große Mengen von Endosymbionten leben. Im Darm von Termiten leben beispielsweise polymastigote Flagellaten (📖 *Ökologie, Evolution*), die nicht nur die Celluloseverdauung übernehmen, sondern mit ihren Stoffwechselprodukten auch die einseitige Termitennahrung ergänzen. Die Flagellaten sind wie die meisten Darmbewohner auf anaerobe Bedingungen angewiesen und können durch experimentelle Sauerstoffbelüftung des Darmes abgetötet werden. Solcherart „belüftete" Termiten sind nicht mehr in der Lage, Holz zu verdauen, und verhungern.

Neben den Pflanzenfressern sind auch Säftesauger für den Aufschluss ihrer Nahrung vielfach auf Endosymbionten angewiesen. Blutegel beispielsweise produzieren keine eigenen extrazellulären Proteasen. Diese werden vollständig vom endosymbiontischen Bakterium *Pseudomonas hirudinis* geliefert, welches nur in Blutegeln vorkommt. Die Spaltprodukte, Peptide und einzelne Aminosäuren, werden dann vom Wirtstier aufgenommen. Viele Blutsauger beherbergen ihre endosymbiontischen Bakterien in spezialisierten Organen (z. B. **Mycetome**; Magenscheiben bei der Kopflaus).

Absorbierer: Nehmen Nährstoffe direkt über die Oberfläche auf oder durch Endocytose (Phagocytose oder Pinocytose).
Strudler und Filtrierer: Wasserbewohner, aus einem erzeugten Wasserstrom werden Partikel herausfiltriert.
Säftesauger: Ernähren sich von Flüssigkeiten wie Phloemsaft, Nektar, vorverdautes Gewebe, Blut, Lymphe, zeigen komplexe anatomische Anpassungen (z. B. Stechapparate).
Substratfresser: Fressen Erde, Sand, Schlamm; bei der Passage durch den Darm werden die Nährstoffe aufgenommen.
Schlinger: Große Nahrungsstücke werden ohne Zerkleinerung aufgenommen, häufig Anpassung an Lebensräume mit unsicherer oder unregelmäßiger Nahrungszufuhr, lange Verdauungszeiten.
Zerkleinerer: Zermahlen oder zerkauen Nahrungsstücke, Ausbildung von Hilfsstrukturen wie Schnäbel, Zähne, Scheren.
Sammler: Suchen und sammeln Früchte, Nüsse, etc.
Jäger: Erbeuten Tiere durch aktives Nachstellen, Fallenstellen, Auflauern.
Weidegänger: Nahrungsaufnahme durch Abbeißen, Abreißen oder Abschaben, Nahrung pflanzlich und/oder tierisch, teilweise komplexe Kieferapparaturen oder andere Strukturen (z. B. Radula der Schnecken).
Zahntypen: Incisivi: Schneidezähne; Canini: Eckzähne, Fang- oder Reißzähne; Praemolaren: vordere Backenzähne; Molaren: hintere Backenzähne.
Symbiose mit trophischer Basis: Zoochlorellen, Zooxanthellen, *Riftia*, Termiten, Blutegel.

10.3 Verdauungssysteme im Tierreich

In **Anpassung** an die verschiedenen Ernährungsstrategien und die Größe der Tiere sind die **Verdauungtrakte** im Tierreich unterschiedlich aufgebaut. Sie reichen von einfachen, blind endenden Säcken (Cnidarier, kleine Plathelminthen) über vielfach verzweigte aber ebenfalls blind endende Gastrovaskularsysteme (Medusen, größere Plathelminthen) bis hin zu komplex unterteilten durchgehenden Darmrohrsystemen mit vielfältigen Spezialisierungen (Pharynx, Oesophagus, Kropf, verschiedene Formen von Mägen, Mitteldarmabschnitte, Blinddärme, Gärkammern, etc.) und akzessorischen Drüsen (Speicheldrüsen, Mitteldarmdrüsen, Leber).

Die **Verdauung**, also die chemische Zerlegung der Nahrung in resorbierbare Bestandteile, findet in einem möglichst abgeschlossenem Raum statt. Je nach Organisationsgrad kann es sich hierbei um ein Vesikel, eine Vakuole oder einen extrazellulären Raum unterschiedlicher Größe und Komplexität (einfacher Verdauungshohlraum, Gastrovaskularsystem, verschiedene Verdauungskanäle) handeln. Verdaut wird somit intrazellulär, kombiniert extra- und intrazellulär oder extrazellulär. Eine **intrazelluläre Verdauung** weisen die eukaryotischen Einzeller, die Porifera sowie einige Turbellarien, die Tardigraden und die Ixodida (Zecken) auf. Eine **extrazelluläre Vorverdauung**, die dann in den Darmepithelzellen fortgesetzt wird, findet sich bei Cnidaria, Trematoden, Nemertinen, einigen Anneliden, Gastropoden, den meisten Bivalvia, den meisten Cheliceraten, Bryozoen, Echinodermen und Acraniern. Eine überwiegend extrazelluläre Verdauung gibt es bei Nematoden, den Nuculida unter den Bivalviern, den meisten Anneliden, Onychophora, Crustaceen, Insekten, Cephalopoden, Tunicaten und den Vertebraten.

Einzeller: Eukaryotische Einzeller nehmen ihre Nahrung über die Zelloberfläche auf (Phagocytose oder direkte Absorption). Bei Amöben kann die Phagocytose an jeder beliebigen Stelle des Zellkörpers erfolgen, bei vielen anderen einzelligen Eukaryoten erfolgt sie am Cytostom. Die endocytierte Nahrung bleibt in einer Nahrungsvakuole eingeschlossen und durchläuft eine Wanderung durch die Zelle (**Cyclose**). Die Cyclose lässt sich besonders gut bei Ciliaten (z. B. *Paramecium*, Abb. 10.**5a**) verfolgen. In der Nahrungsvakuole findet die intrazelluläre Verdauung statt, wobei durch das Verschmelzen mit anderen Vesikeln (Lysosomen) Verdauungsenzyme in die Vakuole gelangen. Der gesamte Prozess ist mit pH-Änderungen verbunden (bei *Paramecium*: alkalisch-sauer-alkalisch). Abbauprodukte werden resorbiert und unverdauliche Reste wieder exocytiert. Ähnlich dem Zellmund ist bei Ciliaten hierfür eine spezielle Stelle im Cortex vorhanden (Zellafter oder Cytopyge). Es ist zu bedenken, dass bei diesem Prozess die Nahrung, streng genommen, immer außerhalb der Zelle bleibt (eingeschlossen in einer Nahrungsvakuole) und nur brauchbare Abbauprodukte in das Cytoplasma aufgenommen werden. Ähnliches gilt im makroskopischen Bereich auch für die Metazoen. Die Nahrung wird in einen Darmsack oder ein Darmrohr aufgenommen und bleibt doch außerhalb des Körpers. Darmräume stellen sozusagen vom Körper umschlossene Umwelt dar. Dieses Prinzip setzt sich bei einigen Metazoen dann auf zellulärer Ebene fort. Endocytose und Resorption laufen hier ganz ähnlich ab wie bei einzelligen Eukaryoten. Insgesamt ist dadurch gewährleistet, dass einerseits möglichst nur erwünschtes Material in den Körper gelangt und andererseits die Verdauung der Nahrung durch die Eingrenzung in Vakuolen oder Darmräumen effektiver erfolgen kann.

Niedere Metazoen: Die Entstehung der Vielzelligkeit und somit komplexer und großer Zellverbände ist eng mit dem Problem verknüpft, diese vielen Zellen auch alle ausreichend mit Nährstoffen zu versorgen. Der Körper der **Porifera** ist beispielsweise von einem komplizierten Kanal- und Kammersystem durchzogen (Abb. 10.**1**). Nahrungspartikel werden von den Choanocyten der Kragengeißelkammern aufgenommen und entweder gleich in diesen oder in speziellen Amoebocy-

10.3 Verdauungssysteme im Tierreich

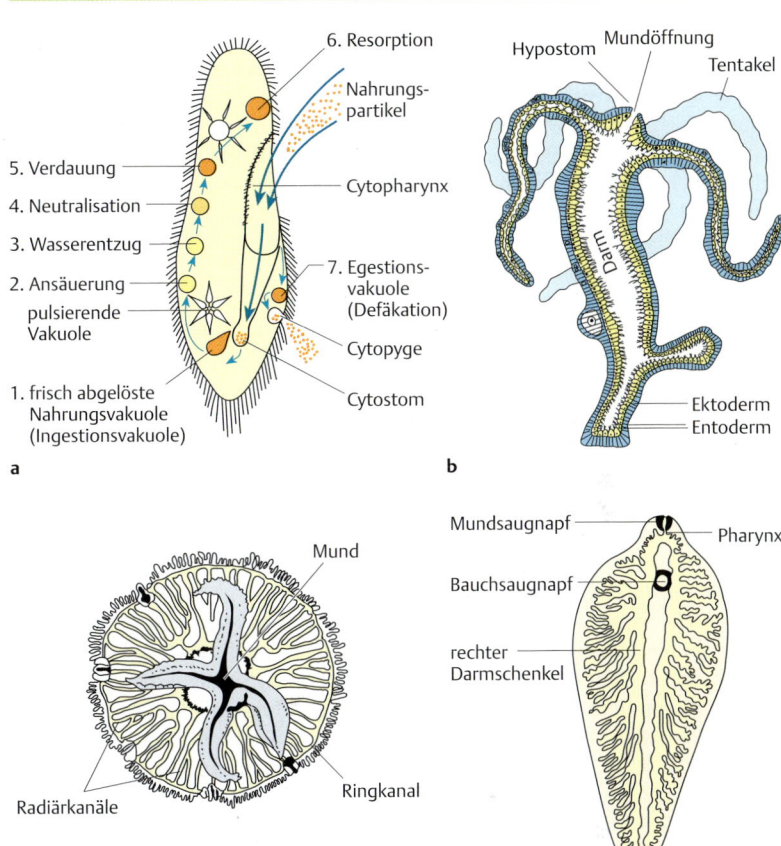

Abb. 10.5 **Einfache Verdauungssysteme bei Einzellern und niederen Metazoen. a** Nahrungs- und Verdauungsvakuolen sowie deren zyklische Bahn im Zellinneren von *Paramecium caudatum* (Ciliophora). Die Verdauung erfolgt ausschließlich intrazellulär. **b** Sackförmiger, blind endender Darm von *Hydra* (Cnidaria). Es gibt nur eine als Mund und After fungierende Öffnung. Die Verdauung erfolgt sowohl intrazellulär als auch extrazellulär im Darmlumen. **c, d** Verästelte Gastrovaskularsysteme bei einer Qualle (*Aurelia aurita*, Cnidaria) und beim großen Leberegel (*Fasciola hepatica*, Trematoda). Gastrovaskularsysteme dienen nicht nur der Verdauung und der Resorption, sondern auch der Verteilung der Nährstoffe im Körper.

ten (Trophocyten) verdaut. Wie bereits oben erwähnt, dient der spezielle Körperbau der Schwämme dazu, die Filtrierleistung des Schwammes als Ganzes zu optimieren. Er ist aber auch dafür verantwortlich, dass die Nährstoffe im ganzen Körper verteilt werden. Die **Cnidarier** besitzen ein blind endendes entodermales Hohlraumsystem. Die Mundöffnung dient gleichzeitig auch als Afteröffnung. Der entodermale Verdauungstrakt ist sehr einfach strukturiert (*Hydra*, Abb. 10.**5b**), durch Septen in Kammern unterteilt (Actinien, Scyphopolypen), oder er bildet ein stark verzweigtes **Gastrovaskularsystem** (griech. gaster: Magen, Bauch; lat. vasculum: kleines Gefäß) (viele Medusen, Abb. 10.**5c**). Beim Gastrovaskularsystem der Medusen ziehen von einem Zentralmagen ausgehend Radiärkanäle in die Peripherie. Die Radiärkanäle können in der Peripherie durch einen Ringkanal verbunden sein. Der Transport der Nahrungspartikel innerhalb dieses Systems erfolgt mithilfe von Cilien. Somit übernimmt das Gastrovaskularsystem zusätzlich zu den Funktionen des Darmtraktes höherer Tiere (Umschließen der Nahrung, enzymatischer Abbau, Resorption, Faecesabgabe) auch eine Verteilungsfunktion, die bei höheren Tieren von Blutkreislaufsystemen wahrgenommen wird (daher der Name!). Über das Niveau des Einzeltieres hinaus haben viele koloniale Polypenformen sogar einen verzweigten Gemeinschaftsdarm entwickelt (z. B. *Laomedea geniculata*). Auch die Plathelminthen mit Ausnahme der Cestoden zeichnen sich durch den Besitz eines Gastrovaskularsystems aus. Im Gegensatz zu den Cnidariern leitet sich dieses allerdings von einem bilateral organisierten Darmsack her. Er ist, je nach Größe des Tieres, als einfacher Stab (Rhabdocoela), als zwei- bis dreischenkliger unverzweigter Darm (*Mesostoma ehrenbergi*) oder als stark verzweigtes Darmsystem (größere Formen wie *Fasciola*, *Planaria*) ausgebildet (Abb. 10.**5d**).

Tiere mit durchgehendem Darmrohr: Bei den höher entwickelten Metazoen ist ein durchgehendes Darmrohr ausgebildet, der **Gastrointestinaltrakt**. Die Nahrung wird über die Mundöffnung aufgenommen, eventuell zerkleinert und oft in einer Aussackung des Darmes (Magen) gespeichert. Durch Cilienschlag (viele kleinere wirbellose Tiere) oder durch peristaltische Kontraktionen der das Darmrohr begleitenden Muskulatur (z. B. Wirbeltiere) wird die Nahrung im Darm transportiert und schließlich über den After ausgeschieden. Anfang und Ende des Darmrohres (Stomodaeum und Proctodaeum) werden von Teilen des Ektoderms gebildet, der mittlere Abschnitt von entodermalem Epithel. Dadurch ist auch die prinzipielle Unterteilung des Darmes in **Vorderdarm**, **Mitteldarm** und **Enddarm** gegeben, die bei den meisten Tieren mit durchgehendem Darmrohr zu finden ist. Die Aufnahme der Verdauungsprodukte (Resorption) der Nahrung findet meist im entodermalen Mitteldarm statt. Bei einigen Formen kann die Resorption auch in Anhangsdrüsen des Mitteldarmes erfolgen. Dies ist z. B. bei den Mitteldarmdrüsen des Flusskrebses oder den Pylorusdrüsen des Seesterns der Fall. Bei beiden Tieren ist der Mitteldarm nur sehr kurz, und die Verdauungssaftproduktion sowie Verdauung und Resorption finden in den jeweils stark verzweigten Drüsengängen statt. Bei Cephalopoden erfolgt die Resorption in den Mitteldarmdrüsen und dem Caecum, einem Blindsack zwischen Magen und Darm. Beim Kalmar (*Loligo*) ist dieses Caecum sogar der hauptsächliche Resorptionsort.

Je nach Ernährungsweise zeigt der Darm bei verschiedenen Tieren mehr oder weniger vielfältige und ausgeprägte **Spezialisierungen**. Von anterior nach posterior können dies sein:

Muskulöser Pharynx (Schlunddarm), der direkt an die **Mundöffnung** anschließt und nach dem Prinzip einer Saugpumpe arbeitet (bei Nematoden). Ähnliche Strukturen besitzen bereits die Plathelminthen. Unter Umständen sind Speicheldrüsen ausgebildet, deren Sekret dem Einschleimen oder der Vorverdauung der Nahrung dient oder die auf andere Art dem Nahrungserwerb nützlich sind (Giftdrüsen der Schlangen, Antikoagulanzien im Speichel von Stechmücken oder Blutegeln).

Oesophagus (Speiseröhre) mit diversen Spezialisierungen, z. B. Kalkdrüsen des Regenwurms oder Mahl- und Kauvorrichtungen (z. B. im branchialen Vorderdarmbereich einiger Teleosteer). Der Oesophagus dient ansonsten dem Weitertransport der Nahrung.

Kropf (Abschnitt des Oesophagus) zur Speicherung und eventuell Vorverdauung der Nahrung (z. B. Regenwurm, Laufkäfer, Abb. 10.**6**). Bei einigen Vögeln wird im Kropf eine milchartige Substanz gebildet (Kropf der Taube, Abb. 10.**7**).

Auch die paarigen **Lungen** der Landwirbeltiere oder die **Schwimmblase** vieler Fische entstehen als Aussackung des Vorderdarms, haben aber andere Funktionen übernommen (S. 755).

Muskel- oder Kaumagen zur Durchmischung und/oder Zerkleinerung sowie zur Vorverdauung der Nahrung. Viele Arthropoden sind mit chitinigen Magenzäh-

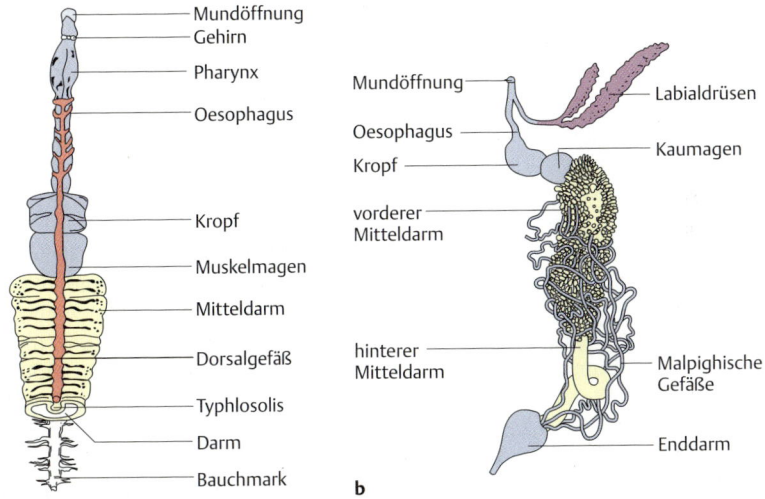

Abb. 10.**6 Wirbellose mit durchgehendem Darmrohr. a** Regenwurm. Der Darm ist von vorne nach hinten in Pharynx, Oesophagus, Kropf, Muskelmagen und Mitteldarm untergliedert. Die Einfaltung des Mitteldarms (Typhlosolis) dient der Oberflächenvergrößerung. **b** Insekt (Laufkäfer *Carabus*). Der Insektendarm gliedert sich in einen Vorderdarmabschnitt mit Oesophagus, Kropf und Kaumagen, einen Mitteldarmabschnitt und einen Enddarmabschnitt. Als Derivate des Darmes mit unterschiedlichen Funktionen bilden sich die Labialdrüsen (Produktion von Speichel) oder die Malpighischen Gefäße (Exkretion) aus.

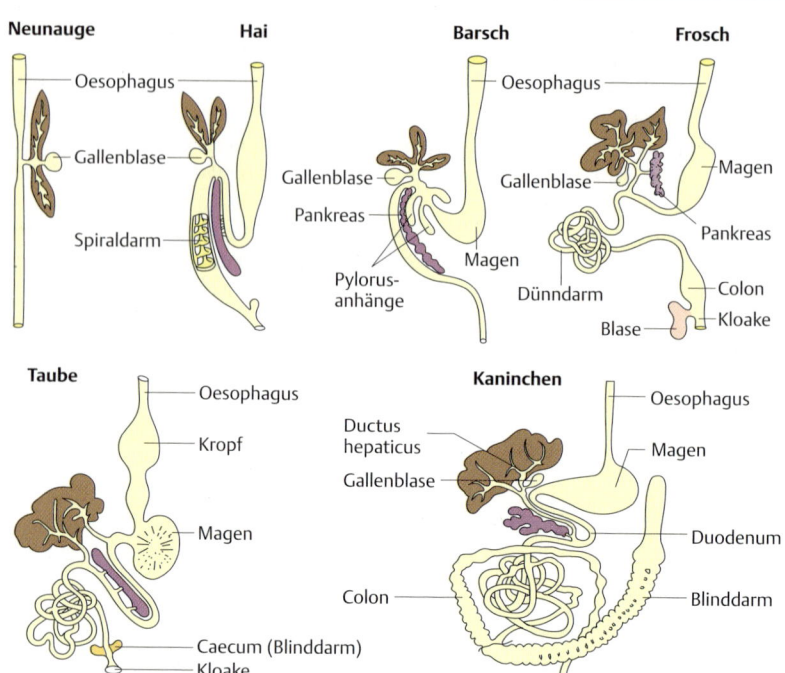

Abb. 10.7 **Verdauungssysteme von Vertebraten.** Dargestellt sind die Abschnitte des Darmes sowie verschiedene Anhangsdrüsen wie Leber (braun) und Pankreas (violett) von Neunauge (Cyclostomata), Hai (Elasmobranchii), Barsch (Teleostei), Frosch (Amphibia), Taube (Aves) und Kaninchen (Mammalia).

nen ausgestattet (z. B. Flusskrebs, einige Insekten), und manche Wirbeltiere nutzen Magensteine zur Zerkleinerung der Nahrung. Bei Muscheln rotiert ein Stab aus kristallinem Verdauungssekret (**Kristallstiel**) im Magen. Dies führt einerseits zur besseren Durchmischung des Nahrungsbreis und unterstützt desweiteren die Freisetzung von Verdauungsenzymen aus dem Kristallstiel. Vielfach sind blind endende Anhänge am Ende des Magens ausgebildet, z. B. die Blinddärme der Schaben oder die Pylorusanhänge der Barsche. Innerhalb der Wirbeltiere ist der Magen unterschiedlich stark ausgeprägt. Bei vielen Fischen hebt er sich kaum vom Darmkanal ab (Neunauge, Hai, Barsch), während er bei Vögeln oder Säugetieren einen klar abgegrenzten Raum darstellt (Abb. 10.**7**).

Besonders komplex ist der **„Magen" der Wiederkäuer** aufgebaut, der aus Teilen des distalen Oesophagus (**Pansen, Netzmagen, Blättermagen**) und dem eigentlichen Magen (**Labmagen**) zusammengesetzt ist (mehrkammeriger Magen, Abb. 10.**8**). Diese Struktur ist innerhalb der Säugetiere mehrfach **konvergent** entstanden. Zu den Wiederkäuern gehören viele Paarhufer (Rinder, Schafe, Ziegen), Kängurus, Kamele, Lamas, Schliefer und sogar einige Primaten (Stummelaffen). Der Pansen dient als eine Gärkammer zum Aufschluss von Cellulose. Wiederkäuer beherbergen in dieser Gärkammer eine Mischung aus Bakterien und Ciliaten, welche die β1,4-glykosidischen Bindungen der Cellulose mithilfe einer Cellulase spalten (s. o.). Die Bakterien erhalten von ihren Symbiosepartnern einen geschützten Lebensraum (Pansen) und stickstoffhaltige Verbindungen (Harnstoff, NH_3) für die Proteinsynthese. Im Gegenzug liefern sie aus dem Abbau der Cellulose organische Säuren, welche entweder als Energiequelle (Essigsäure, Buttersäure) oder zum Aufbau von Lipiden und Zuckern (Propionsäure) genutzt werden. Sie produzieren außerdem Vitamine (Vitamin K und Vitamine aus der B-Gruppe) und werden schließlich selbst zur Nahrung, da ein Teil von ihnen regelmäßig in den Magen gelangt und verdaut wird (Abb. 10.**8**). Zusätzlich zur chemischen Aufbereitung durch die Endosymbionten wird die Nahrung auch mechanisch mehrfach bearbeitet. Der Nahrungsbrei wird wiederholt regurgitiert und nochmals gekaut (daher der Begriff Wiederkäuer).

Entodermale Darmanhänge oder **Darmanhangsdrüsen** wie Mitteldarmdrüsen, Pankreas (S. 687) oder Leber (Abb. 10.**7**) dienen bei Wirbeltieren primär der Produktion von Verdauungssäften, manchmal auch der Resorption, und münden posterior vom Magen in den Darmtrakt. Pankreas und Leber haben im Laufe der Evolution zusätzliche Funktionen erlangt. So werden in abgegrenzten Bereichen des Pankreas (Langerhanssche Inseln) Hormone synthetisiert (S. 900).

Die **Leber** hat neben der Produktion von Gallenflüssigkeit noch eine Vielfalt an Aufgaben:
- Blutbildung im Fötus (bis 7. Schwangerschaftsmonat);
- Speicherfunktion für Aminosäuren, Glykogen, Fett, Vitamine, Blut;
- Biochemische Prozesse: Bildung von Harnstoff (Harnsäure bei Vögeln und Reptilien) und Glykogen, Auf- und Abbau von Lipoproteinen, Abbau des Blutfarbstoffs, Synthese von Cholesterol und Gerinnungsfaktoren;
- Wärmeproduktion: Einhergehend mit der Stoffwechselaktivität der Leber ist sie das Organ mit der größten Wärmeentwicklung (Temperatur beim Menschen etwa 40°C) und dient insbesondere für die Säugetiere als „Heizung";
- Exkretorische Funktion: Gallenflüssigkeiten und Gallenfarbstoffe (Bilirubin);
- Regulatorische Funktion: Säure-Base-Haushalt, Spurenelement- und Vitaminstoffwechsel;
- Entgiftung: Überführung von Fremdstoffen in wasserlösliche Derivate;
- Phagocytose von Fremdbestandteilen des Blutes und von „alten" Erythrocyten („Erythrocytenmauser", passiert auch in der Milz, S. 818).

Um diesen Funktionen gerecht zu werden, ist die gute Durchblutung der Leber Grundvoraussetzung. Die Leber liegt im venösen Blutstrom zwischen zwei Kapillarnetzsystemen (S. 715, Abb. 11.**16**): dem der Vena portae (**Pfortader**) und der Vena cava inferior (untere Hohlvene). Sauerstoffreiches Blut für die eigene Versorgung liefert die Arteria hepatica (Leberarterie). Die Leber wird beim Menschen in vier Lappen unterteilt (**Lobi**). Neben den Leberzellen (**Hepatocyten**) gibt es fett- und

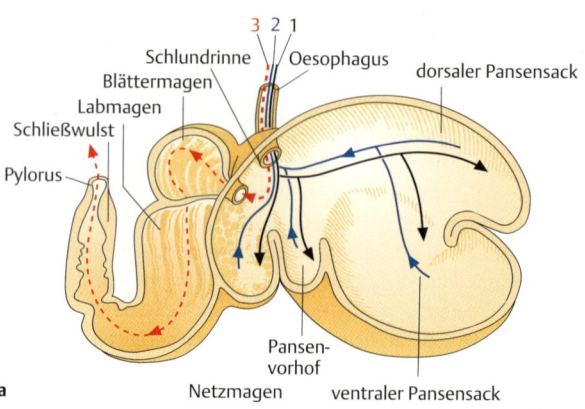

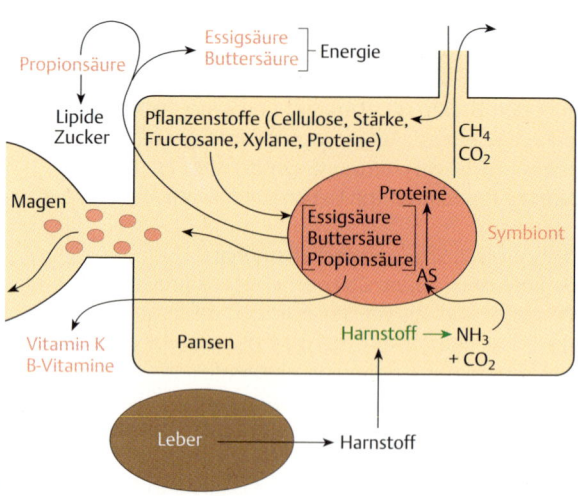

Abb. 10.8 Das Ökosystem Wiederkäuermagen. a Mehrkammeriger Magen einer Kuh. Das Pflanzenmaterial gelangt nach erstmaligem Kauen in den Pansen, wo es mithilfe von Bakterien und Pansenciliaten verdaut wird (1). Der aufgeschlossene Nahrungsbrei wird dann noch mal aufgestoßen und gekaut (2), bevor er schließlich in den eigentlichen Magen weitergeleitet wird (3). **b** Die Stoffwechselvorgänge in der Gärkammer Pansen. Die Symbionten erhalten vom Wirt Stickstoff für die Proteinsynthese. Dieser kommt aus dem in der Leber produzierten Harnstoff und gelangt über den Speichel oder direkt über die Pansenwand in die Gärkammer.

vitaminspeichernde Zellen (**Ito-Zellen**) und ortsständige Makrophagen, die **Kupfferschen Sternzellen**.

Der **Mitteldarm** ist meist der Ort der Endverdauung und der Resorption. Hier findet auch ein Großteil der Wasserrückresorption statt. Bei Wirbeltieren fällt eine Korrelation der Länge von Mitteldarm/Dünndarm und der Ernährung der Tiere auf. Je höher der Anteil an faserhaltiger, pflanzlicher Nahrung, desto länger ist der Dünndarm (Darmsysteme von Taube und Kaninchen, Abb. 10.**7**). Bei vielen Fröschen haben die Kaulquappen einen langen, gewundenen Darm (sie ernähren sich von Algen), während die adulten Tiere als Räuber einen eher kurzen Dünndarm besitzen (Abb. 10.**7**). Hinzu kommt, dass die Darmlänge bei zunehmender Körpergröße zunimmt. Dies hängt mit dem sich verschlechternden Verhältnis von Oberfläche und Volumen zusammen: Die resorbierende Darmoberfläche nimmt mit der 2. Potenz zu, während das zu versorgende Körpervolumen mit der 3. Potenz wächst. Daraus ergibt sich die Faustregel, dass kleine Fleischfresser besonders kurze und große Pflanzenfresser besonders lange Därme besitzen.

Blinddarm: Am posterioren Ende des Dünndarms können Aussackungen entstehen, die mit der Ernährung (diverse Blinddärme) oder auch mit anderen Funktionen in Zusammenhang stehen können (z. B. Malpighische Gefäße der Insekten oder Wasserlungen der Holothurien). Kaninchen oder Ratten haben ihre endosymbiontischen Bakterien im stark ausgeprägten Blinddarm (Abb. 10.**7**). Da sich diese Gärkammer hinter dem resorbierenden Mitteldarmepithel befindet, wird der Blinddarmbrei als Weichkot ausgeschieden und nochmals gefressen (**Koprophagie**). Dieser Weichkot enthält die aufgeschlossenen Nahrungsbestandteile sowie die von Mikroorganismen synthetisierten Vitamine. Der definitive, nährstoffarme Kot wird als Hartkot bezeichnet.

Die histologische Organisation des Blinddarmes entspricht der des nachfolgenden **Dickdarms (Colon)**. Beim Menschen ist am Ende des Blinddarmes ein kleiner wurmförmiger Fortsatz (**Appendix vermiformis**) zu finden. Er ist Teil des lymphatischen Systems und dient der Abwehr. Dickdarm und **Mastdarm (Rektum)** dienen meist der weiteren Rückresorption von Wasser und Elektrolyten. Es können auch noch einige andere Stoffe resorbiert werden (z. B. Vitamin K, Aminosäuren und Zucker). Da der Kot im Dickdarm eine festere Konsistenz erhält, sind hier relativ viele schleimproduzierende Zellen (Becherzellen) im Epithel zu finden (Abb. 10.**12 d**). Im Rektum wird der Kot weiter eingedickt, es geht in den **Analkanal** über. Die Defäkation erfolgt schließlich über den **After**.

Entsprechend dieser Vielfalt an möglichen Spezialisierungen von Darmabschnitten gibt es im Tierreich eine Vielzahl von unterschiedlich gestalteten Darmsystemen (Beispiele Abb. 10.**5**–10.**8**).

> **Cyclose:** Wanderung einer Nahrungsvakuole durch die Zelle, durch Verschmelzung mit anderen Vesikeln gelangen Verdauungsenzyme in die Vakuole.

Gastrovaskularsystem: Hohlraumsystem, übernimmt bei Coelenteraten und Plathelminthen Funktion von Verdauungs- und Kreislaufsystem, hat nur eine Öffnung nach außen.
Gastrointestinaltrakt: Durchgehendes Darmrohr, zwei Öffnungen nach außen, meist unterteilt in Vorder-(Pharynx, Oesophagus, evtl. Magen), Mittel-(Dünndarm) und Enddarm (Dickdarm, Rektum).
Pharynx: Schlunddarm, wirkt – mit Muskeln ausgestattet – z B. bei Nematoden wie Saugpumpe.
Oesophagus: Speiseröhre, besondere Struktur z. B. bei Vögeln oder Insekten: Kropf.
Magen: Sammelstelle für die Nahrung, Durchmischung und erste Verdauung, bei einigen Tieren als Kaumagen ausgebildet (Regenwurm, einige Insekten und Krebse).
Verdauung der Wiederkäuer: Mehrkammerig, distaler Oesophagus bildet: Pansen, Netzmagen, Blättermagen; eigentlicher Magen: Labmagen; Pansen: Gärkammer; Nahrungsbrei wird heraufgewürgt und wieder gekaut. Chemische Zersetzung durch Endosymbionten.
Darmanhangsdrüsen: Entodermal, Mitteldarmdrüsen, Pankreas und Leber: produzieren Verdauungsenzyme, teilweise auch Orte der Resorption. Leber mit vielen zusätzlichen Aufgaben (z. B. Zentrale des Intermediärstoffwechsels, Entgiftung, Synthese von Gerinnungsfaktoren, Signalmolekülen etc.).
Blinddarm: Dient bei einigen Tieren als Verdauungsraum bzw. Gärkammer.

10.4 Verdauung und Resorption bei Wirbeltieren

Um Nahrungsbestandteile effektiv nutzen und verwerten zu können, müssen diese in Teilstücke zerlegt werden, die klein genug sind, dass sie von den resorbierenden Zellen des Dünndarms aufgenommen werden können. Nahrungsmoleküle werden bereits im Verdauungstrakt durch verschiedene **Verdauungsenzyme** zunächst in einfachere Komponenten und teilweise in Einzelbausteine zerlegt. Dabei wirken im Verlauf der Passage durch den Verdauungskanal unterschiedliche Enzyme auf den Nahrungsbrei ein. Diese sind einerseits durch unterschiedliche Substratspezifitäten und andererseits durch unterschiedliche pH-Optima charakterisiert. Während der Verdauung wird die Nahrung außerdem durch **peristaltische Bewegungen** wie auf einem Förderband durch den Darmkanal bewegt. Der Verdauungsprozess ist somit räumlich, zeitlich und funktionell untergliedert. Für die Aufnahme von Fetten werden zusätzlich zu den Verdauungsenzymen noch Emulgatoren (Gallensalze) aus der Gallenflüssigkeit benötigt. Einfache Verbindungen und Einzelbausteine werden schließlich im Dünndarm von Epithelzellen mithilfe verschiedener Transportsysteme aufgenommen (**Resorption**). Die resorbierten Bestandteile werden über Blut- und Lymphkreislauf im Körper verteilt. Die meisten der an Verdauung und Resorption beteiligten Prozesse wie die Darmperistaltik oder die Sekretion von Verdauungsenzymen, Gallenflüssigkeit, HCl und Puffersubstanzen stehen unter zentralnervöser und/oder hormoneller Kontrolle.

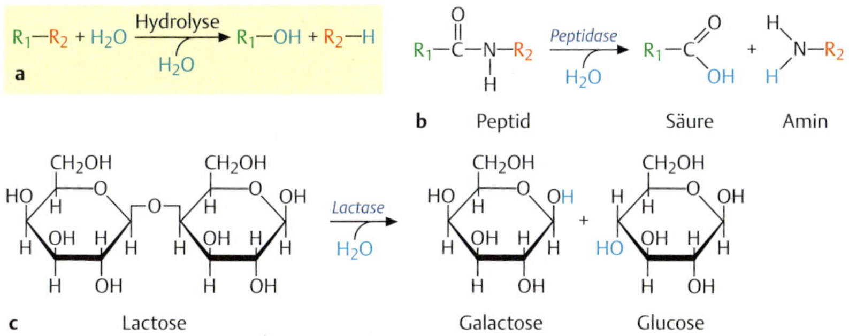

a $R_1-R_2 + H_2O \xrightarrow[H_2O]{Hydrolyse} R_1-OH + R_2-H$

b $R_1-\overset{O}{\underset{}{C}}-\underset{H}{N}-R_2 \xrightarrow[H_2O]{Peptidase} R_1-\overset{O}{\underset{OH}{C}} + \underset{H}{\overset{H}{N}}-R_2$

Peptid   Säure   Amin

c Lactose $\xrightarrow[H_2O]{Lactase}$ Galactose + Glucose

Abb. 10.9 Die Hydrolyse als chemische Basis der Verdauung. a Bei der Hydrolyse wird H$^+$ an das eine und OH$^-$ an das andere Spaltprodukt angelagert. Die Reaktion wird durch verschiedene Hydrolasen katalysiert. **b** Hydrolytische Spaltung eines Peptides, katalysiert durch eine Peptidase, und (**c**) eines Disaccharides, katalysiert durch das Enzym Lactase.

10.4.1 Die chemische Basis der Verdauung

Der für die Verdauung entscheidende chemische Prozess ist die **Hydrolyse** (Abb. 10.**9**). Die chemische Energie, die durch die hydrolytische Spaltung von polymeren Nahrungsmolekülen im Darmlumen freigesetzt wird, ist für den Körper verloren. Die **Verdauungsenzyme** spalten die Bindungen, welche nur eine geringe Energie enthalten, und so wird auch nur eine relativ geringe Menge der in Nahrungsmolekülen insgesamt gespeicherten Energie freigesetzt. Der Großteil der Energie wird erst intrazellulär im Intermediärstoffwechsel für den Körper nutzbar gemacht. Die bei der Verdauung im Darm entstandenen Bruchstücke (Monosaccharide, Fettsäuren, Aminosäuren, Basen) werden intrazellulär auch als Bausteine für die Synthese körpereigener Makromoleküle verwendet. So sind beispielsweise Nucleinsäuren keine essentiellen Nahrungsbestandteile, die Basen können aus einfachen Ausgangsstoffen synthetisiert werden (s. o.), es ist aber dennoch günstiger, Basen aus der Nahrung direkt für die Neusynthese eigener Nucleinsäuren zu verwenden.

10.4.2 Verdauung und Resorption am Beispiel des Menschen

Der Magen-Darm-Trakt des Menschen gliedert sich in Mundhöhle, Oesophagus, Magen, Dünndarm, Dickdarm und Rektum. In die Mundhöhle münden die Ausführgänge der drei großen Speicheldrüsen (Ohrspeicheldrüse: Glandula parotis, Unterzungenspeicheldrüse: Gl. sublingualis, Unterkieferspeicheldrüse: Gl. submandibularis), in das Duodenum die Ausführgänge von Pankreas und Leber. Die Darmabschnitte haben verschiedene Funktionen und sezernieren Verdauungssekrete unterschiedlicher Zusammensetzung (Abb. 10.**10**).

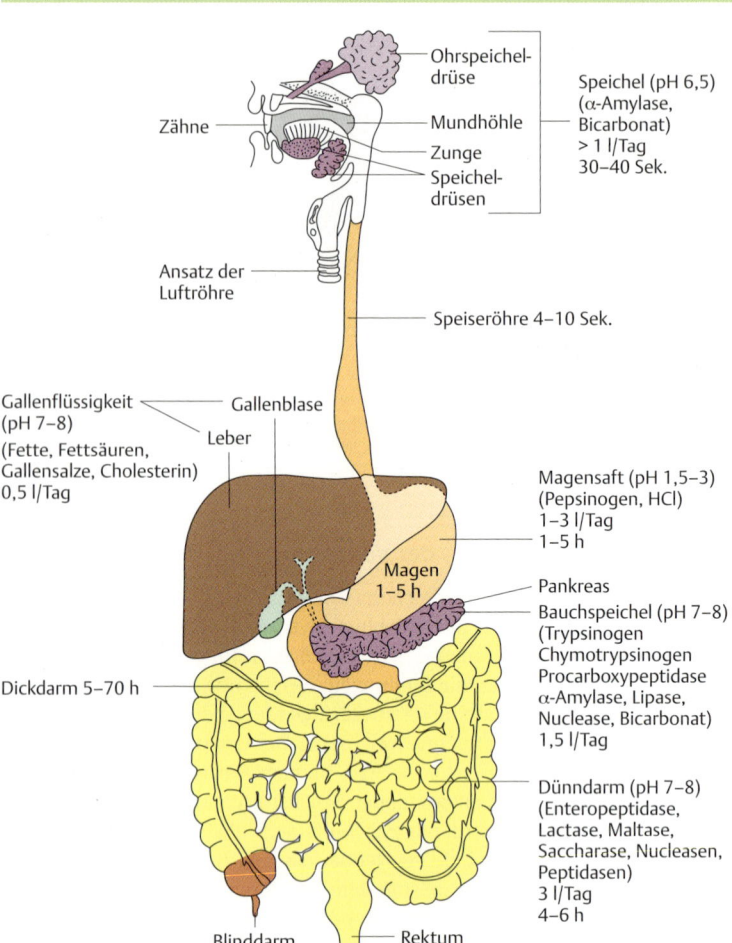

Abb. 10.10 Übersicht über den menschlichen Verdauungstrakt mit den für die Verdauung wichtigen Anhangsdrüsen. Die Zusammensetzung der Sekrete von Speicheldrüsen, Magen, Pankreas, Leber und Dünndarm ist jeweils aufgeführt; ebenso die jeweilige tägliche Sekretmenge und die Verweildauer der Nahrung in den einzelnen Abschnitten.

Verdauungsprozesse

Eine (mehr oder weniger gesunde) Mahlzeit enthält eine Mischung aus Kohlenhydraten, Fetten und Proteinen (Cheeseburger in Abb. 10.**11**), welche jeweils durch spezifische Verdauungsenzyme zerlegt und im Dünndarm resorbiert wer-

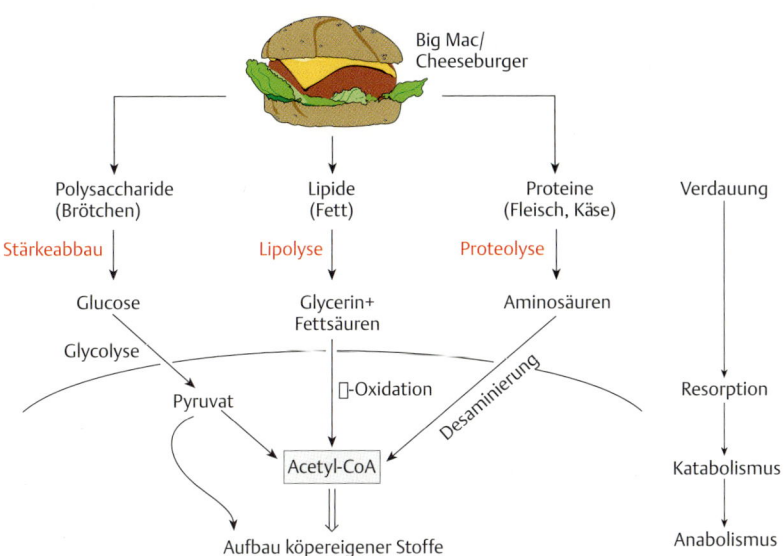

Abb. 10.**11** **Die Verwertung der Nahrung.**

den. Intrazellulär werden die Moleküle im katabolen Stoffwechsel weiter zerlegt, wobei Pyruvat und insbesondere Acetyl-CoA zentrale Positionen im Stoffwechselgeschehen einnehmen (*Biochemie, Zellbiologie*). Von diesen beiden Substanzen ausgehend können im anabolen Stoffwechsel wieder körpereigene Kohlenhydrate, Proteine und Fette synthetisiert werden.

Die Nahrung wird im Mund durch Kauen mechanisch zerkleinert. Spezifisch für den Menschen muss erwähnt werden, dass sie in der Regel bereits vorher durch Kochkünste sowie Messer und Gabel vorbehandelt wird. So werden Proteine durch Kochen und Braten denaturiert.

Im **Mund** wirken erste Verdauungsenzyme auf die Nahrung ein. Der Mundspeichel enthält neben Wasser, Schleim und Puffersubstanzen auch eine **α-Amylase**, weshalb gut durchgekautes Brot süß schmeckt. Der durch den Schleim schlüpfrig gemachte Nahrungsbissen (**Bolus**) wird durch die Kaubewegungen vermischt und geknetet und schließlich heruntergeschluckt. Er gelangt über den **Oesophagus** in den Magen. Von hier bis zum Ende des Dickdarms weist die Wand des Darmkanals eine charakteristische histologische Organisation auf (Abb. 10.**12**). Das Darmrohr ist von einer bindegewebigen Hülle, der **Serosa** (nicht zu verwechseln mit der extraembryonalen Serosa eines Säugetierembryos, S. 314) umgeben. Die Serosa geht in das Mesenterium über, an welchem der Darm in der Leibeshöhle aufgehängt ist und über welches der Stoffaustausch erfolgt. Unter der Serosa liegt eine dünne Bindegewebsschicht (**Subserosa**). Nach innen folgt zunächst eine Längs-

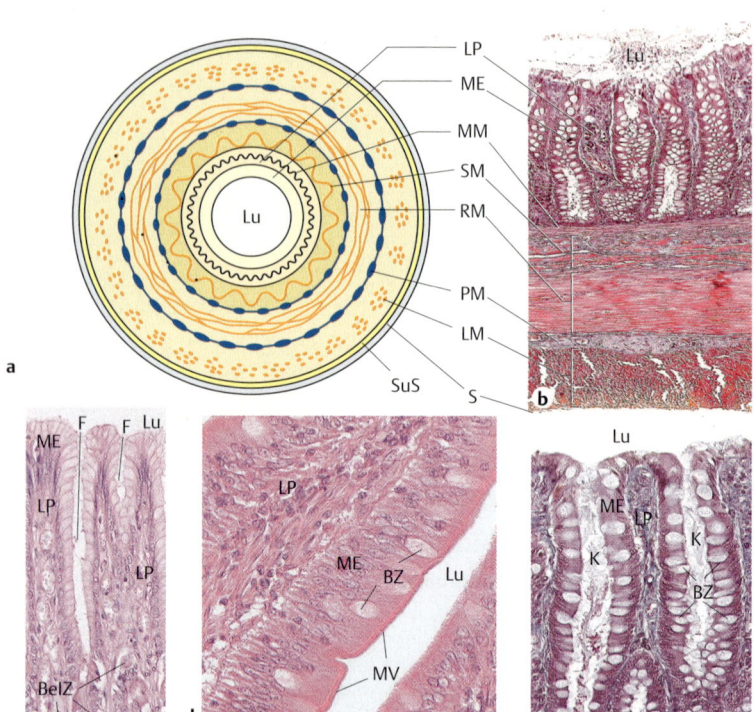

Abb. 10.**12 Histologische Organisation der Darmwand bei Wirbeltieren. a** Die Mucosa besteht aus dem resorbierenden Epithel (ME), der darunter liegenden Lamina propria (LP) mit Blut- und Lymphkapillaren sowie der Muscularis mucosae (MM). Daran schließt sich die Tunica submucosa (SM), eine bindegewebige Schicht mit Venen, Arterien und Nervenzellen (Plexus submucosus, PM) an, gefolgt von der Tunica muscularis bestehend aus einer Ring- (RM) und einer Längsmuskelschicht (LM). Zwischen den beiden Muskelschichten befindet sich der Plexus myentericus (PM). Außen findet sich eine dünne Bindegewebslage (Subserosa, SuS) und der epitheliale Abschluss (Serosa, S). **b** Histologischer Querschnitt durch die Dickdarmwand der Katze, Übersicht (Azan-Präparat). **c** Querschnitt durch die Magenschleimhaut der Katze, H. E.-Präparat. BelZ, Belegzellen, F, Foveolae gastricae. **d** Dünndarmepithel, H. E.-Präparat. MV, Mikrovillisaum. **e** Querschnitt durch die Dickdarmschleimhaut der Katze, Details, Azan-Präparat. K, Krypten. Auffällig sind die vielen Becherzellen (BZ) im Mucosaepithel. (Fotos von Thomas Kurth, Dresden.)

und dann eine Ringmuskelschicht, zusammen als **Tunica muscularis** bezeichnet, welche dem Darm vielfältige Bewegungen ermöglicht. Diese Darmbewegungen dienen dem Transport der Nahrung nach distal (**propulsive Peristaltik**) sowie der Durchmischung des Nahrungsbreis zur Unterstützung von Verdauung und Resorption (nichtpropulsive Peristaltik, Segmentationsbewegungen oder Pendelbewegungen). Die Innervation der Tunica muscularis erfolgt über einen zwischen den Muskelschichten lokalisierten Nervenplexus (Auerbach-Plexus oder **Plexus myentericus**). Daneben scheint noch ein Netzwerk von fibroblastenähnlichen Zellen (interstitielle Zellen von Cajal, ICC) Schrittmacherfunktion für die wellenförmigen Kontraktionen der Muscularis zu haben. Die nach innen folgende Schicht, die **Tunica submucosa**, ist eine gut durchblutete, bindegewebsreiche Verschiebeschicht. Sie enthält auch einen Nervenplexus (Meissner-Plexus oder **Plexus submucosus**), über welchen die sekretorische Aktivität des Dünndarms reguliert wird. Die Nervenplexus des Gastrointestinaltrakts bilden ein weitgehend autonomes Nervensystem, in welches das vegetative Nervensystem über Sympathicus und Parasympathicus (S. 549) lediglich modulierend eingreift. Die Zellen der Nervenplexus entstammen der Neuralleiste (S. 310). Schließlich folgt die Schleimhaut (**Mucosa**), bestehend aus dem eigentlichen Epithel, einer Bindegewebsschicht (Lamina propria) und einer dünnen Schicht aus glatten Muskelzellen (Muscularis mucosae), gesteuert durch den Meissner-Plexus.

Der **Magen** stellt eine sackförmige Erweiterung des Darmkanals dar und gliedert sich in einen proximalen **Fundus-**, einen mittleren **Korpus-**, und einen distalen **Pylorusabschnitt** (oder Antrum) (Abb. 10.**13**). Die Nahrung gelangt portionsweise durch die Aktivität des Oesophagus-Sphinkters (Schließmuskel am Eingang zum Magen) in den Magen. Sie wird distal durch den Pylorus-Sphinkter an den Dünndarm weitergegeben. Die Wand des Fundusabschnitts enthält die sogenannten Fundusdrüsen. Diese enthalten verschiedene Zelltypen, welche einen schützenden Schleim (Nebenzellen), Salzsäure (HCl, Belegzellen) oder Pepsinogen (Hauptzellen) sezernieren (Abb. 10.**14**).

Im Magen herrscht je nach Füllungsgrad und Art der Nahrung ein pH von 1,5–3. Durch den niedrigen pH-Wert wird eine Vielzahl von mit der Nahrung aufgenommenen Mikroorganismen abgetötet, werden Proteine denaturiert und Eisen aus der Nahrung frei gesetzt. Das saure Magenmilieu führt auch zum Schmelzen von doppelsträngiger DNA unter Bildung von Einzelstrang-DNA, welche besser angreifbar ist. Schließlich ist der niedrige pH notwendig für die Aktivierung des Pepsinogens. Pepsinogen ist die inaktive Vorstufe (Proenzym, Zymogen) der Protease Pepsin. Bei neutralem pH ist das aktive Zentrum des Pepsinogens durch Reste eines 44 Aminosäuren umfassenden N-terminalen Peptides blockiert. Bei pH-Werten unter 5 kommt es spontan zu einer Konformationsänderung des Proteins und das aktive Zentrum wird frei. Die so aktivierten Pepsinogene schneiden sich selbst den N-terminalen „Schwanz" ab und werden so in das aktive Pepsin überführt. Pepsin zerkleinert Nahrungsproteine in Poly- und Oligopeptide, wobei es jeweils die Peptidbindung vor einem Tyrosin- oder einem Phenylalaninrest angreift (Abb. 10.**16**).

Die **Salzsäureproduktion** im Magen basiert auf einer Reihe von aktiven und passiven Transportvorgängen über die apikalen oder basolateralen Zellmembranen der **Belegzellen** hinweg sowie auf der Aktivität der Carboanhydrase in diesen Zellen (Abb. 10.**13**). Letztere liefert HCO_3^- (Bicarbonat) und H^+. Ein Transportsystem in der basolateralen Membran transportiert Cl^- im Austausch mit HCO_3^- in die Beleg-

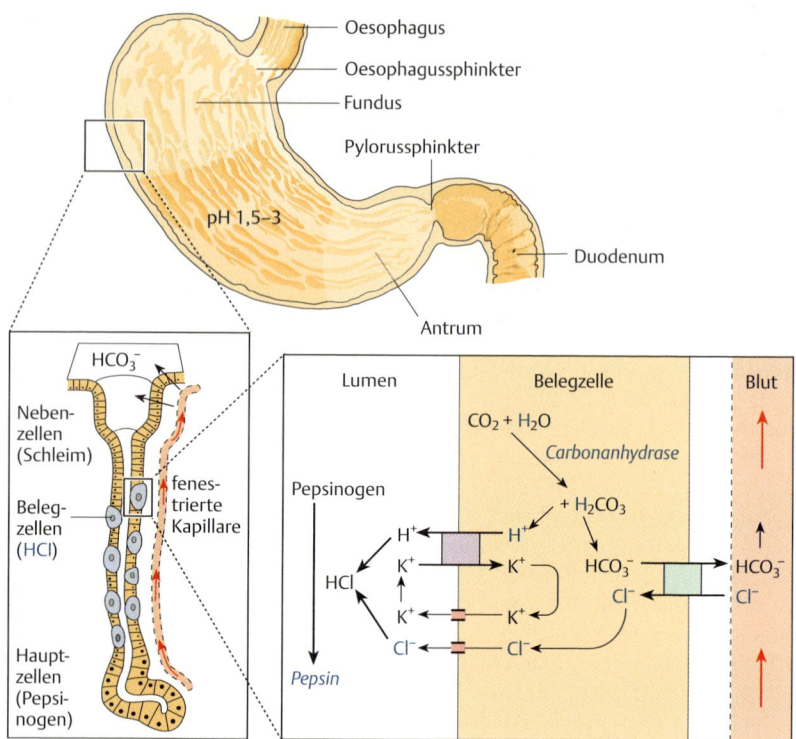

Abb. 10.13 Salzsäureproduktion im Säugetiermagen. Monogastrischer Säugetiermagen mit seinen Hauptmerkmalen (oben). Unten links: Fundusdrüse. Unten rechts: Salzsäureproduktion durch eine Belegzelle.

zelle. Über einen Kanal in der apikalen Membran gelangt Cl^- dann in das Magenlumen. H^+ wird durch die apikale H^+-K^+-ATPase („Protonenpumpe") in das Magenlumen gepumpt. Dort bildet sich dann HCl. Zur Aufrechterhaltung des Ionengleichgewichts sind noch andere Transporter und Kanäle aktiv (z. B. K^+-Kanäle, Na^+-K^+-ATPase). Aktive Belegzellen haben eine stark vergrößerte apikale Oberfläche und enthalten sehr viele Mitochondrien (Abb. 10.14). Beides ist als Anpassung an die Transportleistung dieser Zellen zu verstehen: Die Mitochondrien liefern das ATP für die H^+-K^+-ATPase, und die vergrößerte apikale Oberfläche enthält entsprechend viele Pumpen und Kanäle, sodass genügend Cl^- und H^+ in das Magenlumen transportiert werden können.

Die gesamte innere Magenoberfläche wird von einer schützenden, etwa 0,6 mm dicken Schleimschicht überzogen, welche von verschiedenen Zellen der Magenschleimhaut gebildet wird. Zusätzlich wird Bicarbonat als Puffersubstanz sezer-

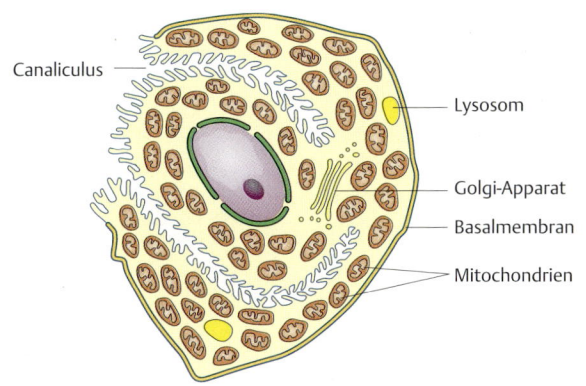

Abb. 10.**14**
Ultrastruktur einer stimulierten Belegzelle. Die starke Einfaltung unter Bildung sogenannter Canaliculi dient der Oberflächenvergrößerung. Die große Anzahl an Mitochondrien signalisiert den ATP-Bedarf der bei der HCl-Produktion stattfindenden Transportvorgänge.

niert (Abb. 10.**13**). Das Bicarbonat bildet in der Schleimschicht einen pH-Gradienten (pH 7 an der Zelloberfläche, pH 2 im Mageninneren). So bleibt das Magenepithel vor der Wirkung der Salzsäure weitgehend geschützt. Störungen in diesem System (z. B. durch die Produktion von zu viel, dann nicht mehr pufferbarer Salzsäure) führen zur Schädigung des Epithels und zur Bildung von Magengeschwüren. Die Verdauung im Magen wird durch die muskulöse Magenwand, die den Nahrungsbrei bewegt und durchmischt, unterstützt. Der Brei verbleibt je nach Zusammensetzung 1–5 Stunden im Magen und gelangt dann portionsweise in den Dünndarm. Dieser angedaute Nahrungsbrei wird als **Chymus** bezeichnet.

Der Dünndarm ist der Ort der Endverdauung und der Resorption. Entsprechend seiner Funktion zeigt er charakteristische morphologische und histologische Merkmale. Das auffallendste morphologische Merkmal betrifft die innere resorbierende Oberfläche des Dünndarms (Abb. 10.**15**). Diese ist zunächst in grobe, quer zur Längsrichtung des Darmes orientierte Falten gelegt (**Kerckring-Falten**). Ein Stück Darmrohr von 4 cm Durchmesser und 2,8 m Länge hat – als idealer Zylinder betrachtet – eine innere Oberfläche von ca. 0,33 m^2. Durch die Kerckring Falten vergrößert sich diese um das Dreifache auf etwa 1 m^2. Die Dünndarmschleimhaut bildet zusätzlich **Zotten** (**Villi**) aus, welche die Oberfläche noch einmal auf nun etwa 10 m^2 vergrößern. Die apikale Oberfläche der resorbierenden Darmepithelzellen schließlich weist eine Vielzahl von **Mikrovilli** (*Biochemie, Zellbiologie*) auf. Dadurch erhöht sich die innere Gesamtoberfläche des betrachteten Dünndarmrohrstückes auf 200 m^2. Das entspricht immerhin der Größe eines Tennisplatzes!

Die Dünndarmschleimhaut stellt den Ort der Resorption dar und ist reichlich mit Blut- und Lymphkapillaren versorgt. Sie enthält auch glatte Muskulatur (Muscularis mucosae), welche beispielsweise eine Bewegung der Zotten ermöglicht. Das unterstützt einerseits die Durchmischung des angedauten Nahrungsbreis in der unmittelbaren Umgebung des resorbierenden Epithels und sorgt andererseits für die Entleerung der Lymphgefäße in den Zotten und den damit verbundenen Abtransport der resorbierten Nährstoffe (Zottenpumpe). Somit ist immer ein für die

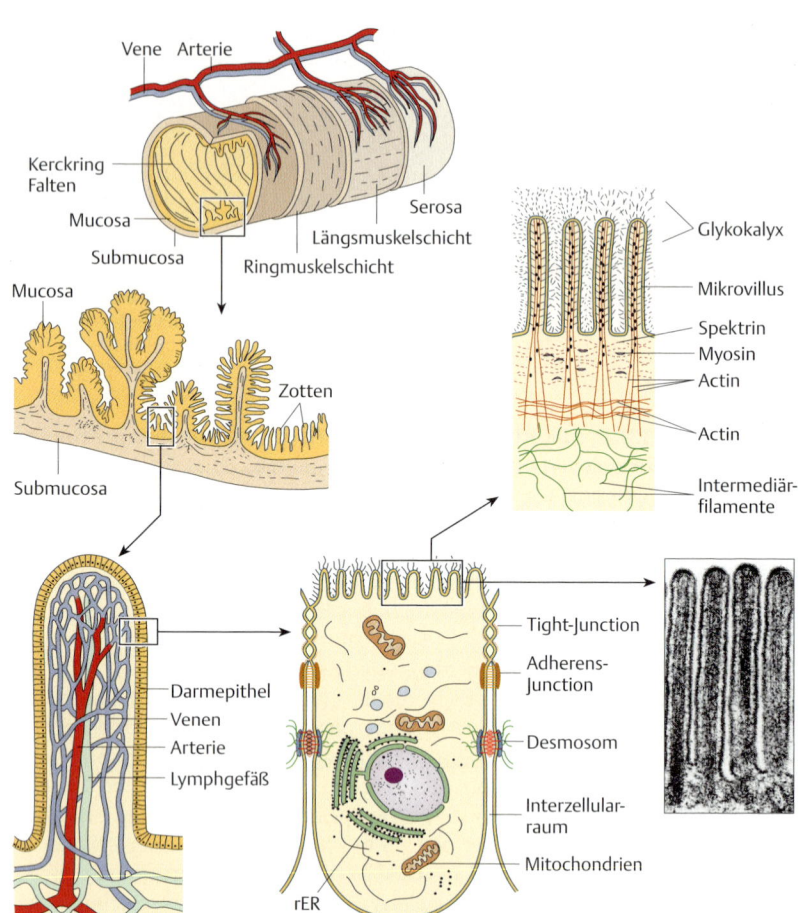

Abb. 10.**15 Organisation des Dünndarms.** Mit den apikalen Mikrovilli sind direkt oder indirekt eine Reihe von Glykoproteinen verbunden, die mit der Verdauung und/oder der Resorption in Zusammenhang stehen (beispielsweise Transportproteine, Verdauungsenzyme, Kanäle). Ein unkontrollierter transepithelialer Transport zwischen den Epithelzellen hindurch wird durch den Schlussleistenkomplex minimiert, bestehend aus Tight Junction, Adherens Junction und Desmosom. (EM-Aufnahme: aus Kühnel, Thieme Verlag, 2008.)

Resorption günstiges Konzentrationsgefälle von Fetten, Cholesterin oder fettlöslichen Vitaminen über das resorbierende Epithel hinweg vorhanden.

Der Dünndarm ist von proximal nach distal in drei Abschnitte gegliedert, **Duodenum** (Zwölffingerdarm, 20–30 cm), **Jejunum** (Leerdarm, 1,5 m) und **Ileum** (Krummdarm, 2 m). Am Anfang des Duodenums münden die Ausführgänge des

Pankreas (Ductus pancreaticus) und der Leber (Ductus choledochus, Gallengang) in den Darm. Der **pankreatische Speichel** enthält neben Verdauungsenzymen auch Bicarbonat, welches als Puffer dient und den sauren Magenbrei neutralisiert. Unterstützt wird das durch die ebenfalls leicht alkalische Galle und das Sekret der in der Submucosa des Duodenums liegenden Brunnerschen Drüsen.

Im Dünndarm kommen eine Vielzahl von Enzymen zum Einsatz, welche Fette, Kohlenhydrate, Proteine und Nucleinsäuren verdauen bzw. weiterverdauen.

Die **Verdauung von Proteinen** im Dünndarm erfolgt mithilfe verschiedener von Pankreas und Dünndarmmucosa gebildeter **Proteasen**. Man unterscheidet generell Exopeptidasen und Endopeptidasen. Exopeptidasen greifen eine Polypeptidkette vom N- (**Aminopeptidase**) oder vom C-Terminus (**Carboxypeptidase**) an. Endopeptidasen spalten die Polypeptidkette weiter innen, wobei sie charakteristische Angriffspunkte aufweisen. So spaltet **Trypsin** immer nach einem Arginin- oder Lysinrest, **Chymotrypsin** immer nach einem Tyrosin-, Tryptophan- oder Phenylalaninrest und **Elastase** nach einem Alaninrest (Abb. 10.**16**).

Ähnlich wie beim Pepsinogen werden auch die vom Pankreas gebildeten Proteasen als Proenzyme (**Zymogene**) im Pankreas sezerniert und im Dünndarm aktiviert. Eine auf den Mikrovilli der Dünndarmmucosa lokalisierte **Enteropeptidase** prozessiert Trypsinogen unter Abspaltung eines Peptides zu aktivem Trypsin, welches seinerseits die Umwandlung von Chymotrypsinogen, Procarboxypeptidase und Proelastase zu den aktiven Enzymen Chymotrypsin, Carboxypeptidase und Elastase katalysiert (Abb. 10.**17**). Auch die an der Verdauung von Phospholipiden beteiligte Phospholipase A wird im Pankreas als Proenzym (Prophospholipase A) sezerniert. Im Gegensatz dazu werden die Lipasen, Ribonucleasen und die pankreatische α-Amylase in bereits aktiver Form sezerniert. Dieses Enteropeptidase/Trypsin-System verhindert eine Schädigung des Pankreasgewebes durch die sezernierten Verdauungsenzyme. Als zusätzliche Sicherung enthält der Pankreassaft noch einen **Trypsininhibitor**, der die Wirkung von vorzeitig aktiviertem Trypsin hemmt. Die im Pankreassekret enthaltenen Proteasen spalten die Proteine zu Oligopeptiden mit maximal 8 Aminosäuren. Das Dünndarmsekret, immerhin 2–3 Liter täglich, enthält selbst hauptsächlich Bicarbonat und Schleim, aber keine Enzyme. Die Endverdauung findet an den Mikrovilli der Darmepithelzellen statt. Dort verankerte Enzyme (Aminopeptidasen, **Oligopeptidasen**) spalten die Oligopeptide zu 35 % in Aminosäuren und zu 65 % in Di- oder Tripeptide, welche dann von den Epithelzellen aufgenommen werden.

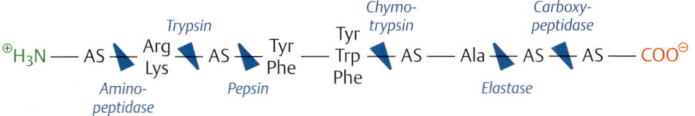

Abb. 10.**16** Polypeptidkette mit den Angriffspunkten verschiedener Proteasen.

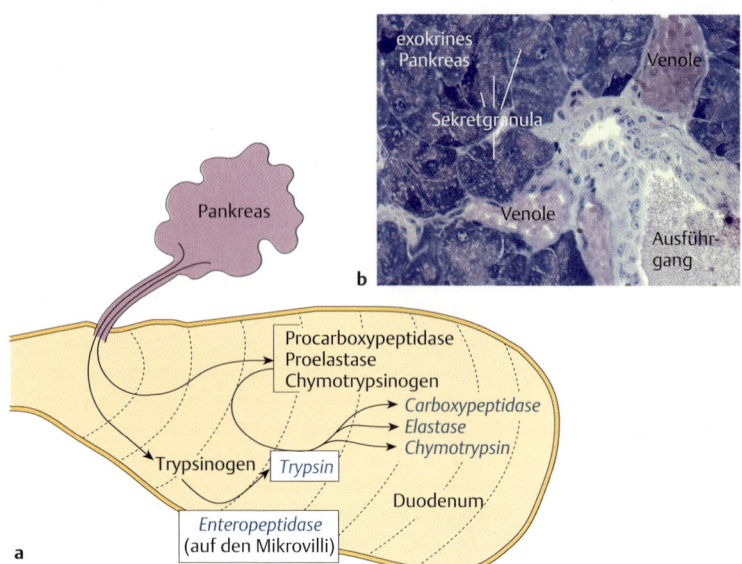

Abb. 10.17 **Pankreas. a** Aktivierung von Proteasen durch das Enteropeptidase-Trypsin-System. **b** Semidünner Kunststoffschnitt durch das Pankreas der Maus mit exokrinen Pankreaszellen und einem interlobulären Ausführungsgang, Toluidinblau-Färbung. (Foto von Thomas Kurth, Dresden.)

Für den Menschen sind die wichtigsten Nahrungskohlenhydrate: Stärke, Saccharose, Lactose, und in kleineren Mengen Fructose, Glucose und Glykogen. Die **Verdauung der Kohlenhydrate** basiert auf der Aktivität von verschiedenen **Carbohydrasen** (Abb. 10.18). Die in Mund- und Bauchspeichel enthaltenen **α-Amylasen** zerlegen Glykogen und Stärke in Stücke aus mehreren Glucoseresten (Oligosaccharide; α-Grenzdextrane, Maltotriose) und zum Zweifachzucker (Disaccharid) Maltose. Im Dünndarm spalten Isomaltase und Amylo-1,6-α-Glucosidase jeweils die α-1,6-Bindung in verzweigten Stärke- oder Glykogenresten. Schließlich bleibt eine Reihe von Disacchariden übrig (Lactose, Maltose, Saccharose). Diese werden von mikrovilliständigen **Disaccharidasen** (Lactase, Maltase, Saccharase) in Glucose, Galactose und Fructose gespalten, welche schließlich resorbiert werden.

Die **Verdauung der Nucleinsäuren** ist Aufgabe der **Nucleasen**, welche im Mundspeichel (**RNasen**) und im Bauchspeichel (RNasen, **DNasen**) vorkommen. Unterstützt wird die Verdauung von DNA durch das Schmelzen der Doppelstränge im Magen. Die Enzyme liefern Poly- und Oligonucleotide, die schließlich durch mikrovilliständige Nucleasen und **Nucleotidasen** zu Nucleotiden und Nucleosiden weiterverdaut werden. Außerdem können **Nucleosidasen** die Nucleoside in Basen, Pentosen und Phosphat zerlegen, welche im Jejunum resorbiert werden.

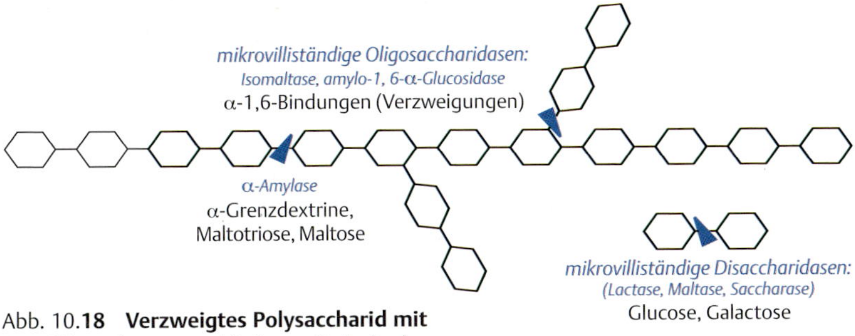

10.4 Verdauung und Resorption bei Wirbeltieren

Abb. 10.18 Verzweigtes Polysaccharid mit Angriffspunkten verschiedener Carbohydrasen.

mikroviliständige Oligosaccharidasen: Isomaltase, amylo-1, 6-α-Glucosidase
α-1,6-Bindungen (Verzweigungen)

α-Amylase
α-Grenzdextrine, Maltotriose, Maltose

mikroviliständige Disaccharidasen: (Lactase, Maltase, Saccharase)
Glucose, Galactose

Die **Verdauung der Lipide** beginnt bereits im Magen durch Einwirken einer säurestabilen Lipase aus Mundspeichel und Magensekret. Sie wird im Dünndarm durch verschiedene Verdauungsenzyme wie **Pankreaslipasen** und **Phospholipasen** fortgesetzt (Abb. 10.19).

Das Pankreas produziert auch eine sogenannte Procolipase. Diese wird durch das Enteropeptidase/Trypsin-System (s. o.) zur **Colipase** aktiviert. Colipase und Lipase bilden einen hydrolytisch aktiven Komplex. Cholesterolester aus der Nahrung werden durch eine Cholesterolesterase in Cholesterol und freie Fettsäuren gespalten. Schließlich spielt die von der Leber produzierte und über den Gallengang in das Duodenum gelangende Gallenflüssigkeit eine große Rolle. Diese Flüssigkeit enthält

a Triacylglycerin → Glycerin + Fettsäuren

b (Phospholipase A_1, Phospholipase A_2, Phospholipase C, Phospholipase D)

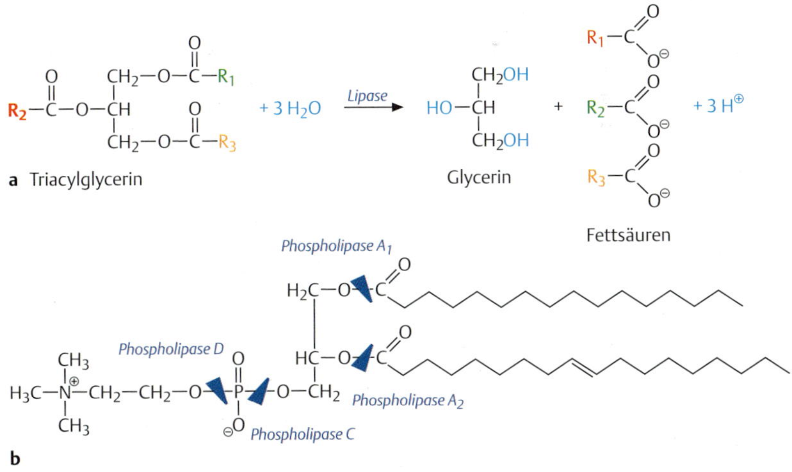

Abb. 10.19 Lipasen. a Hydrolytische Spaltung eines Triacylglycerides zu Glycerin und drei Fettsäuren durch eine Lipase. **b** Phospholipid (Phosphatidylcholin) mit den Angriffspunkten verschiedener Phospholipasen.

Gallensalze, Phospholipide, Cholesterol und die aus dem Häm-Abbau stammenden Gallenpigmente (vor allem Bilirubin). Bilirubin wird nach Umwandlung zu Stercobilin (s. u.) letztlich über den Kot ausgeschieden. Gallensalze werden in der Leber aus Cholesterol gebildet. Eine Zwischenstufe stellt das Cholyl-CoA dar, welches entweder mit Glycin oder Taurin säureamidartig zu Glykocholat oder Taurocholat verknüpft wird. Diese beiden stellen die Hauptgallensalze dar. Gallensalze sind amphiphile Moleküle: Sie enthalten einen hydrophilen und einen hydrophoben Anteil und können daher als Detergenzien wirken. Sie dienen der Emulgation der Nahrungsfette im Dünndarm. Dadurch kann der Lipase/Colipase-Komplex seine Wirkung entfalten und Acylglyceride in Glycerin und Fettsäuren spalten. Die Hydrolyse der Triacylglyceride führt zur Abspaltung von Fettsäureresten an den Positionen C1 und C2, sodass zunächst 2-Monoacylglycerine entstehen. Die Gallensalze bilden zusammen mit den Produkten der Fettverdauung (Monoacylglycerine, langkettige Fettsäuren) sowie mit Phospholipiden und Cholesterol 4–5 nm große so genannte **gemischte Micellen** (*Biochemie, Zellbiologie*, Abb. 10.**20**). Diese wasserlöslichen Molekülkomplexe dienen dem Transport der unlöslichen Verdauungsbestandteile zur apikalen Oberfläche der Darmepithelzellen. An den Mikrovilli werden die Spaltprodukte schließlich freigesetzt und getrennt resorbiert.

Der Körper verfügt insgesamt über etwa 2–4 g Gallensäuren. Da dies den Bedarf besonders bei fettreicher Ernährung nicht deckt – für die Emulgation von 100 g Fett benötigt man etwa 20 g Gallensäuren – werden die Gallensäuren wiedergewonnen. Bis zu 95 % werden im Ileum wieder resorbiert und über die Pfortader zur Leber zurückgeführt (**enterohepatischer Kreislauf**). Dabei kann es je nach Ernährung zu 4–12 Umläufen am Tag kommen. Dies hat zur Folge, dass nur etwa 0,6 g Gallensäuren pro Tag über den Darm ausgeschieden werden. Dies stellt die einzige Ausscheidungsmöglichkeit für Cholesterol dar.

Resorption der Nahrungsbestandteile

Endverdauung und Resorption sind räumlich und funktionell eng miteinander verzahnt (Abb. 10.**20**). Die Endverdauung (s. o.) findet im Dünndarm zumeist in unmittelbarer Nähe der Resorptionsorte – den Mikrovilli der Darmepithelzellen – statt und liefert letztlich die Bestandteile, die von den Enterocyten resorbiert werden können (lat. resorbere: aufsaugen). Nur wenige Stoffe werden auch an anderen Stellen des Magen-Darm-Traktes aufgenommen. So können Nicotin, Alkohol und Steroide über die Mundschleimhaut und das Epithel der Speiseröhre resorbiert werden. Im Magen werden Na^+, K^+, Cl^- sowie Alkohol aufgenommen, und im Dickdarm werden Wasser, Elektrolyte und vereinzelt Zucker resorbiert. Hauptresorptionsort der Säugetiere – insbesondere des Menschen – ist jedoch der Dünndarm.

Resorption von Tri- und Dipeptiden und Aminosäuren: Di- und Tripeptide werden relativ schnell über H^+-Transportsysteme in die Darmepithelzellen aufgenommen. Dort werden sie durch **intrazelluläre Aminopeptidasen** weiter zu einzelnen Aminosäuren verdaut. Sie gelangen schließlich durch erleichterte Diffusion in das

Interstitium und das Pfortaderblut. Die Resorption von einzelnen Aminosäuren erfolgt über sechs verschiedene Transportsysteme in der apikalen Membran der Enterocyten. Dabei handelt es sich um fünf **Na$^+$-Cotransportsysteme** mit teilweise überlappenden Spezifitäten sowie um einen **Aminosäurenaustauscher** (Abb. 10.**20**). Der Transport über die basolaterale Membran wird wieder von Na$^+$-Cotransportern wie auch von Na$^+$-unabhängigen Carrierproteinen geleistet. Im Dünndarm werden bis zu 90 % des Nahrungseiweißes resorbiert. Der Großteil des verbleibenden Restes wird im Dickdarm bakteriell umgesetzt. Dabei entstehen auch toxische Amine (z. B. Cadaverin aus Lysin, Tyramin aus Tyrosin, Putrescin aus Ornithin oder Histamin aus Histidin), die resorbiert, in der Leber entgiftet und über die Nieren ausgeschieden werden.

Intakte Proteine, wie Enzyme aus der Nahrung, werden dagegen in der Regel nicht aufgenommen und verwendet. Dies hat zwei Gründe: Zum einen können nur relativ kleine Bruchstücke resorbiert werden, und zum anderen wäre gar nicht gewährleistet, dass ein artfremdes Enzym aus der Nahrung überhaupt die notwendige Aktivität besitzt. Generell verwendet der Körper nur Enzyme oder Strukturproteine, die unter der Kontrolle des eigenen Genoms synthetisiert wurden. Es gibt allerdings bei Neugeborenen und mit Einschränkungen auch bei Erwachsenen Ausnahmen von dieser Regel. So werden Antikörper aus der Muttermilch (Immunglobulin A), durch Pinocytose intakt aufgenommen.

Resorption der Kohlenhydrate: Die wichtigsten Endprodukte der Kohlenhydratverdauung sind die Monosaccharide Glucose, Galactose und Fructose. Glucose und Galactose werden im **Co-Transport mit Na$^+$** über die apikale (luminale) Epithelzellmembran aufgenommen. Glucose wird durch den Na$^+$-Glucose-Cotransporter 1 (SGLT-1) transportiert, daneben gibt es aber auch erleichterte Diffusion (Glut-2). Basolateral wird Glucose über einen **Glucosetransporter** in das Interstitium verbracht. Die Fructose passiert das Epithel apikal durch erleichterte Diffusion (Glut-5) und basolateral durch den Glucosetransporter.

Resorption von Nucleinsäuren: Die Endverdauung der Nucleinsäuren liefert Basen, Phosphat, und Pentosen (s. o.). Ribose und Desoxyribose gelangen durch Diffusion in die Darmepithelzellen. Es können auch Nucleotide und Nucleoside aufgenommen werden, welche dann direkt zur RNA- und DNA-Synthese verwendet werden (Abb. 10.**20**).

Resorption von Fetten: Die Endprodukte der Lipolyse gelangen von den Micellen und über die Mikrovillimembran in die Dünndarmepithelzellen. Insgesamt werden mehr als 95 % der Nahrungslipide resorbiert. Nur die Aufnahme von Cholesterol ist deutlich weniger effizient (20–50 %). Im Zellinnern werden Fettsäuren, Monoacylglycerine, Cholesterol und Phospholipide ins glatte endoplasmatische Retikulum transportiert und dort wieder zu Triacylglycerinen oder Cholesterolestern verestert. Aus dem rauen endoplasmatischen Retikulum stammende Proteinkomponenten (**Apolipoproteine**) werden hinzugefügt, welche im Golgi-Apparat prozessiert werden und schließlich zusammen mit den anderen Komponenten supramolekulare Komplexe bilden, welche als **Chylomikronen** bezeichnet werden. Die

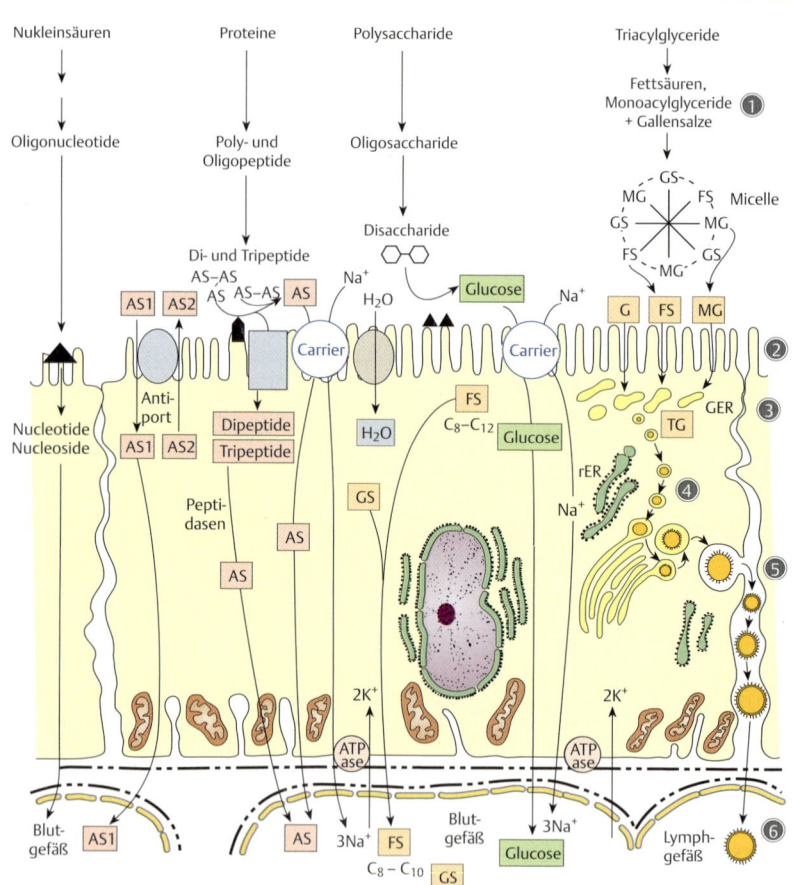

Chylomikronen werden exocytotisch an das Interstitium abgegeben und über die Lymphe abtransportiert. Auch die fettlöslichen Vitamine (A, D, E, K, Tab. 16.2) werden über Micellen und Chylomikronen resorbiert. Kurzkettige Fettsäuren (weniger als 10 C-Atome) und Glycerol können hingegen auch ohne Mitwirkung von Micellen aufgenommen werden und gelangen direkt ins Blut.

Resorption von Elektrolyten, Spurenelementen und Vitaminen: Für eine Reihe von Ionen (Na^+, K^+, Cl^-, HCO_3^-) stehen verschiedene Carrierproteine zur Verfügung. Ca^{2+} wird zu etwa 30 % mithilfe von Ca^{2+}-Kanälen und dem Calcium bindenden Protein Calbindin resorbiert. Cholecalciferol stimuliert die Ca^{2+}-Aufnahme (s. o.). Phosphat oder Sulfat werden durch Na^+-Cotransporter resorbiert. 5–10 % des in der Nahrung befindlichen Eisens wird resorbiert. Eisen kann an Häm gebunden durch En-

◂ **Abb. 10.20 Endverdauung und Resorption im Dünndarm. Nucleinsäuren** werden im Darmlumen zu Oligonucleotiden und durch mikrovilliständige Nucleasen (schwarzes Dreieck) in resorbierbare Nucleotide und Nucleoside zerlegt. **Proteine** werden zu Di- und Tripeptiden und z. T. durch MV-Peptidasen in einzelne Aminosäuren (AS) zerlegt. Di- und Tripeptide werden über ein Carriersystem (blaues Rechteck) resorbiert und intrazellulär weiterverdaut. Aminosäuren werden durch Na^+-Symport-Carrier oder durch Aminosäurenaustauscher (blaues Oval) aufgenommen. **Wasser** wird über Aquaporine (graues Oval) resorbiert. **Zucker** werden im Darmlumen zu Disacchariden und durch MV-Disaccharidasen (schwarze Doppeldreiecke) in Einzelzucker zerlegt. Glucose wird durch einen Na^+-Symport-Carrier aufgenommen. Nucleotide, Aminosäuren, Wasser und Zucker werden basal an das Blutgefäßsystem weitergereicht. **Fette** werden im Lumen zu Fettsäuren (FS), Glycerin (G) und Monoacylglycerin (MG) verdaut und mit Gallensalzen (GS) aus der Leber emulgiert (1). Es bilden sich Micellen aus denen G, FS und MG in die Enterocyten aufgenommen werden (2). Im glatten ER (gER) werden Triacylglyceride (TG) resynthetisiert (3) und über Vesikel zum Golgi transportiert (4). Dort werden sie mit einem Proteinmantel versehen und in Form von Chylomikronen exocytiert (5). Diese werden über die Lymphbahn abtransportiert (6). Kurzkettige FS (C_8-C_{10}) und Gallensalze werden micellenunabhängig von Enterocyten aufgenommen und ans Blut weitergegeben. Der transepitheliale Transport wird wesentlich von der Na^+/K^+-ATPase angetrieben.

docytose aufgenommen werden. Es wird dann intrazellulär durch die Hämoxygenase aus dem Porphyringerüst freigesetzt. Nicht an Häm gebundenes Eisen wird in der Ferro-Form (Fe^{2+}) resorbiert. Es wird durch Transportsysteme (wahrscheinlich durch protonengekoppelte Fe^{2+}-Transporter) in der apikalen Epithelzellmembran aufgenommen. Im Blut wird Eisen an das Protein Transferrin gebunden transportiert.

Fettlösliche Vitamine können mit den Lipiden zusammen über Micellen resorbiert werden (s. o.). Einige werden von der Darmflora im Dickdarm bereitgestellt und dann dort aufgenommen (z. B. Vitamin K). Die **wasserlöslichen Vitamine** werden schnell im oberen Dünndarm resorbiert, die meisten von ihnen in Na^+-abhängiger Weise. Dabei handelt es sich entweder um einen Na^+-Cotransport (Vitamine B_1, B_2, C, Panthothensäure, Folsäure, Biotin) oder um sonst irgendwie von Na^+-abhängige Transportmechanismen (Vitamin B_6, Niacin). Riboflavin (B_2) und Vitamin B_6 werden jeweils in der dephosphorylierten Form im proximalen Dünndarm resorbiert und in den Mucosazellen zu FMN beziehungsweise Pyridoxalphosphat umgewandelt. Nicotinsäure und Nicotinsäureamid sowie die Panthothensäure werden über den gesamten Dünndarm resorbiert. Die Panthothensäure wird auch von der Darmflora gebildet, ist aber so für den Menschen nicht zugänglich, da sie sich innerhalb der Bakterien befindet. Wiederkäuer und Tiere mit Koprophagie (s. o.) sind jedoch in der Lage, auch diese Panthothensäurequelle zu erschließen. Der Alkohol **Panthenol** kann über die Haut resorbiert werden und im Organismus zur Panthothensäure oxidiert werden. Panthenol findet daher Verwendung in einigen Kosmetika. Biotin ist als prosthetische Gruppe kovalent an Proteine gebunden (*Biochemie, Zellbiologie*). Von diesen wird es im Dünndarm durch das Enzym Biotinidase abgespalten und kann dann resorbiert werden. Vitamin C wird durch

Na$^+$-Cotransport resorbiert, es unterstützt aber auch die Aufnahme von Eisen, da es dieses in der reduzierten Ferro-Form (Fe^{2+}) hält.

Die Resorption von Vitamin B$_{12}$ (Cobalamin): Ein recht komplexes Aufnahmeverfahren muss das Vitamin B$_{12}$ (Cobalamin, Tab. 16.**1**) durchlaufen. Für die Aufnahme von Cobalamin (extrinsic factor) werden R-Protein (Haptocorrin) und ein weiteres Cobalamin bindendes Polypeptid (intrinsic factor, IF) benötigt. R-Potein wird mit dem Mundspeichel sezerniert und bindet im Magen an Vitamin B$_{12}$. Dadurch bildet sich ein magensaftresistenter Komplex. Die Belegzellen der Magenschleimhaut sezernieren IF. Im Dünndarm wird das R-Protein verdaut und durch IF ersetzt. Dieses Molekül ist resistent gegenüber der Proteolyse im oberen Dünndarm. Der Komplex aus IF und Cobalamin bindet dann schließlich im Ileum an mikrovillistündige Rezeptoren (ein Komplex aus den Proteinen Megalin und Cubulin), und es kommt zur rezeptorvermittelten Endocytose. Die Ablösung vom Rezeptor benötigt noch einen Releasing Factor. An ein Transportprotein gebunden – es gibt verschiedene sogenannte Transcobalamine – gelangt das Cobalamin schließlich in das Pfortaderblut.

Flüssigkeit wird reichlich in den Gastrointestinaltrakt sezerniert. Beim Menschen sind das bis zu 9 Liter pro Tag (Speichel, Bauchspeichel, Magen- und Dünndarmsekret, Galle, Abb. 10.**10**). Hinzu kommt das mit Nahrung und Getränken aufgenommene Wasser (2–3 Liter). Nur ein Bruchteil davon, nämlich 100–150 ml verlassen den Körper wieder über die Faeces. Der Rest des Wassers wird rückresorbiert, ein Großteil davon (etwa 90 %) bereits im Dünndarm, die restlichen 10 % im Dickdarm.

Nichtresorbierbare Bestandteile (unverdauliche Ballaststoffe) werden im Dickdarm eingedickt und über die Faeces ausgeschieden. Diese enthalten außerdem bis zu 40 % Bakterien und die über die Galle ausgeschiedenen Gallenfarbstoffe. Zu einem geringen Prozentsatz können auch Verdauungsenzyme und Material aus abgestoßenen Epithelzellen im Kot enthalten sein.

Wie kommt die Farbe in die Ausscheidungen? Die Galle enthält neben den zur Emulgation der Fette wichtigen Gallensalzen auch den Gallenfarbstoff Bilirubin. Dieses stammt aus dem Häm-Abbau in der Leber. Biliverdin wird dort zu Bilirubin hydriert, welches mit Glucuronsäure konjugiert und als Bilirubin-Diglucuronid in die Galle sezerniert wird. Im Dickdarm wird diese Verbindung gespalten und freies Bilirubin zu Urobilin und schließlich Stercobilin umgewandelt. Stercobilin wird mit dem Kot ausgeschieden und verleiht diesem seine charakteristische Farbe. Ein Teil des Bilirubins (10–15 %) wird resorbiert und gelangt über den enterohepatischen Kreislauf wieder in die Leber. Ein weiterer Teil (10 %) gelangt mit dem Blut an Albumin gebunden in die Nieren und wird über den Urin ausgeschieden. Es verleiht dem Urin seine Farbe.

Regelung der Verdauung

Die Steuerung der an der Verdauung beteiligten Prozesse erfolgt über das vegetative Nervensystem. Generell übt der **Parasympathikus** einen stimulierenden Einfluss auf Sekretionstätigkeit und Motilität des Gastrointestinaltrakts aus. Die Erregung läuft meist über den Nervus vagus. Der **Sympathikus** als Gegenspieler zum Parasympathikus hemmt dagegen Sekretion und Motilität. Außerdem wirken durch verschiedene Reize freigesetzte **gastrointestinale Hormone und Peptide** auf die Magen-Darm-Tätigkeit ein (Tab. 10.**2**). Diese werden von ca. 3 Mrd verstreut

Tab. 10.2 Einige Hormone und Peptide des Gastrointestinaltrakts und ihre Wirkungen. Aufgrund von Ähnlichkeiten in der Aminosäurensequenz werden Gastrin und CCK zur Gastrin-Gruppe und Sekretin, VIP, GIP, und Enteroglucagon zur Sekretin-Gruppe zusammengefasst.

Name	Syntheseort	Freisetzungsreize	Wirkungen
Gastrin	Magen, Duodenum	N. vagus, Proteinabbauprodukte, Magenwanddehnung	HCl- und Pepsinogensekretion (+), Magenmotilität (+)
Cholecystokinin/ Pankreozymin (CCK)	Duodenum, Jejunum (Nervenendigungen)	Aminosäuren und Fettsäuren im Duodenum	Sekretion von Pankreasenzymen (+), Kontraktion der Gallenblase (+), HCl-Sekretion (−)
Sekretin	Duodenum, Jejunum	pH < 4, Gallensalze im Duodenum	$NaHCO_3$-Sekretion (+), HCl-Sekretion (−), Magenmotilität (−)
GIP (gastric inhibitory peptide)	Duodenum, Jejunum	Glucose, Fett, Aminosäuren im Dünndarm	HCl-Sekretion (−), Magenmotilität (−), Insulinsekretion (+)
VIP (vasoactive intestinal peptide)	Nervenendigungen	Aktivierung enterischer Nerven	Gastrointestinale Motilität (−), HCl-Sekretion (−), intestinale Sekretion (+)
Enteroglucagon	Ileum	Glucose und Fettsäuren im Ileum	HCl-Sekretion (−), Pankreassekretion (−), Darmmotilität (−), Insulinsekretion (+)
Somatostatin	Pankreas, Dünndarm, Magen	Fettsäuren, Proteinabbauprodukte, Gallensalze im Dünndarm	Magensaftsekretion (−) Motilität (−), Freisetzung von aktivierenden Hormonen (−)
Neurotensin	Ileum	Fettsäuren im Dünndarm	Magensaftsekretion (−) Pankreassekretion (+)
Opioidpeptide	Nervenendigungen	Aktivierung enterischer Nerven	Darmmotilität (−) Darmsekretion (−)

liegenden Zellen des gastro-entero-pankreatischen (GEP) endokrinen Systems gebildet. Diese Zellen bilden z. B. die klassischen enterischen Hormone (S. 905) **Gastrin**, **Sekretin**, **CCK** (Cholecystokinin, auch Pankreozymin genannt) und **GIP** (gastric inhibitory peptide) sowie eine immer größer werdende Zahl an Peptiden mit parakriner oder neurokriner Signalaktivität (**Opioide Neuropeptide**, **Neurotensin** und andere). Im Folgenden soll eine kurze Übersicht über die wichtigsten Regelprozesse im Gastrointestinaltrakt gegeben werden (Abb. 10.21).

Steuerung der Speichelsekretion: Die mit der Nahrungsaufnahme zusammenhängende mechanische und chemische Reizung von verschiedenen Rezeptoren der Mundhöhle führt zu einer reflektorischen Erhöhung der Basal- oder Ruhesekretion des Mundspeichels, welche bei etwa 0,5 Liter pro Tag liegt. Je nach Zusammensetzung der Nahrung wird über den Parasympathicus die Produktion eines dünnflüssigen, über den Sympathicus die Produktion eines zähen, dickflüssigen Speichels stimuliert. Bei einigen Säugetieren (Schwein, Hund, Mensch) spielt die über be-

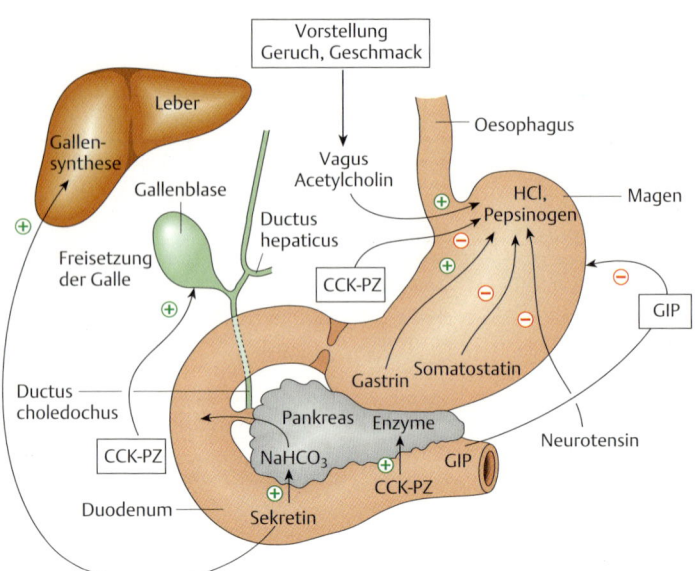

Abb. 10.**21 Hormonelle und neuronale Regulation der Magen- und Darmtätigkeit.** Sowohl die Motilität als auch die sekretorischen Aktivitäten der einzelnen Darmabschnitte werden zentralnervös, über Hormone wie Gastrin, Sekretin, Cholecystokinin (CCK, Pankreozymin), GIP (gastric inhibitory peptide) und eine Vielzahl von Peptiden gesteuert (Somatostatin, Neurotensin).

dingte Reflexe ausgelöste Speichelsekretion eine Rolle. Diese wird als **psychische Speichelsekretion** bezeichnet und geht von Sinneseindrücken oder Vorstellungen aus, die mit einer Mahlzeit verbunden werden (s. Pawlow-Versuch, S. 607). So kann einem beim bloßen Denken an eine Leckerei „das Wasser im Munde zusammenlaufen".

Steuerung der Magensaftsekretion: Man unterscheidet hier drei Phasen. In der **cephalischen Phase** führt, ähnlich wie bei der Speichelsekretion, die mechanische und chemische Reizung der Mundhöhle zur reflektorisch ausgelösten Magensaftsekretion. Auch hier gibt es eine so genannte psychische Magensekretion („Appetitsaft"). In der **gastrischen Phase** führen Magenwanddehnung und diverse chemische Reize (z. B. Proteinabbauprodukte) zur Synthese von Gastrin in den G-Zellen des Magenantrums und dessen Abgabe ins Blut. Gastrin wirkt direkt oder indirekt auf die Belegzellen des Fundusabschnitts ein und erwirkt eine Steigerung der HCl-Sekretion in das Magenlumen. Die Belegzellen werden auch direkt über den Nervus vagus stimuliert. Die Salzsäure im Magen kurbelt die Synthese von Somatostatin in den D-Zellen der Magenwand an. Dieses hemmt wiederum die Gastrinproduktion (negative Rückkopplung). In der **intestinalen Phase** regen zunächst Abbauprodukte von Proteinen die Synthese von intestinalem Gastrin an, welches zu einem weiteren Anstieg der Magensaftsekretion führt. Andere Bestandteile des Chymus (insbesondere Fette, Fettsäuren und Kohlenhydrate) lösen in Duodenum und Jejunum die Bildung von GIP aus. GIP ist eine Art Universalhemmstoff und hemmt sowohl die Sekretionstätigkeit als auch die Motilität des Magens. Dadurch wird besonders bei fettreicher (schwer verdaulicher) Nahrung die Nachlieferung von Magenbrei in den Dünndarm reduziert, sodass mehr Zeit für die Verdauung der Fette zur Verfügung steht.

Steuerung der Pankreassekretion: Durch die gleichen Reize wie bei Speichel und Magensaft kommt es zunächst zu einer reflektorisch erhöhten Pankreassekretion und die Dehnung des Magens führt zu einer weiteren Steigerung derselben. Beide Prozesse werden über den Nervus vagus gesteuert. Der saure Nahrungsbrei induziert im Duodenum die Synthese des Hormons Sekretin. Dieses sorgt für die Produktion eines enzymarmen, aber an $NaHCO_3$ reichen Bauchspeichels, welcher die Magensäure neutralisiert. Sekretin wirkt außerdem hemmend auf die Magensaftsekretion und die Magenmotilität. Bestimmte Chymusbestandteile regen die Produktion von Cholecystokinin (CCK, Pankreozymin) an, welches für die Bildung eines enzymreichen Bauchspeichels verantwortlich ist. So wird zuerst der Magenbrei neutralisiert (Sekretin) und anschließend die Enzyme hinzugegeben (CCK), welche ihre pH-Optima im neutralen Bereich haben.

Steuerung der Gallenproduktion: Die Produktion der Galle erfolgt kontinuierlich in der Leber, kann aber nach Reizung des Vagus stimuliert und nach Reizung von sympathischen Fasern gehemmt werden. Die Entleerung der **Gallenblase**, welche nicht nur einen Vorrat an Galle, sondern auch eine selektiv eingedickte Galle enthält, wird durch CCK ausgelöst.

Steuerung der Dünndarmsekretion: Auch hier wirkt der Nervus vagus motilitäts- und sekretionssteigernd. Die Erregung geht über den Plexus submucosus. Auch die Hormone Gastrin, Sekretin und CCK sowie VIP (Vasoaktives Intestinales Peptid) und Neurotensin kurbeln die Dünndarmsekretion an. Efferente Neurone des Plexus myentericus (mit Somatostatin und Opioidpeptiden als Transmitter) hemmen hingegen die exzitatorischen Neuronen des Plexus submucosus.

Die Steuerung der Magen-Darm-Tätigkeit ist insgesamt außerordentlich komplex, und es sind bisher mehr als 20 verschiedene Zelltypen beschrieben worden, die Hormone oder hormonähnlich wirkende Stoffe produzieren. Nicht umsonst zählt der Magen-Darm-Trakt als eines der hormonreichsten Organsysteme des Körpers (S. 900).

Magen-Darm-Trakt des Menschen: Mundhöhle, Ösophagus, Magen, Dünndarm, Dickdarm, Rektum. Darmanhangsdrüsen: Speicheldrüsen (α-Amylase), Leber (Galle), Pankreas (Verdauungsenzyme, Hormone).
Aufbau der Darmwand von außen nach innen: Bindegewebshülle (Serosa+Subserosa), äußere Längs- und innere Ring-Muskelschicht (zusammen: Tunica muscularis) mit Nervenplexus (Plexus myentericus) dazwischen, Bindegewebsschicht (Tunica submucosa) mit Plexus submucosus. Innerste Schicht: Mucosa (Schleimhaut).
Magen: Fundusdrüsen mit Hauptzellen (synthetisieren Pepsinogen), Nebenzellen (bilden Schleim) und Belegzellen (produzieren HCl). Abtöten von Bakterien und Hefen, Durchkneten der Nahrung.
Dünndarm: Ort der Endverdauung und Resorption. Oberflächenvergrößerung durch Kerckring-Falten, Zotten und Mikrovilli. Unterteilt in Duodenum (Zwölffingerdarm), Jejunum (Leerdarm) und Ileum (Krummdarm). Neutralisierung des Nahrungsbreis durch Galle und die Sekrete von Pankreas und Brunnerschen Drüsen. Dünndarm- und Pankreas-Proteasen: Exopeptidasen (Amino- und Carboxypeptidasen) bauen vom N- oder C-Terminus die Polypeptidkette ab. Endopeptidasen: Trypsin, Chymotrypsin, Elastase, Proenzyme aus Pankreas. Aktivierung einiger Pankreasenzyme durch das Enteropeptidase-Trypsin-System. Verdauung von Zuckern (Amylasen, Disaccharidasen etc.), Nucleinsäuren (Nucleasen), und Fetten (Lipase, Colipase, Phospholipasen, Emulgation mithilfe der Gallensalze).
Resorption: (lat. resorbere: aufsaugen), Aufnahme von Stoffen durch die Enterocyten. Unter Beteiligung von aktiven Transportsystemen oder durch erleichterte Diffusion; Fette, Glycerin und Cholesterol werden mithilfe von Micellen aufgenommen.
Chylomikron: Supramolekularer Komplex aus Apolipoproteinen des rauen ER und Triacylglyceriden oder Cholesterolestern.
Regelung der Verdauung: Parasympathicus (über Nervus vagus) stimuliert, Sympathicus inhibiert die Sekretionstätigkeit und Motilität des Magen-Darm-Traktes. Außerdem wirken eine Vielzahl von Hormonen des gastro-entero-pankreatischen (GEP) endokrinen Systems (Gastrin, CCK, GIP, VIP, Sekretin, Somatostatin).

11 Blut und Kreislaufsysteme

Rebecca Klug (11.1), Hartmut Böhm (11.2)

11.1 Aufgaben und Bestandteile von Blut und Hämolymphe

> In größeren Organismen dienen Körperflüssigkeiten, wie **Hämolymphe** in offenen Gefäßsystemen und **Blut** in geschlossenen Gefäßsystemen, dem Transport von Nährstoffen, Hormonen, Stoffwechselprodukten oder Atemgasen sowie Wärme. Spezialisierte Zellen und Bestandteile dieser Körperflüssigkeiten dienen der Immunabwehr, und über das Gerinnungssystem werden Verletzungen des Organismus eingedämmt. Schließlich haben Hämolymphe und Blut Pufferfunktion und tragen zur **Körperform** und zu **Bewegungen** bei.

Bei vielzelligen Organismen sind die Zellzwischenräume von Extrazellulärflüssigkeit ausgefüllt. Wesentlichste Aufgabe der Extrazellulärflüssigkeit ist der **Stofftransport**. Bei sehr kleinen Organismen reicht **Diffusion** für den Stofftransport im Körper aus. Aber schon bei Distanzen von über einem Millimeter ist die Transportdauer so lang, dass ein Stoffaustausch z. B. zwischen verschiedenen Organen und Geweben des Körpers nicht mehr gewährleistet ist. Bei wirbellosen Tieren bestehen 15 bis 50 % des Körpergewichts aus Flüssigkeit, die in offenen Körperhohlräumen und zwischen den Zellen zirkuliert. Zu einem effektiveren Transport führt die Ausbildung von Leitungsbahnen, durch die einzelne Gewebe und Organe gezielt versorgt werden können. Solange die Leitungsbahnen nicht vollständig untereinander verbunden sind, fließt durch sie ein Gemisch der unterschiedlichen Körperflüssigkeiten. Das Gemisch, das durch ein solches **offenes Gefäßsystem** fließt, wird als **Hämolymphe** bezeichnet. Mit zunehmender Ausbildung der Gefäßsysteme kommt es zu einer Entmischung unterschiedlicher Komponenten der Körperflüssigkeit. Getrennt von der übrigen extrazellulären Körperflüssigkeit strömt durch ein **geschlossenes Gefäßsystem** das **Blut**. In der Regel wird dann weniger Bewegungsenergie für den Transport gebraucht, da Blut nur noch mit 6 bis 8 % zum Körpergewicht beiträgt. Während bei wirbellosen Tieren geschlossene Blutgefäßsysteme nur bei einigen Vertretern vorkommen, sind sie bei allen Wirbeltieren vorhanden (s. 11.2). Blut und Blutgefäßsysteme lassen sich am besten funktional charakterisieren.

Die **Transportaufgaben** von Hämolymphe und Blut umfassen den Transport von **Nährstoffen**, **Spurenelementen**, **Hormonen**, **Stoffwechsel-** und **Abfallprodukten**, **Atemgasen** wie O_2 und CO_2 (S. 739), von **Ionen** zur Regulation des Säure-Basenhaushaltes bzw. der osmotischen Vorgänge (S. 761) und von **Wärme** zur Aufrechterhaltung eines inneren Temperaturmilieus (S. 778). Neben den Transportaufgaben gehören auch die **Abwehr** eingedrungener **Fremdstoffe** und **Krankheits-**

erreger mithilfe spezieller Zelltypen und den von diesen produzierten Proteinen (S. 782) und die Mechanismen der **Blutgerinnung**, die nach Verletzungen den Verlust lebenswichtiger Körpersubstanzen eindämmen, zu den Aufgaben von Blut und Hämolymphe.

Die vielseitigen Aufgaben spiegeln sich in der spezifischen **Zusammensetzung** von Hämolymphe und Blut wider. Blut und Hämolymphe enthalten Zellen und nichtzelluläre Bestandteile. Die Zusammensetzung des zellfreien Blutplasmas und die verschiedenen Blutzellen sind bei wirbellosen Tieren und Wirbeltieren unterschiedlich.

In der Hämolymphe vieler wirbelloser Tiere finden sich verhältnismäßig wenig **Proteine**. Blut enthält zahlreiche Proteine, die verschiedenste Aufgaben erfüllen. Die Blutflüssigkeit der Wirbeltiere ohne Zellen wird als **Blutplasma** bezeichnet. Im Plasma sind Gerinnungsfaktoren zu finden. Zu diagnostischen Zwecken können die Gerinnungsfaktoren abgetrennt werden, es verbleibt dann das **Serum**. Für die Verteilung von z. B. Vitaminen, Ionen, Lipiden, Stoffwechselprodukten und Hormonen existieren unterschiedliche Transportproteine. Der größte Anteil der Plasmaproteine sind die Albumine. Proteine der unspezifischen Immunabwehr, wie das Lysozym, zerstören beispielsweise bakterielle Zellwände und verhindern damit das weitere Vordringen der Bakterien. Die **Antikörper**, verschiedene Klassen von **Globulinen**, sind wichtige Bestandteile des spezifischen Immunsystems.

Die verschiedenen **Zellen** in Blut und Hämolymphe halten essentielle Lebensvorgänge im Organismus aufrecht, zum Beispiel bei der Atmung (Kap. 12) und für das Immunsystem (Kap. 13). Die Entwicklung der Hämolymph- oder Blutzellen (**Hämocyten**) wird als **Hämatopoiese** bezeichnet.

11.1.1 Entwicklung und Aufgaben der Blutzellen bei Wirbellosen

Die **Entwicklung der Hämolymphzellen** ist vor allem bei Insekten, insbesondere *Drosophila*, genauer beschrieben worden. Die **Hämocyten** der Insekten stammen von Mesodermzellen ab. Außerdem fungieren in der Larve der Holometabolen Lymphdrüsen als hämatopoietische Organe. Im Embryo beginnt die Bildung von Zellen der Hämolymphe im Kopfmesoderm. Im frühen Larvenstadium verteilen sich diese Zellen über den gesamten Embryo, und die Lymphdrüse entwickelt sich. Im Zuge des Umbaus von Organen und Geweben während der Metamorphose wird die Lymphdrüse abgebaut. Die Hämocyten aus Kopfmesoderm und Lymphdrüse sind vorher jedoch in die Hämolymphe gelangt, wo sie auch im adulten Tier zu finden sind.

In der Hämolymphe der Wirbellosen findet man verschiedene Sorten von Zellen. Die noch nicht ausgereiften Vorläufer dieser Zellen werden **Prohämocyten** genannt.

Bei zahlreichen Taxa mit Coelom sorgen **Coelomocyten** für Abwehr von Fremdstoffen oder deren Einkapselung. Sie sind auch zu Phagocytose befähigt, z. B. bei Regenwürmern. Bei Echinodermen sind Coelomocyten im Hämalsystem und im Wassergefäßsystem zu finden. Die Coelomocyten der Anneliden, Seesterne und Seeigel sind auch am Verschluss von Wunden beteiligt.

Amoebocyten sind bewegliche Zellen mit Pseudopodien, die bei Echinodermen nachweislich ebenfalls den Wundverschluss beschleunigen, indem sich mehrere Zellen mit ihren jeweiligen Pseudopodien vernetzen.

Plasmatocyten oder hyaline Hämocyten sind phagocytotisch aktiv. Während der Entwicklung entfernen sie Zellen, die durch Apoptose zugrundegegangen sind. Außerdem können sie Fremdkörper oder Erreger aufnehmen und einkapseln. Diese Zellen entsprechen wahrscheinlich den Monocyten und Makrophagen der Wirbeltiere.

Zellen, die sowohl der Abwehr von Fremdstoffen und der Bekämpfung von Erregern als auch dem Wundverschluss dienen, sind die **granulären Hämocyten**. Wie der Name andeutet, enthalten sie elektronenmikroskopisch deutlich darstellbare granuläre Strukturen, nämlich Lysosomen mit Enzymen. Auch diese Zellen sind in der Lage, wie die Plasmatocyten, durch Phagocytose Pathogene aufzunehmen oder einzukapseln. Sie spielen darüber hinaus bei Stoffwechselvorgängen eine Rolle. Zudem tragen sie bei Verletzungen zur Gerinnung der Hämolymphe bei. Dazu schütten sie aus speziellen Granula gerinnungsfördernde Stoffe aus, die die Hämolymphe zähflüssiger machen.

Eleocyten sind für die Aufnahme und Verteilung von Nährstoffen im Körper zuständig. Möglicherweise können sie auch Stoffwechselendprodukte speichern und diese zu den Exkretionsorganen transportieren.

In der Hämolymphe von Arthropoden findet man zusätzlich noch **Oenocyten**, deren Cytoplasma kristallines Material oder Mikrotubuli enthält. Bei *Drosophila* wurden sogenannte Crystal Cells beschrieben, die wahrscheinlich den Oenocyten anderer Arthropoden entsprechen. Crystal Cells und Plasmatocyten sind an der Bildung fester pigmentierter Kapseln als Reaktion auf den Befall mit Pilzen oder Parasiten beteiligt.

11.1.2 Entwicklung und Aufgaben der Blutzellen bei Wirbeltieren

Im sich entwickelnden Embryo wird die Bildung von Blutzellen durch Signalmoleküle wie **Wachstumsfaktoren** in Gang gesetzt. Aber auch im erwachsenen Tier müssen Zellen vorhanden sein, die noch das genetische Potential haben, neue Blutzellen liefern zu können.

Bei Wirbeltieren induziert der **Vascular endothelial Growth Factor** (**VEGF**) im **Mesoderm** die Bildung hämatopoietisch aktiver Zellen. Bei Fischen werden die Blutzellen sowohl in der Larve als auch im Adulttier in der Niere gebildet. Beim Zebrabärbling *Danio rerio* wurde zudem ein caudales hämatopoietisches Gewebe entdeckt, aus dem Zellen im Verlaufe der späteren Entwicklung in die Niere gelangen. Adulte Frösche bilden Blutzellen in der Leber.

Die grundlegend an der frühen Entwicklung der Blutzellen beteiligten Wachstumsfaktoren und Signalwege sind bei Wirbeltieren gleich. In Bezug auf den Menschen stellen sich natürlich besonders Fragen nach möglichen Ursachen für Fehler bei der Hämatopoiese. Hierfür finden Mäuse als Modelltiere häufig in hämatopoietischen Studien Verwendung.

Hämatopoiese beim Menschen

Die Blutbildung beginnt im menschlichen **Embryo** in der dritten Woche. Zunächst werden Blutinseln im Dottersack angelegt. Daraus gehen Endothelzellen und primitive Erythrocyten, die einen Kern enthalten, hervor. Diese sogenannte **mesoblastische Phase** der Blutbildung findet bis zum dritten Embryonalmonat statt.

Bei Mäusen hat man Zellen mit Entwicklungspotential zu Blutvorläuferzellen in der Nähe des Primitivstreifens gefunden. Es ist unklar, ob solche Zellen zum Dottersack wandern oder passiv dorthin bewegt werden. Im Dottersack der Maus ordnen sie sich zu einem morphologisch abgrenzbaren Zellstreifen an. In diesen Zellen wird bereits der hämatopoietisch bedeutsame Transkriptionsfaktor Gata-1 exprimiert.

Wenn der Herzschlauch zu schlagen beginnt, werden Blutzellen vom Dottersack zum Embryo transportiert. Der erste Ort der Blutbildung innerhalb des Embryos ist die **Aorta-Gonaden-Mesonephros-Region** (**AGM**). Im Splanchnopleura-Mesoderm werden vor Einsetzen der Blutzirkulation aber bereits hämatopoietische Zellen angelegt.

Verschiedene Signalmoleküle, die von anderen Zellen abgegeben werden, bewirken wahrscheinlich die Entwicklung hämatopoietischer Stammzellen in der Aorta-Gonaden-Mesonephros-Region. Bei Mäusen sind dies zum einen Neuralleistenzellen, die in die AGM-Region auswandern, und zum anderen Zellen der Urogenitalleiste.

Dies bedeutet, dass auch unabhängig vom Dottersack Blutzellbildung beginnt.

An der ventralen Basis der Aorta sind hämatopoietische Vorläuferzellen zu finden, die das Membranprotein $CD34^+$ exprimieren (Abb. 11.1a). Unterschiedliche Signalmoleküle wie Activin A, Fibroblast Growth Factor (FGF) und Bone Morphogenetic Protein 4 (BMP-4) bewirken, dass sich aus Zellen des Splanchnopleura-Mesoderms pluripotente **Angioblasten** entwickeln (Abb. 11.1b). Unter dem Einfluss von Wachstumsfaktoren wie Stem Cell Factor (SCF), VEGF und Transforming Growth Factor (TGF) werden diese zu endothelialen oder hämatopoietischen Vorläuferzellen. Sie sind über charakteristische Oberflächenproteine (z. B. VEGFR 2, CD44 und CD34) identifizierbar. Der Notch-Signalweg (Biochemie, Zellbiologie) reguliert verschiedene Zelldifferenzierungswege während der Entwicklung bei Wirbellosen und Wirbeltieren. Er ist auch an der Blutbildung beteiligt. Notch-1 steuert die Blutbildung in der Aorta-Gonaden-Mesonephros-Region. Es aktiviert Gata-2, einen wichtigen Transkriptionsfaktor für die Hämatopoiese.

Parallel zu diesen Vorgängen werden beim Menschen ab der sechsten Embryonalwoche die Blutzellen in der Leber gebildet (**hepatische Phase**). Zu einem geringeren Anteil findet darüber hinaus Blutbildung in der Milz statt. Diese Entwicklung hält bis zur Geburt an. Im Fetus beginnt ab dem fünften Entwicklungsmonat die

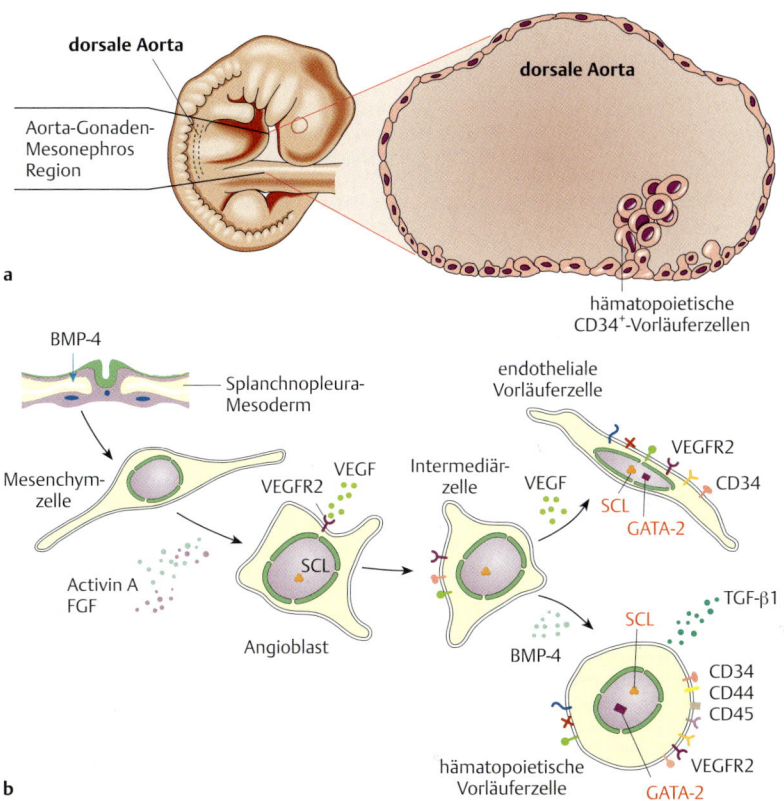

Abb. 11.1 Hämatopoiese. a Die ersten hämatopoietischen Vorläuferzellen entstehen im menschlichen Embryo innerhalb der Aorta-Gonaden-Mesonephros-Region, die von der vorderen Extremitätenanlage zur Nabelschnur reicht. **b** Die Entwicklung hämatopoietischer Vorläuferzellen und endothelialer Zellen wird von zahlreichen Signalmolekülen beeinflusst. (Nach Marshall, 2001.)

Blutbildung im gesamten Knochenmarksraum. Beim Erwachsenen werden Blutzellen vornehmlich in flachen Knochen, wie Brustbein und Rippen, gebildet.

Die Entwicklung aller Blutzellen des **Erwachsenen** geht von multipotenten Stammzellen aus. Das sind Stammzellen, die das Potential besitzen, zu den verschiedenen reifen Zellen des Blutes zu differenzieren. Diese **hämatopoietischen Stammzellen** befinden sich im Knochenmark und sind als adulte somatische Stammzellen teilungs- und differenzierungsfähig. Nach der Teilung einer dieser Stammzellen bleibt eine Tochterzelle weiterhin Stammzelle und hält den Stammzellpool im Knochenmark aufrecht. Die andere Tochterzelle ist entweder zu einer lymphatischen Progenitorzelle geworden, von der schließlich die Lymphocyten ab-

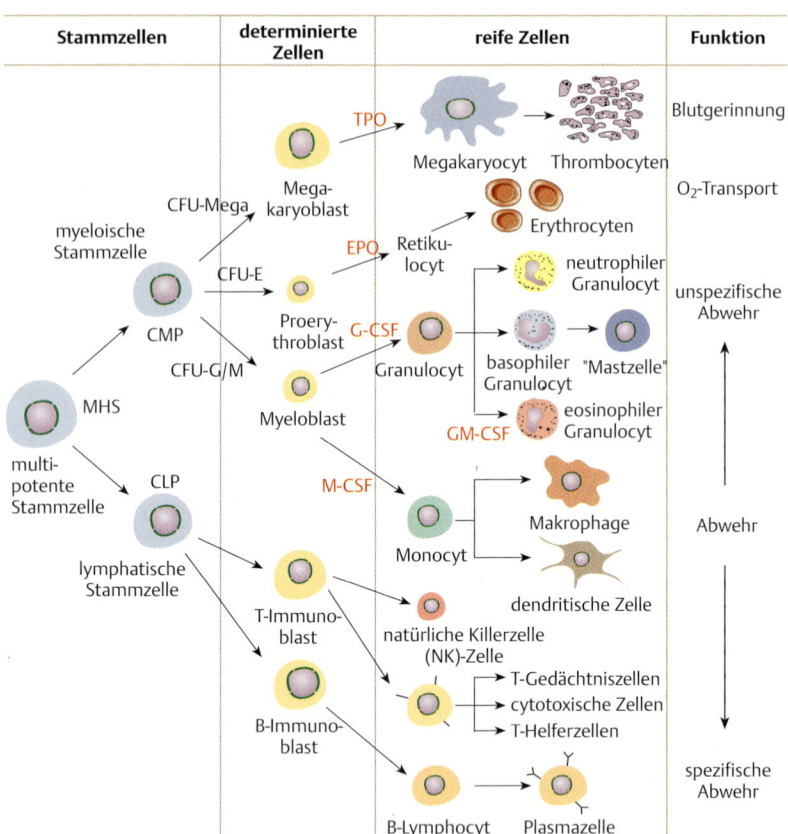

Abb. 11.2 **Übersicht über die Hämatopoiese im adulten Säuger.**

stammen, oder zu einer myeloischen Progenitorzelle, die sich zu den verschiedenen anderen Blutzellen weiterentwickeln kann. Die Tochterzellen der myeloischen Progenitorzellen werden **Colony forming Units** (CFU, Abb. 11.2) genannt. Diese Zellen können sich nur noch zu bestimmten Zelltypen weiterentwickeln.

Aus den Colony forming units der Erythrocyten (CFU-E) entstehen unter dem Einfluss von Erythropoietin (EPO, Abb. 11.2) durch hohe Teilungsaktivität über mehrere Zwischenstufen Retikulocyten, denen der Zellkern fehlt. Nach der Reifung gelangen sie als Erythrocyten ins Blut.

CFU-G/M-Zellen sind die Vorgänger der neutrophilen Granulocyten und der Makrophagen. Unter dem Einfluss von Cytokinen wie G-CSF und M-CSF durchlau-

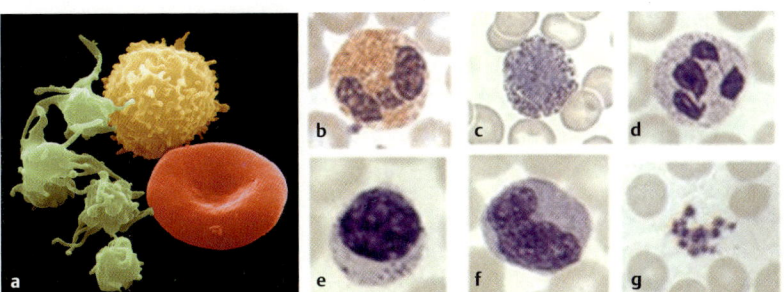

Abb. 11.3 **Verschiedene Blutzellen der Wirbeltiere.** a Rasterelektronenmikroskopische Aufnahme links **a**: Erythrocyten haben die Gestalt bikonkaver Scheiben (rot), Leukocyten besitzen viele Fortsätze an der Zelloberfläche (gelb) und Thrombocyten stülpen nach Aktivierung lange Zellfortsätze aus (grün). (Von Jürgen Berger, MPI für Entwicklungsbiologie Tübingen.) **b–g** Im Differentialblutbild lassen sich nach Pappenheim-Anfärbung basophile (c), eosinophile (b) und neutrophile (d) Granulocyten, Lymphocyten (e), Thrombocyten (g) und Monocyten (f) unterscheiden. Erythrocyten sind auf allen Abbildungen zu erkennen. (Aus Duale Reihe, Physiologie, Thieme Verlag, 2010.)

fen die Zellen mehrere Mitosen und differenzieren sich danach aus. Dabei ändert sich die Form des Zellkerns und es werden spezielle Granula ausgebildet.

Die Lymphocyten stammen von lymphatischen Progenitorzellen ab. Je nach dem, in welchem Gewebe die Lymphocytenvorläufer heranreifen, unterscheidet man B-Lymphocyten (reifen im Knochenmark: bone marrow) oder T-Lymphocyten (reifen im Thymus).

Thrombocyten entstehen aus CFU-Mega-Zellen, die sich über mehrere Zwischenstufen zu Megakaryocyten entwickeln. Megakaryocyten haben aufgrund von Replikationen ohne anschließende Zellteilung (Endomitose) einen sehr großen Zellkern. Thrombocyten entstehen, wenn Fortsätze des reifen Megakaryocyten abgeschnürt werden.

Aufgaben der Blutzellen

Die **Erythrocyten** oder roten Blutkörperchen der Säugetiere sind kernlos und beinhalten als wichtiges Protein für den Sauerstofftransport das Hämoglobin (Abb. 12.**1**, S. 740). Da sie auch keine Mitochondrien haben, sind sie auf Glucose angewiesen, die über Glykolyse abgebaut wird. Die Lebensdauer beträgt ca. 120 Tage.

Zu den weißen Blutkörperchen oder **Leukocyten**, die bei Säugern der Immunabwehr dienen, gehören **Granulocyten**, **Lymphocyten** und **Monocyten** (Abb. 11.**3**).

Als „Kamikaze-Zellen" des Immunsystems fungieren die **neutrophilen Granulocyten**. Sie können die Blutbahn durch die Wand von Venolen verlassen und in von Krankheitserregern geschädigtes Gewebe vordringen. Sie phagocytieren Bakterien und zerstören diese mithilfe ihrer in den Granula gespeicherten Enzyme. Dann sterben sie unter Eiterbildung ab.

Eosinophile Granulocyten wirken mit den Inhaltsstoffen ihrer Granula besonders auf die Larven parasitischer Würmer cytotoxisch. Das vermehrte Auftreten von Eosinophilen im Blutbild (Eosinophilie) kann daher als diagnostisches Indiz für Parasitenbefall dienen.

Die Funktion der **basophilen Granulocyten** ist nicht genau geklärt. Sie spielen bei allergischen Reaktionen eine Rolle.

Die **B-Lymphocyten** sind als Plasmazellen und Gedächtniszellen für die Produktion von Antikörpern verantwortlich.

Die **T-Lymphocyten** leiten als cytotoxische T-Zellen die Apoptose geschädigter Zellen ein. T-Helfer-Zellen aktivieren Makrophagen, B-Zellen, Neutrophile und Eosinophile und tragen damit zur Bekämpfung von Bakterien und Parasiten bei.

Die **Monocyten** reifen zu **Makrophagen**. Makrophagen verdauen Krankheitserreger und Zelltrümmer. Außerdem können sie durch Antigenpräsentation T-Helfer-Zellen des Immunsystems aktivieren.

Die Hauptaufgabe der **Thrombocyten** ist die Blutungsstillung und Blutgerinnung (s. u.).

> **Hämocyten:** Überbegriff für die in der Hämolymphe befindlichen Zellen der Wirbellosen.
> **Hämatopoietische Stammzellen:** sind multipotent und im Knochenmark des adulten Organismus vorhanden. Aus ihnen gehen bei Säugern die verschiedenen Blutzellen hervor.
> **Colony forming units (CFU):** sind auf den Entwicklungsweg zu einer bestimmten Blutzellsorte festgelegt. Unter dem Einfluss verschiedener Signal- und Wachstumsfaktoren entwickeln sie sich oft über mehrere Zwischenstufen zu den verschiedenen Blutzellen.
> **Leukocyten:** Die weißen Blutkörperchen dienen der Immunabwehr. Zu ihnen zählen die Lymphocyten, Granulocyten und Monocyten. Die Zellen enthalten alle einen Kern, sind farblos und amöboid beweglich.

11.1.3 Die Erythrocytenmembran

Die Membranstruktur ist bei den menschlichen Erythrocyten am intensivsten untersucht worden, weshalb sich die nachfolgend geschilderten Verhältnisse auf diese beziehen. Die Membran ist für die mechanischen Eigenschaften, Transportfunktionen und Antigeneigenschaften der Erythrocyten verantwortlich. Bemerkenswert ist ihre starke **passive Verformbarkeit**, die bei der gesunden Zelle **reversibel** ist. Erythrocyten haben einen Durchmesser von 7,5 µm, müssen aber zum Beispiel durch Kapillaren von kleinerem Durchmesser oder Endothelspalten in der Milz hindurchgleiten. Einerseits darf die Zellmembran bei der Passage enger Kapillaren nicht reißen, andererseits muss der Erythrocyt zu seiner flach-ovalen Ausgangsform zurückkehren können. All dies wird durch Membranproteine gewährleistet. Dazu ist die Lipiddoppelschicht des Erythrocyten über Transmembranproteine mit einem darunter liegenden Skelett aus Proteinen verbunden.

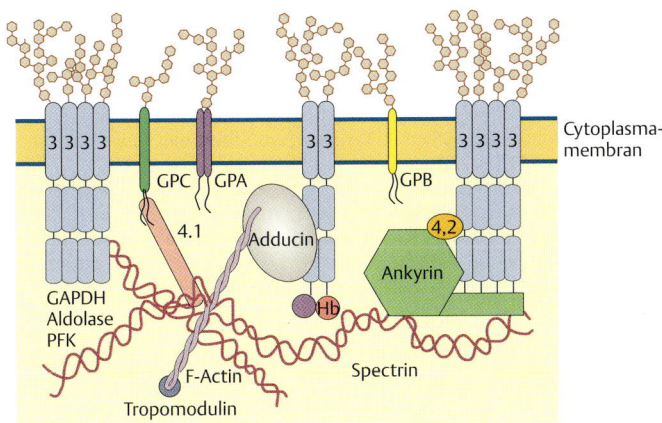

Abb. 11.**4 Struktur der Erythrocytenmembran.** An der Membraninnenseite befindet sich ein Proteinnetzwerk, das für die reversible Verformbarkeit des Erythrocyten wichtig ist. Desweiteren findet man an der Glykolyse beteiligte Enzyme wie Aldolase und Glycerinaldehyd-3-phosphat-Dehydrogenase (GAPDH). Auf der Membranaußenseite befinden sich Glykoproteine, die als Rezeptoren oder z. B. Blutgruppenantigene fungieren.

Das **Proteinnetzwerk**, welches die Gestalt und Verformbarkeit der Erythrocyten ermöglicht, liegt an der Innenseite der Membran (Abb. 11.**4**). Daran beteiligt sind **Spectrinmoleküle**, die helixartig umeinander gewunden sind. **Actin, Ankyrin** und **Bande 4.1-Proteine** verknüpfen ihrerseits die Spectrine zum oben erwähnten Netzwerk. Ankyrin geht eine Verbindung mit der cytoplasmatischen Domäne vom Protein der Bande 3 ein (Abb. 11.**4**, rechts). Das **Bande 3-Protein** ist ein Transmembranprotein. Es dient zum einen der Verankerung des Spectrin-Membranskeletts an der Lipiddoppelschicht, zum anderen ist es ein Transportprotein für Anionen (Cl^-/HCO_3^--Austausch). Es spielt eine Rolle beim CO_2-Transport und der Pufferung des pH-Wertes in den Erythrocyten. Dieses Beispiel zeigt, dass sich essentielle Lebensvorgänge des Erythrocyten an seiner Membran abspielen.

Ein weiterer Verbindungskomplex zwischen Lipiddoppelschicht und Membranskelett besteht aus Spectrin, Actin und dem Protein der Bande 4.1, welches mit **Glycophorin** (GPC) verbunden ist. Dieser Komplex ist vermutlich maßgeblich daran beteiligt, die Stabilität der Erythrocytenmembran bei starker Verformung zu gewährleisten. Tropomodulin und Adducin sind jeweils an die gegenüberliegenden Enden der Actinmoleküle gebunden. Sie sind möglicherweise für die Aufrechterhaltung der Membranstruktur wichtig, die genaue Funktion ihrer Interaktion ist jedoch noch nicht vollständig geklärt. Änderungen in den Faltungszuständen der Spectrinmoleküle sorgen für die Elastizität der Erythrocytenmembran.

Blutgruppen. Auf der Erythrocytenoberfläche befinden sich Zuckerstrukturen, sogenannte Oligosaccharide, die die Blutgruppenantigene des Menschen darstellen. Heutzutage sind verschiedene Blutgruppensysteme des Menschen bekannt. Eines der wichtigsten, da für Bluttransfusionen relevant, ist das **AB0-System** (*Genetik*).

Viele Tiere haben Blutgruppen oder vergleichbare Strukturen. Bei Schimpansen sind Blutgruppe A und 0 bekannt, Gorillas haben Blutgruppe B. In Schweinen sind A und 0 vorhanden, ihnen fehlt aber ein großer Teil des Gens für Blutgruppe 0.

Der **Rhesusfaktor** wurde an Rhesusaffen entdeckt. Der Rhesusfaktor des Menschen wird durch zwei Gene codiert und ist ein Polypeptid auf der Erythrocytenoberfläche. Das Antigen D (oder rezessiv d) ist von medizinisch-immunologischer Bedeutung (s. u.). Daneben kommen noch die Antigene C/c und E/e vor. Die Funktion der Rhesus-Antigene ist noch nicht vollständig geklärt, aber vermutlich sind sie mitverantwortlich für die Unversehrtheit der Erythrocytenmembran.

> Bei einer sogenannten **Rhesus-inkompatiblen Schwangerschaft** erwartet eine Rhesus-negative Mutter ein Rhesus-positives Kind. Die Mutter hat das Antigen D nicht auf ihren Erythrocyten, das sich entwickelnde Kind hingegen schon. Probleme können bei Geburten oder Fehlgeburten auftreten, wenn kindliche Erythrocyten in die mütterliche Blutbahn gelangen. Rhesus-positive Erythrocyten werden vom Immunsystem der Mutter als fremd erkannt, und es werden Antikörper gegen das Antigen D gebildet. Das erstgeborene Kind erleidet hierbei keinen Schaden. Wenn nun aber die Mutter wieder ein Rhesus-positives Kind erwartet, kommt es unbehandelt zum **Morbus haemolyticus fetalis**, im Extremfalle zum Abort. Die Anti D-Antikörper sind sehr klein und haben zwei Bindungsstellen, sie können die Plazentaschranke passieren. (Anti-A- und Anti-B-Antikörper gehören zu einer größeren Immunglobulinklasse, sie haben 10 Bindungsstellen und gelangen nicht in die Plazenta hinein.) Um das Problem zu umgehen, wird heutzutage bei Rhesus-negativen Müttern die **Anti-D-Prophylaxe** durchgeführt. Dabei erhalten die Mütter in Zeitraum der 28. bis zur 30. Schwangerschaftswoche eine Dosis Anti-D-Immunglobulin-Antikörper. Nach der Geburt eines Rhesus-positiven Kindes wird noch einmal innerhalb von 72 Stunden Antikörper von außen zugeführt. Die kindlichen Erythrocyten im mütterlichen Blut werden dann von diesen Antikörpern vor der Sensibilisierung des mütterlichen Immunsystems abgebaut. ◄

Erythrocyten: Die kernlosen roten Blutkörperchen. Sie enthalten das Hämoglobin für den Sauerstofftransport. Zudem haben sie eine flexible, aber stabile Membran mit darunter liegendem Cytoskelett. Ihre physiologischen Funktionen erfüllen hauptsächlich die verschiedensten Proteine in der Zellmembran.

Spectrine: Gehören zum an der Innenseite der Erythrocytenmembran liegenden Proteinnetzwerk. Es ermöglicht die Stabilität und reversible Verformbarkeit der Erythrocyten in engen Kapillaren.

Blutgruppen: Als erstes entdeckt wurde das AB0-System. Bei den Blutgruppenantigenen A, B und 0 handelt es sich um Zuckerketten (Oligosaccharide) auf der Erythrocytenoberfläche. Die Zucker der Blutgruppen A und B werden durch Enzyme, spezielle Glykosyltransferasen, modifiziert.

11.1.4 Blutgerinnung und Fibrinolyse beim Menschen

Bei Verletzungen muss der Organismus in der Lage sein, den entstandenen Schaden möglichst schnell zu begrenzen und den Verlust von Körpersubstanz einzudämmen. Alle dazu dienenden Vorgänge lassen sich als **Blutstillung** zusammenfassen. Einerseits muss dabei eine Wunde effektiv verschlossen werden, andererseits darf der Blutfluss dadurch nicht gestört werden oder gar vollständig zum Erliegen kommen. Dies bedeutet, dass ein System benötigt wird, was nur am Ort der Verletzung aktiv ist. Nach der Wundheilung muss der gebildete Verschluss wieder aufgelöst werden.

Blutgerinnung

Im Blut sind spezielle Zellen für den Wundverschluss vorhanden, die **Thrombocyten**. Im Blut liegen sie normalerweise in ihrer inaktiven flach-ovalen Form vor. Bei einer Verletzung gelangen Thrombocyten, die im Blutstrom unterwegs sind, an die beschädigte Stelle und binden, vermittelt durch das Plasmaprotein **von-Willebrand-Faktor** (vWF), an freigelegtes Kollagen aus beschädigten Gefäßen. Auf der Thrombocytenoberfläche befindet sich Glycoprotein Ib, das an den von-Willebrand-Faktor bindet. Der von-Willebrand-Faktor bildet also die Verbindung zwischen verletzter Gefäßoberfläche und Thrombocyt (Abb. 11.**5**).

Des Weiteren bindet **Fibrinogen** an das Glycoprotein IIb/IIIa auf der Thrombocytenoberfläche. Auf diese Weise werden nun verschiedene Thrombocyten am Ort der Verletzung miteinander vernetzt. Durch den Einfluss dieser verschiedenen Faktoren werden die Thrombocyten aktiviert und verändern dabei ihre Form. Sie bilden lange Fortsätze (Pseudopodien) aus und **verklumpen** untereinander. Aktivierte Thrombocyten sezernieren zudem verschiedene Inhaltsstoffe aus ihren Granula und „locken" weitere Thrombocyten an, die zur Verklumpung beitragen. Die Anhäufung der Thrombocyten trägt zum Verschluss der Wunde bei.

Eine Verletzung muss schnell eingedämmt werden. Dies wird im Plasma sehr effektiv dadurch erreicht, dass als Reaktion auf eine Verletzung eine Kettenreaktion in Gang gesetzt wird, bei der verschiedene Proteine und Enzyme, die **Gerinnungsfaktoren**, aktiviert werden (**Blutgerinnung** im engeren Sinne). Das bedeutet, dass die Gerinnungsfaktoren erst dann zum „Einsatz" kommen, wenn auch eine Verletzung vorliegt. Der genaue Ablauf dieser Blutgerinnungskaskade ist in Abb. 11.**6** dargestellt. Durch die teilweise nacheinander geschalteten zahlreichen Einzelschritte ist es möglich, in kurzer Zeit viel Thrombin zu produzieren. **Thrombin** ist das Enzym, welches das Plasmaprotein Fibrinogen durch Spaltung in **Fibrin**, den „Klebstoff" für die Wunde, umwandelt. Faktor XIII, der ebenfalls von Thrombin aktiviert wird, vernetzt verschiedene Fibrinmoleküle über kovalente Bindungen. Er stabilisiert das Fibrinpolymer und trägt somit zum festen Verschluss der Wunde bei.

Gerinnung des Blutes kann auf mehreren Wegen einsetzen. Die Blutgerinnung kann zum einen über das **intravaskuläre System** (intrinsisches System) ausgelöst werden. Hieran sind die Gerinnungsfaktoren beteiligt, die im Blut vorkommen.

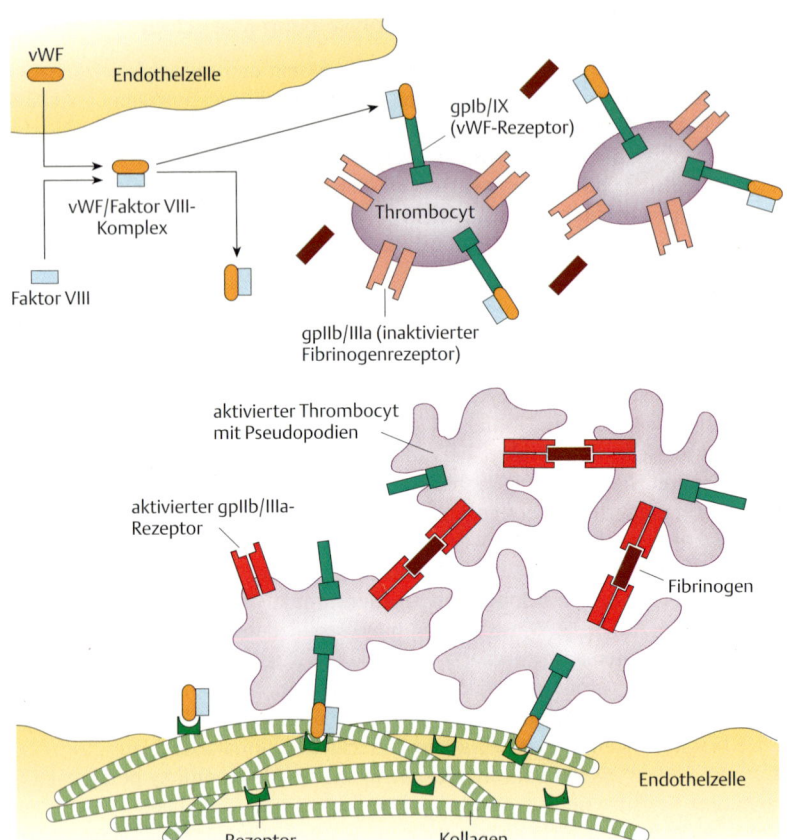

Abb. 11.5 **Aktivierung der Thrombocyten und die daran beteiligten Faktoren.** Die Verklumpung von Thrombocyten führt zur Ausbildung eines Pfropfes, der die Wunde verschließt. (Nach Löffler, Springer Verlag, 2007.)

Das Plasmaprotein Faktor XII wird z. B. durch Kontakt mit aktivierten Blutplättchen seinerseits in die aktive Form umgewandelt. Bei Gefäßverletzungen wird auch Kollagen frei, welches dann ebenfalls zur Aktivierung von Faktor XII führen kann. Der aktive Faktor XIIa wandelt wiederum den Faktor XI in die aktivierte Form XIa um. Faktor XIa aktiviert dann den Faktor IX (Christmas Factor). Auf der Oberfläche der Zellmembran bildet der aktive Faktor IXa einen Komplex mit Faktor VIIIa (antihämophiler Faktor). Dieser Komplex aktiviert den Faktor X. Der aktivierte Faktor Xa wandelt Prothrombin des Blutplasmas in Thrombin um. Thrombin sorgt nun seinerseits für Fibrinbildung, wie weiter oben bereits erwähnt.

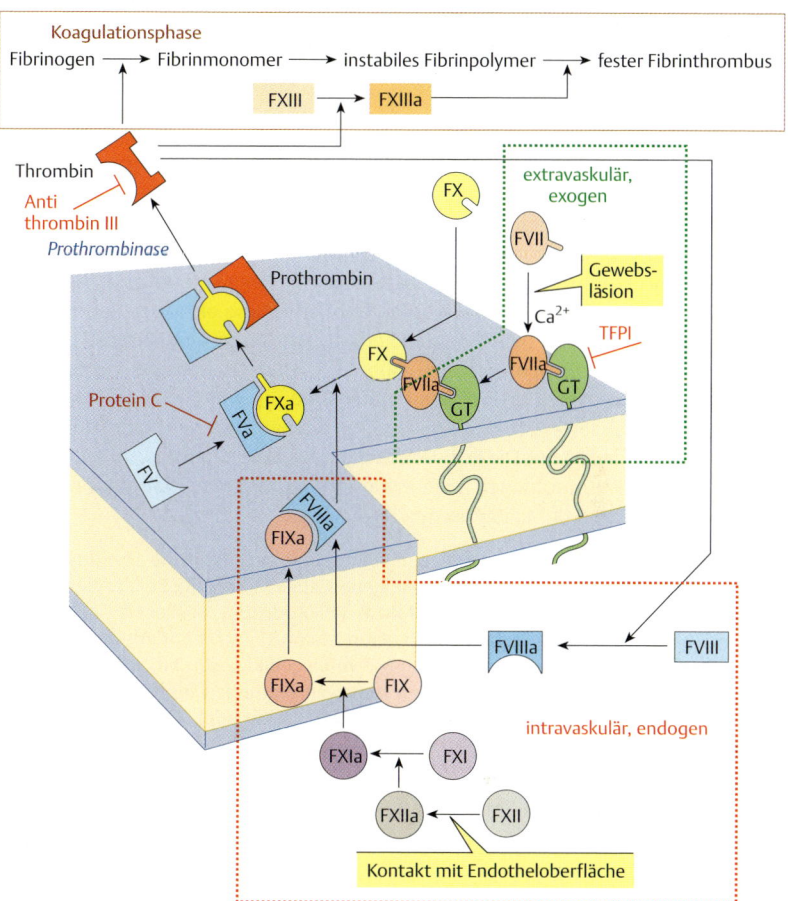

Abb. 11.**6** **Hämostase (Blutgerinnung) beim Menschen.** Die Aktivierung (farbige Kästen) und die wichtigsten Faktoren der Hemmung der Gerinnungskaskade sind dargestellt. (Nach Löffler, Springer Verlag, 2007.)

Wenn Gewebe oder Abschnitte eines Gefäßes zerstört werden, kommen Gerinnungsfaktoren mit Gewebsthromboplastin oder **Tissue Factor** in Berührung, was das **extravaskuläre System** (extrinsisches System) der Blutgerinnung startet. Tissue Factor wird z. B. an glatten Muskelzellen, aber auch an durch Verletzung beschädigten Zellen exprimiert. Im intakten Gefäß kommt er nicht mit Blut in Berührung. Die Gerinnungskaskade nimmt ihren Anfang über den Kontakt von Faktor VII mit dem Tissue Factor. Der entstehende Komplex aus Faktor VIIa und dem Tissue Factor aktiviert den Faktor X. In der Folge wird wieder Thrombin gebildet.

Faktor X wird also in der Gerinnungskaskade sowohl des intravaskulären als auch des extravaskulären Systems aktiviert. Zwei Wege führen hier zur Thrombinbildung, die die Voraussetzung für die Ausbildung eines stabilen Wundverschlusses durch Fibrin ist.

Auch aktivierte Thrombocyten können Kofaktoren binden, wie Faktor V und Faktor VIII. Nach neueren Erkenntnissen sind Thrombocyten ebenfalls ganz entscheidend an der Produktion von Thrombin beteiligt. Der Faktor XIa bindet an den Rezeptor Glycoprotein Ib und aktiviert dann Faktor IX. In der Folge wird dann Faktor X aktiviert, und auf der Thrombocytenoberfläche Thrombin gebildet.

Die am Blutgerinnungssystem beteiligten Enzyme liegen im unverletzten Organismus in inaktiver Form vor und werden **bei Verletzung aktiviert**. Somit ist gewährleistet, dass das Blut nicht spontan gerinnt. Die Gerinnungsfaktoren sind Enzyme mit unterschiedlichen Domänen (Abb. 11.7). Die GLA-Domäne vermittelt die Konformationsänderung des Proteins bei der Bindung von Ca^{2+}. Ca^{2+}-Ionen sind häufig an den Aktivierungsreaktionen beteiligt oder auch an der Bindung von Faktoren an die Zelloberfläche. Die EGF-Domäne bindet an Rezeptoren der Zelloberflächen oder an Rezeptordomänen anderer Gerinnungsfaktoren. Die Faktoren unterscheiden sich anhand der katalytischen Domäne.

> Es gibt etliche Krankheiten, bei denen die Blutgerinnung gestört ist. Die Bluterkrankheit (**Hämophilie**) ist ein Beispiel für eine genetische Erkrankung. Bei der Hämophilie **A** wird zu wenig oder kein **Gerinnungsfaktor VIII** produziert, bei der Hämophilie **B** zu wenig oder kein **Gerinnungsfaktor IX**. Dadurch kann in der beschriebenen Blutgerinnungskaskade nicht mehr schnell genug Thrombin gebildet werden. Selbst kleine Verletzungen können zu lang anhaltenden massiven Blutungen führen. Hämophilie A und B werden X-chromosomal rezessiv vererbt (*Genetik*). Zur Behandlung der Hämophilie stehen gentechnisch hergestellte (rekombinante) Gerinnungsfaktoren oder aus inaktivierten Viren gewonnene Faktoren zur Verfügung. ◄

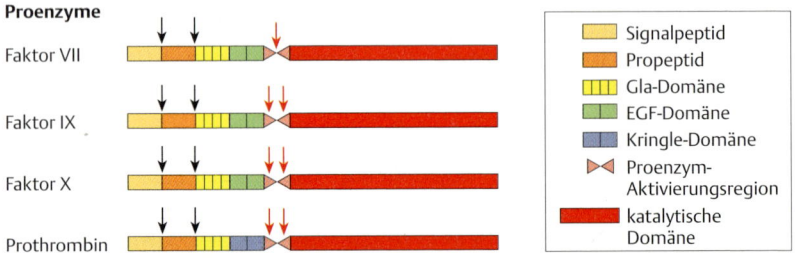

Abb. 11.**7 Molekulare Struktur einiger an der Blutgerinnung beteiligter Proteine.** Schwarze Pfeile markieren die Stelle, an der Signal- und Propeptid gespalten werden. Rote Pfeile kennzeichnen die Stelle, an der das Peptid gespalten wird, um das Enzym zu aktivieren. (Nach Löffler, Springer Verlag, 2007.)

Fibrinolyse

Nach Ausheilung einer Verletzung muss der Wundverschluss wieder entfernt werden. Die Thrombocyten setzen aus ihren Granula natürlich gerinnungsfördernde Substanzen frei, aber auch solche, die zur Hemmung der Blutgerinnung führen können. Dieser scheinbare Widerspruch lässt sich dadurch erklären, dass die Gerinnungsreaktion nicht dergestalt überhand nehmen darf, dass sich zu große Thromben bilden. Dadurch könnte die Blutzirkulation auf weiteren Strecken unterbunden werden. Wichtige **blutgerinnungshemmende Proteine**, die aus Thrombocytengranula freigesetzt werden, sind Tissue Factor Pathway Inhibitor (TFPI), Protein C und Protein S.

Zellen aus verletztem Gewebe haben den **Tissue Factor** auf ihrer Oberfläche. TFPI kann an den bei der Blutgerinnung entstandenen Komplex aus Faktor VIIa und Tissue Factor binden und damit die weiteren molekularen Gerinnungsvorgänge hemmen.

Auch das **Thrombin** spielt sowohl bei der Blutgerinnung als auch bei der Fibrinolyse eine wichtige Rolle. Die in der Nachbarschaft verletzter Gefäße liegenden unversehrten Endothelzellen haben als Rezeptor für Thrombin das Thrombomodulin. Thrombin ist auf unverletzten Zellen daran gebunden und aktiviert **Protein C** und **Protein S**, die auch von Thrombocyten ausgeschüttet werden. Protein C und Protein S spalten die Faktoren Va beziehungsweise VIIIa und unterbrechen damit die Gerinnungskaskade.

Im Blut vorhandene Proteine tragen ebenfalls zur Fibrinolyse bei. Das in der Leber hergestellte und ins Blut abgegebene **Plasminogen** wird durch Faktor XIIa, den von Endothelzellen abgegeben Gewebeplasminogenaktivator t-PA oder Urokinase (in Urin nachweisbar) zu **Plasmin** aktiviert. Plasmin wiederum spaltet Fibrin und löst damit das Gerinnsel auf.

Das Plasmaprotein **Antithrombin III** hemmt das Thrombin und sorgt dafür, dass die Gerinnung nur auf den Bereich von Verletzungen beschränkt bleibt. Antithrombin muss ebenfalls aktiviert werden, und zwar geschieht dies durch **Heparin**, das z. B. von Endothelzellen exprimiert wird.

> **Blutgerinnung (Hämostase):** Reaktion des Organismus auf Verletzungen, um diese möglichst schnell einzudämmen. Die Blutgerinnung läuft kaskadenartig über die Aktivierung von Gerinnungsfaktoren ab. Dies hat zwei Vorteile: Zum einen wird durch die Kettenreaktion viel Thrombin gebildet. Zum anderen ist gewährleistet, dass im gesunden Organismus Blut nicht spontan, also ohne Verletzung, gerinnt, da die Gerinnungsfaktoren aktiviert werden müssen. Die komplexen Vorgänge der Blutgerinnung greifen ineinander und werden von hemmenden Faktoren beeinflusst, beziehungsweise reguliert.
>
> **Gerinnungsfaktoren:** Proteine, die im Blut inaktiv sind und erst in ihre enzymatisch aktive Form überführt werden müssen. Die verschiedenen Einzelschritte der Blutgerinnung führen zur Aktivierung von Faktor X. In seiner aktiven Form Xa wandelt dieser Prothrombin in Thrombin um.

> **Thrombin:** Wichtiges Enzym in der Blutgerinnungskaskade, das Fibrinogen zu Fibrin spaltet und damit die Bestandteile des Fibrinnetzwerkes bereitstellt, das die Wunde verschließt.
> **Thrombocyten (Blutplättchen):** Zellen, die bei der Blutgerinnung, aber auch bei der Fibrinolyse wichtige Funktionen haben.
> **Fibrinolyse:** Auflösung eines Blutgerinnsels nach Wundheilung. Die daran beteiligten Faktoren und Enzyme sorgen auch für eine Begrenzung der Gerinnungsvorgänge auf verletzte Gewebebereiche.

11.2 Kreislaufsysteme

Mit zunehmender Größe und zellulärer Differenzierung eines Organismus erfolgt der **Stofftransport** innerhalb eines Organismus **durch strömende Körperflüssigkeit**. Vorteilhaft ist die Entwicklung eines **Herzkreislaufsystems**, das aus einem Gefäß- und einem Pumpsystem besteht. In **offenen Kreislaufsystemen** verlässt die Flüssigkeit die Gefäße in Richtung Körperinneres und je nach den Erfordernissen führen andere Gefäße sie aus dem Körper wieder in das Kreislaufsystem zurück. Da verbindende Kapillaren fehlen, umspült die **Hämolymphe** die Zellen und Organe. Charakteristisches Kennzeichen eines **geschlossenen Kreislaufsystems** ist die Verbindung aller Gefäße über ein Kapillarsystem, sodass **Blut** nur innerhalb des geschlossenen Systems zirkuliert. Je größer die Kreislaufsysteme sind und je feiner die Vernetzung der Gefäße, um so wichtiger ist die Ausbildung von Pumpmechanismen, die eine ausreichende Strömung in den Gefäßen erzeugen. Ausgehend von einfachen Muskelbewegungen, über kontraktile Gefäße, entwickelten sich spezielle Organe, die **zentrale Pumpstationen** darstellen: die **Herzen**.

11.2.1 Gefäße

Um die verschiedenen Gewebe in größeren Tieren ausreichend zu versorgen bzw. Abfallprodukte zu entsorgen, entwickelt sich ein **Gefäßsystem** mit einem Antriebs- oder Pumpsystem in Form eines **Herzens** oder kontraktiler Gefäße. Von diesen ausgehend wird die Körperflüssigkeit über das **arterielle** Gefäßsystem in den Körper verteilt. In feinen **Kapillaren** erfolgt der Stoffaustausch zwischen Gefäßflüssigkeit und interstitieller Flüssigkeit, und ein **venöses** Gefäßsystem transportiert die Gefäßflüssigkeit wieder zu den Pumpstationen zurück.

Arterien und Venen besitzen einen **dreischichtigen Wandaufbau** (Abb. 11.**8**). Die Ausbildung und Stärke der Schichten unterscheidet sich nach dem Gefäßtyp, aber grundsätzlich liegen von innen nach außen:
- Die **Tunica intima** (**Tunica interna**) begrenzt das Gefäßlumen durch eine einschichtige Lage lückenloser Endothelzellen. Darunter liegen Kollagenfasern

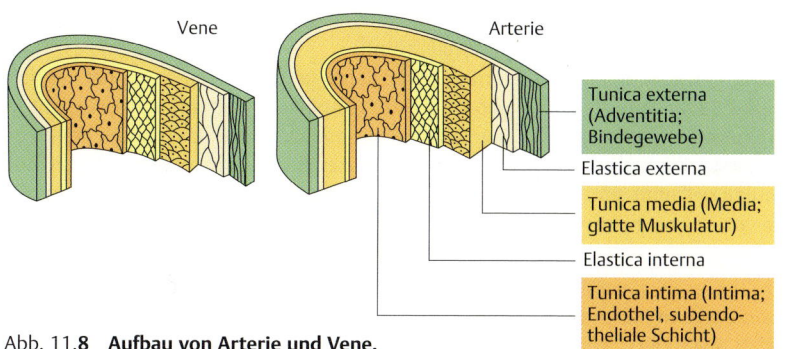

Abb. 11.8 **Aufbau von Arterie und Vene.**

und Elastin, die in Richtung des Gefäßverlaufes angeordnet sind. Diese dünne Bindegewebsschicht kann zu einer elastischen Faserschicht, der Elastica interna, ausgeprägt sein, die den Übergang zur Tunica media bildet.
– Die **Tunica media** besteht aus zirkulär angeordneten, glatten Muskelzellen, die das Gefäßlumen verengen können und Kollagenfibrillen. Eine weitere elastische Lage, die Elastica externa, kann die Tunica media gegen die aufgelagerte Tunica externa abgrenzen.
– Die **Tunica externa** (**Tunica adventitia**) besteht aus Bindegewebe und enthält Elastin- und Kollagenfasern. Sie verbindet das Gefäß über dieses Fasernetz elastisch mit den umgebenden Geweben.

Die großen Gefäße, die direkt vom Herzen ausgehen, sind sehr elastisch, sodass der rhythmische Ausstoß des Blutes aus dem Herzen in eine gleichmäßige Strömung umgewandelt wird. Der Venenaufbau ist prinzipiell dem Aufbau der Arterien ähnlich. Aufgrund der geringen Druckbelastung kann die Gefäßwand einer Vene jedoch wesentlich dünner sein, und der dreischichtige Aufbau ist durch eine schwach ausgebildete Tunica media kaum erkennbar. Venen der Extremitäten weisen insbesondere bei den Wirbeltieren **Taschenklappen** auf, die dem Rückstrom des Blutes in die Beine entgegenwirken. In den Arterien ist die Strömungsgeschwindigkeit höher als in den Venen, da Arterien ein geringeres Lumen als Venen besitzen (Hagen-Poiseuillesches-Gesetz, S. 734). Die Lumina der Arterien sind über große Strecken des Kreislaufsystems konstant, wohingegen Venen eine Ausweitung ihrer Lumina innerhalb eines Gefäßsystems erfahren.

Kapillaren, deren Wand neben einer Basalmembran aus einem meist **einschichtigen Endothel** besteht, haben einen Durchmesser zwischen 5 und 10 µm. In den meisten Organen und Geweben bilden sie ein Netzwerk, in dem die Durchflussfläche wegen der großen Zahl an Kapillaren enorm erhöht ist. Der lokale Blutdruck fällt entsprechend ab (S. 735) und damit die Strömungsgeschwindigkeit, sodass ausreichend Zeit für den Stoffaustausch vorhanden ist. Das gesamte Kapillarnetz könnte etwa 14 % des gesamten Blutvolumens fassen, meist wird aber nur ein Drittel bis die Hälfte der Kapillaren durchströmt.

Der Einfluss, den der Druck in den Kapillaren beim Stoffaustausch hat, ist von großer Bedeutung, da die Gewebe, die durch Kapillaren versorgt werden, nicht in direktem Kontakt mit der Flüssigkeit stehen, sondern durch das einschichtige Endothel der Kapillaren (S. 363) von den Substanzen und respiratorischen Trägermolekülen getrennt sind (Atmung, S. 739). Jedoch ist keine Körperzelle weiter als 50 µm von der nächsten Kapillare entfernt.

Der Stofftransport durch das Endothel ist auf dem **parazellulären** (**zwischen** den Endothelzellen hindurch, er wird durch die Beschaffenheit der Tight Junctions bestimmt) und dem **transzellulären** (**durch** die Endothelzellen hindurch) Weg möglich. Die Kapillarpermeabilität ist in den einzelnen Organen sehr unterschiedlich. Bei den meisten Kapillaren bestehen die Tight Junctions nur aus wenigen Verschlussleisten, die unregelmäßige Lücken aufweisen und daher für Wasser und kleinere Moleküle durchlässig sind. In anderen Organen sind die Tight Junctions weitestgehend dicht (Blut-Hirn-Schranke, S. 407) und der Transport ist auf den transzellulären Weg beschränkt. Fenestrierte Endothelien weisen siebplattenartige Ansammlungen von Fenstern auf, die einen schnellen parazelluären Transport ermöglichen (z. B. Niere, Darmmucosa).

Der in den Kapillaren vorhandene Druck bewirkt den Austritt von Wasser, den darin gelösten Stoffen und kleineren Plasmaproteinen in die Zellzwischenräume. Die extrazelluläre Flüssigkeit entspricht also bis auf größere Plasmaproteine dem Blut- oder Hämolymphplasma. Durch Diffusion und aktive Transportvorgänge gelangen jetzt benötigte Substanzen aus der Flüssigkeit in die Zelle. Auch wenn der Druck in den Kapillaren sehr gering ist, besteht zwischen der proteinreicheren Flüssigkeit in den Kapillaren und der proteinärmeren Extrazellulärflüssigkeit ein osmotischer Druckunterschied (kolloidosmotischer Druck). Dies führt dazu, dass die Flüssigkeit in die Kapillaren zurückkehrt und dabei die Stoffwechselprodukte der umgebenden Zellen in den Kreislauf eingeschleust werden.

11.2.2 Kreislaufsysteme

Unter den vielzelligen Tieren (Metazoa) ist bei Schwämmen (Porifera), Nesseltieren (Cnidaria), Schlauchwürmern (Cycloneuralia; Nemathelminthes), Plathelminthomorpha (Gnathostomulida, Plathelminthes), Sternwürmern (Sipunculida), Kratzern (Acanthocephala), Moostieren (Bryozoa), Pfeilwürmern (Chaetognatha), den Zungenwürmern (Linguatulida, Pentastomida) und den Stachelhäutern (Echinodermata) **kein spezielles Kreislaufsystem** entwickelt. Diese Tiere sind so klein, dass ihre Oberflächen für den Austausch von Atemgasen und Exkretionsprodukten über Diffusion oder aktive Zelltransportmechanismen ausreichen, oder bei ihnen sind die inneren wie äußeren Körperoberflächen für den Gas- und Stoffaustausch ausreichend stark vergrößert. Häufig sind jedoch Diffusionsvorgänge nicht ausreichend, um die Atemgase und Nährstoffe im Körper zu verteilen. Dies wird dadurch kompensiert, dass bei Tieren ohne spezielles Gefäßsystem die Leibeshöhlenflüssigkeit beispielsweise durch Darmbewegungen oder durch Bewegung von Cilien des Coelomepithels mittels **Konvektion** transportiert wird.

Bei verschiedenen Taxa entwickelten sich **Gastrovaskularsysteme**. In diesen werden Nährstoffe im Inneren eines stark verästelten, blind endenden Darmes verteilt. So durchzieht u. a. bei den Turbellarien und Trematoden der stark verästelte Darm fast alle Körperteile, um auf diese Weise die übrigen Körperzellen mit Nährstoffen zu versorgen (S. 672, Abb. 10.**5**).

Die Stachelhäuter (**Echinodermata**) besitzen kein spezielles Herzkreislaufsystem. Ihr sogenanntes **Hämalsystem** besteht aus Lakunen und einem Gefäßring um den Mund (oraler Hämalring). Dieser Hämalring steht über Radiärgefäße mit dem Ambulacralsystem in Verbindung. Bei Seeigeln, Seesternen und Schlangensternen existiert als Antriebsorgan des Hämalsystems das **Axialorgan**, das aus einem Gefäßgeflecht besteht. Dieses Gefäßsystem des Axialorgans steht seinerseits in Kontakt mit Gefäßen des Darmes und dem oralen Hämalring. Alle radiären oralen und aboralen Gefäßabschnitte enden blind, und es ist unklar, in welcher Richtung die Hämolymphe durch den Körper strömt. Eine Zirkulation ist nahezu unmöglich. Eine rasche Verteilung von Substanzen kann auch über das Ambulakralsystem erfolgen, welches zum Teil (über den Hämalring) mit dem Hämalsystem verbunden ist (Abb. 1.**97**).

Viele Metazoa haben ein an die Notwendigkeit ihres Stofftransports angepasstes Herzkreislaufsystem (**Kardiovaskularsystem**), das Körperflüssigkeiten hydrodynamisch durch die Gewebe und Organe ihres Körpers bewegt. Trotz aus onto- und phylogenetischer Sicht möglichen Übergängen werden zwei Typen unterschieden: **offene** und **geschlossene Kreislaufsysteme** (Abb. 11.**9**).

Im **offenen Kreislaufsystem** sind Gewebe und Organe mit einem Gemisch aus unterschiedlicher Körperflüssigkeit (Lymphe, Extrazellulärflüssigkeit) und Blutflüssigkeit umgeben. Diese **Hämolymphe** kann bis zur Hälfte des Körpervolumens betragen, sie wird in der Regel von einem zentralen Pumporgan, dem **Herz**, mit **niedrigem Druck** (5–10 mmHg, entspricht 0,66–1,33 Maximaldruck in kPa) aus den Arterien in die Leibeshöhle gedrückt. Die Hämolymphe strömt also nicht nur in Gefäßen, sondern fließt durch Lücken im Gewebe, bis sie erneut in Gefäße einströmt. Aufgrund ihres unterschiedlichen Aufbaus werden die röhrenförmigen oder **schlauchartigen Herzen** der Wirbellosen mit außen liegender Muskulatur von den **gekammerten Herzen** unterschieden, die bei Mollusken und typischerweise bei Vertebraten vorliegen. Bei den **Wirbellosen** liegt das **Herz dorsal**. Bei Arthropoden ist es mit seitlichen Öffnungen (**Ostien**) ausgestattet. Innerhalb der Körperhöhle existieren mehr oder weniger kompliziert gestaltete Trennwände (**Diaphragmen, Septen**), die den Hämolymphstrom in bestimmte Gebiete lenken oder aufgrund ihrer Ventilfunktion die Hämolymphmenge begrenzen. Während die peristaltische Bewegung der Körperwandmuskulatur oder die Ausbildung von kontraktilen Gefäßen oft ausreicht, um auch im offenen Kreislaufsystem eine gerichtete Strömung aufrecht zu halten, sind mit zunehmender Größe und Komplexität der Gefäßsysteme aufwendigere Pumpmechanismen notwendig. Sind

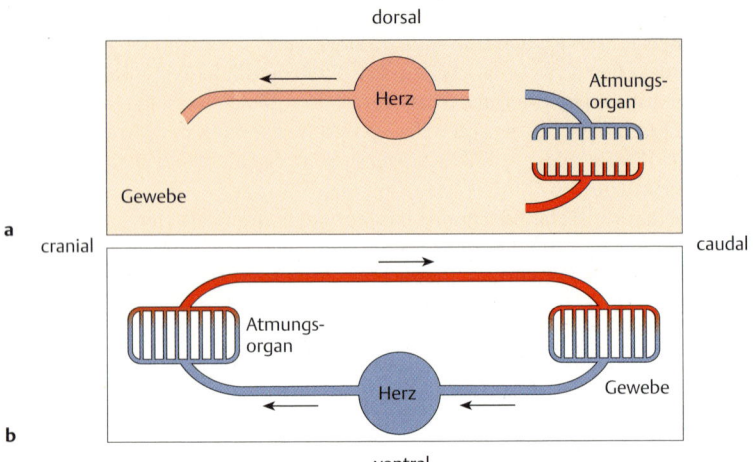

Abb. 11.9 **Offenes und geschlossenes Kreislaufsystem. a** Die Hämolymphe im offenen Kreislaufsystem füllt bei niedrigem Druck den gesamten Körper zur Versorgung der Zellen aus. **b** Bei einem geschlossenen Kreislaufsystem wird mit hohem Druck nur das in den Gefäßen vorhandene Blut als kleiner Teil der Körperflüssigkeit gezielt von Orten der Substanzaufnahme, wie den Kiemen, zu den verschiedenen Orten des Verbrauches im Körper transportiert. Sauerstoffarmes Blut: dunkelrot; sauerstoffreiches Blut: blau; Mischblut (Hämolymphe): mittlerer Rotton.

Atmungsorgane, wie Kiemen oder Lungen, vorhanden, verfügen diese meist über ein eigenes System aus zu- und abführenden Gefäßen, durch die die Hämolymphe von **akzessorischen Herzen** (Kiemenherzen) gezielt zum Ort des Gasaustausches gepumpt wird. Diese zusätzlichen Gefäßsysteme werden nicht benötigt, wenn der Gastransport vollständig vom flüssigkeitsgebundenen Kreislaufsystem entkoppelt ist. So übernimmt bei den Insekten das **Tracheensystem** den Transport der Atemgase und versorgt die Körperzellen mit Sauerstoff (S. 751).

Bei dem phylogenetisch bedeutenden Taxon der ursprünglichen Arthropoda, den **Onychophora** (**Stummelfüßer**), ist ein offenes Herzkreislaufsystem vorhanden, das sich infolge der Vereinigung von primärer und sekundärer Leibeshöhle zum **Mixocoel** (**Hämocoel**) entwickelte und ein Merkmal aller Arthropoden ist. Das dorsale, fast körperlange Herz leitet sich vom kontraktilen Dorsalgefäß der Anneliden ab. In jedem Metamer befinden sich am muskulösen Herz ein Paar seitlicher Ostien. Arterien und Venen fehlen, mit Ausnahme eines größeren Gefäßes, das die Antennen versorgt.

Bei den **Arthropoden** kann der Hauptraum des Körpers (Perivisceralsinus) mit dem Darm und den Geschlechtsorganen durch ein dorsales und ein ventrales Diaphragma horizontal unterteilt sein. So wird die Hämolymphe des dorsalen Perikardialsinus, in dem das **schlauchartige Herz** schlägt, vom ventralen Perineuralsinus abgegrenzt, in dem das Nervensystem liegt. Das röhrenförmige Herz weist seitliche

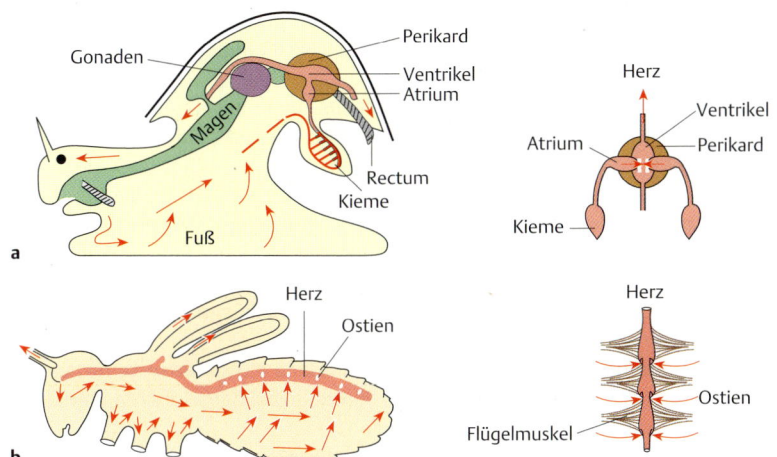

Abb. 11.10 Kreislaufsystem und Herz von Mollusken (Gastropoda, a) und Insekten (b). Die Strömung der Hämolymphe wird in offenen Kreislaufsystemen vom dorsalen Herz angetrieben. Das Herz kann segmental angeordnet und in sich gegliedert sein. So besteht das Molluskenherz aus Atrium und Ventrikel. Körpertrennwände geben der langsam durch die Gewebe strömenden Hämolymphe eine Richtung zu bestimmten Körperbereichen. Besonders eindrucksvoll ist der gerichtete Hämolymphstrom in dem feinen Adernnetz in den Insektenflügeln zu beobachten.

Öffnungen (Ostien) auf (Abb. 11.10 b), deren Anzahl artspezifisch variiert. Bei einigen Insekten ist der Herzschlauch am hinteren Ende geschlossen, nach vorne setzt er sich in die relativ kurze und unverzweigte Kopfarterie fort. Das Gefäßsystem ist artspezifisch entwickelt. Bei Insekten liegen häufig **akzessorische pulsierende Organe** an der Basis langgestreckter Körperteile.

Viele **Mollusken** haben ein offenes Kreislaufsystem. Bei den meisten Vertretern pumpt das **sackartige Herz** (Abb. 11.10 a) die Hämolymphe über Arterien zuerst in den Bereich des Kopfes und des Eingeweidesacks. Zusammen mit der den Fußbereich durchströmenden Flüssigkeit wird die Hämolymphe in Venen kanalisiert und gelangt über den Bereich der Nieren zu den Kiemen, in denen der Gasaustausch stattfindet. Die sauerstoffreiche Hämolymphe gelangt dann über die Vorkammern wieder in die Hauptkammer des Herzens. Im Herz z. B. der Cephalopoden verhindern Herzklappen das Zurückfließen der Hämolymphe. Bei den Lungenschnecken sind die Kiemen als Atmungsorgane durch eine mit einem verzweigten Kapillarsystem ausgestattete „Lunge" im Dach der Mantelhöhle ersetzt.

Eine Besonderheit im offenen Herzkreislaufsystem weisen die **Manteltiere (Tunicata)** auf, bei denen es zu einer periodischen Richtungsumkehr des Hämolymphstroms kommt. Dabei wird die **Schlagumkehr im Herzen** durch den Druckanstieg in dem Teil des Gefäßsystems gesteuert, der gerade Hämolymphe vom Herzen erhält. Auch bei einigen Insekten ist eine periodische Umkehr der Richtung des Hämolymphstroms beobachtet worden. Sie dient dort der Thermoregulation.

Geschlossene Kreislaufsysteme bestehen aus einem mit Kapillaren verbundenen, nicht unterbrochenen Gefäßsystem. Das ausschließlich in den Gefäßen zirkulierende Blut wird in der Regel durch ein zentrales Herz reguliert über die Gefäße zu den verschiedenen Körpergeweben und Organen gepumpt. Im geschlossenen Blutkreislauf wird eine wesentlich **geringere Blutmenge** transportiert und es herrscht ein **hoher Blutdruck** (82,7–127,5 mm Hg, entspricht 11–17 Maximaldruck in kPa). Für die Versorgung einzelner Organe, wie Leber und Niere, entwickelten sich durch die Aufzweigung einer Vene zusätzliche Gefäßsysteme, die als **Pfortadersysteme** bezeichnet werden.

Bei den **wirbellosen Tieren** kommen **geschlossene Blutgefäßsysteme** bei einigen Vertretern der **Nemertini**, **Echiuriden**, Phoroniden, Pogonophoren, **Anneliden** und **Cephalopoden** vor.

Schnurwürmer (Nemertini) und viele **Igelwürmer** (Echiurida) haben ein geschlossenes Blutgefäßsystem, in dem das Blut im einfachsten Fall zwischen den am Vorderende und am hinteren Ende verbundenen Gefäßen durch kontraktile Gefäße hin- und herströmt.

Die **Anneliden** umfassen Vertreter, denen aufgrund eines effektiven Gastrovaskularsystems häufig ein Gefäßsystem vollständig fehlt, Vertreter mit offenem und solche mit geschlossenem Herzkreislaufsystem. Der Regenwurm, *Lumbricus terrestris,* hat neben dem Transport über Coelomflüssigkeit ein geschlossenes Herzkreislaufsystem. Sein Blutgefäßsystem setzt sich aus zwei Hauptgefäßen zusammen (Abb. 11.**11**). Das über dem Darm gelegene Rückengefäß ist kontraktil und befördert das Blut kopfwärts. Das ventrale Bauchgefäß steht mit dem Rückengefäß

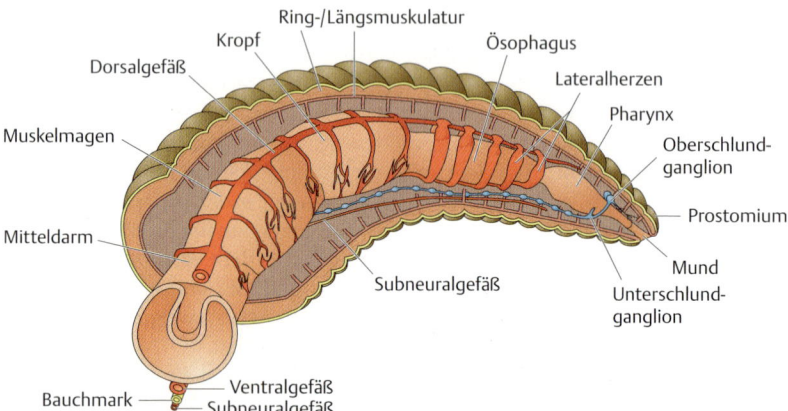

Abb. 11.**11 Kreislaufsystem von *Lumbricus terrestris*.** Die fünf lateralen kontraktilen Gefäße werden wegen ihrer zentralen Pumpfunktion auch als Lateralherzen bezeichnet.

über Ringgefäße und Kapillaren in Verbindung. Das verbindende Kapillarnetz durchzieht die äußeren Schichten des Hautmuskelschlauches und dient dem Gasaustausch (Hautatmung). Die vorderen Ringgefäße bilden fünf **Lateralherzenpaare** aus.

Bei den Mollusken haben die **Cephalopoden** ein geschlossenes Herzkreislaufsystem. Das gekammerte zentrale Herz pumpt über die vordere Arterie, Aorta cephalica, das Blut zum Kopf. Über die Aorta abdominalis gelangt das Blut zu den inneren Organen. Bei *Octopus* und *Sepia* unterstützen kontraktile Elemente in den Armgefäßen die Herzfunktion. Das sauerstoffarme Blut wird über Kapillaren dem Venensystem zugeführt und gelangt über die Vena cephalica zu den beiden kontraktilen **Kiemenherzen**, die das Blut in die Kiemenarterien pressen. Das in dem Kapillarsystem der Kiemen mit Sauerstoff angereicherte Blut wird über die Kiemenvenen zum **zentral gelegenen Herzen** zurück geleitet.

11.2.3 Blutkreislaufsystem der Wirbeltiere

Allen Vertebrata (Wirbeltieren) ist gemeinsam, dass sie ein **geschlossenes Kreislaufsystem** und ein **mehrkammeriges, ventral gelegenes Herz** besitzen.

Bei der Stammesentwicklung der Wirbeltiere brachte der Übergang von wasserlebenden Fischen über Amphibien zu den Landwirbeltieren in allen Bereichen gravierende Umstrukturierungen hervor, wie die Umstellung von Kiemen- auf Lungenatmung, die Umbildung des Viscerocraniums, also Kiemendarm und Kiefergelenk, sowie die Entwicklung von Extremitäten. Notwendigerweise musste dies mit einer umfangreichen Umgestaltung des Blutkreislaufs einhergehen. So entstand im Lauf der Wirbeltierevolution ein **doppeltes Herzkreislaufsystem**: Das Blut kehrt nach der Aufnahme von Sauerstoff in der Lunge wieder zum Herzen zurück und erhält dort einen erneuten Antrieb, um durch das Gefäßsystem des Körpers zu strömen. Die Trennung der beiden Kreisläufe ist durch die Umbildung des Herzens bei Amphibien und ursprünglichen Sauropsida unvollkommen, während bei den Krokodilen, Vögeln und Säugetieren eine völlige Trennung in rechte und linke Herzhälfte stattfand. Mit der Trennung von **Lungenkreislauf** und **Körperkreislauf** gelangt in den Körperkreislauf sauerstoffreiches und in die Lunge sauerstoffarmes Blut. Je nach Wirbeltiertaxon haben sich im Venensystem zwei oder drei Pfortadern, im Arteriensystem eine unterschiedliche Zahl von Arterienbögen und unterschiedliche Strukturen innerhalb des Herzens entwickelt (Abb. 11.**12**).

Am besten lassen sich die verschiedenen Ausbildungen des Blutkreislaufsystems bei den Wirbeltieren von der Embryonalentwicklung ausgehend verstehen, da das anfängliche, embryonal funktionstüchtige Kreislaufsystem praktisch bei allen Wirbeltieren gleich strukturiert ist. Dabei ähneln die embryonalen Verhältnisse der Wirbeltiere (Vertebrata, Craniota) dem des adulten Lanzettfischchens, *Branchiostoma* (Acrania, Schädellose, Cephalochordata). Das **Kreislaufsystem bei *Branchiostoma***, dem ein zentrales Herz fehlt, weist eine erhöhte Zahl von Kiemenbögen (bis zu 80 Visceralbögen) und entsprechend **viele Arterienbögen** auf, die an der Basis

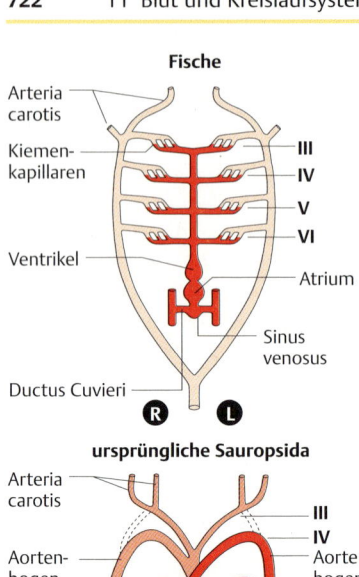
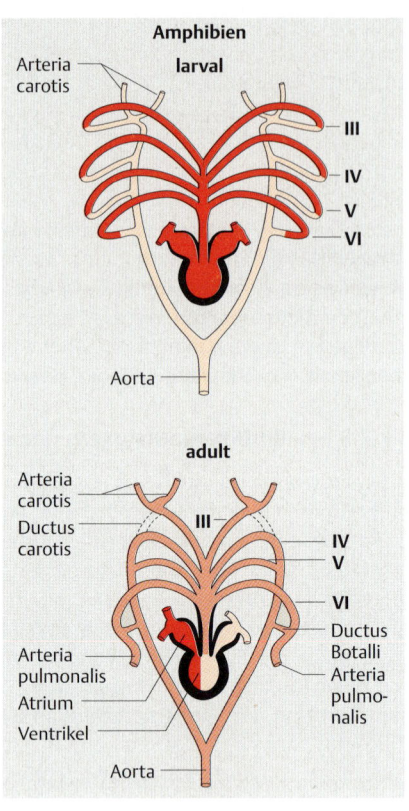
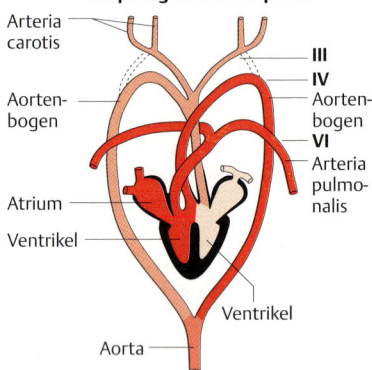
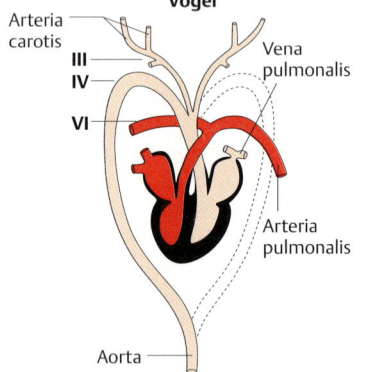
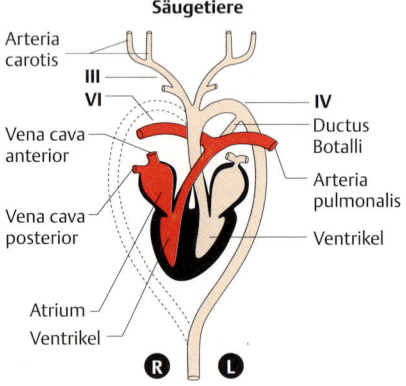

◀ **Abb. 11.12 Aus- und Umbildungen der Aortenbögen (Arterienbögen) innerhalb der Vertebrata.** Sauerstoffreiches Blut ist hellrot, sauerstoffarmes dunkelrot und das Mischblut im Kreislaufsystem der Amphibien und Reptilien in einem mittleren Rotton dargestellt. Der Ductus Botalli im Kreislauf der Säugetiere wird mit Einsetzen der Lungenatmung nach der Geburt geschlossen. (Nach Wehner, Gehring, Thieme Verlag, 2007.)

eigene kontraktile Pumpen besitzen (Bulbilli, Abb. 1.**102**). In der Embryonalentwicklung der **Wirbeltiere** werden dagegen immer **nur sechs Kiemenbögen** angelegt. Von cranial nach caudal wird der erste Kiemenbogen als **Mandibularbogen** (Kieferbogen, I), der zweite als **Hyoidbogen** (Zungenbeinbogen, II) und die vier folgenden als **Branchialbögen** (III, IV, V und VI) bezeichnet und mit römischen Ziffern nummeriert. Zwischen diesen Branchialbögen liegen die Kiemenspalten, die erste ist das Spritzloch.

Angetrieben wird der Kreislauf durch die rhythmischen Kontraktionen des embryonal **schlauchförmig angelegten Herzens**, das sich frühzeitig in vier verschiedene Abschnitte gliedert: der **Sinus venosus**, ein dünnwandiger Sack, in dem das sauerstoffarme Blut ins Herz eintritt; das **Atrium** (**Herzvorhof**), der **Ventrikel** (**Herzkammer**), der dickwandig und zu kräftigen Kontraktionen befähigt ist, und der **Conus arteriosus**, der sich in die Aorta ventralis fortsetzt. Die Abschnitte sind durch verschiedene Herzklappen funktionell getrennt.

Bei den Vertretern der Chondrichthyes (Knorpelfische, S. 206) sind alle **vier Abschnitte des Herzens** ausgebildet. Der embryonal gerade angelegte **Herzschlauch** verändert sich durch eine **S-förmige Krümmung**, sodass Sinus venosus und Atrium auf die Dorsalseite verlagert sind (Abb. 11.**13**). Die Herzkammer und der Conus arteriosus sind viel muskulöser ausgebildet als Sinus venosus und Herzvorkammer. Aus der Herzkammer entspringt der Truncus arteriosus, der sich in die Aorta ventralis fortsetzt, die sauerstoffarmes Blut zu den Kiemenbogengefäßen leitet. Da sich bei den Knorpelfischen die Elemente des ersten Kiemenbogens zum echten Kiefer entwickelt haben (Abb. 1.**104**) und das Spritzloch seine respiratorische Funktion damit verloren hat, wird das erste Kiemenbogengefäß zwar noch embryonal angelegt, dann aber zurückgebildet, sodass bei den adulten Knorpelfischen **fünf Kiemenbogengefäße** (II, III, IV, V, VI) existieren. In den Kiemen erfolgt der Gasaustausch, sodass die Branchialarterien nach der Kiemenpassage sauerstoffreiches Blut führen, das über die Aortenwurzeln alle Organe des Körpers versorgt.

Innerhalb der Neognathostomata (= Actinopterygii + Actinistia + Dipnoi + Tetrapoda) wird das Verhältnis der vier Herzabschnitte zueinander modifiziert. Sukzessive verwischt die Abgrenzung des Sinus venosus zum Herzvorhof. Bei den meisten Amniota wird der Sinus venosus in die rechte Vorhof- oder Atriumwand eingebaut, nur Schildkröten und Brückenechsen haben noch einen abgrenzbaren Sinus venosus. Bei Vögeln und Säugern ist er als Sinusknoten der Taktgeber des Herzens (S. 730). Der Conus arteriosus wird in den Ventrikel eingebaut. Nur noch Atrium und Ventrikel bleiben als räumlich abgrenzbare Herzabschnitte.

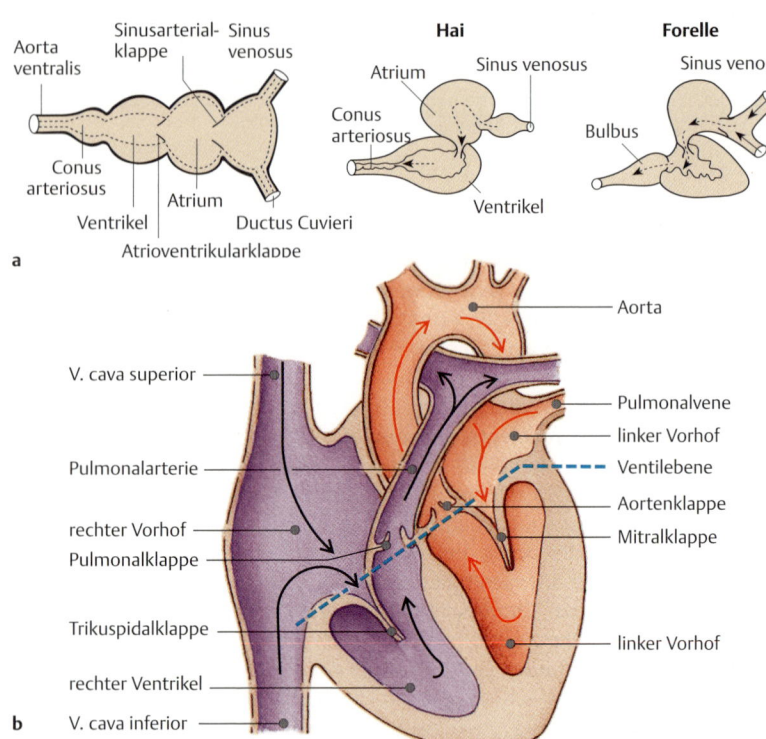

Abb. 11.**13 Herzen mit den zu- und abführenden Gefäßen. a** Herzgliederung einer hypothetischen Ausgangsform, eines Knorpelfisches und eines Actinopterygii. **b** Blutstrom durch das menschliche Herz. (Aus Klinke, Thieme Verlag, 2010.)

Solange **Kiemenatmung** durchgeführt wird, pumpt das Herz sauerstoffarmes Blut über die Aorta ventralis in die Arterienbögen der Kiemen. Dort wird das Blut mit Sauerstoff angereichert, strömt durch den Körper und gelangt, nachdem der Sauerstoff im Stoffwechsel verbraucht wurde, wieder zum Herz.

Nach der Entwicklung einer **Lungenatmung** fließen dem Herzen zwei Blutströme mit Blut unterschiedlicher Qualität zu. Über die Arterien des 6. Kiemenbogens wird Blut der Lunge zugeführt, in der es mit Sauerstoff beladen wird und über das linke Atrium zum Herzen zurückfließt.

Mit der Ausbildung des **Lungenkreislaufes** werden bei den Tetrapoda zwei Vorhöfe angelegt. In den linken münden die Lungenvenen, die sauerstoffreiches Blut zum Herzen hin transportieren. In den rechten mündet zunächst der Sinus venosus und in diesen die Hohlvenen, die sauerstoffarmes Blut zur rechten Herzhälfte transportieren. Bei einigen Amphibien ist die Trennung der Atrien noch nicht vollständig.

11.2 Kreislaufsysteme

Die **Larven** der **Amphibien** atmen durch Kiemen, bei ihnen besteht eine Verbindung zwischen den Aortenbögen und Lungenarterien, der **Ductus arteriosus** (Ductus Botalli, Abb. 11.**12**), der bei den adulten Amphibien erhalten bleibt.

Bei den **adulten Amphibien** spielt die **Hautatmung** eine große Rolle, sodass bei ihnen durch die Vermischung sauerstoffreichen und sauerstoffarmen Blutes im Herzen keine Nachteile entstehen. Ganz im Gegenteil sorgen spezielle Strukturen, die am Herzen bei Fröschen besonders gut entwickelt sind, für eine ausreichende Trennung von sauerstoffreichen und sauerstoffarmen Blutströmen. Bei Fröschen ist der Ventrikel mit Buchten (Krypten) ausgestattet, die durch in das Lumen vorspringende Muskelbalken getrennt sind. Dadurch ist der Ventrikel zwar nicht vollständig geteilt, aber eine vollständige Vermischung unterschiedlicher Blutsorten ist nicht möglich.

Sauerstoffarmes Blut gelangt über die Hohlvenen in den Sinus venosus und von dort in das rechte Atrium. Dieses Blut strömt dann vorwiegend in die Krypten der rechten Ventrikelregion. Das sauerstoffreiche Blut aus der Lunge wird über die Vena pulmonalis dem linken Atrium zugeleitet und gelangt von dort aus vorwiegend in die Krypten der linken Ventrikelregion. In der Mitte des Ventrikels vermischen sich sauerstoffreiches und sauerstoffarmes Blut teilweise. Der Ventrikel des Frosches pumpt dann in einer von rechts nach links verlaufenden Kontraktionswelle die verschiedenen Blutsorten durch den Bulbus cordis in die aus dem Herzen mündenden Arterien. In ihm befindet sich eine bewegliche Spiralfalte, die, einer Weiche ähnlich, die verschiedenen Blutsorten in die unterschiedlichen Arterien leitet. Mit dem Beginn der Kontraktionswelle wird das sauerstoffarme Blut aus den rechts liegenden Krypten des Ventrikels in den Bulbus cordis getrieben und gelangt von dort in den paarigen Canalis pulmocutaneus in Richtung Lunge und Haut. Danach wird die Mitte des Ventrikels von der Kontraktionswelle erfasst, und das Mischblut strömt in den paarigen Canalis aorticus Richtung hintere Körperregion. Zuletzt wird das am stärksten mit Sauerstoff angereicherte Blut aus den Krypten der linken Ventrikelhälfte mithilfe der Spiralfalte im Bulbus cordis dem paarigen Canalis caroticus zugeleitet, der als erstes Kopf und Gehirn versorgt.

Bei den **Amniota** wird die zunehmende Trennung von sauerstoffreichem Blut und sauerstoffarmem Blut, das aus den Organen kommt, dadurch erreicht, dass die primär einfache Herzkammer in zwei Hälften unterteilt wird. Das Ventrikelseptum ist jedoch zunächst unvollständig. Nur bei **Krokodilen**, **Vögeln** und **Säugern** ist der **Ventrikel** in **zwei Hälften** geteilt. Die Arteria pulmonalis und der linke Aortenbogen entspringen aus der rechten Ventrikelhälfte, der rechte Aortenbogen entspringt aus der linken Ventrikelhälfte. Über dem unvollständigen Ventrikelseptum mischen sich die Blutströme aus der rechten und linken Herzhälfte. In die Arteria pulmonalis gelangt das sauerstoffarme Blut, in den linken Aortenbogen strömt Mischblut, das die Eingeweide versorgt, die rechte Aorta, aus der die Carotiden abzweigen, erhält sauerstoffreiches Blut. Der linke Aortenbogen ist bei Eidechsen und Schlangen genau über den Rand des Ventrikelseptums verlagert, sodass stärker mit Sauerstoff angereichertes Mischblut in ihn gelangt.

Der linke Aortenbogen der **Krokodile**, die ein vollständiges Kammerseptum haben, würde sauerstoffarmes Blut zu den Eingeweiden transportieren. Bei den Krokodilen befindet sich jedoch eine Öffnung zwischen dem linken und dem rechten Aortenbogen, das sogenannte **Foramen Panizzae**. Über diese Öffnung kann sauerstoffreiches Blut aus dem rechten Aortenbogen in den linken übertreten, sodass die Eingeweide auch mit Sauerstoff angereichertes Blut erhalten. Wenn Krokodile tauchen, haben sie ihre Lungen mit Luft gefüllt, und die Arteria pulmonalis wird durch einen Muskel verengt. Der Druck in der rechten Herzhälfte ist beim Tauchen damit größer als in der linken. Das sauerstoffarme Blut strömt nun über den linken Aortenbogen zu den Eingeweiden. Zum Druckausgleich gelangt ein wenig sauerstoffarmes Blut über das Foramen Panizzae in den rechten Aortenbogen. Im rechten Aortenbogen fließt jedoch das gesamte sauerstoffreiche Blut aus der linken Herzhälfte in Richtung Kopf, sodass dieser auch beim tauchenden Krokodil mit genügend Sauerstoff versorgt wird. Bei den **Vögeln** wird der linke Aortenbogen reduziert, ansonsten entspricht das Vogelherz dem der Krokodile.

Bei den **Säugetieren** wurde der rechte Aortenbogen reduziert, und das Ventrikelseptum hat sich konvergent zu den Vögeln geschlossen, jedoch weiter rechts, sodass der linke Aortenbogen nun dem linken Ventrikel entspringt, in den über den linken Vorhof von der Lunge das sauerstoffreiche Blut einströmt. Damit ist eine Nebeneinanderschaltung des Körper- und Lungenkreislaufs erreicht (Abb. 11.**13b**).

Da die Tetrapoden keine 6 Kiemenbögen mehr haben, werden auch die entsprechenden Arterienbögen reduziert; sie werden aber embryonal noch komplett angelegt. Der 1. und 2. Bogen verschwindet völlig. Der 3. Bogen bildet die Kopfarterien (Carotiden), der 4. die primär paarigen Aortenwurzeln. Der 5. Bogen, bei einigen Urodelen erhalten („2. Aortenbogen"), fehlt bei den Amniota ebenfalls. Der 6. Bogen bildet die Lungenarterien.

> **Kardiovaskularsystem:** Herzkreislaufsystem, umfasst alle Gefäße, in denen Blut oder Hämolymphe transportiert wird, sowie die Herzstrukturen. Viele Substanzen werden über das Kardiovaskularsystem im Köper verteilt.
> **Vene:** Transportiert in der Regel sauerstoffarmes Blut zum Herzen hin. Ausnahme: In der Lungenvene wird Blut transportiert das mit Sauerstoff angereichert wurde.
> **Arterie:** Transportiert meist sauerstoffhaltiges Blut vom Herzen weg. Ausnahme: Lungenarterie transportiert sauerstoffarmes Blut vom Herz zur Lunge.
> **Kapillaren:** Kleinste Blutgefäße, die in Form von Netzen die Orte des Gas- und Stoffaustausches darstellen. Kapillaren verzweigen sich aus Arteriolen und vereinigen sich zu Venolen.
> **Offenes Kreislaufsystem:** Es sind keine Kapillaren zwischen Arterien- und Venensystem vorhanden. Arterien und Venen enden offen. Die darin transportierte Flüssigkeit mischt sich mit anderen Körperflüssigkeiten zur Hämolymphe.
> **Geschlossenes Kreislaufsystem:** Kreislaufsystem der Wirbeltiere und einiger wirbelloser Tiere, bei dem über Kapillaren die Arterien und Venen lückenlos verbunden sind. Ein Herz als zentrales Pumporgan ist nicht immer vorhanden.
> **Herz:** Zentrales Pumporgan, das durch rhythmische Kontraktionswellen die Flüssigkeit im Kreislaufsystem antreibt. Bei Wirbeltieren besteht das Herz aus vier Abschnitten: Sinus venosus, Vorhof (Atrium), Kammer (Ventrikel) und Conus arteriosus, der sich in die Aorta fortsetzt.

> **Aorta:** Größte Arterie im Körper, auch Hauptschlagader genannt. Beginnt hinter der Aortenklappe am Herz und leitet Blut in den Körperkreislauf. Bildet die sogenannten Aortenbögen.
> **Aortenbogen:** Die unterschiedlich ausgeprägten Aortenbögen lassen sich auf die Kiemenbogenarterien zurückführen, die aus der Aorta ventralis entspringen. Sie werden bei allen Wirbeltieren embryonal angelegt (meist 6), verkümmern teilweise ganz, bleiben einseitig erhalten oder gehen in die Bildung anderer großer Gefäße ein.

11.2.4 Der Bau des Säugerherzens

Das vierkammerige Herz liegt in der Perikardhöhle in der Mitte des Brustkorbs eines Säugers. Es ist ein Hohlmuskel aus quergestreiften Herzmuskelzellen (**Kardiomyocyten**, S. 394), dessen Außenseite mit dem inneren Blatt (Lamina visceralis) des **Perikards** (**Herzbeutel**) verwachsen ist. Das Perikard besteht aus einer doppelwandigen bindegewebigen Tasche, die mit Flüssigkeit gefüllt ist, und erlaubt, dass sich der Herzmuskel fast ohne Reibungsverlust an den umliegenden Geweben bei jeder Schlagbewegung des Herzens zusammenziehen und entspannen kann. Das äußere Blatt des Perikards (Lamina parietalis) ist außen durch überkreuzende Kollagenfasern verstärkt und schützt das Herz vor akuter Überdehnung.

Durch die **Herzscheidewand** (**Septum cardiale**) wird das Säugerherz in eine rechte und linke Hälfte geteilt. Die beiden **Vorhöfe (Atrien)** sammeln das aus Körper oder Lunge zurückkehrende Blut. Die Muskulatur (**Myokard**) der Vorhöfe ist schwächer ausgebildet als die der beiden **Kammern (Ventrikel)**. Von den Kammern entwickelt die linke im Laufe der Zeit nach der Geburt eine deutlich stärkere Muskulatur, weil die Pumpleistung zur Perfusion des Körperkreislaufs erheblich höher sein muss als für den Lungenkreislauf.

Vier **Herzklappen** sind die Voraussetzung dafür, dass das Blut gerichtet durch das Herz gepumpt werden kann. Die **Segelklappen** (**Atrioventrikularklappen**, AV-Klappen) liegen jeweils zwischen dem Vorhof und der Kammer jeder Herzseite. Auf der linken Seite liegt die Mitral- oder Bicuspidalklappe. Sie besteht aus zwei Segellappen (Cuspes), die über Sehnenfäden an den Papillarmuskeln der Kammerwände befestigt sind. Wie die Flügel bei einer Schwingtür verhindern die Segel beim Zurückschlagen, dass Blut aus der Kammer in den Vorhof zurückströmt, sobald sich der Druck in der Kammer erhöht. Dadurch ist eine optimale Füllung der Kammern möglich. Auf der rechten Seite wird die Klappe aus drei Segeln gebildet und deshalb als Tricuspidalklappe bezeichnet.

Die **Taschenklappen** (**Semilunarklappen**) liegen jeweils zwischen Kammer und Ausstromgefäß. Auf der linken Herzseite ist das die Aortenklappe und rechts die Pulmonalklappe. Die **Aortenklappe** ist das „Auslassventil" der linken Kammer zur Aorta und verhindert mit drei Taschen (Valvulae semilunares), dass in die Aorta ausgeworfenes Blut zurück in die Kammer fließt. Trifft der Blutstrom auf die Taschenböden, weichen die Säckchen auseinander, die Taschen schwellen an, drängen sich gegeneinander und bilden eine solide Barriere, die das Zurückströmen in den Ventrikel verhindert. Die **Pulmonalklappe** verhindert zwischen der rechten Kammer und der Lungenarterie auf die gleiche Weise, dass Blut in die Kammer zurückströmt, sobald der Druck bei Entspannung der rechten Kammer kleiner wird als in der Pulmonalarterie. Zusammen mit der Windkesselfunktion der großen Arterien (s. u.) wird so dafür gesorgt, dass das Niveau des Blutdrucks auf der venösen Seite des Kreislaufs nicht drastisch absinkt.

11.2.5 Die Aktivität des Herzens

Die Herztätigkeit ist an den wechselnden Bedarf des Kreislaufs angepasst. Ein **Herzzyklus** besteht aus der Kontraktionsphase (**Systole**) und der Erschlaffungsphase der Herzmuskulatur (**Diastole**). Während der Systole wird das Blut aus der linken Herzkammer über die besonders dickwandige Aorta in den Körperkreislauf und aus der rechten Kammer in die Lungenarterie gepumpt. Die herznahen Arterien sind sehr elastisch und werden in jeder Systole passiv gedehnt, wodurch das Volumen der Gefäße kurzfristig zunimmt. Durch diesen **Windkesseleffekt** wird sichergestellt, dass während der Diastole die Perfusion vor allem des Körperkreislaufs weiterhin mit ausreichendem Druck aufrechterhalten werden kann. Der Druck auf die Gefäßwand, der als **Blutdruck** bezeichnet wird, setzt sich in Form einer Pulswelle über die Arterien fort, wobei ihre Amplitude mit zunehmender Entfernung vom Herzen abnimmt. Auch am Handgelenk kann der **Puls** unmittelbar gemessen werden. Die Zahl der Herzschläge pro Minute ist die **Herzfrequenz**, die Zahl der Druckmaxima in den Gefäßen die **Pulsfrequenz**. Diese Unterscheidung ist deswegen wichtig, weil bei Herzrhythmusstörungen ein peripheres Pulsdefizit entstehen kann, das eine kritische Minderversorgung von empfindlichen Organen zur Folge hat. In den Kapillaren ist der Blutdruck auf ~20 % des herznahen Drucks reduziert, sodass wegen der sehr viel größeren Gesamtquerschnittsfläche aller peripheren Gefäße die Strömungsgeschwindigkeit des Blutes von ~100 cm/s auf unter 1 mm/s absinkt (Abb. 11.**16**).

Damit alle Organe auch bei Belastung fortwährend ausreichend durchblutet werden, muss das Blutvolumen, das pro Zeiteinheit (min) vom Herzen durch den Körperkreislauf befördert wird, reguliert werden. Das **Herzzeitvolumen** (**HZV**) errechnet sich als Produkt aus Herzfrequenz und Schlagvolumen. Eine Erhöhung des **Schlagvolumens** kommt durch eine stärkere Füllung und damit Vordehnung des Herzmuskels während der Diastole zustande (**Frank-Starling-Mechanismus**), die Kontraktionskraft wird aber insbesondere bei erhöhter körperlicher Arbeit direkt durch sympathische Nervenfasern durch Erhöhung der Ca^{2+}-Konzentration im Arbeitsmyokard gesteigert. Die **Herzfrequenz** wird vor allem durch sympathische Kontrolle der Herzrhythmusgeber gesteuert. Im ausgewachsenen Organismus kann das HZV auf 300–500 % gesteigert werden, während es im neugeborenen und kindlichen Organismus nur um ~30 % gesteigert werden kann und wesentlich mehr von der Herzfrequenz abhängt, weil das kindliche Herz etwa nur halb so viele kontraktile Elemente enthält und die vegetative Innervation von Herz und Gefäßen noch unreif ist. Kleine Tiere haben grundsätzlich deutlich höhere Herzfrequenzen, weil sie einen viel schnelleren Stoffwechsel haben, was auch der Hauptgrund für eine allgemeine Temperaturabhängigkeit der Herztätigkeit ist. Bei homoiothermen Tieren kommt es im Rahmen der Immunabwehr zu Fieber, das sekundär zu einer Erhöhung der Herzfrequenz führt (S. 793).

11.2.6 Die Erregung der Herzmuskelzellen

Bei Wirbellosen findet die Rhythmogenese des Herzens **neurogen**, in kleinen Netzwerken von Nervenzellen, statt. Bei Wirbeltieren hingegen unterhält ein Erregungsbildungssystem aus modifizierten Herzmuskelzellen einen autonomen **myogenen** Rhythmus, der im Normalfall vom schnellsten der hierarchisch angeordneten Schrittmacher dominiert wird. Die Erregung wird über das **Erregungsweiterleitungssystem** zum Arbeitsmyokard weitergeleitet. Da alle Herzmuskelzellen durch Gap Junctions verbunden sind, bilden sie ein **funktionelles Syncytium** und kontrahieren deshalb bei Erregung immer fast gleichzeitig, was für eine wirkungsvolle Pumpleistung unerlässlich ist. Sowohl beim neurogenen wie beim myogenen Herz wird die autorhythmische Erregung des Herzens durch Hormone und modulatorische Substanzen des Nervensystems (S. 732, S. 896) beeinflusst.

Neurogene Herzen bei wirbellosen Tieren

In ihrer Funktion ist die Herzmuskulatur vieler wirbelloser Tiere mit der von Wirbeltieren vergleichbar. Der autonome Rhythmus wird durch das rhythmische Erregungsmuster von kleinen **neuronalen Netzwerken** übernommen oder überlagert, die die Funktion eines Erregungsbildungszentrums haben. In diesem Fall muss die rhythmische Aktivität der neurogenen Schrittmacher (S. 467) über Synapsen auf die Herzmuskelzellen übertragen werden. Dabei unterliegt der **neurogene Autorhythmus** des Herzens bei Wirbellosen dem Einfluss unterschiedlicher neuromodulatorisch wirksamer Substanzen.

Beim **Blutegel**, *Hirudo medicinalis*, senden die **HE-Zellen** (heart excitation motoneurons) der rechten und linken Seite von fast allen Ganglien des Strickleiternervensystems ihre segmental angeordneten Axone zum Herzen. Diese HE-Nervenzellen sind fortwährend aktiv und bilden Synapsen mit den Herzmuskelzellen, die über Acetylcholin erregt werden. Die Funktion des Schrittmachers übernimmt beim Blutegel ein Netzwerk aus wechselseitig inhibitorisch verknüpften **HN-Zellen** (heart neurons), die rhythmisch die HE-Zellen hemmen, sodass diese eine rhythmische Aktivität zeigen.

Das Netzwerk des **Schrittmachers im Herzganglion** von **Krebsen** besteht sogar nur aus neun Nervenzellen, die als zentraler Mustergenerator CPG (central pattern generator, S. 468) das neurogene Herz antreiben. Auch in diesem Fall sind eine ganze Reihe Hormone oder **Neuromodulatoren** bekannt, die wie das Neuropeptid **CCAP** (crustacean cardio active peptide), den neurogenen Herzschlagrhythmus beeinflussen. Nicht zuletzt aus diesem Grund sind solche kleinen Netzwerke wirbelloser Tiere eminent wichtige Modellsysteme, um die Rhythmogenese am Herzen zu verstehen.

Rhythmogenese des Wirbeltierherzens

Der Autorhythmus des Herzens geht von Erregungen in Schrittmacherzellen des **Sinusknotens** als dem **primären Erregungszentrum** aus (Abb. 11.**14**). Die Erregungsausbreitung verläuft dann mit einer Geschwindigkeit von 0,3–0,6 m/s über die Vorhöfe und dann über den **Atrioventrikularknoten (AV-Knoten)**, die **His-Bündel**, die sich als einzige erregungsleitende Verbindung zwischen Vorhöfen und Kammern in die **Tawara-Schenkel** teilen, und die Endaufzweigungen der **Purkinje-Fasern** mit hoher Erregungsleitungsgeschwindigkeit (1–4 m/s) ins Arbeitsmyokard der Kam-

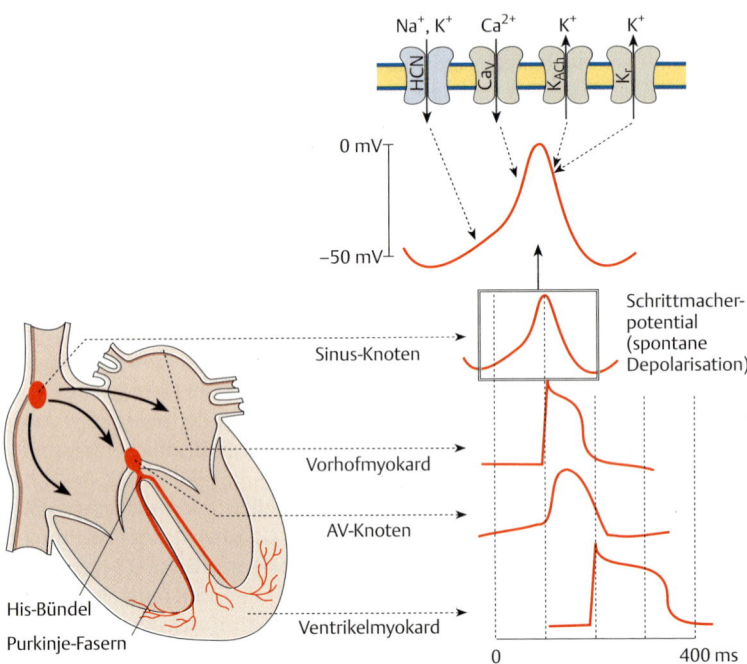

Abb. 11.14 Schrittmacherpotential in den Muskelzellen des Sinusknotens. Das autorhythmische Membranpotential beruht auf dem Zusammenwirken von unterschiedlichen Ionenkanälen: HCN; Ca_V, spannungsabhängiger Ca^{2+}-Kanal; K_{ACh} und K_r, zwei K^+-Kanäle; unten: Das Schrittmacherpotential, das eine Amplitude von 50 mV besitzt, wird über das Erregungsleitungssystem zu den Zellen des Myokards geleitet, die über Gap Junctions elektrisch gekoppelt sind. Die Membran dieser Zellen besitzt ein stabiles Ruhepotential, einen schnellen Aufstrich und ein langandauerndes, von Ca^{2+}-Kanälen geprägtes Plateau. (Nach Craven, 2006.)

mer. Aufgrund des geringen Faserdurchmessers der Herzmuskelzellen im **AV-Knoten**, dem **sekundären Erregungszentrum,** kommt es zu einer Verzögerung im Erregungsweiterleitungssystem (0,05–0,1 m/s), die gewährleistet, dass die Kontraktion des Vorhofmyokards beendet und damit die Kammerfüllung maximiert ist, bevor die Kammerkontraktion beginnt. Wenn der Sinusknoten als primärer Rhythmusgeber ausfällt, übernehmen sekundäre Schrittmacher den Rhythmus, deren autonome Frequenzen vom Sinusknoten (~ 60–90/min) über den AV-Knoten (~40–60/min) zum Kammereigenrhythmus (~30–40/min) abnehmen.

An der Bildung und Weiterleitung der elektrischen Erregung von Herzmuskelfasern sind verschiedene **Typen von Ionenkanälen** (S. 417) mit unterschiedlichen Eigenschaften beteiligt. Die **Schrittmacherzellen** haben kein konstantes Ruhepotential. Da den Schrittmacherzellen immer offene K^+-Kanäle fehlen und das Schrittmacherpotential zunehmend positiver wird, werden für den langsamen Anstieg in der Präpotentialphase die hyperpolarisationsaktivierten und zyklisch Nucleotid-gesteuerten Kationen-Kanäle (**HCN-Kanal**) verantwortlich gemacht, die bei stark negativen Membranpotential offen sind und bei –40 mV geschlossen werden. Nach ihrer Inaktivierung werden bis zu fünf unterschiedliche Typen von Ca^{2+}-**Kanälen** geöffnet, die für das über Null hinausschießende Aktionspotential der Schrittmacherzellen verantwortlich sind. Durch Ca^{2+}-**gesteuerte K^+-Kanäle** und die verzögert aktivierbaren K^+-**Kanäle** sowie die Inaktivierung der **spannungsabhängigen Ca^{2+}-Kanäle** sinkt das Schrittmacherpotential in der Repolarisationsphase wieder auf seinen Ausgangswert. Da die HCN-Kanäle nun wieder aktivierbar sind, beginnt ein neuer Depolarisationszyklus (Abb. 11.**14**). Dieser Autorhythmus läuft im primären Erregungszentrum spontan, etwa alle 0,75–1 s ab. Jedes Aktionspotential in den Schrittmacherzellen des Sinusknotens generiert über das Leitungssystem eine Erregung in den Muskelfasern des Arbeitsmyokards. Die **Aktionspotentiale der Herzmuskelfasern** führen dann über die elektromechanische Kopplung (S. 395) zu einer koordinierten Kontraktion des Herzen (60–90 Schläge/min in Ruhe).

Während beim Schrittmacherpotential in den Erregungsbildungszentren des Herzens die **spannungsgesteuerten Na^+-Kanäle** keine oder nur eine geringe Rolle spielen, sind diese entscheidend für den schnellen Anstieg des **Aktionspotentials** in den **Muskelzellen des Arbeitsmyokards**. Charakteristisch für das Aktionspotential einer Zelle des Arbeitsmyokards ist die zwischen 180–400 ms dauernde **Plateauphase**, die vor allen durch das **Verhältnis der Leitfähigkeitsänderungen von Ca^{2+}-** und K^+-**Kanälen** bestimmt ist. Erst wenn die Ca^{2+}-Leitfähigkeit soweit abgenommen hat, dass sie die verzögert einsetzende K^+-Leitfähigkeit unterschreitet, wird die Repolarisation eingeleitet. Die langandauernde Plateauphase der Muskelzellen des Myokards hat eine wichtige Funktion, da sie verhindert, dass die zu Beginn des Zyklus erregten Myokardzellen wieder erregbar sind, wenn die Erregung die letzten Herzzellen erreicht hat. Dadurch wird ein Kreisen der Erregung (Reentry) und das daraus folgende Kammerflimmern verhindert.

Veränderungen in der molekularen Struktur eines einzelnen Ionenkanaltyps sind eine mögliche Ursache von Herzrhythmusstörungen. Schon eine kleine Deletion im Exon 5 des menschlichen **HCN4-Gens** oder eine Mutation in den **K⁺-Kanal-Genen** (Shab, Shal, Shaw und Shaker) führen dazu, dass das Herz entweder zu langsam (**Bradykardie**) oder zu schnell (**Tachykardie**) schlägt.

> Die Summe der elektrischen Aktivität aller Muskelfasern des Herzens wird in Form des **Elektrokardiogramms (EKG)** an definierten Punkten der Körperoberfläche mithilfe von Oberflächenelektroden registriert. Da das Herz bei Erregung einen elektrischen Dipol bildet, der sich durch die Erregungsausbreitung und -rückbildung verschiebt und verformt, entstehen messbare Änderungen des Oberflächenpotentials auf der Haut. Der elektrische Dipol des Herzens entsteht dadurch, dass schon erregte und noch nicht erregte Abschnitte des Myokards (und bei der Erregungsrückbildung umgekehrt) ein elektrisches Feld bilden, dessen Stärke und Richtung durch einen 4-dimensionalen Vektor beschrieben werden kann. Zur vollständigen Beschreibung braucht man 3 Raumdimensionen und als 4. Dimension die Zeit.
> In der Regel verwendet man 3 Ableitpunkte auf der Haut: an den beiden Handgelenken und an einem Fußgelenk. Eine EKG-Ableitung entspricht einer 1-dimensionalen Projektion der Bewegungen des Vektors auf die idealisierte Verbindungslinie zwischen jeweils zwei der Elektroden. Unter Berücksichtigung der drei Elektrodenpaare kann der Experte die Lage der elektrischen Herzachse bestimmen, den Herzrhythmus und die elektrische Funktionalität der verschiedenen Myokardabschnitte beurteilen. Das normale EKG zeigt für die verschiedenen Abschnitte der Erregungsausbreitung deutlich voneinander unterscheidbare, negative und positive Ausschläge. Dabei werden noch heute die Begriffe verwandt, die Willem Einthoven 1903 bei der Einführung des EKG in den klinischen Alltag benutzte. Die P-Welle gibt die Zeit an, die zur Erregung der Vorhöfe benötigt wird. Die Zeit zwischen P-Welle und Q-Zacke entspricht der Dauer, die eine Erregung braucht, um vom Vorhof zu den Muskelzellen der Kammer zu gelangen. Der gesamte QRS-Komplex reflektiert die Erregungsausbreitung im Kammermyokard und die T-Welle die entsprechende Erregungsrückbildung (Abb. 11.**15**).

Regulation der Herztätigkeit: Über das Blut oder das vegetative Nervensystem erreichen die Herzmuskelfasern zahlreiche Substanzen, die zu einer Steigerung der Herzkraft (**positiv inotrop**), der Herzfrequenz (**positiv chronotrop**), aber auch zur schnelleren Überleitungsgeschwindigkeit im AV-Knoten (**positiv dromotrop**), Erregbarkeit des Herzen (**positiv bathmotrop**) und der Entspannung (**positiv lusitrop**) führen.

Die **sympathischen Nervenfasern** des vegetativen Nervensystem schütten am Herz **Noradrenalin** und **Adrenalin** aus, die über die **β₁-Adrenozeptoren** der Herzmuskelfasern wirken. In der Folge erhöht sich die Ca^{2+}-Leitfähigkeit der Herzmuskelfasern und über die elektromechanische Kopplung wird die Kontraktionskraft des Herzmuskels erhöht. Neben dieser positiv inotropen Wirkung wird als positiv dromotroper Effekt die atrioventrikuläre Erregungsweiterleitung gefördert.

Den gegenteiligen Effekt am Herzen, die Erniedrigung der Herzfrequenz und der Kontraktionskraft, also negativ chronotrop und negativ inotrop, bewirkt die Aus-

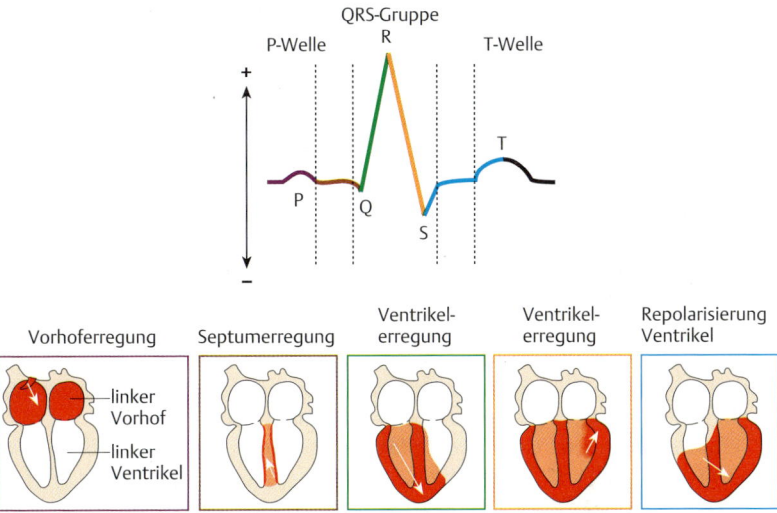

Abb. 11.15 **EKG.** Zeitliche Zuordnung des EKGs zu einzelnen Phasen der Herzerregung.

schüttung von **Acetylcholin** über den **Nervus vagus** des **Parasympathicus**. Durch Acetylcholin werden **muskarinische Rezeptoren** und die **acetylcholingesteuerten K_{ACh}-Kanäle** derart moduliert, dass die Überleitungsgeschwindigkeit des AV-Knotens und die Erregbarkeit des Herzen herabgesetzt wird.

Einige Zellen des Vorhofes beim Wirbeltierherz produzieren dehnungsabhängig das **atriale natriuretische Peptid** (**ANH**, S. 906), das als harntreibendes Hormon Einfluss auf das gesamte Blutvolumen nehmen kann.

1921 gelang es Otto Loewi, ein Froschherz in einer physiologischen Kochsalzlösung über die Vagusnerven so zu stimulieren, dass ein anderes, unabhängig in derselben Lösung schlagendes Herz in seinem Herzschlagrhythmus beinflusst wurde. Damit wies Loewi die chemische Weiterleitung von Nervenimpulsen nach. Er bezeichnete die für die Übertragung des Nervenimpulses auf das Herz verantwortliche Substanz als „Vagusstoff". Später wurde dieser von Henry Dale als Acetylcholin identifiziert. Loewi und Dale wurden 1936 für die Entdeckung des ersten Neurotransmitters mit dem Nobelpreis für Medizin ausgezeichnet.

11.2.7 Periphere Kreislaufregulation

Physikalische Grundlagen

Die Anpassung an wechselnde Bedürfnisse erfordert eine unterschiedliche Sauerstoffversorgung und damit unterschiedliche Blutströme durch einzelne Organe. Bei einem aus einer Pumpe und einem Röhrensystem bestehenden Kreislauf hängt die Stromstärke grundsätzlich von zwei Größen ab: der **Pumpleistung** und dem **peripheren Widerstand** des Röhrensystems. Die Verhältnisse sind beim Blutkreislauf etwas komplizierter, da die Gefäße keine starren Röhren darstellen (Windkesseleffekt, S. 728), trotzdem bleibt das Prinzip bestehen. Wichtige Größen zur Beschreibung der Kreislauffunktion sind dabei Blutdruck, Stromstärke, Strömungswiderstand sowie die Strömungsgeschwindigkeit. Zum Verständnis der physikalischen Vorgänge muss man sich klar machen, dass Blut grundsätzlich nur vom Ort höheren Drucks zum Ort niedrigeren Drucks fließen kann. Das bedeutet wiederum, dass es entlang des Gefäßsystems zu einem Abfall des Drucks kommen muss. Dabei gilt grundsätzlich das **Ohmsche Gesetz**:

V = ΔP / R [ml / s], mit V = Stromstärke, ΔP = Druckabfall und R = Gefäßwiderstand.

Da nach dem **Hagen-Poiseuille-Gesetz** der Widerstand R umgekehrt proportional zur 4. Potenz des Gefäßradius ist, folgt unmittelbar, dass bei gleicher Stromstärke V der Druckabfall in dünnen Gefäßen sehr viel größer sein muss. Für den Widerstand im Gefäßsystem gelten die beiden **Kirchhoff-Regeln**:

- Verlängert man eine Gefäßstrecke (**Serienschaltung**), so erhöht sich der Gesamtwiderstand.
- Zweigt man ein Gefäß auf (**Parallelschaltung**), so verringert sich der Gesamtwiderstand.

Auch für die Strömungsgeschwindigkeit gilt: Bei Parallelschaltung von Gefäßen sinkt die Geschwindigkeit, da hierfür nicht der Einzel- sondern der Gesamtquerschnitt entscheidend ist. Für den Blutkreislauf ergeben sich aus den bisher dargestellten Überlegungen folgende Konsequenzen: Im Bereich der Arteriolen und Kapillaren ist der einzelne Gefäßdurchmesser am geringsten, der Gesamtquerschnitt aber am größten. Trotzdem ist der Druckabfall hier am größten, da die enorme Zunahme des einzelnen Gefäßwiderstandes durch die Erhöhung der Anzahl parallel geschalteter Gefäße nicht kompensiert werden kann. Dagegen ist die Strömungsgeschwindigkeit in diesem Bereich am geringsten, da hierfür der Gesamtquerschnitt entscheidend ist (Abb. 11.**16**).

Regulation der Kreislaufgrößen

Aus dem bisher Gesagten ergibt sich, dass zur Veränderung der Kreislaufgrößen grundsätzlich an zwei Stellen reguliert werden kann, nämlich an der **Pumpleistung** des Herzens und am peripheren **Gefäßwiderstand**. Außerdem wirken sich natürlich auch Veränderungen im **Blutvolumen** durch veränderte Zufuhr oder Ausscheidung von Wasser und Salzen oder aber durch akuten Blutverlust (Schock) aus. Die wesentlichen **Messgrößen**, die hierbei eine Rolle spielen sind: **Herzzeitvolumen**, totaler oder regionaler **Strömungswiderstand** über den Gefäßquerschnitt, **arterieller Blutdruck, Blutvolumen**. Die Regulation des Kreislaufs besteht aus der Summe aller Vorgänge, die diese vier Größen sinnvoll und nach den erforderlichen Bedürfnissen aufeinander abstimmt. Prinzipiell gibt es zwei Arten der Durchblutungsregulation von Organen:

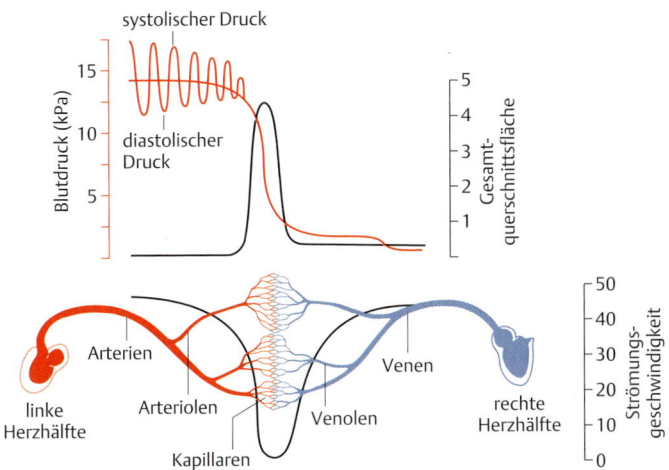

Abb. 11.**16 Blutdruck.** Gesamtquerschnittsfläche und Strömungsgeschwindigkeit in Arterien, Kapillaren und Venen beim Säugetier. (Nach Wehner Gehring, Thieme Verlag, 2007.)

- Eine lokale Regulation durch direkte Einwirkung eines veränderten Zellstoffwechsels ohne Beteiligung des Nervensystems oder des hormonellen Systems.
- Eine zentrale Regulation unter Mitwirkung des Nervensystems und des hormonellen Systems.

Bei der **zentralen Regulation** unterscheidet man wiederum kurzfristige Mechanismen (innerhalb von Sekunden bis Minuten), die über das vegetative Nervensystem und die Nebennierenhormone Adrenalin und Noradrenalin vermittelt werden, von mittel- und langfristigen Mechanismen (innerhalb von Minuten bis Tagen), die durch Hormone wie Renin, Angiotensin, Adiuretin, Aldosteron und atriales natriuretisches Peptid vermittelt werden.

Die **lokale Regulation** wirkt unmittelbar und nur in den betroffenen Organen. Zum Beispiel bewirkt eine Erhöhung des Stoffwechsels direkt ein Absinken des O_2-Gehaltes und des pH-Wertes sowie einen Anstieg des CO_2-Gehaltes und der Temperatur in der unmittelbaren Umgebung. Diese Veränderungen führen direkt zur Erweiterung der Gefäße (**Vasodilatation**) und verstärken die lokale Durchblutung durch Reduzierung des Gefäßwiderstandes. Die kurzfristigen zentralen Mechanismen werden hauptsächlich durch das antagonistisch wirkende sympathische und parasympathische Nervensystem (S. 548) ausgelöst und über das Kreislaufzentrum in der Medulla oblongata gesteuert. Auslöser sind kurzfristige Blutdruck- und Blutwertveränderungen, die durch die oben beschriebenen lokalen Reaktionen ausgelöst werden und über Druck- und Chemorezeptoren im Bereich der Aortenbögen registriert werden. Sinkt z. B. der Blutdruck ab (z. B. durch erhöhte Skelettmuskeltätigkeit), führt dies zur Aktivierung des sympathischen Nervensystems, welches einerseits das Herzminutenvolumen steigert (s. o.), andererseits den Gefäßwiderstand in den nicht betroffenen Organen (z. B. Verdauungstrakt) durch Vasokonstriktion steigert. Dadurch kommt es einerseits wieder zur Erhöhung des Blutdrucks, andererseits zu einer **Verschiebung der Durchblutung** von nicht betroffenen Organen (z. B. Verdauungstrakt) hin zu betroffenen Organen (z. B. Skelettmuskulatur). Gleichzeitig wird durch das sympathische System das Nebennierenmark zur Ausschüttung von Adrenalin/Noradrenalin aktiviert mit entsprechenden Auswirkungen auf Herz und Gefäßwiderstand.

Die **mittel- und langfristigen Regulationsmechanismen** werden durch verschiedene Hormone vermittelt und sind eine Reaktion auf anhaltende Veränderungen von Kreislaufgrößen wie Blutdruck, Blutvolumen und venösem Rückstrom zum Herzen. Jede akute Reduktion des Blutvolumens bzw. ein entsprechender Blutdruckabfall aktiviert in der Niere das Hormon Renin, welches wiederum über die Aktivierung der Hormone Angiotensin II und Aldosteron einerseits eine allgemeine Vasokonstriktion, andererseits eine Verringerung der Flüssigkeits- und Salzausscheidung über die Niere bewirkt (S. 864). Zusätzlich führt eine aktivierte Ausschüttung von Adiuretin aus dem Hypophysenhinterlappen zu einer Verringerung der Flüssigkeitsausscheidung. Eine Erhöhung von Blutvolumen und Blutdruck wirkt sich entsprechend in entgegengesetzter Richtung aus.

> **Säugerherz:** Ventral gelegener Hohlmuskel, der durch die Herzscheidewand in rechten und linken Vorhof (Atrium) sowie rechte und linke Kammer (Ventrikel) unterteilt wird. Das Herz pumpt rhythmisch Blut in Lungen- und Körperkreislauf. Der Aktivitätszyklus aus Systole und Diastole wird autonom von modifizierten Herzmuskelzellen erzeugt.
> **Systole:** Druckanstiegs- (oder Anspannungs-) und Austreibungsphase im Herzzyklus.
> **Diastole:** Erschlaffungs- und Füllungsphase des Herzzyklus.
> **Herzklappen im Säugerherz:** Zwischen Atrium und Ventrikel liegen jeweils Segelklappen (links mit zwei Klappensegeln, rechts mit drei Klappensegeln). Sie verhindern den Rückstrom des Blutes in die Atrien, wenn der Druck im Ventrikel während der Systole steigt. An der Basis von Aorta und Truncus pulmonalis liegen jeweils drei Taschenklappen. Sie verhindern den Rückstrom des Blutes in den Ventrikel, wenn der Druck während der Diastole im Ventrikel nachlässt.
> **Herzaktivität:** Neben dem Blutdruck sind Herzfrequenz und Herzzeitvolumen eine Maß für die Aktivität des Herzen. Bei Wirbeltieren wird die Herzaktivität durch das vegetative Nervensystem beeinflusst. Der Sympathicus steigert über die Ausschüttung von Noradrenalin die Kontraktionskraft des Herzen und beschleunigt die Erregungsweiterleitung zwischen Atrium und Ventrikel. Der Parasympathicus (Äste des Nervus vagus) vermindert durch Ausschüttung von Acetylcholin Herzfrequenz und Überleitungszeit des Herzens, nicht jedoch die Kontraktionskraft. Über verschiedene Neuropeptide wird die Aktivität von myogenen wie neurogenen Herzen kontrolliert.

Myogene Erregung des Säugerherzen: Primärer Taktgeber der elektrischen Erregung des Herzens sind Schrittmacherzellen des Sinusknoten. Von dort breitet sich die Erregung über die Vorhöfe aus und geht auf den Atrioventrikularknoten über. Der AV-Knoten ist das sekundäre Erregungszentrum. Dann wird die Erregung über die His-Bündel und die Tawara-Schenkel bis in die Purkinje-Fasern weitergeleitet. Von dort breitet sich die Erregung über das funktionelle Syncytium des Myokards aus.

Schrittmacherpotential: Das Zusammenspiel von verschiedenen Ca^{2+}- und K^+-Kanälen bestimmt den Verlauf des autorhythmischen Membranpotentials einer Schrittmacherzelle.

Aktionspotential der Herzmuskelzelle: Nach der Leitfähigkeitsänderung spannungsgesteuerter Na^+-Kanäle ist das Membranpotential einer Muskelzelle des Myokards durch ein bis zu 400 ms dauerndes Plateau gekennzeichnet, das durch erhöhte Ca^{2+}-Leitfähigkeit und die verzögert einsetzende K^+-Leitfähigkeit verursacht wird.

Neurogenes Herz: Bei Wirbellosen wird das autonome Erregungsmuster des Herzschlagrhythmus in Nervenzellen erzeugt, die in kleinen neuronalen Netzwerken verschaltet sind.

12 Atmung und Temperaturregulation

Reinhard Kaune

12.1 Atmung

> Bis auf wenige Ausnahmen benötigen tierische Organismen für ihren Energiestoffwechsel Sauerstoff als Elektronenakzeptor. Dieser wird ihnen über die Atmung bereitgestellt, durch die auch das beim Abbau der Nahrungsstoffe entstehende CO_2 abtransportiert wird.

Ein Kennzeichen lebender Organismen ist der Stoffwechsel oder **Metabolismus**, der sich aus dem energieliefernden **Energie-** und dem energieverbrauchenden **Leistungsstoffwechsel** zusammensetzt (*Biochemie, Zellbiologie*). Die chemoorganoheterotrophen Tiere decken ihren Energiebedarf über den oxidativen Abbau energiereicher Verbindungen wie Fette, Kohlenhydrate und Proteine aus der Nahrung (Katabolismus). Sie konservieren die beim Abbau freiwerdende chemische Energie in Form von ATP oder anderer energiereicher Verbindungen sowie in Ionengradienten (elektrochemisches Potential über der Membran). Für die vollständige Oxidation der Nährstoffe zu Kohlendioxid (CO_2) und Wasser ist eine ausreichende **Sauerstoff** (O_2)-**Versorgung** nötig, sie wird durch die **Atmung** sichergestellt, ebenso wie der **Abtransport** des entstehenden CO_2. Zwar ist auch ein ATP-liefernder Abbau der Nahrungsmittel ohne Sauerstoff möglich (anaerobe Lebensweise), jedoch ist dies mit einem großen Verlust an Energieausbeute verbunden, weil die Endprodukte dieser unvollständigen Abbauwege noch energiereiche Verbindungen sind. Nur etwa 5 % der Energie kann bei anaerober Lebensweise gegenüber aerober Lebensweise ausgenutzt werden. Mit dem im Energiestoffwechsel gewonnenen ATP als Energiequelle bzw. mit der in Ionengradienten gespeicherten Energie sind Organismen in der Lage, die energieverbrauchenden Prozesse des Leistungsstoffwechsels durchzuführen, d. h. Arbeit zu leisten. Dazu gehören alle Arten von Synthesereaktionen, Muskelkontraktionen, Wahrnehmungsprozesse und vieles mehr.

Unter der tierischen Atmung oder **Respiration** versteht man prinzipiell alle Prozesse, die mit der Sauerstoffaufnahme und der Kohlendioxidabgabe verbunden sind. Der Begriff **Ventilation** bezeichnet die **Atemmechanik**, d. h. den eigentlichen Vorgang des Ein- und Ausatmens. Während die **äußere Atmung** dem Gasaustausch zwischen Organismus und Umwelt dient, beschreibt die **innere Atmung** (**Zellatmung**) die vollständige Oxidation der Nährstoffe zu CO_2 und Wasser gekoppelt mit der Reduktion des externen Elektronenakzeptors Sauerstoff und der gleichzeitigen Synthese von ATP (*Biochemie, Zellbiologie*) (s. Abb. 12.**13**, S. 759). Teil der inneren Atmung ist daher sowohl die Diffusion von Sauerstoff von der Zellmembran bis in die Mitochondrien, als auch die Diffusion von Kohlendioxid aus den Mitochondrien durch das Cytoplasma bis hin zur Zellmembran.

Die **äußere Atmung** findet an den respiratorischen Oberflächen statt. Hierbei kann es sich um die äußerste Oberfläche, die Haut oder vorgestülpte Kiemen, handeln oder um spezielle nach innen verlagerte Atmungsorgane wie Lungen, Kiemen und Luftblasen. Für den weiteren **Transport** kann bei Tieren, deren Körperdurchmesser kleiner als zwei Millimeter ist, der Gastransport durch die interstitielle Flüssigkeit über **Diffusion** erfolgen (📖 *Biochemie, Zellbiologie*), bei größeren Tieren reichen Diffusionsvorgänge allein nicht aus. Für den direkten Transport entwickeln sich entsprechend **Luftgefäße** (Tracheen; Vergrößerung der Diffusionsfläche), für den Transport über Körperflüssigkeiten (**Blut**, **Hämolymphe**) Gefäß- oder Kanalsysteme und entsprechende Transportmoleküle.

12.1.1 Sauerstoff und Kohlendioxid in Körperflüssigkeiten

Beim Transport der Atemgase in Körperflüssigkeiten spielt die Löslichkeit des Gases eine entscheidende Rolle. Sie hängt von vier Faktoren ab:
- der Art des Lösungsmittels,
- dem Gehalt an gelösten Stoffen im Lösungsmittel,
- der Temperatur des Lösungsmittels und
- dem Gasdruck.

Von diesen vier Faktoren sind die beiden ersten in Körperflüssigkeiten nahezu konstant, die Temperatur variiert zwar bei poikilothermen Tieren, ist aber bei homoiothermen Tieren ebenfalls nahezu konstant. Als variable Größe bleibt allein der Gasdruck.

Bei einem Gemisch verschiedener Gase resultiert ein **Gesamtdruck**, zu dem jedes in der Mischung vorhandene Gas anteilmäßig beiträgt. Dieser Beitrag wird als **Partialdruck** des Gases bezeichnet und entspricht dem Druck, den dieses Gas ausüben würde, wenn es alleine in dem entsprechenden Raum wäre. Beispielsweise besteht die Luft unserer Atmosphäre zu 21 % aus Sauerstoff. Wenn der Gesamtluftdruck etwa 100 kPa in Meereshöhe betragen würde, dann betrüge der Partialdruck für Sauerstoff ca. 21 kPa. Damit ist der Partialdruck eines Gases in einem Gasgemisch klar definiert.

Was bedeutet nun aber der Partialdruck eines Gases für die Löslichkeit in einer Flüssigkeit, wie etwa in einer Körperflüssigkeit? In einer Flüssigkeit, die mit einem Gasgemisch im Gleichgewicht steht, sind die verschiedenen Gase entsprechend ihrer Partialdrücke gelöst. Konkretisiert wiederum am Beispiel des Sauerstoffs bedeutet der Gehalt von 21 % Sauerstoff in der Luft eine Konzentration von 21 ml O_2/100 ml Luft und einem Partialdruck von 21 kPa. Wird 20 °C warmes Wasser mit Luft bei einem Druck von 100 kPa begast, so lösen sich etwa 0,5 ml Sauerstoff in 100 ml Wasser. Diese Lösung hätte nach der obigen Definition ebenfalls einen Partialdruck von 21 kPa. Der Vorteil des Partialdrucks gegenüber der Konzentration ist, dass sich im Gleichgewichtszustand für beide Phasen derselbe Wert ergibt. Man kann also beim lokalen Vergleich der Partialdrücke eines Gases in Luft oder in einer Lösung direkt entscheiden, ob eine treibende Kraft für Diffusion gegeben ist oder nicht.

Sauerstoffbindungsproteine

Nach Berücksichtigung der vier oben angeführten Bedingungen löst sich im Blut eines Menschen bei 37°C und 100 kPa etwa 0,3 ml Sauerstoff in 100 ml Blut. Nimmt man bei einem 75 kg schweren Menschen ein Herzminutenvolumen von 5000 ml/min in Ruhe an, so ergibt sich eine Sauerstoffversorgung von 15 ml/min für den gesamten Organismus. Rechnet man den Sauerstoffverbrauch der einzelnen Organe dieses Menschen zusammen, so ergibt sich ein Wert von mindestens 260 ml/min. Der Vergleich der beiden Werte zeigt, dass die physikalische Löslichkeit von Sauerstoff im Plasma niemals ausreichen kann, um die Sauerstoffversorgung des Körpers zu gewährleisten. Aus diesen Berechnungen ergibt sich zwingend, dass die Transportkapazität für Sauerstoff im Blut deutlich erhöht sein muss. Die Lösung dafür bietet ein Sauerstoffbindungsprotein wie das **Hämoglobin**. Bei den Wirbeltieren befindet sich das Hämoglobin in den Erythrocyten (S. 705). Das Hämoglobin der **Wirbeltiere** besteht aus dem Protein **Globin** und Eisenporphyrinen als prosthetische Gruppen, dem **Häm**. Dabei enthält das Globin vier Polypeptidketten, zwei α-Ketten ($α_1$ und $α_2$) und zwei β-Ketten ($β_1$ und $β_2$), von denen jede eine prosthetische Hämgruppe enthält. Jedes dieser vier Hämgrundgerüste besteht wiederum aus einem System von vier Porphyrinringen mit zentralem Eisenion. Die rote Färbung des Hämoglobins ist dabei durch das Eisenion bedingt (Abb. 12.**1**).

Ein Hämoglobinmolekül kann demnach insgesamt vier Sauerstoffmoleküle reversibel binden. Diese Bindung geht nicht mit einer Wertigkeitsänderung des zweiwertig vorliegenden Eisenions einher und ist demnach keine Oxidation, sondern wird als **Oxygenation** bezeichnet. Mit gebundenem Sauerstoff bezeichnet man

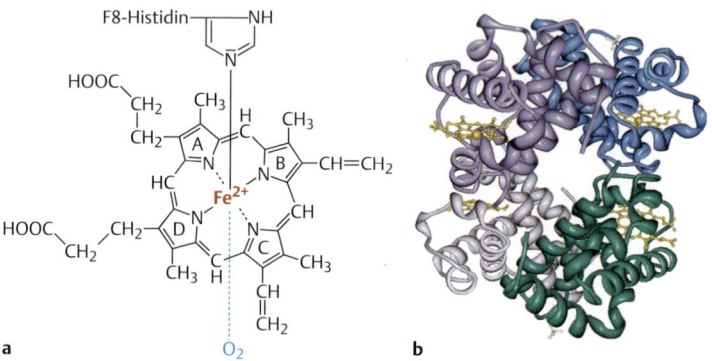

Abb. 12.**1 Hämoglobin. a** Hämgrundgerüst, **b** Struktur des Desoxyhämoglobins bei physiologischem pH (pdb: 3DUT).

das Hämoglobin als **Oxyhämoglobin**, ohne Sauerstoff als **Desoxyhämoglobin**. Das Absorptionsverhalten von Oxyhämoglobin und Desoxyhämoglobin unterscheiden sich, so dass sauerstoffreiches Blut hellrot, sauerstoffarmes Blut dagegen dunkelrot ist. Die Bindung des Sauerstoffs an das Häm geht mit einer Konformationsänderung einher, die sich auf das gesamte Protein überträgt. Das führt dazu, dass die Bindung eines Sauerstoffmoleküls die Bindung weiterer Sauerstoffmoleküle begünstigt (**positiv kooperativer Effekt**). Die Bindung an die Polypeptidketten erfolgt dabei in der Reihenfolge α_1, α_2, β_1, β_2.

Bestimmte **antarktische Fische** besitzen kein Hämoglobin, sie kompensieren dies durch ein erhöhtes Blutvolumen und Herzminutenvolumen. Aufgrund der niedrigen Umgebungs- und damit entsprechend niedrigen Körpertemperatur haben sie einen sehr geringen Energieumsatz, und die physikalische Löslichkeit von O_2 (je niedriger die Flüssigkeitstemperatur, desto höher die Löslichkeit des Gases!) reicht aus, um die Versorgung zu sichern. Sauerstoffbindungsproteine sind daher überflüssig.

Das Hämoglobin muss nicht nur in der Lage sein, Sauerstoff zu binden, sondern muss ihn auch an entsprechender Stelle im Gewebe wieder abgeben können. Wie viel Sauerstoff vom Blut gebunden werden kann, hängt vom Sauerstoffpartialdruck in der Umgebung des Blutes ab. Misst man den Sauerstoffgehalt des Blutes in Abhängigkeit vom Sauerstoffpartialdruck, so erhält man die **Sauerstoffbindungskurve** für das Hämoglobin (Abb. 12.2). Beim Betrachten dieser Kurve fallen zwei Eigenschaften auf: 1. Ab einem bestimmten Partialdruck ist das Hämoglobin gesättigt; 2. Die Kurve ist S-förmig (sigmoid) gekrümmt und in einem Bereich unterhalb von 7 kPa besonders steil. Die Ursache dafür ist in dem positiv kooperativen Effekt

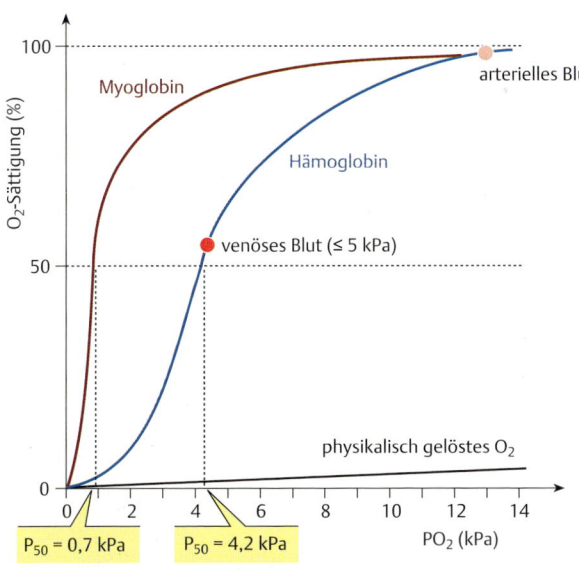

Abb. 12.**2**
Sauerstoffbindungskurven von Hämoglobin und Myoglobin. Das arterielle Blut ist bei 13 kPa zu fast 100 % gesättigt, das physikalisch gelöste O_2 macht nur einen unbedeutenden Teil aus. Da die Bindungskurve des Myoglobins oberhalb der des Hämoglobins verläuft, kann bei gleichem Partialdruck jederzeit O_2 vom Hämoglobin an das Myoglobin abgegeben werden.

(s. o.) zu suchen, aufgrund dessen sich die Sauerstoffbindung innerhalb eines bestimmten Bereiches stark ändert. Was bedeutet dies nun für den Sauerstofftransport im Körper? Der Partialdruck in der Atemluft beträgt 21 kPa, in den Alveolen der Lunge 14 kPa, in der Lungenvene und den Arterien 13 kPa und im Gewebe schließlich 5 kPa oder weniger. Gelangt nun arterielles Blut mit einem Sauerstoffgehalt gemäß einem Partialdruck von 13 kPa in die Kapillaren, kommt es in eine Umgebung mit einem Partialdruck von 5 kPa. Das bedeutet, dass das Hämoglobin seinen gesamten Sauerstoff nicht mehr halten kann und so viel Sauerstoff an die Umgebung abgibt, wie es der Differenz zwischen 5 und 13 kPa entspricht. In der Lunge spielt sich der umgekehrte Vorgang ab.

Veränderungen der Sauerstoffbindungskurve des Blutes können sowohl die **Kapazität** als auch die **Affinität** des Hämoglobins zum Sauerstoff betreffen (Abb. 12.3). Bei dauerhaft erniedrigtem Sauerstoffpartialdruck kann es durch Erhöhung des Hämoglobingehaltes im Blut zu einer erhöhten Kapazität der Sauerstoffbindung kommen (z. B. Höhentraining). Bei Veränderungen des CO_2-Partialdrucks, des pH-Wertes oder der Temperatur kann es zu einer Rechtsverschiebung (Affinitätsabnahme) oder Linksverschiebung (Affinitätszunahme) der Kurve kommen (Abb. 12.3).

Der Sauerstoffpartialdruck, bei dem 50 % der maximalen Sauerstoffsättigung erreicht wird, wird P_{50} genannt. Er kann, abhängig von der Tierart, unterschiedliche Werte annehmen (Abb. 12.2). So variiert der P_{50}-Wert für Hämoglobin zwischen 0,007 und 1,7 kPa bei wirbellosen Tieren und zwischen 0,1 und 7,5 kPa bei Wirbeltieren. Bei Wirbeltieren besteht ein allometrischer Zusammenhang zwischen dem P_{50}-Wert und dem Körpergewicht, wobei Tiere mit einem höheren Körpergewicht einen niedrigeren P_{50}-Wert und damit eine höhere Sauerstoffaffinität aufweisen. Bei wasseratmenden Tieren (Fische) liegen die Werte aufgrund der ungünstigeren Bedingungen im unteren Bereich von 0,1 bis 2,4 kPa.

Besondere Verhältnisse liegen vor bei der Sauerstoffversorgung des Fetus. Da mütterliches Hämoglobin die Plazentabarriere nicht passieren kann, muss auf an-

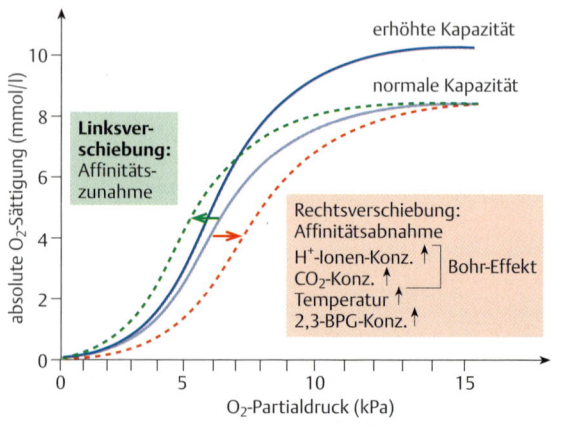

Abb. 12.**3**
Sauerstoffbindungskurve des Hämoglobins. Durch eine pH-Veränderung verschiebt sich die Kurve horizontal und der P_{50}-Wert verlagert sich (Bohr-Effekt).

dere Weise dafür gesorgt werden, dass Sauerstoff in ausreichender Weise in den Fetus gelangt. **Fetales Hämoglobin** besitzt eine Sauerstoffbindungskurve, die bei gleichem Ausgangs- und Endpunkt nach links verschoben ist (**Linksverschiebung**, Abb. 12.**3**). Dies bedeutet, dass bei gleichem Sauerstoffpartialdruck Sauerstoff vom maternalen Hämoglobin an das fetale Hämoglobin abgegeben wird und damit vom maternalen Blut in den Fetus gelangt.

Ähnliches gilt für die Situation im Gewebe, z. B. im Muskel, wo Sauerstoff vom Hämoglobin an **Myoglobin**, dem Sauerstoffbindungsprotein der Muskelzelle, abgegeben wird. Ist ein Gewebe besonders stoffwechselaktiv, wie etwa ein arbeitender Muskel, so sinkt in seinen Zellen der Sauerstoffpartialdruck, gleichzeitig steigen der Kohlendioxidpartialdruck und die Temperatur an und der pH-Wert sinkt. Unter diesen Bedingungen verschiebt sich die Sauerstoffbindungskurve des Hämoglobins bei gleichem Ausgangs- und Endpunkt nach rechts (**Rechtsverschiebung**). Das bedeutet, dass die Sauerstoffpartialdruckdifferenz zwischen arteriellem Blut und der Umgebung der Kapillaren noch größer wird und somit mehr Sauerstoff an das Gewebe abgegeben werden kann. Der Effekt des pH-Wertes wird **Bohr-Effekt** genannt (Abb. 12.**3**).

Neben dem Bohr-Effekt beeinflusst eine Bindung von **2,3-Bisphosphoglycerat (2,3-BPG)** die Affinität des Sauerstoffs zum Hämoglobin. Es bindet vor allem an Desoxyhämoglobin und stabilisiert dieses. 2,3-Bisphosphoglycerat liegt im Inneren des Erythrocyten in ähnlich hoher Konzentration vor wie das Hämoglobin und kann durch Rechtsverschiebung der Bindungskurve zur Sauerstofffreisetzung im Gewebe beitragen. Es handelt sich dabei nicht um eine kompetitive Hemmung, sondern um einen **allosterischen Effekt**.

Beim Transport von **Kohlendioxid** liegen die Verhältnisse umgekehrt. Der Partialdruck für Kohlendioxid in der Atemluft beträgt 0,03 kPa, in den Alveolen 5 kPa, in den Venen 6 kPa und im Gewebe 6 kPa oder mehr. Somit kann Kohlendioxid durch **Diffusion** aus dem Gewebe ins Blut und von dort über die Lunge nach außen gelangen. Der geringere Partialdruckunterschied für Kohlendioxid im Vergleich zu Sauerstoff reicht aus, da Kohlendioxid viel schneller diffundiert.

Dazu kommt, dass desoxygeniertes Blut mehr Kohlendioxid aufnehmen kann als oxygeniertes Blut. Diese Eigenschaft des Blutes wird **Christian-Douglas-Haldane Effekt** oder kurz **Haldane-Effekt** genannt. Der physiologische Sinn dieses Effektes besteht darin, dass Blut, welches Sauerstoff abgegeben hat (z. B. im Gewebe), mehr Kohlendioxid binden kann, und umgekehrt.

Ein weiterer wichtiger Unterschied besteht darin, dass Kohlendioxid chemisch mit Wasser reagiert, wobei Bicarbonat und Protonen entstehen:

$CO_2 + H_2O \leftrightarrow HCO_3^- + H^+$

Diese Reaktion läuft nur ausreichend schnell im Erythrocyten ab, weil sie dort durch das Enzym **Carboanhydrase** katalysiert wird. Der größte Teil des entstehenden Bicarbonats verlässt jedoch den Erythrocyten wieder und stellt den wichtigsten Puffer im Plasma dar (**Bicarbonat-Puffersystem**). Zum Ladungsausgleich wird im Austausch ein Chloridion aufgenommen (Chloridverschiebung, Abb. 12.**4**). Ins-

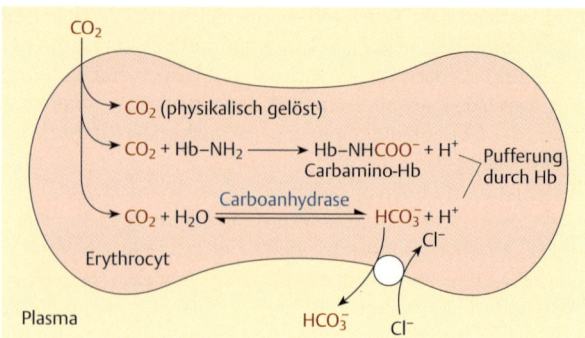

Abb. 12.4 Chloridverschiebung im Erythrocyten. CO_2 aus dem Stoffwechsel gelangt durch Diffusion in den Erythrocyten und wird dort zum Teil als Carbamino-Hämoglobin gebunden, nur ein kleiner Teil bleibt physikalisch gelöst. Der mengenmäßig größte Teil reagiert mit Wasser durch Katalyse des Enzyms Carboanhydrase zu HCO_3^- und H^+. Das HCO_3^- verlässt im Austausch mit Cl^- den Erythrocyten, das H^+ wird vom Hämoglobin gebunden. In der Lunge laufen diese Vorgänge umgekehrt ab.

gesamt werden 90 % des Kohlendioxids im Blut als Bicarbonat, 5 % physikalisch gelöst und 5 % als **Carbamino-Hämoglobin** transportiert. Beim Carbamino-Hämoglobin ist das Kohlendioxid über Aminogruppen an das Hämoglobin gebunden (Abb. 12.**4**).

Atemgifte stören die Sauerstoffbindung. **Kohlenmonoxid** (CO) besitzt eine hohe Affinität an das Häm (ca. 25 000-fach höher als Sauerstoff) und blockiert somit die Sauerstoffbindung.
Methämoglobin entsteht durch Oxidation von Fe^{2+} zu Fe^{3+} durch z. B. **Nitrit**. In dieser Form gibt es gebundenen Sauerstoff nur schwer ab, ist also für die Sauerstoffversorgung wertlos. Eine geringe Menge Methämoglobin wird ständig gebildet, es wird unter Energieaufwand in Hämoglobin überführt, sodass normalerweise eine Überschreitung von 1 bis 2 % Methämoglobin nicht auftritt.

Auch bei **wirbellosen Tieren** gibt es Sauerstoffbindungsproteine für den Transport. Neben dem oben beschriebenen Hämoglobin gehören zu den **respiratorischen Pigmenten** Chlorocruorin, Hämocyanin und Hämerythrin. Das grüne **Chlorocruorin** findet sich bei bestimmten Anneliden (Polychaeten). Es enthält wie das Hämoglobin Eisenionen zur Sauerstoffbindung. Das im oxygenierten Zustand blaue **Hämocyanin** enthält Kupferionen und findet sich bei Mollusken und Arthropoden. Das **Hämerythrin** enthält wiederum Eisenionen und findet sich bei Priapoliden, Sipunculiden, Brachiopoden und Anneliden. Hämoglobin kommt bei den unterschiedlichsten wirbellosen Tieren vor, zum Teil auch parallel zu anderen Bindungsproteinen (Tab. 12.**1**).

Daneben kommen viele wirbellose Tiere ohne Sauerstoffbindungsproteine aus. Allerdings benötigen sie ab einer bestimmten Größe ein Kreislauf- oder Tracheen-

Tab. 12.1 **Blutfarbstoffe und ihr Vorkommen im Tierreich (Auswahl).** Im Plasma oder der Hämolymphe gelöste Pigmente haben in der Regel ein höheres Molekulargewicht, um die osmotischen Effekte zu reduzieren.

Farbstoff (Vorkommen)	Molekulargewicht	Struktur	prosthetische Gruppe	Zentralion	Farbe im O_2-haltigen/ O_2-freien Zustand	Vorkommen im Tierreich
Hämocyanin (gelöst in der Hämolymphe)	$4 \cdot 10^3$ – $6{,}7 \cdot 10^6$ kDa	globulär oder zylindrisch, 10–20 Untereinheiten	fehlt	Kupfer	blau/farblos	Crustacea, Arachnida, Arthropoda, Gastropoda, Cephalopoda
Hämerythrin (innerhalb von Blutzellen)	110 kDa	globulär/ oligomer	fehlt	Eisen	violett/ farblos	Sipunculida, Priapulida, Polychaeta, Brachiopoda
Chlorocruorin (gelöst in der Hämolymphe)	$3 \cdot 10^6$ kDa	globulär	Chlorohäm	Eisen	grün/rot	Polychaeta
Hämoglobin (gelöst im plasma/Hämolymphe oder in Blutzellen)	$3 \cdot 10^3$ – $3 \cdot 10^6$ kDa	globulär, 4 Untereinheiten	Häm	Eisen	hellrot/ dunkelrot	Vertebrata, fast alle Tierstämme (Plathelmintha bis Vertebrata)

system, da die Sauerstoffversorgung der Zellen allein durch Diffusion nur bis etwa 2 mm Tiefe (von der Oberfläche aus gesehen) ausreichend ist.

12.1.2 Hautatmung

Bei der **Hautatmung** erfolgt der Gasaustausch über das Integument (Haut). Bei einigen Tieren (z. B. einzellige Eukaryoten, Cnidaria, Plathelminthen) ist dies die alleinige Atmungsform, sodass andere Atmungsorgane fehlen, bei anderen ist sie eine zusätzliche Atmungsform und macht je nach Umweltbedingungen einen gewissen Prozentsatz der Gesamtatmung aus: Molche 70 %, Frösche im Winter 100 %, Aal 60 %, Mensch 1 %. Der besonders hohe Anteil bei Amphibien ist deshalb möglich, weil sich eine spezielle **Hautarterie** ausgebildet hat, die – ebenso wie die Lungenarterie – sauerstoffarmes Blut transportiert. Die Hautvene jedoch mündet – im Gegensatz zur Lungenvene – in die rechte Herzvorkammer. Das sauerstoffreiche Blut gelangt jedoch trotzdem teilweise in den Körperkreislauf, da die Hauptkammer (S. 725) nicht unterteilt ist. Den Extremfall stellen die lungenlosen Salamander (Plethodontiden) dar, die weder Lungen noch Kiemen besitzen und ihren Gasaustausch ausschließlich über die Hautatmung vollziehen.

12.1.3 Luftatmung

Ist die Körperoberfläche zu klein, um die Sauerstoffversorgung zu garantieren, oder trocknet die Oberfläche zeitweilig aus, erfolgt die Luftatmung über Epithelien in speziellen Organen: den Lungen und Tracheen.

Bau und Mechanik der Lungen von Landwirbeltieren

Die **Lungen der Wirbeltiere** sind paarige Hohlräume, die durch ventrale Ausstülpungen der Darmwand entstehen und mit **entodermalem Epithel** ausgekleidet sind (S. 311). Im Zuge der Optimierung des Gasaustausches vergrößert sich die Oberfläche des respiratorischen Epithels der Lunge (Abb. 12.**5**). Beim Olm besteht die Lunge aus einer einfachen sackförmigen Ausstülpung. Während beim Frosch einfache leistenförmige Erhebungen des Epithels vorhanden sind, kommt es bei Diapsida zunehmend zu einer Verästelung und Kammerung mit Endbläschen. Beim Säuger hat sich schließlich ein System von verzweigten Bronchien und Alveolen als Endbläschen entwickelt.

Einen Sonderfall stellt der Bau der **Vogellunge** dar. Die Lunge ist relativ klein und enthält keine blind endenden Alveolen, sondern wird von durchgehenden **Parabronchien** durchzogen. Dies sind tertiäre Bronchien, die über die Dorso- und Ventrobronchien mit dem Hauptbronchus in Verbindung stehen. Im periparabronchialen Gewebe findet der Gasaustausch statt. Dazu kommt ein ausgeklügeltes System von Luftsäcken (Abb. 12.**6a, b**), die ein Hin- und Herströmen der Luft ermöglichen.

Bei der Atemmechanik (**Ventilation**) bei **Säugetieren** erfolgt die **Inspiration** (Einatmen) durch Anspannung des Zwerchfells und Heben des Brustkorbes durch Anspannung der Zwischenrippenmuskeln, bei der **Exspiration** (Ausatmen) durch Entspannung des Zwerchfells, Senken des Brustkorbes und eventuell zusätzliche Anspannung der Bauchdecke (**Bauchpresse**) (Abb. 12.**7a**). Dabei wird der Thorax er-

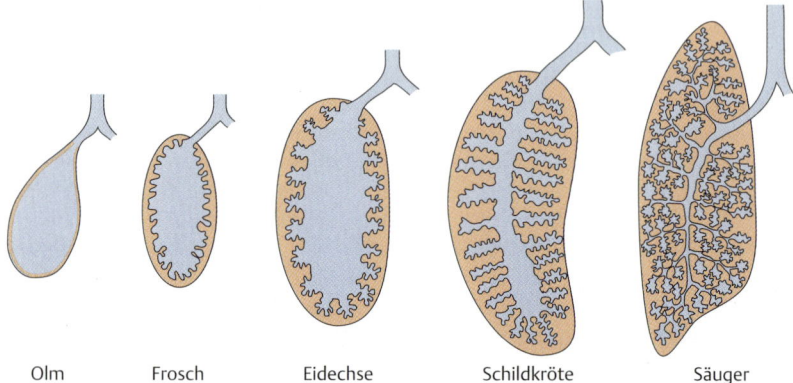

Abb. 12.**5 Die zunehmende Vergrößerung der Lungeninnenoberfläche verschiedener Wirbeltiere.**

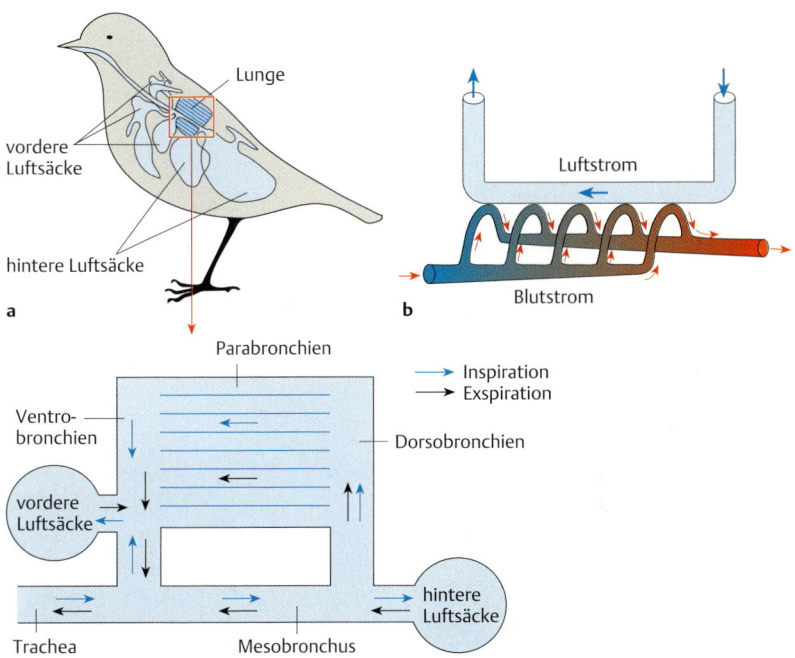

Abb. 12.6 Das System von Lunge und Luftsäcken bei Vögeln. a Mehrere große dünnwandige Luftsäcke breiten sich zwischen den Organen aus. Sie stehen untereinander sowie mit luftgefüllten Räumen der Röhrenknochen in Verbindung. Die paarige Lunge ist relativ klein, jeder Lungenflügel wird von einem Hauptbronchus (Mesobronchus) versorgt, der durch die Lunge zu den hinteren Luftsäcken führt. Bei der Inspiration strömt Luft durch die Trachea und den Mesobronchus in die Dorsobronchien und die Parabronchien sowie über die Ventrobronchien in die vorderen Luftsäcke. Gleichzeitig werden die hinteren Luftsäcke mit Frischluft gefüllt. Bei der Exspiration strömt Frischluft aus den komprimierten hinteren Luftsäcken durch die Dorsobronchi in die Parabronchi und über die Ventrobronchi und die Trachea nach außen. In kleinerem Umfang strömt auch Luft aus den vorderen und den hinteren Luftsäcken direkt über die Trachea nach außen. **b** Der Blutstrom in den Lungenkapillaren verläuft senkrecht zu dem Luftstrom in den Parabronchien (Kreuzstromsystem).

weitert bzw. verkleinert. Die elastische Lunge ist mit dem Thorax über einen flüssigkeitsgefüllten Interpleuralspalt beweglich verbunden. Erweitert sich der Thorax, entsteht im Interpleuralspalt ein Unterdruck, da dessen Flüssigkeit nicht ausdehnbar ist. Somit ist die Lunge gezwungen, den Thoraxbewegungen zu folgen und Luft wird eingesaugt. Die Exspiration nach Erschlaffung der Atemmuskeln geschieht weitgehend passiv durch Zusammenziehen der Lunge aufgrund ihrer Eigenelastizität und kann aktiv durch die Bauchpresse unterstützt werden.

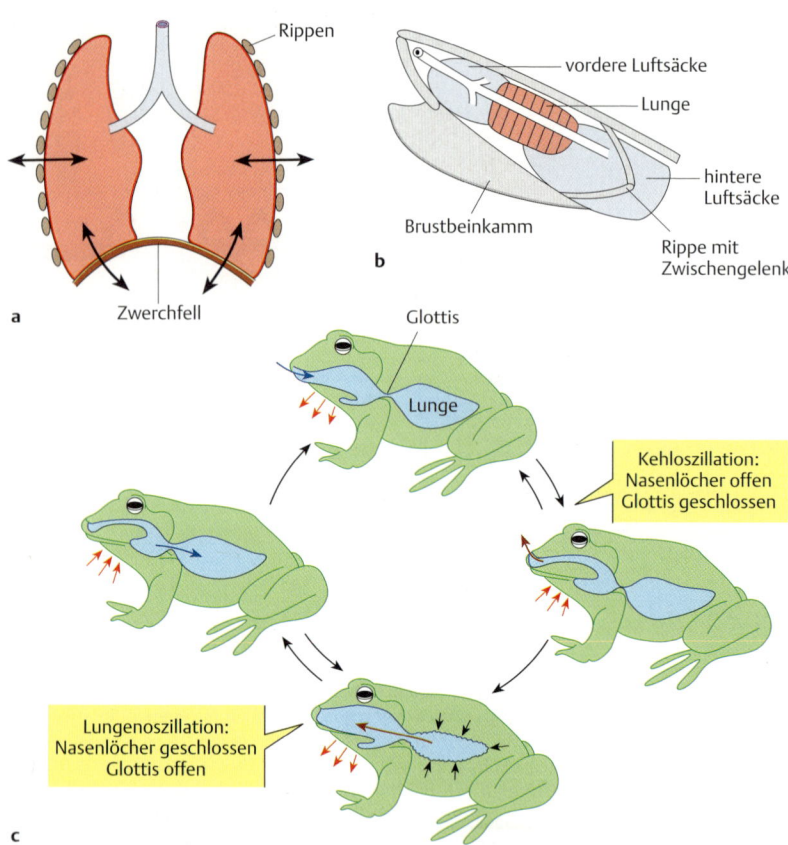

Abb. 12.**7 Atembewegungen bei Vögeln, Säugetieren und Amphibien. a** Atembewegungen bei Säugetieren: Heben der Brustwand und Absenken des Zwerchfells mit dem Effekt der Thoraxerweiterung und Lungendehnung. **b** Atembewegungen bei Vögeln: Blasebalgartige Exkursionen mit maximaler Hubhöhe über den abdominalen Luftsäcken. **c** Die Atmung beim Frosch: Bei offenen Nasenlöchern aber geschlossenem Lungengang (Glottis) wird durch Bewegung des Mundhöhlenbodens die Luft in der Mundhöhle rhythmisch erneuert (Kehloszillation). Die Kehloszillation wird zeitweilig unterbrochen und die Nasenlöcher geschlossen. Kontraktion der Bauchmuskulatur und Senken des Mundbodens bewirkt bei geöffneter Glottis, dass die Luft aus der Lunge in den Mundraum ausströmt und sich dort mit der Frischluft vermischt. Durch Heben des Mundbodens wird die Luft wieder in die Lunge gepresst. Nach mehrmaliger Wiederholung dieser Lungenoszillation setzt dann die Kehloszillation wieder ein.

Die Atemmechanik bei **Vögeln** geschieht durch Heben und Senken des Brustbeins, wobei ein blasebalgähnlicher Effekt bezüglich der hinteren Luftsäcke entsteht (Abb. 12.**7b**). Die Lunge selbst ist relativ starr, die Ventilation des Luftsacksystems sorgt jedoch dafür, dass sie sowohl bei der Inspiration als auch bei der Exspiration mit frischer sauerstoffreicher Luft durchströmt wird. Da der Blutstrom in den Lungenkapillaren über eine größere Strecke senkrecht zu dem Luftstrom in den Parabronchien verläuft, wird der Gasaustausch zusätzlich erhöht. Man nennt dies **Kreuzstromsystem** (Abb. 12.**6b**). Es stellt sich die Frage, warum der Luftstrom an den Einmündungsstellen der Dorso- und Ventrobronchien in den Mesobronchus jeweils nur in eine Richtung verläuft, zumal man dort keine Klappen als mechanische Ventile gefunden hat (Abb. 12.**6a**). Der Grund hierfür ist, dass die Öffnungen von der Strömungsrichtung der Luft abhängen. Die Strukturen der Öffnungen sind so angelegt, dass eine Wirbelbildung und damit der Strömungswiderstand von der Strömungsrichtung abhängt.

Bei **Amphibien** und **Diapsida** wird durch eine sogenannte **Pumpatmung** Luft in die Lunge gepresst und entweicht bei der Exspiration durch einen Überdruck in der Lunge wieder (Abb. 12.**7c**). Bei Diapsida gibt es außerdem eine **Thorakalatmung**, bei der durch Bewegung der Rippen Luft in die Lunge gesaugt wird.

Lungenatmung bei wasserlebenden Wirbeltieren

Viele Landtiere, die teilweise oder ganz zum Leben im Wasser übergegangen sind, wie Robben, Wale, Krokodile, Seeschildkröten und Seeschlangen, haben die Luftatmung beibehalten. Dabei kommt es jedoch zu physiologischen Anpassungen, die längere Tauchzeiten ermöglichen. So können Robben bis zu 55 Minuten, Wale und Alligatoren bis zu 120 Minuten und Seeschlangen sogar bis zu 8 Stunden unter Wasser bleiben, ohne zu ersticken. Solche Tauchzeiten werden durch folgende Anpassungen ermöglicht:
– Der Sauerstoffvorrat wird durch Erhöhung des Blutvolumens vergrößert.
– Das Herzminutenvolumen sinkt, es kommt zu einer Bradykardie. Die Durchblutung wird auf wichtige Organe beschränkt, vor allem auf Herz und Gehirn.
– Die übrigen Organe einschließlich der Muskulatur schalten auf anaeroben Stoffwechsel unter Eingehung einer Sauerstoffschuld um. Die dabei entstehende Milchsäure wird später abgebaut (s. o.).
– Die Kohlendioxidkonzentration im Blut kann auf höhere Werte ansteigen. Dabei ist während des Tauchens der regulatorische Atemantrieb ausgesetzt.
– Wasserrezeptoren an Mund und Nase sorgen für ein reflektorisches Schließen der Nasenlöcher beim Tauchen und verhindern eine Inspiration unter Wasser.

Lungenatmung bei wirbellosen Tieren

Lungen bei **Wirbellosen** sind, im Gegensatz zu den Verhältnissen bei Wirbeltieren, Einstülpungen der äußeren Oberfläche, also ektodermalen Ursprungs. Bei Landschnecken und landlebenden dekapoden Krebsen entwickelt sich eine ursprüngliche Kiemenhöhle zur unpaarigen Lunge, über deren gesamtes Epithel der Gasaustausch erfolgt. Die Schnecken besitzen ein verschließbares Atemloch (**Pneumostom**) und können ihre Lunge durch Muskelkontraktionen ventilieren.

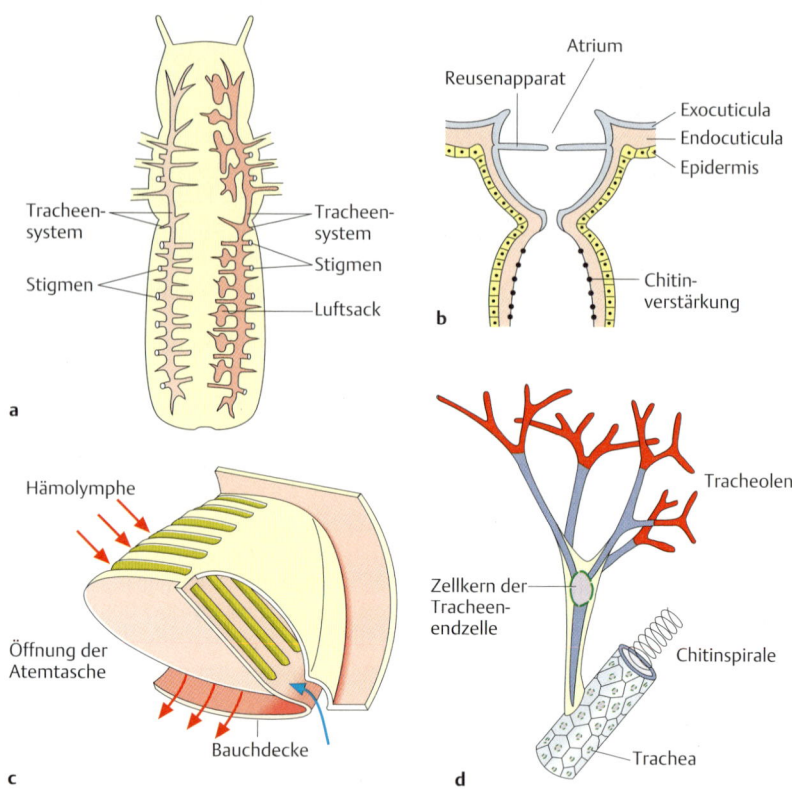

Abb. 12.8 **Tracheensysteme. a** Tracheensystem bei einem Insekt. **b** Querschnitt durch ein Stigma mit unterteiltem Atrium. **c** Fächertrachee einer Spinne. **d** Feiner Tracheenzweig mit Tracheenendzelle und Tracheolen.

Bei Spinnentieren finden sich sogenannte **Fächerlungen** (Abb. 12.8 c). Diese leiten sich ebenfalls von Kiemen an den Hinterbeinen ab und sind dementsprechend paarig ausgebildet (2 bis 4 Paare). Da in diesem Fall aus Kiemenblättchen direkt Lungenblättchen werden, halten feine Chitinborsten den Abstand zwischen den Blättchen, sodass die Luft dazwischen zirkulieren kann. Es besteht keine Verbindung zum eigentlichen Tracheensystem (s. u.).

Landasseln besitzen an den Abdominalbeinen sogenannte **weiße Körper**. Es handelt sich dabei um 2 bis 5 Paar luftgefüllte Hohlräume, die mit einer dünnen Cuticula ausgekleidet sind.

Tracheenatmung

Ein bei Spinnentieren, Tausendfüßlern und Insekten verbreitetes Atmungssystem ist das **Tracheensystem** (Abb. 12.**8**). Dabei handelt es sich um ein weit verzweigtes Luftkanalsystem, welches von einer dünnen Cuticula ausgekleidet ist und die Luft direkt zu den einzelnen Geweben bzw. Zellen transportiert. Dabei diffundieren Sauerstoff und Kohlendioxid entlang der Tracheen von außen nach innen oder umgekehrt. Dies ist möglich, da beide Atemgase in Luft etwa zehntausendmal schneller diffundieren als in Wasser oder Gewebe. Im Gegensatz zu den Lungensystemen ist hier also kein flüssigkeitsgefülltes Kreislaufsystem für den Transport der Atemgase notwendig, da das Tracheensystem bereits eine Art Luftgefäßsystem darstellt. Dies besteht aus den **Tracheen** und den **Tracheenendzellen**, bis hin zu den fein verzweigten **Tracheolen**, deren Spitzen flüssigkeitsgefüllt sind. Im aktiven Gewebe, z. B. im Muskel, wird die Flüssigkeit durch Luft ersetzt (Abb. 12.**8** d). Nach außen münden die Tracheen mit **Stigmen**, die außer bei wenigen primitiven Arten verschließbar sind, und so den Luftstrom kontrollieren sowie Austrocknung verhindern. Außerdem verhindern reusenartige Strukturen an den Stigmen das Eindringen von Fremdkörpern. Bei vielen Insekten sind zusätzlich komprimierbare Luftsäcke ausgebildet. Durch Erweiterung und Verkleinerung des Körpervolumens, insbesondere des Abdomens, kann es so zu einer Ventilation des Tracheensystems kommen. Dies ist vor allem für die Sauerstoffversorgung der Muskulatur flugfähiger Insekten wichtig. Da das Tracheensystem jedoch **vorwiegend passiv** arbeitet, ist in Bezug auf die Körpergröße eine physikalische Grenze vorgegeben.

Luftatmung bei wasserlebenden wirbellosen Tieren

Auch viele Wirbellose, die zum Wasserleben zurückgekehrt sind, behalten die Luftatmung bei. Wasserlebende Lungenschnecken, wie Schlammschnecken und Posthornschnecken, kommen in regelmäßigen Abständen an die Wasseroberfläche und füllen ihre Atemhöhlen mit Luft. Viele Wasserinsekten oder deren Larven atmen durch bestimmte Stigmen an der Wasseroberfläche. Ein besonders interessanter Fall liegt bei Schwimmkäfern wie dem Gelbrandkäfer vor. Diese Käfer nehmen unter den Flügeldecken einen Luftvorrat in Form einer Blase mit unter Wasser (Abb. 12.**9**). Durch Stigmen diffundiert nun Sauerstoff aus der Blase in das Tracheensystem. Dadurch sinkt der Sauerstoffpartialdruck in der Blase. Ist das umgebende Wasser sauerstoffgesättigt, kann Sauerstoff aus dem Wasser in die Blase diffundieren. Insgesamt nimmt der Sauerstoffpartialdruck in der Blase jedoch ab, sodass der Partialdruck für Stickstoff steigt. Daher diffundiert Stickstoff aus der Blase ins Wasser und die Blase verschwindet langsam. Mit zunehmender Tauchtiefe wird die Blase durch den zunehmenden Druck kleiner und der Stickstoffpartialdruck steigt weiter. Dadurch verschwindet die Blase schneller. Der Partialdruck von Kohlendioxid in der Blase spielt aufgrund der hohen Löslichkeit des Gases in Wasser keine Rolle. Würde die Blase nicht verschwinden, könnte der Käfer beliebig lange über diese „physikalische Kieme" atmen und bräuchte nicht aufzutauchen. Diese

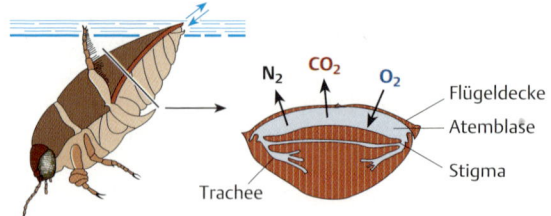

Abb. 12.9 Luftatmung bei wirbellosen Tieren im Wasser. Der Schwimmkäfer (z. B. Gelbrandkäfer) nimmt zwischen Flügeldecken und Körper einen Luftvorrat mit unter Wasser. Über Stigmen am Hinterleib gelangt der Sauerstoff aus der Atemhöhle in luftgefüllte Tracheen und wird im Körper verteilt. Dabei findet auch unter Wasser ein Gasaustausch zwischen dem Wasser und der Atemhöhle statt. O_2 diffundiert in die Atemhöhle hinein, während N_2 und CO_2 ins umgebene Wasser diffundieren. Treibende Kraft für die Diffusion von O_2 ist die sinkende Konzentration in der Blase durch die Aufnahme in die Stigmen. Bei CO_2 liegen die Verhältnisse umgekehrt. Die Abgabe von N_2 an das Wasser erfolgt durch den zunehmenden Druck bei zunehmender Tauchtiefe.

Situation findet sich tatsächlich bei einigen Wasserkäfern und Wasserwanzen. Sie verfügen an ihrer Körperoberfläche über einen dichten Besatz von feinen, an der Spitze umgebogenen Härchen. Zwischen diesen Härchen befindet sich ein Luftmantel (**Plastron**), der durch die Wasser abstoßenden Härchen unter normalen Verhältnissen praktisch inkompressibel ist. Dadurch braucht er nie ausgetauscht werden. Bezüglich der Partialdrücke von Stickstoff stellt sich ein Gleichgewicht ein. Solche Tiere nennt man **Plastronatmer**.

12.1.4 Kiemen- oder Wasseratmung

Wie das Zahlenbeispiel zur Verdeutlichung der Partialdrücke zeigt (s. o.), enthält ein Volumenanteil Wasser bei 20 °C nur etwa 2,5 % des Sauerstoffs verglichen mit einem gleichen Volumenanteil Luft. Da außerdem Luft aufgrund der wesentlich geringeren Viskosität mit weniger Energie zu bewegen ist als Wasser, ist die Luftatmung der Wasseratmung deutlich überlegen. Dazu kommt noch, dass der Sauerstoffgehalt im Wasser je nach Bedingung großen Schwankungen unterworfen ist, während er in der Luft nahezu konstant ist. Wenn trotzdem kiemen- oder wasseratmende Tiere an Land ersticken, liegt dies daran, dass die atmungsaktiven Oberflächen austrocknen und/oder verkleben. Für Kiemen- oder Wasseratmer ist also die Beschaffung des Sauerstoffs ein größeres Problem als für Luftatmer. Die Beseitigung des Kohlendioxids ist dagegen für Kiemen- oder Wasseratmer relativ einfach, da sich Kohlendioxid bei 20 °C und 100 kPa etwa 30-mal besser in Wasser löst als Sauerstoff und daher relativ schnell ausgeschieden werden kann.

Bau und Ventilation der Vertebratenkieme

Innerhalb der **Wirbeltiere** atmen Knorpel- und Knochenfische sowie Amphibienlarven über **Kiemen**. Bei Knochenfischen (Abb. 12.**10**) finden sich an jeder Seite des Kopfes vier Kiemenbögen, die nach außen von einem Kiemendeckel (**Operculum**) bedeckt werden. Jeder Bogen hat wiederum zwei Reihen von dorsoventral abgeflachten Kiemenfilamenten. Jedes Kiemenfilament trägt oben und unten eine Reihe von Lamellen, in denen der Gasaustausch zwischen Wasser und Blut stattfindet. Das Wasser durchströmt von der Mundhöhle kommend die Schlitze zwischen den Lamellen in Richtung Kiemenraum, während das Blut in den Lamellen in entgegengesetzter Richtung fließt. Es handelt sich hier also um ein **Gegenstromsystem**, welches bewirkt, dass über die gesamte Länge des Austauschbereiches optimale Partialdruckdifferenzen für einen größtmöglichen Gasaustausch sorgen.

Der Wasserstrom durch die Kiemen von Knochenfischen wird durch die Kombination eines Saug- und Druckmechanismus erreicht (Abb. 12.**11**). Dabei wird das Volumen des Mundraumes durch Heben und Senken des Mundbodens verändert. Erweitert sich der Mundraum bei geöffnetem Maul, strömt Wasser von außen durch das Maul in die Mundhöhle ein, während die Branchiostegalmembran sich wie ein Ventil dem Körper anlegt und ein Einströmen von Wasser durch die Kiemenöffnung verhindert (**Saugpumpe**). Anschließend führt eine Verengung des Mundraumes bei geschlossenem Maul zum Ventilschluss der Maxillarklappen und zum Ausströmen des Wassers durch die Kiemenöffnung (**Druckpumpe**).

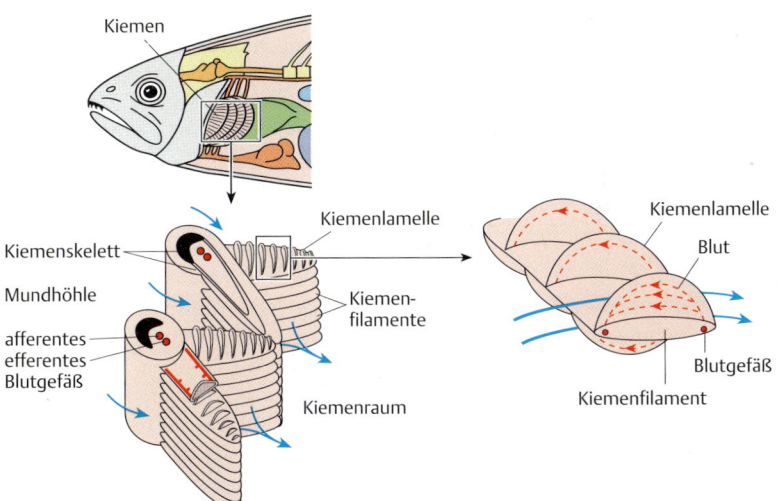

Abb. 12.**10 Kiemenatmung bei Wirbeltieren.** Die Kiemenbögen eines Knochenfisches liegen unter dem Operculum. Die Kiemenfilamente aneinanderliegender Reihen berühren sich an ihren Spitzen. In den sekundären Auffaltungen der Filamente, den Kiemenlamellen, ist die Blutströmungsrichtung der Wasserströmung entgegengesetzt.

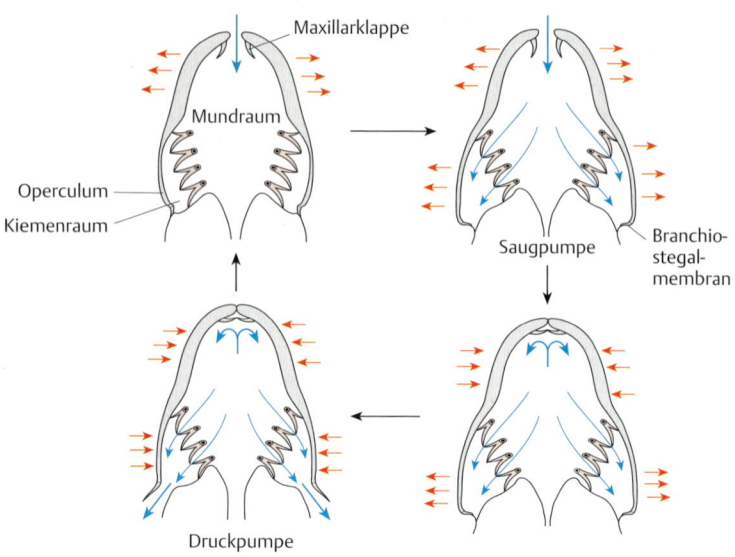

Abb. 12.**11 Atemmechanik bei Knochenfischen.** Die Maxillarklappen sind um 90° gedreht wiedergegeben, sie liegen nicht rechts und links vom Mund, sondern säumen den Ober- und Unterkiefer. (Nach Penzlin, Spektrum Akademischer Verlag, 2005).

Dabei schwingen die Kiemendeckel seitlich aus und vergrößern so den Kiemenraum. Bei schnellen Schwimmern, wie Forellen, Lachsen und Makrelen, wird ein Großteil der Wasserbewegung durch die schnelle Fortbewegung im Wasser bei geöffnetem Maul erreicht. Hier spielt der Saug- und Pumpmechanismus bei entsprechend verkleinertem Mundraum eine untergeordnete Rolle. Dies gilt ebenfalls für Haie und Rochen, bei denen ein verlängertes Kiemenseptum den fehlenden Kiemendeckel ersetzt. Nimmt man diesen Fischen die Möglichkeit zum schnellen Schwimmen (z. B. in engen Behältern), bekommen sie Probleme mit der Sauerstoffversorgung.

Mitunter kommt es durch Anpassung an spezielle Lebensweisen zu Veränderungen der Atemmechanik. So kann die algenfressende Saugschmerle sich mit der Mundöffnung am Untergrund festsaugen und dennoch gut atmen. Sie besitzt an jeder Seite des Kopfes zwei Kiemenöffnungen, und zwar am oberen und unteren Rand der Kiemendeckelspalte. Beim Atmen saugt sie das Wasser durch die obere Öffnung ein und stößt es durch die untere Öffnung wieder aus. Darüber hinaus hat bei zahlreichen Knochenfischen der unterschiedlichsten systematischen Zugehörigkeit eine Erweiterung des Lebensraumes aufs Land oder in sauerstoffarme Gewässer zur Entwicklung von speziellen Organen zur Luftatmung geführt. Bei den Lungenfischen dient eine Aussackung des Kiemendarmes zur Luftatmung und kann je nach Art in unterschiedlichem Maß zur Sauerstoffversorgung beitragen oder sogar obligatorisch sein. Der Flösselhecht (Polypterus) nutzt seine gut durchblutete **Schwimmblase** als zusätzliches Atemorgan. Dies trifft ebenfalls für eine Reihe von Fischen wie Knochenhecht, Kahlhecht, Hundsfisch und Arapaima zu, bei denen die Schwimmblase mit dem Darm durch den Ductus pneumaticus in Verbindung steht. Des Weiteren nutzen Schlammspringer die gut durchbluteten Wände des Kiemenraumes und verschiedene Welsarten Atemsäcke zwischen den Kiemenspalten zur Luftatmung. Eine weitgehende Anpassung an die Luftatmung in sauerstoffarmen Gewässern stellt eine als **Labyrinth** bezeichnete Atemhöhle im Bereich der Kiemenhöhle bei den danach benannten Labyrinthfischen (Anabantiden) dar. Bei diesen Labyrinthfischen sind die verbliebenen Kiemen so weit reduziert, dass sie zum Atmen allein nicht mehr ausreichen und die Fische ohne Zugang zur Luft an der Wasseroberfläche ersticken. Eine andere Form der Luftatmung bei Fischen ist die **Darmatmung**, bei der Luft über das Maul aufgenommen wird, den Darm passiert und über den After wieder abgegeben wird. Im mittleren und hinteren Teil des Darmes findet dabei der Gasaustausch statt. Diese Form der zusätzlichen Luftatmung findet sich beim Schlammpeitzger sowie verschiedenen Grundeln und Welsen.

Die rezenten unpaarigen **Schwimmblasen** haben sich aus paarigen Luftsäcken entwickelt. Bei freischwimmenden Knochenfischen (bis zu einer Wassertiefe von 200 m) dienen die Schwimmblasen in erster Linie der Regulation des spezifischen Gewichts und damit der Schwebeeigenschaften im Wasser. Bei einigen Gruppen ist eine Verbindung zum Darm erhalten (**Physostomen**), bei anderen (**Physoklisten**) nicht. Diese letztgenannten müssen den Druck und den Gasaustausch in der Blase über Wundernetze (**Rete mirabile**) vollziehen. Die Schwimmblase dient somit auch als Sauerstoffspeicher. Eine weitere Funktion hat die Schwimmblase als Schallrezeptionsorgan, deren Resonanzschwingungen über die Weberschen Knöchelchen auf den Schädel übertragen werden.

Bei fast allen Fischen mit obligatorischer oder akzessorischer Luftatmung haben die verbleibenden Kiemen aber eine wichtige Aufgabe für die Abgabe des Kohlendioxids, dessen Abgabe ans umgebende Wasser wesentlich leichter ist als an die Luft.

Die sich im Wasser entwickelnden **Larven der Amphibien** atmen wie die Fische über Kiemen, wobei die Hautatmung während der gesamten Entwicklung eine wichtige zusätzliche Rolle spielt. Die Kaulquappen der Froschlurche besitzen eine Kiemenhöhle, und der Einstrom von sauerstoffreichem Wasser erfolgt wie bei den Fischen über die Mundöffnung und der Ausstrom über ein der Kiemenöffnung vergleichbares Atemloch. Die Larven der Schwanzlurche besitzen dagegen drei Paar frei ins Wasser ragende Kiemenbögen, die allein durch die Bewegung der Tiere ständig mit frischem Wasser versorgt werden. Die vierten Kiemenbögen dienen nicht der Versorgung von Kiemen, sondern werden für die Versorgung der sich während der Metamorphose herausbildenden Lungen vorbehalten. In der Metamorphose zum lungenatmenden adulten Tier bilden sich die äußeren Kiemen zurück, und die ersten beiden Kiemenbögen bekommen neue Aufgaben bei der Versorgung der Kopf- und Körperregion. Die dritten Kiemenbögen bilden sich vollständig zurück, und die vierten Kiemenbögen versorgen die sich entwickelnden Lungen (S. 723).

Verschiedene Gruppen von wasserlebenden Molchen wie die Armmolche, der Grottenolm oder der Axolotl behalten ihre Kiemen auch im geschlechtsreifen Stadium bei. Diese Tiere werden als **neotene Arten** bezeichnet, die ihre Larvenmerkmale nie ablegen und als geschlechtsreif gewordene Larven aufgefasst werden können.

Kiemensysteme bei Wirbellosen

Bei vielen **wirbellosen Tieren** spielt die Hautatmung direkt über die Körperoberfläche die entscheidende Rolle, sodass spezielle Kiemen häufig gar nicht notwendig sind.

Echte **Kiemen** als gut durchblutete Hautausstülpungen finden sich bei vielen Borstenwürmern (Polychaeten). Arten, die in festen Wohnröhren leben, besitzen teilweise Tentakelkronen, die ins freie Wasser ragen und neben der Atmung vor allem dem Nahrungserwerb dienen (z. B. *Sabella*), oder sie pumpen durch peristaltische Bewegungen des Körpers einen ständigen Wasserstrom durch die Wohnröhre (z. B. *Arenicola*).

Krebse besitzen blattähnliche **Epipoditen** als Kiemen, die entweder ins freie Wasser ragen und mit den Extremitäten bewegt werden oder in einer vom Carapax gebildeten Atemkammer liegen (Abb. 12.**12a**). Bei geschlossenen Atemhöhlen sorgen Anhänge der Maxillen, sogenannte **Scaphognathiden**, für den nötigen Wasserstrom. Bei den Einsiedlerkrebsen dient der weichhäutige, in einem Schneckenhaus verborgene Hinterleib (**Pleon**) dem Gasaustausch mittels eines Atemstromes von Wasser.

Verschiedene Krabbenarten überleben für längere Zeit an Land, indem sie den Wasserstrom aus der Atemhöhle über die Körperoberfläche wieder zurück in die Atemhöhle leiten. Dabei findet an der Körperoberfläche ein Gasaustausch von Sauerstoff und Kohlendioxid statt. Andere vorwiegend landlebenden Arten leiten mithilfe der Scaphognathiden Frischluft durch die Atemhöhle und reichern damit das zwischen den Kiemen befindliche Wasser mit Sauerstoff an. Am besten an das Landleben angepasst ist der Palmendieb (*Birgus*), dessen luftgefüllte Atemkammer mit traubenartigen stark durchbluteten Warzen übersät ist, die durch Hautdrüsen feucht gehalten werden.

Die wasserlebenden Mollusken mit Ausnahme der Lungenschnecken besitzen gut entwickelte Kiemen. Bei Muscheln und Schnecken liegen die Kiemen meist innerhalb der Mantelhöhle und erzeugen mittels Cilienschlag der bewimperten Zellen einen ständigen Wasserstrom. Eine Ausnahme bilden die Hinterkiemer unter den Nacktschnecken. Bei ihnen trägt der ganze Körper statt innerer Kiemen zottenförmige Fortsätze. Die Cephalopoden bewegen ihren Atemstrom nicht durch Cilientätigkeit, sondern durch Muskelkontraktionen der hinteren Mantelhöhlenwand oder des "Trichters" der Atemhöhle.

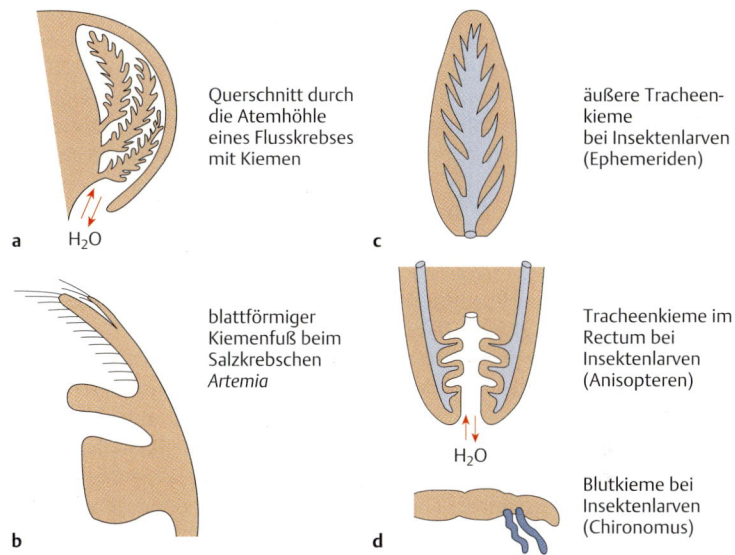

Abb. 12.**12 Kiemenatmung bei wirbellosen Tieren. a** Seitenansicht eines Flusskrebses. In der geöffneten Atemhöhle sind die Kiemen sichtbar. **b** Bei dem Salzkrebschen *Artemia salina* dienen die blattförmigen Beine neben der Bewegung und dem Filtrieren der Nahrung auch als Kiemen. **c** Tracheenkiemen bei Insektenlarven, Megaloptera (*Sialis sp.*) und Ephemeroptera (*Isonychia sp.*). Die Larven besitzen ein normales Tracheensystem bei dem jedoch die Stigmen fehlen. Der Sauerstoff muss durch die Hautschichten in die Tracheen diffundieren. **d** Blutkiemen bei *Chironomus*. Das Tracheensystem ist völlig verschwunden und der Sauerstoff diffundiert direkt ins Blut.

Viele Insektenlarven (z. B. Eintagsfliegenlarven) haben **Tracheenkiemen**, die den Gasaustausch mithilfe eines Tracheensystems unter Wasser ohne Auftauchen ermöglichen (Abb. 12.**12** c). Diese Larven besitzen ein normales Tracheensystem, welches in die zum Teil beweglichen Kiemenanhänge hineinzieht. Es handelt sich dabei um ein geschlossenes System ohne Stigmen. Das bedeutet, dass der Sauerstoff über die die Kiemen bedeckenden Hautschichten in die Tracheenendigungen hinein diffundieren muss. Bei anderen Insektenlarven (z. B. Zuckmückenlarven) ist das Tracheensystem ganz verschwunden und die Atmung erfolgt durch Hautatmung oder Blutkiemen, über die der Gasaustausch direkt aus dem Wasser in die Körperflüssigkeit und umgekehrt erfolgt.

12.1.5 Regulation der Atmung

Für die aufzunehmende Sauerstoffmenge sowie die Kohlendioxidausscheidung sind die Durchblutung der respiratorischen Oberflächen und die Ventilation von Lungen oder Kiemen von Bedeutung. Entscheidend für die Quantität des Gasaustausches ist dabei das Verhältnis zwischen Ventilation und Durchblutung. Hierbei ergeben sich Unterschiede zwischen Kiemenatmung und Lungenatmung (Abb. 12.**13**). Da Wasser auch bei optimaler Sättigung wesentlich weniger Sauerstoff enthält als Luft, muss das Verhältnis von Ventilation zu Durchblutung bei kiemenatmenden Tieren mit 10 zu 1 (bis 20 zu 1) wesentlich höher sein als bei luftatmenden Tieren mit etwa 1 zu 1, um eine optimale Sauerstoffaufnahme zu ermöglichen.

Sowohl die Ventilation als auch die Durchblutung wird dem Bedarf entsprechend angepasst. Die neuronale **Steuerung** dieser Vorgänge ist bei Säugetieren am besten untersucht worden. Das **Atemzentrum** befindet sich in der **Medulla oblongata** und beeinflusst von dort aus über den **Nervus phrenicus** sowie spinale **Motoneurone** die Steuerung der Atemmuskeln. Als Rezeptoren spielen periphere und zentrale **Chemorezeptoren** sowie **Dehnungsrezeptoren** in der Lunge eine Rolle. Die peripheren Chemorezeptoren reagieren auf den Partialdruck des Kohlendioxids und des Sauerstoffs. Sie liegen im Bereich der Aorta und der Arteria carotis (Glomus aorticum und Glomus caroticum beziehungsweise Carotidenlabyrinth). Sie werden vegetativ über die Hirnnerven N. vagus (X) und N. glossopharyngeus (IX) innerviert. Zentrale Rezeptoren im Gehirn reagieren ebenfalls auf eine Erhöhung des Kohlendioxidpartialdrucks oder eine damit zusammenhängende Änderung des pH-Wertes (s. u.). Dehnungsrezeptoren in der Lunge verringern bei Aufblähung der Lunge die Atemfrequenz (**Hering-Breuer-Reflex**). Diese Wirkung wird aber bei steigenden Werten des Kohlendioxidpartialdrucks reduziert.

Körperliche Arbeit führt über eine Zunahme des Stoffwechsels allgemein zu einer Erhöhung des Kohlendioxidpartialdrucks und der Körpertemperatur sowie gleichzeitig zur Abnahme des Sauerstoffpartialdrucks und des pH-Wertes. Dies führt über die erwähnten Rezeptoren zu einer Steigerung von Atemfrequenz und Atemzugtiefe. Daneben kommt es zu einer verbesserten Sauerstoffbindung an das Hämoglobin und Anpassungen des Herz-Kreislauf-Systems an den erhöhten Durchblutungsbedarf der betroffenen Organe (S. 733). Alles dies dient in Koordination der besseren Sauerstoffversorgung sowie Kohlendioxidentlastung stoffwechselaktiver Organe. In Abb. 12.**14** sind die **Lungenvolumina** eines Säugetieres wiedergegeben. Die Kurve zeigt die über das normale **Atemzugvolumen** hinausgehende, über die Regulation beeinflussbare Kapazität sowohl beim Einatmen als auch beim Ausatmen.

Starke körperliche Aktivität kann zu einem vorübergehend anaeroben Zellstoffwechsel führen, bei dem **Milchsäure** entsteht. Diese wird im Anschluss an die Aktivität mithilfe von weiter anhaltender und erst langsam abnehmender Atemtätigkeit abgebaut.

Während die Partialdrücke von Sauerstoff und Kohlendioxid in der Luft relativ konstant sind, können beide Werte im Wasser je nach vorhandenen Bedingungen stark schwanken. Daher weisen viele Wassertiere eine erhöhte Toleranz gegenüber verringerten Sauerstoffwerten (**Hypoxie**) oder erhöhten Kohlendioxidwerten (**Hyperkapnie**) auf. Wegen des geringeren Sauerstoffgehaltes im Wasser und der dort andererseits leichteren Kohlendioxidausscheidung reagieren viele Kiemenatmer

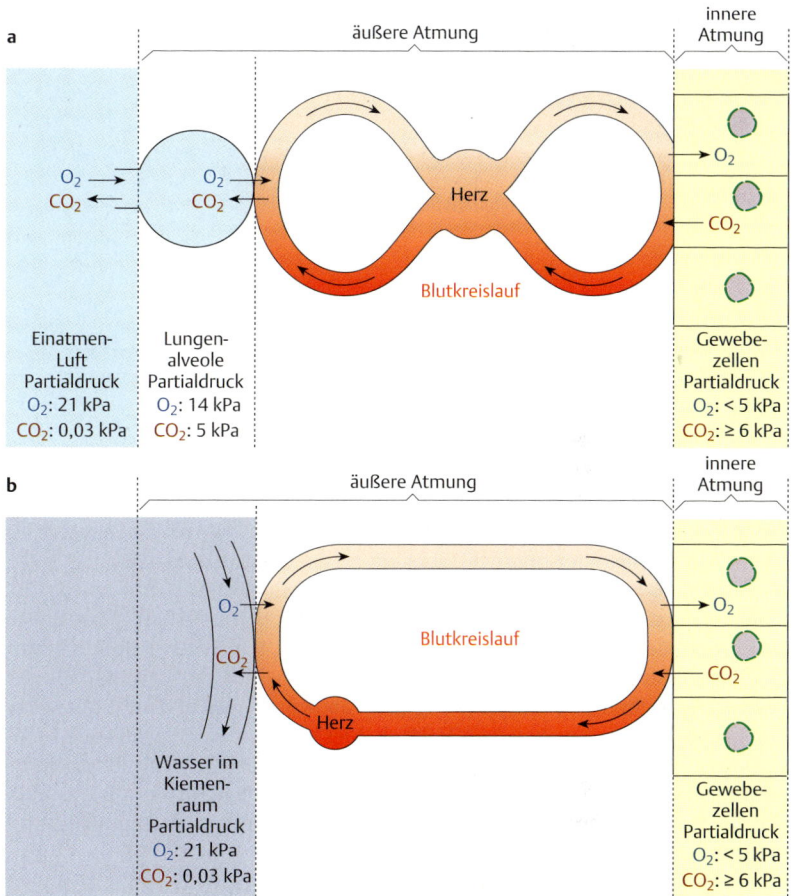

Abb. 12.13 Äußere und innere Atmung. Bei Luft atmenden Wirbeltieren umfasst die äußere Atmung den Transport von O_2 und CO_2 aus der Alveole ins Blut (und umgekehrt) sowie den Transport mit dem Blut zu den Gewebezellen. Die innere Atmung besteht aus der Aufnahme von O_2 in die Zelle, Abgabe von CO_2 aus der Zelle und den O_2-verbrauchenden Stoffwechselprozessen innerhalb der Zelle. Der Transport zwischen Alveole und Blut sowie Blut und Gewebezellen erfolgt ausschließlich durch Diffusion der gelösten Gase (S. 743, Partialdrücke). Der Transport im Blutkreislauf erfolgt hauptsächlich in chemisch gebundener Form am Hämoglobin oder als HCO_3^-. **b** Obwohl bei wasseratmenden Wirbeltieren der O_2-Partialdruck im Wasser des Kiemenraumes höher ist als in der Alveole, muss relativ viel Wasser durch den Kiemenraum gepumpt werden, da aufgrund der geringen Löslichkeit der absolute Gehalt an O_2 im Wasser sehr viel geringer ist als in Luft.

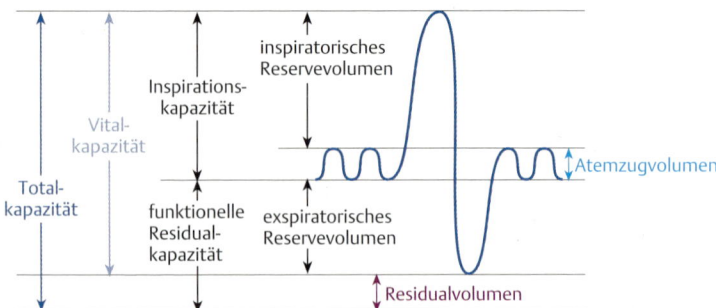

Abb. 12.14 **Lungenvolumina und Lungenkapazitäten bei einem Säugetier.** Die abgebildete Kurve gibt das Atemzugvolumen in Ruhe sowie bei maximaler Ein- und Ausatmung wieder. Das Residualvolumen verbleibt auch bei maximaler Ausatmung noch in der Lunge. Die absoluten Größen sind abhängig von der Größe des Tieres. So beträgt die Vitalkapazität etwa 1–2 ml bei einer Maus (10–12 g) und etwa 11–12 l bei einem Pferd (etwa 200 kg).

stärker auf einen Abfall des Sauerstoffpartialdrucks als auf einen Anstieg des Kohlendioxidpartialdrucks. Im Gegensatz dazu ist bei den Luft atmenden Säugern ein Anstieg des Kohlendioxidpartialdrucks ein wesentlich stärkerer Atemantrieb als der Abfall des Sauerstoffpartialdrucks. Problematisch erweist sich in diesem Zusammenhang die industrielle Nutzung von Gewässern zur Kühlung. Die Erwärmung der rückgeleiteten Wässer resultiert in einer schlechteren O_2-Löslichkeit (s. o.): Die Fische ersticken.

In der Luft nimmt während des allgemein abnehmenden Luftdrucks der Sauerstoffpartialdruck in zunehmender Höhe ab. Dies begrenzt die Fähigkeit von Tieren und des Menschen, in größeren Höhen zu leben. Andererseits ist auch hier die Toleranz von Tieren sehr unterschiedlich. Viele Vögel fliegen in Höhen von über 6000 Metern, eine Höhe, in der Säugetiere auch in Ruhe ernsthafte Atemprobleme bekommen würden.

12.1.6 Der Einfluss des Säure-Basen-Haushaltes auf die Atmungsfunktion

Mit der Nahrung gelangen Säuren, z. B. Zitronensäure, in den Stoffwechsel, bei anhaltender Muskelbeanspruchung entsteht durch anaeroben Abbau von Glucose im Muskel vorübergehend vermehrt Milchsäure, bei längeren Hungerperioden kommt es zur Bildung von Ketonkörpern, darunter Acetessigsäure, β-Hydroxybuttersäure und damit zu einer Belastung mit sauren Stoffwechselprodukten (**metabolische Azidose**). Damit sich diese nichtflüchtigen Säuren im Körper nicht anhäufen, werden sie über die Niere ausgeschieden (S. 870) oder, wie Milchsäure, in der Leber vollständig abgebaut. Quantitativ gesehen stellt die CO_2-Produktion des Energiestoffwechsels die größte Säurebelastung im Körper dar. Obwohl CO_2 selbst keine

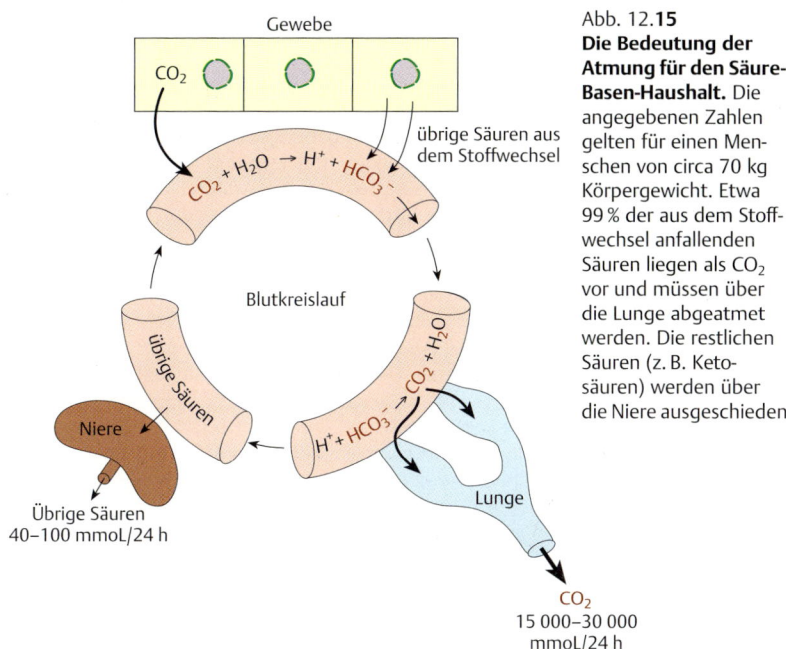

Abb. 12.**15**
Die Bedeutung der Atmung für den Säure-Basen-Haushalt. Die angegebenen Zahlen gelten für einen Menschen von circa 70 kg Körpergewicht. Etwa 99 % der aus dem Stoffwechsel anfallenden Säuren liegen als CO_2 vor und müssen über die Lunge abgeatmet werden. Die restlichen Säuren (z. B. Ketosäuren) werden über die Niere ausgeschieden.

Protonen enthält, entstehen durch seine chemische Reaktion mit Wasser Protonen, die den Körper übersäuern. Die Ansäuerung des Körpers durch CO_2 übertrifft die der übrigen Säuren um das 150- bis 300-fache (Abb. 12.**15**). Die Lunge greift durch die Atmung in den Säure-Basen-Haushalt ein. Da CO_2 als flüchtige Säure über die Lunge abgeatmet werden kann, erlaubt eine Veränderung der Atemfrequenz eine rasche Veränderung der CO_2-Konzentration im Blutplasma und damit eine rasche Verschiebung des Gleichgewichts im Bicarbonat-Puffersystem. Andererseits kann es bei einer Einschränkung der Atemfunktion sehr schnell zu einer Übersäuerung des Körpers, einer sogenannten **respiratorischen Azidose** kommen. Durch Hyperventilation, z. B. durch Schmerz oder bei Erregung, findet eine verstärkte Ausscheidung von Kohlendioxid statt, es besteht dann die Gefahr einer **respiratorischen Alkalose**. Diese respiratorischen Störungen können zum Teil von den Nieren durch verstärkte Rückresorption von Bicarbonat oder die Ausscheidung von Säuren ausgeglichen werden, der Spielraum ist jedoch aufgrund der quantitativen Unterschiede auf Dauer sehr gering.

Atmung: Respiration, Gesamtheit des Gaswechsels, setzt sich zusammen aus innerer Atmung (Zellatmung) und äußerer Atmung.
Hautatmung: Gaswechsel über die Haut, alleinige Atmungsform: keine weiteren Atmungsorgane; Zusatzform: prozentualer Anteil am Gesamtgaswechsel.
Luftatmung: Sauerstoffaufnahme aus der Umgebungsluft, Abgabe von Kohlendioxid an die Umgebungsluft: über Haut Lungen, Tracheen und Fächerlungen.
Tracheenatmung: Gaswechsel in verzweigtem Luftkanalsystem.
Lungen: Paarige Atmungsorgane der Wirbeltiere, entstanden durch ventrale Ausstülpungen des Vorderdarms, von respiratorischem Epithel ausgekleidet.
Bronchien: Aufzweigungen der Atemwege bei Luft atmenden Tieren.
Parabronchien: Tertiäre Verzweigungen des Hauptbronchus bei Vögeln, enden nicht blind, im periparabronchialen Gewebe findet Gaswechsel statt.
Fächerlunge: Steht in keiner Verbindung zum Tracheensystem, leitet sich von Kiemen an den Hinterbeinen ab, Kiemenblättchen werden zu Lungenblättchen. Bei Spinnen.
Wirbeltierkieme: Paarig am Kopf ausgebildet, Anzahl entspricht der Zahl von Kiemenbögen, nach außen durch Operculum abgedeckt. Besteht aus zwei Reihen von dorsoventral abgeflachten Kiemenfilamenten. Gasaustausch über Lamellen der Kiemenfilamente. Gegenstromsystem zwischen Wasser- und Blutstromrichtung.
Schwimmblase: Unpaariges Organ der rezenten Knochenfische, steht zum Teil noch mit dem Darm in Verbindung. Dient der Regulierung des spezifischen Gewichtes, der Sauerstoffspeicherung und der Schallrezeption.
Plastron: Dünne Gasschicht, die Teile der Körperoberfläche von Wasserinsekten überzieht und dem Gasaustausch dient.
Ventilation: Atemmechanik: Exspiration und Inspiration.
Partialdruck: Anteil des Drucks eines Gases als Teildruck des Gesamtdrucks; kann sich sowohl auf Luft als auch auf Flüssigkeiten beziehen.
Respiratorische Pigmente: Sauerstoffbindende Moleküle für den Transport von Sauerstoff in Körperflüssigkeiten.
Bohr-Effekt: Einfluss des pH-Wertes auf die Sauerstoffbindung. Bei Erniedrigung nimmt die Sauerstoffbindung ab, bei Erhöhung nimmt sie zu.
Haldane-Effekt: Erhöhte CO_2-Bindung von desoxygeniertem Blut gegenüber oxygeniertem Blut.
Vitalkapazität: Maximales Atemzugvolumen ohne Residualvolumen.
Atemzugvolumen: Bei normaler Atmung ausgetauschtes Atemvolumen.
Residualvolumen: Das auch nach maximaler Ausatmung in der Lunge verbleibende Volumen.
Respiratorische Azidose: Übersäuerung der Körperflüssigkeiten durch Einschränkung der Atemfunktion.
Respiratorische Alkalose: Alkalisierung der Körperflüssigkeiten durch Hyperventilation und damit verstärkter Ausscheidung von CO_2.

12.2 Energieumwandlungen und Temperaturregulation

Wärme hat ihre wichtigste biologische Bedeutung für den tierischen Organismus bei der Beschleunigung chemischer Prozesse. Wird eine bestimmte Temperatur unterschritten, kommt der gesamte Zellstoffwechsel zum Erliegen (**Kältetod**); wird eine bestimmte Temperaturschwelle überschritten, kommt es zur Denaturierung wichtiger zellulärer Proteine (**Hitzetod**). Daher ist ein geregelter Wärmehaushalt für Tiere überlebenswichtig. Hinsichtlich der Regulation lassen sich zwei grundsätzliche Mechanismen unterscheiden. Bei **poikilothermen Tieren** ist die Körpertemperatur von der Außentemperatur abhängig. Sie können ihre Körpertemperatur kaum über eine Veränderung der Stoffwechselrate regulieren, sondern nur durch bestimmte Verhaltensweisen wie Sonnenbaden, durch Änderung der Hautdurchblutung oder durch Nutzung der bei der Muskelkontraktion entstehenden Wärme. Durch adaptive Änderungen ihrer Zellchemie (Gefrierpunktserniedrigung) können sie nur Schädigungen vorbeugen. **Homoiotherme Tiere** halten ihre Körperkerntemperatur auf weitgehend konstantem Niveau, unabhängig von der Außentemperatur. Sie nutzen dazu vor allem die Wärme, die bei allen Umsetzungen des Stoffwechsels (Energie- und Leistungsstoffwechsel) durch Energieumwandlungen frei wird oder bei physikalischen Prozessen wie Reibung entsteht.

Die Maßeinheit für die physikalischen Größen **Energie** und **Arbeit** ist das Joule. Nach dem 1. Hauptsatz der Thermodynamik (*Biochemie, Zellbiologie*) ist die Gesamtenergie eines Systems konstant, d. h. Energie kann weder neu geschaffen noch vernichtet werden, sondern nur eine Energieform in eine andere überführt werden. Energie kann so in verschiedenen Formen von Arbeit repräsentiert sein, die entsprechend ihrer Natur (chemisch, mechanisch etc.) in verschiedenen Einheiten ausgedrückt werden. Für die Umrechnungen gilt:

1 J = 1 N m = 1 Wattsekunde = 0,239 cal.

Abgeleitet davon ist die **Leistung** (Arbeit/Zeit), die in Watt angegeben wird:

1 Watt = 1 J/s = 1 N m/s.

Bei einer Muskelbewegung kommt es zu einer Reihe von Energieumwandlungen. In den Muskelzellen wird das Speicherpolysaccharid Glykogen in Glucose gespalten, die Glucose wird über die Glykolyse, den Citratzyklus und die anschließende Atmungskette zu Kohlendioxid und Wasser abgebaut, wobei über den Aufbau eines Protonengradienten ATP gebildet wird. Das ATP ist die direkte Energiequelle für die Muskelkontraktion (Gleitfilamentmodell, S. 391), durch die dann äußere Arbeit, z. B. das Anheben eines Gewichts, geleistet wird. Die Umwandlung der chemischen Energie der Nährstoffe in den zellulären Energiespeicher ATP oder, wie in diesem Beispiel, die anschließende Umwandlung in mechanische Energie ist jedoch nicht zu 100 % möglich, sondern bei jeder Energieumwandlung wird ein Teil der Energie als Wärme frei (2. Hauptsatz der Thermodynamik). Die Wärme ist die Basis für einen reibungslosen Stoffwechsel (Beschleunigung von chemischen Reaktionen) und bestimmt die Körpertemperatur. Daher sind Energieumwandlungen und Temperaturregelung notwendigerweise miteinander verbunden. Um überschießende Reaktionen zu verhindern (wie etwa eine übermäßig erhöhte Körpertemperatur bei erhöhtem Energiestoffwechsel), muss die Regulation beider Größen aufeinander abgestimmt sein.

12.2.1 Energieumsatz

Unter dem **Energieumsatz** eines Tieres versteht man die Umwandlung der aufgenommenen Nahrungsenergie in nutzbare körpereigene Energieformen. Die **Energiebilanz** ist die physiologische Differenz zwischen **Energiezufuhr** in Form von Nahrung und dem **Energieverbrauch**. Ist die Bilanz positiv, wird die überschüssige Energie gespeichert (z. B. in Form von Fettdepots), ist die Bilanz negativ, werden Reserven abgebaut. Der **Energieverbrauch** setzt sich zusammen aus dem Grundumsatz, der nahrungsinduzierten Thermogenese und dem Leistungsumsatz. Er ist von der Belastung abhängig, und entsprechend werden verschiedene Belastungsstufen unterschieden, deren Definitionen nicht immer einheitlich sind. Als **Grundumsatz** bezeichnet man den Energieverbrauch, der zur Aufrechterhaltung der Körperfunktionen (Wachstum, Transport, Reparatur, unwillkürliche Arbeit wie Herzschlag und Atmung) notwendig ist. Dieser deckt den Energiebedarf aller inneren Organe oder der „nichtbewegten" Muskeln ab. Er variiert mit dem Tagesrhythmus und beträgt bei einem Mann von 70 kg etwa 7000 kJ pro Tag. Gemessen wird er unter definierten Bedingungen: 12–14 Stunden nach der letzten Mahlzeit, kurz nach dem Aufwachen, bei völliger körperlicher Ruhe, bei 27–31 °C in der Körperumgebung. Weniger streng sind die Messbedingungen für den **Ruheumsatz** (Ruhe-Nüchtern-Umsatz, RNU): 12–14 Stunden nach der letzten Mahlzeit, morgens, bekleidet, Raumtemperatur 24–26 °C, beim bequemen Sitzen (circa 8000 kJ pro Tag).

Die **nahrungsinduzierte** oder **postprandiale Thermogenese** ist die Steigerung des Energieumsatzes nach Nahrungsaufnahme. Die Körpertemperatur und die Wärmeabgabe an die Umgebung steigen. Für die Verdauung, Resorption und den Transport der Nährstoffe wird Energie benötigt, ebenso für die zwischenzeitliche Speicherung. Der **Leistungsumsatz** (Arbeitsumsatz) umfasst den Energieaufwand für körperliche Aktivität: sitzende Tätigkeit 10 000 kJ pro Tag; leichte Belastung 11 300 kJ pro Tag; Schwerarbeiter 17 000 kJ pro Tag. Er lässt sich aus dem Grundumsatz mittels eines Faktors zwischen 1,5 und 2,1 (je nach Belastungsdauer und -intensität) abschätzen. Spezielle energieverbrauchende Faktoren sind die kindlichen Wachstumsphasen, Schwangerschaft und Stillperiode.

Messmethoden

Der Energieumsatz einer Person oder eines Tieres lässt sich über drei grundsätzlich verschiedene **Methoden** messen: die direkte Kalorimetrie, die indirekte Kalorimetrie und die Bilanzierung der aufgenommenen und ausgeschiedenen Stoffe. Während die beiden ersten Methoden auch kurzfristig Ergebnisse liefern (Minuten bis Stunden), sind bei der dritten Methode langfristige Messungen notwendig (Tage bis Wochen).

Die **direkte Kalorimetrie** geht davon aus, dass alle umgesetzte Energie letztlich als Wärme frei wird. Gemessen wird dabei die **Wärmeabgabe**. Dies stimmt natürlich nur dann, wenn keine äußere Arbeit verrichtet wird und sich Körpergewicht und Körpertemperatur nicht ändern. Bei der klassischen Methode von **Lavoisier** befindet sich ein Versuchstier in einer von zwei Eismänteln umhüllten Kammer (Abb. 12.**16a**). Die äußere Eisschicht hält die Verbindungswand auf 0 °C, sodass das aus der inneren Eisschicht abtropfende Wasser nur von der abgegebenen Wärme des Tieres geschmolzen sein kann. Gemessen wird die Menge des Schmelzwassers, die – mit der Schmelzwärme multipliziert – ein direktes Maß für die vom Versuchstier abgegebene Wärmemenge ist. Dass unter diesen Bedingungen der Grundumsatz allein schon wegen der niedrigen Temperatur nicht messbar ist, liegt auf der Hand. Moderne Anlagen erlauben es jedoch, die Wärmeabgabe eines Versuchstieres auch bei höheren Temperaturen zu messen, indem die Wärmedifferenzen der in eine isolierte Kammer einströmenden und ausströmenden Luft erfasst werden.

Bei der **indirekten Kalorimetrie** bzw. **Respirometrie** (Abb. 12.**16b**) geht man davon aus, dass es eine stöchiometrische Beziehung zwischen dem Verbrauch an Sauerstoff und der umgesetzten Energie gibt. Zur Berechnung ist die Kenntnis des **kalorischen Äquivalentes** notwendig. Das kalorische Äquivalent ist die umgesetzte Energie pro Liter verbrauchtem Sauerstoff und hängt damit von der Zusammensetzung der abgebauten Nährstoffe ab. Geht man davon aus, dass unter normalen Umständen etwa 15 % auf den Proteinabbau entfallen, lässt sich der Anteil des Kohlenhydrat- und des Fettabbaus durch Ermittlung des **respiratorischen Quotienten** (**RQ**) errechnen. Der respiratorische Quotient ist das Verhältnis von abgegebenem Kohlendioxid zur aufgenommenen Menge an Sauerstoff. Er beträgt für reinen Kohlenhydratumsatz 1,0 und für einen reinen Fettumsatz 0,7. Der tatsächlich messtechnisch ermittelte RQ (zwischen 0,7 und 1,0) lässt daher auf den Anteil des Kohlenhydrat- und Fettabbaus schließen. Um den Proteinabbau zu bestimmen, muss man die Stickstoffausscheidung über die Niere messen und daraus den Proteinabbau errechnen. Will man den Energieumsatz mit der indirekten Kalorimetrie genau erfassen, müssen also die Sauerstoffaufnahme, die Kohlendioxidabgabe sowie die Stickstoffausscheidung über die Niere gemessen werden. Dies alles gilt jedoch nur bei einem vollständigen Abbau der Nährstoffe.

Die **Bilanzierung der Nahrungsstoffe und der Ausscheidungsprodukte** (z. B. stickstoffhaltige Produkte des Urins) ist nur über länger dauernde Messungen mög-

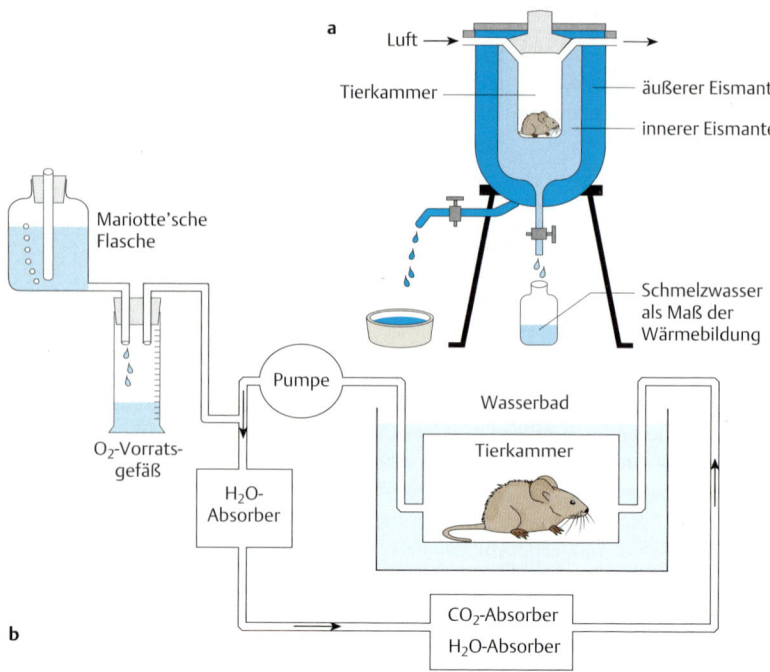

Abb. 12.**16 Messung des Energieumsatzes. a** Tierkalorimeter nach Lavoisier. **b** Indirekte Kalorimetrie. Die Tierkammer befindet sich in einem geschlossenen Luftkreislauf, der durch eine Membranpumpe angetrieben wird. Die Luft aus der Tierkammer wird nach einer Wasserabsorption durch einen CO_2-Absorber geleitet, der das vom Tier abgegebene CO_2 bindet. Die Menge des gebundenen Kohlendioxids wird gewogen. Die vom Tier aufgenommene Sauerstoffmenge wird aus dem O_2-Vorratsgefäß in das Gefäß nachgeliefert. Dabei wird der Sauerstoff aus dem Messzylinder durch eintropfendes Wasser aus der Mariotte'schen Flasche ersetzt und der Wasserstand im Messzylinder abgelesen. Die Temperatur in der Tierkammer wird durch ein Wasserbad kontrolliert.

lich und spielt daher in der Zoologie kaum eine Rolle. Sie hat jedoch für die angewandte Tierernährung eine erhebliche Bedeutung.

> Dass der menschliche Körper ein elektrischer Leiter ist, ist allgemein bekannt. Die **bioelektrische Impedanz-Analyse (BIA)** macht sich dies zunutze. Gemessen wird die Impedanz (Scheinwiderstand) des Körpers gegenüber einem Wechselstrom. Während die fettfreie Masse eines Körpers aufgrund ihres hohen Wasser- und Elektrolytgehaltes ein guter elektrischer Leiter ist und daher einen geringen elektrischen Widerstand besitzt, leitet Fett Strom sehr schlecht und hat entsprechend einen sehr hohen elektrischen Widerstand. Aus den Messdaten lassen sich also Rückschlüsse auf die Zusammensetzung eines Körpers ziehen. Messgrößen sind der Widerstand des Körpers, der sich umgekehrt proportional zum Körperwasser verhält, der kapazitive Wider-

stand, der durch die Kondensatoreigenschaft der Zellmembranen entsteht, die Phasenverschiebung (Phasenwinkel) zwischen den Maxima von Stromstärke und Spannung (je größer der Phasenwinkel, desto größer ist der Anteil des Körperwiderstandes an der Impedanz). Diese Technik kann auch zur Bestimmung des Grundumsatzes herangezogen werden und wird kommerziell in den **Fettanalysewaagen** verwendet. ◄

Die absolute Größe des Energieumsatzes hängt von Bedingungen des Stoffwechsels ab. So haben gleichwarme Tiere (s. u.) wie Vögel und Säuger einen wesentlich höheren Energieumsatz als wechselwarme Tiere (s. u.). Bezogen auf die Körpermasse haben kleine Tiere einen wesentlich höheren Energieumsatz als größere Tiere, da die relativ größere Körperoberfläche beispielsweise bei der Wärmeabstrahlung eine erhebliche Rolle spielt. Weitere Einflüsse haben die spezifischen Isolationseigenschaften eines Tieres sowie die klimatischen Faktoren des Lebensraums. Das bedeutet, dass die Zellen einer Maus eine etwa 17-mal so hohe Stoffwechselrate aufweisen wie die eines Elefanten. Wie Abb. 12.**17a** zeigt, nimmt die Stoffwechselaktivität (angegeben als spezifischer Sauerstoffverbrauch in Liter O_2 pro Kilogramm und Stunde) mit abnehmender Körpermasse enorm zu. Kolibris und Spitzmäuse – als die kleinsten „gleichwarmen" Tiere – scheinen dabei eine natürliche untere Grenze erreicht zu haben.

Trägt man den spezifischen Sauerstoffverbrauch gegen den Logarithmus der Körpermasse auf, so liegen die Werte vergleichbarer Tiergruppen auf einer Geraden, die z. B. für Säuger und Vögel eine Steigung von etwa 0,75 aufweist (Abb. 12.**17b**).

Energieumsatz: Die Umwandlung der in den Nährstoffen enthaltenen physiologisch verwertbaren chemischen Energie in Wärme, Arbeit und für den Aufbau körpereigener Materialien.
Energieverbrauch: Setzt sich zusammen aus Grundumsatz, nahrungsinduzierter Thermogenese und Leistungsumsatz, abhängig von Belastung.
Grundumsatz: Energieverbrauch, der zur Aufrechterhaltung der Körperfunktionen notwendig ist, Messung erfolgt nach streng definierten Bedingungen, wird unter weniger strengen Bedingungen auch als Ruheumsatz bezeichnet.
Postprandiale Thermogenese: Nahrungsinduziert, Steigerung des Energieumsatzes nach Nahrungsaufnahme, verbunden mit Temperaturanstieg des Körpers und erhöhter Wärmeabgabe.
Leistungsumsatz: Energieverbrauch für Grundumsatz und äußere Arbeit, abhängig von Arbeitsdauer und -intensität.
Direkte Kalorimetrie: Messung der Wärmeabgabe des Tieres, unter bestimmten Bedingungen direktes Maß für die umgesetzte Energie.
Indirekte Kalorimetrie: Beruht auf stöchiometrischer Beziehung zwischen dem Verbrauch an Sauerstoff und der umgesetzten Energie.
Kalorisches Äquivalent: Umgesetzte Energie pro Liter verbrauchtem Sauerstoff, hängt von der Zusammensetzung der abgebauten Nahrung ab.
Respiratorischer Quotient: Verhältnis von abgegebenem Kohlendioxid zur aufgenommenen Menge an Sauerstoff, beträgt für Kohlenhydrate 1,0, für Fette 0,7.

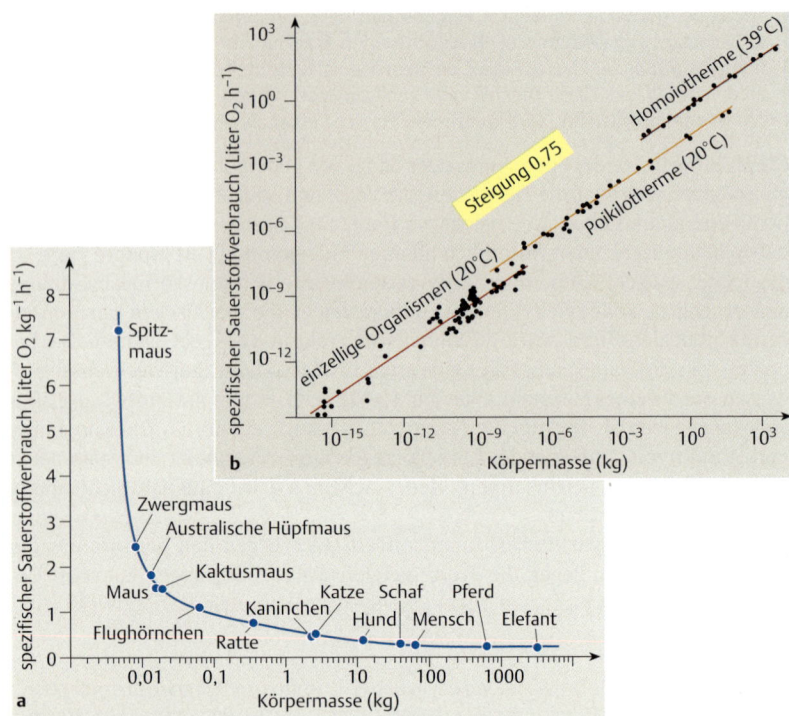

Abb. 12.**17 Energieumsatz. a** Stoffwechselaktivität von Säugetieren berechnet pro kg Körpergewicht. In einem halblogarithmischen Koordinatensystem kommt der enorme Anstieg des Stoffwechsels bei sehr kleinen Säugetieren deutlich zum Ausdruck. **b** Abhängigkeit des Grundumsatzes vom Körpergewicht bei unterschiedlichen Organismen von Einzellern bis hin zu Säugetieren. In der doppelt logarithmischen Darstellung ergeben sich Geraden mit der Steigung von 0,75.

12.2.2 Die Regulation der Körpertemperatur

Wärme als Energieform, ausgedrückt in der Temperatur des umgebenden Mediums oder der Innentemperatur eines Tieres, hat ihre wichtigste biologische Bedeutung in der Steigerung der Reaktionsgeschwindigkeit chemischer Prozesse (*Biochemie, Zellbiologie*). Nach der **RGT-Regel** wird durch eine Temperaturerhöhung um 10 °C eine Reaktionsbeschleunigung um den Faktor 2–4 bewirkt (Q_{10} = 2–4). Eine beliebige Steigerung ist jedoch nicht möglich, da bei etwa 50 °C Strukturproteine und Enzyme (mit wenigen Ausnahmen) denaturieren. Ein geregelter Wärmehaushalt oder eine Temperaturregulation ist für die Tiere also überlebenswichtig.

Bezüglich der Körpertemperatur lassen sich prinzipiell zwei Gruppen von Tieren unterscheiden: poikilotherme und homoiotherme Tiere.

Bei wechselwarmen oder **poikilothermen Tieren** (wirbellose Tiere, Fische, Amphibien, Diapsida), hängt die Körpertemperatur von der Außentemperatur ab und liegt deshalb in der Regel nur knapp über der Umgebungstemperatur. Ist diese Umgebungstemperatur jedoch relativ konstant, so ändert sich die Körpertemperatur dieser „wechselwarmen" Tiere entsprechend kaum. Dies trifft z. B. auf Bewohner des Eismeeres zu, bei denen die Körpertemperatur immer ca. 4 °C beträgt. Die Vorteile der **Poikilothermie** liegen darin, dass der Energieverbrauch dem Nahrungsangebot angepasst werden kann. Aufgrund des insgesamt vergleichsweise reduzierten Stoffwechsels ist die Lebensdauer der Tiere meist sehr hoch (z. B. Schildkröten).

Gleichwarme oder **homoiotherme Tiere** (Säuger, Vögel), auch Warmblüter genannt, halten ihre Körperkerntemperatur auf weitgehend konstantem Niveau, auch wenn die Außentemperatur in weiten Grenzen schwankt. Bei einigen Tieren können sich jedoch – je nach Lebensumständen (Winterschlaf, s. u.) – die Temperaturniveaus ändern, sodass diese Tiere nicht unbedingt „gleichwarm" sind. Vorteile der **Homoiothermie** sind, dass die Tiere weitgehend unabhängig vom Klima sind und deshalb einen größeren Lebensraum besiedeln können. Die Enzymsysteme arbeiten stets im Temperaturoptimum, sodass die Tiere jederzeit zu maximaler Leistung fähig sind, beispielsweise bei der Jagd oder auf der Flucht.

Allerdings sind einige Säuger und Vögel als Säuglinge oder Nestlinge weitgehend poikilotherm, während manche Reptilien und Fische fließende Übergänge zur Homoiothermie aufweisen.

Eine andere Einteilungsmöglichkeit bezieht sich auf die **Herkunft der Körperwärme**. **Endotherme** Tiere produzieren ihre Körperwärme selbst, **ektotherme** Tiere hängen nahezu vollständig von ihrer Umgebungstemperatur ab. Alle homoiothermen Tiere sind endotherm, aber auch poikilotherme Tiere können Körperwärme selbst produzieren (z. B. durch Muskelbewegung). Sind Tiere in der Lage, ihre endotherme Wärmeproduktion bei Bedarf vorübergehend zu variieren, also verschiedene konstante Niveaus zu halten, spricht man von **Heterothermie** (z. B. bei Fledermäusen, kleinen Nagetieren, Insektenfressern, kleinen Vögeln). Dies trifft auch für solche Tiere zu, die in Winterschlaf oder Kältelethargie fallen. Insgesamt kann man aber davon ausgehen, dass der Grundumsatz eines endothermen Tieres mindestens 5-mal höher liegt als der eines gleich großen ektothermen Tieres mit gleicher Körpertemperatur.

Mechanismen des Wärmeaustausches

Die Körpertemperatur eines Tieres wird durch den Wärmeaustausch mit seiner Umgebung geprägt. Da der Wärmeaustausch nur auf der Oberfläche stattfinden kann, müssen zwei Wärmeströme berücksichtigt werden: der innere Wärmestrom, durch den die Wärme von den Bildungsorten an die Körperoberfläche transportiert wird, und der äußere Wärmestrom, bei dem die Wärmeabgabe von der Haut in die Umgebung erfolgt.

Der **innere Wärmestrom** erfolgt durch **Wärmeleitung** (Konduktion) und **Wärmeströmung** (Konvektion). Die Wärmeleitung beruht auf dem Ausgleich von Temperaturgefällen aufgrund von Molekularbewegung und ist abhängig von den physikalischen Eigenschaften der Zellgewebe. Die Konvektion erfolgt durch die Zirkulation des Blutes oder anderer Flüssigkeiten, wobei die Stärke der Durchblutung und Gegenstromsysteme (s. u.) eine Rolle spielen.

Beim **äußeren Wärmestrom** greifen Konduktion, Konvektion, Radiation (Wärmestrahlung) und Evaporation (Verdunstung) ineinander. Beeinflusst wird der Wärmeaustausch mit der Umgebung durch:
– die Temperaturdifferenz zwischen Tier und Umgebung,
– das Außenmedium, in dem sich das Tier befindet (Luft oder Wasser),
– die Bedingungen im Außenmedium (Luftfeuchtigkeit, Wind, Strömung).

Die Bilanz des Wärmeaustausches kann positiv oder negativ sein, das Tier kann also netto Wärme aufnehmen oder abgeben.

Strahlung spielt nur bei Landtieren eine Rolle. Insbesondere homoiotherme Tiere strahlen nachts und bei Kälte Wärme ab. Wärmeaufnahme durch Strahlung erfolgt durch die Sonne.

Der Austausch durch **Wärmeleitung** ist im Gegensatz zur Strahlung an ein leitendes Medium gebunden. Verschiedene Medien leiten die Wärme unterschiedlich gut: Wasser etwa 25-mal besser als Luft. Dies erklärt, weshalb ein Körper im Wasser wesentlich schneller auskühlt und im Wasser lebende homoiotherme Tiere auf gut isolierende Fettschichten angewiesen sind.

Unter **Konvektion** versteht man ebenfalls Wärmeaustausch durch Leitung, wobei jedoch das äußere Medium ständig gewechselt wird (Strömung). Dadurch werden die Temperaturgradienten optimal erhalten, und insbesondere in Luft ist dies viel effektiver als eine reine Leitung bei unbewegtem Medium. Auf diesem Effekt beruhen die Wirkungen von Ventilatoren oder von wedelnden Elefantenohren.

Die **Evaporation** dient lediglich der Abgabe von Wärme und funktioniert nur in Luft. Dabei wird ausgenutzt, dass bei der Verdunstung von 1 kg Wasser der Umgebung 2426 kJ Wärme entzogen wird. Alle Landtiere verlieren ständig etwas Wasser durch Verdunstung und damit Wärme. Effektiv gesteigert werden kann dies durch Schwitzen oder Hecheln. Beim Schwitzen wird durch die Sekretion von Schweiß aus den Schweißdrüsen die Haut befeuchtet und damit die Verdunstung erhöht. Unter Hecheln versteht man eine Steigerung der Atemfrequenz, was mit einem sich schneller verändernden Luftstrom verbunden ist und – daraus resultierend – mit einer Erhöhung der Verdunstung über die Schleimhäute des Mund- und Nasenraums sowie auf der Zunge. Dabei handelt es sich nur um eine Erhöhung der Totraumventilation, nicht aber der alveolären Ventilation. Das Ausmaß der Evaporation hängt direkt ab von der Differenz des Dampfdruckes zwischen Haut und Luft:

$$H_{eva} (J/mol) = h_{eva} \cdot A_{eff} (P_{Wasser-Haut} - P_{Wasser-Umgebung})$$

mit: $P_{Wasser\text{-}Haut}$ = mittlerer Wasserdampfdruck auf der Haut, $P_{Wasser\text{-}Umgebung}$ = Wasserdampfdruck der Umgebung, h_{eva} = Wärmeübergangszahl für Evaporation, A_{eff} = effektive Oberfläche.

In den Dampfdruck der Luft gehen ein die Feuchtigkeit (absolute Feuchtigkeit (f): Menge Wasserdampf g/m³ Luft) und die Temperatur. Die relative Feuchtigkeit (r) gibt das Verhältnis von f zu der maximal möglichen Wasserdampfmenge an, die von der Luft bei gegebener Temperatur aufgenommen werden kann ($r = f/f_{max}$) (*Biochemie, Zellbiologie*). Das bedeutet, dass Wasser auf der Haut verdunsten kann, solange die Luft nicht mit Wasser gesättigt ist. Die Aufnahmefähigkeit steigt proportional zur Temperatur (Wirkung eines Föhns beim Haaretrocknen). Ist die Luft dagegen mit Wasser gesättigt (100 % relative Feuchte = f_{max}), ist eine Verdunstung nur noch dann möglich, wenn die Temperatur der Haut höher ist als die der Umgebung ($P_{Wasser\text{-}Haut} > P_{Wasser\text{-}Umgebung}$). Hieraus ist leicht verständlich, warum bei trockener Luft die Wärmeabgabe durch Evaporation sehr viel einfacher ist, wohingegen im feucht-heißen Dschungel Probleme auftreten. Da sowohl das Schwitzen als auch das Hecheln unwillkürlich ist und nervös gesteuert werden kann (Angstschweiß), spielt beides eine besonders große Rolle bei der Regulation der Wärmeabgabe. Nicht-steuerbar hingegen ist die extraglanduläre Diffusion durch die Haut und die Schleimhäute (Perspiratio insensibilis). Bei dieser gehen 0,5 bis 0,8 Liter pro Tag verloren, davon allein 0,15 bis 0,5 l durch die Atemluft.

Regulation der Temperatur bei homoiothermen Tieren

Die Körpertemperatur eines **homoiothermen Tieres** ist nicht an jeder Stelle gleich hoch. Man unterscheidet Temperaturfelder, d. h. den Körperkern (Gehirn und innere Organe) von der Körperschale (Extremitäten, Ohren, Schwanz, Haut). Nur der Körperkern wird innerhalb enger Grenzen reguliert, die Schalentemperatur schwankt je nach Außentemperatur und körperlicher Aktivität. Dabei wird die Kerntemperatur in ein Gleichgewicht gebracht zwischen Wärmeproduktion durch den Stoffwechsel im Kern und Wärmeabgabe durch die Schale.

Die **Körperkerntemperatur** liegt bei Säugern zwischen 30 und 38 °C und bei Vögeln zwischen 40 und 41 °C. Der Regelmechanismus für die Konstanz der Körperkerntemperatur ist in Abb. 12.**18** dargestellt. Es gibt Wärmerezeptoren und Kälterezeptoren sowohl im Kern (Gehirn) als auch in der Schale (Haut) (S. 508). Diese messen den Istwert und melden ihn weiter zum zentralen Regler im Hypothalamus. Von hier aus werden nun je nach Abweichung vom Sollwert über das vegetative Nervensystem Mechanismen zur Wärmebildung und Wärmekonservierung oder Mechanismen zur Wärmeabgabe aktiviert. In der **thermischen Neutralzone** (TNZ; Wert liegt mehr oder weniger im Sollbereich) erfolgt die Regelung allein durch Vasodilatation (erzeugt eine „dünnere Körperschale") oder Vasokonstriktion (bewirkt eine „dickere Körperschale").

Bei **Unterschreitung des Sollwertes** wird der Stoffwechsel gesteigert und durch Muskelzittern Wärme produziert. Vor allem Glykogenolyse und Lipolyse werden

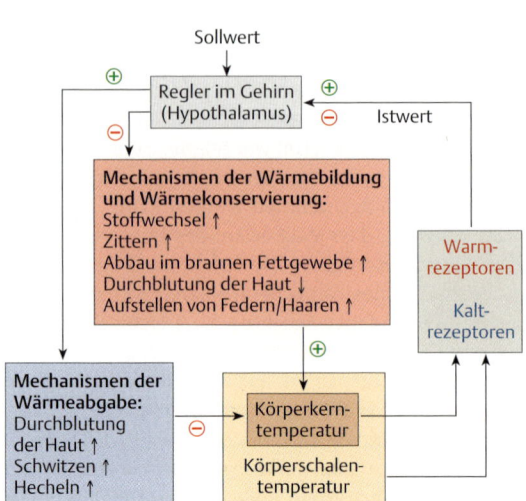

Abb. 12.18 Die Regulation der Körpertemperatur bei homoiothermen Tieren.

durch Stresshormone wie Adrenalin, Noradrenalin und Glucocorticoide gesteigert. Eine Steigerung des Grundumsatzes wird über eine erhöhte Schilddrüsenfunktion bewirkt. Das typische „Zittern vor Kälte" beruht auf einer unwillkürlichen rhythmischen Muskeltätigkeit. Über das somatomotorische Nervensystem wird eine Tonussteigerung und eine Zitterbewegung der Skelettmuskulatur (Kältezittern) ausgelöst. Daneben wird bei Abkühlung der Drang nach körperlicher Bewegung erhöht (willkürliche Muskelbewegung). 90 % der Körperwärme werden durch arbeitende Muskeln erzeugt. Gleichzeitig wird durch eine verminderte Durchblutung der Haut sowie Aufstellen von Haar- oder Federkleid („Gänsehaut" des Menschen, Aufplustern von Vögeln) die Wärmeabgabe minimiert. Bei Neugeborenen und Winterschläfern gibt es zusätzlich die Möglichkeit zur zitterfreien Wärmebildung durch das braune Fettgewebe (S. 376). Braunes Fettgewebe ist stark vaskularisiert und enthält viele Mitochondrien. In den Mitochondrien des braunen Fettgewebes besteht die Möglichkeit, über Entkopplungsproteine wie Thermogenin (*Biochemie, Zellbiologie*) den Aufbau des Protonengradienten über die Atmungskette von der ATP-Synthese zu entkoppeln. Die sonst zum Aufbau von ATP genutzte Energie wird dabei direkt in Wärme freigesetzt. Daher ist das braune Fettgewebe besonders gut für eine schnelle Wärmebildung und deren Verteilung durch das Blut geeignet.

Überschreitet der Istwert den Sollwert, wird der Stoffwechsel unter Umständen bis auf den Grundumsatz gesenkt. Außerdem wird die Wärmeabgabe durch starke Durchblutung der Haut und Schwitzen und/oder Hecheln erhöht. Es gibt Tiere, die ausschließlich schwitzen (Pferd, Esel, Kamel und auch der Mensch), während andere ausschließlich hecheln (Vögel, Nager). Die meisten Säuger können beides, wenn auch unterschiedlich stark ausgeprägt. So überwiegt beim Hund das Hecheln, er hat aber auch Schweißdrüsen an den Sohlenflächen.

Besondere Vorkehrungen zur **Vermeidung von übermäßigen Wärmeverlusten** gibt es in Extremitäten, die extremen Temperaturen ausgesetzt sein können. Dies gilt beispielsweise für die Füße von Wasservögeln, die stundenlang auf Eis stehen sowie für die Flossen von Meeressäugern (Abb. 12.**19a**). Hier verlaufen die Arterien in direktem Kontakt mit den Venen (**Gegenstromprinzip**), sodass das aus dem Körper kommende warme Blut seine Wärme an das aus der Extremität kommende kalte Blut abgibt. Auf diese Weise wird ein Temperaturgradient entlang der Extremität aufgebaut, der auf der Schwimmhaut einer Möwe z. B. 0 °C erreichen kann, trotz einer Kerntemperatur von 41 °C (Abb. 12.**19b**). Eine weitere evolutive Anpassung zur Vermeidung von Wärmeverlusten ist die **Verringerung der Oberfläche** im Verhältnis zur Körpermasse: Säuger in kalten Klimazonen haben eine gedrungene Körperform und kürzere Körperanhänge (Gliedmaßen, Ohren, Schwänze) als ihre Verwandten in gemäßigten Zonen (**Allen-Regel**).

Säuger in **warmen Klimazonen** haben im Vergleich dazu eine erhebliche Körpergröße oder grazilere Körperteile bzw. stark vergrößerte Körperanhänge (Ohren des Wüstenfuchses oder des Afrikanischen Elefanten). Ähnliches gilt auch für andere

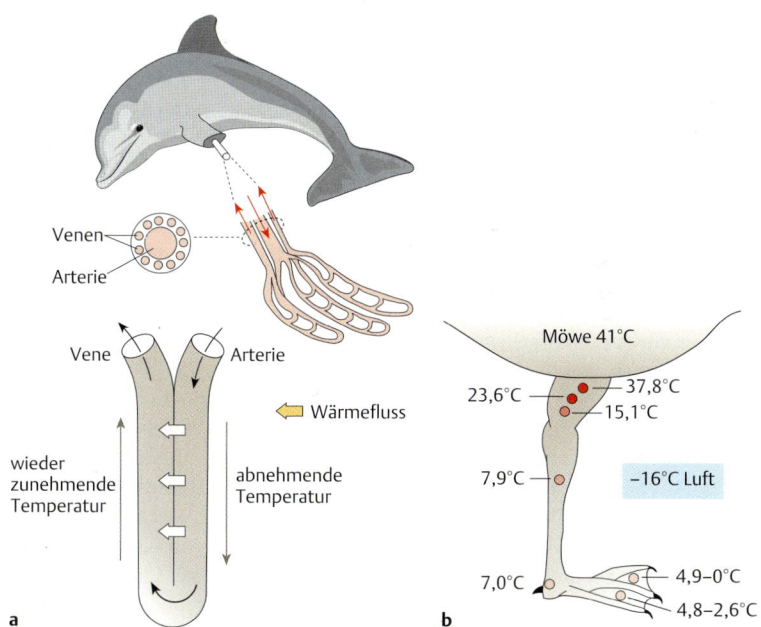

Abb. 12.19 Durch das Gegenstromaustauschersystem werden große Wärmeverluste vermieden. a Delphinflosse. **b** Temperaturgradient am Bein einer Möwe bei sehr niedrigen Außentemperaturen.

Tiergruppen: Pinguinarten, die näher am Südpol leben (z. B. Kaiserpinguin) haben eine größere Körpermasse als Pinguinarten, die in Südamerika vorkommen (z. B. Galapagos-Pinguin).

Die Körperkerntemperatur unterliegt einem **circadianen Rhythmus**, der nicht mit körperlicher Arbeit korreliert ist, sondern an einen endogenen Zeitgeber von 24–25 Stunden gebunden ist, der durch äußere Bedingungen beeinflusst werden kann. Das Minimum liegt am frühen Morgen, das Maximum am frühen Abend; die Spanne zwischen den beiden Extremwerten liegt zwischen 0,6 und 2,1 °C und ist bei Kindern durchschnittlich um 0,5 °C höher. Auch intensives Träumen (**REM-Phase**n) kann die Temperatur um 2 °C erhöhen. Bei Frauen verändert sich die mittlere Körpertemperatur während des **Menstruationszyklus**. Am zweiten Tag nach dem Eisprung (hoher Östrogen- und Progesteronspiegel) erhöht sich die Körpertemperatur um 0,4 bis 0,5 °C innerhalb des gesamten circadianen Rhythmus, ebenso bei der Schwangerschaft. Messtabellen werden deshalb sowohl für die Empfängnisverhütung wie auch für die Auswahl der fruchtbaren Tage herangezogen.

Der **Normothermiebereich** ist der Lebensraum mit einer bestimmten Umgebungstemperatur, in dem die Kernkörpertemperatur konstant gehalten werden kann. Er ist durch Verhaltensanpassungen erweiterbar: durch Tragen geeigneter Kleidung, durch Aufsuchen von geschützten Orten und durch Wahl geeigneterer Umgebungstemperaturen (z. B. ein kühles Bad).

Die Regulation der Körpertemperatur bei poikilothermen Tieren

Poikilotherme Tiere können in der Regel kaum Körperwärme durch Stoffwechselerhöhung produzieren, sondern sie beeinflussen ihre Körpertemperatur durch **bestimmte Verhaltensweisen**. Allgemein bekannt ist das Aufwärmen von Diapsida durch Sonnenbaden. Einige Diapsida sind in der Lage, diesen Aufwärmvorgang durch verstärkte Hautdurchblutung zu beschleunigen und das Abkühlen durch eine verringerte Hautdurchblutung zu verzögern. Bei übermäßiger Hitze oder Kälte werden entsprechend geschützte Orte aufgesucht. Bei Fischen ist bekannt, dass sie wärmere Gewässer aufsuchen.

Auch viele wirbellose Tiere – insbesondere Insekten – regulieren ihre Körpertemperatur durch Verhaltensweisen wie individuelles Sonnenbaden und gezieltes Pendeln zwischen Sonne und Schatten. Dies ist besonders bei kleineren Arten durch die relativ größere Oberfläche sehr effektiv. Beim Sonnenbaden kann der Körper gezielt zur Sonne ausgerichtet werden und spezielle Flügelstellungen lenken die Sonnenstrahlen direkt auf den Körper. Diese Flügelstellungen werden auch regulierend eingesetzt; man spricht in diesem Fall von **Heliothermie**.

Eine Besonderheit findet man bei **fliegenden Insekten**: Besonders größere Arten bringen bei kühleren Außentemperaturen ihre Flugmuskulatur durch vorherige Bewegungen auf eine Abflugtemperatur von etwa 30 bis 40 °C. Bei dieser **Aufwärmphase** werden alle Flugmuskeln gleichzeitig kontrahiert, ohne dass eine Flügelbewegung stattfindet. Während des Fluges produzieren die Flugmuskeln genügend Wärme. Bei wärmeren Außentemperaturen wird Wärme verstärkt über die zwischen Flugmuskeln und Abdomen zirkulierende Hämolymphe abgegeben.

Wird trotzdem eine kritische Temperatur während des Fluges überschritten, wird dieser für eine bestimmte Zeit zur Abkühlung unterbrochen. Eine Ausnahme bilden bestimmte Nachtfalter, die in kalten Winternächten aktiv sind. Diese haben ein Gegenstromsystem (s. o.) ausgebildet, um die Flugmuskulatur bei Außentemperaturen nahe dem Nullpunkt warm zu halten.

Viele **soziale Insektenarten** haben effektive Mechanismen zur Thermoregulation entwickelt, wobei die große Masse eines Insektenstaates und die Isolierung der Nestbauten, verbunden mit teils komplizierten Belüftungssystemen, unterstützend wirken. So sind Honigbienen in der Lage, bei Außentemperaturen zwischen −40 °C und +40 °C die Temperatur in der Brutkammer bei 32 bis 36 °C zu halten. Dabei wird Wärme durch Muskelbewegungen der Einzeltiere produziert, die gleichzeitig zusammendrängen, eine Kühlung wird durch bauliche Veränderungen von Gängen erzielt, durch die der Luftstrom im Bienenstock erhöht wird, das mit und als Nahrung eingetragene Wasser bringt zusätzliche Verdunstungskälte.

Bei Fischen erfolgt ein konstanter Wärmeaustausch mit der Umgebung hauptsächlich durch die Kiemen, da hier wegen der Atmung keine Isolation möglich ist. Trotzdem sind bestimmte große Fische wie Tunfische, Schwertfische oder Haie in der Lage, ihre im Kern liegenden Muskeln etwa 10 °C über der Außentemperatur zu halten. Dies wird erreicht, indem die großen Blutgefäße nicht zentral, sondern dicht unter der Haut verlaufen. Die Blutversorgung der Muskeln verläuft über ein Arteriennetz, welches in dichtem Kontakt zu dem aus dem Muskel kommenden venösen Blut verläuft. Dabei gibt das wärmere venöse Blut im Gegenstrom Wärme an das kühlere arterielle Blut ab. Durch dieses Gegenstromaustauschersystem wird die im Muskel entstehende Wärme weitgehend konserviert (**Endothermie**). Dieser Mechanismus ist bei großen Fischen mit einem niedrigen Verhältnis von Oberfläche zu Volumen besonders effektiv. Durch die höhere Muskeltemperatur wird ein hohes Maß an Schwimmaktivität selbst in kalten Meeren aufrechterhalten, was der Lebensweise großer räuberischer Fische entgegenkommt.

12.2.3 Akklimatisation an extreme Wärme oder Kälte

Die verschiedenen Klimazonen der Erde bieten den Tieren als Lebensraum völlig unterschiedliche Bedingungen. In warmen oder gemäßigten Klimazonen haben poikilotherme Tiere den Vorteil, mit weniger Energie auskommen zu können. Dies macht sie unabhängiger von der Nahrungsaufnahme und lässt sie ungünstige Perioden besser überstehen. In den kälteren Klimazonen geht dieser Vorteil jedoch zunehmend verloren, da die Tiere ihre Aktivität mit sinkender Außentemperatur nicht mehr aufrecht erhalten können. Hier sind homoiotherme Tiere im Vorteil, da ihre Körpertemperatur und damit ihre Stoffwechselaktivität unabhängig von der Außentemperatur ist. Begrenzender Faktor ist hier die Verfügbarkeit geeigneter Nahrung. Ist dies gewährleistet, können selbst so lebensfeindliche Regionen wie Arktis und Antarktis von Vögeln und Säugern besiedelt werden. Bei der Besiedlung von neuen Lebensräumen oder bei Temperaturänderungen innerhalb eines bevölkerten Lebensraumes kann es dabei zur **Akklimatisation** kommen, der langfristigen Anpassung an extreme Klimabedingungen.

Bei der Akklimatisation an extreme Wärme oder Kälte gibt es zwei grundsätzliche Strategien: Es wird versucht, die Körpertemperatur unabhängig von den äußeren Bedingungen zu **regulieren** beziehungsweise zumindest bestimmte Grenzwerte nicht zu überschreiten oder eine **Toleranz** aufzubauen. Beide Strategien sind im Tierreich verwirklicht.

So verhindern in antarktischen Gewässern lebende Fische durch Bildung von Glykoproteinen ein Gefrieren der Körperflüssigkeiten. Viele Insekten erreichen bei **tiefen Minusgraden** durch Eiskristallbildung in den extrazellulären Flüssigkeiten, dass den Zellen Wasser entzogen wird. Die Zellinhaltsstoffe werden dadurch aufkonzentriert, d. h. der intrazelluläre Gefrierpunkt erniedrigt (s. kolligative Eigenschaften gelöster Stoffe, *Biochemie, Zellbiologie*) und dadurch eine mechanische Schädigung der Membransysteme durch Eiskristallbildung in den Zellen verhindert. Es gibt aber auch Amphibien, die biochemische Mechanismen entwickelt haben, um ein Gefrieren des Körpers zu ertragen. So kommt es während der **Kältestarre** oder Winterstarre bestimmter nordamerikanischer Froscharten zunächst zu einer Eisbildung unter der Haut, die sich fortschreitend um alle inneren Organe herumzieht. Atmung, Herzschlag und Blutfluss verlangsamen sich kontinuierlich und hören schließlich ganz auf. 35 bis 65 % der gesamten Körpermasse können so zur Eisbildung beitragen. Eine Eiskristallbildung innerhalb der Zellen wird dabei durch Wasserentzug während der extrazellulären Eisbildung sowie durch den Einsatz von Gefrierschutzmolekülen wie Glucose oder Glycerin verhindert.

Auch bei **hohen Temperaturen** gibt es beide Anpassungsstrategien. Über die oben beschriebenen Mechanismen hinaus können beispielsweise Kamele eine gewisse Erhöhung der Körpertemperatur tagsüber tolerieren, um sie dann nachts abzugeben. Dabei ertragen sie nachts auch ein tieferes Absinken der Körpertemperatur, als dies normalerweise bei Säugern möglich ist, um am nächsten Tag einen größeren Spielraum zu haben.

Viele Säuger (einige Paarhufer wie Schafe, Ziegen, Gazellen; aber auch Carnivoren) senken bei steigender Körpertemperatur ihre Hirntemperatur unter die Temperatur des arteriellen Körperblutes. Die Kühlung des Gehirns erfolgt durch das arterielle Blut, welches vor Erreichen des Gehirns ein Blutnetz, das Rete mirabile epidurale, durchströmt. Dieses Blutnetz liegt wiederum im Bereich des Sinus cavernosus, der seinerseits von kühlem venösen Blut aus dem Nasenraum durchflossen wird. Warmes arterielles und kühles venöses Blut bilden somit einen internen Wärmeaustauscher (Gegenstromprinzip).

Unter **Fieber** versteht man die Erhöhung der Körperkerntemperatur durch Sollwertverstellung. In der ersten Phase, dem Temperaturanstieg, wird durch erhöhte Wärmeproduktion und verringerte Wärmeabgabe der neue Sollwert eingestellt. Damit verbunden sind alle Symptome, die auch bei niedriger Umgebungstemperatur auftreten würden: blasse kalte Haut durch Vasokonstriktion, Schüttelfrost (extremes Kältezittern) oder Zusammenkauern, um die Oberfläche zu verkleinern. Ist der neue Sollwert erreicht (Fieberplateau), wird im circadianen Rhythmus die Temperatur reguliert (Ansteigen des Fiebers gegen Abend). Der Temperaturabfall, also die Erhöhung der Wärmeabgabe infolge der Neueinstellung des Sollwertes, ist charakterisiert durch gerötete warme Haut aufgrund von Vasodilatation, Schwitzen und Verhaltensänderung wie Ausstrecken (Oberflächenvergrößerung) oder weniger Kleidung („Abstrampeln" des Bettzeugs bei Kindern).

12.2.4 Winterschlaf/Winterruhe, Sommerschlaf und Torpor

Einige Säuger und Vögel haben die Fähigkeit entwickelt, in Zeiten ungünstiger Energieversorgung in eine Art Schlafzustand zu verfallen, bei dem die Körpertemperatur bis auf wenige Grade über der Außentemperatur abfällt. Sehr kleine Vertreter wie Spitzmäuse und Kolibris verfallen nachts in einen solchen als **Torpor** (Starre) bezeichneten Zustand, da sie über die Nacht hinweg nicht in der Lage sind, genügend Nahrung aufzunehmen. Andere Säuger halten über Wochen oder Monate einen **Winterschlaf**, bei dem die Körpertemperatur ebenfalls abgesenkt wird. Die gesamte Stoffwechselrate ist dabei stark reduziert. Trotzdem wachen Winterschläfer regelmäßig auf, um beispielsweise die Blase zu entleeren. Während des Aufwachvorgangs, der sich über eine bestimmte Zeit hinzieht, ist der Stoffwechsel stark erhöht und bei Winterschläfern wird braunes Fettgewebe abgebaut.

Demgegenüber gibt es auch Tiere, beispielsweise Bären, die lediglich eine **Winterruhe** abhalten, in der sie sich an einen geschützten Ort zurückziehen und ihre Aktivitäten stark reduzieren. Bei ihnen sinkt die Körpertemperatur nur unwesentlich ab und sie können sofort aktiv werden.

Um Perioden mit hoher Temperatur und/oder Wasserknappheit zu überdauern, können Tiere ganz unterschiedlicher systematischer Zugehörigkeit nach Aufsuchen geschützter Plätze in einen sogenannten **Sommerschlaf** verfallen (beispielsweise einige Zieselarten, bestimmte Schnecken und Lungenfische). Ein solcher Sommerschlaf ist gekennzeichnet durch Inaktivität und einen verlangsamten Stoffwechsel und ähnelt daher dem Winterschlaf.

Hypothermie (Unterkühlung) kann im Ernstfall zum Kältetod führen. Ist die Wärmeabgabe höher als die Wärmeproduktion und sind die Energiereserven erschöpft, so führt die Absenkung der Körperkerntemperatur beim Menschen auf weniger als 35 °C zu ersten Symptomen: bleierne Müdigkeit, erschwerte Muskeltätigkeit, Schlafbedürfnis, ab etwa 30 °C Bewusstlosigkeit; Muskelstarre durch überhöhten Muskeltonus, Tod durch Herzflimmern. Eine Reanimierung ohne bleibende Schäden ist zwischen 21 und 24 °C noch möglich. Störungen der Regulation können altersbedingt sein oder hervorgerufen durch Stoffwechselstörungen wie Hypoglykämie oder Hypothyreose, durch Medikamente (Schlafmittel) oder Alkohol („Schnapsnase" durch Störung der Vasodilatation).

Die **Hyperthermie** (Überhitzung) kann zum Hitzetod führen. Ist die Wärmeaufnahme oder -produktion größer als die Wärmeabgabe, so versagt beim Menschen eine Regulation ab 40,5 °C. Die Körperkerntemperatur liegt dann im Bereich von 42–43 °C. Die Symptome sind eine rote heiße Haut aufgrund intensiver Durchblutung, eine stark erhöhte Schweißrate; schließlich wird die Muskeltätigkeit eingestellt. Hält die Überhitzung an, kommt es zum Hitzekollaps, einem Versagen des Kreislaufsystems durch Verschiebung des Blutvolumens in die Hautgefäße. Begünstigt wird dies durch Dehydratation und Blutdruckabfall. Beim **Hitzeschlag** (Hyperpyrexie) versagt das Regelzentrum bei Körperkerntemperaturen über 40 °C vollständig. Die Haut ist blass und trocken, kein Schwitzen; der Betroffene ist verwirrt oder bewusstlos. Der **Sonnenstich** ist eine Reizung der Hirnhäute und der Blutfülle im Gehirn durch eine direkte Einwirkung von Wärmestrahlung auf den Kopf. Eine erbliche Regulationsstörung liegt bei der **malignen Hyperthermie** vor. Hierbei ist der sarkoplasmatische Ca^{2+}-Transport gestört (S. 475).

12.2.5 Die Haut

Die **Haut** (**Integument**) dient durch ihre isolierende Wirkung und die unterschiedliche Durchblutung vor allem bei Wirbeltieren als thermoregulatorisches Organ. Die Haut verhindert bei landlebenden Tieren das Austrocknen, nimmt über Sinneszellen Umgebungsreize auf und dient vor allem bei wirbellosen Tieren der Atmung (S. 745).

Aufgebaut ist die Haut aus einer Epidermis ektodermalen Ursprungs und darunter liegenden mesodermalen Anteilen (S. 365). Bei den meisten Tieren ist die Epidermis einschichtig, bei den Wirbeltieren mehrschichtig. Bei vielen Wirbellosen (z. B. Nematoden, Anneliden, Arthropoden) ist sie von einer extrazellulären Schicht, der Cuticula, bedeckt.

Die Haut der Vertebraten ist reich an verschiedenen Drüsen wie Schleimdrüsen und Schweißdrüsen (Ausnahme Vögel und Reptilien). Sie ist daher ein wichtiges Organ für die Abgabe überschüssiger Wärme oder die Reduzierung der Wärmeabgabe (s. o.).

Um die Wärmeabgabe über die Haut zu regulieren, muss die Durchblutung verändert werden. Dies geschieht durch **Vasodilatation** oder **Vasokonstriktion** der Hautgefäße bzw. durch Öffnen oder Schließen arteriovenöser Anastomosen (Abb. 12.**20**).

Säugetiere und Vögel besitzen als homoiotherme Tiere ein Fell aus **Haaren** beziehungsweise ein **Federkleid**, um Wärmeverluste möglichst zu minimieren. Haare und Federn isolieren aufgrund der eingeschlossenen Luftschicht und können durch Variation der Luftschichtdicke (Aufstellen der Haare, Aufplustern des Federkleides) regulatorisch wirksam werden. Wale und Robben sind als Wasserbewohner einer besonders starken Abkühlung ausgesetzt. Sie haben daher ein sehr dickes **Unterhautfettgewebe** als Isolationsschicht entwickelt, um einer Auskühlung entgegenzuwirken. Eisbären besitzen ein sehr dichtes Fell zur Isolation, haben aber gleichzeitig eine schwarze Haut, die Wärme von außen besonders gut absorbieren kann. Die Haare sind hohl und fungieren als Lichtleiter: Sie leiten das Sonnenlicht zur Absorption direkt zur Haut.

> **Poikilothermie:** Wechselwärme, Körpertemperatur hängt vom Außenmedium ab, liegt bei weitgehend ektothermen Tieren vor.
> **Homoiothermie:** Gleichwärme, Körperkerntemperatur weitgehend konstant, liegt bei endothermen Tieren vor.
> **Endothermie:** Organismen, die ihre Körperwärme selbst produzieren.
> **Ektothermie:** Organismen, die ihre Körperwärme aus der Umgebung beziehen.

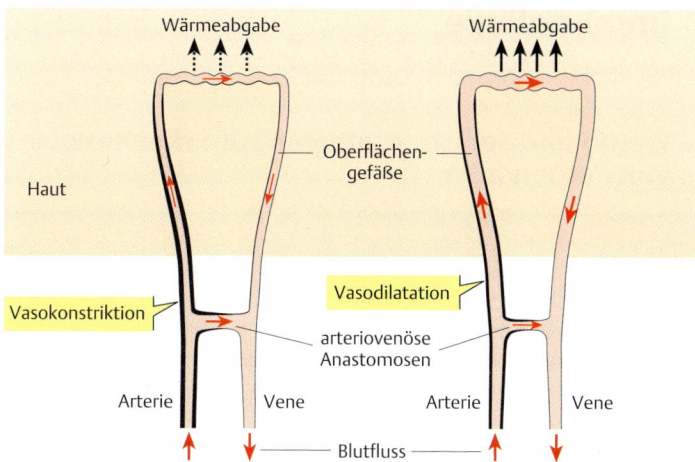

Abb. 12.20 Die Rolle der Hautdurchblutung bei der Regulierung der Wärmeabgabe. Vasodilatation der Oberflächengefäße führt zu verstärkter Hautdurchblutung, während eine Öffnung von arteriovenösen Anastomosen in Verbindung mit einer Vasokonstriktion der Oberflächengefäße zu einer verminderten Hautdurchblutung führt.

Heterothermie: Wechselwärme bei homoiothermen Tieren, verschiedene Niveaus, angepasst an bestimmte Lebensumstände, können gehalten werden.
Konvektion: Wärmeabgabe durch Leitung bei wechselnden Außenmedien.
Evaporation: Wärmeabgabe durch Verdunstung von Wasser.
Wärmeaustausch: Austausch von Wärme an der Körperoberfläche, bedingt durch inneren und äußeren Wärmestrom, geschieht über Konduktion, Konvektion, Radiation und Evaporation.
Heliothermie: Wärmeaufnahme durch Sonnenstrahlung, reguliert durch Flügelstellung bei Insekten.
Akklimatisation: Langfristige Anpassung an extreme Klimabedingungen.
Kältestarre, Winterstarre: Häufig Eisbildung im extrazellulären Raum, starke Herabsetzung aller physiologischen Prozesse, häufig Einsatz von Gefrierschutzmolekülen.
Torpor: Ruhestarre bei ungünstiger Energieversorgung, zeitlich begrenzt, häufig nachts, Körpertemperatur drastisch herabgesenkt.
Winterschlaf: Ruhe über längeren Zeitraum, Körpertemperatur drastisch herabgesenkt, Energiebereitstellung durch braunes Fettgewebe.
Sommerschlaf: Verlangsamter Stoffwechsel, meist bedingt durch Wasserknappheit.
Winterruhe: Ruhe über längeren Zeitraum, Körpertemperatur nur unwesentlich abgesenkt.

13 Immunologie

Rüdiger V. Sorg, Ursula R. Sorg

13.1 Fremd und Selbst: Strategien zur Erkennung von Pathogenen

> Das **Immunsystem** muss **Pathogene** und von Pathogenen infizierte Körperzellen identifizieren, um sie selektiv eliminieren zu können, ohne den Wirtsorganismus zu schädigen (**Selbsttoleranz**). Dies wird durch zwei unterschiedliche Strategien gewährleistet. Pathogene werden entweder durch das Vorliegen körperfremder molekularer Signaturen (**Erkennen von Fremd oder Nicht-selbst**) oder durch das Fehlen einer körpereigenen Signatur (**Erkennen des Fehlens von Selbst**) immunologisch erkannt. Durch diese Erkennung wird die Selektivität und Spezifität der **Effektormechanismen** gewährleistet, die Pathogene und infizierte Zellen im Rahmen der Immunantwort beseitigen.

Das **Immunsystem** ist die Summe aller zellulären und molekularen Komponenten und deren mechanistisches Zusammenspiel im Kampf des Organismus gegen Pathogene. Den Wirtsorganismus schädigende **pathogene Organismen** finden sich bei den Viren, Bakterien und Pilzen, aber auch als Parasiten bei den Protozoen und verschiedenen Würmern (Kap. 9). Sie besiedeln als **extrazelluläre** Pathogene, angelagert an Wirtszellen oder frei in interstitiellen Räumen und Körperflüssigkeiten, die Extrazellulärräume des Wirtsorganismus, oder sie infizieren als **intrazelluläre Pathogene** die Wirtszellen selbst. Ihre Lokalisation kann stadienspezifisch und im Verlauf des Vermehrungszyklus variieren. So finden sich intrazelluläre Pathogene wie Viren nach ihrer Freisetzung aus infizierten Zellen und vor einer erneuten Infektion einer Zelle auch im Extrazellulärraum.

Beispiele für **extrazellulär** lokalisierte Humanpathogene sind *Vibrio cholerae* (bakterieller Erreger der Cholera), *Candida albicans* (Pilz, Erreger der Candidiasis und Soor) und *Trypanosomen* (protozoische Erreger der Schlafkrankheit); für **intrazellulär** lokalisierte Humanpathogene *Mycobacterium tuberculosis* (bakterieller Erreger der Tuberkulose), *Plasmodien* (protozoische Erreger der Malaria) und Viren.

Das Immunsystem hat die Aufgabe, Pathogene zu erkennen und zu eliminieren, ohne den Wirtsorganismus zu schädigen, d. h. es muss **selbsttolerant** sein. Intrazelluläre Pathogene stellen demnach eine besondere Herausforderung dar: infizierte körpereigene Zellen müssen von nicht infizierten unterschieden werden, damit die Pathogene selektiv abgetötet werden können, was zumeist auch eine Abtötung der infizierten körpereigenen Zellen erforderlich macht. Die Selbsttoleranz des Immunsystems darf sich also nicht auf infizierte Körperzellen erstrecken. Mangelhafte Selbsttoleranz, Fehler bei der Unterscheidung von Pathogenen und körper-

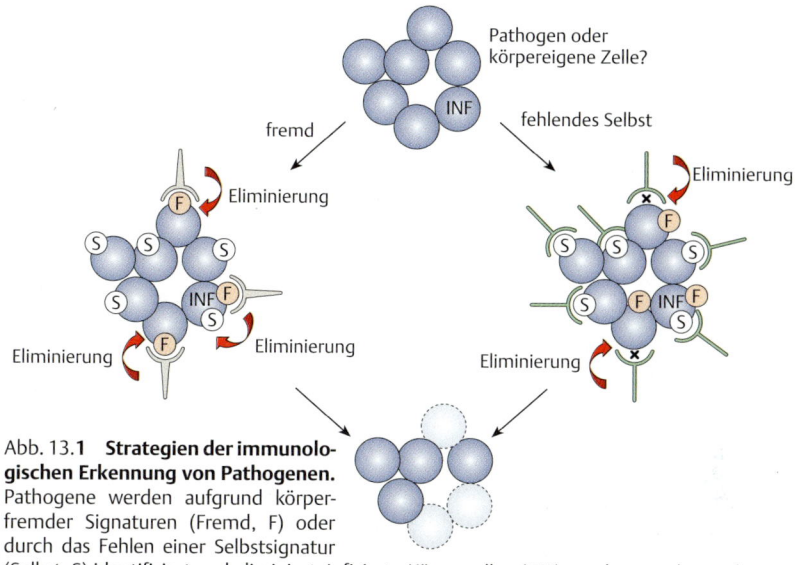

Abb. 13.1 **Strategien der immunologischen Erkennung von Pathogenen.** Pathogene werden aufgrund körperfremder Signaturen (Fremd, F) oder durch das Fehlen einer Selbstsignatur (Selbst, S) identifiziert und eliminiert. Infizierte Körperzellen (INF) werden nur dann erkannt, wenn die fremde Signatur dem Immunsystem auf den körpereigenen Zellen zugänglich ist.

eigenen Zellen oder eine überschießende Immunantwort können andererseits zur **Autoimmunität**, einer Reaktion des Immunsystems gegen gesundes Gewebe, und zur Entwicklung von **Autoimmunkrankheiten** wie Multiple Sklerose, Diabetes Typ I oder Rheumatoide Arthritis führen. Das Immunsystem muss daher eine feine Balance wahren zwischen möglichst vollständiger selektiver Eliminierung von Pathogenen und infizierten körpereigenen Zellen einerseits und Selbsttoleranz und damit Verhinderung von Autoimmunität andererseits. Dies wird u. a. durch die Spezifität der immunologischen Erkennungsmechanismen für Pathogene gewährleistet.

Bei der immunologischen **Erkennung von Pathogenen** kommen zwei unterschiedliche Strategien zum Einsatz (Abb. 13.**1**):

- 1. Die **Erkennung des Fehlens von Selbst** (**Missing Self**): Alle körpereigenen Zellen tragen eine molekulare Markierung oder besitzen andere Eigenschaften, die sie als körpereigene Zellen identifizieren. Das Fehlen dieser Markierung bzw. Eigenschaften identifiziert somit die Pathogene.
- 2. Die **Erkennung von Fremd oder Nicht-selbst**: Pathogene besitzen molekulare Signaturen, die im Wirtsorganismus nicht vorkommen, d. h. dem Wirtsorganismus fremd sind. Durch diese Fremdmarkierung sind die Pathogene als solche definiert und von körpereigenen Zellen abgrenzbar.

Für intrazelluläre Pathogene versagt die Strategie des Erkennens des Fehlens von Selbst, da die Pathogene sich innerhalb körpereigener Zellen befinden, welche die Eigenmarkierung tragen. Die immunologische Erkennung hängt davon ab, dass „fremde" Moleküle des Pathogens auf der Oberfläche der körpereigenen Zellen erscheinen, es durch die Infektion zu einem Verlust der Selbstsignatur kommt oder körpereigene Moleküle induziert werden (z. B. **Stressproteine**), die dem Immunsystem die infizierte Zelle anzeigen. Es muss also eine Art Surrogat einer Fremdsignatur durch den Wirtsorganismus selbst erzeugt werden.

Neben der Abwehr von Infektionen spielt das Immunsystem auch eine zentrale Rolle bei der Erkennung und Beseitigung entarteter Zellen, d. h. von **Tumorzellen**. Auch hier wirken Erkennungsmechanismen, welche die entarteten Zellen als fremd (z. B. über ein durch eine Mutation verändertes Protein) oder als gefährliche Zellen detektieren.

Ist der für ein Pathogen oder eine infizierte körpereigene Zelle spezifische immunologische Erkennungsprozess erfolgt, werden die Effektormechanismen der Immunantwort aktiv, die zur Eliminierung des Pathogens bzw. der infizierten Körperzelle führen.

> **Immunsystem:** System aus Organen, Zellen und molekularen Faktoren sowie deren Zusammenspiel bei der Abwehr von Infektionen durch Pathogene.
> **Pathogene:** Organismen, die sich intrazellulär oder extrazellulär im Wirtsorganismus aufhalten und ihn schädigen.
> **Erkennen des Fehlens von Selbst (Missing Self):** Alle körpereigenen Zellen tragen eine Selbstsignatur oder besitzen Eigenschaften, die Pathogenen fehlen. Dadurch sind Pathogene von körpereigenen Zellen abgrenzbar und können immunologisch erkannt werden.
> **Erkennen von Fremd:** Pathogene können Signaturen tragen, die dem Wirtsorganismus fremd sind und dadurch die immunologische Erkennung des Pathogens gestatten.
> **Selbsttoleranz:** Das Immunsystem reagiert gegen Pathogene und infizierte körpereigene Zellen, nicht jedoch gegen gesunde Körperzellen, für die es tolerant ist.
> **Autoimmunität:** Versagt die Selbsttoleranz des Immunsystems, reagiert dieses auch gegen gesundes Gewebe und schädigt den Organismus.

13.2 Die nicht adaptive Immunantwort

> Organismen besitzen **physiochemische** und **mikrobielle Barrieren**, um Pathogene abzuwehren. Werden diese ersten Abwehrmechanismen überwunden, greift die **nicht adaptive Immunantwort**: unmittelbar verfügbare Mechanismen mit breiter Pathogenspezifität, die bei einer Reinfektion durch das gleiche Pathogen keinen effektiveren Schutz gewähren, d. h. nicht in einem immunologischen Gedächtnis resultieren. **Phagocyten** erkennen über **Pattern Recognition Rezeptoren** konservierte Pathogenstrukturen, die vielen Pathogenen gemeinsam sind, und eliminieren sie durch **Phagocytose**.

> Die Aktivierung des **Komplementsystems**, einer Gruppe von Serumproteinen, führt zur Bildung einer Pore in der Membran der Pathogene und damit zu deren **Lyse**. Spaltprodukte der Komplementproteine wirken gleichzeitig als **Lockstoffe** für Phagocyten und führen diese zum Infektionsort oder markieren als **Opsonine** Pathogene für die Phagocytose. Körpereigene Zellen sind durch Komplement-regulatorische Proteine geschützt, die den Ablauf der Komplementkaskade unterbrechen.
> Im Verlauf dieser Prozesse gebildete **proinflammatorische Faktoren** initiieren die **frühe induzierte Immunantwort** und leiten den **Entzündungsprozess** ein, wodurch vermehrt Phagocyten und Komplementproteine zum Infektionsort gelangen. Primäres Ziel ist die Eingrenzung der Infektion. Gleichzeitig wird in der Leber die Produktion der **Proteine der akuten Phase** angeregt, die die lokale Antwort verstärken und einen ersten systemischen Schutz etablieren.

Der erste Schutz des Organismus vor Infektionen ist seine natürliche Abgrenzung nach Außen, die auch als **physiochemische Barriere** betrachtet werden kann. Die **Epithelien** der Haut (**Epidermis**) und des gastrointestinalen, respiratorischen und urogenitalen Systems (**Mucosa**) verhindern als **intakte Grenzfläche** das Eindringen von Pathogenen. Um die Epithelien zu durchdringen, müssen sich Pathogene zunächst an diese anheften. **Scherkräfte** durch die Luft- und Flüssigkeitsströmungen im respiratorischen und gastrointestinalen Trakt wirken dieser Anheftung entgegen. Der von der Mucosa gebildete Schleim aus Polysacchariden (Mucine) schließt Pathogene ein und verhindert hierdurch ebenfalls ihre Bindung ans Epithel. Gleichzeitig erleichtert der Schleim den Abtransport der Pathogene durch die Cilien der Mucosa.

Über unterschiedliche Mechanismen wirkende **antimikrobielle Substanzen** werden an den Epithelien gebildet und tragen zum Schutz vor Infektionen bei. Dazu gehören die **Fettsäuren** der Haut, die **Salzsäure** (und der dadurch saure pH) im Magen und Enzyme wie das **Lysozym** und die **Phospholipase A$_2$** im Speichel und in der Tränenflüssigkeit sowie **Pepsin** und andere Verdauungsenzyme im Magen-Darm-Trakt. **Lactoferrin** in den Sekreten der Atemwege und des Gastrointestinaltraktes fängt für das Wachstum der Pathogene wichtiges Eisen ab und wirkt auch als proteolytisches Abbauprodukt **Lactoferricin** antimikrobiell. Andere antibakteriell, antifungal und antiviral wirksame Peptide sind die **Histatine** im Speichel, die α-**Defensine** im Dünndarm und Urogenitaltrakt und die β-**Defensine** des Epithels der Haut sowie des respiratorischen und urogenitalen Systems. Derartige amphipatische Peptide mit antimikrobieller Aktivität finden sich bei allen Tieren und auch bei Pflanzen. Sie besitzen ein breites Wirkspektrum und schädigen vermutlich die Membran der Pathogene.

Neben dem Wirtsorganismus selbst trägt auch die normale Flora nicht-pathogener, kommensaler Mikroorganismen, welche die Epithelien besiedeln, zum Schutz des Wirtes bei. Sie bilden durch **Konkurrenz** um Nährstoffe und Anheftungsstellen ans Epithel sowie durch die Produktion von antimikrobiell wirksamen **Antibiotika** oder **Bakteriocinen** eine **mikrobielle Barriere**.

13.2.1 Phagocytose und Pattern-Recognition-Rezeptoren

Haben Pathogene die epitheliale Barriere überwunden und sind in den Organismus eingedrungen, treffen sie im Gewebe auf **Makrophagen**, größere Leukocyten mit einem Durchmesser von 20–25 µm, die insbesondere im submucosalen Gewebe des gastrointestinalen Traktes und der Lunge, d. h. den Haupteintrittsstellen von Pathogenen, zahlreich sind. Je nach Lokalisation werden sie z. B. als Alveolarmakrophagen (Lunge), Mikrogliazellen (Gehirn), Kupffer-Sternzellen (Leber), mesangiale Phagocyten (Niere), Histiocyten (Bindegewebe) oder Hofbauer-Zellen (Plazenta) bezeichnet. Ihre Vorstufen sind die **Monocyten** im Blut, aus denen sie sich nach der Einwanderung ins Gewebe entwickeln. Zusammen mit den **neutrophilen Granulocyten** gehören Monocyten und Makrophagen zu den **Phagocyten**, die die Effektorzellen der nicht-adaptiven Immunantwort bilden. Neutrophile Granulocyten sind ca. 15 µm große Leukocyten mit einem vielgestaltigen, teilweise segmentartig gegliederten Zellkern, weshalb sie in Abgrenzung von den mononucleären Monocyten und Makrophagen auch als **polymorphkernige Phagocyten** bezeichnet werden. Im Blut des Menschen machen neutrophile Granulocyten 45–70 % der Leukocyten aus (Monocyten: 3–10 %); im gesunden Gewebe sind sie im Gegensatz zu Makrophagen kaum nachweisbar. Bei Infektionen beginnen sie bereits nach 4 Stunden ins Gewebe einzuwandern (S. 792, Abb. 13.**4**), und ihre Zahl im Blut kann durch Neubildung (Abb. 13.**15**) stark ansteigen (**Neutrophilie**, Linksverschiebung). Neutrophile Granulocyten enthalten zahlreiche enzymhaltige **Granula**: die azurophilen Primärgranula, die den Lysosomen entsprechen (s. u.), und die neutralen Sekundärgranula, die 70 % der Granula ausmachen und u. a. Lysozym und Lactoferrin enthalten, die die Peptidoglykane der Zellwand von Bakterien spalten bzw. den Pathogenen Eisen entziehen. Sekundärgranula fusionieren mit der Zellmembran und entleeren ihren Inhalt nach außen (**Exocytose**).

Phagocyten eliminieren Pathogene durch **Phagocytose** (Abb. 13.**2**), ein Prozess der **actinabhängigen** Aufnahme von **partikulärem Material** einer Größe von mehr als 0,5 µm (*Biochemie, Zellbiologie*). Durch Ausstülpung von Pseudopodien oder Einsinken wird das Pathogen von der Phagocytenmembran umflossen und in einem **Phagosom** eingeschlossen (**Engulfment**). Dieses fusioniert mit **Lysosomen**, die bis zu 40 verschiedene **Enzyme** enthalten, zum **Phagolysosom**, in dem der Abbau der Pathogene erfolgt. Eine ATP-abhängige Protonenpumpe in der Membran sorgt für eine **Ansäuerung** des pH (pH 4,5–5), die für die Aktivität der sauren Hydrolasen notwendig ist. Weitere **mikrobizide Substanzen** wie reaktive Sauerstoffmetabolite (Superoxid, Wasserstoffperoxid, Singulettsauerstoff, Hydroxylradikale), Stickstoffmonoxid und Defensine sind an der Abtötung der Pathogene beteiligt. Sind die Pathogene zu groß für die Phagocytose, wie zahlreiche Parasiten, erfolgt

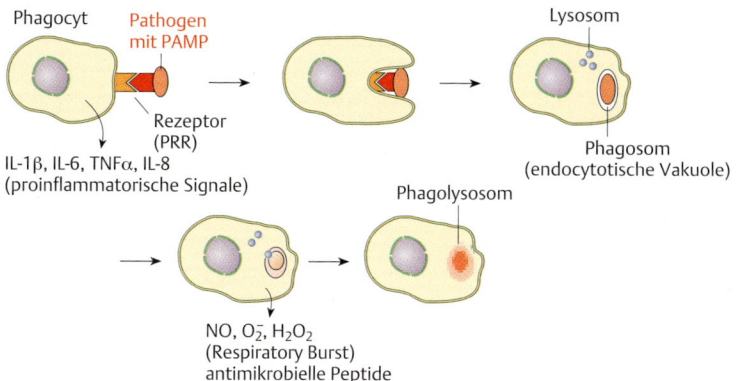

Abb. 13.2 Phagocytose. PAMP werden von Phagocyten erkannt und die Phagocytenmembran schließt das Pathogen in ein Phagosom ein. Dieses fusioniert mit Lysosomen zum Phagolysosom, in dem die Pathogene abgetötet und abgebaut werden. Die Erkennung der Pathogene durch PPR führt zur Freisetzung reaktiver Sauerstoffmetabolite sowie in Makrophagen zur Induktion proinflammatorischer Cytokine (IL-1β, IL-6, IL-8, TNFα), die zur frühen induzierten Immunantwort überleiten.

eine **Exocytose** der Lysosomen. Im Fall der reaktiven Sauerstoffmetabolite wird die Freisetzung auch als **Respiratory Burst** bezeichnet.

Die Phagocytose ist vermutlich der **ursprünglichste** zellulärimmunologische Abwehrmechanismus. Schon einzellige Amöben phagocytieren Bakterien, was hier jedoch noch der Nahrungsaufnahme dient. Im Mehrzellstadium von *Dictyostelium discoideum*, einem Schleimpilz, patrouillieren Phagocyten im Rahmen der Immunabwehr das mehrzellige Aggregat.

Phagocyten tragen auf ihrer Oberfläche Rezeptoren für konservierte Strukturen, die verschiedenen Pathogenen gemeinsam sind, auf Körperzellen jedoch nicht vorkommen (**Erkennen von Fremd**). Zu diesen konservierten Strukturen, auch als molekulare Muster bezeichnet (**Pathogen Associated Molecular Pattern, PAMP**), gehören Zellwandbestandteile grampositiver (Lipoteichonsäuren, LTA) und gramnegativer Bakterien (Lipopolysaccharide, LPS) und von Pilzen (β-Glucane) (*Mikrobiologie*). Die Interaktion der entsprechenden Rezeptoren (**Pattern-Recognition-Rezeptoren, PRR**) auf den Phagocyten mit ihren PAMP-Liganden auf den Pathogenen initiiert die **Phagocytose** und gewährleistet ihre **Pathogenspezifität**. Gleichermaßen wird durch die PRR-PAMP-Interaktion sichergestellt, dass die **Exocytose** der Sekundärgranula von neutrophilen Granulocyten bzw. von Lysosomen nur an der Kontaktstelle zwischen Phagocyt und Pathogen erfolgt und die Inhalte nicht unspezifisch in den extrazellulären Raum abgegeben werden, wo sie ohne Spezifität für das Pathogen Schäden verursachen können.

Die einzelnen PRR haben häufig eine breite Spezifität, können also unterschiedliche molekulare Strukturen auf der Oberfläche der Pathogene binden, was mit einer geringeren Affinität assoziiert ist. Dies wird teilweise dadurch ausgeglichen, dass es sich bei den Liganden um **repetitive Strukturen** handelt und die Rezeptoren über mehrere Bindungsdomänen verfügen oder als Oligomere vorliegen, wodurch die Avidität erhöht wird. Neben der **opsoninunabhängigen Phagocytose**, d. h. direkten Erkennung des Pathogens durch einen membrangebundenen phagocytischen PRR, gibt es auch lösliche PRR, welche das Pathogen binden und so als fremd markieren (**Opsonisierung**). Die an das Pathogen gebundenen PRR werden dann ihrerseits von Rezeptoren auf den Phagocyten erkannt und phagocytiert. Ein Beispiel einer solchen **opsoninabhängigen Phagocytose** ist die Bindung eines Akutphaseproteins (Mannose-Binde-Lektin, MBL) als löslicher PRR an seinen Liganden auf den Pathogenen und die Erkennung des gebundenen MBL durch den Komplementrezeptor CR3 auf Phagocyten, wodurch die Phagocytose eingeleitet wird. Weitere **opsonisierende Rezeptoren** sind das C-reaktive Protein (CRP, S. 792) und die nicht zu den PRR zählenden Komplementproteine (S. 789) sowie die im Rahmen der adaptiven Immunantwort gebildeten Immunglobuline (S. 821, Abb. 13.**21**).

PRR gehören **unterschiedlichen Rezeptorgruppen** an: Lektine, Scavenger-Rezeptoren, der LPS-Rezeptor, nicht-phagocytische, membranständige Rezeptoren wie Toll-Like-Rezeptoren und der N-Formylmethionyl-Peptid-Rezeptor und cytoplasmatische Rezeptoren wie NOD-Like-Rezeptoren und Rezeptoren mit Helicase-Domäne.

Lektine sind Kohlenhydrat-bindende Rezeptoren. Die Familie der **C-Typ-Lektine** umfasst mehr als 20 Rezeptoren, die durch mindestens eine C-Typ-Lektin-ähnliche Domäne (C-Type Lectin-Like Domain, CTLD) charakterisiert sind, darunter die membranständigen Rezeptoren **Makrophagen-Mannose-Rezeptor** (**MMR**), **DC-SIGN** und **Dectin-1** (**β-Glucan-Rezeptor**) sowie die löslichen, zu den Collektinen gehörenden Rezeptoren **Mannose-Binde-Lektin** und **Surfactant-Proteine**. Alle erkennen Glykosylierungen mit Mannose, Fucose und anderen Kohlenhydraten oder β-Glucane, wie sie nur auf der Oberfläche von Pathogenen auftreten. Die Spezifität der Bindung ergibt sich aus der Natur des jeweiligen Kohlenhydrats, seiner Häufigkeit (repetitiv) und räumlichen Anordnung (insbesondere terminale Position).

Der **MMR** ist ein Typ-I Transmembranprotein mit 8 CTLD. Er wird von Makrophagen exprimiert und erkennt mit Mannose, Fucose und N-Acetylglucosamin glykosylierte Glykolipide und Glykoproteine auf der Oberfläche zahlreicher Pathogene (Bakterien, Viren, Pilze, Parasiten).

DC-Sign ist ein Tetramer eines Typ-II-Transmembranproteins mit einer CTLD. Es wird von dendritischen Zellen und Makrophagen exprimiert und erkennt komplexere interne wie auch terminale mannosehaltige Strukturen. Neben Bakterien und Pilzen bindet DC-Sign auch HIV und andere Viren.

Dectin-1 ist ein Typ-II-Transmembranprotein mit einer CTLD. Es wird auf Monocyten/Makrophagen, dendritischen Zellen, neutrophilen Granulocyten, aber auch auf anderen Zellen exprimiert. Dectin-1 ist ein Rezeptor für β-Glucan, ein Polysaccharid, das den Hauptbestandteil der Zellwand von zahlreichen Pilzen bildet, aber ebenfalls bei Bakterien vorkommt. β-Glucane können auch vom Komplementrezeptor CR3 gebunden werden.

MBL ist ein lösliches Lektin mit einer CTLD. Es wird als Akutphaseprotein in der Leber gebildet und tritt als Oligomer (3–6) eines Homotrimers auf. MBL erkennt Mannose-, Fucose-, N-Acetylglucosamin- und N-Acetylmannosamin-Glykosylierungen auf vielen Pathogenen. Durch MBL-Opsonisierung werden die Pathogene einer durch den Komplementrezeptor CR3 vermittelten Phagocytose zugänglich.

Surfactant-Proteine (SP-A, SP-D) ähneln in ihrer Struktur MBL (Oligomere aus Homotrimeren mit einer CTLD). Sie werden in der Lunge gebildet und in den Alveolarraum sezerniert. SP-A und SP-D binden an ein breites Spektrum von Kohlenhydraten, darunter Glykosylierungen mit Glucose, Mannose, Fucose, N-Acetylmannosamin, Maltose und Inositol. Durch diese Opsonisierung der Pathogene werden sie über den Surfactant-Rezeptor auf Phagocyten erkannt und phagocytiert.

Scavenger-Rezeptoren sind eine Gruppe von strukturell nicht verwandten Multiligandenrezeptoren. Sie erkennen polyanionische Liganden wie Bestandteile der Zellwand grampositiver (LTA) oder gramnegativer Bakterien (Lipid A). Zu den Scavenger-Rezeptoren gehören **ScR-A**, **MARCO**, **ScR-BI** und **CD36**. Als endogene Liganden binden sie modifizierte Low Density Lipoproteine (mLDL). Sie sind auch an der phagocytischen Entfernung apoptotischer und gestresster körpereigener Zellen beteiligt.

ScR-A ist ein homotrimeres Typ-II Transmembranprotein auf Makrophagen. Es bindet Lipid A, LTA und bakterielle Lipoproteine. **MARCO**, ein weiterer Klasse A Scavenger-Rezeptor auf Makrophagen, besitzt eine ähnliche Struktur und ein vergleichbares Bindungsspektrum.

ScR-BI (CLA-1) und **CD36** sind Typ-III Transmembranproteine, die Dimere und Trimere bilden können. Sie gehören zu den Klasse B Scavenger-Rezeptoren und werden von Monocyten/Makrophagen und dendritischen Zellen exprimiert. ScR-BI bindet an LPS und LTA und u. a. an ein Glykoprotein des Hepatitis C Virus. CD36 hat viele Liganden. Es bindet diacylierte Lipopeptide, LTA und LPS in der Zellwand von Mikroorganismen und PfEMP, ein Protein von Plasmodien, das auf infizierten Erythrocyten erscheint und deren phagocytische Beseitigung gestattet. Ähnlich zum CD14/TLR-4/MD-2-LPS-Rezeptor-Komplex wird eine Interaktion von CD36 mit TLR-2/6 für die Bindung von LTA und für bakterielle Lipopeptide angenommen.

CD14, ein Glykosylphosphatidyl-verankertes Protein, bildet mit dem Toll-Like-Rezeptor-4 (TLR-4) und MD-2 den **LPS-Rezeptor-Komplex** auf Monocyten und Makrophagen. Die Bindung von LPS an CD14 wird zudem durch den löslichen PRR, **LPS-Binde-Protein** (**LBP**), vermittelt. Dieses Akutphaseprotein, das in der Leber synthetisiert wird, bindet LPS im Serum und überträgt es auf CD14, das mit TLR-4/MD-2 interagiert.

Der nicht-phagocytische **N-Formylmethionyl-Peptid-Rezeptor** auf Phagocyten bindet an Formylmethionin-tragende Peptide, welche den Beginn vieler bakterieller Proteine markieren. Sie sind ein Lockstoff (**Chemoattraktant**) für Phagocyten und induzieren deren Migration hin zum Infektionsort, wo die höchste Konzentration solcher Lockstoffe vorliegt.

Toll-Like-Rezeptoren (TLR) sind eine Gruppe nicht phagocytischer PRR, die eine zentrale Rolle in der Regulation der Immunantwort spielen (Tab. 13.1). Sie finden

Tab. 13.1 Toll-Like-Rezeptoren und ihre Liganden

TLR-1/2	Triacylierte Lipoproteine/-peptide insbesondere grampositiver Bakterien, Peptidoglykane
TLR-2/6	Bakterielle Lipoteichonsäuren, diacylierte Lipoproteine/-peptide und Peptidoglykane; fungales Zymosan
TLR-3	Doppelsträngige virale RNA
TLR-4	LPS gramnegativer Bakterien; fungale Mannane; parasitäre Phospholipide; virale Hüllproteine; Heat Shock Protein 60
TLR-5	Bakterielles Flagellin
TLR-7	Einzelsträngige virale RNA (Guanin/Uracil-reich)
TLR-8	Einzelsträngige virale RNA
TLR-9	Unmethylierte bakterielle Cytosin-Guanin-Dinucleotide (CpG)
TLR-10	?
TLR-11	Parasitäres Profilin
TLR-12	?

sich bei allen Vertebraten, aber auch bei einfacheren Invertebraten wie *Drosophila melanogaster*, aus der das namensgebende Molekül für die Gruppe (Toll) kloniert wurde, sowie bei Pflanzen. In einigen Spezies wie Seegurken, die über mehr als 200 TLR-Gene verfügen, wurde das TLR-System stark diversifiziert, um eine große Zahl an Rezeptorspezifitäten zu generieren. TLR sind Typ-I Transmembranrezeptoren auf Monocyten, Makrophagen, dendritischen Zellen, neutrophilen Granulocyten und anderen Zellen.

Für die PAMP-Bindung sind extrazelluläre repetitive Leucin-reiche Module (**LRR, Leucin Rich Repeats**) verantwortlich, die sich in Anzahl und Länge zwischen den einzelnen TLR unterscheiden. TLR erkennen eine Vielzahl bakterieller, viraler, fungaler und parasitärer **PAMP-Liganden**, aber auch **endogene Liganden** wie Stressproteine. In der Plasmamembran lokalisierte TLR (TLR-1, -2, -4, -5, -6, -10) erkennen extrazelluläre PAMP, TLR in der Membran von Phagosomen (TLR-2, -3, -4, -7, -8, -9) PAMP, die erst nach partiellem Abbau der Pathogene einer Erkennung zugänglich werden, wie bakterielle DNA oder virale RNA.

Die cytoplasmatische **Toll/Interleukin-1-Rezeptor- (TIR)Domäne** der TLR vermittelt die Signaltransduktion der PAMP-Bindung, die in einer Aktivierung des **Transkriptionsfaktors NF-κB** oder **AP-1** resultiert. In der Folge werden andere PRR wie MARCO hochreguliert und die Reifung von Phagosomen sowie die Freisetzung von reaktiven Sauerstoffmetaboliten induziert, d. h. Effektormechanismen der nicht-adaptiven Immunantwort verstärkt oder moduliert. Ferner führen die TLR-Signale zur Induktion der **proinflammatorischen Cytokine** (IL-1, IL-6, IL-8 und Tumornekrosefaktor α, TNFα) in Makrophagen, welche die **frühe induzierte Immunantwort** einleiten (S. 792) und die **Aktivierung dendritischer Zellen** in der afferenten Phase der adaptiven Immunantwort beeinflussen (S. 830). Die Erkennung ihrer viralen PAMP-Liganden durch intrazelluläre TLR oder durch die cytoplasmatischen Helikase-Rezeptoren wie RIG-I (s. u.) stimuliert in virusinfizierten Zellen die Bildung von **Interferon (IFN)-α** und **IFN-β**, die **anti-virale Effektorprogramme** initiieren: Inhibition der viralen Replikation, Abbau viraler RNA, Inhibition der Proteinbiosynthese, Aktivierung dendritischer Zellen und NK-Zellen sowie verstärkte Expression von HLA-Klasse I-Molekülen und dadurch höhere Sensitivität der infizierten Zellen für eine Erkennung durch cytotoxische Effektor-T-Zellen (S. 822).

NOD-Like-Rezeptoren (**NLR**; NOD: Nucleotide-Binding Oligomerization Domain) und **Helikase-Rezeptoren** sind cytoplasmatisch lokalisierte PRR. Sie erlauben die Erkennung einer **intrazellulären Infektion** durch die jeweils infizierte Zelle selbst. NLR besitzen carboxyterminale LRR, über die sie Peptidoglykane mit meso-Diaminopimelinsäure (gramnegative Bakterien; NOD-1) oder das Muramyldipeptid (grampositive und -negative Bakterien; NOD-2) binden. Die Helikase-Rezeptoren RIG-I (Retinoic Acid Inducible Gene I) und MDA5 (Melanoma Differentiation Associated Gene 5) sind spezifisch für triphosphorylierte, doppelsträngige RNA, wie sie bei verschiedenen Viren vorkommt.

13.2.2 Das Komplementsystem

Neben der zellvermittelten Phagocytose steht dem Organismus im Rahmen der nicht adaptiven Immunantwort mit dem Komplementsystem ein weiterer Mechanismus zur Infektabwehr unmittelbar zur Verfügung, der auf einer Reihe von Plasmaproteinen beruht, den **Komplementproteinen**. Diese können durch **Opsonisierung** zur Beseitigung von Pathogenen durch Phagocytose beitragen, agieren als **Lockstoffe**, die Phagocyten zum Infektionsort führen und bilden **Poren** in Pathogenen, wodurch diese lysiert werden. Am Beginn der kaskadenartigen Komplementreaktion, die durch eine sukzessive proteolytische Spaltung und Aktivierung von Komplementproteinen charakterisiert ist, steht die Bindung von Komplementproteinen an die Oberfläche der Pathogene (Abb. 13.**3**). Sie kann entweder direkt erfolgen (alternative Komplementaktivierung), durch Lektine vermittelt sein (Lektinweg der Komplementaktivierung) oder sich als Effektormechanismus der adaptiven Immunantwort (S. 821, Abb. 13.**21**), an die Bindung eines Immunglobulins an ein Pathogen anschließen (klassische Komplementaktivierung):

Der **alternative Weg der Komplementaktivierung** wird durch die spontane Hydrolyse des Komplementproteins C3 zu C3a und C3b und die anschließende Bindung von **C3b** über seine Thioestergruppe an Zelloberflächen initiiert. An C3b bindet das Komplementprotein B, das durch das Komplementprotein D in Ba und Bb proteolytisch gespalten wird. Auf der Zelle verbleibt der **C3bBb-Komplex**, bei dem es sich um ein aktives Enzym handelt, die **C3-Konvertase**. Diese Serinprotease katalysiert die Hydrolyse von C3 zu C3a und C3b. Die Stabilität der C3-Konvertase auf der Zelloberfläche ist entscheidend für den weiteren Verlauf der Komplementreaktion und ihre **Pathogenspezifität**. Körpereigene Zellen werden durch Bildung

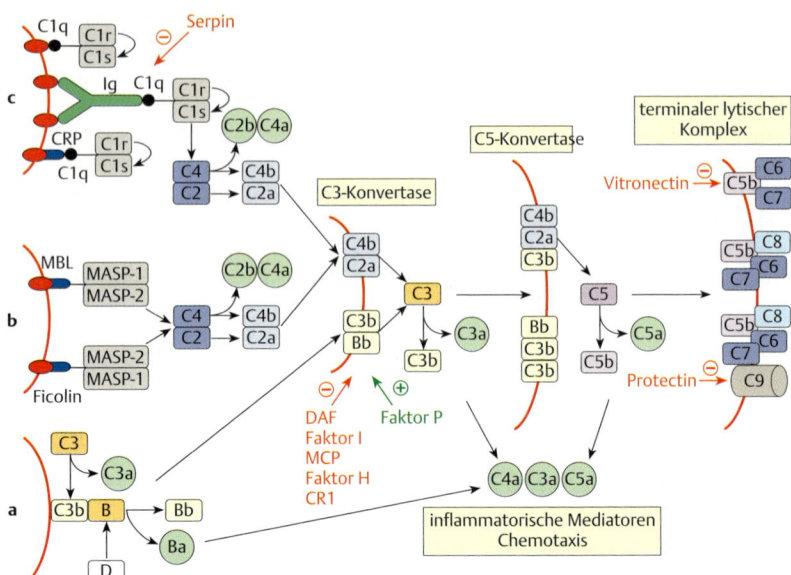

Abb. 13.3 **Das Komplementsystem.** Die Komplementkaskade wird durch direkte Bindung (alternativer Weg, a), durch Lektine vermittelte Bindung (Lektinweg, b) oder durch Bindung eines Immunglobulins (klassischer Weg, c) an das Pathogen initiiert. Sukzessive werden Komplementproteine aktiviert, was über die C3- und C5-Konvertasen zur Ausbildung des terminalen lytischen Komplexes (Pore) in der Membran des Pathogens führt, durch den das Pathogen lysiert wird. Körpereigene Zellen werden durch die Bildung der komplementregulatorischen Proteine vor der Aktivität des Komplementsystems geschützt.

der **komplementregulatorischen Proteine** geschützt, die die C3-Konvertase auf der Zelloberfläche destabilisieren: DAF (Decay Accelerating Factor), Faktor I, MCP (Membrane Cofactor of Proteolysis), Faktor H und der Komplementrezeptor CR1. Sie verdrängen Bb in der C3-Konvertase und führen zur Spaltung von C3b zum inaktiven iC3b. Bei Pathogenen, die nicht über diese Proteine verfügen (**Fehlen von Selbst**, S. 780), verbleibt die C3-Konvertase auf der Oberfläche und wird weiter durch Bindung des Faktors P stabilisiert. Durch die Aktivität der C3-Konvertase wird nun auf Pathogenen vermehrt C3 in C3a und C3b gespalten, wodurch sich C3b, aber auch iC3b, auf der Oberfläche der Pathogene anreichert. So kann es als **Opsonin** über den Komplementrezeptor CR1 (C3b) bzw. CR3 und CR4 (iC3b) auf Phagocyten für die Erkennung und Phagocytose der Pathogene genutzt werden. Liegt ausreichend C3b vor, bildet sich ein **C3bC3bBb-Komplex**; dieser ist eine weitere aktive Serinprotease, **C5-Konvertase** genannt, die C5 in C5a und C5b spaltet. Die Bindung von C5b an die Oberfläche des Pathogens ist der erste Schritt der Ausbildung des in die Membran des Pathogens integrierten **terminalen lytischen Komplexes** (**Membrane Attack Complex**). An C5b binden sukzessive C6, C7 und C8, gefolgt von der Polymerisierung von 10–16 Molekülen C9 zu einer **Pore** von ca. 10 nm Durchmesser, durch die es zur **Lyse** des Pathogens kommt. Bei körpereigenen Zellen kann die Ausbildung des terminalen lytischen Komplexes durch Vitronectin und Protectin verhindert werden.

Beim **Lektinweg der Komplementaktivierung** binden die **Lektine MBL** (S. 784) oder **Ficoline** (erkennen N-Acetylglucosamin-enthaltende Polysaccharide auf Pathogenen) spezifisch an das Pathogen und werden ihrerseits durch **MASP-1** und **-2** (Mannose-Binding Lectin-Associated Serin Protease) erkannt. Durch diese Bindung wird die Proteaseaktivität von MASP-2 aktiviert und C4 in C4a und C4b sowie C2 in C2a und C2b gespalten (üblicherweise werden die kleineren Spaltprodukte der Komplementproteine mit „a", die größeren mit „b" bezeichnet, nicht so jedoch bei C2). Der **C4bC2a-Komplex** bleibt auf der Pathogenoberfläche gebunden. Wie der C3bBb-Komplex des alternativen Weges der Komplementaktivierung hat er **C3-Konvertase-Aktivität**. Durch Anlagerung des enzymatisch gebildeten C3b entsteht ein **C4bC2aC3b-Komplex** mit **C5-Konvertase-Aktivität**, der über die Bildung von C5b die Entstehung des **terminalen lytischen Komplexes** auf den Pathogenen einleitet (s. o.). Wie C3b kann C4b als Opsonin für die Phagocytose dienen. Ferner führt die Bildung von C3b durch die C4bC2a-C3-Konvertase zu einer Initiation des alternativen Weges der Komplementaktivierung.

Der **klassische Weg der Komplementaktivierung** wird durch die spezifische Bindung eines **Immunglobulins** (S. 821, Abb. 13.**21**) an ein Oberflächenantigen eines Pathogens eingeleitet. An dieses Immunglobulin bindet das Komplementprotein **C1q**, das auch an das Akutphaseprotein **CRP** (bindet bakterielle Phospholipide wie Phosphorylcholin) oder über **polyanionische Strukturen** direkt an das Pathogen binden kann. C1q bildet zusammen mit den beiden Proteasen C1r und C1s den multimeren C1-Komplex. Durch die Bindung an das Pathogen über C1q erfährt der C1-Komplex eine Konformationsänderung, die C1r aktiviert. C1s wird durch Spaltung aktiviert und spaltet nun seinerseits proteolytisch C4 und C2. Es entsteht analog zum Lektinweg die **C4bC2a-C3-Konvertase**, und alle weiteren Schritte entsprechen ebenfalls denen des Lektinweges und resultieren in der Ausbildung des **terminalen lytischen Komplexes**. Der Serinproteaseinhibitor Serpin begrenzt die zeitliche Aktivität der C1r- und C1s-Proteasen.

Die durch die Aktivität der C3-Konvertasen, C5-Konvertasen, MASP-2 und C1s gebildeten kleineren Spaltprodukte C3a, C4a und C5a sind potente **Lockstoffe** für Phagocyten (**Chemotaxis**). Sie werden auch als **Peptidmediatoren der Entzündung** oder Anaphylatoxine bezeichnet und verändern die Gefäßpermeabilität und die Aktivität von gewebeständigen **Mastzellen**. Diese setzen daraufhin weitere Entzündungsmediatoren wie Histamin und Serotonin frei und potenzieren dadurch den Entzündungsprozess. Außerdem fördern sie die Expression von Adhäsionsmolekülen auf Endothelzellen, wodurch sie an der Regulation des Eintritts von Phagocyten ins infizierte Gewebe beteiligt sind (S. 792).

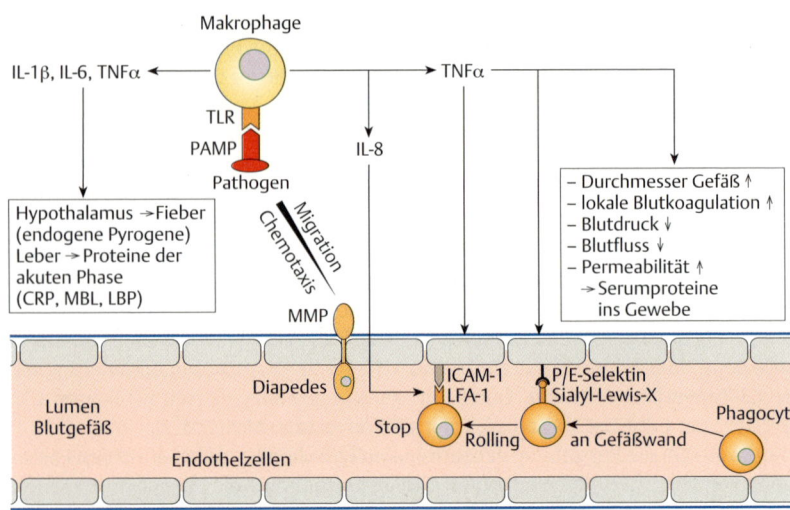

Abb. 13.**4** **Die frühe induzierte Immunantwort und der Entzündungsprozess.**

Schon einige Invertebraten verfügen über Homologe der Komplementproteine C3 und B, d. h. der Ausgangsproteine für den alternativen Weg der Komplementaktivierung, und C3-Homolog-markierte Pathogene werden vermehrt phagocytiert. Auch Ficoline wurden nachgewiesen. In Chordata scheint das Komplementsystem als Abwehrmechanismus etabliert zu sein.

13.2.3 Die frühe induzierte Immunantwort und der Entzündungsprozess

Die Erkennung von Pathogenen durch **PRR** (S. 784) führt zur Aktivierung der **Makrophagen**, die daraufhin die **Cytokine IL-1β**, **IL-6** und **TNFα** sowie das **Chemokin IL-8** sezernieren. Diese **proinflammatorischen Faktoren** initiieren zusammen mit den Peptidmediatoren, die im Verlauf der Komplementkaskade gebildet werden (C3a, C4a und C5a, S. 789), die frühe induzierte Immunantwort und leiten den Entzündungsprozess ein (Abb. 13.**4**): Die lokale Antwort wird verstärkt, indem Effektorzellen und -moleküle zum Infektionsort rekrutiert werden. Eine Ausweitung der Infektion wird durch eine lokale Blutkoagulation unterdrückt. Systemische Effektormechanismen werden induziert, die einerseits Pathogene bekämpfen, die den primären Infektionsort bereits verlassen haben und weiter in den Organismus vorgedrungen sind. Andererseits wird durch diese Mechanismen auch die lokale Abwehr verstärkt.

Von Makrophagen am Infektionsort im Gewebe gebildetes **TNFα**, aber auch das Komplementprotein C5a, wirken auf benachbarte kleine Blutgefäße. Der Gefäßdurchmesser und Blutfluss nehmen zu, verbunden mit einer Abnahme der Flussgeschwindigkeit und des Blutdruckes. Die Permeabilität der Gefäße steigt an, wodurch **Plasma** mit Plasmaproteinen wie Komplementproteinen vermehrt aus dem Gefäß ins Gewebe übertritt. Hierdurch werden die bei Infektionen zu beobachtenden Symptome Erwärmung, Rötung, Anschwellung und Schmerz verursacht. Weiter kommt es zu einer vermehrten Bindung von Thrombocyten an die Gefäßwand und hierdurch zur **Koagulation** von Mikrogefäßen, die eine Ausbreitung der Pathogene verhindern soll. TNFα und C5a induzieren in **Endothelzellen** der Gefäßwand die Expression der Lektine **P-** und **E-Selektin**. Diese binden an ihre Oligosaccharid-Liganden (**Sialyl-Lewis-X**) auf der Oberfläche von **Phagocyten**. Die Phagocyten sind durch die verringerte Flussgeschwindigkeit eher wandständig lokalisiert, wodurch die Bindung erleichtert wird. Durch diese schwache Wechselwirkung werden die Phagocyten weiter in ihrer Bewegung im Gefäß abgebremst. Die Scherkräfte des Blufflusses lösen die Lektin-Bindung jedoch immer wieder, weshalb die Phagocyten an der Gefäßwand entlang rollen (**Rolling**).

Ebenfalls unter dem Einfluss von TNFα regulieren Endothelzellen das **Adhäsionsmolekül ICAM-1** (Inter Cellular Adhesion Molecule 1) hoch. Gleichzeitig wird durch **IL-8** die Konformation des Liganden für ICAM-1 auf den Phagocyten, **LFA-1** (Leukocyte Function Antigen 1), verändert, sodass er eine hochaffine Wechselwirkung mit ICAM-1 eingehen kann, die zum Abstoppen der Phagocyten an der Gefäßwand führt. Zwischen zwei Endothelzellen hindurch treten die Phagocyten ins Gewebe über (**Diapedese**), wobei die Basalmembran des Gefäßes durch Matrixmetalloproteinasen (MMP) lokal aufgelöst wird. Entlang des **Konzentrationsgradienten** verschiedener **Lockstoffe** wie IL-8, C3a, C4a und C5a wandern die Phagocyten im Gewebe zum Infektionsort. Neutrophile Granulocyten sind die ersten Zellen, die nach wenigen Stunden den Infektionsort erreichen. Zu einem späteren Zeitpunkt (ca. 48h) kommt es auch zu einer Einwanderung von Monocyten ins Gewebe.

Neben diesen lokalen Effekten haben die von Makrophagen sezernierten Proteine **IL-1β**, **IL-6** und **TNFα** auch systemische Auswirkungen. Sie wirken als **endogene Pyrogene** über die Induktion von Prostaglandin E2 auf den Hypothalamus und bewirken einen Anstieg der Körpertemperatur (Fieber). Einerseits trägt die erhöhte Temperatur zu einer Reduktion des Wachstums der Pathogene bei, andererseits wird hierdurch die Aktivität von TNFα eingeschränkt, das massive Veränderungen an den Gefäßen verursacht und deshalb bei andauernder oder ausgeweiteter Aktivität schädlich für den Organismus ist. In der Leber induzieren die proinflammatorischen Cytokine die Produktion der **Proteine der akuten Phase**, die löslichen PRR **C-reaktives Protein** (**CRP**), **Mannose-Binde-Lektin** (**MBL**, auch als Mannose-Binde-Protein [MBP] bezeichnet) und **LPS-Binde-Protein** (**LBP**), die die Pathogene für die Phagocytose opsonisieren und eine Bindung und Aktivierung des Komplementsystems ermöglichen (S. 784, S. 789).

Physiochemische Barriere: Intakte Epithelien und durch Luft- und Flüssigkeitsströmungen entstehende Scherkräfte sowie an den Epithelien gebildete Substanzen wie Mucus, Enzyme und antimikrobiell wirksame Peptide bilden den ersten Schutz vor Infektionen durch Pathogene.

Mikrobielle Barriere: Nicht-pathogene, kommensale Mikroorganismen auf den Epithelien tragen durch Konkurrenz mit pathogenen Keimen um Nährstoffe und Anheftungsstellen sowie durch die Bildung antimikrobiell wirksamer Antibiotika und Bakteriocinen zum Schutz vor Infektionen bei.

Nicht-adaptive Immunantwort: Unmittelbar verfügbare Mechanismen mit breiter Pathogenspezifität, die greifen, nachdem die Pathogene in den Organismus eingedrungen sind. Die nicht-adaptive Immunantwort führt nicht zur Ausbildung eines immunologischen Gedächtnisses.

Phagocyten: Mononucleäre P.: **Makrophagen** und **Monocyten**; polymorphkernige P: **neutrophile Granulocyten**.

Phagocytose: Aufnahme partikulären Materials (z. B. von Pathogenen) durch Phagocyten in ein Phagosom und dessen Reifung durch Fusion mit Lysosomen (enzymreiche Vesikel) und Ansäuerung des pH zum Phagolysosom, in dem die Pathogene abgetötet und abgebaut werden.

Pathogen Associated Molecular Patterns (PAMP): Strukturen, die vielen Mikroorganismen gemein sind (z. B. Bestandteile der bakteriellen oder fungalen Zellwand), auf körpereigenen Zellen jedoch nicht vorkommen. Die Erkennung von PAMP auf Pathogenen durch **PRR** der Phagocyten initiiert die Phagocytose und stellt ihre Pathogenspezifität sicher.

Pattern Recognition Rezeptoren (PRR): **Lektine** erkennen Kohlenhydratstrukturen mit Mannose oder β-Glucane; **Scavenger-Rezeptoren** haben Spezifität für polyanionische Liganden wie Lipoteichonsäuren; **LPS-Rezeptor**; **N-Formylmethionyl-Peptid-Rezeptor** erkennt Formylmethionin-tragende bakterielle Peptide und stimuliert die Migration der Phagocyten zum Infektionsort; nicht-phagocytische **Toll-Like-Rezeptoren** binden eine Vielzahl pathogener Liganden, was in einer Aktivierung der Transkriptionsfaktoren NF-κB und AP-1 resultiert, die unterschiedlichste immunologische Programme initiieren wie die Induktion weiterer PRR oder die Aktivierung von dendritischen Zellen; cytoplasmatische **NOD-Like-Rezeptoren** und **Helikase-Rezeptoren**, die bakterielle und virale intrazelluläre Infektionen in der betroffenen Zelle selbst detektieren.

Opsonisierung: Pathogene werden durch die Bindung eines körpereigenen Proteins wie eines löslichen PRR, einer Komplementkomponente oder eines Immunglobulins markiert und so den immunologischen Effektormechanismen (z. B. der Phagocytose oder Komplementlyse) zugänglich gemacht.

Interferon-α und **-β:** Werden in virusinfizierten Zellen durch die Erkennung der viralen Infektion bspw. über TLR-3 oder Helikase-Rezeptoren induziert. Sie initiieren in der infizierten Zelle anti-virale Effektorprogramme wie den Abbau der viralen RNA und eine verstärkte Expression von HLA-Klasse I.

Komplementsystem: Sequenzielle proteolytische Spaltung und Aktivierung von Komplementproteinen, die durch Opsonisierung und Porenbildung (terminaler lytischer Komplex) in der Membran des Pathogens zu dessen Beseitigung beitragen oder als Lockstoffe (Chemoattraktant) Phagocyten zum Infektionsort rekrutieren. Die Komplementkaskade beginnt durch die Bindung eines Komplementproteins an die Oberfläche des Pathogens. Diese Bindung kann direkt erfolgen (**alternative Komplementaktivierung**) oder durch ein an das Pathogen gebundenes Lektin (MBL, Ficolin - **Lektinweg**) oder Immunglobulin (**klassische Komplementaktivierung**) vermittelt sein.

Frühe induzierte Immunantwort: Von aktivierten Makrophagen gebildete **proinflammatorische Cytokine** (IL-1β, IL-6, IL-8, TNFα) sowie die Peptidmediatoren der Entzündung des Komplementsystems (C3a, C4a, C5a) induzieren Veränderungen in lokalen Gefäßen, die zu einer Auswanderung von Phagocyten aus den Blutgefäßen ins betroffene Gewebe und hin zum Infektionsort führen. Durch eine erhöhte Gefäßpermeabilität gelangen ferner vermehrt Plasmaproteine zum Infektionsort. Die proinflammatorischen Cytokine wirken auf den Hypothalamus und induzieren einen Anstieg der Körpertemperatur. In der Leber wird die Bildung der **Proteine der akuten Phase** (CRP, MBL, LBP) angeregt; dies sind lösliche PRR, die potente Opsonine für die Phagocytose und Komplementaktivierung darstellen. Hierdurch wird die lokale Antwort verstärkt und ein erster systemischer Schutz etabliert.

13.3 Die adaptive Immunantwort

Die adaptive Immunantwort wird durch **B-** und **T-Zellen** vermittelt. Sie verfügen über monoklonal verteilte Antigenrezeptoren mit hoher Feinspezifität, die **Immunglobuline** und die **T-Zell-Rezeptoren**. Immunglobuline erkennen eine Vielzahl von molekularen Strukturen, wogegen die Erkennung des T-Zell-Rezeptors auf Peptide beschränkt ist, die von **HLA-Molekülen** präsentiert werden. Die Vielfalt an Rezeptorspezifitäten entsteht durch **somatische Rekombination**. In der Initiationsphase der Immunantwort vermehren sich und differenzieren zu Effektorzellen nur jene B- und T-Zellen, die über einen Antigenrezeptor verfügen, dessen Antigen im Organismus vorliegt (**klonale Selektion**). Durch **dendritische Zellen** instruierte **T-Helfer-Effektorzellen** steuern diesen Prozess und bestimmen Effektivität und Selbsttoleranz der Antwort.

Immunglobuline als die Effektormoleküle der **humoralen Immunantwort** tragen als opsonisierende Rezeptoren zur Beseitigung von Pathogenen durch Phagocytose, Lyse oder die Freisetzung von Entzündungsmediatoren bei. **Cytotoxische Effektor-T-Zellen** vermitteln die **zelluläre Immunität**. Sie induzieren in den spezifisch erkannten Zielzellen Apoptose.

Parallel zur Effektorantwort entwickelt sich ein **immunologisches Gedächtnis**, das bei einer weiteren Infektion durch das gleiche Pathogen eine schnellere und effizientere Immunantwort gestattet.

13.3.1 Rezeptoren der adaptiven Immunantwort

Die Rezeptoren der adaptiven Immunantwort sind die **Immunglobuline** und **T-Zell-Rezeptoren**. Ihre Erkennung von Pathogenen beruht auf einer hohen **Feinspezifität** und unterscheidet sich dadurch grundlegend vom Erkennungsprinzip der nicht-adaptiven Immunantwort, wo viele konservierte Pathogenstrukturen und damit Gruppen von Pathogenen durch wenige Rezeptoren mit breiter Spezifität erkannt werden. Bei der adaptiven Immunantwort werden dagegen viele Rezeptoren für viele Antigene benötigt, und von jedem Rezeptor wird jeweils eine oder wenige Pathogenspezies erkannt.

Immunglobuline

Immunglobuline (Ig) sind die **Antigenrezeptoren der B-Zellen**. Als **membrangebundene Rezeptoren** haben sie **regulatorische Funktion** und entscheiden über die Aktivierung einer B-Zelle und ihre Differenzierung zur Effektor-B-Zelle, der Plasmazelle. **Lösliche Immunglobuline** hingegen, die auch als **Antikörper** bezeichnet werden, sind die **Effektormoleküle** der humoralen adaptiven Immunantwort. Sie werden von Plasmazellen in großer Menge sezerniert. Immunglobuline können eine Vielzahl von Substanzen mit hoher Spezifität binden, darunter Kohlenhydrate, Lipide, Nucleinsäuren und Proteine. Die von Immunglobulinen gebundenen Moleküle werden als Antigene bezeichnet, die eigentlichen Bindungsstellen auf den Antigenen, d. h. die molekularen Strukturen des Antigens, die unmittelbar mit dem Immunglobulin interagieren, als Epitop oder antigene Determinante. Obwohl es sehr viele Immunglobulinspezifitäten gibt (S. 805), bildet jede B-Zelle nur Immunglobuline einer Spezifität, weshalb man von einer **monoklonalen Verteilung** spricht. Die von einem B-Zell-Klon gebildeten Immunglobuline, d. h. von B-Zellen, die durch Zellteilung aus einer einzelnen B-Zelle mit einem Immunglobulin einer definierten Spezifität entstanden sind, werden entsprechend als **monoklonale Antikörper** bezeichnet.

Makromoleküle verfügen zumeist über mehrere unterschiedliche Epitope. Auch kleinere, einfachere Strukturen werden von Immunglobulinen gebunden, stimulieren aber häufig alleine als sogenannte Haptene keine Immunantwort, d. h. nicht die Bildung der entsprechenden Immunglobuline. Hierfür müssen die Haptene an einen makromolekularen Carrier gebunden sein (S. 825).

Immunglobuline sind **Tetramere** (Abb. 13.**5**) aus zwei identischen **schweren** (H, Heavy) und zwei identischen **leichten Ketten** (L, Light), wobei die beiden schweren Ketten und eine leichte und eine schwere Kette jeweils durch Disulfidbrücken kovalent zu einem Y-förmigen Molekül miteinander verbunden sind. Bei den leichten Ketten werden **κ- und λ-Ketten** unterschieden, wogegen bei den schweren Ketten je nach Spezies unterschiedliche Ketten auftreten. Beim Menschen sind dies die **μ-, δ-, γ1-, γ2-, γ3-, γ4-, ε-, α1- und α2-Ketten**. Die Art der schweren Kette definiert den **Isotyp** eines Immunglobulins. So wird ein Immunglobulin aus zwei leichten Ketten (κ oder λ) und zwei schweren μ-Ketten als IgM bezeichnet. Der Isotyp eines Immun-

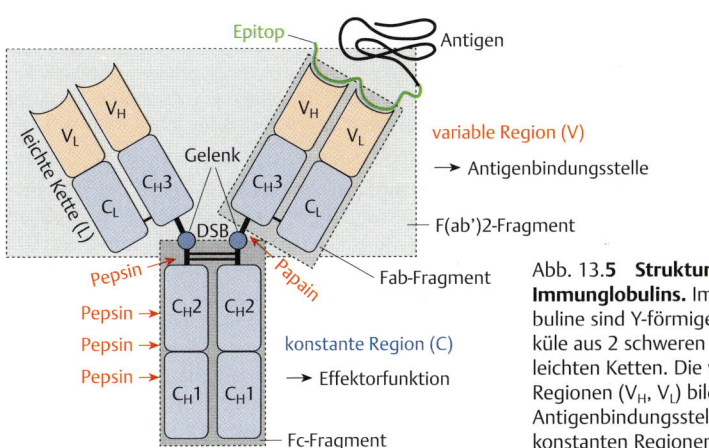

Abb. 13.**5** **Struktur eines Immunglobulins.** Immunglobuline sind Y-förmige Moleküle aus 2 schweren und 2 leichten Ketten. Die variablen Regionen (V_H, V_L) bilden die Antigenbindungsstelle, die konstanten Regionen (C_H) der schweren Kette vermitteln die Effektorfunktion.

globulins bestimmt seine **funktionellen Eigenschaften**, d. h. welcher Effektormechanismus nach Antigenbindung genutzt werden kann (S. 821, Abb. 13.**21**).

Immunglobuline sind durch mehrere globuläre, jeweils von 110 Aminosäuren gebildete Domänen, die sogenannten **Immunglobulindomänen**, charakterisiert: zwei bei den leichten Ketten und vier oder fünf bei den schweren Ketten. Die aminoterminalen Domänen bilden die **variablen Regionen** (V_L und V_H, S. 805, Abb. 13.**11**). Innerhalb der variablen Regionen variieren die Aminosäuren in drei Bereichen besonders stark, die **hypervariablen Regionen** oder **CDR** (Complementarity Determining Regions). Jeweils eine V_H- und eine V_L-Region bilden zusammen eine **Antigenbindungsstelle**, an der insbesondere die hypervariablen Regionen beteiligt sind, d. h. typische Immunglobuline sind bivalent. Ausnahmen sind IgA und IgM, die als Dimere bzw. Pentamere aus Y-förmigen Molekülen vorliegen, die durch eine J-Kette kovalent über Disulfidbrücken verbunden sind und vier bzw. zehn Antigenbindungsstellen aufweisen.

Die übrigen Domänen bilden die **konstanten Regionen** der schweren und leichten Ketten ($C_H1–C_H3/4$ und C_L). Die konstante Region der schweren Kette trägt die **funktionellen Eigenschaften** der Immunglobuline. Dazu gehören die Fähigkeit, die Komplementkaskade zu initiieren oder als Opsonin für die Phagocytose zu dienen (S. 821, Abb. 13.**21**). Zwischen den Domänen C_H2 und C_H3 liegt das **Gelenk**, das eine gewisse Beweglichkeit der beiden Antigenbindungsstellen und damit eine Anpassung an die räumliche Struktur eines Antigens mit mehreren identischen Epitopen gestattet.

Durch einen **enzymatischen Verdau** mit Papain wird ein Immunglobulin in drei Fragmente gespalten: das Fc-Fragment (Fragment Crystallizing) und 2 Fab-Fragmente (Fragment Antigen Binding) jeweils mit einer Antigenbindungsstelle des Immunglobulins (Abb. 13.**5**). Das Enzym Pepsin spaltet nach den Disulfidbrücken, welche die beiden schweren Ketten verbinden. Deshalb entsteht ein F(ab')2-Fragment mit beiden Antigenbindungsstellen. Ein Fc-Fragment entsteht dabei nicht, da es zu mehreren kleineren Fragmenten abgebaut wird. Fab- und F(ab')2-Fragmente binden Antigene, leiten aber keine Effektorantwort ein, da diese Funktion im Fc-Fragment lokalisiert ist.

> Die hohe Spezifität von **monoklonalen Antikörpern** macht man sich heute für viele Anwendungen zunutze. Um monoklonale Antikörper gegen ein bestimmtes Antigen zu gewinnen, werden zunächst Tiere (häufig Mäuse) mit dem Antigen immunisiert. In der daraufhin ablaufenden Immunantwort werden B-Zellen aktiviert, vermehren sich und differenzieren zu Plasmazellen, die Immunglobuline gegen das Antigen bilden. Aus der Milz der Tiere werden die B-Zellen gewonnen und mit Myelomzellen, Tumorzellen eines Plasmazelltumors, die selbst keine Immunglobuline exprimieren, fusioniert. Die entstehenden Hybridomzellen vereinigen die Eigenschaften der beiden Fusionspartner: die Immunglobulinproduktion der B-Zelle und die Fähigkeit zur unbegrenzten Vermehrung der Tumorzelle. Man wählt nun die Hybridomzelllinien aus, die einen Antikörper sezernieren, der mit hoher Affinität an das gewünschte Antigen bindet. Dieser Antikörper kann in großen Mengen aus dem Zellkulturüberstand der Hybridomzelllinie gewonnen werden.
>
> Monoklonale Antikörper besitzen vielfältige Einsatzmöglichkeiten beim **Nachweis** des Antigens (Fluoreszenzmikroskopie, Durchflusscytometrie, Western Blotting, ELISA) und bei der **Zellseparation** (FACS, Fluorescence Activated Cell Sorting, MACS, Magnetic Cell Separation). Viele dieser Verfahren beruhen darauf, dass der Antikörper für die Detektion mit einem Fluoreszenzfarbstoff, einem magnetischen Partikel oder einem Enzym konjugiert wird. **Therapeutisch** werden monoklonale Antikörper z. B. bei passiven Immunisierungen appliziert. ◀

Der T-Zell-Rezeptor

Der T-Zell-Rezeptor ist der **membrangebundene Antigenrezeptor der T-Zellen**, ein **heterodimeres Transmembranprotein** aus einer α- und einer **β-Kette**, die durch eine Disulfidbrücke kovalent verknüpft sind (Abb. 13.**6**). Eine kleinere Subpopulation der T-Zellen exprimiert einen alternativen T-Zell-Rezeptor aus γ- und δ-Ketten. Die aminoterminalen Immunglobulindomänen bilden die **variablen Regionen** (**Vα, Vβ**) mit jeweils drei hypervariablen Bereichen (S. 805). Hier ist die **Antigenbindungsstelle** des **monovalenten** T-Zell-Rezeptors lokalisiert. Die **konstanten Regionen** (**Cα, Cβ**) sind mit dem **CD3-Komplex** (**CD3γδε$_2$ζ$_2$**) assoziiert, der an der **Signaltransduktion** auf Antigenbindung hin beteiligt ist. Weitere Komponenten des T-Zell-Rezeptors sind die **Corezeptoren CD4 und CD8**. Nur auf unreifen T-Zellen (doppelpositive Thymocyten, S. 812, Abb. 13.**17**) sind beide Corezeptoren exprimiert. Bei reifen T-Zellen ist nur einer der beiden Corezeptoren Teil des T-Zell-Rezeptor-Komplexes, und seine Expression definiert zwei funktionell unterschiedliche T-Zell-Populationen: die **CD4** exprimierenden **T-Helfer-Zellen** (**T$_H$**) und die **CD8** exprimierenden **cytotoxischen T-Zellen** (**CTL**, Cytotoxic T-Lymphocyte).

Der T-Zell-Rezeptor besitzt im Gegensatz zu den Immunglobulinen ein eingeschränktes Bindungsspektrum. Er erkennt nur kurze **Peptide** und diese nicht di-

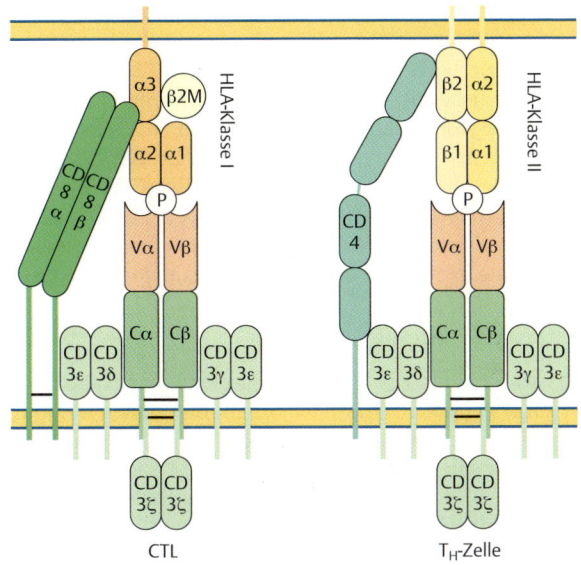

Abb. 13.6 HLA-restringierte Erkennung durch den T-Zell-Rezeptor-Komplex. Der T-Zell-Rezeptor erkennt über die Antigenbindungsstelle, die durch die variablen Regionen der α- und β-Ketten gebildet wird, Peptide, die durch HLA-Moleküle auf der Oberfläche von Zellen präsentiert werden. CD8-Corezeptoren-tragende cytotoxische T-Zellen (CTL) erkennen Peptide, die über HLA-Klasse I präsentiert werden, T_H-Zellen mit dem CD4-Corezeptor von HLA-Klasse II präsentierte Peptide. Der CD3-Komplex ist an der Signaltransduktion beteiligt.

rekt, sondern nur dann, wenn sie auf der Oberfläche von Zellen über **MHC-Moleküle (Major Histocompatibility Complex**, s. u.; beim Menschen: **HLA, Human Leukocyte Antigen**) präsentiert werden. Deshalb wird die Erkennung durch den T-Zell-Rezeptor als MHC- bzw. HLA-restringiert bezeichnet. Dennoch existiert eine Vielzahl von Rezeptorspezifitäten, die monoklonal verteilt sind (S. 805). **Cytotoxische T-Zellen** mit dem CD8-Corezeptor erkennen nur Peptide, die von HLA-Klasse I-Molekülen präsentiert werden, T_H-Zellen mit dem CD4-Corezeptor nur von HLA-Klasse II präsentierte Peptide. Dabei differiert die Art und Herkunft der von den beiden Klassen von HLA-Molekülen präsentierten Peptide. Über **HLA-Klasse I** werden kurze Peptide (8–10 Aminosäuren) **endogenen Ursprungs** präsentiert, d. h. Peptide, die von Proteinen stammen, welche in der präsentierenden Zelle gebildet wurden (S. 800, Abb. 13.**7**). Über **HLA-Klasse II** werden hingegen längere Peptide (≥16 Aminosäuren) **exogenen Ursprungs** präsentiert, d. h. Peptide, die von der präsentierenden Zelle aufgenommen wurden (S. 800, Abb. 13.**8**).

HLA-Klasse I-Moleküle sind auf **allen kernhaltigen Körperzellen** exprimiert. Über HLA-Klasse I kann jede Körperzelle somit in Form von Peptiden ein Abbild der von ihr gebildeten Proteine auf der Oberfläche präsentieren, das von cytotoxischen T-Zellen auf das Vorhandensein von körperfremden Peptiden überprüft wird und ggf. zur Eliminierung infizierter Zellen führt (S. 822, Abb. 13.**22**), denn z. B. bei viral infizierten Zellen werden neben den körpereigenen Peptiden auch Peptide auf der Oberfläche präsentiert, die von viralen Proteinen stammen. **HLA-Klasse II**-Moleküle werden von professionellen **Antigen-präsentierenden Zellen** (**APC**) exprimiert, wozu Monocyten, Makrophagen, B-Zellen und dendritische Zellen zählen.

Im Gegensatz zur Rolle der HLA-Klasse I-Präsentation beim cytotoxischen Effektormechanismus hat die HLA-Klasse II-Präsentation und die Erkennung durch T_H-Zellen eine zentrale Bedeutung in der Regulation der Immunantwort.

13.3.2 Die HLA-Klasse I-Peptidpräsentation

HLA-Klasse I-Moleküle sind Heterodimere aus einer transmembranen **α-Kette** und **β2-Mikroglobulin**, die kurze Peptide (8–10 Aminosäuren) endogenen Ursprungs auf allen kernhaltigen Körperzellen präsentieren. Die peptidbindende Tasche wird von den α1- und α2-Domänen der α-Kette gebildet. Die Beladung der HLA-Klasse I-Moleküle mit Peptiden (Abb. 13.**7**) erfolgt im **endoplasmatischen Retikulum** (ER).

Nach der Synthese der HLA-Klasse I α-Kette liegt diese im ER an die **Chaperone** Calnexin und BIP (Binding Immunoglobulin Protein) gebunden vor, die für die richtige Faltung der Kette sorgen und sie vor Abbau schützen. Sobald β2-Mikroglobulin an die α-Kette bindet, dissoziieren Calnexin und BIP ab und das HLA-Klasse I-Molekül wird vom **Peptidbeladungskomplex** (**PLC**, Peptide Loading Complex) aus Calreticulin, ERp57 und PDI (Protein Disulfide Isomerase) gebunden. Der PLC hält das HLA-Klasse I-Molekül in einer für die Peptidbeladung zugänglichen Konformation und stellt über **Tapasin** Kontakt zu TAP-1/2 her. **TAP-1/2** ist ein heterodimerer **Peptidtransporter** in der Membran des ERs, der die im Cytosol gebildeten Peptide in einem ATP-abhängigen Prozess in das ER transportiert. Er hat eine Präferenz für Peptide einer Länge von 8–16 Aminosäuren. ERAP-1/2 (ER-Aminopeptidasen) im ER schneiden diese Peptide auf eine Länge, die eine Bindung an HLA-Klasse I-Moleküle erlaubt. **Calreticulin** ist an der **Editierung** der gebundenen Peptide beteiligt: Niedrigaffine Peptide werden wieder entfernt. Nur HLA-Klasse I-Moleküle, an die Peptide hochaffin gebunden sind, sind stabil, werden vom PLC freigesetzt und gelangen über den Golgi-Apparat an die Zelloberfläche (*Biochemie, Zellbiologie*). Deshalb erscheinen keine unbeladenen HLA-Klasse I-Moleküle auf der Zelloberfläche, wodurch verhindert wird, dass Peptide im Extrazellularraum an leere HLA-Klasse I-Moleküle binden. Hierdurch ist der endogene Ursprung der präsentierten Peptide sichergestellt.

Nur **dendritische Zellen** sind in der Lage, Antigene aufzunehmen und sie dennoch über HLA-Klasse I zu präsentieren, ein als **Kreuzpräsentation** bezeichneter Vorgang, der eine Voraussetzung für die Entstehung cytotoxischer T-Zell-Antworten ist (S. 822). Vermutlich ist

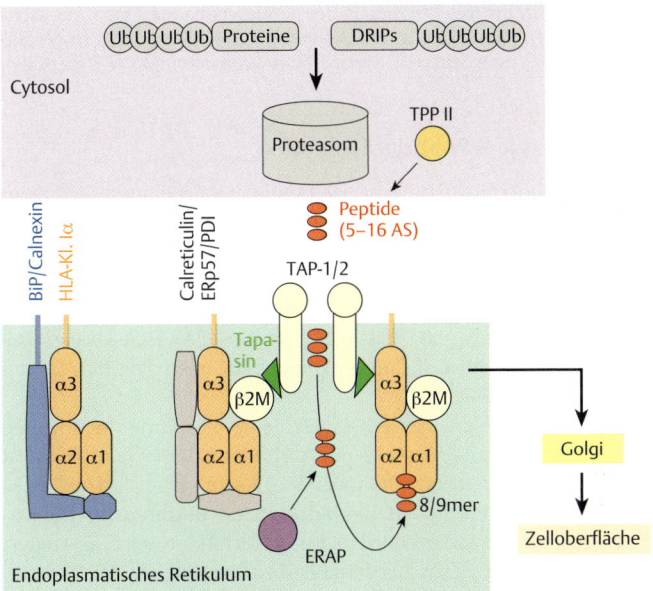

Abb. 13.7 Antigenprozessierung und Peptidbeladung von HLA-Klasse-I-Molekülen.
Durch Polyubiquitin markierte Proteine werden vom Proteasom im Cytosol zu Peptiden abgebaut und über den TAP-1/2-Peptidtransporter ins ER transportiert. Dort erfolgt die Beladung der HLA-Klasse I-Moleküle im Peptidbeladungskomplex PLC (Calreticulin/ERp57/PDI-Tapasin), bevor sie über den Golgi-Apparat zur Zelloberfläche transportiert werden.

daran ein Transfer von Antigenen aus dem endosomalen Kompartiment ins Cytosol beteiligt.

Der Abbau von Proteinen zu Peptiden im Cytosol, der auch als **Antigenprozessierung** bezeichnet wird, erfolgt durch einen multikatalytischen Enzymkomplex, das **Proteasom**. Durch **Polyubiquitinierung**, d. h. das Anhängen mehrerer Ubiquitinreste an Proteine, werden diese für den proteosomalen Abbau markiert (*Genetik*). Dieser Prozess ist Teil des normalen Proteinturnovers in Zellen. Auch ein Teil neusynthetisierter Proteine wird innerhalb von Minuten wieder abgebaut, insbesondere sogenannte DRIPs (Defective Ribosomal Products), fehlerhaft synthetisierte Proteine. Der proteosomale Abbau generiert Peptide von 5–16 Aminosäuren Länge. Ein Teil dieser Peptide wird weiter zu einzelnen Aminosäuren abgebaut, ein anderer Teil über TAP-1/2 ins ER transportiert.

Die Effektivität des Proteasoms in der Generierung von Peptiden für den TAP-Transport und die Beladung von HLA-Klasse I-Molekülen wird durch proinflammatorische Cytokine wie Interferon-γ und TNFα gesteigert. Sie induzieren einen Austausch katalytischer Komponenten im Proteasom. Dieses **Immunproteasom** erzeugt vermehrt Peptide der richtigen Länge und mit den korrekten Enden für eine Bindung in der peptidbindenden Tasche der HLA-Klasse I-Moleküle. Neben dem Proteasom ist ein weiteres cytosolisches Enzym an der Bildung von Peptiden für die Beladung von HLA-Klasse I-Molekülen beteiligt, die **Tripeptidylpeptidase**.

13.3.3 Die HLA-Klasse II-Peptidpräsentation

HLA-Klasse II-Moleküle sind transmembrane Heterodimere aus einer **α-** und einer **β-Kette**. Sie präsentieren **auf professionellen Antigen-präsentierenden Zellen** längere Peptide (≥16 Aminosäuren) exogenen Ursprungs oder aus endosomalen Kompartimenten (z. B. von intrazellulär in Vesikeln wachsenden Bakterien). Die an den Enden offene Peptidbindungstasche wird von den α1- und β1-Domänen gebildet. Die Beladung mit Peptiden (Abb. 13.**8**) erfolgt in speziellen, **HLA-Klasse II-reichen Kompartimenten** (**MIIC, MHC II Compartment**), die auch als CIIV (Class II Rich Vesicles) bezeichnet werden.

Nach der Synthese sind die HLA-Klasse II-Moleküle im ER mit der **invarianten Kette** (Ii) assoziiert (Ii$_3$(α/β)$_3$ Nonamere). An der Ausbildung dieses Komplexes ist auch das Chaperon Calnexin beteiligt. Die invariante Kette stabilisiert die HLA-Klasse II-Moleküle, schützt sie vor Abbau und **blockiert die Bindungstasche**, wodurch die Bindung von Peptiden endogenen Ursprungs verhindert wird. Sie steuert auch die Translokation des Komplexes aus dem ER über den Golgi-Apparat in **exocytotische Vesikel**. Diese Vesikel fusionieren mit **sauren Endosomen** zu den HLA-Klasse II-reichen Kompartimenten. Diese sauren Endosomen entstehen nach der Antigenaufnahme durch Phagocytose, Pinocytose (Aufnahme gelöster Substanzen) oder Rezeptor-vermittelte Endocytose in den Antigen-präsentierenden Zellen (S. 784, Abb. 13.**2**, 📖 *Biochemie, Zellbiologie*). Eine ATP-abhängige Protonenpumpe sorgt für die Ansäuerung des pH-Werts, eine Fusion mit Lysosomen bringt **Endo-, Exo-** und **Peptidylproteasen** in die Endosomen ein, darunter insbesondere Cysteinylproteasen (Cathepsine). Diese bauen die Proteinantigene zu Peptiden ab (**Antigenprozessierung**). Durch diese Enzyme wird auch die invariante Kette proteolytisch gespalten. Ein kurzes Peptid (**CLIP**, Class II Associated Invariant Chain Peptide) bleibt jedoch an der Peptidbindungstasche gebunden und blockiert diese weiterhin. **HLA-DM**, ein α/β-Heterodimer, bindet an diesen HLA-Klasse II/CLIP-Komplex, entfernt CLIP, stabilisiert das leere HLA-Klasse II-Molekül und vermittelt die Beladung mit Peptiden. Dabei erfolgt durch HLA-DM ein **Peptideditierung**, wodurch nur hochaffin bindende Peptide an den HLA-Klasse II-Molekülen gebunden bleiben. Diese peptidbeladenen HLA-Klasse II-Moleküle gelangen dann durch Fusion der Vesikel mit der Zellmembran an die Zelloberfläche.

13.3.4 Das HLA-System

Der **MHC-Komplex** oder **Haupthistokompatibilitätskomplex** des Menschen, der als **HLA-Region** bezeichnet wird, liegt auf dem kurzen Arm von Chromosom 6 (Maus: H2-Komplex, Chromosom 17). In dieser Region finden sich gehäuft Gene,

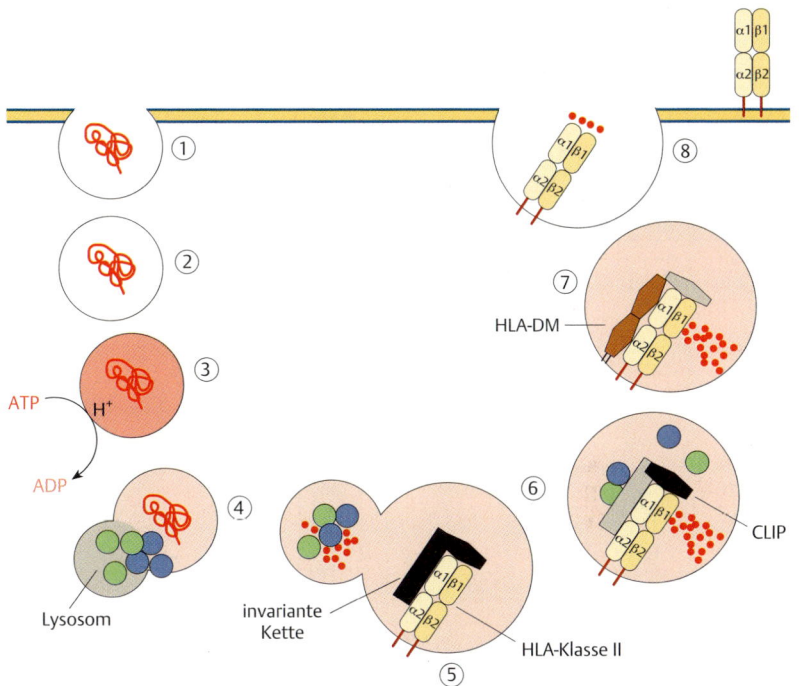

Abb. 13.8 Antigenprozessierung und Peptidbeladung von HLA-Klasse II-Molekülen.
Antigene werden in Endosomen aufgenommen (1, 2). Nach der Ansäuerung des pHs (3) und der Fusion der Endosomen mit Lysosomen (4) werden die Proteinantigene proteolytisch zu Peptiden abgebaut. Nach der Fusion dieser sauren Endosomen mit exocytotischen Vesikeln, die Komplexe aus HLA-Klasse II-Molekülen und der invarianten Kette enthalten (5), wird die invariante Kette proteolytisch gespalten (6). Es bleibt ein Peptid zurück (CLIP), das die Peptidbindungstasche blockiert. HLA-DM entfernt CLIP (7) und vermittelt die Peptidbeladung des HLA-Klasse II-Moleküls, das daraufhin zur Zelloberfläche transportiert wird (8).

die eine Rolle in der Immunantwort spielen. Es werden drei Regionen unterschieden (Abb. 13.**9**): Die **HLA-Klasse I-Region** mit den Genen für die α-Ketten der klassischen HLA-Klasse I-Moleküle HLA-A, -B und -C sowie die nicht klassischen HLA-E und -G. Das Gen für β2-Mikroglobulin liegt nicht im MHC-Komplex, sondern auf Chromosom 15 (Maus: Chromosom 2). In der **HLA-Klasse II-Region** finden sich neben den Genen für die α- und β-Ketten der klassischen HLA-Klasse II-Moleküle HLA-DR, -DP, -DQ und für HLA-DM, die Gene für den Peptidtransporter TAP-1/2 sowie für Komponenten des Immunproteasoms (LMP2, LMP7). In der **HLA-Klasse III-Region** sind Komplementproteine, Stressfaktoren (HSP70, MIC-A, MIC-B) sowie Cytokine (Lymphotoxin (LT)-β, TNFα, LT) kodiert.

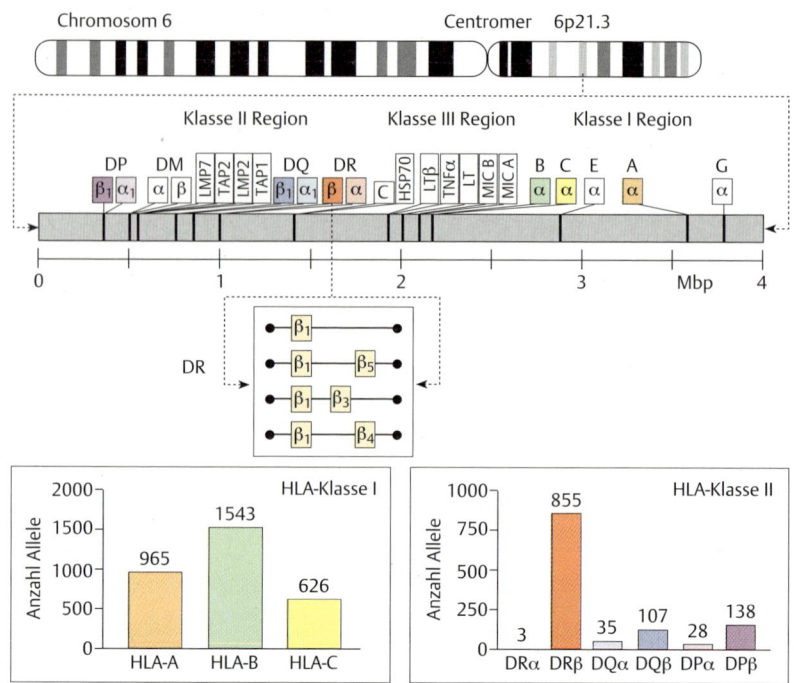

Abb. 13.9 **Polygenie und Polymorphismus der humanen HLA-Moleküle.** Innerhalb der HLA-Region werden drei Regionen unterschieden: die HLA-Klasse I-Region mit den HLA-Klasse I-Genen, die HLA-Klasse II-Region mit den HLA-Klasse II-Genen und Genen, die Komponenten der HLA-Klasse I-Peptidprozessierungs- und Beladungsmaschinerie kodieren, und die HLA-Klasse III-Region mit Genen für Stressfaktoren, Komplementkomponenten und Cytokinen. Die HLA-Moleküle sind polygen, d. h. es gibt jeweils mehrere Gene und sie sind polymorph, d. h. für jedes Gen gibt es zahlreiche Allele. Die Anzahl der bisher identifizierten HLA-Klasse I- und II-Allele ist graphisch dargestellt (Stand 1/2010).

Beim HLA-System handelt es sich um ein **polygenes System**. Sowohl für HLA-Klasse I- als auch für HLA-Klasse II-Moleküle gibt es mehrere Gene:
- drei HLA-Klasse I-Gene: HLA-A, -B, -C,
- drei Gene für die HLA-Klasse II-α-Kette: HLA-DPα1, -DQα1, -DRα,
- drei oder vier Gene für die HLA-Klasse II-β-Kette: HLA-DPβ1, -DQβ1, -DRβ1, -DRβ3, -DRβ4, -DRβ5. Obwohl es insgesamt vier unterschiedliche HLA-DRβ-Gene gibt, liegen jeweils nur eins oder zwei davon auf einem Chromosom (Abb. 13.**9**).

Darüberhinaus handelt es sich um ein **hochpolymorphes System**. Von allen Genen existieren mehrere Allele, wobei die Zahl der Allele bei den β-Ketten der HLA-Klasse II-Moleküle deutlich höher ist als bei den α-Ketten (Abb. 13.**9**). Die enorme

Variabilität, die sich aus der Polygenie und dem Polymorphismus des HLA-Systems ergibt, bringt es mit sich, dass die Wahrscheinlichkeit, dass zwei Individuen über die gleichen HLA-Allele verfügen, sehr gering ist. So gibt es z. B. für HLA-Klasse I fast 1 Milliarde theoretisch mögliche Allelkombinationen, für HLA-Klasse II fast 40 Milliarden. Die tatsächlichen Zahlen liegen jedoch deutlich niedriger, da die Allele nicht frei kombinierbar sind, sondern im MHC-Locus auf einem Chromosom gebündelt vorliegen. Ferner unterscheidet sich die Häufigkeit des Auftretens der einzelnen Allele auch regional. So haben 5–10 % der Westeuropäer bspw. eine HLA-A1, HLA-B8, HLA-Cw7, HLA-DR3, HLA-DQ2-Kombination. Die dennoch sehr hohe Variabilität des HLA-Systems hat sich vermutlich entwickelt, um sicherzustellen, dass es für jedes Pathogen in einer Population Individuen mit HLA-Molekülen gibt, über die Peptide des Pathogens präsentiert werden können (aufgrund struktureller Einschränkungen kann nicht jedes HLA-Molekül jedes Peptid binden). Da diese Individuen besser vor dem Pathogen geschützt sind, tragen sie zum Bestand der Art bei.

Obwohl aus populationsbiologischer Betrachtungsweise die Variabilität des HLA-Systems von Vorteil zu sein scheint, ist sie für die Transplantationsmedizin von Nachteil. Das Immunsystem erkennt fremde HLA-Moleküle. Deshalb werden transplantierte Zellen abgestoßen, wenn Spender und Empfänger nicht über die gleichen HLA-Allele verfügen, d. h. unterschiedliche HLA-Typen haben. Dies ist die Basis von **Abstoßungsreaktionen** wie sie bspw. bei der Organtransplantation oder der Knochenmarktransplantation (wo auch als Besonderheit die umgekehrte Situation auftreten kann, dass das Immunsystem im Transplantat den Organismus abstößt – die sogenannte Spender-gegen-Empfänger Krankheit) auftreten. Deshalb muss bei **allogenen** Transplantation, d. h. wenn es sich bei Spender und Empfänger um unterschiedliche Individuen handelt (im Gegensatz zu **autologen** Transplantationen, bei denen das Transplantat vom Empfänger selbst stammt) auf eine Übereinstimmung der HLA-Typen geachtet oder die immunologische Abstoßungsreaktion durch immunsupprimierende Medikamente unterdrückt werden.

13.3.5 Vielfalt der Immunglobuline und T-Zell-Rezeptoren

Die monoklonal verteilten Immunglobuline und T-Zell-Rezeptoren besitzen eine **hohe Feinspezifität**. So ist die antigene Determinante eines HLA-Klasse I restringierten T-Zell-Rezeptors ein kurzes Peptid von 8–10 Aminosäuren Länge, und durch Immunglobuline können wenige Aminosäuren oder einfache Kohlenhydratstrukturen als antigene Determinante erkannt werden. Im Gegensatz zu den PRR der nicht-adaptiven Immunantwort, verfügen die Rezeptoren der adaptiven Immunantwort über keine breite Spezifität, durch die es möglich ist, mit einem Rezeptor ein großes Spektrum an Pathogenen zu erkennen. Um bei dieser **hochspezifischen Erkennungsstrategie** einen wirksamen Schutz gegen die große Zahl an Pathogenen zu bieten, bedarf es einer großen Zahl an verschiedenen Immunglobulin- und T-Zell-Rezeptor-Spezifitäten. Man geht davon aus, dass der Organismus in der Lage ist, jeweils mehr als 10^{11} solcher Rezeptorspezifitäten zu generieren. Würden all diese Rezeptoren durch einzelne Gene kodiert werden, müsste ein Großteil des Genoms dafür aufgewendet werden. Dieser Aufwand wird umgangen, indem durch **nicht-homologe somatische Rekombination** aus wenigen **Gensegmenten** eine Vielzahl an unterschiedlichen Rezeptorspezifitäten erzeugt wird.

Die Gene der leichten und schweren Ketten der Immunglobuline sowie der α- und β-Ketten der T-Zell-Rezeptoren zeigen in der Keimbahn nicht den von vielen eukaryotischen Genen bekannten Aufbau aus Exons und Introns (📖 *Genetik*). Vielmehr finden sich Gruppen von zahlreichen, hintereinander angeordneten **Gensegmenten**, die jeweils Teile der Exons für die variablen Rezeptorregionen (S. 796, Abb. 13.**5**, Abb. 13.**6**) kodieren: Bei der α-Kette des T-Zell-Rezeptors und den κ- und λ-leichten Ketten der Immunglobuline unterscheidet man **V-Gensegmente** (V, Variabel) mit vorgeschalteter Sequenz, die das Signalpeptid kodiert (L, Leader), und **J-Gensegmente** (J, Joining); bei der β-Kette des T-Zell-Rezeptors und der schweren Kette der Immunglobuline V-, J- und **D-Gensegmente** (D, Diversity). Die Anordnung der Gensegmentgruppen relativ zueinander kann sich dabei zwischen den einzelnen Rezeptor-Loci unterscheiden. Downstream sind Exons lokalisiert, welche die konstanten Regionen der Rezeptoren kodieren, darunter Exons für die verschiedenen schweren Ketten, die den Isotyp eines Immunglobulins bestimmen (S. 796). In Abb. 13.**10** ist der Aufbau der einzelnen Rezeptor-Loci im Detail dargestellt.

Erst wenn sich eine hämatopoietische Stammzelle im Prozess der **Lymphopoiese** (S. 812, Abb. 13.**15**, Abb. 13.**16** und Abb. 13.**17**) zu einer B-Zelle bzw. einer T-Zelle entwickelt, laufen chromosomale Umlagerungsprozesse durch somatische nicht homologe Rekombinationen ab. Sie erzeugen aus den jeweiligen Genseg-

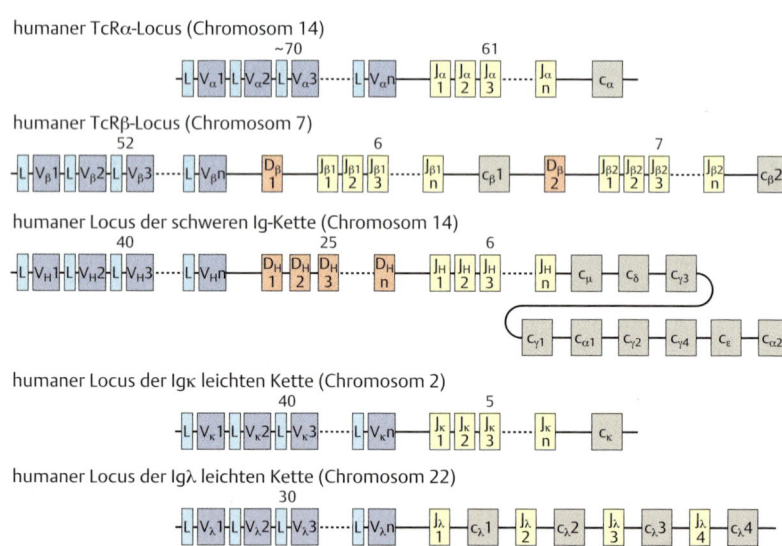

Abb. 13.**10** **Organisation der humanen T-Zell-Rezeptor- und Immunglobulin-Gene.**

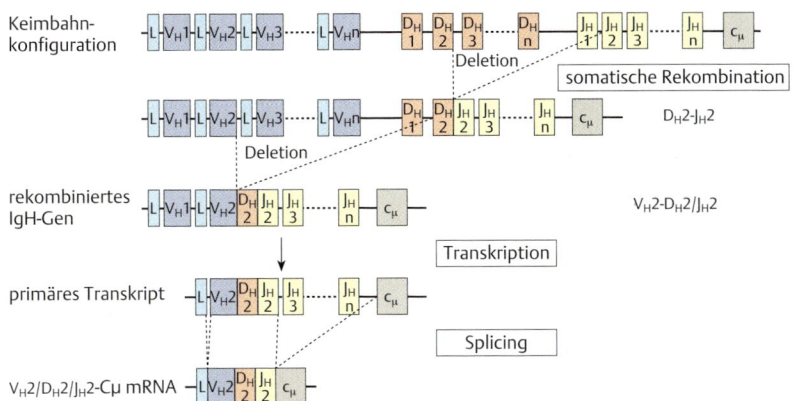

Abb. 13.11 Somatische Rekombination des Gens für die schwere Kette der Immunglobuline. Während der Reifung der B-Zellen kommt es zur nicht-homologen somatischen Rekombination.

menten ein Exon, das die variable Region des jeweiligen Rezeptors kodiert und für seine Antigenspezifität verantwortlich ist. In Abb. 13.**11** ist der Rekombinationsprozess exemplarisch für die schwere Kette der Immunglobuline dargestellt. Für die anderen Rezeptorketten erfolgt er entsprechend.

Zunächst kommt es zur Rekombination zwischen einem J- und einem D-Gensegment, die direkt zu einer DJ-Einheit verknüpft werden. Zwischenliegende DNA wird dabei deletiert. Die DJ-Einheit rekombiniert weiter mit einem der V-Gensegmente zum **VDJ-Exon**, das eine **variable Region** der schweren Kette der Immunglobuline kodiert. Abermals wird dabei die zwischenliegende DNA deletiert. Im rekombinierten Gen für die schwere Kette findet sich nach Abschluss der Rekombination ein VDJ-Exon in der Nähe der C-Exons. Wird dieses Gen in einer B-Zelle transkribiert, entsteht ein Primärtranskript. Die zwischen VDJ-Exon und C-Exon liegende RNA im Primärtranskript wird beim Splicing der RNA als Intron entfernt (*Genetik*) und das VDJ-Exon in der reifen mRNA direkt mit dem C-Exon verknüpft.

Downstream und upstream von den rekombinierenden Gensegmenten kann man **Rekombinationssignalsequenzen** (**RSS**) identifizieren. Diese bestehen aus einer **Heptamer-** und einer **Nonamer-Sequenz**, die von einem **12bp** bzw. **23bp Spacer** getrennt sind. Die RSS im Downstream-Bereich des einen Rekombinationspartners sind dabei palindromisch zu denen im Upstream-Bereich des anderen Rekombinationspartners angeordnet, wobei sich jeweils 23bp und 12bp Spacer gegenüberstehen (Abb. 13.**12**). Diese **12–23-Regel** legt fest, welche Gensegmente miteinander rekombinieren können (z. B. für IgH nur V→D→J, Abb. 13.**12**).

Bei der Rekombination zwischen zwei Gensegmenten bindet zunächst ein Komplex mit den Rekombinasen **RAG-1** und **-2** (Recombination Activating Gene) an die

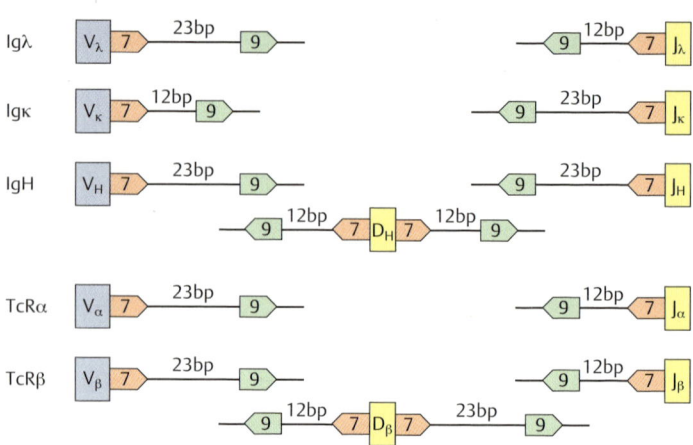

Abb. 13.**12 Signalsequenzen der somatischen Rekombination.**

Rekombinationssignalsequenzen downstream bzw. upstream von den beiden rekombinierenden Gensegmenten und induziert deren **Alignment**. Hierdurch gelangen die Enden der beiden Gensegmente in eine räumliche Nähe zueinander (Abb. 13.**13**). Die Endonucleaseaktivität von RAG-1 katalysiert jeweils am Ende der kodierenden Sequenzen **Einzelstrangbrüche** und das entstehende 3'-OH-Ende bildet mit der 5'-Phosphatgruppe des anderen Strangs eine **Haarnadelschleife**. An diese Haarnadelschleife bindet u. a. **Artemis** und öffnet die Schleife an einer beliebigen Stelle. Hierdurch entstehen an den Enden der Gensegmente überhängende Sequenzen mit einem kurzen Palindrom (**P-Nucleotide**). Die **terminale Deoxynucleotid-Transferase** (TdT), eine Matrizen-unabhängige DNA-Polymerase, fügt zufällig Nucleotide an diese überhängenden Enden an. Im abschließenden Schritt der Rekombination kommt es zu Basenpaarungen zwischen den überhängenden Sequenzen an den Enden der beiden rekombinierenden Gensegmente. **Reparaturenzyme** beseitigen Fehlpaarungen und ergänzen komplementäre Nucleotide. Die **DNA-Ligase IV** verknüpft die Sequenzen kovalent. Die durch die Aktivität der TdT und der Reparaturenzyme hinzugefügten Nucleotide bezeichnet man als **N-Nucleotide**.

Neben der reinen **kombinatorischen Diversität**, die sich aus der Kombination der V- und J- bzw. V-, D- und J-Gensegmente ergibt, trägt die zusätzliche Variabilität an den Verknüpfungsstellen der Gensegmente durch die P- und N-Nucleotide (**Verknüpfungsdiversität**) wesentlich zur Bildung der Vielzahl von Immunglobulin- und T-Zell-Rezeptor-Spezifitäten bei. So ergeben sich für die Immunglobuline etwa 2 Millionen, für die T-Zell-Rezeptoren etwa 6 Millionen mögliche Kombinationen der Gensegmente. Mit über 5×10^{13} postulierten verschiedenen Immunglobulinen und 10^{18} verschiedenen T-Zell-Rezeptoren wird der Beitrag der Verknüpfungsdiversität zur Vielfalt der Rezeptoren deutlich.

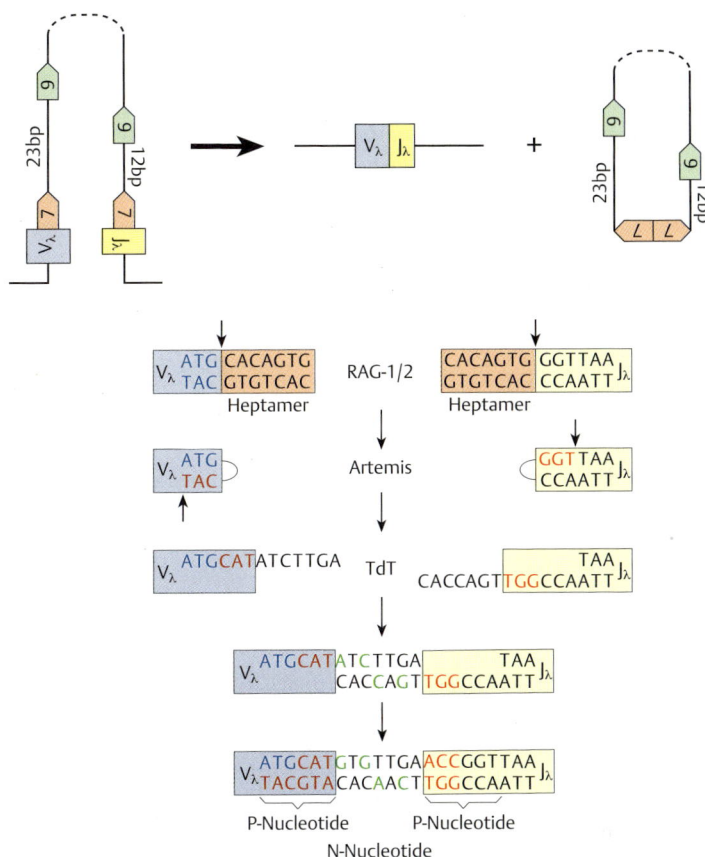

Abb. 13.13 Mechanismus der somatischen Rekombination.

Da es sich beim Hinzufügen der P- und N-Nucleotide um einen zufälligen Prozess handelt, entstehen auch viele afunktionelle Rezeptoren, wenn der Triplett-Code verlassen wird (**Leserasterverschiebung**). Solche **nicht-produktiven Rekombinationen** führen zum Absterben der sich entwickelnden B- und T-Zellen.

Für die Immunglobuline kann durch einen späteren Prozess im Rahmen der B-Zell-Antwort, die sogenannte **Affinitätsreifung**, die Variabilität durch Punktmutationen innerhalb der variablen Region (Mutationsrate ist um mehr als das Eintausendfache erhöht) noch weiter erhöht und die Affinität des Immunglobulins für ein gegebenes Antigen selektiv gesteigert werden.

B-Zellen haben die Möglichkeit, den Isotyp des gebildeten Immunglobulins zu ändern und damit die gleiche Antigenspezifität mit unterschiedlichen funktionellen Eigenschaften zu kombinieren, die in den unterschiedlichen C-Exons spezifiziert sind.

Der **reversible Isotypwechsel** zwischen IgM und IgD erfolgt durch differentielle Nutzung von **Polyadenylierungssignalen** (Abb. 13.**14**). Bei einer Polyadenylierung des Primärtranskriptes 5' von Cδ (pA1) entfällt Cδ und IgM wird produziert. Wird dagegen das zweite Polyadenylierungssignal, 3' von Cδ (pA2) genutzt, entsteht IgD. Zwischenliegende Cμ-Sequenzen werden beim Splicing des Primärtranskriptes als Intron entfernt.

Die Umschaltung auf weitere Immunglobulin-Isotypen kann nicht auf der Ebene der RNA-Prozessierung erfolgen. Abermals laufen Rekombinationsprozesse ab, die nun als **Switch-Rekombinationen** bezeichnet werden (Abb. 13.**14**). Sie erfolgen im Laufe der Immunantwort, nachdem die B-Zelle ihr Antigen erkannt hat und dienen der **funktionellen Anpassung** an das Pathogen. Entsprechend sind sie im Gegensatz zu den Rekombinationsprozessen, welche die V-, D- und J-Gensegmente kom-

alternative Polyadenylierung ⟶ **reversibel**

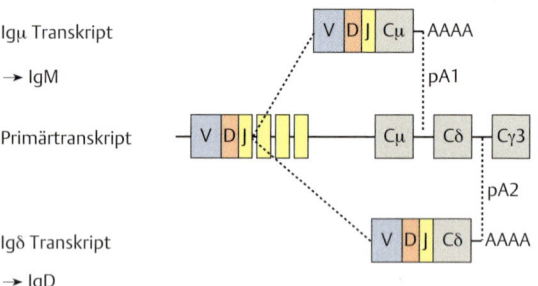

Isotype Switching (Rekombination) ⟶ **irreversibel**

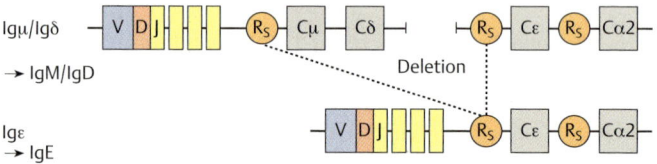

Abb. 13.14 Isotypwechsel bei Immunglobulinen. Ein VDJ-Exon wird mit einem anderen C-Exon kombiniert (aus Gründen der Übersichtlichkeit ist die Gruppe von Exons, die einem bestimmten Isotyp zugeordnet ist, z. B. Cμ1-Cμ4+C_{TM}+C_{Cy} für Cμ als ein C-Exon dargestellt), wodurch ein Immunglobulin gleicher Spezifität aber mit anderen funktionellen Eigenschaften entsteht. Der Isotypwechsel erfolgt reversibel durch differentielle Nutzung von zwei Polyadenylierungssignalen (IgM und IgD) oder beim Wechsel von IgM auf andere Isotypen irreversibel durch Switch-Rekombination.

binieren, **gerichtet**. Die beteiligten DNA-Elemente, die **Switch-Regionen (R_S)**, liegen upstream der C-Exons (nicht Cδ). Durch Rekombination zwischen der Switch-Region vor Cμ mit einer weiteren Switch-Region gelangt das VDJ-Exon in die Nachbarschaft eines anderen C-Exons und kann nun mit einem neuen Isotyp exprimiert werden. Diese Form des Isotypwechsels ist **irreversibel**.

Immunglobuline und eine durch T-Zellen vermittelte zelluläre Immunität werden bei allen Vertebraten, nicht jedoch bei **Invertebraten** nachgewiesen. Hier findet sich jedoch ebenfalls eine Diversifizierung von Rezeptoren bspw. durch eine hohe Zahl **direkt genetisch kodierter** Rezeptoren (über 200 Toll-Like-Rezeptoren bei Seegurken) oder durch eine exzessive Nutzung **alternativen Splicings** (über 38 000 Isoformen der zur Immunglobulin-Superfamilie gehörenden DSCAM-Proteine mit opsonisierender Funktion für die Phagocytose von Pathogenen bei Drosophila).

Immunglobulin: Antigenrezeptor der B-Zellen und Effektormolekül der humoralen adaptiven Immunantwort. Tetramer aus 2 leichten und 2 schweren Ketten. Erkennt eine Vielzahl von Substanzen mit hoher Spezifität (Kohlenhydrate, Lipide, Nucleinsäuren und Proteine).
Antigene: Die von Immunglobulinen und T-Zell-Rezeptoren erkannten Moleküle.
Antigene Determinante, Epitop: Unmittelbar mit den Rezeptoren interagierende molekulare Struktur des Antigens.
Monoklonal verteilte Rezeptorspezifitäten: Obwohl es eine Vielzahl an Immunglobulin- und T-Zell-Rezeptor-Spezifitäten gibt, exprimiert eine einzelne B- bzw. T-Zelle nur eine Rezeptorspezifität.
Isotyp: Wird durch die konstante Region (Art der schweren Kette) der Immungloboline definiert und bestimmt die funktionellen Eigenschaften.
Antigenbindungsstellen: Werden von den variablen Regionen von Immunglobulinen und T-Zell-Rezeptoren gebildet.
T-Zell-Rezeptor: Membrangebundener Antigenrezeptor der T-Zellen. Heterodimer aus α- und β-Ketten. Erkennt kurze Peptide, die über **HLA-Klasse I** oder **II**-Moleküle präsentiert werden (**HLA-Restriktion** der T-Zell-Rezeptor-Erkennung).
CD3-Komplex: Mit dem T-Zell-Rezeptor assoziierter multimerer Komplex ($CD3\gamma\delta\epsilon_2\zeta_2$), der die Signaltransduktion des T-Zell-Rezeptors vermittelt.
CD4 und **CD8:** Corezeptoren des T-Zell-Rezeptors, definieren T-Zell-Subpopulationen, die **T-Helfer-Zellen** und die **cytotoxischen T-Zellen**, die über HLA-Klasse II bzw. HLA-Klasse I präsentierte Peptide erkennen.
HLA-System: Ist **polygen**, d. h. es gibt mehrere Gene, die HLA-Moleküle kodieren, und ist **polymorph**, d. h. für jedes Gen gibt es mehrere Allele. **HLA-Klasse I-M.:** Werden von allen kernhaltigen Körperzellen exprimiert und präsentieren Peptide (8–10 Aminosäuren) endogenen Ursprungs, **HLA-Klasse II-M.** werden von professionellen antigenpräsentierenden Zellen exprimiert und präsentieren Peptide (≥16 Aminosäuren) exogenen Ursprungs.
Kreuzpräsentation: Dendritische Zellen können aufgenommene (axogene) Antigene über HLA-Klasse I präsentieren.

> **Vielfalt der Immunglobulin- und T-Zell-Rezeptor-Spezifitäten:** Entsteht während der Entwicklung der Zellen durch **nicht-homologe somatische Rekombination** von **Gensegmenten** (V, D, J) zu einem Exon, das die variable Region kodiert. Zusätzlich zur hierdurch entstehenden **kombinatorischen Diversität** tragen die durch die Aktivität von Artemis und der terminalen Deoxynucleotid-Transferase (TdT) an den Verbindungsstellen der Gensegmente eingefügten **P-** bzw. **N-Nucleotide** zur Vielfalt der Rezeptorspezifitäten bei (Verknüpfungsdiversität).
> **Switch-Rekombination:** Mechanismus der funktionellen Anpassung von Immunglobulinen. Durch gerichtete nicht-homologe somatische Rekombination zwischen Switch-Regionen upstream von C-Exons wird das die Spezifität definierende VDJ-Exon mit einem bestimmten C-Exon kombiniert, das für die funktionellen Eigenschaften des Immunglobulins entscheidend ist.

13.3.6 Lymphopoiese und Selektion der B- und T-Zellen

Im Prozess der **Hämatopoiese** entstehen im Knochenmark aus hämatopoietischen Stammzellen die verschiedenen reifen Zellen des Blutes: die Zellen der **erythromyelocytären** (Erythrocyten, Granulocyten, Monocyten, dendritische Zellen und Thrombocyten) und der **lymphocytären Zellreihen** (T-Zellen, NKT-Zellen, NK-Zellen, plasmacytoide dendritische Zellen und B-Zellen). In einem hierarchisch gegliederten System aus proliferierenden und differenzierenden Zellen nimmt das Entwicklungspotential, d. h. die Fähigkeit der Zellen, zu unterschiedlichen Zelltypen zu differenzieren, von der Stammzelle ausgehend fortschreitend ab (Abb. 13.**15**).

Lymphocyten entstehen im Prozess der **Lymphopoiese** aus einer als **ELP** (**Early Lymphoid Progenitor**) oder **CLP** (**Common Lymphoid Progenitor**) bezeichneten Zelle, die bereits ihr Potential verloren hat, sich zu Zellen der erythromyelocytären Zellreihe zu entwickeln. Im Knochenmark differenziert sie zu B-Zellen, NK-Zellen und plasmacytoiden dendritischen Zellen, im Thymus zu den verschiedenen T-Zell-Subpopulationen (CD4$^+$ T$_H$-Zellen, CD8$^+$ CTL, γδ-T-Zellen) und NKT-Zellen. Knochenmark und Thymus als Orte der Entstehung der Lymphocyten werden auch als **zentrale lymphatische Organe** bezeichnet. In den **peripheren lymphatischen Organen** (Lymphknoten, Milz, mucosales Lymphgewebe) erfolgt die Initiation von adaptiven Immunantworten (S. 825, S. 827).

Die **Entwicklung von B-Zellen** erfolgt im Knochenmark (Abb. 13.**16**). Hier kann mit der **frühen Pro-B-Zelle** eine Zelle identifiziert werden, die auf die Entwicklung zu B-Zellen festgelegt ist. Die DJ-Rekombination der schweren Kette der Immunglobuline ist bereits erfolgt. Entsprechend kann in frühen Pro-B-Zellen die Expression der an der Rekombination beteiligten Enzyme RAG-1 und -2 sowie TdT nachgewiesen werden. Die weiteren Differenzierungsprozesse führen über die **späte Pro-B-Zelle** mit abgeschlossener Rekombination der schweren Kette über die **Prä-B-Zelle** – sie trägt auf ihrer Oberfläche den **Prä-B-Zell-Rezeptor** aus schwerer Kette (Igµ) und den beiden invarianten Ketten λ5 und VpräB und durchläuft zahlreiche Zellteilungen, bevor die Rekombination der leichten Kette einsetzt – zur **un-**

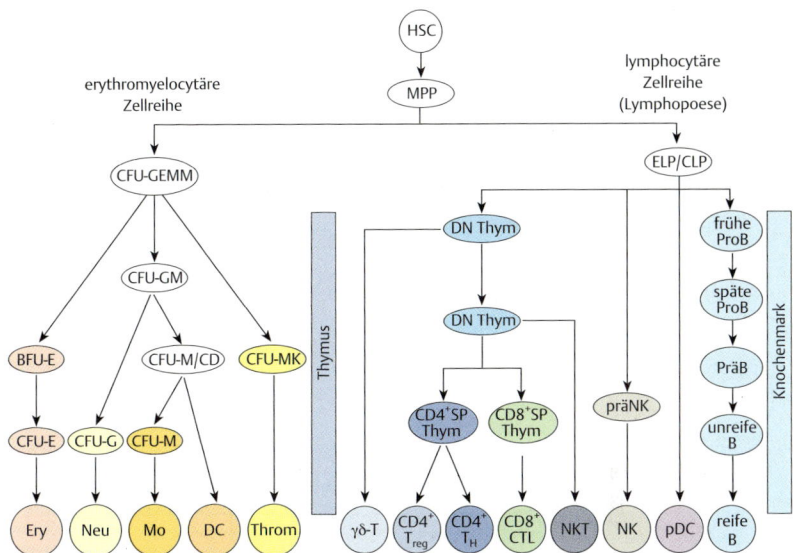

Abb. 13.15 Differenzierung hämatopoietischer Zellen. Hämatopoietische Stammzellen (HSC) differenzieren über definierte Zwischenstufen (Multipotent Progenitor – MPP, Burst Forming Unit – BFU, Colony Forming Unit – CFU, M – Makrophage, G – Granulocyt, MK – Megakaryocyt) zu den verschiedenen reifen Zellen des Blutes: Erythrocyten (Ery), Granulocyten (Neu), Monocyten (Mo), dendritische Zellen (DC) und Thrombocyten (Throm). Lymphocyten entstehen aus den auf Zellen der lymphocytären Zellreihe bereits festgelegten ELPs oder CLPs. B-Zellen, NK-Zellen und plasmacytoide dendritische Zellen entwickeln sich im Knochenmark, T-Zellen und NKT-Zellen im Thymus.

reifen B-Zelle. Eine produktive Rekombination der Ketten-Loci, d. h. die Bildung einer funktionellen Immunglobulinkette in späten Pro-B-Zellen (Igµ) bzw. Prä-B-Zellen (Igλ oder Igκ) inhibiert weitere Rekombinationen des jeweiligen Gens, wie auch des zweiten Allels bzw. des zweiten Gens bei den leichten Ketten. Dieser **allelische** bzw. **isotypische Ausschluss** trägt zur **monoklonalen Verteilung** der Rezeptoren bei. Zellen, die keine funktionellen Rezeptorketten bilden, sterben ab. Eine detailliertere Auflistung der in den jeweiligen Stadien exprimierten Enzyme und Rezeptor/Corezeptor-Ketten ist in Abb. 13.16 dargestellt.

In unreifen B-Zellen ist die somatische Rekombination abgeschlossen und die Expression der Rekombinationsenzyme wird eingestellt. Sie sind durch die Oberflächenexpression von IgM zusammen mit den Signalmolekülen Igα und Igβ charakterisiert und unterliegen nun der **negativen Selektion** (auch **zentrale Toleranzinduktion** oder **klonale Depletion**, Abb. 13.16). Da die Entstehung der Immunglobuline ein Zufallsprozess ist, entstehen auch Rezeptoren, die Autoantigene erkennen. Entsprechende B-Zellen müssen eliminiert werden, bevor sie in eine Immun-

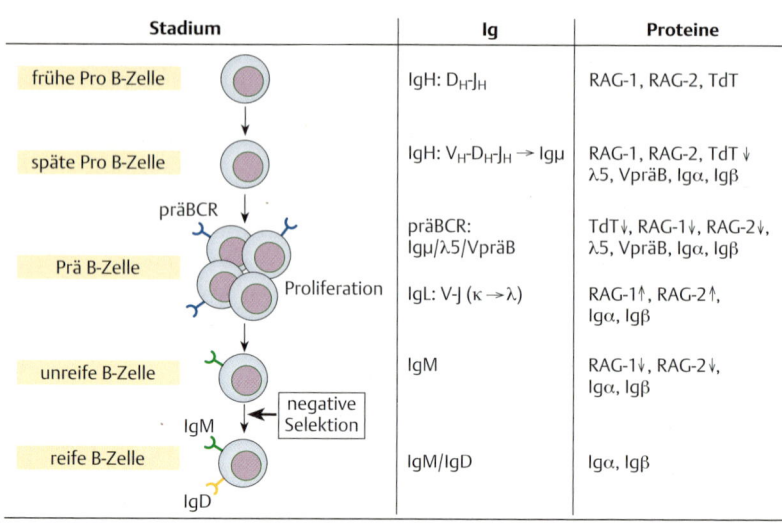

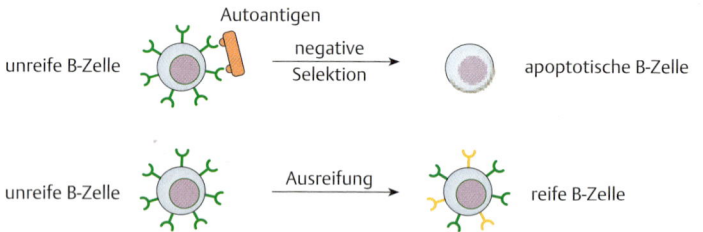

Abb. 13.**16 B-Lymphopoiese und negative Selektion.** Reife B-Zellen entwickeln sich aus hämatopoietischen Stammzellen. Die Zwischenstufen (Pro-, Prä- und unreife B-Zellen) können dabei über den Fortschritt des Umlagerungsprozesses der Immunglobulin-Gene und die Expression von Rekombinationsenzymen sowie von bestimmten Oberflächenmolekülen identifiziert werden. Im Stadium der unreifen B-Zellen unterliegen sie der negativen Selektion. Nur unreife B-Zellen, die mit ihrem Oberflächen-IgM kein Antigen erkennen, reifen zu IgM- und IgD-exprimierenden reifen B-Zellen aus. Autoreaktive unreife B-Zellen sterben durch Apoptose ab.

antwort eintreten und zur **Autoimmunität**, d. h. zur Erkennung und Reaktion gegen körpereigene Moleküle führen. Unreife B-Zellen, die im Knochenmark über ihr Oberflächen-IgM stark auf Antigene in ihrer Umgebung reagieren, werden als autoreaktiv eingestuft und sterben durch Apoptose ab. Nur unreife B-Zellen, die keine solche Erkennung zeigen, verlassen das Knochenmark und entwickeln sich in den peripheren lymphatischen Organen zu **reifen B-Zellen** weiter, die auf ihrer Oberfläche sowohl IgM als auch IgD exprimieren.

13.3 Die adaptive Immunantwort

Die **Entwicklung der T-Zellen** (Abb. 13.**17**) erfolgt im **Thymus**, einem oberhalb des Herzens gelegenen, lappigen Organ, in dem corticale und medulläre Bereiche unterschieden werden können. Die sich dort entwickelnden unreifen T-Zellen werden als **Thymocyten** bezeichnet.

ELP/CLP (Abb. 13.**15**) migrieren vom Knochenmark zum Thymus und werden dort unter dem Einfluss des Thymusstromas auf die Entwicklung zu T-Zellen festgelegt. In diesem Stadium werden die Zellen als **doppelnegative** (**DN**)-**Thymocyten** bezeichnet, da sie weder CD4- noch CD8-Corezeptoren auf ihrer Oberfläche tragen. Sukzessive erfolgt in DN-Thymocyten die Rekombination der β-Kette des T-Zell-Re-

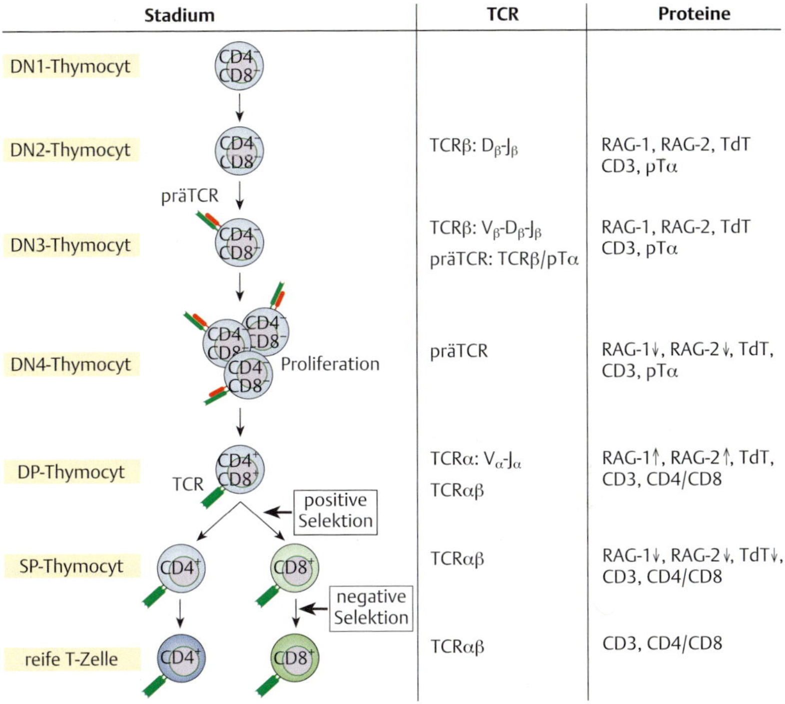

Stadium		TCR	Proteine
DN1-Thymocyt	CD4⁻ CD8⁻		
DN2-Thymocyt	CD4⁻ CD8⁻	TCRβ: D_β-J_β	RAG-1, RAG-2, TdT CD3, pTα
DN3-Thymocyt	präTCR ↓ CD4⁻ CD8⁻	TCRβ: V_β-D_β-J_β präTCR: TCRβ/pTα	RAG-1, RAG-2, TdT CD3, pTα
DN4-Thymocyt	CD4⁻ CD8⁻ (Proliferation)	präTCR	RAG-1↓, RAG-2↓, TdT, CD3, pTα
DP-Thymocyt	TCR CD4⁺ CD8⁺	TCRα: V_α-J_α TCRαβ	RAG-1↑, RAG-2↑, TdT, CD3, CD4/CD8
SP-Thymocyt	CD4⁺ CD8⁺ (positive Selektion)	TCRαβ	RAG-1↓, RAG-2↓, TdT↓, CD3, CD4/CD8
reife T-Zelle	CD4⁺ CD8⁺ (negative Selektion)	TCRαβ	CD3, CD4/CD8

Abb. 13.17 T-Lymphopoiese. Aus ELP/CLP, die aus dem Knochenmark in den Thymus einwandern, entwickeln sich die reifen naiven T_H-Zellen und CTL, die den Thymus wieder verlassen. Die Zwischenstufen (DN-, DP- und SP-Thymocyten) können über den Fortschritt des Umlagerungsprozesses und die Expression von Rekombinationsenzymen und bestimmten Oberflächenmolekülen identifiziert werden. DP-Thymocyten unterliegen einer positiven Selektion, die sicherstellt, dass nur solche T-Zellen sich weiter entwickeln, die über einen funktionellen T-Zell-Rezeptor verfügen. Die negative Selektion auf der Stufe der SP-Thymocyten eliminiert autoreaktive T-Zellen.

zeptors, die im Stadium DN3 abgeschlossen ist. DN3-Thymocyten exprimieren einen **Prä-T-Zell-Rezeptor** bestehend aus der β-Kette und der invarianten Prä-Tα-Kette (pTα). Die Expression dieses Rezeptors verhindert weitere Rekombinationen der β-Kette (**allelischer Ausschluss**) und induziert die Expression von CD4 und CD8. Nach zahlreichen Zellteilungen erfolgt in den **doppelpositiven** (**DP**)-**Thymocyten** die Umlagerung der α-Kette. Eine detailliertere Auflistung der in den jeweiligen Stadien exprimierten Enzyme und Rezeptor/Corezeptor-Ketten ist in Abb. 13.**17** dargestellt.

Nach Abschluss der Rekombinationen zeigen DP-Thymocyten eine schwache Expression des T-Zell-Rezeptors. Sie unterliegen nun der **positiven Selektion** (Abb. 13.**18**). Nur wenn der T-Zell-Rezeptor schwach an körpereigene HLA-Moleküle binden kann, ist seine Funktionalität gewährleistet, d. h. ist es ihm möglich, präsentierte fremde Peptide mit hoher Affinität zu binden. Im **Thymuscortex** interagieren DP-Thymocyten mit **corticalen thymusständigen Epithelzellen** (**cTEC**), die HLA-Klasse I- und II-Moleküle auf ihrer Oberfläche tragen. Nur DP-Thymocyten, die schwach an eines der beiden HLA-Moleküle binden, entwickeln sich weiter. Ansonsten sterben sie ab. Die Bindung legt dabei in Abhängigkeit vom gebundenen HLA-Molekül gleichzeitig fest, welcher Corezeptor, CD4 oder CD8, auf den sich nun entwickelnden **einzelpositiven** (**SP, Single Positive**)-**Thymocyten** erhalten bleibt und damit die Entstehung von T_H-Zellen und CTL.

Um autoreaktive SP-Thymocyten zu beseitigen, erfolgt die **negative Selektion** (Abb. 13.**18**). Am Übergang zwischen Cortex und Medulla interagieren die SP-Thymocyten mit **thymusständigen dendritischen Zellen**, die über HLA-Klasse I- und II-Moleküle Peptide von gewebespezifischen Proteinen (**Tissue Restricted Antigens, TRA**) präsentieren. Die Verfügbarkeit einer Vielzahl von solchen TRA im Thymus wird dabei durch die **medullären thymusständigen Epithelzellen** (**mTEC**) sichergestellt. Vermutlich nehmen die dendritischen Zellen die TRA von den mTEC auf. Nur wenn die SP-Thymocyten keine starke Bindung an die präsentierten Peptide zeigen, d. h. keine Autoreaktivität, entwickeln sie sich zu reifen, naiven **CD4$^+$ T$_H$-Zellen** oder **CD8$^+$ CTL** weiter, die den Thymus verlassen. Potentiell autoreaktive Zellen werden dagegen durch Apoptose eliminiert. Ein weiterer Mechanismus, der zur Aufrechterhaltung der Toleranz beiträgt, sind die immunsuppressiven **regulatorischen T-Zellen (Treg)**, die sich ebenfalls im Thymus aus den SP-Thymocyten entwickeln (Abb. 13.**15**).

In der Maus entstehen täglich etwa 5×10^7 Thymocyten. Nur ca. 1×10^6, d. h. 2 %, verlassen den Thymus als reife Zellen. Das Verhältnis von CD4$^+$ T$_H$-Zellen und CD8$^+$ CTL liegt dabei ca. bei 2:1.

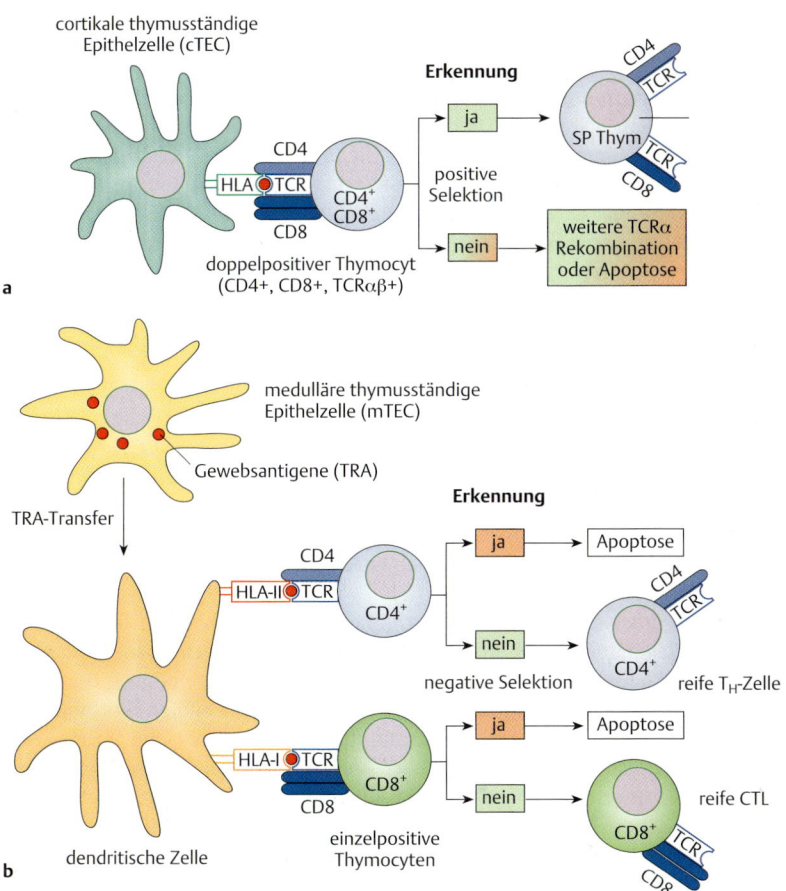

Abb. 13.**18 Positive und negative Selektion der Thymocyten. a** DP-Thymocyten interagieren im Thymuscortex mit corticalen thymusständigen Epithelzellen (cTEC). Nur wenn sie über ihren T-Zell-Rezeptor an die körpereigenen HLA-Moleküle schwach binden, entwickeln sie sich weiter (positive Selektion). Die Bindung legt dabei in Abhängigkeit vom gebundenen HLA-Molekül gleichzeitig fest, welcher Corezeptor, CD4 oder CD8, erhalten bleibt. **b** SP-Thymocyten werden dann am Übergang zwischen Cortex und Medulla einer negativen Selektion unterzogen, um autoreaktive Zellen zu eliminieren. Sie interagieren mit dendritischen Zellen, die über HLA-Moleküle eine Vielzahl von gewebespezifischen Antigenen (TRA) präsentieren, die von medullären thymusständigen Epithelzellen stammen. Nur SP-Thymocyten, die keine Erkennung zeigen, entwickeln sich zu reifen CD4$^+$ T$_H$-Zellen oder CD8$^+$ CTL weiter.

13.3.7 Die klonale Selektion – Grundprinzip der Entwicklung adaptiver Immunität

Das **Lymphsystem** mit seinen **Lymphgefäßen** dient als **Drainagesystem** für die Rückführung von Flüssigkeiten und Substanzen aus dem Gewebe ins Blut. Von kleinen **Lymphkapillaren** ausgehend, gelangt die Lymphe über große **Lymphsammelstämme**, den Ductus lymphaticus, der die rechte obere Körperseite drainiert, und den Ductus thoracicus, der die linke obere Körperseite und den unteren Teil des Körpers inklusive Thorax, Gastrointestinaltrakt und untere Extremitäten drainiert, die in den rechten bzw. linken Venenwinkel zwischen Vena jugularis und Vena subclavia münden, durch die Vena cava superior ins **rechte Atrium** (Abb. 13.**19**). An vielen Stellen im Körper sind **Lymphknoten** den Lymphgefäßen zwischengeschaltet. Durch afferente Lymphbahnen tritt die Lymphe in die Lymphknoten ein, durch die efferenten Bahnen verlässt sie sie. Pathogene, die ein Gewebe infizieren, bzw. ihre Antigene gelangen über die Lymphe direkt oder über dendritische Zellen, welche die Antigene im Gewebe aufgenommen haben (S. 830, Abb. 13.**25**), in die das infizierte Gewebe drainierenden Lymphknoten. Diese Anreicherung von Antigenen im Lymphknoten wird durch die **frühe induzierte Immunantwort** verstärkt, die zu einer Zunahme von Gewebsflüssigkeit verbunden mit einem erhöhten Abfluss über die Lymphe (S. 792, Abb. 13.**4**) und zu einer Aktivierung dendritischer Zellen führt (S. 830, Abb. 13.**25**).

Nach der Ausreifung und Selektion zirkulieren die Lymphocyten als reife, naive B- bzw. T-Zellen im Lymphsystem und Blut auf der Suche nach ihrem Antigen. Sie gelangen aus dem Blut über die Gefäße in die Lymphknoten, indem sie die Gefäßwände durchdringen, und verlassen diese wieder über die efferenten Lymphbahnen (zurück ins Blut über rechtes Atrium, s. o.). Die Lymphocyten rezirkulieren also kontinuierlich durch Organe, in denen Antigene bei einer Gewebeinfektion angereichert vorliegen, was ein effektiveres **Aufeinandertreffen von Antigen und antigenspezifischem Lymphocyt** gewährleistet. Ähnliche Funktionen wie die Lymphknoten erfüllen die **Milz** für das Blut und die Mucosa- (**MALT**, Mucosa Associated Lymphoid Tissue) und Verdauungstrakt-assoziierten (**GALT**, Gut Associated Lymphoid Tissue) lymphatischen Gewebe.

Das vollständige **Repertoire an Rezeptorspezifitäten** existiert bereits vor dem ersten Antigenkontakt im **Pool der Lymphocyten**, die durch Blut und Lymphsystem zirkulieren. Erst wenn im Lymphknoten oder einem der anderen peripheren lymphatischen Organe eine der naiven T- oder B-Zellen auf ihr Antigen trifft, d. h. eine Antigenrezeptorspezifität besitzt für ein im Organismus vorhandenes Pathogen, erfolgt in der **Initiationsphase** der Immunantwort ihre Aktivierung, Vermehrung und letztlich die Differenzierung zur T/B-Effektorzelle, die die **efferente Phase** der adaptiven Immunantwort vermittelt (Abb. 13.**20**). Ein Teil der aktivierten Zellen entwickelt sich zu **Memory-T/B-Zellen**, die bei einer weiteren Infektion durch das gleiche Pathogen eine schnellere und effektivere Immunantwort ermöglichen. Sie sind die Basis für das **immunologische Gedächtnis**. Die Vermehrung nur der für

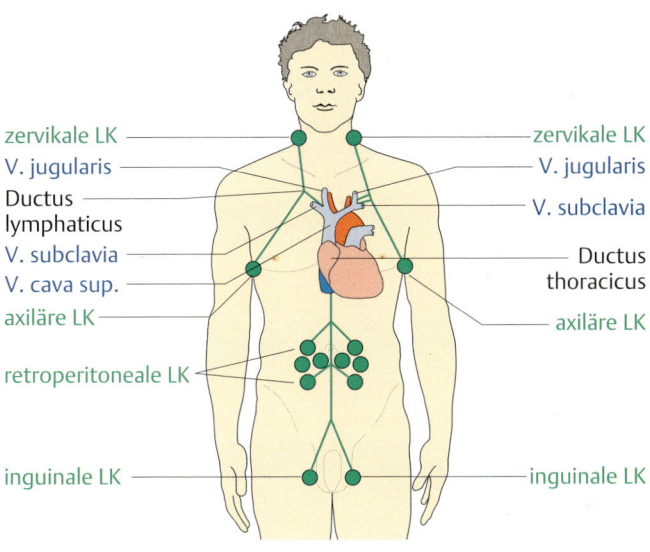
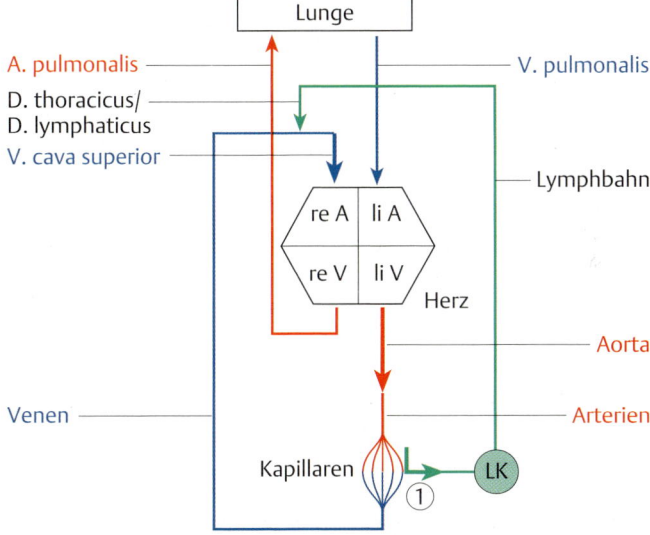

Abb. 13.19 Das Lymphsystem. Gewebeflüssigkeit (1) fließt als Lymphe über Lymphgefäße und große Lymphsammelstämme (D. lymphaticus, D. thoracicus) zurück ins rechte Atrium. Lymphknoten fungieren als Sammelstelle und Filter für Pathogene und ihre Antigene. Sie sind Orte der Initiation adaptiver Immunantworten: Naive B- und T-Zellen, die durch Blut und Lymphe zirkulieren, erkennen dort ihr Antigen.

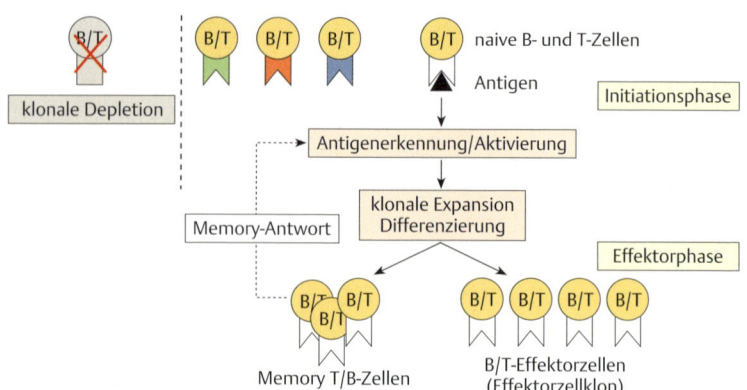

Abb. 13.**20 Klonale Selektion von lymphatischen Effektorzellen.** Naive T- und B-Zellen zirkulieren durch Blut und Lymphsystem. Treffen sie im Lymphknoten auf ihr Antigen, werden sie in der Initiationsphase der adaptiven Immunantwort aktiviert, vermehren sich und differenzieren zu Effektor- und Memory T-/B-Zellen, die die Effektorphase vermitteln bzw. bei einer wiederholten Infektion eine effektivere Abwehr des Pathogens erlauben.

ein bestimmtes Antigen spezifischen Lymphocyten innerhalb des Gesamtpools an Lymphocyten, wenn dieses Antigen vorliegt, wird als **klonale Selektion** bezeichnet.

> **Lymphopoiese:** Entwicklungsprozess ausgehend von einer hämatopoietischen Stammzelle, der durch Proliferation und Differenzierung die unterschiedlichen reifen Zellen der lymphocytären Zellreihe (T-Zellen, B-Zellen, NKT-Zellen, NK-Zellen und plasmacytoide dendritische Zellen) hervorbringt.
> **Negative Selektion:** Während der Entwicklung von B- und T-Zellen ablaufender Prozess, der zur Eliminierung autoreaktiver Zellen führt.
> **Positive Selektion:** Überprüfung der Funktionalität des T-Zell-Rezeptors. Nur Thymocyten, die mit niedriger Affinität an HLA-Moleküle binden, entwickeln sich weiter.
> **Zentrale lymphatische Organe:** Orte der Entwicklung der Lymphocyten (Knochenmark, Thymus).
> **Periphere lymphatische Organe:** Orte des Initiation adaptiver Immunantworten (Lymphknoten, Milz, MALT, GALT).
> **B-Zellen:** Subpopulation der Lymphocyten, die membrangebundene Immunglobuline tragen und als Effektorzellen (Plasmazelle) große Mengen an Immunglobulinen sezernieren, die die humorale Immunantwort vermitteln.
> **T-Zellen:** Subpopulation der Lymphocyten mit einem membrangebundenen T-Zell-Rezeptor. Sie vermitteln als cytotoxische T-Zellen die adaptive zelluläre Immunität oder regulieren als T-Helfer-Zellen die meisten Aspekte adaptiver Immunität.
> **Klonale Selektion:** Innerhalb des Gesamtpools an Lymphocyten mit unterschiedlichen Rezeptorspezifitäten expandieren nur die T-/B-Zellen, die durch Bindung ihres spezifischen Antigens aktiviert werden.

13.3.8 Immunglobulinvermittelte Effektormechanismen – die humorale Immunität

Plasmazellen sind die **Effektorzellen** der **humoralen Immunantwort**. Nach ihrer Aktivierung und Differenzierung im Lymphknoten wandern sie ins Knochenmark. Dort sezernieren sie große Mengen an Immunglobulin einer definierten Spezifität mit einem bestimmten Isotyp. Die Switch-Rekombination ist in Plasmazellen abgeschlossen. Die sezernierten **Immunglobuline** vermitteln die humorale Immunität. Durch ihre Bindung an ihr Antigen werden **unterschiedliche Effektormechanismen** aktiviert (Abb. 13.**21**): **Phagocyten** erkennen über Fc-Rezeptoren die konstante Region der schweren Kette des gebundenen Immunglobulins und beseitigen das Pathogen durch **Phagocytose** (S. 794, Abb. 13.**2**). Durch die Bindung des Komplementproteins C1q, ebenfalls an den Fc-Teil eines Immunglobulins, wird der **klassische Weg der Komplementaktivierung** eingeleitet, der in der **Lyse** der Pathogene resultiert (S. 789, Abb. 13.**3**). Wird der Fc-Teil eines Immunglobulins von **NK-Zellen** gebunden, erfolgt eine Lyse des Pathogens in einem als **ADCC** (Antibody-Dependent Cellular Cytotoxicity) bezeichneten Prozess (S. 823, Abb. 13.**23**).

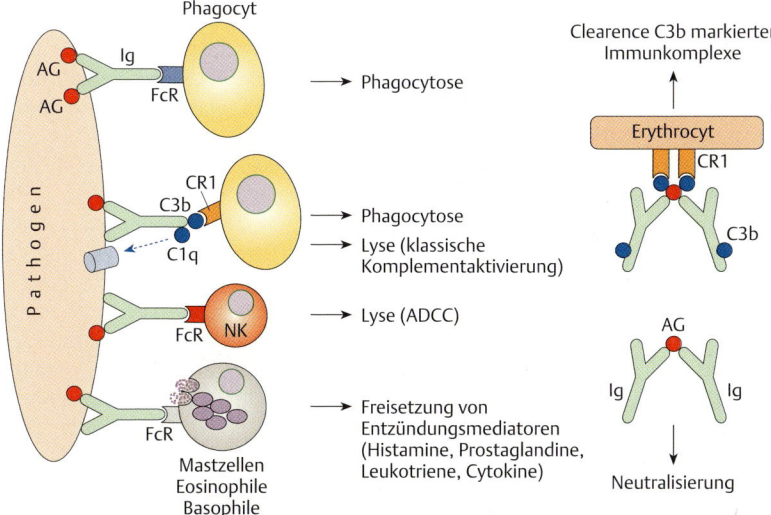

Abb. 13.**21** **Immunglobulin-vermittelte Effektormechanismen.** Die Bindung von Immunglobulinen an ihr Antigen führt zur Aktivierung unterschiedlicher Effektormechanismen: Phagocytose, Komplementlyse, Lyse durch NK-Zellen, Schädigung durch die Freisetzung von Entzündungsmediatoren, Neutralisierung oder Entfernung von Immunkomplexen aus der Zirkulation.

Tab. 13.2 **Effektormechanismen der Immunglobulin Isotypen**

	IgM	IgD	IgG1	IgG2	IgG3	IgG4	IgA1/2	IgE
Opsonisierung	+	-	+++	+	++	+	+	-
Komplementaktivierung	+++	-	++	+	+++	-	+	-
NK-Zell-Lyse (ADCC)	-	-	++	-	++	-	-	-
Mastzellaktivierung	-	-	+	-	+	-	-	+++
Neutralisierung	+	-	++	++	++	++	++	-
Sekretion	+	-	-	-	-	-	+++	-

Mastzellen, **eosinophile** und **basophile Granulocyten** binden nicht an Immunglobuline, die an Pathogene gebunden sind, sondern versorgen sich zunächst über ihre Fc-Rezeptoren mit „leeren" Antigenrezeptoren. Bindet dann dieses „Oberflächen"-Immunglobulin an sein Antigen, kommt es zur Freisetzung von **Entzündungsmediatoren** wie Histamin, Prostaglandinen und Leukotrienen, die die Pathogene direkt schädigen – ein Mechanismus, der insbesondere bei parasitären Pathogenen von Bedeutung ist. Darüber hinaus kann die Bindung von Immunglobulinen Rezeptorstrukturen auf Pathogenen oder Toxinen blockieren und hierdurch eine Anlagerung an Zellen und damit eine Infektion oder Schädigung verhindern, was als **Neutralisierung** bezeichnet wird. Solche Immunglobulin-Toxin-**Immunkomplexe** sind dann jedoch häufig zu klein, um direkt durch Phagocytose entfernt zu werden. Durch die Bindung von C3b an die Immunkomplexe werden sie jedoch den Fc-Rezeptoren auf **Erythrocyten** (CR1) zugänglich, was letztlich zu ihrem Abbau in der Leber führt.

Der **Isotyp** eines Immunglobulins entscheidet darüber, welcher dieser Effektormechanismen genutzt werden kann, u. a. da unterschiedliche Fc-Rezeptoren an die verschiedenen Isotypen binden (Abb. 13.**21** und Tab. 13.**2**). Da die einzelnen Effektormechanismen sich in ihrer Effektivität in der Beseitigung unterschiedlicher Pathogene unterscheiden, muss bei der humoralen Immunantwort sichergestellt sein, dass nicht nur eine B-Zelle mit dem richtigen (antigenspezifischen) Rezeptor aktiviert wird, sondern auch, dass sie nach der Differenzierung zur Plasmazelle den richtigen Isotyp produziert. Nur dann ist eine effektive Immunantwort gegen Pathogene gewährleistet. Die Entscheidung hierüber fällt in der Initiationsphase der B-Zell-Antwort (S. 825).

13.3.9 Die cytotoxische Effektorantwort

Cytotoxische T-Zellen (CTL) sind die Effektorzellen der adaptiven, zellulären Immunantwort. Sie sind spezialisiert auf die Eliminierung von Pathogen-infizierten Körperzellen. Nach ihrer Aktivierung im Lymphknoten (S. 827, Abb. 13.**25**) migrieren sie ins Gewebe. Treffen sie dort auf Zellen, die über **HLA-Klasse I**-Moleküle das

Peptid präsentieren, für welches ihr T-Zell-Rezeptor spezifisch ist (bspw. ein virales Peptid auf einer virusinfizierten Zelle), führt diese abermalige Erkennung zur Aktivierung cytotoxischer Effektormechanismen an der Kontaktstelle zwischen den beiden Zellen, die durch adhäsive Wechselwirkungen stabilisiert wird. Die Interaktion zwischen dem Oberflächenmolekül **FasL** auf den **Effektor-CTL** und dem **Fas-Rezeptor** induziert in den Zielzellen **Apoptose**. Ferner werden **cytotoxische Granula** freigesetzt, die **Perforin** und **Granzym B** auf einem Serglycingerüst enthalten. Perforin vermittelt als Translokator das Eindringen von Granzym B in die Zielzelle, was ebenfalls in deren apoptotischem Zelltod resultiert.

13.3.10 Natürliche Killerzellen

Natürliche Killerzellen (NK-Zellen) sind Lymphocyten, die auf ihrer Oberfläche eine Vielzahl von Rezeptoren tragen, durch die sie ihre Zielzellen erkennen.

Einerseits handelt es sich um Rezeptoren, die den Verlust der HLA-Klasse I-Expression auf Zielzellen wahrnehmen, wie er häufig bei virusinfizierten Zellen als Teil einer Immune-Escape-Strategie zu beobachten ist. Er verhindert die Erkennung und Lyse der virusinfizierten Zellen durch CTL. Entsprechend haben NK-Zellen eine Backup-Funktion für die CTL-Antwort. Rezeptoren, welche diese Funktion wahrnehmen, sind die **inhibitorischen KIR** (iKIR, Killer Cell Immunoglobulin-Like Receptor), die **HLA-Klasse I**-Moleküle erkennen, und der **NKG2A/CD94-Rezeptor**, der spezifisch ist für über **HLA-E** präsentierte Signalsequenzpeptide von HLA-Klasse I-Molekülen. Binden diese Rezeptoren an HLA-Klasse I bzw. HLA-E, wird die Lyse der Zielzellen blockiert. Fehlt dieses **inhibitorische Signal** jedoch, weil

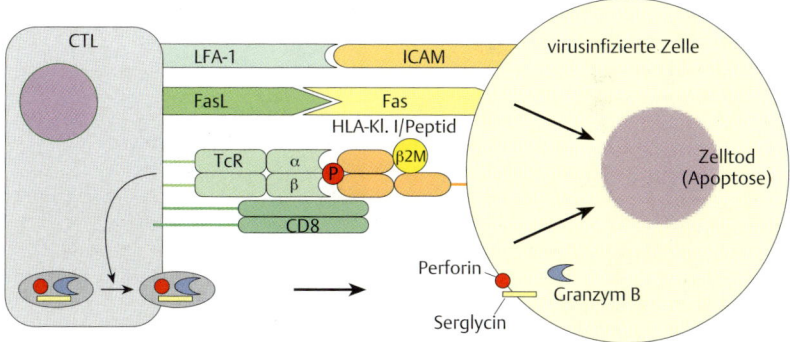

Abb. 13.**22 Effektorphase der cytotoxischen T-Zell-Antwort.** Nach der Erkennung des HLA-Klasse I/Peptid-Komplexes auf der Oberfläche einer Zielzelle durch den T-Zell-Rezeptor einer Effektor-CTL im Gewebe, werden adhäsive Wechselwirkungen (z. B. LFA-1-ICAM-1-Interaktion) verstärkt und es kommt zur Ausbildung einer engen Kontaktstelle zwischen den beiden Zellen, welche die FasL-Fas-Wechselwirkung ermöglicht, die in der Induktion von Apoptose in der Zielzelle resultiert. Granzym B, das aus Granula an der Kontaktstelle freigesetzt wird und durch Perforin in die Zielzelle gelangt, induziert ebenfalls Apoptose.

die Zielzellen keine HLA-Klasse I-Moleküle exprimieren (**Missing Self**), werden sie durch **Apoptose** vergleichbar zum Mechanismus bei CTL abgetötet (S. 822).

Andererseits tragen NK-Zellen viele weitere Rezeptoren, denen gemeinsam ist, dass sie ein **stimulierendes Signal** generieren, das in **Apoptose** der Zielzellen resultiert: **Fc-Rezeptoren** erkennen opsonisierende Immunglobuline, **NKG2D-Rezeptoren** sind u. a. spezifisch für Stressproteine, wie sie als Antwort von Zellen auf eine intrazelluläre Infektion gebildet werden, **NCR** (Natural Cytotoxicity Receptor) erkennen vermutlich konservierte virale Strukturen. Daneben gibt es **stimulatorische KIR** (sKIR), deren Liganden noch unbekannt sind. Vermutlich handelt es sich aber ebenfalls um konservierte Strukturen von Pathogenen. In NK-Zellen konkurrieren also inhibitorische und stimulatorische Rezeptorsysteme.

Darüber hinaus handelt es sich bei **KIR** um ein **polygenes Rezeptorsystem** mit mindestens acht inhibitorischen und sechs stimulatorischen Rezeptoren. Manche dieser Rezeptoren kommen bei allen Individuen vor, andere dagegen nicht, wodurch sich eine gewisse Diversität ergibt. Da sie außerdem **klonal verteilt exprimiert** werden, d. h. jede NK-Zelle nur ein zufälliges Set der genetisch kodierten Rezeptoren auf der Oberfläche trägt, und da sich die einzelnen inhibitorischen KIR in den HLA-Allelen unterscheiden, die sie erkennen, muss

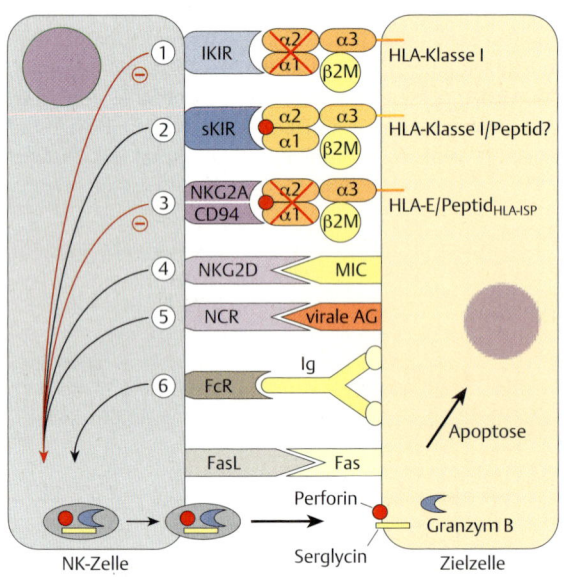

Abb. 13.**23 Rezeptoren Natürlicher Killerzellen.** NK-Zellen tragen auf ihrer Oberfläche eine Vielzahl von Rezeptoren. Ein Teil dieser Rezeptoren prüft das Vorhandensein von HLA-Klasse I-Molekülen und generiert bei der Bindung an seinen Liganden ein negatives Signal (rot). Andere Rezeptoren hingegen erkennen opsonisierende Immunglobuline, Stressproteine oder konservierte Pathogenstrukturen und erzeugen ein stimulatorisches Signal, das in der Induktion von Apoptose durch FasL-Fas-Interaktion oder Granzym B resultiert.

auch bei NK-Zellen eine **Selektion** erfolgen, die sicherstellt, dass jede NK-Zelle über mindestens einen inhibitorischen Rezeptor verfügt, der körpereigene HLA-Allele als Ligand erkennt.

Obwohl in der Maus keine KIR-Gene existieren, gibt es eine strukturell nichtverwandte Gruppe von Molekülen mit vergleichbarer Funktion: die Ly49 Lektin-Rezeptoren. Sie sind ein Beispiel für eine **konvergente Entwicklung** eines Rezeptorsystems.

13.3.11 Initiation der B-Zell-Antwort

Die Initiationsphase der B-Zell-Antwort ist charakterisiert durch das erste Aufeinandertreffen von **naiver B-Zelle** und ihrem Antigen im Lymphknoten oder einem der anderen peripheren lymphatischen Organe (Abb. 13.**20**). Hierbei muss sichergestellt werden, dass nur **antigenspezifische** B-Zellen aktiviert werden und diese zu Effektorzellen differenzieren, die den **richtigen Immunglobulin-Isotyp** bilden, der für eine effektive Immunantwort benötigt wird (Abb. 13.**21**, Tab. 13.**2**). Noch vorhandene **autoreaktive** B-Zellen dürfen sich nicht weiter entwickeln.

Im ersten Schritt bindet die naive B-Zelle mit ihrem membranständigen Immunglobulin an das Antigen (Abb. 13.**24**). Hierdurch ist die **Spezifität der Aktivierung** gegeben (**Signal 1**). Das Antigen wird durch Rezeptor-vermittelte Endocytose aufgenommen, prozessiert und ein Peptid des Antigens über HLA-Klasse II-Moleküle präsentiert. Die antigenspezifische Antigenaufnahme bedingt eine um den Faktor 10.000 höhere Effizienz der Präsentation von Peptiden dieses Antigens.

Für die weitere Entwicklung wird eine **T$_H$-Effektorzelle** benötigt, die über ihren T-Zell-Rezeptor dieses Peptid erkennt. Die Wahrscheinlichkeit für eine solche **gekoppelte Erkennung** eines Antigens durch zwei Zellen ist sehr gering. Sie wird dadurch erhöht, dass diese Interaktion in den peripheren lymphatischen Organen erfolgt und dort in den T-Zell-Zonen, in denen die beteiligten Zellen konzentriert vorliegen. Auf die Erkennung hin stellt die T$_H$-Effektorzelle über CD154 das **Signal 2** zur Verfügung, das die weitere Entwicklung der B-Zelle **lizenziert**, und außerdem **IL-4**, den **Wachstumsfaktor** für die einsetzende Proliferation der aktivierten B-Zelle (Ausbildung eines **Keimzentrums**).

Von der T-Zelle gebildete Cytokine (z. B. IL-5), die fokussiert an der Kontaktstelle der beiden Zellen sezerniert werden, und weitere Interaktionen (**Signal 3**) leiten die Differenzierung über Plasmablasten zu Plasmazellen ein und legen fest, welchen **Immunglobulin-Isotyp** die Plasmazellen sezernieren. Unterschiedliche Cytokine induzieren unterschiedliche Immunglobulin-Isotypen (Tab. 13.**3**), d. h. das Repertoire an Cytokinen, das von den T$_H$-Effektorzellen gebildet wird, ist entscheidend dafür, ob eine effiziente Antwort entsteht. Insbesondere **T$_H$2-Effektorzellen**, die durch die Expression des prinzipiellen Wachstumsfaktors der B-Zellen, IL-4, sowie der Cytokine IL-5, IL-6, IL-10 und IL-13 charakterisiert sind, spielen eine zentrale Rolle. Aber auch die IL-2, IFNγ und TNFα exprimierenden **T$_H$1-Effektorzellen** sind an der Ausprägung der B-Zell-Antwort beteiligt.

In dieser Phase erfolgt auch die **Affinitätsreifung**, die durch Punktmutationen zu einer weiteren Variation der Antigenbindungsstelle und der Ausbildung von Klo-

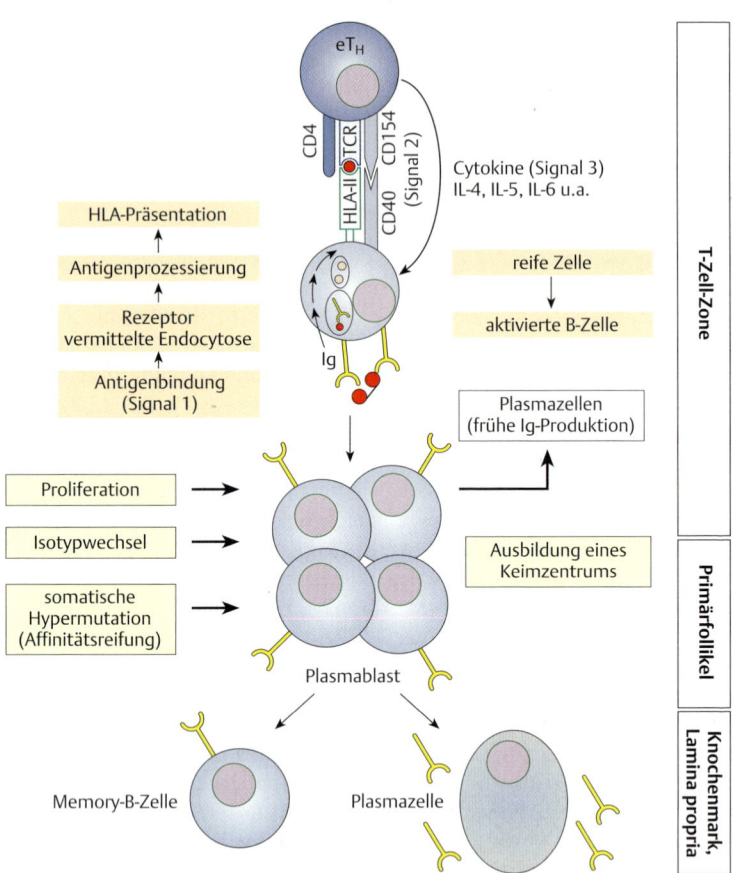

Abb. 13.**24 T-Helfer-Zell-Abhängigkeit der Initiation der B-Zell-Antwort.** T_H-Effektorzellen koordinieren nach der Erkennung ihres Antigens durch die naive B-Zelle deren Entwicklung zur Plasmazelle und die Entstehung von Memory-B-Zellen.

Tab. 13.**3. Cytokine regulieren den Immunglobulin Isotyp.** +, Stimulation; –, Hemmung

	IgM	IgG3	IgG1	IgG2b	IgG2a	IgE	IgA
IL-4	–	–	+		–	+	
IL-5							+
IFNγ	–	+	–		+	–	
TGFβ	–	–		+			+

nen mit höherer Affinität für das Antigen führt. Nach Abschluss dieser Vorgänge migriert die Plasmazelle ins Knochenmark, wo sie als Effektorzelle der humoralen Immunantwort große Mengen an Immunglobulinen eines bestimmten Isotyps sezerniert. Ebenfalls entstehende **Memory-B-Zellen** sind die Basis des immunologischen Gedächtnisses. Sie erlauben eine effizientere und schnellere Antwort bei einer wiederholten Infektion durch das gleiche Pathogen.

Trifft die B-Zelle, nachdem sie ihr Antigen erkannt hat, nicht auf eine T_H-Effektorzelle, die das präsentierte Peptid erkennt, stirbt sie innerhalb weniger Tage ab. Wenn also der Organismus autoreaktive T_H-Zellen beseitigen kann, ist gewährleistet, dass autoreaktive B-Zellen nicht aktiviert werden.

13.3.12 Initiation der cytotoxischen und T-Helfer-Zell-Antwort

In der Initiationsphase der cytotoxischen T-Zell-Antwort erkennen **naive cytotoxische T-Zellen** ihr Peptid (**Signal 1**), das von **reifen dendritischen Zellen** über HLA-Klasse I-Moleküle präsentiert wird (Abb. 13.**25**). Diese Präsentation setzt voraus, dass die dendritischen Zellen zuvor antigenes Material im Gewebe z. B. von virusinfizierten Zellen aufgenommen haben, dieses prozessierten und die resultierenden Peptide, trotz des exogenen Ursprungs des antigenen Materials, über HLA-Klasse I präsentieren – ein Phänomen, das als **Kreuzpräsentation** bezeichnet wird. Nach der Antigenaufnahme im Gewebe durch unreife dendritische Zellen müssen diese darüberhinaus ein **Danger-Signal** erhalten (S. 830). Dieses führt zu ihrer Ausreifung und Migration in das periphere lymphatische Organ, welches das entsprechende Gewebe drainiert (Abb. 13.**19**). Dort erfolgt die Interaktion mit der naiven CTL. Bei dieser Interaktion ist entscheidend, vergleichbar zur Aktivierung der T_H-Zellen (Abb. 13.**26**), dass die CTL ihr Peptid im Kontext **costimulatorischer Moleküle** (**Signal 2**) erkennt (CD80, CD86, CD137L), wie sie nur auf einer für die Aktivierung einer naiven CTL lizenzierten dendritischen Zelle vorliegen. Verantwortlich für die **Lizenzierung** ist neben dem Danger-Signal im Gewebe eine T_H1-**Effektorzelle**, die ein auf der dendritischen Zelle über HLA-Klasse II präsentiertes Peptid erkennt, welches ebenfalls aus dem antigenen Material prozessiert wurde, das die unreife dendritische Zelle im Gewebe aufgenommen hat. Wie bei der Aktivierung von B-Zellen (Abb. 13.**24**) ist hieran eine Interaktion zwischen CD40 auf der dendritischen Zelle und CD154 auf der T_H-Effektorzelle beteiligt. Ferner liefert die T_H1-Effektorzelle mit **IL-2** den **Wachstumsfaktor** für die CTL.

Diese strikte Kontrolle der CTL-Aktivierung, die ein Zusammenspiel von drei unterschiedlichen Zelltypen erfordert, macht deutlich, welches Gefahrenpotential durch falsch aktivierte, autoreaktive CTL entstehen kann. Erkennt die naive CTL ihr Peptid auf einer anderen Zelle, die über unzureichende Costimulation (**Fehlen von Signal 2**) verfügt (was bei jeder gesunden Körperzelle der Fall ist), wird sie apoptotisch.

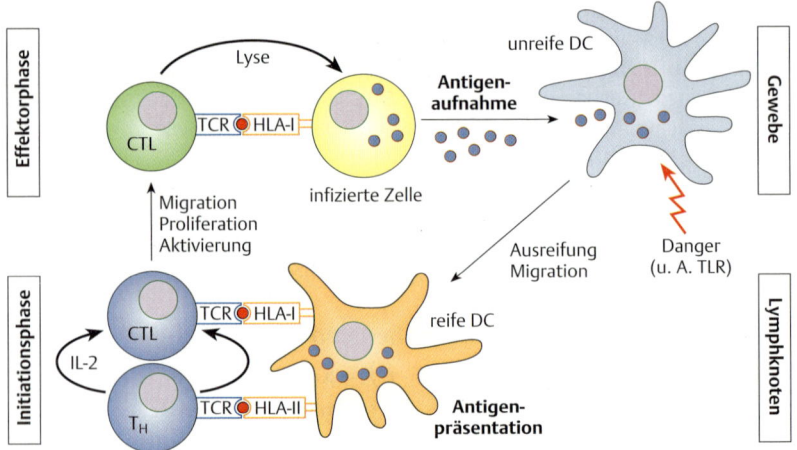

Abb. 13.25 **Ablauf der durch dendritische Zellen initiierten cytotoxischen T-Zell-Antwort.**

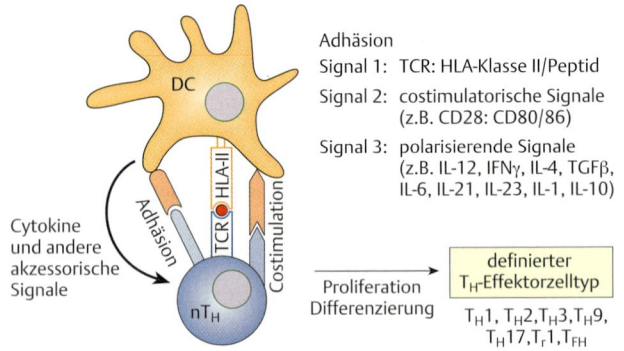

Abb. 13.26 **Initiationsphase der T-Helfer-Zell-Antwort.** Dendritische Zellen entscheiden über costimulatorische und polarisierende Signale über die Aktivierung einer naiven T_H-Zelle und den sich aus ihr entwickelnden T_H-Effektortyp.

Nach der Aktivierung, Differenzierung und Proliferation migrieren die cytotoxischen Effektorzellen zurück ins Gewebe, um dort nach **abermaliger Erkennung** ihres Peptids die entsprechende, bspw. virusinfizierte Zelle durch Apoptose abzutöten (Abb. 13.22). Die Information über das Zielgewebe wird ebenfalls während der Initiationsphase durch die dendritische Zelle übertragen.

Neben den T_H1- und T_H2-Effektorzellen, die bei der Initiation der T-Zell- und B-Zell-Antwort eine zentrale Rolle spielen, sind T_H-Effektorzellen als IL-17 und IL-23 produzierende T_H17-Zellen an der Abwehr mikrobieller Infektionen an mucosalen Epithelien, als IL-21 exprimierende T_{FH}-Zellen (T Follicular Helper Cells) an der Differenzierung von B-Zellen und als IL-9 produzierende T_H9-Zellen an der Abwehr von Parasiten beteiligt. Als TGF-β exprimierende T_H3-Zellen oder IL-10 bildende T_R1-Zellen haben sie als induzierbare regulatorische T-Zellen (in Abgrenzung von den im Thymus gebildeten natürlichen Tregs, S. 812) eine immunsuppressive Aktivität und tragen zur Aufrechterhaltung der Selbsttoleranz bei.

Somit sind T_H-Effektorzellen an nahezu allen Aspekten adaptiver Immunität beteiligt und entscheiden über **periphere Toleranz** wie auch **Effektivität** der Immunantwort. Ähnlich wie bei der Initiation der cytotoxischen T-Zell-Antwort (Abb. 13.**25**) beginnt die Initiationsphase der T_H-Antwort mit der Erkennung eines Peptids auf einem HLA-Klasse II-Molekül durch eine **naive T_H-Zelle** in einem peripheren lymphatischen Organ (Abb. 13.**26**). Auch hier ist die Antigen-präsentierende Zelle eine **reife dendritische Zelle**, die antigenes Material im Gewebe aufgenommen und prozessiert hat, und nach einem Danger-Signal ausreifte und in das drainierende lymphatische Organ migrierte.

Schwache **adhäsive Wechselwirkungen** zwischen der T_H-Zelle und der dendritischen Zelle (LFA-1:ICAM-1-Interaktion) gestatten der T-Zelle die HLA-Moleküle der dendritischen Zelle auf ein passendes Peptid abzusuchen. Wenn eine Erkennung durch den T-Zell-Rezeptor erfolgt (**Signal 1**), werden die adhäsiven Wechselwirkungen durch Konformationsänderungen und neue Interaktionen (ICAM-3 - DC-Sign) verstärkt und der zelluläre Komplex dadurch stabilisiert. Nun können die **costimulatorischen Signale** (**Signal 2**) durch eine Interaktion zwischen CD28 auf der T-Zelle und CD80 oder CD86 auf der dendritischen Zelle erfolgen. Sie sind essentiell für den weiteren Verlauf der Aktivierung der T_H-Zelle: Erhält eine T_H-Zelle beide Signale, beginnt sie den **Wachstumsfaktor IL-2** zu bilden und sich zu vermehren. Erhält sie jedoch nur Signal 1 und kein Signal 2, stirbt sie ab. Hierüber fällt die Entscheidung für oder gegen periphere **Selbsttoleranz** der T_H-Zelle, die wie zuvor dargestellt zur Selbsttoleranz der B-Zellen und cytotoxischen T-Zellen beiträgt. D. h. **Autoantigene** dürfen auf dendritischen Zellen nicht im Kontext der costimulatorischen Moleküle präsentiert werden. Reife dendritische Zellen exprimieren ein bestimmtes Set an Cytokinen und anderen akzessorischen Molekülen. Diese konstituieren das **polarisierende Signal** oder **Signal 3**, das den **T-Effektortyp** definiert, der sich aus der naiven T_H-Zelle entwickelt (Abb. 13.**26**). So führt bspw. eine Expression von IL-12 durch die dendritische Zelle zur Differenzierung der naiven T_H-Zelle zur T_H1-Effektorzelle. IL-4 ist an der Entwicklung von T_H2-Effektorzellen beteiligt, TGF-β, IL-6 und IL-23 an der von T_H17-, IL-10 von T_R1- und TGF-β von T_H3-Zellen. Das polarisierende Signal der dendritischen Zellen bestimmt somit über die T_H-Zelle die Art der sich entwickelnden Immunantwort (humoral oder zellulär) und im Fall einer humoralen Antwort, den Immunglobulin-Isotyp.

13.3.13 Dendritische Zellen

Aufgrund ihrer Rolle in der Initiationsphase der T_H-Zell-Antwort (Abb. 13.**26**) stehen **dendritische Zellen** an der Basis adaptiver Immunität. Durch costimulatorische Signale entscheiden sie über **Immunität** und **Toleranz**, durch polarisierende Signale über die Ausprägung der Immunantwort und damit ihre **Effektivität** in der Bekämpfung eines gegebenen Pathogens.

Dendritische Zellen patrouillieren als **unreife Zellen** durch nahezu alle nichtlymphatischen Gewebe. Sie exprimieren **Chemokinrezeptoren** wie CCR2, CCR5 und CCR6, die sie zu **Infektionsorten** führen, wo die entsprechenden Liganden gebildet werden. Ihre **Antigenaufnahmeaktivität** über Phagocytose, Rezeptor-vermittelte Endocytose oder Makropinocytose unter Nutzung von Pattern-Recognition-Rezeptoren (S. 784) ist gut entwickelt. Sie wandern aber nur mit geringer Rate in die lymphatischen Organe, zeigen keine Expression costimulatorischer Moleküle und exprimieren TGF-β. Eine Peptiderkennung durch eine naive T-Zelle auf einer unreifen dendritischen Zelle resultiert somit in Apoptose oder der Ausbildung immunsuppressiver induzierbarer **regulatorischer T-Zellen**.

Erst wenn die dendritischen Zellen ein **Danger-Signal** erhalten, wie es z. B. durch die Gegenwart von Pathogenen, von Gewebeschädigungen oder Anzeichen einer Entzündung ausgelöst werden kann, beginnen sie **auszureifen**. Chemokinrezeptoren für Infektionsorte werden zugunsten von CCR7 herunterreguliert, dessen Liganden (CCL19 und CCL21) bspw. in Lymphknoten gebildet werden, weshalb die dendritischen Zellen nun mit hoher Effizienz über die **afferenten Lymphbahnen** dorthin migrieren. Die Ausreifung der dendritischen Zellen geht einher mit der Hochregulation von HLA-Molekülen, von Adhäsionsmolekülen, von akzessorischen Molekülen und insbesondere von den costimulatorischen Molekülen CD80 und CD86. Die pathologischen Veränderungen im Gewebe, die durch das Danger-Signal signalisiert werden, sind daher entscheidend dafür, dass sich Immunität entwickelt kann. Die Integration aller Signale, welche die unreifen dendritischen Zellen zum Zeitpunkt der Antigenaufnahme über eine Vielzahl von Pattern-Recognition-Rezeptoren, darunter insbesondere die Toll-Like-Rezeptoren, aber auch Cytokinrezeptoren und Rezeptoren für Stressproteine und tote Zellen wahrnehmen, resultiert in einem polarisierenden Signal. Somit fällt bereits am Infektionsort die Entscheidung über Immunität versus Toleranz und welche Effektorantwort sich entwickeln wird.

Immunglobulin-vermittelte Effektormechanismen: In Abhängigkeit vom Isotyp des Immunglobulins resultiert die Bindung an sein Antigen/Pathogen in der Aktivierung unterschiedlicher Effektormechanismen: Phagocytose, Komplementlyse, NK-Zell-Lyse, Freisetzung von Entzündungsmediatoren, Neutralisierung und Entfernung von Immunkomplexen.

Cytotoxische T-Zellen: Effektorzellen der adaptiven zellulären Immunantwort. Nach ihrer Aktivierung im Lymphknoten migrieren sie ins Gewebe und induzieren Apoptose der Zellen, die über HLA-Klasse I das Peptid auf ihrer Oberfläche präsentieren, für das ihr T-Zell-Rezeptor spezifisch ist.

NK-Zellen: Subpopulation der Lymphocyten, die über zahlreiche, klonal verteilte Rezeptoren verfügen, die eine Erkennung von körpereigenen Zellen gestatten, die keine HLA-Klasse I-Moleküle exprimieren (inhibitorische Rezeptoren) oder spezifisch sind für Stressproteine und konservierte virale Strukturen (stimulatorische Rezeptoren). NK-Zellen töten ihre Zielzellen durch Apoptose.

B-Zell-Antwort: In der **Initiationsphase** erkennen **naive B-Zellen** in peripheren lymphatischen Organen ihr Antigen, werden aktiviert und differenzieren nach einer Vermehrungsphase unter der Kontrolle von **T$_H$-Effektorzellen** zu **Plasmazellen**, die große Mengen eines Immunglobulins einer definierten Spezifität mit einem bestimmten Isotyp sezernieren.

Cytotoxische T-Zell-Antwort: In der **Initiationsphase** erkennen **naive CTL** auf **reifen dendritischen Zellen** ihren HLA-Klasse I/Peptid-Komplex (Kreuzpräsentation) und werden unter Mitwirkung einer **T$_H$-Effektorzelle** aktiviert, differenzieren zu cytotoxischen Effektorzellen und vermehren sich, um danach ins Gewebe zu migrieren und nach abermaliger Peptiderkennung die entsprechende Zelle abzutöten.

T$_H$-Zell-Antwort: In der **Initiationsphase** erkennt eine **naive T$_H$-Zelle** ein über HLA-Klasse II auf **reifen dendritischen Zellen** präsentiertes Peptid. Costimulatorische Signale sind essentiell für die weitere Entwicklung, polarisierende Signale bestimmen den sich entwickelnden **T$_H$-Effektortyp**.

Danger-Signal: Durch pathologische Veränderungen im Gewebe oder die Anwesenheit von Pathogenen entstehendes Signal, das in der Ausreifung dendritischer Zellen und ihrer Migration zum drainierenden lymphatischen Organ resultiert.

Signal 1: Erkennung durch den Antigenrezeptor der B- bzw. T-Zellen.

Signal 2: Costimulatorisches Signal, essentiell für die Aktivierung von B- und T-Zellen. Fehlen von Signal 2 nach Erkennung über den Antigenrezeptor führt zum Absterben der Zelle durch Apoptose.

Signal 3: Polarisierendes Signal, das in der Initiationsphase den Immunglobulin-Isotyp bei B-Zellen bzw. den T$_H$-Effektortyp bei T$_H$-Zellen bestimmt.

Dendritische Zellen: Spezialisierte Antigen-präsentierende Zellen, patrouillieren als unreife Zellen in den meisten Geweben und nehmen Antigene auf. Erst auf ein Danger-Signal hin beginnen sie auszureifen und in periphere lymphatische Organe zu migrieren, um dort Peptide der aufgenommenen Antigene in einem Kontext aus costimulatorischen und polarisierenden Signalen zu präsentieren.

14 Wasserhaushalt, Ionen- und Osmoregulation, Stickstoffausscheidung

Dagmar Krüger

14.1 Wasser- und Elektrolythaushalt

> Organismen bestehen bis zu 70 % aus Wasser, das sich auf verschiedene Kompartimente verteilt und in dem verschiedenste Stoffe gelöst sind. Die Anzahl der gelösten Teilchen in der Körperflüssigkeit bestimmt die **Osmolarität**. Die meisten primitiven Meeresbewohner führen keine aktive **Osmoregulation** durch, sie sind isoosmotisch zum umgebenden Außenmedium (**Osmokonformer**). Höher entwickelte Organismen verfügen über osmoregulatorische Fähigkeiten und schaffen so **homoiosmotische** Bedingungen.

Das Leben hat sich im Wasser entwickelt, und alle Lebensprozesse laufen im wässrigen Milieu ab. Vielzeller bestehen zu 70 % und mehr aus Wasser. Für die Funktionsfähigkeit von Organen und Geweben wird ein „stabiles" inneres wässriges Milieu benötigt. Die Aufrechterhaltung dieses inneren Milieus – **Homöostase** genannt –, umfasst sowohl die Regulation der **Ionenkonzentration** als auch die des **Flüssigkeitsvolumens** (**Osmoregulation**).

Rund zwei Drittel des **Gesamtkörperwassers** befinden sich in den Zellen und bilden die **Intrazellulärflüssigkeit** (**IZF**). Sie ist auf die verschiedenen Zellkompartimente verteilt (*Biochemie, Zellbiologie*). Das restliche Wasser (etwa 30 %) befindet sich in den Extrazellulärräumen. Über diese **Extrazellulärflüssigkeit** (**EZF**) laufen der gesamte Umsatz und die Regulation von Wasser- und Elektrolytgehalt. Die anfallenden Abfallprodukte der Zellen werden ebenfalls in die Extrazellulärflüssigkeit abgegeben. Der Extrazellulärraum umfasst das Interstitium (S. 372) und den Plasmaraum oder Intravasalraum. Die **interstitielle Flüssigkeit** umgibt alle Zellen des Organismus wie ein dreidimensionales Kanalnetz und macht etwa 75 % der EZF aus. Das **Blutplasma**, die flüssige Komponente des Blutes, stellt das restliche Volumen (etwa 25 %) der EZF (S. 700). Die verschiedenen Flüssigkeitsräume werden von semipermeablen (selektiv durchlässigen) Membranen voneinander getrennt. Hydrophobe Moleküle wie O_2 und CO_2 und kleinere ungeladene oder polare Moleküle wie H_2O und Harnstoff können die Lipiddoppelschichten ungehindert passieren. Große ungeladene Moleküle wie Glucose oder Ionen wie K^+, Ca^{2+}, Na^+ benötigen spezielle Transportmechanismen (*Biochemie, Zellbiologie*).

Diejenigen Eigenschaften dieser Lösungen, die nicht von der Art und Struktur, sondern von der Anzahl der gelösten Stoffe abhängt, bezeichnet man als kolligativ. Dazu gehören der osmotische Druck, die Gefrierpunkts- und Dampfdruckerniedrigung sowie die Siedepunktserhöhung (*Biochemie, Zellbiologie*).

Die **Osmolarität** der Körperflüssigkeit wird hauptsächlich durch die in ihr gelösten Mengen verschiedener Salze erzeugt. Dabei setzt sich die Osmolarität (Maßeinheiten: Osmotischer Wert in mol/l oder Konzentration in mOsm) aus der Summe aller gelösten Teilchen in der Flüssigkeit zusammen. Ist die Membran für eine Substanz impermeabel, entsteht bei unterschiedlichen Konzentrationen der Substanz auf beiden Seiten der Membran ein **osmotischer Druck**. Der Anteil des osmotischen Druckes, der durch die impermeable Substanz bedingt ist, wird als **Tonizität** bezeichnet (*Biochemie, Zellbiologie*). Lösungen sind gegenüber anderen hypoton, wenn sie eine geringere Tonizität aufweisen, isoton, wenn die Tonizität gleich ist, oder hyperton, wenn die Tonizität höher ist.

Die **Ionenzusammensetzung der EZF** kann bei verschiedenen tierischen Organismen sehr unterschiedlich sein und bleibt – je nach **Osmoregulationstyp** – relativ konstant oder nicht. Bei vielen marinen wirbellosen Tieren ähnelt sie noch der des Meerwassers (Tab. 14.**1**): Sie ist weitgehend isoton. Die Mehrheit der wirbellosen Tiere, die ihr inneres Milieu nicht aktiv regulieren können, sondern direkt von der Salinität des Außenmediums abhängen, wird **Osmokonformer** genannt (**poikiloosmotische Organismen**). Sie können dabei gegenüber wechselnden Außenbedingungen relativ tolerant sein (euryhalin) oder nur geringe Unterschiede ertragen (stenohalin). Bei höher organisierten Tieren mit hoch entwickelten ionen- und osmoregulatorischen Fähigkeiten weicht die Zusammensetzung der Extrazellulärflüssigkeit erheblich von der des umgebenden Mediums ab (**Osmoregulierer, homoioosmotische Organismen**).

Eine geringere Ionenkonzentration in ihren Körperflüssigkeiten als das umgebende Meerwasser weisen beispielsweise marine Actinopterygii auf; sie sind im Vergleich zum umgebenden Milieu hypoton. Ein Süßwasserfisch ist hingegen im Vergleich zum Außenmedium hyperton. Zwischen den intrazellulären und extrazellulären Flüssigkeiten gibt es nur geringe und vorübergehende osmotische Druckdifferenzen; in ihrer Ionenzusammensetzung können sich beide Flüssigkeiten aber zum Teil beträchtlich voneinander unterscheiden. So dominieren beim Menschen in der Extrazellulärflüssigkeit Na^+ unter den Kationen und Cl^- unter den Anionen, in der Zelle überwiegt K^+ unter den Kationen und als Anionen verschiedene Proteine.

> **Gesamtkörperwasser:** 2/3 Intrazellulärflüssigkeit, 1/3 Extrazellulärflüssigkeit; setzt sich zusammen aus interstitieller Flüssigkeit und Blutplasma.
> **Homöostase:** Aufrechterhaltung eines stabilen inneren Milieus (Ionen- und Wasserhaushalt).
> **Osmolarität:** Summe der Konzentrationen aller gelösten Teilchen in einer Lösung, angegeben in mol/l.
> **Osmotischer Druck:** Durch die Diffusion von Lösungsmittelmolekülen durch eine semipermeable Membran (Osmose) verursachte Druckdifferenz zwischen zwei unterschiedlich konzentrierten Lösungen. Bedingt durch das höhere chemische Potential der Lösungsmittelmoleküle in der verdünnten Lösung.

Tab. 14.1 **Ionenzusammensetzung der extrazellulären Flüssigkeit verschiedener Tiere.** Konzentration der Ionen und des Harnstoffs ist in mmol/kg angegeben; MW = Meerwasser, SW = Süßwasser, terr. = terrestrisch.

	Habitat	Osmolarität (mOsm/l)	Na^+	K^+	Ca^{2+}	Mg^{2+}	Cl^-	SO_4^{2-}	HCO_3^-	Harnstoff
Salzwasser		1000	460	10	10	53	540	27	2	
Cnidaria *Aurelia* (Ohrenqualle)	terr.		454	10,2	9,7	51	554	14,6		
Echinodermata *Asteria* (Seestern)	MW		428	9,5	11,7	49,2	487	26,7		
Annelida *Lumbricus*	terr.		76	4	2,9		43			
Mollusca *Anodonta* (Teichmuschel)	MW		15,6	0,5	6	0,2	11,7		12	0,08
Crustacea *Cambarus* (Flusskrebs)	SW		146	3,9	8,1	4,3	139			
Insecta *Periplaneta* (Küchenschabe)	terr.		161	7,9	4	5,6	144			
Petromyzontida *Lampetra* (Neunauge)	SW		181	51,3	6,9	28,7	199			
Chondrichthyes Hai	MW	1075	269	4,3	3,2	1,1	2,58	1		376
Actinistia *Latimeria*	MW		181	51,3	6,9	28,7	199			355
Actinopterygii *Carassius* (Goldfisch)	SW	293	142	2	6	3	107			
Amphibia *Rana esculenta* (Wasserfrosch)	SW	210	92	3	2,3	1,6	70			2
Crocodylia Alligator	MW	278	140	3,6	5,1	3,0	111			
Aves Ente	SW	294	138	3,1	2,4		103			
Mammalia *Homo sapiens*	terr.		142	4,0	5,0	2,0	104			

> **Tonizität:** Anteil des osmotischen Druckes, der durch die Undurchlässigkeit der Membran für eine der gelösten Substanzen verursacht wird. Hypoton: Lösung mit geringerer Tonizität gegenüber einer anderen; hyperton: Lösung mit höherer Tonizität; isoton: Lösungen mit identischer Tonizität.
> **Osmoregulationstyp:** Osmokonformer: keine osmoregulatorische Aktivität; Osmoregulierer: zeigen osmoregulatorische Aktivität.

14.2 Der Einfluss des Lebensraumes auf die Osmoregulation

> Verschiedene Lebensräume stellen die unterschiedlichsten Anforderungen an die osmoregulatorischen Maßnahmen von höher entwickelten Organismen: So sind marine Lebewesen im Vergleich zum Meerwasser **hypoton** und limnische Tiere hingegen im Vergleich zum umgebenden Süßwasser **hyperton**. Trotz des obligatorisch auftretenden **osmotischen Austausches** muss ein konstantes inneres Milieu erreicht werden. Entsprechend den **Bedingungen eines Lebensraums** hinsichtlich der **Wasserverfügbarkeit** oder des **Salzgehaltes** haben sich verschiedene **Verhaltensstrategien** (z. B. Nachtaktivität), spezielle **physiologische Anpassungen** (z. B. Toleranz bei der Erhöhung der Körpertemperatur) oder **spezielle Organe** (z. B. Chloridzellen, Salzdrüsen, Nieren) entwickelt.

Die Problematik der Osmoregulation von terrestrischen Tieren, wie der Kängururatte in der Wüste, unterscheidet sich zwingend von der eines Fisches. Aber auch für die im Wasser lebenden Tiere ergeben sich osmotische Probleme, je nachdem, ob sie in Süß- oder Salzwasser leben. Entscheidend ist das Verhältnis der Ionenkonzentration im Inneren des Tieres zu der des umgebenden Mediums. Je nachdem, ob die Körperflüssigkeiten eines im Wasser lebenden Tieres hyperton oder hypoton im Vergleich zum umgebenden Medium sind, dringt aufgrund des obligatorischen, physikalisch bedingten **osmotischen Austausches** Wasser in den Organismus ein und Ionen gehen verloren oder umgekehrt. Dieser obligatorische Austausch von Wasser und Ionen muss ebenfalls durch den kontrollierten osmotischen Austausch kompensiert werden. Bei den einzelnen Tiergruppen haben sich in Abhängigkeit vom Lebensraum verschiedene **osmoregulatorische Mechanismen** entwickelt (Tab. 14.2).

14.2.1 Marine Tiere

Meerwasser hat eine Osmolarität von 1000 mOsm/l. Es entwickelten sich mehrere Strategien, um auf diese hohe **Salinität** zu reagieren. Dabei lassen sich die Strategien aufgrund der Evolutionsgeschichte verschiedener Organismen erklären: Ein

Tab. 14.2 Osmoregulatorische Mechanismen und Organe einzelner Tiergruppen.

Tierart	Konzentration der EZF im Vergleich zum Außenmedium	Urinkonzentration im Vergleich zur EZF	Osmoregulatorischer Mechanismus
marine Elasmobranchii	isoton	isoton	trinken kein Meerwasser, geben eine hypertone NaCl-Flüssigkeit über die Rektaldrüsen ab, als Osmolyte Harnstoff und TMAO
marine Actinopterygii	hypoton	isoton	trinken Meerwasser, sezernieren Salz über die Kiemen
limnische Actinopterygii	hyperton	stark hypoton	trinken kein Süßwasser, nehmen Salz über die Kiemen auf
Amphibien	hyperton	stark hypoton	nehmen Salz über die Haut auf
marine Sauropsida (ohne Vögel)	hypoton	isoton	trinken Meerwasser, geben hypertones Salzsekret über Salzdrüsen ab
Wüstentiere	–	stark hyperton	trinken kein Wasser, sind abhängig vom metabolischen Wasser
marine Säuger	hypoton	stark hyperton	trinken kein Meerwasser
marine Vögel	–	schwach hyperton	scheiden schwach hypertonen Harn aus, trinken Meerwasser, sezernieren hypertone Salzlösung über Salzdrüsen
terrestrische Vögel	–	schwach hyperton	trinken Süßwasser

primär Salzwasser bewohnender Seestern hat andere Mechanismen als ein sekundär ins Salzwasser eingewanderter Knorpelfisch.

Die Körperflüssigkeiten der meisten **marinen einzelligen Eukaryoten** und **marinen wirbellosen Tiere** haben im Vergleich zum Meerwasser annähernd die gleiche Osmolarität und Konzentrationen der einzelnen anorganischen Ionen (Osmokonformer). Viele Cnidarier, Mollusken, Crustaceen, Echinodermen und Tunicaten sind **stenohalin**, tolerieren nur geringe Schwankungen im Salzgehalt. Andere wirbellose Tiere wie der Polychät *Arenicola*, der Seestern *Asteria* und die Muscheln *Mytilus*, *Mya* und *Cardium* tolerieren hingegen größere Schwankungen in der Salinität. Als **euryhaline** Tiere können sie deshalb weit ins Brackwasser vordringen. Allerdings nimmt zum Beispiel bei *Asteria* die Aktivität und Größe bei geringerer Salinität ab. Unter den wirbellosen Tieren gibt es auch Arten, die ihr inneres Milieu unter Energieverbrauch konstant halten (Osmoregulierer). Zu ihnen gehört die Strand-

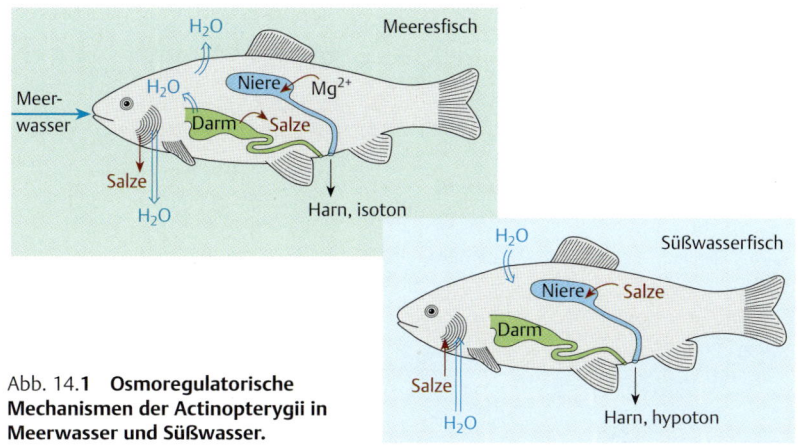

Abb. 14.1 **Osmoregulatorische Mechanismen der Actinopterygii in Meerwasser und Süßwasser.**

krabbe *Carcinus maenas* (homoiosmotische Tiere). Einziger Osmokonformer innerhalb der Vertebraten ist der Inger (hagfish), ein Vertreter der Myxinoida.

Die Extrazellulärflüssigkeit von **marinen Actinopterygii** (Strahlenflosser) (Abb. 14.1) ist, wie bei den meisten anderen höheren marinen Vertebraten, hypoton im Vergleich zum Meerwasser, aber hyperton gegenüber Süßwasserarten. Da die Salzkonzentration nur 25 bis 50 % der Meerwasserkonzentration beträgt, verlieren sie vor allem über die Kiemen ständig Wasser an das umgebende Medium. Um den ständigen Wasserverlust zu kompensieren, trinken diese Tiere Meerwasser, und zwar täglich 4 bis 8 % ihres Körpergewichtes. Eine unzureichende Wasserzufuhr würde bei ihnen schnell zum Tod führen. Die marinen Actinopterygii nehmen im Gastrointestinaltrakt Ionen aus dem verschluckten Wasser auf. Bereits im Ösophagus werden etwa 50 % der Ionen durch Diffusion aufgenommen, im Dünndarm erfolgt dann eine aktive NaCl-Aufnahme. Das Wasser folgt dem entstehenden Konzentrationsgefälle osmotisch nach. Die meisten bivalenten Ionen wie Ca^{2+}, Mg^{2+} und SO_4^{2-} bleiben im Darm und werden ausgeschieden. Überschüssige Na^+-, Cl^-- und K^+-Ionen werden über **Chloridzellen** im Kiemenepithel aktiv ins Meerwasser abgegeben. Aufgenommene bivalente Ionen wie Mg^{2+} werden über die Nieren durch Sekretion ausgeschieden. Der Harn ist im Vergleich zum Blut isoton, allerdings ist die Konzentration bivalenter Ionen (Ca^{2+}, Mg^{2+} und SO_4^{2-}) besonders hoch. Das Ergebnis dieser Regulation von Nieren und Kiemen bei den marinen Knochenfischen ist ein Nettogewinn an Wasser.

Besondere Verhältnisse liegen bei den **marinen Elasmobranchiern** wie Hai und Rochen vor. Sie sind vermutlich vor Millionen von Jahren sekundär ins Meerwasser zurückgewandert. Haie und Rochen besitzen, obwohl ihre EZF im Vergleich zum Meerwasser leicht hyperton ist, eine geringere Salzkonzentration als ihr umgebendes Milieu (circa 60 % von Meerwasser). Die Hypertonie des Bluts wird bei diesen

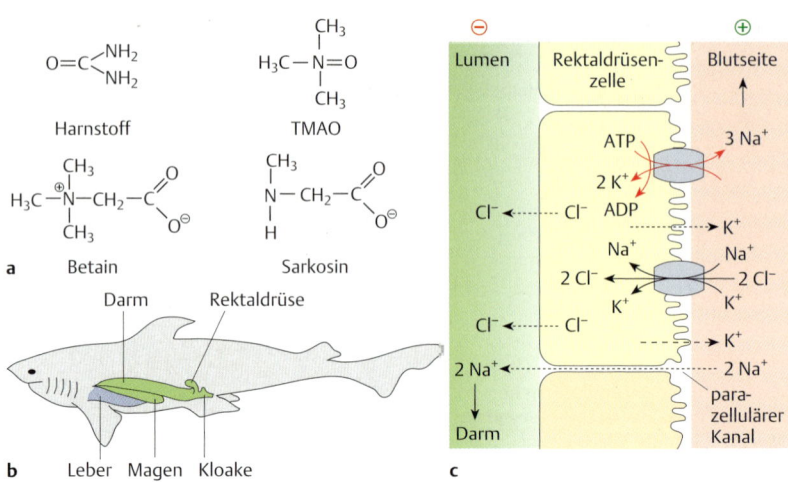

Abb. 14.**2** **Osmoregulation der Elasmobranchier. a** Organische Osmolyte und methylierte Amine. Rektaldrüsen (**b**) und molekularer Mechanismus der Salzsekretion (**c**).

Tieren durch hohe Konzentrationen der organischen Osmolyte Harnstoff (100fach höher als bei Säugetieren) und Trimethylaminoxid (TMAO) erreicht. Die Organe der Haie und Rochen sind physiologisch an die hohen Harnstoffkonzentrationen angepasst. Den denaturierenden Eigenschaften von Harnstoff (*Biochemie, Zellbiologie*) wirkt TMAO, aber auch die methylierten Amine (Betain, Sarkosin), entgegen. Durch die hohe osmotische Konzentration im Blut ist zwar der Wasserhaushalt der Fische geschützt, trotzdem dringen, dem Konzentrationsgradienten folgend, ständig Natrium- und Chloridionen über die Kiemen ein. Die überschüssigen Ionen werden über ein spezielles Exkretionsorgan der Elasmobranchier, die **Rektaldrüsen**, ausgeschieden. Bei den Rektaldrüsen handelt es sich um zahlreiche blind endende Ausstülpungen des Darms nahe dem Rektum mit spezialisierten Epithelien (Abb. 14.**2c**).

Die basolaterale Seite (Blutseite) der sezernierenden Zellen ist durch Einfaltungen stark vergrößert und reich an Na^+-K^+-ATPasen, die Na^+ ins Blut und K^+ in die Zelle pumpen. Das K^+ verlässt passiv über K^+-Kanäle der basolateralen Membran wieder die Zelle. Dadurch entsteht ein elektrochemischer Gradient, der einen Na^+-Influx über einen Cotransport von Na^+, K^+ und $2Cl^-$ begünstigt. Dieser Cotransporter ist identisch mit demjenigen in der luminalen Seite des dicken aufsteigenden Astes der Henle-Schleife und ist durch Furosemid hemmbar. Da Na^+ und K^+ die Zelle an der basolateralen Seite wieder verlassen, häuft sich Cl^- in der Zelle an und erreicht eine Konzentration, die über der Cl^--Konzentration auf der Lumenseite (Meerwasser) liegt. Cl^- verlässt vermutlich durch Cl^--Kanäle in der luminalen Membran entsprechend dem Konzentrationsgradienten die Drüsenzelle. Dadurch entsteht ein elektrisches Potenzial mit einer positiven basolateralen Seite und einem negativen Lumen. Durch parazelluläre Kanäle kann Na^+ zur Lumenseite selbst gegen hohe Na^+-Konzentrationen diffundieren. Die von ihnen ausgeschiedene Flüssigkeit ist zum Blut isoosmotisch, aber NaCl-reicher als Meerwasser.

Marine Sauropsida wie Iguanas, Wasserschildkröten, Krokodile, Seeschlangen und Vögel trinken Meerwasser um ihren Wasserbedarf zu decken (Abb. 14.3). Ebenso wie die marinen Actinopterygii sind sie aber nicht fähig, einen im Vergleich zum Blut hypertonen Urin zu produzieren. Sie scheiden überschüssige Salze über spe-

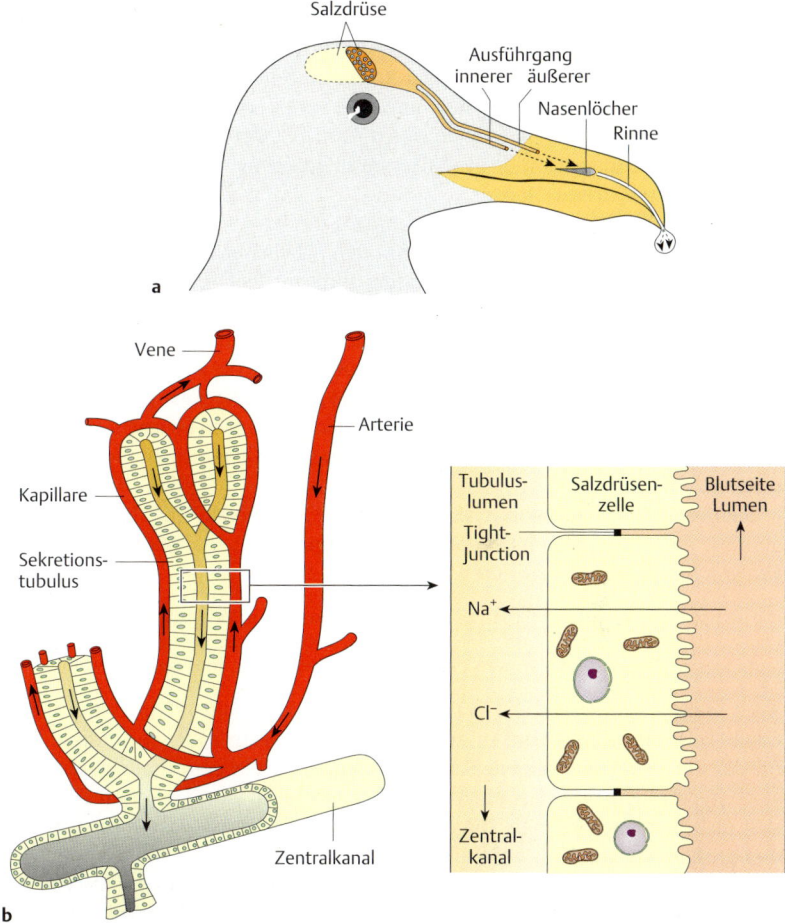

Abb. 14.3 **Die Salzdrüsen übernehmen bei marinen Vögeln die Sekretion überschüssiger Salze. a** Die rechte Salzdrüse einer Silbermöwe, im Querschnitt sind die Zentralkanäle zu erkennen. **b** Um die Zentralkanäle der Salzdrüsen sind die sich verzweigenden Tubuli radiär angeordnet. Die Tuben und Blutgefäße sind nach dem Gegenstrom-Prinzip angeordnet. Damit lässt sich ein hypertones Sekret erzeugen.

zielle **Salzdrüsen** aus. Die Salzdrüsen sind häufig inaktiv und arbeiten nur bei osmotischem Stress.

Die **Salzdrüsen der Vögel** (Abb. 14.**3b**) bestehen aus zahlreichen kleinen Schläuchen, die in einen zentralen Kanal enden. Über die Nasenlöcher verlässt das Salzsekret den Körper und läuft über eine Rinne zur Schnabelspitze. Das Salzsekret, das im Vergleich zum Blut hyperton ist, wird über sekretorische Zellen erzeugt, ähnlich wie in den Rektaldrüsen der Elasmobranchier. Die hohe NaCl-Konzentration lässt sich vermutlich auf die Anordnung der Tuben der Salzdrüsen und Arterien nach dem **Gegenstrom-Prinzip** zurückführen. Durch diese Anordnung kann, ähnlich wie in der Niere, eine relativ hohe NaCl-Konzentration im Sekret erreicht werden. Die sekretorische Aktivität der Drüse unterliegt sowohl einer neuronalen parasympathischen als auch einer neuroendokrinen Kontrolle. Da der Salzgehalt des Sekrets höher ist als die Konzentration des Salzes im aufgenommenen Wasser, erhalten die Vögel osmotisch „freies" Wasser.

Marine Echsen (Iguanidae und Varanidae) besitzen ähnliche **Salzdrüsen** wie Vögel; diese sind jedoch unabhängig von den Salzdrüsen der Vögel entstanden. Im Meer lebende Sauropsida schützen sich durch ein NaCl-impermeables Integument vor dem ständigen Salzeinstrom. Mit der Nahrung und über Trinkwasser aufgenommenes überschüssiges Salz wird bei den Schildkröten über die Orbitaldrüse entsorgt. Bei den See- und Warzenschlangen übernimmt die posteriore Sublingualdrüse, bei der Schlange *Cereberus rhynchops* die Prämaxillardrüse und bei den Krokodilen eine Drüse in der Zunge diese Aufgabe. In den Drüsen übernehmen Salz sezernierende Zellen, ähnlich denen der Vögel und Elasmobranchier, die Sekretproduktion.

Säugetiere und der **Mensch** können kein Meerwasser trinken. Obwohl die Säugerniere einen hypertonen Urin produzieren kann, würde der Mensch beim Trinken von Meerwasser dehydrieren.

Die menschliche Niere kann 6 g Na^+ pro Liter Urin ausscheiden. Meerwasser enthält aber im Durchschnitt 12 g/l Na^+. Um diese Menge Na^+ zu beseitigen, muss dem Körper eine äquivalente Menge Wasser entzogen werden, was eine Dehydrierung zur Folge hat.

Auch **marine Säugetiere** wie Wale, Seelöwen und Delphine können aus diesem Grund kein Meerwasser trinken, zumal ihnen auch spezielle Ausscheidungsorgane für das überschüssige Salz wie Salzdrüsen fehlen. Ihre Nieren produzieren einen stark hypertonen Urin. Sie leben also in einem Meer von Wasser, aus dem sie sich nicht bedienen können. Die Anpassung besteht darin, Wasser zu sparen. In den großen Nasenhöhlen wird die Atemluft abgekühlt, Wasser kondensiert und der Wasserverlust durch die Atmung minimiert. Das **metabolische Wasser** aus dem Stoffwechsel ist eine wichtige Wasserquelle für marine Säuger wie Wale und Delphine.

14.2.2 Limnische Tiere

Im **Süßwasser** lebende **einzellige Eukaryoten, wirbellose Tiere, Insekten, Süßwasserfische, Amphibien, Sauropsida** und **Säuger** besitzen im Vergleich zu ihrem Lebensraum hypertone Körperflüssigkeiten. Ihre Osmolarität liegt bei etwa 200 mOsm/l, die eines Teiches beträgt hingegen nur etwa 50 mOsm/l. Aufgrund dieses osmotischen Gefälles würde ohne regulatorische Maßnahmen ein Einstrom von Wasser in den Körper und ein Verlust von Salzen an das Süßwasser auftreten.

Limnische einzellige Eukaryoten pumpen eindringendes Wasser mittels der **pulsierenden Vakuolen** nach außen. Bei **wirbellosen Tieren** die noch keine osmoregulatorischen Organe wie Protonephridien (Abb. 14.**9**) besitzen, übernimmt der Gastralraum diese Funktion. Der Gastralraum von *Hydra* zieht sich mehrmals täglich zusammen und stößt so überschüssiges Wasser aus. Der Verlust an Salzen und ein Eindringen von Wasser wird bei vielen wirbellosen Tieren, z. B. Crustaceen, auf ein Minimum reduziert, da ihre **Körperoberfläche undurchlässig** ist. Viele andere limnische Tiere verhindern ein Anschwellen der Zellen aufgrund passiven Wassereinstroms durch die Produktion großer Mengen eines **wässrigen Harns**, aus dem wichtige Ionen resorbiert werden. Trotzdem tritt ein Nettoverlust an wichtigen Salzen wie NaCl, KCl, und $CaCl_2$ ein. Teilweise kann dieser Verlust über die Nahrung kompensiert werden. Ein anderer wichtiger Mechanismus ist die aktive Aufnahme dieser Stoffe aus dem umgebenden Medium. So können Crustaceen über ihre Kiemen aktiv Na^+ aus dem Wasser gegen ein Konzentrationsgefälle aufnehmen. Auch **limnische Insekten** regeln ihr inneres Milieu, indem sie den Verlust an Salzen über eine aktive Aufnahme aus dem Süßwasser kompensieren. Dies erfolgt mithilfe der sogenannten **Chloridzellen** limnischer Organismen (nicht zu verwechseln mit den Chloridzellen der Kiemen bei marinen Actinopterygii), die an den verschiedensten Körperstrukturen, z. B. an den Tracheenkiemen, an den Tergiten, an den Sterniten, aber auch an den Extremitäten zu finden sind.

Bei **Fröschen** ist die feuchte Haut aktiv an der Osmoregulation beteiligt (Tab. 14.**2**). Über sie wird Na^+ aktiv aufgenommen, Cl^- folgt passiv nach. Frösche trinken auch kein Wasser. Ist ihre Wasserbilanz negativ, suchen sie Gewässer auf und nehmen dort über die Haut Wasser auf. Bei **Süßwasserfischen** wird über die gesamte Körperoberfläche, aber besonders über die Kiemen, viel Wasser aufgenommen. Um eine ausgeglichene Wasserbilanz aufrechtzuerhalten, trinken Süßwasserfische kein Wasser, und sie scheiden nach Resorption einwertiger Ionen einen im Vergleich zum Blut hypoosmotischen Harn aus. Trotzdem tritt ein Nettoverlust an Salzen auf. Diesen gleichen die Fische durch die aktive Aufnahme von Na^+ und Cl^- über **Chloridzellen** in den Kiemen aus (Abb. 14.**1**). Der zelluläre Mechanismus der Na^+-Aufnahme aus dem Süßwasser scheint in der Haut der Frösche und in den Kiemen der Süßwasserfische ähnlich zu sein.

Aufgrund der unterschiedlichen osmoregulatorischen Anpassungen von marinen und limnischen Actinopterygii, ist es erstaunlich, dass es Arten gibt, die zwischen Süß- und Salzwasser hin und her wandern (Wanderfische, z. B. Lachs und Aal).

Die Adaptationen beginnen bereits, bevor der Fisch den neuen Lebensraum erreicht. Bei einer Wanderung vom Süßwasser ins Salzwasser müssen die Kiemen „umgeschaltet" werden. Sie müssen nicht mehr – wie unter Süßwasserbedingungen – Ionen aufnehmen, sondern müssen dann Ionen abgeben. Dabei werden Transportsysteme im Kiemenepithel neu geschaffen und „alte" nicht mehr beansprucht. Auch die Morphologie der Chloridzellen ändert sich.

14.2.3 Terrestrische Tiere

Terrestrische Tiere verlieren zwangsweise Körperwasser auf verschiedenen Wegen. Dies geschieht durch die Atmung, durch Schwitzen und durch Abgabe von Urin und Kot (Abb. 14.**4**). Für eine ausgeglichene **Wasserbilanz** muss die **Wasserabgabe** auf lange Sicht der **Wasseraufnahme** entsprechen. Im Allgemeinen kann der Wasserbedarf durch Trinken und über das Futter gedeckt werden. Bei verschiedenen Säugern ist das im Stoffwechsel anfallende Oxidationswasser die einzige Flüssigkeitsquelle.

Terrestrische Tiere, die ihren Wasserbedarf ungehindert durch Süßwasser decken können, haben aus Sicht der Osmoregulation ein leichtes Leben. Osmoregulatorisch schwierig sind Lebensräume mit ungenügender Süßwasserversorgung wie Wüsten. Bei allen terrestrischen Tieren ist ein **Wasserverlust bei der Atmung** an den respiratorischen Flächen bedingt durch den Mechanismus des Gasaustausches unvermeidbar. Durch eine Verlagerung der respiratorischen Organe ins Körperinnere kann dieser Verlust verkleinert werden. Die ausgeatmete Luft von Tieren enthält aber immer noch mehr Feuchtigkeit als die eingeatmete Luft. Dies liegt daran, dass die Luft auf ihrem Weg zum respiratorischen Organ angewärmt wird und somit mehr Wasser aufnehmen kann. Das hat zur Folge, dass Tiere umso mehr Wasser an die Atemluft verlieren, je größer der Unterschied zwischen Außen- und Körpertemperatur ist. Das ist vor allem bei Vögeln und Säugern der Fall, da sie eine konstante Temperatur besitzen, die meistens über der ihres Habitats liegt. Bei der Reduktion des obligatorischen Wasserverlusts spielt die Nase eine entscheidende Rolle. Beim Ausatmen wird die angewärmte feuchte Luft in den Nasenhöhlen abgekühlt, und Wasser kondensiert. Die eingeatmete Luft wird bei der Passage durch die Nase angewärmt und nimmt Feuchtigkeit auf (nasales Gegenstrom-Prinzip).

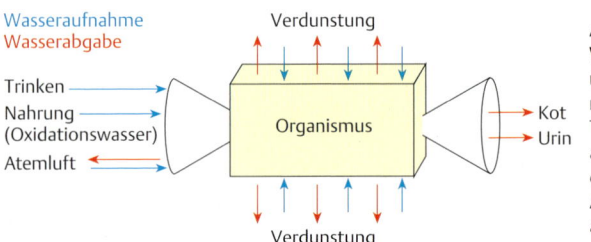

Abb. 14.**4** **Wasseraufnahme und -abgabe bei terrestrischen Tieren.** Ein Teil des Wassers wird auch über die Haut und die Oberflächen der Atmungsorgane aufgenommen.

Wasser spielt auch bei der **Temperaturregelung** (S. 770) eine wichtige Rolle. Bei der **Evaporation** entziehen die in die Gasphase übergehenden Wassermoleküle dem Körper und der Umgebung Energie in Form von Wärme und führen zu einer Abkühlung. Der Organismus befindet sich in einem Konflikt: Eine Abkühlung der Körpertemperatur hat einen Wasserverlust zur Folge. Eine Minimierung des Wasserverlustes geht wiederum auf Kosten der Temperaturregelung. Dies ist besonders bei Tieren von Bedeutung, die in wasserarmen, heißen Gegenden leben. Einige wüstenbewohnende Säuger und Vögel lassen ihre Körpertemperatur auf 40 °C steigen bevor Wasser temperaturregulierend verbraucht wird.

Durch **Verhaltensstrategien** lässt sich ebenfalls der Wasserverlust einschränken. Viele landlebende Formen bewohnen deshalb Habitate mit hoher Luftfeuchtigkeit (Oligochäten, Mollusken, Landturbellarien, Landnemertinen, Krebse, Landfische, Amphibien) und/oder sind **nachtaktiv**. In trockeneren Biotopen können beispielsweise Schnecken **Ruhestadien** einlegen. Ein gutes Beispiel bei Wüstenbewohnern ist das Verhaltensmuster der Kängururatte. Der kleine Nager lebt in feuchten Erdhöhlen und ist nachtaktiv. Ein Mechanismus des Wassersparens besteht in der Minimierung des Wasserverlusts bei der Respiration (s. o.). Mit 37–40 °C liegt die Körpertemperatur des Nagers deutlich über der Umgebungstemperatur in den Erdhöhlen, sodass ein Feuchtigkeitsaustausch in der Nase möglich ist. Auch dem Kot wird alles Wasser entzogen, und eine lange Henle-Schleife (s. u.) ermöglicht die Produktion eines stark hypertonen Urins. Natürlich kann der Nager nicht ohne Wasser leben. 10 % seines Wasserbedarfs deckt er durch seine Nahrung, z. B. Samen, die restlichen 90 % durch metabolisches Wasser, das bei der Oxidation organischer Verbindungen im Stoffwechsel entsteht.

Kamele sind zu groß, um sich während der heißen Tageszeit in Erdhöhlen verkriechen zu können, trotzdem leben sie in derselben wasserarmen Gegend wie die Kängururatte. Steht einem Kamel nicht ausreichend Wasser zur Verfügung, verschwendet es kein Wasser, um sich durch Schwitzen abzukühlen, sondern die Körpertemperatur kann ohne Schädigung auf bis zu 41 °C ansteigen. Des Weiteren werden Aktivitäten auf ein Minimum reduziert und eine Körperstellung eingenommen, bei der nur ein Minimum der Körperoberfläche direkt von der Sonne beschienen wird. In der kühlen Nacht geben die Tiere die überschüssige Wärme wieder ab, und die Körpertemperatur sinkt auf 35 °C. Dem Kot wird ebenfalls Wasser entzogen, und während wasserknapper Zeiten muss kein Urin abgegeben werden, da Kamele Harnstoff in ihrem Körper speichern können. Zum Ausgleich können Kamele 80 Liter in 10 Minuten trinken, wenn ihnen ausreichend Wasser zur Verfügung steht.

In der Wüste findet man auch **Arthropoden**. Sie haben verschiedene Strategien entwickelt, um wasserarme Gegenden zu erobern und dort zu überleben. Insekten und Arachniden besitzen eine Wachsschicht, die ihre Cuticula relativ undurchlässig für Verdunstung macht. Der respiratorische Wasserverlust kann bei den Insekten ebenfalls reduziert werden, indem sie die Tracheenöffnungen bis zu einem bestimmten Grad verschließen können. Einige Spinnen und verschiedene flügellose Insekten, vornehmlich Larven, können Wasser direkt aus der Luft aufnehmen.

Die Aufnahme kann selbst dann noch erfolgen, wenn die relative Luftfeuchtigkeit unter 50 % liegt.

> **Chloridzellen:** In den Kiemen mariner Actinopterygii: durch die Sekretion überschüssiger Ionen (Na^+-, Cl^-- und K^+-Ionen) wird das innere Milieu reguliert. Limnische Insekten: spezialisierte Zellen an unterschiedlichen Körperstrukturen; nehmen aus dem umgebenden Wasser NaCl auf. Süßwasserfische: spezialisierte Zellen der Kiemen, die aktiv NaCl aufnehmen.
> **Osmolyte:** Substanzen, die die Osmolarität erhöhen, z. B. Harnstoff und Trimethylaminoxid (TMAO).
> **Rektaldrüse:** Zahlreiche blind endende Säcke am Rektum der marinen Elasmobranchier. Durch NaCl-Sekretion Aufrechterhaltung des inneren Milieus.
> **Salzdrüsen:** Bei marinen Sauropsida, dienen der extrarenalen NaCl-Ausscheidung, überschüssiges NaCl (Nahrung, Trinken von Meerwasser) wird in einer konzentrierten Lösung ausgeschieden.
> **Metabolisches Wasser:** Oxidationswasser, entsteht bei der Oxidation organischer Stoffe wie Glucose, Fett, Protein, sehr wichtige Flüssigkeitsquelle (Wüstentiere, marine Säuger).

14.3 Exkretion stickstoffreicher Abfallprodukte

> Giftige Stoffwechselprodukte wie Stickstoff und Ammoniak müssen aus dem Köper ausgeschieden werden (Exkretion). Werden die Stoffe unverändert ausgeschieden, wie bei **ammoniotelischen Tieren**, spricht man von **primären Exkretstoffen**. Erfolgt vor der Ausscheidung eine Umwandlung in Harnsäure oder Harnstoff spricht man von **sekundären Exkretstoffen**. Tiere, die stickstoffhaltige Abfallprodukte überwiegend in Form von **Harnstoff** ausscheiden werden, werden **ureotelische Tiere** genannt. **Uricotelische Tiere** scheiden Stickstoff hauptsächlich in Form von **Harnsäure** aus.

Unter der Regulation des „inneren Milieus" eines Organismus darf man nicht nur die Regulation der Ionenkonzentrationen und ihrer osmotisch wirksamen Konzentrationsdifferenzen und eine ausgeglichene Wasserbilanz verstehen, sondern auch die Exkretion von stickstoffreichen Endprodukten wie Harnsäure.

Bei den Stoffwechselprozessen im Körper fallen Endprodukte an, die keine weitere Verwendung finden. Da diese Stoffwechselendprodukte entweder nutzlos oder – wie das im Proteinstoffwechsel reichlich anfallende Ammoniak (*Biochemie, Zellbiologie*) – sogar giftig sind, werden sie aus dem Körper mittels **Exkretion** entfernt. Ebenso werden körperfremde Stoffe ausgeschieden oder solche, die durch ein Überangebot an Nahrung überschüssig sind, sodass es zur Ausscheidung von noch verwertbaren Substanzen kommen kann. Bei allen Metazoa, die nicht zu den Bilateria gehören (S. 12), sowie bei den acoelen Turbellaria, Echinodermen und Tunicaten sind spezielle Exkretionsorgane vorhanden. Bei den Säugern übernimmt die **Niere** neben der Osmo- und Ionenregulation und der Regulation des pH-Wertes auch die Exkretion dieser Stoffe. Bei den Actinopterygii werden Exkretstoffe über die Kiemen ausgeschieden. Man spricht dann von einer **extrarenalen Exkretion**. Weinbergschnecken können während ihrer Winterruhe Exkretstoffe für längere Zeit in unschädlicher Form speichern und erst im Frühjahr ausscheiden (**Exkretspeicherung**).

Die Zahl der Stoffe, die vom Körper ausgeschieden werden, ist sehr hoch, deshalb können nur die wichtigsten genannt werden. Abfallprodukte, die unverändert ausgeschieden werden, werden als **primäre Exkretstoffe** bezeichnet. Hierzu gehören Ammoniak und die aus dem Purinstoffwechsel anfallende Harnsäure. Auch CO_2 gehört streng genommen zu den Exkretstoffen des Stoffwechsels. CO_2 wird aber überwiegend gasförmig abgegeben. Geringe Mengen Kohlendioxid gehen in die Harnstoffsynthese ein oder werden als $CaCO_3$ über die Niere ausgeschieden. Bei vielen Tieren, z. B. Wirbeltieren, Insekten, vielen Gastropoden und Tunicaten, müssen die auszuscheidenden Stoffe erst in energieverbrauchenden Prozessen umgewandelt werden, bevor sie als **sekundäre Exkretstoffe** ausgeschieden werden. Hierzu zählen die Harnsäure, der Harnstoff und die Hippursäure.

Beim Aminosäureabbau wird durch Desaminierung der Aminosäuren **Ammoniak** (**NH_3**) freigesetzt (*Biochemie, Zellbiologie*). Ammoniak darf aber im Körper nur in geringen Mengen vorliegen, da Ammoniak sowohl in der freien (NH_3) als auch in der ionisierten Form (NH_4^+) ein starkes Zellgift ist. Das freigesetzte Ammoniak wird normalerweise für den Aufbau neuer Aminosäuren verwendet und dazu über Glutamat in Glutamin überführt, das als ungiftige Transportform in Blut und Gewebe dient. Überflüssiges Ammoniak wird bei den verschiedenen Tiergruppen in erster Linie über drei unterschiedliche Endprodukte ausgeschieden: Ammoniak, Harnsäure oder Harnstoff (Abb. 14.**5**).

Kleinere Mengen Stickstoff verlassen den Körper als Bestandteile von Kreatinin oder Kreatin, Allantoin und Aminosäuren. Bei den marinen „Fischen" spielt **Trimethylaminoxid** (s. o.) sowohl als Osmolyt als auch als Exkretstoff für überflüssigen Stickstoff eine wichtige Rolle. Im oder am Wasser lebende Tiere scheiden überflüssigen Stickstoff eher in Form von **Ammoniak** aus. Dies erfolgt meist über die Kiemen. Terrestrische Formen verwenden häufiger die energetisch aufwendigen Formen Harnstoff oder Harnsäure. Die Exkretion von Ammoniak erfolgt durch passive Diffusion der freien Form (NH_3), da die Zellmembranen im Allgemeinen gut durchlässig für NH_3, nicht jedoch für NH_4^+ sind. Harnstoff und Harnsäure sind hingegen selbst in größeren Konzentrationen unschädlich, allerdings ist die **Harnstoffsynthese** ein energieverbrauchender Prozess. Steht dem Körper genügend Wasser zur Verfügung, kann Energie gespart und überflüssiger Stickstoff in Form von Ammoniak ausgeschieden werden. Tiere, die aufgrund ihres Habitats gezwungen sind, Wasser zu sparen, müssen Energie aufwenden, um überflüssigen Stickstoff auszuscheiden.

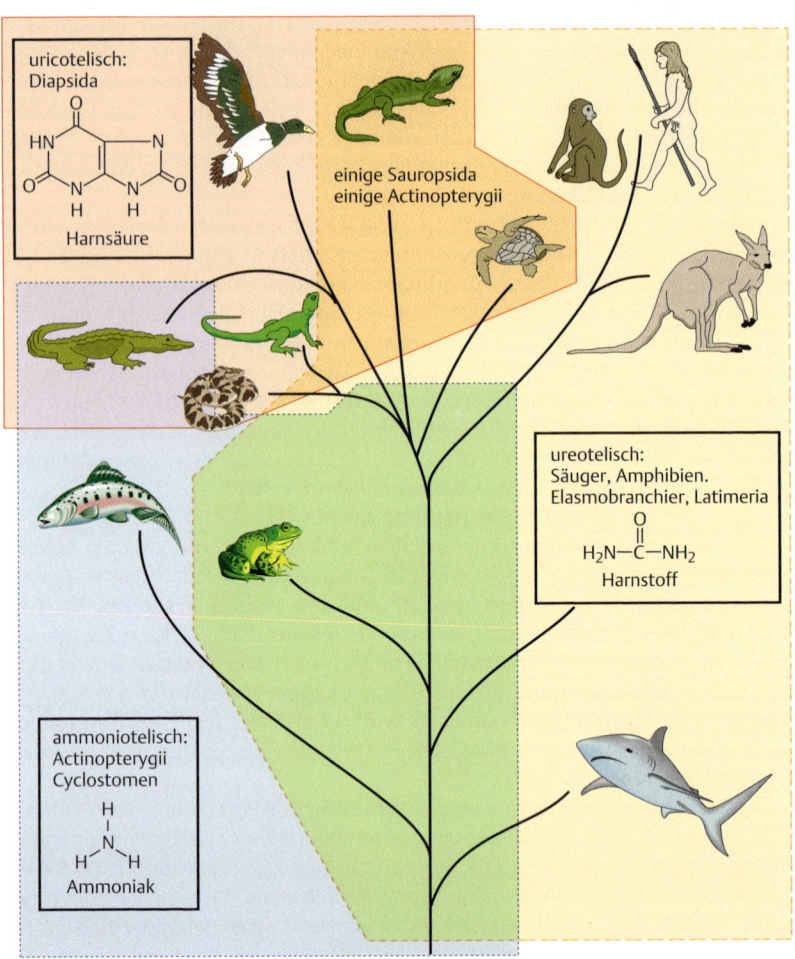

Abb. 14.**5 Die wichtigsten Stickstoffexkretstoffe und ihre Vorkommen bei den Wirbeltieren.** (Nach Penzlin, Spektrum Akadamischer Verlag, 2005)

Harnstoff oder Harnsäure? Der Lebensraum entscheidet über die Wahl des Exkretstoffes: Um 1 g Stickstoff in Form von Ammoniak auszuscheiden, werden 500 ml Wasser benötigt. Im Vergleich dazu benötigt man nur 50 ml Wasser, um dieselbe Menge Stickstoff in Form von Harnstoff auszuscheiden. Bei der Ausscheidung von 1 g Stickstoff als Harnsäure benötigt man hingegen nur 1 ml Wasser. So scheiden terrestrische Vögel überflüssigen Stickstoff zu 90 % in Form von Harnsäure aus, nur 10 % verlässt den Körper als Ammoniak. Am Wasser lebende Vögel, wie Enten, scheiden jedoch überflüssigen Stickstoff zu 50 % als Harnsäure und zu 50 % als Ammoniak aus. Der Exkretstoff von Kaulquappen ist Ammoniak, die adulten landlebenden Tiere scheiden nach der Metamorphose Harnsäure aus. Lebt auch das adulte Tier wie der Krallenfrosch *Xenopus* im Wasser, bleibt Ammoniak der wichtigste Exkretstoff. Diese Beispiele zeigen, welchen bedeutenden Faktor das Habitat und das Vorhandensein von Wasser bei der Form des Exkretstoffes spielt.

Tiere, die Ammoniak nur oder überwiegend in Verbindung mit Anionen als **Ammonium** ausscheiden, nennt man **ammoniotelische Tiere** (Abb. 14.5). Zu ihnen gehören einzellige Eukaryoten, Poriferen, Cnidaria und Ctenophora, nicht parasitische Cestoda, die meisten Mollusken, Anneliden, Crustaceen, im Süßwasser lebende Insektenlarven, Echinodermen, Actinopterygii, Urodelen und Anurenlarven. Nur durch das Leben im Wasser ist gewährleistet, dass das toxische Ammoniak schnell den Körper durch passive Diffusion verlassen kann.

Die Toleranz der verschiedenen Tiergruppen gegenüber der Ammoniakkonzentration im Körper ist sehr unterschiedlich. Wirbellose Tiere haben im Allgemeinen die höchsten Ammoniakkonzentrationen (Regenwurm *Pheretima* 2,2 mmol/l oder *Sepia* 1,5–2,6 mmol/l). Bei Säugern liegen die Ammoniakwerte im Blut bei etwa 0,6–1,8 µmol/l, Sauropsida und Amphibien haben nicht mehr als 0,6 mmol/l Ammoniak im Blut. Beim Kaninchen ist ein Anstieg der Ammoniakkonzentration im Blut auf 2,7 mmol/l tödlich.

Tiere, die überflüssigen Stickstoff vornehmlich in Form von **Harnstoff** ausscheiden, werden **ureotelische Tiere** (Abb. 14.5) genannt. Zu ihnen zählen Haie, terrestrische Amphibien, einige Schildkröten und alle Säuger. Harnstoff ist selbst in höheren Konzentrationen ungiftig und es wird, da gut wasserlöslich, für seine Exkretion nur wenig Wasser benötigt. Harnstoff kann auf zweierlei Weise entstehen: im Ornithin-Harnstoffzyklus (Abb. 14.6) oder auf uricolytischem Wege (z. B. Actinopterygii). Der Ornithin-Harnstoffzyklus ist ein energieverbrauchender Prozess und läuft bei den Wirbeltieren in der Leber ab. In der Niere wird Harnstoff ungehindert filtriert und spielt bei der Konzentrierung des Urins eine wichtige Rolle (S. 868).

Uricotelische Tiere sind die meisten terrestrischen Gastropoden, Vögel, Schlangen, Eidechsen und die meisten terrestrischen Arthropoden. Sie scheiden überflüssigen Stickstoff hauptsächlich in Form von **Harnsäure** aus. Harnsäure ist wie Harnstoff nicht giftig, aber im Vergleich zu diesem schwer wasserlöslich. Sie wird in Form eines wasserarmen kristallinen Breies ausgeschieden. Deshalb wird Harnsäure von solchen Tieren ausgeschieden, die Wasser besonders sparen müssen. Die Harnsäure kann im Stoffwechsel über zwei verschiedene Wege entstehen:

Bei allen Tieren entsteht Harnsäure durch den Abbau der Purinbasen Adenin und Guanin (Abb. 14.7). Durch den Abbau körpereigener Purinbasen entsteht endogene Harnsäure, durch die mit der Nahrung aufgenommenen Purinbasen exogene Harnsäure. Die meisten Tiere, darunter die meisten Säugetiere scheiden die Harnsäure nicht aus, sondern es erfolgt ein weiterer Abbau (**Uricolyse**) (Abb. 14.7). Im ersten Schritt wird Harnsäure durch das Enzym Uricase in Allantoin umgewandelt. Allantoin kann dann weiter über Allantoinsäure und Harnstoff zu Ammoniak abgebaut werden. Das Endprodukt des Purinstoffwechsels ist oft mit dem Endprodukt des Proteinstoffwechsels identisch. So ist zum Beispiel bei terrestrischen Amphibien

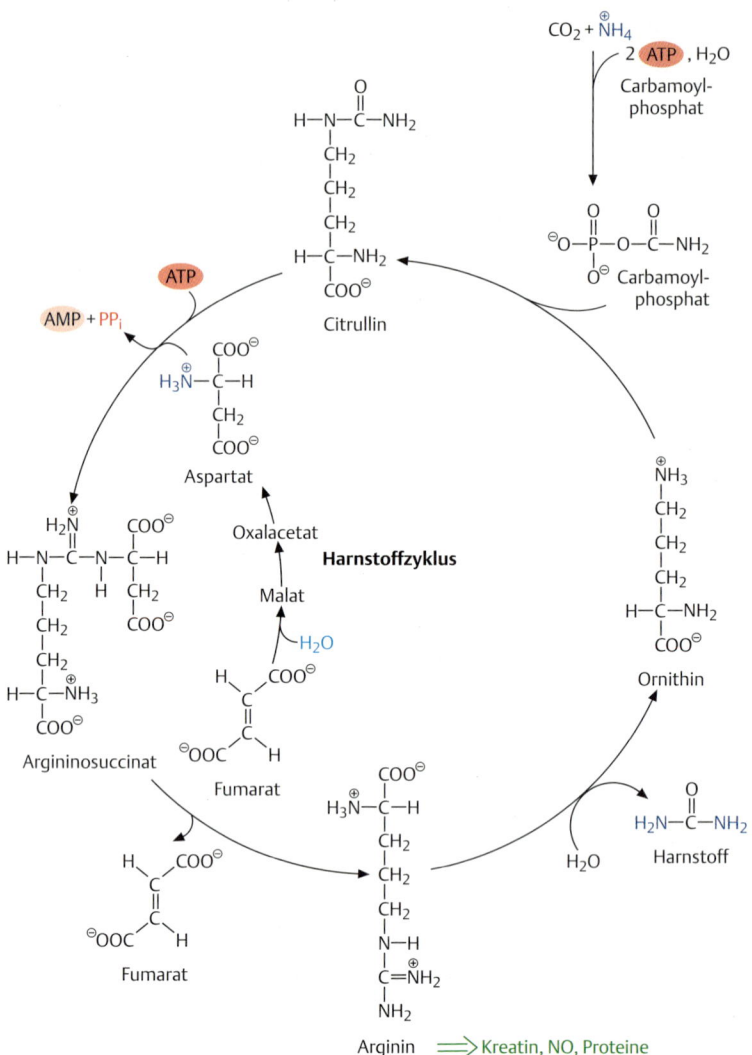

Abb. 14.6 Ornithin-Harnstoffzyklus. Im Endeffekt wird aus zwei NH$_2$-Gruppen (aus Glutamat und Aspartat) und einem CO$_2$-Molekül ein Molekül Harnstoff synthetisiert. Pro Mol gebildeten Harnstoff werden 3 Mol ATP benötigt.

sowohl beim Purin- als auch beim Proteinstoffwechsel Harnstoff das Endprodukt. Eine Ausnahme sind hier die Säuger. Da Menschenaffen und der Mensch keine Uri-

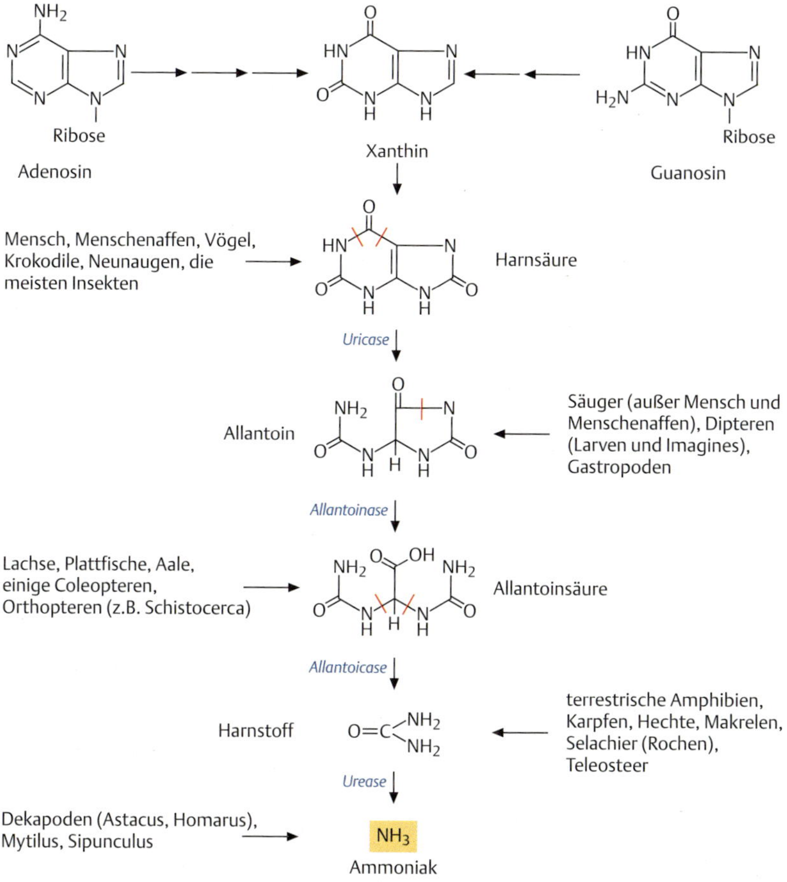

Abb. 14.7 Abbau der Purine zu Harnsäure und Uricolyse. Bei einigen Tieren wird die Harnsäure nicht ausgeschieden, sondern es kann ein weiterer Abbau bis hin zum Ammoniak erfolgen. (Nach Penzlin, Spektrum Akadamischer Verlag, 2005.)

case besitzen, scheiden sie etwa 5 % des anfallenden Stickstoffs als Harnsäure aus. Bei den restlichen Säugern ist Allantoin das Endprodukt des Purinabbaus.

Eine **Synthese von Harnsäure** tritt nur bei den uricolytischen Tieren auf. Sie synthetisieren Purine aus überschüssigem Stickstoff (Abb. 14.8) und bauen sie dann zu Harnsäure ab. Bei den Sauropsida erfolgt die Harnsäuresynthese in Leber und Niere, bei Insekten im Fettkörperchen. Die Harnsäure selbst kann dann durch die Uricolyse (Abb. 14.7) abgebaut werden.

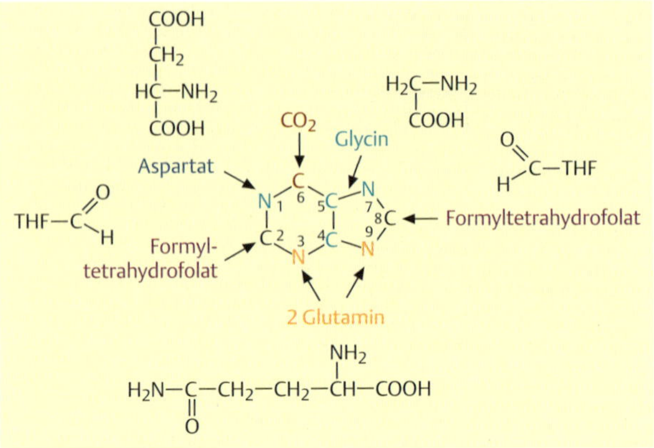

Abb. 14.8 Uricolytische Tiere synthetisieren Purine in einem komplizierten Prozess. An der Biosynthese sind die Aminosäuren Glutaminsäure, Asparaginsäure und Glycin sowie aktivierte Ameisensäure und CO_2 beteiligt. Die Purine werden zu Harnsäure (Abb. 14.7) abgebaut.

Exkretion: Ausscheidung nicht weiter verwertbarer Stoffwechselprodukte und körperfremder Stoffe. Renal: über die Niere; extrarenal: z. B. über Haut und Kiemen.
Exkretspeicherung: Zwischenspeicherung von Exkretstoffen im Körper, z. B. bei Schnecken während der Winterruhe.
Exkretstoffe: Stoffe, die vom Körper ausgeschieden werden. Primäre Exkretstoffe werden unverändert ausgeschieden, sekundäre Exkretstoffe werden erst umgewandelt und dann ausgeschieden.
Ammoniak: Wasserlöslicher N-Exkretstoff, Zellgift, fällt beim Abbau der Aminosäuren an. Wird ausgeschieden als Ammoniak (ammoniotelische Tiere), Harnstoff (ureotelische Tiere) und Harnsäure (uricotelische Tiere).
Trimethylaminoxid (TMAO): N-Exkretstoff, wasserlöslich und ungiftig. Osmotisch aktive Substanz bei marinen Elasmobranchiern.
Harnstoff: N-Exkretstoff, entsteht durch energieverbrauchenden Ornithin-Harnstoffzyklus in der Leber von Wirbeltieren und aus Harnsäure durch Uricolyse, z. B. Knochenfische, gut wasserlöslich, ungiftig.
Harnsäure: N-Exkretstoff, entsteht als Endprodukt des Purinstoffwechsels und bei Harnsäuresynthese, schwer wasserlöslich, ungiftig.

14.4 Organe der Ionen- und Osmoregulation und der Exkretion

Im Tierreich entwickelten sich die **unterschiedlichsten Organe**, um die Regulation des inneren Milieus (Ionen- und Osmoregulation) und die Exkretion stickstoffreicher Endprodukte zu gewährleisten. Bei einzelligen Organismen übernimmt die **pulsierende Vakuole** osmoregulatorische Aufgaben. Wirbellose wie Plathelminthen oder Anneliden besitzen als allgemeine Exkretionsorgane Protonephridien bzw. Metanephridien. Bei den Insekten übernehmen die malpighischen Gefäße und der Darm diese Funktion. Bei anderen Tieren verteilen sich die Aufgaben auf verschiedene Organe wie Niere, Haut, Kiemen und Salzdrüsen. Bei den Säugern übernimmt die **Niere** als Einzelorgan diese Funktionen. Die funktionelle Einheit der Wirbeltierniere ist das **Nephron**. Die wesentlichen Mechanismen der Harnbildung sind **Ultrafiltration**, **Sekretion** und **Resorption**. Der Primärharn wird entweder durch Filtration oder Sekretion gebildet. In seiner weiteren Passage durch exkretorisch tätige Organe wird dieser Primärharn durch Sekretion und Resorption verändert und es entsteht der Endharn. Die Leistungsfähigkeit der Organe hängt primär von der Beschaffenheit der Epithelien und ihren Transporteigenschaften ab.

Tab. 14.3 **Die Haupttypen der Exkretionsorgane und ihre Verteilung im Tierreich.**

	Haupttypen	Tiergruppe
allgemeine Exkretionsorgane	kontraktile Vakuole	einzellige Eukaryoten
	Nephridialorgane:	
	Protonephridium (geschlossen)	Plathelminthes, Cycloneuralia
	Metanephridium (offen endend)	Annelida
	Nephridium	Mollusca
	Antennendrüse	Crustacea
	Malpighi-Gefäße	Insecta
	Nieren	Vertebrata
spezialisierte Exkretionsorgane	Kiemen	Crustacea, Gnathostomata
	Rektaldrüsen	Elasmobranchii
	Salzdrüsen	Sauropsida
	Leber	Vertebrata
	Darm	Insecta

14.4.1 Exkretions- und osmoregulatorische Organe der wirbellosen Tiere

Bereits bei den Einzellern finden sich einfache osmoregulatorische Organe. **Einzellige Eukaryoten** wie *Paramecium* besitzen eine **pulsierende Vakuole**, um überschüssiges Wasser in der Zelle zu sammeln und in das Außenmedium abzugeben (*Ökologie, Evolution*). Exkretstoffe können ebenfalls über die pulsierende Vakuole entsorgt werden. Bei den Einzellern erfolgt dies aber auch über die gesamte Zelloberfläche. Viele einzellige Eukaryoten, insbesondere Endoparasiten und marine Formen, besitzen keine pulsierenden Vakuolen und sind nicht zur aktiven Osmoregulation befähigt.

Protonephridien

Das **Protonephridium** ist das Osmoregulations- und Exkretionsorgan bei Tieren ohne sekundäre Leibeshöhle (Coelom) und ohne spezielles Blutgefäßsystem. Man findet es bei den Plathelminthen, Nemertinen und Cycloneuralia; es dient auch bei vielen Larvenstadien als Exkretionsorgan, wie bei den Larven von Mollusken, Anneliden, Echiuriden, Phoroniden, Bryozoa und Brachiopoda. Es handelt sich dabei um einen blind endenden Kanal ektodermalen Ursprungs (Abb. 14.**9**). Sein blindes Ende geht in einen röhrenförmig ausgezogenen Hohlraum, die Terminalzelle, über. Im Lumen der Terminalzelle oder **Cyrtocyte** (**Reusengeißelzelle**) entspringen Wimperflammen (Cilienbündel), die lumenwärts ausgerichtet sind. Das andere Ende des Kanals mündet direkt oder mit vielen anderen gemeinsam über einen Sammelkanal nach außen. Die Harnproduktion erfolgt im Protonephridium hauptsächlich über Ultrafiltration und Resorption. In der Reusenregion erfolgt die **Ultrafiltration**. Dabei erzeugt die schlagende Wimpernflamme im Inneren einen für die Filtration notwendigen Unterdruck und erzeugt einen Flüssigkeitszustrom vom Parenchym in die Terminalzelle. In der Reusenregion bilden stäbchenförmig angeordnete Ausläufer der Terminalzelle oder auch Kanalzelle zusammen mit der angrenzenden **Basalmembran** (extrazelluläre Matrix) einen Ultrafilter. Durch den Cilienschlag wird das Filtrat dann durch den anschließenden Kanal getrieben. Hier erfolgt die Resorption von Wasser, Na^+ und K^+. Auch Glucose, Lactat und Aminosäuren können resorbiert werden.

Versuche mit dem Rädertierchen *Asplancha* zeigten, dass 40 % des Flüssigkeitsvolumens des Primärharns resorbiert werden. Die Na^+- und K^+-Konzentration des Endharns ist kleiner als die Konzentration in der Körperflüssigkeit (hypoosmotischer Harn).

Metanephridien

Die Regulation des inneren Milieus übernehmen bei den Anneliden die **Metanephridien.** Dabei handelt es sich um einen Kanal, der im Coelom mit einem offenen Wimperntrichter beginnt, sich durch ein **Dissepiment** (innere Scheidewand zwischen den Segmenten) zieht und am nächsten Segment im **Exkretionsporus** nach außen endet (Abb. 14.**10**). Oft befinden sich die Wimperntrichter in räum-

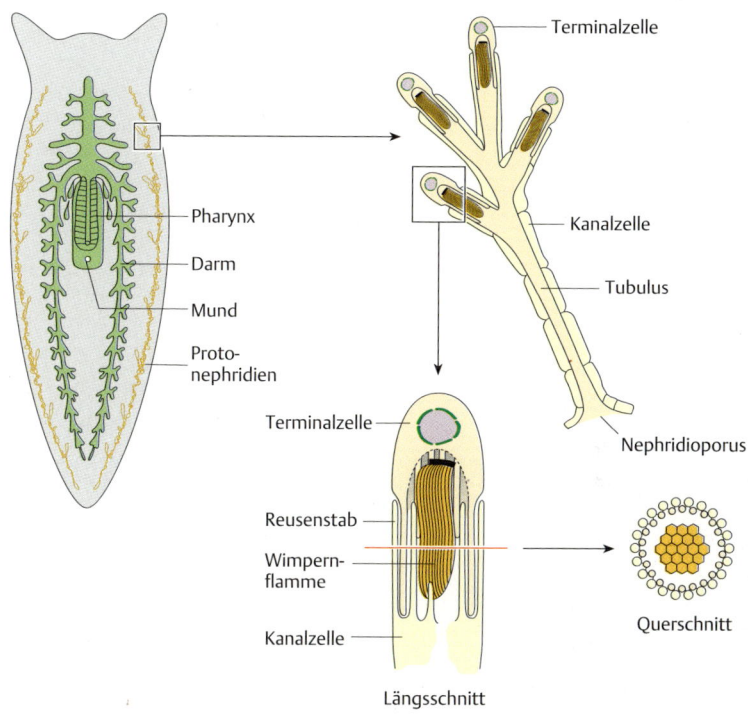

Abb. 14.9 Protonephridium (Reusengeißelzelle) eines Plathelminthen. Die Terminalzelle kann sehr unterschiedlich gestaltet sein, z. B. mit langen Fortsätzen. Zusammen mit der Basalmembran bilden sie den Ultrafilter.

licher nähe zu Blutgefäßen. Die **Ultrafiltration** erfolgt durch eine das Blutgefäßsystem umgebende extrazelluläre Matrix in das Coelom. Der so gebildete **Primärharn** wird durch die Wimpern in das Innere getrieben. Bei seiner Passage durch den Nephridienkanal wird das Filtrat verändert, und es entsteht ein Endharn, der sich in der Zusammensetzung sowohl vom Blut als auch von der Coelomflüssigkeit unterscheidet.

Der „Indische Regenwurm" *Pheretima* resorbiert Glucose vollständig, Kreatinin und Aminosäuren werden größtenteils wieder aufgenommen. Auch die Konzentration der Elektrolyte im Endharn unterscheidet sich von denen im Blut und in der Coelomflüssigkeit, sodass auch *Pheretima* einen hypoosmotischen Harn ausscheidet. Der Mechanismus der Resorption dieser Elektrolyte wurde bei *Lumbricus* untersucht. Es konnte gezeigt werden, dass der osmotische Druck mit zunehmenden Abstand vom Wimperntrichter abnimmt. Die Resorption erfolgt wahrscheinlich vor allem im Wimpernkanal und dem sich daran anschließenden Drüsenkanal, wobei Na^+ aktiv aufgenommen wird und Cl^- passiv folgt. Die Endblase scheint nur als Sammelbehälter zu fungieren.

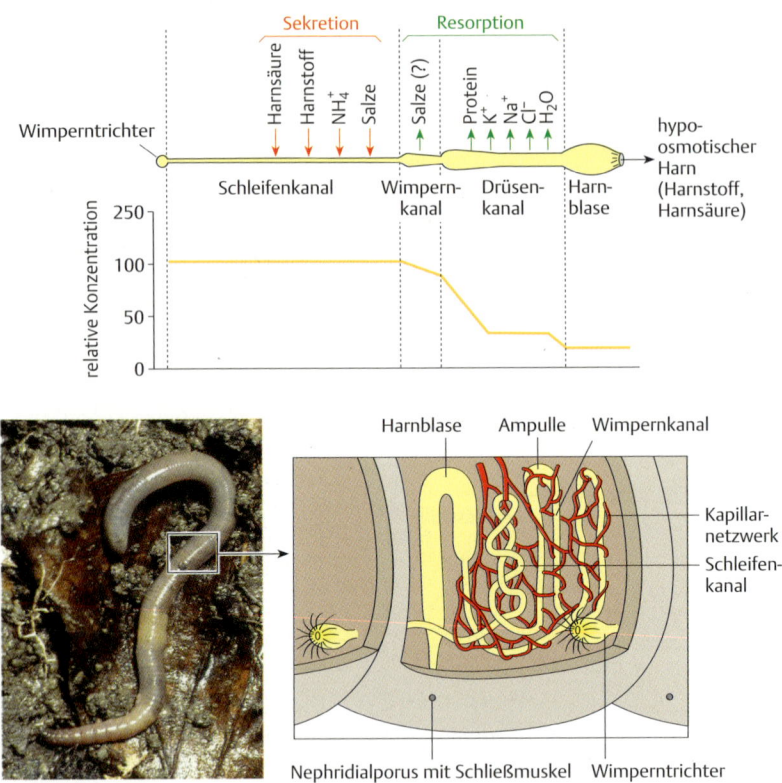

Abb. 14.**10 Metanephridium eines Anneliden.**

Blutegel bilden den Primärharn nicht, wie in den vorhergehenden Beispielen, durch Ultrafiltration, sondern durch Sekretion. Aufgrund dessen spricht man hier von einer **Sekretionsniere**.

Das Exkretionsorgan des Blutegels *Hirudo* (S. 79) besteht aus einer abgewandelten Form von Metanephridien. Sie bestehen aus Wimperntrichtern, drüsig aufgetriebenen Nephridiallappen mit Zentralkanal und Harnblase. Allerdings besteht hier zwischen Wimperntrichter und Nephridialkanal keine Verbindung. Der lappige Teil des Nephridiums ist für die Harnbildung zuständig und unterteilt sich in drei Kanalsysteme: den Zentralkanal, die Canaliculi und die Blutkapillaren. Der Primärharn entsteht in den Nephridiallappen durch Ausscheidung einer K^+-, Na^+- und Cl^--reichen Flüssigkeit aus den die Canaliculi umgebenden Lappen- oder Canaliculizellen. Der durch Sekretion entstandene Primärharn ist hyperosmotisch im Vergleich zum Blut. Die Canaliculi selbst münden in den Zentralkanal, der wiederum nach mehreren Schleifen in der Harnblase endet. Von den Canaliculi fließt die Flüssigkeit in den Zentralkanal, in dem anschließend durch Resorption der definitive

Harn entsteht. Der Endharn des Blutegels ist im Vergleich zu seiner Körperflüssigkeit hypoosmotisch.

Molluskenniere

Die meist paarigen Exkretionsorgane der Mollusken leiten sich von den Metanephridien der Anneliden ab. Die **Molluskennieren** bestehen aus einem Wimperntrichter im Perikard, das als ein Coelomraum aufzufassen ist. Daran schließt sich ein kurzer Renoperikardialgang (Ductus renopericardialis) zum Nierensack an. Dieser besitzt durch zahlreiche Septen und Falten eine große Oberfläche. Die Ausleitung des Harns erfolgt dann über einen Ureter nach außen. Der Primärharn von Mollusken wird durch Ultrafiltration gebildet. Bei vielen **Gastropoden** (wie *Haliotis, Viviparus, Lymnaea*) und Muscheln (z. B. *Anodonta*) wird die Hämolymphe durch die Herzwand in den Perikardialraum gefiltert. Von dort aus fließt die Flüssigkeit über den Perikardialgang in den Nierensack. Bei den **landlebenden Lungenschnecken** (*Helix, Archatina*) entsteht der Primärharn erst im Nierensack. Als Filter dient hier das gut durchblutete Nierenepithel.

Tintenfische (z. B. die Cephalopoden *Octopus* und *Sepia*) sind hoch organisiert und besitzen ein konstantes inneres Milieu. Erreicht wird dies durch eine umfangreiche Ausstattung mit Organen der Exkretion und Osmoregulation. Bei den Cephalopoden erfolgt die Primärharnbildung durch Ultrafiltration in den Perikardialdrüsen in das Perikardialcoelom hinein. Die Perikardialdrüsen sind zwei Anhänge des Kiemenherzes, die sich rhythmisch, alternierend zum Kiemenherz, kontrahieren und damit den notwendigen Filtrationsdruck erzeugen. Über den Perikardialgang fließt der Primärharn in zwei laterale und einen dorsomedianen Nierensack.

Bei den Mollusken entspricht die Zusammensetzung des Primärharns weitgehend der Hämolymphe. Durch aktive Resorption und Sekretion wird der definitive Harn produziert, wobei die Resorption von Salzen bei Süßwasserformen und terrestrischen Formen beträchtlich ist. Ist das Nierenepithel für Wasser permeabel, folgt es den resorbierten Ionen osmotisch nach und es entsteht ein konzentrierter Harn (terrestrische Schnecken). Ist das Nierenepithel hingegen für Wasser impermeabel, wird ein zur Hämolymphe hypoosmotischer, stark verdünnter Harn produziert (Muscheln und Schnecken des Süßwassers).

Bei Muscheln erfolgt die Sekretion und Resorption im Nierensack, bei Schnecken wie Helix ist der Ureter an der Bildung des Endharns beteiligt. Bei den Cephalopoden finden bereits in den Perikardialdrüsen erste Modifizierungen des Primärharns statt. Die wichtigsten Sekretions- und Resorptionsorgane sind bei ihnen aber die Nierensäcke. Bei Octopus ist auch der Renoperikardialgang an der Harnbildung beteiligt.

Arthropodenniere

Nur einige Arthropodenarten haben „**Nieren**", die sich von den Metanephridien der Anneliden ableiten lassen. Sie treten höchstens in zwei Körpersegmenten auf und haben keine Verbindung mit dem Mixocoel, sondern beginnen mit einem Säckchen (Sacculus), das einen Coelomrest darstellt. Im Sacculus findet die Primärharnbil-

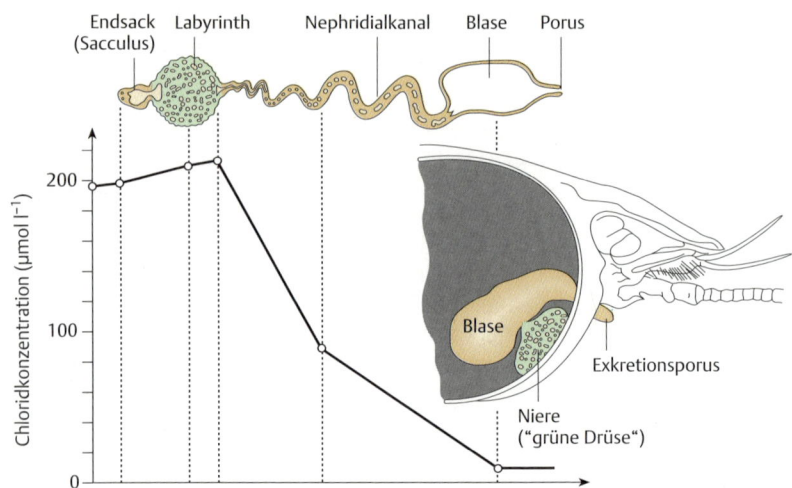

Abb. 14.11 Die Antennendrüsen von dekapoden Krebsen sind ein typisches Filtrations-Resorptions-Organ. Die an der osmotischen Regulation aktiv beteiligten Teile sind schematisch dargestellt.

dung durch Ultrafiltration statt. Daran schließt sich ein mehr oder weniger langer, gewundener Exkretionskanal an, der oft in einer Harnblase endet. Die Benennung der „Nieren", auch als Drüsen bezeichnet, richtet sich nach ihrer Lage: **Maxillardrüsen**, **Antennendrüsen**, **Labialdrüsen** und **Coxaldrüsen**. Häufig werden sie jedoch bei den Arthropoden durch schlauchförmige und in den Darm einmündende Exkretionsorgane, die Malpighi-Gefäße (s. u.), ersetzt.

Bei den **dekapoden Krebsen** schließt sich an den Sacculus (Coelomsäckchen, eventuell ein Rest des Coeloms) ein stark zergliederter Hohlraum, das Labyrinth an (Abb. 14.11). Im Sacculus findet die **Ultrafiltration** statt, die Filtermembran wird von den Epithelzellen des Sacculus gebildet. In ihrer Funktionsweise ähneln sie den Filterstrukturen der Bowman-Kapsel der Wirbeltierniere. Im anschließenden Nierenkanal finden umfangreiche Resorptionsvorgänge statt.

Der Süßwasserkrebs *Procambarus* scheidet z. B. einen stark hypoosmotischen Harn aus. Wegen der beträchtlichen Resorption ist der Nierenkanal dieser Krebse auch besonders lang und histologisch differenziert. Beim Hummer fehlt er dagegen fast völlig. Dafür ist bei diesem marinen Krebs das Labyrinth stark ausgebildet. Sekretionsprozesse spielen bei der Bildung des Harns ebenfalls eine Rolle.

Bei **Spinnen** lassen sich zwei exkretorische Systeme finden: Zum einen ein anales System, das den Malpighi-Gefäßen ähnelt, zum anderen das coxale System, das aus ein oder zwei Paar Coxaldrüsen besteht. Die **Coxaldrüsen** ähneln in Bau und Funktion den Antennendrüsen der Krebse. Sie beginnen mit einem Coelomsack und gehen über das Labyrinth und den Nephridialgang an den Coxae der Laufbeine nach außen. Die Primärharnbildung beginnt mit Filtration. Die Hauptaufgabe der Coxaldrüsen besteht wohl in der Wasserhaushalts- und Ionenregulation. In Kombination mit ihnen oder als Ersatz sind als Exkretionsorgane schlauchförmige, meist verzweigte, paarige Anhänge des Mitteldarmes tätig, die an die **Malpighi-Gefäße** der Insekten erinnern und auch den Namen tragen. Sie sind aber entodermalen Ursprungs. Über dieses anale System scheint die Exkretion stickstoffhaltiger Endprodukte zu erfolgen.

Malpighi-Gefäße

Landlebende Arthropoden (Tracheata, Chelicerata) besitzen als Exkretionsorgane die **Malpighi-Gefäße**. Dabei handelt es sich um lange, dünne, unverzweigte Darmausstülpungen, die an der Grenze zwischen Mittel- und Enddarm in den Verdauungskanal münden (Abb. 14.**12**a). Ihre Anzahl schwankt bei den verschiedenen Arten (z. B. zwei bei den meisten Dipteren und bis zu 150 bei den Hymenopteren). Die Primärharnbildung in den Malpighi-Gefäßen erfolgt in erster Linie durch Sekretion von Ionen, insbesondere K^+, denen Wasser und andere Ionen entlang des osmotischen Gradienten bzw. des elektrochemischen Potentialgefälles folgen.

Die Ionenzusammensetzung des Primärharns weicht zum Teil beträchtlich von jener der Hämolymphe ab, bei allen Insekten ist jedoch die K^+-Konzentration des Primärharns sehr hoch. Eine Na^+-K^+-ATPase an der basolateralen Membran ist für den K^+-Transport aus der Hämolymphe in die Zellen verantwortlich. An der apikalen Membran wird K^+ durch eine K^+-Pumpe in das Lumen der Malpighi-Gefäße transportiert. Niedermolekulare Stoffe wie Aminosäuren, Saccharide und Harnstoff folgen passiv durch das Epithel der Malpighi-Ge-

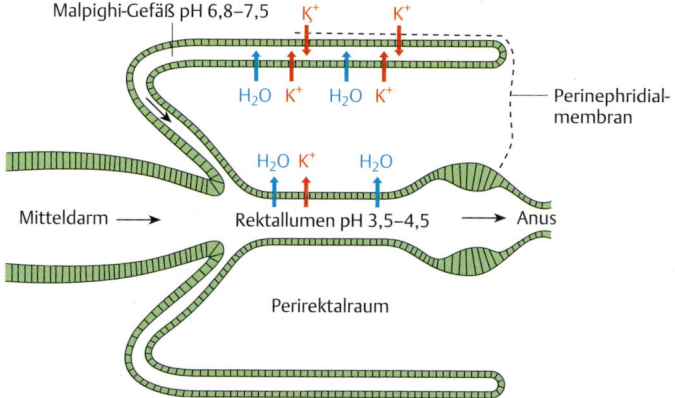

Abb. 14.**12** **Malpighi-Gefäße der Arthropoden.** Primärharnbildung durch Sekretion und spätere Modifizierungen durch Resorption. Durch die Gegenstrom-Anordnung der Malpighi-Gefäße mit dem Rektum und durch die impermeable Perinephridialmembran entsteht ein sehr leistungsfähiges Exkretionsorgan.

fäße ins Lumen. Harnsäure, der wichtigste Exkretstoff der terrestrischen Insekten, wird zum Teil gegen ein erhebliches Konzentrationsgefälle sezerniert.

Der so gebildete Primärharn kann bereits im proximalen Gefäßabschnitt, im Darm und besonders im Rektum zum Endprodukt modifiziert werden. Neben Aminosäuren und Zuckern werden Ionen, hauptsächlich K^+, und Wasser aus dem Harn resorbiert. Dies führt zu einer hypertonen Rektalflüssigkeit mit einer bis zu vier Mal so hohen Osmolarität als die der Hämolymphe. Das resorbierte Wasser und vor allem K^+-Ionen werden wieder zur Bildung von neuem Primärharn verwendet. Im Lumen der Malpighi-Gefäße liegt der pH im neutralen Bereich, im Enddarm wird der Harn durch die Resorption der Ionen sauer, was zur Ausfällung der Harnsäure führt.

Eine effektivere Form der Malpighi-Gefäße besitzen eine Mehrzahl von Schmetterlingslarven und verschiedene Käfer aufgrund einer **cryptonephridialen Anordnung** der Gefäße. Die Enden der Gefäße sind mit dem Rektum verwachsen und bilden eine physiologische Einheit, die von einer impermeablen Membran, der Perinephridialmembran, umschlossen ist. Dadurch wird eine noch bessere Resorption von Wasser und Ionen ermöglicht. Die Larve des Mehlkäfers *Tenebrio* („Mehlwurm") kann durch das cryptonephridiale System eine Flüssigkeit erzeugen, die eine bis um das 10fache höhere Osmolarität als die Hämolymphe aufweist. Damit ist dieses System in etwa genauso leistungsfähig wie die Wirbeltierniere. Ermöglicht wird dies durch eine **Gegenstrom-Anordnung** von Malpighi-Gefäßen, Perirektalraum und Rektum und durch die impermeable Membran (Abb. 14.**12**). Durch die Perinephridialmembran werden K^+-Ionen aus der Hämolymphe aktiv in das Lumen der Gefäße transportiert, Cl^--Ionen folgen passiv nach. Dies erfolgt über die **Leptophragmata**, das sind kleine Öffnungen in der ansonsten undurchlässigen Membran. Da die Perinephridialmembran auch für Wasser impermeabel ist, entsteht im posterioren Teil der Malphigi-Gefäße ein sehr hoher osmotischer Wert, wodurch dem Kot im parallel liegenden Rektum passiv Wasser entzogen wird. Im sich anschließenden frei liegenden Teil der Malpighi-Gefäße findet vermutlich ein osmotischer Ausgleich mit der Hämolymphe statt. Der ins Rektum eintretenden Flüssigkeit wird dann wie beschrieben osmotisch Wasser entzogen.

> **Gegenstrom-Systeme** sind in der Natur weit verbreitet. Man versteht darunter zwei parallel zueinander liegende Leitungssysteme mit entgegengesetzten Flussrichtungen (wie Arterien und Venen). Bei unterschiedlichen Ausgangswerten (z. B. Temperatur oder Elektrolytkonzentration) entsteht über die gesamte Länge des parallelen Verlaufes ein Gradient, der einen Austausch von Wärme oder Ionen über die gesamte Kontaktfläche antreibt (S. 773, Abb. 12.**19**). Ein weiteres Beispiel ist die Wirbeltierniere, in der Vasa recta, Henle-Schleife und Sammelrohr in gegenläufiger Flussrichtung angeordnet sind (s. u.). Die genannten Beispiele sind räumliche Gegenstrom-Systeme. Es gibt auch zeitlich versetzte Gegenstrom-Systeme. Hierzu gehört das respiratorische Gegenstromsystem in der Nase vieler Vertebraten, das sowohl Körperwärme als auch Wasser spart (s. o.). ◄

14.4.2 Osmoregulation der Vertebraten

Die osmoregulatorischen Fähigkeiten von Wirbeltieren hängen primär von den Eigenschaften der Transportepithelien ab, die in den osmoregulatorisch aktiven Organen wie Kiemen, Haut, Nieren und Darm zu finden sind. Zu dem wird die Leistung dieser Epithelien durch die Anatomie der Organe (z. B. Niere) verstärkt. Die Regulation des Wasserhaushaltes, der Salzkonzentration und die Exkretion von Schlackenstoffen aus dem Stoffwechsel übernehmen bei den Vertebraten verschiedene Organe. Nur in der Säugetierniere sind alle Funktionen weitgehend in einem Organ vereint.

Wirbeltierniere – allgemeiner Aufbau

Die funktionelle und anatomische Grundeinheit der meist paarigen Wirbeltiernieren ist das **Nephron** (Abb. 14.**13**). Es besteht aus einem blind endenden gewundenen Rohr, das an seinem Ende aufgetrieben ist und die **Bowman-Kapsel** bildet (Abb. 14.**13b**). In die Bowman-Kapsel ist ein Kapillarknäuel eingesenkt, der **Glomerulus**. Bowman-Kapsel und Glomerulus bilden zusammen die Funktionseinheit **Malpighi-Körperchen** und sind für den ersten Schritt der Urinbildung (**Ultrafiltration**) zuständig. Blutstrom und Lumen der Bowman-Kapsel werden durch eine dreischichtige Filtrationsbarriere, bestehend aus Kapillarendothel, Basalmembran und Schlitzmembran, die von den Podocyten der Bowman-Kapsel gebildet wird, voneinander getrennt. Das Ultrafiltrat sammelt sich im Lumen der Kapsel an und beginnt seinen Weg durch den röhrenförmigen Kanal (**Nierentubulus**) bis zum ableitenden Sammelrohr. Der Tubulus wird in verschiedene Abschnitte unterteilt: den proximalen Tubulus und den distalen Tubulus. Die proximalen und distalen Tubuli der Actinopterygii, Chelonia, Lepidosauria und Crocodylia sind kürzer als die der Lurche und Vögel. Bei den Säugetieren und den Vögeln liegt zwischen proximalem und distalem Nierenkanalabschnitt die sogenannte **Henle-Schleife**. Diese dünne, haarnadelförmig gekrümmte Schleife ermöglicht Vögeln und Säugetieren die Bildung eines hyperosmotischen Harns. Zusammen mit anderen Tubuli (in etwa 5–10) endet der distale Teil im Sammelrohr.

Das Nephron ist wahrscheinlich in der Evolution aus einem Metanephridien-ähnlichen Tubulussystem hervorgegangen. Aus einem Kapillarbündel vergleichbar dem Glomerulus wurde Flüssigkeit in den Coelomraum gefiltert und über einen Ausführgang ähnlich den Metanephridien abgeleitet. Durch Ausbildung von Malpighi-Körperchen wurde diese räumliche Trennung aufgehoben.

In den einzelnen Wirbeltiergruppen unterscheiden sich die Nephrone in Funktion und Bauweise, aber auch die Anzahl der Nephrone ist sehr unterschiedlich.

So besitzen z. B. limnische Actinopterygii, Elasmobranchier und Amphibien große Malpighi-Körperchen und die täglich produzierte Harnmenge entspricht bis zu 30 % ihres Körpergewichtes. Marine Actinopterygii, Chelonia, Lepidosauria und Crocodylia weisen kleinere Malpighi-Körperchen auf. Bei einigen marinen Actinopterygii können sie sogar ganz fehlen (**aglomeruläres Nephron**). Das Nephron der meisten Wirbeltiere wird von einem re-

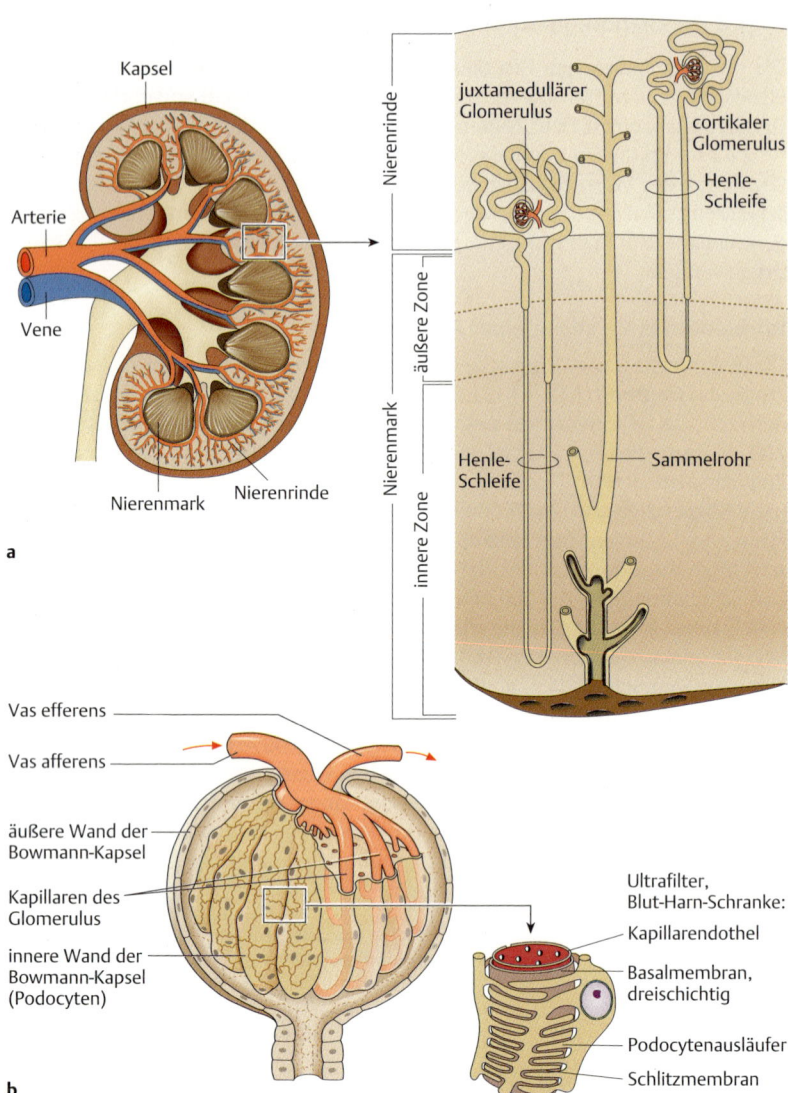

Abb. 14.**13 Säugerniere. a** Aufbau der Säugerniere und des Nephrons mit den umschließenden Gefäßen. **b** Malpighi-Körperchen. (**b** Links: aus Duale Reihe, Physiologie, Thieme Verlag, 2010.)

nalen **Pfortadersystem** umspült. Das Säugernephron wird nur von der Nierenarterie versorgt, eine versorgende Vene fehlt hingegen.

Die Anzahl der Nephrone in der Niere ist ebenfalls sehr unterschiedlich. Im Allgemeinen gilt: je höher die Stoffwechselaktivität einer Tierart, desto höher ist die Anzahl der Nephrone. So besitzt ein poikilothermer Frosch etwa 400 Nephrone, während die Nieren homoiothermer Vögel, wie dem Huhn, aus etwa 200 000 Nephronen bestehen. Große Säugetiere besitzen eine Million oder mehr Nephrone (Mensch 2 000 000 oder Rind 8 000 000).

Je nach ihrer Lage in der Niere lassen sich die Nephrone in zwei Gruppen unterteilen. Der Glomerulus von **juxtamedullären Nephronen** (Abb. 14.**13a**) liegt im inneren Bereich des Cortex und die lange Henle-Schleife reicht weit ins Mark hinein. Das **corticale Nephron** (Abb. 14.**13a**) liegt mit seinem Glomerulus im äußeren Cortex und die Henle-Schleife reicht nur wenig ins Mark hinein.

Blutgefäßsystem der Nieren

Die Anatomie des renalen **Blutgefäßsystems** der Niere ist entscheidend für die Funktion der Niere. Die Niere wird von der **Nierenarterie** versorgt. Die Nierenarterie teilt sich in afferente **Arteriolen** auf, wovon jede ein Nephron versorgt (Abb. 14.**13a**). Der Druck in den glomerulären Kapillaren in der Bowman-Kapsel ist höher als in anderen Kapillaren, da die afferente Arteriole (Vas afferens) kurz und weit ist (wenig Widerstand), die efferente Arteriole und die anschließende Vasa recta jedoch einen höheren Widerstand darstellen. Dieser Druck ermöglicht die Primärharnbildung durch Ultrafiltration. Die Kapillaren vereinigen sich nach der Bowman-Kapsel zu den efferenten Arteriolen. Bei erwachsenen Säugetieren teilen sich die efferenten Arteriolen ein zweites Mal in ein Kapillarnetz, das die Henle-Schleife umgibt. Das Blut aus dem Glomerulus wird über die efferenten Arteriolen parallel zu der Henle-Schleife in das Mark geleitet und verlässt es dann über die **Vasa recta**.

Bei allen anderen Wirbeltieren liegt ein zusätzliches **renales Pfortadersystem** vor. Die Tubuli werden hier mit venösem Blut umspült, das aus dem hinteren Körperabschnitt und der Schwanzregion kommt. Dieses renale Pfortadersystem wird in der Wirbeltierreihe schrittweise reduziert, bei Säugetieren fehlt es völlig.

Urinproduktion

Die Herstellung des Endharns oder des Urins erfolgt in drei Schritten: der **glomerulären Filtration** mit der Bildung eines Ultrafiltrats in der Bowman-Kapsel, der **tubulären Resorption** von bis zu 90 % des Wassers und der meisten Ionen aus dem Ultrafiltrat und der **tubulären Sekretion** von Stoffen durch aktiven Transport (Tab. 14.**4** und Tab. 14.**5**).

Der Primärharn in der Bowman-Kapsel enthält alle niedermolekularen Stoffe in gleicher Konzentration wie das Blut. Die **glomeruläre Filtrationsrate (GFR)** hängt von zwei Faktoren ab: Zum einen von den **hydrostatischen Druckverhältnissen** im Lumen der Kapillaren ($P_{hydrkapp}$) und im Lumen der Bowman-Kapsel ($P_{hydrlum}$) sowie dem kolloidosmotischen Druck ($P_{kolloid}$), der durch die Proteine entsteht,

Tab. 14.4 Die Filtrationsrate verschiedener Stoffe wird durch ihr Gewicht und ihre Größe bestimmt. Frei filtriert werden Stoffe, deren Molekülradius kleiner als 1,6–1,8 nm ist, das entspricht einer Molmasse von 6–15 kDa. Kleinmolekulare Stoffe z. B. Inulin, Harnstoff und Glucose können ebenso wie Wasser leicht passieren. Für sie gilt deshalb eine uneingeschränkte Filtration, wodurch ihre Konzentration im Blutplasma und im Ultrafiltrat gleich groß sind. Die engste begrenzende Stelle für den Durchtritt von Soluten scheinen die Schlitzporen der Podocyten zu sein. Hier können Stoffe mit einer Molmasse von mehr als 65 kDa und Moleküle mit mehr als 4,4 nm Radius normalerweise nicht passieren. Bei Molekülradien zwischen 1,8 und 4,4 nm ist der Durchtritt zusätzlich von der Ladung der Moleküle abhängig: Sie werden nur teilweise filtriert (eingeschränkte Filtrationsrate).

Substanz	Molmasse (Da)	Molekülradius (nm)	Verhältnis der Konzentrationen in Filtrat/Plasma
Wasser	18	0,10	1,0
Harnstoff	60	0,16	1,0
Glucose	180	0,36	1,0
Saccharose	342	0,44	1,0
Inulin	5 500	1,48	0,98
Myoglobin	16 000	1,95	0,75
Hämoglobin	64 500	3,25	0,03
Serum-Albumin	69 000	3,55	<0,01

Tab. 14.5 Transporteigenschaften der verschiedenen Tubulussegmente. (HK) = unter hormoneller Kontrolle.

Segment	aktiver NaCl-Transport	Permeabilität für Wasser	Permeabilität für Harnstoff	Permeabilität für NaCl
Henle-Schleife				
dünner absteigender Teil	0	++++	+	0
dünner aufsteigender Teil	0	0	+	+++
dicker aufsteigender Teil	++++	0	0	0
Sammelrohr				
Rinde	+	+++ (HK)	0	0
Inneres Mark	+	+++ (HK)	+++	0

die im Kapillarplasma verbleiben, und zum anderen von den Eigenschaften des dreischichtigen Gewebes, das den **Ultrafilter** bildet. Der **effektive Filtrationsdruck** P_{eff} berechnet sich wie folgt: $P_{eff} = P_{hydrkapp} - P_{hydrlum} - P_{kolloid}$

Beim Menschen beträgt der effektive Filtrationsdruck etwa 10 mmHg. Bei niederen Vertebraten ist der Blutdruck geringer, aber auch die entgegenwirkenden Drücke sind niedriger. Treibende Kraft der Ultrafiltration ist somit der **Blutdruck**. Obwohl der effektive Filtrationsdruck relativ gering ist, haben die Nieren eine enorme Umsatzrate. Dies liegt an der hohen Anzahl von Nephronen in der Niere. Beim Menschen liegt die tägliche glomeruläre Filtrationsrate bei 180 Litern (125 ml/min). Das bedeutet, dass der größte Teil des Wassers und der Solute resorbiert werden müssen, da sonst der Körper schnell dehydriert wäre.

Der zweite entscheidende Faktor für die Ultrafiltration ist der **Ultrafilter**. Die Filtrationsbarriere besteht aus Kapillarendothel, Basalmembran und der visceralen (inneren) Schlitzmembran, die von den Podocyten der inneren Zellen (inneres Blatt) der Bowman-Kapsel gebildet wird (Abb. 14.**13b**). Diese drei Schichten bilden ein Sieb, das Moleküle nur bis zu einer bestimmten Größe ungehindert passieren lässt (Tab. 14.**4**).

Zwischen den Endothelzellen der Kapillaren sind zahlreiche Lücken, weshalb es auch als **gefenstertes Kapillarendothel** bezeichnet wird. Hier werden größere Moleküle wie Blutzellen zurückgehalten. Die von den Podocyten gebildete Schlitzmembran und die angrenzende Basalmembran bilden den begrenzenden Filter.

Unter normalen physiologischen Bedingungen sind der hydrostatische Druck in der Bowman-Kapsel und der kolloidosmotische Druck relativ konstant. Auch der Kapillarendruck bleibt selbst bei Änderungen des Blutdrucks zwischen 90 und 180 mmHg nahezu unverändert und gewährleistet so eine konstante Filtrationsrate. Hierfür ist die **Autoregulation der Niere** verantwortlich, der folgende Mechanismen zugrunde liegen:

In der Niere reagieren die glatten Muskelzellen der Blutgefäße auf eine Dehnung mit einer Erhöhung ihres **myogenen Tonus** und kontrahieren (**Bayliss-Effekt**).

Steigt der arterielle Blutdruck in den Nierengefäßen an, reagieren Vas afferens, aber auch Vas efferens mit einer Tonusänderung und stellen sozusagen auf „Drosseln". Sinkt der Blutdruck wieder ab, erschlaffen die glatten Muskelzellen wieder. Über den myogenen Tonus werden Änderungen, vor allem Erhöhungen, des Blutdrucks bis zu 160 mmHg schnell ausgeglichen und eine gleichmäßige renale Durchblutung gewährleistet. Dies sorgt dann für eine konstante glomeruläre Filtrationsrate.

Das **tubuloglomeruläre Feedback** (**TGF**) besteht aus mehreren Komponenten, die noch nicht restlos aufgeklärt sind. Eine vereinfachte Vorstellung zeigt Abb. 14.**14b**. Die an dem distalen Tubulus anliegenden **Macula-densa-Zellen** des juxtaglomerulären Apparates (Abb. 14.**14a**) registrieren die vorbeifließende tubuläre Strömungsrate vermutlich über die vorbeiströmende NaCl-Menge. Steigt die GFR, kann das tubuläre NaCl-Angebot die Resorptionskapazität in den proximal liegenden Tubulussegmenten übersteigen und die NaCl-Konzentration im distalen Teil ansteigen. Die Folge ist eine vermehrte Resorption von NaCl in den Macula-densa-Zellen. Dadurch wird, vermutlich über die Ausschüttung von Adenosin, eine Kontraktion der Blutgefäße induziert und damit die GFR „gedrosselt". Gleichzeitig wird die Ausschüttung von Renin aus den Renin-bildenden Zellen reduziert.

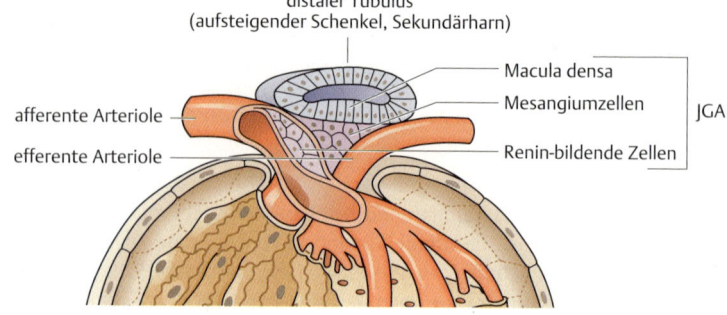

a Juxtaglomerulärer Apparat (JGA)

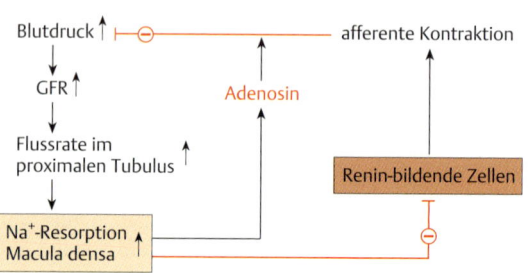

b Tubuloglomeruläres Feedback

Abb. 14.14 Juxtaglomerulärer Apparat. a Aufbau und Bedeutung bei der Autoregulation der Niere. **b** Tubuloglomeruläres Feedback.

Die reninbildenden Zellen des juxtaglomerulären Apparates sind wichtiger Bestandteil des dritten Regelkreises, des **Renin-Angiotensin-Aldosteron-Systems**. Bei einem stärkeren Abfall des Blutdrucks und der GFR reagieren druckempfindliche Strukturen im Vas afferens oder dem juxtaglomerulären Apparat und führen zu einer Freisetzung von Renin aus den reninbildenden Zellen. Renin selbst ist ein proteolytisches Enzym, das von dem aus der Leber stammenden Angiotensinogen das Dekapeptid Angiotensin I abspaltet (Abb. 14.**15**, S. 905). Durch Hydrolyse entsteht daraus das aktive Oktapeptid Angiotensin II. Angiotensin II wirkt vasokonstriktorisch und bewirkt einen Anstieg des Blutdrucks. Desweiteren stimuliert Angiotensin II die Na^+-Resorption im proximalen Tubulus, die Aldosteronausschüttung in der Nebennierenrinde (Stimulation der Na^+-Resorption und K^+-Sekretion) und die Ausschüttung von ADH (antidiuretisches Hormon, S. 892) im Hypophysenhinterlappen (Stimulation der Wasser-Resorption).

Nervale Einflüsse spielen bei der Regelung der GFR ebenfalls eine Rolle. Die Niere steht unter der Kontrolle des **sympathischen Nervensystems** (S. 549). Eine Aktivierung durch den Sympathikus führt zu einer Vasokonstriktion der afferenten

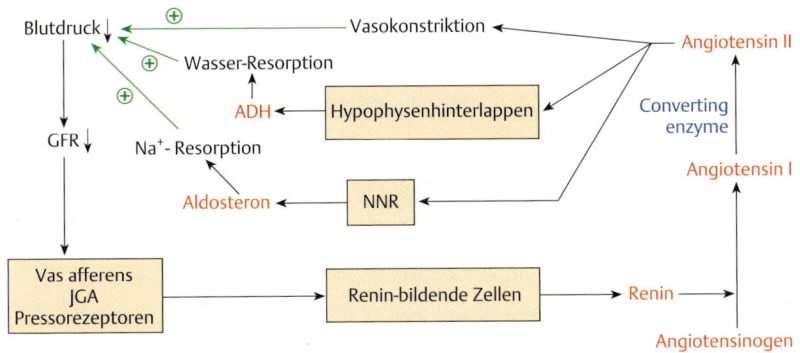

Abb. 14.15 **Vereinfachter Regelkreis des Renin-Angiotensin-Aldosteron-Systems.**

Arteriolen und einer Senkung der GFR. Durch eine Aktivierung des Sympathicus kann auch die Filtrationsfläche verkleinert werden, da die Podocyten kontraktil sind.

Auf seinen Weg durch das Nephron wird der Primärharn durch **tubuläre Resorption und Sekretion** in seiner Zusammensetzung verändert und konzentriert. Beim Menschen werden 99 % des im Primärharn enthaltenen Wassers resorbiert und weniger als 1 % des NaCl im Ultrafiltrat werden mit dem Urin ausgeschieden. Um vergleichende Aussagen über die Ausscheidungsrate von bestimmten Substanzen im Urin machen zu können, wurde der Clearance-Begriff eingeführt. Unter der **renalen Clearance** eines Stoffes versteht man das Plasmavolumen, das durch die Nierentätigkeit in der Zeiteinheit (Minute) von eben diesem Stoff befreit wurde.

> **Renale Clearance:** Die Konzentration des Stoffes X im Urin ist c_u (in g/l oder mg/ml) und das pro Zeitvolumen ausgeschiedene Urinvolumen ist V_u. Damit ergibt sich für die pro Zeiteinheit ausgeschiedene Menge des Stoffes: $X = c_u \times V_u$. Diese Menge muss der in derselben Zeiteinheit aus dem Plasma verschwundenen Menge des Stoffes X entsprechen. Somit ergibt sich:
>
> c_u (mg/ml) $\cdot V_u$ (ml/min) $= c_p$ (mg/ml) $\cdot Cl_x$ (ml/min)
>
> Dabei ist c_p die Konzentration des im Plasma enthaltenen Stoffes X und Cl_x der Clearance-Wert (dasjenige Plasmavolumen, in dem die ausgeschiedene Menge vorher gelöst war) des Stoffes X. Nach Cl_x aufgelöst ergibt sich:
>
> $$Cl_x = \frac{c_u \times V_u}{c_p \text{ (ml/min)}}$$
>
> Um den Clearance-Wert verschiedener Tiere besser vergleichen zu können, ist es vorteilhaft, den Clearance-Wert auf das Körpergewicht (ml/min · kg), Nierengewicht (ml/min · g) oder Körperoberfläche (ml/min · m²) zu beziehen.

Eine Substanz, die ausschließlich filtriert wird, ist das Inulin, ein Polysaccharid aus Fructoseeinheiten (MW etwa 5 kDa). Da Inulin weder resorbiert noch sezerniert wird, entspricht die Inulinclearance der glomerulären Filtrationsrate.

Beim Menschen liegt der GFR-Wert bei 125–130 ml/min. Das entspricht etwa 175 Litern pro Tag.

Der Vergleich der Clearance-Werte von frei diffusiblen Substanzen (z. B. Na$^+$) mit dem Clearance-Wert von Inulin ermöglicht Rückschlüsse, ob Substanzen bei der Passage durch den Tubulus resorbiert oder sezerniert werden. Es gilt:

Bei Resorption CL_x/Cl_{Inulin} <1; beispielsweise für Na$^+$, Cl$^-$, Glucose, Aminosäuren.

Bei Sekretion CL_x/Cl_{Inulin} >1; beispielsweise für p-Aminohippursäure. ◄

Im **proximalen Tubulus** (Abb. 14.16), dessen Innenwand mit einem dichten Bürstensaum besetzt ist, finden umfangreiche Resorptionsvorgänge statt. 60–70% der Na$^+$-Ionen, aber auch K$^+$, Cl$^-$, Glucose und Aminosäuren werden aufgenommen. Da die Wand des proximalen Tubulus für Wasser permeabel ist, folgt Wasser osmotisch nach.

Die Tubulusflüssigkeit und die interstitielle Flüssigkeit sind hier isoosmolar (isoosmotische Resorption). Treibende Kraft für die Na$^+$-Resorption im proximalen Tubulus ist ein primär **aktiver Transport** mittels einer Na$^+$/K$^+$-ATPase auf der basolateralen Seite der Epithelzellen (Abb. 14.17). Die Na$^+$-Ionen werden aktiv aus der

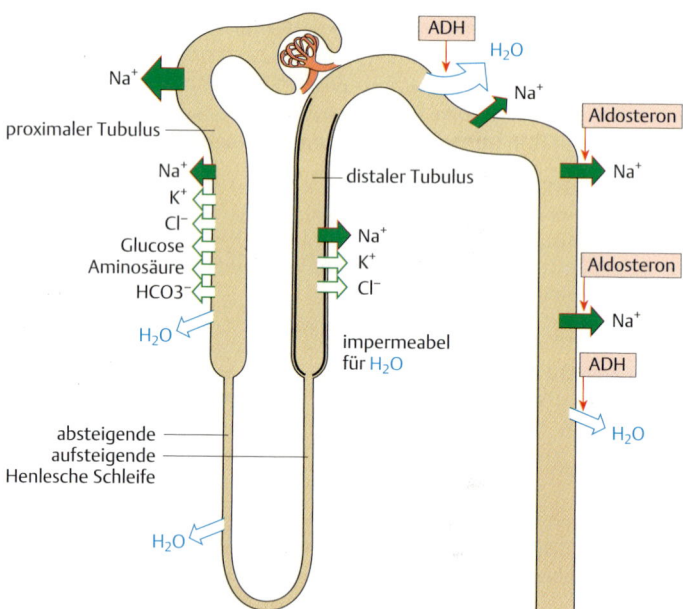

Abb. 14.16 **Resorptions- und Sekretionsvorgänge am Nephron.**

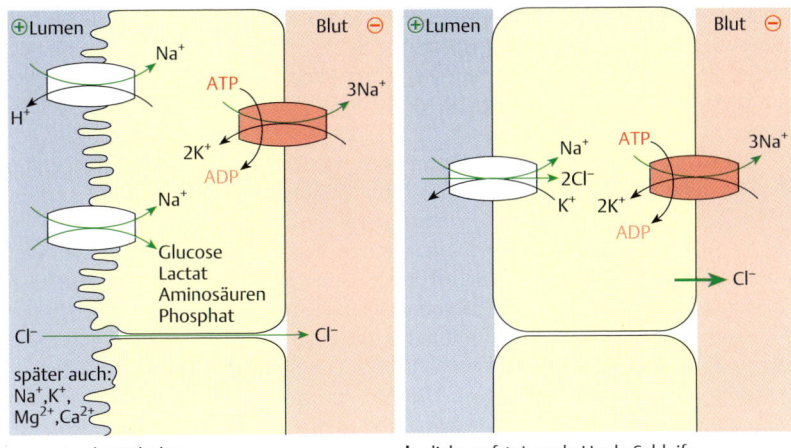

Abb. 14.17 Zellmodelle des tubulären Transports. a Transportvorgänge am proximalen Tubulus. **b** Transportvorgänge am dicken Teil der aufsteigenden Henle-Schleife.

Zelle ins Blut transportiert. Der dabei entstehende elektrochemische Gradient fördert den passiven Einstrom von Na^+ aus dem Lumen des proximalen Tubulus in die Zelle. Der Na^+-Einstrom erfolgt über Na^+/H^+-Austauscher oder über eine Reihe von Na^+-Cotransportern, die neben Na^+ auch Glucose, Aminosäuren, Phosphat, Lactat, Acetat oder Citrat in die Zelle transportieren. Die sekundär aktiv ins Lumen sezernierten H^+-Ionen werden dazu verwendet Bicarbonat zu resorbieren. Im proximalen Tubulus werden etwa 80% des Bicarbonats und mehr als 90% der Glucose und der meisten Aminosäuren sowie die meisten anderen mit Na^+ cotransportierten Stoffe aus dem Filtrat resorbiert.

Im **hinteren proximalen Tubulusabschnitt** wird Na^+ weiterhin aktiv aufgenommen. Vorwiegend durch den chemischen Gradienten getrieben, folgt Cl^- in diesem Tubulusabschnitt passiv parazellulär nach. Dadurch entsteht ein lumenpositives transepitheliales Potential, sodass jetzt auch eine passive parazelluläre Resorption von Na^+, K^+, Mg^{2+} und Ca^{2+} stattfindet. Ursprüngliche Triebkraft für diese passiven Vorgänge ist nach wie vor die Na^+-K^+-ATPase, deren Effizienz dadurch nur erhöht wird.

Die **dünnen Teile der Henle-Schleife** sind im Vergleich zum proximalen Tubulus dünnwandig und besitzen keinen Bürstensaum. Sie sind sehr wasserpermeabel, leisten jedoch keinen wesentlichen aktiven Transport. In diesem Segment, das für die Konzentrierung des Urins nach dem Gegenstromprinzip von großer Bedeutung ist (s. u.), werden etwa 25% des Wassers resorbiert.

Im **dicken Teil der aufsteigenden Henle-Schleife** werden 25–30% der filtrierten Na^+- und Cl^--Ionen resorbiert. Treibende Kraft auf der basolateralen Seite ist wiederum eine Na^+-K^+-ATPase. Auf der luminalen Seite erfolgt die Aufnahme in die Zelle überwiegend über einen Cotransport von Na^+, K^+ und $2\,Cl^-$. Da der dicke Teil der aufsteigenden Henle-Schleife für Wasser impermeabel ist, sinkt die Osmolarität im Verlauf des dicken Segmentes (Verdünnungssegment, anisoosmotische Resorption).

Der sich anschließende **distale Tubulus** ist wieder für Wasser permeabel und so ist die Tubulusflüssigkeit bereits nach kurzer Strecke wieder isoton zum Blutplasma. Erreicht die Flüssigkeit das **Sammelrohr**, ist Harnstoff die osmotisch wichtigste Komponente. Im distalen Tubulus und im anschließenden Sammelrohr werden weiterhin NaCl und Wasser resorbiert. Unter hormoneller Kontrolle wird in diesen Abschnitten über die Zusammensetzung des Endharns entschieden. Die Wasserpermeabilität des distalen Tubulus und des Sammelrohres steht unter Kontrolle des antidiuretischen Hormons **ADH**, ein Peptidhormon das vom Hypophysenhinterlappen freigesetzt wird. Die Na^+-Resorption des Sammelrohres wird durch **Aldosteron** kontrolliert (S. 864, Abb. 14.**16**).

Die Fähigkeit, über **Urin-Konzentrationsmechanismen** einen hypertonen Endharn herzustellen, ist an das Vorhandensein einer Henle-Schleife gebunden. Aus diesem Grund können nur Säuger und im geringeren Maße Vögel einen hypertonen Urin produzieren. Die Länge der Henle-Schleife und ihre Lage im Mark der Niere sind ein Maß dafür, wie konzentriert der Harn ausgeschieden wird: Je länger die Schleife und je weiter sie ins Mark reicht, desto konzentrierter ist der erzeugte Urin. Aus diesem Grund haben Wüstenbewohner wie die Känguruhratte sehr lange Henle-Schleifen, Süßwassersäugetiere wie der Biber relativ kurze. Abb. 14.**18** zeigt die am Gegenstromkonzentrierungsmechanismus beteiligten Systeme.

Es handelt sich dabei um den absteigenden dünnen Ast, den aufsteigenden dünnen und den aufsteigenden dicken Ast der Henle-Schleife, das Sammelrohr und das Gefäßbündel Vasa recta. Erzeugt wird die Urinkonzentrierung durch die unterschiedlichen Permeabilitätseigenschaften der beteiligten Segmente (Zusammenfassung, Tab. 14.**5**). Eine aktive NaCl-Resorption aus dem dicken aufsteigenden Ast der Henle-Schleife führt im äußeren Mark zu einer Hypertonie. Da die aufsteigenden Segmente der Schleife für Wasser impermeabel sind, tritt Wasser aus dem absteigenden Ast und aus dem Sammelrohr aus. Die **aktive Salzresorption** und der **passive Wasseraustritt** führen zu einer zunehmenden Harnstoffkonzentrierung im Verlauf der Tubuluspassage. Da nur das Sammelrohr im inneren Markbereich für Harnstoff permeabel ist, tritt Harnstoff hier entlang eines Konzentrationsgradienten aus. Durch den Harnstoff wird die Osmolarität im Bereich des inneren Marks der Niere weiter erhöht, wodurch der passive Wasseraustritt gesteigert wird. Durch die gegenläufige Anordnung der Vasa recta wird die Aufrechterhaltung der eben genannten Gradienten gewährleistet. Das Blut nimmt, je weiter es in das Mark eindringt, an Osmolarität zu, seine höchste Osmolarität erreicht es im inneren Mark. Auf seinem Weg zurück zum Cortex gibt es überschüssiges NaCl und Harnstoff an das umgebende Interstitium ab und nimmt Wasser auf. Bevor das Blut

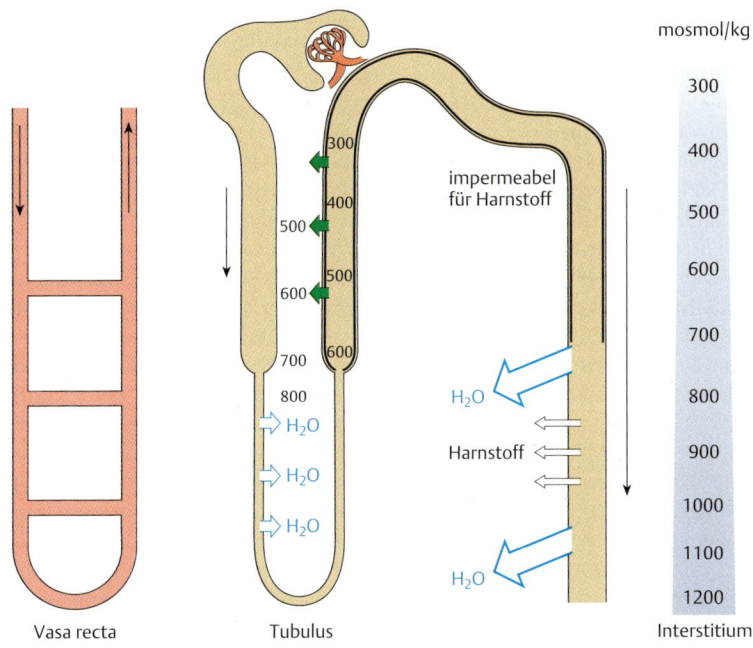

Abb. 14.**18** **Harnkonzentrierung nach dem Gegenstrom-Prinzip.**

die Niere verlässt, hat es das Flüssigkeitsvolumen, das es durch die Ultrafiltration verloren hat, zurückgewonnen.

Zu den Aufgaben des proximalen Tubulus gehört auch die **tubuläre Sekretion von organischen Säuren und Basen**. Dabei müssen fremde und neue Stoffe in der Leber und Niere erst metabolisch aufgearbeitet werden, damit die bestehenden **Sekretionscarrier** die Stoffe ins Lumen der Nephrone abgeben können. Viele Abfallstoffe und Giftstoffe werden erst durch Kopplung an Glucorunat, Gluthation, Sulfat oder N-Acetylisierung für die Transportsysteme erkennbar.

Obwohl im Stoffwechsel ständig saure Abfallprodukte (CO_2, Milchsäure) anfallen, ändert sich der pH-Wert des Blutes bei Säugetieren nur wenig. Die Lunge ist für die Regulation der Säure CO_2 (flüchtige Säure) zuständig. Erreicht wird dies mit dem Bicarbonat-Puffersystem (S. 761). Die Niere spielt bei der Ausscheidung von **fixen** Anionen und **fixen** Säuren (nicht-gasförmig) und bei dem **Ausgleich des Bicarbonat-Verhältnisses** im Körper eine bedeutende Rolle. Bei Säugetieren entspricht die Plasmakonzentration von HCO_3^- etwa 25 mmol/l, die H^+-Konzentration liegt bei etwa 40 nmol/l. Das Ultrafiltrat weist ähnliche Konzentrationen auf. Bei einer normalen HCO_3^--Konzentration wird das filtrierte Bicarbonat vollständig zurückgewonnen (90 % im proximalen Tubulus und 10 % in den distalen Abschnitten) (Abb. 14.**19**). Wichtig ist dafür eine Ansäuerung der tubulären Flüssigkeit durch H$^+$-Ionen. Die H$^+$-Ionen werden durch den Na$^+$-H$^+$-Austauscher ins Lumen sezerniert (Abb. 14.**19a**). Das im Lumen befindliche HCO$_3^-$ verbindet sich mit H$^+$ zu H$_2$CO$_3$, das in CO$_2$ und H$_2$O gespalten wird. Das CO$_2$ diffundiert durch die Lipidphase der Zellmembran in die Zelle und wird dort durch die Carboanhydrase in H$_2$CO$_3$ umgewandelt. Dieses gibt ein H$^+$ frei, das wieder dem Na$^+$-H$^+$-Austauscher zur Verfügung steht. Das verbleibende HCO$_3^-$ gelangt dann über verschiedene Transportmechanismen durch die basolaterale Membran ins Blut. Im corticalen Sammelrohr können **Schaltzellen** auf unterschiedliche Stoffwechsellagen durch den alternativen Einbau einer K$^+$-H$^+$-ATPase auf die luminale oder basolaterale Zellseite reagieren (Abb. 14.**19b**). Da eine Sekretion von H$^+$ durch den Na$^+$-H$^+$-Austauscher nur bis zu einem bestimmten Maximalwert erfolgen kann, gibt es zwei weitere Puffersysteme der Niere, um einer Azidose entgegenzuwirken: **Phosphatpuffer** und **Ammoniak/Ammonium-Puffer** (Abb. 14.**19c**). Bei einem Ansteigen des pH-Wertes wird vermehrt Phosphat aus den Knochen in die extrazelluläre Flüssigkeit freigesetzt und filtriert (es liegt zu 80 % im Blut als sekundäres Phosphat HPO$_4^{2-}$ vor). Dieses sekundäre Phosphat verbindet sich im Lumen mit dem von den Zwischenzellen (Typ A) sezernierten H$^+$ zu primärem Phosphat und wird, da unresorbierbar, mit dem Urin ausgeschieden. Der Ammoniak/Ammonium-Puffer hat eine noch höhere Kapazität als der Phosphat-Puffer. Die Ausscheidung von Ammonium-Ionen kann bei einer Azidose um das 10fache ansteigen. In den Tubulus- und Sammelrohrzellen wird NH$_3$ hauptsächlich mithilfe des Enzyms Glutaminase aus Glutamin gebildet. NH$_3$ diffundiert durch die Lipidphase der luminalen Membran ins Lumen und verbindet sich dort mit H$^+$ zu NH$_4^+$ und wird, da nicht resorbierbar, ausgeschieden.

Der Niere kommt somit eine wichtige Funktion bei der Regulation des **Säure-Basen-Haushalts** zu. Bei Amphibien übernimmt die Haut und bei Fischen die Kiemen zum Teil oder ganz die Aufgabe der Säureexkretion. Bei den Säugetieren ist der Harn – je nach Ernährung – schwach sauer oder schwach alkalisch. Bei der Verbrennung von tierischer Kost entsteht ein Überschuss an sauren Stoffwechsendprodukten. Aus diesem Grund ist der Harn carnivorer Säuger schwach sauer. Herbivore Säuger haben aufgrund eines Überschusses an alkalischen Endprodukten einen schwach alkalischen Urin.

Harnbildung, Urinproduktion: Primärharnbildung durch Ultrafiltration oder Sekretion, Modifizierung zum Endharn durch Sekretion und Resorption.
Pulsierende Vakuole: Einfaches Osmoregulations- und Exkretionsorgan einiger Protozoen wie *Paramecium*.
Protonephridium: Bei Plathelminthen, Nemertinen, Cycloneuralia und den Larven von Mollusken, Anneliden, Echiuren und Tentaculaten. Primärharnbildung durch Ultrafiltration. Modifizierung durch Sekretion, durch Resorption Endharn hypoosmotisch.
Metanephridium: Bei Anneliden. Primärharnbildung durch Ultrafiltration. Modifizierung durch Sekretion, durch Resorption Endharn hypoosmotisch.

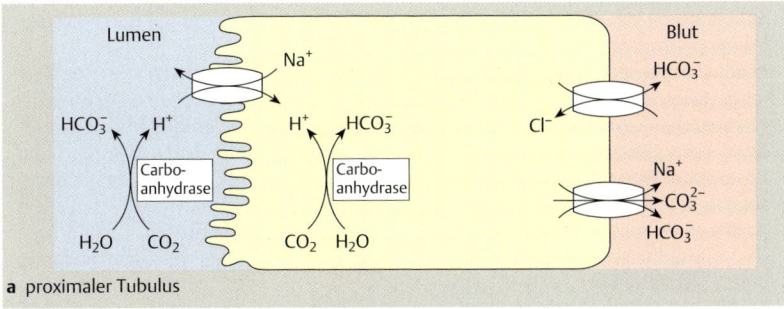

a proximaler Tubulus

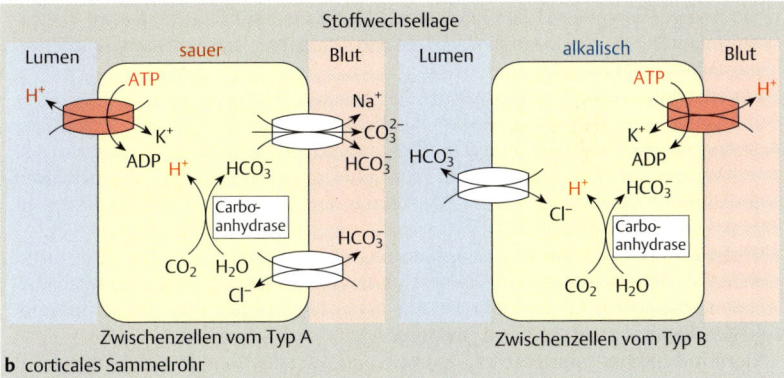

b corticales Sammelrohr

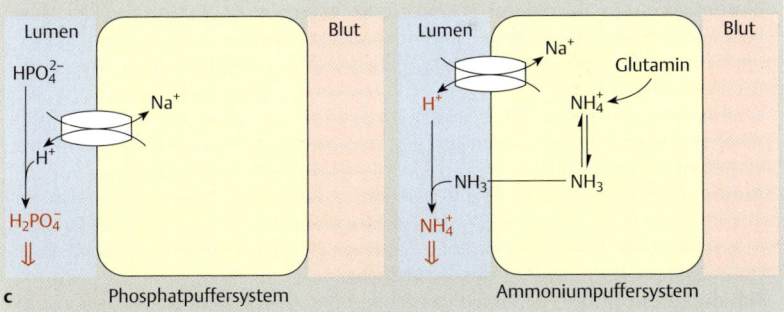

Abb. 14.19 H⁺-Regulation in der Niere. a Mechanismus der renalen H⁺-Sekretion. **b** Schaltzellen im corticalen Sammelrohr. Je nach Stoffwechsellage kann der K⁺-H⁺-ATPase in die luminale oder basolaterale Membran der Tubuluszellen eingebaut werden. Bei acidotischen Bedingungen werden so H⁺-Ionen ins Lumen und Bicarbonat ins Blut abgegeben. Bei alkalotischer Stoffwechsellage werden die H⁺-Ionen ins Blut und Bicarbonat ins Lumen abgegeben. **c** Phosphat-Puffer und Ammoniak/Ammonium-Puffer.

Sekretionsniere: Bei Hirudinea. Primärharnbildung durch Sekretion, durch Resorption Endharn hypoosmotisch.

Molluskenniere: Meist paarig. Primärharnbildung durch Ultrafiltration in den Perikardialraum (z. B. bei den Gastropoden *Haliotis*, *Viviparus*, *Lymnaea* und der Muschel *Anodonta*), in den Perikardialdrüsen (Cephalopoden) oder in den Nierensack (landlebende Lungenschnecken wie *Helix*, *Archatina*). Modifizierung durch Sekretion und Resorption. Hypoosmotischer Endharn bei Muscheln und Schnecken des Süßwassers, hyperosmotischer Harn durch Wasserresorption bei terrestrischen Schnecken.

Arthropodenniere: Je nach Lage: Maxillardrüsen, Antennendrüsen, Labialdrüsen und Coxaldrüsen, leiten sich von den Metanephridien ab, Primärharnbildung durch Ultrafiltration.

Malpighi-Gefäße: Schlauchförmige unverzweigte Darmausstülpungen, Primärharnbildung vorwiegend durch Sekretion, Cryptonephridiale Anordnung, Gegenstromanordnung von Malpighi-Gefäßen und Darm bei verschiedenen Schmetterlingslarven und Käfern.

Gegenstrom-Prinzip: Parallel zueinander liegende Leitungssyteme (z. B. Arterien und Venen) mit entgegengesetzten Flussrichtungen. Im Unterschied zu gleichlaufenden Austauschsystemen entsteht bei unterschiedlichen Ausgangswerten (z. B. Temperatur oder Elektrolytkonzentration) über die gesamte Länge des parallelen Verlaufes ein Gradient, sodass der Austausch über die gesamte Kontaktfläche erfolgt.

Wirbeltierniere: Funktionelle und anatomische Grundeinheit ist das Nephron: blind endendes Rohr bestehend aus Glomerulus, Bowman-Kapsel (bilden zusammen Malpighi-Körperchen), Tubulus. Je nach Lage in der Niere unterscheidet man juxtamedulläre Nephrone und corticale Nephrone.

Nierentubulus: Gliedert sich in proximalen und distalen Tubulus, bei Säugern und Vögeln liegt dazwischen die Henle-Schleife.

Blutgefäßsystem der Niere: Nierenarterie, afferente Arteriolen, Kapillarknäuel Bowman-Kapsel, efferente Arteriolen und Vasa recta. Zweites, venöses Pfortadersystem umspült Tubuli, bei Säugern zurückgebildet, efferente Arteriole bildet hier zweites Kapillarnetz.

Glomeruläre Filtration: Erster Schritt der Harnbildung: Primärharn. Glomeruläre Filtrationsrate (GFR) wird kontrolliert von Filtereigenschaften (Filtermembran) und effektivem Filtrationsdruck.

Autoregulation der Niere: Drei Regelkreise gewährleisten eine relativ konstante glomeruläre Filtrationsrate bei Blutdruckschwankungen im physiologischen Bereich: myogener Tonus, tubuloglomeruläres Feedback (TGF) und Renin-Angiotensin-Aldosteron-System. Unter Einfluss des Sympathikus.

Tubuläre Resorption: Aufnahme von Stoffen durch verschiedene Resorptionsmechanismen. Isoosmotische Resorption: Wasser und osmotisch aktive gelöste Teilchen werden zu gleichen Teilen resorbiert, ihr Verhältnis ändert sich nicht. Anisoosmotische Resorption: nur die osmotisch aktiven gelösten Teilchen werden resorbiert, Verhältnis zu Wasser ändert sich.

Renale Clearance: Bezieht sich jeweils auf einen bestimmten Stoff: Das Plasmavolumen, das durch die Nierentätigkeit in der Zeiteinheit (min) von diesem Stoff befreit wurde.

Urinkonzentrierungsmechanismus: Beruht auf Vorhandensein einer Henle-Schleife (bei Säugern und weniger ausgeprägt bei Vögeln). Anordnung von absteigendem Tubulussegment, Henle-Schleife, aufsteigendem Tubulussegment, Sammelrohr und Gefäßbündel Vasa recta als Gegenstromsysteme mit unterschiedlichen Transport- und Wasserpermeabilitätseigenschaften.
Schaltzellen: Zellen im corticalen Sammelrohr, die je nach Stoffwechsellage H^+ sezernieren oder aufnehmen.
Puffersysteme Niere: Bicarbonat-Puffer: durch Ansäuerung der tubulären Flüssigkeit wird filtriertes Bicarbonat zurückgewonnen. Phosphat-Puffer: bei Azidose, Ausscheidung von H^+ in Form von primärem Phosphat ($H_2PO_4^-$). Ammoniak/Ammonium-Puffer: hohe Kapazität bei Azidose, Ausscheidung von H^+ in Form von Ammonium (NH_4^+).

15 Hormone und endokrine Systeme

Gunvor Pohl-Apel

15.1 Die Rolle der Hormone und ihre Klassifikation

> Neben dem Nervensystem koordiniert das Hormonsystem das Zusammenwirken von verschiedenen Zelltypen in tierischen Organismen. Durch enge Verknüpfung von Nerven- und Hormonsystem werden die physiologischen Abläufe der Organe aufeinander abgestimmt. Hormone kontrollieren in geringen Mengen die Aktivität ihrer Zielorgane und -zellen. Nach ihrem Wirkort lassen sich **autokrine, parakrine, endokrine** und **neuroendokrine Signale** unterscheiden. Nach ihrer chemischen Eigenschaft gibt es **lipophile** und **hydrophile** Hormone. Es lassen sich **Neurohormone**, **Drüsenhormone** und **Gewebshormone** unterscheiden. Manche Hormone wirken artspezifisch. **Pheromone** werden an das Außenmedium angegeben und dienen der Kommunikation zwischen Individuen einer Art.

Für die koordinierte Zusammenarbeit verschiedener Zelltypen in tierischen Organismen ist neben dem Nervensystem ein zweites Informationsübertragungssystem vorhanden, das ausschließlich **chemische Botenstoffe**, die **Hormone**, zur Informationsübertragung benutzt. Neben dem Nervensystem reguliert das Hormonsystem die Aufrechterhaltung und Koordination von vielen physiologischen Funktionen eines Organismus. Während das Nervensystem unverzüglich auf Reize reagiert und mittels elektrischer Impulse für eine schnelle Informationsweitergabe sorgt, erfolgt die Informationsübermittlung über chemische Botenstoffe meist langsamer, dafür aber anhaltender. Dabei sind Nervensystem und humorales System eng miteinander verknüpft, und gerade dieses Zusammenspiel ermöglicht es, physiologische Abläufe verschiedener Organe optimal aufeinander abzustimmen. Als ursprünglichste Form der Stoffabsonderung muss die Neurosekretion angesehen werden, die im gesamten Tierreich vorkommt. Endokrine Drüsen finden sich bereits bei höheren Evertebraten (S. 51, Mollusca).

Nach ihrem **Wirkort** unterscheidet man folgende chemische Botenstoffe (Abb. 15.**1**):

- **Autokrine** Botenstoffe wirken auf dieselbe Zelle, in der sie synthetisiert wurden: entweder im Cytoplasma der Zelle oder durch Bindung an Oberflächenrezeptoren.
- **Parakrine** Botenstoffe diffundieren in den extrazellulären Raum des umgebenden Gewebes, interagieren mit den Rezeptoren benachbarter Zellen oder dringen in die Zellen ein.
- **Endokrine** Botenstoffe werden in den Kreislauf eingeschleust. Bei Wirbeltieren werden sie frei im Blut oder an Plasmaproteine gebunden zu den Zielzellen oder Zielorganen transportiert.

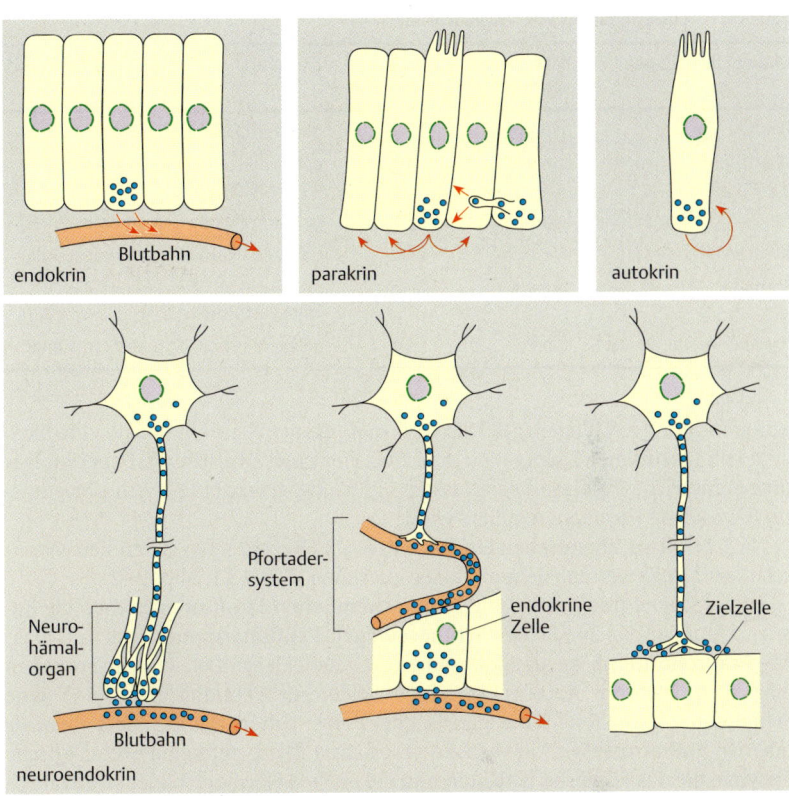

Abb. 15.**1 Wege der Informationsübertragung durch Botenstoffe.** Neuroendokrine Botenstoffe werden in einer neurosekretorischen Zelle gebildet, dort oder in einem Neurohämalorgan gespeichert und an die Blutbahn oder über das Axon direkt an die Zielzelle abgegeben. (Nach Penzlin, Spektrum Akademischer Verlag, 2005.)

– **Neuroendokrine** Botenstoffe werden vom Axon einer Nervenzelle in die Körperflüssigkeit abgegeben.

Nach der **klassischen Definition** sind Hormone körpereigene Wirkstoffe, die in Einzelzellen oder speziellen Organen gebildet und sezerniert werden. Sie werden vom Ort der Produktion über das Kreislaufsystem an entfernt liegende Zielzellen oder Organe transportiert. Diese klassische Definition des Hormons wurde inzwischen präzisiert: Hormone können auch durch Diffusion lokal begrenzt auf Nachbarzellen wirken und wie beschrieben auch als parakrines Signal wirken. Hormone lassen sich nicht immer von Neurotransmittern abgrenzen: Eine chemische Substanz kann sowohl als Hormon über den Kreislauf, als auch über eine Synapse auf die Zielstruktur wirken.

Tab. 15.1 Eigenschaften von WT-Hormonen.

Chemische Gruppe	Löslichkeitsverhalten	Halbwertszeit	Transport	Lage des Rezeptors
Peptide	hydrophil	kurz	gelöst im Plasma	membranständig
Aminosäurederivate	lipophil	lang	gebunden an Transportprotein	intrazellulär
	hydrophil	kurz	gelöst in Plasma	membranständig
Katecholamine	hydrophil	kurz	gelöst in Plasma	membranständig
Steroide	lipophil	lang	gebunden an Transportprotein	intrazellulär
Arachidonsäurederivate	lipophil	kurz	gelöst in Plasma	membranständig

Schon in geringen Mengen (10^{-6} bis 10^{-14} mol/l) kontrolliert ein Hormon die Aktivität von spezifischen Zielorganen bzw. Zielzellen eines Organismus. Dabei kann es unterschiedliche Prozesse beeinflussen, die häufig gleichzeitig durch antagonistisch wirkende Hormone reguliert werden.

Nach **Struktur, chemischen Eigenschaften** und **Rezeptortyp** lassen sich chemische Botenstoffe verschiedenen Klassen zuordnen (Tab. 15.**1**, Abb. 15.**2**).

Entsprechend ihrer unterschiedlichen **chemischen Struktur** entstehen die Botenstoffe auf **unterschiedlichen Synthesewegen**. **Peptidhormone** werden als inaktive **Präprohormone** von den Ribosomen am rauen ER synthetisiert. Sie enthalten eine oder mehrere Kopien eines oder mehrerer Peptidhormone und eine Signalsequenz. Im ER wird die Signalsequenz abgespalten. Das gebildete ebenfalls inaktive **Prähormon** wird in Vesikeln gespeichert. Diese enthalten proteolytische Enzyme, die das Prähormon spalten und die aktiven Hormone bilden. Durch Exocytose werden sie freigesetzt. Die Synthese der **Steroidhormone** geht vom Cholesterin oder Pregnenolon aus (*Biochemie, Zellbiologie* und *Botanik*). Die Bildung erfolgt im glatten ER oder in den Mitochondrien. Da sie nicht gespeichert werden können, werden Steroidhormone nach Bedarf gebildet. Die Biosynthese der **Katecholamine** (z. B. Adrenalin und Noradrenalin) geht von Phenylalanin, die Synthese von Prostaglandinen und Thromboxanen von **Arachidonsäure** aus.

Nach dem Transportmechanismus werden vier Hormontypen unterschieden:

Neurohormone (auch neurosekretorische Hormone) werden in Nervenzellen gebildet, die einen hohen Gehalt an rauem ER und viele Golgi-Stapel (Dictyosomen, *Biochemie, Zellbiologie*) aufweisen. Neurohormone werden über das Axon direkt in die Blutbahn abgegeben. Liegen die Axonendigungen gebündelt vor, werden sie als **Neurohämalorgan** bezeichnet. Neurohämalorgane, in denen die Neurohormone vorübergehend gespeichert werden, sind z. B. die Neurohypophyse und die Corpora cardiaca der Insekten (Abb. 15.**10**, Abb. 15.**15**).

Drüsenhormone (auch glanduläre Hormone) werden in verschiedenen Drüsentypen gebildet, die ihre Sekrete in den extrazellulären Raum abgeben. Von hier aus

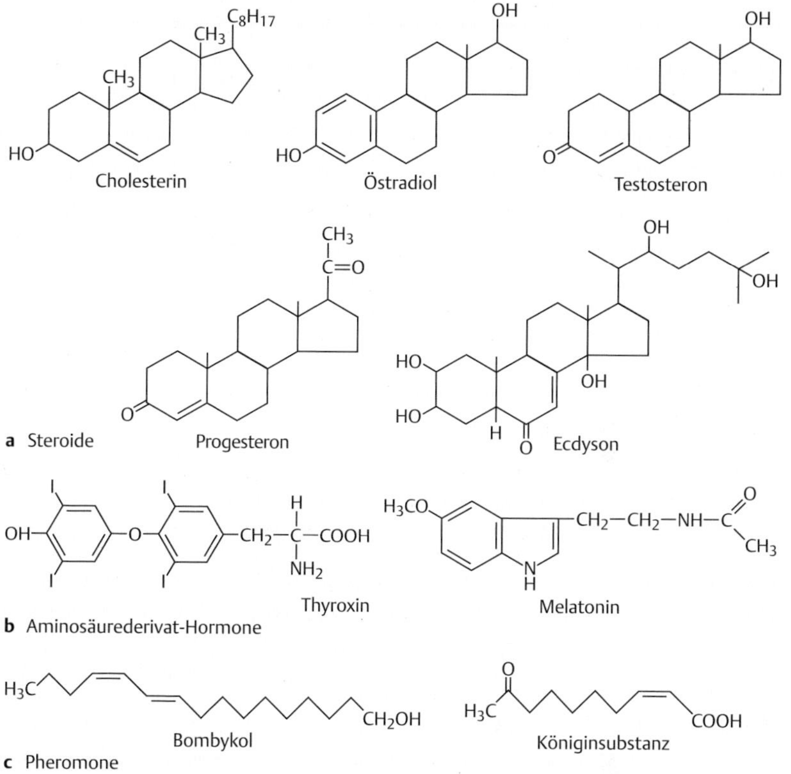

Abb. 15.2 Strukturformeln einiger wichtiger Hormone. a Steroide. **b** Aminosäurederivat-Hormone. **c** Pheromone.

gelangen sie in das Blutkreislaufsystem (**endokrine Signalübertragung**). Im typischen Fall besteht eine Hormondrüse aus epithelartig angeordneten Zellen, die mit Blutkapillaren in engen Kontakt treten. Das Hormon wird intrazellulär gespeichert. Eine Ausnahme bildet die Schilddrüse der Wirbeltiere, deren Sekretionsprodukt in einen extrazellulären Speicherraum, den Follikelraum, abgegeben wird.

Gewebshormone (auch aglanduläre Hormone) sind eine Gruppe von chemisch sehr vielfältigen Substanzen. Sie werden in vielen Geweben produziert, die für eine Hormonproduktion nicht charakteristisch sind (z. B. Niere, Plazenta, Herz, Teile des Verdauungstraktes, Haut und Fettzellen). Gewebshormone sind am Ort der Entstehung oder in nächster Nähe wirksam. Sie werden auch als Mediatoren bezeichnet. Zu dieser Gruppe von Hormonen gehören beispielsweise Serotonin, Histamin, Prostaglandine und Interferon.

Tab. 15.2 Beispiele für Hormoneffekte bei Wirbeltieren.

Effekte	Hormon	Wirkung auf Zielorgan
kinetisch	Adrenalin, Oxytocin Melatonin Gastrin, Sekretin	Kontraktion der Muskulatur, Pigmentierung bei Amphibien, Sekretion aus Drüsen
metabolisch	Thyroxin, Insulin, Glucagon Calcitonin, Parathormon, Mineralocorticosteroide	Regulation von Kohlenhydrat-, Protein-, Fettstoffwechsel, Regulation von Elektrolyt- und Wasserhaushalt
morphogenetisch	Thyroxin FSH, LH Androgene	Mauser, Fell-, Haarwechsel, Metamorphose (Amphibien), Gonadenreifung, Differenzierung der Gonaden, Entwicklung sekundärer Geschlechtsmerkmale
Verhalten	Östrogene, Androgene	Beeinflussung des Nervensystems

Pheromone sind Ektohormone (S. 917), die über das Umgebungsmedium eine Kommunikation zwischen Individuen einer Art ermöglichen.

Die **Effekte** von chemischen Signalstoffen auf die Zielgewebe sind vielfältig (Tab. 15.2): Zu den **kinetischen Effekten** gehören beispielsweise die Kontraktion und Dehnung der Muskulatur oder die Beeinflussung der Drüsensekretion. **Metabolische Effekte** beinhalten anabolische und katabolische Stoffwechselprozesse. Durch Hormone werden der Mineral- und Wasserhaushalt, der Kohlenhydrat-, Protein- und Fettstoffwechsel an die jeweils spezifischen Bedürfnisse des Organismus angepasst. Zu den **morphogenetischen Effekten** gehören beispielsweise die Differenzierung und Entwicklung der Gonaden sowie die Entwicklung der sekundären Geschlechtsmerkmale. Aggressions-, Fortpflanzungs- und Brutpflege-**Verhalten** werden in großem Ausmaß durch Hormone beeinflusst (S. 501).

Die chemischen Botenstoffe lassen sich nicht immer in einfacher Weise klassifizieren. Das Adrenalin ist als Hormon im Blut und auch als Neurotransmitter adrenerger Synapsen zu finden. Somatostatin ist ein Signalstoff, der auf verschiedenen Wegen die Zielzellen erreichen kann. Es gelangt aus dem Hypothalamus auf neuroendokrinem Weg in die Adenohypophyse, wo es die Bildung des Wachstumshormons regelt. Somatostatin wird aber auch im Pankreas gebildet, wo es auf parakrinem Weg die Freisetzung von Insulin reguliert. Das Schilddrüsenhormon Thyroxin besitzt eine wichtige Rolle bei der Regulation des Stoffwechsels, hat aber auch morphogenetische Wirkung.

Hormone fungieren z. T. artspezifisch. Ein Beispiel ist das Somatropin. Kurzwüchsigkeit beim Menschen lässt sich nur mit dem humanen Wachstumshormon Somatotropin behandeln. Insulin ist wirkungsspezifisch. Es wurde früher aus Pankreaszellen von Rindern oder Schweinen gewonnen und erfolgreich bei der Behandlung von Diabetes mellitus des Menschen eingesetzt.

Hormone: Körpereigene Stoffe, die in Einzelzellen oder Organen synthetisiert werden, wirken in geringen Mengen auf Zielzellen oder -organe. Fernwirkung durch Sekretion in den Blutkreislauf, lokale Wirkung durch Diffusion auf Nachbarzellen. Können auch als Neurotransmitter fungieren, nicht unbedingt artspezifisch wirksam.
Chemische Klassifizierung der Hormone: Aminosäurederivate, Arachidonsäurederivate, Katecholamine, Peptide und Proteine, Steroide.
Präprohormone: Große, inaktive Vorstufe der Peptidhormone, die eine oder mehrere Kopien eines oder mehrerer Hormone enthalten; werden am rauen ER synthetisiert.
Prähormon: Präprohormon ohne Signalsequenz, inaktive Vorstufe der Peptidhormone, die in Vesikeln gespeichert wird. Durch enzymatische Spaltung entstehen die aktiven Hormone.
Neurohormone: Bildung in Nervenzellen (Neurosekretion) und Abgabe über Axon an die Blutbahn.
Neurohämalorgan: Bündel aus Axonendigungen neurosekretorischer Zellen, dient der Hormonspeicherung und Freisetzung in die Blutbahn oder Hämolymphe.
Drüsenhormone: Bildung in verschiedenen Drüsentypen, Abgabe in den extrazellulären Raum.
Endokrine Übertragung: Abgabe von chemischen Botenstoffen in Körperflüssgkeit und Transport an Zielzelle. Speziell neuroendokrin: Freisetzung aus einer neurosekretorischen Zelle.
Gewebshormone: Bildung in für die Hormonproduktion nicht charakteristischen Geweben; Gruppe chemisch sehr verschiedener Substanzen, wirksam am Ort der Entstehung oder in nächster Nähe.
Hormoneffekte: Kinetisch: z. B. Beeinflussung der Drüsensekretion. Metabolisch: Beeinflussung von Stoffwechselprozessen. Morphogenetisch: Steuerung von Differenzierungsprozessen. Einfluss auf Verhalten.

15.2 Regulation der Hormonkonzentration

Die Hormonkonzentration wird über **Speicherung**, **Sekretion** oder den **Abbau** geregelt. Die Abgabe der Hormone erfolgt kontinuierlich, diskontinuierlich oder nach Bedarf. Nach der Synthese diffundieren Steroidhormone aufgrund ihrer lipophilen Eigenschaften sofort durch die Membran. Peptid- und Proteinhormone werden in Vesikeln gespeichert und durch Exocytose freigesetzt. Hormone der Schilddrüse können in extrazellulären Speichern über lange Zeit gelagert werden. Über positive oder negative Rückkopplungsprozesse wird die Konzentration geregelt.

Die **Regulation der Hormonkonzentration** kann über Sekretion, Speicherung und Transport oder durch Verbrauch beziehungsweise Abbau eines Hormons erfolgen. Die **Freisetzung** von Hormonen wird durch interne und externe Reize ausgelöst. Hierzu gehören die Konzentration bestimmter Stoffwechselprodukte, die Konzentration des Hormons selbst oder die anderer Hormone. Die Abgabe der Hormone er-

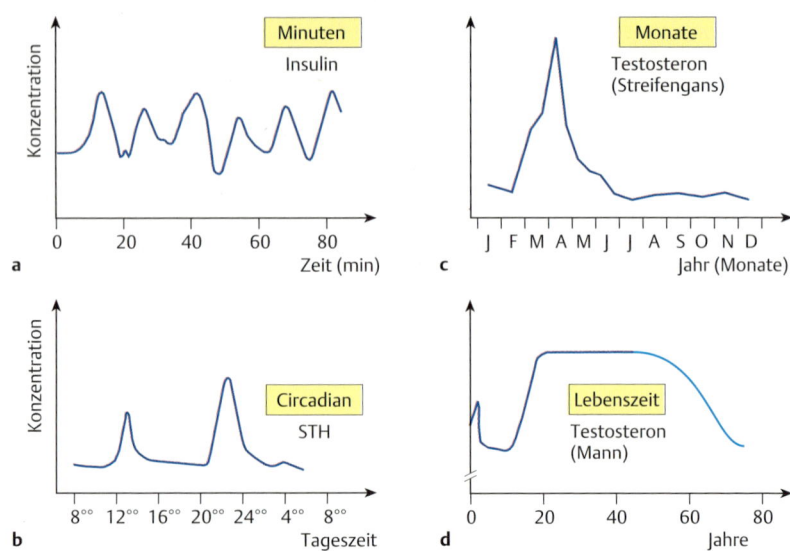

Abb. 15.3 **Schwankungen des Plasma-Hormonspiegels. a** Die Änderungen des Insulins liegen im Bereich von Minuten. **b** Der Spiegel des Wachstumshormons (STH) schwankt circadian. **c** Bei der Streifengans zeigt der Testosterontiter eine jahresperiodische Schwankung. Die länger werdenden Tage im Frühjahr induzieren Gonadenwachstum und einen ansteigenden Testosteronspiegel. **d** Der Testosterontiter eines Mannes ändert sich im Verlauf des Lebens.

folgt dabei **kontinuierlich** oder **diskontinuierlich** (Abb. 15.3). Bei der kontinuierlichen Hormonabgabe weist die Hormonkonzentration keine Schwankungen auf. Im Ruhezustand besteht ein Gleichgewicht zwischen Hormonfreisetzung und -abbau (z. B. Schilddrüsenhormone). Eine diskontinuierliche Hormonabgabe erfolgt pulsatil (z. B. Kortikotropin), im Tagesrhythmus (z. B. Glucocorticoide), im Monatsrhythmus (z. B. weibliche Sexualhormone) oder episodisch, d. h. unregelmäßig (z. B. Glucocorticoide).

Die **Verweildauer** von Hormonen in den synthetisierenden Zellen ist unterschiedlich. Steroide diffundieren aufgrund ihrer Fettlöslichkeit (Tab. 15.1) sofort nach ihrer Synthese durch die Zellmembran. Peptid- und Proteinhormone verbleiben bis zur Freisetzung in den hormonproduzierenden Zellen in granulärer Form in Vesikeln. Bei der Freisetzung fusionieren die Vesikel mit der Cytoplasmamembran und die Hormone werden durch Exocytose freigesetzt. Die Hormone der Schilddrüse werden in extrazelluläre Speicherräume abgegeben, wo sie über Monate gespeichert werden können.

Nach der Freisetzung liegen Hormone, z. B. Steroide, extrazellulär zum größten Teil an **Transportproteine** gebunden vor. Da nur das freie Hormon biologisch aktiv ist und das Hormon schnell vom Protein abdissoziieren kann, stellen diese Protein-

Hormon-Komplexe ein **Hormonreservoir** dar. Durch die Bindung an das Protein ist das Hormon außerdem vor enzymatischem Abbau und z. B. vor der Aufnahme in Leberzellen geschützt.

Am Wirkort beendet der **Abbau** oder die **Inaktivierung** von Hormonen die von ihnen ausgelöste zelluläre Antwort. Die **Halbwertszeit** von Hormonen kann wenige Minuten (z. B. Insulin), Stunden (z. B. Kortisol) bis Tage (z. B. Tyroxin) betragen. Die Halbwertszeit von Stickoxid (NO), einem intra- und interzellulärem Signalmolekül (S. 887, S. 443), liegt bei wenigen Sekunden. Der Abbau kann an den Zielzellen selbst erfolgen oder – bei Wirbeltieren – in Leber und Niere.

Hormonsynthese, -freisetzung und -abbau sind Bestandteile von **Regelkreisen**, die die Konzentration eines Hormons regeln. Dazu müssen in den hormonproduzierenden Zellen Mechanismen vorhanden sein, die die Hormonkonzentration oder andere Parameter, die mit dem betreffenden Hormon in Verbindung stehen, erfassen. Im Normalfall erfolgt die Regelung über einen **negativen Rückkopplungsprozess**. Dabei wirken die Konzentration des Hormons selbst oder eine physiologische Antwort eines Zielgewebes hemmend auf Synthese und Freisetzung des Hormons. Beispiel eines negativen Rückkopplungsmechanismus ist die Regulation der Schilddrüsenfunktion (Abb. 15.**4**). Bei einer **positiven Rückkopplung** löst ein Hor-

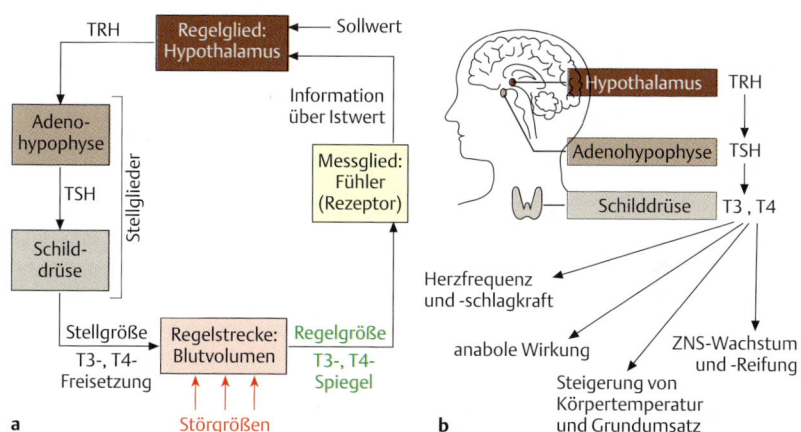

Abb. 15.**4 Regulation der Sekretion der Schilddrüse. a** Negativer Rückkopplungsmechanismus der Sekretion. Rezeptoren messen die Regelgröße (Hormonspiegel), die Information über den Ist-Wert wird an bestimmte Zellen im Hypothalamus weitergegeben. Der Hypothalamus fungiert als Regelglied, in ihm werden Soll- und Ist-Wert des T_3- und T_4-Spiegels verglichen. Liegt eine Abweichung vor, wird über die Stellglieder Adenohypophyse und Schilddrüse korrigierend auf die Regelgröße eingewirkt, bis Ist- und Soll-Wert wieder übereinstimmen. **b** Das von hypothalamischen Neuronen produzierte Thyreotropin-Releasing-Hormon (TRH) stimuliert die Ausschüttung des Thyreoidea-stimulierenden Hormons (TSH) in der Adenohypophyse. TSH bewirkt in der Schilddrüse Synthese und Ausschüttung der Schilddrüsenhormone Thyroxin (T_4) und Trijodthyronin (T_3). Beide Hormone regulieren Metabolismus und Entwicklung.

mon an der Zielzelle eine Reaktion aus, die die eigene Ausschüttung fördert. Bei Primaten bewirkt Östradiol während einer Phase im Menstruationszyklus die Freisetzung von Hormonen der Adenohypophyse, die ihrerseits die Östradiolbildung im Ovar stimulieren (S. 903).

Bekannt ist auch die entgegengesetzte Wirkung von Hormonen, bei der die Regulation eines Hormons durch einen **Antagonisten** erfolgt. So senkt Insulin den Blutzuckerspiegel, während Glucagon ihn anhebt.

> **Hormonfreisetzung:** Erfolgt aufgrund interner und externer Reize; kontinuierlich, mit geringen Konzentrationsschwankungen, pulsatil oder episodisch.
> **Regulation der Hormonkonzentration:** Negative Rückkopplung, z. B. Schilddrüsenhormone. Positive Rückkopplung, z. B. Östradiol über Adenohypophysenhormone.

15.3 Molekulare Wirkungsmechanismen

> Hormone wirken auf Zellen, die entsprechende **Rezeptoren** haben. Die Rezeptoren liegen in der Membran, im Cytoplasma oder im Zellkern. Nach der Bindung durch ein Hormon erfolgt die **Signaltransduktion** mit einer **Signalverstärkung**. Membranständige Rezeptoren können an G-Proteine gekoppelt sein, die über cAMP oder über IP$_3$ und DAG als Second Messenger wirken. Zu den membranständigen katalytischen Rezeptoren gehören die Rezeptor-Tyrosinkinase, die Rezeptor-Serin-/Threoninkinasen und die Rezeptor-Guanylat-Cyclasen. Zu den Rezeptor-Tyrosinkinasen gehört auch der Insulinrezeptor.

Ein und derselbe chemische Signalstoff kann unterschiedliche Reaktionen hervorrufen, da die **Wirkungsspezifität** eines Hormons trotz seiner typischen molekularen Struktur **nicht festgelegt** ist. Die spezifische Wirkung resultiert dadurch, dass ein Hormon nur auf solche Zielzellen einwirkt, die entsprechende **Hormonrezeptoren** aufweisen.

Rezeptoren sind in der Zellmembran, im Cytoplasma oder im Zellkern lokalisiert. Das Vorhandensein und die Aktivität der Rezeptoren kann entwicklungs- und altersabhängig sein. Als sekundäre Geschlechtsmerkmale haben beispielsweise männliche Moschusenten rote Hautwarzen an der Schnabelbasis und im Gesicht. Bei älteren Männchen bilden sich diese unter dem Einfluss von Testosteron aus. Bei Küken lässt sich auch durch hohe Testosterongaben keine Ausbildung der Warzen induzieren. Man muss also annehmen, dass bei Küken die Rezeptoren noch nicht ausgebildet sind.

Bindet ein Hormonmolekül an einen Rezeptor, ändert sich dessen Konformation (*Biochemie, Zellbiologie*). Als Folge wird die Information weitergeleitet (**Signaltransduktion**) und es werden weitere intrazelluläre Reaktionen ausgelöst:

Der Rezeptor aktiviert eine Substanz A, die ihrerseits Substanz B aktiviert usw. Abhängig von der Zelle und dem Rezeptortyp werden unterschiedliche Signaltransduktionswege in Gang gesetzt. Bei jedem Schritt dieser **Reaktionskaskade** erfolgt eine Verstärkung des ursprünglichen Hormonsignals (**Amplifikation**). Es kommt zu einer schnellen, kurzfristigen Antwort über Effektorproteine.

Da die spezifische Wirkung eines Hormons durch die Rezeptoren gewährleistet ist, können Hormone gleiche Second-Messenger-Systeme nutzen.

15.3.1 Membranständige Rezeptoren

Bindung an **membranständige Rezeptoren** (Tab. 15.**1**) erfolgt vorwiegend durch **hydrophile Hormone**, eine Ausnahme bilden die lipophilen Prostaglandine. Durch die Bindung des Hormons an den extrazellulären (N-terminalen) Teil des Rezeptors findet eine Konformationsänderung des transmembranen Rezeptors statt, die Signalwirkung ins Cytoplasma hat. Das Hormon, das außerhalb der Zelle bleibt, stellt bei diesem Signalübertragungsweg den **First Messenger** dar, den ersten Boten(stoff).

G-Protein-gekoppelte Rezeptoren stellen eine große Familie membrandurchspannender Rezeptoren dar. In ihrem Aufbau sind sie alle ähnlich. Die Rezeptoren sind mit intrazellulären G-Proteinen verbunden (*Biochemie, Zellbiologie, Genetik*). Über 100 verschiedene G-Protein-gekoppelte Rezeptoren sind bekannt. Sie kommen bei Wirbellosen und Wirbeltieren und auch bei Pilzen und Pflanzen vor.

Die wichtigsten Effektoren der G-Proteine sind: 3´,5´-cyklisches AMP (cAMP), Inositol-1,4,5-triphosphat (IP_3) bzw. Diacylglycerin (DAG) sowie 3´,5´-cyklisches GMP (cGMP) und Ca^{2+} (Abb. 15.**5**).

Adrenalin, Glucagon und weitere Peptidhormone binden an G-Protein-gekoppelte Rezeptoren, die einen cAMP-Anstieg bewirken. Somatostatin oder beispielsweise β-Endorphin wirken über eine cAMP-Senkung. TRH oder Gn-RH (Gonadotropin Releasing Hormone) (Abb. 15.**6**) agieren über DAG, das in der Membran verbleibt und die membranständige **Proteinkinase C** aktiviert, die daraufhin weitere Effektorproteine an ihren Serin- bzw. Threoninresten phosphoryliert. DAG wird durch die **Diacyglycerin-Lipase** zu Arachidonsäure gespalten, die dann zu **Eikosanoiden** (z. B. Prostaglandinen, *Genetik*) metabolisiert wird. Die wasserlöslichen Eikosanoide werden aus der Zelle ausgeschleust und wirken dann an der Zielzelle über G-Protein-gekoppelte Rezeptoren.

Bei **ionotropen Rezeptoren**, zu denen manche Ionenkanal-Rezeptoren, z. B. der Acetylcholin-Rezeptor, gehören, wird durch die Konformationsänderung eines Liganden direkt ein Ionenkanal geöffnet, der den Ein- oder Ausstrom bestimmter Ionen ermöglicht (S. 417). Wie oben erwähnt, erhöht sich beispielsweise nach Bindung von IP_3 an den IP_3-Rezeptor die Permeabilität der ER-Membran für Ca^{2+}-Ionen, die aufgrund des Konzentrationsgefälles in das Cytoplasma einströmen.

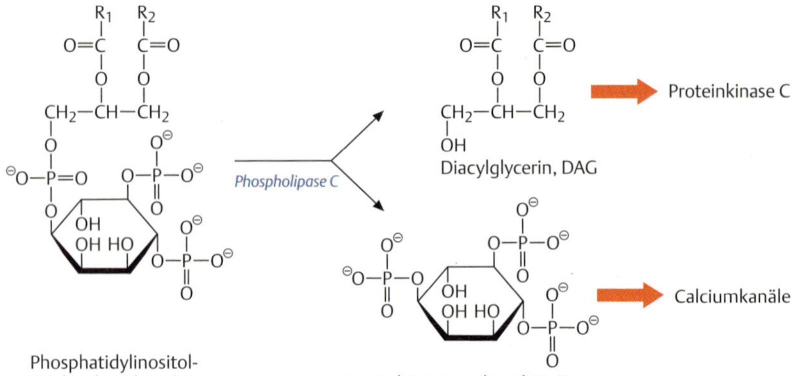

a Phosphatidylinositol-4,5-bisphosphat, PiP_2

Inositol-1,4,5-triphosphat, IP_3

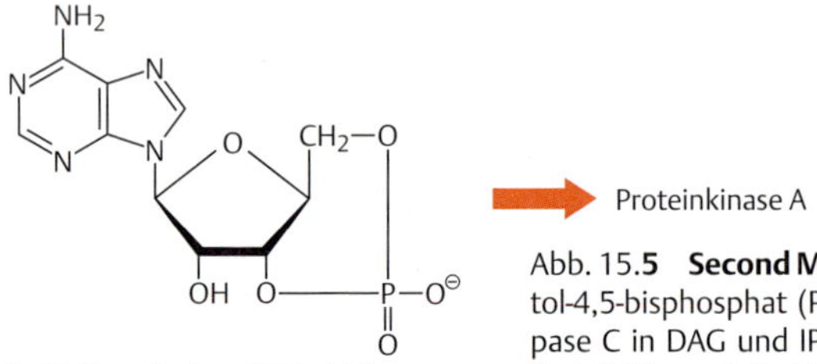

b 3‘,5‘-cyclisches AMP, cAMP

Abb. 15.**5** **Second Messenger. a** Phosphatidylinositol-4,5-bisphosphat (PIP_2) wird durch die Phospholipase C in DAG und IP_3 gespalten. DAG aktiviert die Proteinkinase C, IP_3 bindet an Ca^{2+}-Kanäle. **b** Die Adenylatcyclase bewirkt die Bildung von cAMP aus ATP. cAMP aktiviert verschiedene Zielproteine, darunter die Proteinkinase A. Abhängig vom Zelltyp wirkt diese auf verschiedene Enzyme oder Substrate ein.

Die **membranständigen katalytischen Rezeptoren** (📖*Biochemie, Zellbiologie*) besitzen eine extrazelluläre Ligandenbindungsdomäne und an der Zellinnenseite eine Domäne mit einer Enzymaktivität. Durch Bindung eines Liganden an die extrazelluläre Domäne verändert der Rezeptor seine Form, sodass die katalytisch wirkende Domäne aktiviert ist. Bei der Weiterleitung des Signals spielen Proteinkinasen eine große Rolle, die aufgrund ihrer spezifische Enzymaktivität **Phosphorylierungskaskaden** in Gang setzen. Die Übertragung des Phosphatrestes von ATP ist nur an den Stellen des zu aktivierenden Enzyms möglich, an denen Aminosäuren mit Hydroxylgruppen stehen, also Tyrosin, Serin oder Threonin. Bei Wirbeltieren lassen sich drei Typen von membranständigen katalytischen Rezeptoren unterscheiden: Rezeptor-Tyrosinkinasen, Rezeptor-Serin-/Threoninkinasen und Rezeptor-Guanylatcyclasen.

Eine wichtige Rolle spielen die **Rezeptor-Tyrosinkinasen** (Abb. 15.**7**). Im unbeladenen Zustand liegen sie als Monomer vor, nach Bindung von Liganden als Dimere. Die intrazellulären Domänen der beiden Kinasen phosphorylieren sich gegenseitig

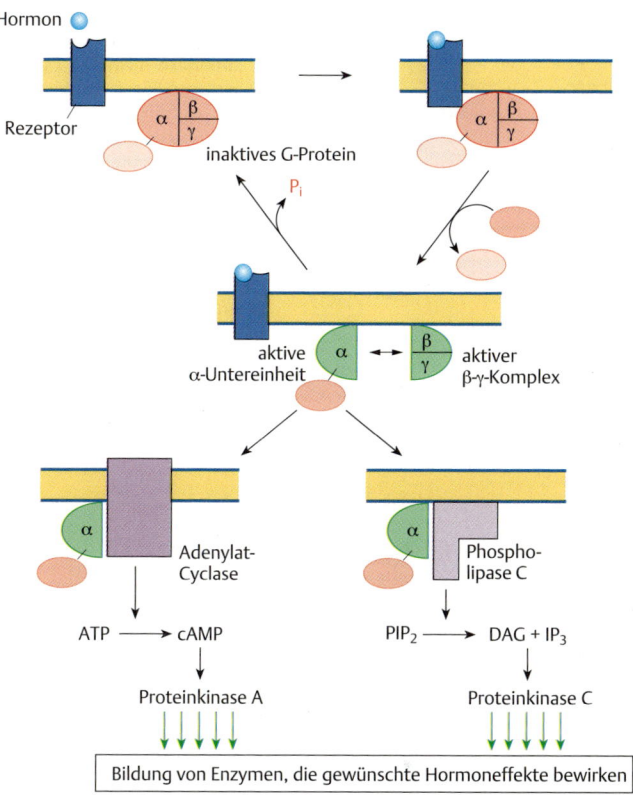

Abb. 15.**6** **G-Protein-gekoppelte Rezeptoren.** Nach Bindung des Hormons wird der Rezeptor aktiviert und bindet an die α-Untereinheit eines inaktiven, trimeren G-Proteins. Im nächsten Schritt wird an die α-Untereinheit gebundenes GDP gegen GTP ausgetauscht und das G-Protein zerfällt in den aktiven α-Komplex und in den β,γ-Komplex. Die aktive α-Untereinheit stimuliert entweder die Adenylatcyclase, die ATP zu cAMP umwandelt. cAMP aktiviert die Proteinkinase A, die weitere Enzyme aktiviert. Oder die α-Untereinheit bindet an die Phospholipase C, die ihrerseits IP$_3$ und DAG freisetzt. IP$_3$ bindet an Ca^{2+}-Kanäle in der ER-Membran und setzt Ca^{2+} frei. Ca^{2+} wirkt als weiterer Botenstoff und aktiviert zusammen mit DAG die Proteinkinase C, die wiederum weitere Enzyme aktiviert.

(**Autophosphorylierung**). Die phosphorylierten Domänen wiederum aktivieren Proteinkinasen, die das Signal auf ein **Ras-Protein** übertragen. Im inaktiven Zustand ist das Ras-Protein, das zu den G-Proteinen gehört (s. o.), an GDP und im aktiven an GTP gebunden. Aktivierte Ras-Proteine setzen eine Phosphorylierungskaskade in Gang, die das Signal in die Zelle weiterträgt. Der Insulinrezeptor ist die bekannteste Rezeptor-Tyrosinkinase.

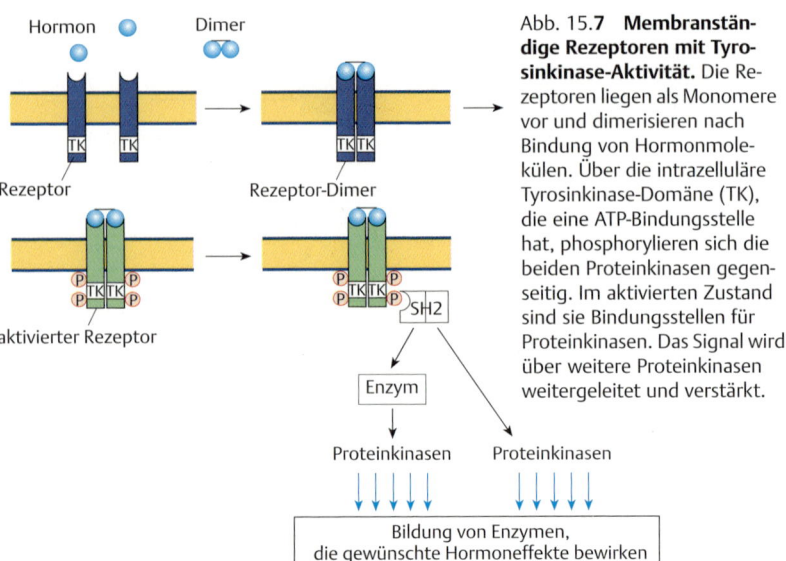

Abb. 15.7 Membranständige Rezeptoren mit Tyrosinkinase-Aktivität. Die Rezeptoren liegen als Monomere vor und dimerisieren nach Bindung von Hormonmolekülen. Über die intrazelluläre Tyrosinkinase-Domäne (TK), die eine ATP-Bindungsstelle hat, phosphorylieren sich die beiden Proteinkinasen gegenseitig. Im aktivierten Zustand sind sie Bindungsstellen für Proteinkinasen. Das Signal wird über weitere Proteinkinasen weitergeleitet und verstärkt.

Der **Insulinrezeptor** zeigt einige Besonderheiten. Schon in unbeladenem Zustand liegt dieser Rezeptor als **Dimer** vor. Der Rezeptor besteht aus zwei α-Ketten, die außerhalb der Zellmembran liegen, und zwei die Membran durchziehende β-Ketten. Die β-Ketten besitzen eine Bindungsstelle für ATP und eine Tyrosinkinase-Aktivität. Nach der Bindung eines Insulinmoleküls an die α-Ketten, werden die Tyrosinreste der Kinase phosphoryliert. Der aktivierte Rezeptor aktiviert ein Übertragerprotein, das IRS-1 (Insulin-Rezeptor-Substrat-1). Dieses Protein enthält zahlreiche potentielle Tyrosin- und Serin-Threoninreste, die phosphoryliert werden können, sowie Bindungsstellen für SH$_2$-Domänen und andere Proteine. IRS-1 stellt die Weiche dar, über die Verzweigungen der Signalwege möglich werden: Über die Aktivierung der cAMP-spezifischen Phosphodiesterase (PDE) kommt es zu einer Senkung des cAMP-Spiegels. Ein weiterer Weg führt über Kopplungsproteine zum G-Protein RAS, das wiederum die Mitogen-aktivierte Phosphorylase-Kinase (MAP) aktiviert, die in den Zellkern gelangt und dort Gene aktiviert. Es kann zu einer schnellen Glucoseaufnahme kommen, zu langfristigen Umstellungen des Stoffwechsels oder zu mitogenen Effekten.

Bindet ein Ligand an eine **Rezeptor-Serin-/Threoninkinase**, wird die intrazelluläre Serin/Threonin-Domäne aktiviert. Diese phosphoryliert andere Proteine an Serin/Threoninresten und so werden Phosphorylierungskaskaden in Gang gesetzt. Das Peptidhormon Inhibin (S. 902) bindet an diesen Rezeptortyp. Außerdem spielen diese membranständigen katalytischen Rezeptoren eine Rolle bei Wachstums- und Entwicklungsprozessen von Wirbeltieren.

Die **Rezeptor-Guanylatcyclasen** produzieren in ihrer aktiven Form cGMP (*Genetik*), das an cGMP-abhängige Proteinkinasen bindet und diese aktiviert. Die aktivierte Proteinkinase phosphoryliert Proteine an ihren Tyrosin- oder Threoninresten. Diese aktivieren dann weitere Proteine. Bei Wirbeltieren gut untersucht sind die Rezeptoren für die atrialen natriuretischen Peptide (ANP) in den Herzmuskelzellen.

In vielen Zellen kommt neben der membrangebundenen Guanylatcyclase eine weitere, lösliche vor. Dieses Enzym wird durch **Stickoxid (NO)** aktiviert. Erst in der jüngsten Zeit hat man herausgefunden, das NO ein intra- und interzelluläres Signalmolekül ist.

> Seit mehr als hundert Jahren wird **Nitroglycerin**, aus dem im Körper **NO** freigesetzt wird, zur Therapie bei **Herzinfarkt** und **Herzkranzgefäßverengung** eingesetzt. Bis vor kurzem war der genaue Wirkmechanismus von NO nicht bekannt. Inzwischen wissen wir, dass NO als körpereigenes Molekül eine Rolle in vielen regulatorischen Prozessen spielt. NO wird in Endothelzellen durch die NO-Synthase aus Arginin und molekularem Sauerstoff gebildet. NO entfaltet parakrine Wirkung indem es durch Membranen diffundiert. Der wichtigste Rezeptor von NO ist die NO-sensitive Guanylatcyclase, die GTP in cGMP umwandelt. cGMP wirkt als Second Messenger und aktiviert die Proteinkinase C. Diese bewirkt eine Absenkung der Ca^{2+}-Konzentration und als Folge kommt es zu einer Erweiterung der Blutgefäße. Phosphodiesterasen (PDE) regeln über den Abbau von cGMP Dauer und Intensität der Wirkung des cGMP-Spiegels. Bislang sind 11 Familien der PDE bekannt, die unterschiedliche Funktionen in den Geweben haben.
> Im Herzen und in den Bronchien sorgt eine kontinuierliche Bildung von NO für eine Weitung der Blutgefäße. Auch in anderen Gewebe hat NO wichtige Funktionen. Im Nervensystem dient es als Transmitter, im Darm beeinflusst es die Ringmuskulatur. Im Penis bewirkt NO das Anschwellen der Schwellkörper. Der Wirkstoff Sildenalfil wurde ursprünglich zur Behandlung von Angina Pectoris entwickelt. Unter dem Handelsnamen Viagra wird er zur oralen Therapie von Erektionsstörungen verwendet. Sildenalfil ist ein Inhibitor der PDE5 und bewirkt so eine Verlängerung der physiologischen Wirkung des Signalmoleküls cGMP. ◄

15.3.2 Hormonwirkung über intrazelluläre Rezeptoren

Lipophile Hormone binden an **intrazelluläre Rezeptoren** im Cytoplasma (cytosolisch) oder im Zellkern.

Steroide und **Thyroxin** gelangen durch Diffusion, erleichterte Diffusion oder aktiven Transport durch die Membran in die Zellen. Im Cytosol oder im Zellkern befinden sich dimere Rezeptoren aus der Familie der NHRs (nuclear hormone receptors), die prinzipiell einen ähnlichen Aufbau haben (*Genetik*) und selbst als Transkriptionsfaktoren wirken. Sie bestehen aus drei Domänen: Ligandenbindungsdomäne (C-Domäne), Cys4-Zink-Finger-DNA-Bindungsdomäne und der Transaktivierungsdomäne (N-terminales Ende).

Liegt der Rezeptor im Cytosol, wird durch Hormonbindung an der C-Domäne eine Kernlokalisationssequenz frei und der Hormon-Rezeptorkomplex gelangt in den Zellkern. Bindet ein Hormon gleich an einen im Kern befindlichen Rezeptor, wie es für Östrogene, Gestagene und Thyroxin gezeigt ist, kann der Hormon-Rezeptorkomplex direkt an die DNA binden. Die Hormon-Rezeptorkomplexe binden

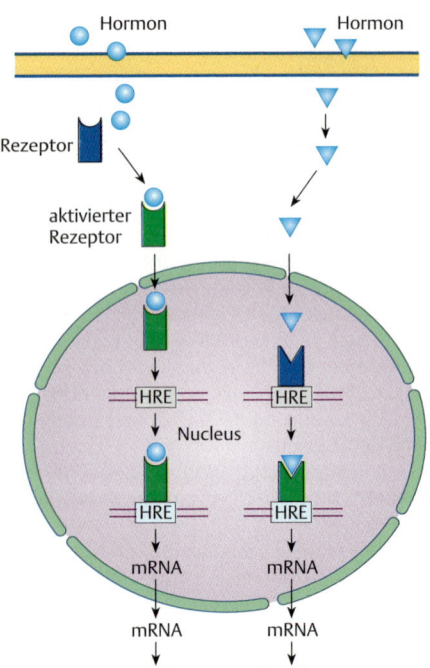

Abb. 15.**8 Hormonwirkung über intrazelluläre Rezeptoren.**

an spezifische Stellen der DNA, die sogenannten *hormone response elements* (**HREs**) (*Genetik*). Die Transkription des Gens wird über die Transaktivierungsdomäne reguliert. So wird die Bildung von Proteinen aktiviert oder inhibiert (Abb. 15.**8**). Entsprechende HRE-Sequenzen kommen in vielen sehr unterschiedlichen Genen vor, was die multiplen Wirkungen einiger Hormone, z. B. von Cortisol, erklärt (s. u.).

Der Rezeptor der Schilddrüsenhormone ist bei Abwesenheit von Thyroxin an die hormonresponsiblen DNA-Abschnitte gebunden, sodass die Transkription reprimiert ist. Nach Bindung von Thyroxin resultiert ein Hormon-Rezeptorkomplex und die Transkription wird aktiviert.

Bei den **Arthropoden** regulieren **Ecdysteroide** Entwicklung und Fortpflanzung. Der Rezeptor ist ein Heteromer aus EcR (Ecdysteroid-Rezeptor) und ultraspiracle Protein (USP), die jeweils den typischen Domänenaufbau der nucleären Hormonrezeptoren besitzen. Ecdysteroide (S. 913) binden an die Ligandenbindungsstelle der EcR-Untereinheit, der Rezepor wird aktiviert und bindet als Heterodimer mit der DNA-Bindungsdomäne an die Ecdysone Response Elements (ECREs) in den Promotoren der Ecdyson-responsiblen Gene. Auch USP besitzt eine Ligandenbindungsstelle, doch der Ligand ist noch nicht bekannt. Es gibt Hinweise, dass es sich um das Juvenilhormon (S. 914) handeln könnte.

> **Hormonrezeptoren:** Spezifische Proteine in Zellmembran, Cytoplasma oder Zellkern. Bindung zwischen Hormon und Rezeptor ist reversibel. Hormonrezeptoren bedingen die spezifische Hormonwirkung.
> **Signaltransduktion:** Weiterleitung der Information und Auslösung einer intrazellulären Reaktion.
> **Amplifikation:** Durch Weiterleitung des Signals über mehrere Second Messenger (Reaktionskaskade) wird das ursprüngliche Signal verstärkt.
> **Membranständige G-Protein-gekoppelte Hormonrezeptoren:** Bindung des meist hydrophilen Hormons bewirkt Konformationsänderung, Umwandlung des Signals durch G-Proteine.
> **G-Proteine:** Binden GTP und GDP, bestehen aus drei Untereinheiten (α, β, γ), fungieren als Überträger zwischen membranständigem Rezeptor und membranständigem Effektorenzym über α-Untereinheit. Wichtigste Effektoren sind Adenylat- und Guanylatcyclase sowie Phospholipase C.
> **Membranständige katalytische Rezeptoren:** Haben extrazellulär eine Ligandenbindungsdomäne und intrazellulär eine Domäne mit Enzymaktivität. Man unterscheidet die Rezeptor-Tyrosinkinasen, die Rezeptor-Serin-/Threoninkinasen und die Rezeptor-Guanylatcyclasen.
> **Intrazelluläre Hormonrezeptoren:** Befinden sich im Cytoplasma oder im Zellkern, die Wirkung beruht auf der Änderung der Genaktivität durch Bindung an HRE-Elemente.
> **HRE (*hormone response elements*):** Sequenzspezifische DNA-Regionen, an die der Hormon-Rezeptorkomplex bindet.

15.4 Hormonsysteme bei Wirbeltieren

> Das Hormonsystem der Wirbeltiere ist hierarchisch gegliedert. Die Koordination erfolgt über das **Hypothalamus-Hypophysen-System**. Dieser Komplex regelt die Synthese und Freisetzung der Hormone der **untergeordneten Hormondrüsen**. Dies sind Zirbeldrüse, Schilddrüse, Nebenschilddrüse, Ultimobranchialkörper, Thymus, Bauchspeicheldrüse, Nebennierenmark und Nebennierenrinde sowie die Gonaden. Neben Drüsenhormonen spielen bei Wirbeltieren auch **Gewebshormone**, die in unterschiedlichen Geweben wie Herz oder Darm synthetisiert werden, eine wichtige Rolle.

Bei den Wirbeltieren ist das Hormonsystem hierarchisch gegliedert (Abb. 15.**9**). Über das Hypothalamus-Hypophysen-System erfolgt die Koordination von Nerven- und Hormonsystem. Übergeordnete Drüsen regulieren die Synthese und Freisetzung von Hormonen untergeordneter Drüsen, deren Produkte häufig wieder auf die übergeordneten Strukturen zurückwirken.

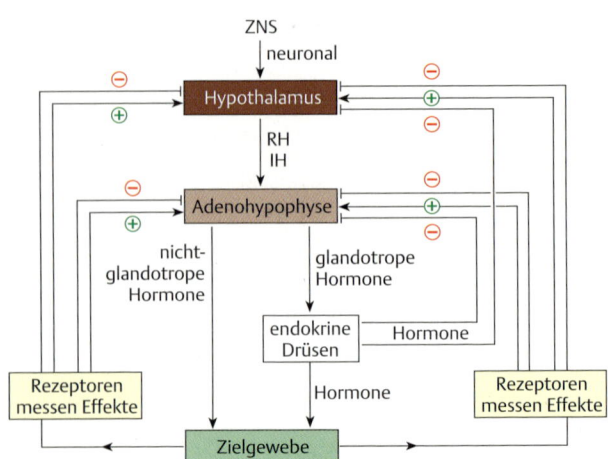

Abb. 15.9 Das hierarchische Schema des Hormonsystems. Das ZNS bewirkt über nervöse Steuerung die Freisetzung von Releasing-Hormonen (RH) und Inhibiting-Hormonen (IH) im Hypothalamus. Diese setzen in der Adenohypophyse entweder glandotrope Hormone frei, die periphere Hormondrüsen ansteuern, oder nichtglandotrope Hormone, die direkt auf das Zielgewebe wirken. Von den Drüsen oder Geweben erfolgt über Rezeptoren eine positive (+) oder negative (−) Rückkopplung auf das hypothalamo-hypophysäre System.

15.4.1 Übergeordnetes Drüsensystem

Die Schlüsselstellung nimmt das **Hypothalamus-Hypophysen-System** oder **hypothalamo-hypophysäre System** ein. Als **Hypothalamus** wird der basale Teil des Diencephalons bezeichnet. Der Hypothalamus ist bei der Regulation vieler Körperfunktionen von Bedeutung. So werden über spezialisierte Rezeptoren Körperfunktionen wie Wasserhaushalt oder Körpertemperatur, beim Menschen z. B. auch die Entwicklung von Emotionen (S. 493) kontrolliert. Zahlreiche Nervenfasern aus verschiedenen Gehirnteilen ziehen in den Hypothalamus, und er kann als Bindeglied für die Umwandlung von neuronalen in hormonale Signale angesehen werden. Entsprechend sind hier mehrere Kerngebiete mit neurosekretorischen Zellen lokalisiert (Abb. 15.**10**).

Die **Hypophyse** (Hirnanhangsdrüse) ist eine Ausstülpung des Diencephalons und mit dem Hypothalamus über den Hypophysenstiel verbunden. Hypothalamus und Hypophyse bilden eine Funktionseinheit. Die Hypophyse besteht aus der Neuro- und der Adenohypophyse. Die **Neurohypophyse**, der Hypophysenhinterlappen (HHL), ist entwicklungsgeschichtlich aus dem Diencephalon (neuroektodermal) entstanden. Sie fungiert als Neurohämalorgan. Die **Adenohypophyse** ist epithelialen Ursprungs (ektodermal), denn sie ist aus der Rathke-Tasche (Ausstülpung des Gaumendaches) hervorgegangen. Die Adenohypophyse, auch als Hypophysenvorderlappen (HVL) bezeichnet, setzt sich zusammen aus dem eigentlichen Hypo-

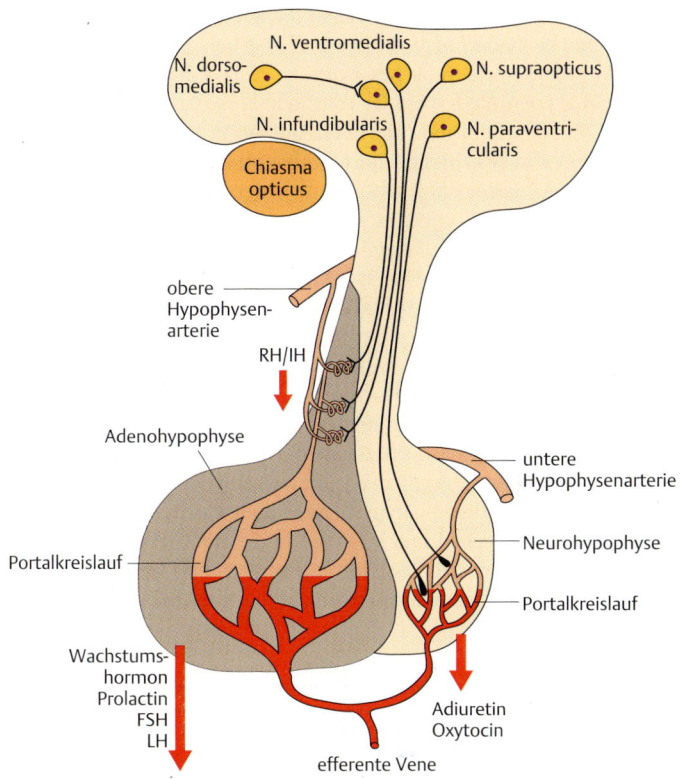

Abb. 15.10 Sagittalschnitt des Hypothalamus-Hypophysen-Systems beim Menschen.
Im Nucleus supraopticus und im Ncl. paraventricularis des Hypothalamus werden die Effektorproteine Oxytocin und Adiuretin gebildet, die über Axone in die Neurohypophyse gelangen, wo sie gespeichert und in die Blutbahn abgegeben werden. Ncl. dorsomedialis, Ncl. infundibularis und Ncl. ventromedialis sind die Bildungsorte für RHs und IHs, die über den hypophysären Portalkreislauf in die Adenohypophyse gelangen. In der Adenohypophyse werden die glandotropen Hormone FSH, LH, TSH, ACTH und die direkt peripher wirkenden Hormone Prolactin und Wachstumshormon gebildet.

physenvorderlappen (Pars distalis), dem Trichterlappen (Pars tuberalis) und dem Mittellappen (Pars intermedia), der beim Menschen nicht bedeutsam ist. Sie ist eine endokrine Drüse im eigentlichen Sinn, deren Hormonausschüttung durch die Releasing- und Inhibiting-Hormone des Hypothalamus reguliert wird (s. u.).

Gut abgegrenzte Kerngebiete des Hypothalamus sind der **Nucleus supraopticus** und der **Nucleus paraventricularis**, deren neurosekretorische Axone als Tractus hypothalamo-hypophyseus in die <u>Neurohypophyse</u> ziehen. Beide Kerngebiete sind die Bildungsstätten der Neurohormone Adiuretin und Oxytocin. Diese beiden Hormone werden in der Neurohypophyse, die im eigentlichen Sinn ein Neurohämalorgan ist, gespeichert und bei Bedarf in die Blutbahn abgegeben. Deshalb werden die Hormone **Adiuretin** (auch antidiuretisches Hormon, ADH, oder Vasopressin genannt) und **Oxytocin** als neurohypophysäre Hormone bezeichnet. Die Hauptwirkung des Adiuretins (ein Peptidhormon aus neun Aminosäuren) ist die Regulation des osmotischen Drucks und des Flüssigkeitsvolumens im Körper. Bei Flüssigkeitsmangel wird durch Steigerung der Wasserresorption in den Nierentubuli der osmotische Druck gesenkt. Außerdem wirkt es gefäßverengend und hat damit blutdrucksteigernde Wirkung. Oxytocin ist ebenfalls ein Peptidhormon aus neun Aminosäuren. Es bewirkt während des Geburtsvorganges die Uteruskontraktion und stimuliert während der Stillperiode die Muskulatur der Milchdrüsen in der Brust, Milch auszupressen.

Einige Kerngebiete des Hypothalamus werden als **hypophyseotrope Areale** bezeichnet, da in ihnen **hypophyseotrope Hormone** gebildet werden. Die Sekretion dieser Hormone wird durch ein Feedback mit Hormonen untergeordneter Drüsen und durch Außenfaktoren beeinflusst. Die Axone der neurosekretorischen Zellen enden in der **Eminentia mediana**, die genau wie die Neurohypophyse ein typisches Neurohämalorgan ist. Dort werden die hypophyseotropen Hormone in das hypophysäre Pfortadersystem abgegeben und gelangen in die **Adenohypophyse**. Hier bewirkt der Botenstoff entweder die Ausschüttung eines Adenohypophysen-Hormons und wird als Releasing-Hormon (**RH**) oder Liberin bezeichnet. Oder ein Bo-

Tab. 15.3 Wichtigste Releasing- und Inhibiting-Hormone des Hypothalamus.

Releasing Hormone (Liberine)	Abkürzung	Reguliert Ausschüttung von	Synthese auch in
Gonadotropin-Releasing-Hormon	Gn-RH	LH und FSH	anderen Hirnarealen, Plazenta
Thyreotropin-Releasing-Hormon (Thyreoliberin)	TRH	TSH, PRL, GH	anderen Hirnarealen, Retina
Corticotropin-Releasing-Hormon (Corticoliberin)	CRH	ACTH, MSH, β-Endorphin	anderen Hirnarealen, Magen-Darm-Trakt, Nebenniere
Growth hormone-Releasing-Hormon (Somatoliberin)	GH-RH	GH (Somatotropin)	anderen Hirnarealen, Magen-Darm-Trakt, Pankreas
Inhibiting-Hormone (Statine)	**Abkürzung**	**Reguliert Ausschüttung von**	
Growth hormone-Inhibiting-Hormon (Somatostatin)	GH-IH	GH, TSH	
Melanocyte-stimulating-Inhibiting-Hormon (Melanostatin)	MSH-IH	MSH	

tenstoffe inhibiert die Sekretion eines Adenohypophysen-Hormons und wird Inhibiting-Hormon (**IH**) oder Statin genannt (Tab. 15.**3**). Bei den hypophyseotropen Hormonen handelt es sich um kurzkettige Peptide. Das Thyreotropin-Releasing-Hormon (TRH) hat bei allen Wirbeltieren eine identische Struktur, die übrigen sind artspezifisch. Zunächst war man davon ausgegangen, dass ein bestimmtes Releasing-Hormon nur die Freisetzung eines Hormons in der Adenohypophyse reguliert. Inzwischen ist bekannt, dass die Spezifität nur relativ ist (Tab. 15.**3**). Die Releasing-Hormone können auch außerhalb des Hypothalamus gebildet werden.

Die Hormone der Adenohypophyse regulieren entweder als **glandotrope Hormone** die Aktivität untergeordneter Hormondrüsen (s. u.) oder wirken direkt auf Zielgewebe (**nichtglandotrop**) ein (Tab. 15.**4**). Glandotrope Hormone sind das schilddrüsenstimulierende Hormon (TSH), das follikelstimulierende Hormon (FSH), das luteotrope Hormon (LH) sowie das adrenocorticotrope Hormon (ACTH). LH und FSH werden auch als **gonadotrope Hormone** zusammengefasst.

Somatotropin oder Growth Hormone (GH) hat eine artspezifische Wirkung. Für die medizinische Anwendung ist es deshalb von großer Bedeutung, dass menschliches Somatotropin mit gentechnischen Verfahren hergestellt werden kann. Das Hormon hat effektorische und glandotrope Wirkung. Zur effektorischen Wirkung gehört die Stimulation der Lipolyse und eine Erhöhung des Blutzuckerspiegels durch eine verringerte Glucoseaufnahme in die Zellen. Allerdings kommen diese Reaktionen nur zusammen mit anderen Hormonen zum Tragen, die den Stoffwechsel beeinflussen. Die glandotrope Wirkung führt zur Induzierung von IGF-1 und IGF-2 (Insulin-ähnliche Wachstumsfaktoren, Insuline like Growth Factors, auch Somatomedine genannt) hauptsächlich in Leberzellen, in geringem Umfang auch in anderen Geweben. Die IGFs zeigen eine große Homologie zum Proinsulin und sind für Wirkungen des Somatotropins auf das Wachstum der Knochen verantwortlich.

Die Funktionen von **Prolactin** (PRL) im Laufe der Phylogenese sind immer im Bereich der Reproduktion anzusiedeln. Bei Vögeln löst Prolactin Brutpflegeverhalten aus. Bei Säugern wird durch den taktilen Reiz des Saugens die Ausschüttung von Prolactin und damit die Milchproduktion angeregt. Beim Mann wirkt Prolactin stimulierend auf die Leydig-Zellen (S. 287). Beim Menschen sind in vielen Organen Bindungsstellen für Prolactin nachgewiesen, z. B. tragen Immunzellen entsprechende Rezeptoren; doch noch ist die Funktion nicht bekannt.

15.4.2 Untergeordnete Drüsen

Abb. 15.**11** zeigt eine Übersicht über die Lage der endokrinen Drüsen beim Menschen und beim Knochenfisch. In Tab. 15.**5** sind die Hormondrüsen, ihre Hormone und Hauptwirkungsweisen bei Wirbeltieren aufgeführt. Hypothalamus und Hypophyse wurden als übergeordnete Hormondrüsen bereits besprochen (s. o.), der Thymus wird in Kapitel 13 näher behandelt.

Tab. 15.4 **Hormone der Adenohypophyse und ihre Wirkung.**

Glandotrope Hormone	chemische Struktur	wirkt auf:
ACTH (Adrenocorticotropes Hormon)	Peptid: 39 AS	Nebennierenrinde: Synthese und Freisetzung von Glucocorticoiden, Mineralocorticoiden; Förderung der Pigmentierung (Mensch)
FSH (Follikel-stimulierendes Hormon)	Heterodimeres Glykoprotein, α-Kette aus 89 AS (identisch zu der von TSH und LH); β-Kette aus 115 AS	Gonaden: ♂ Förderung der Spermatogenese; ♀ Wachstum und Reifung der Follikel; mit LH Stimulierung der Östrogensekretion
LH (Luteinisierendes Hormon)	Heterodimeres Glykoprotein, α-Kette aus 89 AS (identisch zu der von TSH und FSH); β-Kette aus 115 AS	Gonaden: ♀ ♂ Stimulation der Androgensekretion (Hoden und entsprechende Zellen im Ovar); ♂ Stimulation der Sekretion von Progesteron, ♀ Bildung von Corpus luteum, mit FSH Auslösung der Ovulation
TSH (Thyreoidea-stimulierendes Hormon Thyreotropin)	Heterodimeres Glykoprotein, α-Kette aus 89 AS (identisch zu der von FSH und LH); β-Kette aus 112 AS	Schilddrüse: Erhöhung der Zellteilungsfrequenz der Schilddrüsenzellen; Bildung und Freisetzung von T_3, T_4
Nichtglandotrope Hormone	**Chemische Struktur**	**wirkt auf**
PRL (Prolactin)	Protein: 198 AS	viele Körperzellen (Milchdrüse, Gonaden): Stimulation der Milchproduktion; Auslösung von Brutpflegeverhalten bei Vögeln
GH (Growth Hormone oder Somatotropin)	Protein: 191 AS	Leberzellen und andere Zellen (in geringerem Umfang); effektorische Wirkung: Lipolyse, (Erhöhung Blutzuckerspiegel) glandotrope Wirkung: über IGFs (Insulin-ähnliche Wachstumsfaktoren) Stimulation von Knorpel- und Knochenwachstum, bei Adulten Muskelwachstum
MSH (Melanophorenstimulierendes Hormon)	Polypeptid: 31 AS	Ausbreitung der Pigmentgranula (bei wechselwarmen Tieren)

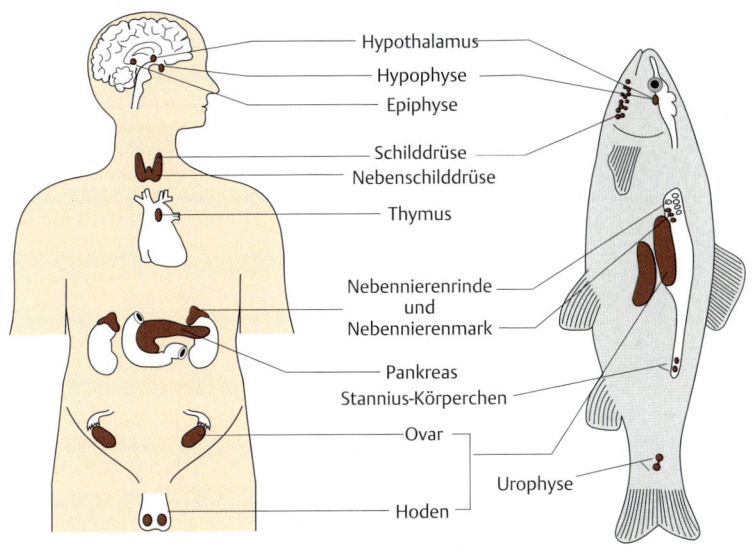

Abb. 15.11 **Die Lage der wichtigsten endokrinen Organe bei Wirbeltieren.**

Epiphyse

Die **Epiphyse**, auch **Zirbeldrüse** oder **Pinealorgan** genannt, entsteht durch Ausstülpung des Diencephalons (Zwischenhirns). Die Epiphyse hat sich im Laufe der Evolution morphologisch und funktionell verändert. Von einem photosensitiven Sinnesorgan (Medianauge bei Cyclostomata, ähnlich dem Parietalorgan oder dem Parietalauge der Brückenechsen) entwickelte sie sich bei den Säugetieren zu einem endokrinen Organ, dessen Aktivität durch Licht reguliert wird. Die Synthese und Ausschüttung des wesentlichen Epiphysenhormons, des **Melatonins**, wird durch Licht inhibiert und durch Lichtmangel stimuliert. Melatonin wird aus der Aminosäure Tryptophan gebildet. Die N-Acetyltransferase, ein an der Synthese beteiligtes Enzym, zeigt tagesperiodische Schwankungen. Nachts ist ihre Aktivität am höchsten. Dadurch hat die Epiphyse einen Einfluss auf den Biorhythmus (S. 597). Melatonin wirkt als interner Zeitgeber, der z. B. photoperiodisch gesteuerte Fortpflanzungszyklen synchronisiert. Beim Menschen schwankt der Melatoninspiegel tagesperiodisch. Ein lang andauernder starker Abfall des Melatoninspiegels scheint die Pubertät und damit die sexuelle Entwicklung auszulösen. Daneben besitzt Melatonin bei verschiedenen Tierarten noch weitere Wirkungen im Bereich der Fortpflanzung. Bei Amphibienlarven induziert es auch eine Aufhellung der Haut durch Kontraktion der Melanophoren.

Tab. 15.5 **Untergeordnete Hormondrüsen und ihre wichtigsten Hormone** (Abb. 15.11).

Hormondrüse	Hormon	Chemische Struktur	Wirkungsweise
Zirbeldrüse (Epiphyse, Pinealorgan)	Melatonin	Tryptophan-Derivat	Pigmentkonzentration bei wechselwarmen Tieren, Steuerung diurnaler und saisonaler Prozesse bei Säugern (z. B. Schilddrüsenaktivität, Fettstoffwechsel, Regulation der Körpertemperatur)
Schilddrüse (Thyreoidea)	Thyroxin (T_4), Trijodthyronin (T_3)	Tyrosinderivate, enthalten Jodionen	Einfluss auf Grundumsatz, Eiweiß-, Fett-, Kohlenhydrat-, Wasser- und Mineralstoffwechsel, Wachstum und Metamorphose, Atmung und Kreislauf, Nervensystem, Fortpflanzung
Nebenschilddrüse (Parathyreoidea)	Parathormon (PTH)	Polypeptid: 84 AS	Anstieg des Ca^{2+}-Spiegels im Blut: Freisetzung aus Knochen, Resorption durch Nierenkanälchen; Absorption im Darm
Ultimobranchialkörper	Calcitonin	Peptid: 32 AS	Senkung des Ca^{2+}-Spiegels: Speicherung in Knochen, Ausscheidung durch Niere
Thymus	Thymosine, Thymopoietin, Serum-Thymusfaktor	Peptide	Immunkapazität
Bauchspeicheldrüse (Pankreas)	Insulin Glucagon Somatostatin	Heterodimeres Protein Polypeptid: 29 AS Heterodimeres Protein	Glykogenaufbau; Fettaufbau, Proteinbildung in Muskeln, Glykogenabbau in Leber hemmt Freisetzung von Insulin und Glucagon
Nebennierenmark	Adrenalin, Noradrenalin	Katecholamine: abgeleitet von Tyrosin	Anpassung des Körpers bei Stress-Situationen (Anstieg des Glucosespiegels, Konstriktion der Blutgefäße, Erhöhung der Herzschlagfrequenz, Erhöhung der ACTH-Sekretion); Noradrenalin hat auch schmerzhemmende Wirkung
Nebennierenrinde	Glucocorticoide (Cortisol, Corticosteron) Mineralocorticoide (Aldosteron, Desoxycorticosteron)	Steroide	Förderung der Kohlenhydratsynthese aus Fett und Eiweißen, Resorption von Na^+ in den distalen Nierentubuli, Erhaltung des normalen Blutdrucks, entzündungshemmend
Hoden	Androgene (Testosteron, Androstendion)	Steroide	Ausbildung der sekundären ♂ Geschlechtsmerkmale; Spermiogenese

Tab. 15.5 **Untergeordnete Hormondrüsen und ihre wichtigsten Hormone** (Abb. 15.11) (Fortsetzung).

Hormondrüse	Hormon	Chemische Struktur	Wirkungsweise
Ovar	Östrogene (z. B. Östradiol) Gestagene (z. B. Progesteron)	Steroide	Ausbildung der sekundären ♀ Geschlechtsmerkmale, Östrus, Antagonist zu PTH, Vorbereitung der Uterusschleimhaut zur Implantation des befruchteten Eies, Aufrechterhaltung der Schwangerschaft
Herz	atriales natriuretisches Hormon (ANH)	Peptid: 33 AS	Erhöhung der Ausscheidung von Na^+ und H_2O, Hemmung der Freisetzung von Renin und Aldosteron
Niere	Erythropoietin (EPO) Renin	Glykoprotein proteolytisches Enzym	Stimulation der Bildung Roter Blutkörperchen, Erhöhung des Blutdrucks

Schilddrüse

Bei *Branchiostoma* und den Larven der Neunaugen findet sich der Vorläufer der Schilddrüse, die **Hypobranchialrinne** (Endostyl). Diese dient als Organ des Nahrungstransports. In ihr wird ein jodhaltiges Sekret gebildet und in den Verdauungskanal entlassen. Bei den Cyclostomata schließt sich bei der Metamorphose die Rinne zur innersekretorischen Schilddrüse.

Die **Schilddrüse** besteht aus Follikeln, bei denen ein Epithel einen zentralen Hohlraum (Kolloid) umgrenzt. Die Follikel sind von einem Kapillarnetz umgeben und werden von Bindegewebe zusammengehalten. Die Hormone werden in den Epithelzellen gebildet und dann in die Follikelhohlräume abgegeben. Schilddrüsenhormone enthalten kovalent gebundenes Jod. Das wichtigste in der Schilddrüse produzierte Hormon ist das **Thyroxin** (T_4: 3,5,3′,5′-Tetrajodthyroxin), das biologisch nicht sehr wirksam ist und erst in den Zielzellen in das biologisch aktive 3,5,3′-**Trijodthyronin** (T_3) umgewandelt wird. T_3 selbst entsteht nur in geringen Mengen in der Schilddrüse. Nahezu alle Zellen exprimieren Rezeptoren für Thyroxin. Diese liegen im Zellkern (S. 887). Die Sekretion der Schilddrüsenhormone wird durch einen negativen Rückkopplungsmechanismus gesteuert (Abb. 15.4). Manche Umweltfaktoren wie Kälte machen eine erhöhte Sekretion von Schilddrüsenhormonen erforderlich, dann wird über den Hypothalamus vermehrt TRH ausgeschüttet.

Die Schilddrüsenhormone beeinflussen **Stoffwechselprozesse** wie Grundumsatz, Kohlenhydrat-, Eiweiß- und Fettstoffwechsel. Schilddrüsenhormone spielen eine wichtige Rolle bei der **Entwicklung** vieler Wirbeltiere. Diese Rolle wird besonders deutlich bei der Metamorphose der Amphibien. Während der Umwandlung von der Kaulquappe zum Frosch finden viele morphologische und biochemische

Veränderungen sowie Verhaltensänderungen statt, die hauptsächlich mit dem Übergang vom Wasser- zum Landleben in Zusammenhang stehen. So wird der Schwanz rückgebildet und die Beine entwickeln sich. Die Atmung wird von Kiemen- auf Lungenatmung umgestellt. Entsprechende Veränderungen finden auch bei den Exkretionsorganen statt. Die Haut muss einen Verdunstungsschutz entwickeln. Mit der Umstellung der Ernährung geht eine Umbildung der Mundhöhle einher. Diese Umwandlungen werden durch Schilddrüsenhormone koordiniert, wie man experimentell nachweisen konnte: Entfernt oder zerstört man bei Kaulquappen die Schilddrüse, findet keine Metamorphose statt und es wachsen Riesenkaulquappen heran. Dagegen wird durch Thyroxingaben die Metamorphose beschleunigt und es entstehen Miniaturfrösche.

Beginnend mit der frühen Metamorphose steigen die Plasmakonzentrationen von T_3 und T_4 sowie TSH stark an. Auch die Rezeptoren für die Schilddrüsenhormone werden früh exprimiert. Beim neotenen *Axolotl* fällt genetisch bedingt die Bildung von TSH aus, sodass keine Metamorphose stattfindet.

Nebenschilddrüse

Rundmäuler, Knochen- und Knorpelfische haben keine Nebenschilddrüse. Bei Amphibien liegt sie paarig vor, bei den Sauropsida variiert ihre Zahl, mit Ausnahme der Aves, die auch paarige Nebenschilddrüsen haben. Der Mensch hat vier Nebenschilddrüsen. Die **Nebenschilddrüse** (**Parathyreoidea**) bildet **Parathormon** (parathyroid hormone, PTH), ein Peptidhormon aus 84 AS. Bei niedrigem Ca^{2+}-Spiegel wird PTH sekretiert. Es setzt in den Knochen Ca^{2+} frei und bewirkt an den Nieren eine Verminderung der Ca^{2+}-Ausscheidung. Weiterhin wird im Dünndarm die Ca^{2+}-Resorption stimuliert.

Ultimobranchialkörper

Der **Ultimobranchialkörper** ist bei Säugern in Form der **C-Zellen** in die Schilddrüse integriert. Bei den übrigen Wirbeltieren liegt er als eigenes, paariges Organ vor: Das Organ bildet **Calcitonin**, das die Deponierung von Ca^{2+} fördert. Es wirkt antagonistisch zum Parathormon. Die Sekretion des Hormons wird durch die Höhe des Ca^{2+}-Spiegels im Blut gesteuert und nicht über eine direkte Rückkopplung.

Bei den Fischen wird die Regulation des Calciumhaushalts von den sogenannten Stannius-Körperchen übernommen. Diese liegen als paarige Organe in engem Kontakt zur Niere (s. u., Abb. 15.**11**).

Nebennieren

Bei den Wirbeltiergruppen gibt es Unterschiede im Bau der **Nebennieren**. Bei den Amniota sind die paarigen Nebennieren zusammengesetzte Organe, die neben den Nieren liegen. Sie bestehen aus Rinden- (Interrenal-) und Markgewebe (wegen ihrer Färbeeigenschaft auch chromaffines Gewebe genannt), wobei die Rindenzellen die Markzellen umgeben.

Bei Amphibien finden sich Interrenal- und chromaffine Zellen in einem Streifen entlang der Nieren. Bei vielen Fischen (z. B. Hecht, Salmoniden) sind Interrenal- und chromaffines Gewebe vollständig voneinander getrennt. Sie bilden isolierte Knötchen, die im vorderen Bereich der Nieren liegen.

Im Bereich dieser Knötchen befindet sich bei Fischen das **Stannius-Körperchen**. Es bildet Stanniocalcin, ein Peptidhormon, das die Ca^{2+}-Aufnahme in Darm und Niere senkt und die Resorption von PO_4^{3-} in der Niere verstärkt. Nur bei den Fischen findet sich im Schwanzbereich des Rückenmarks die **Urophyse**, die die Neuropeptide Urotensin I, II und III produziert. Diese bewirken eine Blutdrucksteigerung durch Kontraktion der glatten Muskulatur. In den Kiemen und Nieren beeinflussen sie die Osmoregulation durch verstärkte Aufnahme von Na^+ und Exkretion von Ionen.

Das **Nebennierenmark** produziert die beiden Katecholamine **Adrenalin** und **Noradrenalin**, die sich in ihrer Wirkung nur graduell unterscheiden. Noradrenalin wirkt vorwiegend als Neurotransmitter und Adrenalin als Hormon. Adrenalin wird in Vesikeln der Nebennierenmarkszellen aufbewahrt und auf nervöse Reize hin ins Blut abgegeben, wo es an Albumin gebunden transportiert wird. Adrenalin bewirkt in der Leber einen gesteigerten Glykogenabbau und die Gluconeogenese, in den Muskeln einen Proteinabbau und im Fettgewebe die Lipolyse. Daneben wird Adrenalin aus dem Blut in Noradrenalin-Speichergranula von adrenergen Synapsen aufgenommen und kann die Sympathicus-Wirkung verstärken, wenn es zusammen mit Noradrenalin freigesetzt wird (Abb. 15.**12**).

Beide Hormone ermöglichen eine schnelle Anpassung des Körpers auf Stress oder Gefahr, die man auch unter dem Begriff **Fight-and-Flight-Syndrom** zusammenfasst. Sie bewirken eine kurzfristige Steigerung der Herzleistung und eine Erhöhung der Durchblutung der Muskulatur. Da die Sekretion der Katecholamine durch das sympathische Nervensystem gesteuert wird, kann bei Bedarf eine rasche Ausschüttung erreicht werden.

In der **Nebennierenrinde** werden die Glucocorticoide, Mineralocorticoide und Androstendion gebildet. Die Sekretion der **Glucocorticoide** wird durch ACTH stimuliert und über einen Rückkopplungsmechanismus gesteuert. Die Glucocorticoide – **Cortison, Cortisol, Corticosteron** – spielen eine wichtige Rolle beim Kohlenhydrat-, Eiweiß- und Fettstoffwechsel. In den Leberzellen bewirken sie die Gluconeogenese aus Aminosäuren. In Fettzellen wird durch sie die Aufnahme von Glucose verhindert. Auf diese Weise wird der durch Adrenalin in Stresssituationen abgebaute Glykogenspeicher wieder aufgefüllt. Glucocorticoide tragen somit zu einer längerfristigen Anpassung des Körpers auf Stress bei.

Glucocorticoide wirken in großen Dosen entzündungshemmend. Da die Entzündungshemmung unspezifisch ist, nimmt man an, dass diese Hormone auf die Sekretion entzündungsfördernder Substanzen wie Prostaglandine oder Histamin wirken. Sie werden deshalb therapeutisch zur Unterdrückung von Immunreaktionen eingesetzt.

Bei Sauropsida und Säugern ist **Aldosteron** das wichtigste **Mineralocorticoid**. Es regelt den Na^+/K^+-Haushalt. Es bewirkt eine Resorption von Na^+ und die gleichzei-

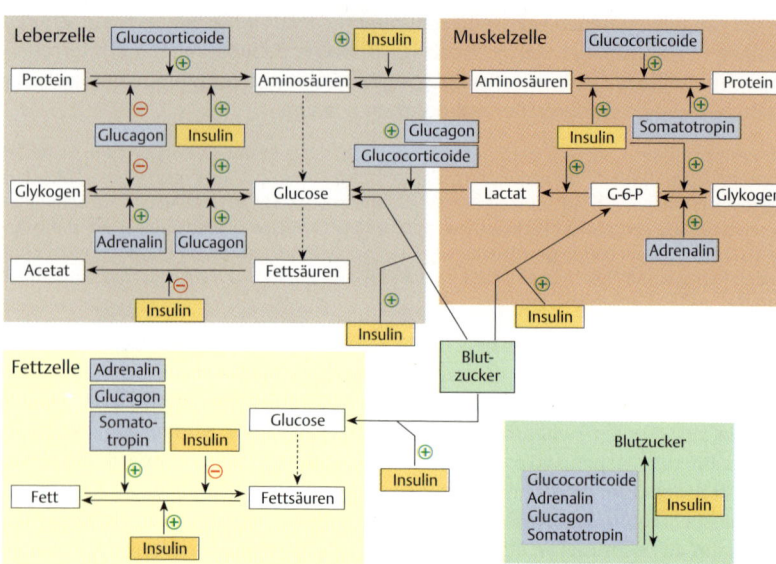

Abb. 15.**12 Hormonelle Regulation des Stoffwechsels in Muskel-, Leber- und Fettgewebe.** In Muskelzellen stimuliert Insulin die Aufnahme von Aminosäuren; mit Verzögerung setzt eine Proteinsynthese ein (anaboler Effekt). Somatotropin verstärkt die Wirkung. Cortisol hat dagegen katabole Wirkung. Insulin stimuliert die Glykolyse, Adrenalin den Glykogenabbau. In Leberzellen fördert Insulin den Glykogenaufbau. Glucagon – Hauptwirkungsort ist die Leber – stimuliert den Glykogenabbau, den selben Effekt hat Adrenalin. Insulin fördert auch die Neusynthese von Proteinen (glykolytische Enzyme), Antagonist ist Glucagon. Glucocorticoide fördern über den Proteinabbau die Gluconeogenese. In Fettzellen stimuliert Insulin den Fettaufbau, Gegenspieler sind Adrenalin, Glucagon und Somatotropin.

tige Sekretion von K$^+$ in Niere, Enddarm und bei den Säugern auch in den Speichel- und Schweißdrüsen. Bei Fischen hingegen reguliert Cortisol den Wasser- und Na$^+$/K$^+$-Haushalt.

Androstendion wirkt selbst nicht androgen, kann aber in peripherem Gewebe zu Testosteron umgewandelt werden. Im weiblichen Organismus entsteht der größte Teil des zirkulierenden Testosterons aus Androstendion. Im männlichen Organismus überwiegt das in den Hoden gebildete Testosteron.

Pankreas

Das **Pankreas** ist sowohl eine exokrine Drüse, in der Verdauungsenzyme gebildet werden, als auch ein endokrines Organ. Bei Fischen stellt der endokrine Teil des Pankreas ein eigenes Organ dar, der exokrine ist teilweise in die Leber integriert. Von den Amphibien an sind beide Teile in einem Organ vereinigt.

Die **Langerhans-Inseln**, die den endokrinen Teil bilden, liegen zwischen dem exkretorischen Drüsengewebe. In diesem auch als **Inselapparat** bezeichneten Gewebe lassen sich vier hormonsynthetisierende Zelltypen unterscheiden. In den **B-Zellen** wird das Insulin gebildet. Die **A-Zellen** synthetisieren Glucagon. Die **D-Zellen** bilden Somatostatin. Die **F-Zellen** sind Bildungsorte des pankreatischen Polypeptids (PP), dessen Sekretion durch fett- und eiweißhaltige Mahlzeiten stimuliert wird und das z. B. die Sekretion von Salzsäure im Magen anregen soll.

Insulin, Glucagon und Somatostatin spielen eine zentrale Rolle in der **Regulation des Kohlenhydratstoffwechsels**. Hierbei beeinflusst Somatostatin auf parakrinem Weg die Sekretion der A- und B-Zellen.

Der Glucosespiegel im Blut schwankt in Abhängigkeit von der Nahrungsaufnahme. Das ZNS ist zur Deckung seines Energiebedarfs auf Zufuhr von Glucose angewiesen und nur bei steter Versorgung mit Glucose funktionsfähig. Deshalb wird der Blutzuckerspiegel sorgfältig reguliert. Bei einem Überangebot an Glucose wird diese in Leber- und Muskelzellen zu Glykogen aufgebaut oder in Fette umgewandelt. Bei Bedarf an Glucose wird Leber- und Muskelglykogen wieder mobilisiert, oder Glucose wird aus Aminosäuren und Lactat neu gebildet. In Abb. 15.**12** wird schematisch gezeigt, wie die verschiedenen Hormone bei der Regulation des Blutzuckerspiegels zusammenwirken.

Insulin wirkt als einziges Hormon blutzuckersenkend. Es stimuliert die Glucoseaufnahme in die Zellen. Für die meisten Zellen – Ausnahme Gehirn- und Leberzellen – ist ein Glucosetransporter (GLUT4) nötig, der im inaktiven Zustand in Vesikeln verpackt ist. Die Bindung von Insulin an seinen Rezeptor bewirkt eine Fusion dieser Vesikel mit der Plasmamembran, sodass ein effizienter Glucosetransport möglich wird. In der Leber bewirkt Insulin vor allem eine Überführung von Glucose in Glykogen, im Muskel eine Steigerung der Glykolyse. In Muskel- und Fettzellen erhöht Insulin die Lipogenese. Außerdem erhöht Insulin in vielen Zellen die Permeabilität für Kalium-, Magnesium- und Phosphationen und aktiviert Na^+-K^+-ATPasen.

Die Sekretion von Insulin wird durch die Glucosekonzentration im Blut gesteuert sowie durch die gastrointestinalen Hormone Gastrin und Sekretin.

Eine Unterzuckerung wird durch mehrere synergistisch wirkende Hormone verhindert: Unter normalen Bedingungen wirkt **Glucagon** antagonistisch zu Insulin und erhöht den Abbau von Glykogen in Leberzellen. In Extremsituationen wie Kampf oder Flucht beschleunigt **Adrenalin** diesen Prozess. Nur in solchen Stresssituationen spielt Adrenalin bei der Regulation des Blutzuckers eine Rolle.

Bei einer längerfristigen Unterzuckerung werden verstärkt **Glucocorticoide** gebildet, die in Leberzellen die Gluconeogenese aus Aminosäuren und Pyruvat fördern. Die Glucocorticoide ermöglichen bei eingeschränkter Nahrungsaufnahme die Aufrechterhaltung eines ausreichenden Glucosespiegels, wie das z. B. während der Nacht der Fall ist. Zusätzlich wird der Glucosehaushalt auch durch **Somatotropin** geregelt, das während der Zeit ohne Nahrungsaufnahme die Bildung von Glucose aus Fettsäuren fördert.

Die **Zuckerkrankheit (Diabetes mellitus)** ist die häufigste endokrine Erkrankung. Weltweit sind etwa 246 Millionen Menschen betroffen, in Europa fast 50 Millionen. Es lassen sich zwei Haupttypen unterscheiden: Typ-1-Diabetes und Typ-2-Diabetes. Charakteristisch für beide Typen ist ein erhöhter Blutzuckerspiegel. Ursachen und biochemische Abläufe in den Zellen sind verschieden.

Bei **Typ-1- Diabetes** (früher auch als juveniler Diabetes bezeichnet) kommt es oft schon in jungem Alter zu einer Degenerierung der Insulin produzierenden B-Zellen aufgrund einer Autoimmunreaktion. Es wird keine ausreichende Insulinmenge produziert. Typ-1-Diabetes kann durch virale Infekte gefördert oder ausgelöst werden. Die Ursachen sind noch nicht geklärt. In Europa steigen die Neuerkrankungen bei Kindern unter 15 Jahren kontinuierlich an. Es wird geschätzt, dass im Jahr 2020 jedes Jahr etwa 24 400 neue Fälle auftreten werden.

Bei **Typ-2-Diabetes** (Altersdiabetes) funktioniert die Glucoseregulation nicht, obwohl die B-Zellen Insulin produzieren. Das Ansprechen der Körperzellen auf Insulin verändert sich. Es entwickelt sich eine Insulinresistenz der Körperzellen und irgendwann kommt es zu einem relativen Insulinmangel. Als Ursache wird ein gestörter Mechanismus bei der Regulation des Glucosetransporter (GLUT4) vermutet. Auch bei Typ-2-Diabetes sind die Ursachen vielfältig. Typ-2-Diabetes ist die häufigere Form. Die Zahl der Betroffenen nimmt weltweit zu, zu ihnen gehören immer mehr jüngere Menschen. Eine Ursache liegt in einer falschen Ernährung.

Bis in die Mitte der 20er Jahre des 20. Jahrhunderts konnte Diabetes-Erkrankten nicht geholfen werden. 1921 gelang dem kanadischen Arzt Frederick Grant Banting und dem Biologiestudenten Charles Herbert Best, aus dem Pankreasgewebe von Kälbern **Insulin** zu isolieren. 1922 wagten sie den ersten Test mit dem Insulinpräparat erfolgreich an einem Menschen. Aufgrund dieser Erfolge begann das Pharma-Unternehmen Eli Lilly mit der Produktion von Insulin aus Pankreas von Schweinen und Kälbern. Zu Beginn waren die Nebenwirkungen für die Patienten oft erheblich, da die Präparate nicht ausreichend aufgereinigt waren. Auch eine genaue Dosierung war nicht möglich. Erst nachdem in den 50er Jahren des letzten Jahrhunderts die chemische Struktur des Insulins aufgeklärt wurde, konnte das Hormon chemisch synthetisiert werden. Die Produktion war teuer, und so wurde weiterhin aus Kälbern und Schweinen extrahiertes Insulin verabreicht. Seit es möglich ist, Insulin in gentechnisch veränderten Mikroorganismen herzustellen, erhält die Mehrzahl der Diabetiker reines Humaninsulin. ◄

Gonaden

Die **Gonaden** sind die Bildungsstätten der Geschlechtszellen und der Sexualhormone, die beide in enger Beziehung zueinander stehen. Sowohl im männlichen als auch im weiblichen Geschlecht werden Androgene und Östrogene gebildet.

Der **Hoden** besteht aus den Samenkanälchen, in denen die Spermatogenese (Abb. 2.**9**) abläuft. Die Samenkanälchen beinhalten die Keimzellen und die Sertoli-Zellen. Die Sertoli-Zellen umschließen die Spermatiden bei ihrer Reifung. Außerdem bilden sie ein androgenbindendes Protein (ABP), das für die notwendige Androgenkonzentration in den Kanälchen sorgt. Sie vermögen auch die mithilfe von ABP festgehaltenen Androgene in Östrogene umzuwandeln. Auch Inhibin wird in den Sertoli-Zellen gebildet. Die Inhibin-Freisetzung wird über FSH gefördert, gleichzeitig inhibiert es die FSH-Ausschüttung. Im Bindegewebe zwischen den Kanälchen finden sich die **Leydig-Zellen**. Die Leydig-Zellen produzieren die männlichen Sexualhormone.

Testosteron ist das wichtigste männliche Geschlechtshormon. Eine untergeordnete Rolle spielt das **Androstendion** aus der Nebennierenrinde (s. o.). Testosteron ist bestimmend für die Entwicklung und Erhaltung der primären und sekundären Geschlechtsmerkmale und für die Spermatogenese. Außerdem hat es eine metabolische Wirkung, indem es das Wachstum der Muskulatur fördert. Testosteron wird in vielen Zielgeweben in das biologisch wirksamere Dihydrotestosteron umgewandelt.

Spermatogenese und Androgensekretion werden durch FSH und LH gesteuert. FSH fördert die Spermatogenese, LH stimuliert die Androgenausschüttung.

Das **Ovar** ist in Rinde und Mark gegliedert. Die Markregion ist bindegewebsartig und enthält zahlreiche Gefäße. In der Rinde finden sich die verschiedenen Reifestadien der Follikel. Die Follikel sind von einem Epithel aus Granulosazellen umgeben und werden von einer Basalmembran von den sie umgebenden Stromazellen abgegrenzt. Im Ovar werden in den Thecazellen (sie differenzieren sich aus benachbarten Stromazellen), Stromazellen und Granulosazellen Östrogene, Androgene und Gestagene gebildet. In der Theca interna und in den Stromazellen werden während der proliferativen Phase Androgene synthetisiert, in der lutealen Phase auch Gestagene. Östrogene werden in den Granulosazellen gebildet. In den Granulosazellen wird auch ein Hauptteil der in den Thecazellen gebildeten Androgene zu Östrogenen umgewandelt. Gestagene werden im Wesentlichen im Corpus luteum und während der Schwangerschaft in der Plazenta synthetisiert.

Östrogene lösen bei weiblichen Säugetieren den Östrus aus – die Phase, in der das Weibchen ovulationsfähig ist – und bewirken die Ausbildung der sekundären weiblichen Geschlechtsmerkmale. Außerdem haben Östrogene Auswirkungen auf die Knochen. Sie fördern die Einlagerung von Calcium. Gestagene bewirken die Implantation und Entwicklung des Embryos im Uterus. Das wichtigste Gestagen ist das Progesteron und wird vom Corpus luteum gebildet.

Beim Fortpflanzungszyklus der Vertebraten spielen Hypothalamus und Adenohypophyse eine entscheidende Rolle. Am deutlichsten wird das Zusammenwirken zwischen hypophyseotropen Hormonen, Gonadotropinen und Sexualhormonen beim Menstruationszyklus der weiblichen Primaten. Beim weiblichen Primaten beginnt die Ausschüttung von Gn-RH und damit die Ausschüttung der beiden Gonadotropine FSH und LH mit Einsetzen der Pubertät.

Der **Menstruationszyklus** lässt sich in folgende Phasen unterteilen: follikuläre oder proliferative Phase, Ovulation, luteale oder sekretorische Phase und die Menstruation (Abb. 15.**13**). Während der **proliferativen Phase** wächst durch FSH/LH-Stimulation ein Follikel heran. Die Reifung des Follikels führt zu einer verstärkten Synthese und Freisetzung von Östrogen. Die hohen Östrogenkonzentrationen im Blut wirken in dieser Phase positiv auf die Gn-RH-sezernierenden Zellen des Hypothalamus sowie auf die FSH/LH-sezernierenden Zellen der Adenohypophyse zu-

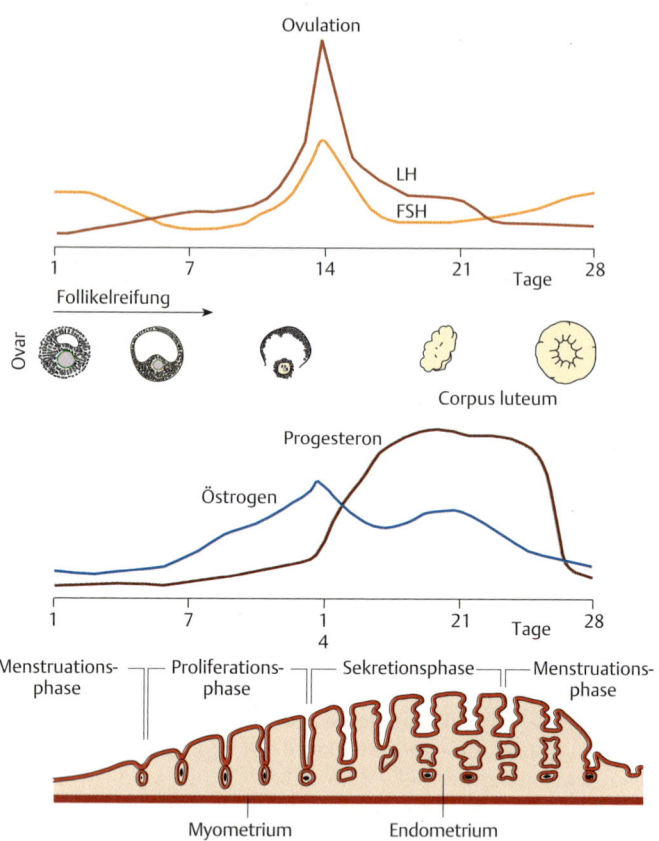

Abb. 15.**13 Verlauf eines Menstruationszyklus.** Während der Follikelreifung wächst ein Follikel heran, der zunehmend Östrogen produziert. Dadurch wird eine Proliferation des Endometriums bewirkt. Im Gewebe bilden sich Drüsen aus. Durch vermehrte Sekretion von LH und FSH wird die Ovulation ausgelöst. Das zurückbleibende Follikelgewebe wird zum Corpus luteum, das Progesteron bildet. Der erhöhte Progesteronspiegel bewirkt die Umwandlung des Endometriums in die Sekretionsphase. Mit Absinken des Progesteronspiegels erfolgt der Abbau des Endometriums.

rück. Durch vermehrte FSH-Freisetzung wird das Follikelwachstum beschleunigt. Ein plötzlicher Anstieg von LH, ausgelöst durch den hohen Östrogenspiegel, sowie eine erhöhte FSH-Konzentration lösen die **Ovulation** aus. Nach der Ovulation wird der Follikel unter Einwirkung von LH in das Corpus luteum (Gelbkörper) umgewandelt, das während der **Lutealphase** Östrogen und Progesteron produziert. Als Folge davon geht die Uterusschleimhaut in eine **sekretorische Phase** über und ist zur Implantation des Eies bereit. Hat keine Befruchtung stattgefunden, degeneriert das Corpus luteum und gleichzeitig ist die Sekretion von Östrogen und Progesteron beendet. Dadurch kommt es zum Einsetzen der **Menstruationsblutung**. Durch sinkende Östrogenkonzentrationen werden wieder LH und FSH freigesetzt und führen zu einem neuen Zyklus.

Empfängnisverhütende Präparate enthalten geringe Mengen an Progesteron und Östrogen oder vergleichbare synthetische Hormone. Sie vermindern durch negative Rückkopplung mit Hypothalamus und Hypophyse die Gonadotropinausschüttung. Mangel an FSH verhindert das Wachstum der Follikel zu Beginn des Zyklus. Aufgrund des fehlenden FSH/LH-Anstiegs in der Mitte des Zyklus findet keine Ovulation statt.

Bei den Primaten spricht man meist vom Menstruationszyklus, bei allen übrigen Säugern vom **Östruszyklus**. Beim Östruszyklus ist die proliferative Phase weitgehend reduziert. Proliferation und Abstoßen der Uterusschleimhaut unterbleiben und damit auch die Blutung. Bei den meisten Arten wird der Östruszyklus sehr stark von exogenen Faktoren bestimmt. Während des Östrus ist das Weibchen „heiß" und zeigt dies dem Männchen durch bestimmte Verhaltensweisen. Bei einigen Arten wird die Ovulation durch die Verpaarung ausgelöst.

Gewebshormone

Man hat Hormone im Verdauungstrakt, in der Niere, Plazenta und im Herz nachgewiesen.

Alle Hormone des **Magen-Darmtraktes** sind Peptide. Sie werden in verschiedenen Abschnitten des Verdauungsapparates gebildet und regulieren den Nahrungsaufschluss. Entsprechend wird ihre Sekretion durch Nahrung ausgelöst. **Gastrin** erhöht die Sekretion von Magensäure. Saurer Mageninhalt und Sekretin wirken hemmend auf Synthese und Freisetzung. **Sekretin** wurde bereits 1902 nachgewiesen. Es stimuliert die pankreatische Hydrogencarbonat-Sekretion. **Gastric inhibitory polypeptide** (**GIP**) stimuliert die Insulinsekretion und die Bewegung der glatten Muskulatur des Magen-Darmtraktes. **Cholecystokinin** (**CCK**) erhöht die Freisetzung von Enzymen und Hormonen aus dem Pankreas und führt zu Kontraktion und Entleerung der Gallenblase. Im Magen-Darmtrakt gebildetes **Somatostatin** hemmt sekretorische Vorgänge.

Neben diesen inzwischen gut untersuchten Hormonen gibt es noch eine Reihe von Wirkstoffen des Gastrointestinaltraktes, die noch nicht ausreichend beschrieben sind, aber vermutlich auch Hormoncharakter haben.

In der **Niere** werden zwei Proteinhormone und ein Steroid gebildet. **Renin** wird freigesetzt, wenn der Blutdruck in der Niere sinkt. Es bewirkt die Bildung von Angiotensin, das eine erhöhte Aldosteronsynthese auslöst. **Erythropoietin** (**EPO**) stimuliert die Bildung und Freisetzung von Erythrocyten. Ein Absinken des Sauerstoffgehaltes im Gewebe führt zu seiner Freisetzung. **Calcitriol** oder 1,25-Dihydroxy-Vitamin D_3 entsteht aus dem Prohormon Vitamin D_3. Es bewirkt eine erhöhte Ca^{2+}-Resorption im Dünndarm und spielt eine wichtige Rolle im Calciumstoffwechsel. Calcitriol gehört zu den Steroidhormonen und kann in ein und derselben Zelle genomische (langsame und längerfristige Erhöhung des Ca^{2+}-Spiegels) und nichtgenomische (schnelle Erhöhung des Ca^{2+}-Spiegels) Wirkung haben.

Im Atrium des **Herzens** werden in endokrinen Zellen **Atria-Peptide** sezerniert. Das wichtigste Peptid beim Menschen ist das atriale natriuretische Hormon (ANH), das hauptsächlich eine Blutdrucksenkung bewirkt. Diese wird erreicht durch Erhöhung der Natriumausscheidung, Gefäßerweiterung sowie Hemmung der Renin- und Aldosteronsekretion. Freigesetzt wird ANH durch eine Erhöhung des Blutvolumens, die zu einer Dehnung der atrialen Herzmuskelzellen führt. Auf diese Weise schützt sich das Herz vor übermäßiger Belastung.

Beim Menschen werden in der **Plazenta** neben Östrogenen und Gestagenen noch mindestens zwei weitere Hormone synthetisiert. Das **humane Choriogonadotropin** (**HCG**) wirkt ähnlich wie LH und wird in den ersten drei Schwangerschaftsmonaten gebildet. Der Nachweis von HCG im Blut findet Anwendung beim Nachweis einer Schwangerschaft. HCG bewirkt die Erhaltung des Corpus luteum, der bei vielen Säugern für die Aufrechterhaltung der Schwangerschaft notwendig ist. Weiterhin bildet die Plazenta das **humane Choriosomatomammatropin** (**HPL**, human placental lactogen), das auf die Milchdrüsen und den Stoffwechsel Einfluss nimmt.

In **allen Geweben** hat man sogenannte **Mediatoren** gefunden. Darunter fasst man Stoffe zusammen, die direkt auf die benachbarten Zellen wirken. Prostaglandine wurden erstmals in der Samenflüssigkeit entdeckt, wo sie zur Kontraktion der Uterusmuskulatur beitragen und die Wanderung der Spermien zur Eizelle unterstützen. Sie haben auf die verschiedenen Gewebe unterschiedliche Wirkungen. So sind sie an der Uteruskontraktion während des Geburtsvorgangs beteiligt. Sie beeinflussen auch die Funktion der Blutzellen und können Entzündungen hervorrufen. Wirkungen auf den Fettstoffwechsel sind ebenfalls beobachtet worden. In vielen Fällen ist die physiologische Wirkung der Prostaglandine noch nicht geklärt. Eine Reihe von Gewebshormonen sind bei Entzündungsreaktionen von besonderer Bedeutung: Dazu gehören Eikosanoide (gebildet in vielen Zellen), Thromboxane (gebildet in Thrombocyten, S. 709), Leukotriene (gebildet in Leukocyten) und die im Blutplasma gebildeten Kinine (z. B. Bradykinin) sowie Histamin und Serotonin.

Hypothalamus: Basaler Teil des Zwischenhirns, Bindeglied für die Umwandlung von neuronalen in hormonale Signale, enthält mehrere Kerngebiete mit neurosekretorischen Zellen. Hypophyseotrope Kerngebiete: Axone münden in der Eminentia mediana, Bildung von Releasing- und Inhibiting-Hormonen; weitere Kerngebiete bilden die Effektorhormone Adiuretin und Oxytocin.
Hypophyse: Ausstülpung des Zwischenhirns, mit Hypothalamus über Hypophysenstiel verbunden, besteht aus Adeno- und Neurohypophyse.
Neurohypophyse: Hypophysenhinterlappen, Neurohämalorgan. Speicherorgan für die im Hypothalamus gebildeten Hormone Adiuretin und Oxytocin.
Adenohypophyse: Hypophysenvorderlappen, Bildungsstätte von glandotropen und nichtglandotropen Hormonen; Regulation erfolgt über Neurohormone des Hypothalamus.

Epiphyse (Zirbeldrüse, Pinealorgan): Entsteht aus Ausstülpung des Zwischenhirns. Wichtigstes Hormon: Melatonin (Einfluss auf sexuelle Entwicklung und Hautpigmentierung), Aktivität wird durch Licht reguliert.
Schilddrüse: Besteht aus Follikeln: Hohlraum (Kolloid) wird von Hormon-sezernierender Epithelschicht umgeben. Wichtigste Hormone: Trijodthyronin und Tetrajodthyroxin (Einfluss auf Grundumsatz). Speicherung der Hormone im Kolloid.
Nebenschilddrüse (Parathyreoidea): Fehlt bei Fischen und Rundmäulern, Bildung von Parathormon bewirkt Erhöhung des Ca^{2+}-Spiegels.
Ultimobranchialkörper: Eigenes Organ; bei Säugern als C-Zellen in Schilddrüse integriert. Bildung von Calcitonin bewirkt Erniedrigung des Ca^{2+}-Spiegels.
Nebennieren: Paariges Organ, zusammengesetzt aus Rinden- und Markgewebe (Interrenal- und chromaffines Gewebe).
Nebennierenmark: Bildung von Adrenalin und Noradrenalin, ermöglicht Anpassung des Körpers bei Stress.
Nebennierenrinde: Bildung von Glucocorticoiden, die eine wichtige Rolle beim Stoffwechsel haben.
Pankreas: Exokrines und endokrines Organ (Langerhans-Inseln). Bildung von Insulin, Glucagon und Somatostatin.
Regulation des Kohlenhydratstoffwechsels: Insulin wirkt blutzuckersenkend, Glucocorticoide, Adrenalin, Glucagon und Somatotropin bewirken Erhöhung.
Hoden: Besteht aus Samenkanälchen mit Keimzellen und Sertolizellen, im Bindegewebe zwischen den einzelnen Kanälchen befinden sich die Leydig-Zellen, die männliche Sexualhormone produzieren.
Ovar: Gliedert sich in Mark und Rinde, in der Rinde befinden sich die Follikel, Theca-, Stroma- und Granulazellen, die Sexualhormone bilden.
Gewebshormone: In verschiedensten Geweben synthetisierte Substanzen, die überwiegend auf benachbarte Zellen wirken.

15.5 Hormonsysteme bei wirbellosen Tieren

Bei wirbellosen Tieren spielt die **Neurosekretion** eine wichtige Rolle. Es gibt Übereinstimmungen im Aufbau zwischen den Neurotransmittern bei Wirbellosen und bei Wirbeltieren. Erst bei den Mollusken gibt es Zellgruppen, die als endokrine Drüsen angesehen werden. Auch bei Arthropoden sind neben neurosekretorischen Zellen Hormondrüsen nachgewiesen. Bei Crustaceae besteht das Hormonsystem aus neurosekretorischen Zellen mit Neurohämalorganen und aus Hormondrüsen. Es ist noch überwiegend neuroendokrin gesteuert. Bei den Insekten werden Fortpflanzung, postembryonale Entwicklung, Diapause und die verschiedenen Stoffwechselwege hormonell gesteuert. Das Hormonsystem ist hierarchisch gegliedert. Oberste Instanz ist der **Gehirn-Retrocerebralkomplex**. Untergeordnete Organe sind die **Corpora allata** sowie die **Prothoraxdrüse** (Blattoidea, Hemiptera und allen holometabolen Insekten) bzw. die **Ventraldrüsen** (Larvenformen der Ephemerida, Plecoptera, Odonata und Orthoptera).

Wirbellose Tiere besitzen keine oder wenige endokrine Drüsen. Bei ihnen überwiegt die Neurosekretion. Übereinstimmungen im Aufbau zwischen Neurotransmittern bei Wirbellosen und Wirbeltieren wie bei Adrenalin und Serotonin, konnten inzwischen festgestellt werden. Auch Gensequenzen für G-Protein-gekoppelte Rezeptoren wurden bei Wirbellosen gefunden.

Bei den **Cnidariern** sind Neurosekrete mit morphogenetischer Wirkung identifiziert worden. Sie sind während der Metamorphose von der Larve zum Polypen wirksam und auch bei der Regeneration adulter Tiere. Schneidet man z. B. eine *Hydra* in zwei Hälften, regeneriert der obere Teil innerhalb von drei bis sechs Stunden einen Fuß- und der untere einen Kopfteil (Tentakeln und Mund). Dabei zeigen die Nervenzellen einen rapiden Anstieg in der Produktion von Neurosekreten.

Bei den **Plathelminthes** und **Nemathelminthes** wurden neuropeptidproduzierende Neurone nachgewiesen sowie ihr Einfluss auf Entwicklung, Fortpflanzung oder Osmoregulation. Bei parasitisch lebenden Nematoden werden hormonelle Steuerungen beim Wechsel von der frei lebenden in die parasitische Phase vermutet.

Bei den **Mollusken** werden viele physiologische Vorgänge hormonell gesteuert, darunter Wachstum und Fortpflanzung. Das Nervensystem enthält **Neurohämalbereiche**, aus denen Peptide in die Hämolymphe abgegeben werden. Inzwischen konnten Peptide nachgewiesen werden, die den Neuropeptiden der Wirbeltieren ähneln. Dazu gehören z. B. Enkephalin, Somatostatin, vasotocin- und insulinähnliche Peptide (MIP). MIPs regulieren Wachstum, Entwicklung und Energiehaushalt.

Auch andere Neurohormone kontrollieren die Wachstumsprozesse wie z. B. das Wachsen der Schneckengehäuse. Neben neurosekretorischen Zellen gibt es auch Zellgruppen, die nichtneuronaler Herkunft sind und als **endokrine Drüsen** angesehen werden können, so z. B. das **Juxtaganglionäre Organ** bei den Prosobranchiern. Es besteht aus Zellen, die im Bindegewebe, das das Cerebralganglion umgibt, verstreut liegen. Sie enthalten große membrangebundene Granula, die während der Eiablage entlassen werden. Man nimmt daher an, dass die freigesetzten Substanzen eine gonadotrope Funktion haben. Bekannt ist auch, dass das Geschlecht der einzelnen Tiere (z. B. bei *Crepidula*) durch die Freisetzung von Masculinizing Factor aus dem **Mantelrand** der Weibchen und durch Freisetzung von Feminizing Factor aus den **Tentakeln** der Männchen beeinflusst wird. Bei den Gastropoda findet man die paarigen medianen **Dorsalkörper**. Sie liegen dem Cerebralganglion auf, sind aber nicht innerviert und bilden ein Hormon (DBP, dorsal body peptide), das die Vitellogenese steuert. Außerdem ist dieses Hormon wichtig für die Differenzierung der weiblichen akzessorischen Geschlechtsorgane. An der Fortpflanzung ist auch das ELH (eierlegende Hormon) beteiligt, das in neurosekretorischen Zellen gebildet wird. Bei Cephalopoden ist die **Augendrüse** als endokrines Organ anzusehen. Diese Drüse ist wichtig für die Reproduktion. Wird sie entfernt, finden weder Spermatogenese noch Oogenese statt. Das Fortpflanzungsverhalten wird jedoch nicht beeinflusst.

Bei den **Anneliden** enthalten Gehirn und die Ganglien der Ventralkette viele neurosekretorische Zellen. Anneliden können Körperteile regenerieren. Beim Polychaeten *Nereis* funktioniert dies nur bei Vorhandensein des Gehirns. Es konnte nachgewiesen werden, dass der Einfluss hormoneller Natur ist. Auch Ecdysteroide wurden bei den Anneliden gefunden, doch ist der Einfluss auf die Häutung nicht endgültig bewiesen.

Bei den **Arthropoda** kommen neurosekretorische Zellen und epitheliale Hormondrüsen vor. **Peptidhormone** und **Ecdysteroide** sind nachgewiesen. Neben den Peptidhormonen sind vermutlich die Ecdysteroide (S. 73) die stammesgeschichtlich ältesten Hormone. Sie sind wahrscheinlich die Häutungshormone aller Arthropoda. Einer neurohormonalen Regelung unterliegen bei den Arthropoden unter anderem Wachstum, Entwicklung, Fortpflanzung, die Regulation des Kohlenhydrat-, Lipid- und Proteinstoffwechsels. Auch Herzrhythmik, Darmperistaltik und die Kontraktionsbewegung der Malpighischen Gefäße werden durch Neurosekrete stimuliert oder gehemmt.

Besonders gut untersucht ist das Hormonsystem einiger **Crustacea**. Bei dekapoden Krebsen besteht es aus neurosekretorischen Zentren und den dazu gehörenden Neurohämalorganen sowie aus Hormondrüsen. Das Hormonsystem ist jedoch überwiegend neuroendokrin geprägt. Eine Übersicht über die bekannten Neurohämalorgane und Hormondrüsen gibt Abb. 15.**14**.

Das **X-Organ-Sinusdrüsensystem** (XO-SD-System) des **Augenstiels** besteht aus den neurosekretorischen Zellen (X-Organ) und dem dazugehörenden Neurohämalorgan, der Sinusdrüse. Bei den dekapoden Krebsen ist das X-Organ-Sinusdrüsensystem im Augenstiel lokalisiert. Andere neurosekretorische Zellen enden mit ihren Axonen im **Postcommissuralorgan**, von wo aus auch die Neurohormone in die Hämolymphe gelangen. Ein weiteres Neu-

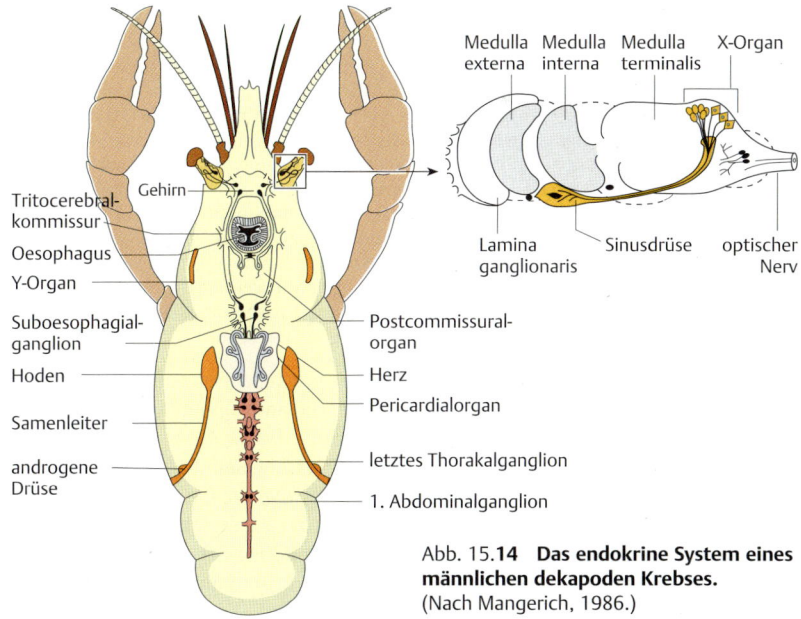

Abb. 15.**14 Das endokrine System eines männlichen dekapoden Krebses.** (Nach Mangerich, 1986.)

rohämalorgan, das **Pericardialorgan**, liegt im Pericardialsinus, einem Coelomraum, der das Herz umgibt. Die paarig angelegten Organe sind Neurohämalorgane für neurosekretorische Zellen der Thorakalganglien; zugleich sind die Pericardialorgane selbst neurosekretorisch aktiv.

Zusätzlich zu diesen neurosekretorischen Zentren gibt es echte epitheliale Hormondrüsen. Hierzu zählen das **Y-Organ**, das **Ovar** und die **Androgene Drüse**. Das paarige Y-Organ, der Bildungsort für das Häutungshormon 20-Hydroxyecdyson, ist im 1. Maxillensegment oder im Antennensegment lokalisiert. Auch das sogenannte **Mandibularorgan** hat eine endokrine Funktion. Es bildet Methylfarnesoat, ein Isoprenoid-Hormon, das dem Juvenilhormon der Insekten strukturverwandt ist und an der Gonadenreifung beteiligt ist. Unter dem Einfluss von Hormonen steht die postembryonale Entwicklung, die Differenzierung der Gonaden, der Farbwechsel, die Osmoregulation und der Glucagonstoffwechsel.

Die **postembryonale Entwicklung** geht mit einer Serie von Häutungen einher, die rasch aufeinander folgen. Auch nach der Metamorphose in die Adultform wachsen Krebse weiter; meist treten jedoch nur maximal zwei Häutungen pro Jahr auf.

Die Häutung der Krebse lässt sich in vier Phasen einteilen. Während der Vorbereitungsphase, der **Proecdysis**, wird die Cuticula ausgedünnt und anorganische Substanzen werden im Hepatopankreas (bei nichtmarinen Arten in der Magenwand) gespeichert. Bei der eigentlichen Häutung, der **Ecdysis**, platzt die Cuticula auf. In der folgen Phase, **Postecdysis**, werden Chitin und anorganische Substanzen in der neuen Cuticula eingelagert. Während des Ruhestadiums zwischen zwei Häutungen, der **Interecdysis**, werden Stoffe für die nächste Häutung gespeichert.

Schon in den 1930er-Jahren konnte experimentell eine Beteiligung des Augenstiels am **Häutungsprozess** der Krebse nachgewiesen werden: Ein Entfernen der Augenstiele beschleunigt den Ablauf. Doch bis heute ist die hormonelle Steuerung nicht vollständig geklärt. Beteiligt ist das im X-Organ-Sinusdrüsensystem gebildete **Moult inhibiting Hormone** (**MIH**). Dieses häutungshemmende Peptid wird in der Sinusdrüse gespeichert und während der Zwischenhäutungsphase ausgeschüttet. Es hemmt die Abgabe der im Y-Organ gebildeten Häutungshormone, der **Ecdysteroide**. Außerdem wird angenommen, dass ein weiteres im X-Organ-Sinusdrüsensystem gebildetes Neurohormon einen häutungsfördernden Effekt ausübt. Endet die MIH-Ausschüttung in der Proecdysis, beginnt das Y-Organ mit der Sekretion von Ecdysteron. Die Ecdysteronkonzentration ändert sich im Häutungsverlauf. Mit der Konzentration korrelieren zahlreiche morphologische und physiologische Änderungen, die direkt oder indirekt durch 20-Hydroxyecdyson hervorgerufen werden. Hierzu gehören der Abbau der alten Cuticula, eine erhöhte Proteasen- und Chitinasenaktivität sowie der Aufbau der neuen Cuticula. In der Vorhäutungsphase wird auch die Scherenmuskulatur teilweise ab-, in der Nachhäutungsphase wieder aufgebaut.

Bei der **Differenzierung der Gonaden** spielen geschlechtsspezifische Hormone eine Rolle. Bei männlichen Tieren wird zunächst die **androgene Drüse** (**AH**) angelegt. Sie bildet das **AGH** (androgenic gland hormone), das die Ausbildung der Hoden und der sekundären Geschlechtsmerkmale bewirkt. Eine Beteiligung von Neurosekreten wird angenommen. Bei weiblichen Tieren erfolgt die Entwicklung der Ovarien direkt. Im Gegensatz zu den Hoden hat das Ovar eine endokrine Funktion. Die in ihm gebildeten Sexualhormone sind für die Ausbildung der sekundären weiblichen Geschlechtsmerkmale erforderlich. Werden jungen männlichen Krebsen die androgenen Drüsen entfernt, so entwickelt sich ein Ovar. Entsprechend induziert eine bei Weibchen implantierte androgene Drüse die Ausbildung von Hoden.

Bei beiden Geschlechtern stimuliert im Mandibularorgan gebildetes **Methylfarnesoat** die Reifung der Gonaden.

Im X-Organ-Sinusdrüsensystem des Augenstiels wird auch das **Red Pigment concentrating Hormone** (**RPCH**) gebildet, das in der Sinusdrüse gespeichert wird. Dieses Neurohormon bewirkt durch eine Konzentration der roten Pigmente in den Erythrophoren einen **Farbwechsel**, der entweder als Hell-Dunkel-Wechsel tagesperiodisch erfolgt oder als schnelle Anpassung an wechselnden Untergrund. Der Farbwechsel wird durch ein zweites antagonistisch wirkendes Hormon geregelt. Das **Pigment dispersing Hormone** (**PDH**), das ebenfalls von Neuronen des Augenstiels gebildet wird, bewirkt die Pigmentdispersion in den Chromatophoren. In den Komplexaugen induziert es ferner den lichtadaptierten Zustand durch entsprechende Pigmentverschiebungen in den Pigmentzellen.

Ebenfalls im X-Organ-Sinusdrüsensystem wird ein hyperglykämisch wirkendes Hormon, das **Crustacean hyperglycemic Hormone** (**CHH**), gebildet. Es wirkt auf den **Glykogenstoffwechsel**. Bei einigen Dekapoden ist eine neuroendokrine Kontrolle mit Beteiligung des XO-SD-Systems bei der **Osmoregulation** nachgewiesen.

Die Pericardialorgane sezernieren mit Crustacean Cardio Active Peptide (CCAP) auch ein herzbeschleunigendes Peptid, das möglicherweise eine Rolle bei der Häutung spielt, da sich die Konzentration von CCAP vor einer Häutung ändert.

Bei den **Insekten** unterliegen Fortpflanzung, postembryonale Entwicklung und Diapause, ebenso wie die verschiedenen Stoffwechselprozesse, Wasserhaushalt und Farbwechsel hormoneller Kontrolle. In Tab. 15.**6** sind die Hormonbildungsstätten, einige Hormone und ihre Wirkungsweisen aufgelistet.

Tab. 15.**6** **Hormone der Insekten.**

Hormon	Bildungsort	Wirkung
PTTH (Prothorakotropes Hormon)	neurosekretorische Zellen	stimuliert die Ecdysonsekretion
Ecdyson	Larven: Prothoraxdrüse oder Ventraldrüse; Imago: Gonaden	Larven: häutungsauslösend; Imago: auf Gonaden
Juvenilhormon (JH)	Corpora allata	Larven: Aufrechterhalten des juvenilen Charakters; Imago: auf Gonaden
Bursicon	Hauptquelle neurosekretorische Zellen der Abdominalganglien	induziert Sklerotisierung
Diapausehormon	neurosekretorische Zellen im Suboesophagealganglion	Auslösung der Diapause
Eclosionshormon (EH)	Larven und Puppen: neurosekretorische Zellen im Gehirn	bewirkt Schlüpfen

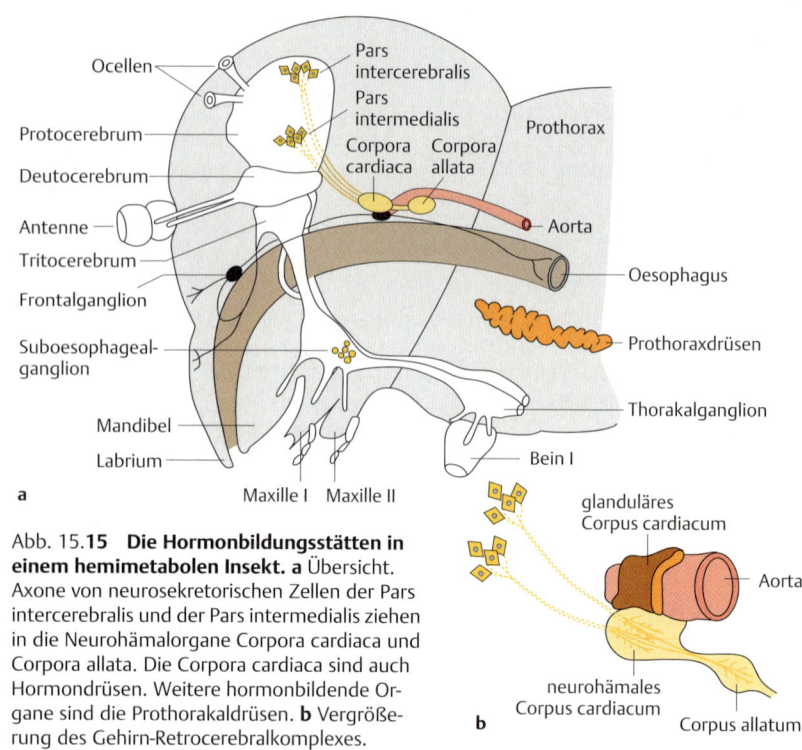

Abb. 15.**15 Die Hormonbildungsstätten in einem hemimetabolen Insekt. a** Übersicht. Axone von neurosekretorischen Zellen der Pars intercerebralis und der Pars intermedialis ziehen in die Neurohämalorgane Corpora cardiaca und Corpora allata. Die Corpora cardiaca sind auch Hormondrüsen. Weitere hormonbildende Organe sind die Prothorakaldrüsen. **b** Vergrößerung des Gehirn-Retrocerebralkomplexes.

Das Hormonsystem der Insekten ist hierarchisch gegliedert. Das Zentrum bildet der **Gehirn-Retrocerebralkomplex**, der sich aus Teilen des Gehirnes und den paarigen Corpora cardiaca und Corpora allata zusammensetzt (Abb. 15.**15**). In der Pars intercerebralis und der Pars medialis des Gehirns liegen vorwiegend neurosekretorische Zellen. Ihre Axone ziehen in die **Corpora cardiaca**, einem hinter dem Gehirn gelegenen Neurohämalorgan. Im drüsigen Anteil der Corpora cardiaca werden **adipokinetische Hormone** (**AKH**) gebildet. Diese Gruppe von Peptidhormonen wirken auf den Fettkörper und steuern den Energiestoffwechsel. So bewirken sie die Freisetzung der Diacylglycerine in die Hämolymphe zur Bereitstellung von Energie für den Flug. Ebenfalls mit dem Stoffwechsel in Verbindung gebracht werden die **Tachykinin-verwandten Peptide** (**TRPs**), die zunächst nur als Neurotransmitter angesehen wurden. Sie werden von den Corpora cardiaca und von endokrinen Zellen den Darmepithels gebildet und in die Hämolymphe sekretiert. Die Rezeptoren liegen in der Muskulatur.

Das **Neurohormon D** wird im Gehirn synthetisiert und aus den Corpora cardiaca freigesetzt. Es ist ein Peptidhormon aus der AKH-Familie und beeinflusst die Herzschlagfrequenz.

Die Axone der neurosekretorischen Zellen können auch weiter in die meist caudal von den Corpora cardiaca liegenden **Corpora allata** ziehen. Die Axonendigungen setzen unter anderem Peptidhormone frei, die die Synthese der in den Corpora allata gebildeten Juvenilhormone regulieren. **Juvenilhormone** gehören zu den Sesquiterpenoiden. Bislang hat man sieben verschiedene Juvenilhormone identifizieren können. In der Hämolymphe kommen sie an Proteinen gebunden vor und sind so vor enzymatischem Abbau geschützt.

Während der postembryonalen Entwicklung sind Juvenilhormone für das Aufrechterhalten des larvalen Charakters verantwortlich. Bei adulten Tieren beeinflussen sie physiologische Vorgänge während der Fortpflanzung.

Darüber hinaus sind bei den Lepidoptera die Corpora allata ein weiteres Neurohämalorgan. Sie dienen als Speicher für das **Prothorakotrope Hormon** (**PTTH**). Obwohl PTTH als erstes Insektenhormon beschrieben wurde, ist die chemische Struktur dieses Peptidhormones und seine Funktion noch nicht vollständig geklärt. Vermutlich gibt es verschiedene PTTHs; alle haben eine glandotrope Wirkung auf die epithelialen Drüsen.

Ecdysteroide (Ecdyson, 20-Hydroxyecdyson) kommen bei Larven, Puppen, Adulten sowie in Eiern und Embryonen vor. Bei Embryonen werden die Ecdysteroide in Häutungsdrüsen synthetisiert. Larven und Puppen bilden die Ecdysteroide in den **Prothoraxdrüsen** (bei Blattoidea, Hemiptera und allen holometabolen Insekten (S. 161) oder den homologen **Ventraldrüsen** (bei Larvenformen der Ephemerida, Plecoptera, Odonata und Orthoptera). Nach der Imaginalhäutung degenerieren diese Drüsen. Karlson und Stamm-Menendez gelang 1956 der erste Nachweis von Ecdysteroiden in adulten Insekten. Inzwischen wurden eine Vielzahl von Ecdysteroiden nachgewiesen. Bildungsorte bei den Adulten sind insbesondere die Gonaden, aber wahrscheinlich auch die segmentale Epidermis.

Butenandt und Karlson gelang 1954 die **Isolierung von Ecdyson**, dem wohl bekanntesten Ecdysteroid, aus Puppen des Seidenspinners. 1965 konnte die chemische Struktur aufgeklärt werden. Mittlerweile wurden weitere Ecdysteroide identifiziert. An den Ecdysteroiden wurden die Vorstellungen über den zellulären Wirkungsmechanismus der Steroidhormone entwickelt (S. 887).

Das eigentliche Häutungshormon während der postembryonalen Entwicklung ist das 20-Hydroxyecdyson, das jedoch in Form des Prohormons Ecdyson abgegeben und erst im peripheren Gewebe in die biologisch wirksame Form umgewandelt wird.

Im Gegensatz zu den Wirbeltieren können Wirbellose Steroide nicht de novo synthetisieren. Ecdysteroide werden bei Insekten aus Cholesterin anabolisiert, das mit der Nahrung aufgenommen wird. Ecdysteroide liegen häufig als Prohormon vor.

Ein weiteres Neurohormon ist das **Eclosionshormon** (**EH**). Dieses Neuropeptid wirkt auf das Nervensystem und ruft vor den Häutungen Verhaltens- und Aktivitätsänderungen hervor und bewirkt dadurch das Schlüpfen aus der alten Cuticula. Bei den Larven wird EH ebenfalls im Gehirn gebildet (Tab. 15.**6**) und von den mit den hinteren ventralen Ganglien assoziierten Neurohämalorganen ausgeschüttet. Bei den Puppen hingegen erfolgt die Synthese in neurosekretorischen Zellen des Gehirns und die Freisetzung über die Corpora cardiaca.

Hauptsächlich in den neurosekretorischen Zellen der Abdominalganglien, aber auch in anderen Zellen des Nervensystems wird **Bursicon** gebildet. Dieses Peptidhormon kontrolliert die Sklerotisierung der Cuticula bei der Puppen- und bei der Adulthäutung.

Bei den Insekten ist die **postembryonale Entwicklung** durch Wachstum, Häutungen und Metamorphose gekennzeichnet (S. 161). Bei den holometabolen Insekten findet während der Larvenentwicklung das Wachstum, im Puppenstadium die Metamorphose statt. Bei den hemimetabolen Insekten hingegen ähnelt die Larve mit jeder Häutung mehr der Imago, die mit der letzten Häutung erreicht wird.

Die postembryonale Entwicklung wird hormonell geregelt. Besonders gut untersucht ist der Ablauf bei den holometabolen Insekten, der in Abb. 15.**16** dargestellt ist. Ecdysteroide sind für jede Häutung notwendig. Der Juvenilhormontiter bestimmt den Charakter der Häutung. Eine Rolle spielen auch das Eclosionshormon und Bursicon. Gesteuert wird der Häutungsprozess durch die prothorakotropen Hormone.

Schon die **Schnürungsversuche**, die S. Kopeč 1917 an Raupen des Schwammspinners, *Lymantria dispar*, durchführte, deuteten an, dass das Gehirn bei den Häutungen involviert ist. Er schnürte das letzte Larvenstadium zu verschiedenen Zeitpunkten und an verschiedenen Stellen ab. Wurde vor einem bestimmten Zeitpunkt die Raupe in zwei Hälften abgeschnürt, verpuppte sich nur der vor dem Ligament liegende Teil. Die andere Hälfte blieb larval. Da das Durchschneiden des Nervenstranges allein keine Auswirkung auf die Häutung hatte, vermutete Kopeč eine in der Hämolymphe zirkulierende Substanz, die das Puppenstadium induziert. Fünf Jahre später konnte er zeigen, dass eine Exstirpation (lat. exstirpare: ausreißen, beseitigen) des Gehirns die Verpuppung verhindert, die Reimplantation die Weiterentwicklung ermöglicht. Die Versuche von Kopeč brachten die **ersten Hinweise für Neurohormone im Tierreich**.

Exogene Faktoren wie Tageslänge und Temperatur oder mechanische Reize bewirken eine Ausschüttung von Prothorakotropen Hormonen (PTTH) in die Hämolymphe und lösen jeden Häutungsprozess aus. Hierdurch wird in den Häutungsdrüsen die Biosynthese und Freisetzung von Ecdyson induziert. Ecdyson leitet den Häutungsprozess ein.

Werden jungen Schmetterlingsraupen die Corpora allata entfernt, setzt die Metamorphose verfrüht ein und Zwergschmetterlinge entstehen. Durch die Implantation von Corpora allata in das letzte Larvenstadium lassen sich Riesenimagos heranziehen.

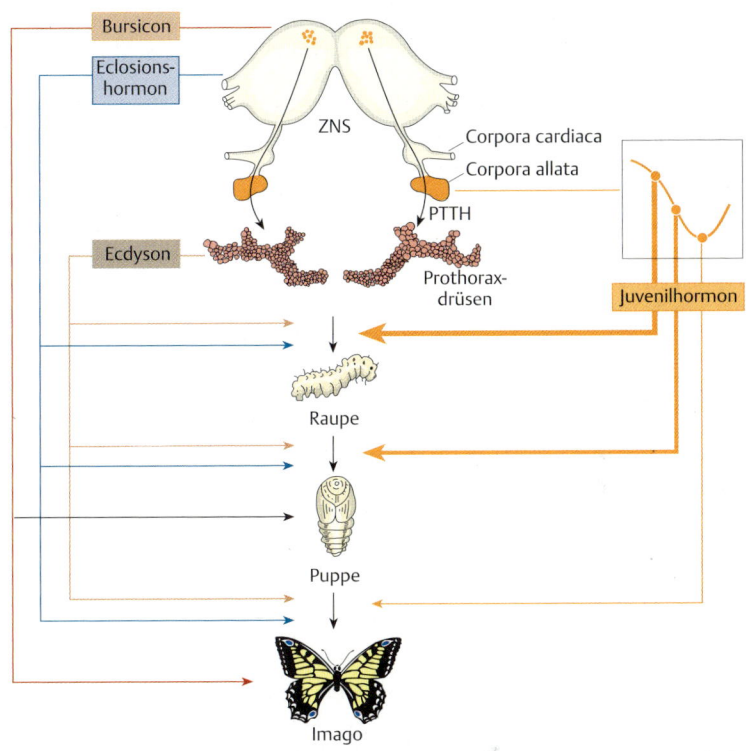

Abb. 15.**16 Hormonelle Regelung der postembryonalen Entwicklung eines holometabolen Insekts.** Der Häutungsprozess wird durch PTTH gesteuert. Zu Anfang jeder Häutung werden Ecdyson und Juvenilhormon sekretiert. Bei hoher Juvenilhormonkonzentration erfolgt eine Larvalhäutung, ist die Konzentration an Juvenilhormon etwas niedriger folgt die Häutung zum Puppenstadium. Bei fehlendem Juvenilhormon setzt die Metamorphose ein. Das Eclosionshormon ruft Verhaltens- und Aktivitätsänderungen hervor. Bei der Puppen- und Adulthäutung bewirkt Bursicon die Sklerotisierung.

Die Ecdysteroide bewirken eine Vorbereitung der Häutung, doch zum Schlüpfen aus der alten Cuticula wird noch ein weiteres Hormon benötigt. Gegen Ende jedes Häutungsprozesses wird das Eclosionshormon freigesetzt, das Veränderungen in der motorischen Aktivität bewirkt.

Nach dem Eintritt in das Adultstadium degenerieren in der Regel die Prothoraxbeziehungsweise die Ventraldrüsen und Häutungen finden nicht mehr statt.

Im Unterschied zu den Wirbeltieren produzieren die **Fortpflanzungsorgane** der Insekten keine geschlechtsspezifischen Hormone. Die einzig bekannte Ausnahme ist der Leuchtkäfer, *Lampyris noctiluca*, bei dem die Hoden ein androgenes Hormon produzieren. Die Funktion der Gonaden unterliegt jedoch einer hormonellen

Steuerung. Hieran sind die gleichen Hormone beteiligt, die während der postembryonalen Entwicklung Wachstums- und Entwicklungsvorgänge steuern: Ecdysteroide und Juvenilhormone. Beide haben eine glandotrope Wirkung.

Bei den meisten Insekten sind Juvenilhormone für die vollständige Reifung der Oocyten unerlässlich. Sie spielen eine zentrale Rolle bei der Vitellogenese. Juvenilhormone induzieren im Fettkörper die Synthese von **Vitellogeninen** und im Ovar ihre selektive Aufnahme aus der Hämolymphe in die heranwachsenden Oocyten. Für eine vollständige Reifung der Oocyten in den Ovarien sind sie ebenfalls erforderlich. Bei den Männchen sind Juvenilhormone für die Entwicklung der akzessorischen Geschlechtsorgane notwendig.

Ecdysteroide treten in beiden Geschlechtern in unterschiedlich großen Mengen in verschiedenen Organen und in der Hämolymphe auf. Bei den adulten Insekten sind die Aufgaben der Ecdysteroide vielfältig und artspezifisch. Die Synthese im Ovar wird durch ein Neurosekret, das **EDNH** (egg development neurosecretory hormone) stimuliert. Während der Oogenese treten Ecdysteroide auch in die Oocyten über. Sie werden gespeichert und während der Embryogenese freigesetzt. Sie haben eine Bedeutung für die Embryonalhäutungen und die Cuticularbildung, solange die Häutungsdrüsen noch nicht entwickelt sind.

Bei vielen Insekten kann in allen Entwicklungsstadien – Ei, Larve, Puppe, Imago – ein zeitweiliges Ruhestadium eintreten. Die Adult-Diapause tritt ein, bevor die Reifung der Gonaden einsetzt. Während dieser **Diapause** sind die Stoffwechselprozesse verlangsamt, und Insekten können widrige Umweltbedingungen überleben. Exogene Faktoren wie die Tageslänge oder niedrige Temperaturen lösen die Diapause aus, der Verlauf wird hormonell gesteuert.

Verschiedene Hormone sind am Aufrechterhalten der Diapause beteiligt. Dies zeigt die hormonelle Kontrolle der Diapause während des Puppenstadiums bei Lepidopteren. Bei der Puppe des großen Seidenspinners wird während der Diapause kein prothorakotropes Hormon gebildet. Dagegen scheint bei anderen Lepidopterenpuppen die Prothoraxdrüse die entscheidende Rolle zu spielen. Obwohl prothorakotropes Hormon in der Hämolymphe vorhanden ist, werden keine Ecdysteroide synthetisiert. Durch die Injektion von Ecdyson lässt sich die Diapause beenden.

Dagegen scheint die Diapause von Larven durch hohe Titer an Juvenilhormon bedingt zu sein, die durch negative Rückkopplung auf neurosekretorische Zellen im Oberschlundganglion eine Synthese und Freisetzung von PTTH verhindern.

Bei Embryonen und jungen Larven des Seidenspinners wird die Diapause durch ein Hormon aufrechterhalten, das von neurosekretorischen Zellen des suboesophagealen Ganglions sezerniert wird.

> **Hormonsystem der Crustaceae:** Neurosekretorische Zentren und dazugehörige Neurohämalorgane des Augenstiels: X-Organ-Sinusdrüsensystem und Neurohämalorgan (Sinusdrüse); neurosekretorische Zellen mit Endigungen im Postcomissuralorgan; Pericardialorgan, das gleichzeitig Neurohämalorgan für neurosekretorische Zellen der Thorakalganglien ist. Epitheliale Hormondrüsen: Y-Organ, Ovar, Androgene Drüse, Mandibularorgan.
> **Hormonsystem der Insekten:** Gehirn-Retrocerebralkomplex mit Gehirn, paarigen Corpora cardiaca, Corpora allata.
> **Corpora allata:** Teilweise Neurohämalorgan (Speicher des Prothorakotropen Hormons, PTTH), endokrine Drüse (Bildung von Juvenilhormonen).

15.6 Pheromone

> Pheromone sind chemische Signale, die nach außen abgegeben werden. Sie vermitteln die **Kommunikation zwischen Individuen einer Art**. Sie sind vom Einzeller bis zu den Säugetieren, einschließlich Mensch, nachgewiesen. Die meisten Pheromone sind flüchtige Substanzen und werden über die Luft oder das Wasser abgegeben. Pheromone können hormonelle Wirkung haben und beim Empfänger über Stoffwechselwege eine Reaktion hervorrufen oder unmittelbar. Man unterscheidet zwischen Alarm-, Spur-, Aggregations-, Ablenkungspheromonen und Sexuallockstoffen.

Pheromone sind Botenstoffe, die eine Kommunikation über chemische Substanzen zwischen Individuen einer Art vermitteln. Botenstoffe, die an Individuen anderer Arten abgegeben werden, werden als **Allelochemikalien** (*Ökologie, Evolution*) bezeichnet. Beispiele hierfür sind Abwehrstoffe von Pflanzen an Fressfeinde oder Blütenlockstoffe. Pheromone werden in speziellen Drüsen gebildet, aber im Gegensatz zu den eigentlichen Hormonen **nach außen abgegeben**. Der chemische Reiz ist häufig ein Gemisch aus mehreren Komponenten, die additiv in einem bestimmten Mischungsverhältnis ihre Wirkung entfalten. Die meisten Pheromone sind flüchtige Substanzen und ihre Verbreitung erfolgt über die Medien Luft oder Wasser. Vom Empfänger werden sie durch spezielle Chemorezeptoren aufgenommen. In Ausnahmefällen, hierzu gehört die sogenannte Königinnensubstanz (Gelee Royale) der Bienen, werden Pheromone über den Mund aufgenommen. Pheromone wirken nicht strikt artspezifisch und können abgeschwächt auch auf Individuen verwandter Tiergruppen einwirken. Ihre artspezifische Signalwirkung liegt weniger in einer streng spezifischen chemischen Verbindung, sondern in ihrer artspezifischen Abgabe und Wahrnehmung. Als erstes Pheromon wurde der Sexuallockstoff des Seidenspinners, *Bombyx mori*, von Butenandt und Mitarbeitern 1959 chemisch identifiziert. Bombykol erfüllt die Voraussetzungen einer flüchtigen Substanz, denn es ist niedermolekular und lipophil.

Die Kommunikation über chemische Signale ist vermutlich die phylogenetisch älteste Form der Informationsübertragung. Pheromone sind von den eukaryotischen Einzellern bis zu den Säugern, einschließlich des Menschen, in fast allen Tiergruppen nachgewiesen. Bei den Insekten stellen sie ein **wichtiges Kommunikationsmittel** dar, insbesondere bei den sozial lebenden Insekten, wo sie nahezu alle Aspekte des Lebens in der Kolonie steuern.

Pheromone können hormonelle Wirkungen haben und über Stoffwechselvorgänge eine Umstimmung beim Empfänger hervorrufen oder sie lösen eine unmittelbare Reaktion aus. Hierzu gehören Alarmpheromone, Spurpheromone oder die Sexuallockstoffe.

Das bekannteste Pheromon mit **hormoneller Wirkung** ist das Sekret der Mandibeldrüsen der Königinnen der Honigbienen (*Apis mellifera*), das auch Königinpheromon genannt wird. Das Sekret ist eine Mischung aus fünf verschiedenen Fettsäuren. Es wirkt offenbar direkt auf neuroendokrine Zentren im Gehirn und sekundär regulierend auf nachgeordnete Drüsen. Das Königinpheromon spielt die entscheidende Rolle bei der Regelung der strengen sozialen Ordnung im Bienenstock. Es veranlasst die Arbeiterinnen, die Königin zu ernähren. Außerdem unterdrückt es Bau und Pflege neuer Weiselzellen für die Aufzucht neuer Königinnen und unterbindet die Entwicklung der Ovarien der Arbeiterinnen. Außerhalb des Stockes hingegen wirkt das Königinpheromon als Sexuallockstoff und bewirkt, dass die Drohnen der Königin folgen (Abb. 15.**2**).

Alarmpheromone sind bei vielen Tiergruppen nachgewiesen. Verletzte Elritzen beispielsweise sondern einen in den Epidermiszellen gebildeten Alarmstoff ab, der bei Artgenossen Fluchtverhalten auslöst. Der Alarmstoff Hypoxanthin-3-oxid lockt jedoch auch weitere Räuber an. Da der erste Räuber durch den Nahrungskonkurrenten irritiert ist, kann die Elritze die Situation zur Flucht nutzen.

Auch bei Insekten spielen Alarmpheromone eine wichtige Rolle. Ameisen können alarmauslösende Substanzen abhängig von der Art durch die Mandibular-, die Gift-, die Dufour- oder die Analdrüse ausscheiden. Bei Tieren, die sich im Nest aufhalten, lösen Alarmpheromone Angriffsverhalten aus, bei Individuen außerhalb des Nestes Fluchtverhalten.

Die Duftstraßen zur Orientierung auf dem Erdboden werden von Termiten und Ameisen mit **Spurpheromonen** markiert. Diese werden aus verschiedenen exogenen Drüsen oder anal direkt auf den Boden oder auf Pflanzen abgegeben. Aufgrund ihrer Flüchtigkeit werden sie immer wieder erneuert. Bei Ameisen können Spurpheromone sogar nestspezifisch sein: So wird gewährleistet, dass Arbeiterinnen nicht ins falsche Nest laufen.

Sexualpheromone steuern das Paarungsverhalten. Sie dienen bei **Säugern** zum Anlocken der Geschlechtspartner und können eine wichtige Rolle bei der Feinregulierung der Fortpflanzung spielen. Als chemische Substanzen wirken Steroidabkömmlinge (Moschus), Fettsäure- oder Terpenoidderivate. Abgegeben werden Sexuallockstoffe über den Speichel, Schweißdrüsen oder über den Harn. Der Empfänger nimmt die Duftstoffe über die Riechschleimhaut auf, insbesondere über ein kleines paarig angelegtes Organ an der Basis der Nasenschleimhaut, das Vomeronasale Organ (Jacobson-Organ). Bei Mäuseweibchen konnte gezeigt werden, dass ihnen mögliche Geschlechtspartner im Geruch attraktiver erscheinen, deren MHC-Gene eine größere genetische Distanz aufweisen. Trächtige Weibchen hingegen bevorzugten den Geruch von Tieren, deren MHC-Komplex ihrem ähnelte (S. 802).

Bei **marinen wirbellosen Tieren** wird durch Sexualpheromone die Abgabe von Eiern und Spermien synchronisiert und die Wahrscheinlichkeit einer Befruchtung erhöht. Nachgewiesen wurde dies bei Seesternen und Venusmuscheln.

Gut untersucht sind die Sexualpheromone der **Insekten**. Bei Nachtfaltern und vielen anderen Insektengruppen finden sich die Geschlechter mithilfe von Duftstoffen. Meist sondern die Weibchen aus einer Hinterleibsdrüse Pheromone ab, die ein artspezifisches Anlocken der Männchen bewirken. Mit der Kopulation erlischt die Lockwirkung. Die Sexualpheromone weisen verschiedenartige Duftnoten auf. Sogar bei Populationen einer Art kann es quantitative Unterschiede in der Zusammensetzung geben. In der Schädlingsbekämpfung macht man sich diese Anlockung beim Einsatz von Pheromonfallen zu Nutze.

Aggregationspheromone regeln bei Insekten die Besiedlung von Wirtspflanzen durch Anlocken oder Abweisen der Geschlechter. Es kommt zu einer erhöhten Konzentration des Lockstoffes, der erst Teile einer Wirtspflanze und schließlich auch benachbarte Pflanzen mit einer Duftwolke eindeckt. Da sich beide Geschlechter einfinden, kommt es auch zu einer höheren Paarungswahrscheinlichkeit. In der Forstwirtschaft besonders gefürchtet sind die **Borkenkäfer**, die in Rinde oder Holz von Nadelbäumen leben. Bohrt sich ein Borkenkäfer in das Holz, gibt er mit seinem Kot ein Aggregationspheromon ab, das andere Käfer anlockt. Durch eine Ansammlung vieler Käfer an einem Baum lassen sich dessen Widerstandskräfte (z. B. Harzfluss) besser überwinden. Bei zu hoher Populationsdichte werden **Ablenkpheromone** abgegeben, die umherfliegende Käfer veranlassen, unbefallene Bäume anzufliegen. Die Aggregations- und Ablenkpheromone der Borkenkäfer, bei denen es sich um unterschiedliche Verbindungen handelt, sind gut untersucht.

> Die Pheromone jener Insekten, deren Larven in der Land-, Forst- und Vorratswirtschaft große Schäden anrichten, sind chemisch identifiziert. Künstlich hergestellte Pheromone werden in der **Schädlingsbekämpfung** eingesetzt. Verschiedene Methoden finden Anwendung. Um Schmetterlinge zu dezimieren, deren Larven durch ihre Fraßtätigkeit große Schäden in Land- und Forstwirtschaft anrichten, wird die „Verwirrtechnik" eingesetzt: Künstlich hergestellte **Sexualpheromone** der Weibchen werden in hoher Konzentration ausgebracht. Die Männchen können aufgrund der hohen Konzentration synthetischer Pheromone die Weibchen mit ihren natürlichen Pheromonen nicht orten. Als Folge ergibt sich eine verminderte Paarungsfrequenz mit den Weibchen und weniger Nachkommen. Durch Ausbringen von Lockfallen, die mit **Aggregationspheromon** bestückt sind, können beide Geschlechter weggefangen werden. Solche Fallen werden beispielsweise zur Feststellung der Populationsdichten von Borkenkäfern eingesetzt. Auf diese Weise lässt sich die Präsenz schwacher Schädlings-

populationen erkennen, bevor Schäden an der Vegetation sichtbar sind. Fallen bestückt mit **Ablenkpheromonen** werden eingesetzt, um einen Waldbestand frei von Borkenkäfern zu halten.

Noch sind der praktischen Anwendung Grenzen gesetzt. Misserfolge bei der Anwendung können auftreten, wenn die Biologie der Insekten nur ungenügend bekannt ist, und vielfach fehlen noch ausreichende Informationen über die ökologischen Parameter, die eine Rolle bei der Abgabe der Lockstoffe spielen (z. B. Licht, Alter der Wirtspflanze, Windverhältnisse). In solchen Fällen wirken Pheromonfallen nicht optimal. ◄

Eine Reihe von in der Umwelt vorhandenen Chemikalien können das Hormonsystem von Tieren und Menschen beeinflussen, indem sie wie körpereigene Hormone wirken oder deren Wirkung abschwächen. Derartige Chemikalien, die natürlicher oder synthetischer Herkunft sein können, werden als **Umwelthormone** oder besser als **endokrine Modulator**en (endocrine disruptors) bezeichnet. Endokrine Modulatoren können mit den körpereigenen Rezeptoren in Wechselwirkung treten, aber auch Biosynthese, Transport und Abbau körpereigener Hormone beeinflussen. Substanzen, die eine östrogene Wirkung haben werde als **Xenoöstrogene** bezeichnet. Sie werden mit Fruchtbarkeitsstörungen und mit dem Rückgang von Tierarten in Verbindung gebracht.

Auf die Wirkung endokriner Modulatoren wurde man erstmals Ende der 60er-Jahre des 20. Jahrhunderts aufmerksam, als Möwen-Populationen im Süden Kaliforniens ein gestörtes Fortpflanzungsverhalten zeigten, das zu einem Rückgang der Populationen führte. Diese Populationen waren einer hohen **DDT-Belastung** ausgesetzt. Auch die Fortpflanzungsstörungen von Alligatoren im Apopka-See in Florida werden auf eine hohe Belastung des Sees mit Pflanzenschutzmitteln zurückgeführt, als bei einem Unfall Insektizide ins Wasser gelangten. Die Feminisierung der männlichen Alligatoren ist auf eine antiandrogene Wirkung eines Stoffwechselprodukts von DDT-Isomeren zurückzuführen.

Die Ausscheidungen von **Östrogen** durch hormonbehandelte Menschen und Nutztiere ist eine weitere Ursache für die Belastung aquatischer Organismen. So wurden in England stromabwärts von Kläranlagen männliche Fische mit weiblichen Geschlechtsmerkmalen gefunden. In ihren Lebern wurde Vitellogenin nachgewiesen, eine Vorstufe des Eidotters, der normalerweise nur bei Weibchen produziert wird. Auch in deutschen Binnen- und Küstengewässern zeigen männliche Fische eine Feminisierung.

Bei marinen Schnecken wird eine Vermännlichung bis zur Sterilität beobachtet. Als Auslöser dieses Phänomens werden **organische Zinnverbindungen** (Tributylzinn, TBT) angesehen, die aus Schutzanstrichen von Schiffen ins Wasser gelangen. Inzwischen wird bei etwa 100 Substanzen eine endokrine, meist östrogene Wirkung vermutet. Dazu gehören **Pestizide** wie DDT, **chlororganische Verbindungen**, **Phtalate** (als Kunststoff-Weichmacher verwendet), **Alkylphenole** (in Reinigungsmitteln, Kosmetika) oder **Bisphenyl-A** (Kunststoffherstellung). Auch einige **Schwermetalle** wie Cadmium, Blei und Quecksilber stehen in Verdacht, endokrin wirksam zu sein.

Auch beim **Menschen** wurden seit Mitte bis Ende des 20. Jahrhunderts Veränderungen am Fortpflanzungsverhalten festgestellt. So weisen epidemiologische Studien auf eine Abnahme der Spermienproduktion hin, die allerdings geografisch stark variiert. Es ist schwierig, kausale Zusammenhänge aufzustellen, da Menschen und Tiere einer Vielzahl verschiedener Umweltchemikalien ausgesetzt sind. Weil Umweltchemikalien inzwischen weltweit verbreitet sind, können auch keine unbelasteten Vergleichsgruppen (mehr) gefunden werden. ◄

Pheromone: Chemische Substanzen, die der Kommunikation zwischen Individuen einer Art dienen, werden nach außen abgegeben, können verschiedene Verhaltensweisen bewirken, in allen Tiergruppen nachgewiesen.
Allelochemikalien: Chemische Substanzen, die an Individuen anderer Arten gerichtet sind.

16 Anhang

Thomas Kurth

Tab. 16.1 Wasserlösliche Vitamine. Es sind die für den Menschen wichtigen Vitamine aufgeführt. Bedarfsangaben in Anlehnung an die Richtwerte der Deutschen Gesellschaft für Ernährung. Die Angaben beziehen sich auf die empfohlenen Tagesdosen und können je nach Disposition und Umständen von Individuum zu Individuum stark schwanken.

Name: Bedarf	Struktur/Funktion	Mangelsyndrom	Quelle	Reservoir
Thiamin (Vitamin B_1): 1,0–1,4 mg	Pyrimidin + Thiazolring; Thiaminpyrophosphat ist Coenzym des Pyruvat-Dehydrogenase-Komplexes (oxidative Decarboxylierung)	Polyneuritis (Beriberi): Darm- und Hauterkrankungen; Krämpfe, Herzmuskelschwäche, Nervenschäden	Getreidehüllen, Fleisch, Innereien, Dünndarmflora	Speicherung in Gehirn, Leber, Niere, Herz (etwa 10 mg)
Panthothenat: 6 mg	Aminosäurederivat; Bestandteil von Coenzym A und Acyl-Carrier Protein; Übertragung von aktivierter Essigsäure	Müdigkeit, Schlaf- und Bewegungsstörungen (burning foot)	Eier, Leber, Hefe	Speicherung in vielen Geweben (etwa 50 mg)
Niacin (Nicotinsäure und Nicotinsäureamid): 13–17 mg	Pyridinderivate; Nicotinsäureamid ist Bestandteil von NAD und NADP (Wasserstoffübertragung)	Pellagra, trockene, rissige und gerötete Haut; Durchfall, Demenz	Hefe, Rohkost, Herz, Niere, Leber	Speicherung in der Leber (etwa 150 mg)
Riboflavin (Vitamin B_2): 1,2–1,6 mg	Alloxazinderivat; Bestandteil von FAD (Wasserstoffübertragung)	Wachstumsstörungen, Hauterkrankungen, Cornea-Schäden, Nervenerkrankungen	Hefe, Leber, Milch, Fleisch, Eier, Vollkornprodukte	Speicherung in Leber, Skelettmuskel (etwa 10 mg)
Pyridoxin (Vitamin B_6) (Pyridoxol, Pyridoxal, Pyridoxamin): 1,2–1,9 mg	Pyridinderivat; Pyridoxalphosphat ist Coenzym bei der Phosphorolyse von Glykogen und bei Transaminierungen (Aminosäuren-Stoffwechsel)	Hauterkrankungen, Nervenerkrankungen, Krämpfe (bei Säuglingen), Nierensteine; Blutarmut (Anämie)	Fleisch, Leber, Fisch, Hülsenfrüchte, Vollkornprodukte, Rohkost	Speicherung in Muskel, Leber, Gehirn (etwa 100 mg)
Biotin (Vitamin H): 30–60 µg	kondensierte heterozyklische Fünferringe; Coenzym bei Carboxylierungen	Hauterkrankungen, Appetitlosigkeit	Eier, Leber, Nüsse, Getreide, Fleisch, Gemüse, Darmflora	Speicherung in Leber und Nieren (etwa 0,4 mg)

Tab. 16.1 Wasserlösliche Vitamine. (Fortsetzung).

Name: Bedarf	Struktur/Funktion	Mangelsyndrom	Quelle	Reservoir
Folsäure: 0,4–0,6 mg	Pteroylglutamat (enthält Pteridinring, p-Aminobenzoesäure und Glutamat), Coenzym F (Tetrahydrofolsäure) beteiligt an C1-Gruppenübertragungen (z. B. Nucleinsäuresynthese)	Anämie, Darmerkrankungen; verminderte Antikörperbildung; im Embryo: „offener Rücken" (Spina bifida)	Gemüse, Fleisch, Milch, Leber, Vollkornprodukte	Speicherung in der Leber (12–15 mg)
Vitamin B_{12} (Cobalamine): 3–4 µg	Corrinringsystem mit zentralem Kobaltatom; beteiligt unter anderem an Methylübertragungen, Transaminierungen	Perniziöse Anämie, Wachstumsstörungen	Ei, Fleisch, Leber, Darmflora	Langzeitspeicher vor allem in der Leber
Ascorbinsäure (Vitamin C): 100–150 mg	Pentose; Reduktionsmittel, Schutzmittel gegen reaktive Sauerstoffspecies	Frühjahrsmüdigkeit, Schwächung des Immunsystems, Skorbut (Bindegewebsschwäche, Zahnausfall, Herzschwäche, innere Blutungen)	Obst, Gemüse: z. B. Kartoffeln, Citrusfrüchte, Tomaten, Paprika, rohes Fleisch	Speicher in Gehirn, Nieren, Leber, Herz, Pankreas (1,5 g)

Tab. 16.2 **Fettlösliche Vitamine.** Zu den Bedarfsangaben siehe Tab. 16.1. Provitamin A: Aus einem Molekül β-Carotin werden mithilfe der Carotinase durch Spaltung zwei Moleküle Vitamin A gebildet. Vitamin D: Da Calciferole vom Körper selbst synthetisiert werden können, besteht kein eigentlicher Bedarf.

Name: Bedarf	Struktur/Funktion	Mangelsyndrom	Quelle	Reservoir
Vitamin A (Retinol, Retinal, Retinsäure): 1–1,5 mg Provitamin A (β-Carotin): 1,5–2 mg	Isoprenoidderivat; Rolle beim Schutz und der Regeneration von Epithelien; Retinal ist Teil des Sehfarbstoffs Rhodopsin; Retinsäure mit Funktionen in der Embryonalentwicklung	Sehschwäche, Austrocknung des Auges, Verhornung von Schleimhäuten, embryonale Missbildungen; Hypervitaminose: (über 15 mg/Tag) Haut- und Schleimhautveränderungen, Kopfschmerz, Anämie, embryonale Missbildungen	Eigelb, Leber, Fisch Provitamin A in Gemüse (Karotten) und gelben Früchten	Speicher in der Leber
Vitamin D (Calciferole, D_2 Ergocalciferol, D_3 Cholecalciferol): 5–10 µg	Steroidderivate, aus 7-Dehydrocholesterin oder Ergosterin in einer UV-abhängigen Reaktion synthetisiert; 1α,25-Dihydroxychole- (oder Dihydroxyergo-)calciferol ist an der Regelung des Calcium- und Phosphat-Haushalts beteiligt	Rachitis: gestörtes Knorpel- und Knochenwachstum, Verkrümmungen, Knochenentkalkung, schwache Muskelentwicklung; Hypervitaminose: (über 500 µg/Tag) Kalkeinlagerungen, Störungen in ZNS und Nieren	Leber, Fischöl, Eigelb	geringer Speicher in Leber, Nieren, Darm, Knochen
Vitamin E (α-Tocopherol): 12–17 mg	Isoprenoidderivat; Antioxidans, schützt ungesättigte Membranlipide und Proteine vor reaktiven Sauerstoffspecies	Muskeldystrophien, Anämien, bei manchen Tieren Fertilitätsstörungen	Gemüse, Pflanzenöle	Speicher in Leber, Fettgewebe, Uterus, Hypophyse, Nebennieren (mehrere Gramm)
Vitamin K (Phyllochinon, Menachinon): 60–80 µg	Naphtochinon mit Isoprenoidseitenkette; an Synthese von Blutgerinnungsfaktoren beteiligt (Carboxylierung von Glutamatresten in Prothrombin)	verzögerte Blutgerinnung, spontan auftretende Blutungen	Gemüse, Leber, Darmflora	geringer Speicher in Leber und Milz

Sachverzeichnis

A
Aal, europäischer 211f.
Aaskäfer 165
AB0-System 708
Abdomen 138, **171**
Abgottschlange 231
Ablenkpheromon 919
Absorbierer 657, **669**
Acanthocephala 41, 632
Acanthocorydalus kolbei 163
Acanthodii 208
Acanthophrynus coronatus 110
Acanthopleura brevispinosa 55
Acanthostega 217, 222
Acari 116
Acariformes 117
Acarinomorpha 116
Accipitres 243
Acerentomon 144
Acetessigsäure 760
Acetyl-CoA 681
Acetylcholin 432, 443, 550, 583, 729, 733
Acetylcholinesterase 501
Acetylcholinrezeptor 501
– muscarinerger 450
– nikotinischer 418, 432, 448
Acetylsalicylsäure 510
Acherontia atropos 168
Acheta domestica 155
Acinus 371
Acipenser sturio 202, 212
Acoelomorpha 32
Acrania 194
– Nahrungsaufnahme 660
Acromion 251
Acropora 26
Acrosin 294
Acrosomata 27
Acteon 64
ACTH (Adrenocorticotropes Hormon) 443, 894
Actinarida 25
Actinfilament 389
Actinistia 2, 212f.
– Extrazellulärflüssigkeit 834
Actinopteri 212
Actinopterygii 209
– Extrazellulärflüssigkeit 834
– Osmoregulation 836f.
Actinotrichida 117
Actinotrocha-Larve 175
Actinula-Larve 23
Activin A 702
Aculifera-Hypothese 53
Adalia 165
Adaptation **474**
AdCC (Antibody-Dependent Cellular Cytotoxicity) 821
Adducin 707

Adelphotaxon 1, **5**
Adenin 847
Adenohypophyse 493, 890, 903, **906**
Adenosin 863
Adenosin-3,5-monophosphat, cyclisches s. cAMP
Adephaga 165
ADH s. antidiuretisches Hormon
Adherens Junction 10, 310, 686
Adipokinetisches Hormon (AKH) 912
Adiuretin s. antidiuretisches Hormon
Adler 243
ADMP (Anti-Dorsalizing Morphogenic Protein) 340
Adrenalin, Signaltransduktion 883
Adrenocorticotropes Hormon (ACTH) 443, 894
$β_1$-Adrenozeptor 732
adult 14, **18**
Adultphase 298
Aedes 170
Aedes aegypti 649
Aepyornis maximus 243
AER (Apical Ectodermal Ridge) 346, 356
Aeropyle 283, **285**
Aeshna cyanea 149
Aesthet 55
Aetobatus narinari 207
Affen 264
afferent 413
Afrikanischer Steppenelefant 271
Afrosoricida 256
Afrotheria-Hypothese 256
After 35, 47, 178, 677
Agapanthia villosoviridescens 165
Aggregation 13, **624**
Aggregationspheromon 919
Aggression 621, 623, **625**
AGH (Androgenic Gland Hormone) 910
aglandulär 877
Aglaura 24
Agnostus 91
Agrin 498
Ailuropoda melanoleuca 267, 271
AKH (adipokinetisches Hormon) 912
Akklimatisation 776, **779**
Akromion **271**
Akron 82, 91
Akrosom 10, 289, **292**

Akrosomreaktion 294, **297**
Aktionspotential 422, **441**
– Alles-oder-nichts-Regel 425
– Fortleitung 425, 463
– Leitungsgeschwindigkeit 425
– Refraktärzeit 425
– rückgeleitetes 422, 458, 463
– Schwelle 423, 427
Alarmpheromon 918
Alarmstoff 602
Albumin, Ultrafiltration 862
Alca impennis 243
Aldosteron 735, 868, 896, 899
Aleyrodina 161
Alisphenoid 246, 248
Alisphenoidalia 248
Alkalose, respiratorische 761, **762**
Alkenvögel 243
Alkohol, Resorption 690
Alkylphenol 920
Allantoin 845, 847
Allantois 226, 315
Allantois-Plazenta 260
Allelochemikalie 917, **921**
Allen-Regel 773
Allesfresser 652
Alligator mississippiensis 232
Allonautilus 67
Allosauridae 234
allosterischer Effekt 743
Alpensalamander 224
Altern, Ursache 323
alternatives Splicing 811
Altruismus 619ff., 623, **624**
Altweltgeier (Aegypiinae) 243
Alveolarmakrophage 784
Alveole 742f., 746
Alzheimer 573
Amblypygi 109
Amblyrhynchus cristatus 230
Amboss 247, 311, 517
Ambulacraria 179
Ambulakralfeld 181
Ambulakralfüßchen 183, 661
Ambystoma, Regeneration 318, 321
Ameisen 166
Ameisenbären 261
Ameisenbeutler 259
Ameisenigel 257
Ameisenjungfern 164
Ameloblast 386
Ameridelphia 259
Amerikanische Schabe 153, 663
ametabol 315
Amia calva 202, 212
Amiiformes 212
Amin, biogenes 443, 592

γ-Aminobuttersäure 443, 568
Aminopeptidase 687, 690
Aminosäure, essentielle 653
Aminosäurederivat-Hormon 876f.
Ammern 243
Ammocoetes-Larve 203
Ammoniak, Exkretion 844
Ammoniak/Ammonium-Puffer 870, **873**
ammoniotelisch 847
Ammonoidea 69
Amnionhöhle 226, 315
Amniota, Blutkreislauf 725
Amöbe, Verdauung 670
Amöbenruhr 644
Amoebocyt 15, 633, 671, 701
AMPA 448, 456
Amphetamin 583
Amphibia (Amphibien) 218, 223f.
– Atemmechanik 749
– Atmung 755
– Gastrulation 305
– Metamorphose, Hormone 897
– Osmoregulation 836
– Verdauungssystem 674
Amphiblastula 11
Amphioxus 196
Amphipoda 129
Amphisbaenia 231
Amphisbaenidae 231
Amplifikation 883, **889**
Ampulle 514
Amygdala 523, 569, **575**
α-Amylase, pankreatische 687
Amylo-1,6-α-Glucosidase 688
Amyloid Precursor Protein (APP) 572
Anabantidae 755
anabol 900
Anämie, perniziöse 655
Anakonda, Grüne 231
Analader 150
Analdrüse 83, 107, 918
Analfächer 150
Analfurche 159
Analis 150
Analkanal 677
Anandamid 443
anapsider Schädel 227, 244
Anastomose 778
Anatidae 242
Anatosaurus 233
Anax imperator 149
Ancylostoma duodenale 630, 647
Ancylus fluviatilis 65f.
Ancyropoda 58
Andrias japonicus 224
Androgen 896, 902f.
Androgene Drüse 910
Androgenic gland hormone (AGH) 910
Androstendion 896, 899f., 903

Angioblast 702
Angiotensin 735
– I 864
– II 443, 864
Angiotensinogen 864
Anguilla anguilla 211f.
Anguillidae 212
Anguimorpha 231
Anguis fragilis 231
Angulare 219
Angusteradulata 69
ANH (ANP, atriales natriuretisches Hormon/Peptid) 733, 897, 906
Animalia 10
Aniridia-Mutation 345
Anisogamie 277
Anisoptera 149
Ankyrin 707
Annelida 76
– Extrazellulärflüssigkeit 834
– Hormon 908
Anocleithrum 222
Anodonta 834, 855
Anopheles 170, 627, 637
Anostraca 124
Anser anser
– Eirollbewegung 587
– Kopfskelett 242
Antedon 182
Antedon mediterranea 184
Antennapedia-Komplex 344
Antennata 131
Antenne 82, 92
Antennendrüse 851, 856
Antennula 120, **130**
anterograder Transport 400
anteroposterior 329
Anthocharis cardamines 168
Anthozoa 25
Anti-Skorbut-Vitamin 655
Antibody-Dependent Cellular Cytotoxicity (AdCC) 821
antidiuretisches Hormon (ADH, Adiuretin) 736, 864, 891f.
Anti-Dorsalizing Morphogenic Protein (ADMP) 340
antidrom 428
Antigen 796, **811**
Antigen-präsentierende Zelle 802
Antigenbindungsstelle 796, **811**
antigene Determinante 796, **811**
Antigenprozessierung 801f.
Antikörper 691
– monokonaler 796, 798
Antilocapra americana 265
Antiphlogistikum, nichtsteroidales 510
Antliophora 168
Antrum 683
Antrum folliculi 282
Anura 224, 317

Aorta **727**, 758
– ventralis 199
Aorta-Gonaden-Mesonephros-Region 702
Aortenbogen, Entwicklung 723
Aortenstamm 227
AP-1 788
AP-2 358
Apatornis 241
Aphidiformes 161
Aphidina 161
Aphidomorpha 161
Aphrodite 78
Apical Ectodermal Ridge (AER) 346, 356
Apicalpapille 88
apicobasal 329
Apion miniatum 165
Apis, Insektenstaat 620
Apis mellifera 166, 918
– Schwänzeltanz 600
– Sonnenkompassorientierung 599
Aplacophora 52
Aplysia californica, Lernprozess 611
Apocrita 166
Apoda 225
Apoidea 166
apokrin 371
Apolipoprotein 691
Apollo 162
Apophyse 260
Apopka-See 920
Apoptose 348, 823
Aporia crategi 168
Appendicularia 193
Appendix vermiformis 677
Appetenzverhalten 589, **591**
Apterous 355
Apterygidae 241
Apteryx 241
Ara tricolor 243
Arachidonsäure 653, 876, 883
2-Arachidonylglycerol 443
Arachnata 90, 92
Arachnida, Hämocyanin 745
Arachnidea 106
Arachnoidea 406
Arachnomorpha 106
Araneae 110
Araneomorpha 112
Araneus diadematus 112f.
Arbeitsgedächtnis 562, **566**
Arca 62
Archaea 6
Archaeocyatha 17
Archaeocyt 15
Archaeognatha 145
Archaeopteryx lithographica 236, 238
Archaeothyris 244, 254
Archenmuschel 62
Archenteron 11, 303
Archiacanthocephala 41
Archicerebrum 82

Archichauliodes diversus, Flügelbau 147
Archipallium 494
Architeuthis 69
Archonta 262
Archosauria 231
Archosauriformes 231
Archostemata 165
Arctica islandica 62
Arctoidea 271
Arcualia 202, 206
Arcus zygomaticus 248
Ardipithecus ramidus 264
Area
– densa 397
– opaca 300
– pellucida 300
Areflexie 539
Arenicola marina 78, 661, 836
Areola postica 156
Argentavis magnificens 241
Arginin 653
Argiope bruennichi 112
Argonauta 70
Argulus 126, 631
Argyrolagidae 259
Argyroneta aquatica 113
Arion ater 66
Armfüßer 176
Armillifer 631
Armmolch, Großer 224, 756
Arolium 114
Aromia moschata 165
Art 2, 756
– Erkennung 616
Artemia salina, Kiemenatmung 757
Artemis 808
Arteria pulmonalis 227
Arterie, Sauerstoffpartialdruck 742
Arterienbogen 223, 721
Arthropoda 79
– Hämocyanin 745
– Hormon 909
– Kreislaufsystem 718
– Malphighi-Gefäß 857
– Niere 855, **872**
– Wasserregulation 843
Arthropodium 90
Arthrose 380
Arthrotardigrada 87
Articulamentum 55
Articulare 204, 219, 245, 247
Articulata 71
Artiodactyla 265
Arvicolidae 262
Asaphus 93
Ascalaphidae 164
Ascaphus truei 225
Ascaris
– Entwicklungszyklus 641, **643**
– *equorum* 39
– *lumbricoides* 38, 630, 641, 647

Ascidiacea 191
– Nahrungsaufnahme 660
Ascon-Typ 14, **18**
Ascorbinsäure 654, 923
Ascothoracida 128
Ascothorax 128
Asilidae 170
Aspartat 443
Asplanchna 41, 852
Asseln 129
Asselspinnen 96
Assoziationscortex, limbischer 562, **566**
Assoziationsfaser 543
Assoziationskörper 82
Astacus astacus 130
Asterias rubens 184
Asteroidea 183
Asterozoa 182
Astragalocalcaneus 229
A-Streifen 390
Astrocyt, Vasoregulation 481
Asymmetron 196
Ataxie 547
Atelidae 264
Atelocerata 131
Atemfrequenz 758
Atemluft
– Löslichkeit 739
– Partialdruck 742
Atemzentrum 758
Atemzugvolumen 758, **762**
Atlas 249
Atmung 738, **762**
– äußere 739, 759
– Haut- 745
– innere 738, 759
– Kiemen- 752
– Luft- 751
– Lungen- 214, 746, 749
– Mechanik 746f., 754
– Plastron- 165
– Regulation 757
– Saug- 227
– Ventilation 746
– Wasser- 752
– Wasserverlust 842
ATPase 418
Atresie 281, **284**
Atria-Peptid 906
atriales natriuretisches Hormon (ANH, ANP) 733, 73
Atriopeptin 735, 897, 906
Atrioporus 196
Atrioventrikularklappe 727
Atrioventrikularknoten 730
Atrium 51, 199, 723, 727
Atypus affinis 111
Auchenorrhyncha 159
Auerbach-Plexus 683
Auflösung, räumliche, zeitliche 411
Aufmerksamkeit 459, 583, 599
Auge 199

– everses, inverses 529
– Facetten- 119
– Komplex- 92, 139
– Parietalorgan 230
– Seiten- 103
– Typen 528
– visuelle Verarbeitung 537
Augenfleck 528
Augenlid 220
Augenstiel 909f.
Augmentation 452
Aurelia 25f., 834
Auricularia-Larve 186
Aurorafalter 168
Außenohr 517
Auslösemechanismus **591**
– angeborener (AAM) 588, 594, 622
– erlernter (EAM) 589
– modifiziert angeborener (EAAM) 588
– sexueller 622
Australidelphia 259
Australopithecus afarensis 264
Autapomorphie 1, 6
Autarchoglossa 230
Autismus-Syndrom 562, **566**
Autoimmunität 781, **782**, 814
autokrin 874
Autophosphorylierung 884
Autopodium 217, 221
Autoregulation, Niere **872**
Autosom 277
Autosynthese 281
Autotomie 318
Autotrophie 652
Autozooide 176
AV-Knoten 730
Aves 237
– Extrazellulärflüssigkeit 834
– Lunge 746
– Ventilation 748
– Verdauungssystem 674
Avialae 235
Avicularie 176
Avitaminose 655
Axialorgan 179, 717
Axillare 162
Axis 249
Axocoel 181, 313
Axolotl 224, 317, 328, 756, 898
– Regeneration 321
Axon 399, 401, 413, **417**
– Durchmesser 425f.
– Ein-Axon-Regel 416
– Kollaterale 470
– Myelinisierung 425
– Regeneration 500
– Synaptogenese 498
– Transport 400
– Wachstumskegel 497
Axonhügel 423
Aysheaia 85
A-Zelle 901
Azidose 760f., 870

B

Back Propagation 436, 458, **460**
Backenzahn 666
Bacteria 6, 780
Baculum 258
Balaenoptera 265, 659f.
Balanoglossus 189
Balanomorpha 128
Balantidium coli 644f.
Balanus balanoides 128
Balcoracania 93
Balken 551
Ballaststoff 694
Baltische Tellmuschel 62
Balz 616
BAMBI (BMP and Activin Membrane Bound Inhibitor) 340
Bande 3-Protein 707
Bande 4.1-Protein 707
Bandgelenk 378
Bandwurm 44, 640
Bären 271
Barteln 524
Barten 265
Bartenwal (*Balaenoptera*) 265, 659f.
Bärtierchen 85, 261
Bartvögel 242
Bartwürmer 78, 667
Baryonyx walkeri 234
Basalganglion 493, 545
Basallamina (Basalmembran) 360
Basalzelle 322
Basidorsalia 202
Basilarmembran 518
Basioccipitale 221, 248
Basipodit 118
Basisphenoid 248
basolateral 838, 857
basophiler Granulocyt 706, 822
bathmotrop 732
Batoidei 207
Batrachia 224
Bauchhaarlinge 35
Bauchfüßer 63
Bauchpresse 746
Bauchspeicheldrüse 200, 203, 311, 896
Baumweißling 168
Bayliss-Effekt 863
BCNE (Blastula Chordin and Noggin expressing Region) 336, **350**
BDNF (Brain Derived Neurotrophic Factor) 499f.
Bdelloidea 40
Becherhaar 103
Becherzelle 370, 677
Becken-Kreuzbein-Gelenk 380
Beckengürtel 251, 253
Befruchtung 282, 292ff.
Behaviorismus 586, 608
Beintastler 144
Belegzelle 683
Belemniten 69
Belohnungssystem 569, **575**
Belostoma grande 159
Benzodiazepin 569
Beriberi 654f.
Bernoulli-Effekt 658
Beroida 28, 30
Beta-Amyloid 572
Betain 838
Bettwanze 159
Beutelknochen **271**
Beuteltiere 258f.
Biarmosuchus 255
Biber 262
Bicarbonat 683
Bicarbonat-Puffer 743, 761, 869, **873**
Bicoid 340
Bicuspidalklappe 727
Bienen, Staatenbildung 166, 620
Bienenwolf 166
Biesfliege (*Hypoderma bovis*) 649
Bilateralfurchung 302, **325**
Bilateria 31
Bilharziose 44, 643, 646
Bilirubin 690, 694
Biliverdin 694
Bindegewebe 309, 312, 359, 372ff.
Binding Immunoglobulin Protein (BIP) 800
Binsenjungfern 148
Bioculata-Hypothese 197
bioelektrische Impedanz-Analyse (BIA) 766
Biorhythmus 595, 895
Biospezies 5
Biotin 654, 922
Biotinidase 693
Bipes 231
Bipinaria-Larve 183
Birgus 756
Bisphenol-A 920
2,3-Bisphosphoglycerat, allosterischer Effekt, Hämoglobin 743
Bisystem 626
bit 410
Bithorax-Komplex 344
Bittacidae 170, 616
Bivalvia 59
Blasenauge 67, 82
Blasenfüßler 157
Blastem 319, **326**
Blastocoel 11, 299, **325**
Blastocyste 315
Blastomer 11, 298, **325**
Blastomerenanarchie 302, **325**
Blastoporus 14, 178, 303, **325**
Blastula 11, 299, **325**
Blatta orientalis 153
Blättermagen 674
Blattflöhe 161
Blattfußkrebse 124
Blattkiemen 62
Blattläuse 161
Blattodea 153
Blaues Ordensband 168
Blei 920
Blinddarm 677, **678**
blinder Fleck 529
Blindschleiche 231
Blindwühlen 225
Bliss, Timothy 455
Blödauge 231
Blut 699, 739
– Aufgabe 699
– Bildung 702
– Gerinnung 709, **713**
– Gruppe 708, **708**
– Plasma 700, 832
– Plättchen **714**
– Sauerstofftransportkapazität 740
– Volumen 734
– Zellen 701, 705
Blut-Hirn-Schranke 404, 407, **408**
Blut-Liquor-Schranke 406, 408, **408**
Blut-Luft-Schranke 361
Blut-Nerven-Schranke 406
Blutdruck 728, 734, 863
Blutfadenwurm 38, 630, 632, 647
Blutfluss, cerebraler 479, **484**
Blutgefäßsystem 312
– geschlossenes 66, 196
– offenes 81
Blutgerinnungsfaktor 655
Blutsauger, Endosymbiont 669
Blutzikade 160
B-Lymphocyt s. B-Zelle
BMP (Bone Morphogenic Protein) 355
– -4 336, 339, 702
– Apoptose 348, 356f.
– Nervensystem, Entwicklung 353, 358
Boa constrictor 231
Bockkäfer 165
Bodenläuse 156
Bogengang 514
Bohr-Effekt 743, **762**
Bohrmuschel, Große 61
Bohrschwamm 17
BOLD (Blood Oxygen Level Dependent)-Signal 557
Bolus 681
Bombina 225
Bombus terrestris 166
Bombykol 524, 877
Bombyx mori 524, 602, 913, 917
Bone Morphogenetic Protein s. BMP

Bonellia viridis 75
Bonobo 264
Boreidae 170
Boreus 170
Borhyaena 259
Borreliose 643
Borstenwurm 756
Botenstoff, chemischer 874
Bothridium 103
Botryllus 193
Bourletiella hortensis 144
Bovidae 265
Bowman-Kapsel 856, 859
Brachiopoda, Hämoerythrin 745
Brachiosaurus brancai 234
brachydont 666
Brachypelma smithi 112
Brachyura 129
Brachyury (Gen) 186
Bradykardie 732
Bradykinin 510, 906
Bradypus 251
Brain Derived Neurotrophic Factor (BDNF) 499f.
Branchialbogen 204, 723
Branchialnerv 198
Branchinecta paludosa 125
Branchiobdella 79
Branchiomerie 190
Branchiopoda 124
Branchiostegalia 220
Branchiostegalmembran 753
Branchiostoma lanceolatum 303
– Blutkreislauf 721
– Hox-Gene 345
– Hypobranchialrinne 897
Branchiura 126
Brandhorn 64
Braunbär 271
Bremsen 170
Brillenkaimane 232
Brillenschlange 231
Broca-Areal 559, **566**, 624
Brodmann-Areal 46 563
Bronchus 746, **762**
Brontoscorpio anglicus 104
Brookesia minima 230
Brücke, Kerne 546
Brückenechsen 230
Brüllaffen 264
Brunnersche Drüse 687
Brustbein 221
Brutbein 98
Brutfürsorge 617
Brutparasitismus 629
Brutpflege 616f. , 620, **624**
Buccinum undatum 65
Buchenlaus, Wollige 161
Buchkiemen 95
Buchlunge 101, 110
Buckelzikaden 160
Bufo bufo 225, 594
Bulbilli 196, 723

Bulbus 110
– cordis 725
– olfactorius 436, 553
Bulla tympani 248
Bunkerversuch 598
Burgessia 91
Bursicon 911, 914
Burst Forming Unit 813
Bürzeldrüse 371
Butenandt, A. 913, 917
Buthus 104
Bütschli, Otto 11
Button 415
B-Zelle 705f., 796, **820**, 901
– Antwortinitiation 825, **831**
– Entwicklung 812
– Memory- 818
– Selektion, negative 813, **820**

C
Ca^{2+}, EZF 834
Ca^{2+}-ATPase 418
Ca^{2+}-Calmodulin 523
Ca^{2+}-Kanal 445
Cactus 344
Cadaverin 691
Cadherin 498
Cadmium 920
Caecilia 226
Caecotrophie 261
Caecum 672
Caelifera 226
Caenogastropoda 64
Caenolestidae 259
Caenorhabditis elegans 328
Caiman 232
Calamistrum 112
Calbindin 655, 692
Calcarea 17
Calciferol 924
Calcitonin 381, 896, 898
Calcitriol 905
Calciumhaushalt 655
Calliphoridae 170
Callitrichidae 264
Calnexin 800
Calopteryx 148
Calreticulin 800
Calyptogena 668
Calyx 49
Cambropachycopidae 121
Camelidae 265
cAMP (cyclisches Adenosin-3,5-monophosphat) 523, 883
cAMP Responsive Element Binding Protein (CREB1) 453
Campanilimorpha 64
Campodea 144
Canaliculi 685, 854
Canalis aorticus 725
Cancer pagurus 129
Candida albicans 780
Candona 126
Canidae 271

Caninus 254, 664
Canis lupus 271
Capitonidae 242
Capsicain-Rezeptor 510
Captacula 58
Caput 138
Carabidae 165
Carapax 120, **130**, 229
Carassius 212, 834
Carbamino-Hämoglobin 744
Carboanhydrase 743
Carbohydrase 688
Carboxypeptidase 687
Carcharodon carcharias 207
Carcinoscorpius rotundicauda 101
Carcinus maenas 128f.
Cardium, euryhalin 836
Cardo 139
Caretta caretta 229
Carina 239
Carnitin 653
carnivor 652, **656**
Carnivora 271
Carolinasittich 243
Caroll, Sean 351
Carotidenlabyrinth 758
β-Carotin 654, 924
Carotis 223, 726
Carrier 418, 691
Caserina 227
Cassida viridis 165
Castoridae 262
Casuarius 241
Cataglyphis bicolor 601
Catarrhini 264
β-Catenin, Determinante 333
Catenulida 44
Cathartiformes 243
Cathaymyrus diadexus 196
Cathayornis 237
Cathepsin 802
Catocala fraxini 168
Cauda **226**
caudal 249
Caudalherz 203
Caudata 224
Caudipteryx 235
Caudofoveata 53
Caviidae 262
CCAP (Crustacean Cardio Active Peptide) 729, 911
CCK (Cholecystokinin) 443, 695, 697, 905
CD3-Komplex 798, **811**
CD4 798, **811**
$CD4^+$-Zelle 816
CD8 798, **811**
$CD8^+$-Zellen 816
CD14 787
CD34 702
CD36 787
CD44 702
Celatoblatta sp. 152
Cellularia-Hypothese 17
Cellulase 668, 675

Cellulose 668, 675
Central Pattern Generator 467, **470**, 592, 729
Centriol 10, 290
centrolecithal 299
Cepaea hortensis 66
Cephalisation 77, 82, 486
cephalische Phase, Magensaftsekretion 696
Cephalobaenida 89
Cephalocarida 123
Cephalochordata 194
Cephalodiscus 187
Cephalopoda 66
– Atmung 756
– Hämocyanin 745
– Linsenauge 529
– Osmoregulation 855
Cephalosoma 98
Cephidae 166
Cerambycidae 165
Cerambyx 668
Cerastoderma edule 61f.
Ceratodi 214
Ceratosauria 234
Cerberus 338
Cercarie 638
Cercomeromorpha 44
Cercopis vulnerata 160
Cercopithecoidea 264
Cercus **171**
Cerebellum 236, 491, **495**, 546, 552
Cerberus rhynchops 840
Cerebralbläschen 194
cerebraler Blutfluss 479, **484**
Cerebralganglion 34, 51
cervical 249
Cervidae 265
Cervix 296
Cestoda 44
Cestus veneris, Habitus 30
Cetartiodactyla 265
Cetonia aurata 165
Cetorhinus maximus 207
CFU (colony forming unit) 704f., **706**, 813
cGMP (cyclisches Guanosin-3,5-monophosphat) 294, 883
Chaetodermomorpha 53
Chaetognatha 177
Chagas-Krankheit 643f.
Chalcolestes 148
Chamaeleo 230
Charadriiformes 243
Charinus milloti 108
Chattering 431
Cheiropterygium 221
Chela 95
Chelicere 112
Chelifer cancroides 115
Chelifore 98
Chelonethi 114
Chelonoidea 229
chemischer Botenstoff 874

chemischer Sinn 522
Chemoaffinitätshypothese 498, **499**
Chemokinrezeptor 830
Chemolithoautotrophie 667
Chemorezeptor 21, 735
– Atmungsregulation 758
– Tömösvarysches Organ 132
Chemosensor 225
Chemosynthese 668
Chemotaxis 293, 599
CHH (Crustacean hyperglycemic Hormone) 911
Chiasma opticum 534
Chilaria 100, **101**
Chilodonella 658
Chilognatha 137
Chilopoda 133
Chimären 208
Chirocephalus grubei 124
Chironex fleckeri 25
Chironomidae 170
Chironomus, Blutkiemen 757
Chiropatagium 264
Chiroptera 264
Chitin 35, 176
– α- 74, 80
– β- 74, 76, 80, 88
– Zähne 664
Chitinase 910
Chiton 55
Chlamydomonas 276
Chlamys varia 61
Chlorid (Cl⁻), Extrazellulärflüssigkeit 834
Chloridverschiebung 743
Chloridzelle 837, 841, **844**
Chlorocruorin 744
Chlorohydra 667
Chloroperla 149f.
Chloroquin, Resistenz 635
Choanata 214
Choane 214, 216, 219, 246
Choanocyt 7, 14f., 186, 658
Choanoderm 15, **18**
Choanoflagellata 7
Cholecalciferol 381, 655, 692, 924
Cholecystokinin (CCK) 443, 695, 697, 905
Cholesterol 690f., 877
Cholin 653
Cholinacetyltransferase 450
Choloepus 251
Cholyl-CoA 690
chondral 219
Chondrichthyes, EZF 834
Chondroblast 376
Chondrocranium 246
Chondrocyt 377
Chondron 377, **387**
Chondrostei 212
Chorda 189ff., **194**, 195f, 307, 312
Chordata 189

Chordin 338f.
Choriogonadotropin, humanes (HCG) 906
Chorion 226, 283, 315, **326**
Choriosomatomammatropin, humanes 906
Christian-Douglas-Haldane-Effekt 743
Christmas Factor 710, 712
chromaffine Zelle 311, 899
Chromatin, Kondensation 291
Chromatindiminution 330
Chromatophor 69
Chronaxie 427
chronotrop 732
Chrysaora 25
Chrysopa 164
Chrysoperla 164
Chrysopidae 164
Chylomikron 691, **698**
Chymotrypsin 687
Cibarium-Pumpe 156f.
Cicindela 165
Cicindelidae 165
Ciconiiformes 243
Ciliat
– Cyclose 670
– Konjugation 276
– Nahrungsaufnahme 658
Cilium 10
Cimex lectularius 159
Ciona 193
circadianer Rhythmus, Körperkerntemperatur 774
circadianer Schrittmacher 595, **603**
Cirripedia 128
Cladistia 212
Cladoceromorpha 124
Class II Associated Invariant Chain Peptide (CLIP) 802
Clathrin 450
Clathrina 14
Clavelina 193
Clavicula 251
Clavoscalide 36
Clavusfurche 158
Clearance, renale 865, **872**
Cleithrum **223**, 251
Cliona 17
CLIP (Class II Associated Invariant Chain Peptide) 802
Clitellata 79
Clitellum 79
CLP (Common Lymphoid Progenitor) 812
Clupea harengus 212
Clupeomorpha 212
Clypeaster reticulatus 185
Clypeolabrum 133
Clypeus 133
cMyc 321
Cnidaria 20
– EZF 834
– Hautatmung 745

- Neurosekret 908
- Verdauung 671
Cnide 21
Cnidocil 22, 24
Cnidocyt 21
Cnidom 22
CO 744
CO_2 738
Cobalamin, Resorption 694
Cocain 583
Coccina 161
Coccinellidae 165
Cocculiniformia 64
Cochlea 518
Codosiga utriculus 7
Coelenterata 28
Coelenteron 20
Coelom 181, 313, **326**, 852
Coelommetamerie 190
Coelomocyt 700
Coelothel 72
Coelurosauria 234
Coenagrion 148
Coffein 449
Coleoida 69
Coleoptera 164
Coleorrhyncha 159
Colipase 689
Collektin 786
Collembola 143
Collencyt 15
Colliculus inferior/superior 492, 521
Colloblast 28
Colon 677
Colony forming Unit (CFU) 704, **706**, 813
Columba, Skelett 238
Columbicola claviformis 158
Columbiformes 243
Columella 219
Commissura alba 510
Common Lymphoid Progenitor (CLP) 812
Compsognathus 235
Concentricycloidea 183
Conchae nasales 229
Conchifera 56
Conchiolin 54
Conchostraca 124
Condylarthra 265
Condylognatha 157
Condylus 148, 221, **223**, 248
Confuciusornis sanctus 237
Conodonten 200
Conuropsis carolinensis 243
Conus 64
Conus arteriosus 199, 723
Convoluta roscoffensis 667
Copelata 193
Copeognatha 158
Copepoda 126
Corallium rubrum 27
Corium 198, 365
Cornea 93, 119
Coronoid 247

Corpora
- allata 912, **917**
- cardiaca 912
Corpus
- albicans 281
- callosum 257, 494, **495**, 552
- geniculatum 522, 535
- luteum 281, 903
Corrodentia 158
Cortex 468, 489, **495**, 551
- Areal 522, 551, **565**
- – multimodales 560, **566**
- – primäres Areal 553f., **566**
- – sekundäres Areal 558, **566**
- parietaler posteriorer 599
- Plastizität 558
- präfrontaler 562, **566**
- primär sensorischer 553
- primär motorischer 553
Corti-Organ 518, **522**
- Haarzelle 520
- Transduktionsprozess 519
corticale Platte 496
Corticalgranula 294
Corticalreaktion 294, **297**
Corticalrotation 334
Corticoliberin 892
Corticosteron 896, 899
Corticotropin-Releasing-Hormon (CRH) 892
Cortisol 896, 899
Cortison 899
Corvidae 243
Corvus caurinus 615
Corythosaurus 233
Cosmin 206
Cosmoidschuppe 206
Costa 7
Cowpersche Drüse 287
Coxa 86, **92**, 118, 139
Coxalbläschen 135, 137, 140
Coxaldrüse 96, 98, 856
Coxalstyli 145
Crangon crangon 129
Craniota 197
Cranium **200**
Crassigyrinus 218
C-reaktives Protein (CRP) 786
CREB1 (cAMP Responsive Element Binding Protein) 453
CRH (Corticotropin-Releasing-Hormon) 892
Cribellata 112
Cribellum 112, **118**
Cricetidae 262
Crinoidea 182
Crista 239, 241
Cristae 514
Crocodylia, Extrazellulärflüssigkeit 834
Crocodylus 232
Crossveinless-2 (CV2) 353
CRP (C-reaktives Protein) 786
Cruraldrüse 83

Crustacea 120
- Extrazellulärflüssigkeit 834
- Hämocyanin 745
- Herz, neurogene Autorhythmie 729
- Hormonsystem 909, **917**
Crustacean Cardio Active Peptide (CCAP) 729, 911
Crustacean Hyperglycemic Hormone (CHH) 911
Cryptocellus 115f.
Cryptodira 229
Cryptodonta 62
cryptonephridial 858
Cryptoperculata 116
Cryptosporidium parvum 644
Cryptosyringida 182
Crypturi 241
Crystal Cell 701
Ctenidie 51, 659
Ctenocephalides 171
Ctenolepisma 668
Ctenophora 28
Cubopolyp 20
Cubozoa 25
Cubulin 694
Cucullus 116
Cuculus canorus 629
Cucumaria 186
Culex 170, 648
Culicidae 170
Cupula 507, 515
Curculionidae 165
Current-Clamp-Technik 422
Cuticula 35f., 50, **89**, 751, 910
- Calciumcarbonat 93
- Epi-, Endo- 74
Cuticularborste 506
Cuticularmantel 191
Cutis 198
Cuvierscher Schlauch 186
CV2 (Crossveinless-2) 353
Cyclesthia 124
Cyclin B 302
Cycliophora 39
Cycloidschuppe 214
Cyclomyaria 193
Cycloneuralia, Protonephridium 852
Cyclopedidae 261
Cyclops 123, 126
Cyclose 670, **677**
Cyclostomata, Verdauungssystem 674
Cyclurus kehreri 212
Cynipidae 166
Cynocephalus 264
Cypraea 64
Cypridina 126
Cyprinidae 212
Cyprinus carpio 211f.
Cypris-Larve 128
Cyrtocyt 34, 852
Cyrtopodocyt 196
Cyste 633
Cystein 652

Cysticercus 640
Cytokeratin 364
Cytokin 788
Cytokinese 279
Cytolysin 633
Cytoplasma 291
Cytoplasmabrücke 279
Cytopyge 670
Cytostom 657f.
cytotoxische T-Zelle 798, 822, 827, **831**
C-Zelle 898

D

Dachs 271
Dactylogyrus vastator 44
Dactylozooide 24
DAF (Decay Accelerating Factor) 789
Daf-2 324
DAG (Diacylglycerin) 883
Dale, Henry 733
Damalinia bovis 158
Danaus plexipus 283, 356
Danger-Signal 827, 830, **831**
Danio rerio 305, 701
Daphnia pulex 124f.
Darm 672, 851
– Anhangsdrüse 675, **678**
– Aufbau 698
Darmatmung 755
Darmbein 253
Darwin, Charles 616
Darwin-Nandu 241
Dasselfliege 649
Dasypodidae 261
Dasyuromorphia 259
Daunenfeder 240
dB SPL (Dezibel Sound Pressure Level) 516
DBP (dorsal body peptide) 908
DC-SIGN 786
DDT 920
Decabrachia 69
decapentaplegic (dpp) 344, 353
Decapoda 129, 856
Decapodiformes 69
Decay Accelerating Factor (DAF) 789
Deckfeder 239
Deckknochen 198, 219, 247
Decticus verrucivorus 155
Dectin-1 786
Defensin 783
Dehnungsrezeptor, Atmungsregulation 758
Deinocheirus 235
Deinonychosauria 235
Deiphon 93f.
Delamination 307
Delitzschala bitterfeldensis 147
Delphine 265, 573
Delphinidae 265
Demodex folliculorum 648

Demospongiae 17
Demutshaltung 621
Dendrit 399, 402, 413ff., 415, **417**, 434, 436, 461ff., **466**
Dendritische Zelle 800, 813, 830, **831**
– Aktivierung 788
– Thymus 816
Dentale 219, 247
Dentin 311, 386
Depletion 447
Depolarisation 421, 423, **441**
Depression 447, 452
Dermacentor 648
Dermalskelett 198
Dermaptera 151
Dermatobia hominis 649
Dermatocranium 219, 247
Dermis 198, 313, 365
Dermochelys coriacea 229
Dermomyotom 313
Dermoptera 264
Derocheilocaris remanei 126
Desmin 390, 397
Desmomyaria 193
Desmosom 352, 364, 686
Desoxycorticosteron 896
Desoxyhämoglobin 740
Determinante **349**
– antigene 796, **811**
– β-Catenin 333
– cytoplasmatische 331
– Gradient 331
– VegT 333
– Vg1 334
Determination 329, **349**
Deuterostomia 178, 305, **325**
Deutocephalon 91
Deutocerebrum 82
Dezibel 516
Diabetes mellitus
– Gefäßreaktion 482
– Typ 1 781, 902
– Typ 2 376, 902
Diacylglycerin 883
Diade 394
Diadectes 227
Dialipina salgueiroensis 209
Diapause 911, 916
Diaphragma 253
Diaphyse 384
Diapsida, Atemmechanik 749
diapsider Schädel 227
Diasoma 58
Diastole 728, **736**
Dibranchiata 69
Dickdarm 677
Dicondylia 145
Dicrocoelium dendriticum 46, 639, **643**
Dictyoptera 152
Dictyostelium discoideum 785
Dictyotän 281, **284**
Dicyemida 31
Didelphidae 259

Didinium nasutum, Schlinger 662
Diencephalon 197, 488, 492, **495**, 552, 890
Differenzierung 10, 13, 329, **349**
Diffusion 699, 739
Dignatha 135
Dihydropyridin-Rezeptor 475
Dihydrotestosteron 903
1α,25-Dihydroxycholecalciferol 655, 905
1α,25-Dihydroxyergocalciferol 655
1,25-Dihydroxy-Vitamin-D$_3$ 905
Dilta 145f.
Dimetrodon 254f.
Dinocras cephalotes 150
Dinornithidae 241, 243
Dinosauromorpha 233
Diphyllobothrium latum 46, 646
Dipleurula-Larve 180
Diplodocus carnegiei 234
Diplopoda 136
Diplosomit 136
Diplostraca 124
Diplura 144
Dipneuma 215
Dipnoi 214
Dipnorhynchus sussmilchi 215
Diptera 169
Disaccharidase 688
Discus intercalaris 395, **398**
Dishabituation 453, 605
Dishevelled (Dsh) 336
Dissepiment 71, 81, 313, 852
Disstalless (dll) 119, 355ff.
Divergenz 416, **417**, 468
Diversifizierung 352
Diversität, kombinatorische 808
DNA, Modifikation 330
DNA-Bindungsdomäne, Hormonrezeptor 887
DNA-Ligase IV 808
DNase 688
Dobzhansky, T. 3
Docoglossa 63
Dodecaceria 275
Dolichopterus macrochirus 102
Doliolida 193
Dolly 321
Dopamin 443, 583
Doppelbusch-Zelle 403
Doppelfüßer 136
Doppelschaler 124
Doppelschleiche 231
Doppelschwänze 144
Dornfortsatz 248, 413, 415, 438
Dornhai 207
Dornsynapse 465
Dorsal 342, 344
Dorsal body peptide (DBP) 908

Dorsalganglion 187
Dorsalherz 72
Dorsalorgan 133
Dorsch 212
Dorsobronchus 746
Dorsoventralmuskel 56
Dotter 281
Dottersack 226, 314
Dpp (Decapentaplegic) 344, 353
Draco 230
Dracunculus medinensis 630, 647
Drehsinnesorgan 514
Dreilapper 93
Drohgehabe 621
Drohne 620, 918
Dromaeosauridae 235
Dromaius 241, 267
Dromiciopsia 259
dromotrop 732
Dronte 243
Drosophila melanogaster 170
– Gastrulation 305
– Hämatopoiese 700
– Hox-Gen 344
– Immunglobulin 811
– Mustergen 340, **350**
– Mutante 341
– Toll 787
Drosseln 243
Druck 863
Druckpumpe 753
Drüse 371, *372*, 874
Drüsenepithel 370
Drüsenhormon **879**
Drüsenzelle 19
Dsh (Dishevelled) 336
Duchenne-Muskeldystrophie 394
Ductus
– arteriosus (Botalli) 725
– cochlearis 256
– pneumaticus 755
– receptaculi 162
– renopericardialis 855
– seminalis 162
– thoracicus 818
Dufourdrüse 918
Duftdrüse 371
Duftmarke 602
Dugesia gonocephala 44
Dugong dugong 270
Dunkelstrom 527
Dünndarm (Duodenum) 677, 685ff. **698**
Duplikatur 92
Dura mater 374, 406
Durchflusscytometrie 798
Dvinia 255
Dyskeratosis congenita 324
Dysmetrie 547
Dystrophin 393
Dytiscidae 165
Dytiscus marginalis 163, 165
D-Zelle 901

E
EAAT (Excitatory Amino Acid Transporter) 450
Early Lymphoid Progenitor (ELP) 812
Ecdysis 910
Ecdyson 877
Ecdysone Response Element (ECRE) 888
Ecdysozoa-Hypothese 35, 72ff.
Ecdysteroid 888, 910, 913
Echidna 257
Echiniscoidea 87
Echinococcus 628, 641, **643**, 646
Echinodera 36
Echinodermata 179, 717, 834
Echinoidea 185
Echinokokkose, cystische 641
Echinozoa 185
Echiurida 75
Eckzahn 254, 666
Eclosionshormon (EH) 911, 914
ECRE (Ecdysone Response Element) 888
Ectobius sylvestris 153
Ectognatha 141, 145
Ectopistes migratorius 243
Edelkoralle 27
Edentata 260
EDNH (Egg Development Neurosecretory Hormone) 916
EEG 553
efferent 415
Egel 79
EGF-Domäne 712
Egg Development Neurosecretory Hormone (EDNH) 916
EH (Eclosionshormon) 911, 914
Ei 226, 257, 280ff.
Eichel 188
Eichhörnchen, Zahnformel 666
Eidechsen 231
Eierstock 277
Eikosanoid 883, 906
Eileiter 296
Eimeria tenella 645
Ein-Axon-Regel 416
Eingeweideschmerz 512
Einnistung 296
Einsiedlerkrebs 129
Eintagsfliegen 147
Einzelzellableitung 557
Eirollbewegung, doppelte Quantifizierung 590
Eisbär 271
Eisprung 281, 296
Eizahn 256, 283
Eizelle 10, 299ff., **325**
EKG (Elektrokardiogramm) 732

Ektoderm, Derivat 309, **325**
Ektoparasit, Anpassung 630, **636**
Ektothermie 769, **778**
Elasmobranchii 674, 836f.
Elastase 687
Elastica externa/interna 715
Elastin 375
Elateridae 165
Elefant, Indischer 271
elektrischer Sinn 512f., 602
Elektroencephalogramm, Oszillation 555
Elektrokardiogramm (EKG) 732
Elektrolythaushalt 692, 832
elektromechanische Kopplung 393
Elektroplax 512
elektrotonisch 434
elektrotonische Länge 437
Eleocyt 701
Elephantiasis 38
Elephas maximus 271
Eleutherozoa 182
ELISA 798
Elliptocephala 93
Ellipura 143
ELP (Early Lymphoid Progenitor) 812
Elterninvestition 617, **624**
Elytra **172**
Emberizidae 243
Embia 152, 154
Embiida 154
Embioptera 154
Embolus 110
Embryoblast 315
Embryogenese 298, 333
embryonales Schild 338
Embryonalhülle 314, **326**
Embryonic Germ Cell 321
Emu 241
Emys orbicularis 229
En1 348
Enantiornithes 237
Encrinus liliiformis 182
Enddarm 672
Endhandlung 590, **591**
Endhirn 468, 488
Endit 139
Endköpfchen, präsynaptisches 413
Endocranium 198, 219, 246
Endocrine Disruptor 920
Endocuticula 74
Endocytose 694
Endodyogenie 632
endogener Rhythmus 595, **603**
endokrin 874, **879**
Endolymphe 518
Endometrium 296
Endomitose 705
Endomysium 393
Endoneurium 405

Endoparasit, Anpassung 631, **636**
Endopeptidase 687
Endopodit 91, **101**, 118
Endopterygota 161
Endorphin 443, 883
Endoskelett, mesodermales 180
Endost 384
Endostyl 186, 190, 897
Endosymbiont, Wiederkäuerverdauung 675
Endothel 716
Endothelin 1 481
Endothermie 769, 775, **778**
Endverdauung 690
Eneoptera surinamensis, Spermatide 290
Energiehaushalt 763ff., 767, 768
Energiestoffwechsel 738
engrailed 73, 341
Enkephalin 443, 568, 908
Ensifera 155
Ensis ensis 62
Entamoeba histolytica 644
Entelegynae 113
Enten 242
Entenmuschel 128
Enterobius vermicularis 39, 647
Enterocoel 313
Enterocoelie 32, 87, 172, 176
Enterocyt 655, 690
Enteroglucagon 695
enterohepatischer Kreislauf 690
Enteropeptidase 687, 689
Enteropneusta 188
Entladungsmuster 430
Entoderm, Derivate 311, **325**
Entognatha 141f.
Entökie 627
Entomostraca 124
Entoprocta 49
Entwicklung
– Achsendetermination 333
– ametabole 317
– Apoptose 348
– Determinante 331
– Determination 329
– Evo Devo 352, **358**
– Extremitätenknospe 346
– Furchung 298
– Gastrulation 303
– hemimetabole 317
– holometabole 161, 317
– Homöobox-Gen 344
– Insekten 317
– konservierter Prozess 352
– Larvalstadium 315
– Lebensphase 298
– Mosaikentwicklung 329, **349**
– Musterbildung, embryonale 340

– Organogenese 309
– regulative 330, **349**
Entzündungsmediator 510, 822
Envelope Layer (EVL) 305
Eocaecilia micropodia 226
Eoraptor 234
Eosentomon transitorium 144
eosinophiler Granulocyt 706, 822
Eosinophilie 706
Eotetrapoda 218
Epectinata 105
Ependymzelle 404, 406
Ephemera danica 148
Ephemeroptera, Tracheenkiemen 757
Ephrin 498
Ephydatia muelleri 17
Epibolie 305, 309
Epibranchialrinne 196
Epicuticula 35, 74
Epidermis 20, 778
– Anhangsgebilde 367
– Derivat 309
Epididymis 287
Epigyne 113
Epihyale 220
epikritisch 504
Epimorphose 319, **326**
Epimysium 393
Epipharynx 157
Epiphyse 493, 895f., **907**
– Röhrenknochen 384f.
– Schlafregulation 574
– Vögel 597
Epiphysenfuge 377, 384
Epipodialtaster 62
Epipodit 756
Epipterygoid 246
Epistom 176
Epistropheus 251
Epithel
– Drüsenepithel 370
– -gewebe 309, 359, **371**
– -muskelzelle 20
– Oberflächenepithel 362
– -zelle 18
Epithelial Mesenchymal Transition 303
Epitheliozoa 13, 18
Epitheria 261
Epitop 796, **811**
EPO (Erythropoietin) 704, 897, 905
Equidae 267
Equoidea 267
Equus ferus 267, 270
Erbkoordination 587, 592, 622
Erdferkel 265
Erdhummel 166
Erdkröte 225
Erdmagnetfeld, Orientierung 513
Erethizontidae 262
Ergocalciferol 655, 924

Erinaceidae 261
Ernährungstyp 652, **656**
ERp57 800
Erpetoichthys 212
Erregungsleitung, saltatorische 425, 427, **441**
Ersatzknochen 209
Ersatzschaltung 439
eruciform 166
Erythrocyt 70, 706
Erythrophor 911
Erythropoietin (EPO) 704, 897, 905
Esocidae 212
Esox lucius 211f.
ESS (Evolutionary Stable Strategy) 615
Ethmoid 248
Ethmoturbinalia 248
Ethogramm 586
Ethologie, klassische 585
Euarthropoda 90
Eubilateria 33
Euchelicerata 99
Eudimorphodon 232
Eudontomata 144
Euentomata 144
Eugnathostomata 204
Euhelicoidea 64
Eukaryota 6
Eukinolabia-Hypothese 154
Eukoenenia mirabilis 105, 108
Eulamellibranchia 62
Eulen 243
Eumalacostraca 129
Eumetabola 155
Eumetazoa 19
Eumollusca 54
Eumycota 6
Eunapius fragilis 17
Eunectes murinus 231
Eunice 78
Eupagurus bernhardus 129
Euparkeria 231
Eupharyngotremata 188
Euphausiacea 129
Euplectella 17
euryhalin 833, 836
Eurypterida 102
Euscorpius 104
Euspiralia 47
Eustachische Röhre 204
Eusthenopteron 215f.
Eutardigrada 87
Eutheria 259
Euthyneura 64
Euthynnus alletteratus 211
Evaporation 770, **779**, 843
Even Skipped 341
EVL (Envelope Layer) 305
Evo Devo 351, **358**
Evolution, kulturelle 622
Evolutionary Stable Strategy (ESS) 615
Excitatory Amino Acid Transporter (EAAT) 450
Exkretion 844ff., **850**, 852

Sachverzeichnis

Exkretionsporus 852
Exkretstoff 845, **850**
Exkurvation 11
Exoccipitalia 221, 248
Exocytose 784f.
Exopeptidase 687
Exopodit 91, **92**, 118
Exoskelett 54, 80
Expressionslücke 356
Exspiration 746
Exstirpation 914
Exterozeptor 504
Extrascapularia 222
extravaskuläres System 711
Extrazellulärflüssigkeit, Ionen 833
Extrazellulärmatrix 10, 372
Extremität 82f., 91, 354f.
Extremitätenknospe 346, **350**
extrinsic factor 694
extrinsisches System 711
Exumbrella 23
Exuvie 80
eyeless 345

F

Fab-Fragment 798
Facettenauge 119
Fächerlunge 101, 750, **762**
Fächertrachee 111
FACS (Fluorescence Activated Cell Sorting) 798
Fadenwürmer 38
Faeces 694
Faktor H 790
Faktor I 789
Falconiformes 243
Falken 243
Faltenwespen, Staatenbildung 166
Fanghafte 164
Fangschreckenkrebse 129
Fangzahn 667
Farbkonstanz 559
Farbsinnstörung 536
Farbstoff, spannungsabhängiger 459
Faser, retikuläre 374
Fas-Rezeptor 823
Fasane 242
Fascia adhaerens 395
Fasciola 44, 637, **643**, 671
Faserknorpel 378
Faserzelle 18
FasL 823
Fast Spiking 431
Faszie 373
Fatal Familial Insomnia (FFI) 573
Fate Map, Xenopus 334
Faultiere 261
Fc-Fragment 797
Fc-Rezeptor 824
Fe^{2+}-Transporter 693
Feder 239, 778
Federlinge 158

Fehlwirt 628
Feldgrille 155
Feldhase 262
Felidae 271
Felis 271
Felsenspringer 145
Female Mate Choice 616
Feminizing Factor 908
Femur 86, **90**, 139, 221
Fenestra puboischiadica 253
Fett 653, 690f.
Fettgewebe 375f, 772
Fettkörper 912
Fettsäure, essentielle 653
Feuersalamander 224
Feuerwalze 193
Feuerwanze 159
FFI (Fatal Familial Insomnia) 573
FGF (Fibroblast Growth Factor) 319, 348f., 496, 501, 702
Fibrillin 375
Fibrin 709
Fibrinogen 709
Fibrinolyse 713, **714**
Fibroblast 372, **387**
Fibroblastenwachstumsfaktor (FGF, Fibroblast Growth Factor) 319, 348f., 496, 501, 702
Fibronektin 303
Fibula 221, **223**
Fibulare **226**
Fieber 776
Fiederkieme 56
Fight-and-Flight-Syndrom 899
Filarie 634
Filibranchia 62
Filtration, glomeruläre 861f
Filtrierer 658, **669**
Filzlaus (*Pthirus pubis*) 630, 648
Finken 243
Finne 640
First Messenger 883
Fischbandwurm 46, 646
Fischläuse 126
Fischotter 271
Fischsaurier 228
Fitislaubsänger, circannualer Rhythmus 598
Fitness 613ff., 619
Fixed Action Pattern 587, 592, **603**
Flabellum 100
Flachbrustvögel 239, 241
Flattermakis 264
Flaumhaar 369
Fleckenkiwi 241
Fledertiere 264
Fleischflosser 212
Fleischfresser 652
Flexoglossata 64
Fliegen 169f.
Flocculus 547
Flöhe 171

Flohkrebse 129
Florfliegen 164
Flosse 199
Flösselhecht (*Polypterus*) 212, 7
Flugechse 230
Flügel 146
– Amphiesmenoptera 167
– Analfächer 150
– Entwicklung, Evolution 355
– Insekten, Bau 147
Flügelhaut 264
Flügelkiemer 187
Flughunde 264
Flugmuskulatur 478
Flugsaurier 232
Fluke 265
Fluorescence Activated Cell Sorting (FACS) 798
Flussbarsch 212
Flusskrebs, Europäischer 129
Flussmützenschnecke 65f.
Flussnixenschnecke 64
Flusspferde 265
fMRT (funktionelle Magnet-Resonanz-Tomographie) 483, 556
Follikel 281, **284**
– Schilddrüse 897
Follikel-stimulierendes Hormon (FSH) 894, 903
Folsäure 654, 923
Foramen **223**
– magnum 221
– obturatum 253
– opticum 248
– Panizzae 726
Forficula auricularia 151f.
Formatio reticularis 490, 492, 512
Formicidae 166
Formylmethionin 787
Fortpflanzung 273, **276**f.
Fossa glandis 267
Fossil 3
– lebendes 67, 124, 213
Fovea centralis 529
Frakturheilung 383
Frank-Starling-Mechanismus 728
Fransenflügler 157
Fredericella sultana 176
Fregattvögel 243
Freilaufperiode 598
Frequenzkodierung, Hörsinn 518
Fringillidae 243
Frisch, Karl von 586, 599
Frizzled 333
Frontalcilie 660
Frontale 222
Frontallappen 551
Frontalpapille 88
Frontolateralcilie 660
Froschlurche 224, 317

Fruchtfliege s. *Drosophila melanogaster*
Frühsommer-Meningo-encephalitis 628
FSH (Follikel-stimulierendes Hormon) 894, 903
Fuchsbandwurm (*Echinococcus multilocularis*) 646
Fulgora europaea 160
Fullsong 606
Fundatrix 275
Fundus, Drüse 683
Furca 121, **130**
Furchenfüßer 53
Furchung 10ff., 298ff, **325**
– äquale, inäquale 299
– Bilateral- 302
– Blastomerenanarchie 302
– diskoidale 67, 301
– disymmetrische 30
– holoblastische 299
– meroblastische 299
– Radiär- 13, 172, 196, 301
– Spiral- 39, 75, 302
– Spiral-Quartett-4d- 51
– superfizielle 82, 301
– totale 135
– – adäquale 13
– – inäquale 29
Furcula 234, 236, 238, **243**
Furosemid 838
Fuß 51
fushi tarazu 341
F-Zelle 901

G

GABA 433, 468, 568
Gabelbein **243**
Gabelbock 265
Gadidae 212
Gadus 212
Galea 133, 139, 663
Galeodes graecus 115
Galle, Regulation 697
Gallenblase 697
Gallenfarbstoff 690, 694
Gallensalz 690
Galliformes 243
Galloanserae 242
Galloisiana 151f.
Gallus gallus 328
Gallwespen 166
GALT (Gut Associated Lymphoid Tissue) 818
Gamet 10, 273
Gametogenese 277, 279, **280**
Gammarus 129f.
Gamogonie 637
Ganglion, stomatogastrisches 461, 468
Ganglion spirale 520
Ganglioneura 57
Ganoidschuppe 206
Ganoin 206
Gänse 242
Gap Junction 406

Gärkammer 668
Garnele, Nordsee- 129
Gartenkreuzspinne 112f.
Gartenspringschwanz 144
Gas, Partialdruck 739
Gasterophilus intestinalis 169, 649
Gasterosteidae 212
Gasterosteus aculeatus 211f.
Gastraea 11
Gastralia 229
Gastralraum 14
Gastric Inhibitory Peptide (GIP) 695, 905
Gastrin 695f., 901, 905
gastrische Phase 696
Gastrocoel 20
Gastrodermis 20
Gastrointestinaltrakt, Hormon 905
Gastroneuralia 34
Gastropoda 63
– Hämocyanin 745
– Niere 855
Gastrotricha 35
Gastrovaskularsystem 20, 28, 44, 672, **678**, 717
Gastrozooide 24
Gastrulation 11, 303ff., **325**
Gata-1, -2 702
Gazellen 265
Gazzaniga, M. 564
Gebärmutter 296
Gedächtnis 570, **613**
– Arbeits- 562, **566**
– Hippocampus 570, 611
– immunologisches 818
– Kurzzeit- 453, 611
– Langzeit- 453, 570, 611
– motorisches 571, **575**
– Plastizität 611
– sensorisches 571, **575**
Geflechtknochen 381
Gefleckter Adlerrochen 207
Gegenstrom-Prinzip 858, **872**
– Blut 773, 776
– Kieme 753
– Malpighi-Gefäß 857
– nasales 843
– Salzdrüse 840
Gehäuse 7, **54**, 59
Gehirn 34, 44, 66, 72, 79, 197
– Energieverbrauch 487
– Frontalschnitt 567
– Komplex- 82
– Medianschnitt 552
– wirbellose Tiere 487
– Wirbeltiere 487
Gehirn-Retrocerebralkomplex 912
Gehirnnerv 198
Gehörknöchelchen 245, 247, 311, 517
Gehörorgan 155
Gehörsinn 602
Geißelskorpione 107

Geißelspinnen 109
Gekkota 230
Gelatine 373
Gelbfiebermücke (*Aedes aegypti*) 649
Gelbkörper 904
Gelbrandkäfer 165, 751
Gelee Royale 917
Gelenk 257ff, 378ff
Gelenkfortsatz 248
Genaktivität, differenzielle 330
Genduplikation 352
Gene Tool Kit 351, **358**
Generallamelle 381
Generationswechsel 275
– Cnidaria 23
Generatorpotential 421
Genetta genetta 271
Genitaloperculum 95, 100
Genomic Imprinting 330
Geoplana 44
Geosaurus 232
Geotaxis 599
Gerinnungsfaktor 709ff, **713**
Gerippte Kaurischnecke 65
Gerris lacustris 159
Geruchsrezeptor, Genfamilie 523
Geruchssinn 522f., **526**, 553, 581, 602
– Jacobsonsches Organ 231
Gesamtfitness 619, **624**
Gesamtkörperwasser 832, **833**
Gesang 595, 606ff.
Geschlechtschromosom 277
Geschlechtsdimorphismus 279
Geschlechtsmerkmal, sekundäres 910
Geschlechtsorgan 277
Geschlechtszelle 273
Geschmackssinn 524ff.
Geschwänzte Manteltiere 193
Gesichtserkennung 559, **566**
Gesichtsfeld 556
Gestagen, Signaltransduktion 887
Gewebe 309, 359
– Binde-/Stütz- 309, 312, 359, 372ff.
– Epithel- 309, 359, **371**
– Kohlendioxidpartialdruck 743
– Muskel- 309, 359, 388
– Nerven- 309, 359, 399
Gewebekultur 557
Gewebshormon 653, **879**, 905, **907**
Gewitterfliegen 157
GFAP (Glial Fibrillary Acidic Protein) 403
GGF (Glial Growth Factor) 319
GH (Growth Hormone) 893f.

GH-IH/RH (Growth Hormone-Inhibiting/Releasing-Hormon) 892
Giardia lamblia 644
Giardienruhr 643f.
Gibbons 264
Gießkannnenschwamm 17
Giftdrüse 224
Giftstachel 104
Gilatier 231
Gingiva 387
Ginglymodi 212
GIP (Gastric Inhibitory Polypeptide) 695, 905
Giraffidae 265f.
GLA-Domäne 712
Glabella 93
Gladius 69
glandotrop 893
glandulär 876
Glanzstreifen 395, **398**
Glashaut 292
Glasschwamm 17
Gleichgewichtsorgan **515**
Gleichgewichtspotential 419
Glia 47, 311, 403
Glial Fibrallary Acidic Protein (GFAP) 403
Glial Growth Factor (GGF) 319
Glianarbe 502
Gliederfüßler 79
Gliose 482, 502
Glires 261
Globicephala melaena 267
Globin 740
Globulin 700
Globus pallidus 545
Glomeris 134, 137
Glomerulus 859, 861, **872**
Glomus aorticum 758
Glomus caroticum 758
Glossa 133, 137, 139
Glossina 627
Glucagon 896, 900f.
– Signaltransduktion 883
β-Glucan 785
Glucocorticoid 772, 896, 899, 901
Gluconeogenese 899
Glucose
– Transporter 691, 901
– Ultrafiltration, Niere 862
Glucuronsäure 694, 869
Glühwürmchen 165
GLUT-Transporter 691, 901
Glutamat 433, 443
Glutamat-Rezeptor 416
Glutaminase 870
Gluthation 869
Glutinant 23
Gluvia 115
Glycin 443, 653
Glykophorin 707
Glykocholat 690
Glykogen 652, 899
– Sarkoplasma 392

– Stoffwechsel 771, 900, 911
– Verdauung 688
Glykolyse 901
Glykosaminoglykan 372
Glykosidase 294
Gn-RH (Gonadotropin Releasing Hormon) 883, 892
Gnathifera 39
Gnathochilarium 136
Gnathosoma 116
Gnathostomaria lutheri, Organisation 42
Gnathostomata 204
Gnathostomulida 41f.
Gnus 265
Gobipteryx 237
Goldaugen 164
Goldmann-Hodgkin-Katz-Gleichung 419
Golgi, Camillo 399
Golgi-Sehnenorgan 542
Goliathkäfer 164
Gonade 23, 51, 200, 277, **280**, 312, 902
Gonadotropin-Releasing-Hormon 892
Gonepteryx rhamni 168
Goniale 267
goniale Mitose 279, **280**
Gonoperikard 50
Gonopodium 206
Gonoporus **172**
Gonostylus 151
Gonozooide 24, 176
Gonyleptes janthinus 115
Good Gene Model 616
goosecoid 336, 338f., 344
Gordiacea 38
Gorgonenhaupt 184
Gorgonocephalus caputmedusae 184
Gorilla gorilla 264
Gottesanbeterin 152
G-Protein 449, 883, **889**
Graafscher Follikel 281
Grabfüßer 58
Granulocyt 633, 705f., 784, 813, 822
Granulosazelle 903
Granzym B 823
graue Substanz 399, 489
grauer Halbmond 334, 336
Graugans
– Eirollbewegung 587
– Kopfskelett 242
Greifvögel 243
Gremlin 357
α-Grenzdextran 688
Grenzstrang 548
Grille, Gesangsproduktion 597
Grillenschaben 151
Großhirn 197, 468, 551
Großlibellen 149
Grottenolm 224, 317, 756
Growth Hormone (GH) 893f.

Growth Hormone-Inhibiting/Releasing-Hormon (GH-IH/RH) 892
Grubenauge 66, 529
Grubenorgan 509
Grundumsatz 764, **767**
Grylliformida 154
Grylloblattina 151
Gryllotalpa 155
Gryllus campestris 155
GSK-bindendes Protein 336
Guanako 267
Guanin 847
Guanylylcyclase 294
Gulo gulo 271
Gurken 343
Gürteltiere 261
Gut Associated Lymphoid Tissue (GALT) 818
Gymniophiona 225
Gyrodactylus elegans 44
Gyrus 556

H
H^+-K^+-ATPase 684
Haar 253, 368f., 778
Haarfollikelmilbe (*Demodex folliculorum*) 648
Haarlinge 158
Haarnasenaffen 263
Haarsensillum 505, **515**
Haarsterne 182
Haarwurm (*Wuchereria bancrofti*) 38, 630, 632, 647
Haarzelle 504f., **515**, 520
Habichte 243
Habituation 453, 569, 605, **612**
Haeckel, Ernst 11
Haeckelia rubra 30
Hagen-Poiseuille-Gesetz 715, 734
Haie 207
Haikouella lanceolata 200
Haikouichthys ercaicunensis 200
Hain-Schnirkelschnecke 66
Hakenrüssler 36
Hakenwurm (*Ancylostoma duodenale*) 630, 647
Halbmond, grauer 334
Haldane-Effekt 743, **762**
Haliaetus leucocephalus 615
Haliotis 64, 855
Hallucigenia sparsa 85
Hallux 236
Halsberger 229
Halswender 229
Halswirbel 249
Haltere 169, **172**
Häm 740
Hämalbogen 248
Hämalsystem 717
Hämatopoiese 700, 702f., **706**, 812f.
Hämerythrin 744
Hamilton, William D. 586

Hammer 247, 311, 517
Hämocoel 81, 718
Hämocyanin 744
Hämocyt 633, 700f., **706**
Hämoglobin 200, 203, 740
– 2,3-Bisphosphoglycerat 743
– Bohr-Effekt 743
– Carbamino- 744
– Desoxyhämoglobin 481, 557 741
– fetales 743
– kooperativer Effekt 741
– Met- 744
– Oxyhämoglobin 557, 741
– P_{50}-Wert 742
– Sauerstoffbindungskurve 741f.
– Ultrafiltration 862
Hämolymphe 699
Hämophilie 712
Hämostase **713**
Hämozoin 635
Hamster 262
Hamuli 240
Handlungsbereitschaft 589, **591**
Handwurzelknochen 267
Haplo-Diploidie-Mechanismus 619
Haplogynae 113
Haplorhini 263
Hapten 796
Haptocorrin 694
Haptodontidae 254
Haptodus 254
Harnbildung 852, 861, **870**
Harnblase 364
Harnröhre 287
Harnsäure 844, 849
Harnstoff 838, 845ff., 847, **850**
– Extrazellulärflüssigkeit 834
– Synthese 845
– Ultrafiltration 862
Hartmannella 668
Hasenartige 261
Hasenscharte 261
Hassen 605, 614
Hassenstein, Bernhard 590
Hatschek, B. 48
Hauer 667
Haupthistokompatibilitätskomplex (MHC) 799, 802f.
Hauptwirt 628
Haushuhn 328
Hausmaus 262
Hausmücke, Südliche (*Culex pipiens quinquefasciatus*) 648
Hausratte 262
Hausschwein 267
Haustellum 167
Haut 365ff., **372**, 778
Haut-Leishmaniose 644
Hautarterie 745
Hautatmung, Blutkreislauf 725

Hautflügler 166
Hautmuskelschlauch 32, 44, 72, 88
Häutung 93, 910, 913
Havers-Kanal 381
Hawaii-Krausschwanz 243
Hayflick-Effekt 323
HCG (humanes Choriogonadotropin) 906
HCN-Kanal 294
HCN4-Gen 732
HCO_3^-, EZF 834
Headsche Zone 512
Heart Excitation Motoneuron 729
Heart Neuron 729
Heat Shock Protein 60 788
Hebb, Donald 452
Hecheln 770
Hecht 212
Hectocotyli 69
Hedgehog 341, 349
Heidelibelle 149
Heimchen 155
Helcionellida 52f.
Helicella 640
Helicoida 64
Helicotrema 518
Helikase-Rezeptor 789
Heliothermie 774, **779**
Helix pomatia 65f.
Heloderma suspectum 231
Helophilus pendulus 169
Hemibaculum 231
Hemichordata 188
Hemiclitores 230
Hemidesmosom 361, 364
Hemielytre 159
hemimetabol 317, 912
Hemipenes 230f.
Hemiptera 158
Hemipteria 157
Hemisphäre, Lateralisierung 563
Hemmung, laterale **538**
Henle-Schleife 862
Henningsmoenocaris 121
Hensen-Knoten 307, 338, 348
Heparin 713
Hepatocyt 675
Hepatocyte Growth Factor (HGF) 319
Hepatopankreas 51, 910
Heptathela 111
Herbivor 652, **656**
Herbstgrasmilbe (*Trombicula* spec.) 648
Hering 212
Hering-Breuer-Reflex 758
Hermaphrodit 44, 79, 277
Herpes-Simplex-Virus 401
Herpestes edwardsi 271
Herrerasauria 234
Herz 51, 84, 104, 199, **726**, 727, **736***f*., 897

– Aktivität 728
– Bau 723, 727
– Beutel 51, 727
– Entwicklung 723
– Frequenz 728
– Minutenvolumen 740
– Myxinoidea 202f.
– Peptidhormon 906
– Regulation 732
– Rhythmogenese 729f., **737**
– Säugetier **736**
– Wirbellose 717
– Zeitvolumen 728, 734
Herzkreislaufsystem **726**
Herzmuschel, Essbare 61f.
Herzmuskelzelle 727, **737**
Herzmuskulatur 394
Hesperornis regalis 237
Hesperornithiformes 237
Heterobranchia 64
Heterodontie 664
heterogamet 277
Heterogamie 167
Heterogonie 275, **276**, 630, 637
Heteronomie 77
Heteropterida 158
Heterosynthese 281, **284**
Heterothermie 769, **779**
Heterotrophie 652, 668
Heupferd, Großes Grünes 155
Hexacorallia 25
Hexactinellida 17
Hexapoda 138
HGF (Hepatocyte Growth Factor) 319
Hinterhauptsbein 247
Hinterhauptsgelenkhöcker 221
Hinterhauptsknochen **255**
Hinterhirn 197
Hinterhorn 503, 512
Hinterkiemer 64, 756
Hinterwurzel 503
Hippocampus 455, 570, **575**, 611
Hippopotamidae 265
Hirnanhangsdrüse 493, 890
Hirnhälfte 564
Hirnhaut 311, 406
Hirnnerv 198, 490f.
Hirnreizung 595
Hirnstamm 197, 490
Hirschartige 265
Hirschkäfer 165
Hirudinea 79
Hirudo medicinalis 729, 854
Hirudinidae 243
His-Bündel 730
Histamin 443, 822, 906
Histatin 783
Histidin 653
Histiocyt 784
Histologie 359
Histomonas meleagridis 644

Sachverzeichnis

Histozoa 19
HLA (Human Leukocyte Antigen) 799ff.
– Transplantation 805
Hochzeitsflug 620
Hoden 277, 285ff., 896, **907**
– Hormon 902
Hofbauer-Zelle 784
Höhentraining 742
Hohlvene 675
Holocephali 208
Hologramm 579
holokrin 371, 661
holometabol 317, 914
Holometabola 161
Holoptychius 215f.
Holothuroidea 184f.
Holotracheata 113
Holst, Erich von 586
Holzbock (*Ixodes ricinus*) 117, 648
Holzwespe, Große 166
HOM-C 344
Homarus gammarus 129
Hominoidea 264
Homo 264
– kulturelle Evolution 622
– Skelett 263
Homodontie 664
homogamet 277
homoioosmotisch 833
Homoiothermie 237, 771
Homonomie 77
Homöobox 344, **350**
Homöodomäne 344
Homöostase 832, **833**
homöotisches Gen 341
Homunculus 554
Honiganzeiger 242
Honigbiene 166, 599f., 918
Horama grotei 283
Hörbahn 520
Hormon 874ff., **879**
– Abbau 881
– Abgabe 880
– adipokinetisches 912
– adrenocorticotropes (ACTH) 443, 894
– aglanduläres 876
– Androgenic Gland Hormone (AGH) 910
– antidiuretisches (ADH) s. antidiuretisches Hormon
– Drüsenhormon 876
– Effekt 878, **879**
– Follikel-stimulierendes (FSH) 894, 903
– Freisetzung **882**
– Gewebshormon 877
– glanduläres 876
– Halbwertszeit 881
– hypophyseotropes 892
– Insekten **917**
– Klassifizierung 876, **879**
– Konzentration 879
– Luteinisierendes (LH) 894, 903
– Neurohormon 876
– prothorakotropes 911, 913
– Regelkreis 881
– Regulation 879, **882**
– Rezeptor 882f.., 887, **889**
– Signaltransduktion 882
– Spiegel 880
– System 874
– Thyreoidea-stimulierendes (TSH) 881, 894
– Transport 876
– Wirbellose 908
– Wirbeltier 889
Hormone Response Element (HRE) 888f.
Horn (Krallen, Schuppen) 227
Hörnerv 520
Hornisse 166
Hornschicht 239, 367
Hornschwamm 17
Hornträger 265
Hörrinde 522
Hörschwellenkurve 516
Hörsinn 518
Hörstadius, Sven 331
Hospitalismus 607
Hox-Gen 31, 352
HPL (human placental lactogen) 906
HRE (hormone response element) 888f.
H-Streifen 390
Hufeisenwürmer 175
Hüftbein 253
Huftiere 265
humanes Choriogonadotropin (HCG) 906
humanes Choriosomatomammatropin 906
Human Leukocyte Antigen (HLA) s. HLA
Human Placental Lactogen (HPL) 906
Humerus 267
Hummer 129
Hunchback 340
Hundeartige 271
Hundebandwurm (*Echinococcus granulosus*) 646
Hundefloh 171
Hundertfüßer 133
Hungerödem 653
Hüpferling 126
Hutchinson-Gilford-Syndrom 324
Hutchinsoniella macracantha 123, 125
Hyaena hyaena 271
Hyaenidae 271
Hyaluronan 373
Hyaluronidase 294
Hydatide 641
Hydra 24
– Regeneration 318
– *viridissima* (grüne *H.*) 24, 667
– *vulgaris* 24, 328
Hydractinia echinata 24
Hydrobia 64f.
Hydrocoel 313
Hydroctena salenskii 28
Hydrodamalis gigas 270
Hydroida 24
Hydrolyse 679
Hydropolyp 20
Hydropsyche angustipennis 168
Hydroskelett 44, **46**, 72
β-Hydroxybuttersäure 760
20-Hydroxyecdyson 910
Hydroxylapatit 380, 386
Hydrozoa 24
Hyla arborea 225
Hylobatidae 264
Hymenoptera 166
Hynerpeton 218
Hyoid 204, 219
Hyoidbogen 204, 723
Hyomandibulare 204, 219f., **271**
Hyperkapnie 758
Hyperosmoregulation 203
Hyperpolarisation 421, **441**
Hyperthermie 777
hyperton 833
Hypervitaminose 656
Hypnozoit 637
Hypoblast 305
Hypobranchialrinne 190, 897
Hypoderma bovis 649
Hypopharynx 133, 139, 663
Hypophyse 311, 864, 890, **906**
hypophyseotropes Hormon 892
Hyposphäre 48
Hypostom 93
Hypostracum 54, **54**
Hypothalamus 771, 890
Hypothalamus-Hypophysen-System 889f.
Hypothermie 777
hypoton 833
Hypovitaminose 655
Hypoxanthin-3-oxid 918
Hypoxie 758
hypsodont 666
Hyracoidea 270
Hyracotherium 267
Hysterosoma 117
Hystricidae 262

I

Ia-Afferenz 539, **550**
Ibisse 243
Ichneumonidae 166
Ichthyophis 226
Ichthyornis dispar 237
Ichthyornithiformes 237
Ichthyosauria 228
Ichthyosaurus 267

Ichthyostega 218, 222
Idiosoma 116
IgA, -D, -E, -G, -M 822
Igel 261
Igelwürmer 75
IGF (Insuline like Growth Factor) 324, 502, 893
Iguania 230
Iguanidae, Salzdrüse 840
Iguanodon bernissartensis 233
IκB 353
IL s. Interleukin
Ileum 686
Ilium 221, 253
Imaginalscheibe 317, **326**
Imago 317, 914
Imitation 608, **612**
Immigration 303
Immunabwehr 783f., **794**
Immunantwort 796
– adaptive 796, 818
– antivirale 788
– frühe induzierte 788, 818, **795**
– humorale 821
– nicht-adaptive 783, **794**
Immunglobulin 691, 796f., **811**
– Diversität 805, 808, **812**
– Gensegment 806
– Immunantwort, humorale 821
– Isotypen 809, 822
– Kette 796
– konstante Region 797
– Rekombination 805, 810
– variable Region 797
– Verdau 797
immunologisches Gedächtnis 818
Immunproteasom 803
Immunsuppression 634
Immunsystem (s. a. Immunantwort) 633, 780f., **782**
Impedanz-Analyse, bioelektrische (BIA) 766
Implantation 296
Imponiergehabe 621
Inachis io 168
Inaktivitätsatrophie 394
Incisivus 253, 259, 664
Incubatorium 257
Incus 253, **271**, 311
Indicatoridae 242
Induktion 334ff., **349**
Information 410ff., **413**
Informationsverarbeitung
– Bottom-up- 582, **584**
– lineare 576
– neuronales Netzwerk 579, **584**
– parallele 579, **584**
– Top-down- **584**
– verteilte 416
Infrarotrezeptor 509
Infrarotsensillum 506

Inger 203, 837
Inhibin 902
Inhibiting-Hormon (IH) 890, 892
Inhibition, laterale **538**
Initialsegment 415, **417**
Innenohr 514, 518
Inocellia 163
Inositol-1,4,5-triphosphat 883
inotrop 732
Insecta 138
– Darmaufbau 673
– Entwicklung 315, 914
– – holometabole 161
– Extrazellulärflüssigkeit 834
– geflügelte 146
– Hormonsystem 911, **917**
– Mundwerkzeug 663
– Stammbaum 142
– Temperaturregulation 774
– Tracheenatmung 751
Insektenfresser 261, **656**
Insektenstaat 620
insektivor 261, **656**
Inselapparat 901
Inspiration 746
Insula 552
Insulin 896
– Hormonspiegel 880
– Kohlenhydratstoffwechsel 901f.
– Rezeptor 886
Insulin-ähnliches Peptid 908
Insuline like Growth Factor (IGF) 324, 502, 893
Integrin 393
Integument 198, 778
Intelligenz 611f.
Intentionsbewegung 590, **591**
Interambulakralfelder 181
Intercentra 221, 248
Interclavicula 257
Interdorsalia 202
Interecdysis 910
Interferon (IFN) 502, 789, **794**
Interleukin (IL) 502, 788, 829
Interleukin-1-Signaltransduktionsweg 353
Interneuron 403
Internodium 404, 427
Interparietale 245, 247
Interpleuralspalt 747
Interrenalgewebe 898
interstitielle Flüssigkeit 739, 832
Interstitium **387**
Intertemporale 222
Intravasalraum 832
intravaskuläres System 709
Intrazellulärflüssigkeit 832
Intrinsic Bursting 431
intrinsische Aktivität 434
intrinsischer Faktor 694
– Erregbarkeit 452, 459
intrinsisches Signal 415
intrinsisches System 709

Introvert 35, **39**, 70
Introverta 35
Inulin, Ultrafiltration 862
Invagination 303
Involution 305
Ionenkanal 417f., **441**
Ionenpumpe 418
Ionenregulation 845
IP$_3$ (Inositol-1,4,5-triphosphat) 883
IPSC (induzierte pluripotente Stammzelle) 321
ipsilateral 520
IQ (Intelligenzquotient) 612
Ischium 253
Ischryopsalis 118
Islandmuschel 62
Isocortex 402
Isogametie 276
Isolation, genetische 2
isolecithal 299
Isoleucin 653
Isomaltase 688
Isopedin 206
Isopoda 129
Isoptera 153
isoton 833
Isotyp, Switch-Rekombination 810
I-Streifen 390
Ito-Zelle 677
Ixodes ricinus 117, 648
Ixodidae 117

J

Jacana spinosa 618
Jacobsonsches Organ 231, 523
Jäger 664, **669**
Jaguar 271
Japyx 144
Jassidomorpha 160
Jejunum 686
Jochbein 248
Jochbogen 244
Jod, bindende Zelle 186
Johnston-Organ 517
Joule 763
Jugale 220, 222, 244
Jugendgesang 606
Julus 137
Juvenilhormon 317, 889, 911, 913, 916
Juvenilphase 298
Juxtaganglionäres Organ 908
Juxtaglomerulärer Apparat 864

K

K$^+$, EZF 834
K$^+$-Kanal 421, 424, 838
K$^+$-Pumpe 857
Kabeltheorie 434
Käfer 164
Käferschnecken 55
Kahlhecht 202, 212
Kahnfüßer 58

Kaimane 212
Kainat 448
Kakothrips pisivorus 157
Kala-Azar 644
Kalkschwämme 17
Kalkspicula 15
Kalmar (*Loligo*) 69, 672
Kalorimetrie 765, **767**
Kalotermes flavicollis 153
Kälterezeptor 508, 771
Kältestarre 776, **779**
Kamele 265
– Wasserregulation 843
Kamelhalsfliegen 163
Kammkiemen 51
Kammmolch 267
Kammmuschel 61f.
Kammquallen 28
Kamptozoa 49
Kandelaberzelle 403
Känguruh 259
Kaninchen, Europäisches 262
Kanker 117
kanonischer Mikroschaltkreis 469, **470**
Kapillare, Sauerstoffpartialdruck 742
Kapillarendothel, Niere 863
Kapuzenspinnen 116
Kapuzineraffen 264
Karausche 212
Kardinalherz 203
Kardiomyocyt 727
Kardiovaskularsystem 717, **726**
Karies 386
Karlson, P. 913
Karpfenartige 212
Karpfenlaus 126, 648
Karyogamie 279, 296
Karyotyp 277
Kaspar-Hauser-Experiment 604
Kasuare 241
katabol 900
Katalase 323
Katecholamin 876
Katzen 271
Katzenfloh 171
Katzenhai 207
Kaudalhäkchen 44
Kaulade 101
Kaulquappe, Atmung 755
Kaumagen, Insekten 673
Kegelschnecken 64
Kehlkopf 220
Kehloszillation 748
Keimbahn 273, **276**
Keimblatt 11, 303, **325**, 359
– Determination, Amphibien 334
– drittes 32
Keimscheibe 301
Keimzelle 279, 321
Kelchtiere 49
Kellerassel 129

Kenozooide 176
Kentrurosaurus 233
Keratin 367
Keratinocyt 365
Keratocyt 365
Keratohyalin 367
Kerckring-Falte 685
Kernäquivalenz, Dolly 331
Kerne 489
Ketonkörper 760
Kiefenfuß 124
Kiefer 56, 82
Kieferapparat, Entstehung 205
Kieferfuß 133
Kiefergelenk 204, 247
Kiefermündchen 41
Kiefermünder 204
Kieferschädel 198
Kiel 239
Kieme 851
– äußere 207
– Tracheenkieme 757
– Wirbellose 756
– Wirbeltier 753, **762**
Kiemenatmung 724, 758
Kiemenbein 95, 100
Kiemenbogen 204, 219, 247, 723, 753
Kiemenbogengefäß 723
Kiemendarm 186, 196, 660, 721
Kiemendeckel 753
Kiemenfilament 753
Kiemenfuß 124
Kiemengefäß 194
Kiemenherz 196, 718, 721
Kiemenkorb 196
Kiemenrückziehreflex 454
Kiemenspalte 186, 219
Kiementasche 311
Kieselsäure 15
Killer Cell Immunoglobulin-Like Receptor (KIR) 823
Kindchenschema 622, **625**
Kindstötung 621
Kinetosom 7, 10
Kinocilium 504
Kinorhyncha 36f.
Kirchhoff-Regel 734
Kiwis 241
Klasse 5
Klauen-Chelicere 106
Kleiderlaus (*Pediculus humanus corporis*) 648
Kleidermotte 168
Kleinhirn 402, 488, 491, 504, 546
Kleinlibellen 148
Kleptocnide 30
Klf4 321
Kloake 38, **39**
Kloakentiere 256
klonale Selektion 820, **820**
Klotho 324
Kniehöcker 522

Knirps 341
Knochen 198, 311, 376, 380f.
– Bälkchen 381
– Entstehung 209
– Lamelle 381
– Phosphat-Puffer 870
– pneumatisierter 239
– Umbau 383
Knochenfisch, Atmung 753
Knochenhecht 212
Knochenmark 321, 812
Knochenschuppen 222
Knorpel 198, 206, 311, 376ff.
Knorpelfisch, Atmung 753
Knorpelganoide 212
Knorpelgelenk 378
Knospung, Hydrozoa 23
Koala (*Phascolarctos cinereus*) 259, 652
Köcherfliegen 167
Kodierung 428ff.
Kohlendioxid, Partialdruck 743, 758
Kohlenhydrat 652
– Resorption 691
– Stoffwechsel, Regulation **907**
– Verdauung 688
Kohlenmonoxid 744
Kokon 216
Kolibris 243
Kollagen 206
kolligativ 832
Kolloid 897
kolloidosmotischer Druck 863
Kolonie 24
Kolumne, corticale 462, 496, 535, **538**
kombinatorische Diversität 808
Kommensalismus 626
Kommentkampf 621
Kommissur 35, 494, **494**
Kommissurenfaser 543
Kommunikation 601, **603**
Komodowaran 231
Kompakta 381
Kompartiment, funktionelles 415
Kompassqualle 25
Komplementsystem 789ff., **795**, 821
Komplexauge 92, 139, 531ff., **538**
Komplexgehirn 82
Konditionierung 453, 569, 607, **612**
Kondor 243
Konduktion 770
Königin 620
Königinpheromon 918
Königinsubstanz 877
Königslibelle, Große 149
Konjugation 276
Konkurrenz 621
Konnektiv 72, **494**

Konsolidierungsphase 611
kontraktile Vakuole 851
kontralateral 521
Konturfeder 239
Konvektion 717, 770, **779**
Konvergenz 416, **417**, 468
Kooperation 618, **624**
Koordination 593, **603**
Kopeč, S. 914
Kopf 197
Kopfbein 88
Kopffüßer 62, 66
Kopflaus (*Pediculus humanus capitis*) 158, 630, 648
Kopplung, elektrotonische 463
Koprophagie 677, 693
Kopulation 290
Kopulationsorgan 44
Koralle 667
Korallenriff 26
Korbzelle 403
Kormorane 243
Körnerschicht 402
Körperachse 329, 334, **349**, 352
Körpertemperatur 768f, 771ff.
Kortikotropin 880
Kot 842
Krabbenspinnen 113
Kragengeißelkammer 670
Kragengeißelzelle 7, 14, 658
Kragenmark 187, 189
Krake 70
Krallenaffen 264
Krallenfrosch 225
Kratzer 41
Krätzmilbe (*Sarcoptes scabiei*) 117, 648
Kreatin 845
Krebse 120
Kreiselschnecke 64
Kreislauf, enterohepatischer 690
Kreislaufregulation 735
Kreislaufsystem 699, 717, 720, **726**
Kreuzbein 251, 253
Kreuzotter 231
Kreuzpräsentation 800, **811**, 827
Kreuzspinne 112f.
Krill 660
Kristallkegel 119
Kristallstiel 56, 674
Krokodil 232
Kronengruppe 4, **5**
Kropf 673
Kropfmilch 661
Krummdarm (Ileum) 686
Krüppel 341
Küchenschabe 153
Kuckuck (*Cuculus canorus*) 629
Kükenruhr, Rote 645
Kupffer-Sternzelle 637, 677, 784

Kurzschwanzkrebse 129

L
Labellata 108
Labia minor 151
Labialdrüse 166, 673, 856
Labialpalpus 139
Labialrüssel 158
Labiata 133
Labidognatha 112
Labidura riparia 151
Labium 135, 139, 663
Labmagen 674
Labrum 91, 133, 663
Labyrinth 199, 755, 856
– Drehsinnesorgan 514
– Hörsinnesorgan 518
– Lernen 609
– Schweresinnesorgan 514
Labyrinthfisch (Anabantidae) 755
Lacertidae 231
Lachmöwen, Hassen 614
Lachs 212
Lacinia 133, 139
Lacrimale 220, 222, 247
Lactoferrin 783
Lacunifera 49
Ladetransiente 439
Lagomorpha 261
Lagosuchus 233
Lama guanicoe 267
Lamellenknochen 381
Lamellibranchia 59
Lamina
– densa 360
– fibroreticularis 360
– parietalis 727
– propria 683
– rara 360
– reflexa 255
– visceralis 727
Laminin 501
Lampetra 203, 834
Lampyridae 165
Lampyris noctiluca 165, 915
Landmarke 600, 609
Landwirbeltiere 218
Langerhans-Insel 675, 901
Langerhans-Zelle 366
Langfühlerschrecken 155
Langschnabeligel 257
Längswiderstand 425
Languren 264
Languste 129
Langzeitdepression (LTD) 455, **460**
Langzeitpotenzierung (LTP) 455, **460**
Lanice conchilega 78
Lankaster, Ray 11
Lanzettfischchen, Gastrulation 303
Laomedea geniculata 672
Larus ridibundus 614
Larvacea 193

Larvalentwicklung 87
Larvalstadium 315, **326**
Larve 224
– Actinotrocha- 175
– Actinula- 23
– Ammocoetes- 203
– Amphiblastula- 16
– Auricularia- 186
– Bipinaria- 183
– Coeloblastula- 16
– Cypris- 128
– Dipleurula- 180
– Müllersche 315
– Nauplius- 121, 315
– Parenchymula- 16, 315
– Pillidium- 47
– Planula- 23, 315
– Pluteus 332
– Primär- 315
– Sekundär- 315
– Tornaria- 189
– Trochophora- 48, 77, 315
– Veliger- 51, 315
Larynx 220
Lasius niger 166
Lateralcilie 660
Laterale Hemmung **538**
Lateralherz 72, 721
Lateralisierung 563, **566**
Laterne des Aristoteles 662, 664
Laternenträger, Europäischer 160
Latimeria 215, 834
Latouchella 58
Laubfrosch 225
Laubheuschrecken 155
Läusefleckfieber 643
Lavoisier, Antoine Laurent 765
Lebenserwartung 323
Leber 200, 311, 319, 675, 851
Leberegel
– Chinesischer (*Clonorchis sinensis*) 645
– Großer (*Fasciola hepatica*) 44, 637, 645, 671
– Kleiner (*Dicrocoelium dendriticum*) 44, 639, 645
Leckstrom 418, 434
Lederhaut 198
Lederschildkröte 229
Leerdarm (Jejunum) 686
Leerlaufhandlung 590, **591**
Leguan, Grüner 230
Leibeshöhle
– primäre 11, 299, 303
– sekundäre 313, **326**
Leiopelma 225
Leishmania 644, 657
Leishmaniose 643f.
Leistenkrokodil 232
Leistungsstoffwechsel 738
Leistungsumsatz 764, **767**
Lek-Polygynie 618
Lektin 786
Lemniscus medialis 504

Lemuriformes 263
Leopardenhai 207
Lepas anatifera 128
Lepidochiton 55
Lepidoptera, Eihülle 283
Lepidosauria 229
Lepidosiren paradoxa 216
Lepidosirenidae 215
Lepisma saccharina 146
Lepisosteus osseus 202, 212
Leptin 376
Leptophragmata 858
Leptostraca 129
Leptynia hispanica 154
Lepus europaeus 262
Lernen 569, 605, **612**
– assoziatives 453
– Einsicht 610, **613**
– Gedächtnis 611
– Habituation 605, **612**
– Imitation 608, **612**
– Konditionierung 607
– Lernleistung 609
– nicht-assoziatives 453
– Prägung 605, **612**
Lestes sponsa 148
Leuchtkäfer (*Lampyris noctiluca*) 165, 915
Leuchtkrebse 129
Leucin 653
Leucon-Typ 15, **18**
Leucorrhinia 149
Leucosolenia 14, 17
Leukocyt 705, **706**
Leukotrien 653, 822, 906
Leydig-Zelle 287, **292**, 893, 903
LH (Luteinisierendes Hormon) 894, 903
Libellen 148f.
Liberin 892
Ligament 59
Ligamentum nuchae 375
Ligandenbindungsdomäne 887
Ligusterschwärmer 163
Limax maximus 66
Limb Bud 346
Limbisches System 567, 570, **575**
Limnadia lenticularis 124
Limnephilus 167
Limnognathia maerski 40f.
Limnoria 668
Limothrips cerealium 157
Limulida 99
Limulus polyphemus, Habitus 97
Linckia multiflora 184
Lineus longissimus 47
Lingua 139
Linguatulida 88f.
Lingula unguis 176
Linksverschiebung 743
Linolsäure, Linolensäure 653
Linse, Calcit- 93
Linsenauge 77, 103, 529

Linsencrystallin 353
Lipase 687, 689
Liphistius 111
Lipoctena 105
Lipogenese 901
Lipolyse 771
Lipopolysaccharid 785
Liposcelis 158
Lipoteichonsäure 785
Lipotyphla 261
Lippenorgan 509
Liquor 406, **408**
Lissamphibia 223
Lissauer-Trakt 510
Lithobius 133
Litomosoides carinii 634
Littorina 64f.
LMP2, LMP7 803
Lmx 348, 355
Loben 66
Loboconcha 58
Lobopodium 82
Lochkameraauge 529
Lockgesang 595
Locus coeruleus 512
Locusta migratoria 155
Loewi, Otto 733
Loligo 69, 662, 672
Lømo, Terje 455
Lophelia 26
Lophocyt 15
Lophophor 176
Lophotrochozoa 75
Lophotrochozoa-Hypothese 173
Lorenz, Konrad 586
Lorenzinische Ampulle 513
Lorica 7, 36
Loricata 55
Loricifera 36
Lorisiformes 263
Low Density Lipoprotein, modifiziertes 787
Löwe 271
Loxodonta africana 271
LPS-Rezeptor-Komplex 787
LSD 583
Lucanus cervus 165
Luchs, Europäischer 271
Lückengen 340
Luftatmung **762**
Luftröhre 220
lumbal 249
Lumbricidae 661
Lumbricus terrestris
– Extrazellulärflüssigkeit 834
– Kreislauf 720
Lunge 214f., 311, 673, **762**
– Buch- 101, 110
– Evolution 746
– Fächer- 101
– Kapazität 760
– Residualvolumen 760
– Vitalkapazität 760
– Vogel- 746

– Volumen 760
Lungenatmung 214
– Blutkreislauf 724
– Regulation 758
– wasserlebende Wirbeltiere 749
Lungenegel (*Paragonimus westermani*) 646
Lungenfische 214
Lungenschnecken 64
lusitrop 732
Lutealphase 904
Luteinisierendes Hormon 894
Lutra lutra 271
Luxusperfusion 481, **484**
LTD/LTP (Langzeitdepression/ -potenzierung) 455, **460**
Ly49–Lektin-Rezeptor 825
Lycaenops, Skelett 255
Lymantria dispar 914
Lyme-Borreliose 628, 643
Lymnaea 66, 638, 855
lymphatisches Organ 812, **820**
Lymphgefäß 214, 312, 818
Lymphgewebe, mucosales 812
Lymphknoten, CTL-Aktivierung 822
Lymphocyt 203, 820
Lymphopoiese 806, **820**
Lyraformes Organ 105, 506
Lysin 653
Lysosom 784
Lysozym 783

M
Machilis 145
Macoma balthica 62
Macroglossum stellatarum 168
Macroperipatus 83
Macropodidae 259
Macroscelidea 262
Macrostomida 44
Macrostomum 44
Macula 514
Macula-densa-Zelle 863
Madagaskar-Strauß 243
Madenwurm (*Enterobius vermicularis*) 39, 647
Madreporarida 26
Madreporenplatte 182
Magen **678**f., 683, 696, **698**
Magendassel (*Gasterophilus intestinalis*) 649
Magenstein 664
Magicicada septendecim 298
Magnetic Cell Separation (MACS) 798
Magnetic Resonance Imaging 555
magnetischer Sinn 513
Magnetitkristall (Fe$_3$O$_4$) 513
Magnetkompassorientierung 601
Mahlzahn 386
Maikäfer 165

Major Histocompatibility Complex (MHC) 799, 802f.
Makaken 264
Makrelenartige 212
Makroelement 652, 656
Makromer 29, 302
Makronucleus 276
Makrophage 404, 409, 633, 706, 784, 813
Makrophagen-Mannose-Rezeptor (MMR) 786
Malacobdella 47, 631
Malacostraca 128
Malaria 635ff., 643ff.
Malariamücke 170, 627, 637
Male-Male Competition 616
Malleus 247, **271**, 311
Mallophagen 630
Malpighi-Gefäß 851, 856f., 909
– Arachnida 103
– Insekt 673
– Seidenkokon 166
Malpighi-Körperchen 859
MALT (Mucosa Associated Lymphoid Tissue) 818
Maltase, Maltose 688
Malurus, Brutpflegehelfer 621
Mamillarkörper 570, **575**
Mammalia 256
– Blutkreislauf 726
– Extrazellulärflüssigkeit 834
– Herz 727
– Verdauungssystem 674
Mammut 271
Mandelkern 569
Mandibel **90**, 118, 133, 139, 663
Mandibeldrüse 918
Mandibelkrampf 632, 640
Mandibularbogen 204, 219, 723
Mandibulare 204, 219, 247
Mandibularorgan 910–911
Mandibulata, Hypothese 118
Mangold, Hilde 336
Maniraptora 235
Manis 251, 261
Mannose-Binde-Lektin 786
Mantel 51
Mantelrinne 51
Manteltiere, Kreislaufsystem 719
Mantis religiosa 152
Mantispa styriaca 164
Mantispidae 164
Mantodea 152
Mantophasma 151
Mantophasmatodea 151
Manubrium 24
MARCO 787
Marder 271
Marellomorpha 91
Marienkäfer 165
Markscheide 404
Markstrang 34, 485

Marsupialia 258
Marsupium 253, 259
Martes foina 271
Martinotti-Zelle 403
Martinssonia 121
Masculinizing Factor 908
Maskierung, molekulare 634
Mastax 40
Mastdarm 677
Mastigoproctus 107
Mastotermes darwiniensis 153
Mastzelle 822
Maternaleffektgen 340
Mattheva 55
Mauergekko 230
Maulwürfe 261
Maulwurfsgrille 155
Maus (*Mus musculus*)
– Hox-Gen 344
– Zahnformel 666
Mäuse 262
Mauser 240
Maxillardrüse 856
Maxillare 219f., 247
Maxillarpalpus 139
Maxille **90**, 119, 133, 139, 663, 756
Maxillipeden **130**, 133
Maxillopoda 125
Maxilloturbinale 248
Maze-Learning 608
Mechanoperzeption 504
Mechanorezeptor 21, 84, 504f.
– Arthropoden 506
– Haut 507
– Pectines 104
– Thermorezeptor 509
Mecoptera 170
Mecopteria 166
Mecoperiformia 166
Medianauge 92, 895
Mediator 906
Medinawurm (*Dracunculus medinensis*) 630, 647
Medizinischer Blutegel 79
Medulla 597
– oblongata 488, 490, **495**, 552, 735, 758
Meduse, Cnidaria 23
Meerechse 230
Meerkatzen 264
Meerneunauge 203
Meerschweinchen 262
Meerwasser, Osmolarität 835
Megachiroptera 264
Megakaryocyt 705, 813
Megalin 694
Megaloptera, Tracheenkiemen 757
Meganeura 149
Meganyctiphanes 129f.
Megoperculata 106
Meiocyte, I 279
Meiose, Dictyotän 281
Meisen 243

Meissner-Körperchen 367, 507
Meissner-Plexus 683
Melanocyt 366
Melanocyte-Stimulating-Inhibiting-Hormon 892
Melanoma Differentiation Associated Gene 5 (MDA5) 789
Melanophila acuminata 506
Melanophor 895
Melanosom 366
Melanostatin 892
Melatonin 877
Meles meles 271
Melolontha melolontha 165
Membrane Attack Complex 790
Membrane Cofactor of Proteolysis (MCP) 790
Membrankapazität 425, 435
Membranlängenkonstante 434
Membranpore 418
Membranpotential 418, 421, 430, **441**
Membranzeitkonstante 434, 439
Menachinon 655, 924
Meningoencephalitis 645
Menisken 380
Menotaxis 599
Menotyphla 261
Menschenartige s. Homo
Menschenfloh 171
Menstruationszyklus 903
Mephites mephites 271
Merkel-Scheibe 507
Merkel-Zelle 367
merokrin 371
Merozoit 637
Mesaxonia 267
Mesencephalon 197, 488, 490, **495**, 552
Mesenchymzelle 303
Mesenterium 681
Mesobranchia 62
Mesobronchus 747
Mesobuthus 104, 108
Mesocoel **186**, 313
Mesoderm 32, 302f., 309, 312f., **326**, 360
Mesogloea 20, 28, **31**, 303
Mesohyl 15, **18**
Mesopeltidium 107
Mesosoma 100
Mesostoma ehrenbergi 672
Mesotardigrada 87
Mesoteloblast 313
Mesothelae 111
Mesothorax **172**
Mesozoa 30
metabolische Azidose 760
metabolisches Wasser 840, **844**
Metabolismus 738
Metabranchia 62
Metacarpus **223**
Metacercarie 638

Metacoel 181, **186**, 313
Metacoracoid 227, 257
Metacrinus 182
Metagenese 23, 275, **276**, 637
Metamer 71
Metamorphose 23, 203, 314ff., **326**, 755
Metanephridium 176, 852
Metapeltidium 107
Metapterygota 148
Metasoma 100
Metastomata 101
Metatarsus **223**
Metathorax **172**
Metatroch 48
Metazoa 10
Metencephalon 197, 488, **495**
Methämoglobin 744
Methionin 652f.
Methylfarnesoat 910f.
MHC (Major Histocompatibility Complex) 799, 802f., 919
Micelle, gemischte 690
Micracercaria 156
Micracercaria-Hypothese 157
Microchiroptera 264
Micrognathozoa 40
Micropilina arntzi 56
Micropterigidae 168
Micropterix 168
Microraptor 235
Microstomum 44
Microthelyphonida 105
Miesmuschel 61f.
Migration, Neuron 496, **499**
MIH (Moult Inhibiting Hormone) 910
Mikroelement 656
Mikroglia 403f, 784
Mikromer 29, 302
Mikronucleus 276
Mikropyle 283, **285**
Mikrotubuli 106
Mikrovilli 7, 685
Milben 116
Milchgebiss 666
Milchsäure 758
Milz 812
Mimikry 602
Mineralocorticoid 896, 899
Mineralstoff 652, 656
Miracidie 638, 640
Mirounga leonina 271
Mitose, goniale 279, **280**
Mitralklappe 727
Mitralzelle 436, 461, 523
Mitteldarmdrüse 54, 194, 311, 675
Mittelhandknochen 267
Mittelhirn 197, 488, 492
Mittellappen 891
Mittelohr 517
Mixocoel 81, 718, 855
Mixopterygium 206
Mixosaurus 228

Modellorganismus 327, **349**
Modulator, endokriner 920
Moho 243
Mola mola 212
Molar 254, 259, 665
Molche 224
molekulare Maskierung 634
Molidae 212
Mollusca 49
– Extrazellulärflüssigkeit 834
– Hinterkiemer 756
– Kreislaufsystem 719
– Neuropeptid 908
– Niere 855, **872**
Molluskenkreuz 51
Mondfisch 212
Monocyt 705f., 784
Monogamie 618, **624**
Monogenea 44
Monogonata 40
Monophylum 1, 4
Monoplacophora 56
Monotremata 256
Monotylota ramburi 154
Moorjungfer 149
Moosmilben 117
Mopalia 52
Morbus
– Alzheimer 571f.
– Huntington 545
– Parkinson 545, 571f.
Mormidea pama 284
Morphallaxis 318, **326**
Morphogenese 303
Morris, Richard G. 609
Morula 299
Mosaikentwicklung 329, **349**
Moschidae 265
Moschusbock 165
Moschusochse 265
Motivation, Zentren 594
Motoneuron 548
Motorcortex, primärer 545, 553
motorische Einheit 476, **479**, 539
motorische Endplatte 392, 432, 475, **479**
Mottenläuse 151
Moult Inhibiting Hormone (MIH) 910
Möwen 243
MPF (Mitosis Promoting Factor) 302
MRI (Magnetic Resonance Imaging) 555
MSH (Melanophorenstimulierendes Hormon) 894
MSH-IH (Melanocyte-Stimulating-Inhibiting-Hormon) 892
M-Streifen 389
Mückenhaft 170
Mucosa Associated Lymphoid Tissue (MALT) 812, 818

Muggiaea kochi 27
Müllersche Larve 315
Multi-Photonen-Imaging 460
multinucleat 17
Multiple Sklerose 781
Multipotent Progenitor 813
Mund-After-Öffnung 20
Mundwerkzeug
– Crustaceae 118
– Insecta 139
– Mandibulata 118
– Tracheata 132
Murex brandaris 64
Muridae 262
Mus musculus 262, 666
Musca domestica, Organisation 170
Muschelkrebse 126
Muscheln 59
Muscidae 170
Muscularis mucosae 683, 685
muskarinischer Rezeptor 733
Muskel 309, 359, 388ff., 476ff.
Muskelatrophie 653
Muskelfaser 388, 394, 539, **550**
Muskelmagen 673
Muskelspindel 539, **550**
Muskelzelle 20
Muskelzittern 771
Muskulatur 84, 388, 393ff.
Mustelidae 271
Musterbildung 334, 340, 346
Mustergen 340
Mustergenerator
– zentraler 467
– zentralnervöser 592
Mya 61, 836
Mycetom 669
Mycobacterium tuberculosis 780
Myelencephalon 197, 488, 490, 552
Myelin 404, **408**, 425, **441**
Mygalomorpha 111
Myoblast 388
Myocyt 15, 20, 28
Myoglobin 743, 862
Myoinosit 653
Myokard, Erregung 731
Myomer **194**, 196
Myomerie 190
Myopterygii 200
Myopterygii-Hypothese 202
Myosinfilament 389
Myotom 313
Myriapoda-Hypothese 137
Myrmecobius fasciatus 259
Myrmecophagidae 261
Myrmeleontidae 164
Mystacocarida 126
Mysticeti 265
Mytilus 61f., 836
Myxinoidea 203
Myxophaga 165
Myzostomida 78

N

Na$^+$-Ca^{2+}-Antiport 419
Nabelschnecke 64
N-Acetylierung 869
N-Acetyltransferase 895
Nachahmung 608
Nachhirn 197, 490
Nachhyperpolarisation 424
Nacktkiemer 64
Nacktnasenaffen 263
Nacktnasenwombat 259
Na$^+$-Cotransport 691
Naegleria fowleri 627, 645
Nagana-Seuche 644
Nagel 369
Nagetiere 262
Na$^+$-Glucose-Cotransport 691
Nahrung 652, **656**
– Aufnahme 657
– Resorption, Verdauung 670ff., 690
Nahrungsrinne 91
Nährzelle 281
Naja naja 231
Na$^+$-K$^+$-ATPase 418, 838, 857, 901
Na$^+$-Kanal 418, 423
Nandu 241
Nanos 340
Na$^+$-Resorption, Nierentubulus 864, 868
Nasale 222, 247
Nasalia 219
Nase 245
Nasenwurm 89
Nashörner 267
Nasoturbinale 248
Natica 64
Natrix natrix 231
Natural Cytotoxicity Receptor (NCR) 824
Natürliche Killer-Zelle 823, **831**
Nauplius-Auge 121
Nauplius-Larve 121, 315, 632
Nautilida 67f.
Navigation 601, **603**
N-CAM (Neural Cell Adhesion Molecule) 498, **499**, 500
NCR (Natural Cytotoxicity Receptor) 824
Nebalia bipes 129
Nebenhoden 287
Nebenniere, Hormon 898f.
Nebenschilddrüse 311, 896, 898, **907**
Nebenwirt 628
Nebenzelle 683
Necrophloeophagus flavus 133
Neglekt 564, **566**
Neher, Erwin 421
Nemathelmintha, Neuropeptid 908
Nematocyste 21
Nematoda 38
Nematomorpha 38

Nemertinea 47
Nemertini 47, 852
Nemertodermatida 32
Nemoura cinerea 150
Neoblast 43
Neobunodontia 265
Neoceratodus forsteri 215
Neocortex 402, 494, 551
Neocribellatae 112
Neodermata 44
Neognathae 242
Neognathostomata 208
Neomeniomorpha 53
Neopallium 494
Neopilinida 56f.
Neoptera 147, 149
Neopterygii 212
Neornithes 237
neotene Art 756
Neotenie 191, 224, **226**, 317, **326**
Nepa cinerea 159
Nephridialorgan 851
Nephridium 51, 851
Nephron 859, 861
Nereis 73, 78, 662
Neritimorpha 64
Nernst-Gleichung 419
Nerv, peripherer 502
Nerve Growth Factor (NGF) 499
Nervenbahn 503
Nervenendigung, freie 507
Nervenfaser, Klassifikation 426
Nervengewebe 309, 359, 399
Nervenleitgeschwindigkeit 426
Nervennetz, diffuses 29
Nervenplexus 34, 189
Nervensystem 309
– auditorisches 515
– ganglionäres 29
– peripheres 399
– Regeneration 500
– somatisches **515**
– somatosensorisches 502
– Strickleiter- 120
– sympathisches 899
– tetraneurales 50
– vegetatives 548, **550**, 683, 732
– visuelles 526
Nervenzelle 19, 399ff., 413, 430
Nervus vagus 491, 512, 549, 697, 733, 758
Nesselkapsel 21
Netrin 498
Netzhaut 67, 199, 529
Netzmagen 674
Netzpython 231
Neugierverhalten 607, **612**
Neumünder 305
Neunauge 203
Neuralbogen 202, 221, 248

Neural Cell Adhesion Molecule (N-CAM) 498, **499**, 500
Neuralleiste 200, **325**, 683
– Derivat 309
– Evolution 358
Neuralplatte 310, **325**
Neuralrohr 186, 191, 195, 310, **325**
Neuregulin 501
Neurexin 498
Neuroblast 495
Neurocranium 198, 206, 219, 246
neuroendokrin 875
Neuroepiphyse 493
Neuroethologie 586
Neurofibrille 400
Neurogenese 495
Neurogenin 495
Neurohämalorgan 875–876, **879**, 890
Neurohormon 876, **879**, 913f.
Neuroligin 498
Neuromast 202
Neuromodulator 443, **451**, 592, 729
Neuron 19, 311, 402, 413, **417**
– Erregbarkeit 459
– Kommando- 597
– Regeneration 500
– Zellteilung 496
neuronaler Reizfilter 593
neuronaler Schaltkreis 468, 595
neuronales Netzwerk 468, 579, **584**
Neuroommatidium 533
Neuropeptid 443, 908, 914
Neuropil 34, 404
Neuropodium 77, 90
Neuropteria 163
Neuropteriformia 162
Neurosekretion 874
Neurotensin 695
Neurothel 406
Neurotroch 48
Neurotrophin 499, **499**, 501
Neurulation 186, 310, **325**
Neuter 253
Neutrophilie 784
Neuwelt-Stachelschweine 262
Neuweltgeier 243
Nevadia 93
Nexus 406
NF-κB 353, 788
N-Formylmethionyl-Peptid-Rezeptor 787
NGF (Nerve Growth Factor) 499
NH$_3$, NH$_4^+$ 845
NHR (Nuclear Hormone Receptor) 887
Niacin 693, 922
nicht-NMDA-Rezeptor 448
nichtglandotrop 893
Nicotin, Resorption 690

Nicotinsäureamid 654, 693, 922
Niere 54, 200, 845, 851, **872**, 897
– Autoregulation 863, **872**
– Blutgefäß 861, **872**
– Hormon 905
– Säugetiere 859
Nierensack 855
Nierentubulus 859, 865ff., **872**
Nieuwkoop-Zentrum 336, **350**
Nissl, Franz 399
Nitroglycerin 398, 887
NKG2A/CD94-Rezeptor 823
NLR (NOD-Like-Rezeptor) 789
NMDA-Rezeptor 448, 456, 482
N-Nucleotid 808
NO 398, 443, 887
Nociception **515**
NOD-Like-Rezeptor (NLR) 789
Nodal Related Faktor 334
Nodulus 547
Noggin 338f.
Noradrenalin 443, 550, 732, 772, 896, 899
Normalgesang 606
Normothermiebereich 774
Notarium 239
Notch-Signalweg 702
Notochord 189, **194**, 200
Notochordata 194
Notopodium 77, 90
Notoptera 151
Notoryctidae 259
Notostigmophora 133
Notostraca 124
Novogenuata 118
Nozizeptor 509
Nuchalorgan 77
nuclear hormone receptor (NHR) 887
Nuclease 688
Nucleinsäureverdauung 688, 691
N-Nucleotid 808
Nucleus
– basalis 570, **575**
– caudatus 545
– cochlearis 520
– dorsomedialis 891
– infundibularis 891
– paraventricularis 891
– pulposus 373
– ruber 545, 547
– suprachiasmaticus 597f.
– supraopticus 891
– ventromedialis 891
Nucula nucleus 61
Nudel 344
Nudibranchia 64
Nussmuschel, Große 61
Nutzen-Kosten-Analyse 614, **624**
Nymphe 153
Nymphon 97f.
Nymphonella tapetis 98

O
O_2 738
Oberkiefer 204, 219
Oberschlundganglion 77, 486, 916
Occipitalia 248, **255**
Occiput 248
Occlusion 666
Ocellus 24, 139
Oct3/4 321
Octocorallia 26
Octopodiformes 70
Octopus vulgaris 70
Ödlandschrecke, Rotflügelige 155
Odobenus rosmarus 271
Odonata 148
Odontoblast 386
Odontoceti 265
Odontophor 51
Oedipoda germanica 155
Oelandocaris 121
Oenocyt 701
Oesophagus 88, 673, **678**, 681, 683
Ofenfischchen 146
Off-Zentrum-Neuron 530
Ohmsches Gesetz 421, 734
Ohr 517
Ohrenqualle 25f.
Ohrspeicheldrüse 679
Ohrwürmer 151
Oikopleura 193
Okklusion 437, **441**
Okzipitallappen 551
Olenellida 93
Olfactores-Hypothese 193
Oligochaeta 79
Oligodendrocyt 404, **408**
oligolecithal 299
Ommatidium 96, 531, **538**
Omnipotenz 10
Omnivor 652, **656**
Onchocerca volvulus 630, 632, 647
Oncosphaera, Larve 631
Oniscus asellus 131
Ontogenese 298, **325**
Onychophora, Hämocoel 718
Onychura 124
Oogametie 277, **280**
Oogenese 10, 279, 281
Oolemma 294
Oothek 152
Operculare 222, 247
Operculum 63, 100, **101**, 283, 753
Ophiacodon 267
Ophidia 231
Ophiocoma scolopendrina 184
Ophiothrix fragilis 184
Ophiuroidea 184
Opiat 443, 569
Opiliones 117
Opioidpeptid 695

Opisthaptor 44
Opisthobranchia 64
Opisthogoneata 133
Opisthokonta 6
Opisthosoma 94, **99**
Opisthothelae 111
Opossums 259
Opsin 526
Opsonisierung 786, 789f, **794**
Optimalitätsmodell 614, **624**
Oralpapille 82
Orang-Utan 264
Orbita 376
Ordnung 5
Organ 24, 34, 359f.
– hämatopoietisches 700
– lyraformes 105, 506
Organisator 336, 338, **350**
Organogenese 309
Oribatidae 117
Orientbeule 644
Orientierung 599ff., **603**
Ornithin 691
Ornithin-Harnstoffzyklus 847
Ornithischia 233
Ornithodira 232
Ornithomimidae 235
Ornithorhynchus anatinus 257
Ornithothoraces 237
orthodrom 428
orthognath 112, 139
Orthognatha 111
Orthonectida 31
Orthopterida 154
Orthoptera 154
orthopteroid 166
Orycteropus afer 265
Oryctolagus cuniculus 262
Osculum 658
Osmolarität 833, **833**
Osmolyt 838, **844**
Osmoregulation 832ff., **835**
Osmylus fulvicephalus 164
Ösophagusdrüse 54
Ossifikation 384
Osteichthyes 208
Osteoderm 229
Osteogenese 380f.
Osteognathostomata 208
Osteolepis 215f., 222
Osteon 381, **387**
Osteoporose 383
Ostium 81, 104, 658, 717
Ostracoda 126
Ostracum 54
Östradiol 897
Ostrea edulis 62
Östrogen, Signaltransduktion 887
Östrus 903, 905
Oszillation 457, 470
Otolith 208
Ototyphlonemertes 47
Ovar 277, 903
Ovariole, polytrophe 155
Ovibos moschatus 265
Ovidukt 296

Oviger 98, **101**
Oviparie 256
Oviraptorosauria 235
Ovoperoxidase 294
Ovoviviparie 213
Ovulation 281, 296, 903
Oxidationswasser 842, **844**
oxidativer Stress 573
OXPHOS-System 323
Oxygenation 740
Oxyhämoglobin 741
Oxytocin 443, 891
Oxyuris vermicularis 39

P
p34cdc2 302
P_{50}-Wert 742
Paarhufer 265
Paarregelgen 341
Paarungsrad 148
Paarungsverhalten 616ff.
Pachynolophoidea 267
Pachyrhachis problematicus 355
Pacini-Körperchen 428, 507
Pädogenese 191
Paedeumias 93f.
Paedomecynostomum bruneum 33
Paenungulata 270
Palaeobranchia 62
Palaeocribellatae 112
Palaeodictyopterida 149
Palaeoisopus 96f.
Palaeopallium 494
Palaeoptera 147
Palaeotaxodonta 62
Palaeotheriidae 267
Paläontologie 667
Palatinum 247
Palatoquadratum 204, 219, 247
Palatum durum/molle 248
Palindrom 808
Palingenia longicauda 148
Palinurus 129
Pallialkomplex 51
Pallium 494
Palmendieb (*Birgus*), Atmung 756
Palolowurm 78
Palomena viridissima 160
Palpigradi 105
Palpus 98, **99**, 118
PAMP (Pathogen Associated Molecular Pattern) 785, **794**
Pampashuhn 241
Pan 264
Pan- 4
Pan-Crustacea 120
Panda, Großer 267, 271
Panderichthys rhombolepis, Schädel 222
Pankreas 200, 675, 896, **907**
– Hormon 900f.
– Lipase 689

– Regulation 697
Pankreozymin 695
Panorpida 166
Panorpidae 170f.
Pansen 674
Panthenol 693
Panthera 271
Pantopoda 96
Pantothensäure 654, 693, 922
Panzer 229
Papageien 242
Papain 797
Papierboot 70
Papilio machaon 168
Parabiose 626
Parabrachialkern 512
Parabronchus 746, **762**
Paracentrotus lividus, Gastrulation 304
Paradisaeidae (Paradiesvögel) 243
Paradoxides 93f.
Paradoxopoda-Hypothese 119
Paraglossa 133, 137, 139
Paragonimus westermani 646
parakrin 874
Parallelentwicklung 259
Paramecium 670f., 852
Paraneoptera 156
Paranotal-Theorie 146
Parapodium 77, **78**
parapsider Schädel 244
Pararotatoria 40
Parascaris equorum, Chromatindiminution 330
Parasegment 341
Parasit 38, 43, 626, **636**, 780
– Abwehrmechanismus 633, **636**
– Anpassung 630, **636**
– Ekto-, Endoparasit 627
– Entwicklungszyklus 637, **642**
– fakultativer 627
– humanpathogener 643
– Klammerorgan 631
– nutztierpathogener 644
– obligater 627
– Wirtsspektrum 629
Parasitiformes 117
Parasitoid 629
Parasympathicus 548, 733
paratenisch 628
Parathormon (Parathyrin, PTH) 381, 896, 898
Parathyreoidea 896, 898
Paratomella 32
Paraxonia 265
Parazoa 13
Pärchenegel (*Schistosoma*) 44, 631, 646
Parenchym 43, 372, **387**
Parenchymula-Larve 16, 315
Parental Investment 617
Paridae 243
Parietalauge 895

Parietale 222, 247
Parietallappen 551
Parietalorgan 230, 895
Parkinson 545, 571f.
Parnassius apollo 168
Parodontium 387
Parthenogenese 40, 275, **276**, 632
Partialdruck 739, **762**
Passeres 243
Patch-Clamp-Methode 399, 421
Patella 63, 96
Pathogen 780
Pathogen Associated Molecular Pattern (PAMP) 785, **794**
Pattern Recognition Rezeptor (PRR) 785, **794**
Paukenbein 248
Paukenhöhle 220
Pauropoda 136
Pauropus 3, 134f.
Paviane 264
Pawlow, Iwan P. 586, 607
Pawlow-Versuch 696
Pax6 344, 355
Pax7 313
PDH (Pigment Dispersing Hormone) 911
PDI (Protein Disulfide Isomerase) 800
Pecten 62, 104
Pectinibranchia 64
Pedalganglion 57f.
pedicellat 223
Pediculus 158, 630, 648
Pedipalpus 98, **99**
Pelecaniformes 243
Peloridium hammoniorum 159
Peltidium 107
Pelvis 253
Pelzflatterer 264
Penetrant 22
Penis 227
Penisknochen 258
Pennatularia 27
Pentastomida 88, 283
Pepsin 683, 783, 798
Peptidase 687, 690
Peptide Loading Complex (PLC) 800
Peptidediting 802
Peptidhormon 876, 898, 905, 912
Peraeopoden 128, **130**
Perca fluviatilis 211f.
Percidae 212
Perforatorium 289
Perforin 823
Peribranchialraum 190f., 196
Perichondrium 377
Pericyt 409
Perikard 51, 313, 727
Perikardialcoelom 855
Perikardialorgan 910
Perikardialseptum 81

Perikardialsinus 81, 718, 910
Perikardiodukt 51
Perikaryon 34, 399
Perilymphe 518
Perimysium 393
Perinephridialmembran 858
Perineurium 406
Perinotum 55
Period Gen (PER-Gen) 597
Periost 381, 383
Periostracum 54, **54**, 59
Perioticum 247f.
Peripatidae 84
peripheres Nervensystem 399
Periplaneta americana 153, 663
Perissodactyla 267
Peristaltik 682
Peristomium 77
Perivisceralsinus 81, 718
Perivitellinraum 294, 343f.
Perla 150
Perlboot 67
Perlmutt 54, 67
Permeabilität 418
perniziöse Anämie 655
Perspiratio insensibilis 771
Perzeption 471
Pestfloh (*Xenopsylla cheopis*) 648
Pestizid 920
PET 555
Petaurus australis 259
Petiolus 108
Petrobius 145
Petromyzontida202f., 834
Petrosum 247
Pfahlwurm 62
Pfeilwürmer 177
Pferd, Evolution 267
Pflanzenfresser 652
Pflanzensaftsauger 660
Pflugscharbein 248
Pfortader 675
Pfortadersystem 720
– hypophysäres 892
– renales 861
pH-Wert, Regulation 869f.
Phacops 93
Phagocyt 784ff., 789, **794**, 821
Phagocytose 18, 657, 784ff., **794**, 821
Phalangen **223**
Phalangerida 259
Phalangium opilio 118
Phalloneoptera 155
Phantomschmerz 558, **566**
Pharynx 44, 88, 660, 662, 673, **678**
Phascolarctos cinereus 259, 652
Phasianidae 242
Phasmatodea 154
Phenylalanin 653
Pheretima 853

Pheromon 523, 602, 878, 917, **921**
Pheromonfalle 920
Philaenus spumarius 160
Philanthus triangulum 166
Phoca vitulina 271
Pholas dactylus 61
Pholcus 113
Pholidota 261
Phonem 623, **625**
Phoresie 626, 630
Phoronidea 175
Phoronozoa-Hypothese 173
Phosphat
– Haushalt 655
– Puffer 870, **873**
– Resorption 692
Phosphatidylinositol-4,5-bisphosphat 884
Phosphatocopina 121
Phosphodiesterase 887
Phospholipase 689
– A 687
– A_2 783
Photorezeptor 21, 79, 527
Phototaxis 599
Phryganea 167
Phrynichus 108
Phtalat 920
Phthiraptera 158
Phthirus pubis 158, 630, 648
Phyllaphis fagi 161
Phyllium 154, 160
Phyllocarida 129
Phyllochinon 655, 924
Phyllopoda 124
Phylogenese 1
Physalia physalis 24
Physeteridae 265
Physoklisten 755
Physostom 755
Phytothelm 14
Pia mater 406
Picidae 242f.
Pieris brassicae 168
Pierolapithecus catalaunicus 264
Pigment, respiratorisches 744, **762**
Pigment Dispersing Hormone (PDH) 911
Pigmentbecherocellus 47, 79, 196, 529, **538**
Pigmentbecherzelle 86
Pikaia gracilens 196
Pilidium-Larve 47
Pilzkörper 72, 595
Pinacocyt 15
Pinacoderm 15, **18**
Pinacophora-Hypothese 17
Pinealforamen 222
Pinealorgan 202, 597, 895f.
Pinguine 237
Pinna muricata 61
Pinocytose 657, 691
Pinselfüßer 137

PIP_2 (Phosphatidylinositol-4,5-bisphosphat) 884
Pipa 225
Pipe 343
Place Cell 455
Placentalia 259
Placentonema gigantissima 38
Placodermi 204
Placophora 55
Placozoa 18
Placula-Hypothese 11
Plakode 309
Plakoglobin 352
Plakoidschuppe 206f.
Planaria torva 44
Planipennia 164
Planorbarius corneus 66
Planula-Larve 23f., 315
Planula-Theorie 11
Plasmaraum 832
Plasmatocyt 701
Plasmazelle 821
Plasmodium 637, **642**, 645
Plasmogamie 279, 294
Plastizität 470, 611
– neuronale 447, 452, 455, 459, **460**
Plastron-Atmung 165, 752
Plateosaurus 234
Plathelminthes 42f.
– Gastrovaskularsystem 672
– Hautatmung 745
– Neuropeptid 908
– Protonephridium 852
Plathelminthomorpha-Hypothese 42
Plattbauchlibelle 149
Plattenepithel 363
Plattenkiemer 207
Plattfische 212
Plattwurm 42, 667
Platynota 231
Platyrrhini 264
Plazenta 257, 314f.
– Allantois- 260
– Hormone 906
Plazentatiere 259
PLC (Peptide Loading Complex) 800
Plecoptera 150
Plectronoceras 58
Plectrum 220
Pleon 128, **130**, 756
Pleopode 128, **130**
Plethodontidae, Hautatmung 745
Pleuralganglion 57
Pleurit 90, **92**
Pleurobrachia pileus 29
Pleurocentra 221
Pleurodira 229
Pleuronectiformes 212
Pleurostigmophora 133
Pleurotergit 146
Pleurotomaria 64
Pleuroviszeralstrang 56

Plexus 502
- choroidei 406
- myentericus 683, 697
- submucosus 683, 697
Pliciloricus enigmaticus 37
Pliconeoptera 151
Plotopteridae 243
Pluma 240
Pluteus-Larve 332
Pneumostom 749
P-Nucleotid 808
Podisus sagitta 283
Podocyt 179, 859
Podomer 88
Podura aquatica 144
Pogonophoren 78, 667
poikiloosmotisch 833
Poikilothermie, Temperaturregulation 774
Polkörperchen 280
Polyadenylierungssignal 810
Polyandrie 618, **624**
Polychaeta 77, 745f.
Polycladida 44
Polydesmus angustus 134
Polyembryonie 274, 632
Polygamie 618, **624**
Polygenie 805, **811**
Polygynie 618, **624**
polylecithal 299
Polymerie 194
Polymorphismus 805, **811**
Polyneoptera 150
Polyommatus icarus 169
Polyp 20, 23
Polyphaga 165
Polyplacophora 55
Polypteriformes 212
Polypterini 212
Polypterus bichir 212
Polyspermie 294
Polystoma integerrimum 632
Polysyringia 62
Polyubiquitinierung 801
Polyxenus 134, 137
Pongo 264
Pons 488, 492
Porcellio scaber 129
Porifera, Verdauung 670
Porites 26
Porocephalida 89
Porocyt 15
Porolepiformes 216
Porphyrinring 740
Portugiesische Galeere 24
Porzellanschnecken 64
Postantennalorgan 132
Postcommissuralorgan 909
Postecdysis 910
Postfrontale 222, 246
Posthörnchen 69
Posthornschnecke, Große 66
Postmentum 139
Postoccipitale 245
Postorbitale 220, 222, 244
Postparietale 222

postprandiale Thermogenese 764, **767**
postsynaptische Membran 413
Postzygapophyse 221, 260
Potential
- Generatorpotential 421
- Gleichgewichts- 419
- postsynaptisches 420, 432
- Rezeptorpotential 421
- Ruhe- 419
- synaptisches 431
Potenzierung 452
Pottwale 265
Präadaptation 629
Prachtlibelle 148
Praearticulare 247
Praefrontale 222
Praemaxillare 219, 247
Praementum 139
Praemolar 254, 665
Praeoperculare 220, 222
Praepubis 253
Praetarsus 139
Praezygapophyse 221, 260
Prägung, sexuelle 605
Prähormon 876, **879**
Präimmunität 634
Prämaxillardrüse 840
Präprohormon 876, **879**
präsynaptisches Endköpfchen 413
Presbyornis 242
Prestin 520
Priapswürmer 35
Priapulida 35, 745
Primärharn 852–853
Primates 263
Primatomorpha 264
Primitivknoten 338
Primitivstreifen 307, 702
primordiale Keimzelle 321
Primordialskelett 377
Prinzip der doppelten Quantifizierung 589, **591**
Prinzipalneuron 402
Proboscidea 271
Proboscis 41, **42**, 98, 188
Procambarus, Exkretion 856
Procolipase 689
Procoracoid 227, 257
Proctodaeum 672
Proctolin 468
Procynosuchus 255
Procyonidae 271
Proecdysis 910
Progenitorzelle 319
Progerie 324
Progesteron 877
Proglottide 45, 640
Progoneata 135
Prohämocyt 700
Prohaptor 44
Projektionsneuron 403
Prolaktin 661, 893f.
Pronephros 313

Pronotum 153, 163
Propeltidium 107
Prophase I 281
Prophospholipase A 687
Propionsäure 675
Propriozeption 504
Prosencephalon 487
Prosocephalon 91
Prosocerebrum 82
Prosoma 94, **99**, 100
Prostaglandin 510, 653, 822
Prostata 287
Prostomium 82
Protamin 291
Protease 294
Protein 652
- androgenbindendes 902
- C 713
- C-reaktives 786
- Mangelsymptom 653
- Resorption 691
- S 713
- Verdauung 687
Protein Disulfid Isomerase (PDI) 800
Proteinkinase C 883
Proteoglykan 372
Proterosoma 117
Proterospongia haeckeli 7
Proteus anguinus 224, 317
Prothorakotropes Hormon (PTTH) 911, 913
Prothorax **172**
Prothoraxdrüse 913
Prothrombin 655, 710, 924
Protoceratops andrewsi 233
Protocerebralbrücke 82
Protocoel 181, **186**, 313
Protonephridium 34, 44, 841, 851f., **870**
Protopterus annectens 215
Protostomier 305, **325**
Prototheria 256
Prototroch 48, 77
Protura 144
Proximalenit 118
PRR (Pattern Recognition Receptor) 785, **794**
Przewalski-Pferd 270
Psammechinus miliaris 185
Psarolepis 209
Pselaphognatha 137
Pseudocellus 116
Pseudergaten 153
Pseudohaltere 162
Pseudometamer 88
Pseudomonas hirudinis 669
Pseudopodien 709
Pseudoscorpiones 114
Psithyrus 629
Psittaci 242
Psocodea 157
Psocoptera 158
Psyllina 161
Psyllipsocus ramburi 158
Psyllomorpha 161

Sachverzeichnis

Psyllopsis fraxini 161
Pteralia 146
Pteranodon ingens 232
Pteriomorpha 62
Pterobranchia 187
Pterodactylus 232
Pteropus vampyrus 267
Pterosauria 232
Pterygoid 222, 247
Pterygopodium 206
Pterygota 146
PTH (Parathormon) 896, 898
Pthirus pubis 158, 630, 648
PTTH (Prothorakotropes Hormon) 911, 913
Pubis 253
Pulex irritans 171
Pulmonalklappe 728
Pulmonata 64
Pulpa 239, 386
Puls 728
Pulvinar 522
Pulvinifera 70
Puppe 162, 317, **326**
Purcellia illustrans 115
Purkinje, J. E. 403
Purkinje-Faser 730
Purkinje-Zelle 402, 492
Putamen 545
Putrescin 691
Pycnogonida 96f.
Pygidium 77, 93
Pygostyl 236, 239, 241
Pylorus, Sphinkter 683
Pylorusdrüse 672
Pyramidenbahn 545
Pyramidenzelle 402, 414
– CA3, CA1 455
– Entladungsmuster 431
Pyridoxalphosphat 654, 693
Pyridoxamin 922
Pyrosoma 193
Pyrrhocoris apterus 157, 159
Pyrrhosoma nymphula 149
Pyruvat 681
Python reticulatus 231

Q

Quadratojugale 222, 244
Quadratomaxillare 219
Quadratum 204, 219, 245, **271**
Quantenanalyse 447
Quastenflosser 213
Quecksilber 920
Quelle, hydrothermale 667
Querbrückenzyklus 390, **398**
Querteilung 44
Quetzalcoatlus 232
Quisqualat 448
Quotient, respiratorischer (RQ) 765, **767**

R

Raben 243
Rabenbein **243**, 251
Rabenschnabelfortsatz 251
Rachitis 655, 924
Radialia, Verwandtschaftsbeziehung 173
Radiärfurchung 13, 172, 196, 301, **325**
Radiation 770
Radius, Homologie 267
Radula 50, **54**, 55, 63f., 662, 664
RAG (Recombination Activating Gene) 807
Raillietiella 74
Rajiformes 207
Rallen 243
Rami 118, 239
Ramphastidae 242
Rana esculenta 225, 834
Rangordnung, soziale 621
Rankenfüße 128
Ranvier, L. 404
Ranvier-Schnürring 404, 425, **441**
Raphekern 512
Raphidiodea 163f.
Raphus cucullatus 243
Rapid Eye Movement (REM) 574
Ras-Protein 885
Rathkesche Tasche 311
Ratitae 241
Rattenfloh 171
Rattus 262
Raubbeutler 259
Raubfliegen 170
Raubparasitismus 629
Raubschrecken 151
Raubwanze, Große 159
Rautenhirn 487
Reblaus 161
Receptacula seminis 79
Rechtsverschiebung 743
Recombination Activating Gene (RAG) 807
Red Pigment concentrating Hormone (RPCH) 911
Redie 638
Reduvius personatus 159
Reflex 542, **550**
Reflexbogen 540
Refraktärzeit 425, **441**
Regeneration 274, 318f., **326**
– Nervensystem 500
Regenpfeiferartige 243
Regenwurm (Lumbricidae) 79, 661, 673
Regio otica 248
Regular Spiking 430
Rehbachiella kinnekullensis 124
Reichardt-Bewegungsdetektor 461
Reichertsche Theorie 247
Reifung 605, **612**
Reiher 243
Reiz 471, 473, **515**, 607
Reizfilter 593
Reizsummenregel 588
Rekombination 806f., 810
Rekombinationssignalsequenz 807
Rektaldrüse 838, **844**, 851
Rektum 677
Relaiskern 419
Releasing-Hormon (RH) 890, 892
REM (rapid eye movement) 574, 774
Remipedia 128
Renin 735, 863f., 897, 905
Renoperikardialgang 855
Renshaw-Hemmung 542
Repolarisation 423
Residualkörper 291, **292**
Residualvolumen 760, **762**
Resorption 670, 672, 685, 690, **698**
– renale 852ff.
Respiration 738
respiratorischer Quotient (RQ) 765, **767**
respiratorisches Pigment 744, **762**
Respiratory Burst 785
Respirometrie 765
Rete mirabile 755
Reticulitermes lucifugus 153
retikuläre Faser 374
Retikulocyt 704
Retikulum, sarkoplasmatisches 392
Retikulumzelle 375
Retina, visuelle Verarbeitung 537
Retinal 527, 924
Retinoic Acid Inducible Gene I (RIG-I) 789
Retinol 924
Retinsäure 347, 654, 924
Retinalzelle 531
retrograder Transport 400
Reusengeißelzelle 34, 196, 852
rezeptives Feld 502, **538**
Rezeptor
– Acetylcholin- 448
– AMPA- 456
– G-Protein-gekoppelter 449, 883, **889**
– $GABA_A$- 448
– Glutamat- 449
– intrazellulärer 887, 889
– ionotroper 418, 447, 883
– membranständig katalytischer 883, **889**
– metabotroper 418, 449
– – Glutamat- 449
– muskarinischer 733
– nicht-NMDA- 448
– NMDA- 448
– NOD-Like- (NLR) 789
– purinerger 449
– Rhodopsin-adrenerger 449
– Sekretin-VIP- 449
– Serotonin- 448

Rezeptordesensitivierung 448
Rezeptor-Guanylat-Cyclase 886
Rezeptor-Serin-/Threoninkinase 886
Rezeptor-Tyrosinkinase 7, 499, 884
Rezeptor-vermittelte Endocytose 802
Rezeptorpotential 421, 471
Rezeptorspezifität, monoklonale 796, **811**
Rezeptorzelle 473
RGT-Regel 768
RH (Releasing-Hormon) 890, 892
Rhabditis 630
Rhabdocoela 672
Rhabdom 531, **538**
Rhabdomer 531
Rhabdopleura 188
Rhachis 92
Rhacopoda 62
Rhagon-Typ 17
Rhamphorhynchus 232
Rhaphidiodea 163
Rhea 241
Rheobase 427
Rhesusfaktor 708
Rheumatoide Arthritis 781
Rhinarium 271
Rhincodon typus 207
Rhinoceros unicornis 267
Rhinocerotidae 267
Rhizocephala 128
Rhodopsin, Bleichung 528
Rhogocyt 50, **54**
Rhogogaster 166
Rhombencephalon 487
Rhopaliophora 25
Rhopalium 21, 25
Rhyacophila torrentium 167
Rhynchocephalia 230
Rhynchocoel 47
Rhynchotus rufescens 241
Rhythmus
– annualer 598
– circadianer 595
– – Körperkerntemperatur 774
– endogener 595, **603**
– lunarer 598
Riboflavin 654, 693, 922
Ribonuclease 687
Ribosom 5
Richtungskörperchen 280
Ricinoides 116
Ricinulei 116
Riechepithel 523
Riechkolben 553, 581
Riechnerv 491
Riechzelle 523
Riesenalk 243
Riesenflugbeutler 259
Riesengeißelskorpione 107
Riesenhai 207

Riesenkalmar 69
Riesenkugler 137
Riesenläufer 133
Riesensalamander, Japanischer 224
Riff 26, **27**
Riffbildner 17, 26
Riftia pachyptila 78, 668
RIG-I (Retinoic Acid Inducible Gene I) 789
Rind, Zahnformel 665
Rindengranula 294
Rindenreaktion 294
Rinder 265
Rinderfinnenbandwurm (*Taenia saginata*) 46, 640, 646
Ringelnatter 231
Ringelwürmer 76
Ringmuskulatur 38
Rippe 248, 251
Rippenquallen 28
Ritualisierung 602, **603**
Rivalengesang 595
Rivulogammarus pulex 129
RNase 688
Rochen 207
Rodentia 262
Röhrentrachee 113
Röhrenzähner 265
ROS (reaktive Sauerstoff-spezies) 323, 784
Rosenkäfer 165
Rostroconchia 58
Rostrum 206, **208**
Rotatoria 40
Rotfuchs 271
Rotkehlchen, Magnetkompass 601
RPCH (Red Pigment concentrating Hormone) 911
R-Protein 694
RQ (respiratorischer Quotient) 765, **767**
Rückenmark
– Bahn 503, 543
– verlängertes 488, 490
Rückenschaler 124
Ruderfußkrebse 126
Ruffini-Körperchen 367, 507
Ruhe-Dehnungskurve 476
Ruhe-Nüchtern-Umsatz 764
Ruhepotential 419, **441**
Ruheumsatz 764
Runaway Model 616
Rundmäuler 200
Rüsselkäfer 165
Rüsselspringer 262
Rüsseltiere 271
Ryanodin-Rezeptor 475

S
Sabellaria 78
Saccharase 688
Saccharose, Ultrafiltration 862

Saccoglossus 189
Sacculina carcini 126, 128, 631f., 648, 657
Sacculus 81, 514, 855f.
Sacrum 253
Säftesauger 660, **669**
Saftkugler 137
Sagitta 177
Sagittariidae 243
Saiga 265
Saint-Hilaire, Geoffroy 353
Saitenwürmer 38
Sakmann, Bert 421
sakral 249
Salamander (Plethodontidae), Hautatmung 745
Salamandridae 224
Salinität 835
Salmonidae 212f.
Salpa 193
Salpingoeca amphoroideum 8
Saltatoria 154
Salticidae 113
Salzdrüse 239, 840, **844**, 851
Salzkrebschen 124
Salzsäure 683, 696
Samenleiter 287
Samenpumpenträger 168
Sammelrohr, Resorption 862
Sammelwirt 628
Sammler 664, **669**
Samtmilbe 117
Sandklaffmuschel 61f.
Sandlaufkäfer 165
Saprozoe 629
Sarcophilus laniarius 259
Sarcopterygii 212
Sarcoptes scabiei 117, 648
Sarkolemm 388, 475
Sarkomer 389, **398**
Sarkoplasma 388
sarkoplasmatisches Retikulum 392
Sarkosin 838
Satellitenzelle 322
Sauerstoff 738
– Bindungsprotein 740, 744
– Hämoglobinbindung 740f.
– Löslichkeit 739
– Metabolit, reaktiver 323, 784
– P_{50} 742
– Partialdruck 739, 760
– Verbrauch 740
Säugetiere s. Mammalia
Saugpharynx 35
Saugpumpe 753
Saugrüssel 168
Säure-Basen-Haushalt, Atmung 761
Saurischia 233
Sauropodomorpha 234
Sauropsida 227f.
– Kiefergelenk 247
– Osmoregulation 836

Scala media, tympani, vestibuli 518
Scandentia 262
Scaphognathide 756
Scaphopoda 58
Scapula 227, 251
Scarabaeiformes 161
Scavenger-Rezeptor 787
Schaben 153
Schädel 198, 220, 227, 244
Schädellose 194
Schädeltiere 197
Schädlingsbekämpfung, Pheromon 919
Schafe 265
Schafferkollaterale 455
Schalldruck 516
Schallwelle 515
Schaltlamelle 383
Schaltzelle 870
Schamlaus 158
Scheide 296
Scheidenmuschel 62
Schiffsboot 67
Schilddrüse 190, 200, 203, 311, 896, **907**
– Grundumsatz 772
– Hormon 880f., 897
Schildfüßer 53
Schildkröten 229
Schildläuse 161
Schildzecke (*Dermacentor*) 648
Schimpanse 264
– Taubstummensprache 610
Schistocerca gregaria 155
Schistosoma 44, 631, 646
Schizocoel 43, 313
Schizogonie 628, 632, 637
Schizomida 107
Schizopeltidia 107
Schlaf 573f.
Schläfenbein 245, 247
Schläfenfenster 227, 244
Schlafkrankheit 643f.
Schlagvolumen 728
Schlammfliegen 163
Schlammschnecke, Spitze 66
Schlangen 231
Schlangenhalsvögel 243
Schlangensterne 184
Schlankjungfer 148
Schleichen 231
Schleifenbahn 504
Schleimbeutel 380
Schleimfische 203
Schliefer 270
Schlinger 662, **669**
Schlitzmembran 859
Schloss **54**, 59
Schlunddarm 673
Schlundkonnektiv 77
Schlundring 35
Schlupfwespen 166
Schlüsselbein 251
Schlüsselreiz 588, **591**

Schlussleistenkomplex 362, 686
Schmarotzerhummel (*Psithyrus*) 629
Schmeißfliegen 170
Schmelzfalte 666
Schmerz 509ff.
Schmetterlinge 168
– Eihülle 283
– Mundwerkzeug 663
Schmetterlingshafte 164
Schnabel 663
Schnabelfliegen 170
Schnabeligel 257
Schnabeltier 257
Schnaken 170
Schnecke 62
– Innenohr 518
Schneckenkanker 118
Schneckenloch 518
Schnegel, Großer 66
Schneider 118
Schneidezahn 254, 386, 666f.
Schnellkäfer 165
Schnurrhaare 507
Schnurwürmer 47
Schreckstoff 602
Schreitvögel 243
Schrittmacher, circadianer 595, **603**
Schrittmacher-Kern 581
Schrittmacherpotential 730, **737**
Schuhschnabel 243
Schulp 68
Schultergelenk 380
Schultergürtel, Evolution 251
Schuppe 198
– Cosmoid- 206, 216
– Cycloid 214
– Ganoid- 206
– Horn 227
– Knochen- 222
– Plakoid- 206f.
Schuppenkriechtiere 230
Schuppentiere 261
Schwalben 243
Schwämme (Porifera) 14, 658
Schwammspinner (*Lymantria dispar*) 914
Schwäne 242
Schwann, Th. 404
Schwann-Zelle 404, **408**
Schwänzeltanz 599
Schwanzlurche 224
Schwanzstachel 95, 104
Schwärmer 19
Schwebfliegen 170
Schweine 265
Schweinefinnenbandwurm (*Taenia solium*) 46, 640, 646
Schweißdrüse 371
Schweresinnesorgan 514
Schwertschwänze 99
Schwestergruppe 1, 4

Schwimmblase 214, 311, 673, 755, **762**
Schwimmblasen-Lungen-Organ 208
Schwimmhaut 357
Schwingkölbchen 169
Schwitzen 770
Scincomorpha 231
Sciuridae 262
Scleractinia 26
Scleroglossa 230
SCN (suprachiasmatischer Nucleus) 597
Scolex 45
Scolopendra 133
Scolopendrella 136
Scolopidium **515**, 517
Scombridae 212
Scorpionida 104
ScR-A, -BI 787
Scrotum 285
Scutigeromorpha 133f.
Scyliorhinus 207
Scyphopolyp 20
Scyphozoa 25
Second Messenger 883f.
See-Elefant 271
See-Ringelwurm 78
Seeanemonen 25
Seedrache 208
Seefedern 27
Seegurken 185
Seehund 271
Seeigel 185
– Axialorgan 717
– Embryonalentwicklung 331
– Essbarer 185
– Gastrulation 303
– Laterne des Aristoteles 662
Seekatzen 208
Seekühe 270
Seelilien 182
Seelöwe, Kalifornischer 271
Seemaus 78
Seepocken 128
Seescheiden 191
Seeskorpione 102
Seestachelbeere 30
Seesterne 183f
– Axialorgan 717
– Regeneration 318
Seewalzen (Holothuroidea) 185, 661
Seewespe 25
Segelklappe 727
Segmentpolaritätsgen 341
Sehbahn 534ff., 558
Sehne 373, 393
Sehnerv 248, 491
Seide 166
Seidenspinner (*Bombyx mori*) 524, 602, 913, 917
Seison 41
Seitenauge 103
Seitenlinienorgan 199, 202, 224, 507

Seitenplatte 313
Seitenplattenmesoderm 307
Sekretin 695, 697, 901, 905
Sekretion, Nierentubulus 865, 869
Sekretionsniere 854, **872**
Selachii 207
Selbsttoleranz 780, **782**
Selektion 613, 616, **624**
– klonale 820, **820**
Selektorgen 340
Semaphorin 498
Semperzelle 119
Seneszenzphase 298
Sensillum
– campaniformes 506
– Geschmacksborste 524
– Haar- 505
Sensitivierung 453, 569
sensorischer Reizfilter 593
Sepia officinalis 68
Sepiida 69
Septum cardiale 727
Seriata 44
Serosa 226, 315, **326**, 681
Serotonin 443, 583, 592, 906
Serpentes 231
Sertolizelle 285, **292**, 902
Serum-Thymusfaktor 896
Sesquiterpenoid 913
Sexualhormon 902f.
Sexualpheromon 602, 917f.
Seymouria 227
SGLT-1 691
Shannon, Claude Elwood 410
Sharpey-Faser 381, 387
Shh (Sonic Hedgehog) 348f., 496
Short-Gastrulation (Sog) 353
Shunting Inhibition 434
Sialis 163f.
Siamois 336, 338f., 344
Siebbein 248
Siebenpunkt 165
Signal, intrinsisches 420
Signalausbreitung
– aktive 436
– elektrotonische 434
– passive 434
Signaltransduktion 882, **889**
– Interleukin-1-Weg 353
– Spaetzle-Toll-Dorsal 353
– Wnt/Wg 333
Silberfischchen 146
Sildenafil 887
Silicispongiae-Hypothese 17
Silpha sp. 165
Siluridae 212f.
Simiiformes 264
Simulium 627
Sinn
– chemischer 522f.
– elektrischer 512
– magnetischer 513
– mechanischer 504f.
Sinnesmodalität 471f., **474**

Sinnesqualität 472
Sinnessystem 504
Sinneszelle 20, 472, 504
Sinornis 237
Sinosauropteryx 235
Sinus
– vaginalis 258
– venosus 723
Sinusdrüse 909
Sinusknoten 723, 730
Sipho **54**, 66
Siphonaptera 171
Siphonophora 24
Sipunculida 70, 745
Siren lacertina 224, 756
Sirenia 270
Sitzbein 253
Sizzled 340
Skelett 312
– Exo- 80
– hydrostatisches 28
– Kalk- 180
– Porifera 16
Skelettmuskulatur 388, 539
Skinke 231
Skinner, Burrhus F. 586
Skinner-Box 607
Sklera 15
Sklerit 15, 90, **92**
Sklerocyt 15
Sklerotom 313
Skorbut 655
Skorpionsfliegen 170
Smaragdeidechse 231
Smith, J. Maynard 586
Snail 344, 358
SNAP25 446
SNARE 446
SO_4^{2-}, EZF 834
Sog (Short-Gastrulation) 353
Solaster 183
Soldaten 153
Solea vulgaris 212
Solenogastres 53
Solifugae 114
Soma 399, 413
Somatocoel 181, 313
Somatoliberin 892
Somatomedin 893
Somatopleura 313
somatosensorisches System 502
Somatostatin 695f., 892, 896, 905
– Kohlenhydratstoffwechsel 901
– Mollusken 908
– Neuropeptid 443
– Signaltransduktion 883
Somatotropin 880, 893f., 901
Somazelle 10
Somit 413
Somitenstiel 313
Sommerschlaf 777, **779**
Sonic Hedgehog (Shh) 348f., 496

Sonnenkompassorientierung 599
Sonnenschwebfliege, gemeine 169
Soricidae 261
Sox2 321
Sozialisation 607, **612**
Sozialverband 618, **624**
Sozialverhalten 618
Soziobiologie 586, 613, **624**
Spadella 177
Spadix 67
Spaetzle 344
Spaetzle-Toll-Dorsal-Signaltransduktionsweg 353
Spaltbein 120
Spaltsinnesorgan 105
Sparse Coding 579
Spechte 243
Species s. Art
Spectrin 707, **708**
Speichel 687, 695
Speicheldrüse 83, 679
Speicherfett 376
Speiseröhre 673
Speleonectes 3, 128, 130
Spemann, Hans 336
Spemann-Organisator 336, 348f.
Sperlingsvögel 243
Spermatide 105, 287, **292**
Spermatocyte 279f.
Spermatogenese 10, 279, 287, **292**, 285ff.
Spermatophor 104, 107, 110
– 9+3-Muster 106
Spermium 10, 259, 287ff.
Sperry, R. 564
Sphaeropaeus hercules 137
Sphaerularia bombi 631
Sphecidae 166
Sphenacodon 254
Sphenisciformes 243
Sphenodon 230, 253
Sphenodontia 230
Sphenosuchus 232
Sphinx ligustri 163
Sphodromantis lineola 150
Spicula 15f., 38
Spielverhalten 607, **612**
Spike-Timing-Dependent-Plasticity (STDP) 458, **460**
Spinalganglion 311, 502
Spinalnerv 194, 502
Spinne 413
– Exkretion 856
– Spinndrüse 103, 110
– Spinnspule 110
Spinnenassel 133
Spinocerebellum 547
Spinosauridae 234
Spinosaurus aegypticus 234
Spiraculum 204, 217
Spiralfurchung 39, 75, 302, **325**

Spiralia 39
Spiralzooide 24
Spirifer 176
Spirocyste 22
Spirorbis 78
Spirulida 69
Spitzhörnchen 262
Spitzmäuse 261
Splanchnocranium 198
Splanchnopleura 313
Splicing 810f.
Spongia 13, 17
Spongillidae 17
Spongin 15
Spongiosa 381
Spongocoel 14, 658
Spongocyt 15
Sporocyste 638
Sporogonie 637
Spotten 608
Sprachentwicklung 623
Springschrecken 154
Springschwänze 143
Springspinnen 113
Spritzloch 204, 219
Sprossung 274
Spulwurm (*Ascaris lumbricoides*) 38, 630, 641, 647
Spurenelement 692
Spurenfossilien 661
Spurpheromon 918
Squalus 207
Squamata 230
Squamosum 220f., 244, 247f.
Squilla mantis 129, 131
Stäbchen, Transduktionsprozess 527
Stabheuschrecken 154
Stabschrecken 154
Stachelhäuter, Hämalsystem 717
Stachelschweine 262
Stachelzellschicht 367
Stamm 5
Stamm-Menendez, M. D. 913
Stammform 4, **5**
Stammgruppe 4
Stammhirn 490, **494**
Stammzelle 43, 319ff., **326**
Stannius-Körperchen 898f.
Stapes 219, 247, **271**, 311
Staphylinidae 165
Stare 243
Stärke, Verdauung 688
Statin 892
Statocyste 21, 24, 28, 47, 514
Statolith 29, 514
Staubläuse 158
STDP (Spike-Timing-Dependent-Plasticity) 458, **460**
Stechmücken 170
Steckmuschel 61
Stegosaurus 233
Stegostoma fasciatum 207
Steigbügel 247, 311, 517

Steinfliegen 150
Steinläufer 133
Steinmarder 271
Stellarganglion 66
Stellersche Seekuh 270
Stem Cell Factor 702
Stemmata 161
stenohalin 833, 836
Stenopterygius 228
Stenostomum 44
Stercobilin 690, 694
Stereom 180
Stereovilli 504
Sternit 90, **92**, 101, 841
Sternorrhyncha 161
Sternum 221, 229, 239, 251
Sternzelle 403, 431, 464
Steroid
– Hormon 876
– Resorption 690
Sterroblastula 299
STH (Wachstumshormon) 880, 893f., 901
Stichling 212, 589
Stickoxid 881, 887
Stickstoffmonoxid 398, 443, 784
Stigma 751
Stilbonematoden 668
Stilett 86
Stinkwanzen, Eihülle 283
Stipes 139
Stock 24
Stoffwechsel 767, 900
Stomatogastrisches System 77
Stomatopoda 129
Stomochord 186, 188f., **189**
Stomodaeum 311, 672
Störche 243
Störe 212
Stoßzahn 667
Strahlung 770
Strandkrabbe 129
Strandschnecke 65
Stratum
– basale 367
– corneum 239, 253, 367
– fibrosum 384
– granulosum 367
– lucidum 367
– osteogenicum 384
– spinosum 367
Strauß 241
Streifen-Stinktier 271
Streifenhyäne 271
Streifenkiwi 241
Strepsiptera 162
Strepsirhini 263
Streptoneurie 63
Stress, oxidativer 573
Strickleiternervensystem 72, 77, 120, 487, **494**
Stridulation 155, 595
Strigiformes 243
Strobilation 23, 26
Stroma 360

Stromazelle 903
Strömungswiderstand 734
Strongylocentrotus purpuratus 328
Strongyloides stercoralis, Heterogonie 637
Strudler 196, 658, **669**
Struthiomimus altus 235
Struthiones 241
Stummelfüßer, Hämocoel 718
Sturnidae 243
Stützgewebe 359, 376
Stylochoplana 44
Stylopodium 217, 221
Stylus 135, **137**
Subarachnoidalraum 406
Subcutis 198, 365
Suboesophagealganglion 96
Subrectalkommissur 56
Subserosa 681
Subsong 606
Substanz
– graue 399, 489
– P 443
– weiße 399, 490
Substratfresser 661, **669**
Subumbrella 23
Suchverhalten 589
Suidae 265
Sulcus 556
Sulfat, Resorption 692
Suloidea 243
Summation 437
Sungaya inexpectata 160
Superlingua 133
supernormaler Auslöser 589
Superoxid 784
Superoxiddismutase 323
Superposition 476
Superpositionsauge, neuronales 533
Supracleithrum 222
Supraoccipitale 245, 248
Supratemporale 222
Surangulare 255
Surfactant-Protein 786
Sus scrofa f. domestica 267
Suture 93
Switch-Rekombination 810, **812**
Sycon 11, 14ff.
Symbion pandora 39
Symbiose 627, 667, **669**
Sympathicus 548, 732
Sympecma fusca 148
Sympetrum 149
Symphyla 135
Symplasma 17
Symplesiomorphie 1
Synapomorphie 1
Synapse 431, **451**
– chemische 431
– dendro-dendritische 461, **466**
– elektrische 431
– Formveränderung 459

– Plastizität 455
– Rezeptor 447
– stille 442
– synaptischer Spalt 447
– Transmitterübertragung 445, 447
Synapsida 227, 244
Synapsin 446
Synaptobrevin 446
Synaptotagmin 447
Synchronisation, neuronale 470, 580
Syncranium 246
Syncytium 40, 388
Syndermata 40
Synexpression Group 351
Synkaryon 276
Synovia 379
Syntaxin 446
Syrinx 237
Syrphidae 170
Systematik, phylogenetische 1f.
Systole 728, **736**

T

T1R-Rezeptorfamilie 526
T3 (Trijodthyronin) 881
T4 (Thyroxin) 881
Tabanidae 170
Tabulare 245
Tachyglossus aculeatus 257
Tachykardie 732
Tachykinin-verwandtes Peptid (TRP) 912
Tachypleus 101
Tachyzoit 634
Taenia 46, 640ff.
Taeniarhynchus saginatus 46
Tag-Wach-Rhythmus 575
Tagma 116, **119**
Tagpfauenauge 168
Talgdrüse 368, 371
Talpa europaea 267
Talpidae 261
Tamandua 261
Tao 241
TAP-1/2 800
Tapasin 800
Tapiridae 267
Tarbosaurus 235
Tardigrada 85, 261
Tarentola mauritanica 230
Tarsenspinner 154
Tarsiiformes 264
Tarsus 139
Taschenklappe 715, 727
Taschenkrebs 129
Tastrezeptor 507
Tastsinnesorgan
– Trichobothrium 103
– Labialpalpus 139
– Maxillarpalpus 139
Taubenartige 243
Taubenschwänzchen 168
Taufliegen 170

Taurocholat 690
Tawara-Schenkel 730
Taxis 599, **603**
Taxon 1
Tbx 348
Tectalia 212
Tectum opticum 492, 535, 594
Tegmentum 54, 197, 490, 567
Tegmina 151, 153, 155
Telencephalon, Hemisphäre 493
Teleostei, Verdauungssystem 674
Teleostomi 208
Telognathie 133
telolecithal 299
Telomerase 323
Telopodit 91, **101**
Telotroch 48
Telson 95, 120, 139
Temperaturregelung 843
Temperatursinn 508
Temporale 245
Temporalforamen 244
Temporallappen 551, 558, 570
Tenebrio, cryptonephridiales System 858
Tenrecidae 261
Tenreks 261
Tentaculata-Hypothese 173
Tentakel 28, 49, 195, 225
Tentakelcoelom 70
Tenthredinoidea 166
Tentillum 28
Terebratulina 176f.
Teredo 62, 668
Tergit 90, **92**, 841
Terminalhaar 369
Terminalzelle 34, 852
Termiten, Staatenbildung 153
Tesserazoa 24
Testaria 54
Testes 277
Testosteron 877ff., 896, 903
Testudines 229
Testudo hermanni 229
Tetanurae 234
Tetanus 455, 476
Tethytheria 270
Tetrabranchiata 67
Tetraconata-Hypothese 119
Tetraethylammonium (TEA) 421
Tetrahydrofolat (THF) 654
3,5,3′,5′-Tetrajodthyronin 897
Tetrapoda 216, 218
Tetrapodomorpha 217
Tetrodotoxin 421
Tettigonia viridissima 155, 160
Teuthida 69
TFPI (Tissue Factor Pathway Inhibitor) 713
TGF-β (Transforming Growth Factor-β) 309, 334, 339, 351
Thalamus, Kerne 570, **575**
Thaliacea 193

Theca interna 903
Thecogenzelle 505
Thecostraca 126
Theißblüte 148
T-Helferzelle (T_H) 798, 829, **831**
Thelyphonida 107
Theodoxus 64
Theophylin 449
Theraphosa 111
Theria 257
Thermobia domestica 146
Thermodynamik 763f.
Thermogenese, postprandiale 764, **767**
Thermoregulation 771ff.
Thermorezeptor, Arthropoden 506
Thermozodium esakii 87
Theropoda 234
Thiamin 922
Thomisidae 113
Thoracica 128
thorakal 249
Thorakalatmung 749
Thorax 138, **172**
Threonin 653
Thripse 157
Thrombin 709, **714**
Thrombocyt 709
Thromboxan 653, 906
Thunnus thynnus (Thunfisch) 212
Thylacinus 259
Thylacosmilus 259
Thymocyt 815
Thymopoietin 896
Thymosin 896
Thymus, T-Zell-Entwicklung 815
Thyreoidea 200, 896
Thyreoidea-stimulierendes Hormon (Thyreotropin, TSH) 881, 894
Thyreotropin-Releasing-Hormon (Thyreoliberin, TRH) 881, 892
Thyroxin 317, 881, 887, 896f.
Thysanoptera 157
T_H-Zelle s. T-Helferzelle
Tianyulong confuciusi 233
Tibia 139
Tibicen plebejus 160
Tiefensensibilität 504
Tiefpassfilter 437
Tiere 10
Tierkolonie **27**
Tiger 271
Tight Junction 365, 406f., 686
Tiktaalik 217, 222
Tinamiformes 241
Tinbergen, Nikolaas 586
Tineola bisselliella 168
Tintenbeutel 69
Tintenfisch (*Loligo forbesi*), Kiefer 662
Tip Link 505

Tipulidae 169f.
Tissue Engineering 369
Tissue Factor 711
Tissue Factor Pathway Inhibitor (TFPI) 713
Tissue Restricted Antigen (TRA) 816
Titin 389
Tityus serratus 104
T-Lymphocyt 633, 705f.
TMAO (Trimethylaminoxid) 838, 845, **850**
TNF (Tumor Nekrose Faktor α) 501, 788
Tocopherol 655, 924
Toll 344
Toll-Like-Rezeptor (TLR) 787, 811
Toll/Interleukin-1-Rezeptor (TIR) 788
Tolloid 354
Tollwutvirus 401
Tölpel 243
Tömösvarysches Organ 132, 139
Tonizität 833, **835**
Tonotopie 520, **522**
Tonus, myogener 863
Topographie 535, **538**
Tormogenzelle 505
Tornaria-Larve 189
Torpedo 207
Torpor 777, **779**
Totenkopf 168
Totenstarre 392
Totenuhr 158
Toxoplasma gondii 629, 634, 644f.
Tracer 557
Trachea 214, 220
Tracheata 131
Trachee 84, 132, 751
Tracheenatmung **762**
Tracheenkieme 757, 841
Tracheensystem 751
Tracheole 751
Trachylida 24
Tractus
– corticospinalis 545
– hypothalamo-hypophyseus 891
– olfactorius 523
– opticus 534
– spinothalamicus lateralis 510
Tradition 608, **612**, 622
Transaktivierungsdomäne, Hormonrezeptor 887
Transducin 527
Transduktion 471, **473**
Transfektion, virale 321
Transferrin 693
Transformation 428, 471, **473**
Transforming Growth Factor (TGF) 501, 702
– β 309, 334, 339, 351

Transmembranwiderstand 434
Transmission (VT, WT) 416, 451, **451**
Transmitter 418, 433, **451**
– Freisetzung 447
– klassischer 443
– Rückgewinnung 450
– Synthese 450
Transplantation 805
Transport
– aktiver 418f.
– anterograder 400
– Atemgas 718, 739
– retrograder 400
Trematoda 44
TRH (Thyreotropin-Releasing-Hormon) 883
Triade 393
Triadobatrachus 225
Trialeurodes vaporariorum 161
Triatoma infestans 627
Tribolium 293, 342
Tributylzinn 920
Triceratops 233
Trichinella spiralis (Trichine) 38, 634, 647
Trichobothrium 103
Trichodamon 110
Trichogenzelle 505
Tricholepidion gertschi 146
Trichomonas vaginalis 644
Trichoplax adhaerens 19
Trichoptera 167
Trichterlappen 891
Tricuspidalklappe 727
Tridacna 667
3,5,3′-Trijodthyronin 317, 881, 896f.
Trilobita 91, 93
Trimethylaminoxid (TMAO) 838, 845, **850**
Triops 124f.
Tripeptidylpeptidase 802
Tritocerebrum 82
Tritonia 592f.
Triturus 267, 318, 336
Trivia europaea 65
Trochanter 98, 139
Trochophora-Larve 48, 77, 315
Trochozoa 47
Trochus 64
Trogium pulsatorium 158
Troglodytidae 243
Trombicula spec. 648
Trombidium holosericeum 115, 117
Trommelfell 220, 517
Trophoblast 315
Trophocyt 15, 671
Trophonopsis 64
Tropomodulin 707
Tropomyosin 389
Troponin 389

TRP (Tachykinin-verwandtes Peptid) 912
Truncus arteriosus 194
Tryblidia 56
Trypanosoma 780
– Antigenvarianz 634
– *brucei* 644
– *cruzi*, Pseudocyste 634
Trypetidae 170
Trypsin, Inhibitor 687
Trypsinogen 687
Tryptophan 653, 895
Tsg 353
TSH (Thyreoidea-stimulierendes Hormon) 881, 894
T-Tubulus 392, 394
Tuberculum 221
Tubifex 79
Tubularkörper 506
Tubulidentata 265
tubuloglomeruläres Feedback (TGF) 863f.
Tubulus
– distaler 866
– proximaler 866
– transversaler 475
Tukane 242
Tulerpeton 218
Tumor Nekrose Faktor α (TNF) 501, 788
Tunicata, Kreislaufsystem 719
Tunicin 191
Tupaia belangeri 267
Tupaias 262
Turdidae 243
Turmschnecke 64f.
Turritella 64f.
twist 344
Twisted Gastrulation 353
Tympanalorgan 517, **522**
Tympanicum 247
Tympanum 517

Typhlonectes 226
Typhlops vermicularis (Blödauge) 231
Typhlosolis 673
Typopeltis 107
Tyrannosauridae 235
T-Zell-Rezeptor 796ff., 805ff., **811**
T-Zelle 798, **820**
– cytotoxische 798, 822, 827, **831**
– Entwicklung 815
– Memory- 818
– Selektion 816, **820**

U
Übersprungshandlung 590, **591**
Uferschnecke 64
Ulna, Homologie 267
Ultimobranchialkörper, Hormon 898

Ultrafiltration 852ff.
Ultraschall 516
ultraspiracles Protein (USP) 888
Umkehrpotential 419, 433, 450
Umwelthormon 920
Unechte Karettschildkröte 229
Ungulata 265
Unicalcarida 166
Unke 225
Unpaarhufer 267
Unterhautfettgewebe 778
Unterkiefer 204, 219
Unterschlundganglion 486
Unterzungenspeicheldrüse 679
Uranotheria 270
Urbach-Wiethe-Syndrom 569
Urdarm 303
Urechis 75
ureotelisch 847
Ureter 855
Urethra 287
Uricolyse 847
uricotelisch 847
Urin 842, 861ff., **870**, **873**
Urmund 14, 28
Urmünder 305
Urmundlippe 338
Urocerus gigas 166, 168
Urodela 224
Urodelomorpha 226
Urophyse 899
Uropygi 107
Urostyl 224
Urothel 364
Ursidae 271
Ursus 271
USP (ultraspiracles Protein) 888
Uterus 296
Utriculus 514

V

Vagina 260, 296
Vakuole 851f., **870**
Valin 653
Vampyroteuthis infernalis 70
Varanidae, Salzdrüse 840
Varanoidea 231
Vas
– afferens, efferens 863
– deferens 287
Vasa recta 861
Vascular endothelial Growth Factor (VEGF) 701f.
Vasoaktives Intestinales Peptid (VIP) 695, 697
Vasodilatation 735, 771, 778
Vasokonstriktion 736, 771, 778, 864
Vasopressin 443, 892
Vasoregulation 481
Vasotocin 908

VEGF (Vascular Endothelial Growth Factor) 701f.
VEGFR 2 702
VegT 333, 336
Vektor 627, **636**
Velarhaut 70
Veliger-Larve 51, 315
Velociraptor 235
Velum 23
Vema ewingi 56
Vene, Kohlendioxid-partialdruck 743
Vent-1, -2 340
Ventilation 738, 746, **762**
Ventraldrüse 913
Ventrikel 51, 199, 406, 496, 723, 727
Ventrikulärzone 496
Ventrobronchus 746
Ventrovesiculata 137
Venus 62
Venusgürtel 30
Venusmuschel 62
Verdauung 670ff.
– Cnidarier 671
– Einzeller 670
– End- 690
– Endosymbionten 668
– Enzym 679
– extraintestinale 660
– extrazelluläre 18, 670
– intrazelluläre 16, 670
– Kohlenhydrat 688
– Lipid 689
– Mensch 680
– Nucleinäure 688
– Porifera 670
– Protein 687
– Regulation 694, **698**
Verdunstung 770
Verhalten 585, **587**
– angeborenes 604, **612**
– Appetenzverhalten 589
– erlerntes 604
– Fortpflanzungsverhalten 616
– Sozialverhalten 618
Verhaltenselement, formkonstantes 592, **603**
Verhaltensforschung 585, **587**, 603f., **612**, 613, **624**
Verhaltensmuster 593
Vermehrung 44, 273, **276**f.
Verstärkung 608
Vertebrata 197
– Blutkreislauf 721
– Niere 872
– Osmoregulation 859
– Verdauungssystem 674
Verwandtenselektion 619, **624**
Vesicula 135
Vesicular Glutamate Transporter (VGLUT) 450
Vespidae 166ff.
Vestibularkern 546
Vestibularorgan **515**

Vestibulocerebellum 547
Vetigastropoda 64
Vg1 334
VGLUT (Vesicular Glutamate Transporter) 450
Viagra 887
Vibrationssinn 507, 602
Vibrio cholerae 780
Vielfraß 271
Vielfuß 137
Vieraella herbsti 225
Vierfüßer 218
Vierhügelplatte 492
Vigilanz 459
Villi 685
VIP (Vasoaktives Intestinales Peptid) 695, 697
Vipera berus 231
Virus 780
Visceralkomplex 51
Visceralskelett 219
Visceroconcha 62
Viscerocranium 198, 204f., 219, 721
visuelles System, s. a. Sehbahn 537, 558
Vitalkapazität 760, **762**
Vitamin 652, 654, **656**, 922f.
– A 654, 924
– Avitaminose 655
– B 654, 693, 922f.
– Biotin 693
– C 654, 693, 923
– D 381, 655, 905, 924
– E 655, 924
– fettlösliches 654, 693, 924
– Folsäure 693
– H 654, 922
– Hyper-/Hypovitaminose 655f., **656**
– K 655, 675, 677, 924
– Panthothensäure 693
– Resorption 692
– Thiamin 654
– wasserlösliches 654, 693
Vitellinmembran 283
Vitellogenin 916
Vitellophagenkern 300
Viteus vitifolii 161
Vitrodentin 207
Viverricula malaccensis 610
Viverridae 271
vivipar 225
Viviparus 855
Vögel 237
– Extrazellulärflüssigkeit 834
– Lunge 746ff.
– Verdauungssystem 674
Vogelmilch 661
Vogelspinnen 111f.
Volitantia 264
Volkmann-Kanal 381
Voltage-Clamp-Technik 422
Volumenübertragung (Volume Transmission, VT) 416, **451**
Volvent 23

Vombatoidea 259
Vomer 248
Vomeronasalorgan 231, 523
von-Willebrandt-Faktor 709
Vorderhirn 197, 487
Vorderhorn 503
Vorderseitenstrang 503
Vorderwurzel 503
Vorsteherdrüse 287
VSG (Variant Surface Glycoprotein), Antigenvarianz 634
Vulpes vulpes 272

W
Wabenkröte 225
Wachstum 13
Wachstumsfaktor (TGF-β) 309, 334, 339, 351
Wachstumshormon 880
Wachstumskegel 497, **499**
Wahrnehmung 471, 601f.
Waldameise, Rote 166
Waldschabe 153
Walhai 207
Walross 271
Walzenspinnen 114
Wanderfisch, Osmoregulation 842
Wanderheuschrecken 155
Wanderkern 276
Wanderratte 262
Wandertaube 243
Wanneria 93
Wanzen 159
Warane 231
Wärmeaustausch 769f., **779**
Wärmerezeptor 508, 771
Warzenbeißer 155
Wasser
– metabolisches 840, **844**
– Resorption 694
– Ultrafiltration 862
Wasserdampfdruck 771
Wasserflöhe 124
Wasserfrosch 225
Wasserhaushalt 832
– Regulation 842, 859
– Verhaltensstrategien 843
Wasser-Labyrinth 609
Wasserspinne 113
Wasserspringer, Schwarzer 144
Wasserstoffperoxid 784
Water-Maze 609
Watson, John B. 586
Wattschnecke 64f.
Wattwurm (*Arenicola marina*) 78, 661
Weberknechte 117f.
Webspinnen 110
Wegameise, Schwarze 166
Wegschnecke, Große 66
Wehrdrüse 107
Weidegänger 664, **669**
Weinbergina 100

Weinbergschnecke 66
Weißkopf-Ammerfink, Gesangsentwicklung 606
Weißkopfseeadler 615
Wellhornschnecke 64f.
Wels 212
Wenigfüßer 136
Werbegesang 595
Wernicke, Carl 560
Wernicke-Areal 560, **566**, 624
Wespenspinne 112
Wespentaille 166
Western Blot 798
Wg (Wingless) 333, 341, 355
Wiederkäuer, Verdauung 674, **678**
Wiesen-Schaumzikade 160
Wilson, Edward O. 586
Wimpernschopf 48
Wimperntrichter 852
Windkesseleffekt 728
Wingless (Wg) 333, 341, 355
Winterhaft 170
Winterlibelle 148
Winterruhe 776f., **779**
Winterschläfer, Muskel 394
Wirbelbogen 502
Wirbelkanal 503
Wirbelkörper 221
Wirbellose
– Hautatmung 756
– Kiemenatmung 756
– Lungenatmung 749
– Sauerstoffbindungsprotein 744
– Thermoregulation 774
Wirbelsäule 249
Wirbeltiere s. Vertebrata
Wiring Transmission (WT) 451, **451**
Wnt 333, 336, 348ff., 355, 496
Wolf 271
Wolffscher Gang 202
Wolfsspinnen 113
Wolpert, Lewis 303
Wuchereria bancrofti (Haarwurm) 38, 630, 632, 647
Wühlmäuse 262
Wulstzelle 322
Wundernetz 755
Würfelquallen 25
Wurmmollusken 52

X
X-Chromosom 277
Xenarthra 260
Xenonomia 151
Xenoöstrogen 920
Xenopsylla cheopis 171, 262, 643, 648
Xenopus 225
– Determination 333
– Fate Map 334
– Gastrulation 307

– Organisator 338
– *tropicalis* 328
Xenoturbella 32f., 179
Xenusion auerswaldae 85
Xiphosura 99
X-Lim 338
Xnr 334, 336, 338
X-Organ 909
X-Organ-Sinusdrüsensystem (XO-SD-System) 909
XY-Chromosomensystem 277
Xyloplax 183

Y
Y-Chromosom 277
Yochelsoniella 58
Y-Organ 910
YSL (Yolk Syncytial Layer) 305

Z
Zaglossus 257
Zahn 386, 663
– Bein 386
– Formel 665
– Generation 666
– Krone 386
– pedicellater 223
– Röhren- 265
– Schmelz 386
– Typ 664, **669**
Zahnfleisch 387
Zahnpulpa 375
Zahnwale 265
Zahnwechsel 666
Zalophus californianus 271
Zapfen 527, 536, 559
Zauneidechse 231
Zaunkönige 243
Zebrafisch, Gastrulation 305
Zebrahai 207
Zebrina 640
Zecken 117
Zellatmung 738
Zellkonstanz 38
Zellkontakt 361
Zellzyklus, Regulation 302
Zementdrüse 126
zentrales Höhlengrau 512
Zentralkörper 82
Zerkleinerer 662, **669**
Zeugopodium 217, 221
Ziegen 265
Zikaden 159
Zirbeldrüse 574, 895f.
Zitronenfalter 168
Zitterrochen 207
Zitterspinne 113
Z-Linie 389
Zona pellucida 292
Zonit 73
Zonotrichia leucophrys 606
Zonula adhaerens 361
Zonula occludens 362
Zoochlorelle 667
Zooide 24
Zooxanthelle 26, 667

Zoraptera 156
Zorotypus brasiliensis 156
Zotten 685
ZP1, 2, 3 292
ZPA (Zone mit polarisierender Aktivität) 347f., 356
Zuckergast 146
Zuckmücken 170
Zunge 199, 220
Zungenbein 246
Zungenbeinbogen 204, 723
Zungenwürmer 88
ZW/ZZ-Chromosomensystem 277
Zweiflügler 169
Zwerchfell, Atmung 253
Zwergfadenwurm (*Strongyloides stercoralis*) 647
Zwergfüßer 135
Zwerggeißelskorpione 107
Zwischenhirn 197, 488
Zwischenscheibe 389
Zwischenwirbelscheibe 312
Zwischenwirt 628
Zwischenzelle 870
Zwitter 79, 277
Zwölffingerdarm (Duodenum) 686
Zygaena filipendulae 169
Zygapophyse 248
Zygentoma 146
Zygoptera 148
Zygote 11, 296
Zylinderepithel 363
Zymogen 683, 687
Zytokin 366

Bildquellen

Es sind alle Abbildungen gelistet, die nicht von den Autoren der jeweiligen Kapitel oder Abschnitte beigesteuert wurden. Die Zahlen in [] verweisen auf die unten aufgeführte Literatur.

Kapitel 1

1.3	nach Willmann [69]
1.6	nach Grell/Benwitz [18] in Westheide/Rieger [65]
1.7	nach Schäfer in Westheide/Rieger [65]
1.8	nach Holstein [26] in Westheide/Rieger [65]
1.10	nach Bayer/Owre [2] in Westheide/Rieger [65] und Kükenthal [53]
1.11	nach Bayer/Owre [2] in Westheide/Rieger [65] und Kükenthal [53]
1.13	nach Tardent [54]
1.15	nach Dörjes [11]
1.17	nach Lorentzen in Westheide/Rieger [65]
1.18	nach Willmann [69]
1.19	nach Storch/Welsch [52]
1.22	nach Willmann [69]
1.23	nach Hennig [21], b nach Ax [1]
1.24	nach Ehlers [12]
1.26	nach Ax [1]
1.27	nach Kükenthal [53]
1.30	b aus Marshall/Williams [35]
1.31	Sophia Willmann
1.32	nach Lemche/Wingstrand [33]
1.35	d Rainer Willmann, e Sophia Willmann, alle übrigen aus Willmann [67]
1.36	nach Storch/Welsch [52]
1.37	c Sophia Willmann
1.38	a nach Ward et al. [59] in Westheide/Rieger [65], b nach Storch/Welsch [52]
1.39	Peter Ax
1.40	Peter Ax
1.41	nach Westheide/Rieger [65]
1.42	b–d Peter Ax
1.44	nach Snodgrass [50]
1.45	Peter Ax
1.46	nach Hennig [21]
1.49	a nach Sharov [47] in Marshall/Williams [35], b nach Snodgrass [49] und Präparaten im Zoologischen Museum Göttingen
1.50	Peter Ax
1.51	nach Clarke/Ruedemann [8] in Gerhardt [15]
1.53	a aus Kästner [31], c Frank Wieland, d aus Moritz et al. [14]
1.55	nach Storch/Welsch [52]
1.56	a Julia Goldberg und Frank Wieland
1.58	a aus Beier [3], b Frank Wieland, **c** aus Moritz et al. [14], **e**, f aus Savory [44]

1.60	oben aus Marshall/Williams [35] und Wesenberg-Lund [64], unten aus Walossek, [58]
1.61	a aus Brusca/Brusca [5], b nach Wesenberg-Lund [64], c nach Pennack [37] und Vollmer [52], d nach Hertwig [24]
1.62	a aus Hertwig [24], b aus Schram [45], c aus Delamare Deboutteville [10], d aus Howe et al. [27], e aus Ax [1], f aus Brusca/Brusca [5]
1.63	a aus Schram [45], b aus Hessler [25], c aus Sars [43], d nach Hennig [22]
1.64	a Peter Ax
1.65	a aus Hennig [22]
1.66	a aus Lewis [34], b aus Verhoeff [56], c aus Blower [4], d aus Eisenbeis/Wichard, [13], e aus Tiegs [55]
1.67	nach Imms [28]
1.71	nach Weber [61]
1.73	nach Willmann [68]
1.75	nach Willmann [68]
1.76	b, c Frank Wieland
1.77	nach Weber [60]
1.78	a, b Rebecca Klug
1.85	nach Weber [61]
1.88	b Peter Ax
1.89	nach Hennig [21]
1.90	nach Williams/Rowell [66]
1.91	nach Hennig [21]
1.94	nach Siewing [48]
1.95	nach Hennig [21] und Goldschmid in Westheide/Rieger [65]
1.96	a Zoologisches Museum Göttingen, b, d, e Sophia Willmann
1.97	nach Storch/Welsch [52], nach Präparaten im Zoologischen Museum Göttingen
1.98	nach Storch/Welsch [52] und Westheide/Rieger [65]
1.99	nach Hennig [23]
1.101	b nach Seeliger [46]
1.103	a, b nach Ladiges und Vogt [32], c nach Grassé [16], d nach Jarvik [30]
1.104	nach Romer [41], Starck [51] und Carroll [7]
1.105	a, b Sophia Willmann
1.108	b, f nach Mickoleit [36], alle übrigen nach Ladiges und Vogt [32]
1.110	a nach Janvier [29], nach Jarvik [30]
1.111	a aus Jarvik [30], b aus Willmann [69]
1.113	aus Grassé und Devillers [17]
1.116	aus Willmann [69]
1.117	nach Bühler [6] in Hecht et al. [19], Rietschel [39], Wellnhofer [62, 63], Heilmann [20] und anderen
1.120	aus Mickoleit [36]
1.122	nach Romer [40]
1.123	nach Romer [40]
1.124	nach Romer [41] und Romer/Parsons [42]
1.125	nach Romer/Parsons [42]
1.126	aus Willmann [69] und Carroll [7]
1.127	aus Colbert [9]
1.129	nach Romer [40] und Mickoleit [36]

Titelliste Kapitel 1

[1] Ax, P. (1995, 1999, 2001). Das System der Metazoa I–III. Ein Lehrbuch der phylogenetischen Systematik. Gustav Fischer, Stuttgart, Jena, New York.
[2] Bayer, F. M., Owre, H. B. (1968) The Free-Living Lower Invertebrates. Macmillan Co., New York.
[3] Beier, M. (1932). Pseudoscorpionidea = Afterscorpione. Handbuch der Zoologie III. 2 (2): 117–192. Walter de Gruyter, Berlin.
[4] Blower, J. G. (1985). Millipedes. Keys and notes for the identification of the species. Synopses of the British Fauna 35: 1–242.
[5] Brusca, R., Brusca, G. (1990). Invertebrates. Sinauer Associates Inc., Sunderland, Mass.
[6] Bühler, P. (1984). On the Morphology of the Skull of *Archaeopteryx*. S. 135–140 in Hecht, M., Ostrom, J., Viohl, G., Wellnhofer, P. (Hrsg.): The Beginning of Birds. Proc. International Archaeopteryx Conf. Eichstätt. Eichstätt
[7] Carroll, R. (1993). Paläontologie und Evolution der Wirbeltiere. Georg Thieme, Stuttgart.
[8] Clarke, J. M., Ruedemann, R. (1912). The Eurypterida of New York. New York State Museum Memoir 14:1–439.
[9] Colbert, E. (1948). The mammal-like reptile Lycaenops Bull. Amer. Mus. Nat. Hist., New York
[10] Delamare Debouteville, C. (1954). Recherches sur l'ècologie et la repartition du Mystacocaride Derocheilocaris remanei Delamare et Chapuis en Méditerranée. Vie et Milieu 4: 321–380
[11] Dörjes, J. (1968). Die Acoela (Turbellaria) der Deutschen Nordseeküste und ein neues System der Ordnung. Zeitschrift für zoologische Systematik und Evolutionsforschung 6: 56–452.
[12] Ehlers, U. (1995). The basic organization of the Plathelminthes. Hydrobiologia 305: 21–26
[13] Eisenbeis, G., Wichard, W. (1985). Atlas zur Biologie der Bodenarthropoden. Gustav Fischer, Stuttgart, New York
[14] Füller, H., Gruner, H.-E., Hartwich, G., Kilias, R., Moritz, M. (1999). Urania Tierreich, Wirbellose 2 (Annelida bis Chaetognatha). Urania-Verlag,
[15] Gerhardt, U. (1932). Chelicerata - Merostomata. In Handbuch der Zoologie Bd. 3 (2), 1. Teil: 3–96. Walter de Gruyter, Berlin.
[16] Grassé, P. P. (Hrsg.) (1958). Traité de zoologie. Anatomie, systématique, biologie. 13(2): 802–3, Masson, Paris.
[17] Grassé, P.-P., Devillers, C. (1965). Zoologie. Vol. 2: Vertébrés, 1129 pp., Masson et Cie, Paris.
[18] Grell, K. G., Benwitz, G. (1971). Die Ultrastruktur von Trichoplax adhaerens F. E. Schulze. Cytobiologie 4: 216–240.
[19] Hecht, M., Ostrom, J., Viohl, G., Wellnhofer, P. (Hrsg.) (1994). The Beginning of Birds. Proc. International Archaeopteryx Conf. Eichstätt. Eichstätt.
[20] Heilmann, G. (1926). The Origin of Birds. 208 S., London (Witherby)
[21] Hennig, W. (1980). Wirbellose I. Ausgenommen Gliedertiere. 4. Auflage, Harri Deutsch, Thun, Frankfurt.
[22] Hennig, W. (1986). Wirbellose II. Gliedertiere. Taschenbuch der speziellen Zoologie 2. 4. Auflage, Harri Deutsch, Thun, Frankfurt.
[23] Hennig, W. (1983). Stammesgeschichte der Chordaten. Parey, Hamburg, Berlin.
[24] Hertwig, F. (1912). Lehrbuch der Zoologie, 10. Aufl. 675 S., Gustav Fischer, Jena.

[25] Hessler,R. (1969). *Euphausiacea*. In: R.C. Moore, Editor, Treatise on Invertebrate Paleontology, Part R, Arthropoda 4, Geological Society of America and University of Kansas Press.
[26] Holstein, T. (1981). The morphogenesis of nematocysts in *Hydra* and *Forskalia*: an ultrastructural study. J. Ultrastruct. Res. 75: 276–290.
[27] Howe, H.V., Kesling, R.V., Scott, H.W. (1961). Ostracoda. In Moore, E. (Hrsg.) Treatise on Invertebrate Paleontology, part Q. Geological Society of America.
[28] Imms, A. (1936). The ancestry of insects. Transactions Soc. Brit. Entomology 3: 1–32.
[29] Janvier, P. (1998). A cold look at odd vertebrate phylogenies. J. Mol. Evol. 46: 375–377.
[30] Jarvik, E. (1980). Basic structure and evolution of vertebrates. 2 Bde. Academic Press, London.
[31] Kästner, A. (1932). Palpigradi Thorell. Handbuch der Zoologie III. 2 (2): 77–98. Walter de Gruyter, Berlin.
[32] Ladiges, W., Vogt, D. (1965). Die Süßwasserfische Europas. Paul Paray, Hamburg.
[33] Lemche, H., Wingstrand K., G. (1957). The Anatomy of Neopilina Galatheae Lemche (Mollusca Tryblidiacea). Galathea Rep. 3: 7–71.
[34] Lewis, J.G.E. (1981). The biology of centipedes. Cambridge University press, Cambridge.
[35] Marshall, A., Williams, W. (1972). Textbook of Zoology. Invertebrates. Macmillan Press Ltd, London, Basingstoke.
[36] Mickoleit, G. (2004). Phylogenetische Systematik der Wirbeltiere. Dr. Friedrich Pfeil, München.
[37] Pennack, R. (1978). Fresh-water invertebrates of the United States. J. Wiley & Sons, New York.
[38] Remane. A. (1962). Arthropoda-Gliedertiere. S. 209–310 in Gessner, F. (Hrsg.): Handbuch der Biologie VI.
[39] Rietschel, S. (1984). Feathers and wings of *Archaeopteryx*, and the question of her flight ability. S. 251–260 in Hecht, M., Ostrom, J., Viohl, G., Wellnhofer, P. (Hrsg.): The Beginning of Birds. Proc. International Archaeopteryx Conf. Eichstätt. Eichstätt
[40] Romer, A. (1971). Vergleichende Anatomie der Wirbeltiere. Paul Parey, Hamburg, Berlin.
[41] Romer, A.S. (1966). Vertebrate paleontology. University of Chicago Press, Chicago.
[42] Romer, A., Parsons, T. (1991). Vergleichende Anatomie der Wirbeltiere. 5. Aufl., Paul Parey, Hamburg.
[43] Sars, G. (1895). Amphipoda. Account Crustacea of Norway 1.
[44] Savory, T. (1964). Arachnida. Academic Press, London, New York.
[45] Schram, F. (1986). Crustacea. Oxford University Press, New York, Oxford.
[46] Seeliger, O. (1893–1911). Die Ascidien, Thetyodea, Asciciacea. Die Appendicularien, Copelata. Bronns Tierreich III, Suppl. Tunicata: 84–1039.
[47] Sharov, A.G., (1966). Basic Arthropodan Stock: With Special Reference to Insects. Glasgow: Pergamon Press.
[48] Siewing, R. (1985). Lehrbuch der Zoologie 2, Systematik. Gustav Fischer, Stuttgart, New York
[49] Snodgrass, R.E. (1952). A Textbook of Arthropod Anatomy. Comstock Publishing Co., Ithaca, New York.
[50] Snodgrass, R.E., (1938). Evolution of Annelida, Onychophora and Arthropoda. Smithsonian Miscellaneous Collections.
[51] Starck, D. (1979). Vergleichende Anatomie der Wirbeltiere 2. Springer, Berlin, Heidelberg, New York.
[52] Storch, V., Welsch, U. (2005) Systematische Zoologie. 6. Auflage, Gustav Fischer, Stuttgart.

[53] Storch, V., Welsch, U. (2009). Kükenthal-Zoologisches Praktikum. 26. Auflage, Spektrum Akademischer Verlag, Heidelberg.
[54] Tardent, P. (2005). Meeresbiologie: Eine Einführung. 3. Auflage, Georg Thieme, Stuttgart
[55] Tiegs, O. W. (1947) The post-embryonic development and affinities of the pauropoda, based on a study of pauropus silvaticus". Quarterly Journal of Microscopical Science 88: 165.
[56] Verhoeff, Karl Wilhelm (1932): 2. Buch: Diplopoda. 12. Lieferung. In: Bronn, H. G.: Klassen und Ordnungen des Tierreichs, Bd. 5, Abt. 2.: 1835–1962.
[57] Vollmer, C. (1952). Kiemenfuß, Hüpferling und Muschelkrebs. Neue Brehm-Bücherei. Leipzig (Akademische Verlagsgesellschaft)
[58] Walossek, D. (1993). The Upper Cambrian Rehbachiella and the phylogeny of Branchiopoda and Crustacea. Fossils & Strata 32: 1–202.
[59] Ward, P., Greenwald, L., Greenwald, O. E. (1980). The buoyancy of the chambered nautilus. Sci. Am. 243(4): 190–203.
[60] Weber, H. (1930). Biologie der Hemipteren. Julius Springer, Berlin.
[61] Weber, H. (1954). Grundriß der Insektenkunde. Gustav Fischer, Stuttgart.
[62] Wellnhofer, P. (1984). Remarks on the digit and pubis problems of Archaeopteryx. S. 113–122 in Hecht, M., Ostrom, J., Viohl, G., Wellnhofer, P. (Hrsg.): The Beginning of Birds. Proc. International Archaeopteryx Conf. Eichstätt. Eichstätt.
[63] Wellnhofer, P. (2008). Archaeopteryx. Dr. Friedrich Pfeil, München.
[64] Wesenberg-Lund, C. (1939). Biologie der Süßwassertiere. Julius Springer, Wien.
[65] Westheide, W., Rieger, R. (2007). Spezielle Zoologie, Einzeller und Wirbellose Tiere. Gustav Fischer, Stuttgart.
[66] Williams, A., Rowell, A. J. (1965). Morphology. H57–H138. In R. C. Moore (ed.). Treatise on Invertebrate Paleontology, Part H, Brachiopoda 1 Geological Society of America and University of Kansas Press, Lawrence.
[67] Willmann, R. (1989). Muscheln und Schnecken der Nord- und Ostsee. Melsungen, (Neumann-Neudamm).
[68] Willmann, R. (2003). Phylogenese und System der Insecta. S. 1–65 in Dathe, H. (Hrsg.). Lehrbuch der Speziellen Zoologie I (5) Insecta. Begründet von A. Kästner. Gustav Fischer, Berlin.
[69] Willmann, R. (2004). Der Stammbaum des Lebens. planet poster editions, Göttingen.

Kapitel 2–16

2.10	nach Storch et al. [41]
2.11	b von K. Gribbins, Springfield, Ohio, USA
3.2	von Thomas Kurth, CRTD Dresden, und Jürgen Berger, MPI für Entwicklungsbiologie Tübingen
3.5	b, c, e, g, i von T. Kurth, S. Basche und K. Wenzel, Dresden
3.6	e von H. H. Epperlein, Dresden
3.7	b–d von T. Kurth, Dresden, e von H. H. Epperlein, Dresden
3.10	aus Janning/Knust [16]
3.11	b von Dunja Knapp, Dresden
3.13	a–d von Jürgen Berger, MPI für Entwicklungsbiologie, Tübingen
3.19	a von Jürgen Berger, MPI für Entwicklungsbiologie, Tübingen, b von Thomas Kurth, Dresden
3.21	nach Wehner/Gehring [45]
4.2	nach Lüllmann-Rauch [23]

4.3	a–d aus Kühnel [20]
4.4	a, b aus Kühnel [20]
4.5	a, b aus Kühnel [20], c nach Lüllmann-Rauch [23]
4.6	a nach Lüllmann Rauch [23], b aus Fritsch/Kühnel [7]
4.7	aus Kühnel [20]
4.8	b, c aus Kühnel[20]
4.10	a–c aus Kühnel [20]
4.11	aus Kühnel [20]
4.12	a–c aus Kühnel [20]
4.14	b–d aus Kühnel [20]
4.15	a nach Lüllmann-Rauch [23], b–d aus Kühnel [20]
4.16	nach Lüllmann-Rauch [23]
4.17	a nach Lüllmann-Rauch [23], b, c aus Kühnel [20]
4.19	aus Duale Reihe, Physiologie [1]
4.20	aus Kühnel [20]
4.21	a aus Kühnel [20], b nach Fritsch/Kühnel [7]
4.22	nach Lüllmann-Rauch [23]
4.24	a aus Lüllmann-Rauch [23], b, c aus Kahle/Frotscher [17]
4.25	c nach Kahle/Frotscher [17]
4.26	aus Kahle/Frotscher [17]
4.27	aus Kahle/Frotscher [17]
5.10	a,b nach Sanders/Zimmermann [37], c, d nach Braun et al. [2]
5.11	nach Nowak et al. [31]
5.12	nach Duale Reihe, Physiologie [1]
5.13	nach Squire et al. [40]
5.14	nach Zador et al. [47]
5.18	nach Purves et al. [33]
5.21	nach Malinow et al. [24], Mulkey et al., [29]
5.22	nach Mulkey et al. [29]
5.23	nach Mel/Schiller [28]
5.24	nach Mel/Schiller [28]
5.25	nach Grillner [10]
5.26	a–c nach Douglas/Martin [4]
5.27	nach Klinke et al. [19]
5.33	ab Armelle Rancillac, ESPCI ParisTech, c Bruno Cauli, RCCN, CNRS-UPMC
6.3	b nach Wehner/Gehring, [45]
6.10	nach Duale Reihe, Physiologie, [1]
6.15	nach Duale Reihe, Physiologie, [1] und Wehner/Gehring, [45]
6.20	nach Wehner/Gehring, [45]
6.25	nach Duale Reihe, Physiologie[1]
6.26	nach Duale Reihe, Physiologie [1]
6.28	aus Duale Reihe, Physiologie [1]
6 29	nach Squire et al. [40]
6.30	aus Duale Reihe, Physiologie, [1], aus Prometheus Lernatlas, Anatomie, [38]
7.4	von Elvira Fischer und Andreas Bartels, MPI für biologische Kybernetik und Center for integrative Neuroscience, Tübingen
7.6	nach Kandel et al. [18]
7.8	nach Nieuwenhuys et al. [30]
7.10	nach Kandel et al. [18]
8.1	nach Tinbergen/Lorenz, [44]
8.2	a nach Tinbergen [43]

8.3	nach Bernhard Hassenstein, [13]
8.4	nach Getting [9] und Frost et al. [8]
8.5	nach Ewert [5]
8.6	a nach Huber et al. [15], b nach Hedwig [14]
8.7	nach Loher [22]
8.8	nach Gwinner [12]
8.9	nach von Frisch [6] und Tautz [42]
8.10	nach Marler [26]
8.11	nach Skinner [39]
8.12	nach BIOBSERVE GmbH. Solutions for your science. European headquater, Bonn Germany, info@biobserve.com
8.13	nach Rensch [34]
8.14	nach Richardson/Verbeek [35]
9.2	a aus Riede/Schäfer [36], b, c Rolf Entzeroth und Susanne Weiche, TT Dresden
9.3	nach Wenk/Renz [46]
9.7	a von Jürgen Berger, MPI für Entwicklungsbiologie Tübingen, b, e von Rolf Entzeroth und Susanne Weiche, TU Dresden, c aus Groß [11], d, f aus Riede/Schäfer [36]
10.15	aus Kühnel [20]
11.1	nach Marshall/Thrasher [27]
11.3	a von Jürgen Berger, MPI für Entwicklungsbiologie Tübingen, b-g aus Duale Reihe, Physiologie [1]
11.5	nach Löffler et al. [21]
11.6	nach Löffler et al. [21]
11.7	nach Löffler et al. [21]
11.12	aus Wehner/Gehring [45]
11.13	b aus Klinke et al. [19]
11.14	nach Craven/Zagotta [3]
11.16	nach Wehner/Gehring [45]
12.1	b pdb: 3DUT
12.11	nach Penzlin [32]
14.5	nach Penzlin [32]
14.7	nach Penzlin [32]
14.13	b aus Duale Reihe, Physiologie [1]
15.1	nach Penzlin, [32]
15.14	nach Mangerich et al. [25]
Tab. 5.1	nach Duale Reihe, Physiologie [1]

Titelliste Kapitel 2–16

[1] Behrends, J., Bischofberger, J., Deutzmann, R., Ehmke, H., Frings, St., Grissmer, St., Hoth, M., Kurtz, A., Leipziger, J., Müller, F., Pedain, C., Rettig, J., Wagner, Ch., Wischmeyer, E. (2010). Duale Reihe – Physiologie. Georg Thieme, Stuttgart.

[2] Braun, H.A, Wissing, H, Schafer, K, Hirsch, MC (1994). Oscillation and noise determine signal transduction in shark multimodal sensory cells. Nature 367:270–273.

[3] Craven, K. B., Zagotta, W. N. (2006). CNG and HCN channels: two peas, one pod. Annu. Rev. Physiol. 68, 375–401.

[4] Douglas, R. J., Martin, K. A. (2004). Neuronal circuits of the neocortex. Annu Rev Neurosci 27:419–451.

[5] Ewert, J.-P. (1980). Neuro-Ethology. Springer, New York.
[6] Frisch, K. von (1977). Aus dem Leben der Bienen. 9. Auflage, Springer, Berlin.
[7] Fritsch, H., Kühnel, W. (2009) Taschenatlas Anatomie. In 3 Bänden: Taschenatlas Anatomie 02. Innere Organe: BD 2, 10. Auflage, Georg Thieme, Stuttgart.
[8] Frost, W. N., Hoppe, T. A.,Wang, J. and Tian, L.-M. (2001). Swim Initiation Neurons in *Tritonia diomedea*. American Zoologist 41 (4) 952–961
[9] Getting, P. A. (1983). Mechanisms of pattern generation underlying swimming in Tritonia. II. Network reconstruction. J. Neurophysiol. 49, 1017–1035.
[10] Grillner, S. (2003). The motor infrastructure: from ion channels to neuronal networks. Nat Rev Neurosci 4:573–586.
[11] Groß, U. (2009). Kurzlehrbuch Medizinische Mikrobiologie und Infektiologie, 2. Auflage, Georg Thieme, Stuttgart.
[12] Gwinner, E. (1967). Circannuale Periodik der Mauser und der Zugunruhe bei einem Vogel. Naturwissenschaften Volume 54: number 15–16.
[13] Hassenstein, B. (1965). Biologische Kybernetik. Quelle und Meyer, Heidelberg.
[14] Hedwig, B. (2000). Control of cricket stridulation by a command neuron: efficacy depends on the behavioral state. J. Neurophysiology 83: 712–722.
[15] Huber, F., Moore, T. E., Loher, W. (1989). Cricket behaviour and neurobiology. Cornell University Press, Ithaca.
[16] Janning, W., Knust, E. (2008). Genetik. Allgemeine Genetik - Molekulare Genetik – Entwicklungsgenetik. 2. Auflage, Georg Thieme, Stuttgart.
[17] Kahle, W., Frotscher, M. (2009). Taschenatlas Anatomie. in 3 Bänden: Taschenatlas Anatomie 03. Nervensystem und Sinnesorgane: BD 3, 10. Auflage, Georg Thieme, Stuttgart.
[18] Kandel, E. R., Schwartz, J., Jessell, Th. (2000). Principles of Neural Science, 4. Auflage, McGraw-Hill Medical.
[19] Klinke, R., Pape, H.-C., Kurtz, A., Silbernagel, S. (2010). Physiologie. 6. Aufl. Georg Thieme, Stuttgart.
[20] Kühnel, W. (2008). Taschenatlas-Histologie. 12. Auflage, Georg Thieme, Stuttgart.
[21] Löffler, G., Petrides, P. E., Heinrich, P. C. (2007). Biochemie und Pathobiochemie. 8. Auflage, Springer Medizin, Heidelberg
[22] Loher, W. (1972). Circadian control of stridulation in the cricket *Teleogryllus commodus*. J. Comp. Physiol. 79, 173–190.
[23] Lüllmann-Rauch, R. (2009). Histologie. 3. Auflage, Georg Thieme, Stuttgart.
[24] Malinow, R, Schulman, H, Tsien, RW (1989). Inhibition of postsynaptic PKC or CaMKII blocks induction but not expression of LTP. Science 245:862–866.
[25] Mangerich, S., Keller, R. Dircksen, H. (1986). Immunocytochemical identification of structures containing putative red pigment-concentrating hormone in two species of decapod crustaceans. Cell Tissue Res. 245, 377–386.
[26] Marler, P. (1990). Song learning: the interface between behaviour and neurobiology. Philos. Trans. R. Soc. Lond. B 329, 109–114.
[27] Marshall, C. J., Thrasher, A. J. (2001). The embryonic origins of human haematopoiesis. Br. J. Haematol. 112:838.
[28] Mel, B. W., Schiller, J. (2004). On the fight between excitation and inhibition: location is everything. Sci. STKE, E44.
[29] Mulkey, R. M., Herron, C. E., Malenka, R. C. (1993). An essential role for protein phosphatases in hippocampal long-term depression. Science, 261:1051–1055.
[30] Nieuwenhuys, R., Huijzen, C., Voogd, J. (1991). Das Zentralnervensystem des Menschen. 2. Auflage Springer, Berlin.

[31] Nowak, L.G, Azouz, R, Sanchez-Vives, M.V, Gray, C.M, McCormick, D.A (2003). Electrophysiological classes of cat primary visual cortical neurons in vivo as revealed by quantitative analyses. J. Neurophysiol, 89:1541–1566.
[32] Penzlin, H. (2005). Lehrbuch der Tierphysiologie. 7. Auflage, Spektrum Akademischer Verlag, Heidelberg.
[33] Purves, D., Augustine, G. J., Fitzpatrick, D., Hall, W. C., Lamantia, A-S., McNamara, J. O., White, L. E. (2007). Neuroscience. Sunderland, Massachusetts, U. S. A.: Sinauer Associates Inc.
[34] Rensch, B. (1973). Gedächtnis, Begriffsbildung und Planhandlungen bei Tieren. Parey Berlin, Hamburg.
[35] Richardson, H., Verbeek, N. A. M. (1986). Diet selection and optimization by northwestern crows feeding in Japanese littleneck clams. Ecology 67, 1219–1226
[36] Riede, U-N., Schäfer, H-E, Werner, M. (2004). Allgemeine und spezielle Pathologie. 5. Auflage, Georg Thieme, Stuttgart.
[37] Sanders, K. H., Zimmermann, M. (1986). Mechanoreceptors in rat glabrous skin: redevelopment of function after nerve crush. J. Neurophysiol. 55:644–659.
[38] Schünke, M., Schulte, E., Schumacher, U., Voll, M. (2006). PROMETHEUS Lernatlas der Anatomie. Kopf und Neuroanatomie, Georg Thieme, Stuttgart.
[39] Skinner, B. F. (1966). Operant behavior: In: Honig (Hrsg.) Operant behavior. Appleton-Century-Crofts, New York.
[40] Squire, L, Berg, D, Bloom, FE, du Lac, S, Gosh, A, Spitzer, NC (2008). Fundamental Neuroscience.: Academic Press – Elsevier.
[41] Storch, V., Welsch, U., Remane, A. (2004). Kurzes Lehrbuch der Zoologie. 8. Auflage, Spektrum Akademischer Verlag, Heidelberg.
[42] Tautz, J. (2007). Phänomen Honigbiene. Elsevier, München
[43] Tinbergen, N. (1951). The study of instinct. Oxford University Press, Oxford.
[44] Tinbergen, N., Lorenz, K. (1938). Taxis und Instinkthandlung der Eirollbewegung der Graugans. Z. f. Tierpsychol. 21–29.
[45] Wehner, R., Gehring, W. (2007). Zoologie. 24. Auflage, Georg Thieme, Stuttgart.
[46] Wenk, P., Renz, A. (2008). Parasitologie: Biologie der Humanparasiten. Georg Thieme, Stuttgart.
[47] Zador, A. M., Gmon-Snir, H., Segev, I. (1995). The morphoelectrotonic transform: a graphical approach to dendritic function. J. Neurosci. 15:1669–1682.